Diccionario de informática e Internet de Microsoft

2.ª Edición

Diccionario de informática e Internet de Microsoft

2.ª Edición

MICROSOFT CORPORATION

Traducción

VUELAPLUMA, S. L.

McGraw Hill

MADRID • BUENOS AIRES • CARACAS • GUATEMALA • LISBOA • MÉXICO
NUEVA YORK • PANAMÁ • SAN JUAN • SANTAFÉ DE BOGOTÁ • SANTIAGO • SÃO PAULO
AUCKLAND • HAMBURGO • LONDRES • MILÁN • MONTREAL • NUEVA DELHI • PARÍS
SAN FRANCISCO • SIDNEY • SINGAPUR • SAN LUIS • TOKIO • TORONTO

La información contenida en este libro procede de la traducción de la quinta edición en inglés editada por Microsoft Press. No obstante, McGraw-Hill/Interamericana de España no garantiza la exactitud o perfección de la información publicada. Tampoco asume ningún tipo de garantía sobre los contenidos y las opiniones vertidas en dichos textos.

Este trabajo se publica con el reconocimiento expreso de que se está proporcionando una información, pero no tratando de prestar ningún tipo de servicio profesional o técnico. Los procedimientos y la información que se presentan en este libro tienen sólo la intención de servir como guía general.

McGraw-Hill ha solicitado los permisos oportunos para la realización y el desarrollo de esta obra.

DICCIONARIO DE INFORMÁTICA E INTERNET DE MICROSOFT, 2.ª Edición

No está permitida la reproducción total o parcial de este libro, ni su tratamiento informático, ni la transmisión de ninguna forma o por cualquier medio, ya sea electrónico, mecánico, por fotocopia, por registro u otros métodos, sin el permiso previo y por escrito de los titulares del Copyright.

McGraw-Hill/Interamericana de España, S. A. U.

DERECHOS RESERVADOS © 2005, respecto a la segunda edición en español, por
McGRAW-HILL/INTERAMERICANA DE ESPAÑA, S. A. U.
Edificio Valrealty, 1.ª planta
Basauri, 17
28023 Aravaca (Madrid)

http://www.mcgraw-hill.es
profesional@mcgraw-hill.com

Traducido de la quinta edición en inglés de
Microsoft Computer Dictionary
ISBN: 0-7356-1495-4

Copyright de la edición original en lengua inglesa © 2003 por Microsoft Corporation.

Active Desktop, Active Directory, ActiveMovie, ActiveStore, ActiveSync, ActiveX, Authenticode, BackOffice, BizTalk, ClearType, Direct3D, DirectAnimation, DirectDraw, DirectInput, DirectMusic, DirectPlay, DirectShow, DirectSound, DirectX, Entourage, FoxPro, FrontPage, Hotmail, IntelliEye, IntelliMouse, IntelliSense, JScript, MapPoint, Microsoft, Microsoft Press, Mobile Explorer, MS-DOS, MSN, Music Central, NetMeeting, Outlook, PhotoDraw, PowerPoint, SharePoint, UltimateTV, Visio, Visual Basic, Visual C++, Visual FoxPro, Visual InterDev, Visual J++, Visual SourceSafe, Visual Studio, Win32, Win32s, Windows, Windows Media, Windows NT y Xbox son marcas comerciales registradas o marcas comerciales de Microsoft Corporation en Estados Unidos y/o en otros países. Otros nombres de productos y de compañías mencionados aquí pueden ser marcas comerciales de sus respectivos dueños.

Las compañías, organizaciones, productos, nombres de dominio, direcciones de correo electrónico, logotipos, personas y eventos de ejemplo mostrados aquí son ficticios. No se pretende, ni se debería deducir, cualquier asociación con ninguna compañía, organización, producto, nombre de dominio, dirección de correo electrónico, logotipo, persona, lugar o evento reales.

ISBN: 84-481-4531-3
Depósito legal: M-13.109-2005

Editor: Carmelo Sánchez González
Compuesto en Vuelapluma, S.L.
Impreso en: IMPRESA

IMPRESO EN ESPAÑA - PRINTED IN SPAIN

Colaboradores

Peter Aiken

Bart Arenson

Janice Borzendowski

Jerome Colburn

Duane Hanson

Andrew Himes

Robert Howecton

Annette B. Jackson

Larry S. Jackson

Thomas A. Jackson

Chris Kinata

Ilana Kingsley

Robin Lombard

Thomas A. Long

William G. Madison

Thomas P. Magliery

David Mason

Terrence M. McLaren

Wallace Parker

Charles Petzold

Phil Rose

John Ross

David Rygmyr

Aimée Truchard

Michael Vose

Bruce Webster

Judson D. Weeks

Tom Winn

JoAnne Woodcock

Ilustradores

Travis Beaven

David Holter

Alton Lawson

Rob Nance

Joel Panchot

Contenido

Introducción ix
    Cambios en la segunda edición ix
    Orden de presentación ix
    Entradas ix
    Futuras reimpresiones y reediciones xi

Diccionario de términos 1

Apéndice A
    Conjuntos de caracteres más comunes 831
        Conjunto de caracteres ANSI 831
        Conjunto de caracteres extendido de Apple Macintosh 837
        Conjunto de caracteres extendido de IBM 840
        Conjunto de caracteres EBCDIC 842

Apéndice B
    Extensiones comunes de archivo 849

Apéndice C
    Acrónimos y emoticonos de la mensajería instantánea 857

Apéndice D
    Dominios de Internet 867

Apéndice E
    Equivalentes numéricos 875

Introducción

Este diccionario ha sido diseñado para proporcionar una referencia completa y acreditada de definiciones relativas a términos y abreviaturas del campo informático. El diccionario incluye términos extraídos de una amplia variedad de temas de interés para los usuarios informáticos, incluyendo los campos del software, del hardware, de las redes, del almacenamiento de datos, de los gráficos, de los juegos, del procesamiento de la información, de la programación, de Internet y de la World Wide Web. Incluye también términos de la jerga informática, términos de carácter histórico, nombres de organizaciones y referencias de estándares.

Aunque este libro cubre casi todos los aspectos de la informática, sólo se incluyen los nombres de algunas empresas, de algunas marcas y modelos de equipos informáticos y de algunos programas software; específicamente, sólo se incluyen las empresas, equipos y programas que tienen una importancia universal o de carácter histórico dentro del sector informático.

El diccionario hace un énfasis especial en la terminología que el usuario informático medio encontrará en la documentación, ayuda en línea, manuales, materiales de marketing y ventas, medios de comunicación y prensa especializada en informática. Dado que la mayoría de los usuarios emplean computadoras personales y sistemas de escritorio en su empresa o en su casa, o en ambos lugares, la mayoría de las entradas de este diccionario cubren la terminología empleada para describir o trabajar con estos sistemas. Sin embargo, en algunos casos se incluyen también palabras especializadas o altamente técnicas relacionadas con distintas áreas de la industria, del mundo académico, del desarrollo hardware y software y de la investigación. Estos términos se han incluido porque tienen una influencia sobre otros términos más comunes del mundo de la informática o bien por su significado histórico.

Cambios en la segunda edición

La segunda edición del *Diccionario de informática e Internet de Microsoft* ha sido revisada y ampliada, incluyendo ahora más de 10.000 entradas, con el fin de reflejar los numerosos avances experimentados en el campo de la informática y para incluir también diversas áreas que ahora gozan de una popularidad general, como son el área de la comunicación por red, la creación de sitios web y otras nuevas tecnologías, como .NET. El contenido del apéndice dedicado (en ediciones anteriores) al problema del año 2000 se ha integrado dentro del cuerpo principal del diccionario y se ha añadido un nuevo apéndice sobre emoticonos y símbolos empleados en los programas de mensajería instantánea.

Orden de presentación

Las entradas están ordenadas alfabéticamente, ignorándose los espacios y los caracteres iniciales, tales como guiones, barras o puntos; por ejemplo, *.com* aparece entre *columna* y *COM*. Los números y símbolos se encuentran al principio del libro en orden ASCII ascendente. Si una entrada comienza con una letra o letras, pero contiene un número, también se incluye en orden ASCII. De este modo, *V.34* precede a *V.42*.

Entradas

Las entradas son de dos tipos: entradas principales, que contienen definiciones completas, y referencias de sinónimo, que contienen una o más indicaciones *Véase* a las correspondientes entradas principales. Las referencias de sinónimo son, generalmente, formas alternativas o menos comunes de referirse a una entrada principal. La definición contenida en la entrada principal sirve también como definición para el término sinónimo.

Introducción

Formato

La información contenida en cada entrada principal se presenta en un formato homogéneo: nombre de la entrada en negrita, entrada original en inglés entre paréntesis en negrita y cursiva (en caso de no coincidir el término inglés y el castellano), tipo de la entrada, definición, referencias a tablas (si las hubiera), referencias de sinónimo (si las hubiera), acrónimos (si los hubiera), nombres alternativos (si los hubiera) y referencias cruzadas (si las hubiera).

Entradas principales

Para las entradas que son acrónimos o abreviaturas de una o más palabras se indica el significado del acrónimo o abreviatura al comienzo de la definición.

Entrada original en inglés

A continuación del término en castellano se incluye entre paréntesis la entrada original en inglés de la que es traducción. Esto se hace para clarificar las traducciones que no estén universalmente aceptadas o que sean poco usuales y para dejar constancia del término original junto a la definición en castellano.

Tipo de entrada

Las entradas se dividen en cinco tipos, abreviadas como sigue:

s. sustantivo
vb. verbo
adj. adjetivo
adv. adverbio
pref. prefijo

Definiciones

Cada una de las más de 10.000 entradas de este diccionario está escrita en castellano claro y sencillo. Muchas van más allá de una simple definición para proporcionar detalles adicionales y colocar el término en su contexto de uso normal con el fin de que el usuario medio pueda comprender el concepto más fácilmente. Cuando una entrada tiene más de un sentido o definición, las definiciones se presentan en una lista numerada para hacer más fácil la distinción de variaciones particulares, a veces sutiles, del significado.

Referencias a tablas e ilustraciones

Algunas entradas tienen tablas o ilustraciones relacionadas que clarifican su definición. En la mayoría de los casos, las tablas e ilustraciones aparecen en la misma página que las entradas a las que se aplican. Sin embargo, en algunos casos, las necesidades de maquetación de las páginas fuerzan a colocar la imagen o tabla en una página adyacente. Las entradas con tablas o ilustraciones tienen una referencia al final de la definición en el siguiente formato:

Véase la tabla
Véase la ilustración.

Acrónimos

Algunos términos informáticos, particularmente los estándares y las expresiones de la jerga de Internet, pueden abreviarse para formar acrónimos. En ocasiones, el acrónimo es la forma más común de referirse a un concepto u objeto; en esos casos, el acrónimo es la entrada principal. En otros casos, el acrónimo no se utiliza tan comúnmente como las palabras o frases que le dan significado. En esos casos, las palabras o frases constituyen la entrada principal; el acrónimo se proporciona después de la definición de esas entradas en el siguiente formato:

Acrónimo:

Nombres alternativos

Algunos objetos o conceptos en el campo de la informática pueden ser designados con más de un nombre, aunque generalmente se prefiere sólo una forma. La terminología preferida es la entrada principal. Los nombres alternativos se enumeran después de cualquier acrónimo existente o, de no haber ninguno, después de la definición, utilizándose el siguiente formato:

También llamado:

Referencias de sinónimo y referencias cruzadas

Las referencias son de tres tipos: *Véase*, *Véase también* y *Compárese con*. *Véase* se utiliza en las entradas que son simplemente sinónimos de otra entrada principal que contiene la información buscada. Una referencia *Véase también* apunta a una o más entradas que contienen información adicional o suplementaria acerca de un tema; este tipo de referencia se incluye después de los acrónimos o nombres alternativos que puedan haberse añadido a la definición. Una referencia *Compárese con* apunta a una entrada o entradas cuyo significado contrasta con la entrada actual; estas referencias están situadas después de cualesquiera referencias *Véase también* que se hayan incluido o, de no existir ninguna de éstas, después de los acrónimos o nombres alternativos.

Futuras reimpresiones y reediciones

Se han llevado a cabo los máximos esfuerzos para asegurar la precisión y máxima cobertura de este libro. Si encuentra un error, cree que una entrada no contiene suficiente información o busca una entrada que no aparece en esta edición, háganoslo saber. Diríjanos una carta a:

McGraw-Hill/Interamericana de España, S. A. U.
Att. Editor de «Diccionario de Informática e Internet de Microsoft», 2.ª edición
Basauri, 17, 1.ª planta
28023 Madrid
España

O envíenos un correo electrónico a:

profesional@mcgraw-hill.com

Números y símbolos

$0.02 *s. Véase* my two cents.

& *s.* **1.** El carácter predeterminado utilizado para designar una entidad de carácter (carácter especial) en un documento HTML o SGML. *Véase también* HTML; SGML. **2.** En programas de hoja de cálculo, es un operador que sirve para insertar texto en una fórmula especificando la relación entre celdas. **3.** En UNIX, un sufijo para los comandos del usuario root que sirve para arrancar un demonio que debe continuar funcionando incluso después de cerrar la sesión. *Véase también* demonio. **4.** Sufijo de comando UNIX para ejecutar el comando precedente como un proceso en segundo plano. *Véase también* segundo plano.

* *s.* **1.** Carácter utilizado en algunas aplicaciones y lenguajes de programación para representar a la multiplicación. **2.** En los lenguajes de programación C y C++, el carácter utilizado para desreferenciar un puntero a una clase o estructura. *Véase también* desreferenciar; puntero. **3.** En Windows, MS-DOS, OS/2 y otros sistemas operativos, un carácter comodín que puede utilizarse en lugar de uno o más caracteres, como en *.*, que representa cualquier combinación de un nombre de archivo y una extensión. *Véase también* ?; *.*; carácter comodín.

. *s.* Especificación de archivo que utiliza el carácter comodín asterisco, el cual indica cualquier combinación de nombre de archivo y extensión en los sistemas operativos como MS-DOS. *Véase también* asterisco; carácter comodín.

*NIX *s.* Término del argot para referirse a cualquier sistema operativo relacionado con UNIX o a todos los sistemas operativos relacionados con UNIX. *NIX hace referencia normalmente a UNIX y Linux y puede incluir también a Mac OS X.

.. *s.* Sintaxis de MS-DOS y UNIX para designar el directorio padre. Un sólo punto se refiere al directorio actual.

/ *s.* **1.** Un carácter utilizado para separar partes de una ruta de directorio en UNIX y FTP o las distintas partes de una dirección Internet (URL) en los exploradores web. **2.** Carácter utilizado para marcar las opciones o parámetros que controlan la ejecución de un programa invocado por medio de una interfaz de línea de comandos. *Véase también* interfaz de línea de comandos.

// *s.* Notación utilizada con un carácter de dos puntos para separar el protocolo de una dirección URL (como, por ejemplo, HTTP o FTP) del nombre de la máquina host correspondiente a la dirección URL, como, por ejemplo, en http://www.yahoo.com. *Véase también* URL.

/pub *s.* Abreviatura de public (público). Un directorio en un archivo FTP anónimo que es accesible por el público y que generalmente contiene archivos que están disponibles para ser libremente descargados. *Véase también* FTP anónimo.

/usr *s.* Un directorio en un sistema informático que contiene subdirectorios que son propiedad o que son mantenidos por usuarios individuales del sistema informático. Estos subdirectorios pueden contener archivos y subdirectorios adicionales. Normalmente, los directorios /usr se utilizan en sistemas UNIX y pueden encontrarse en muchos sitios FTP. *Véase también* sitio FTP.

: *s.* Símbolo utilizado después del nombre de protocolo (como por ejemplo HTTP o FTP) en una dirección URL. *Véase también* URL.

? *s.* En algunos sistemas operativos y aplicaciones, es un carácter comodín utilizado a menudo para representar otro carácter. El signo de interrogación es uno de los dos caracteres comodín permitidos en los sistemas operativos MS-DOS, Windows NT y OS/2. *Véase también* *.

@ *s.* El separador entre los nombres de cuenta y los nombres de dominio en las direcciones de correo electrónico en Internet. Al decir de viva voz una dirección, el símbolo @ se suele denominar «arroba». Así, usuario@host.com se leería como "usuario arroba host punto com".

**** *s.* Barra invertida, un carácter utilizado para separar nombres de directorios en las especificaciones de rutas MS-DOS y UNIX. Cuando se utiliza como primer carácter, significa que la especificación de ruta comienza a partir del nivel más alto de esa unidad de disco. *Véase también* ruta.

<> *s.* **1.** Una pareja de símbolos utilizada para delimitar una dirección de retorno en una cabecera de correo electrónico. **2.** Corchetes angulares; una pareja de símbolos utilizados para delimitar una palabra clave que define una etiqueta en un documento HTML, SGML o XML. *Véase también* HTML; SGML; XML. **3.** En un canal IRC (Internet Relay Chat) o en una mazmorra multiusuario (MUD, multiuser dungeon), es un conjunto de símbolos utilizados para designar alguna acción o reacción, como en <risas>. *Véase también* marcador emotivo; IRC; MUD.

> *s.* **1.** Un símbolo comúnmente utilizado en mensajes de correo electrónico para indicar fragmentos de texto incluidos de otro mensaje anterior. **2.** Corchete angular derecho: un símbolo utilizado en algunos sistemas operativos, como MS-DOS y UNIX, para redirigir hacia un archivo la salida resultante de la ejecución de un comando.

0 estados de espera *s.* (*0 wait state*) *Véase* cero estados de espera.

0,07 micras *s.* (*0.07-micron*) Tecnología de fabricación con la que se pueden integrar en un solo chip 400 millones de transistores, con una longitud de canal efectiva 1.000 veces más fina que un cabello humano. Los tamaños extremadamente pequeños y las altas velocidades de los productos de 0,07 micras pueden utilizarse para crear microprocesadores de avanzadas prestaciones con velocidades de reloj superiores a los 10 GHz. Las posibles aplicaciones de la tecnología de 0,07 micras van desde pequeñas prótesis auditivas que pueden implantarse en el oído hasta unidades de disco duro capaces de leer gigabits de datos por segundo.

09/09/1999 *s.* *Véase* 99 o 9999.

1,2M *adj.* (*1.2M*) Abreviatura de 1,2 megabytes. Hace referencia a la capacidad de almacenamiento de los disquetes de alta densidad de 5,25 pulgadas.

1,44M *adj.* (*1.44M*) Abreviatura de 1,44 megabytes. Hace referencia a la capacidad de almacenamiento de los disquetes de alta densidad de 3,5 pulgadas.

100Base-FX *s.* Un estándar Ethernet para redes de área local (redes LAN de banda base) que utilizan cables de fibra óptica capaces de transportar señales a 100 Mbps (megabits por segundo). *También llamado* Fast Ethernet. *Véase también* Ethernet.

100Base-T *s.* Estándar Ethernet para redes de área local (LAN, local area network) en banda de base que utiliza un cable de par trenzado capaz de transportar 100 Mbps (megabits por segundo). El estándar 100Base-T comprende dos subestándares diferentes: 100Base-T4 (cuatro pares de cable de par trenzado de calidad media a alta) y 100Base-TX (dos pares de cable de par trenzado de alta calidad). *Véase también* Ethernet.

100Base-T4 *s. Véase* 100Base-T.

100Base-TX *s. Véase* 100Base-T.

100Base-VG *s.* Un estándar Ethernet para redes de área local (redes LAN) en banda base que utiliza cable telefónico de par trenzado capaz de transportar señales a 100 Mbps (megabits por segundo). A diferencia de otras redes Ethernet, 100Base-VG utiliza un método de acceso denominado prioridad de demanda en el que los nodos envían solicitudes a los concentradores, que les conceden permiso para transmitir basándose en los niveles de prioridad incluidos en las solicitudes. *También llamado* 100Base-VG-AnyLAN. *Véase también* Ethernet.

100Base-VG-AnyLAN *s. Véase* 100Base-VG.

100Base-X *s.* Descriptor utilizado para designar una de tres posibles formas de redes Ethernet a 100 Mbps: 100Base-T4, 100Base-TX o 100Base-FX. *También llamado* Fast Ethernet. *Véase también* 100Base-T; 100Base-FX; Ethernet.

1024x768 *s.* Pantalla de computadora superVGA estándar que tiene una resolución de 1.024 columnas por 768 filas de píxeles. *Véase también* SVGA.

10Base2 *s.* Un estándar Ethernet e IEEE 802.3 para redes de área local (redes LAN) en banda base que utiliza cable coaxial fino (de 3/16 de pulgada) de hasta 200 metros de longitud y que es capaz de transportar señales a 10 Mbps (megabits por segundo) en una topología de bus. Los nodos de red se conectan a los cables mediante conectores BNC situados en la tarjeta adaptadora. *También llamado* Cheapernet, Ethernet fina, ThinNet, ThinWire. *Véase también* BNC; red de bus; cable coaxial; Ethernet; IEEE 802.x.

10Base5 *s.* Un estándar Ethernet e IEEE 802.3 para redes de área local (redes LAN) en banda base que utiliza cable coaxial grueso (de 3/8 de pulgada) de hasta 500 metros de longitud y que es capaz de transportar señales a 10 Mbps (megabits por segundo) en una topología de bus. Los nodos de red incorporan un transceptor que se inserta en un conector AUI de 15 pines situado en la tarjeta adaptadora y que se conecta a dicho cable. Este tipo de Ethernet se utiliza generalmente para enlaces troncales de red. *También llamado* Ethernet gruesa, ThickNet, ThickWire. *Véase también* cable coaxial; Ethernet; IEEE 802.x.

10Base-F *s.* Estándar Ethernet para redes de área local (redes LAN) en banda base que utiliza cable de fibra óptica capaz de transportar señales a 10 Mbps (megabits por segundo) en una topología en estrella. Todos los nodos se conectan a un repetidor o a un concentrador central. Los nodos están equipados con un transceptor de fibra óptica que se inserta en un conector AUI situado en la tarjeta adaptadora y que se conecta al cable mediante un conector de fibra óptica SMA o ST. El estándar 10Base-F abarca los estándares 10Base-FB para enlaces troncales, 10Base-FL para los enlaces entre el concentrador central y una estación y 10Base-FP para redes en estrella. *Véase también* Ethernet; fibra óptica; red en estrella.

10Base-FB *s. Véase* 10Base-F.

10Base-FL *s. Véase* 10Base-F.

10Base-FP *s. Véase* 10Base-F.

10Base-T *s.* Un estándar Ethernet para redes de área local (redes LAN) en banda base que utiliza cable de par trenzado capaz de transportar señales a 10 Mbps (megabits por segundo) en una topología en estrella. Todos los nodos están conectados a un concentrador central que se denomina repetidor multipuerto. *Véase también* Ethernet; red en estrella; cable de par trenzado.

1394 *s. Véase* IEEE 1394.

14,4 *s.* Módem con una velocidad de transferencia de datos máxima de 14,4 Kbps (kilobits por segundo).

16 bits *adj.* (*16-bit*) *Véase* de 8 bits, de 16 bits, de 32 bits, de 64 bits.

1NF *s.* Abreviatura de first normal form (primera forma normal). *Véase* forma normal.

2.PAK *s.* Lenguaje de programación de inteligencia artificial.

256 bits *adj.* (*256-bit*) Que tiene una ruta de los datos de un ancho de 256 bits.

28,8 *s.* Módem con una velocidad de transferencia de datos máxima de 28,8 Kbps (kilobits por segundo).

286 *s. Véase* 80286.

287 *s. Véase* 80287.

2G *s.* Acrónimo de segunda generación. La segunda generación de la tecnología digital inalámbrica, como la definió la ITU (Inter-national Telecommunications Union). La tecnología de segunda generación permite la transmisión de datos a velocidades de 9,6 Kbps (kilobits por segundo) hasta

19,2 Kbps. La tecnología de segunda generación proporciona mayores capacidades de transmisión de datos y una transmisión de voz más eficiente que la tecnología analógica desarrollada en un principio para las telecomunicaciones inalámbricas.

2NF *s.* Abreviatura de second normal form (segunda forma normal). *Véase* forma normal.

30 de febrero *s.* (*February 30*) *Véase* año doblemente bisiesto.

32 bits *adj.* (*32-bit*) *Véase* de 8 bits, de 16 bits, de 32 bit, de 64 bits.

32 bits limpio, de *adj.*(*32-bit clean*) **1**. Referido al hardware Macintosh diseñado para funcionar en modo de 32 bits y que puede direccionar hasta 1 gigabyte de RAM física bajo System 7. Esto incluye todas las computadoras Macintosh actuales; algunos modelos más antiguos utilizaban direccionamiento de 16 bits. **2**. Referido al software escrito para operar con 32 bits

33,6 *s.* Un módem con una velocidad máxima de transferencia de datos de 33,3 Kbps (kilobits por segundo).

34010, 34020 *s.* (*34010/34020*) Coprocesadores gráficos de Texas Instruments (TI) utilizados principalmente en tarjetas gráficas de PC de alta gama que se han convertido en un estándar de facto para procesadores gráficos programables. Aunque ambos chips utilizan registros de 32 bits, el 34010 utiliza un bus de datos de 16 bits y el 34020 utiliza un bus de 32 bits. El 34020 es compatible con el anterior 34010 y los dos chips funcionan con TIGA (Texas Instruments Graphical Arquitecture), un estándar de TI que permite utilizar un mismo controlador de aplicación con todas las tarjetas basadas en ese estándar. *Véase también* estándar de facto; TIGA; tarjeta gráfica.

360K *adj.* Abreviatura de 360 kilobytes. La capacidad de almacenamiento de los disquetes estándar de 5,25 pulgadas.

.386 *s.* Extensión de archivo para los controladores de dispositivos virtuales en Windows 3.1. *Véase también* controlador de dispositivo virtual.

386 *s. Véase* 80386DX.

386BSD *s.* Versión del UNIX BSD, diferente del BSD386 de Berkeley Software Development, Inc. De distribución libre, 386BSD se lanzó al mercado en 1992 y está disponible en dos versiones más recientes: NetBSD y FreeBSD. *Véase también* BSD UNIX; FreeBSD; NetBSD.

386DX *s. Véase* 80386DX.

386SL *s. Véase* 80386SL.

386SX *s. Véase* 80386SX.

387 *s. Véase* 80387.

387SX *s. Véase* 80387SX.

3D *adj.* (*3-D* o *3D*) **1**. Que proporciona la sensación de profundidad o de distancias variables, como en audio 3D. **2**. Abreviatura de tridimensional. Perteneciente, relativo a o referido a un objeto o imagen que tiene o que parece tener las tres dimensiones espaciales (altura, anchura y profundidad).

3DMF *s. Véase* QuickDraw 3D.

3G *s.* Acrónimo de tercera generación. La tercera generación de tecnología digital inalámbrica, como fue definida por la ITU (International Telecommunications Union). La tecnología de tercera generación proporciona velocidades de transmisión de datos de 155 Kbps (kilobits por segundo) hasta 2 Mbps (megabits por segundo), comparadas con los 9,6 Kbps a 19,2 Kbps que ofrecía la tecnología de segunda generación. Europa occidental y Japón son los líderes mundiales en la adopción de la tecnología y servicios 3G.

3GL *s.* Abreviatura de third-generation language (lenguaje de tercera generación). Un lenguaje de programación de alto nivel diseñado para ejecutarse en la tercera generación de procesadores informáticos construidos a partir de tecnología de circuitos integrados aproximadamente entre 1965 y 1970. Como ejemplos de lenguajes de tercera generación que todavía se utilizan hoy día podemos citar C, FORTRAN, Basic y Pascal. *Véase también* lenguaje de alto nivel; circuito integrado. *Compárese con* 4GL; lenguaje de bajo nivel..

3NF *s.* Abreviatura de third normal form (tercera forma normal). *Véase* forma normal.

3Station *s.* Estación de trabajo sin disco desarrollada por Bob Metcalfe en 3Com Corporation. *Véase también* estación de trabajo sin disco.

400 *s.* Código de estado HTTP que indica una solicitud incorrecta. Es un mensaje del protocolo HTTP enviado por un servidor para indicar que no se puede completar una solicitud del cliente porque la sintaxis de dicha solicitud es incorrecta. *Véase también* servidor HTTP; códigos de estado HTTP.

401 *s.* Código de estado HTTP que indica falta de autorización. Es un mensaje del protocolo HTTP enviado por un servidor para indicar que no puede completarse una solicitud de un cliente porque la transacción requiere una cabecera de autorización que no ha sido suministrada. *Véase también* servidor HTTP; códigos de estado HTTP.

402 *s.* Código de estado HTTP que indica que es preciso realizar un pago. Es un mensaje del protocolo HTTP enviado por un servidor para indicar que no puede completarse una solicitud del cliente porque la transacción requiere que se efectúe un pago y no se ha suministrado ninguna cabecera ChargeTo. *Véase también* servidor HTTP; códigos de estado HTTP.

403 *s.* Código de estado HTTP que indica que el acceso está prohibido. Es un mensaje del protocolo HTTP enviado por un servidor para indicar que no puede completarse una solicitud de un cliente porque el acceso está restringido. *Véase también* servidor HTTP; códigos de estado HTTP.

404 *s.* Código de estado HTTP que indica que no se ha encontrado el documento. Es un mensaje del protocolo HTTP enviado por un servidor para indicar que no puede completarse una solicitud de un cliente porque el servidor ha sido incapaz de encontrar una dirección que se corresponda con la dirección URL solicitada. *Véase también* servidor HTTP; códigos de estado HTTP; URL.

486 *s. Véase* i486DX.

486DX *s. Véase* i486DX.

486SL *s. Véase* i486SL.

486SX *s. Véase* i486SX.

4GL *s.* Abreviatura de fourth-generation language (lenguaje de cuarta generación). Un lenguaje de programación diseñado para parecerse al lenguaje humano. Este término se utiliza a menudo para referirse a los lenguajes utilizados con las bases de datos relacionales y pretende implicar que dichos lenguajes representan un avance con respecto a los lenguajes de programación estándar de alto nivel como C, Pascal y COBOL. *Véase también* lenguaje de desarrollo de aplicaciones; lenguaje de alto nivel. *Compárese con* 3GL; lenguaje ensamblador.

4NF *s.* Abreviatura de fourth normal form (cuarta forma normal). *Véase* forma normal.

56K *adj.* Que tiene 56 kilobits por segundo (Kbps) disponibles para el tráfico a través de un circuito de comunicaciones. Un canal de voz puede transportar hasta 64 Kbps (lo que se denomina portador T0); 8 Kbps se utilizan para señalización, dejando los 56 Kbps restantes disponibles para tráfico. *Véase también* portador T.

56K *s. Véase* módem a 56-Kbps.

586 *s.* El nombre no oficial utilizado por los analistas del sector informático y por la prensa especializada para describir el sucesor del microprocesador i486 de Intel antes de su lanzamiento. Sin embargo, para poder utilizar un nombre que pudiera proteger y registrar, Intel decidió llamar a dicho microprocesador Pentium. *Véase también* Pentium.

5NF *s.* Abreviatura de fifth normal form (quinta forma normal). *Véase* forma normal.

5x86 *s.* Clon del procesador Pentium de Intel fabricado por Cyrix Corporation. *Véase también* 586; 6x86; unidad central de proceso; clon; Pentium.

64 bits *adj.* (*64-bit*) Perteneciente, relativo a o descriptivo de la cantidad de datos (64 bits u 8 bytes) que ciertos sistemas o programas informáticos pueden procesar al mismo tiempo.

6502 *s.* El microprocesador de 8 bits desarrollado por Rockwell International que se utilizaba en las microcomputadoras Apple II y Commodore 64.

65816 *s*. Microprocesador de 16 bits de Western Digital Design utilizado en el Apple IIGS. Puede emular al 6502, proporcionando compatibilidad con todo el software antiguo del Apple II. *Véase también* 6502.

6800 *s*. Microprocesador de 8 bits desarrollado por Motorola a principios de los años setenta. No consiguió gran aceptación.

68000 *s*. El microprocesador original de la familia 680x0 de Motorola introducido en el mercado en 1979 y utilizado en las primeras computadoras Apple Macintosh, así como en las impresoras Laser-Writer IISC y LaserJet de Hewlett-Packard. El 68000 tiene registros internos de 32 bits, pero transfiere los datos a través de un bus de datos de 16 bits. Con un direccionamiento físico de 24 bits, el 68000 puede direccionar 16 megabytes de memoria, es decir, 16 veces más que el Intel 8088 incluido en un IBM PC. Además, la arquitectura del 68000, en la que el direccionamiento es lineal (por contraste con el direccionamiento segmentado del 8088) y en la que todos los registros de dirección funcionan de la misma manera y todos los registros de datos funcionan de la misma manera, hace que la programación sea más sencilla. *Véase también* arquitectura de direccionamiento lineal; arquitectura de direccionamiento segmentado.

68020 *s*. Microprocesador de la familia 680x0 de Motorola presentado en 1984. Este chip tiene un bus de direcciones de 32 bits y otro de datos de 32 bits y está disponible para velocidades que van desde los 16 MHz hasta los 33 MHz. El 68020 se encuentra en el Macintosh II original y en el LaserWriter IINT de Apple.

68030 *s*. Microprocesador de la familia 680x0 de Motorola presentado en 1987. Este chip tiene un bus de direcciones de 32 bits y un bus de datos de 32 bits y está disponible para velocidades que van desde los 20 MHz hasta los 50 MHz. El 68030 tiene un mecanismo integrado de gestión de memoria paginada, lo que excluye la necesidad de chips suplementarios para proporcionar esta función.

68040 *s*. Microprocesador de la familia 680x0 de Motorola presentado en 1990. Este chip tiene un bus de direcciones de 32 bits y un bus de datos de 32 bits. El 68040 funciona a 25 MHz e incluye una unidad para trabajar con datos en coma flotante y unidades de gestión de memoria, incluyendo cachés de instrucciones y de datos independientes de 4KB, las cuales eliminan la necesidad de chips suplementarios para proporcionar estas funciones. Además, el 68040 es capaz de ejecutar instrucciones en paralelo mediante múltiples cadenas independientes de procesamiento de instrucciones, múltiples buses internos y cachés separadas para datos e instrucciones.

68060 *s*. El miembro más reciente y más rápido de la familia de microprocesadores 680x0 de Motorola lanzado al mercado en 1995. Este chip tiene un bus de datos de 32 bits y mecanismos de direccionamiento de 32 bits y está disponible en velocidades que van de 50 MHz a 75 MHz. Hay que resaltar que no existía ningún chip denominado 68050. El 68060 es probablemente el último de la serie 680x0 de Motorola.

6845 *s*. Controlador de vídeo programable de Motorola utilizado en los adaptadores MDA (Monochrome Display Adapter) y CGA (Color/Graphics Adapter) de IBM. El 6845 llegó a ser tal parte integral de los PC de IBM y compatibles, que las posteriores generaciones de adaptadores de vídeo, como EGA y VGA, continúan soportando las operaciones del 6845. *Véase también* CGA; EGA; MDA; VGA.

68881 *s*. Coprocesador de coma flotante de Motorola para utilización con el 68000 y el 68020. El 68881 proporciona instrucciones para aritmética en coma flotante de altas prestaciones, un conjunto de registros para datos en coma flotante y 22 constantes predefinidas, incluyendo ? y las potencias de 10. El 6881 cumple con el estándar ANSI/IEEE 754-1985 referido a la aritmética binaria en coma flotante. El 68881 permite obtener una gran mejora en las prestaciones del sistema cuando los programas software aprovechan las funciones que ofrece. *Véase también* procesador de coma flotante.

68K *s. Véase* 68000.

6x86 *s.* Microprocesador compatible con el 8086 diseñado por Cyrix Corporation. Es compatible con los zócalos de algunos microprocesadores Pentium de Intel y puede ser utilizado en su lugar. *Véase también* 8086; microprocesador; Pentium.

7 pistas *s.* (*7-track*) Esquema de almacenamiento en cinta magnética que almacena datos en siete pistas paralelas distintas de una cinta magnética de media pulgada. Éste es un formato de grabación antiguo utilizado con computadoras que transfieren 6 bits cada vez. Los datos se graban como 6 bits de datos y 1 bit de paridad. Algunas computadoras personales utilizan actualmente el esquema de almacenamiento en cinta de 9 pistas. *Véase también* 9 pistas.

8.3 *s.* El formato estándar de nombres de archivo en MS-DOS/Windows 3.x: un nombre de archivo con ocho caracteres o menos seguido de un punto y seguido de una extensión de archivo de tres caracteres. *Véase también* extensión. *Compárese con* nombre de archivo largo.

802.11, estándar *s.* (*802.11 standards*) *Véase* IEEE 802.11.

802.x, estándares *s.* (*802.x standards*) *Véase* IEEE 802.x.

80286 *s.* Microprocesador de 16 bits de Intel presentado en 1982 e incluido en el PC/AT de IBM y en las computadoras compatibles en 1984. El 80286 tiene registros de 16 bits, transfiere información de 16 en 16 bits a través del bus de datos y utiliza 24 bits para acceder a las direcciones de memoria. El 80286 opera en dos modos: modo real, el cual es compatible con el 8086 y soporta MS-DOS, y el modo protegido, el cual permite a la UCP acceder a 16 megabytes de memoria y protege al sistema operativo de accesos incorrectos a la memoria por parte de aplicaciones mal diseñadas, que podrían provocar la detención del sistema si éste trabajara en modo real. *También llamado* 286. *Véase también* modo protegido; modo real.

80287 *s.* Coprocesador en punto flotante de Intel que se usa con la familia de microprocesadores 80286. Está disponible con velocidades comprendidas entre 6 MHz y 12 MHz; el 80287 ofrece las mismas capacidades matemáticas que el coprocesador 8087 proporciona a un sistema basado en el 8086. Puesto que el 80287 cumple los esquemas de protección y administración de memoria del 80286, puede emplearse tanto en el modo real como en el protegido del 80286. También, si el fabricante de equipos informáticos implementa soporte para él en el diseño de la placa madre, el 80287 puede utilizarse en un sistema con un microprocesador 80386. *Véase también* procesador de coma flotante.

80386 *s. Véase* 80386DX.

80386DX *s.* Microprocesador de 32 bits de Intel presentado en 1985. El 80386 es un microprocesador de 32 bits completo; es decir, tenía registros de 32 bits, podía transferir información de 32 en 32 bits a través del bus de datos y podía utilizar 32 bits para las direcciones de memoria. Como su predecesor el 80286, el 80386 operaba en dos modos: modo real, el cual es compatible con el chip 8086 y soporta MS-DOS, y modo protegido, el cual permite a la UCP acceder a 4 GB de memoria directamente, incluye mecanismos multitarea y protege al sistema operativo de accesos incorrectos a la memoria debidos a errores que se produzcan en un programa de aplicación. El 80386 también incluía un modo virtual 8086 (también llamado modo real virtual), el cual hace creer al software que es un 8086, pero cuyo espacio efectivo de direccionamiento de 1MB puede estar ubicado en cualquier parte de la memoria física, con las mismas salvaguardas que en el modo protegido. El modo virtual 8086 es la base para el símbolo de sistema MS-DOS disponible dentro de Windows. *También llamado* 386, 386DX, 80386. *Véase también* modo protegido; modo real; modo real virtual.

80386SL *s.* Microprocesador de Intel destinado a ser utilizado en computadoras portátiles. El 80386SL tiene características similares al 80386SX, pero además tiene capacidades para

80386SX

reducir su consumo de potencia. En particular, el 80386SL puede reducir su velocidad de reloj a cero cuando no se utiliza y volver a la velocidad máxima, con los contenidos de todos sus registros intactos, cuando se le llame para realizar otra tarea. *También llamado* 386SL. *Véase también* 80386SX; PC ecológico; i486SL.

80386SX *s.* Microprocesador de Intel presentado en 1988 como una alternativa de bajo coste al 80386DX. El 80386SX es básicamente un procesador 80386DX limitado por un bus de datos de 16 bits. El diseño de 16 bits permite configurar los sistemas 80386SX a partir de componentes de clase AT más baratos, dando como resultado un precio total del sistema mucho más bajo. El 80386SX ofrece un rendimiento mejorado respecto del 80286 y acceso a software diseñado para el 80386DX. El 80386SX también ofrece características del 80386DX, como la multitarea y el modo virtual del 8086. *También llamado* 386SX. *Véase también* 80386DX.

80387 *s.* Coprocesador de coma flotante introducido por Intel para su uso con los microprocesadores 80386. Disponible en velocidades que iban de 16 MHz a 33 MHz, el 80387 ofrecía las mismas capacidades matemáticas que el 8087 proporcionaba para un sistema basado en 8086, así como operaciones trascendentes para cálculos relativos a senos, cosenos, tangentes, arcotangentes y logaritmos. El 80387 cumple con el estándar ANSI/IEEE 754-1985 para aritmética binaria en coma flotante. El 80387 opera independientemente del modo del 80386 y su funcionamiento es el mismo cuando el 80386 se ejecuta en modo real, en modo protegido o en modo 8086 virtual. *Véase también* 80386DX; procesador de coma flotante.

80387SX *s.* Coprocesador de coma flotante de Intel para utilización con el microprocesador 80386SX. Proporciona las mismas capacidades que el 80387 para un sistema basado en 80386, pero está disponible únicamente en una versión de 16 MHz. *Véase también* 80386SX; procesador de coma flotante.

80486 *s. Véase* i486DX.

80486SL *s. Véase* i486SL.

80486SX *s. Véase* i486SX.

8080 *s.* Uno de los primeros chips capaces de servir como base para una computadora personal y que fue introducida en el mercado por Intel en 1974 y utilizado en el Altair 8800. El 8080 operaba con 8 bits de datos y 16 bits de direcciones e influyó bastante en el diseño del Z80. Asimismo, los microprocesadores de la familia 80x86, que fueron la base del IBM PC y de todos sus sucesores y computadoras compatibles, están todos basados en un conjunto de registros organizados de forma similar a los del 8080. *Véase también* Altair 8800; Z80.

8086 *s.* El microprocesador original de la familia 80x86 de Intel lanzado al mercado en 1978. El 8086 tiene registros de 16 bits, un bus de datos de 16 bits y un sistema de direccionamiento de 20 bits, lo que permitía acceder a 1 megabyte de memoria. Sus registros internos incluían un conjunto que estaba organizado de la misma forma que los registros del 8080. Las velocidades iban de 4,77 MHz a 10 MHz. *Véase también* 8080.

8087 *s.* Coprocesador en punto flotante de Intel que se usa con los microprocesadores 8086/8088 y 80186/80188. Está disponible con velocidades comprendidas entre 5 MHz y 10 MHz; el 8087 ofrece instrucciones que no están disponibles en el conjunto de instrucciones 8086/8088, que permiten realizar operaciones aritméticas, trigonométricas, exponenciales y logarítmicas en enteros de 16, 32 y 64 bits; en números en coma flotante de 32, 64 y 80 bits, y en operandos BCD (binary-coded decimal) de 18 dígitos. Con software de aplicación que aproveche estas instrucciones, el 8087 puede mejorar enormemente el rendimiento del sistema. El 8087 cumple el estándar IEEE 754 propuesto para la aritmética en coma flotante binaria. *Véase también* 8086; 8088; procesador de coma flotante.

8088 *s.* El microprocesador en el que estaba basado el IBM PC original. Lanzado al mercado por Intel en 1978, el 8088 es idéntico al 8086, pero transfiere la información de 8 en 8 bits (a través de un bus de datos de 8 bits) en lugar de hacerlo de 16 en 16 bits (a través de un bus de datos de 16 bits). *Véase también* 8086; bus.

80x86 *s. Véase* 8086.

82385 *s.* Chip controlador de caché de Intel que permite restaurar a la memoria principal los bloques de caché modificados, mientras que la UCP (o los mecanismos DMA) accede a la caché. *Véase también* caché; unidad central de proceso; controlador; acceso directo a memoria.

8514/A *s.* Adaptador gráfico presentado por IBM en abril de 1987 y retirado en octubre de 1991. El 8514/A fue diseñado para aumentar la capacidad del adaptador VGA en algunas computadoras PS/2 de IBM de una resolución de 640 por 480 píxeles con 16 colores simultáneos a una resolución de 1.024 por 768 píxeles (casi cuadriplicando la cantidad de información mostrada en la pantalla) con 256 colores simultáneos. El 8514/A sólo funcionaba en las computadoras PS/2 basadas en la arquitectura Micro Channel y utilizaba el método de entrelazado para la visualización, lo que podía dar lugar a parpadeos perceptibles a altas resoluciones. Por tanto, nunca alcanzó excesiva popularidad; el adaptador SVGA (SuperVGA) prevaleció porque fue diseñado para funcionar con las arquitecturas de bus más frecuentes, ISA y EISA. *Véase también* EISA; entrelazado; ISA; Micro Channel Architecture; no entrelazado; SVGA; VGA.

88000 *s.* Chipset de Motorola que usa la tecnología RISC (reduced instruction set computing) presentado en 1988 y basado en la arquitectura Harvard. El chipset 88000 a 20 MHz incluye una UCP 88100 y al menos dos unidades CMMU (cache memory management units) 88200, una para la memoria de datos y otra para la memoria de instrucciones. La UCP 88100 RISC incluye dos procesadores para enteros y para números de coma flotante y dispone de treinta y dos registros de propósito general de 32 bits, 21 registros de control y buses de datos y de direcciones de 32 bits. El 88100 es capaz de direccionar 4 gigabytes de datos externos y 1 gigabyte de instrucciones de 32 bits en el espacio de memoria. Se pueden configurar hasta cuatro chipsets para trabajar con la misma memoria en una configuración de multiprocesamiento. *Véase también* unidad central de proceso; procesador de coma flotante; arquitectura Harvard; RISC.

88100 *s. Véase* 88000.

88200 *s. Véase* 88000.

8-N-1 *s.* Abreviatura de 8 bits, No parity, 1 stop bit (8 bits, sin paridad, un bit de parada). Son las configuraciones predeterminadas típicas para comunicación en serie, como, por ejemplo, las transmisiones a través de módem.

9 pistas *s.* (***9-track***) Esquema de almacenamiento en cinta magnética que almacena datos en nueve pistas paralelas distintas (una pista para cada uno de los 8 bits de datos de un byte y otra para 1 bit de paridad) de una cinta magnética de media pulgada. *Véase también* 7 pistas.

9600 *s.* Un módem con una velocidad máxima de transferencia de datos de 9.600 bps (bits por segundo).

99 o 9999 *s.* Número que, en programas antiguos, a veces recibía un significado especial; por ejemplo, como un indicador de fin de archivo o como una fecha de caducidad que realmente quería decir «no permitir que caduque»). Los programas que se han corregido pueden interpretar dicha fecha como un indicador de fin de archivo o como una fecha de caducidad y causar problemas. *Véase también* problema del año 1999.

A

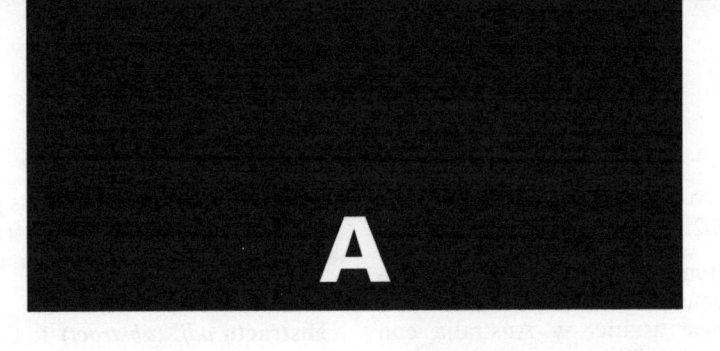

A *s. Véase* amperio.

Å *s. Véase* angstrom.

a prueba de balas *adj.* (*bulletproof*) Que es capaz de sobreponerse a problemas de hardware que, en otro sistema, podrían provocar la interrupción de la tarea en curso.

A/UX *s.* Una versión del sistema operativo multitarea y multiusuario UNIX, proporcionado por Apple Computer para distintos equipos Macintosh y basada en el sistema operativo AT&T System V, versión 2.2 de UNIX, con algunas mejoras. A/UX incorpora una serie de características Apple, incluyendo el soporte para el conjunto de herramientas Macintosh, de modo que las aplicaciones puedan proporcionar a los usuarios la interfaz gráfica característica de dicho tipo de plataforma. *Véase también* System V.

A: *s.* En Windows y en algunos otros sistemas operativos, es el identificador utilizado para la unidad de disco flexible primera o principal. A menos que se especifique lo contrario cambiando las instrucciones de arranque almacenadas en CMOS, ésta es la unidad que el sistema operativo comprobará en primer lugar en busca de instrucciones para el arranque.

AAL *s.* (*ATM Adaptation Layer*) Acrónimo de ATM Adaptation Layer (nivel de adaptación ATM). El nivel ATM que realiza la intermediación entre los servicios de nivel superior y los del nivel inferior, convirtiendo diferentes tipos de datos (como, por ejemplo, audio, vídeo y tramas de datos) en los fragmentos de carga útil de 48 bytes requeridos por ATM. *Véase también* ATM.

abanicar *vb.* (*fan*) Recorrer con el dedo el borde de una pila de papel para asegurarse de que las páginas están sueltas y no se pegarán ni atascarán la impresora.

ABC *s.* **1**. Acrónimo de Atanasoff-Berry Computer (computadora de Atanasoff-Berry). La primera computadora digital electrónica, creada por John Atanasoff y Clifford Berry en la Universidad del Estado de Iowa en 1942. **2**. Acrónimo de automatic brightness control (control automático de brillo). Un circuito que cambia la luminancia de un monitor para compensar las variaciones en las condiciones de iluminación ambiental. **3**. Un lenguaje imperativo y entorno de programación de CWI, Holanda. Este lenguaje interactivo, estructurado y de alto nivel resulta fácil de aprender y utilizar. No se trata de un lenguaje de programación de sistemas, sino de un lenguaje que resulta apropiado para la enseñanza y el desarrollo de prototipos.

Abeline *s.* Una red de altas prestaciones desarrollada por Qwest Communications, Nortel y Cisco Systems para proporcionar una red troncal para el proyecto Internet2. Abeline interconecta los gigaPoP creados por el proyecto Internet2 y por las instituciones participantes en él, permitiendo a las instituciones participantes desarrollar aplicaciones y servicios de red avanzados. *Véase también* gigaPoP; Internet2.

abend o ABEND *s.* (*abend*) Abreviatura de abnormal end (terminación anormal). Finalización prematura de un programa debido a un error del programa o a un fallo del sistema. *Véase también* abortar; fallo catastrófico.

ABI *s.* Acrónimo de application binary interface. *Véase* interfaz binaria de aplicaciones.

abierto *adj.* (*open*) Perteneciente, relativo a, o que proporciona accesibilidad. Por ejemplo, un archivo abierto es el que puede utilizarse debido a que un programa ha enviado al sistema operativo un comando para abrir el archivo.

ABIOS *s.* Acrónimo de Advanced Basic Input/Output System (sistema básico avanzado de entrada/salida). Un conjunto de rutinas de servicio de entrada/salida diseñadas para soportar mecanismos de multitarea y un modo protegido, y que estaba incorporado en las computadoras IBM PS/2. *Véase también* BIOS.

A-Bone *s.* Red troncal Internet de la región Asia-Pacífico que conecta a los usuarios de los países del sudeste asiático y Australia con velocidades de nivel T1 o superior, sin necesidad de enviar datos a través de instalaciones situadas en Norteamérica. La red A-Bone fue implantada por Asia Internet Holding Co., Ltd. en 1996. En 1998, había un total de 13 países conectados al concentrador de A-Bone situado en Japón. A-Bone incluye también enlaces tanto con Europa como con Estados Unidos. *Véase también* red troncal.

abortar *vb.* (*abort*) Terminar abruptamente; este término se utiliza a menudo para hacer referencia a un programa o procedimiento en ejecución.

abrazo mortal *s.* (*deadly embrace*) *Véase* interbloqueo.

abreviatura de dos dígitos *s.* (*two-digit shortcut*) La práctica de utilizar dos dígitos para indicar el año en un programa, particularmente en aquellos que están escritos en un lenguaje de programación o que se ejecutan en sistemas que tienen la capacidad de funcionar con años de cuatro dígitos (de aquí el término abreviatura).

abrir *vb.* (*open*) Hacer que un objeto, como, por ejemplo, un archivo, sea accesible.

abstracción *s.* (*abstraction*) **1**. En sentido general, la utilización de software especializado, como, por ejemplo, una interfaz de programación de aplicaciones (API, application programming interface), como medio de proteger al software frente a las dependencias con respecto a los dispositivos o frente a las complejidades de las capas de software subyacentes. Por ejemplo, la abstracción de hardware permite a los programas concentrarse en una tarea, como, por ejemplo, la de comunicaciones, en lugar de en las diferencias individuales existentes entre los distintos dispositivos de comunicaciones. **2**. En programación orientada a objetos, el proceso de reducir un objeto a su esencia, de modo que sólo se representen los elementos necesarios. La abstracción define un objeto en términos de sus propiedades (atributos), comportamientos (funcionalidad) e interfaz (medio de comunicación con otros objetos).

abstracto *adj.* (*abstract*) **1**. En los sistemas de reconocimiento de caracteres, perteneciente o relativo a, o característico de un tipo de símbolo que, a diferencia de las letras o de los números, no tiene ningún significado intrínseco y debe ser definido para poder ser interpretado. **2**. En programación, perteneciente o relativo a, o característico de, un tipo de datos definido por las operaciones que pueden realizarse sobre los objetos de dicho tipo en lugar de por las propiedades de los propios objetos. *Véase también* tipo de datos abstracto.

AC *s.* **1**. Acrónimo de alternating current. *Véase* corriente alterna. **2**. (*CA*) *Véase* autoridad de certificación.

acarreo *s.* (*carry*) En aritmética, el proceso de mover un dígito a la siguiente posición de mayor peso cuando la suma de dos números es mayor que el dígito más alto existente en el sistema de numeración utilizado. Las computadoras, que están basadas en circuitos lógicos y que a menudo pueden sumar todos los dígitos de dos números simultáneamente (suma paralela), calculan los acarreos de diferentes formas. Por ejemplo, pueden calcular acarreos completos en los que se permite que un acarreo se propague, es decir, que genere otros acarreos en otras posiciones de dígitos. También pueden calcular acarreos parciales en los que los acarreos resultantes de la suma paralela se almacenan de manera temporal.

acarreo circular *s.* (*end-around carry*) Tipo especial de operación de desplazamiento circular en un valor binario que trata el bit de acarreo como un bit extra; es decir, el bit de acarreo se desplaza desde un extremo del valor hasta el otro. *Véase también* acarreo; desplazamiento circular; desplazar.

acceder *vb.* (*access*) Entrar en la memoria para leer o escribir datos.

accesibilidad *s.* (*accessibility*) Una cualidad del software, del hardware o de un sistema informático completo que hace que sea utilizable por personas con una o más discapacidades físicas, como puedan ser una movilidad restringida, ceguera o sordera.

accesibilidad activa *s.* (*Active Accessibility*) Una iniciativa de Microsoft, lanzada en el año 1997, que está compuesta por archivos de programa y convenios que hacen más fácil para los desarrolladores de software integrar en la interfaz de usuario de sus aplicaciones ayudas de accesibilidad, como, por ejemplo, ampliadores de pantalla o conversores de texto a voz, para que el software sea más sencillo de utilizar por parte de los usuarios que tienen limitadas sus capacidades físicas. La tecnología de accesibilidad activa de Microsoft está basado en tecnologías COM y es soportada por Windows 9x, Windows XP, Windows NT 4.0 y versiones superiores, Internet Explorer 3 y versiones superiores y Office 2000 y versiones superiores. *Acrónimo:* MSAA. *También llamado* Microsoft Active Accessibility.

acceso *s.* (*access*) **1**. Conexión a Internet o a otra red o sistema. **2**. El acto de leer datos de una memoria o escribir datos en una memoria.

acceso a canal *s.* (*channel access*) **1**. Un método utilizado en los sistemas de red para obtener acceso al canal de comunicación de datos que enlaza dos o más computadoras. Entre los métodos comunes de acceso al canal podemos citar la contienda, el sondeo y las redes token ring. *Véase también* canal; contienda; sondeo; red token ring. **2**. En tecnología inalámbrica, es un método de acceso, como, por ejemplo, CDMA (Code Division Multiple Access, acceso múltiple por división de códigos). *Véase también* acceso múltiple por división de códigos.

acceso al medio físico, control de *s.* (*Media Access Control*) *Véase* MAC.

acceso aleatorio *s.* (*random access*) La capacidad de una computadora para localizar y acudir directamente a una posición de almacenamiento concreta sin tener que buscar secuencialmente desde la primera posición. El equivalente en términos humanos del acceso aleatorio sería la capacidad de encontrar la dirección deseada en una libreta de direcciones sin tener que leer secuencialmente todas las direcciones desde el principio. Las memorias semiconductoras de una computadora (tanto RAM como ROM) proporcionan acceso aleatorio. Ciertos tipos de archivos almacenados en disco en algunos sistemas operativos permiten también un acceso aleatorio. Dichos archivos son especialmente útiles para aquellos datos en los que cada registro no guarda ninguna relación intrínseca con la información situada antes o después del mismo, como es el caso, por ejemplo, de una lista de clientes o de un inventario. *Véase también* RAM; ROM. *Compárese con* método de acceso secuencial indexado; acceso secuencial.

acceso de escritura *s.* (*write access*) Privilegio en un sistema informático que permite al usuario guardar, cambiar o borrar datos almacenados. El acceso de escritura lo establece normalmente el administrador del sistema para un sistema de red o de servidor y el propietario de la computadora en el caso de una máquina autónoma. *Véase también* privilegios de acceso.

acceso de usuario común *s.* (*Common User Access*) Conjunto de estándares para la gestión de interfaces de usuario como parte de la arquitectura SAA (Systems Application Architecture) de IBM. El acceso de usuario común está diseñado para facilitar el desarrollo de aplicaciones que son compatibles y coherentes en diferentes plataformas. *Acrónimo:* CUA. *Véase también* estándar; interfaz de usuario.

acceso directo *s.* **1**. (*direct access*) La capacidad de una computadora para localizar y acudir directamente a una posición de almacenamiento concreta en memoria o en un disco con el fin de extraer o almacenar un elemento de información. Observe que el acceso directo no es lo mismo que el acceso directo a memoria (DMA, direct memory access), que es la capacidad para transferir información directamente entre un canal de entrada/salida y la memoria en lugar de tener que transferir primero los datos desde el canal de E/S del microprocesador y luego desde éste a la memoria, lo que constituye un camino más largo y lento. *Véase también* acceso aleatorio. *Compárese con* acceso directo a memoria. **2**. (*shortcut*) En

acceso directo a memoria

Windows 9x, Windows XP, Windows NT 4 y Windows 2000, un icono del escritorio en el que el usuario puede hacer doble clic para acceder inmediatamente a un programa, documento de texto, archivo de datos o página web. *Véase también* enlace simbólico.

acceso directo a memoria *s.* (*direct memory access*) Acceso a memoria en el que no participa el microprocesador y que es frecuentemente utilizado para la transferencia directa de datos entre la memoria y un dispositivo periférico «inteligente», como, por ejemplo, una unidad de disco. *Acrónimo:* DMA. *Compárese con* PIO.

acceso inmediato *s.* (*immediate access*) *Véase* acceso directo; acceso aleatorio.

acceso Internet *s.* (*Internet access*) **1**. La capacidad de un servicio de información en línea para intercambiar datos con Internet, como, por ejemplo, mensajes de correo electrónico, o para ofrecer servicios Internet a sus usuarios, como, por ejemplo, servicios de grupos de noticias, FTP y acceso a la World Wide Web. La mayor parte de los servicios de información en línea ofrecen acceso Internet a los usuarios. *Véase también* FTP; servicio de información en línea. **2**. La capacidad de un usuario para conectarse a Internet. Esto se lleva a cabo, generalmente, de dos posibles formas. La primera consiste en acceder telefónicamente a un proveedor de servicios Internet o a un proveedor de servicios de información en línea a través de un módem conectado al equipo del usuario. Este método es el que utiliza la mayoría de los usuarios informáticos domésticos. La segunda forma es a través de una línea dedicada, como, por ejemplo, una línea T1, que esté conectada a una red de área local a la que pertenezca la computadora del usuario. La solución basada en línea dedicada se emplea en las organizaciones de mayor tamaño, como las grandes empresas, que pueden tener su propio nodo Internet o conectarse a un proveedor de servicios Internet que actúe como nodo. Una tercera forma que cada vez se está extendiendo más es la de que los usuarios empleen decodificadores para televisión. Generalmente, sin embargo, esto sólo proporciona a los usuarios acceso a documentos contenidos en la World Wide Web. *Véase también* línea dedicada; ISP; LAN; módem; nodo; decodificador.

acceso múltiple por división de códigos *s.* (*Code Division Multiple Access*) Una forma de multiplexación en la que el transmisor codifica la señal utilizando una secuencia seudoaleatoria que el receptor también conoce y que puede utilizar para decodificar la señal recibida. Cada una de las secuencias seudoaleatorias se corresponde con un canal de comunicaciones diferente. Motorola utiliza el acceso múltiple por división de códigos en sus teléfonos celulares digitales. *Acrónimo:* CDMA. *También llamado* expansión de espectro. *Véase también* multiplexación; transmisor.

acceso múltiple por división de frecuencia *s.* (*Frequency Division Multiple Access*) *Véase* FDMA.

acceso múltiple por división de tiempo *s.* (*Time Division Multiple Access*) *Véase* TDMA.

acceso no uniforme a memoria *s.* (*Non-Uniform Memory Access*) *Véase* NUMA.

acceso paralelo *s.* (*parallel access*) La capacidad de almacenar o extraer todos los bits que componen una determinada unidad de información, como, por ejemplo, un byte o una palabra (usualmente dos bytes), al mismo tiempo.

acceso primario, interfaz de *s.* (*Basic Rate Interface*) *Véase* BRI.

acceso remoto *s.* (*remote access*) El uso de una computadora remota.

acceso secuencial *s.* (*sequential access*) Método de almacenamiento o de recuperación de la información que requiere que el programa empiece a leer desde el principio y que continúe hasta encontrar los datos deseados. El acceso secuencial se utiliza mejor en archivos en los que cada pieza de información está relacionada con la información que le precede, como, por ejemplo, archivos de listas de correo y documentos de procesadores de textos. *También llamado* acceso serie. *Véase también* método de acceso secuencial indexado. *Compárese con* acceso aleatorio.

acceso serie *s.* (***serial access***) *Véase* acceso secuencial.

acceso simultáneo *s.* (***simultaneous access***) *Véase* acceso paralelo.

acceso telefónico *adj.* (***dial-up***) Perteneciente, relativo o referido a una conexión que utiliza la red telefónica pública de conmutación en lugar de un circuito dedicado u otro tipo de red privada.

acceso telefónico *s.* (***dial-up access***) Conexión a una red de comunicación de datos a través de la red telefónica general de conmutación.

accesorio *s.* (***accessory***) *Véase* periférico.

accesorio de escritorio *s.* (***desk accessory***) Tipo de pequeño programa en las computadoras Macintosh y en los programas de gestión de ventanas de las máquinas IBM PC y compatibles que actúa como el equivalente electrónico de un reloj, calendario, calculadora o cualquier otro pequeño aparato que puede normalmente encontrarse en cualquier escritorio. Los accesorios de escritorio se pueden activar cuando se necesitan y pueden luego cerrarse o moverse a una parte de la pantalla donde no molesten. Existe un tipo especial de accesorio de escritorio, un panel de control, que permite al usuario cambiar la fecha y hora, así como controlar los colores de la pantalla, los movimientos del ratón y otros parámetros. *Acrónimo:* DA. *Véase también* panel de control.

Access *s.* Base de datos relacional de Microsoft: software de gestión para la plataforma de escritorio Windows. Parte de la familia de productos Microsoft Office, Access, en su versión más reciente (Access 2002), soporta tecnología web para construir, gestionar y compartir datos. Access 2002 también incluye herramientas nuevas y mejoradas para acceder y visualizar información y ofrece integración con SQL Server, el producto de base de datos de BackOffice de Microsoft. *Véase también* Office.

ACCU *s.* (***Association of C and C++ Users***) Acrónimo de Association of C and C++ Users (Asociación de usuarios de C y C++). Una organización de personas interesadas en el lenguaje de programación C y sus variantes. Entre los miembros de la asociación se incluyen programadores profesionales, fabricantes y desarrolladores de compiladores y entusiastas de la programación no profesionales.

acelerador *s.* (***accelerator***) **1.** En las aplicaciones software, una tecla o combinación de teclas utilizada para llevar a cabo una función definida. *También llamado* tecla aceleradora. **2.** En hardware, un dispositivo que acelera o mejora la operación de uno o más subsistemas, aumentando así las prestaciones de un programa. *Véase también* tarjeta aceleradora; acelerador basado en Windows.

acelerador basado en Windows *s.* (***Windows-based accelerator***) Tipo de adaptador de vídeo super VGA (SVGA) diseñado específicamente para ejecutar Windows y aplicaciones basadas en Windows más rápidamente. Un acelerador basado en Windows logra mejores prestaciones que un adaptador de vídeo estándar SVGA con la ayuda de rutinas especiales internas incluidas en la memoria de sólo lectura del adaptador. Estas rutinas liberan al sistema operativo Windows de algunas de las tareas relacionadas con el procesamiento de vídeo que dicho sistema debe llevar a cabo en un sistema no acelerado. *Véase también* SVGA.

acelerador de vídeo *s.* (***video accelerator***) *Véase* motor gráfico.

acelerador gráfico *s.* (***graphics accelerator***) Adaptador de vídeo que contiene un coprocesador gráfico. Un acelerador gráfico puede actualizar la presentación en pantalla mucho más rápidamente que la UCP, y así deja libre a ésta para otras tareas. Un acelerador gráfico resulta un elemento indispensable para los programas software modernos, tales como interfaces gráficas de usuario o aplicaciones multimedia. *Véase también* coprocesador gráfico; adaptadora de vídeo.

acento circunflejo *s.* (***caret***) El símbolo con forma de pequeña punta de flecha hacia arriba (^) que puede encontrarse en los teclados de las microcomputadoras. En algunos lenguajes de programación, el acento circunflejo se utiliza como operador de exponenciación. Por ejemplo, la expresión 3² representa el número 3 elevado al cuadrado. El acento circunflejo también se emplea para representar la tecla Control en el teclado. Por ejemplo, ^Z significa «mantenga pulsada la tecla Control y pulse la tecla Z».

ACID *s*. Abreviatura de Atomicity, Consistency, Isolation, Durability (atomicidad, coherencia, aislamiento, durabilidad). Son las cuatro propiedades esenciales de una transacción electrónica. La atomicidad requiere que una transacción sea completada o cancelada como un todo. La coherencia requiere que los recursos utilizados sean transformados desde un estado coherente hasta otro. El aislamiento requiere que todas las transacciones sean independientes entre sí. La durabilidad requiere que toda transacción completada sea permanente, incluyendo su supervivencia a un fallo del sistema. *Véase también* transacción.

acierto *s*. (*hit*) **1**. Una operación de extracción de un registro que satisface los criterios de una consulta realizada en una base de datos. *Véase también* consulta; registro. **2**. Una operación de extracción de datos que ha podido realizarse desde una caché en lugar de extraerlos de la RAM o del disco duro, que son más lentos. *Véase también* caché; disco duro; RAM.

ACIS *s*. Acrónimo de Andy, Charles, Ian's System (sistema de Andy, Charles e Ian). Un juego de herramientas de modelado geométrico orientado a objetos propiedad de Spatial Technology. Diseñado para usarse como «motor geométrico» dentro de las aplicaciones de modelado 3-D, ACIS proporciona una arquitectura abierta para el modelado alámbrico, de superficies y de sólidos a partir de una estructura de datos unificada común. ACIS se considera, generalmente, el estándar de facto para el modelado de sólidos en el sector de CAM/CAE.

ACK *s*. Abreviatura de acknowledgment (confirmación). Un mensaje enviado por la unidad receptora a la estación o equipo transmisor que indica que la unidad está lista para recibir nuevos datos o que una transmisión fue recibida sin error. *Compárese con* NAK.

ACL *s*. Acrónimo de access control list. *Véase* lista de control de acceso.

ACM *s*. *Véase* Association for Computing Machinery.

acondicionador de línea *s*. (*line conditioner*) Dispositivo que permite filtrar la energía eléctrica con el fin de compensar las caídas de tensión, suprimir las sobretensiones y actuar como búfer entre la línea de alimentación y la computadora (u otro tipo de equipamiento). Los acondicionadores de línea contienen transformadores, condensadores y otra circuitería que ayuda a regular la calidad de la alimentación para asegurar un suministro eléctrico constante. *Véase también* caída de tensión; SAI.

acondicionamiento *s*. (*conditioning*) La utilización de equipos especiales para mejorar la capacidad de una línea de comunicaciones para transmitir datos. El acondicionamiento controla o compensa la atenuación de la señal, el ruido o la distorsión. Sólo puede emplearse en líneas arrendadas en las que la ruta entre la computadora de origen y la de destino se conoce de antemano.

acondicionamiento de la alimentación *s*. (*power conditioning*) Característica de las fuentes de alimentación ininterrumpida (UPS) que elimina los picos de tensión, sobretensiones, caídas de tensión y el ruido de la fuente de alimentación. *También llamado* acondicionamiento de línea. *Véase también* SAI.

acondicionamiento de línea *s*. (*line conditioning*) *Véase* acondicionamiento; acondicionador de línea.

acoplador acústico *s*. (*acoustic coupler*) Un dispositivo arcaico utilizado antiguamente en comunicaciones informáticas. El acoplador era un instrumento parecido a un caballete en el que se colocaba el auricular del teléfono. Su función era en cierta manera similar a la que hoy día realizan los módems.

acoplamiento *s*. (*binding*) El proceso mediante el que los protocolos se asocian entre sí y con el adaptador de red para proporcionar el conjunto completo de protocolos necesario para gestionar los datos, desde el nivel de aplicación hasta el nivel físico. *Véase también* modelo de referencia ISO/OSI.

acoplamiento dinámico *s*. (***dynamic binding***) Acoplamiento (conversión de las direcciones simbólicas de un programa en direcciones de un dispositivo de almacenamiento) que tiene lugar durante la ejecución de un programa. El término suele referirse a aplicaciones orientadas a objetos que determinan, durante el tiempo de ejecución, qué rutinas de software se deben llamar para determinados objetos de datos. *Compárese con* acoplamiento estático.

acoplamiento en caliente *s*. (***hot docking***) El proceso de conectar una computadora portátil a una estación de acoplamiento mientras que la computadora está operando y de activar automáticamente la pantalla de vídeo y otras funciones de la estación de acoplamiento. *Véase también* estación de acoplamiento; portátil.

acoplamiento en tiempo de compilación *s*. (***compile-time binding***) Asignación de un significado a un identificador (tal como un nombre de función o una constante) en un programa en el momento en que el programa es compilado en vez de en el momento en que se ejecuta. *Compárese con* acoplamiento en tiempo de ejecución.

acoplamiento en tiempo de ejecución *s*. (***runtime binding***) Asignación de un significado a un identificador (tal como una variable) en un programa en el momento en que el programa es ejecutado en vez de en el momento en que el programa es compilado. *Compárese con* acoplamiento en tiempo de compilación; acoplamiento en tiempo de montaje.

acoplamiento en tiempo de montaje *s*. (***link-time binding***) Asignación de un significado a un identificador (tal como una etiqueta de subrutina) en un programa en el momento en que se montan los diversos archivos de código compilado para formar un programa ejecutable en vez de hacerlo en el momento en el que se compila el código fuente o en que se ejecuta el programa. *Compárese con* acoplamiento en tiempo de compilación; acoplamiento en tiempo de ejecución.

acoplamiento estático *s*. (***static binding***) Acoplamiento (conversión de las direcciones simbólicas de un programa en direcciones de un dispositivo de almacenamiento) que tiene lugar durante la compilación o montaje de un programa. *Compárese con* acoplamiento dinámico.

acoplamiento tardío *s*. (***late binding***) *Véase* acoplamiento dinámico.

acoplamiento temprano *s*. (***early binding***) *Véase* acoplamiento estático.

acoplar *vb*. **1.** (***dock***) Conectar una computadora portátil a una estación de acoplamiento. *Véase también* estación de acoplamiento; portátil; computadora portátil. **2.** (***dock***) Desplazar una barra de herramientas hasta el borde de una ventana de aplicación para que quede adherida a dicho borde y se convierta en un elemento más de la ventana de aplicación. **3.** (***flatten***) En programas de creación y manipulación de gráficos digitales, combinar todas las capas de texto, imágenes y otros elementos gráficos en una sola capa. Los elementos no pueden editarse después de que el gráfico se haya acoplado, por lo que un gráfico no se suele acoplar hasta el último paso cuando se han realizado todos los ajustes en las capas individuales. El acoplamiento de una imagen reduce significativamente su tamaño de archivo y permite guardarlo en un amplio rango de formatos. Acoplar es similar a agrupar en el sentido de que las dos acciones combinan un conjunto de objetos. Sin embargo, el acoplamiento es una acción permanente, mientras que un grupo de objetos puede desagruparse. *Véase también* disposición en capas. **4.** (***bind***) Asociar entre sí dos elementos de información. El término se usa principalmente en referencia al hecho de asociar un símbolo (como, por ejemplo, el nombre de una variable) con alguna información descriptiva (como, por ejemplo, su dirección de memoria, el tipo de datos o el valor que contiene). *Véase también* tiempo de acoplamiento; acoplamiento dinámico; acoplamiento estático.

ACPI *s*. Acrónimo de Advanced Configuration and Power Interface (interfaz avanzada de configuración y administración de energía).

Una especificación abierta desarrollada conjuntamente por Microsoft, Intel y Toshiba para gestionar el consumo de energía en servidores y computadoras móviles y de escritorio. A diferencia de las soluciones de gestión anteriores, basadas en el BIOS, ACPI proporciona un medio de integrar la administración de energía a todos los niveles dentro de un PC, incluyendo las aplicaciones, el hardware y el sistema operativo. ACPI permite a un sistema operativo controlar el consumo de energía de una computadora en respuesta a entradas procedentes del usuario, de una aplicación o de un controlador de dispositivo. Por ejemplo, un sistema operativo compatible con ACPI podría encender o apagar según fuera necesario una unidad de CD-ROM, una impresora o incluso una televisión. ACPI es parte de la iniciativa industrial OnNow, que permite a los fabricantes de sistemas suministrar computadoras que se inician con sólo tocar una tecla. *Véase también* Plug and Play; administración de energía. *Compárese con* APM.

Acrobat *s.* Un programa de Adobe System, Inc., que convierte un documento completamente formateado creado en una plataforma Windows, Macintosh, MS-DOS o UNIX en un archivo PDF (Portable Document Format, formato de documento portable) que puede ser visualizado en muchas plataformas distintas. Acrobat permite a los usuarios enviar documentos que contienen tipos de letra, colores, gráficos y fotografías distintivos electrónicamente a los receptores independientemente de la aplicación utilizada para crear los originales. Los receptores necesitan utilizar Acrobat Reader, que es un programa gratuito, para visualizar los archivos. Dependiendo de la versión y de la plataforma, también incluye herramientas tales como Distiller (que crea archivos PDF a partir de archivos PostScript), Exchange (que se utiliza para vínculos, anotaciones y cuestiones relativas a la seguridad) y PDF-Writer (que crea archivos PDF a partir de archivos creados con software ofimático).

Acrobat Reader *s.* Un programa gratuito producido y distribuido por Adobe System, Inc., para la visualización e impresión de documentos en formato PDF (Portable Document Format, formato de documentos portable).

ACSE *s.* (*Association Control Service Element*) Acrónimo de Association Control Service Element (elemento de servicio para control de asociación). Un método de OSI (Open Systems Interconnection, interconexión de sistemas abiertos) para establecer una llamada entre dos aplicaciones comprobando las identidades y contextos de las entidades de aplicación y realizando una comprobación de seguridad basada en autenticación. *Véase también* modelo de referencia ISO/OSI.

activación *s.* (*activation*) En la plataforma de red J2EE de Sun Microsystem, es el proceso de transferir un componente EJB (Enterprise JavaBean) desde un almacenamiento secundario a memoria. *Véase también* Enterprise JavaBeans; J2EE. *Compárese con* pasivación.

activar *vb.* (*set*) Cambiar el valor de un bit a 1.

Active Channel *s.* Canal activo: un sitio web descrito por un archivo CDF (Channel Definition Format, formato de definición de canales). Los desarrolladores pueden utilizar los canales activos para descargar contenido automáticamente a un usuario según un esquema de suscripción, para enviar contenidos a determinados usuarios de acuerdo con una programación periódica, para suministrar contenido personalizado a usuarios individuales y para proporcionar contenido a un protector de pantalla Windows. Los canales activos fueron introducidos en Microsoft Internet Explorer 4 y se pueden utilizar para suministrar información a través de Internet o de una Intranet. *Véase también* extracción; emisión web.

Active Client *s.* El conjunto de tecnologías del extremo cliente en Active Platform de Microsoft para informática distribuida interplataforma y orientada a la Web. Las características principales de Active Client incluyen soporte de HTML y de HTML dinámico, desarrollo de scripts independientes del lenguaje, applets Java y objetos ActiveX. Active Client es independiente del sistema operativo, por lo que funciona sobre múltiples plataformas, incluyendo Microsoft Windows, UNIX y Apple Macintosh. *Véase también* Active Platform; Active Server.

Active Desktop *s.* La característica introducida por Internet Explorer 4 de Microsoft que permite a los usuarios finales mostrar contenido HTML activo (es decir, actualizable y personalizable) en el escritorio de Windows. El contenido activo incluye elementos tales como canales, páginas web, controles ActiveX y applets Java. *Véase también* Active Channel; ActiveX; HTML; Internet Explorer; Java.

Active Directory *s.* Una tecnología Microsoft, parte de Active Platform, diseñada para permitir a las aplicaciones localizar, usar y gestionar recursos de directorio (por ejemplo, nombres de usuario, impresoras de red y permisos) dentro de un entorno informático distribuido. Los entornos distribuidos son normalmente colecciones heterogéneas de redes que a menudo ejecutan servicios de directorio propietarios suministrados por diferentes proveedores. Para simplificar las actividades de directorio asociadas con la localización y administración de recursos y usuarios de red, Active Directory presenta a las aplicaciones un conjunto unificado de interfaces que elimina la necesidad de tener en cuenta las diferencias existentes entre estos servicios propietarios. Active Directory es un componente de la arquitectura WOSA (Windows Open Services Architecture, arquitectura de servicios abiertos de Windows). *Véase también* servicio de directorio; WOSA.

Active Directory Services Interface *s.* Una herramienta administrativa que funciona como módulo de la consola de administración de Microsoft (MMC, Microsoft Management Console) y que permite a los administradores gestionar los objetos del dominio. *Acrónimo*: ADSI.

Active Platform *s.* Una plataforma de desarrollo de Microsoft que ofrece un enfoque estandarizado para incorporar, en las aplicaciones cliente/servidor, tecnologías de computación distribuida y computación a través de Internet. Microsoft Windows 9x, Microsoft Windows NT y Microsoft Internet Explorer 4.x (y versiones posteriores) proporcionan la base para Active Platform. En el extremo del cliente, los usuarios disponen de una interfaz coherente que les permite acceder de forma sencilla a información tanto local como remota. En el extremo correspondiente al servidor, los desarrolladores pueden aprovecharse de una serie de herramientas y tecnologías que abarcan tanto al cliente como al servidor. Active Platform permite el desarrollo de programas modulares orientados a objetos, conocidos con el nombre de software de componentes, y permite la creación de aplicaciones interplataforma que pueden ejecutarse sobre múltiples microprocesadores y sistemas operativos. Active Platform incluye soporte de HTML y para la creación de pequeños programas en diversos lenguajes mediante técnicas de desarrollo de scripts del extremo cliente. *Véase también* Active Desktop; Active Server; ActiveX.

Active Server *s.* El componente basado en servidor de la arquitectura Active Platform de Microsoft. Está compuesto por un conjunto de tecnologías que incluyen DCOM (Distributed Component Object Model), páginas ASP (Active Server Pages), Microsoft Transaction Server y colas de mensajes. Active Server proporciona soporte para el desarrollo de aplicaciones web de altas prestaciones, escalables y basadas en componentes, sobre servidores Microsoft Windows NT. Active Server está diseñado para permitir a los desarrolladores concentrarse en la creación de software para Internet o intranet, en una diversidad de lenguajes, sin tener que prestar atención a los detalles de la propia red. *Véase también* Active Desktop; Active Platform; Active Server Pages; ActiveX.

Active Server Pages *s.* Una tecnología orientada a la Web desarrollada por Microsoft y que está diseñada para permitir el desarrollo de scripts del extremo servidor (en lugar de scripts del extremo cliente). Las páginas ASP (Active Server Page, página activa de servidor) son archivos de texto que no sólo pueden contener texto y etiquetas HTML, como sucede en los documentos web estándar, sino también comandos escritos en un lenguaje de desarrollo de scripts (como VBScript o JavaScript) y que pueden ser ejecutados en el servidor. Este trabajo realizado en el extremo servidor permite a un autor web añadir interactividad a un documento o personalizar la visualización o el suministro de información al cliente sin preocuparse acerca de la plataforma que el cliente esté utilizando. Todas las páginas ASP se guardan con una extensión .asp y se puede acceder a ellas igual que a cualquier otra dirección URL estándar a través de un explorador web, como Microsoft Internet Explorer o Netscape Navigator. Cuando un explorador solicita una página ASP, el servidor ejecuta cualesquiera comandos de script embebidos en la página, genera un documento HTML y devuelve el documento al explorador para que éste lo muestre en el equipo del solicitante (cliente). Las páginas ASP también pueden ser mejoradas y ampliadas con componentes ActiveX. *Acrónimo:* ASP. *Véase también* Active Server; ActiveX.

ActiveMovie *s*. Antiguo nombre del componente de DirectX que ahora se conoce con el nombre de DirectShow. *También llamado* DirectShow. *Véase también* DirectX.

ActiveStore *s*. Una iniciativa de Microsoft, lanzada en 1998, para soportar la integración de las aplicaciones utilizadas en entornos de comercio minorista, independientemente del desarrollador de la aplicación. ActiveStore proporciona una interfaz común de usuario, una serie de servicios del sistema básicos (como, por ejemplo, seguridad y recuperación frente a desastres), un acceso común a los datos entre las distintas aplicaciones y servicios de comunicaciones entre aplicaciones.

ActiveSync *s*. Un programa de Microsoft que gestiona la sincronización de información, incluyendo correo electrónico, calendarios y archivos de aplicación, entre un PC de mano y una computadora de escritorio.

ActiveX *s*. Un conjunto de tecnologías que permite a los componentes software interaccionar entre sí en un entorno de red independientemente del lenguaje en el que los componentes hayan sido creados. ActiveX, que fue desarrollada por Microsoft a mediados de la década de 1990 y es actualmente administrada por Open Group, está construida sobre el modelo COM (Component Object Model, modelo de objetos componentes) de Microsoft. ActiveX se usa principalmente para desarrollar componentes interactivos para la World Wide Web, aunque también puede usarse en aplicaciones de escritorio y otros programas. Los controles ActiveX pueden ser embebidos en páginas web para generar animaciones y otros efectos multimedia, así como objetos interactivos y aplicaciones sofisticadas. *Véase también* control ActiveX; COM. *Compárese con* applet; aplicación auxiliar.

activo *adj*. (*active*) Relativo al dispositivo, programa, archivo o parte de la pantalla que está actualmente operativo o sujeto a los comandos que puedan emitirse. Usualmente, el cursor o una sección resaltada muestran cuál es el elemento activo en la pantalla.

ACTOR *s*. Un lenguaje orientado a objetos desarrollado por The Whitewater Group, Ltd., y que está diseñado principalmente para facilitar la programación en entornos Microsoft Windows. *Véase también* programación orientada a objetos.

actuador *s*. (*actuator*) Un mecanismo incluido en las unidades de disco que se encarga de desplazar la cabeza o cabezas de lectura/escritura hasta la ubicación de la pista deseada en un disco. Véase la ilustración. *Véase también* unidad de disco; motor paso a paso; bobina audio.

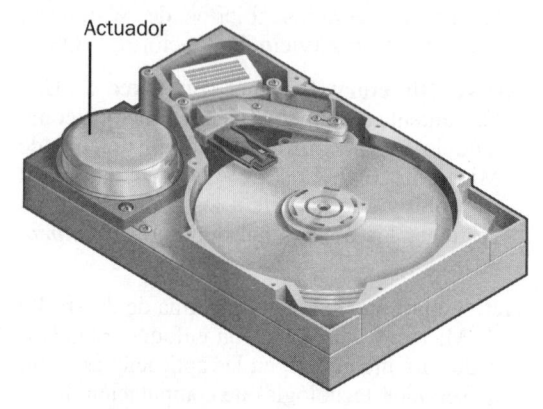

Actuador.

actualizable a Pentium *s*. (*Pentium upgradable*) **1**. Un PC 486 que puede ser actualizado a la clase Pentium añadiendo un procesador Pentium. *Véase también* i486DX. **2**. Placa base i486 capaz de ser adaptada para incluir un procesador de la clase Pentium. *Véase también* i486DX; microprocesador; placa madre; Pentium.

actualización *s*. **1.** (*update*) Nueva versión de un producto de software existente. Normalmente, una actualización de software añade nuevas características relativamente menores a un producto o corrige los errores (defectos) encontrados después de que el programa fuera lanzado. Las actualizaciones generalmente se indican mediante cambios en los números de versión del software, como, por ejemplo, 4.0b de 4.0. *Véase también* número de versión. *Compárese con* revisión. **2.** (*upgrade*) La versión nueva o mejorada de un producto.

actualización iniciada por el usuario *s*. (*user-initiated update*) Mecanismo de actualización de un sistema operativo proporcionado por el cargador de arranque de acceso telefónico y que está diseñado para ser utilizado por usuarios remotos y técnicos de mantenimiento. La imagen del sistema operativo se descarga a través de una conexión por módem.

actualizar *vb*. **1.** (*update*) Cambiar un sistema o un archivo de datos sustituyéndolo por una versión más reciente. **2.** (*upgrade*) Cambiar a una versión nueva, normalmente más potente o compleja.

acuerdo de licencia de usuario final *s*. (*End-User License Agreement*) Un acuerdo legal entre un fabricante de software y el comprador del software que regula aspectos relativos a la distribución, reventa y restricciones de uso del producto. *Acrónimo:* EULA.

acumulador *s*. (*accumulator*) Un registro utilizado para operaciones lógicas y aritméticas, normalmente para contar elementos o acumular el resultado de operaciones de suma. *Véase también* registro.

acumulador de reserva *s*. (*reserve accumulator*) Registro de almacenamiento auxiliar utilizado normalmente para almacenar los resultados intermedios de un cálculo muy largo.

Ada *s*. Un lenguaje de programación de alto nivel diseñado bajo la dirección del Ministerio de Defensa de Estados Unidos (DoD, Department of Defense) a finales de la década de 1970 con el objetivo de ser el lenguaje principal de desarrollo software para el DoD. Originalmente basado en Pascal, Ada soporta operaciones en tiempo real y características multitarea. El lenguaje se denominó Ada en honor de Augusta Ada Byron, que ayudó a Charles Babbage a desarrollar los programas para su máquina analítica, la primera computadora mecánica, construida en el siglo XIX. *Véase también* multitarea; Pascal; de tiempo real.

adaptador *s*. (*adapter*) Una tarjeta de circuito impreso que permite a una computadora personal utilizar un dispositivo periférico, como, por ejemplo una unidad de CD-ROM, un módem o un joystick, para el cual la computadora no disponga de las necesarias conexiones, puertos o tarjetas de circuito. Normalmente, una misma tarjeta adaptadora puede contener más de un adaptador. *También llamado* tarjeta de interfaz. *Véase también* controlador; placa de expansión; tarjeta de interfaz de red; puerto; adaptadora de vídeo.

adaptador CA *s*. (*AC adapter*) Una fuente de alimentación externa que realiza la conversión entre una fuente de suministro eléctrico doméstico de corriente alterna a 110 V o 220 V («corriente de red») a una tensión continua de bajo nivel requerida para operar equipos electrónicos con componentes de estado sólido (como, por ejemplo, una computadora portátil) que no incluyen una fuente de alimentación interna.

adaptador de cable *s*. (*cable matcher*) Dispositivo que permite el uso de un cable que tiene conexiones ligeramente diferentes de las requeridas por los dispositivos a los que hay que conectarlo.

adaptador de canal *s*. (*channel adapter*) Un dispositivo que permite comunicarse a algún equipo hardware que esté utilizando dos tipos diferentes de canales de comunicaciones.

adaptador de control de juegos *s*. (*Game Control Adapter*) En computadoras personales IBM y compatibles, un circuito que procesa las señales de entrada de un puerto para juegos. Los dispositivos tales como palancas de mandos y paletas de juego utilizan potenciómetros para representar sus posiciones en forma de niveles de tensión variables. El adaptador de control de juegos convierte esos niveles en números utilizando un convertidor analógico-digital (ADC). *Véase también* convertidor analógico-digital; puerto para juegos; potenciómetro.

adaptador de host *s.* (***host adapter***) Dispositivo que permite conectar un periférico a la computadora principal, normalmente en forma de tarjeta de expansión. *También llamado* controlador, adaptador de bus de host.

adaptador de interfaz *s.* (***interface adapter***) *Véase* adaptador de red.

adaptador de línea *s.* (***line adapter***) Un dispositivo, como, por ejemplo, un módem o tarjeta de red, que conecta un equipo informático a una línea de comunicaciones y proporciona a las señales una forma que resulte aceptable para la transmisión.

adaptador de puerto serie *s.* (***serial port adapter***) Dispositivo o placa de interfaz que proporciona un puerto serie o permite proporcionar un uso diferente a un puerto serie. *Véase también* adaptador; puerto serie.

adaptador de red *s.* (***network adapter***) *Véase* tarjeta de interfaz de red.

adaptador de terminal *s.* (***terminal adapter***) El nombre correcto para un módem RDSI, que conecta un PC a una línea RDSI, pero no realiza las tareas de modulación y demodulación de las señales que los módems normales sí llevan a cabo.

adaptador de terminal RDSI *s.* (***ISDN terminal adapter***) La interfaz hardware entre una computadora y una línea RDSI. *Véase también* RDSI.

adaptador de vídeo a plena velocidad *s.* (***full-motion video adapter***) Tarjeta de expansión para una computadora que puede convertir vídeo a plena velocidad, procedente de dispositivos tales como un magnetoscopio, a un formato digital que puede ser utilizado en una computadora, como, por ejemplo, a formato AVI, MPEG o MJPEG. *Véase también* AVI; Motion JPEG; MPEG.

adaptador gráfico *s.* (***graphics adapter***) Adaptador de vídeo que puede mostrar gráficos además de caracteres alfanuméricos. Prácticamente todos los adaptadores de vídeo de uso común hoy día son adaptadores gráficos.

adaptador gráfico monocromo *s.* (***monochrome graphics adapter***) *Véase* HGC.

adaptador monocromo *s.* **1.** (***monochrome adapter***) Adaptador de vídeo que puede generar una señal de vídeo para un solo color de primer plano o, en algunas ocasiones, para una gama de intensidades de un mismo color, como un monitor de escala de grises. **2.** (***monographics adapter***) Todo adaptador de vídeo que puede mostrar solamente gráficos y textos monocromos; todo adaptador de vídeo funcionalmente compatible con la tarjeta Hercules Graphic Card (HGC). *Véase también* HGC.

adaptadora de pantalla *s.* (***display adapter***) *Véase* adaptadora de vídeo.

adaptadora de vídeo *s.* **1.** (***video adapter***) Los componentes electrónicos que generan la señal de vídeo que se envía a través de un cable hacia una pantalla. La adaptadora de vídeo suele estar situada en la tarjeta principal del sistema de la computadora o una tarjeta de expansión, aunque en ocasiones está incorporada en el propio terminal. **2.** (***video display adapter***) *Véase* adaptadora de vídeo.

adaptativo, equilibrado de carga *s.* (***adaptive load balancing***) *Véase* equilibrado de carga.

ADB *s.* *Véase* Apple Desktop Bus.

ADC *s.* Acrónimo de analog-to-digital converter. *Véase* convertidor analógico-digital.

ADJ *s.* Abreviatura de adjacent (adyacente). Un cualificador booleano utilizado para indicar casos donde dos instancias son adyacentes entre sí. En el caso de una cadena de búsqueda, «Microsoft ADJ Word» devolvería sólo aquellas instancias donde «Microsoft» y «Word» aparezcan adyacentes dentro de la cadena.

adjuntar *vb.* (***attach***) Incluir un programa ejecutable, un archivo o un documento externo en un mensaje de correo electrónico.

adjunto *s*. (*attachment*) Un archivo que acompaña a un mensaje de correo electrónico. De la forma que se lo transmite, un archivo adjunto es una copia exacta del archivo original ubicado en el equipo del emisor. El archivo puede ser un documento, un programa ejecutable o un archivo comprimido que contenga más de un elemento, entre otros tipos de archivos. El archivo no forma parte del propio mensaje de correo electrónico y generalmente se lo codifica mediante uuencode, MIME o BinHex. La mayor parte de los programas de correo electrónico codifican automáticamente los documentos adjuntos para la transmisión con un mensaje. El receptor del mensaje debe disponer de un programa de correo electrónico capaz de codificar el documento adjunto o emplear una utilidad separada para decodificar el adjunto si quiere leer el documento. Algunas pasarelas prohíben la transmisión de archivos cuyo tamaño sea superior a un cierto tamaño prefijado. La mayor parte de los sistemas de correo electrónico permite que se adjunte más de un archivo a un mismo mensaje de correo electrónico.

administración de energía *s*. (*power management*) La regulación del consumo de potencia en una computadora, especialmente en los dispositivos portátiles operados con baterías, como son las computadoras portátiles. La administración de energía reduce el aporte de energía a ciertos componentes, como la pantalla y la UCP, con el fin de utilizar la energía de manera eficiente y ampliar la duración de la batería. *Véase también* ACPI; APM.

administración remota *s*. (*remote administration*) La realización de tareas relacionadas con la administración de sistemas accediendo desde otra máquina de la red.

administrador *s*. (*manager*) Todo programa diseñado para realizar un conjunto determinado de tareas auxiliares relacionadas con la operación de la computadora, tales como las de mantenimiento de archivos. En Macintosh, el término administrador se utiliza para referirse a diversas partes del sistema operativo de la computadora que gestionan la entrada, la salida o las funciones internas (como, por ejemplo, el administrador de archivos o el administrador de memoria).

administrador de bases de datos *s*. (*database administrator*) Alguien que gestiona una base de datos. El administrador determina el contenido, la estructura interna y la estrategia de acceso para una base de datos, define los mecanismos de seguridad e integridad y monitoriza el rendimiento. *Acrónimo:* DBA.

administrador de dispositivos *s*. (*device manager*) Utilidad de software que permite visualizar y modificar parámetros de configuración de hardware, como interrupciones, direcciones base y parámetros de comunicaciones serie.

Administrador de dispositivos *s*. (*Device Manager*) En Windows 95, una utilidad dentro del panel de Propiedades del Sistema que indica los conflictos existentes entre dispositivos y otros posibles problemas y que permite al usuario cambiar las propiedades de la computadora y de cada dispositivo conectado a la misma. *Véase también* propiedad; hoja de propiedades.

administrador de red *s*. (*network administrator*) La persona a cargo de las operaciones en una red informática. Las obligaciones de un administrador de red pueden ser muy amplias y pueden incluir tareas tales como instalar nuevas estaciones de trabajo y nuevos dispositivos, añadir y eliminar personas de la lista de usuarios autorizados, realizar copias permanentes de los archivos, supervisar la protección de contraseñas y otras medidas de seguridad, monitorizar el uso de los recursos compartidos y ocuparse de los equipos que presenten algún tipo de fallo. *Véase también* administrador del sistema.

administrador del sistema *s*. (*system administrator*) La persona responsable de gestionar el uso de un sistema informático multiusuario, de un sistema de comunicaciones o de ambos tipos de sistemas. Un administrador del sistema realiza tareas tales como asignar cuentas de usuario y contraseñas, establecer niveles de acceso con propósitos de seguridad, asignar espacio de almacenamiento y vigilar que no se produzcan accesos no autorizados para evitar que entren en el sistema virus o programas caballo de Troya. *También llamado* sysadmin. *Véase también* superusuario; caballo de Troya; virus. *Compárese con* sysop.

ADN *s.* (***Advanced Digital Network***) Acrónimo de Advanced Digital Network (red digital avanzada). Un servicio de línea dedicada capaz de transmitir datos, vídeo y otras señales digitales con una fiabilidad excepcional y que es ofrecido como servicio de alta calidad por las compañías de comunicaciones. Usualmente, Advanced Digital Network hace referencia a velocidades de 56 kilobits por segundo (Kbps) o superiores. *Véase también* línea dedicada.

ADN digital *s.* (***digital DNA***) **1**. En sentido amplio, es una referencia a los bits que forman la información digital. **2**. En el mundo de los juegos, es una tecnología denominada «cibervida» que remeda el ADN biológico para la creación y desarrollo de criaturas que pueden ser entrenadas, conocidas con el nombre de Norns. Al igual que el ADN real, el ADN digital pasa de padres a hijos y determina la adaptabilidad y las características de la criatura artificial.

ADO *s.* Acrónimo de Active data object. *Véase* objeto de datos activo.

ADO.NET *s.* El conjunto de tecnologías de acceso a datos incluidas en las librerías de clases de .NET Framework y que proporciona acceso a datos relacionales y XML. ADO.NET está compuesto por: (a) una serie de clases que forma el conjunto de datos (DataSet), como, por ejemplo, tablas, filas, columnas, relaciones, etc.; (b) proveedores de datos .NET Framework, y (c) por definiciones de tipos personalizadas (como, por ejemplo, SqlTypes para SQL Server).

Adobe Type Manager *s.* Un programa software de Adobe Systems, Inc., que gestiona las fuentes PostScript de un sistema. *Acrónimo:* ATM. *Véase también* PostScript.

ADP *s. Véase* procesamiento de datos.

ADPCM *s.* Acrónimo de adaptive differential pulse code modulation. *Véase* modulación delta adaptativa por impulsos codificados.

adquisición de conocimiento *s.* (***knowledge acquisition***) El proceso de traducir el conocimiento de uno o más expertos humanos a una forma de representación utilizable por una computadora con el propósito de desarrollar un sistema experto. *Véase también* sistema experto.

adquisición de datos *s.* (***data acquisition***) El proceso de obtener datos de otra fuente, usualmente situada fuera de un sistema específico.

adquisición de datos de origen *s.* (***source data acquisition***) El proceso de lectura, como, por ejemplo, con un lector de código de barras u otro dispositivo de escaneo, o de recepción de datos de origen. *Véase también* datos de origen.

ADSL *s.* Acrónimo de asymmetric digital subscriber line (línea digital de abonado asimétrica). Se denomina así a una tecnología y a unos equipos que permiten una comunicación digital de alta velocidad, incluyendo señales de vídeo, a través de una línea telefónica normal de par trenzado de cobre, con velocidades de hasta 8 Mbps (megabits por segundo) aguas abajo (hacia el cliente) y de hasta 640 Kbps (kilobits por segundo) aguas arriba (hacia la red). Algunas compañías telefónicas ofrecen acceso ADSL a Internet, que proporciona a los usuarios unos tiempos de conexión más rápidos que los disponibles con las conexiones realizadas a través de líneas telefónicas convencionales. *También llamado* bucle digital de abonado asimétrico. *Compárese con* SDSL.

Advanced RISC *s.* Abreviatura de Advanced reduced instruction set computer (computadora avanzada con conjunto de instrucciones reducido). Se trata de una especificación de una arquitectura de microchip RISC y de su correspondiente entorno de sistema diseñada por MIPS Computer Systems para proporcionar compatibilidad binaria entre aplicaciones software. *Véase también* RISC.

Advanced RISC Machines *s. Véase* ARM.

AE *s.* Acrónimo de application entity (entidad de aplicación). En el modelo de referencia ISO/OSI, es uno de los dos interlocutores software implicados en una sesión de comunicaciones. *Véase también* modelo de referencia ISO/OSI.

.aero *s.* Uno de los siete nuevos nombres de dominio de alto nivel aprobados en 2000 por la ICANN (Internet Corporation for Assigned Names and Numbers). .aero está pensado para ser utilizado en los sitios web relacionados con el sector del transporte aéreo. Los siete nuevos nombres de dominio comenzaron a estar disponibles para su uso en la primavera de 2001.

aerógrafo *s.* (*spraycan*) Herramienta artística en Paintbrush y otras aplicaciones gráficas que sirve para aplicar un patrón de puntos a una imagen.

AES *s.* Acrónimo de Advanced Encryption Standard (estándar avanzado de cifrado). Un algoritmo criptográfico especificado por el NIST (National Institute of Standards and Technology) para proteger información confidencial. AES se especifica con tres tamaños de clave distintos: 128, 192 y 256 bits. AES sustituye al estándar DES (Data Encryption Standard), con claves de 56 bits, que fue adoptado en 1976. *Véase también* DES.

AFC *s.* *Véase* Application Foundation Classes.

AFDW *s.* (*Active Framework for Data Warehousing*) Acrónimo de Active Framework for Data Warehousing (entorno activo para gestión de almacenes de datos). Una solución de gestión de almacenes de datos desarrollada por Microsoft y Texas Instruments y que representa el estándar de Microsoft para la gestión de metadatos. *Véase también* ActiveX; metadatos.

afinidad *s.* (*affinity*) En las técnicas de equilibrado de carga de red (Network Load Balancing), es el método utilizado para asociar las solicitudes de los clientes con las máquinas host de un clúster. Cuando no se especifica ninguna afinidad, todas las solicitudes de red se equilibran, desde el punto de vista de la carga, entre todo el clúster sin tener en cuenta su origen. La afinidad se implementa dirigiendo todas las solicitudes de cliente procedentes de la misma dirección IP a la misma máquina host del clúster. *Véase también* dirección IP.

AFIPS *s.* Acrónimo de American Federation of Information Processing Societies (Federación Americana de Sociedades de Procesamiento de la Información). Una organización formada en 1961 para la promoción de la informática y de los temas relacionados con la información. AFIPS, que era la representante de Estados Unidos en la Federación Internacional de Procesamiento de la Información, fue reemplazada por FOCUS (Federation on Computing in the United States) en 1990.

AFK *adv.* Acrónimo de away from keyboard (alejado del teclado). Una frase que ocasionalmente se puede ver en los servicios de chat en vivo en Internet y en los servicios de información en línea y que sirve como indicación de que una persona no puede momentáneamente responder. *Véase también* chateo.

AFP *s.* Acrónimo de AppleTalk Filing Protocol (protocolo de archivos de Apple Talk). Un protocolo de sistema de archivos remoto que proporciona un método estándar para que una estación de trabajo de una red AppleTalk pueda acceder y manipular archivos en un servidor que tenga implementado el protocolo AFP. *También llamado* AppleShare File Server.

AFS *s.* Acrónimo de Andrew File System (sistema de archivos Andrew). Un sistema de archivos distribuido que permite a los clientes y servidores compartir recursos a través de redes de área local y de área extensa. AFS está basado en un sistema de archivos distribuido desarrollado en la Universidad de Carnegie Mellon, y debe su nombre a los fundadores de la universidad: Andrew Carnegie y Andrew Mellon. Actualmente, es Transarc Corporation quien mantiene y suministra AFS. *Véase también* sistema de archivos distribuido.

agencia de investigación DARPA *s.* (*DARPA*) *Véase* DARPA.

agenda electrónica *s.* (*clipboard computer*) Computadora portátil cuya apariencia externa y modo de operación se asemeja a los de las agendas tradicionales. Una agenda electrónica dispone de una pantalla plana LCD o similar y de un lápiz para facilitar la introducción de datos en lugar de utilizar un teclado, ratón u otro dispositivo de entrada; el usuario hace uso de la computadora tocando la pantalla con el lápiz. Los datos introducidos en una agenda electrónica generalmente se transfieren a otra computadora por medio de un cable o vía módem. Una agenda electrónica se utiliza como una agenda tradicional, por ejemplo, en el trabajo de campo, la recopilación de datos o en reuniones. *Véase también* computadora de lápiz; computadora portátil.

agente *s.* (*agent*) **1**. Un programa que realiza una tarea en segundo plano para un usuario e informa al usuario cuando la tarea ha terminado o cuando algún suceso esperado ha tenido lugar. **2**. Un programa que busca datos sobre un tema especificado por el usuario en archivos u otros repositorios de información. Los agentes de este tipo se utilizan principalmente en Internet y están generalmente dedicados a explorar un único tipo de repositorio de información, como, por ejemplo, los mensajes publicados en grupos de Usenet. Las arañas (spiders) son uno de los tipos de agente usados en Internet. *También llamado* agente inteligente. *Véase también* araña. **3**. En aplicaciones cliente/servidor, es un proceso que realiza algún tipo de intermediación entre el cliente y el servidor. **4**. En SNMP (Simple Network Management Protocol) es un programa que monitoriza el tráfico de red. *Véase también* SNMP.

agente autónomo *s.* (*autonomous agent*) Una entidad robótica o programa software capaz de tomar acciones independientes en entornos abiertos y no predecibles. A menudo denominados agentes inteligentes o simplemente agentes, los agentes autónomos completan algún tipo de proceso automático que puede comunicarse con otros agentes o realizar diferentes tipos de tareas dirigidas. Los agentes autónomos se aplican actualmente en áreas tan diversas como los juegos informáticos, el cine interactivo, el filtrado y extracción de información, el diseño de interfaces de usuario, el comercio electrónico, el pilotaje automático de vehículos y naves espaciales y el control de procesos industriales. *También llamado* agente inteligente. *Véase también* agente.

agente de transferencia de mensajes *s.* (*message transfer agent*) *Véase* MTA.

agente de usuario de directorio *s.* (*Directory User Agent*) *Véase* DUA.

agente del usuario *s.* (*user agent*) En la terminología establecida por el modelo de referencia ISO/OSI para las redes de área local (redes LAN), es un programa que ayuda a un cliente a conectarse a un servidor. *Acrónimo:* UA. *Véase también* agente; modelo de referencia ISO/OSI; LAN.

agente inteligente *s.* (*intelligent agent*) *Véase* agente.

aglutinación *s.* (*bonding*) El proceso de combinar uno o más canales B RDSI para formar un único canal con un ancho de banda mayor que los 64 Kbps estándar de un canal B. La aglutinación de dos canales B, por ejemplo, proporciona un ancho de banda de 128 Kbps, que es cuatro veces más rápido que un módem de 28,8 Kbps. Tales canales de alta velocidad son ideales para videoconferencia, aplicaciones de imagen y transferencia de datos a gran escala. *Véase también* canal B; BRI; RDSI.

aglutinar *vb.* (*bonding*) *Véase* agregación de enlaces.

AGP *s.* Acrónimo de Accelerated Graphics Port (puerto gráfico acelerado). Una especificación de bus de altas prestaciones diseñada para la visualización rápida y con alta calidad de imágenes de vídeo e imágenes 3-D. Desarrollada por Intel Corporation, AGP utiliza una conexión dedicada punto a punto entre el controlador gráfico y la memoria principal del sistema. Esta conexión permite a los adaptadores de pantalla compatibles con AGP y a los chips sets compatibles transferir datos de vídeo directamente entre la memoria del sistema y la memoria del adaptador para presentar las imágenes de forma más rápida y suave de lo que sería posible cuando la información tiene que ser transferida a través del bus primario del sistema (PCI). AGP también permite almacenar elementos de imagen complejos, como mapas textura, en la memoria del sistema, reduciendo así la necesidad de disponer de grandes cantidades de memoria en el propio adaptador. AGP funciona a 66 MHz, el doble de rápido que el bus PCI, y puede soportar velocidades de transferencia de datos de hasta 533 Mbps. *Véase también* bus local PCI.

agrandar *vb.* (*enlarge*) En Windows y otras interfaces gráficas de usuario, aumentar el tamaño de una ventana. *Véase también* maximizar. *Compárese con* minimizar; reducir.

agregación de enlaces *s.* (*link aggregation*) Una técnica para combinar dos o más conexiones Ethernet en un único enlace lógico, o enlace troncal, entre dos dispositivos. Se utiliza para incrementar el ancho de banda de las conexiones y para hacer que estas conexiones sean más robustas. La especificación IEEE 802.3ad estandariza este proceso para compatibilizar los dispositivos de los distintos fabricantes utilizando el protocolo LACP (Link Aggregation Control Protocol, protocolo de control para agregación de enlaces). *También llamado* aglutinación, trunking. *Véase también* IEEE 802.x.

agregado de datos *s.* (*data aggregate*) Colección de registros de datos. Normalmente incluye una descripción de la posición de los bloques de datos y de sus relaciones con el conjunto completo.

agregador de contenido *s.* (*content aggregator*) **1.** En sentido general, una organización o empresa que agrupa información existente en Internet de acuerdo con un cierto tema o área de interés (por ejemplo, resultados deportivos, noticias de carácter empresarial o compras en línea) para proporcionar a los usuarios una forma de acceder a ese contenido desde una ubicación centralizada. **2.** En términos de tecnología de distribución y multidifusión, una empresa de servicios que intermedia entre los abonados («clientes») y los proveedores de contenido recopilando y organizando información para su difusión a través de Internet. Los agregadores de contenido proporcionan a los abonados software de cliente a través del cual los proveedores de contenido difunden (distribuyen) información a través de «canales» que permiten a los usuarios tanto elegir el tipo de información que reciben como decidir cuándo quieren que dicha información se actualice. *También llamado* agregador de canal. *Véase también* difusión activa; emisión web. *Compárese con* proveedor de contenido.

agrupación de conexiones *s.* (*connection pooling*) Característica de optimización de recursos de ODBC (Open Database Connectivity) 3 que permite una compartición más eficiente de los objetos y conexiones de base de datos. La agrupación de conexiones permite mantener abiertas colecciones (grupos) de conexiones de base de datos que las aplicaciones pueden utilizar y reutilizar sin necesidad de abrir y cerrar una conexión para cada solicitud. Esto es particularmente importante para las aplicaciones basadas en la Web. La agrupación de conexiones permite la compartición entre diferentes componentes, maximiza el rendimiento y minimiza el número de conexiones inactivas. *Véase también* ODBC.

aguas abajo *adv. Véase* downstream.

aguas arriba *adv. Véase* upstream.

agujero *s.* (*loophole*) En programación, un fallo lógico que se produce cuando no se toman en consideración todas las situaciones posibles. *Véase también* bug; error lógico.

agujero índice *s.* (*index hole*) El pequeño agujero redondo situado cerca de la gran abertura circular que ocupa el centro de un disquete de 5,25 pulgadas. El agujero índice marca la ubicación del primer sector de datos, permitiendo a la computadora sincronizar sus operaciones de lectura/escritura con la rotación del disco.

agujero negro *s.* (*black hole*) Un misterioso «lugar» de las redes de ordenadores en el que los mensajes, como, por ejemplo, los mensajes de correo electrónico y los artículos de noticias, desaparecen sin dejar rastro. El uso de este término se deriva de los agujeros negros estelares, que tienen unos campos gravitatorios tan intensos que ni siquiera la luz puede escapar de ellos. El término se utiliza también en ocasiones para referirse a proyectos que consumen cantidades ingentes de tiempo y de dinero sin producir aparentemente ningún resultado.

AH *s.* Acrónimo de Authentication Header (cabecera de autenticación). Una forma de autenticación de paquetes IP incluida en el estándar de seguridad IPSec. AH añade al paquete una cabecera que contiene información de autenticación, pero no cifra los datos del paquete, lo que permite utilizar AH en aquellas situaciones donde el cifrado no está permitido. *Véase también* ESP; IPSec.

ahogo de funcionalidad *s*. (***creeping featurism***) El proceso mediante el cual se añaden nuevas funciones a una nueva versión de un programa por parte de los desarrolladores de software hasta que el programa se convierte en algo enormemente complejo y difícil de utilizar. Generalmente, el ahogo funcional tiene lugar cuando los desarrolladores intentan mejorar la competitividad del programa con cada nueva versión añadiendo nuevas funciones.

AI *s*. Acrónimo de artificial intelligence. *Véase* inteligencia artificial.

.aiff *s*. La extensión de archivo que identifica los archivos de audio almacenados en el formato de sonido utilizado originalmente en las computadoras Apple y Silicon Graphics (SGI).

AIFF *s*. El formato de sonido utilizado originalmente en las computadoras Apple y Silicon Graphics (SGI). AIFF almacena archivos de forma de onda en un formato monofónico de 8 bits. *Véase también* forma de onda.

AIM *s*. Acrónimo de America Online Instant Messenger (programa de mensajería instantánea de America Online). Un servicio bastante popular de mensajería instantánea proporcionado de manera gratuita por America Online. Con el servicio AIM, pueden enviarse mensajes instantáneos a través de una conexión Internet utilizando el software AIM o directamente desde un explorador mediante AIM Express. *Véase también* America Online; mensajería instantánea. *Compárese con* ICQ; .NET Messenger Service; Yahoo! Messenger.

AirPort *s*. Una opción de conectividad inalámbrica introducida por Apple en 1999. AirPort proporciona comunicaciones a través de redes inalámbricas e Internet a todas las computadoras Macintosh que incluyan una tarjeta AirPort y que estén situadas a una distancia de menos de 50 metros de una estación base AirPort. AirPort fue desarrollada basándose en el estándar industrial IEEE 802.11 DSSS (Direct Sequence Spread Spectrum, expansión de espectro por secuencia directa) y es interoperable con otros equipos basados en el estándar 802.11.

AirSnort *s*. Una herramienta de piratería utilizada para recopilar y descifrar contraseñas contenidas en los datos enviados a través de redes inalámbricas. AirSnort monitoriza las transmisiones inalámbricas y recopila paquetes de datos. Una vez que ha recopilado un número de datos suficiente, AirSnort es capaz de calcular la clave de cifrado utilizada en la transmisión. AirSnort se aprovecha de los fallos de seguridad existentes en el estándar WEP (Wired Equivalent Privacy). *Véase también* captación de contraseñas.

aislante *s*. (***insulator***) **1**. Dispositivo utilizado para separar elementos en los circuitos eléctricos y evitar que la corriente siga rutas no deseadas, tales como las pilas de discos cerámicos que separan las líneas de alta tensión de las torres de transmisión. **2**. Todo material que sea mal conductor de la electricidad, como la goma, el cristal o la cerámica. *Compárese con* conductor; semiconductor.

AIX *s*. Acrónimo de Advanced Interactive Executive (programa ejecutivo interactivo avanzado). Una versión del sistema operativo UNIX desarrollada y mantenida por IBM para sus PCs y estaciones de trabajo UNIX.

ajustado *adj*. (***flush***) Que está alineado de determinada manera en la pantalla o en el papel. Ajustar a la izquierda, por ejemplo, significa alinear a la izquierda. *Véase también* alinear.

ajustar *vb*. **1**. (***nudge***) Mover un objeto de píxel en píxel. **2**. (***tweak***) Realizar pequeños cambios finales para mejorar las prestaciones del hardware o del software; afinar un producto que esté prácticamente completo.

ajustar el kern *vb*. (***kern***) Alterar selectivamente la distancia entre parejas de letras con el fin de mejorar la legibilidad y de que el espaciado entre letras esté más equilibrado y proporcionado. Véase la ilustración de la página siguiente.

ajuste *s*. (***fitting***) El cálculo de una curva u otra línea que se aproxime de la forma más exacta posible a un conjunto de puntos de datos o medidas. *Véase también* análisis de regresión.

AWAKE
AWAKE
Kern.

ajuste de color de una imagen *s.* (*image color matching*) El proceso de corrección de una salida de imagen para ajustarla a los mismos colores que fueron introducidos o escaneados.

alarma *s.* (*alarm*) Una señal visual o auditiva procedente de un equipo informático que alerta al usuario de que se ha producido un error o de que existe algún tipo de situación de peligro.

alarma de gama *s.* (*gamut alarm*) Característica de los programas de gráficos que alerta al usuario si un color seleccionado cae fuera de la gama seleccionada actualmente. *Véase también* gama.

ALB *s.* Acrónimo de adaptive load balancing. *Véase* equilibrado de carga.

albergar *vb.* *Véase* hospedar.

albergue *s.* *Véase* hospedaje.

albergue virtual *s.* *Véase* hospedaje virtual.

aleatorio *adj.* (*random*) Específicamente, referido a una situación o suceso arbitrario o impredecible. El término puede también tener en ocasiones connotaciones peyorativas o semipeyorativas, usándoselo para referirse a algo no específico, incoherente, pobremente organizado, etc.

alerta *s.* (*alert*) **1.** En muchos sistemas operativos dotados de interfaces gráficas de usuario, es una alarma audible o visible que señala la presencia de un error o representa un aviso de algún tipo. *Véase también* recuadro de alerta. **2.** En programación, es una notificación asíncrona enviada por una hebra de procesamiento a otra. La alerta interrumpe a la hebra receptora en unos puntos de ejecución predefinidos y hace que ésta ejecute una llamada asíncrona a procedimiento. *Véase también* llamada asíncrona a procedimiento; subproceso.

alertas administrativas *s.* (*administrative alerts*) Alertas relacionadas con el uso de recursos y el servidor. Notifican a los usuarios la aparición de problemas en áreas tales como la seguridad y el acceso, las sesiones de usuario, la detención del servidor debido a una pérdida de alimentación (cuando hay disponible un sistema de alimentación ininterrumpida), replicación de directorio e impresión. Cuando un equipo genera una alerta administrativa, se envía un mensaje a una lista predefinida de usuarios y equipos. *Véase también* servicio de alerta.

alfa *adj.* (*alpha*) Perteneciente o relativo al software que está listo para las pruebas iniciales.

alfa *s.* (*alpha*) Un producto software que está bajo desarrollo y tiene suficiente funcionalidad como para comenzar el proceso de pruebas. Un sistema o prototipo alfa es normalmente inestable y no tiene todas las características ni la funcionalidad que tendrá el producto que sea posteriormente lanzado. *Compárese con* beta.

alfabeto *s.* (*alphabet*) En comunicaciones y procesamiento de datos, es el subconjunto de un conjunto de caracteres completo, incluyendo letras, símbolos numéricos, signos de puntuación y otros símbolos comunes, así como los códigos usados para representarlos. *Véase también* ASCII; CCITT; conjunto de caracteres; EBCDIC; ISO.

alfageométrico *adj.* (*alphageometric*) En referencia a los gráficos por computadora, especialmente en los sistemas de videotexto y teletexto, relativo o referido a un método de visualización que utiliza códigos para los caracteres alfanuméricos y permite crear gráficos utilizando primitivas geométricas. Las formas primitivas tales como líneas horizontales y verticales y esquinas son alfageométricas. *Véase también* alfamosaico.

alfamosaico *adj.* (*alphamosaic*) En referencia a los gráficos por computadora, especialmente los sistemas de videotexto y teletexto, relativo o referido a una técnica de visualización que utiliza códigos para los caracteres alfanuméricos y permite utilizar gráficos utilizando disposiciones rectangulares de elementos para formar un mosaico. *Véase también* alfageométrico.

alfanumérico *adj.* (*alphanumeric*) Compuesto por letras o dígitos o por una combinación de ambos tipos y que algunas veces incluye caracteres de control, caracteres de espaciado y otros caracteres especiales. *Véase también* ASCII; conjunto de caracteres; EBCDIC.

alfombrilla de ratón *s.* (*mouse pad*) Superficie en la que se puede mover un ratón, normalmente una alfombrilla de goma rectangular recubierta con tela que proporciona un mayor grado de tracción que un escritorio de madera o cristal o la superficie de una mesa. *Véase también* ratón.

álgebra booleana *s.* (*Boolean algebra*) Tipo de álgebra que resulta fundamental en informática, pero que fue desarrollada a mediados del siglo XIX por un matemático inglés, George Boole, para determinar si las proposiciones lógicas son verdaderas o falsas más que para determinar los valores de expresiones numéricas. En el álgebra booleana, las variables deben tener uno de dos posibles valores, verdadero o falso, y las relaciones entre estas variables se expresan mediante operadores lógicos, como AND, OR y NOT. Dadas estas variables de dos estados y las posibles relaciones que puedan tener entre sí, el álgebra booleana produce proposiciones del tipo C = A AND B, lo que significa que C es verdadero si, y solo si, A es verdadero y B es verdadero. Por tanto, se puede utilizar para procesar información y resolver problemas. Además, la lógica booleana puede aplicarse a los circuitos electrónicos utilizados en el cálculo digital. Al igual que con los números binarios 1 y 0, los valores lógicos verdadero y falso se representan fácilmente mediante dos estados físicos contrapuestos de un circuito, como, por ejemplo, tensiones, y los circuitos conocidos como puertas lógicas controlan el flujo de electricidad (bits de datos) para representar AND, OR y NOT y otros operadores booleanos. En una computadora, estas puertas lógicas se combinan entre sí, conectando la salida de una a una entrada de otra, de modo que el resultado final (que sigue siendo un conjunto de unos y ceros) son datos con significado, como, por ejemplo, la suma de dos números. *Véase* la ilustración de la página siguiente. *Véase también* sumador; binario; operador booleano; puerta; circuito lógico; tabla de verdad.

álgebra relacional *s.* (*relational algebra*) Colección de normas y operadores que permite manipular relaciones (tablas). El álgebra relacional se suele caracterizar mediante los siguientes operadores: SELECT, PROJECT, PRODUCT, UNION, INTERSECT, DIFFERENCE, JOIN (o INNER JOIN) y DIVIDE. En una base de datos relacional, el álgebra relacional se utiliza para desarrollar procedimientos que permitan construir nuevas relaciones basándose en las relaciones existentes.

ALGOL *s.* Acrónimo de Algorithmic Language (lenguaje algorítmico). Fue el primer lenguaje de programación procedimental estructurado, desarrollado a finales de la década de 1950 y utilizado antiguamente de forma bastante amplia en Europa.

algoritmo *s.* (*algorithm*) Una secuencia finita de pasos para resolver un problema matemático o lógico o para realizar una tarea.

algoritmo de búsqueda *s.* (*search algorithm*) Algoritmo diseñado para localizar un cierto elemento, denominado objetivo, dentro de una estructura de datos. *Véase también* algoritmo; búsqueda binaria; búsqueda hash; búsqueda lineal.

algoritmo de eliminación de rebotes *s.* (*debounce algorithm*) Conjunto de instrucciones que realiza una suposición sobre la rapidez con que un usuario puede presionar y soltar un interruptor y luego se asegura de que sólo se registre una pulsación durante el tiempo especificado.

algoritmo de encaminamiento por vector de distancia *s.* (*distance-vector routing algorithm*) *Véase* Bellman-Ford, algoritmo de encaminamiento por vector de distancia.

algoritmo de firma DSA *s.* (*DSA*) *Véase* DSA.

algoritmo de hash *s.* (*hashing algorithm*) Fórmula utilizada para generar valores hash y firmas digitales. *También llamado* función hash.

algoritmo de hash seguro *s.* (*Secure Hash Algorithm*) *Véase* SHA.

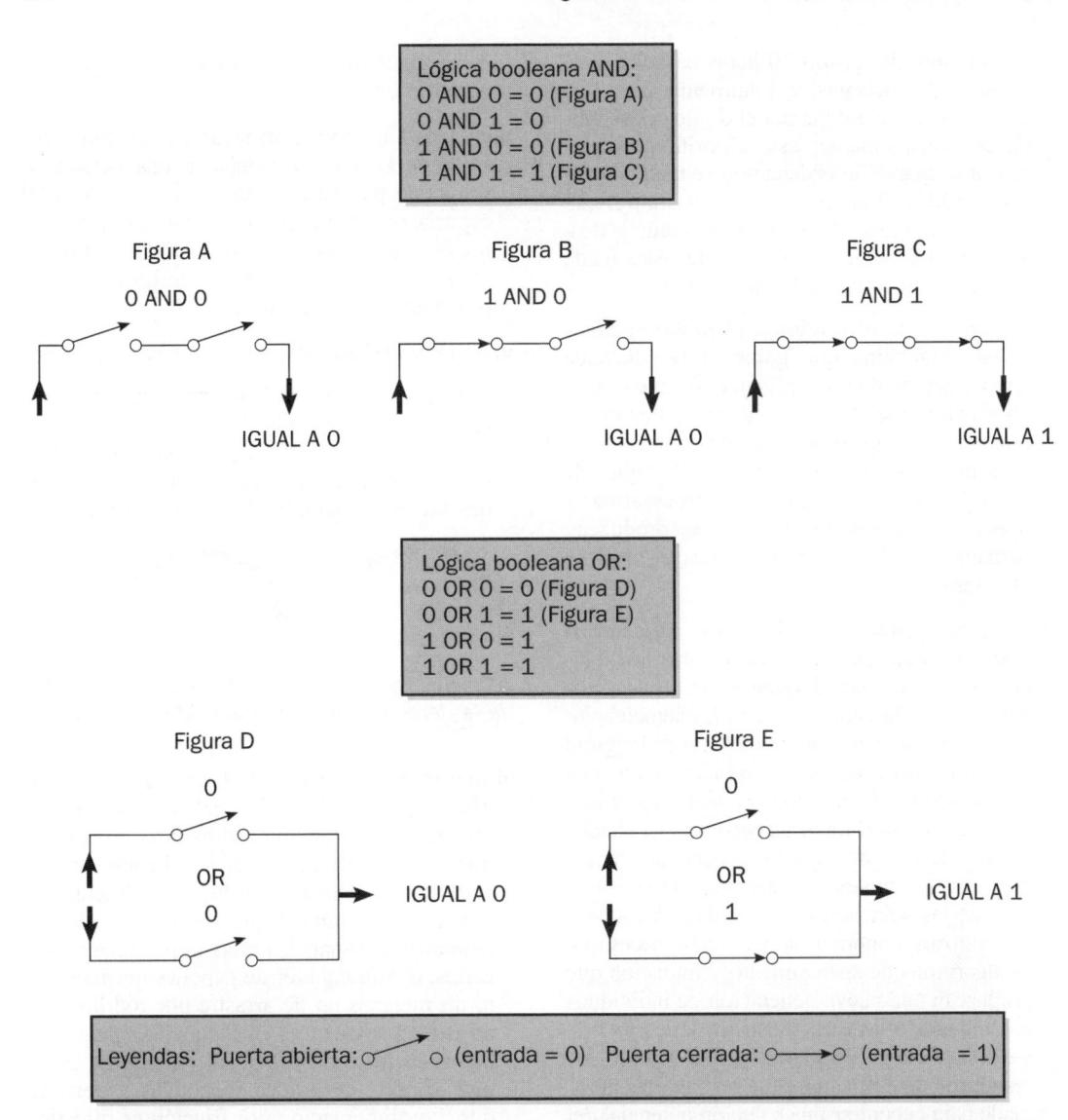

algoritmo de ordenación por base de numeración

Lógica booleana AND:
0 AND 0 = 0 (Figura A)
0 AND 1 = 0
1 AND 0 = 0 (Figura B)
1 AND 1 = 1 (Figura C)

Figura A
0 AND 0
IGUAL A 0

Figura B
1 AND 0
IGUAL A 0

Figura C
1 AND 1
IGUAL A 1

Lógica booleana OR:
0 OR 0 = 0 (Figura D)
0 OR 1 = 1 (Figura E)
1 OR 0 = 1
1 OR 1 = 1

Figura D
0
OR
0
IGUAL A 0

Figura E
0
OR
1
IGUAL A 1

Leyendas: Puerta abierta: (entrada = 0)   Puerta cerrada: (entrada = 1)

Álgebra booleana. Formas en las que los circuitos pueden simular operaciones booleanas. Las tablas recuadradas muestran los posibles resultados de las distintas combinaciones de entrada.

algoritmo de ordenación *s.* (*sort algorithm*) Algoritmo que pone una colección de elementos de datos en cierto orden secuencial, a veces basado en uno o más valores clave contenidos en cada elemento. *Véase también* algoritmo; ordenación por el método de burbuja; ordenación distributiva; ordenación por inserción; ordenación por fusión; ordenación rápida; ordenación de Shell.

algoritmo de ordenación por base de numeración *s.* (*radix sorting algorithm*) Algoritmo de ordenación que ordena agrupando elementos de acuerdo a partes sucesivas de sus claves. Un ejemplo simple es ordenar una lista de números comprendidos en el rango de 0 a 999. Primero, la lista se ordena por el dígito de las centenas en un conjunto de (hasta) 10 listas; después, cada lista, una cada vez, se ordena en un conjunto de (hasta) 10 listas basadas en el dígito de las decenas, y, finalmente, cada una de esas listas se ordena por el dígito de las unidades. Normalmente, este algoritmo es más eficiente cuando la ordenación se realiza utilizando valores binarios, los cuales simplifican las comparaciones (¿es un bit activado o desactivado?) y reduce el número de listas (cada paso genera como mucho dos listas).

algoritmo de planificación *s.* (***scheduling algorithm***) Algoritmo que gobierna la adecuada temporización de una secuencia de eventos en un sistema operativo o aplicación. Por ejemplo, un algoritmo efectivo de planificación para gráficos en movimiento será capaz de extraer los objetos gráficos, procesarlos y mostrarlos en pantalla sin que se produzcan parpadeos o interrupciones. *Véase también* algoritmo.

algoritmo genético *s.* (***genetic algorithm***) Método computacional para adaptar las soluciones a un problema basándose en los aspectos genéticos de la evolución. Las implementaciones típicas utilizan cadenas de texto de longitud fija para representar la información junto con una población de individuos que sufren cruces y mutaciones para tratar de encontrar resultados prometedores. Los algoritmos genéticos tienen normalmente tres etapas distintas: 1) codificación de las soluciones potenciales en cadenas de bits que soporten la variación necesaria; 2) algoritmos de apareamiento y mutación que produzcan una nueva generación de individuos recombinando las características de los padres, y 3) una función de selección que enjuicia los resultados determinando qué resulta más apropiado para encontrar una solución potencial del problema. *Véase también* algoritmo; programación genética.

algoritmo paralelo *s.* (***parallel algorithm***) Algoritmo en el que puede ejecutarse simultáneamente más de una parte del algoritmo. Los algoritmos paralelos se utilizan normalmente en entornos de multiprocesamiento. *Compárese con* algoritmo secuencial.

algoritmo secuencial *s.* (***sequential algorithm***) Algoritmo en el que cada paso debe ejecutarse siguiendo un determinado orden. *Véase también* algoritmo. *Compárese con* algoritmo paralelo.

alias *s.* **1.** Un nombre utilizado para dirigir mensajes de correo electrónico a una persona o grupo de personas en una red. **2.** Una señal espuria resultante de la digitalización de una muestra de audio analógico. **3.** Una etiqueta alternativa para algún objeto, como un archivo o una colección de datos.

alias IP *s.* (***IP aliasing***) *Véase* NAT.

aliasing *s.* En los gráficos informatizados, la apariencia escalonada de las curvas o de las líneas diagonales en una pantalla de visualización, apariencia que es causada por la baja resolución de pantalla. *Véase la ilustración.*

Aliasing. La resolución más baja de la imagen de la derecha revela el efecto de aliasing.

alimentación de papel *s.* (***paper feed***) Mecanismo que desplaza el papel a través de una impresora. En las impresoras láser y en otras impresoras de páginas, el mecanismo de alimentación del papel consta, normalmente, de una serie de rodillos que sostienen y alinean firmemente el papel. En las impresoras matriciales, el alimentador de papel es normalmente un mecanismo de arrastre por rodillo o de arrastre por dientes, en el que los pequeños dientes arrastran o empujan un tipo de papel que dispone de bordes separables y perforados. La alimentación por fricción es otro tipo de alimentación de papel, en la que el papel está sujeto entre la platina y los rodillos de presión y el avance se produce por la rotación de la platina.

alimentación no filtrada *s.* (***dirty power***) Fuente de alimentación que puede causar daños en los componentes electrónicos debido al ruido, picos de tensión o niveles incorrectos de tensión.

alimentación por arrastre *s.* (***sprocket feed***) Alimentación de papel en la que una serie de dientes se inserta en los agujeros del papel continuo para moverlo a través de una impresora. Tanto la alimentación mediante engranaje como la alimentación mediante dientes son métodos de alimentación por arrastre. *Véase también* alimentación de papel; alimentación por arrastre mediante taladro; alimentación por arrastre mediante dientes.

alimentación por arrastre mediante dientes *s.* (*tractor feed*) Método para proporcionar el papel a una impresora que utiliza pequeños rodillos montados sobre correas de transmisión rotatorias. Los rodillos enganchan las perforaciones ubicadas en los bordes del papel continuo y empujan o tiran del mismo. *Véase también* papel continuo. *Compárese con* alimentación por arrastre mediante taladro.

alimentación por arrastre mediante taladro *s.* (*pin feed*) Método para proporcionar el papel a una impresora en la que unos pequeños dientes, montados sobre unos rodillos situados en los extremos de la platina, se insertan en los agujeros perforados presentes en los bordes del papel continuo. *Véase también* papel continuo; alimentación de papel. *Compárese con* alimentación por arrastre mediante dientes.

alimentación por fricción *s.* (*friction feed*) Método para desplazar el papel a través de una impresora en la que el papel está pillado entre la platina y los rodillos de presión de la impresora o (en las impresoras que no tienen una platina) entre dos conjuntos de rodillos. La alimentación por fricción está disponible en la mayoría de las impresoras para utilizarlo con papel sin perforaciones. En las impresoras que disponen de un mecanismo de alimentación de arrastre por dientes, además de alimentación por fricción, el mecanismo de alimentación por fricción debe estar desconectado cuando se usa el método de arrastre con el fin de evitar forzar innecesariamente los engranajes del arrastre. *Véase también* rodillo. *Compárese con* alimentación por arrastre mediante taladro; alimentación por arrastre mediante dientes.

alimentador de hojas *s.* (*sheet feeder*) Dispositivo que acepta una pila de papel y alimenta las hojas a una impresora página a página.

alimentar *vb.* (*feed*) Suministrar un soporte físico a un dispositivo de grabación, como, por ejemplo, insertar discos en una disquetera.

alineación *s.* (*alignment*) La colocación de objetos en posiciones, filas o columnas, fijas o predeterminadas. Por ejemplo, Macintosh Finder puede realizar una alineación automática de iconos en una carpeta o en el escritorio.

alineación a la derecha *s.* (*right justification*) En tipografía, procesamiento de textos y autoedición, se denomina así al proceso de alinear un texto uniformemente a lo largo de los márgenes derechos de una columna o página. El extremo izquierdo del texto no está alineado. *Véase también* justificar; bandera. *Compárese con* alineación completa; alineación a la izquierda.

alineación a la izquierda *s.* (*left justification*) En tipografía, procesamiento de textos y autoedición, se denomina así al proceso de alinear texto uniformemente a lo largo del margen izquierdo de una columna o página. El extremo derecho del texto no está alineado. *Véase también* justificar; bandera. *Compárese con* alineación completa; alineación a la derecha.

alineación completa *s.* (*full justification*) En tipografía, procesamiento de textos y autoedición, el proceso de alinear texto uniformemente a lo largo de los márgenes izquierdo y derecho de una columna o página. *Véase también* justificar.

alinear *vb.* (*align*) **1.** En una aplicación como pueda ser un procesador de textos, significa posicionar líneas de forma relativa a un determinado punto, como pueda ser el margen de la página. Los tipos más comunes de alineación son la alineación izquierda, derecha y centrada. Véase la ilustración. **2.** En manipulación de datos, hace referencia a almacenar unidades de datos de múltiples bytes de modo que los bytes respectivos se encuentren en posiciones de memoria correspondientes. **3.** Ajustar un dispositivo para situarlo dentro de unas tolerancias especificadas, como, por ejemplo, situar la cabeza de lectura/escritura en relación con una determinada pista de un disco.

Izquierda alineado al borde izquierdo	Centrada centrado alrededor del punto medio
Derecha alineado al borde derecho	Decimal .999 10.99 100.999 10.999

Alinear.

Allegro *s.* Allegro es una librería gratuita de funciones, portada a diversos sistemas operativos, para utilización en la programación de juegos de computadora y programas gráficos. Está escrita para el compilador DJGPP en una mezcla de C y lenguaje ensamblador. La versión más reciente es la 4.0.0. *Véase también* lenguaje ensamblador; DJGPP.

almacén de datos *s.* (*data warehouse*) Una base de datos, frecuentemente de gran tamaño, que puede acceder a toda la información de la empresa. Aunque el almacén puede estar distribuido entre varias computadoras y puede contener diversas bases de datos e información procedente de varias fuentes, en una diversidad de formatos, debe poder ser accesible a través de un servidor. Así, el acceso al almacén es transparente al usuario, el cual puede utilizar comandos simples para extraer y analizar toda la información. El almacén de datos también contiene datos acerca de la propia organización del almacén, como dónde se puede encontrar la información y cuáles son las conexiones existentes entre los datos. Los almacenes de datos, que frecuentemente se utilizan como mecanismo de ayuda a la toma de decisiones dentro de una organización, también permiten a las empresas organizar sus datos, coordinar las actualizaciones y observar las relaciones existentes entre elementos de información recopilados a partir de diferentes partes de la empresa. *Véase también* base de datos; sistema de ayuda a la toma de decisiones; servidor; transparente.

almacén de información *s.* (*information warehouse*) El total de los recursos informáticos almacenados en todas las computadoras de una organización.

almacenaje de datos *s.* (*data warehouse*) Adquisición, recopilación, gestión y diseminación de la información recopilada a partir de varias fuentes y almacenada en una ubicación centralizada, o implementación una base de datos de información utilizada para almacenar datos que puedan ser compartidos. El almacenaje de datos es un proceso en cuatro etapas: recopilación de datos, gestión de los datos en una ubicación centralizada, implementación de mecanismos de acceso a los datos junto con las herramientas para interpretarlos y analizarlos y para generar informes a partir de los mismos y la producción de informes a partir de los datos que puedan ser empleados como ayuda a la toma de decisiones. *Véase también* flujo; metaflujo; reflujo.

almacenamiento *s.* (*storage*) En informática, cualquier dispositivo en el que se puede guardar información. Las microcomputadoras disponen de dos tipos principales de almacenamiento: la memoria de acceso aleatorio (RAM) y las unidades de disco y otros soportes físicos de almacenamiento externos. Entre otros tipos de almacenamiento, se incluyen la memoria de sólo lectura (ROM) y los búferes.

almacenamiento asociativo *s.* (*associative storage*) Un método de almacenamiento basado en memoria en el que se accede a los elementos de datos no utilizando una posición o dirección fija, sino analizando su contenido. *También llamado* almacenamiento direccionable por contenido.

almacenamiento auxiliar *s.* (*auxiliary storage*) Cualquier medio de almacenamiento, como disco o cinta, al que no accede directamente el microprocesador de una computadora, al contrario de lo que sucede con la memoria RAM (random access memory, memoria de acceso aleatorio). Actualmente, a esos tipos de soporte se les suele denominar almacenamiento permanente o masivo, mientras que a los chips de RAM que el microprocesador utiliza directamente para almacenamiento temporal se los denomina simplemente memoria.

almacenamiento borrable s. (*erasable storage*) Medio de almacenamiento que puede utilizarse repetidamente porque el usuario tiene la capacidad de borrar los datos que estuvieran contenidos en él anteriormente. La mayoría de los tipos de almacenamiento magnético, como la cinta magnética y los discos, son borrables.

almacenamiento de burbujas s. (*bubble storage*) *Véase* memoria de burbujas.

almacenamiento de fecha con dos dígitos s. (*two-digit date storage*) Limitación en muchos sistemas y programas informáticos que almacenan el año correspondiente a una fecha utilizando dos dígitos en lugar de cuatro. Esta práctica de programación de fechas viene de los inicios de la informática cuando el espacio en las tarjetas perforadas y en la memoria de la computadora estaban muy limitados y muchos programadores empleaban dos dígitos para especificar el año en los campos de fecha con el fin de economizar en los requisitos de espacio o de memoria.

almacenamiento dinámico s. (*dynamic storage*) **1.** En programación, bloques de memoria que pueden ser asignados, desasignados o cambiados libremente de tamaño. **2.** Los sistemas de almacenamiento de información cuyos contenidos se perderán si se desconecta la alimentación del sistema. Los sistemas de memoria RAM (memoria de acceso aleatorio) son la forma más común de almacenamiento dinámico, y tanto la memoria RAM dinámica (DRAM) como la memoria RAM estática (SRAM) se consideran formas de almacenamiento dinámico. *Véase también* RAM dinámica; RAM estática. *Compárese con* almacenamiento permanente.

almacenamiento dinámico en caché s. (*dynamic caching*) Técnica para almacenar datos recientemente utilizados en memoria, donde el tamaño de caché se basa en cuánta memoria hay disponible en lugar de en cuánta memoria está asignada a la aplicación que se está ejecutando actualmente.

almacenamiento direccionado por contenido s. (*content-addressed storage*) *Véase* almacenamiento asociativo.

almacenamiento en búfer s. (*buffer storage*) El uso de un área especial de la memoria para almacenar temporalmente los datos que vayan a ser procesados hasta que un programa o sistema operativo esté listo para tratarlos.

almacenamiento en red s. (*Network-Attached Storage*) *Véase* NAS.

almacenamiento externo s. (*external storage*) Soporte físico de almacenamiento para datos, como, por ejemplo, un disco o una unidad de cinta, que es externa a la memoria de la computadora.

almacenamiento fijo s. (*fixed storage*) Todo medio de almacenamiento no extraíble, tal como un disco de gran tamaño que está sellado permanentemente dentro de su unidad.

almacenamiento físico s. (*physical storage*) *Véase* almacenamiento real.

almacenamiento fuera de línea s. (*offline storage*) Un recurso de almacenamiento, como, por ejemplo, un disco, que no está actualmente disponible para el sistema.

almacenamiento intermedio s. (*buffer storage*) Área de almacenamiento que se utiliza para contener los datos que se van a pasar entre dispositivos que no están sincronizados o que tienen velocidades de transferencia de bits diferentes.

almacenamiento láser s. (*laser storage*) La utilización de tecnología óptica de lectura/escritura con discos metálicos para el almacenamiento de información. *Véase también* disco compacto.

almacenamiento magnético s. (*magnetic storage*) Término genérico para designar el almacenamiento de datos informáticos en memoria no interna a través de un soporte físico magnético, como, por ejemplo, un disco o una cinta.

almacenamiento masivo s. **1.** (*bulk storage*) Todo soporte físico capaz de contener grandes cantidades de información, como puede ser una cinta magnética, un disco fijo o un disco óptico. **2.** (*mass storage*) Término genérico para designar el almacenamiento de datos

almacenamiento mediante emulsión por láser

informáticos, en disco, cinta o disco óptico, denominado así por la gran cantidad de datos que pueden almacenarse en comparación con la capacidad de la memoria de la computadora. *Compárese con* memoria.

almacenamiento mediante emulsión por láser *s.* (*emulsion laser storage*) Método para grabar datos en una película mediante el calentamiento selectivo con un haz de láser.

almacenamiento permanente *s.* (*permanent storage*) Soporte físico de grabación que conserva los datos grabados en él durante largos períodos de tiempo sin necesidad de energía. La tinta sobre papel está lejos de ser el almacenamiento permanente más ampliamente utilizado, pero los datos se pueden transferir desde el papel a una computadora con muy poca dificultad. Normalmente, algunos soportes físicos magnéticos, como el disquete o la cinta, son más apropiados. Los soportes físicos magnéticos son generalmente aceptados como permanentes, incluso aunque los campos magnéticos que codifican los datos en los medios tiendan a desvanecerse poco a poco (en cinco años o más). *Véase también* memoria no volátil.

almacenamiento persistente *s.* (*persistent storage*) Memoria que permanece intacta cuando se desconecta la alimentación de un dispositivo, como, por ejemplo, una memoria ROM. *Véase también* memoria.

almacenamiento primario *s.* (*primary storage*) Memoria de acceso aleatorio (RAM); la región principal de almacenamiento de propósito general a la que el microprocesador tiene un acceso directo. Las otras opciones de almacenamiento de una computadora, como, por ejemplo, discos y cinta magnética, se denominan almacenamiento secundario o (en ocasiones) almacenamiento de respaldo o de seguridad.

almacenamiento real *s.* (*real storage*) La cantidad de memoria RAM de un sistema por oposición a la memoria virtual. *Véase también* memoria virtual.

almacenamiento secundario *s.* (*secondary storage*) Todo medio de almacenamiento de datos distinto de la memoria de acceso aleatorio (RAM) de una computadora, normalmente un disco o cinta magnética. *Compárese con* almacenamiento primario.

almacenamiento temporal *s.* (*temporary storage*) Región de la memoria o de un dispositivo de almacenamiento que está temporalmente asignado para ser utilizado como almacenamiento intermedio de datos en una operación de cálculo, ordenación o transferencia.

almacenamiento y reenvío *s.* (*store-and-forward*) Método de envío de transmisiones en el que un intermediario almacena temporalmente los mensajes antes de enviarlos a su destino. Algunos conmutadores de paquetes emplean el almacenamiento y reenvío para suministrar los paquetes a sus destinos. *Compárese con* conmutador de anticipación.

almacenar en búfer *vb.* (*buffer*) Utilizar una región de memoria para almacenar datos que estén en espera de ser transferidos, especialmente hacia o desde dispositivos de entrada/salida (E/S), tales como unidades de disco y puertos serie.

ALOHA *s. Véase* ALOHAnet.

ALOHAnet *s.* La primera red inalámbrica de conmutación de paquetes y la primera red de gran tamaño en ser conectada a ARPA-NET. ALOHAnet fue construida en 1970 en la Universidad de Hawaii por Norm Abramson y fue financiada por Larry Roberts. ALOHAnet permitía a los equipos informáticos de siete campus, situados en siete islas diferentes, comunicarse bidireccionalmente con la computadora central en Oahu utilizando una red de radiotransmisores. El protocolo ALOHA fue la base para Ethernet. *Véase también* ARPANET; Ethernet; red.

Alpha *s.* **1.** Nombre interno de DEC para un microprocesador comenzado a comercializar en febrero de 1992 bajo la denominación DECchip 21064 y que posteriormente evolucionó hasta dar los actuales microprocesadores Alphachip de DEC. *Véase también* Alphachip; chip DEC 21064. **2.** Línea de computadoras de Digital Equipment Corporation (DEC) construida sobre su microprocesador de 64 bits con arquitectura RISC (Alphachip).

Alpha AXP *adj*. Perteneciente o relativo a, o característico de, la tecnología de microprocesadores de 64 bits con arquitectura RISC de Digital Equipment Corporation implementada en su producto DECchip. La designación AXP es utilizada por DEC en sus productos para computadoras personales para indicar que un producto tiene un procesador DECchip. *Véase también* Alpha; chip DEC 21064; RISC.

Alphachip *s*. Un microprocesador de 64 bits con arquitectura RISC de Digital Equipment Corporation. *Véase también* chip DEC 21064; RISC.

alt. *s*. Grupos de noticias de Internet que forman parte de la jerarquía alt. («alternativos») y que tienen el prefijo alt. A diferencia de las siete jerarquías de grupos de noticias de Usenet (comp., misc., news., rec., sci., soc., talk.), que requieren una votación formal entre los usuarios de la jerarquía para poder establecer grupos de noticias oficiales, cualquiera puede crear un grupo de noticias alt. a voluntad. Como consecuencia, los grupos de noticias dedicados al debate de temas extraños o esotéricos suelen formar parte de la jerarquía alt.

alta disponibilidad *s*. (*high availability*) La capacidad de un sistema o dispositivo para ser utilizable siempre que sea necesario. Cuando se expresa como un porcentaje, una alta disponibilidad es el tiempo de servicio real dividido entre el tiempo de servicio requerido. Aunque una alta disponibilidad no garantiza que un sistema no tenga tiempos de parada, una red se considera a menudo como altamente disponible si consigue un porcentaje de funcionamiento de red del 99,999. *También llamado* RAS (reliability/availability/serviceability), resistencia a fallos. *Compárese con* tolerancia a fallos.

alta gama *adj*. (*high-end*) Término descriptivo para algo que utiliza la tecnología más reciente para maximizar el rendimiento. Normalmente, existe una correlación directa entre la tecnología de alta gama y los precios más elevados.

alta resolución *s*. (*high resolution*) La capacidad para reproducir texto y gráficos con una relativa claridad y un alto nivel de detalle. La alta resolución se consigue utilizando un gran número de píxeles (puntos) para crear una imagen en un área determinada. Para las visualizaciones en pantalla, la resolución se especifica en términos del número total de píxeles según las dimensiones horizontal y vertical. Por ejemplo, el adaptador de vídeo VGA tiene una resolución de 640 por 480 píxeles. En las tareas de impresión, la resolución hace referencia al número de puntos por pulgada (ppp) producidos por la impresora, como, por ejemplo, 300 o 600 ppp para una impresora láser o de chorro de tinta de sobremesa y entre 1.000 y 2.000 ppp para una fotocomponedora de alta calidad.

alta tecnología *s*. (*high tech*) **1**. Innovación tecnológica especializada muy sofisticada y, a menudo, compleja. **2**. La vanguardia en ingeniería y ciencias aplicadas, normalmente incluyendo computadoras y equipos electrónicos.

Altair 8800 *s*. Una pequeña computadora comenzada a comercializar en 1975 por Micro Instrumentation Telemetry Systems (MITS) y vendida principalmente en forma de kit. Altair estaba basada en el microprocesador de 8 bits 8080 de Intel, tenía 256 bytes de memoria de acceso aleatorio, recibía la entrada a través de una batería de conmutadores situada en el panel frontal y mostraba la salida mediante una fila de diodos electroluminiscentes. Aunque tuvo una corta vida en el mercado, Altair está considerada como la primera computadora personal de auténtico éxito, lo que entonces se denominaba una computadora doméstica.

AltaVista *s*. Un portal y sitio web de búsqueda albergado por Digital Equipment Corporation. *Véase también* portal.

alto contraste *s*. (*High Contrast*) Característica de accesibilidad en Microsoft Windows que indica a los programas que utilicen el esquema de color especificado en el cuadro de diálogo Configuración y aumenten la legibilidad siempre que sea posible.

altura x *s*. (*x-height*) En tipografía, la altura de la letra minúscula *x* en una fuente determinada. La altura *x* representa así la altura del cuerpo de sólo una letra minúscula, excluyendo los rasgos ascendentes (tales como la parte superior de la letra *b*) y los descendentes (tales como la parte inferior de la letra *g*). *Véase también* trazo ascendente; trazo descendente.

ALU *s.* Acrónimo de arithmetic logic unit. *Véase* unidad aritmético-lógica.

AM *s.* Acrónimo de amplitude modulation. *Véase* modulación de amplitud.

ámbito *s.* (***scope***) En programación, la extensión con la que puede hacerse referencia dentro de un programa a un identificador determinado, como, por ejemplo, una constante, un tipo de datos, una variable o una rutina. El ámbito puede ser global o local. El ámbito puede verse también afectado por la redefinición de identificadores, como cuando se le da el mismo nombre a una variable local y a otra global. *Véase también* bloque; global; local.

AMD-K6 *s.* Familia de procesadores compatibles x86 introducida por Advanced Micro Devices, Inc. (AMD), en 1997. Comparable en cuanto a prestaciones con el microprocesador Intel Pentium II, la familia ADM-K6 está compuesta por procesadores compatibles con Windows con soporte MMX y que ejecutan programas de 32 bits. Tienen 8,8 millones de transistores, incluyen cachés de nivel 1 de 64 KB (AMD-K6) para permitir una ejecución de programas más rápida y están basadas en una tecnología conocida con el nombre de RISC86, que convierte las instrucciones de programa x86 en operaciones RISC en tiempo de ejecución. La familia AMD-K6 ofrece un rango de velocidades que va de 166 a más de 500 MHz. *Véase también* MMX; Pentium; RISC.

AMD-K7 *s. Véase* Athlon.

America Online *s.* Un servicio de información en línea cuya sede central está en Vienna (Virginia, EE.UU.) y que proporciona servicios de correo electrónico, de noticias, educativos y de entretenimiento, así como acceso a Internet. America Online es uno de los proveedores de servicios Internet estadounidenses de mayor tamaño. En 2000, America Online se fusionó con el gigante de los medios de comunicación Time Warner, Inc., transformándose en AOL Time Warner, Inc. La empresa resultante, cuyo objetivo principal era el suministro de servicios de comunicaciones y de contenido de pago al mercado de masas, forma un conglomerado de medios de comunicación que posee la mayor base de usuarios de Internet y un amplio rango de activos en los sectores de entretenimiento, editorial y de cable. *Acrónimo:* AOL.

America Online Instant Messenger *s. Véase* AIM.

American Standard Code for Information Interchange *s. Véase* ASCII.

AMI BIOS *s.* Una BIOS en ROM desarrollada y comercializada por American Megatrends, Inc. (AMI), para su uso en equipos informá-ticos compatibles IBM. Una característica bastante popular es que su software de configuración está almacenado en el chip de memoria ROM junto con las rutinas del BIOS, de modo que el usuario no necesita un disco de configuración a parte para modificar las configuraciones del sistema, como la cantidad de memoria instalada y el número y tipo de unidades de disco. *Véase también* BIOS; Phoenix BIOS; ROM BIOS.

Amiga *s.* Un sistema operativo propiedad de Amiga, Inc. El modelo Amiga de computadora de escritorio, que incluía el sistema operativo Amiga, fue lanzado al mercado por Commodore en 1985. El amiga tenía características particularmente buenas de soporte de sonido y vídeo, lo que lo hizo bastante popular entre los productores de contenido multimedia y del sector de la radiodifusión, aunque fue eclipsado por el IBM PC (y sus clónicos) y por los equipos Macintosh de Apple. La propiedad del diseño de la computadora Amiga ha pasado por las manos de diversas empresas de Estados Unidos y Alemania.

amigable *adj.* **1.** (***friendly***) Referido a aquellas características del hardware o el software que hacen que una computadora o programa informático sean fáciles de aprender y de utilizar. La mayoría de los desarrolladores procuran poner el énfasis en la amigabilidad y ésta es una característica deseada por la mayoría de los usuarios. *Véase también* amigable. **2.** (*user-friendly*) Fácil de aprender y fácil de usar.

amortiguación *s.* **1.** (*damping*) Técnica para impedir los sobreimpulsos (es decir, para no exceder el límite deseado) en la respuesta de un circuito o dispositivo. **2.** (*decay*) Decremento de la amplitud de una señal a lo largo del tiempo.

amp *s. Véase* amperio.

amperio *s.* (*ampere*) La unidad básica de corriente eléctrica. Un amperio es equivalente a un flujo de 1 culombio por segundo. Abreviatura: a, A, amp.

ampliación *s.* (*add-on*) **1.** Un dispositivo hardware, como, por ejemplo, un chip o una tarjeta de expansión, que puede añadirse a una computadora para ampliar sus capacidades. *También llamado* módulo auxiliar. *Véase también* arquitectura abierta. **2.** Un programa suplementario que puede ampliar las capacidades de un programa de aplicación. *Véase también* programa de utilidad.

ampliador de escritorio *s.* (*desktop enhancer*) Software que añade funcionalidad a un sistema operativo basado en ventanas tal como Microsoft Windows o Mac OS; por ejemplo, un explorador de archivos mejorado, un portapapeles o un reproductor multimedia.

ampliador de teclado *s.* (*keyboard enhancer*) Programa que controla las pulsaciones de tecla y que puede emplearse para redefinir el significado de ciertas teclas o combinaciones de teclas. Los ampliadores de teclado se utilizan para crear y almacenar macros (conjuntos de pulsaciones de tecla, acciones del ratón, selecciones de menú y otras instrucciones) que posteriormente se asignan a teclas. *También llamado* programa de macros.

ampliar *vb.* (*zoom*) Agrandar una parte seleccionada de una imagen gráfica o documento para que llene una ventana de la pantalla. Muchos programas incluyen una función de ampliación, incluyendo los programas de dibujo, de procesamiento de textos y de hoja de cálculo;

esta función permite al usuario seleccionar una pequeña parte de la pantalla, ampliarla y realizar cambios en la parte ampliada con un mayor nivel de detalle. *Véase también* ventana.

amplitud *s.* Una medida de la intensidad de una señal, como, por ejemplo, un sonido o una tensión, determinada por la distancia desde la línea de base hasta el pico de la forma de onda. *Véase también* forma de onda.

AMPS *s.* Acrónimo de Advanced Mobile Phone Service (servicio avanzado de telefonía móvil). El estándar para los servicios de telefonía celular analógica, utilizado ampliamente en Estados Unidos y en muchos otros países del todo el mundo. AMPS fue introducido por AT&T en 1983. Utiliza tecnologías FDMA (frequency division multiple access, acceso múltiple por división de frecuencia) para dividir las frecuencias en el rango de 800 MHz a 900 MHz en canales de 30 KHz para la realización y recepción de llamadas. Hay un tipo de AMPS que utiliza un ancho de banda más estrecho y que se conoce con el nombre de N-AMPS. El estándar equivalente para teléfonos celulares digitales se conoce con el nombre de D-AMPS. *Véase también* D-AMPS; N-AMPS.

AMPS/D-AMPS/N-AMPS *s. Véase* AMPS; D-AMPS; N-AMPS.

AMT *s.* Acrónimo de address mapping table *Véase* tabla de asignación de direcciones.

anaglifo *s.* (*Anaglyph*) Un efecto 3-D obtenido mediante la creación de dos imágenes superpuestas que semejan una única imagen tridimensional cuando se las contempla a través de unas gafas especiales. Las tecnologías 3-D de anaglifos se utilizan en la Web para producir imágenes 3-D para diversas aplicaciones de realidad virtual, de formación y de investigación.

análisis *s.* (*analysis*) La evaluación de una situación o problema, incluyendo la revisión de varios aspectos o puntos de vista. En informática, el análisis incluye comúnmente características como el control de flujo, el control de errores y la evaluación de la eficiencia. A menudo, el problema global se divide en com-

análisis de agrupación

ponentes más pequeños con los que se puede tratar más fácilmente. *Véase también* análisis de flujo; análisis numérico; análisis de sistemas. *Compárese con* síntesis.

análisis de agrupación *s.* (*cluster analysis*) Una técnica utilizada en minería de datos y en las técnicas de extracción de conocimiento para agrupar las observaciones identificando y extrayendo condiciones de similitud. El análisis de agrupación trata de describir la estructura de un conjunto de datos complejo. *Véase también* ART; minería de datos.

análisis de coste-beneficio *s.* (*cost-benefit analysis*) La comparación entre los beneficios y los costes para un elemento o acción determinados. El análisis de coste-beneficio se utiliza a menudo en los departamentos de informática para determinar cosas tales como si se debe comprar un nuevo sistema informático o si es necesario contratar más personal. *Véase también* IS; MIS.

análisis de errores *s.* (*error analysis*) El arte y la ciencia de detectar los errores en los cálculos numéricos, especialmente en los cálculos más largos y complejos, en los que la posibilidad de error se incrementa.

análisis de flujo *s.* (*flow analysis*) Un método de trazar el movimiento de diferentes tipos de información a través de un sistema informático, especialmente en lo que respecta a la seguridad y a los controles aplicados para garantizar la integridad de la información. *Véase también* organigrama.

análisis de regresión *s.* (*regression analysis*) En estadística, un análisis del grado en el que una variable independiente podría afectar a una variable dependiente (una variable cuyos valores dependen del valor de otra variable). *Véase también* regresión múltiple.

análisis de sistemas *s.* (*systems analysis*) El examen de un sistema o problema con el objetivo de mejorar un sistema existente o de diseñar e implementar uno nuevo. Como ciencia, el análisis de sistemas está relacionado con la cibernética, una rama de la ingeniería que estudia el comportamiento de los sistemas.

análisis de uso *s.* (*usage analysis*) Datos recopilados para evaluar cómo está siendo utilizado un sitio web, como, por ejemplo, los datos sobre los nombres de usuario de los visitantes, la frecuencia con la que cada página es visitada y los tipos de exploradores web utilizados.

análisis estructurado *s.* (*structured walk-through*) **1**. Reunión de programadores que trabajan en diferentes aspectos de un proyecto de desarrollo de software en la que los programadores intentan coordinar los diferentes segmentos del proyecto global. Los objetivos, requisitos y componentes del proyecto se revisan sistemáticamente para minimizar la cuota de error del software bajo desarrollo. **2**. Método para examinar un sistema informático, incluyendo su diseño e implementación, de un modo sistemático.

análisis extremo a extremo *s.* (*end-to-end examination*) Inspección de todos los procesos y sistemas utilizados en una organización que estén relacionados con los sistemas informáticos. El análisis comienza con los datos y la información que fluyen hacia el sistema, continúa con el análisis de cómo se manipulan y almacenan los datos y termina con la forma en que se lleva a cabo la salida de los datos. Por ejemplo, los análisis extremo a extremo fueron una de las técnicas empleadas para descubrir los problemas relacionados con el año 2000 en los sistemas informáticos de una organización.

análisis numérico *s.* (*numerical analysis*) La rama de las matemáticas dedicada a encontrar maneras de resolver problemas matemáticos abstractos y hallar soluciones concretas o aproximadas de los mismos.

análisis orientado a objetos *s.* (*object-oriented analysis*) Procedimiento que identifica los objetos componentes y los requisitos de sistema de un sistema o proceso que implica a las computadoras y que describe cómo interactúan para realizar tareas específicas. La reutilización de soluciones existentes es un objetivo de este tipo de análisis. Generalmente, el análisis orientado a objetos precede al diseño o a la programación orientada a objetos cuando se desarrolla un nuevo sistema informático o software orientado a objetos. *Véase también* objeto; diseño orientado a objetos; programación orientada a objetos.

analista de base de datos *s.* (*database analyst*) Alguien que proporciona las funciones analíticas necesarias para diseñar y mantener aplicaciones que requieren una base de datos

analista de sistemas *s.* (*systems analyst*) Persona que trabaja en el diseño y desarrollo de sistemas. Los analistas de sistemas generalmente combinan actividades técnicas, de gestión y de relaciones humanas para completar sus análisis.

analizador de circuito *s.* (*circuit analyzer*) Todo dispositivo que mide una o más características de un circuito eléctrico. Las características medidas más frecuentemente son la tensión, la corriente y la resistencia. Los osciloscopios son analizadores de circuitos.

analizador de línea *s.* (*line analyzer*) Un dispositivo de monitorización utilizado para verificar la integridad de una línea de comunicaciones y como herramienta de ayuda para el diagnóstico de problemas.

analizador de protocolo *s.* (*protocol analyzer*) Una herramienta de gestión diseñada para identificar y diagnosticar problemas en las redes informáticas. Los analizadores de protocolo examinan el tráfico de las redes de área local (LAN) y de área extensa (WAN) y localizan errores de protocolo indicando los retardos de conexión y otros fallos de red. Los analizadores de protocolos pueden filtrar y decodificar el tráfico, sugerir soluciones a los problemas, proporcionar informes gráficos y mostrar la distribución del tráfico según el tipo de protocolo y el porcentaje de utilización. *Véase también* protocolo de comunicaciones.

analizador lógico *s.* (*logic analyzer*) Dispositivo de hardware que facilita la sofisticada depuración de bajo nivel de los programas. Típica propiedad que incluye la capacidad de controlar las señales del bus durante la ejecución para detener la ejecución cuando se lee o se escribe en una determinada dirección de memoria y para mantener el rastro de una serie de instrucciones cuando la ejecución se detiene por algún motivo. *Véase también* depurador.

analizador sintáctico *s.* (*parser*) Aplicación o dispositivo que divide los datos en fragmentos más pequeños para que una aplicación pueda actuar sobre la información. *Véase también* analizar.

analizar *vb.* (*parse*) Descomponer la entrada en fragmentos más pequeños para que un programa pueda utilizar la información.

analógico *adj.* (*analog*) Relativo o referido a un dispositivo o señal que está variando continuamente en intensidad o magnitud, como, por ejemplo, una tensión o un sonido, en lugar de estar basado en unidades discretas, como son los dígitos binarios 1 y 0. Un atenuador de luz, de los que pueden encontrarse en algunas casas, es un dispositivo analógico, porque (a diferencia de los interruptores tradicionales) no dispone de un conjunto limitado de posiciones absolutas. *Compárese con* digital.

ancho de banda *s.* (*bandwidth*) **1.** La capacidad de transferencia de datos o velocidad de transmisión de un sistema de comunicaciones digitales medida en bits por segundo (bps). **2.** La diferencia entre la frecuencia más alta y la más baja que un sistema de comunicaciones analógico puede dejar pasar medidas en hercios (Hz) o ciclos por segundo. Por ejemplo, un teléfono tiene un ancho de banda de 3.000 Hz: la diferencia entre la frecuencia más baja (300 Hz) y más alta (3.300 Hz) que puede transportar.

ancho de banda a la carta *s.* (*bandwidth on demand*) En telecomunicaciones, es la capacidad de aumentar la tasa de transferencia en incrementos de tamaño específico según lo vaya demandando el canal al que hay que dar servicio. *Véase también* ancho de banda; canal; tasa de transferencia.

ancho de banda vertical *s.* (*vertical bandwidth*) La frecuencia con la que se refresca de manera completa una pantalla expresada en hercios (Hz). El ancho de banda vertical de las pantallas de visualización puede ir de 45 Hz hasta más de 100 Hz.

ancho de banda, asignación de *s.* (*bandwidth allocation*) *Véase* ancho de banda, reserva de.

ancho de banda, compraventa de *s.* (*bandwidth brokerage*) *Véase* ancho de banda, negociación de.

ancho de banda, conformación del *s.* (*bandwidth shaping*) *Véase* conformación de tráfico.

ancho de banda, gestión del *s. Véase* gestión del ancho de banda.

ancho de banda, intercambio de *s.* (*bandwidth exchange*) *Véase* ancho de banda, negociación de.

ancho de banda, negociación de *s.* (*bandwidth trading*) El intercambio del exceso de ancho de banda existente. Aunque se considera que este mercado madurará a corto plazo, por el momento no existen ni los contratos estandarizados ni los mecanismos de contratación instantánea requeridos para simplificar el proceso de negociación del ancho de banda. *También llamado* intermediación de ancho de banda, intercambio de ancho de banda.

ancho de banda, prueba de *s.* (*bandwidth test*) Un test comparativo que determina la velocidad de una conexión de red. Las pruebas de ancho de banda estiman las velocidades aguas abajo y aguas arriba enviando una serie de paquetes a través de la red y midiendo cuántos paquetes se reciben en una cantidad de tiempo específica. *También llamado* prueba de tasa de transferencia. *Véase también* prueba comparativa; tasa de transferencia.

ancho de banda, reserva de *s.* (*bandwidth reservation*) Es el proceso de asignar por adelantado un porcentaje del ancho de banda a cada usuario o aplicación a los que esté dando servicio una red. La reserva de ancho de banda optimiza el uso de la capacidad disponible dando prioridad a los paquetes que presentan restricciones temporales críticas. *También llamado* asignación de ancho de banda, gestión personalizada de colas. *Véase también* gestión del ancho de banda; conformación de tráfico.

anchura de línea *s.* (*line width*) La longitud de una línea de texto medida desde el margen izquierdo hasta el margen derecho de un papel o de una pantalla de computadora. En una máquina de escribir, la anchura de línea se mide usualmente en términos del número de caracteres alfanuméricos monoespaciados que caben en la línea; en un monitor de computadora o una impresora, la anchura de línea se mide normalmente en pulgadas, centímetros, puntos o picas. *Véase también* pica; punto.

ancla *s.* (*anchor*) **1**. Una etiqueta en un documento HTML que indica que una sección de texto, un icono u otro elemento es un vínculo a otro elemento diferente del documento o un vínculo a otro documento o archivo. *También llamado* delimitador. *Véase también* hipervínculo. **2**. Un código de formato en un documento de autoedición o de procesamiento de textos que mantiene a un elemento del documento, como pueda ser una figura o un título o una etiqueta asociada con la figura, en una cierta posición dentro del documento. El objeto anclado está, por lo general, asociado a otro elemento del documento, como, por ejemplo, un trozo de texto (a menudo un párrafo), un gráfico o un lugar concreto del documento. A medida que se añaden al documento texto y otros objetos, el objeto anclado se desplaza en relación con el objeto al cual está anclado o permanece estacionario. *También llamado* delimitador.

ancla nominada *s.* (*named anchor*) En HTML, es una etiqueta dentro de un documento que puede actuar como destino de un hipervínculo. Las etiquetas nominadas son útiles porque permiten definir vínculos a una ubicación específica dentro de un documento. *También llamado* destino nominado. *Véase también* ancla; HTML; hipervínculo.

AND *s.* Una operación lógica que combina los valores de dos bits (0, 1) o dos valores booleanos (falso, verdadero) y devuelve un valor de 1 (verdadero) si ambos valores de entrada son 1 (verdaderos) y devuelve 0 (falso) en caso contrario. Véase la tabla.

a	b	a AND b
0	0	0
0	1	0
1	0	0
1	1	1

Tabla A.1. *Combinaciones posibles con el operador booleano AND.*

angstrom *s*. Una unidad de medida igual a una diez mil millonésima (10^{-10}) de metro o a una pulgada partido por 250 millones. La longitud de onda de la luz, por ejemplo, se mide comúnmente en angstroms. *Abreviatura:* Å.

ángulo de trama *s*. (*screen angle*) El ángulo con el que se imprimen los puntos de una imagen en semitonos. El ángulo correcto ayudará a enfocar la imagen y a minimizar otros efectos indeseables, como los patrones de moiré. *Véase también* separación de colores; semitono; distorsión de interferencia.

anidar *vb*. (*nest*) Incluir una estructura dentro de otra. Por ejemplo, una base de datos puede contener una tabla anidada (una tabla dentro de otra tabla), un programa puede contener un procedimiento anidado (un procedimiento declarado dentro de un procedimiento) y una estructura de datos puede incluir un registro anidado (un registro que contiene un campo que a su vez es un registro).

anillo cableado en estrella *s*. (*star-wired ring*) Una topología de red en la que una serie de concentradores y nodos se conectan a un concentrador central mediante una típica disposición en estrella, pero las conexiones dentro del concentrador central forman un anillo. Los anillos con cableado en estrella son una combinación de las topologías en estrella y en anillo.

anillo con paso de testigo *s*. *Véase* token ring.

animación *s*. (*animation*) La ilusión de movimiento creada utilizando una sucesión de imágenes estáticas. En gráficos por computadora, las imágenes pueden dibujarse todas por separado o se pueden dibujar los puntos inicial y final y hacer que un programa software calcule las imágenes comprendidas entre ellos. *Véase también* gráficos 3-D; modelado de superficie; interpolar; modelo alámbrico.

animación de celdas *s*. (*cell animation*) Proceso realizado por software que emula la animación de celdas tradicional, la cual utiliza hojas de celuloide transparente («celdas») para superponer los elementos activos en un fotograma de animación sobre un fondo estático. La animación de celdas por computadora es más eficiente, ya que las imágenes pueden reproducirse y manipularse rápidamente.

animación en tiempo real *s*. (*real-time animation*) Animación por computadora en la que las imágenes se calculan y actualizan en la pantalla a la misma velocidad con que los objetos simulados podrían moverse en el mundo real. La animación en tiempo real permite una participación más dinámica del usuario, ya que la computadora puede aceptar y procesar las pulsaciones de teclas o movimientos del controlador mientras está calculando la siguiente imagen de la secuencia animada. Las animaciones de estilo galería (como las de un programa de simulación de vuelo) utilizan la animación en tiempo real al traducir el argumento del juego en una serie de acciones en pantalla. Por el contrario, en una animación creada en tiempo virtual, los fotogramas se calculan y almacenan de antemano y se reproducen después a mayor velocidad para conseguir movimientos más suaves. *Véase también* animación; bloque de bits.

animación GIF *s*. (*GIF animation*) Un archivo que contiene una serie de gráficos que se muestran en rápida sucesión en un explorador web para que parezca como si fueran una imagen en movimiento o película.

animador *s*. (*throbber*) Icono animado que se mueve mientras una aplicación está completando una tarea, como cuando un explorador está descargando una página web. Estos iconos sirven para indicar al usuario que la aplicación sigue trabajando en la tarea y que no se ha quedado colgada. Los exploradores web y otras aplicaciones incluyen uno de estos iconos. En algunos casos, el usuario puede reemplazar el icono original por otro personalizado de su elección.

ANN *s*. Acrónimo de artificial neural network. *Véase* red neuronal artificial.

annoybot *s*. Un bot en un canal IRC (Internet Relay Chat) o una mazmorra multiusuario (MUD, multiuser dungeon) que interacciona con el usuario de una manera molesta. *Véase también* bot; IRC; MUD.

ánodo *s.* (*anode*) En electrónica, el electrodo o terminal cargado positivamente hacia el que fluyen los electrones. *Compárese con* cátodo.

anonimato *s.* (*anonymity*) La habilidad de enviar un mensaje de correo electrónico o un artículo a un grupo de noticias sin que la identidad del transmisor sea conocida. Normalmente, la dirección de correo electrónico del transmisor aparece de manera automática en la cabecera de cada mensaje, que es creada por el software de cliente. Para conseguir el anonimato, debe enviarse el mensaje a través de un reemisor anónimo; dicho reemisor, sin embargo, mantiene un registro de la identidad del emisor para permitir que se le envíen respuestas. *Véase también* reemisor anónimo.

anonymous *s.* En Internet, es el nombre de inicio de sesión estándar utilizado para obtener acceso a un servidor de archivos FTP público. *Véase también* FTP anónimo.

anotación *s.* (*annotation*) Una nota o comentario asociado a alguna parte de un documento para proporcionar información relacionada. Algunas aplicaciones soportan la característica de anotaciones de voz o anotaciones accesibles mediante iconos. *Véase también* comentario.

ANSI *s.* **1**. Acrónimo de American National Standards Institute (Instituto Nacional de Estándares de Estados Unidos). Una organización de adscripción voluntaria y sin ánimo de lucro formada por empresas y grupos industriales en 1918 para el desarrollo y la adopción de estándares de comunicaciones y de comercio en Estados Unidos. ANSI es la representante de Estados Unidos en ISO (International Organization for Standardization). Entre sus diversas ocupaciones, ANSI ha desarrollado recomendaciones para el uso de lenguajes de programación, incluyendo FORTRAN, C y Cobol, así como para diversas tecnologías de interconexión de redes. *Véase también* ANSI C; ANSI.SYS; SCSI. **2**. El conjunto de caracteres ANSI de Microsoft Windows, que incluye el conjunto ISO 8859/x además de otros caracteres adicionales. Este conjunto estuvo originalmente basado en un borrador de estándar ANSI. El sistema operativo MS-DOS utiliza el conjunto de caracteres ANSI si está instalado el archivo ANSI.SYS.

ANSI C *s.* Una versión del lenguaje de programación C estandarizada por ANSI. *Véase también* ANSI; K&R C.

ANSI X3.30-1997 *s.* Un estándar titulado «Representación de las fechas de calendario y fechas ordinales para el calendario de información», promulgado por ANSI (American National Standards Institute, Instituto Nacional de Estandarización de Estados Unidos), que cubre el tema de los formatos de fecha. Muchas organizaciones, incluyendo el gobierno federal de Estados Unidos, han estandarizado los formatos de fecha utilizando este estándar para facilitar los trabajos derivados del problema del año 2000.

ANSI.SYS *s.* Un controlador de dispositivo instalable para computadoras MS-DOS que utiliza comandos ANSI (frecuencias de escape) para proporcionar al usuario un mayor grado de control de la consola. *Véase también* ANSI; controlador; secuencia de escape; instalar.

ANSI/SPARC *s.* Acrónimo de American National Standards Institute Standards Planning and Requirements Committee (Comité de requerimientos y planificación de estándares de ANSI). Es el comité de ANSI quien, en la década de 1970, propuso una arquitectura generalizada de triple esquema que se usa como base para algunos sistemas de gestión de bases de datos.

antena parabólica *s.* (*satellite dish*) Reflector y antena parabólicos (con forma de plato) utilizados para la transmisión y recepción de señales entre la tierra y los satélites terrestres. Las antenas parabólicas se utilizan normalmente para recibir transmisiones de televisión.

antialiasing *s.* Una técnica software para suavizar la apariencia escalonada de las líneas curvas o diagonales causada por la baja resolución de una pantalla. Los métodos de antialiasing incluyen rodear los píxeles con tonos intermedios y manipular el tamaño y la alineación horizontal de los píxeles. Véase la ilustración. *Véase también* tramado. *Compárese con* aliasing.

Antialiasing. La imagen de la derecha muestra el resultado del antialiasing a través del uso de una muy alta resolución.

antideslumbramiento *adj.* (***antiglare*** o ***antiglare***) Relativo a cualquier medida tomada para reducir las reflexiones de la luz externa sobre una pantalla de visualización. La pantalla puede ser recubierta con un producto químico (lo que puede reducir su brillo), puede ser cubierta por un filtro de polarización o simplemente rotada para que la luz externa no se refleje hacia los ojos del usuario.

anti-gusano *s.* (***anti-worm***) *Véase* parcheo automático; virus corrector.

anti-repetición *s.* (***anti-replay***) Una característica de seguridad en el nivel de paquete IP que evita que puedan insertarse dentro del flujo de datos paquetes que hayan sido interceptados y modificados. Los mecanismos de anti-reproducción crean una asociación de seguridad entre un equipo de origen y uno de destino, acordando ambos una secuencia de numeración para la transmisión de paquetes. El mecanismo de anti-reproducción detecta los paquetes que están etiquetados con números que caen fuera de la secuencia aceptada, los descarta, envía un mensaje de error y registra el suceso. El protocolo de anti-reproducción forma parte del estándar IPsec. *Véase también* IPSec.

anulación *s.* (***rollback***) **1**. El punto de una transacción en línea en el que se deshacen las actualizaciones de todas las bases de datos implicadas en la transacción. **2**. La vuelta a una condición estable anterior, como, por ejemplo, cuando se restauran los contenidos de un disco duro a partir de una copia de seguridad después de un error de disco destructivo.

anular *vb.* (***override***) Impedir que algo suceda en un programa o en un sistema operativo o iniciar otra respuesta. Por ejemplo, un usuario puede a menudo anular y, por tanto, cancelar un largo procedimiento de ordenación en un programa de base de datos pulsando la tecla Escape.

anuncio de avalancha *s.* (***avalanche ad***) Uno de los diversos formatos de mayor tamaño para anuncios en línea desarrollado para sustituir a los anuncios tradicionales basados en cartel en Internet. Los anuncios de avalancha tienen generalmente un tamaño de 120 $\times$ 800 píxeles. *Véase también* rascacielos.

anuncio emergente *s.* (***pop-up ad***) Anuncio publicitario en Internet que aparece en una nueva ventana en primer plano, normalmente cuando se abre una nueva página de un sitio. Los anuncios emergentes pueden aparecer como respuesta a un clic de ratón, al paso del ratón por encima de un elemento o después de que el usuario haya pasado cierto período predeterminado de tiempo en un sitio web. *Véase también* anuncio emergente oculto.

anuncio emergente oculto *s.* (***pop-under ad***) Anuncio publicitario en Internet que aparece en una nueva ventana en segundo plano, detrás del contenido del sitio web. Los usuarios pueden no ser conscientes de la presencia de anuncios emergentes ocultos hasta que no cierren las ventanas situadas en primer plano al final de una sesión web. Los anuncios emergentes ocultos pueden aparecer como respuesta a un clic de ratón, al paso del ratón por encima de un elemento o después de que el usuario haya invertido cierto período predeterminado de tiempo en un sitio web. *Véase también* anuncio emergente.

anuncio rectangular *s.* (***rectangle ad***) Formato de anuncio publicitario en Internet mayor que un anuncio tradicional de tipo titular y que se inserta normalmente dentro del contenido de la página para lograr una mayor visibilidad.

añadir *vb.* (***append***) Colocar o insertar como un adjunto añadiendo datos al final de un archivo o base de datos o ampliando una cadena de caracteres. *Véase también* archivo; cadena. *Compárese con* truncar.

año bisiesto *s.* (***leap year***) Problema potencial de algunos sistemas que siguen un algoritmo erróneo para calcular años bisiestos. Existen tres reglas para calcular los años bisiestos: (1)

año de 2 dígitos

Un año es bisiesto si es divisible por 4, pero (2) no si es divisible por 100, a menos que (3) sea también divisible por 400. Por tanto, 1900 no fue un año bisiesto, pero sí lo fue el año 2000.

año de 2 dígitos *s*. (*2-digit year*) La capacidad de almacenar únicamente los dos últimos dígitos del año en una fecha. En dichos sistemas, el siglo correspondiente a la fecha no se almacena. *Véase también* almacenamiento de fecha con dos dígitos.

año de 4 dígitos *s*. (*4-digit year*) La capacidad de almacenar los cuatro dígitos del año correspondientes a una fecha en los productos hardware o firmware.

año doblemente bisiesto *s*. (*double leap year*) La errónea idea de que el año 2000 tendría dos días adicionales, 29 y 30 de febrero, en lugar de uno. En realidad, existía un problema potencial que afectaba al carácter bisiesto del año 2000, pero estaba basado en tres reglas utilizadas para el cálculo de los años bisiestos: (1) un año es bisiesto si es divisible por 4, pero (2) no si es divisible por 100, a menos que (3) sea también divisible por 400. Por tanto, 1900 no fue bisiesto, pero 2000 sí, aunque algunos sistemas que utilizaban algoritmos incorrectos pudieran no reconocerlo como año bisiesto y tuviera, por tanto, dificultades para funcionar correctamente después del 28 de febrero de 2000.

año pivote *s*. (*pivot year*) En el mecanismo de ventana deslizante utilizado para los problemas relativos al año 2000, una fecha dentro de un período de cien años que sirve como punto desde el que se pueden calcular las fechas correctas en los sistemas o programas software que sólo puedan almacenar años de dos dígitos. Por ejemplo, un año pivote igual a 1970 significa que los números comprendidos entre 70 y 99 se interpretan como los años que van de 1970 a 1999 y los números comprendidos entre 00 y 69 se interpretan como los años que van de 2000 a 2069. *Véase también* gestión de ventanas temporales.

AOL *s*. *Véase* America Online.

AOL Instant Messenger *s*. *Véase* AIM.

AOL NetFind *s*. Herramienta nativa de búsqueda de sitios web del servicio de información America Online (AOL). Permite realizar búsquedas por palabra clave y por concepto. Utilizando tecnología de Excite y tecnología ICE (Intelligent Concept Extraction, extracción inteligente de conceptos), esta herramienta encuentra relaciones entre palabras e ideas; por ejemplo, entre las expresiones «anciano» y «tercera edad». *Véase también* Excite; ICE.

APA *s*. Acrónimo de all points addressable. *Véase* completamente direccionable.

Apache *s*. Un servidor HTTP (web) gratuito y de código abierto presentado en 1995 por Apache Group como extensión y mejora del anterior servidor HTTPd (versión 1.3) del NCSA (National Center for Supercomputing Applications). Apache es bastante popular en los sistemas basados en UNIX, incluyendo LINUX, y también funciona sobre Windows NT y otros sistemas operativos, como BeOS. Dado que el servidor estaba basado en un código preexistente, con una serie de parches, se le empezó a denominar «A Patchy server» (un servidor parcheado), lo que condujo al nombre oficial Apache. *Véase también* HTTPd.

Apache Group *s*. Una organización de voluntarios de todo el mundo, sin ánimo de lucro, que gestionan y contribuyen al proyecto de servidor HTTP Apache.

apagar *vb*. **1**. (*shut down*) Cerrar un programa o un sistema operativo de forma tal que se garantice que no se pierda ningún dato. **2**. (*power down*) Detener (una computadora); desconectar la alimentación.

apagón *s*. (*blackout*) Condición en la que la tensión de alimentación eléctrica baja hasta cero; una completa pérdida de alimentación. Puede haber varios factores que causen un apagón, incluyendo los desastres naturales, tales como una tormenta o un terremoto, o un fallo en algún equipo de la compañía eléctrica, como, por ejemplo, un transformador o una línea de energía. Un apagón puede o no dañar a una computadora dependiendo del estado de la misma cuando ocurra el apagón. Como cuando se apaga el equipo antes de salvar los datos, un apagón provocará la pérdida irreparable de todos los datos no guardados. La situación potencialmente más peligrosa es aquella en la que el apagón se produce cuando una unidad de disco está leyendo o escribiendo información en un disco. La información que esté siendo leída o escrita quedará corrompida, causando la pérdida de una pequeña parte de un archivo, de un archivo completo o del disco entero; la unidad de disco en sí puede sufrir daños como resultado de la súbita pérdida de alimentación. La única manera fiable de prevenir los daños causados por los apagones es utilizar un sistema de alimentación ininterrumpida (SAI). *Véase también* SAI. *Compárese con* caída de tensión.

apantallamiento RF *s.* (*RF shielding*) Estructura, generalmente una hoja o lámina metálica, diseñada para impedir el paso de la radiación electromagnética de radiofrecuencia (RF). El apantallamiento RF pretende mantener la radiación de RF dentro o fuera de un dispositivo. Sin el apantallamiento apropiado, los dispositivos que utilizan o emiten radiación de RF pueden interferir entre sí; por ejemplo, el funcionamiento de una batidora eléctrica puede causar interferencias en una televisión. Las computadoras generan radiación de RF y, de acuerdo con los estándares FCC (Federal Communications Commission), deben estar apropiadamente apantalladas para impedir que esa radiación de RF salga. La carcasa de metal de un PC proporciona la mayor parte del apantallamiento de RF necesario. Los dispositivos que cumplen estándares FCC de tipo A son apropiados para el uso empresarial. Los dispositivos que cumplen los estándares FCC de tipo B, más estrictos, son adecuados para el uso doméstico. *Véase también* radiofrecuencia; RFI.

aparcar *vb.* (*park*) Situar el cabezal de lectura/escritura sobre una parte del disco en la que no hay datos almacenados (y que, por tanto, nunca puede ser dañada) o más allá de la superficie del disco antes de apagar la unidad, especialmente en preparación para un traslado. El aparcamiento puede ser llevado a cabo de forma manual, automática o mediante un programa de utilidad de disco.

APC *s.* Acrónimo de asynchronous procedure call. *Véase* llamada asíncrona a procedimiento.

apertura prioritaria de la ruta más corta *s.* (*Open Shortest Path First*) *Véase* OSPF.

APEX *s.* Acrónimo de Assembly Process Exhibition and Conference (Conferencia y exhibición sobre procesos de montaje). Conferencia y exhibición para los miembros del sector de fabricación electrónica en Estados Unidos. APEX incluye exhibiciones de productos, conferencias, reuniones técnicas y foros sobre cuestiones que afectan a dicho sector.

API *s.* Acrónimo de application programming interface. *Véase* interfaz de programación de aplicaciones.

API de telefonía *s.* (*Telephony API*) *Véase* TAPI.

API sockets *s.* (*sockets API*) Una interfaz de programación de aplicaciones implementada para crear y utilizar conectores (sockets) en redes de tipo cliente/servidor. La API sockets más común es la implementación UNIX/BSD de la Universidad de California, en Berkeley (Berkeley Sockets API), que es la base de Winsock. *Véase también* conector.

apilar *vb.* (*push*) Añadir un nuevo elemento a una pila, que es una estructura de datos utilizada generalmente para almacenar de modo temporal elementos de datos que estén siendo transferidos o resultados parciales de operaciones aritméticas. *Véase también* pila. *Compárese con* desapilar.

APIPA *s.* (*Automatic Private IP Addressing*) Acrónimo de Automatic Private IP Addressing (direccionamiento IP privado automático). Una característica de la pila de protocolos TCP/IP de Windows XP que asigna automáticamente una dirección IP unívoca del rango comprendido entre 169.254.0.1 y 169.254.255.254, así como una máscara de subred igual a 255.255.0.0. Esta funcionalidad se utiliza cuando se selecciona la asignación dinámica de direcciones en el protocolo TCP/IP y no está disponible el protocolo DHCP

(Dynamic Host Configuration Protocol). *Véase también* DHCP; dirección IP; TCP/IP.

APL *s.* Acrónimo de A Programming Language (un lenguaje de programación). Un lenguaje de alto nivel creado en 1968 para aplicaciones matemáticas y científicas. APL es un lenguaje interpretado basado en subprogramas que utiliza un gran conjunto de caracteres especiales y una sintaxis muy limpia y está disponible para utilización en máquinas compatibles con PC. *Véase también* lenguaje interpretado.

aplicación *s.* (*application*) Un programa diseñado para ayudar a la realización de una tarea específica, como procesamiento de textos, contabilidad o gestión de inventario. *Compárese con* utilidad.

aplicación auxiliar *s.* **1.** (*helper application*) Una aplicación pensada para ser ejecutada por un explorador web cuando éste descargue un archivo que no sea capaz de procesar por sí mismo. Como ejemplos de aplicaciones auxiliares estarían los reproductores de sonido y de vídeo. Las aplicaciones auxiliares deben, generalmente, ser obtenidas e instaladas por los usuarios; normalmente, no están incluidas en el propio explorador. Muchos exploradores web actuales ya no requieren aplicaciones auxiliares para manejar los formatos de archivo multimedia más comunes. *También llamado* programa auxiliar. *Compárese con* control ActiveX. **2.** (*plug-in*) Un programa software de pequeño tamaño que se conecta a una aplicación de tamaño mayor para proporcionar funcionalidad añadida. **3.** (*plug-in*) Un componente software que se añade a Netscape Navigator. Las aplicaciones auxiliares (plug-ins) permiten que el explorador web acceda a, y ejecute, archivos embebidos en documentos HTML y que estén en formatos que el explorador normalmente no sería capaz de reconocer, como es el caso de muchos archivos de animación, vídeo y audio. La mayoría de las aplicaciones auxiliares son desarrolladas por fabricantes de software que disponen de aplicaciones propietarias mediante las que se crean esos archivos embebidos.

aplicación basada en servidor *s.* (*server-based application*) Un programa compartido a través de una red. El programa está almacenado en el servidor de red y puede ser usado en más de una máquina cliente al mismo tiempo.

aplicación básica *s.* (*bare bones*) Aplicación que proporciona sólo las funciones más fundamentales necesarias para llevar a cabo una determinada tarea.

aplicación compleja *s.* (*fat application*) Aplicación que puede ser utilizada tanto en computadoras Macintosh basadas en el procesador PowerPC como en computadoras Macintosh basadas en el 68 K.

aplicación de 16 bits *s.* (*16-bit application*) Aplicación escrita para ejecutarse en una computadora con una arquitectura o sistema operativo de 16 bits, tal como MS-DOS o Windows 3.x.

aplicación de 32 bits *s.* (*32-bit application*) Aplicación escrita para ejecutarse en una computadora con una arquitectura o sistema operativo de 32 bits, como, por ejemplo, Mac OS o Windows 9x.

aplicación de arranque *s.* (*startup application*) En el Macintosh, es la aplicación que toma control del sistema cuando se enciende la computadora.

aplicación de flujo de trabajo *s.* (*workflow application*) Conjunto de programas que ayuda en el seguimiento y administración de todas las actividades de un proyecto desde el inicio hasta su finalización.

aplicación de mensajería *s.* (*messaging application*) Aplicación que permite a los usuarios enviarse mensajes (por ejemplo, de correo electrónico o de fax).

aplicación estrella *s.* (*killer app*) **1.** Aplicación que es capaz de desplazar a su competencia. *Véase también* aplicación. **2.** Aplicación de tal popularidad y amplia estandarización que impulsa al alza las ventas de la plataforma hardware o del sistema operativo para los que se escribió. *Véase también* aplicación.

aplicación multihebra *s.* (*multithreaded application*) Programa capaz de ejecutar más de una hebra de programa simultáneamente. *Véase también* procesamiento multihebra; subproceso.

aplicación nativa *s.* (*native application*) Programa que está diseñado específicamente para un tipo concreto de microprocesador, es decir, un programa que es compatible binario con un procesador. Una aplicación nativa funcionará, generalmente, más rápido que una aplicación no nativa, la cual debe ser ejecutada con la ayuda de un programa emulador. *Véase también* compatibilidad binaria; emulador.

aplicación vertical *s.* (*vertical application*) Aplicación especializada diseñada para cumplir las necesidades específicas de un negocio o industria particular, por ejemplo, una aplicación para hacer un seguimiento de la facturación, propinas e inventario en un restaurante.

aplicación web *s.* (*Web application*) Un conjunto de clientes y servidores que cooperan para proporcionar la solución a un problema.

aplicación web ASP.NET *s.* (*ASP.NET Web application*) Una aplicación que procesa solicitudes HTTP (solicitudes web) y se ejecuta sobre el motor de ejecución ASP.NET. Una aplicación ASP.NET puede incluir páginas ASP.NET, servicios web XML, rutinas de tratamiento de sucesos HTTP y módulos HTTP.

aplicación Windows *s.* (*Windows application*) Aplicación de software diseñada para ser utilizada en el entorno de Microsoft Windows.

APM *s.* (*Advanced Power Management*) Acrónimo de Advanced Power Management (administración avanzada de energía). Una antigua tecnología de administración de energía utilizada en los PCs móviles antes de la implementación de la tecnología ACPI (Advanced Configuration and Power Interface). Advanced Power Management es una interfaz software que opera entre el software de administración de energía del BIOS, que es específico del hardware, y un controlador de directivas de administración de energía que es ejecutado por el sistema operativo.

APNIC *s.* Acrónimo de Asian-Pacific Network Information Center (Centro de Información de Red de la Región Asia-Pacífico); es una organización sin ánimo de lucro y de adscripción voluntaria que cubre la región de Asia/Pacífico. APNIC, como su equivalente europea RIPE y su equivalente americana ARIN, está dedicada a cuestiones relacionadas con Internet, como, por ejemplo, la tarea de registrar nuevos miembros, asignar direcciones IP y mantener bases de datos de información. *Véase también* ARIN; RIPE.

apodo *s.* (*nickname*) Un nombre utilizado en el campo de destino de un editor de correo electrónico en lugar de una o más direcciones de red completas. Por ejemplo, «Pepe» puede ser el apodo para pepe@facultad.historia.universidad.net. Si se ha definido el apodo dentro del programa, el usuario sólo necesita escribir «Pepe» en lugar de la dirección completa, o quizá «Facultad de Historia» en lugar de todas las direcciones individuales correspondientes a la facultad. *Véase también* alias.

APPC *s.* Acrónimo de Advanced Program-to-Program Communication (comunicación avanzada interprogramas). Una especificación desarrollada como parte del modelo SNA (Systems Network Architecture) de IBM y diseñada para permitir que los programas de aplicación que se ejecutan sobre diferentes computadoras se comuniquen e intercambien datos directamente. APPC amplía el modelo SNA para incluir minicomputadoras y máquinas PC.

Apple Desktop Bus *s.* Un canal de comunicaciones serie integrado en las computadoras Apple Macintosh y Apple IIGS. Normalmente, se trata de un cable flexible y permite comunicar dispositivos de entrada de baja velocidad, como un teclado o un ratón, con el equipo. El bus funciona como una red de área local simple a la que se pueden conectar hasta 16 dispositivos, como lápices luminosos, ratones de bola y tabletas gráficas, que se pueden así comunicar con la computadora. Aunque sólo hay dos puertos externos, pueden conectarse más de dos dispositivos en serie. *Acrónimo:* ADB. *Véase también* bus; conexión en cadena; controlador de dispositivo; puerto de entrada/salida; comunicación serie.

Apple Events *s.* Una característica añadida al sistema operativo Mac OS System 7 que permite a una aplicación enviar un comando, como, por ejemplo, guardar o abrir, a otra aplicación. *Véase también* Mac OS.

Apple II *s.* La segunda computadora lanzada al mercado por Apple Computer Corporation en abril de 1977. El Apple II incluía 4 K de memoria RAM dinámica, expandible a 48 K (utilizando chips de 16 K), y utilizaba el microprocesador 6502. La computadora Apple II fue la primera en ofrecer un adaptador de vídeo para televisión como alternativa opcional al uso de un monitor de computadora en color. También incluía generación de sonidos y ocho ranuras de expansión. *Véase también* 6502.

Apple Macintosh *s. Véase* Macintosh.

Apple Newton *s. Véase* Newton.

AppleDraw *s.* Una aplicación de dibujo de libre distribución para computadoras Macintosh.

AppleScript *s.* Un lenguaje de script desarrollado por Apple Computer, Inc., para computadoras Macintosh con sistema operativo Mac OS y que sirve para ejecutar comandos y automatizar funciones. *Véase también* script.

AppleShare *s.* Un software servidor de archivos desarrollado por Apple Computer, Inc., que funciona con el sistema operativo Mac OS y permite a las computadoras Macintosh compartir archivos a través de una red. *Véase también* servidor de archivos; Mac OS.

applet *s.* Un programa que puede descargarse a través de Internet y ejecutarse en la máquina receptora. Las applets están escritas a menudo en lenguaje de programación Java y se ejecutan dentro de un software explorador, siendo usadas principalmente para personalizar o añadir elementos interactivos a una página web.

applet Java *s.* (***Java applet***) Una clase Java que es cargada y ejecutada por otra aplicación Java que ya esté ejecutándose, como, por ejemplo, un explorador web o un visor de applets. Las applets Java pueden ser descargadas y ejecutadas por cualquier explorador web capaz de interpretar Java, como Internet Explorer, Netscape Navigator y HotJava. Las applets Java se utilizan frecuentemente para añadir efectos multimedia e interactividad a las páginas web, como, por ejemplo, música de fondo, presentaciones de vídeo en tiempo real, animaciones, calculadoras y juegos interactivos. Las applets pueden activarse automáticamente cuando un usuario visualiza una página o pueden requerir que el usuario lleve a cabo alguna acción, como, por ejemplo, hacer clic en un icono contenido en la página web. *Véase también* applet; Java.

AppleTalk *s.* Una red de área local de bajo coste desarrollada por Apple Computer, Inc., para computadoras Macintosh y que puede ser usada por computadoras tanto Apple como no Apple para comunicarse y compartir recursos, como, por ejemplo, impresoras y servidores de archivos. Los equipos no Apple deben incluir hardware AppleTalk y el correspondiente software. La red utiliza un conjunto de niveles de protocolo similar al modelo de referencia ISO/OSI y transfiere la información en forma de paquetes denominados tramas. AppleTalk soporta conexiones a otras redes AppleTalk a través de dispositivos que se conocen con el nombre de puentes y soporta conexiones con redes de otros tipos a través de dispositivos denominados pasarelas. *Véase también* puente; trama; pasarela.

AppleTalk Phase 2 *s.* El modelo AppleTalk avanzado para Internet diseñado por Apple Computer, Inc., que soporta múltiples zonas dentro de una red y cuenta con una capacidad de direccionamiento ampliada.

AppleWorks *s.* Un conjunto de aplicaciones de productividad, anteriormente conocido con el nombre de ClarisWorks, distribuido por Apple Computer, Inc., y que se incluye en los equipos iMac. AppleWorks/ClarisWorks es un producto integrado que incluye soporte para procesamiento de texto, hojas de cálculo, bases de datos, dibujo, gráficos, diagramas y acceso a Internet.

Application Foundation Classes *s.* Un conjunto de bibliotecas de clases Java desarrollado por Microsoft que proporciona a los desarrolladores controles de interfaz de usuario y herramientas gráficas para crear y manipular elementos tales como texto y fuentes. Las clases AFC amplían las capacidades del conjunto AWT (Abstract Windowing Toolkit, conjunto de herramientas abstractas de gestión de ventanas) de Java y se utiliza para facilitar y acelerar la creación de aplicaciones y applets Java mediante el uso de componentes de desarrollo preconstruidos y personalizables. *Acrónimo:* AFC. *Véase también* Internet Foundation Classes; Java; Java Foundation Classes; Microsoft Foundation Classes.

appserver *s. Véase* servidor de aplicación.

aprendizaje a distancia *s.* (***distance learning***) En términos generales, cualquier proceso educativo o de aprendizaje en el que el profesor/instructor se encuentre geográfica o temporalmente separado de sus alumnos o en el que unos alumnos estén separados de otros alumnos o de las instalaciones educativas. El aprendizaje a distancia contemporáneo se realiza mediante tecnología electrónica e informática con el fin de conectar a profesores y alumnos en tiempo real o diferido o en base a las necesidades. La distribución del contenido se puede realizar mediante varias tecnologías, incluyendo satélites, computadoras, televisión por cable, vídeo interactivo, transmisiones electrónicas a través de líneas telefónicas, la World Wide Web y otras tecnologías de Internet. El aprendizaje a distancia no excluye los métodos de enseñanza tradicionales y se complementa frecuentemente mediante clases presenciales o con métodos y prácticas de formación profesional.

APS *s.* (***Asynchronous Protocol Specification***) Acrónimo de Asynchronous Protocol Specification (especificación de protocolo asíncrono). El estándar X.445. *Véase también* serie X.

apuntar *vb.* (***point***) Mover una flecha u otro indicador similar hasta una posición o un elemento concretos de la pantalla utilizando las teclas de dirección o maniobrando con un dispositivo señalador, tal como un ratón.

apuntar y hacer clic *adj.* (***point-and-click***) Permite a un usuario seleccionar datos y activar programas usando un ratón u otro dispositivo señalador para mover un cursor a la ubicación deseada («apuntar») o pulsando un botón del ratón u otro dispositivo señalador («hacer clic»).

Aqua *s.* La interfaz gráfica de usuario (GUI, graphical user interface) del sistema operativo Macintosh OS X. Aqua fue diseñada para conservar la familiaridad y comodidad de uso a la que estaban acostumbrados los usuarios de los sistemas Macintosh anteriores, al mismo tiempo que permite acceso a las capacidades más recientes del sistema operativo Macintosh OS X. Las características GUI de Aqua incluyen versiones actualizadas de los componentes de Macintosh, como, por ejemplo, el Finder, junto con nuevas características como el Dock, que es un nuevo tipo de herramienta de organización. *Véase también* panel de tareas; Mac OS X.

araña *s.* (***spider***) Un programa automatizado que explora Internet en busca de nuevos documentos web e indexa en una base de datos sus direcciones y una serie de informaciones relativas al contenido. Dicha base de datos puede luego ser examinada mediante un motor de búsqueda para tratar de encontrar correspondencias con determinados criterios. Las arañas (spiders) se consideran, generalmente, como un tipo de bot o robot Internet. *También llamado* reptador. *Véase también* bot; motor de búsqueda.

arbitraje *s.* (***arbitration***) Un conjunto de reglas para resolver las demandas conflictivas, referidas a un recurso de la máquina, emitidas por múltiples usuarios o procesos. *Véase también* contienda.

árbitro *s.* (***tiebreaker***) Circuito que arbitra en los conflictos entre circuitos competidores y regula los cuellos de botella dando prioridad a un circuito cada vez.

árbol *s.* (***tree***) Una estructura de datos que contiene cero o más nodos enlazados entre sí en forma jerárquica. Si existe algún nodo, uno de ellos será la raíz y los restantes nodos serán hijos de uno, y sólo uno, de los otros nodos; además, cada nodo tendrá cero o más nodos descendientes. *Véase también* hijo; grafo; hoja; nodo; padre/hijo; raíz.

árbol B *s.* (***B-tree***) Estructura de árbol para almacenar índices de base de datos. Cada nodo del árbol contiene una lista ordenada de valores de clave y de enlaces que se corresponden con los rangos de valores de clave comprendidos entre los valores incluidos en la lista. Para encontrar un registro de datos específico, dado su valor de clave, el programa lee del disco el primer nodo, o nodo raíz, y compara la clave deseada con las claves del nodo para seleccionar un subrango de valores de clave en el que buscar. El proceso se repite con el nodo indicado por el enlace correspondiente. En el nivel más bajo, los enlaces apuntan a los registros de datos. El sistema de base de datos puede así recorrer rápidamente en sentido descendente los niveles de la estructura de árbol para localizar las entradas simples de índice que contienen la ubicación de los registros o filas deseados. Véase la ilustración

árbol binario *s.* (***binary tree***) En programación, un tipo específico de estructura de datos en árbol en el que cada nodo tiene como máximo dos subárboles, uno izquierdo y otro derecho. Los árboles binarios se usan frecuentemente para ordenar información. Cada nodo de un árbol de búsqueda binaria contiene una clave, añadiéndose a un subárbol los valores que sean inferiores a la clave y los valores superiores al otro. Véase la ilustración. *Véase también* búsqueda binaria; árbol.

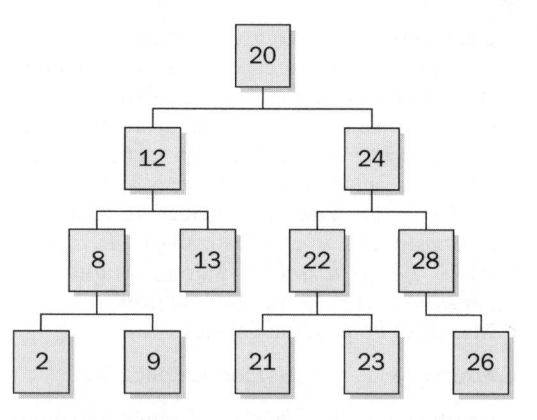

Árbol binario.

árbol de cintas *s.* (***tape tree***) Método de distribución de cintas de audio utilizado en listas de correo y grupos de noticias sobre música de Usenet, en el que se copia una grabación y se envía a una serie de participantes de la rama, que a su vez envían copias a sus hijos, u hojas. *Véase también* rama; hijo; hoja; estructura de árbol. *Compárese con* cadena.

árbol de decisión *s.* (***decision tree***) Similar a una tabla de decisión, se trata de un instrumento de análisis en el que los posibles resultados de una determinada condición se representan como ramas de las que a su vez pueden luego partir otras ramas. Véase la ilustración. *Véase también* rama; estructura de árbol.

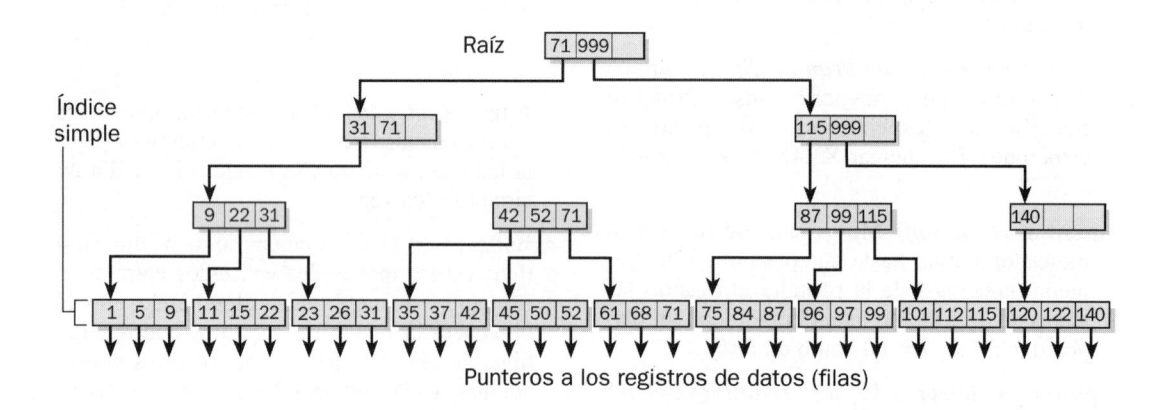

Árbol B. Estructura de índice de árbol binario.

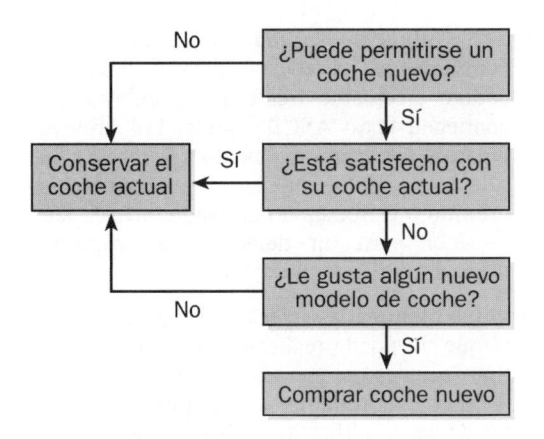

[Diagrama de flujo]

Árbol de decisión.

árbol de directorio *s.* (***directory tree***) Visualización gráfica que enumera los directorios y subdirectorios de un disco duro en forma de árbol, mostrando los subdirectorios como ramas del directorio principal. *Véase también* rama; directorio; estructura de árbol.

árbol de hardware *s.* (***hardware tree***) En Windows 9x, una estructura de datos que contiene información sobre la configuración y las necesidades de los dispositivos hardware de un sistema. El árbol de hardware, que consiste en nodos que apuntan a los dispositivos activos, es dinámico y se reconstruye cada vez que se inicia o se refresca el sistema operativo. El árbol de hardware facilita la capacidad «plug and play» de Windows 9x.

árbol de juego *s.* (***game tree***) Estructura de árbol que representa las contingencias que pueden producirse en un juego y que utilizan los desarrolladores de juegos para propósitos de diseño. Cada nodo del árbol de juego representa una posible posición en el juego, como, por ejemplo, la configuración de las piezas sobre un tablero de ajedrez, y cada ramificación representa un posible movimiento. *Véase también* juego de computadora.

árbol encadenado *s.* (***threaded tree***) Árbol en el que los nodos hoja (extremos) contienen punteros a algunos de los nodos de los que emanan. Los punteros facilitan la exploración del árbol en busca de información. *Véase también* cadena.

árbol lógico *s.* (***logic tree***) Método de especificación lógica que utiliza una representación de bifurcaciones. Cada rama del árbol representa un punto de decisión; el final de las ramas describe las acciones que se van a tomar.

árbol ordenado *s.* (***heap***) Árbol binario completo en el cual el valor de cualquier nodo es superior o igual al valor de cada uno de sus hijos. *Véase también* árbol binario.

árbol sintáctico abstracto *s.* (***abstract syntax tree***) Una representación en forma de árbol de los programas utilizada en muchos entornos integrados de programación y editores orientados a estructura.

árbol temático *s.* (***subject tree***) Un tipo de índice World Wide Web que está organizado por categorías de temas, muchas de las cuales se descomponen en subcategorías o «ramas». Un ejemplo de árbol temático World Wide Web es Yahoo! *Véase también* Yahoo!

.arc *s.* La extensión de archivos que identifica los archivos comprimidos codificados con el formato ARC (Advanced RISC Computing Specification). *Véase también* archivo comprimido.

Archie *s.* Una utilidad Internet para la localización de archivos en repositorios públicos; dichos archivos pueden entonces extraerse mediante FTP anónimo. El servidor Archie maestro en la Universidad McGill de Montreal descarga los índices FTP de los servidores FTP participantes, los combina para formar una lista maestra y envía diariamente las copias actualizadas de la lista maestra a otros servidores Archie. Archie es una abreviatura de la palabra archive (archivo). *Véase también* FTP anónimo; FTP. *Compárese con* Jughead; Veronica.

archivo *s.* **1.** (***archive***) Un directorio de archivos en Internet que está disponible para realizar descargas mediante FTP (File Transfer Protocol, protocolo de transferencia de archivos) o un directorio Internet establecido para la diseminación de los archivos almacenados. **2.** (***file***) Colección de información completa y con un nombre distintivo, como, por ejemplo, un programa, un conjunto de datos utilizados

archivo abierto 54

por un programa o un documento creado por un usuario. Un archivo es la unidad básica de almacenamiento que permite a la computadora distinguir un conjunto de información de otro. Un archivo es el «pegamento» que une un conjunto de instrucciones, números, palabras o imágenes para convertirlo en una unidad coherente que el usuario puede extraer, modificar, borrar, guardar o enviar a un dispositivo de salida.

archivo abierto *s.* (*open file*) Archivo que se puede leer, en el que se puede escribir o ambas cosas. Un programa debe abrir primero el archivo antes de poder utilizar sus contenidos y debe cerrarlo al terminar. *Véase también* abrir.

archivo activo *s.* (*active file*) El archivo afectado por un comando actual, normalmente un archivo de datos.

archivo adjunto *s.* (*attached file*) *Véase* adjunto.

archivo ASCII *s.* (*ASCII file*) Un archivo de documento en formato ASCII que contiene caracteres, espacios, signos de puntuación, retornos de carro y, algunas veces, tabuladores y un marcador de fin de archivo, pero que no contiene ningún tipo de información de formato. *También llamado* archivo ASCII, archivo de texto, archivo de sólo texto. *Véase también* ASCII; archivo de texto. *Compárese con* archivo binario.

archivo auto-extraíble *s.* (*self-extracting file*) Un archivo de programa ejecutable que contiene uno o más archivos de datos o de texto comprimidos. Cuando el usuario ejecuta el programa, éste descomprime los archivos comprimidos y los almacena en el disco duro del usuario.

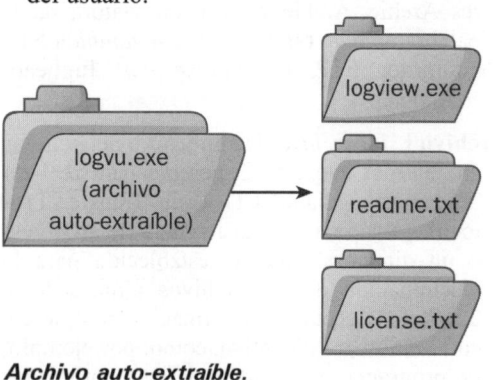

Archivo auto-extraíble.

archivo binario *s.* (*binary file*) Archivo que consta de una secuencia de datos de 8 bits o de código ejecutable frente a los archivos que contienen texto ASCII legible. Los archivos binarios tienen normalmente un formato que sólo un programa puede leer, a menudo comprimido o estructurado de modo que sea fácil de leer para un determinado programa. *Compárese con* archivo ASCII.

archivo bloqueado *s.* (*locked file*) **1**. Archivo en el que no puede realizarse uno o más de los tipos usuales de operaciones de manipulación de datos; normalmente, un archivo que no puede ser modificado mediante inserciones o eliminaciones. **2**. Archivo que no puede ser borrado ni movido y cuyo nombre no puede modificarse.

archivo cerrado *s.* (*closed file*) Archivo que no está siendo utilizado por ninguna aplicación. Una aplicación debe abrir tal archivo antes de poder leerlo o escribir en él y debe cerrarlo después. *Compárese con* archivo abierto.

archivo comprimido *s.* **1**. (*archive*) Un archivo cuya información ha sido compactada. **2**. (*compressed file*) Archivo cuyos contenidos se han comprimido mediante una utilidad especial con el fin de que ocupe menos espacio en un disco u otro dispositivo de almacenamiento que en su estado descomprimido (normal). *Véase también* programa de instalación; LHARC; PKUNZIP; PKZIP; programa de utilidad.

archivo de aplicación *s.* (*application file*) *Véase* archivo de programa.

archivo de cabecera *s.* (*header file*) Archivo que se identifica por ser incluido al comienzo de un programa en un lenguaje, como, por ejemplo, C, y que contiene las definiciones de los tipos de datos y las declaraciones de las variables utilizadas por las funciones del programa.

archivo de configuración *s.* (*configuration file*) Archivo que contiene las especificaciones de operación que la máquina puede entender para un elemento de hardware o de software o que contiene información sobre otro archivo o sobre un usuario específico, como, por ejemplo, el identificador de inicio de sesión del usuario.

archivo de copia de seguridad *s.* (***backup file***) *Véase* copia de seguridad.

archivo de datos *s.* (***data file***) Archivo que consta de datos en la forma de texto, números o gráficos como distinción de un archivo de programa de comandos e instrucciones. *Compárese con* archivo de programa.

archivo de detalle *s.* (***detail file***) *Véase* archivo de transacciones.

archivo de documento *s.* (***document file***) Archivo creado por el usuario y que representa la salida de un programa. *Compárese con* archivo de programa.

archivo de eliminaciones *s.* (***kill file***) *Véase* filtro de bozos.

archivo de errores *s.* (***error file***) Archivo que registra la hora, el tipo de procesamiento de datos y los errores de transmisión.

archivo de escritorio *s.* (***Desktop file***) Archivo oculto que mantiene un sistema operativo Macintosh en un volumen particular (el equivalente a un disco) para almacenar información sobre los archivos que contiene, como, por ejemplo, datos de la versión, listas de iconos y referencias de archivo.

archivo de firma *s.* (***signature file***) Un archivo que contiene información definida por un usuario y que es añadido automáticamente por el software cliente a los mensajes de correo electrónico o a los artículos de grupo de noticias. Los archivos de firma contienen normalmente el nombre o apodo del usuario y pueden incluir información tal como la dirección de correo electrónico del usuario, su página web, su empresa o su cargo dentro de la empresa.

archivo de imagen de página *s.* (***page-image file***) Archivo que contiene el código necesario para una impresora u otro dispositivo de presentación para crear la página o la imagen en pantalla. *Véase también* PostScript.

archivo de imagen física *s.* (***physical-image file***) Copia en el disco duro del material que se va a guardar en un CD-ROM. Si se crea una copia completa se descartan los posibles problemas de escritura en el CD-ROM debidos a los retardos en el ensamblado del material que se toma de un grupo de archivos dispersos. *Véase también* CD-ROM. *Compárese con* archivo de imagen virtual.

archivo de imagen virtual *s.* (***virtual-image file***) Archivo que especifica el material que va a ser grabado en un CD-ROM. Un archivo de imagen virtual generalmente contiene punteros a archivos que están distribuidos por el disco duro en lugar de estar reunidos en un área. Dado que no existe una copia completa del material ensamblada, pueden producirse problemas a la hora de escribir el CD-ROM debido a los retardos producidos por el proceso de ensamblado del material a partir de un grupo de archivos dispersos. *Véase también* CD-ROM. *Compárese con* archivo de imagen física.

archivo de impresión *s.* (***printer file***) Información de salida que normalmente habría estado destinada a la impresora, pero ha sido redirigida hacia un archivo de la computadora. Pueden crearse archivos de impresión por diversas razones. Por ejemplo, estos archivos permiten transferir la salida a otro programa o a otra computadora. También permiten realizar copias adicionales en cualquier momento con sólo copiar el archivo de impresión en la impresora. En ocasiones, se utiliza el término archivo de impresión incorrectamente para hacer referencia al controlador de impresora.

archivo de inicialización *s.* (***initialization file***) *Véase* archivo ini.

archivo de intercambio *s.* (***swap file***) Archivo oculto contenido en el disco duro que Windows utiliza para mantener las partes de programas y archivos de datos que no caben en memoria. El sistema operativo mueve los datos desde el archivo de intercambio hasta la memoria cuando es necesario y extrae de la memoria al archivo de intercambio para habilitar espacio para nuevos datos. El archivo de intercambio es una forma de memoria virtual. *Véase también* memoria; memoria virtual.

archivo de intercambio permanente *s.* (***permanent swap file***) En Windows, un archivo com-

archivo de marcadores 56

puesto por sectores de disco contiguos y utilizado para operaciones de memoria virtual. *Véase también* archivo de intercambio; memoria virtual.

archivo de marcadores *s.* (*bookmark file*) **1**. Un archivo de Netscape Navigator que contiene las direcciones de los sitios web preferidos. Es equivalente a la carpeta Favoritos en Internet Explorer y a la lista de sitios de interés (hot-list) en Mosaic. *Véase también* carpeta Favoritos; lista de favoritos; Internet Explorer; Mosaic. **2**. La representación de un archivo de marcadores en formato HTML, generalmente publicado en una página web para beneficio de otras personas. *Véase también* HTML.

archivo de modificaciones *s.* (*change file*) Un archivo que registra los cambios de carácter transaccional que hayan tenido lugar en una base de datos proporcionando un mecanismo para actualizar un archivo maestro y establecer una pista de auditoría. *También llamado* registro de transacciones. *Véase también* registro de adiciones.

archivo de origen *s.* (*source file*) En comandos MS-DOS y Windows que implican el copiado de datos o de instrucciones de programa, el archivo que contiene los datos o instrucciones que son copiados.

archivo de paginación *s.* (*paging file*) Archivo oculto contenido en el disco duro que sistemas operativos (como Windows, Mac OS X y UNIX) utilizan para mantener partes de programas y archivos de datos que no caben en memoria. El archivo de paginación y la memoria física, o RAM, configuran la memoria virtual. Los datos se pasan desde el archivo de paginación a la memoria cuando es necesario y se pasan de la memoria al archivo de paginación para habilitar espacio para nuevos datos en memoria. *También llamado* archivo de intercambio. *Véase también* memoria virtual.

archivo de procesamiento por lotes *s.* (*batch file*) Un archivo de texto ASCII que contiene una secuencia de comandos del sistema operativo, posiblemente con parámetros y operadores propios del lenguaje concreto de comandos de procesamiento por lotes que se esté utilizando. Cuando el usuario escribe un nombre de archivo de procesamiento por lotes en el indicativo de comandos, los comandos se procesan secuencialmente. *Véase también* AUTOEXEC.BAT; .bat.

archivo de programa *s.* (*program file*) Archivo de disco que contiene partes ejecutables de un programa informático. Dependiendo de su tamaño y complejidad, una aplicación u otro programa, como, por ejemplo, un sistema operativo, pueden almacenarse en varios archivos diferentes, conteniendo cada uno las instrucciones necesarias para alguna parte del funcionamiento global del programa. *Compárese con* archivo de documento.

archivo de punto *s.* (*dot file*) Archivo de UNIX cuyo nombre comienza con un punto. Los archivos de punto no aparecen en los listados ordinarios de archivos en un directorio. Los archivos de punto se usan a menudo para almacenar información de configuración de programas de un usuario determinado; por ejemplo, .newsrc es una cuenta de usuario que indica a un lector de noticias a qué grupos de noticias está suscrito el usuario.

archivo de recursos *s.* (*resource file*) Un archivo compuesto por datos de recursos y por el mapa de recursos que sirve para indexarlos. *Véase también* recurso; subarchivo de recursos.

archivo de registro *s.* (*log files*) Archivo informático que guarda las solicitudes recibidas por las aplicaciones en línea o el número de visitas que recibe una página web. Los archivos de registro son útiles a la hora de analizar el rendimiento técnico de un sitio web, de rediseñar la navegación de un sitio web y de revisar las estrategias de mercado utilizadas por las empresas de e-business.

archivo de resumen *s.* (*accounting file*) Un archivo generado por un controlador de impresora que lleva la cuenta del número de páginas impresas por cada trabajo, así como del usuario que solicitó el trabajo de impresión.

archivo de seguridad *s.* (*archive*) Una cinta o disco que contiene archivos copiados de otro dispositivo de almacenamiento y que se utiliza como almacenamiento de seguridad.

archivo de signaturas *s.* (***signature file***) Un archivo que permite actualizar un programa antivirus, de modo que el programa reconozca las signaturas de los nuevos virus y los elimine de la computadora del usuario. *Véase también* programa antivirus; signatura del virus.

archivo de sólo texto *s.* (***text-only file***) *Véase* archivo ASCII.

archivo de texto *s.* (***text file***) Archivo compuesto de caracteres de texto. Un archivo de texto puede ser un archivo de un procesador de textos o un archivo ASCII sin formato codificado en un formato que prácticamente todas las computadoras pueden utilizar. *Véase también* archivo ASCII; texto.

archivo de trabajo *s.* (***scratch file***) *Véase* memoria de trabajo.

archivo de transacciones *s.* (***transaction file***) Un archivo que contiene los detalles de las transacciones, como, por ejemplo, los productos y los precios contenidos en las facturas. Se utiliza para actualizar un archivo de base de datos maestro. *Véase también* transacción. *Compárese con* archivo maestro.

archivo delimitado por comas *s.* (***comma-delimited file***) Archivo de datos que consta de campos y registros, almacenados como texto, y en donde los campos están separados los unos de los otros por comas. El uso de archivos delimitados por comas permite la comunicación entre sistemas de bases de datos que utilicen formatos diferentes. Si los datos de un campo contienen una coma, el campo se encierra entre comillas.

archivo empaquetado *s.* (***archive file***) Un archivo que contiene un conjunto de archivos, como, por ejemplo, un programa junto con su documentación y archivos de entrada de ejemplo, o una serie de mensajes recopilados de un grupo de noticias. En los sistemas UNIX, los archivos de archivado definitivo pueden crearse mediante el programa tar; después pueden ser comprimidos utilizando compress o gzip. PKZIP para MS-DOS y Windows y StuffIt para Mac OS crean ficheros de archivo definitivo que ya están comprimidos. *Véase también* comprimir; gzip; PKZIP; StuffIt; tar.

archivo fuente *s.* (***source file***) **1**. Archivo que contiene código fuente. *Véase también* código fuente. **2**. Archivo que contiene los datos que un programa procesará y almacenará en un archivo de destino.

archivo fuente HTML *s.* (***HTML source file***) *Véase* fuente.

archivo huérfano *s.* (***orphan file***) Archivo que permanece en un sistema después de que ha dejado de utilizarse. Por ejemplo, un archivo puede crearse para dar soporte a una aplicación concreta, pero puede permanecer después de que la aplicación haya sido eliminada.

archivo ini *s.* (***ini file***) Abreviatura de archivo de inicialización que es un archivo de texto que contiene información acerca de la configuración inicial de Windows y de las aplicaciones basadas en Windows, como por ejemplo, las opciones predeterminadas relativas a las fuentes, los márgenes y el espaciado entre líneas. Había dos archivos ini, win.ini y system.ini, que eran imprescindibles para ejecutar el sistema operativo Windows hasta la versión 3.1. En las versiones posteriores de Windows, los archivos ini han sido sustituidos por una base de datos denominada Registro. Además del propio Windows, muchas antiguas aplicaciones creaban sus propios archivos ini. Puesto que son archivos de texto puro, los archivos ini pueden editarse con cualquier editor de textos o procesador de textos con el fin de cambiar la información acerca de la aplicación o las preferencias del usuario. Todos los archivos de inicialización tienen la extensión .ini. *Véase también* configuración; archivo de configuración; registro; system.ini; win.ini.

archivo invertido *s.* (***inverted file***) *Véase* lista invertida.

archivo Lmhosts *s.* (***Lmhosts file***) Un archivo de texto local que enumera los nombres de las máquinas host de red (algunas veces denominados nombres NetBIOS) e indica sus direcciones IP para todas aquellas máquinas host que no estén ubicadas en la subred local. *Véase también* dirección IP.

archivo lógico *s.* (***logical file***) Archivo visto desde un punto de vista conceptual sin hacer referencia a, ni distinguirlo por, su implementación física en memoria o en un dispositivo de almacenamiento. Por ejemplo, un archivo lógico puede constar de una serie contigua de registros, mientras que el archivo puede estar físicamente almacenado en pequeñas partes esparcidas sobre la superficie de un disco o incluso de varios discos. Un archivo lógico puede también constar de un subconjunto de columnas (campos) y filas (registros) extraídos de una base de datos. En este caso, el archivo lógico (o vista) consta sólo de la información solicitada por un determinado programa de aplicación o usuario.

archivo maestro *s.* (***master file***) En un conjunto de archivos de bases de datos, es el archivo que contiene información descriptiva más o menos permanente acerca de los temas principales de la base de datos, así como datos de resumen y uno o más campos clave críticos. Por ejemplo, en un archivo maestro podrían almacenarse los nombres de los clientes, sus números de cuentas, sus direcciones y sus niveles de crédito. *Véase también* registro maestro. *Compárese con* archivo de transacciones.

archivo objeto *s.* (***object file***) Archivo que contiene el código objeto, normalmente la salida de un compilador o de un ensamblador y la entrada para un montador. *Véase también* ensamblador; compilador; montador; código objeto.

archivo oculto *s.* (***hidden file***) Archivo que, para protegerlo de posibles eliminaciones o modificaciones, no se muestra en el listado normal de archivos contenidos en un directorio. Los archivos de este tipo a menudo se usan para almacenar códigos o datos críticos del sistema operativo.

archivo orientado a flujo *s.* (***stream-oriented file***) Archivo utilizado para almacenar unas pequeñas series de bits, bytes u otras pequeñas unidades estructuralmente uniformes.

archivo padre *s.* (***father file***) Archivo que es el inmediatamente anterior conjunto válido de un conjunto cambiante de datos. El archivo padre está inmediatamente precedido por un archivo abuelo e inmediatamente seguido por su hijo. Los pares padre e hijo, padres e hijo (o descendiente) e independiente y dependiente son sinónimos. *Véase también* generación.

archivo portable ejecutable *s.* (***portable executable file***) El formato de archivo utilizado para programas ejecutables, así como para los archivos que se enlazan para formar programas ejecutables.

archivo shell *s.* (***shell archive***) En UNIX y GNU, una colección de archivos comprimidos que han sido preparados para su transmisión a través de un servicio de correo electrónico utilizando el comando shar.

archivo sin formato *s.* (***flat file***) Archivo que consta de registros de un solo tipo en el que no hay información sobre la estructura embebida que gobierna las relaciones entre registros.

archivo SYLK *s.* (***SYLK file***) Archivo de vínculos simbólicos. Un archivo construido con un formato propiedad de Microsoft utilizado principalmente para intercambiar datos de hojas de cálculo, de forma tal que se preserven la información de formato y las relaciones intercelda relativas a los valores de datos.

archivo System *s.* (***System file***) Archivo de recursos en Macintosh que contiene los recursos que necesita el sistema operativo, como, por ejemplo, fuentes, iconos y cuadros de diálogo predeterminados.

archivo temporal *s.* (***temporary file***) Archivo creado en memoria o en disco por el sistema operativo o algún otro programa para ser utilizado durante una sesión y después descartarlo. *También llamado* archivo temp. *Véase también* memoria de trabajo.

archivo traducido *s.* (***translated file***) Archivo que contiene datos que han sido cambiados de formato binario (8 bits) a formato ASCII (7 bits). BinHex y uuencode traducen archivos binarios a ASCII. Esta traducción es necesaria para transmitir los datos a través de sistemas (como el correo electrónico) que pueden no conservar el octavo bit de cada byte. Un archivo traducido debe ser decodificado a su forma binaria antes de ser utilizado. *Véase también* convertir con BinHex; uuencode.

archivos de arranque *s.* (*boot files*) Los archivos del sistema necesarios para iniciar Microsoft Windows. Entre los archivos de arranque se incluyen Ntldr y Ntdetect.com. *Véase también* sector de arranque de partición.

archivos entrelazados *s.* (*cross-linked files*) En Windows 9x, Windows 3.x y MS-DOS, un error de almacenamiento de archivos que se produce cuando una o más secciones, o clústeres, del disco duro o de un disco flexible han sido asignadas erróneamente a más de un archivo en la tabla de asignación de archivos. Al igual que los clústeres perdidos, los archivos entrelazados pueden producirse debido a una terminación indebida (una terminación errónea o abrupta) de un programa de aplicación. *Véase también* tabla de asignación de archivos; clúster perdido.

archivos públicos *s.* (*public files*) Archivos que no tienen ningún tipo de restricción de acceso.

ARCnet *s.* Abreviatura de Attached Resource Computer Network (red informática de recursos conectados). Es un tipo de arquitectura de red basada en bus con paso de testigo para redes de área local basadas en PC y que fue desarrollada por Datapoint Corporation. ARCnet utiliza una topología de bus o en estrella y puede soportar hasta 255 nodos. Las diferentes versiones funcionan a velocidades de 1,5 Mbps, 20 Mbps (ARCnet Plus) y 100 Mbps.

ARCnet Plus *s. Véase* ARCnet.

área de entrada *s.* (*input area*) *Véase* búfer de entrada.

área de entrada/salida *s.* (*input/output area*) *Véase* búfer de entrada/salida.

área de memoria alta *s.* (*high memory area*) En los equipos IBM PC y compatibles, el rango de 64 kilobytes de direcciones situado inmediatamente por encima de 1 megabyte. Por medio del archivo HIMEM.SYS, MS-DOS (versiones 5 y posteriores) puede mover partes de sí mismo al área de memoria alta, incrementando así la cantidad de memoria convencional disponible para las aplicaciones.

Acrónimo: HMA. *Véase también* memoria convencional; memoria expandida.

área de memoria superior *s.* (*upper memory area*) *Véase* UMA.

área de salida *s.* (*output area*) *Véase* búfer de salida.

área de trabajo temporal *s.* (*scratchpad*) **1**. Circuito de memoria de alta velocidad utilizado para almacenar pequeños elementos de datos con el fin de realizar recuperaciones rápidas. *Véase también* caché. **2**. Área de almacenamiento temporal utilizada por un programa o sistema operativo para cálculos, datos y otros trabajos en curso. *Véase también* memoria de trabajo; archivo temporal.

argumento *s.* (*argument*) Una variable independiente utilizada con un operador o pasada a un subprograma que utiliza el argumento para llevar a cabo operaciones específicas. *Véase también* algoritmo; operador; parámetro; subprograma.

argumento ficticio *s.* (*dummy argument*) En programación, un argumento que no aporta a la rutina llamada ninguna información de entrada ni de salida y que se utiliza normalmente para reservar un lugar para un argumento que será utilizado en una futura revisión de la rutina. *Véase también* argumento.

ARIN *s.* Acrónimo de American Registry for Internet Numbers (Registro Americano de Números Internet). Una organización sin ánimo de lucro formada para registrar y administrar direcciones IP (Internet Protocol) en América del Norte y América del Sur. ARIN separa la asignación de direcciones IP de la administración de los dominios Internet de nivel superior, como, por ejemplo, .com y .edu. Ambas tareas eran anteriormente gestionadas por Network Solutions, Inc., como parte del consorcio InterNIC. Sus equivalentes en otros países son RIPE en Europa y APNIC en Asia y la región del Pacífico. *Véase también* APNIC; InterNIC; dirección IP; RIPE.

arista *s.* (*edge*) En estructuras de datos, un enlace entre dos nodos de un árbol o gráfico. *Véase también* grafo; nodo; árbol.

aritmética *s.* (***arithmetic***) La rama de las matemáticas que trata con la suma, resta, multiplicación y división de números reales.

aritmética de coma fija *s.* (***fixed-point arithmetic***) Aritmética realizada con números de coma fija. *Véase también* notación en coma fija.

aritmética de coma flotante *s.* (***floating-point arithmetic***) Aritmética realizada con números de coma flotante. *Véase también* notación en coma flotante; número en coma flotante.

aritmético *adj.* (***arithmetic***) Relativo a las operaciones matemáticas de suma, resta, multiplicación y división.

.arj *s.* La extensión de archivos MS-DOS utilizada para los ficheros de archivado creados con el programa de compresión ARJ.

ARM *s.* Abreviatura de Advanced RISC Machines. Es un nombre que identifica a algunos de los microprocesadores de 32 bit de arquitectura RISC y altas prestaciones licenciados a varios fabricantes de semiconductores por la empresa de diseño ARM Limited. Los chips de ARM son bastante notables por su bajo coste y su eficiencia en cuanto a consumo de energía. Se utilizan en una amplia variedad de productos, incluyendo teléfonos móviles, computadoras de mano, soluciones para automoción y embebidas y electrónica de consumo, incluyendo cámaras digitales y sistemas de juegos. *Véase también* StrongARM.

armario de cableado *s.* (***wiring closet***) Una habitación o recinto de un edificio en el que se instalan los equipos de telecomunicaciones y/o de redes, tales como concentradores, conmutadores y encaminadores.

armario de datos *s.* (***data closet***) *Véase* armario de cableado.

ARP *s.* Acrónimo de Address Resolution Protocol (protocolo de resolución de direcciones). Un protocolo TCP/IP para la determinación de la dirección hardware (o dirección física) de un nodo en una red de área local conectada a Internet cuando sólo se conoce la dirección IP (o dirección lógica). Para realizar esa determinación, se envía una solicitud ARP a la red y el nodo que tiene esa dirección IP responde con su dirección hardware. Aunque ARP se refiere, técnicamente, sólo al proceso de averiguación de la dirección hardware, mientras que RARP (Reverse ARP, ARP inverso) hace referencia al procedimiento contrario, se suele utilizar el término ARP para indicar ambos sentidos de conversión. *Véase también* dirección IP; TCP/IP.

ARP inverso *s.* (***Reverse ARP***) *Véase* RARP.

ARPANET *s.* Una gran red de área extensa (WAN) creada en la década de 1960 por la ARPA (Advanced Research Projects Agency, una agencia del Ministerio de Defensa de Estados Unidos que pasó a denominarse DARPA en la década de 1970) para el libre intercambio de información entre universidades y organismos de investigación, aunque el ejército americano utilizó también esta red para sus comunicaciones. En la década de 1980, se desgajó de ARPANET una red separada, MILNET, para su uso por el ejército. ARPANET fue la red a partir de la cual evolucionó Internet. *Véase también* ALOHAnet; Internet; MILNET.

arquitecto web *s.* (***Web architect***) Una persona que analiza el propósito de un sitio web y desarrolla un plan para ensamblar e integrar el hardware, el software y demás recursos técnicos necesarios para hacer que el sitio funcione adecuadamente.

arquitectura *s.* (***architecture***) **1.** La capacidad de manejo de datos de un microprocesador. **2.** El diseño de software de aplicación que incorpora los protocolos y los medios de ampliación y de comunicación con otros programas. **3.** La construcción física o diseño de un sistema informático y sus componentes. *Véase también* caché; CISC; arquitectura cerrada; arquitectura de red; arquitectura abierta; procesamiento en cadena; RISC.

arquitectura de dispositivo UPnP *s.* (***UPnP Device Architecture***) Una especificación desarrollada por el Foro UPnP (Universal Plug and Play) que define la estructura de las redes UPnP. La arquitectura de dispositivos UPnP, anteriormente conocida con el nombre de DCP Framework, proporciona información de descubrimiento, descripción, control, gestión de sucesos y presentación en una red UPnP. *Véase también* redes UPnP.

arquitectura 4GL *s.* (*4GL architecture*) *Véase* cliente/servidor de dos niveles.

arquitectura abierta *s.* (*open architecture*) **1.** Diseño que incluye ranuras de expansión, con lo que se pueden añadir placas para mejorar o personalizar el sistema. *Compárese con* arquitectura cerrada. **2.** Todo diseño de computadora o de periférico que tiene especificaciones publicadas. Una especificación pública permite a otras empresas desarrollar hardware adicional para una computadora o dispositivo. *Compárese con* arquitectura cerrada.

arquitectura cerrada *s.* (*closed architecture*) **1.** Un sistema informático que no proporciona ranuras de expansión para añadir nuevos tipos de tarjeta de circuito a la unidad del sistema. Las máquinas Apple Macintosh originales eran un ejemplo de arquitectura cerrada. *Compárese con* arquitectura abierta. **2.** Cualquier diseño de computadora cuyas especificaciones no estén libremente disponibles. Tales especificaciones propietarias hacen que sea difícil o imposible para otros fabricantes crear dispositivos auxiliares que funcionen correctamente con dicha máquina de arquitectura cerrada; normalmente, sólo el fabricante original puede construir periféricos y extensiones para dicho tipo de plataformas. *Compárese con* arquitectura abierta.

arquitectura cliente/servidor *s.* (*client/server architecture*) Una estructura utilizada en redes de área local (LAN) que hace uso de mecanismos de inteligencia distribuida para tratar tanto al servidor como a las estaciones de trabajo individuales como dispositivos inteligentes y programables, aprovechando así la potencia total de procesamiento de cada uno. Esto se lleva a cabo dividiendo el procesamiento de una aplicación en dos componentes distintos: un cliente de interfaz (front-end) y un servidor (back-end). El componente cliente es una computadora personal completa y autónoma (no un terminal «pasivo» y ofrece al usuario toda su potencia y todas su funcionalidad para la ejecución de aplicaciones. El componente servidor puede ser una computadora personal, una minicomputadora o un mainframe y proporciona las altas capacidades tradicionalmente ofrecidas por las minicomputadoras y mainframes en los entornos de tiempo compartido: gestión de datos, compartición de información entre clientes y características sofisticadas de seguridad y de administración de red. Las máquinas cliente y servidor cooperan para llevar a cabo el procesamiento correspondiente a la aplicación que esté siendo utilizada. Con esto no sólo se incrementa la potencia de procesamiento disponible en las arquitecturas antiguas, sino que también se utiliza dicha potencia de manera más eficiente. La parte cliente de la aplicación está normalmente optimizada para la interacción con el usuario, mientras que la parte servidora proporciona la funcionalidad multiusuario centralizada. *Véase también* inteligencia distribuida. *Compárese con* arquitectura igualitaria.

arquitectura DCA *s.* (*Document Content Architecture*) *Véase* DCA.

arquitectura de almacenamiento en serie *s.* (*Serial Storage Architecture*) *Véase* SSA.

arquitectura de direccionamiento lineal *s.* (*linear addressing architecture*) Una arquitectura que permite que un microprocesador acceda a cualquier posición individual de memoria por medio de un solo valor de dirección. Cada posición de memoria del rango completo de memoria direccionable posee una dirección única y especificada. *Véase también* espacio de direcciones plano; espacio de direcciones segmentado.

arquitectura de direccionamiento segmentado *s.* (*segmented addressing architecture*) Técnica de acceso a memoria típica de los procesadores 80x86 de Intel. En esta arquitectura, la memoria se divide en segmentos de 64 KB, identificándose las posiciones de memoria mediante un esquema de direcciones de 16 bits; los esquemas de 32 bits pueden direccionar la memoria en segmentos de hasta 4 GB. *También llamado* direccionamiento segmentado de instrucciones, arquitectura de memoria segmentada. *Compárese con* arquitectura de direccionamiento lineal.

arquitectura de gestión de objetos *s.* (*Object Management Architecture*) *Véase* OMA.

arquitectura de interfaz virtual *s.* (*Virtual Interface Architecture*) Una especificación de interfaz que define un modo estándar de baja latencia y alto ancho de banda para comunicación entre clústers de servidores en una red de área de sistema (SAN, System Area Network). Desarrollada por Compaq, Intel, Microsoft y más de 100 grupos industriales, la arquitectura de interfaz virtual es independiente del procesador y del sistema operativo. Reduciendo el tiempo requerido para el paso de mensajes entre aplicaciones y la red, esta arquitectura pretende reducir la sobrecarga debida a la información de control y proporcionar así una escalabilidad de nivel empresarial para aplicaciones de misión crítica. *Acrónimo:* VIA. *También llamado* arquitectura VI. *Véase también* clúster; SAN.

arquitectura de memoria no uniforme *s.* (*non-uniform memory architecture*) Arquitectura de sistema diseñada para la memoria de acceso no uniforme de Sequent, un tipo de memoria compartida distribuida que utiliza una serie de segmentos de memoria compartida en lugar de una sola memoria física centralizada. *Acrónimo:* NUMA.

arquitectura de minicontrolador *s.* (*minidriver architecture*) Una arquitectura en Windows 3.1, Windows 95, Windows 98, Windows NT y Windows 2000 que utiliza un controlador relativamente pequeño y simple que contiene las posibles instrucciones adicionales que necesite un dispositivo hardware específico para interactuar con el controlador universal de dicha clase de dispositivos. *Véase también* controlador.

arquitectura de procesador escalable *s.* (*Scalable Processor Architecture*) *Véase* SPARC.

arquitectura de red *s.* (*network architecture*) La estructura subyacente de una red informática que incluye el hardware, los niveles funcionales, las interfaces y los protocolos y que se utiliza para establecer las comunicaciones y garantizar la transferencia fiable de información. Las arquitecturas de red están diseñadas para proporcionar estándares tanto conceptuales como físicos que ayuden a tratar con las complejidades relativas al establecimiento de enlaces de comunicaciones y a la transferencia de información sin que se produzcan conflictos. Existen diversas arquitecturas de red, incluyendo el modelo OSI (Open Systems Interconnection, interconexión de sistemas abiertos) de ISO, que tiene siete niveles y está internacionalmente aceptado, y el modelo SNA (Systems Network Architecture, arquitectura de red para sistemas) de IBM. *Véase también* modelo de referencia ISO/OSI; SNA.

arquitectura de red digital *s.* (*DNA*) *Véase* DNA; red distribuida; Windows DNA.

arquitectura de Von Neumann *s.* (*Von Neumann architecture*) La estructura más común de los sistemas informáticos atribuida al matemático John von Neumann. Utiliza el concepto de un programa que puede estar almacenado de manera permanente en una computadora y que puede ser manipulado o convertido en un programa automodificante mediante instrucciones en lenguaje máquina. El procesamiento secuencial es característico de la arquitectura de Von Neumann. A partir de ella, se han desarrollado arquitecturas paralelas para mejorar las prestaciones de la ejecución de instrucciones secuenciales. *Véase también* computadora paralela.

arquitectura en niveles *s.* (*layered architecture*) La división de un modelo de red en múltiples niveles discretos a través de los cuales pasan los mensajes a medida que se los prepara para la transmisión. En una arquitectura en niveles, los protocolos de cada nivel proporcionan funciones o servicios específicos y utilizan los protocolos de los niveles situados por encima y por debajo para cualquiera otros servicios que sean necesarios. *Véase también* protocolo de comunicaciones.

arquitectura Harvard *s.* (*Harvard architecture*) Arquitectura de procesador que utiliza buses de dirección diferentes para el código y los datos. Esto incrementa el rendimiento permitiendo al sistema extraer las instrucciones al mismo tiempo que lee y escribe datos. Esta arquitectura también permite la optimización del diseño del sistema de memoria, ya que las instrucciones tienden a ser extraídas secuencialmente, mientras que la lectura y escritura de datos es más aleatoria.

arquitectura igualitaria *s.* (***peer-to-peer architecture***) Una red de dos o más computadoras que utilizan el mismo programa o tipo de programa para comunicarse o compartir datos. Cada computadora, u homólogo, se considera como igual en términos de responsabilidades y cada una actúa como servidor para las otras computadoras de la red. A diferencia de una arquitectura cliente/servidor, no se necesita utilizar un servidor de archivos dedicado. Sin embargo, las prestaciones de la red no son generalmente tan buenas como en las arquitecturas cliente/servidor, especialmente en condiciones de intensa carga. *También llamado* red igualitaria. *Véase también* homólogo; comunicaciones igualitarias; servidor. *Compárese con* arquitectura cliente/servidor.

arquitectura segmentada de memoria *s.* (***segmented memory architecture***) *Véase* arquitectura de direccionamiento segmentado.

arquitectura VI *s.* (***VI Architecture***) *Véase* arquitectura de interfaz virtual.

arrancar *vb.* (***boot***) **1.** Ejecutar el programa cargador de arranque. *Véase también* cargador de arranque. **2.** Iniciar o reiniciar una computadora apagando la alimentación, pulsando el botón de reinicio situado en la carcasa o emitiendo un comando software de reinicio. *Véase también* rearrancar.

arranque *s.* (***boot***) El proceso de iniciar o reinicializar una computadora. Cuando se enciende por primera vez (arranque en frío) o se reinicializa (arranque en caliente), la computadora ejecuta el software que carga y da comienzo al sistema operativo de la computadora y lo prepara para su uso. *Véase también* BIOS; cargador de arranque; arranque en frío; arranque en caliente.

arranque blando *s.* (***soft boot***) *Véase* arranque en caliente.

arranque dual *s.* (***dual boot***) Configuración de computadora en la que están instalados dos sistemas operativos diferentes y cualquiera de ellos puede ser cargado en el inicio. Un usuario puede configurar un sistema de arranque dual para aprovecharse de las aplicaciones y funciones específicas de cada sistema operativo. También puede configurarse un sistema de arranque dual con dos sistemas operativos que utilicen un idioma diferente. Un sistema de arranque dual no está limitado a sólo dos sistemas operativos, y cuando están instalados más de dos, puede denominársele sistema multiarranque. *Véase también* arranque.

arranque en caliente *s.* (***warm boot***) La reinicialización de una computadora que esté en funcionamiento sin apagar primero la alimentación.

arranque en frío *s.* (***cold boot***) Proceso de arranque que comienza con el encendido de la alimentación de la computadora. Normalmente, un arranque en frío implica alguna comprobación de hardware básica por parte del sistema, después de la cual el sistema operativo se carga desde el disco en la memoria. *Véase también* arranque. *Compárese con* arranque en caliente.

arranque en limpio *s.* (***clean boot***) Proceso de arranque o inicio de la computadora utilizando el mínimo de archivos de sistema del sistema operativo. El arranque en limpio se utiliza como método de diagnóstico para aislar los problemas asociados con programas software que puedan estar invocando los mismos recursos del sistema al mismo tiempo, causando conflictos que pueden reducir el rendimiento del sistema, hacer que diversos programas dejen de funcionar o provocar la detención del sistema operativo de la computadora. *Véase también* arranque; fallo catastrófico; sistema operativo.

arranque en red *s.* (***net boot***) *Véase* PXE.

arrastrar *vb.* (***drag***) En entornos de interfaz gráfica de usuario, desplazar una imagen o ventana desde un lugar de la pantalla a otro «agarrándola» y soltándola en su nueva ubicación mediante el ratón. El puntero del ratón se

arrastrar y colocar

coloca sobre el objeto y luego se pulsa y mantiene pulsado el botón del ratón mientras que se mueve éste hasta la nueva ubicación.

arrastrar y colocar *vb.* (*drag-and-drop*) **1.** En general, profundizar en algo con un nivel creciente de detalle. **2.** En un sentido específico, realizar operaciones en una interfaz gráfica de usuario arrastrando objetos por la pantalla con el ratón. Por ejemplo, para borrar un documento, un usuario puede arrastrar el icono del documento por la pantalla y colocarlo sobre el icono de la papelera (Macintosh OS) o sobre la papelera de reciclaje (Windows). *Véase también* arrastrar; interfaz gráfica de usuario.

arrastre elástico *s.* (*rubber banding*) En gráficos por computadora, cambiar la forma de un objeto constituido por una serie de líneas conectadas «tomando» un punto de una línea anclada y «arrastrándolo» hasta su nueva posición.

arroba, símbolo de *s.* (*at sign*) *Véase* @.

arseniuro de galio *s.* (*gallium arsenide*) Compuesto semiconductor utilizado en lugar del silicio para fabricar dispositivos que tengan un rendimiento más alto, requieran menos potencia y que sean más tolerantes a las variaciones de temperatura y a la radiación que los realizados con silicio. *También llamado* GaAs.

ART *s.* Acrónimo de Adaptive Resonance Theory (teoría de resonancia adaptativa). Introducida primero como teoría del procesamiento de la información por parte de los seres humanos por Stephen Grossberg, ART ha evolucionado hasta dar diversas clases de redes neuronales auto-organizantes que utilizan dos niveles de casos ideales para predecir la salida. Se trata de un tipo de análisis en clúster en el que los datos se clasifican o se ponen en correspondencia con el patrón previamente almacenado al que más se parezcan. Entonces decimos que estos datos resuenan con el nivel de caso ideal, que a continuación se actualiza para reflejar la nueva información. La recategorización constante de la entrada da como resultado una potente red neuronal autónoma. *Véase también* inteligencia artificial; análisis de agrupación; red neuronal.

arte por computadora *s.* (*computer art*) Amplio término que puede referirse al arte creado en una computadora o al arte generado por una computadora, radicando la diferencia en si el artista es humano o electrónico. Cuando es creado por un ser humano, el arte informático se realiza con programas de dibujo que ofrecen una serie de herramientas de dibujo de formas geométricas, de pinceles, de líneas, de patrones y de colores. Algunos programas también ofrecen figuras prediseñadas y funciones de animación.

artefacto *s.* (*artifact*) Una distorsión o imperfección visible en una imagen digital. Los artefactos pueden ser causados por limitaciones hardware/software o pueden ser un subproducto de la compresión.

articulación *s.* (*articulation*) Una serie de ajustes aplicados por un sintetizador al tono, volumen y otros parámetros del sonido de un instrumento para hacerlo más realista.

artículo *s.* (*article*) Un mensaje que aparece en un grupo de noticias Internet. *También llamado* mensaje. *Véase también* grupo de noticias.

artículo de prueba *s.* (*test post*) Un artículo de grupo de noticias que no contiene ningún mensaje, sino que se utiliza simplemente como modo de probar la conexión. *Véase también* artículo; grupo de noticias.

AS *s.* Acrónimo de autonomous system. *Véase* sistema autónomo.

asa *s.* (*handle*) Uno de varios pequeños cuadrados mostrados alrededor de un objeto gráfico en un programa de dibujo. El usuario puede mover o cambiar de forma el objeto haciendo clic en un asa y arrastrando. *También llamado* controlador. Véase la ilustración.

Asa.

asa de relleno *s.* (*fill handle*) El pequeño cuadrado de color negro situado en la esquina inferior derecha de una selección de celdas.

Cuando se sitúa el cursor sobre el asa de relleno, el puntero cambia a una cruz negra.

.asc *s.* Una extensión de nombre de archivo que normalmente indica que el archivo contiene texto ASCII que puede ser procesado por cualquier tipo de software de procesamiento de textos, incluyendo el Editor de MS-DOS, el Bloc de notas de Windows, el programa WordPad de Windows 9x o Windows NT y Microsoft Word. Algunos sistemas pueden utilizar esta extensión para indicar que un archivo contiene información de imagen. *Véase también* ASCII.

ASCII *s.* Acrónimo de American Standard Code for Information Interchange (código estándar americano para intercambio de información). Un esquema de codificación que utiliza 7 u 8 bits para asignar valores numéricos a un conjunto de hasta 256 caracteres, incluyendo letras, signos numéricos, signos de puntuación, caracteres de control y otros símbolos. ASCII fue desarrollado en 1968 para estandarizar la transmisión de datos entre sistemas hardware y software diferentes y está integrado en la mayor parte de las minicomputadoras y en todos los PCs. ASCII está dividido en dos conjuntos: 128 caracteres (ASCII estándar) y otros 128 caracteres adicionales (ASCII ampliado). *Véase también* archivo ASCII; carácter; código de carácter; carácter de control; ASCII ampliado; ASCII estándar. *Compárese con* EBCDIC.

ascii *s.* En un programa cliente FTP, es el comando que ordena al servidor FTP enviar o recibir los archivos en forma de texto ASCII. *Véase también* ASCII; cliente FTP. *Compárese con* binario.

ASCII ampliado *s.* (*extended ASCII*) Cualquier conjunto de caracteres asignado a los valores ASCII comprendidos entre los valores decimales 128 y 255 (hexadecimal 80 hasta FF). Los caracteres específicos asignados a los códigos ASCII ampliados varían entre unas computadoras y otras y entre unos programas, fuentes o caracteres gráficos y otros. El código ASCII ampliado aumenta la capacidad del conjunto de códigos, permitiendo utilizar 128 caracteres adicionales, como, por ejemplo, letras acentuadas, caracteres gráficos y símbolos especiales. *Véase también* ASCII.

ASCII de 7 bits *s.* (*7-bit ASCII*) Conjunto de caracteres ASCII de 7 bits utilizado para los mensajes de correo electrónico estándar de UNIX. El octavo bit restante del byte es un bit de paridad utilizado para corrección de errores. *Véase también* ASCII; bit de paridad.

ASCII estándar *s.* (*standard ASCII*) El conjunto de caracteres asignados a los valores ASCII (American Standard Code for Information Interchage) comprendidos entre los números decimales 0 y 127 (00 a 7F en hexadecimal). Estos caracteres incluyen la mayoría de los caracteres que pueden encontrarse en un teclado estándar, incluyendo las letras A-Z (mayúsculas y minúsculas), los números (0 a 9) y algunos caracteres especiales, como el signo de dos puntos y los paréntesis. El estándar ASCII se ha utilizado durante años como un «lenguaje común» casi universal en el entorno de los equipos PC para permitir que diferentes programas pudieran intercambiar información de manera fiable. *Véase también* ASCII. *Compárese con* ASCII ampliado.

aseguramiento de la calidad *s.* (*quality assurance*) Sistema de procedimientos llevados a cabo para asegurar que un producto o sistema se adhiere o cumple los estándares establecidos.

asentar *vb.* (*seat*) Insertar una pieza de hardware en su posición correcta en una computadora u otro equipo similar, como, por ejemplo, cuando se asienta un módulo de memoria de simple hilera (SIMM) en su zócalo.

aserción *s.* (*assertion*) Un enunciado booleano utilizado en un programa para comprobar una condición que, si el programa está operando correctamente, debería siempre evaluarse como verdadera; en caso contrario, el programa usualmente terminará proporcionando un mensaje de error apropiado. Las aserciones se utilizan para depurar programas y para documentar cómo debería operar un programa.

ASF *s.* (*Advanced Streaming Format*) Acrónimo de Advanced Streaming Format (formato avanzado de flujos). Una especificación abierta de formato de archivo para la transmisión en flujo de archivos multimedia que contengan texto, gráficos, sonido, vídeo y animaciones. ASF no define el formato para los flujos de datos contenidos en el archivo. En lugar de ello, lo que define es un «contenedor» de archivo extensible y estandarizado que no depende de ningún sistema operativo o protocolo de comunicaciones concreto ni de ningún método particular (como, por ejemplo, HTML o MPEG-4) utilizado para componer el flujo de datos contenido en el archivo. Un archivo ASF está compuesto por tres objetos: un objeto Cabecera, que contiene información acerca del propio archivo; un objeto de Datos, que contiene los flujos de datos, y un objeto Índice opcional, que ayuda a implementar el acceso aleatorio a los datos contenidos en el archivo. La especificación ASF ha sido propuesta a la organización ISO (International Organization for Standardization) para su consideración. *Véase también* flujos de datos.

ASIC *s.* Acrónimo de application-specific integrated circuit (circuito integrado específico de la aplicación). *Véase también* matriz de puertas.

asignación *s.* (*allocation*) En los sistemas operativos, es el proceso de reservar memoria para su uso por parte de un programa.

asignación de números Internet, autoridad de *s.* (*Internet Assigned Numbers Authority*) *Véase* IANA; ICANN.

asignación de recursos *s.* (*resource allocation*) El proceso de distribuir los recursos de un sistema informático entre los diferentes componentes de un cierto trabajo con el fin de llevar a cabo ese trabajo.

asignación de unidad *s.* (*drive mapping*) Asignación de una letra o nombre a una unidad de disco para que el sistema operativo o el servidor de red puedan identificarla y localizarla. Por ejemplo, en un PC, las asignaciones de unidad principales son A: y B: para las unidades de disquete y C: para la unidad de disco duro. *Véase también* A:; unidad de disco; disco duro.

asignación dinámica *s.* (*dynamic allocation*) La asignación de memoria durante la ejecución de un programa de acuerdo con sus necesidades actuales. La asignación dinámica implica casi siempre que también se puede realizar una desasignación dinámica, por lo que las estructuras de datos pueden crearse y destruirse según sea necesario. *Véase también* asignar; desasignar. *Compárese con* asignación estática.

asignación dinámica de memoria *s.* (*dynamic memory allocation*) La asignación de memoria a un proceso o programa en tiempo de ejecución. La memoria dinámica es asignada a partir del cúmulo de memoria por el sistema operativo a medida que lo solicitan los programas.

asignación estática *s.* (*static allocation*) Asignación de memoria que ocurre una sola vez, normalmente cuando se inicia el programa. La memoria permanece asignada durante toda la ejecución del programa y no se desasignará hasta que finalice la ejecución del programa. *Véase también* asignar; desasignar. *Compárese con* asignación dinámica.

asignar *vb.* (*allocate*) Reservar un recurso, como, por ejemplo, una cantidad suficiente de memoria, para su uso por un programa. *Compárese con* desasignar.

asíncrono *adj.* (*asynchronous*) Relativo o referido a, o característico de, algo que no depende del tiempo. Por ejemplo, las comunicaciones asíncronas pueden iniciarse y detenerse en cualquier momento en lugar de tener que ajustarse a la temporización marcada por un reloj.

asistente *s.* **1.** (*helper*) *Véase* aplicación auxiliar. **2.** (*wizard*) Utilidad interactiva de ayuda dentro de una aplicación que guía al usuario paso a paso a través de una tarea determinada, tal como comenzar a crear un documento en un procesador de textos en el formato adecuado para una carta comercial.

asistente de instalación *s.* (*setup wizard*) En Windows, utilidad que hace a los usuarios una serie estructurada de preguntas y les ofrece una serie de opciones como ayuda para el proceso de instalación de un nuevo programa.

asistente digital personal *s.* (*personal digital assistant*) *Véase* PDA.

ASK *s.* Acrónimo de amplitude shift keying. *Véase* modulación por variación de amplitud.

ASN *s.* Acrónimo de autonomous-system number (número de sistema autónomo). *Véase* sistema autónomo.

ASN.1 *s.* (*Abstract Syntax Notation One*) Acrónimo de Abstract Syntax Notation One (notación sintáctica abstracta n.º 1). Notación estándar de ISO para la especificación independiente de tipos de datos y de estructuras para conversión de sintaxis. *Véase también* tipo de datos; ISO; sintaxis.

asociación *s.* (*partnership*) Las configuraciones en una computadora de escritorio y un dispositivo Windows CE que permiten sincronizar la información, así como copiarla o moverla entre el equipo informático y el dispositivo. El dispositivo móvil puede tener asociaciones con hasta dos computadoras de escritorio. *Véase también* sincronización.

asociación de dispositivos *s.* (*device partnership*) Clave del Registro, almacenada en un dispositivo Windows CE, que utiliza una computadora de escritorio para identificar a dicho dispositivo cuando se conecta al equipo de escritorio. La clave define los valores necesarios para la sincronización y la conversión de archivos e información para los mecanismos de copia de seguridad y restauración, lo que permite que múltiples dispositivos Windows CE se conecten a la misma computadora de escritorio. Una asociación de dispositivos se crea la primera vez que se conecta un dispositivo Windows CE a una computadora de escritorio.

asociar *vb.* (*associate*) Informar al sistema operativo de que una extensión de archivo concreta está vinculada a una aplicación específica. Cuando se abre un archivo cuya extensión está asociada con una aplicación concreta, el sistema operativo inicia automáticamente la aplicación y carga el archivo.

asociatividad *s.* (*associativity*) *Véase* asociatividad de un operador.

asociatividad de un operador *s.* (*operator associativity*) Característica de los operadores que determina el orden de evaluación de una expresión cuando los operadores adyacentes tienen igual precedencia. Las dos posibilidades son de izquierda a derecha y de derecha a izquierda. La asociatividad para la mayoría de operadores es de izquierda a derecha. *Véase también* expresión; operador; precedencia de los operadores.

.asp *s.* Una extensión de archivo que identifica una página web como página ASP (Active Server Page, página activa de servidor).

ASP *s.* **1**. *Véase* Active Server Pages. **2**. Acrónimo de Application Service Provider. *Véase* proveedor de servicios de aplicación.

ASP.NET *s.* Un conjunto de tecnologías de la arquitectura .NET de Microsoft para la construcción de aplicaciones web y servicios web XML. Las páginas ASP.NET se ejecutan en el servidor y generan códigos de composición (como, por ejemplo, HTML, WML o XML) que se envían a un explorador de escritorio o móvil. Las páginas ASP.NET utilizan un modelo de programación compilado y conducido por sucesos que mejora las prestaciones y permite separar la lógica de la aplicación por un lado y la interfaz de usuario por otro. Las páginas ASP.NET y los archivos de servicios web XML creados mediante ASP.NET contienen lógica del extremo servidor (en lugar del extremo cliente) escrita en Visual Basic .NET, C# .NET o cualquier otro lenguaje compatible con .NET. Las aplicaciones web y los servicios web XML pueden beneficiarse de las características del motor de ejecución de lenguaje común, como, por ejemplo, los mecanismos de seguridad de tipos, la herencia, la interoperabilidad de lenguajes, el versionado y la seguridad integrada.

ASPI *s.* (*Advanced SCSI Programming Interface*) Acrónimo de Advanced SCSI Programming Interface (interfaz de programación avanzada SCSI). Una especificación de interfaz desarrollada por Adaptec, Inc., para enviar comandos a adaptadores de host SCSI. La interfaz proporciona una capa de abstracción que aísla al programador de todas las consideraciones relativas al adaptador de host concreto utilizado. *Véase también* adaptador; SCSI.

ASR *s.* **1.** Acrónimo de Automatic Speech Recognition (reconocimiento automático del habla). Una tecnología que permite a las máquinas reconocer comandos vocales emitidos por los seres humanos y responder a ellos. Los sistemas ASR pueden utilizarse para controlar un equipo informático o para operar aplicaciones de procesamiento de texto y otras aplicaciones similares. Muchos productos ASR están diseñados para ser empleados por usuarios con discapacidades que puedan tener dificultades a la hora de utilizar un teclado o un ratón. **2.** Acrónimo de automatic system reconfiguration. *Véase* reconfiguración automática del sistema.

Association for Computing Machinery *s.* Una sociedad fundada en 1947 y dedicada al desarrollo del conocimiento y de la excelencia técnica de los profesionales del procesamiento de la información. *Acrónimo:* ACM.

asterisco *s.* (*asterisk*) *Véase* *.

asterisco punto asterisco *s.* (*star-dot-star*) Especificación de archivo (*.*) que utiliza el carácter comodín asterisco, el cual indica «cualquier combinación de nombre de archivo y extensión» en los sistemas operativos como MS-DOS. *Véase también* *.*; asterisco; carácter comodín.

AT Attachment *s. Véase* ATA.

AT&T System V *s. Véase* System V.

ATA *s.* Acrónimo de Advanced Technology Attachment (conexión de tecnología avanzada). Es el nombre oficial del grupo ANSI X3T10 para el estándar de interfaz con unidad de disco que integra los controladores de unidad directamente en las unidades de disco. El estándar ATA original se conoce comúnmente con el nombre de IDE (Integrated Drive Electronics, electrónica de unidad de disco integrada). Las versiones de ATA posteriores son ATA-2, ATA-3 y Ultra-ATA. Véase la tabla. *También llamado* equipo AT. *Véase también* acceso directo a memoria; EIDE o E-IDE; IDE; direccionamiento lógico de bloques; PIO; sistema SMART.

Especificación ATA	*También denominada*	*Características*
ATA	IDE	Soporta entrada/salida programada (PIO, Programmed Input/Output) que transfiere datos a través de la UCP. Las velocidades de transmisión de datos son 3,3 mbps, 5,2 mbps y 8,3 mbps.
ATA-2	Fast ATA, Enhanced IDE (EIDE)	Soporta velocidades PIO mayores y acceso directo a memoria (DMA, direct memory access) que evita la UCP. Las velocidades de transmisión de datos se encuentran entre 4 mbps y 16,6 mbps. También soporta el direccionamiento lógico de bloques (LBA) que permite el uso de unidades más grandes de 528 MB.
ATA-3		Revisión de ATA-2 que incorpora la tecnología SMART (self-monitoring analysis and reporting technology) para proporcionar una mayor fiabilidad.
Ultra-ATA	ATA-33, DMA-33, Ultra-DMA, UDMA	Soporta transferencias de datos en modo en ráfagas (todos a la vez) de DMA a 33,3 mbps.

Tabla A.2. Especificaciones ATA.

atajo de teclado *s.* (*keyboard shortcut*) *Véase* tecla de acceso directo de aplicación.

ATAPI *s.* La interfaz utilizada por el sistema IBMP PC AT para acceder a dispositivos CD-ROM.

ataque basado en temporización *s.* (*timing attack*) Un ataque a los sistemas criptográficos que se aprovecha del hecho de que cada operación criptográfica diferente tarda un tiempo ligeramente distinto en completarse. El atacante aprovecha estas ligeras diferencias temporales midiendo cuidadosamente la cantidad de tiempo que se requiere para llevar a cabo operaciones de clave privada. Al realizar estas medidas en un sistema vulnerable, puede descubrirse por completo la clave secreta. Las credenciales criptográficas, los sistemas criptográficos basados en red y otras aplicaciones en las que los atacantes puedan llevar a cabo medidas de tiempo razonablemente precisas son potencialmente vulnerables a este tipo de ataques.

ataque conducido por datos *s.* (*data-driven attack*) Una forma de ataque en la que un cierto código malicioso está oculto en un programa o en un conjunto de datos inocuo. Cuando se ejecutan los datos, se activa el virus u otro tipo de código destructivo. Los ataques conducidos por datos se utilizan normalmente para soslayar un cortafuegos u otras medidas de seguridad.

ataque distribuido de denegación de servicio *s.* (*distributed denial of service attack*) *Véase* DDoS.

ataque externo *s.* (*intruder attack*) Una forma de ataque informático en la que el pirata informático se introduce en el sistema sin disponer de conocimientos ni acceso previos al sistema. El intruso usará normalmente una combinación de técnicas y herramientas de detección para obtener información acerca de la red que quiere atacar. *Compárese con* ataque interno.

ataque indirecto *s.* (*leapfrog attack*) Un método utilizado por los piratas informáticos para hacer que sea difícil rastrear el origen de un ataque. En un ataque indirecto, el pirata informático utiliza un identificador de usuario robado de algún otro sitio o encamina la información a través de una serie de máquinas host con el fin de ocultar su identidad y hacer más difícil la determinación de cuál es el origen del ataque. *También llamado* ocultación de la dirección de red.

ataque interno *s.* (*insider attack*) Un ataque contra una red o sistema llevado a cabo por una persona que tiene algún tipo de relación con el sistema atacado. Los ataques internos son normalmente obra de empleados o ex empleados de una empresa u organización que conocen las contraseñas y las vulnerabilidades de la red. *Compárese con* ataque externo.

ataque mediante contraseña *s.* (*password attack*) Un ataque a un equipo informático o red en el que se roba y descifra una contraseña o se descubre ésta mediante un programa de comparación con un diccionario de contraseñas. La contraseña comprometida abre la red al atacante y también puede utilizarse para averiguar contraseñas de red adicionales. *Véase también* captación de contraseñas.

ataque NAK *s.* (*NAK attack*) Ataque informático que utiliza el carácter de control de confirmación negativa (NAK) para introducirse en un sistema aparentemente seguro. Los ataques NAK aprovechan las debilidades del sistema que gestiona las repuestas NAK, que pueden dejar el sistema temporalmente desprotegido. *Véase también* NAK.

ataque pitufo *s.* (*smurf attack*) Un tipo de ataque por denegación de servicio en un servidor Internet que envía paquetes simultáneos de solicitud de eco (paquetes «ping») a una o más direcciones de difusión IP (como, por ejemplo, un servidor IRC), cada una de las cuales, a su vez, retransmite la solicitud a un máximo de 255 computadoras host individuales, utilizándose como dirección de origen (falsa) la dirección de la víctima del ataque. Cuando las computadoras host devuelven los paquetes de eco al origen aparente de la solicitud, el volumen de las respuestas es suficiente como para interrumpir el funcionamiento de la red. *Véase también* DoS; suplantación.

ataque por goteo *s.* (*Teardrop attack*) Un ataque a través de Internet que descompone un

ataque por interposición

mensaje en una serie de fragmentos IP con campos de desplazamiento solapados. Cuando estos fragmentos se recomponen en el destino, los campos no se corresponden, lo que hace que el sistema se cuelgue, se detenga o se reinicie.

ataque por interposición *s.* (*man-in-the-middle attack*) Un tipo de ataque en el que el intruso intercepta los mensajes intercambiados por los dos interlocutores en un intercambio de clave pública. Los mensajes enviados por cada uno de los interlocutores se desvían hacia el intruso, que puede alterarlos antes de reenviarlos hacia su destino original. Los dos interlocutores situados en cada uno de los extremos del enlace de comunicaciones no son conscientes de que sus mensajes están siendo interceptados y modificados. *También llamado* ataque por intermediación.

ataque por reproducción *s.* (*replay attack*) Un ataque en el que se intercepta un mensaje válido y luego se lo retransmite repetidamente con propósitos fraudulentos o como parte de un esquema de ataque de más envergadura.

aTdHvAaNnKcSe *s. Véase* TIA.

ATDP *s.* Acrónimo de Attention Dial Pulse (comando de atención para paso a marcación por pulsos), un comando que inicia la marcación por pulsos (por oposición a la marcación por tonos) en los módems Hayes y compatibles con Hayes. *Compárese con* ATDT.

ATDT *s.* Acrónimo de Attention Dial Tone (comando de atención para inicio de marcación por tonos), un comando que inicia la marcación por tonos (por oposición a la marcación por pulsos) en los módems Hayes y compatibles con Hayes. *Compárese con* ATDP.

atenuación *s.* (*attenuation*) El debilitamiento de una señal transmitida, como, por ejemplo, la distorsión de una señal digital o la reducción de amplitud de una señal eléctrica, a medida que viaja alejándose de su origen. La atenuación se mide normalmente en decibelios y en algunos casos es deseable, como, por ejemplo, cuando se reduce la intensidad de la señal electrónicamente en el control de volumen de una radio, para prevenir las distorsiones.

atenuación de la luminancia *s.* (*luminance decay*) *Véase* persistencia.

atenuado *adj.* (*dimmed*) Que se muestra en la pantalla en caracteres de color gris en lugar de caracteres negros sobre fondo blanco o caracteres blancos sobre fondo negro. Las opciones de menú aparecen atenuadas en una interfaz gráfica de usuario para indicar que, en las actuales circunstancias, no están disponibles; por ejemplo, la opción de menú Cortar aparecerá atenuada cuando no haya ningún texto resaltado y la opción de menú Pegar aparecerá atenuada cuando no haya ningún texto en el Portapapeles.

aterrizaje del cabezal *s.* (*head crash*) Fallo del disco duro en el que un cabezal de lectura/escritura, normalmente soportado en un colchón de aire de un grosor de sólo unas millonésimas de centímetro, entra en contacto con el plato, dañando el recubrimiento magnético en el que se graban los datos. Aún se produce más daño cuando el cabezal arranca el material de la superficie y lo arrastra. Un aterrizaje del cabezal puede ser causado por un fallo mecánico o por un agitamiento brusco de la unidad de disco. Si el daño se produce en una pista de directorio, todo el disco puede quedar inservible de forma instantánea.

aterrizar *vb.* (*crash*) Para un cabezal magnético, golpear un soporte físico de grabación con posible daño para uno o ambos.

Athlon *s.* Familia de procesadores compatibles x86 lanzada al mercado por Advanced Micro Devices, Inc. (AMD), en 1999. Athlon, cuyo nombre en clave era AMD-K7, es el sucesor de la familia AMD-K6. Comparable en cuanto a prestaciones con los procesadores Intel Pentium III de gama más alta, Athlon tiene más de 22 millones de transistores; un procesador de punto flotante superescalar y con pipeline completa, que mejora las prestaciones de los programas de gráficos, programas multimedia, aplicaciones de transmisión de flujos a través de Internet y juegos; un bus del sistema a 200 MHz y una caché de nivel 1 de 128 KB. Aunque la caché de nivel 2 es de 512 KB, el chip Athlon puede soportar tamaños de caché de nivel 2 de hasta 8 MB. Los primeros procesadores Athlon que aparecieron tenían velocidades de reloj de entre 500 y 650 MHz; actualmente hay disponibles versiones a 800 MHz y superiores. Athlon, que ejecuta programas de 32 bits, es compatible con la mayor parte de los sistemas operativos para PC, incluyendo Microsoft Windows, Linux, OS/2 Warp y NetWare. *Véase también* AMD-K6.

ATM *s*. **1**. Acrónimo de Asynchronous Transfer Mode (modo de transferencia asíncrona). Una tecnología de red capaz de transmitir datos, voz, audio, vídeo y tráfico frame relay en tiempo real. Los datos, incluyendo los datos frame relay, se descomponen en paquetes de 53 bytes, los cuales se conmutan entre cualesquiera dos nodos del sistema a velocidades que van desde 1,5 Mbps hasta 622 Mbps (sobre cables de fibra óptica). La unidad básica de transmisión ATM se conoce con el nombre de celda, y un paquete consta de 5 bytes de información de encaminamiento y 48 bytes de carga útil (datos). Estas celdas se transmiten hasta el destino, donde se las recompone para restituir el tráfico original. Durante la transmisión se pueden entremezclar asíncronamente las celdas correspondientes a diferentes usuarios para maximizar la utilización de los recursos de red. ATM está definido en el protocolo RDSI de banda ancha para los niveles correspondientes a los niveles 1 y 2 del modelo de referencia ISO/OSI. Actualmente, se le utiliza en redes de área local donde participen estaciones de trabajo y computadoras personales, pero se espera que sea adoptado por las compañías telefónicas, que podrán con este tipo de transmisión facturar a los usuarios por los datos que transmitan en lugar de por el tiempo de conexión. *Véase también* banda ancha; RDSI; modelo de referencia ISO/OSI. **2**. *Véase* Adobe Type Manager. **3**. (*automated teller machine*) Acrónimo de automated teller machine. *Véase* cajero automático.

ATM Forum *s*. Foro creado en 1991 y que incluye a más de 750 empresas de los sectores de las comunicaciones y la informática, así como organismos gubernamentales y grupos de investigación. El foro tiene como objetivo promocionar la adopción de ATM (Asynchronous Transfer Mode) para la comunicación de datos. *Véase también* ATM.

ATM, multiprotocolo sobre *s*. (*Multi-Protocol Over ATM*) *Véase* MPOA.

atributo *s*. (*attribute*) **1**. En un registro de base de datos, es el nombre o estructura de un campo. Por ejemplo, los archivos APELLIDO, NOMBRE y TELÉFONO serían atributos de cada uno de los registros de una base de datos LISTATELÉFONOS. El tamaño de un campo o el tipo de información que contiene también serían atributos de un registro de base de datos. **2**. En los lenguajes de composición, como SGML y HTML, es una pareja nombre-valor dentro de un elemento etiquetado que modifica ciertas características de dicho elemento. *Véase también* HTML; SGML. **3**. En las presentaciones por pantalla, es un elemento de información adicional almacenado con cada carácter contenido en el búfer de vídeo de un adaptador de vídeo que esté funcionando en modo carácter. Tales atributos controlan los colores de primer plano y de fondo del carácter, el subrayado y el parpadeo.

atributo de archivo *s*. (*file attribute*) Etiqueta restrictiva asociada a un archivo que describe y regula su uso, por ejemplo, oculto, sistema, sólo lectura, archivo, etc. En MS-DOS, esta información se almacena como parte de la entrada de directorio del archivo.

atributo de datos *s*. (*data attribute*) Información estructural acerca de los datos que describe su contexto y significado.

atributo de sólo lectura *s*. (*read-only attribute*) Atributo de archivo, almacenado con la entrada de directorio de un archivo, que indica si un archivo puede ser o no modificado o borrado. Cuando el atributo de sólo lectura está desactivado, el archivo puede modificarse o borrarse; cuando está activado, el archivo sólo puede visualizarse.

atributo de visualización *s*. (*display attribute*) Calidad asignada a un carácter o a una imagen mostrada en la pantalla. Los atributos de visualización incluyen características como el color, la intensidad y el parpadeo. Los usuarios de aplicaciones pueden controlar los atributos de visualización cuando los programas les permitan cambiar el color y otros elementos de la pantalla.

atributo HTML *s.* (***HTML attribute***) Un valor dentro de una etiqueta HTML que asigna propiedades adicionales al objeto que está siendo definido. Algunos programas software de edición para HTML asignan automáticamente valores a algunos atributos cuando se crea un objeto, como, por ejemplo, un párrafo o una tabla.

atributo XML *s.* (***XML attribute***) Información añadida a una etiqueta con el fin de proporcionar más información acerca de la etiqueta, como, por ejemplo, <ingrediente cantidad ="2"unidades="tazas">harina</ingrediente>.

atril *s.* (***copy holder***) Portapapeles inclinado u otro dispositivo parecido diseñado para sujetar material impreso con el fin de que alguien que esté trabajando en un teclado de computadora lo pueda ver fácilmente.

atto- *pref.* Prefijo métrico que significa 10^{-18} (una trillonésima).

ATX *s.* Una especificación de arquitectura para placas madre de PC con capacidades de audio y vídeo incorporadas presentada por Intel en 1995. ATX soporta USB y tarjetas de longitud completa en todos los zócalos. *Véase también* placa; placa madre; especificación; USB.

audio *adj.* Relativo a las frecuencias situadas dentro del rango de percepción del oído humano, desde unos 15 a unos 20.000 hercios (ciclos por segundo). *Véase también* respuesta de audio; sintetizador.

audio 3D *s.* (***3-D audio***) Audio tridimensional. Grabado como sonido estereofónico, el audio tridimensional permite al oyente sentirse inmerso en el sonido y determinar su localización exacta (arriba, abajo, izquierda, derecha, adelante o atrás). Esta tecnología se utiliza comúnmente en los videojuegos y en los sistemas de realidad virtual, así como en algunas aplicaciones Internet.

audiodifusión *s.* (***audiocast***) La transmisión de una señal de audio utilizando protocolos IP. *Véase también* IP.

audiotex *s.* Una aplicación que permite a los usuarios enviar y recibir información por teléfono. Los usuarios llaman, usualmente, a un sistema audiotex y se les presenta una serie de opciones o una serie de preguntas mediante un sistema de correo bucal. Cuando los usuarios seleccionan opciones presionando determinados botones de su teclado telefónico (los teléfonos con teclado de disco no pueden usarse para audiotex) o pronunciando en voz alta determinadas palabras, un host de base de datos responde enviando información al sistema de correo vocal, que convierte entonces los datos en un mensaje hablado para el usuario, o responde recibiendo y almacenando la información introducida por el usuario. *También llamado* audiotext. *Véase también* correo vocal.

audiotexto *s.* (***audiotext***) *Véase* audiotex.

audiovisual *adj.* Relativo o referido a cualquier material que utilice una combinación de visión y sonido para presentar información.

auditoría *s.* **1.** (***audit***) En referencia a la informática, un examen de los equipos, programas, actividades y procedimientos dirigido a determinar con qué eficiencia se está comportando el sistema global, especialmente en términos de garantizar la integridad y seguridad de los datos. **2.** (***auditing***) El proceso que un sistema operativo utiliza para detectar y registrar los sucesos relativos a la seguridad, como los intentos de creación, de acceso o de borrado de objetos tales como archivos y directorios. Los registros de tales eventos se almacenan en un archivo conocido como registro de seguridad, cuyos contenidos están disponibles sólo para aquellos que dispongan de los apropiados permisos. *Véase también* registro de seguridad.

AUI *s.* **1.** Acrónimo de attachment unit interface (interfaz de conexión de unidad). Un conector de 15 terminales (DB-15) comúnmente utilizado para conectar una tarjeta de interfaz de red a un cable Ethernet. **2.** (***aural user interface***) Acrónimo de aural user interface (interfaz de usuario auditiva). Interfaz activada por voz que permite a los usuarios emitir comandos hablados a dispositivos electrónicos. La interfaz de usuario auditiva se utiliza con funcionalidades tales como el reconocimiento de voz por parte de los equipos informáticos y la marcación activada por voz para los teléfonos inalámbricos.

AUI cable *s.* Un cable transceptor utilizado para conectar un adaptador host dentro de una computadora a una red Ethernet (10base5 o 10baseF). *Véase también* 10Base5; 10Base-F; Ethernet; cable transceptor.

AUP *s. Véase* política de uso aceptable.

autenticación *s.* (***authentication***) En un sistema operativo de red o multiusuario, es el proceso por el cual el sistema valida la información de inicio de sesión de un usuario. El nombre y contraseña de un usuario se comparan con una lista de usuarios autorizados, y si el sistema detecta una correspondencia, se concede a dicho usuario el acceso, con el alcance especificado en la lista de permisos correspondiente. *Véase también* inicio de sesión; contraseña; permiso; cuenta de usuario; nombre de usuario.

autenticación de contraseñas, protocolo de *s.* (***Password Authentication Protocol***) *Véase* PAP.

autenticación segura de contraseñas *s.* (***Secure Password Authentication***) Una característica que permite a un servidor confirmar la identidad de la persona que está iniciando una sesión. *Acrónimo:* SPA.

Authenticode *s.* Una característica de seguridad de Microsoft Internet Explorer. Authenticode permite a los fabricantes de código ejecutable descargable (aplicaciones auxiliares o controles ActiveX, por ejemplo) adjuntar certificados digitales a sus productos para garantizar a los usuarios finales que el código proviene del fabricante original y no ha sido alterado. Authenticode permite a los usuarios finales decidir si aceptan o rechazan los componentes software publicados en Internet antes de que comience la descarga. *Véase también* control ActiveX; Internet Explorer; seguridad.

Auto PC *s.* Un sistema de entretenimiento e información para utilización en automóviles. Desarrollado por Microsoft, incorpora Microsoft Windows CE (un sistema operativo compatible con Windows diseñado para aplicaciones embebidas) e implementa tecnología de reconocimiento del habla para permitir a las personas utilizar comandos hablados sin necesidad de utilizar las manos para tareas tales como acceder a una base de datos de contacto (nombres, direcciones, números), solicitar informes de tráfico o descargar correo, controlar un sistema de audio u obtener instrucciones sobre cómo llegar a un cierto destino. Auto PC puede montarse en el salpicadero del vehículo en el espacio normalmente ocupado por una radio. *Véase también* reconocimiento de la voz; Windows.

autoadaptativo *adj.* (***self-adapting***) La capacidad de los sistemas, dispositivos o procesos para ajustar su comportamiento a las condiciones del entorno circundante.

autoarrancar *vb.* (***bootstrap***) *Véase* arrancar.

autoarranque *s.* (***bootstrap***) *Véase* arranque.

autoasociativo *adj.* (***autoassociative***) Al hablar de reducción de datos o clustering, los modelos autoasociativos utilizan el mismo conjunto de variables que los predictores y objetivos. En las redes neuronales autoasociativas, cada patrón presentado sirve tanto como patrón de entrada cuanto como patrón de salida. Las redes autoasociativas se utilizan normalmente para tareas relacionadas con la compleción de patrones. *Véase también* inteligencia artificial; análisis de agrupación; red neuronal; asociatividad de un operador; reconocimiento de patrones.

autocargador *s.* (***autoloader***) Un dispositivo que prepara automáticamente un disquete, un CD u otro medio de almacenamiento para su uso.

autocargar *vb.* (***autoload***) Hacer que algún tipo de recursos esté disponible sin que éste tenga que ser solicitado de manera específica. Un programa, por ejemplo, puede autocargar una serie de fuentes o archivos a medida que sea necesario. De forma similar, una unidad de CD-ROM puede autocargar discos de audio o iniciar automáticamente un programa de instalación contenido en un CD-ROM de software. *Véase también* autoreproducción.

autocontestador *s.* (*autoresponder*) Utilidad de correo electrónico que responde automáticamente a un mensaje de correo entrante. Normalmente, un autorrespondedor envía un mensaje estándar prescrito que confirma la recepción del mensaje de correo electrónico original.

autocorrección *s.* (*AutoCorrect*) Una función en Microsoft Word para Windows que corrige automáticamente los errores y realiza otras sustituciones a medida que el usuario escribe el texto. Por ejemplo, Autocorrección puede configurarse para corregir los errores de escritura, sustituyendo, por ejemplo, «para» por «par», o para cambiar comillas tipográficas rectas (" ") por comillas «inteligentes» (« »). El usuario puede seleccionar cuáles características de Autocorrección quiere activar. *Véase también* comillas tipográficas.

autodiagnóstico *s.* (*self-test*) Conjunto de una o más pruebas de diagnóstico que una computadora o dispositivo periférico (como, por ejemplo, una impresora) realiza sobre sí mismo. *Véase también* autotest de encendido.

autoedición *s.* (*desktop publishing*) El uso de una computadora y de software especializado para combinar textos y gráficos con el fin de crear un documento que pueda ser impreso en una impresora láser o en una fotocomponedora. La autoedición es un proceso de múltiples etapas que implica varios tipos de programas software y de equipos. El texto original y las ilustraciones se producen, generalmente, con programas software tales como procesadores de textos y programas de dibujo y de tratamiento de gráficos, así como con equipos de escaneo de fotografías y digitalizadores. El producto terminado se transfiere entonces a un programa de maquetación, que es el software que la mayor parte de las personas consideran como software de autoedición. Este tipo de programa permite al usuario disponer el texto y los gráficos en la pantalla y ver cuáles serán los resultados; para refinar partes del documento, estos programas incluyen a menudo funciones de procesamiento de textos y de edición de gráficos además de las propias funciones de composición. Como paso final, el documento terminado se imprime en una impresora láser o, si se quiere obtener la máxima calidad, en un equipo de fotocomposición.

autoestereograma *s.* (*autostereogram*) Una imagen generada por computadora, popularizada en libros y carteles, que parece un diseño abstracto, pero que se transforma en un dibujo tridimensional cuando el usuario mira más allá de la imagen, sin tratar de enfocar los ojos en la propia imagen oculta. Los autoestereogramas en los que el diseño superpuesto está compuesto por un patrón repetitivo se conocen con el nombre de estereogramas de imagen única (SIS, Single Image Stereograms). Aquellos en los que el diseño parece un patrón aleatorio de puntos de colores se denominan estereogramas de imagen única con puntos aleatorios (SIRDS, Single Image Random Dot Stereograms). *También llamado* estereograma.

AUTOEXEC.BAT *s.* Un archivo de procesamiento por lotes (conjunto de comandos) de propósito especial que es ejecutado de manera automática por el sistema operativo MS-DOS cada vez que se inicia o reinicia el equipo. Creado por el usuario o (en las versiones posteriores de MS-DOS) por el sistema operativo durante la instalación del sistema, el archivo contiene comandos básicos de arranque que ayudan a configurar el sistema de acuerdo con los dispositivos instalados y las preferencias del usuario.

auto-extraíble, archivo *s.* (*self-extracting archive*) *Véase* archivo auto-extraíble.

autoguardar *s.* (*autosave*) Una característica de ciertos programas que guarda automáticamente un archivo abierto en un disco o en otro tipo de soporte a intervalos predefinidos o después de un cierto número de pulsaciones de tecla para garantizar que se guarden periódicamente los cambios realizados en un documento.

autoiniciar *vb.* (*boot up*) *Véase* arrancar.

AutoIP *s.* Una técnica de direccionamiento IP automático utilizada por un dispositivo para obtener una dirección IP válida sin necesidad de un servidor DHCP ni otra autoridad de configuración IP. Con AutoIP, un dispositivo selecciona de manera aleatoria una dirección

IP a partir de un conjunto de direcciones reservadas y consulta la red local para determinar si algún otro cliente está ya utilizando dicha dirección. El dispositivo repite los pasos de selección y verificación hasta encontrar una dirección no utilizada. AutoIP está basado en un borrador de estándar Internet de IETF (Internet Engineering Task Force) y se utiliza para la implementación de redes UPnP (Universal Plug and Play, plug and play universal). *Véase también* redes UPnP.

automagia *adj.* (***automagic***) Palabra de jerga utilizada para designar un proceso que la computadora lleva a cabo de alguna forma no explicada (aunque no inexplicable). Un proceso automático podría ser demasiado complicado de explicar (como, por ejemplo, un cálculo complejo de hoja de cálculo) o podría tratarse de un proceso complejo diseñado de forma que parezca simple a ojos del usuario (como, por ejemplo, hacer clic sobre un encabezado para disponer los elementos de una lista en orden alfabético o cronológico). *Compárese con* caja negra.

automarcación *s.* (***autodial***) Una característica que permite a un módem abrir una línea telefónica e iniciar una llamada transmitiendo un número telefónico almacenado en forma de una serie de pulsos o tonos.

autómatas celulares (*cellular automata*) *s.* **1.** En informática, modelos teóricos de computadoras paralelas. Estos modelos permiten la investigación de las arquitectura de computadoras paralelas sin necesidad de construir realmente una de dichas computadoras. El autómata celular está formado por una red de múltiples células, cada una de las cuales representa un procesador de la computadora paralela. Las células deben ser idénticas y deben tener una cantidad finita de memoria disponible. Cada célula genera como salida un valor calculado a partir de los valores de entrada que recibe de sus células vecinas y todas las células proporcionan sus valores de salida simultáneamente. **2.** Sistemas en los que se aplican reglas a múltiples celdas y a sus vecinas dentro de una retícula o cuadrícula espacial regular que evoluciona con el tiempo. Usualmente, cada celda de un autómata celular puede estar en uno de entre un número finito de estados. El estado cambia de manera discreta a lo largo del tiempo, de acuerdo con una serie de reglas que dependen de la condición en que se encuentren la celda individual y sus vecinas. Así, cada celda individual de un autómata celular toma como entrada el estado de las celdas vecinas antes de proporcionar como salida su propio estado. Además, todas las celdas de la retícula se actualizan simultáneamente a medida que el estado global de la retícula avanza también de forma discreta con el tiempo. Hay disponibles muchas simulaciones informáticas de autómatas celulares en sitios web; el ejemplo más conocido en la Web es Game of Life (El juego de la vida) de J. H. Conway.

Automation *s.* Antiguamente conocida con el nombre de OLE Automation, es una tecnología diseñada por Microsoft que permite a una aplicación exponer objetos y sus propiedades para su uso por otras aplicaciones. Esto permite a un procesador de textos visualizar y controlar un programa de hoja de cálculo, por ejemplo. La aplicación que expone un objeto para su uso se denomina servidor; la aplicación que manipula el objeto se denomina cliente. La Automatización puede ser local o remota (en un equipo situado en cualquier otro lugar de una red). Está pensada fundamentalmente para su uso por lenguajes de alto nivel tales como Microsoft Visual Basic y Microsoft Visual C++. *Véase también* control ActiveX; OLE.

automatización *s.* (***Automation***) La implementación de una herramienta o sistema electrónico o mecánico para completar de manera automática una tarea eliminando o reduciendo de esa manera la intervención humana.

automonitor *s.* Un proceso o característica del sistema capaz de evaluar el estado de su propio entorno interno.

autónomo *adj.* (***stand-alone*** o ***standalone***) Perteneciente, relativo o referido a un dispositivo que no requiere soporte de otro dispositivo o sistema; por ejemplo, una computadora que no está conectada a una red.

autopista de la información *s.* (*Information Highway*) *Véase* superautopista de la información.

autopublicar *vb.* (*robopost*) Publicar artículos en un grupo de noticias automáticamente, usualmente por medio de un bot. *Véase también* bot; grupo de noticias; artículo; publicar.

autor *s.* (*author*) *Véase* autor web.

autor técnico *s.* (*technical author*) *Véase* documentalista.

autor web *s.* (*Web author*) Una persona que crea contenido para la World Wide Web. Los autores web pueden ser escritores que producen texto para que un diseñador lo incluya en una página web o diseñadores web que escriben el texto y también añaden elementos gráficos y preparan el código HTML.

autoridad *s.* (*authority*) Un servidor DNS responsable de resolver las consultas sobre nombres y direcciones IP relativas a sitios y recursos de Internet contenidos en un nivel particular de autoridad: dominio de nivel superior, dominio de segundo nivel o subdominio.

autoridad de certificación *s.* (*certificate authority*) Un emisor de certificados digitales que serían el equivalente en el ciberespacio a los documentos de identidad. Una autoridad de certificación puede ser una empresa emisora externa (como, por ejemplo, VeriSign) o una autoridad interna de una empresa que haya instalado su propio servidor (como, por ejemplo, Microsoft Certificate Server) para la emisión y verificación de certificados. La autoridad de certificación es responsable de proporcionar y asignar las cadenas exclusivas de números que forman las «claves» usadas en los certificados digitales con propósitos de autenticación y para cifrar y descifrar información confidencial o sensible, tanto entrante como saliente. *Acrónimo:* AC; AC. *Véase también* certificado digital; cifrado.

autoridad de claves *s.* (*certification authority*) Una organización que asigna claves de cifrado. *Véase también* autoridad de certificación.

autorización *s.* (*authorization*) En referencia a la informática, especialmente a los equipos remotos en una red, es el derecho concedido a un individuo para usar el sistema y los datos almacenados en el mismo. La autorización es configurada normalmente por un administrador del sistema y verificada por el equipo basándose en algún tipo de identificación del usuario, como un número de código o contraseña. *También llamado* privilegios de acceso, permiso. *Véase también* red; administrador del sistema.

autorreinicio *s.* (*autorestart*) Un proceso o característica del sistema que puede reiniciar automáticamente el sistema cuando tengan lugar ciertos tipos de errores o un fallo de alimentación en el sistema.

autorreproducción *s.* (*AutoPlay*) Una característica de Windows 9x y versiones posteriores que le permite operar automáticamente un CD-ROM. Cuando se inserta un CD en una unidad de CD-ROM, Windows busca un archivo denominado AUTORUN.INF en el CD. Si encuentra el archivo, Windows lo abre y lleva a cabo las instrucciones que éste contenga, que normalmente consisten en instalar una aplicación desde el CD-ROM en el disco duro del equipo o iniciar la aplicación una vez que ésta ha sido instalada. Si se inserta un CD de audio en la unidad, Windows iniciará automáticamente la aplicación de reproducción de CDs y reproducirá el disco.

autorresolución *s.* (*autosizing*) La capacidad de un monitor de aceptar señales a una resolución y mostrar la imagen con una resolución diferente. Un monitor con capacidades de autoescalado mantiene la relación de aspecto de una imagen, pero agranda o reduce la imagen para que quepa en el espacio disponible. *Véase también* monitor; resolución.

autorrespuesta *s.* (*autoanswer*) *Véase* modo respuesta.

AUTORUN.INF *s.* Un archivo que, cuando está presente en algún tipo de soporte extraíble, como, por ejemplo, un CD-ROM, desencadena la característica de autorreproducción en Windows 9x y Windows NT. El archivo, que está ubicado en el directorio raíz del soporte insertado, contiene información sobre la acción que el sistema operativo debe tomar con el CD-ROM, generalmente una instrucción para ejecutar un programa de instalación.

autotecla *s.* (***autokey***) *Véase* repetición automática de teclas.

autotest de encendido *s.* (***power-on self test***) Conjunto de rutinas almacenadas en la memoria de sólo lectura (ROM) de una computadora que prueba diversos componentes del sistema como la RAM, las unidades de disco y el teclado para ver si están bien conectados y funcionan apropiadamente. Si se encuentran problemas, estas rutinas alertan al usuario emitiendo una serie de bips o mostrando un mensaje, a menudo acompañado de un valor numérico de diagnóstico, en la salida estándar o en el dispositivo de error estándar (normalmente, la pantalla). Si el autotest de encendido se realiza con éxito, cede el control al cargador de arranque del sistema. *Acrónimo:* POST. *Véase también* cargador de arranque.

autotraza *s.* (***autotrace***) Una característica de los programas de dibujo que dibuja líneas a lo largo de los bordes de una imagen en mapa de bits para convertir la imagen en una imagen orientada a objetos. *Véase también* gráficos de mapa de bits; gráficos orientados a objetos.

AUX *s.* El nombre de dispositivo lógico reservado por MS-DOS para un dispositivo o periférico auxiliar. AUX hace referencia, usualmente, al primer puerto serie de un sistema, que también se conoce con el nombre de COM1.

avance de línea *s.* (***linefeed***) Carácter de control que ordena a la computadora o impresora avanzar una línea con respecto a la línea actual sin mover la posición del cursor o del cabezal de impresión. *Acrónimo:* LF.

avance de página *s.* (***form feed***) Comando de impresora que ordena a la impresora moverse al inicio de la siguiente página. En el conjunto de caracteres ASCII, el carácter de avance de página tiene el valor decimal 12 (hexadecimal 0C). Dado que su propósito es comenzar a imprimir en una nueva página, el avance de página también se conoce como carácter de expulsión de página. *Acrónimo:* FF.

avanzado *adj.* (***state-of-the-art***) Actualizado; que es una de las tecnologías hardware o software más recientes.

avatar *s.* En entornos de realidad virtual, como, por ejemplo, ciertos tipos de salones de charla Internet, es una representación gráfica de un usuario. Un avatar es, usualmente, una animación o imagen genérica de un ser humano, una fotografía o caricatura del usuario, una imagen o animación de un animal o un objeto seleccionado por el usuario para representar su «identidad» virtual.

.avi *s.* La extensión de archivo que identifica un archivo de datos audiovisuales en formato entrelazado utilizando la especificación de formato RIFF de Microsoft.

AVI *s.* Acrónimo de Audio Video Interleaved (audio-vídeo entrelazado). Un formato de archivo multimedia de Windows para vídeo y sonido que utiliza la especificación Microsoft RIFF (Resource Interchange File Format, formato de archivo para intercambio de recursos).

awk *s.* Un lenguaje basado en UNIX diseñado para aplicaciones de procesamientos de archivos; awk es parte del estándar POSIX de utilidades y lenguaje de comandos. Se considera un subconjunto de PERL.

AWT *s.* (***Abstract Window Toolkit***) Acrónimo de Abstract Window Toolkit (conjunto de herramientas abstracto para gestión de ventanas). Una librería de interfaces gráficas de usuario Java que proporciona las conexiones entre una aplicación Java y la interfaz gráfica de usuario nativa de la computadora sobre la que la aplicación se ejecuta.

ayuda *s.* **1.** (***Help***) Elemento en una barra de menú en una interfaz gráfica de usuario que permite acceder a la función de ayuda de la aplicación actual. *Véase también* interfaz gráfica de usuario; ayuda; barra de menús. **2.** (***help***) La capacidad de muchos programas y sistemas operativos de mostrar consejos o instrucciones de utilización de sus características cuando así lo solicita el usuario; por ejemplo, pulsando sobre un botón en la pantalla o seleccionando un elemento de menú o pulsando una tecla de función. El usuario puede acceder a la ayuda sin interrumpir el trabajo que esté realizando y sin necesidad de tener que consultar un manual. Algunas funciones de ayuda son sensibles al contexto, lo que quiere decir que el usuario recibe información específica de la tarea o comando que esté intentando llevar a cabo.

ayuda emergente *s.* (***pop-up Help***) Sistema de ayuda en línea cuyos mensajes aparecen como ventanas emergentes cuando el usuario hace un clic sobre un tema o un área de la pantalla sobre los que desea recibir ayuda. Normalmente, la ayuda emergente se activará (siempre y cuando esté disponible) mediante algún tipo especial de clic, como, por ejemplo, hacer clic con el botón derecho del ratón. *Véase también* globo de ayuda.

ayuda en línea *s.* (***online help***) *Véase* ayuda.

ayuda sensible al contexto *s.* (***context-sensitive help***) Forma de asistencia en la que un programa que proporciona ayuda en pantalla muestra al usuario la información concerniente al comando actual o a la operación que desea realizarse.

ayudas de accesibilidad *s.* (***accessibility aids***) Utilidades que hacen que las computadoras sean más fáciles de utilizar por personas con discapacidades. Como ejemplos de ayuda de accesibilidad podemos citar los lectores de pantalla, los programas de reconocimiento del habla y los teclados en pantalla.

B

b *adj*. Abreviatura de binario.

b *s*. **1**. Abreviatura de baudio. **2**. Abreviatura de bit.

B *s*. Abreviatura de byte.

B: o b: *s*. **1**. Identificador para una segunda unidad de disquetes en MS-DOS y otros sistemas operativos. **2**. Identificador para una sola unidad de disquetes cuando se utiliza como unidad secundaria.

B1FF *s*. Palabra de jerga utilizada para designar a un usuario en línea novato que suele cometer errores en los mensajes de correo electrónico, artículos de grupos de noticias o foros de charla que muestran su inexperiencia. Como ejemplos del tipo de errores que estos usuarios cometen, podríamos citar las frases que terminan con múltiples símbolos de exclamación (!!!!) y los mensajes escritos COMPLETAMENTE EN MAYÚSCULAS. En inglés, el término se pronuncia «bif».

B2B *s*. Abreviatura de business-to-business (empresa a empresa o interempresas). El intercambio electrónico de productos y servicios entre empresas sin la implicación directa de los consumidores. Los beneficios del comercio B2B para las empresas incluyen la simplificación de los procesos de compra, de contabilización y otras funciones administrativas; la disminución de los costes de transacción y la simplificación de la venta de los excesos de inventario. En muchos sectores de mercado, las empresas relacionadas suelen colaborar en la creación de cadenas de aprovisionamiento basadas en Internet.

B2C *s*. Abreviatura de business-to-consumer (empresa a consumidor). El intercambio electrónico directo de productos y servicios entre empresas y consumidores. Entre los beneficios del comercio B2C para las empresas, se incluye una mejora de la eficiencia a la hora de suministrar bienes y servicios a los consumidores.

back end *s*. **1**. En una aplicación cliente/servidor, es la parte del programa que se ejecuta en el servidor. *También llamado* módulo de servicio, servicios de fondo. *Véase también* servicio, módulo de; arquitectura cliente/servidor. *Compárese con* frontal. **2**. La parte de un compilador que transforma el código fuente (instrucciones de programa legibles por las personas) en código objeto (código legible por la máquina). *Véase también* compilador; código objeto; código fuente.

Back Orifice *s*. Una herramienta de ataque utilizada por piratas informáticos para tomar el control de un equipo remoto. Back Orifice está compuesto por una aplicación cliente y otra servidora. La aplicación cliente se utiliza para controlar una computadora utilizando el módulo servidor. La toma de control del equipo objetivo se produce después de abrir un archivo ejecutable que contiene el módulo servidor y que normalmente se distribuye mediante un adjunto de correo electrónico o un disco extraíble. Back Orifice se copia entonces a sí mismo en el directorio System de Windows y transfiere el control a la máquina que está ejecutando la aplicación cliente. Back Orifice apareció por primera vez en el verano de 1998 y se pudo contener su actividad gracias a una serie de actualizaciones en el software de seguridad. Su nombre es un juego de palabras que hace referencia al conjunto de programas de servidor BackOffice de Microsoft.

BackOffice *s*. Un conjunto de programas software desarrollado por Microsoft y que proporciona una serie de servicios de red. Diseñado para trabajar con Windows NT y Windows 2000, BackOffice incluye servicios tales como el correo electrónico (Exchange), capacidades Intranet (Site Server), gestión de red (Systems

Management Server) y desarrollo de bases de datos de gama alta (SQL Server), entre otros.

bacteria *s.* (***bacterium***) Un tipo de virus informático que se replica repetidamente, llegando a ocupar todo el sistema. *Véase también* virus.

BAD *adj.* Acrónimo de broken as designed (defectuoso de fábrica). Frase peyorativa para describir un producto o dispositivo que falla continuamente.

bahía *s.* (***bay***) Hueco o abertura utilizada para la instalación de equipos electrónicos (por ejemplo, el espacio reservado para unidades de disco adicionales, unidades de CD-ROM u otro equipamiento que pueda instalarse dentro de la carcasa de una microcomputadora. *Véase también* bahía de la unidad de disco.

bahía de la unidad de disco *s.* (***drive bay***) Área rectangular hueca ubicada en el chasis de una computadora diseñada para contener una unidad de disco. Una bahía de unidad de disco siempre tiene muros laterales, normalmente de metal, que generalmente dispone de agujeros para facilitar la instalación de la unidad de disco. Algunas bahías de la unidad de disco, como, por ejemplo, las destinadas a contener un disco duro, no son visibles para el usuario. La mayoría de las unidades se encuentra en la parte frontal del chasis con el fin de que el usuario pueda interactuar con la unidad.

baja frecuencia *s.* (***low frequency***) La porción del espectro electromagnético comprendida entre 30 kilohercios (kHz) y 300 kHz. Este rango de frecuencias se utiliza para diversos tipos de comunicación por radio, incluyendo la banda de radiodifusión de onda larga en Europa y Asia.

baja resolución *adj.* (***low resolution***) Que se muestra de forma relativamente poco detallada. El término se utiliza normalmente en referencia a texto y a gráficos en pantallas de computadora de barrido de líneas y en impresoras. La impresión de baja resolución es de una calidad similar a la de un texto con calidad de borrador impreso en una impresora matricial a 125 puntos por pulgada o menos. *Véase también* resolución. *Compárese con* alta resolución.

.bak *s.* Archivo auxiliar, creado de manera automática o por un comando del usuario, que contiene la segunda versión más reciente de un archivo y que tiene el mismo nombre de archivo, pero con la extensión .bak. *Véase también* copia de seguridad.

balbuceo *s.* (***jabber***) Un flujo continuo de datos aleatorios transmitidos a través de una red como resultado de algún fallo de funcionamiento.

baliza *s.* (***beacon***) En una red FDDI, es una trama especial generada cuando un nodo detecta un problema y retransmitida por los demás nodos. *Véase también* trama.

banco *s.* (***bank***) **1.** Sección de memoria, normalmente de un tamaño conveniente, para que una UCP pueda direccionarla. Por ejemplo, un procesador de 8 bits puede direccionar 65.536 bytes de memoria; sin embargo, un banco de memoria de 64 kilobytes (64 KB) es el más grande que un procesador puede direccionar de una vez. Direccionar otro banco de 64 KB de memoria requiere circuitería que haga creer a la UCP que está mirando en un bloque de memoria diferente. *Véase también* conmutación de bancos; página. **2.** Grupo de dispositivos eléctricos similares conectados conjuntamente para utilizarse como un solo dispositivo. Por ejemplo, una serie de transistores puede estar conectada en una matriz de filas y columnas dentro de un chip para formar una memoria o varios chips de memoria podrían conectarse entre sí para formar un módulo de memoria, tal como un módulo SIMM. *Véase también* SIMM.

banco de datos *s.* (***data bank***) Cualquier colección de datos de una cierta envergadura.

banco de memoria *s.* (***memory bank***) La localización física sobre la placa madre en la que puede insertarse un módulo de memoria. *Véase también* banco.

banda *s.* (***band***) **1.** En comunicaciones, un rango contiguo de frecuencias utilizado para un determinado propósito, como, por ejemplo, difusiones de radio o televisión. **2.** A la hora de imprimir gráficos, es una parte rectangular de un gráfico enviada por la computadora a una impresora. La técnica de dividir un gráfico en bandas evita que una impresora tenga que reconstruir una imagen entera en memoria antes de imprimirla.

banda *vb.* (*stripe*) *Véase* bandas de disco.

banda ancha *adj.* (*broadband*) Perteneciente a, o relacionado con, los sistemas de comunicaciones en los que el medio de transmisión (como, por ejemplo, cable eléctrico o cable de fibra óptica) transporta múltiples mensajes al mismo tiempo, siendo cada mensaje modulado con su propia frecuencia portadora por medio de módems. Las comunicaciones de banda ancha se utilizan en las redes de área extensa. *Compárese con* banda base.

banda base *adj.* (*baseband*) Perteneciente a, o relacionado con, los sistemas de comunicaciones en los que el medio de transmisión (como, por ejemplo, cable eléctrico o cable de fibra óptica) transporta un solo mensaje en cada momento en formato digital. La comunicación de banda base se utiliza en redes de área local como Ethernet y Token Ring. *Véase también* Ethernet; fibra óptica; red Token Ring. *Compárese con* banda ancha.

banda estrecha *s.* (*narrowband*) Un ancho de banda reservado por las autoridades reguladoras para servicios de comunicaciones radio móviles o portátiles, como los sistemas bidireccionales avanzados de buscapersonas, y que incluye velocidades de transmisión comprendidas entre 50 bps y 64 Kbps. El término banda estrecha hacía referencia anteriormente a anchos de banda que iban desde 50 a 150 bps. *Véase también* ancho de banda; FCC. *Compárese con* banda ancha.

banda lateral *s.* (*sideband*) La parte alta o baja de una onda portadora modulada. Puede procesarse una de dichas partes mientras que la otra se emplea para transportar otros datos independientes, técnica esta que dobla la cantidad de información que puede transmitirse a través de una única línea. Véase la ilustración.

bandas de disco *s.* (*disk striping*) El procedimiento de combinar un conjunto de particiones de disco del mismo tamaño que residen en discos separados (entre 2 y 32 discos) en un único

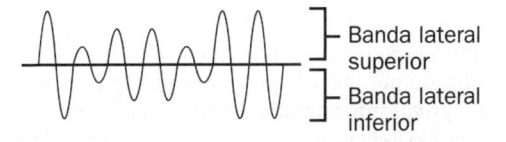

Banda lateral.

volumen formando una especie de banda virtual con todos los discos, banda que el sistema operativo reconoce como una única unidad. Las bandas de disco permiten ejecutar de manera concurrente múltiples operaciones de E/S en el mismo volumen, consiguiéndose así una mejora de rendimiento. *Véase también* bandas de disco con paridad; entrada/salida.

bandas de disco con paridad *s.* (*disk striping with parity*) La técnica de mantener información de paridad en un sistema de bandas de disco para que, si una de las particiones de disco falla, los datos de dicho disco puedan volver a crearse utilizando la información almacenada en las restantes particiones de la banda de discos. *Véase también* bandas de disco; tolerancia a fallos; paridad.

bandeja *s.* (*caddy*) Soporte de plástico destinado a albergar un CD-ROM y que se inserta en una unidad de CD-ROM. Algunos PC, especialmente los modelos antiguos, disponen de unidades de CD-ROM que requieren el uso de estos soportes. La mayoría de las unidades de CD-ROM actuales no requiere una bandeja.

Bandeja de entrada *s.* (*Inbox*) En muchas aplicaciones de correo electrónico, es el buzón de correo predeterminado en el que el programa almacena los mensajes entrantes. *Véase también* correo electrónico; buzón de correo. *Compárese con* Bandeja de salida.

Bandeja de salida *s.* (*Outbox*) En muchas aplicaciones de correo electrónico, es el buzón de correo predeterminado en el que el programa almacena los mensajes salientes. *Véase también* correo electrónico; buzón de correo. *Compárese con* Bandeja de entrada.

bandera *s.* **1.** (*flag*) En el protocolo de comunicaciones HDLC, bandera es la serie distintiva de bits 01111110 utilizada para comenzar y finalizar una trama de transmisión (unidad de mensaje). *Véase también* HDLC. **2.** (*flag*) En términos generales, marcador de algún tipo utilizado por una computadora para procesar o interpretar información. Es una señal que indica la existencia o el estado de una condición determinada. Las banderas se utilizan en áreas como comunicaciones, programación y procesamiento de la información. Dependiendo de su uso, una bandera puede ser un código incrustado en los datos que identifica alguna condición o bien puede ser uno o más bits controlados internamente por el hardware o el software para indicar un suceso de algún tipo, tal como un error o el resultado de la comparación de dos valores. **3.** (*rag*) Irregularidad a lo largo del extremo derecho o izquierdo de un conjunto de líneas de texto en una página impresa. La disposición en bandera complementa la justificación o disposición alineada en la que uno de los dos extremos de texto forma una línea vertical recta. Véase la ilustración. *Véase también* justificar; bandera izquierda; bandera derecha.

Disposición en bandera.

bandera derecha *adj.* (*ragged right*) Perteneciente o relativo a una serie de líneas de texto cuyos extremos derechos no están alineados verticalmente, sino que forman un borde irregular. Las cartas y otros documentos editados mediante un procesador de textos normalmente se alinean a la izquierda, dejando el margen derecho en bandera. *Véase también* justificar a la izquierda; bandera.

bandera izquierda *adj.* (*ragged left*) Perteneciente o relativo a una serie de líneas de texto cuyos extremos izquierdos no están alineados verticalmente, sino que forma un borde irregular. El texto puede estar justificado a la derecha y tener un margen izquierdo en bandera. El texto en bandera a la izquierda no se suele utilizar; sólo se emplea, normalmente, para producir un efecto visual impactante en los anuncios publicitarios. *Véase también* bandera; justificar a la derecha.

bang *s.* Es el modo de pronunciar en inglés el signo de exclamación, particularmente cuando el signo de exclamación se utiliza en un nombre de archivo o de ruta en los sistemas UNIX. *Véase también* bang, ruta.

bang, ruta *s.* (*bang path*) Palabra de jerga utilizada para designar una antigua forma de dirección de correo electrónico utilizada en UUCP (UNIX-to-UNIX copy). Una dirección bang suministra la ruta que el mensaje necesita seguir para alcanzar su destino, incluyendo el nombre de cada host a través del cual debe pasar el mensaje. Los distintos elementos de la dirección de correo electrónico se separaban mediante símbolos de exclamación denominados «bangs»; así se separaban, por ejemplo, el nombre de cuenta de usuario y los nombres de host. La dirección nombre!ubicación, donde «nombre» es la cuenta de usuario y «ubicación» es el nombre de host, se pronunciaría como «nombre bang ubicación».

barra de control *s.* (*control strip*) **1.** Utilidad que agrupa los accesos directos a elementos o a información más normalmente utilizados, como, por ejemplo, el reloj, el nivel de potencia de la batería, elementos del escritorio y programas en un lugar de fácil acceso. *Véase también* acceso directo. **2.** Herramienta de calibración de equipos utilizada para determinar qué correcciones son necesarias para restablecer la precisión comparando los datos grabados con una serie de valores conocidos.

barra de desplazamiento *s.* (*scroll bar*) En algunas interfaces gráficas de usuario, es una barra vertical u horizontal situada en un lateral o en la parte inferior de un área de visualización que puede utilizarse con el ratón para desplazarse dentro de esa área. Las barras de desplazamiento suelen tener cuatro áreas activas: dos flechas de desplazamiento para moverse línea a línea, un recuadro deslizante de desplazamiento para moverse a una posición arbitraria dentro del área de pantalla y unas áreas de color gris que sirven para avanzar o retroceder una ventana cada vez.

barra de estado *s.* (*status bar*) En Windows 9x y Windows NT 4 y versiones posteriores, un espacio situado en la parte inferior de muchas de las ventanas del programa que contiene un corto mensaje de texto relativo al estado actual del programa. Algunos programas también muestran en la barra de estado una explicación del comando de menú actualmente seleccionado. Véase la ilustración.

Barra de estado.

barra de formato *s.* (*format bar*) Barra de herramientas de una aplicación utilizada para modificar el formato del documento que está siendo visualizado, como, por ejemplo, cambiar el tamaño o el tipo de fuente.

barra de herramientas *s.* (*toolbar*) En una aplicación de interfaz gráfica de usuario, una fila, columna o bloque de botones o iconos en pantalla. Cuando se hace clic con el ratón sobre estos botones o iconos, las macros o ciertas funciones de la aplicación se activan. Por ejemplo, los procesadores de texto incluyen a menudo barras de herramientas con botones para cambiar texto a cursiva, negrita u otros estilos. Normalmente, el usuario puede personalizar las barras de herramientas y puede desplazarlas por la pantalla de acuerdo con sus preferencias. Véase la ilustración. *Véase también* interfaz gráfica de usuario. *Compárese con* barra de menús; paleta; barra de tareas; barra de título.

Barra de herramientas.

barra de menús *s.* (*menu bar*) Barra rectangular mostrada en la ventana de pantalla de un programa de aplicación, a menudo en la parte superior, en la que el usuario puede seleccionar los menús. Los nombres de los menús disponibles se muestran en la barra de menús; seleccionar uno con el teclado o con el ratón hace que se muestre la lista de opciones de dicho menú.

barra de navegación *s.* (*navigation bar*) En una página web, es una agrupación de hipervínculos que sirven para moverse dentro de ese sitio web concreto. *Véase también* hipervínculo.

barra de tareas *s.* (*taskbar*) Barra de herramientas gráfica utilizada en Windows 9x, Windows CE, Windows NT y Windows 2000 para seleccionar, por medio del ratón, una de entre una serie de aplicaciones activas. *Véase también* botón de tarea; barra de herramientas.

barra de terminales *s.* (*terminal strip*) Dispositivo normalmente largo y estrecho que contiene uno o más conectores eléctricos. Las barras de terminales suelen consistir en tornillos en los que se enroscan hilos conductores desnudos antes de apretar los tornillos. Por ejemplo, algunos receptores/amplificadores estéreo para consumo incorporan un conjunto de barras de terminales en el panel posterior para acoplar cables de altavoz a la unidad.

barra de título *s.* (*title bar*) En una interfaz gráfica de usuario, un espacio horizontal en la parte superior de una ventana que contiene el nombre de la ventana. La mayoría de las barras de título también incluyen cuadros o botones para cerrar y redimensionar la ventana. Haciendo clic en la barra de título, el usuario puede mover la ventana completa.

barra espaciadora *s.* (*spacebar*) La tecla de gran tamaño que ocupa buena parte de la fila inferior en la mayoría de los teclados y que envía el carácter de espaciado a la computadora.

barra invertida *s.* (*backslash*) *Véase* \.

barra recta *s.* (*pipe*) Carácter con forma de línea vertical (|) que aparece en el teclado español del PC como carácter alternativo de la tecla 1.

barrer *vb.* (*scan*) En las tecnologías de televisión y de monitores de computadora, desplazar un haz de electrones a través de la superficie interna de la pantalla, de línea en línea, para iluminar los elementos de fósforo que crean la imagen mostrada en pantalla.

barrido entrelazado *s.* (*interlace scanning*)
Técnica de visualización diseñada para reducir el parpadeo y las distorsiones en las transmisiones de televisión; también utilizada con algunos monitores de barrido rasterizado. En el barrido entrelazado, el haz de electrones en la televisión o el monitor refresca conjuntos alternos de líneas de exploración en barridos sucesivos de arriba hacia abajo, refrescando todas las líneas pares en una pasada y todas las impares en la otra. Gracias a la capacidad del fósforo de la pantalla de mantener una imagen durante un corto período de tiempo antes de difuminarse y la tendencia del ojo humano a promediar o fundir las diferencias sutiles en la intensidad de la luz, el observador humano ve una visualización completa, pero la cantidad de información transportada por la señal de visualización y el número de líneas que deben mostrarse por barrido se reducen a la mitad. Las imágenes entrelazadas no son tan claras como las generadas por el típico barrido progresivo de los más recientes monitores de computadora. Sin embargo, el barrido entrelazado es el método estándar de presentar las imágenes de televisión de difusión analógica. *También llamado* entrelazado. *Compárese con* barrido progresivo.

barrido progresivo *s.* (*progressive scanning*) **1.** Técnica de visualización utilizada en los monitores de las computadoras en la que se crea la imagen, línea a línea, en un único barrido del haz de electrones que va de arriba hacia abajo. La imagen resultante es de mayor calidad que la que se obtiene con el barrido entrelazado utilizado por los aparatos de televisión. El barrido progresivo podría ser utilizado en la siguiente generación de equipos de televisión digital. No obstante, esta técnica requiere el doble de ancho de banda de señal que el barrido entrelazado. *Compárese con* barrido entrelazado. **2.** Técnica utilizada por algunas cámaras de vídeo para capturar imágenes de objetos en movimiento línea a línea (en vez de capturar líneas alternativas). Estas cámaras son utilizadas principalmente para tareas tales como controlar cadenas de ensamblaje y supervisar el flujo de tráfico.

basado en fotogramas clave *adj.* (*key-frame*) Describe la técnica de animación en la que se proporcionan las posiciones de comienzo y fin de un objeto y todos los fotogramas intermedios son interpolados por una computadora para producir automáticamente una animación suave. La mayoría de las animaciones por computadora basadas en trazado de rayos se crean utilizando esta técnica. *Véase también* trazado de rayos.

báscula *s.* (*toggle*) Dispositivo electrónico con dos estados que puede activarse o desactivarse mediante una misma acción, como, por ejemplo, la aplicación de un pulso de entrada.

base *s.* **1.** En matemáticas, un número elevado a la potencia especificada por un exponente. Por ejemplo, en $2^3 = 2 \times 2 \times 2 = 8$, la base es 2. **2.** En matemáticas, el número de dígitos en un sistema de numeración determinado. En informática se utilizan comúnmente cuatro sistemas de numeración (binario, octal, decimal y hexadecimal) y cada uno de ellos está basado en un número de dígitos diferente. El sistema de numeración binario, o de base 2, que se suele utilizar para describir los estados de la lógica de una computadora, tiene dos dígitos, 0 y 1. El sistema octal, o de base 8, tiene ocho dígitos, de 0 a 7. El familiar sistema de numeración decimal, o de base 10, tiene diez dígitos, de 0 a 9. El sistema hexadecimal, o de base 16, tiene dieciséis dígitos, de 0 a 9 y de A a F. Cuando se escriben los números en una base determinada, la base normalmente se indica como subíndice o se indica entre paréntesis después del número, como en 24AE(16) = 9390. *Véase también* binario; decimal; hexadecimal; octal. **3.** Uno de los tres terminales (emisor, base y colector) de un transistor bipolar. La corriente que atraviesa la base controla la corriente que circula entre el emisor y el colector. *Véase también* transistor. **4.** La capa aislante de soporte de una tarjeta de circuito impreso. *Véase también* tarjeta de circuito.

base 10 *adj. Véase* decimal.

base 16 *adj. Véase* hexadecimal.

base 2 *adj. Véase* binario.

base 8 *adj. Véase* octal.

base de conocimientos *s.* (***knowledge base***) Tipo de base de datos utilizada en sistemas expertos que contiene el cuerpo acumulado de los conocimientos de los especialistas humanos en un campo determinado. La capacidad de razonamiento y el método de resolución de problemas que un especialista utilizaría están contenidos en el motor de inferencia, el cual constituye otra parte importante de un sistema experto. *Véase también* sistema experto; motor de inferencias.

base de datos *s.* (***database***) Un archivo compuesto de registros, cada uno de los cuales contiene una serie de campos junto con una serie de operaciones para realizar búsquedas, ordenaciones, recombinaciones y otras funciones. *Acrónimo:* DB.

base de datos de archivos sin formato *s.* (***flat-file database***) Base de datos que toma la forma de una tabla donde sólo puede utilizarse una tabla para cada base de datos. Una base de datos de archivos sin formato sólo puede trabajar con un archivo cada vez. *Compárese con* base de datos relacional.

base de datos de lista invertida *s.* (***inverted-list database***) Base de datos similar a una base de datos relacional, pero con varias diferencias que hacen que le resulte más difícil al sistema de gestión de bases de datos garantizar la coherencia, la integridad y la seguridad de los datos que con un sistema relacional. Las filas (registros o tuplas) de una tabla de lista invertida están ordenadas en una secuencia física específica independiente de cualquier ordenación que pueda ser impuesta mediante índices. La totalidad de la base de datos puede estar también ordenada, imponiéndose criterios lógicos de combinación de las tablas. Pueden definirse todas las claves de búsqueda que se deseen, simples o compuestas. A diferencia de las claves de un sistema relacional, estas claves de búsqueda son campos arbitrarios o combinaciones arbitrarias de campos. No se aplican restricciones de integridad o unicidad; además, ni los índices ni las tablas son transparentes para el usuario. *Compárese con* base de datos relacional.

base de datos de muy gran tamaño *s.* (***Very Large Database***) Sistema de base de datos que contiene volúmenes de datos de cientos de gigabytes o incluso terabytes. Una base de datos de muy gran tamaño debe soportar a menudo miles de usuarios y tablas con miles de millones de filas de datos, debe ser normalmente capaz de operar sobre varias plataformas y sistemas operativos diferentes y suele tener que poder trabajar con muchas aplicaciones software diferentes. *Véase también* almacén de datos.

base de datos de objetos *s.* (***object database***) *Véase* base de datos orientada a objetos.

base de datos de red *s.* (***network database***) 1. Una base de datos que contiene la dirección de otros usuarios de la red. 2. Una base de datos que se ejecuta en una red.

base de datos distribuida *s.* (***distributed database***) Una base de datos implementada en una red. Las particiones componentes están distribuidas entre diversos nodos (estaciones) de la red. Dependiendo del tráfico específico de actualización y extracción de la información, distribuir una base de datos puede mejorar significativamente las prestaciones globales del sistema. *Véase también* partición.

base de datos federada *s.* (***federated database***) Una base de datos a la que los científicos contribuyen incluyendo sus descubrimientos y su conocimiento respecto a un campo o problema concreto. Una base de datos federada está diseñada para la colaboración científica en la resolución de problemas de tal magnitud que serían imposibles o muy difíciles de resolver por una única persona. *Véase también* base de datos.

base de datos inteligente *s.* (***intelligent database***) Una base de datos que manipula la información relacionada de una manera que las personas encuentran lógica, natural y fácil de utilizar. Una base de datos inteligente lleva a cabo las búsquedas utilizando no sólo las rutinas tradicionales de búsqueda de datos, sino también reglas predeterminadas que gobiernan las asociaciones, relaciones e incluso inferencias aplicables a los datos. *Véase también* base de datos.

base de datos jerárquica *s.* (*hierarchical database*) Base de datos en la que sus registros están agrupados de tal manera que sus relaciones forman una estructura ramificada similar a un árbol. Este tipo de estructura de base de datos, que normalmente se utiliza en las bases de datos grandes sistemas informáticos, resulta adecuada para organizar información que se descomponga lógicamente en niveles de detalle cada vez mayores. La organización de los registros de una base de datos jerárquica debería reflejar los tipos de acceso esperados más comunes o con requisitos de temporización más críticos.

base de datos mallada *s.* (*network database*) En gestión de información, es un tipo de base de datos en el que los registros pueden relacionarse entre sí de varias maneras. Una base de datos mallada es similar a una base de datos jerárquica en el sentido de que contiene una progresión que va de un registro a otro. Sin embargo, difiere de una base de datos jerárquica en que está estructurada de manera menos rígida: cualquier registro puede apuntar a uno o más registros, y a la inversa, varios registros pueden apuntar a un registro concreto. En la práctica, una base de datos mallada permite que exista más de una ruta entre cualesquiera dos registros, mientras que una base de datos jerárquica sólo permite que haya una, que va de padre (registro de nivel superior) a hijo (registro de nivel inferior). *Compárese con* base de datos jerárquica; base de datos relacional.

base de datos OLAP *s.* (*OLAP database*) Un sistema de base de datos relacional capaz de gestionar consultas más complejas que las permitidas por las bases de datos relacionales estándar, permitiendo un acceso multidimensional a los datos (visualización de los datos según diversos criterios diferentes) e incluyendo capacidades intensivas de cálculo y técnicas de indexación especializadas. *Véase también* base de datos; consulta; base de datos relacional.

base de datos orientada a objetos *s.* (*object-oriented database*) Base de datos flexible que soporta el uso de tipos de datos abstractos, objetos y clases y que puede almacenar un amplio rango de datos, incluyendo a menudo sonido, vídeo y gráficos además de texto y números. Algunas bases de datos orientadas a objetos permiten procedimientos de recuperación de datos y disponen de reglas para el procesamiento de datos que se almacenan junto con los datos o en su lugar. Esto permite almacenar los datos en áreas distintas de la base de datos física, lo que frecuentemente es aconsejable cuando los archivos de datos son grandes, como es el caso de los archivos de vídeo. *Véase también* tipo de datos abstracto; clase; objeto. *Compárese con* base de datos relacional.

base de datos paralela *s.* (*parallel database*) Sistema de base de datos que implica el uso concurrente de dos o más procesadores o procesos del sistema operativo para dar servicio a las solicitudes de gestión de la base de datos, tales como consultas y actualizaciones SQL, tareas de registro de las transacciones, gestión de la E/S y almacenamiento en búfer de los datos. Una base de datos paralela es capaz de realizar una gran cantidad de tareas simultáneas dividiendo la carga de trabajo entre múltiples procesadores y dispositivos de almacenamiento, permitiendo así un rápido acceso a bases de datos con varios gigabytes de información.

base de datos relacional *s.* (*relational database*) Base de datos o sistema de gestión de bases de datos que almacena la información en tablas (filas y columnas de datos) y realiza búsquedas utilizando los datos contenidos en las columnas especificadas de una tabla para encontrar datos adicionales en otra tabla. En una base de datos relacional, las filas de una tabla representan registros (colecciones de información sobre elementos diferenciados) y las columnas representan campos (atributos particulares de un registro). En la realización de búsquedas, una base de datos relacional compara la información de un campo de una tabla con la información de un campo correspondiente de otra tabla para producir una tercera tabla que combina los datos solicitados de ambas tablas. Por ejemplo, si una tabla contiene los campos ID-EMPLEADO, APELLIDO, NOMBRE y FECHA DE CONTRATACION y otra contiene los campos DEPARTAMENTO, ID-EMPLEADO y SALARIO, una base de datos relacional puede comparar los campos ID-EMPLEADO de las dos tablas para obtener información tal como los nombres de todos los empleados que ganan un cierto salario o los departamentos de todos los empleados contratados después de cierta fecha. En otras palabras, una base de datos relacional utiliza los valores coincidentes de dos tablas para relacionar la información de una con la información de la otra. Los productos de base de datos para microcomputadoras son normalmente bases de datos relacionales. *Compárese con* base de datos de archivos sin formato; base de datos de lista invertida.

base de datos WAIS *s*. (*WAIS database*) *Véase* WAIS.

base informática de gestión *s*. (*Management Information Base*) Un conjunto de objetos que representa varios tipos de información acerca de un dispositivo y que es utilizado por un protocolo de gestión de red (por ejemplo, SNMP) para gestionar el dispositivo. Como se utilizan diferentes servicios de gestión de red para diferentes tipos de dispositivos y protocolos, cada servicio tiene su propio conjunto de objetos. *Acrónimo:* MIB. *Véase también* servicio; SNMP.

Basic *s*. Acrónimo de Beginner's All-purpose Symbolic Instruction Code (código simbólico de instrucciones de propósito general para principiantes). Lenguaje de programación de alto nivel desarrollado a mediados de los años sesenta por John Kemeny y Thomas Kurtz en Dartmouth College. Está considerado como uno de los lenguajes de programación más fáciles de aprender. *Véase también* True BASIC; Visual Basic.

Basic compilado *s*. (*compiled Basic*) Toda versión de Basic que se traduce a código máquina antes de la ejecución por un compilador. Basic ha sido tradicionalmente un lenguaje interpretado (traducido y ejecutado instrucción a instrucción); debido a que el lenguaje Basic compilado suele producir programas que se ejecutan más rápido, es la tecnología preferida por los programadores profesionales de Basic. *Véase también* Basic; lenguaje compilado; lenguaje interpretado.

básico *adj*. (*plain vanilla*) Ordinario, normal; la versión estándar de un elemento hardware o software sin ningún tipo de mejora. Por ejemplo, un módem básico puede tener capacidades de transferencia de datos, pero no permitir el envío de faxes ni el mantenimiento de conversaciones de voz.

bastidor de tarjetas *s*. (*card cage*) Receptáculo para montar placas de circuito impreso (tarjetas). La mayoría de las computadoras incluyen algún tipo de carcasa de metal donde se pueden insertar tarjetas y un sistema de fijación para las mismas. El término procede originalmente de las carcasas externas donde se insertaban tarjetas de montaje en bastidor o periféricos.

basura *s*. (*garbage*) **1**. Galimatías mostrado en pantalla debido a un fallo de hardware o de software o a un programa que no es capaz de mostrar el contenido de un archivo. Por ejemplo, un archivo ejecutable no está pensado para visualizarlo con un editor de textos, por lo que sería indescifrable si se lo intenta mostrar. **2**. Datos incorrectos o corrompidos.

.bat *s*. La extensión de archivo que identifica un archivo de procesamiento por lotes. En MS-DOS, los archivos .bat son archivos ejecutables que contienen llamadas a otros archivos de programa. *Véase también* archivo de procesamiento por lotes.

batería *s*. (*battery*) Dos o más celdas dentro de un contenedor que producen una corriente eléctrica cuando dos electrodos situados dentro del contenedor entran en contacto con un electrolito. En las computadoras personales, las baterías se emplean como fuente de alimentación auxiliar cuando se desconecta la alimentación principal, como fuente de alimentación para computadoras portátiles (se emplean baterías recargables como las de níquel-cadmio, níquel-hidruro metálico y de ion de litio) y como método para mantener operando el reloj interno y la circuitería responsable de la parte de la RAM que almacena importante información de configuración del sistema. *Véase también* batería de iones de plomo; batería de iones de litio; batería de níquel-cadmio; batería de níquel-hidruro metálico; RAM.

batería de iones de litio *s.* (***lithium ion battery***) Dispositivo de almacenamiento de energía basado en la conversión de energía química a energía eléctrica en el seno de células químicas «secas». A pesar de que su coste es mayor, la industria de los portátiles está adoptando rápidamente las baterías de iones de litio debido a su mayor capacidad de almacenamiento en comparación con las baterías de níquel-cadmio y las baterías de hidruro de níquel, en respuesta a la demanda de mayor potencia producida por el uso de velocidades de procesador más altas y de dispositivos tales como las unidades de CD-ROM. *Compárese con* batería de níquel-cadmio; batería de níquel-hidruro metálico.

batería de iones de plomo *s.* (***lead ion battery***) Dispositivo de almacenamiento de energía basado en la conversión de energía química a energía eléctrica a medida que los iones fluyen de un terminal a otro a través de un medio ácido en el que hay plomo y cobre suspendidos. Este tipo de batería se utiliza en computadoras portátiles.

batería de módems *s.* (***modem bank***) Una colección de módems conectada a un servidor perteneciente a un ISP o al operador de un sistema BBS o de una red LAN de acceso remoto. La mayoría de las baterías de módems está configurada para permitir que un usuario remoto marque un único número telefónico que encamina las llamadas a alguno de los números telefónicos que estén disponibles dentro de la batería de módems. *Véase también* BBS; ISP; LAN.

batería de níquel-cadmio *s.* (***nickel cadmium battery***) Batería recargable que utiliza un electrolito alcalino. Las baterías de níquel-cadmio tienen normalmente una duración y un tiempo de almacenamiento más largos que las baterías similares de plomo-ácido. *También llamado* batería NiCad. *Compárese con* batería de iones de plomo; batería de iones de litio; batería de níquel-hidruro metálico.

batería de níquel-hidruro metálico *s.* (***nickel metal hydride battery***) Batería recargable con una duración mayor y un rendimiento superior a los de las baterías de níquel-cadmio y otras baterías alcalinas. *También llamado* batería NiMH. *Compárese con* batería de iones de plomo; batería de iones de litio; batería de níquel-cadmio.

batería de reserva *s.* (***battery backup***) **1.** Fuente de alimentación con batería utilizada como fuente auxiliar de electricidad en el caso de un fallo en el suministro. **2.** Uso de una batería para mantener un circuito en funcionamiento cuando la fuente principal de energía está apagada, como, por ejemplo, para alimentar al reloj/calendario de la computadora o a una memoria RAM especial que almacene información importante del sistema entre una sesión y otra. *Véase también* SAI.

batería de zinc y aire *s.* (***zinc-air battery***) Batería no recargable, relativamente barata, con una duración ampliada de la batería y que no contiene ninguno de los peligrosos metales o productos químicos presentes en las baterías convencionales de níquel-cadmio (NiCad), de níquel-hidruro (NiMH) o de iones de litio.

batería NiCad *s.* (***NiCad battery***) *Véase* batería de níquel-cadmio.

batería NiMH *s.* (***NiMH battery***) *Véase* batería de níquel-hidruro metálico.

baudio *s.* (***baud***) Es una medida de la velocidad de transmisión de datos que equivale a un cambio de señal cada segundo. Se llama así en honor del telegrafista e ingeniero francés Jean-Maurice-Emile Baudot, y originalmente fue utilizada para medir la velocidad de transmisión de los equipos telegráficos, aunque ahora el término hace referencia normalmente a la velocidad de transmisión de datos de un módem. *Véase también* tasa de baudios.

BBL *s.* Acrónimo de be back later (ahora vuelvo). Expresión utilizada comúnmente en los servicios de charla por Internet y servicios de información en línea para indicar que un participante ha abandonado temporalmente el foro de debate, pero que pretende volver más tarde. *Véase también* chateo.

BBS *s.* **1.** Acrónimo de be back soon (vuelvo en unos minutos). Una expresión abreviada que a menudo puede verse en los foros de discusión Internet cuando un participante que abandona el grupo se despide temporalmente del resto de interlocutores. **2.** Acrónimo de bulletin board system (sistema de tablón de anuncios electrónico). Un sistema informático equipado con uno o más módems y otros medios de acceso a red que sirve como centro de información y de transferencia de mensajes para usuarios remotos. A menudo, los sistemas BBS están centrados en temas específicos, como la ciencia-ficción, el cine, el software de Windows o los sistemas Macintosh, y pueden tener un acceso gratuito o basado en cuotas o una combinación de ambos esquemas. Los usuarios marcan con sus módems el teléfono de un sistema BBS y publican mensajes dirigidos a otros usuarios del sistemas en áreas especiales dedicadas a un tema concreto, de forma en cierto modo parecida a la publicación de notas en los tablones de anuncios de corcho tradicionales. Muchos sistemas BBS también permiten a los usuarios sostener charlas en línea con otros usuarios, enviar correo electrónico, cargar y descargar archivos de software gratuito y software de libre distribución y acceder a Internet. Muchas empresas de hardware y software mantienen sistemas BBS privados para sus clientes que incluyen información de ventas, soporte técnico y parches y actualizaciones de software.

bcc *s.* Acrónimo de blind courtesy copy (copia de cortesía oculta, cco). Una característica de los programas de correo electrónico que permite a un usuario enviar una copia de un mensaje de correo electrónico a un receptor sin notificar a otros receptores este hecho. Generalmente, la dirección del receptor se introduce en un campo denominado bcc: (o ccc:, si el software está en español) en la cabecera del mensaje. *También llamado* con copia oculta. *Véase también* correo electrónico; cabecera. *Compárese con* cc.

BCD *s.* Acrónimo de binary-coded decimal. *Véase* decimal codificado en binario.

bCentral *s.* Sitio web para pequeñas empresas que proporciona servicios de suscripción en línea para la gestión de clientes, gestión financiera y comercio electrónico. bCentral forma parte de la iniciativa Microsoft.NET. *Véase también* MSN; .NET.

BCNF *s.* Acrónimo de Boyce-Codd normal form (forma normal de Boyce-Codd). *Véase* forma normal.

bean de sesión *s.* (*session bean*) En el lenguaje de programación Java y la plataforma de red J2EE, es un componente EJB (Enterprise JavaBean, JavaBean empresarial) creado por un cliente y que sólo existe, usualmente, mientras dura una cierta sesión cliente/servidor. Este componente realiza operaciones para el cliente, como, por ejemplo, determinados cálculos u operaciones de acceso a una base de datos. Aunque una bean de sesión puede ser transaccional, no es recuperable en caso de que tenga lugar un fallo del sistema. Los objetos de bean de sesión pueden no tener memoria del estado o pueden mantener el estado conversacional a lo largo de una serie de métodos y transacciones sucesivos. Si una bean de sesión mantiene el estado, el contenedor EJB gestiona este estado cuando sea preciso eliminar el objeto de la memoria. Sin embargo, el objeto bean de sesión debe gestionar por sí mismo sus propios datos persistentes. *Véase también* Enterprise JavaBeans; memoria del estado, sin.

BeBox *s.* Computadora multiprocesador de altas prestaciones (PowerPC basado en RISC) creado por Be, Inc., y cargado con el sistema operativo de Be, el BeOS. Be cesó la producción de BeBox en enero de 1997 para concentrarse en el desarrollo de software (BeOS). *Véase también* BeOs; PowerPC; RISC.

BEDO DRAM *s.* Acrónimo de Burst Extended Data Out Dynamic RAM (RAM dinámica de ráfagas con salida extendida de datos). Tipo de memoria RAM dinámica EDO que gestiona las transferencias de memoria mediante ráfagas de cuatro elementos para acelerar el proceso de transferencia de datos hacia la UCP de la computadora. Una memoria BEDO DRAM aprovecha el hecho de que las solicitudes de memoria normalmente hacen referencia a direcciones secuenciales. Estas memorias no funcionan bien con velocidades de bus por encima de 66 MHz. Sin embargo, una vez que se ha accedido a la primera dirección de memoria, ésta puede procesar los tres elementos restantes de la ráfaga en sólo 10 ns (nanosegundos) cada uno. *Véase también* RAM dinámica; EDO DRAM.

Bellman-Ford, algoritmo de encaminamiento por vector de distancia *s*. (***Bellman-Ford distance-vector routing algorithm***) Un algoritmo que ayuda a determinar la ruta más corta entre dos nodos de una red. El protocolo RIP (Routing Information Protocol, protocolo de información de encaminamiento) está basado en el algoritmo de encaminamiento por vector de distancia de Bellman-Ford. *Véase también* RIP.

BeOs *s*. (***BeOS***) Sistema operativo desarrollado por Be, Inc., que funciona en sistemas Power-PC y, hasta que dejaron de ser fabricadas, en las computadoras originales BeBox de dicha empresa. Diseñado como un «sistema operativo multimedia», BeOS se creó para soportar los grandes tamaños de archivo y las altas cargas de procesamiento típicas de la publicación de información digital y la comunicación a través de Internet. Se trata de un sistema operativo orientado a objetos y multihebra que puede funcionar en sistemas de multiprocesamiento simétrico que posean dos o más procesadores. Como muchos otros sistemas operativos, BeOS proporciona mecanismos multitarea con desalojo, gestión de memoria virtual y sistemas de protección de memoria. También proporciona capacidades de entrada/salida de alto rendimiento, un sistema de archivos de 64 bits que puede soportar archivos con un tamaño en el rango de los terabytes y diversas características relacionadas con Internet que incluyen correo electrónico integrado y servicios web. *Véase también* BeBox.

Beowulf *s*. Nombre para una clase de supercomputadoras virtuales creadas enlazando numerosos PC a través de conexiones en red para formar una sola unidad de altas prestaciones a partir de hardware barato basado en x86 y software públicamente disponible, como algunas versiones de UNIX. Esta técnica de agrupación permite obtener unas prestaciones comparables a las de una supercomputadora a aproximadamente el 10 por 100 del coste. El primer clúster Beowulf fue ensamblado en el Centro de Vuelo Espacial Goddard de la NASA en 1994. El origen del nombre proviene de Beowulf, el héroe que luchó y mató al monstruo llamado Grendel en una antigua saga inglesa del siglo VIII.

Berkeley Internet Name Domain *s*. *Véase* BIND.

Berkeley, API sockets de *s*. (***Berkeley Sockets API***) *Véase* API sockets.

Bernoulli distribution *s*. *Véase* distribución binomial.

beta *adj*. Perteneciente o relativo al software o hardware que se encuentran en versión beta. *Véase también* beta. *Compárese con* alfa.

beta *s*. Nuevo producto de software o hardware, o uno que está siendo actualizado, que está listo para ser distribuido entre los usuarios para la realización de pruebas beta en situaciones del mundo real. Normalmente, las versiones beta tienen implementadas la mayoría o todas las características y la funcionalidad que tendrá el producto terminado. *Véase también* prueba beta. *Compárese con* alfa.

BFT *s*. Acrónimo de batch file transmission o binary file transfer. *Véase* transmisión de archivos por lotes; transferencia binaria de archivos.

BGP *s*. (***Border Gateway Protocol***) Acrónimo de Border Gateway Protocol (protocolo de pasarela de borde). Un protocolo utilizado por NSFnet y que está basado en el protocolo EGP (External Gateway Protocol). *Véase también* protocolo de pasarela externa; NSFnet.

biaxial *adj*. (***twinaxial***) Que tiene dos cables coaxiales contenidos en una misma funda aislada. *Véase también* cable coaxial.

biblioteca *s*. (***library***) **1**. Colección de software o de archivos de datos. **2**. En programación, una colección de rutinas almacenadas en un archivo. Cada conjunto de instrucciones de una biblioteca tiene un nombre y cada uno realiza una tarea diferente.

biblioteca de clases *s*. (***class library***) Colección de rutinas y subprogramas estándar que un programador puede utilizar en los programas orientados a objetos. Una típica biblioteca de clases para una interfaz gráfica de usuario puede incluir rutinas para botones y barras de desplazamiento; una biblioteca de clases para programas de comunicaciones, por su parte, puede incluir una rutina para marcar un número de teléfono a través de un módem. *Véase también* clase; programación orientada a objetos.

biblioteca de controladores de Windows *s.* (***Windows Driver Library***) Colección de controladores de dispositivos hardware para sistemas operativos Microsoft Windows que no fueron incluidos en el paquete original de Windows. *Acrónimo:* WDL. *Véase también* controlador.

biblioteca de datos *s.* (***data library***) Colección catalogada de archivos de datos almacenados en un disco o en otro soporte de almacenamiento.

biblioteca de enlace dinámico *s.* (***dynamic-link library***) Característica de la familia de sistemas operativos de Microsoft Windows y OS/2 que permite almacenar rutinas ejecutables separadamente como archivos con extensión DLL y ser cargadas sólo cuando un programa las necesita. Una biblioteca de enlace dinámico presenta varias ventajas. En primer lugar, no consume memoria hasta que se utiliza. Segundo, dado que una biblioteca de enlace dinámico es un archivo separado, un programador puede realizar correcciones o mejoras sólo en ese módulo sin afectar al funcionamiento del programa que la llama o de cualquier otra biblioteca de enlace dinámico. Por último, un programador puede utilizar la misma biblioteca de enlace dinámico con otros programas. *Acrónimo:* DLL.

biblioteca de funciones *s.* (***function library***) Una colección de rutinas compiladas juntas. *Véase también* función; biblioteca; caja de herramientas.

biblioteca de tiempo de ejecución *s.* (***run-time library***) Archivo que contiene una o más rutinas preescritas para llevar a cabo funciones específicas, comúnmente utilizadas. Una biblioteca de tiempo de ejecución, utilizada principalmente en lenguajes de alto nivel, como, por ejemplo, el lenguaje C, ahorra al programador tener que rescribir dichas rutinas.

biblioteca WAIS *s.* (***WAIS library***) Una base de datos WAIS (Wide Area Information Server). Una biblioteca WAIS es una amplia colección de documentos en línea sobre un tema específico; por ejemplo, el Proyecto Gutenberg es una colección de textos históricos y literarios de dominio público que está disponible a través de Internet, mientras que Dow Jones Information Service es una recopilación de productos de información empresarial y financiera. Puesto que los cientos de bibliotecas WAIS gratuitas que actualmente están accesibles son actualizadas y mantenidas por voluntarios, la calidad con la que se cubren los diversos temas es un tanto variable. *Véase también* WAIS; cliente WAIS; Proyecto Gutenberg.

bibliotecario de archivos *s.* (***file librarian***) Persona o proceso responsable de mantener, archivar, copiar y proporcionar el acceso a una colección de datos.

bidimensional *adj.* (***two-dimensional***) Que existe en referencia a dos medidas, como altura y anchura, por ejemplo, un modelo bidimensional dibujado con referencia a un eje x y a un eje y o una matriz bidimensional de números dispuestos en filas y columnas. *Véase también* coordenadas cartesianas.

bidireccional *adj.* (***bidirectional***) Que opera en dos direcciones. Una impresora bidireccional puede imprimir de izquierda a derecha y a la inversa; un bus bidireccional puede transferir señales en ambas direcciones entre dos dispositivos.

bidomiciliación *s.* (***dual homing***) Un tipo de tolerancia a fallos utilizado con dispositivos de red críticos en las redes FDDI. Con la técnica de bidomiciliación, tales dispositivos se conectan tanto al anillo primario como al secundario (de reserva) a través de dos concentradores para proporcionar la máxima seguridad posible en caso de fallo del anillo primario.

bien formado *s.* (***well-formed***) Un documento XML o HTML que sigue todas las reglas sintácticas descritas en la especificación del protocolo. Un documento XML o HTML bien

biestable

formado puede ser leído por todos los exploradores web sin ninguna dificultad.

biestable *adj.* (*bistable*) Perteneciente, relativo a, o característico de un sistema o dispositivo que tiene dos estados posibles, como, por ejemplo, apagado y encendido. *Véase también* biestable.

biestable *s.* (*flip-flop*) Circuito que alterna entre dos posibles estados cuando recibe un pulso a la entrada. Por ejemplo, si la salida de un biestable está a nivel alto y se recibe un pulso a la entrada, la salida cambia a nivel bajo; un segundo pulso de entrada cambia la salida otra vez a nivel alto y así sucesivamente. *También llamado* multivibrador biestable.

biff *s.* **1.** Una utilidad de BSD que emite una señal cuando llega nuevo correo electrónico. Esta utilidad recibió el nombre de biff por el perro de un estudiante de doctorado de la Universidad de California que tenía el hábito de ladrar al cartero en la época en que esta utilidad fue desarrollada. **2.** *Véase* B1FF.

BIFF *s.* Abreviatura de Binary Interchange File Format (formato binario de intercambio de archivos). El formato nativo de archivos utilizado por Microsoft Excel.

bifurcación *s.* (*bifurcation*) División que tiene como resultado dos posibles salidas, como, por ejemplo, 1 y 0 o encendido y apagado.

bifurcación condicional *s.* (*conditional branch*) En un programa, una instrucción de bifurcación que tiene lugar cuando un código de condición concreto es verdadero o falso. El término se suele utilizar en relación a lenguajes de bajo nivel. *Véase también* instrucción de bifurcación; código de condición.

bifurcación incondicional *s.* (*unconditional branch*) Transferencia de ejecución a otra línea de código en un programa sin verificar si una condición es falsa o verdadera. La transferencia tiene lugar cada vez que se encuentra una instrucción de este tipo. *Véase también* rama. *Compárese con* bifurcación condicional.

bifurcar *vb.* (*fork*) Iniciar un proceso hijo en un sistema multitarea después de haber arrancado un proceso padre. *Véase también* multitarea.

Big 5 *s.* Codificación china tradicional.

Big Blue *s.* Término con el que se denomina a IBM (International Business Machines). Este apodo se debe al color azul corporativo utilizado en las primeras computadoras mainframe de IBM y que todavía se emplea en el logotipo de la compañía.

billón *s.* (*billion*) Un millón de millones, o 10^{12}. En Estados Unidos, un billón se denomina trillón, mientras que un billón en Gran Bretaña son mil millones.

.bin *s.* Extensión de nombre de archivo para un archivo codificado con Mac-Binary. *Véase también* MacBinary.

binario *adj.* (*binary*) Que tiene dos componentes, alternativas o resultados. La base del sistema de numeración binario es 2, por lo que los valores se expresan como combinaciones de dos dígitos, 0 y 1. Estos dos dígitos pueden representar los valores lógicos verdadero y falso, así como numerales, y pueden representarse en un dispositivo electrónico mediante los estados apagado y encendido, que se identifican con dos niveles de tensión. Por tanto, el sistema de numeración binario es la base de la informática digital. Aunque es ideal para las computadoras, las personas tienen dificultades para interpretar los números binarios, ya que son cadenas repetitivas de unos y ceros. Para facilitar la traducción, los programadores y aquellos que normalmente trabajan con las capacidades internas de procesamiento de las computadoras utilizan números hexadecimales (en base 16) u octales (en base 8). Véase el Apéndice E. *Véase también* base; decimal codificado en binario; número binario; bit; álgebra booleana; byte; código binario cíclico; computadora digital; diádico; circuito lógico. *Compárese con* ASCII; decimal; hexadecimal; octal.

binario *s.* (*binary*) En un programa cliente FTP, es el comando que ordena al servidor FTP que transmita o reciba los archivos en forma de datos binarios. *Véase también* cliente FTP; servidor FTP. *Compárese con* ascii.

binario complejo *s.* (*fat binary*) Formato de aplicación que soporta computadoras Macintosh tanto basadas en procesadores Power PC como en 68 K.

BIND *s.* Acrónimo de Berkeley Internet Name Domain (dominio de nombres de Internet de Berkeley). Un servidor de nombres de dominio originalmente escrito para la versión BSD de UNIX desarrollada en el campus de Berkeley de la Universidad de California, pero ahora disponible en la mayoría de las versiones de UNIX. Como servidor de nombres de dominio, BIND efectúa la traducción entre nombres de dominio legibles y direcciones IP numéricas que puedan ser entendidas por Internet. Se utiliza ampliamente en los servidores Internet. *Véase también* DNS; servidor DNS; dirección IP.

Binder *s.* Programa de Microsoft Office que se puede utilizar para organizar documentos relacionados. Puede comprobarse la ortografía de una serie de documentos, pueden numerarse las páginas consecutivamente a lo largo de todos los documentos y pueden también imprimirse los documentos.

BinHex *s.* **1.** Abreviatura de binario a hexadecimal. Un formato para convertir archivos de datos binarios a texto ASCII de forma que puedan ser transmitidos mediante correo electrónico a otro equipo informático o puedan ser publicados en un grupo de noticias. Este método puede usarse cuando sea necesario emplear caracteres ASCII estándar para la transmisión, como sucede en Internet. BinHex es utilizado principalmente por los usuarios de equipos Mac. *Véase también* MIME. **2.** Programa de Apple Macintosh que convierte archivos de datos binarios a texto ASCII, y viceversa, utilizando el formato BinHex. *Compárese con* uudecode; uuencode.

BioAPI *s.* Una especificación de sistema abierto para seguridad biométrica y tecnologías de autenticación. BioAPI soporta un amplio rango de tecnologías biométricas, desde dispositivos de mano a redes de gran envergadura, y las aplicaciones incluyen la identificación de huellas digitales, el reconocimiento de rostros, la verificación del hablante, las firmas dinámicas y el análisis de la geometría de la mano. BioAPI fue desarrollada por el Consorcio BioAPI, un grupo de organizaciones relacionadas con la biométrica. BioAPI es compatible con estándares biométricos existentes como HA-API, lo que permite a las aplicaciones existentes utilizar las tecnologías compatibles con BioAPI sin modificación alguna.

biométrica *s.* (*biometrics*) Tradicionalmente, la ciencia de medir y analizar las características biológicas del ser humano. En el campo de la tecnología informática, la biométrica está relacionada con las técnicas de autenticación y de seguridad que utilizan características biológicas medibles o individuales para reconocer o verificar la identidad de una persona. Por ejemplo, las huellas digitales, las huellas de la palma de la mano o los sistemas de reconocimiento de voz pueden usarse para conceder acceso a una computadora, a un edificio o a una cuenta de comercio electrónico. Los esquemas de seguridad se suelen clasificar en tres niveles: el nivel 1 depende de algo que la persona lleva consigo, como una tarjeta identificativa con una foto o una tarjeta con una clave que pueda ser leída por una computadora; el nivel 2 depende de algo que la persona conozca, como una contraseña o un número de código, y el nivel 3, el nivel más alto, depende de algo que forme parte de la constitución biológica de una persona o de su comportamiento, como una huella digital, el patrón que forman en la retina los vasos sanguíneos o una firma. *Véase también* lector de huellas dactilares; reconocimiento de escritura; reconocimiento de la voz.

biónica *s.* (*bionics*) El estudio de los organismos vivos, de sus características y de la forma en la que operan con la vista puesta en la creación de hardware que pueda simular o replicar las actividades de un sistema biológico. *Véase también* cibernética.

BIOS *s.* Acrónimo de basic input/output system (sistema básico de entrada/salida). En los equipos PC y compatibles, es el conjunto de rutinas de software esenciales que comprueban el hardware durante el arranque, inician el sistema operativo y permiten la transferencia de datos entre dispositivos de hardware, incluyendo el reloj de fecha y hora. La fecha del sistema operativo se inicializa con la fecha del BIOS o del reloj en tiempo real al encender el equipo. Algunos PC más antiguos, en concreto los que datan de antes de 1997, poseen BIOS que almacenan el año con sólo dos dígitos, por lo que pueden haber sufrido los problemas del año 2000. El BIOS se almacena en una memoria de sólo lectura (ROM) para poder ejecutarse al encender el equipo. Aunque es un componente crítico para el funcionamiento del sistema, normalmente el BIOS es transparente para los usuarios. *Véase también* AMI BIOS; configuración de CMOS; Phoenix BIOS; ROM BIOS. *Compárese con* caja de herramientas.

bipolar *adj.* **1.** Que tiene dos estados opuestos, como, por ejemplo, positivo y negativo. **2.** En electrónica, perteneciente a, o característico de, un transistor que tiene dos tipos de portadores de carga. *Véase también* transistor. **3.** En la transferencia y procesamiento de información, perteneciente a, o característico de, una señal en la que las polaridades de tensión opuestas representan los dos estados apagado/encendido, verdadero/falso u otra pareja similar de valores. *Véase también* sin retorno a cero. *Compárese con* unipolar.

BIS *s. Véase* sistema de información empresarial.

BISDN *s. Véase* RDSI de banda ancha.

bisel *s.* (*bezel*) En los juegos de galería, hace referencia al cristal situado alrededor del monitor. A menudo se trata de una pantalla serigrafiada con gráficos relacionados con el juego. *Véase también* juego de galería.

BISYNC *s.* Abreviatura de binary synchronous communications protocol (protocolo de comunicaciones síncronas binarias). Un estándar de comunicaciones desarrollado por IBM. Las transmisiones BISYNC están codificadas en ASCII o EBCDIC. Los mensajes pueden tener cualquier longitud y se envían en unidades denominadas tramas, opcionalmente precedidas por una cabecera de mensaje. BISYNC utiliza transmisión síncrona, en la que los elementos de mensaje están separados por un intervalo de tiempo específicos, de modo que cada trama está precedida y seguida por caracteres especiales que permiten a las máquinas emisora y receptora sincronizar sus relojes. Los caracteres de control que marcan el inicio y el fin del texto del mensaje son STX y ETX; BCC es un conjunto de caracteres utilizado para verificar la fiabilidad de la transmisión. *También llamado* BSC.

bit *s.* Abreviatura de binary digit (dígito binario). La unidad más pequeña de información que puede ser manejada por un equipo informático. Un bit expresa un número binario 1 o 0 o una condición lógica verdadera o falsa, y está representado físicamente por un elemento como, por ejemplo, un nivel de tensión alto o uno bajo en un determinado punto de circuito o un pequeño punto de un disco magnetizado en un sentido o en otro. Un solo bit contiene poca información que un humano pudiera considerar significativa. Un grupo de 8 bits, sin embargo, forma un byte, que puede ser usado para representar muchos tipos de información, como una letra del alfabeto, un dígito decimal u otro carácter. *Véase también* ASCII; binario; byte.

bit cuántico *s.* (*quantum bit*) *Véase* qubit.

bit de acarreo *s.* (*carry bit*) El bit, asociado con un circuito sumador, que indica que una operación de suma ha producido un acarreo (como, por ejemplo, en 9 + 7).

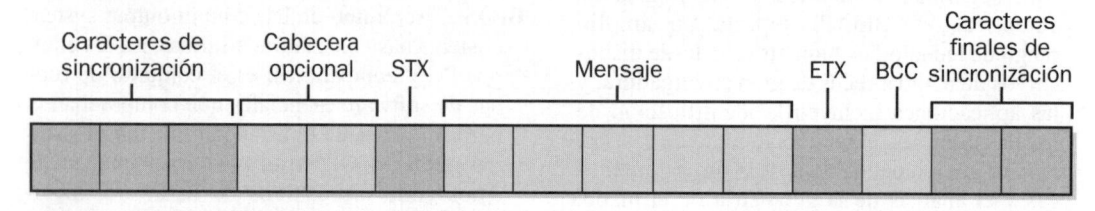

BISYNC. *Estructura de una trama BISYNC.*

bit de archivado *s.* (*archive bit*) Un bit asociado con un archivo que se usa para indicar si se ha realizado una copia de seguridad del archivo. *Véase también* realizar una copia de seguridad; bit.

bit de comprobación *s.* (*check bit*) Uno de los bits que se añaden a un mensaje de datos en su origen y que son analizados por el proceso receptor para determinar si ha tenido lugar algún error durante la transmisión. El ejemplo más simple sería un bit de paridad. *Véase también* integridad de los datos; bit de paridad.

bit de datos *s.* (*data bit*) En las comunicaciones asíncronas, uno de un grupo de 5 a 8 bits que representa un solo carácter de datos para una transmisión. Los bits de datos van precedidos por un bit de inicio y seguidos por un bit de paridad opcional y uno o más bits de parada. *Véase también* transmisión asíncrona; bit; parámetro de comunicaciones.

bit de inicio *s.* (*start bit*) En las transmisiones asíncronas, el bit (en realidad, una señal de temporización) que representa el comienzo de un carácter. *Véase también* transmisión asíncrona. *Compárese con* bit de paridad; bit de parada.

bit de máscara *s.* (*mask bit*) Un bit determinado de una máscara binaria cuya función es descartar o dejar pasar el bit correspondiente en un valor de datos cuando la máscara se usa en una expresión con un operador lógico. *Véase también* máscara.

bit de parada *s.* (*stop bit*) En las transmisiones asíncronas, el bit que señala el final de un carácter. En las primeras teleimpresoras electromecánicas, el bit de parada daba tiempo al mecanismo receptor para volver a la posición de reposo; dependiendo del mecanismo, el bit de parada tenía una duración de 1, 1,5 o 2 bits de datos. *Véase también* transmisión asíncrona. *Compárese con* bit de paridad; bit de inicio.

bit de paridad *s.* (*parity bit*) Un bit adicional utilizado para comprobar la existencia de errores en los grupos de bits de datos transferidos dentro de un sistema informático o entre dos sistemas informáticos distintos. En un PC, el término se utiliza frecuentemente en las comunicaciones módem a módem, en las que a menudo se emplea un bit de paridad para verificar la corrección con la que se transmite cada carácter; también se utiliza el término al hablar de la memoria RAM, en la que a menudo se emplea un bit de paridad para comprobar la corrección con la que está almacenado cada byte.

bit de signo *s.* (*sign bit*) El bit más significativo o situado más a la izquierda de un campo numérico; usualmente, este bit se pone a 1 si el número es negativo.

bit indicador de modificación *s.* (*dirty bit*) Bit utilizado para señalar los datos modificados en una caché, de modo que las modificaciones puedan ser transferidas a la memoria principal. *Véase también* bit; caché.

bit más significativo *s.* (*most significant bit*) En una secuencia de uno o más bytes, el bit de orden superior de un número binario sin incluir el bit de signo. *Acrónimo:* MSB. *Véase también* orden superior. *Compárese con* bit menos significativo.

bit menos significativo *s.* (*least significant bit*) En una secuencia de uno o más bytes, el bit de orden inferior (normalmente, el que está más a la derecha) de un número binario. *Acrónimo:* LSB. *Véase también* de menor peso. *Compárese con* bit más significativo.

bit. *s.* Una jerarquía de grupos de noticias de Internet que duplica el contenido de algunas listas de correo BITNET. *Véase también* BITNET.

bitblt *s. Véase* transferencia de bloques de bits.

BITNET *s.* Acrónimo de Because It's Time Network (que podría traducirse aproximadamente como «la red que estábamos esperando»). Una red de área extensa (WAN) fundada en 1981 y operada por la CREN (Corporation for Research and Educational Networking, Corporación para la educación e investigación en el área de las redes) en Washington, D.C. (EE.UU.). Ahora desaparecida, BITNET proporcionaba servicios de correo electrónico y de transferencia de archivos entre computadoras mainframe situadas en instituciones educativas y de investigación de Norteamérica, Europa y Japón. BITNET utilizaba el protocolo NJE (Network Job Entry, introducción de trabajos de red) de IBM en lugar de TCP/IP, pero podía intercambiar correo electrónico con Internet. El software listserv para el mantenimiento de listas de correo fue creado en BITNET.

bits de color *s.* (*color bits*) Número predeterminado de bits asignado a cada píxel visualizable que determina el color del píxel cuando se muestra en un monitor. Por ejemplo, se necesitan dos bits de color para cuatro colores y ocho bits de color para 256 colores. *Véase también* imagen de píxeles. *Compárese con* plano de bits.

bits por píxel *s.* (*bits per pixel*) También denominado profundidad de color o profundidad de bits. El término hace referencia al número de bits (8, 16, 24 o 32) utilizados para almacenar y mostrar los datos de color de cada píxel. El número de bits por píxel determina el rango de colores disponibles en una imagen. *Acrónimo:* bpp.

bits por pulgada *s.* (*bits per inch*) Medida de capacidad de almacenamiento de datos; el número de bits que cabe en una pulgada de espacio en un disco o cinta. En un disco, los bits por pulgada se miden en función de las pulgadas de la circunferencia de una pista determinada. *Acrónimo:* BPI. *Véase también* densidad de empaquetado.

bits por segundo *s.* (*bits per second*) *Véase* bps.

BIX *s.* Acrónimo de BYTE Information Exchange (central de información de BYTE). Un servicio online creado por la revista BYTE y que ahora es propiedad de Delphi Internet Services Corporation, que se encarga de operarlo. BIX ofrece correo electrónico, descargas software y salas de conferencia relacionadas con temas de hardware y software.

.biz *s.* Uno de los siete nuevos nombres de dominio de alto nivel aprobados en 2000 por la ICANN (Internet Corporation for Assigned Names and Numbers). .biz está pensado para su uso en sitios web de carácter comercial.

biz. *s.* Grupos de noticias Usenet que forman parte de la jerarquía biz. y que llevan el prefijo biz. Estos grupos de noticias están dedicados a la discusión de temas relacionados con los negocios. A diferencia de la mayoría de las restantes jerarquías de grupos de noticias, los grupos de noticias biz. permiten a los usuarios publicar anuncios y otros tipos de material de marketing. *Véase también* grupo de noticias; jerarquía tradicional de grupos de noticias.

BizTalk Server *s.* Una aplicación desarrollada por Microsoft Corporation para facilitar los procesos de negocio dentro de la red interna de una gran empresa y entre socios comerciales a través de Internet. BizTalk Server permite la integración de aplicaciones empresariales escritas en diferentes lenguajes informáticos y que se ejecuten sobre diversos sistemas operativos.

BlackBerry *s.* Un dispositivo inalámbrico de mano que permite a los usuarios móviles enviar y recibir correo electrónico, así como visualizar calendarios de citas y listas de contacto. BlackBerry incluye una pantalla y un teclado integrado que funciona pulsando las teclas con los pulgares. La facilidad de uso de BlackBerry y su capacidad de enviar y recibir mensajes de manera silenciosa han hecho de él un dispositivo bastante popular para el envío inalámbrico de mensajes de texto en entornos comerciales.

blanco *s.* (*blank*) El carácter introducido al pulsar la barra espaciadora. *Véase también* carácter de espacio.

blando *adj.* (*soft*) En informática, temporal o que se puede cambiar. Por ejemplo, un error blando es un problema del que el sistema puede recuperarse y un parche blando es una corrección temporal para un programa que sólo tiene vigencia mientras se está ejecutando el programa. *Compárese con* duro.

blip *s.* Pequeña marca captada ópticamente en un soporte físico de grabación, como, por ejemplo, un microfilm, que se utiliza para propósitos de recuento u otros propósitos de seguimiento.

blitter *s.* Función que copia un mapa de bits de la memoria en la pantalla.

BLOB de claves *s.* (*key binary large object*) Un BLOB (binary large object, objeto binario de gran tamaño) de claves proporciona una forma de almacenar claves fuera del proveedor de servicios criptográficos (CSP, cryptographic service provider) y se utiliza para transmitir claves de forma segura entre un CSP y otro. Un BLOB de claves está compuesto de una cabecera estándar seguida de los datos que representan la clave.

bloc de memorando *s.* (*memo pad*) Función de escritura de anotaciones ofrecida por muchos asistentes digitales personales y otros dispositivos informáticos portátiles. Los blocs de memorando permiten introducir cortas anotaciones mediante un teclado o mediante aplicaciones de reconocimiento de escritura. Las notas pueden clasificarse, organizarse y modificarse posteriormente.

blog *s. Véase* diario web.

blogger *s.* Alguien que crea o mantiene un diario web.

bloque *s.* (*block*) **1.** Colección de bytes de datos consecutivos que son leídos o escritos en un dispositivo (como, por ejemplo, un disco) como un grupo. **2.** Grupo de instrucciones de un programa que se tratan como una unidad. Por ejemplo, si una condición se establece como verdadera, todas las instrucciones del bloque se ejecutan, pero no se ejecuta ninguna si la condición es falsa. **3.** Cuadrícula rectangular de píxeles que se manejan como una unidad. **4.** Sección de memoria de acceso aleatorio temporalmente asignada a un programa por el sistema operativo. **5.** Segmento de texto que puede seleccionarse y sobre el que se puede actuar como un todo en una aplicación. **6.** Unidad de información transmitida que está compuesta por códigos de identificación, datos y códigos de comprobación de errores. **7.** Generalmente, colección contigua de cosas similares que se manejan como un todo. **8.** En el lenguaje de programación Java, cualquier código situado entre sendas llaves de apertura y cierre, como, por ejemplo, { $x = 1$; }. *Véase también* código; Java.

bloque de arranque *s.* (*boot block*) Parte de un disco que contiene el cargador del sistema operativo y otra información básica que permite a una computadora iniciarse. *Véase también* bloque.

bloque de bits *s.* (*bit block*) En gráficos y visualización por computadora, un conjunto rectangular de píxeles tratados como una unidad. Los bloques de bits se denominan así porque, literalmente, son bloques de bits que describen las características de visualización de los píxeles, como, por ejemplo, el color o la intensidad. Los programadores utilizan bloques de bits y una técnica denominada transferencia de bloques de bits (bitblt) para presentar imágenes rápidamente en la pantalla y animarlas. *Véase también* transferencia de bloques de bits.

bloque de control de archivos *s.* (*file control block*) Pequeño bloque de memoria asignado temporalmente por el sistema operativo de la computadora para almacenar información sobre un archivo abierto. Normalmente, un bloque de control de archivos contiene información como la identificación del archivo, su ubicación en un disco y un puntero que marca la posición actual del usuario en el archivo. *Acrónimo:* FCB.

bloque de firma *s.* (*signature block*) Un bloque de texto que un cliente de correo electrónico o un lector de noticias sitúa automáticamente al final de cada mensaje o artículo antes de transmitir el artículo o mensaje. Los bloques de firma contienen normalmente el nombre, la dirección de correo electrónico y el nombre de la empresa de la persona que ha creado el mensaje o artículo.

bloque de memoria superior *s.* (*upper memory block*) *Véase* UMB.

bloque defectuoso *s.* (*bad block*) Dirección de memoria defectuosa. El controlador de memoria de una computadora identifica los bloques defectuosos durante el procedimiento de autodiagnóstico al encender o reiniciar la computadora. *Véase* sector defectuoso.

bloque libre *s.* (*free block*) Región (bloque) de memoria que no está siendo actualmente utilizado.

bloquear *vb.* (*block*) Impedir que una señal sea transmitida.

bloqueo *s.* **1.** (*lock*) Dispositivo mecánico de algunos soportes físicos de almacenamiento extraíbles (por ejemplo, la muesca de protección contra escritura de un disquete) que impide que se sobrescriban los contenidos. *Véase también* muesca de protección contra escritura. **2.** (*lock*) Característica de seguridad de software que requiere una clave o mochila para que la aplicación funcione correctamente. *Véase también* mochila. **3.** (*lock up*) Condición en la que el procesamiento parece estar completamente suspendido y en la que el programa que tiene el control del sistema no acepta ninguna entrada. *Véase también* fallo catastrófico. **4.** (*lockout*) El acto de denegar el acceso a un recurso determinado (archivo, ubicación en memoria, puerto de E/S), usualmente para garantizar que sólo pueda utilizar ese recurso un único programa en cada momento.

bloqueo de cuenta *s.* (*account lockout*) Una característica de seguridad en Windows XP que bloquea una cuenta de usuario si se produce un cierto número prefijado de intentos fallidos de inicio de sesión dentro de un lapso específico basándose en las configuraciones de bloqueo establecidas en las directivas de seguridad. Las cuentas bloqueadas no pueden iniciar una sesión.

bloqueo de registro *s.* (*record locking*) Estrategia empleada en el procesamiento distribuido y otras situaciones multiusuario para impedir que más de un usuario escriba datos en un registro simultáneamente. *Véase también* registro.

bloqueo del puerto 25 *s.* (*port 25 blocking*) Una técnica de bloqueo del correo basura adoptada por muchos proveedores de servicios Internet (ISP) para evitar el envío masivo de correo electrónico comercial no solicitado. Las personas que envían correo no solicitado pueden tratar de utilizar los servidores SMTP para retransmitir un cierto correo electrónico de carácter comercial a múltiples receptores. Los filtros de bloqueo del puerto 25 evitan este método de distribución del correo basura. Aunque se trata de un remedio popular para algunos problemas relativos al correo no solicitado, el bloqueo del puerto 25 puede causar también problemas a los usuarios legítimos de programas de correo electrónico que no sean compatibles con esta técnica.

Bluetooth *s.* Protocolo tecnológico desarrollado para conectar de manera inalámbrica dispositivos electrónicos tales como teléfonos inalámbricos, asistentes digitales personales (PDA, personal digital assistant) y equipos informáticos. Los dispositivos equipados con chips Bluetooth pueden intercambiar información dentro de un rango de unos 10 metros mediante transmisiones radio en el espectro de los 2,45 gigahercios (GHz). Bluetooth fue desarrollado por el Bluetooth Special Interest Group, un consorcio de empresas y organizaciones de los sectores de las telecomunicaciones, la informática, la electrónica de consumo y otros sectores relacionados.

Bluetooth Special Interest Group *s.* Un grupo de empresas de los sectores de las telecomunicaciones, la informática y las redes que promueve el desarrollo y la implantación de la tecnología Bluetooth. *Véase también* Bluetooth.

.bmp *s.* La extensión de archivo que identifica los gráficos almacenados en formato de mapa de bits. *Véase también* mapa de bits.

BNC *s.* Acrónimo de bayonet Neill-Concelman. Denominado así en honor de Paul Neill, de Bell Labs, y Carl Concelman (se desconoce para quién trabajaba), que desarrollaron dos tipos antiguos de conectores coaxiales conocidos como conector N y conector C. BNC es un tipo de conector utilizado para unir segmentos de cable coaxial. Cuando se inserta un conector en el otro y se lo gira 90 grados, los conectores quedan enganchados. Los conectores BNC se utilizan a menudo en televisión por

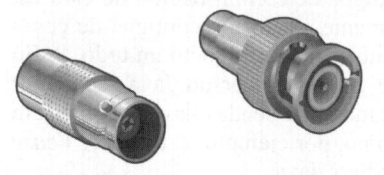

Conectores BNC. *Conectores BNC macho (izquierda) y hembra (derecha).*

circuito cerrado. Las letras BNC se consideran también en ocasiones como acrónimo de British Naval Connector (conector naval británico). *También llamado* conector BNC. *Véase también* cable coaxial.

bobina *s.* (*inductor*) Componente diseñado para tener una determinada cantidad de inductancia. Una bobina deja pasar la corriente continua, pero detiene la corriente alterna hasta un grado que depende de su frecuencia. Una bobina consta normalmente de un cable largo enrollado en forma cilíndrica o toroidal (con forma de rosquilla), algunas veces alrededor de un núcleo de hierro magnetizado. Véase la ilustración. *También llamado* choque.

Bobina.

bobina audio *s.* (*voice coil*) Dispositivo que mueve un brazo actuador de la unidad de disco utilizando el electromagnetismo. Trabaja más rápidamente que un motor paso a paso. *Véase también* actuador. *Compárese con* motor paso a paso.

bobinas de deflexión *s.* (*deflection coils*) *Véase* yugo.

BOF *s.* Acrónimo de Birds of a feather («tal para cual»). Reuniones de grupos de interés especial en las ferias comerciales, conferencias y convenciones. Las sesiones BOF proporcionan una oportunidad para que las personas que estén trabajando en la misma tecnología en empresas o instituciones de investigación diferentes puedan encontrarse e intercambiar sus experiencias.

bola *s.* (*thumbwheel*) Rueda que se encuentra incrustada en una carcasa de manera que sólo una porción de la superficie exterior es visible. Cuando se gira con el dedo pulgar, la bola puede controlar un elemento en pantalla, como un puntero o cursor. Estas ruedas se usan en palancas de mando (joysticks) y ratones de bola tridimensionales para controlar la dimensión de profundidad del puntero o el cursor. *Véase también* palanca de mando; dispositivo señalador relativo; ratón de bola.

bola de escritura *s.* (*type ball*) Pequeña bola montada en el cabezal de impresión de una impresora o máquina de escribir (por ejemplo, la Selectric de IBM) que tiene todos los caracteres del conjunto de caracteres sobre su superficie. La bola gira para alinear el carácter correcto con el papel y con una cinta de tinta o de carbón antes de golpear contra el papel. Véase la ilustración.

Bola de escritura.

bólido *s.* (*screamer*) Término del argot para referirse a un equipo informático que opera a muy alta velocidad. Generalmente, los «bólidos» son las versiones más recientes de algún tipo concreto de equipo, como, por ejemplo, un PC con el microprocesador más rápido y moderno, o están compuestos de múltiples componentes que incrementan la velocidad de operación con respecto a los modelos estándar, como, por ejemplo, un PC que tenga una gran cantidad de RAM, una tarjeta de vídeo de altas prestaciones, una unidad de CD-ROM superrápida y el microprocesador más reciente. Sin embargo, a medida que evoluciona la tecnología y aparecen dispositivos más modernos y rápidos, los bólidos de ayer se convierten rápidamente en los caracoles de hoy.

bomba *s.* (*bomb*) Un programa implantado de manera subrepticia y con la intención de dañar o destruir un sistema de alguna forma; por ejemplo, borrando un disco duro o haciendo que sea ilegible por el sistema operativo. *Véase también* caballo de Troya; virus; gusano.

bomba de bifurcación *s.* (*fork bomb*) En los sistemas basados en UNIX, un programa o script de la shell que bloquea el sistema creando recursivamente copias de sí mismo utilizando la llamada de sistema «fork(2)» de Unix hasta ocupar todas las entradas de la tabla de procesos.

bomba de correo *s.* **1.** (*e-bomb*) Una técnica utilizada por algunos piratas informáticos en la que se incluye un objetivo en un gran número de listas de correo con el fin de que los recursos de almacenamiento y de comunicación por red queden ocupados por el correo electrónico enviado por otros suscriptores de las listas de correo. **2.** (*mailbomb*) Un conjunto excesivamente grande de datos de correo electrónico (un número muy grande de mensajes o un mensaje único, pero de un gran tamaño) enviado a la dirección de correo electrónico de un usuario con el objetivo de hacer que el programa de correo electrónico de ese usuario falle o de impedir que el usuario pueda continuar recibiendo mensajes legítimos. *Véase también* correo electrónico. *Compárese con* carta bomba.

bomba de relojería *s.* (*time bomb*) **1.** Característica a menudo integrada en las versiones de software de evaluación o beta que hace que el software quede inservible después de un cierto período de tiempo. Con algunas versiones de evaluación de software que contienen bombas de relojería, los usuarios reciben códigos o números de registro después de comprar el software que desactivará la bomba de relojería. **2.** *Véase* bomba lógica. **3.** *Véase* problema del año 2000.

bomba lógica *s.* (*logic bomb*) **1.** Un tipo de caballo de Troya que se ejecuta cuando se cumplen ciertas condiciones, como, por ejemplo, cuando el usuario lleva a cabo una determinada acción. **2.** Error lógico en un programa que se manifiesta sólo bajo ciertas condiciones, normalmente cuando menos se espera o desea. El término bomba implica un error que hace que el programa falle de forma espectacular. *Véase también* error lógico. **3.** *Véase* bomba de bifurcación. **4.** *Véase* problema del año 2000.

bombardear *vb.* (*mailbomb*) Enviar un correo bomba a un usuario. Una persona puede bombardear a un usuario utilizando un único mensaje de tamaño enorme; un gran número de usuarios pueden bombardear por correo electrónico a una persona no popular enviándola simultáneamente mensajes de tamaño normal.

BONDING *s.* (*bonding*) Acrónimo de Bandwidth On Demand Interoperability Group (grupo de interoperabilidad para técnicas de ancho de banda a la carta).

booleano *adj.* (*Boolean*) Perteneciente, relativo a o característico de los valores lógicos (verdadero o falso). Muchos lenguajes permiten el uso directo de un tipo de datos booleano con valores predefinidos para las constantes «verdadero» y «falso». Otros utilizan tipos de datos enteros para implementar los valores booleanos, siendo normalmente (aunque no siempre) el 0 igual a falso y «distinto de 0» igual a verdadero. *Véase también* álgebra booleana; operador booleano.

BOOTP *s.* *Véase* protocolo Bootstrap.

borde *s.* **1.** En impresión, una línea o patrón decorativo a lo largo de uno o más flancos de una página o ilustración. **2.** En programas y entornos de trabajo con ventanas, el borde que delimita el espacio de trabajo del usuario. Los bordes de ventana proporcionan un marco visible alrededor del documento o gráfico. Dependiendo del programa y sus necesidades, los bordes también pueden representar un área en la que el cursor o el puntero del ratón adquieren unas características especiales. Por ejemplo, hacer clic con el ratón en un borde de ventana puede permitir al usuario cambiar el tamaño de la ventana o dividirla en dos. **3.** (*edge*) En gráficos, la frontera de unión de dos polígonos.

borrador de medios *s.* (*media eraser*) Dispositivo que elimina o destruye datos contenidos en un soporte físico de almacenamiento de forma masiva, normalmente escribiendo datos sin significado (como, por ejemplo, ceros) sobre él. *Véase también* borrador masivo.

borrador masivo *s.* (*bulk eraser*) Dispositivo que permite eliminar toda la información contenida en un soporte físico de almacenamiento, como un disquete o una cinta, generando un fuerte campo magnético que altera la alineación de los materiales ferrosos del medio donde se almacenan los datos.

borrar *vb.* (*delete*) Eliminar texto, un archivo o parte de un documento con el propósito de descartar la información de manera permanente. Existen varias formas diferentes de borrar. Las partes de un documento y los caracteres en pantalla pueden borrarse con la tecla Supr, con la tecla de retroceso o mediante el comando de borrado de un programa. Los archivos pueden borrarse mediante un comando del sistema operativo.

bosque *s.* (*forest*) Colección de uno o más dominios en Microsoft Windows que comparten un esquema, una configuración y un catálogo global comunes y que están enlazadas mediante relaciones de confianza transitivas y bidireccionales. *Véase también* dominio; catálogo global; esquema; confianza transitiva; confianza bidireccional.

bot *s.* **1**. Un programa que realiza algún tipo de tarea en una red, especialmente una tarea que sea repetitiva o de larga duración. **2**. En Internet, un programa que realiza una tarea repetitiva o de larga duración, como: (a) explorar sitios web y grupos de noticias en busca de información e indexar esa información en una base de datos u otro sistema de almacenamiento (estos sistemas de exploración se denominan arañas, spiders); (b) publicar automáticamente uno o más artículos en múltiples grupos de noticias (estos programas se denominan spambots y a menudo se utilizan para distribuir correo basura), o (c) mantener abiertos los canales IRC. *También llamado* robot Internet. *Véase también* IRC; grupo de noticias; correo basura; spambot; araña. **3**. Abreviatura de robot. Una representación visual de una persona u otra entidad cuyas acciones están determinadas mediante programación.

bot de cancelación *s.* (*cancelbot*) Un programa que identifica artículos en un grupo de noticias basándose en un conjunto de criterios y cancela la distribución de dichos artículos. Aunque los criterios de cancelación son configurados por el propietario del robot de cancelación, la mayoría de estos robots tienen como objetivo identificar y eliminar mensajes de correo basura publicados simultáneamente en docenas o centenares de grupos de noticias. *Véase también* correo basura.

bot de correo *s.* (*mailbot*) Un programa que responde automáticamente a mensajes de correo electrónico o lleva a cabo acciones basadas en comandos contenidos dentro de los mensajes. Un ejemplo sería un gestor de listas de correo. *Véase también* gestor de listas de correo.

botón *s.* (*button*) **1**. Elemento gráfico de un cuadro de diálogo que, cuando está activado, realiza una función especificada. El usuario activa un botón haciendo clic en él con un ratón o, si el botón tiene el foco, pulsando la tecla de Retorno o de Intro. **2**. En un ratón, es una pieza móvil que se pulsa para activar alguna función. Los modelos de ratón más antiguos disponen únicamente de un botón; los modelos más modernos suelen tener dos o más botones.

botón de ayuda *s.* (*button help*) Información de ayuda que se muestra al seleccionar botones o iconos. Aplicaciones, como la World Wide Web, kioscos multimedia y formación asistida por computadora suelen utilizar estos iconos de ayuda para facilitar la navegación por el sistema.

botón de bomba *s.* (*button bomb*) Un botón de las páginas web que tiene la imagen de una bomba.

botón de cierre *s.* (*close button*) En la interfaz gráfica de usuario de Windows 9x, Windows NT y el sistema X Windows, es un botón cuadrado situado en la esquina derecha (esquina izquierda en X Windows) de una barra de título de ventana; el botón tiene una marca en forma de aspa. Al hacer clic en el botón, se cierra la ventana. *Compárese con* recuadro de cierre.

botón de comando *s.* (***command button***) Control con forma de botón en un cuadro de diálogo de una interfaz gráfica de usuario. Haciendo clic en el botón de comando, el usuario ordena a la computadora realizar alguna acción, tal como abrir un archivo que haya sido seleccionado utilizando los otros controles del cuadro de diálogo.

botón de maximización *s.* (***Maximize button***) En Windows 3.x, Windows 9x, Windows NT y Windows 2000, un botón situado en la esquina superior derecha de una ventana mediante el cual, al hacer clic sobre él con el ratón, se maximiza la ventana para que ocupe toda la pantalla o todo el espacio disponible dentro de una ventana mayor. *Véase también* interfaz gráfica de usuario; ventana. *Compárese con* botón de minimización; cuadro de zoom.

botón de minimización *s.* (***Minimize button***) En Windows 3.x, Windows 9x, Windows NT y Windows 2000, un botón situado en la esquina superior derecha de una ventana mediante el cual, al hacer clic sobre él con el ratón, se oculta la ventana. En Windows 3.x y Windows NT 3.5 y versiones anteriores, aparece un icono en el escritorio que representa la ventana. En Windows 95, Windows NT 4 y versiones posteriores, el nombre de la ventana aparece en la barra de tareas situada en la parte inferior de la pantalla del escritorio. Cuando se hace clic sobre el icono o sobre el nombre, se restaura la ventana a su tamaño anterior. *Véase también* interfaz gráfica de usuario; barra de tareas; ventana.

botón de programa *s.* (***program button***) En un dispositivo manual, un control de navegación que se pulsa para iniciar una aplicación.

botón de radio *s.* (***radio button***) En interfaces gráficas de usuario, se trata de una manera de seleccionar una de entre varias opciones, normalmente dentro de un cuadro de diálogo. Un botón de radio aparece como un círculo pequeño que, al ser seleccionado, muestra un círculo relleno más pequeño dentro de él. Los botones de radio actúan como los botones para seleccionar la emisora en una radio de automóvil. Al seleccionar uno de los botones de un conjunto, se anula la selección del botón previamente seleccionado, por lo que sólo una de las opciones del conjunto puede estar seleccionada en cada momento concreto. Por el contrario, las casillas de verificación se utilizan cuando puede estar seleccionada más de una opción al mismo tiempo. *Compárese con* casilla de verificación.

botón de reinicialización *s.* (***reset button***) Dispositivo que reinicia una computadora sin desconectar la alimentación. *Compárese con* gran botón rojo.

botón de tarea *s.* (***task button***) En Windows 9x, Windows CE, Windows NT y Windows 2000, un botón que aparece en la barra de tareas de la pantalla cuando se está ejecutando una aplicación. Al hacer clic en el botón, el usuario puede cambiar desde otra aplicación a la aplicación correspondiente al botón. *Véase también* barra de tareas.

botón Inicio *s.* (***Start button***) En Microsoft Windows 9x y Windows NT 4 y posteriores, el control situado en la barra de tareas del escritorio que abre el menú principal.

botón predeterminado *s.* (***default button***) El control que queda automáticamente seleccionado cuando una aplicación o sistema operativo abre una ventana; dicho control suele normalmente poder ser activado pulsando la tecla Intro.

botón sensible *s.* (***hover button***) Texto o imagen en una página web, usualmente con forma de botón, que cambia de apariencia cuando el cursor pasa sobre él. El botón sensible puede cambiar de color, parpadear, mostrar un mensaje emergente con información adicional o producir otros efectos similares. Los botones sensibles se implementan usualmente mediante objetos ActiveX y scripts, aunque el comportamiento de los botones puede también configurarse mediante atributos HTML.

botón X *s.* (***X button***) *Véase* botón de cierre.

BounceKeys *s.* Característica de Windows 9x que ordena al procesador ignorar las pulsaciones dobles de la misma tecla y otras pulsaciones no intencionadas.

bozo *s.* Un término de jerga utilizado frecuentemente en los mensajes en inglés distribuidos a través de Internet, particularmente en los grupos de noticias, para designar a una persona excéntrica o estúpida.

BPI *s.* Acrónimo de bits per inch o bytes per inch. *Véase* bits por pulgada; bytes por pulgada.

bpp *s. Véase* bits por píxel.

BPP *s. Véase* bits por pulgada; bytes por pulgada.

bps *s.* Abreviatura de bits por segundo. Una medida de la velocidad de transmisión de las redes y líneas de comunicaciones. Aunque bps representa la unidad básica de medida, las redes y dispositivos de comunicaciones, como, por ejemplo, los módems, son tan rápidos que las velocidades se expresan usualmente en múltiplos de la unidad: Kbps (kilobits, o miles de bits, por segundo), Mbps (megabits, o millones de bits, por segundo) y Gbps (gigabits, o miles de millones de bits, por segundo). En un módem, la velocidad en bps no es igual a la velocidad en baudios. *Véase también* tasa de baudios.

brazo de acceso *s.* (*access arm*) Un brazo mecánico que mueve la cabeza o cabezas de lectura/escritura sobre la superficie de un disco dentro de una unidad de disco. Véase la ilustración. *También llamado* brazo del cabezal.

Brazo de acceso.

brazo del cabezal *s.* (*head arm*) *Véase* brazo de acceso.

BRB *s.* Acrónimo de (I'll) be right back (vuelvo en unos minutos). Una expresión utilizada comúnmente en los servicios de charla en vivo a través de Internet y en los servicios de información en línea por los participantes que quieren indicar que van a abandonar temporalmente el grupo. *Véase también* chateo.

break *s.* En el lenguaje de programación Java, una palabra clave utilizada para reanudar la ejecución de un programa en la instrucción que sigue a la instrucción actual. Si la palabra clave va seguida de una etiqueta, el programa se reanuda en la instrucción etiquetada indicada. *Véase también* ejecutar; instrucción.

BRI *s.* Acrónimo de Basic Rate Interface (interfaz de acceso básico). Un servicio de abonado RDSI que utiliza dos canales B (64 Kbps) y un canal D (64 Kbps) para transmitir señales de voz, vídeo y datos. *Véase también* RDSI.

bridgeware *s.* Hardware o software diseñados para convertir programas de aplicación o archivos de datos a un formato que pueda ser utilizado por una computadora distinta.

brillo *s.* (*brightness*) La calidad percibida de intensidad o luminosidad de un objeto visible. El brillo es subjetivo; una vela en la noche parece más brillante que si se la ilumina con luz incandescente. Pero aunque su valor subjetivo no pueda medirse mediante instrumentos físicos, el brillo sí puede medirse en forma de luminancia (energía radiante). El componente de brillo de un color es diferente de su color (tono) y de la intensidad del color (la saturación). *Véase también* modelo de color; HSB.

Brouter *s. Véase* puente-encaminador.

BSC *s. Véase* BISYNC.

BSD UNIX *s.* Acrónimo de Berkeley Software Distribution UNIX (distribución software UNIX de Berkeley). Una versión de UNIX desarrollada en la Universidad de California, en Berkeley, que proporciona capacidades adicionales como interconexión de redes, soporte adicional de periféricos y utilización de nombres de archivo extendidos. BSD UNIX fue fundamental para que UNIX obtuviera una amplia aceptación y a la hora de hacer que las instituciones académicas se conectaran a Internet. BSD UNIX es ahora desarrollado por Berkeley Software Design, Inc. *También llamado* Berkeley UNIX. *Véase también* BSD/OS; UNIX.

BSD/OS *s*. Una versión del sistema operativo UNIX basada en BSD UNIX y comercializada por Berkeley Software Design, Inc. *Véase también* BSD UNIX.

BSOD *s*. *Véase* pantalla azul.

BSS *s*. (*Basic Service Set*) Acrónimo de Basic Service Set (conjunto básico de servicio). Las estaciones de comunicación, o nodos, en una red LAN inalámbrica. *Véase también* LAN inalámbrica.

BTW o **btw** *s*. Acrónimo de by the way (por cierto). Expresión a menudo utilizada para resaltar algo en mensajes de correo electrónico y en artículos de grupos de noticias de Internet.

bucle *s*. (*loop*) **1**. Par de cables que operan entre una central telefónica y las ubicaciones de los clientes. **2**. Conjunto de instrucciones de un programa que se ejecuta repetidamente un número fijo de veces o hasta que alguna condición sea verdadera o falsa. *Véase también* bucle DO; bucle FOR; bucle infinito; instrucción iterativa.

bucle contador *s*. (*counting loop*) En un programa, un grupo de instrucciones que se repite incrementando una variable utilizada como contador (por ejemplo, un programa puede repetir un bucle contador que suma 1 a su contador hasta que el contador es igual a 10). *Véase también* bucle.

bucle de eco, ataque por *s*. (*echo loop attack*) Una forma de ataque por denegación de servicio en el que se establece una conexión entre servicios UDP (User Datagram Protocol) en dos o más máquinas host que se dedican a devolver de un sitio a otro un número creciente de paquetes. El ataque por bucle de eco ocupa los recursos de las máquinas host y provoca una congestión de red.

bucle digital de abonado asimétrico *s*. (*asymmetric digital subscriber loop*) *Véase* ADSL.

bucle DO *s*. (*DO loop*) Instrucción de control que ejecuta una sección de código un número de veces hasta que encuentra una condición especificada. Los bucles DO se encuentran, entre otros lenguajes, en FORTRAN y Basic. *Véase también* instrucción iterativa. *Compárese con* bucle FOR.

bucle FOR *s*. (*FOR loop*) Instrucción de control que ejecuta una sección de código un número determinado de veces. La sintaxis actual varía de un lenguaje a otro lenguaje. En la mayoría de los casos, el valor de una variable de índice se mueve a lo largo de un rango de valores, siéndole asignado un valor diferente (y normalmente consecutivo) cada vez que el programa se mueve a través de la sección de código. *Véase también* instrucción iterativa; bucle. *Compárese con* bucle DO.

bucle infinito *s*. (*infinite loop*) **1**. Un bucle que está intencionadamente escrito sin condición de finalización explícita y que en vez de ello termina como resultado de efectos secundarios o de una intervención directa del usuario. *Véase también* bucle; efecto secundario. **2**. Bucle que, como consecuencia de los errores semánticos o lógicos, nunca puede finalizar de forma normal.

bucle local *s*. (*local loop*) La porción (terminal) de una conexión telefónica que va desde el abonado hasta la central telefónica local. *Véase también* último kilómetro.

bucle principal *s*. (*main loop*) Bucle en el cuerpo principal de un programa que realiza la función principal del programa una y otra vez hasta que de algún modo se indica su terminación. En los programas controlados por sucesos, este bucle comprueba los sucesos recibidos desde el sistema operativo y los trata de forma apropiada. *Véase también* programación controlada por sucesos; cuerpo principal.

bucle sin fin *s*. (*endless loop*) *Véase* bucle infinito.

buen uso *s*. (*fair use*) Una doctrina legal que describe los límites del uso legítimo del software u otro material publicado sujeto a copyright.

búfer *s.* (***buffer***) Región de la memoria reservada que se usa como un repositorio intermedio en el que los datos se almacenan temporalmente mientras esperan a ser transferidos entre dos ubicaciones o dispositivos. Por ejemplo, un búfer se utiliza para transferir datos desde una aplicación, como, por ejemplo, un procesador de textos, a un dispositivo de entrada/salida, como pueda ser una impresora.

búfer de comandos *s.* (***command buffer***) Área de memoria en la que se almacenan los comandos que introduce el usuario. Un búfer de comandos permite al usuario repetir comandos sin tener que volver a escribirlos por completo, editar los comandos anteriores para cambiar algún argumento o corregir un error, deshacer comandos u obtener una lista de los comandos anteriores. *Véase también* historial; plantilla.

búfer de datos *s.* (***data buffer***) Área de memoria donde los datos se almacenan temporalmente mientras están siendo desplazados de una ubicación a otra. *Véase también* búfer.

búfer de disco *s.* (***disk buffer***) Pequeña cantidad de memoria reservada para almacenar datos leídos de un disco o que están listos para escribirse en un disco. Dado que los dispositivos de disco son lentos comparados con la UCP, no es eficiente acceder al disco para sólo uno o dos bytes de datos. En su lugar, durante una lectura, se lee y almacena un fragmento grande de datos en el búfer de disco. Cuando el programa quiere información, se copia del búfer. Muchas solicitudes de datos se pueden satisfacer a través de un solo acceso al disco. La misma técnica puede aplicarse a las escrituras en disco. Cuando el programa tiene información para almacenar, la escribe en el área de búfer de disco en memoria. Cuando el búfer está lleno, todos los contenidos del mismo se escriben en el disco en una sola operación.

búfer de entrada *s.* (***input buffer***) Zona de la memoria de una computadora reservada para el almacenamiento temporal de la información que entra para ser procesada. *Véase también* búfer.

búfer de entrada/salida *s.* (***input/output buffer***) Zona de la memoria de la computadora reservada para al almacenamiento temporal de los datos de entrada y salida. Dado que los dispositivos de entrada/salida pueden a menudo escribir en un búfer sin intervención de la UCP, un programa puede continuar la ejecución mientras el búfer se llena, acelerando de este modo la ejecución del programa. *Véase también* búfer.

búfer de escritura anticipada *s.* (***type-ahead buffer***) *Véase* búfer de teclado.

búfer de flujo *s.* (***streaming buffer***) Un pequeño búfer de sonido que puede reproducir secuencias sonoras de gran longitud debido a que la aplicación carga dinámicamente los datos de audio en el búfer a medida que los va reproduciendo. Por ejemplo, una aplicación podría utilizar un búfer que almacene tres segundos de datos de audio para reproducir una secuencia sonora de dos minutos de duración. Un búfer de flujo requiere mucha menos memoria que un búfer estático. *Véase también* búfer estático.

búfer de imagen *s.* **1.** (***frame***) El espacio de almacenamiento requerido para contener una imagen que ocupa toda la pantalla y que contiene texto, gráficos o ambos tipos de información. **2.** (***frame buffer***) Parte de la memoria de visualización de una computadora que almacena los contenidos de una sola imagen de pantalla. *Véase también* búfer de vídeo.

búfer de imagen de la página *s.* (***page-image buffer***) Memoria utilizada, en una impresora de páginas, para mantener el mapa de bits (imagen) de una página mientras el procesador de imagen de la impresora construye la página y la impresora la produce. *Véase también* impresora de páginas; procesador de imágenes rasterizadas.

búfer de impresión *s.* (***print buffer***) Sección de memoria a la que se puede enviar la salida de impresión para almacenarla temporalmente hasta que la impresora esté lista para tratarla. Un búfer de impresión puede existir en una memoria de acceso aleatorio (RAM) de una computadora, en la impresora, en una unidad separada entre la computadora y la impresora o en un disco. Independientemente de su localización, la función de un búfer de impresión es liberar a la computadora para otras tareas tomando la salida de impresión a alta velocidad de la computadora y pasarla a la velocidad requerida por la impresora, que es mucho más lenta. Los búferes de impresión varían en complejidad: algunos simplemente almacenan unos pocos de los caracteres que siguen y que van a imprimirse y otros pueden poner en cola, reimprimir o eliminar los documentos enviados para imprimir.

búfer de pantalla s. (*screen buffer*) *Véase* búfer de vídeo.

búfer de regeneración s. (*regeneration buffer*) *Véase* búfer de vídeo.

búfer de salida s. (*output buffer*) Zona de la memoria reservada para el almacenamiento temporal de la información, dejando la memoria principal para el almacenamiento, visualización, impresión o transmisión. *Véase también* búfer.

búfer de sonido s. (*sound buffer*) Región de la memoria utilizada para almacenar la imagen de bits de una secuencia de sonidos que van a enviarse a los altavoces de la computadora.

búfer de teclado s. (*keyboard buffer*) Pequeña cantidad de memoria de sistema que almacena los últimos caracteres introducidos a través del teclado. Este búfer se utiliza para almacenar los caracteres escritos que aún no han sido procesados. *También llamado* búfer de escritura anticipada.

búfer de vídeo s. (*video buffer*) La memoria de una adaptadora de vídeo que se utiliza para almacenar los datos que hay que mostrar en la pantalla. Cuando la adaptadora de vídeo se encuentra en modo carácter, estos datos están en la forma de caracteres ASCII acompañados de una serie de códigos de atributo; cuando se encuentra en modo gráfico, los datos definen cada píxel de la pantalla. *Véase también* imagen de bits; plano de bits; bits de color; imagen de píxeles.

búfer estático s. (*static buffer*) Un búfer de sonido secundario que contiene una secuencia sonora completa; estos búferes resultan convenientes porque puede escribirse la secuencia sonora completa una única vez en el búfer. *Véase también* búfer de flujo.

búfer ping-pong s. (*ping-pong buffer*) Un búfer doble en el que cada una de las partes es alternativamente rellenada y vaciada, lo que proporciona un flujo más o menos continuo de datos de entrada y salida. *Véase también* ping-pong.

bug s. Problema físico recurrente que impide que un sistema o un conjunto de componentes funcione conjuntamente de forma apropiada. Aunque el origen de este término no está claro, la mitología informática atribuye el primer uso del término bug (error) en este sentido a un problema que se produjo en la computadora Mark I de Harvard o la computadora militar ENIAC en la Universidad de Pensilvania al encontrarse una polilla atrapada entre los contactos de un relé de la máquina (aunque una polilla no es, entomológicamente hablando, una auténtica chinche, *bug*).

burbuja magnética s. (*magnetic bubble*) Dominio magnético móvil en un sustrato de película delgada. En la memoria de burbuja, las burbujas magnéticas representan a los bits que circulan a través de los circuitos que pueden leer y en los que pueden escribir. Los altos costes y los tiempos de acceso relativamente altos han relegado a las burbujas magnéticas a aplicaciones especializadas. *Véase también* memoria de burbujas; dominio magnético. *Compárese con* núcleo; RAM.

bus s. Un conjunto de líneas hardware (conductores) utilizado para la transferencia de datos entre los componentes de un sistema informático. Un bus es esencialmente una autopista compartida que conecta diferentes partes del sistema, incluyendo el procesador, la controladora de la unidad de disco, la memoria y los puertos de entrada y salida, y les permite transferir información. El bus está compuesto de grupos especializados de líneas que transportan diferentes tipos de información. Un grupo de líneas transporta datos, otro transporta las direcciones (posiciones) de memoria en las que los elementos de datos están almacenados y otro grupo más transporta señales de control.

Los buses se caracterizan por el número de bits que pueden transferir de una sola vez, que es equivalente al número de líneas que componen el bus. Una computadora con un bus de direcciones de 32 bits y un bus de datos de 16 bits, por ejemplo, puede transferir 16 bits de datos en cada momento desde una cualquiera de las 2^{32} posiciones de memoria disponibles. La mayoría de los PC contienen una o más ranuras de expansión en las que pueden insertarse tarjetas adicionales para conectarlas al bus.

bus ACCESS *s.* (*ACCESS.bus*) Un bus bidireccional para conectar periféricos a un PC. El bus ACCESS.bus puede conectar hasta 125 periféricos de baja velocidad, como impresoras, módems, ratones y teclados, al sistema a través de un único puerto de propósito general. Los periféricos que soportan el bus ACCESS.bus proporcionan un conector o conexión de puerto que es similar a un conector telefónico y todos esos conectores están conectados en serie. Sin embargo, el PC se comunica directamente con cada periférico, y viceversa. Conectar un dispositivo ACCESS.bus (por ejemplo, una impresora) a un sistema hace que el sistema pueda identificar y configurar automáticamente el dispositivo para obtener el máximo rendimiento. Los periféricos pueden ser conectados mientras la computadora está funcionando (conexión en caliente) y se les asigna automáticamente una dirección unívoca (autodireccionamiento). Desarrollada a partir de la arquitectura I2 diseñada conjuntamente por Philips y Digital Equipment Corporation, la especificación ACCESS.bus está controlada por el Grupo Industrial ACCESS.bus y compite con la especificación USB de Intel. *Véase también* bidireccional; bus; conexión en cadena; conexión en caliente; puerto de entrada/salida; periférico. *Compárese con* USB.

bus AT *s.* (*AT bus*) La conexión eléctrica usada por las computadoras IBM AT y compatibles para conectar la tarjeta madre y los dispositivos periféricos. El bus AT soporta 16 bits de datos, mientras que el bus PC original sólo soportaba 8 bits. *También llamado* bus de expansión. *Véase también* EISA; ISA; Micro Channel Architecture.

bus con paso de testigo *s. Véase* token bus.

bus de control *s.* (*control bus*) El conjunto de líneas (conductores) dentro de una computadora que transporta las señales de control entre la UCP (unidad central de proceso) y otros dispositivos. Por ejemplo, una línea del bus de control puede utilizarse para indicar si la UCP está intentando leer la memoria o escribir en ella. Otra línea del bus de control sería utilizada por la memoria para solicitar una interrupción en caso de que se produjera un error de memoria.

bus de control GPIB *s.* (*GPIB*) *Véase* GPIB.

bus de datos *s.* (*data bus*) *Véase* bus.

bus de direcciones *s.* (*address bus*) Un bus compuesto por entre 20 y 64 líneas hardware independientes que se utiliza para transportar las señales que especifican las posiciones de memoria para los datos. *Véase también* bus.

bus de entrada/salida *s.* (*input/output bus*) Ruta de hardware utilizada dentro de una computadora para transferir información a y desde el procesador y diversos dispositivos de entrada y de salida. *Véase también* bus.

bus de expansión *s.* (*expansion bus*) Grupo de líneas de control que proporciona una interfaz de búfer a los dispositivos. Estos dispositivos pueden encontrarse en conectores de expansión. Los buses de expansión que habitualmente pueden encontrarse en la tarjeta del sistema son los buses USB, PC Card y PCI. *Véase también* bus AT.

bus en estrella *s.* (*star bus*) Una topología de red en la que los nodos se conectan a una serie de concentradores según un patrón en estrella, mientras que los concentradores se conectan entre sí mediante un enlace troncal en bus. El bus en estrella es una combinación de las topologías de estrella y de bus.

bus lineal *s.* (*linear bus*) *Véase* red de bus.

bus local *s.* (*local bus*) Arquitectura de PC diseñada para incrementar el rendimiento del sistema permitiendo a algunas tarjetas de expansión comunicarse directamente con el microprocesador ignorando completamente al bus normal del sistema. *Véase también* bus local PCI; VL bus.

bus local PCI *s*. (*PCI local bus*) Una especificación propuesta por Intel Corporation que define un sistema de bus local que permite instalar en una computadora hasta 10 tarjetas de expansión compatibles con PCI. Un sistema de bus local PCI requiere la presencia de una tarjeta controladora PCI que debe instalarse en una de las ranuras compatibles con PCI. Opcionalmente, puede instalarse también un controlador de bus de expansión para las ranuras ISA, EISA o Micro Channel Architecture del sistema, lo que permite una mejor sincronización entre todos los recursos del sistema instalados a través de un bus. El controlador de PCI puede intercambiar datos con la UCP del sistema de 32 en 32 o de 64 en 64 bits, dependiendo de la implementación, y permite que los adaptadores inteligentes compatibles con PCI realicen tareas de forma concurrente a la operación de la UCP utilizando una técnica denominada mastering de bus. La especificación PCI permite la multiplexación, una técnica con la que puede haber más de una señal eléctrica presente en el bus en cada momento determinado. *Véase también* bus local. *Compárese con* VL bus.

bus local VESA *s*. (*VESA local bus*) *Véase* VL bus.

bus local VL *s*. (*VL local bus*) *Véase* VL bus.

bus PS/2 *s*. (*PS/2 bus*) *Véase* Micro Channel Architecture.

bus SCSI *s*. (*SCSI bus*) Un bus paralelo que transporta señales de datos y de control desde un dispositivo SCSI a una controladora SCSI. *Véase también* bus; controlador; dispositivo SCSI.

bus serie universal *s*. (*universal serial bus*) *Véase* USB.

buscapersonas *s*. (*pager*) Dispositivo electrónico inalámbrico de bolsillo que utiliza señales de radio para grabar los números telefónicos desde los que se reciben llamadas o pequeños mensajes de texto. Algunos buscapersonas permiten también a los usuarios enviar mensajes.

buscar *vb* (*search*). **1**. Intentar determinar la ubicación de un archivo. **2**. Localizar datos específicos dentro de un archivo o estructura de datos. *Véase también* sustituir.

buscar con grep *vb*. (*grep*) Realizar búsquedas de texto con la utilidad grep de UNIX.

buscar y reemplazar *s*. (*search and replace*) Proceso común en aplicaciones como, por ejemplo, los procesadores de textos en el que el usuario especifica dos cadenas de caracteres. El proceso encuentra las instancias de la primera cadena y las reemplaza por la segunda cadena.

Business Software Alliance *s*. Organización internacional de empresas de desarrollo de software informático que defiende los intereses de la industria del software. Esta alianza se centra en educar al público acerca de la importancia del software, promover la libertad y apertura de comercio en todo el mundo y apoyar la legislación que se opone a la piratería del software y al robo a través de Internet. Business Software Alliance tiene oficinas en Estados Unidos, Europa y Asia y sus miembros pertenecen a más de 60 países de todo el mundo.

búsqueda *s*. **1**. (*lookup*) Función, a menudo integrada en programas de hoja de cálculo, que realiza una búsqueda en una tabla de valores previamente construida, denominada tabla de búsqueda, para localizar un elemento de información determinado. Una tabla de búsqueda consta de filas y columnas de datos. Una función de búsqueda examina la tabla horizontal o verticalmente y después recupera los datos que se corresponden con el argumento especificado como parte de la función de búsqueda. **2**. (*search*) El proceso de localización de un archivo concreto o de unos datos específicos. Los programas llevan a cabo las búsquedas mediante comparaciones o cálculos para determinar si existe una correspondencia con un cierto patrón o si se cumple algún otro conjunto de criterios. *Véase también* búsqueda binaria; búsqueda hash; búsqueda lineal; buscar y reemplazar; carácter comodín.

búsqueda a ciegas *s*. (*blind search*) Búsqueda de datos en memoria o en un dispositivo de almacenamiento sin conocimientos previos acerca del orden o la ubicación de los datos. *Véase también* búsqueda lineal. *Compárese con* búsqueda binaria; búsqueda indexada.

búsqueda binaria *s.* (***binary search***) Tipo de algoritmo de búsqueda que busca un elemento, de nombre conocido, en una lista ordenada comparando en primer lugar el elemento buscado con el elemento situado en la mitad de la lista. La búsqueda divide la lista en dos, determina en qué mitad de la lista debería estar el elemento y repite este proceso hasta que encuentra el elemento buscado. *Véase también* algoritmo de búsqueda. *Compárese con* búsqueda hash; búsqueda lineal.

búsqueda booleana *s.* (***Boolean search***) Búsqueda en una base de datos que utiliza operadores booleanos. *Véase también* operador booleano.

búsqueda contextual *s.* (***contextual search***) Operación de búsqueda en la que el usuario puede ordenar hacer que un programa busque en los archivos especificados un conjunto particular de caracteres de texto.

búsqueda de texto completo *s.* (***full-text search***) Búsqueda en uno o más documentos, registros o cadenas basada en todos los datos de texto reales en lugar de en un índice que contenga un conjunto limitado de palabras clave. Por ejemplo, una búsqueda de texto completo puede localizar un documento que contenga las palabras «los albatros son torpes en la tierra» buscando en los archivos sólo esas palabras sin la necesidad de un índice que contenga la palabra clave «albatros». *Véase también* índice.

búsqueda de zona *s.* (***area search***) En gestión de información, el examen de un grupo de documentos con el propósito de identificar aquellos que son relevantes para una categoría o temas concretos.

búsqueda dicotómica *s.* (***dichotomizing search***) *Véase* búsqueda binaria.

búsqueda en árbol *s.* (***tree search***) Procedimiento de búsqueda que se realiza sobre una estructura de datos en árbol. En cada paso del proceso de búsqueda, la búsqueda en árbol es capaz de determinar, por el valor de un nodo particular, qué ramas del árbol eliminar sin buscar dentro de esas ramas. *Véase también* rama; estructura de árbol.

búsqueda en ascensor *s.* (***elevator seeking***) Método para limitar el tiempo de acceso al disco duro en el que las múltiples solicitudes de datos se priorizan en función de la ubicación de los datos respecto del cabezal de lectura/escritura. Sirve para minimizar los movimientos del cabezal. *Véase también* tiempo de acceso; disco duro; cabezal de lectura/escritura.

búsqueda hash *s.* (***hash search***) Algoritmo de búsqueda que utiliza el método hash para encontrar un elemento de una lista. Las búsquedas hash son altamente eficientes porque el método hash permite el acceso directo o casi directo al elemento objetivo. *Véase también* búsqueda binaria; hash; búsqueda lineal; algoritmo de búsqueda.

búsqueda indexada *s.* (***indexed search***) Búsqueda de un elemento de datos que utiliza un índice para reducir la cantidad de tiempo necesario.

búsqueda lineal *s.* (***linear search***) Algoritmo de búsqueda simple, aunque ineficiente, que examina en secuencia cada elemento de una lista hasta encontrar el elemento objetivo o hasta que el último elemento ha sido completamente procesado. Las búsquedas lineales se utilizan principalmente en listas muy cortas. *También llamado* búsqueda secuencial. *Véase también* algoritmo de búsqueda. *Compárese con* búsqueda binaria; búsqueda hash.

búsqueda secuencial *s.* (***sequential search***) *Véase* búsqueda lineal.

búsqueda sensible al uso de mayúsculas *s.* (***case-sensitive search***) Búsqueda en una base de datos en la que la capitalización de las palabras clave debe coincidir exactamente con la capitalización de las palabras en la base de datos. Una búsqueda sensible al uso de mayúsculas de «norte y sur» no encontrará la entrada «Norte y Sur» en la base de datos.

búsqueda y sustitución global *s.* (*global search and replace*) Operación de búsqueda y sustitución que localiza y cambia todas las apariciones de una cadena seleccionada a lo largo de un documento. *Véase también* buscar y reemplazar.

buzón de correo *s.* (*mailbox*) Un área de almacenamiento de disco asignada a un usuario de red para la recepción de mensajes de correo electrónico. *Véase también* correo electrónico.

buzón de devoluciones *s.* (*dead-letter box*) En los sistemas de mensajería y de correo electrónico, es un archivo al que se envían los mensajes que no pueden ser entregados.

byte *s.* Abreviatura de binary term (término binario). Una unidad de datos que hoy día continúa estando compuesta casi siempre de 8 bits. Un byte puede representar un único carácter, como, por ejemplo, una letra, un dígito o un signo de puntuación. Puesto que un byte representa sólo una pequeña cantidad de información, el tamaño de la memoria de las computadoras y de los dispositivos de almacenamiento se suele expresar en kilobytes (1.024 bytes), megabytes (1.048.576 bytes) o gigabytes (1.073.741.824 bytes). *Abreviatura*: B. *Véase también* bit; gigabyte; kilobyte; megabyte. *Compárese con* octeto; palabra.

byte alto *s.* (*high byte*) El byte que contiene los bits más significativos (bits 8 a 15) en una agrupación de dos bytes que represente un valor de 16 bits (bits 0 a 15). Véase la ilustración. *Véase también* hexadecimal.

BYTE Information Exchange *s. Véase* BIX.

bytes por pulgada *s.* (*bytes per inch*) El número de bytes que caben en una pulgada de longitud de una pista de disco o de cinta magnética. *Acrónimo:* BPI.

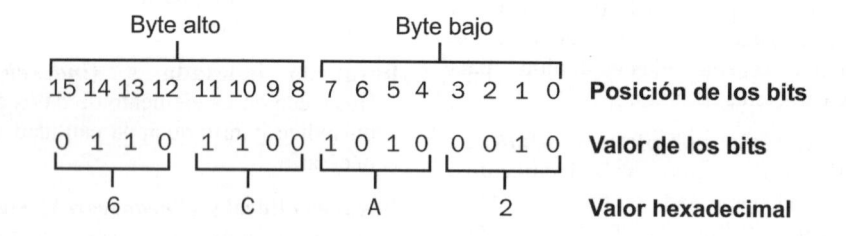

	Byte alto		Byte bajo	
Posición de los bits	15 14 13 12	11 10 9 8	7 6 5 4	3 2 1 0
Valor de los bits	0 1 1 0	1 1 0 0	1 0 1 0	0 0 1 0
Valor hexadecimal	6	C	A	2

Byte alto.

C

C *s.* Lenguaje de programación desarrollado por Dennis Ritchie en Bell Laboratories en 1972. Se llama así porque su inmediato predecesor fue el lenguaje de programación B. Aunque muchos consideran que C es un lenguaje ensamblador más independiente de la máquina más que un lenguaje de alto nivel, su estrecha asociación con el sistema operativo UNIX, su enorme popularidad y su estandarización por parte de American National Standards Institute (ANSI) le han convertido en, quizá, lo más cercano a un lenguaje de programación estándar en el mercado de las microcomputadoras y estaciones de trabajo. C es un lenguaje compilado que contiene un pequeño conjunto de funciones integradas que son dependientes de la máquina. El resto de las funciones de C son independientes de la máquina y se almacenan en bibliotecas a las que se puede acceder desde los programas en C. Los programas en C están compuestos por una o más funciones definidas por el programador, por lo que C es un lenguaje de programación estructurado. *Véase también* C++; lenguaje compilado; biblioteca; Objective-C; programación estructurada.

C++ *s.* Versión orientada a objetos del lenguaje de programación C desarrollada por Bjarne Stroustrup a principios de los años ochenta en los Laboratorios Bell y adoptada por diversos fabricantes de software, entre los que se incluyen Apple Computer, Inc., y Sun Microsystems, Inc. *Véase también* C; Objective-C; programación orientada a objetos.

C2 *s.* Una clase de seguridad definida en los criterios de evaluación para sistemas informáticos del Departamento de Defensa de Estados Unidos (DOD 4200.28.STD). C2 es el nivel inferior de seguridad de acuerdo con la jerarquía de criterios del Centro Nacional de Seguridad Informática de Estados Unidos para sistemas informáticos de confianza, requiriéndose inicios de sesión de usuario con contraseña y un mecanismo de auditoría. El nivel C2 se describe en el Libro Naranja. *Véase también* Libro Naranja.

CA *s. Véase* corriente alterna.

.cab *s.* Extensión de archivo para archivos cabinet, que son varios archivos comprimidos en uno y que se pueden extraer con la utilidad extract.exe. Tales archivos se suelen encontrar en discos de distribución de software de Microsoft (por ejemplo, en Windows 9x).

cábala de la red troncal *s.* (***backbone cabal***) En Internet, un término utilizado para designar al grupo de administradores de red responsable de dar nombre a la jerarquía de grupos de noticias Usenet y que desarrolla los procedimientos para la creación de nuevos grupos de noticias. Este grupo ya ha dejado de existir.

caballo de Troya *s.* (***Trojan horse***) Un programa destructivo que se disfraza de juego, utilidad o aplicación. Cuando se lo ejecuta, el caballo de Troya lleva a cabo algún tipo de acción dañina en el sistema informático mientras parece estar realizando una acción útil. *Véase también* virus; gusano.

cabecera *s.* **1**. (***head***) Con relación al software o a los documentos, la parte más alta o el comienzo de algo. **2**. (***header***) Una estructura de datos que identifica la información situada a continuación, como, por ejemplo, un bloque de bytes en comunicaciones, un archivo en un disco, un conjunto de registros en una base de datos o un programa ejecutable. **3**. (***header***) Una o más líneas en un programa que identifican y describen para los lectores humanos el programa, la función o el procedimiento situado a continuación. **4**. (***header***) En procesamiento de textos o impresión, un texto que debe aparecer en la parte superior de las páginas. Puede especificarse una cabecera para la primera página, para todas las páginas excepto la primera o para las páginas pares o impares.

Normalmente, la cabecera incluye el número de página y también puede mostrar la fecha, el título y otros tipos de información sobre un documento. *Compárese con* pie. **5.** (*running head*) Una o más líneas de texto en el margen superior de una página compuestas de uno o más elementos, tales como el número de página, el nombre del capítulo y la fecha.

cabecera de archivo *s.* (*file header*) *Véase* cabecera.

cabecera de autenticación *s.* (*Authentication Header*) *Véase* AH.

cabecera de bloque *s.* (*block header*) Información que aparece al principio de un bloque de datos y que sirve para propósitos tales como señalizar el comienzo de un bloque, identificar un bloque, proporcionar información de control de errores y describir características tales como la longitud del bloque y el tipo de datos incluidos en dicho bloque. *Véase también* cabecera.

cabecera de correo *s.* (*mail header*) Un bloque de texto situado al principio de un mensaje de correo electrónico y que contiene información, tales como las direcciones del emisor y de los receptores, la fecha y hora en que el mensaje fue enviado, la dirección a la que hay que enviar una posible respuesta y el asunto del mensaje. La cabecera de correo es utilizada por los programas o clientes de correo electrónico. *Véase también* correo electrónico.

cabecera de mensaje *s.* (*message header*) Una secuencia de bits o bytes situada al principio de un mensaje y que usualmente proporciona una secuencia de temporización y especifica aspectos tales de la estructura del mensaje como su longitud, el formato de los datos y el número de identificación del bloque. *Véase también* cabecera.

cabecera de paquete *s.* (*packet header*) La porción de un paquete de datos que precede al cuerpo (datos). La cabecera contiene varios tipos de información necesaria para poder llevar a cabo adecuadamente la transmisión, como, por ejemplo, las direcciones de origen y de destino y una serie de campos de control y de temporización.

cabecera de zona *s.* (*zone header*) En el Apple Macintosh, es una cabecera situada al principio de un bloque de memoria y que contiene información utilizada por el programa de gestión de memoria con el fin de emplear dicho bloque de memoria de una manera eficiente. *Véase también* cabecera.

cabezal *s.* (*head*) El mecanismo de lectura/escritura en una unidad de disco o de cinta. El cabezal convierte en señales eléctricas variables los cambios en el campo magnético del material situado sobre la superficie del disco o de la cinta, y viceversa. Las unidades de disco suelen contener un cabezal por cada superficie en la que se pueda leer o escribir.

cabezal de borrado *s.* (*erase head*) El dispositivo de un reproductor de cintas magnéticas que borra la información previamente grabada.

cabezal de digitalización *s.* (*scan head*) Dispositivo óptico incluido en escáneres y equipos de fax que recorre el objeto que se va a digitalizar, convierte las áreas claras y oscuras en señales eléctricas y envía esas señales al sistema de digitalización para su procesamiento.

cabezal de grabación *s.* (*record head*) El dispositivo de un reproductor de cinta magnética que permite almacenar datos en la cinta. En algunos reproductores de cinta, el cabezal de grabación está combinado con el cabezal de lectura.

cabezal de impresión *s.* (*print head*) Componente de una impresora de impacto que contiene los punzones u otros componentes que fuerzan a que la tinta de una cinta se deposite en el papel.

cabezal de lectura/escritura *s.* (*read/write head*) *Véase* cabezal.

cabezal gigante magnetorresistivo *s.* (*giant magnetoresistive head*) Tipo de cabezal de disco duro desarrollado por IBM y basado en una propiedad física conocida como efecto magnetorresistivo gigante. Este efecto magnetorresistivo gigante, o GMR (giant magnetoresistive effect), descubierto por científicos europeos a finales de los años ochenta, produce grandes cambios de resistencia en los campos magnéticos cuando se disponen varios materiales metálicos en finas capas alternas. Cuando se incorpora en los cabezales de disco, la tecnología GMR permite un denso almacenamiento de datos (actualmente llega a 11.600 millones de bits por pulgada cuadrada, equivalente a más de 700.000 páginas escritas a máquina). *Acrónimo:* GMR. *Véase también* cabezal.

cabezal magnético *s.* (*magnetic head*) *Véase* cabezal.

cable *adj.* Relativo al sistema de distribución a través de televisión por cable (CATV). Por ejemplo, un módem de cable es un módem que envía y recibe datos digitales a través de una conexión con un sistema de televisión por cable. Puesto que la televisión por cable es un servicio de banda ancha, puede transportar datos (como, por ejemplo, los relacionados con una conexión a Internet) a muy alta velocidad. *Véase también* CATV.

cable *s.* Colección de cables cubiertos por un tubo protector utilizados para conectar dispositivos periféricos a una computadora. Un ratón, un teclado y una impresora pueden estar conectados a una computadora por medio de cables. Los cables de impresora normalmente ofrecen un enlace en serie o en paralelo para la transmisión de los datos. Véase la ilustración.

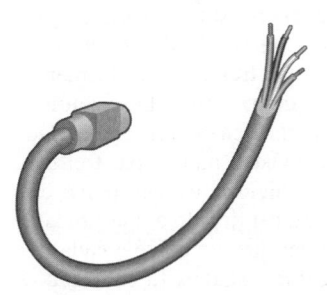

Cable.

cable coaxial *s.* (*coaxial cable*) Un cable cilíndrico, flexible y con dos conductores, compuesto por (desde el centro hacia fuera) un hilo de cobre, una capa de material aislante protector, un manguito de malla metálica trenzada y una funda o apantallamiento externo de PVC o de otro material ignífugo. El apantallamiento evita que las señales transmitidas a través del hilo central afecten a los componentes cercanos y evita también que las interferencias externas afecten a la señal transportada a través del hilo central. El cable coaxial se utiliza ampliamente en la red y es el mismo tipo de conductor que se utiliza en la televisión por cable. *Compárese con* cable de fibra óptica; cableado de par trenzado.

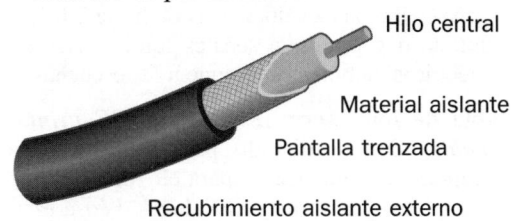

Cable coaxial.

cable corona *s.* (*corona wire*) En impresoras láser, cable a través del cual se hace pasar una alta tensión para ionizar el aire y transferir una carga electrostática uniforme al soporte fotosensible como preparación para el láser.

cable cruzado *s.* (*crossover cable*) Cable utilizado para conectar entre sí dos computadoras con el fin de compartir archivos y de disponer de una red personal. Los cables cruzados pueden conectarse a puertos Ethernet o FireWire.

cable de cinta *s.* (*ribbon cable*) Cable plano que contiene hasta 100 cables paralelos para datos y líneas de control. Por ejemplo, los cables de cinta se utilizan en el interior de la carcasa de una computadora para conectar las unidades de disco a sus controladoras.

cable de datos *s.* (*data cable*) Fibra óptica o cable utilizado para transferir datos de un dispositivo a otro.

cable de derivación *s.* (*drop cable*) Cable, también conocido como cable transceptor, que se utiliza para conectar una tarjeta de interfaz de red (NIC) a una red Ethernet gruesa.

cable de fibra óptica *s.* (*fiberoptic cable*) Un tipo de cable utilizado en las redes y que transmite las señales ópticamente, en lugar de eléctricamente, como hacen los cables coaxiales y de par trenzado. El núcleo conductor de las ondas luminosas en un cable de fibra óptica es una fina fibra de vidrio o de plástico rodeada por una capa refractiva denominada revestimiento que, en la práctica, atrapa la luz y la mantiene rebotando a lo largo de la fibra central. Rodeando tanto al núcleo como al revestimiento hay una fina capa de plástico o de otro material similar al plástico, denominada funda. Los cables de fibra óptica pueden transmitir señales limpias a velocidades de hasta 2 Gbps. Puesto que transmite señales luminosas y no eléctricas, también es inmune a las escuchas.

cable de impresora IEEE *s.* (*IEEE printer cable*) Cable utilizado para conectar una impresora a un puerto paralelo del PC que cumpla con la norma IEEE 1284. *Véase también* IEEE 1284.

cable de par trenzado *s.* (*twisted-pair cable*) Un cable formado por dos hilos aislados separados que se trenzan juntos. Se utiliza para reducir las interferencias de señal provocadas por una fuente radioeléctrica intensa, como, por ejemplo, algún otro cable cercano. Uno de los hilos del par transporta la señal de información, mientras que el otro hilo está puesto a masa.

cable inteligente *s.* (*intelligent cable*) Un cable que incorpora circuitos con el fin de hacer algo más que simplemente transmitir las señales desde un extremo del cable hasta el otro; por ejemplo, dichos circuitos pueden servir para determinar las características del conector al que se conecta el cable.

cable no apantallado *s.* (*unshielded cable*) Cable que no está rodeado por un apantallamiento metálico. Si los hilos de un cable no apantallado tampoco se trenzan por parejas, las señales que transportan no estarán protegidas frente a interferencias provocadas por campos electromagnéticos externos. En consecuencia, el cable no apantallado sólo debe utilizarse para distancias muy cortas. *Compárese con* cable coaxial; cable de cinta; cable de par trenzado; UTP.

cable supresor de módem *s.* (*null modem cable*) Cable de datos serie utilizado para conectar dos computadoras personales, sin un módem u otro dispositivo DCE entre medias, a través de los puertos serie de las computadoras. Dado que ambas computadoras utilizan los mismos terminales para enviar los datos, un cable supresor de módem conecta los terminales de salida en un puerto serie de una computadora a los terminales de entrada de la otra. Un cable supresor de módem se utiliza para transferir datos entre dos computadoras personales que estén muy cercanas. *Véase también* puerto serie.

cable transceptor *s.* (*transceiver cable*) Un cable utilizado para conectar un adaptador de host de una computadora a una red de área local (LAN). *Véase también* AUI cable; LAN.

cableado *adj.* **1.** (*hardwired*) Físicamente conectado a un sistema o a una red, por ejemplo, mediante un cable y una tarjeta de interfaz de red. **2.** (*hardwired*) Integrado en un sistema mediante mecanismos hardware, como, por ejemplo, circuitos lógicos, en lugar de estar implementado mediante programación. **3.** (*wired*) Perteneciente o relativo a, o característico de, un circuito electrónico o una agrupación de dispositivos hardware en donde la configuración está determinada por la interconexión física de los componentes (en lugar de ser programable por software o alterable mediante un conmutador).

cableado de par trenzado *s.* (*twisted-pair wiring*) Cableado compuesto de dos hilos de cobre aislados que se trenzan para formar un cable. El cableado de par trenzado se suministra en dos formas: par trenzado no apantallado (UTP, unshielded twisted pair) y par trenzado apantallado (STP, shielded twisted pair); este último se denomina así debido a una funda de protección adicional que envuelve a cada uno de los pares de cable aislados. El cableado de par trenzado puede estar compuesto por un único par de cables o, en los cables más gruesos, por dos, cuatro o más pares. El cableado de par trenzado es típico de las redes telefónicas. *Compárese con* cable coaxial; cable de fibra óptica.

cableado de par trenzado apantallado *s.* (*shielded twisted-pair wiring*) *Véase* cableado de par trenzado.

cableado de par trenzado no apantallado *s.* (*unshielded twisted-pair wiring*) *Véase* UTP.

caché *s.* (*cache*) Un subsistema especial de memoria en el que se duplican los valores de datos utilizados más frecuentemente para acelerar los tiempos de acceso. Una caché de memoria almacena el contenido de las posiciones RAM a las que se accede más frecuentemente y las direcciones en las que estos elementos de datos están almacenados. Cuando el procesador hace referencia a una dirección de memoria, la caché comprueba si el contenido de esa dirección de memoria está almacenado en ella. Si la caché tiene almacenada dicha dirección, se devuelven los datos al procesador; si no, tiene lugar un acceso normal a memoria. Una caché resulta útil cuando los accesos a memoria RAM son lentos comparados con la velocidad del microprocesador, porque la memoria caché es siempre más rápida que la memoria RAM principal. *Véase también* caché de disco; estado de espera.

caché de contenido *s.* (*content caching*) *Véase* distribución de contenido.

caché de disco *s.* (*disk cache*) Parte de la memoria de acceso aleatorio (RAM) de una computadora separada para el mantenimiento temporal de la información leída de un disco. Una caché de disco no almacena archivos enteros, como hace un disco de RAM (una parte de la memoria que actúa como si fuera una unidad de disco). En su lugar, una caché de disco se utiliza para mantener la información que ha sido solicitada recientemente desde el disco o que ha sido escrita en el disco previamente. Si la información solicitada permanece en una caché de disco, el tiempo de acceso es considerablemente menor que si el programa tuviera que esperar al mecanismo de la unidad de disco para extraer la información del disco. *Véase también* caché. *Compárese con* búfer de disco.

caché de ensamblado *s.* (*assembly cache*) Una caché de código de nivel de máquina utilizada para el almacenamiento de ensamblados. La caché está compuesta por dos partes: la caché de ensamblados global contiene ensamblados que se instalan explícitamente para poder ser compartidos por distintas aplicaciones que se ejecuten en el mismo equipo; la caché de descarga almacena código descargado de sitios Internet o Intranet, aislado de la aplicación que provocó la descarga, de modo que el código descargado por cuenta de una aplicación/página no tenga ningún impacto sobre otras aplicaciones. *Véase también* caché global de ensamblado.

caché de escritura *s.* (*write cache*) *Véase* caché de escritura retardada.

caché de escritura diferida *s.* (*write-back cache*) Tipo de caché con la característica siguiente: cuando se realizan cambios en los datos almacenados en caché, éstos no se realizan simultáneamente en los datos originales. En su lugar, los datos modificados simplemente se marcan, actualizándose los datos originales cuando se desasignan los datos de la caché. Una caché de escritura diferida puede ser más rápida que una caché de escritura inmediata, pero en determinados contextos las diferencias entre los datos originales y los almacenados en la caché podrían plantear problemas y por ello deben usarse cachés de escritura inmediata. *Véase también* caché. *Compárese con* caché de escritura inmediata.

caché de escritura inmediata *s.* (*write-through cache*) Tipo de caché en el que todos los cambios realizados en los datos almacenados en caché se realizan simultáneamente en la copia original en lugar de marcarse para una actualización posterior. Una caché de escritura inmediata, aunque no sea tan rápida como una caché de escritura diferida, es necesaria en situaciones donde podrían plantearse problemas si los datos originales y los almacenados en la caché no coinciden. *Compárese con* caché de escritura diferida.

caché de escritura retardada *s.* (*write-behind cache*) Tipo de almacenamiento temporal en el que los datos se mantienen, o se guardan en caché, durante un corto período de tiempo en memoria antes de ser escritos en el disco para su almacenamiento permanente. El almacenamiento en caché mejora el rendimiento del sistema en general, reduciendo el número de veces que la computadora tiene que pasar por

caché de memoria

el relativamente lento proceso de leer y escribir en disco. *Véase también* caché de UCP; caché de disco.

caché de memoria *s.* (*memory cache*) *Véase* caché de UCP.

caché de nivel 1 *s.* (*level 1 cache*) *Véase* caché L1.

caché de nivel 2 *s.* (*level 2 cache*) *Véase* caché L2.

caché de RAM *s.* (*RAM cache*) Memoria caché utilizada por el sistema para almacenar y extraer datos de la RAM. Los segmentos de datos a los que se accede con mayor frecuencia pueden estar almacenados en la caché con el fin de acelerar el acceso, por oposición a los datos almacenados en dispositivos de almacenamiento secundario, para los cuales el acceso es más lento. *Véase también* caché; RAM.

caché de UCP *s.* (*CPU cache*) Sección de memoria rápida que enlaza la UCP (unidad central de procesamiento) y la memoria principal que temporalmente almacena los datos e instrucciones que la UCP necesita para ejecutar los comandos entrantes y programas. Considerablemente más rápida que la memoria principal, la caché de la UCP contiene datos que se transfieren en bloques, acelerando de ese modo la ejecución. El sistema anticipa los datos que se necesitarán a través de algoritmos. *También llamado* memoria caché, caché de memoria. *Véase también* caché; UCP; VCACHE.

caché global de ensamblado *s.* (*global assembly cache*) Caché de código de nivel de máquina introducido con los sistemas .NET de Microsoft que almacena paquetes específicamente instalados para ser compartidos por muchas aplicaciones en la computadora. Las aplicaciones implantadas en las caché de ensamblado global deben utilizar un nombre fuerte. *Véase también* caché de ensamblado; nombre fuerte.

caché interna *s.* (*on-chip cache*) *Véase* caché L1.

caché L1 *s.* (*L1 cache*) Memoria caché integrada en el procesador i486 y en otros procesadores más avanzados y que ayuda a mejorar la velocidad de procesamiento. La caché L1, que normalmente tiene un tamaño de 8 KB, puede leerse en un solo ciclo de reloj, por lo que se usa en primer lugar. El i486 contiene una caché L1; el Pentium contiene dos, una para código y otra para datos. *También llamado* caché de nivel 1, caché interna. *Véase también* caché; i486DX; Pentium. *Compárese con* caché L2.

caché L2 *s.* (*L2 cache*) Memoria caché que consta de una RAM estática montada en una placa madre basada en un procesador i486 o superior. La caché L2, que normalmente tiene un tamaño de entre 128 KB y 1 MB, es más rápida que la DRAM del sistema, pero más lenta que la caché L1 integrada en el chip de la UCP. *También llamado* caché de nivel 2. *Véase también* caché; RAM dinámica; i486DX; RAM estática. *Compárese con* caché L1.

CAD *s.* Acrónimo de computer-aided design (diseño asistido por computadora). Sistema de programas y estaciones de trabajo utilizado en el diseño de modelos científicos, arquitectónicos y de ingeniería, modelos que van desde herramientas simples hasta circuitos integrados, edificios, aviones y moléculas. Diversas aplicaciones CAD crean objetos en dos o tres dimensiones, presentando los resultados como «esqueletos» alámbricos, como modelos continuos con superficies sombreadas o como objetos sólidos. Algunos programas pueden también girar o redimensionar los modelos, mostrar vistas internas, generar listas de los materiales necesarios para la fabricación de las piezas y llevar a cabo otras funciones auxiliares. Los programas CAD se basan en diversos algoritmos matemáticos y, frecuentemente, requieren la potencia de cálculo de una estación de trabajo de altas prestaciones. *Véase también* CAD/CAM; I-CASE.

CAD/CAM *s.* Acrónimo de computer-aided design/computer-aided manufacturing (diseño y fabricación asistidos por computadora). El uso de computadoras en el diseño y fabricación de un producto. Con los sistemas CAD/CAM, un producto, como, por ejemplo, una parte de una máquina, se diseña con un programa CAD y el diseño final se traduce a un conjunto de instrucciones que pueden transmitirse a, y ser empleadas por, las máquinas que se encargan de la fabricación, el montaje y el control de procesos. *Véase también* CAD; I-CASE.

CADD *s*. Sistema de hardware y software similar al CAD, pero con características adicionales relacionadas con los convenios de ingeniería, entre las que se incluyen la capacidad de mostrar las especificaciones de dimensiones y otras notas. *Acrónimo:* CADD. *Véase también* CAD.

cadena *s*. **1**. (*catena*) Serie de elementos en una lista encadenada (es decir, una lista en la que un elemento apunta al siguiente en la secuencia). *Véase también* lista enlazada. **2**. (*string*) Estructura de datos compuesta de una secuencia de caracteres que normalmente representan un texto legible por las personas. **3**. (*thread*) En una estructura de datos de tipo árbol, es un puntero que identifica el nodo padre y que se utiliza para facilitar el recorrido del árbol. **4**. (*vine*) Método de distribución de copias de cintas de audio. Dado que las cintas usan formato digital, la calidad del sonido no se degrada cuando las cintas se copian a lo largo de la cadena, de un participante al siguiente. *Compárese con* árbol de cintas.

cadena ASCIIZ *s*. (*ASCIIZ string*) En programación, es una cadena ASCII terminada por el carácter nulo (NULL, un byte que contiene el carácter cuyo valor ASCII es 0). *También llamado* cadena con terminación nula.

cadena con terminación nula *s*. (*null-terminated string*) *Véase* cadena ASCIIZ.

cadena de búsqueda *s*. (*search string*) La cadena de caracteres con la que hay que establecer una correspondencia en una búsqueda; normalmente (aunque no necesariamente) será una cadena de texto.

cadena de caracteres *s*. (*character string*) Conjunto de caracteres tratado como una unidad e interpretado por una computadora como un texto en lugar de como números. Una cadena de caracteres puede contener cualquier secuencia de elementos de un conjunto de caracteres determinado, como letras, números, caracteres de control y caracteres ASCII extendidos. *También llamado* cadena. *Véase también* ASCII; carácter de control; ASCII ampliado.

cadena de inicialización *s*. **1**. (*initialization string*) Script enviado a un dispositivo, especialmente a un módem, para configurarlo y prepararlo para su uso. En el caso de un módem, la cadena de inicialización consta de una cadena de caracteres. **2**. (*setup string*) *Véase* código de control.

cadena de longitud cero *s*. (*zero-length string*) Cadena que no contiene caracteres. Se puede utilizar una cadena de longitud cero para indicar que se sabe que no hay ningún valor en un campo. Se introduce una cadena de longitud cero escribiendo dos signos de comillas dobles sin espacio entre ellas ("").

cadena nula *s*. (*null string*) Cadena que no contiene caracteres; una cadena cuya longitud es cero. *Véase también* cadena.

cadena SCSI *s*. (*SCSI chain*) Un conjunto de dispositivos en un bus SCSI. Cada dispositivo (excepto la adaptadora host y el último dispositivo) está conectado a otros dos dispositivos mediante dos cables formando una conexión en serie. *Véase también* conexión en cadena; SCSI.

cadena, conectar en *vb*. (*daisy chain*) Conectar en serie un conjunto de dispositivos.

caducar *vb*. (*expire*) Dejar de funcionar del todo o en parte. Las versiones beta del software suelen estar programadas para caducar cuando se lanza al mercado una nueva versión. *Véase también* beta.

CAE *s*. Acrónimo de computer-aided engineering (ingeniería asistida por computadora). Aplicación que permite al usuario realizar análisis y pruebas de ingeniería en diseños creados por computadora. En algunos casos, algunas capacidades (como la realización de pruebas lógicas), que normalmente se atribuyen a las aplicaciones CAE, forman también parte de los programas CAD, por lo que no existe una diferencia perfectamente clara entre CAD y CAE. *Véase también* CAD; I-CASE.

CAI *s*. Acrónimo de computer-aided instruction o computer-assisted instruction (formación asistida por computadora). Programa software educativo diseñado para servir como herramienta de formación. Los programas CAI suelen utilizar tutoriales, ejercicios y sesiones de preguntas y respuestas para exponer un tema y comprobar los conocimientos del estudiante. Los programas CAI constituyen una excelente ayuda para presentar material explicativo o de referencia y permitir a los estudiantes graduar su ritmo de aprendizaje. Los temas y la complejidad varían desde aritmética para principiantes hasta matemáticas avanzadas, ciencia, historia, informática y temas especializados. *Véase también* I-CASE. *Compárese con* CBT; CMI.

caída de tensión *s*. (*brownout*) Condición en la que el nivel de tensión de alimentación eléctrica se reduce apreciablemente durante un período prolongado de tiempo. En contraste con un apagón o pérdida total de alimentación, una caída de tensión mantiene el flujo de electricidad hacia todos los dispositivos conectados a las tomas eléctricas, aunque en niveles inferiores a los niveles de suministro normales (220 voltios en España). Una caída de tensión puede ser tremendamente dañina para los dispositivos electrónicos sensibles, tales como los equipos informáticos, porque los niveles de tensión reducidos y fluctuantes pueden provocar que los componentes trabajen durante extensos períodos de tiempo fuera del rango para el que fueron diseñados. En una computadora, una caída de tensión se caracteriza porque la imagen de la pantalla puede parecer más pequeña, más tenue e incluso fluctuar y el sistema puede presentar un comportamiento errático. La única manera fiable de prevenir los daños causados por una caída de tensión es utilizar un sistema de alimentación ininterrumpida (SAI). *Véase también* SAI. *Compárese con* apagón.

caja *s*. (*box*) Contenedor para un equipo electrónico.

caja blanca *s*. (*white box*) PC sin marca ensamblado por un revendedor que, potencialmente, incluye componentes de una serie de fabricantes. El nombre hace referencia al color típico del cartón de embalaje, una caja sin adornos de nombre de marca ni logotipo.

caja convertidora *s*. (*converter box*) *Véase* convertidor.

caja de CD *s*. (*jewel box*) Contenedor de plástico transparente utilizado para empaquetar y almacenar un disco compacto. *También llamado* joyero.

caja de herramientas *s*. **1.** (*Tool box*) Conjunto de rutinas almacenadas principalmente en la memoria de sólo lectura de un Macintosh que proporciona a los programadores de aplicaciones las herramientas necesarias para soportar la característica interfaz gráfica de la computadora. *También llamado* User Interface Toolbox. **2.** (*toolbox*) Conjunto de rutinas predefinidas (y normalmente precompiladas) que un programador puede utilizar en la escritura de un programa para una máquina, entorno o aplicación determinada. *También llamado* kit de herramientas. *Véase también* biblioteca.

caja de tomas *s*. (*breakout box*) Pequeño dispositivo de hardware que puede ser conectado entre dos dispositivos normalmente unidos a través de un cable (como, por ejemplo, una computadora y un módem) para mostrar y, si fuera necesario, cambiar el valor de tensión presente en los hilos individuales del cable.

caja negra *s*. (*black box*) Unidad de hardware o software cuya estructura interna se desconoce, pero cuya función está documentada. Los mecanismos internos de la función no tienen importancia para el diseñador que emplee una caja negra para utilizar dicha función. Por ejemplo, un chip de memoria puede considerarse como una caja negra. Muchas personas utilizan chips de memoria y los incluyen en el diseño de las computadoras, pero generalmente sólo los diseñadores de chips de memoria necesitan conocer su operación interna.

caja Skutch *s*. (*Skutch box*) Término vulgar que hace referencia a un dispositivo fabricado por Skutch Electronics, Inc., que simula el funcionamiento de una línea telefónica con una buena conexión. Los simuladores de líneas telefónicas se utilizan para probar dispositivos y sistemas de telecomunicaciones.

cajero automático *s*. (***ATM***) Un terminal de propósito especial que los clientes de entidades bancarias pueden utilizar para realizar depósitos, sacar dinero y llevar a cabo otras transacciones.

cajón *s*. (***drawer***) En la interfaz Mac OS X Aqua, pequeñas ventanas subordinadas que contienen información extra y que se deslizan por el lateral de las correspondientes ventanas principales. Los cajones están dirigidos a reducir la aglomeración en el escritorio de la computadora, permitiendo que se visualice más información sin tener que abrir ventanas adicionales de tamaño completo.

CAL *s*. **1**. Acrónimo de Common Application Language (lenguaje común de aplicación). Un lenguaje de comunicaciones orientado a objetos para el control de productos de interconexión de red para el mercado doméstico. CAL, que originalmente formaba parte del estándar CEBus (Consumer Electronic Bus) para automatización doméstica, puede implementarse mediante varios protocolos de comunicaciones, estándares de interconexión en red doméstica y productos de domótica. *Véase también* CEBus; domótica. **2**. Acrónimo de computer-assisted learning o computer-augmented learning (aprendizaje asistido por computadora). *Véase* CAI.

calculadora *s*. (***calculator***) En términos generales, cualquier dispositivo que realiza operaciones aritméticas con números. Las calculadoras sofisticadas pueden programarse para realizar ciertas funciones y pueden almacenar valores en memoria, pero difieren de las computadoras en muchos sentidos: poseen un conjunto de comandos fijo, no reconocen el texto, no pueden extraer valores almacenados en un archivo de datos y no pueden encontrar y utilizar los valores generados por un programa tal como una hoja de cálculo.

cálculo masivo *vb*. (***number crunching***) El cálculo de grandes cantidades de datos numéricos. El cálculo masivo puede ser repetitivo, matemáticamente complejo o ambas cosas y generalmente requiere mucho más procesamiento interno que operaciones de entrada o de salida. Los coprocesadores numéricos mejoran significativamente la capacidad de las computadoras para realizar estas tareas.

cálculos relacionales *s*. (***relational calculus***) En gestión de bases de datos, un método no procedimental para manipular relaciones (tablas). Existen dos familias de cálculos relacionales: cálculos de dominio y cálculos de tuplas. Las dos familias de cálculos relacionales son matemáticamente equivalentes entre sí y al álgebra relacional. Con cualquier familia, se puede formular una descripción de una relación deseada basada en las relaciones existentes en la base de datos.

calendario gregoriano *s*. (***Gregorian calendar***) El calendario utilizado hoy día en el mundo occidental, introducido por el papa Gregorio XIII en 1582 para reemplazar al calendario juliano. Para aproximar mejor la duración del año astronómico (365,2422 días), los años divisibles por 100 son bisiestos sólo si también son divisibles por 400 (por tanto, 2000 fue un año bisiesto, pero 1900 no lo fue). Para corregir el error acumulado desde el año 1 de nuestra era, se eliminaron 10 días en el mes de octubre de 1582; sin embargo, Gran Bretaña y las colonias americanas no adoptaron el calendario gregoriano hasta 1752, año en el que tuvieron que eliminar 11 días. Puesto que el calendario gregoriano utiliza varias reglas para calcular los años bisiestos, los sistemas basados en algoritmos que no determinaran correctamente que el año 2000 era un año bisiesto se encontraron con algunas dificultades después del 28 de febrero de 2000. *Compárese con* calendario juliano.

calendario Hijiri *s*. (***Hijiri calendar***) El calendario lunar utilizado en los países islámicos. *Compárese con* calendario gregoriano; calendario juliano.

calendario juliano *s*. (***Julian calendar***) El calendario introducido por Julio César el año 46 a. C. para reemplazar al calendario lunar. El calendario juliano especificaba un año de 365 días con un año bisiesto cada 4 años, lo que da una duración media del año igual a 365,25 días. Puesto que el año solar es ligeramente más corto, el calendario juliano fue desfasándose poco a poco con el paso del tiempo y fue reemplazado por el calendario gregoriano, introducido por el papa Gregorio XIII. *Compárese con* calendario gregoriano; calendario Hijiri.

calendario lunar *s.* (***Lunar calendar***) Tipo de calendario predominante utilizado en Israel entre los hablantes de hebreo, en las culturas islámicas y en la mayor parte de Asia. Los calendarios lunares calculan los meses basándose en las fases de la Luna.

calidad de borrador *s.* (***draft quality***) Bajo grado de impresión producido por el modo borrador de las impresoras matriciales. La calidad de borrador varía de unas impresoras a otras dentro de un rango que va desde una calidad adecuada para la mayoría de los propósitos hasta una casi inútil. *Véase también* modo borrador; calidad de impresión.

calidad de carta *adj.* (***letter quality***) Relativo o referido a un nivel de calidad de impresión en las impresoras de matriz de puntos que es superior a la calidad de borrador. Como su nombre indica, se supone que la calidad de carta es lo suficientemente nítida y oscura como para poderla utilizar en cartas comerciales. *Véase también* calidad de impresión. *Compárese con* calidad de borrador; calidad de casi carta.

calidad de casi carta *adj.* (***near-letter-quality***) Modo de impresión disponible en impresoras matriciales de gama alta que produce caracteres más claros y más oscuros que la impresión normal (calidad de borrador). La impresión de calidad de casi carta, aunque es más precisa que la impresión matricial plana, no es tan legible como la salida de una impresora de caracteres totalmente definidos, como, por ejemplo, una impresora de margarita. *Acrónimo:* NLQ. *Véase también* calidad de impresión. *Compárese con* calidad de borrador; calidad de carta.

calidad de correspondencia *s.* (***correspondence quality***) *Véase* calidad de impresión.

calidad de impresión *s.* (***print quality***) La calidad y claridad de los caracteres producidos por una impresora. La calidad de impresión varía con el tipo de impresora; en general, las impresoras matriciales producen una salida de menor calidad que las impresoras láser. El modo de trabajo de la impresora también puede afectar a la calidad. *Véase también* resolución.

calidad de servicio *s.* (***quality of service***) **1**. Generalmente, es la capacidad de tratamiento de un sistema o servicio, es decir, el intervalo temporal entre el momento en que se produce la solicitud y el momento en que se suministra un producto o servicio al cliente. **2**. En informática, es la tasa de transferencia de datos garantizada.

calidad de transmisión *s.* (***grade***) En comunicaciones, es el rango de frecuencias disponible para transmisión a través de un único canal. Por ejemplo, las frecuencias telefónicas de calidad vocal van desde unos 300 hercios (Hz) hasta 3.400 Hz.

caliente *adj.* (***hot***) De interés especial o urgente o que es considerado popular.

CALS *s.* Acrónimo de Computer-aided Acquisition and Logistics Support (soporte informatizado de logística y adquisiciones). Un estándar del Departamento de Defensa de Estados Unidos para el intercambio electrónico de datos con proveedores comerciales.

CAM *s.* **1**. Acrónimo de computer-aided manufacturing (fabricación asistida por computadora). El uso de computadoras en la automatización de los procedimientos de fabricación, montaje y control de la fabricación. La tecnología CAM se aplica a diversas necesidades de fabricación de productos, que varían desde una producción a pequeña escala hasta el uso de robots en líneas de montaje a gran escala. CAM está más relacionado con el uso de programas y equipamiento especializado que con el uso de microcomputadoras en un entorno de fabricación. *Véase también* CAD/CAM; I-CASE. **2**. *Véase* Common Access Method.

cámara digital *s.* (***digital camera***) Tipo de cámara que almacena las imágenes fotografiadas electrónicamente en lugar de en un carrete de película tradicional. Una cámara digital utiliza un elemento CCD (charge-coupled device, dispositivo de acoplamiento de carga) con el fin de capturar la imagen a través de las lentes cuando el operador libera el obturador de la cámara. La circuitería de la cámara almacena entonces la imagen capturada por el CCD en un medio de almacenamiento tal como una memoria de estado sólido o un disco duro. Después de que la imagen haya sido capturada, se descarga mediante un cable a la computadora utilizando el software proporcionado junto con la cámara. Una vez almacenada en la computadora, la imagen puede ser manipulada y procesada de forma similar a una imagen procedente de un escáner o de algún otro dispositivo de entrada similar. *Véase también* dispositivo de acoplamiento de carga; fotografía digital.

cámara web *s. Véase* webcam.

cambiar el tamaño *vb.* (*resize*) Hacer que un objeto o espacio sea más grande o más pequeño.

cambio controlado *s.* (*tracked change*) Marca que muestra dónde se ha realizado una eliminación, inserción u otro cambio de edición en un documento.

cambio de contexto *s.* (*context switching*) Tipo de multitarea; es el acto de volver la «atención» del procesador central de una tarea a otra en lugar de asignar períodos de tiempo a cada tarea por turno. *Véase también* multitarea; franja temporal.

cambio de directorio *s.* (*change directory*) *Véase* cd.

cambio de escala *s.* (*scaling*) En gráficos por computadora, el proceso de agrandar o reducir una imagen gráfica; por ejemplo, cambiar la escala de una fuente al tamaño deseado o cambiar la escala de un modelo creado con un programa CAD. *Véase también* CAD.

cambio de fecha *s.* (*date rollover*) *Véase* cambio del año 2000.

cambio de milenio *s.* (*millennium transition*) *Véase* cambio del año 2000.

cambio del año 2000 *s.* (*Year 2000 rollover*) El momento en el que el año en un sistema informático cambió de 1999 a 2000.

campo *s.* (*field*) **1.** Espacio de un formulario en pantalla donde el usuario puede introducir un elemento específico de información. **2.** Posición en un registro en la que se almacena un tipo de datos concreto. Por ejemplo, REGISTRO-EMPLEADO puede contener campos para almacenar el Apellido, Nombre, Dirección, Ciudad, Provincia, Código postal, Fecha de contratación, Salario actual, Cargo, Departamento, etc. Los campos individuales se caracterizan por su longitud máxima y por el tipo de datos (por ejemplo, alfabético, numérico o moneda) que se pueden almacenar en ellos. La utilidad para crear estas especificaciones normalmente está contenida en el lenguaje de definición de datos (DDL). En los sistemas de gestión de bases de datos, los campos se denominan columnas.

campo de clave *s.* (*key field*) Campo de una estructura de registro o un atributo de una tabla relacional que ha sido designado para ser parte de la clave. Cualquier campo puede contener la clave, o ser indexado, para mejorar o simplificar el rendimiento de las operaciones de recuperación y/o actualización. *Véase también* atributo; campo; clave principal.

campo de datos *s.* (*data field*) Una porción bien definida de un registro de datos, tal como una columna en una tabla de base de datos.

campo de datos mapeado *s.* (*mapped data field*) Campo que representa información de uso común, como, por ejemplo, «Nombre». Si un origen de datos contiene un campo «Nombre» o una variación del mismo, como «NombreP», el campo del origen de datos se mapea automáticamente al correspondiente campo de datos mapeado.

campo de longitud fija *s.* (*fixed-length field*) En un registro o en almacenamiento de datos, un campo cuyo tamaño en bytes es predeterminado y constante. Un campo de longitud fija siempre ocupa la misma cantidad de espacio en un disco, incluso cuando la cantidad de datos almacenada en el campo es pequeña. *Compárese con* campo de longitud variable.

campo de longitud variable *s.* (*variable-length field*) En un registro, un campo que puede variar en longitud dependiendo de la cantidad de datos que contenga. *Véase también* campo.

campo de memorando *s.* (*memo field*) Campo de un archivo de base de datos que puede contener texto no estructurado.

campo de ordenación *s.* (*sort field*) *Véase* clave de ordenación.

campo magnético *s.* (*magnetic field*) El espacio alrededor de un objeto magnético en el que actúa la fuerza magnética. El campo magnético se puede visualizar como consistente en una serie de líneas de flujo que se originan en el polo norte magnético y terminan en el polo sur magnético.

camuflaje de direcciones *s.* (*address munging*) La práctica de modificar una dirección de correo electrónico en los mensajes publicados en grupos de noticias u otros foros de Internet con el fin de confundir a los programas informáticos que se dedican a recopilar direcciones de correo electrónico. El nombre de host en una dirección de correo electrónico es alterado para crear una dirección ficticia, de tal forma que un humano pueda seguir determinando de manera sencilla la dirección correcta. Por ejemplo, una persona con una dirección de correo electrónico igual a Juan@dominio.com podría modificar su dirección para que apareciera como Juan@_borraesto_dominio.com. El camuflaje de direcciones se utiliza generalmente para prevenir la recepción de correo electrónico no solicitado o correo basura. *También llamado* camuflaje. *Véase también* dirección; nombre de host; correo basura.

canal *s.* (*channel*) **1.** Una ruta de acceso o enlace a través del cual se transfiere información entre dos dispositivos. Un canal puede ser tanto interno como externo a una microcomputadora. **2.** En comunicaciones, es un medio para transferir información. Dependiendo de su tipo, un canal de comunicaciones puede transportar información (datos, sonido y/o vídeo) en forma analógica o digital. Un canal de comunicaciones puede ser un enlace físico, como el cable que conecta dos estaciones de una red, o puede consistir en una transmisión radioeléctrica en una o más frecuencias dentro de un determinado ancho de banda del espectro electromagnético, como sucede en las transmisiones de radio y de televisión, o en las comunicaciones ópticas, de microondas y de telefonía vocal. *También llamado* circuito, línea. *Véase también* analógico; banda; ancho de banda; digital; espectro electromagnético; frecuencia. **3.** Un color específico dentro de un espacio de colores digital. Por ejemplo, el espacio de colores RGB contiene tres canales (rojo, verde y azul) y todos los colores dentro del espacio de colores RGB se crean con una combinación de uno o más de estos tres canales de color. En CMYK, hay cuatro canales (turquesa, magenta, amarillo y negro). Las aplicaciones de gráficos y gestión de color se basan en el control y la manipulación de los canales de color individuales. *Véase también* espacio de colores.

canal alfa *s.* (*alpha channel*) Los 8 bits de mayor peso de un píxel gráfico de 32 bits y que se utilizan para manipular los 24 bits restantes con el propósito de modificar los colores o realizar algún tipo de enmascaramiento.

canal analógico *s.* (*analog channel*) Un canal de comunicaciones, como, por ejemplo, una línea telefónica de calidad vocal, que transporta señales que varíen continuamente y que pueden asumir cualquier valor dentro de un rango especificado.

canal B *s.* (*B channel*) Abreviatura de bearer channel (canal portador). Uno de los canales de comunicaciones a 64 Kbps que transportan datos a través de un circuito RDSI. Una línea RDSI BRI (Basic Rate Interface, acceso básico) tiene dos canales B y un canal D (datos). Una línea RDSI PRI (Primary Rate Interface, acceso primario) tiene 23 canales B (en Norteamérica) o 30 canales B (en Europa) y un canal D. *Véase también* BRI; canal D; RDSI.

canal con calidad telefónica *s.* (*voice-grade channel*) Canal de comunicaciones, como la línea telefónica, con un ancho de banda de audio de 300 a 3.000 Hz, adecuado para transportar la voz. Un canal con calidad telefónica también puede ser utilizado para transmitir facsímiles e información analógica y digital a tasas de hasta 33 kilobits por segundo (Kbps).

canal D *s.* (***D channel***) Canal de datos. En la arquitectura de comunicaciones RDSI, es el canal dedicado a transportar señales de control, como, por ejemplo, la información de conmutación de paquetes, y los datos relativos al usuario, como los números telefónicos. La conexión RDSI básica, denominada interfaz de acceso básico (BRI, Basic Rate Interface), está compuesta de dos canales B, que transportan hasta 64 Kbps de datos cada uno, y un canal D, que transmite a 16 Kbps o 64 Kbps. Las interfaces de acceso primario (PRI, Primary Rate Interface), que son más rápidas, están compuestas de un canal D de 64 Kbps y 23 o 30 canales B que operan a 64 Kbps. *Véase también* canal B; BRI; RDSI.

canal de comunicaciones *s.* (***communications channel***) *Véase* canal.

canal de datos *s.* (***data channel***) *Véase* canal.

canal de entrada *s.* (***input channel***) *Véase* canal de entrada/salida.

canal de entrada/salida *s.* (***input/output channel***) Ruta de hardware desde la UCP hasta el bus de entrada/salida. *Véase también* bus.

canal de lectura/escritura *s.* (***read/write channel***) *Véase* canal de entrada/salida.

canal de salida *s.* (***output channel***) *Véase* canal; canal de entrada/salida.

canal de transmisión *s.* (***transmission channel***) *Véase* canal.

canal de un multiplexor *s.* (***multiplexer channel***) Una de las entradas a un multiplexor. *Véase también* multiplexor.

canal dedicado *s.* (***dedicated channel***) Enlace de comunicaciones reservado para un uso en particular o para un usuario determinado.

canal dúplex *s.* (***duplex channel***) Un enlace de comunicaciones que permite la transmisión dúplex (bidireccional).

canal portador *s.* (***bearer channel***) *Véase* canal B.

canal primario *s.* (***primary channel***) El canal de transmisión de datos en un dispositivo de comunicaciones, como, por ejemplo, un módem. *Compárese con* canal secundario.

canal privado *s.* (***private channel***) En un canal IRC (Internet Relay Chat), es un canal reservado para la utilización por parte de un determinado grupo de personas. Los nombres de los canales privados están ocultos, de modo que no pueden ser visualizados por el público en general. *También llamado* canal secreto. *Véase también* IRC.

canal secreto *s.* (***secret channel***) *Véase* canal privado.

canal secundario *s.* (***secondary channel***) Canal de transmisión en un sistema de comunicaciones que transporta información de diagnóstico y de pruebas en lugar de datos reales. *Compárese con* canal primario.

canal seguro *s.* (***secure channel***) Un enlace de comunicaciones que ha sido protegido contra el acceso, la operación o la utilización no autorizados, aislándole de la red pública mediante mecanismos de cifrado o empleando otras formas de control. *Véase también* cifrado.

canal selector *s.* (***selector channel***) Línea de transferencia de datos de entrada/salida utilizada por un dispositivo de alta velocidad cada vez.

canal virtual *s.* (***virtual channel***) En el modo de transferencia asíncrona (ATM, Asynchronous Transfer Mode), la ruta que toman los datos enviados entre un emisor y un receptor. *Véase también* ATM; ruta virtual.

canales, agregador de *s.* (***channel aggregator***) *Véase* agregador de contenido.

canalización *s.* (***pipe***) **1**. Porción de memoria que puede ser utilizada por un proceso para pasar información a otro. Esencialmente, una tubería funciona como su nombre indica: conecta dos procesos de modo que la salida de uno pueda usarse como la entrada del otro. *Véase también* flujo de entrada; flujo de salida. **2**. En MS-DOS y UNIX, una opción de los comandos que transfiere la salida de un comando a la entrada de un segundo comando.

canalización nominada *s.* (*named pipes*) En programación, una conexión unidireccional (simple) o bidireccional (doble) utilizada para transferir datos entre procesos. Las canalizaciones nominadas son bloques de memoria que se reservan para el almacenamiento temporal de datos. Las canalizaciones son creadas por procesos servidores y pueden ser utilizadas simultáneamente por más de un proceso cliente, cada uno de los cuales accede a una instancia diferente de la canalización, con sus propios búferes y descriptores. Las canalizaciones nominadas pueden utilizarse para transferir datos tanto localmente como a través una red.

cancelación de eco *s.* (*echo cancellation*) Una técnica para eliminar señales entrantes no deseadas en un módem, que son ecos de la propia transmisión del módem. El módem envía una versión modificada e invertida de su transmisión a través de su enlace de recepción, borrando así los ecos al mismo tiempo que deja intactos los datos válidos entrantes. Las técnicas de cancelación de eco se utilizan de forma estándar en los módems V.32.

cancelación, mensaje de *s.* (*cancel message*) Un mensaje enviado a un servidor de noticias Usenet que indica que es preciso cancelar, o borrar, un determinado artículo del servidor. *Véase también* artículo; servidor de noticias; Usenet.

cancelar *s.* (*cancel*) Carácter de control utilizado en la comunicación con impresoras y otras computadoras y normalmente designado como CAN. Normalmente significa que la línea de texto que se está enviando debe ser cancelada. En ASCII, el cual es la base de los conjuntos de caracteres utilizados por la mayoría de microcomputadoras, se representa internamente con el código de carácter 24.

cantidad *s.* (*quantity*) Número, positivo o negativo, entero o fraccionario, que se utiliza para indicar un valor.

cañón de electrones *s.* (*electron gun*) Dispositivo que produce un haz de electrones, normalmente puede encontrarse en la televisión o en los monitores de computadoras. *Véase también* CRT.

capa de abstracción de hardware *s.* (*hardware abstraction layer*) En sistemas operativos avanzados, como, por ejemplo, Windows NT, Windows 2000 y Windows XP, es una capa en la que el código de lenguaje ensamblador se encuentra aislado. Una capa de abstracción de hardware funciona de forma similar a una interfaz de programación de aplicaciones (API) y la utilizan los programadores para escribir aplicaciones independientes del dispositivo. *Acrónimo:* HAL. *Véase también* interfaz de programación de aplicaciones; independencia del dispositivo.

capa de emulación de hardware *s.* (*hardware emulation layer*) En sistemas operativos avanzados, como, por ejemplo, Windows NT, Windows 2000 y Windows XP, es una capa en la que controladores de software duplican la funcionalidad del hardware. Esto permite a los programas de software usar características de hardware incluso aunque el hardware no esté presente. *Acrónimo:* HEL. *Compárese con* capa de abstracción de hardware.

capa epitaxial *s.* (*epitaxial layer*) En los semiconductores, es una capa con la misma orientación cristalina que la capa subyacente.

capacidad *s.* **1.** (*capacitance*) La característica que permite a un dispositivo almacenar carga eléctrica. La capacidad se mide en faradios. Una capacidad de 1 faradio permite almacenar un culombio de carga a un potencial de 1 voltio. En términos prácticos, un faradio es una capacidad extremadamente grande. Los condensadores típicos tienen valores de microfaradios (10^{-6}) o picofaradios (10^{-12}). *Véase también* condensador. **2.** (*capacity*) La cantidad de información que una computadora o un dispositivo conectado a la misma pueden procesar o almacenar. *Véase también* computadora.

capacidad del canal *s.* (*channel capacity*) La velocidad a la que un canal de comunicaciones puede transferir información, medida en bits por segundo (bps) o en baudios.

caperuza *s.* (*keycap*) La pieza de plástico que identifica a una tecla en el teclado.

caperuza de terminación *s.* (*terminator cap*) Conector especial que debe montarse en cada uno de los extremos de un bus Ethernet. Si se pierden una o ambas caperuzas de terminación, la red Ethernet no funcionará.

capstán *s.* (*capstan*) En un grabador de cintas magnéticas, es una pieza de metal pulimentada contra la que se presiona una rueda de goma giratoria (denominada rodillo de arrastre) para mover una cinta magnética situada entre la rueda y la pieza metálica. El capstán controla la velocidad de la cinta a medida que ésta pasa por el cabezal de grabación. *Véase también* rodillo de presión.

captación de contraseñas *s.* (*password sniffing*) Una técnica empleada por los piratas informáticos para averiguar contraseñas y que consiste en interceptar paquetes de datos y analizarlos en busca de contraseñas. *También llamado* captación de paquetes.

captador *s.* (*sniffer*) *Véase* captador de paquetes.

captador de paquetes *s.* (*packet sniffer*) Un dispositivo hardware y/o software que examina cada paquete enviado a través de una red. Para poder funcionar, un analizador de paquetes debe instalarse en el mismo bloque de red que la red que se pretenda analizar. Diseñados como herramienta de diagnóstico para aislar problemas que puedan degradar las prestaciones de la red, los analizadores de paquetes se han convertido en un riesgo de seguridad en algunas redes, porque los piratas informáticos pueden utilizarlos para capturar identificadores de usuario, contraseñas, números de tarjetas de crédito, direcciones de correo electrónico y otra información confidencial no cifrada. *Véase también* cracker; paquete. *Compárese con* software de monitorización.

captar *vb.* (*drop in*) Leer una señal espuria durante una operación de lectura/escritura, produciendo datos erróneos.

captura de datos *s.* (*data capture*) **1.** La recopilación de información en el instante de producirse una transacción. **2.** El proceso de guardar en un medio de almacenamiento un registro de los intercambios producidos entre un usuario y un sistema remoto de información.

captura de datos de origen *s.* (*source data capture*) *Véase* adquisición de datos de origen.

captura de errores *s.* (*error trapping*) **1.** El proceso mediante el que un programa comprueba si existen errores durante la ejecución. **2.** El proceso de escribir una función, programa o procedimiento, de forma tal que sea capaz de continuar la ejecución aunque se produzca una condición de error.

captura de fotogramas aislados *s.* (*step-frame*) El proceso de capturar imágenes de vídeo de fotograma en fotograma. Este proceso es utilizado por las computadoras que son demasiado lentas como para capturar imágenes de vídeo analógicas en tiempo real.

captura de pantalla *s.* (*screen shot*) Imagen que muestra toda o parte de la pantalla de una computadora.

capturador *s.* (*grabber*) **1.** Software que toma una instantánea de la imagen actualmente visualizada por pantalla transfiriendo una parte de la memoria de vídeo a un archivo situado en el disco. **2.** Dispositivo que permite capturar datos de imágenes de una cámara de vídeo u otra fuente de vídeo de movimiento completo y almacenarlos en memoria. *También llamado* capturador de imagen, digitalizador de vídeo. **3.** Todo dispositivo utilizado para capturar datos.

capturar *vb.* **1.** (*capture*) En comunicaciones, transferir datos recibidos en un archivo para ser archivado o para un análisis posterior. **2.** (*trap*) Interceptar una acción o suceso antes de que tenga lugar, normalmente con el fin de llevar a cabo una acción alternativa. Los depuradores utilizan comúnmente la captura para permitir la interrupción de la ejecución del programa en un punto determinado. *Véase también* interrupción; rutina de tratamiento de interrupciones.

cara *s.* (*face*) En geometría y gráficos por computadora, un lado de un objeto sólido, como, por ejemplo, un cubo.

carácter *s.* (*character*) Letra, número, signo de puntuación u otro símbolo o código de control que se representa en una computadora mediante una unidad de información (1 byte). Un carácter no tiene que ser necesariamente visible en la pantalla o en el papel; por ejemplo, un espacio es tan carácter como lo es una letra o cualquiera de los dígitos de 0 a 9. Dado que las computadoras tienen que gestionar no sólo los caracteres conocidos como imprimibles, sino también la apariencia (formato) y tienen que transferir la información almacenada electrónicamente, un carácter puede indicar también un retorno de carro o una marca de párrafo en un documento de un procesador de textos. Puede ser una señal para emitir un bip, iniciar una nueva página o marcar el fin de un archivo. *Véase también* ASCII; carácter de control; EBCDIC.

carácter comodín *s.* (*wildcard character*) Carácter del teclado que puede utilizarse para representar uno o muchos caracteres. Por ejemplo, el asterisco (*) normalmente representa a uno o más caracteres y el signo de interrogación (?) representa un solo carácter. Los caracteres comodín se usan a menudo en los sistemas operativos para especificar más de un archivo por su nombre.

carácter control de dispositivo *s.* (*device control character*) *Véase* carácter de control.

carácter de control *s.* (*control character*) **1**. Cualquiera de los 26 caracteres Control-A a Control-Z (1 a 26 en representación decimal) que se pueden escribir en el teclado manteniendo la tecla de Control pulsada y presionando la letra apropiada. Los seis caracteres restantes también usados para funciones de control, como el carácter de Escape (ASCII 27), no se pueden escribir utilizando la tecla de Control. *Compárese con* código de control. **2**. Cualquiera de los 32 primeros caracteres en el conjunto de caracteres ASCII (de 0 a 32 en representación decimal), cada uno de los cuales se caracteriza por tener asociada una función de control, tal como retorno de carro, avance de línea o retroceso.

carácter de escape *s.* (*escape character*) *Véase* carácter ESC.

carácter de espacio *s.* (*space character*) Carácter que se introduce presionando la barra espaciadora en el teclado y que normalmente aparece representado como un espacio en blanco en la pantalla.

carácter de interrogación *s.* (*enquiry character*) Abreviado, ENQ (por Enquiry). En las comunicaciones, un código de control transmitido desde una estación para pedir una respuesta de la estación receptora. En ASCII, el carácter de interrogación está representado por el valor decimal 5 (hexadecimal 05).

carácter de nueva línea *s.* (*newline character*) Carácter de control que hace que el cursor de una pantalla o el mecanismo de impresión de una impresora se mueva hasta el principio de la línea siguiente. Funcionalmente, equivale a una combinación de los caracteres de retorno de carro (CR) y de avance de línea (LF). *Acrónimo:* NL. *Véase también* retorno de carro; avance de línea.

carácter de relleno *s.* (*pad character*) En introducción y almacenamiento de datos, un carácter adicional insertado como relleno para utilizar el espacio excedente en un bloque predefinido de una longitud especificada, como un campo de longitud fija.

carácter de sincronización *s.* (*sync character*) *Véase* SYN.

carácter de tabulador *s.* (*tab character*) Carácter utilizado para alinear líneas y columnas en la pantalla y en la impresión. Aunque un tabulador no se distingue visualmente de una serie de espacios en blanco, en la mayoría de los programas el carácter de tabulador y el carácter de espacio son diferentes para la computadora. Un carácter de tabulador es un solo carácter y, así, puede ser añadido, borrado o sobrescrito con una sola pulsación de tecla. El esquema de codificación ASCII incluye dos códigos para los caracteres tabuladores: un tabulador horizontal para el espaciado a lo ancho de la pantalla o página y un tabulador vertical para el espaciado vertical de la pantalla o página. *Véase también* tecla Tabulador.

carácter ESC *s.* (*ESC character*) Uno de los 32 códigos de control definidos en el conjunto de caracteres ASCII. Usualmente, indica el comienzo de una secuencia de escape (una cadena de caracteres que proporciona instrucciones a algún tipo de dispositivo, como, por ejemplo, una impresora). Se representa internamente mediante el código de carácter 27 (1B en hexadecimal).

carácter especial *s.* (***special character***) Todo carácter que no sea alfabético, numérico o el carácter de espacio (por ejemplo, un carácter de puntuación). *Véase también* carácter reservado; carácter comodín.

carácter gráfico *s.* (***graphics character***) Carácter que puede ser combinado con otros para crear gráficos simples, tales como líneas, recuadros y bloques sombreados o rellenos. Véase la ilustración. *Compárese con* carácter visible.

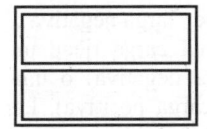

Carácter gráfico.

carácter inactivo *s.* (***idle character***) En comunicaciones, un carácter de control transmitido cuando no hay más información disponible o preparada para ser enviada. *Véase también* SYN.

carácter más significativo *s.* (***most significant character***) El carácter de mayor peso o situado más a la izquierda en una cadena de caracteres. *Acrónimo:* MSC. *Véase también* orden superior. *Compárese con* carácter menos significativo.

carácter menos significativo *s.* (***least significant character***) El carácter de menor peso o situado más a la derecha en una cadena. *Acrónimo:* LSC. *Véase también* de menor peso. *Compárese con* carácter más significativo.

carácter monolítico *s.* (***fully formed character***) Carácter que se forma al golpear sobre una cinta entintada con un tipo de forma similar a como sucede en las máquinas de escribir. Las impresoras de impacto que producen caracteres monolíticos utilizan letras montadas en ruedas (ruedas de margarita), bolas, bloques, bandas o cadenas en vez de punzones, como en las impresores matriciales. *Véase también* margarita; calidad de casi carta; dedal.

carácter nulo *s.* (***null character***) *Véase* NUL.

carácter reservado *s.* (***reserved character***) Carácter del teclado que tiene un significado especial para un programa y, como resultado de esto, normalmente no se puede asignar en los nombres de archivo, documentos y otras herramientas generadas por el usuario, como, por ejemplo, las macros. Entre los caracteres normalmente reservados para usos especiales se incluyen al asterisco (*), la barra inclinada (/), la barra invertida (\), el signo de interrogación (?) y la barra vertical (|).

cárácter síncrono de inactividad *s.* (***synchronous idle character***) *Véase* SYN.

carácter visible *s.* (***graphic character***) Todo carácter que esté representado por un símbolo visible, tal como un carácter ASCII. Un carácter visible no es lo mismo que un carácter gráfico. *Compárese con* carácter gráfico.

caracteres ampliados *s.* (***extended characters***) Cualquiera de los 128 caracteres adicionales en el conjunto de caracteres ASCII ampliado (de 8 bits). Estos caracteres incluyen caracteres utilizados en diversos idiomas, como, por ejemplo, caracteres acentuados, o símbolos especiales utilizados para la creación de gráficos. *Véase también* ASCII ampliado.

caracteres de dos bytes *s.* (***double-byte characters***) Conjunto de caracteres en el que cada carácter se representa por medio de dos bytes. Algunos lenguajes, como el japonés, el chino y el coreano, necesitan los conjuntos de caracteres de dos bytes.

caracteres por pulgada *s.* (***characters per inch***) Medida del número de caracteres de un determinado tamaño y tipo de fuente que puede caber en una línea de una pulgada de longitud. Este número se ve afectado por dos atributos: su tamaño en puntos y la anchura de las letras en el tipo de fuente específico que se está midiendo. En las fuentes monoespaciadas, los caracteres tienen una anchura constante; en las fuentes proporcionales, los caracteres tienen anchuras variables. Por tanto, las medidas del número de caracteres por pulgada debe promediarse. *Acrónimo:* cpi. *Véase también* fuente monoespaciada; separación; fuente proporcional.

caracteres por segundo *s.* (*characters per second*) **1.** Medida de la velocidad a la que un dispositivo, como un disco duro, puede transferir los datos. En las comunicaciones en serie, la velocidad de un módem en bits por segundo normalmente puede dividirse entre 10 para determinar aproximadamente el número de caracteres por segundo transmitidos. *Acrónimo:* CPSR. **2.** Medida de la velocidad de una impresora no láser, como, por ejemplo, una impresora matricial o de inyección de tinta.

característica *s.* (*characteristic*) En matemáticas, el exponente de un número en coma flotante (la parte que sigue a la *E* que indica la posición del punto decimal) o la parte entera de un logaritmo. *Véase también* notación en coma flotante; logaritmo.

característica especial *s.* (*feature*) Propiedad original, atractiva o deseada de un programa, de una computadora o de otro hardware.

carátula *s.* (*banner page*) **1.** En software, una pantalla inicial utilizada para identificar un producto e indicar quiénes son sus productores. **2.** La página de título que la mayoría de los gestores de colas de impresión pueden añadir a los trabajos de impresión. Dicha página suele contener información sobre la identidad de la cuenta, la longitud del trabajo y el propio gestor de colas de impresión y se utiliza principalmente para separar un trabajo de impresión de otro. *Véase también* gestor de la cola de impresión.

Carbon *s.* Nombre en código para la interfaz de programación de aplicaciones (API) y para las bibliotecas compartidas utilizadas para escribir aplicaciones para Macintosh OS X. Ya que Macintosh OS X es un programa totalmente diferente más que una actualización del anterior sistema operativo Macintosh, Carbon llena el hueco existente entre los dos sistemas, permitiendo a los desarrolladores reescribir sus programas para OS X sin tener que reescribir todo el código de la aplicación. Carbon permite a las aplicaciones OS X nativas ejecutarse en versiones anteriores del sistema operativo Macintosh, pero sin las ventajas de OS X.

carbonizar *vb.* (*carbonize*) Actualizar una aplicación Macintosh para OS X. Aunque las versiones antiguas de las aplicaciones Macintosh puede ejecutarse en OS X, sólo aquellas que hayan sido carbonizadas podrán aprovecharse de las ventajas específicas de OS X.

carcasa *s.* (*cabinet*) La caja en la que se ubican los componentes principales de una computadora (UCP, unidad de disco duro, unidad de disquete, unidad de CD-ROM y ranuras de expansión para dispositivos periféricos, tales como monitores). *Véase también* UCP; ranura de expansión.

carga *s.* **1.** (*charge*) Propiedad de las partículas subatómicas que pueden tener carga negativa o positiva. En electrónica, una carga tiene un exceso de electrones (carga negativa) o una deficiencia de electrones (carga positiva). La unidad de carga es el culombio, que corresponde a $6,26 \times 10^{28}$ electrones. **2.** (*load*) En comunicaciones, la cantidad de tráfico que hay en una línea. **3.** (*load*) En electrónica, la cantidad de corriente consumida por un dispositivo. **4.** (*load*) El trabajo total de procesamiento que un sistema lleva a cabo en un instante concreto. **5.** (*upload*) En comunicaciones, es el proceso de transferir una copia de un archivo desde una computadora local a otra remota por medio de un módem o a través de una red. **6.** (*upload*) Se denomina así a la copia del archivo que está siendo o que ha sido transferida.

carga de línea *s.* (*line load*) **1.** En comunicaciones, una medida del uso de una línea de comunicaciones expresada como porcentaje de la capacidad máxima del circuito. **2.** En electrónica, la cantidad de corriente transportada por una línea.

carga destructiva *s.* (*payload*) Los efectos causados por un virus u otro código malicioso. La carga destructiva de un virus puede incluir el desplazamiento, la modificación, la sobrescritura o el borrado de archivos o cualquier otro tipo de actividad destructiva. Un virus o gusano puede contener más de una carga destructiva, cada una de ellas con un disparador asociado.

carga inicial del programa *s.* (*initial program load*) El proceso de copiar un sistema operativo en memoria durante el arranque de un sistema. *Acrónimo:* IPL. *Véase también* arranque; inicio.

cargador *s.* **1.** (*cradle*) Receptáculo utilizado para recargar las baterías en algunos PC de mano o dispositivos PDA (asistente digital personal). Algunos cargadores también sirven como un medio para conectar estos pequeños dispositivos con un PC de escritorio. No todos estos dispositivos requieren un cargador para recargarse o conectarse a un sistema de escritorio. *También llamado* acoplador, estación de acoplamiento. **2.** (*loader*) Utilidad que carga el código ejecutable de un programa en memoria para ejecutarlo. En la mayoría de las microcomputadoras, el cargador es una parte invisible del sistema operativo y se invoca automáticamente cuando se ejecuta un programa. *Véase también* rutina de carga; módulo cargable.

cargador de arranque *s.* (*bootstrap loader*) Programa que se ejecuta automáticamente cuando se enciende (arranca) una computadora. Después de realizar unas cuantas pruebas básicas de hardware, el cargador de arranque carga y pasa el control a un programa cargador más grande, que habitualmente carga el sistema operativo. El cargador de arranque habitualmente reside en la memoria de sólo lectura (ROM) de la computadora.

cargador de arranque de acceso telefónico *s.* (*dial-up boot loader*) Herramienta para actualizar una versión de un sistema operativo en un dispositivo objetivo. *Acrónimo:* DUB.

cargar *vb.* **1.** (*load*) Mover información desde un dispositivo de almacenamiento hasta la memoria para su procesamiento, en el caso de los datos, o para su ejecución, en el caso de código de programa. **2.** (*upload*) Transferir una copia de un archivo desde una computadora local a otra computadora remota. *Compárese con* descargar.

Carnivore *s.* Tecnología de intervención digital de comunicaciones desarrollada por el FBI. El propósito de Carnivore es controlar y captar comunicaciones de correo electrónico y otras comunicaciones basadas en Internet enviadas o recibidas por algún sospechoso. Carnivore copia todo el tráfico de red de un ISP mediante un sistema de recopilación en el que un filtro analiza todas las comunicaciones, descartando todos los datos excepto los relacionados con el sospechoso.

carpeta *s.* (*folder*) En el sistema operativo Mac OS, en las versiones de 32 bits de Windows y en otros sistemas operativos, un contenedor de programas y archivos en las interfaces gráficas de usuario simbolizado en la pantalla por una imagen gráfica (icono) de una carpeta de archivo. Este contenedor se denomina directorio en otros sistemas, tal como MS-DOS y UNIX. Una carpeta es una forma de organizar los programas y documentos en un disco y puede contener tanto archivos como carpetas adicionales. Este tipo de elemento apareció en el mercado por primera vez en 1983 en los sistemas Lisa de Apple Computer y en el Apple Macintosh en 1984. *Véase también* directorio.

carpeta compartida *s.* (*shared folder*) En una computadora Macintosh conectada a una red y que esté ejecutando el sistema operativo System 6.0 o superior, es una carpeta que el usuario ha hecho accesible a otros usuarios de la red. Una carpeta compartida es análoga a un directorio de red en un PC. *Véase también* directorio de red.

carpeta Favoritos *s.* (*Favorites folder*) En Microsoft Internet Explorer, es una colección de accesos directos a sitios web que un usuario ha seleccionado para referencia futura. Otros exploradores web hacen referencia a esta colección de sitios web utilizando otros nombres, como el de lista de marcadores. *Véase también* archivo de marcadores; Internet Explorer; URL. *Compárese con* marcador; lista de favoritos.

carpeta raíz *s.* (*root folder*) La carpeta de una unidad de disco a partir de la cual se ramifican todas las demás carpetas. El nombre de la carpeta raíz consiste en un único carácter de barra inclinada a la izquierda (\). Por ejemplo, en la unidad C, esta carpeta estaría representada en el sistema de archivos como C:\.

carpeta System *s.* (*System folder*) La carpeta de archivos (directorio) Macintosh que contiene el archivo System y otros archivos vitales,

carpetas inhabilitadas tales como Finder, los controladores de dispositivo, los archivos INIT y los archivos de panel de control. *Véase también* panel de control; Finder; INIT; archivo System.

carpetas inhabilitadas *s.* (*disabled folders*) En el sistema operativo Mac OS, varias carpetas situadas en la carpeta del sistema que contienen extensiones del sistema, paneles de control y otros elementos que han sido eliminados del sistema mediante el administrador de la extensión. Los elementos que estén inhabilitados en ese momento no se instalarán durante el arranque del sistema. Sin embargo, el administrador de extensiones podría moverlas de nuevo posteriormente a sus carpetas normales de manera automática. *Véase también* Extension Manager; carpeta System.

carpetas privadas *s.* (*private folders*) En un entorno compartido de red, se denomina así a las carpetas del equipo de un usuario que no son accesibles por parte de otros usuarios de la red. *Compárese con* carpetas públicas.

carpetas públicas *s.* (*public folders*) Las carpetas que se definen como accesibles en una máquina concreta o por parte de un usuario concreto en un entorno compartido de red. *Compárese con* carpetas privadas.

carro *s.* (*carriage*) La pieza que alberga el rodillo de una máquina de escribir o de una impresora basada en principios similares a los de la una máquina de escribir. En una máquina de escribir estándar, el rodillo y el carro se mueven dentro de la carcasa de la máquina, pasando por delante del punto donde las teclas inciden sobre el papel; el rodillo rota para hacer que avance el papel contenido en el carro. En la mayoría de las impresoras de impacto, sin embargo, el cabezal de impresión se desplaza por encima de un rodillo, el cual rota, pero no se mueve horizontalmente; en dichas máquinas, la pieza que alberga el cabezal de impresión se suele denominar carro del cabezal de impresión. *Véase también* retorno de carro; rodillo.

carro de la compra *s.* (*shopping cart*) En los programas de comercio electrónico, es un archivo en el que un cliente almacena información sobre las compras potenciales hasta que está listo para realizar el pedido. Representado en pantalla usualmente mediante el dibujo de un carrito de la compra, el carro virtual proporciona un punto de referencia fácilmente identificable para los usuarios poco familiarizados con el comercio electrónico. *Véase también* comercio electrónico.

carta bomba *s.* (*letterbomb*) Un mensaje de correo electrónico cuyo objetivo es tratar de impedir el uso normal de la computadora por parte del receptor. Algunas secuencias de caracteres de control pueden bloquear un terminal, algunos archivos adjuntos a un mensaje pueden contener virus o caballos de Troya y los mensajes de tamaño suficientemente grande pueden desbordar un buzón de correo o hacer que el sistema sufra un fallo de funcionamiento. *Véase también* carácter de control; correo electrónico; buzón de correo; caballo de Troya; virus.

cartucho *s.* (*cartridge*) Un dispositivo contenedor que normalmente consiste en algún tipo de carcasa plástica. *Véase también* cartucho de disco; cartucho de tinta; cartucho de memoria; cartucho de cinta; cartucho ROM; cartucho de cinta; cartucho de tóner.

cartucho de cinta *s.* **1.** (*ribbon cartridge*) Módulo desechable que contiene una cinta de fábrica tintada o una cinta de película de plástico recubierta de carbón. Muchas impresoras de impacto utilizan cartuchos de cinta para hacer los cambios de cinta más fáciles y limpios. **2.** (*tape cartridge*) Módulo que se asemeja a una casete de audio y que contiene una cinta magnética que puede ser escrita y leída con una unidad de cinta. Los cartuchos de cinta se utilizan principalmente para hacer copias de seguridad de los discos duros. *Véase también* cinta.

cartucho de disco *s.* (*disk cartridge*) Disco extraíble encerrado en una carcasa protectora. Un cartucho de disco puede emplearse en ciertos tipos de unidades de disco duro y dispositivos relacionados, como las unidades externas de almacenamiento de datos conocidas como unidades Bernoulli.

cartucho de fuentes *s.* (*font cartridge*) Unidad integrada disponible para algunas impresoras que contiene fuentes en varios estilos y tamaños diferentes. Los cartuchos de fuentes, como las fuentes descargables, permiten a una impresora generar caracteres en tamaños y estilos distintos a los creados por sus fuentes integradas. *También llamado* tarjeta de fuentes. *Véase también* cartucho ROM.

cartucho de juegos *s*. (*game cartridge*) *Véase* cartucho ROM.

cartucho de memoria *s*. (*memory cartridge*) Módulo enchufable que contiene chips de RAM (memoria de acceso aleatorio) que pueden utilizarse para almacenar datos o programas. Los cartuchos de memoria se utilizan principalmente en computadoras portátiles como sustitutos más pequeños y ligeros (pero más caros) de las unidades de disco. Los cartuchos de memoria normalmente utilizan una forma no volátil de RAM, la cual no pierde sus contenidos cuando se desconecta la alimentación, o una RAM alimentada por batería, que mantiene sus contenidos consumiendo la corriente de una batería recargable contenida en el cartucho. *También llamado* cartucho RAM. *Véase también* tarjeta de memoria; RAM. *Compárese con* cartucho ROM.

cartucho de programa *s*. (*program cartridge*) *Véase* cartucho ROM.

cartucho de tinta *s*. (*ink cartridge*) Módulo desechable que contiene tinta y que se utiliza normalmente en las impresoras de inyección de tinta. *Véase también* impresora de inyección de tinta.

cartucho de tóner *s*. (*toner cartridge*) Contenedor desechable que contiene tóner para una impresora láser u otra impresora de páginas. Algunos tipos de cartucho de tóner contienen sólo tóner; no obstante, los motores de impresora más populares empaquetan todos los desechables, incluyendo el tóner y el tambor fotosensible, en un mismo cartucho. Los cartuchos de tóner son intercambiables entre las impresoras que utilizan el mismo motor.

cartucho de un cuarto de pulgada *s*. (*quarter-inch cartridge*) *Véase* QIC.

cartucho RAM *s*. (*RAM cartridge*) *Véase* cartucho de memoria.

cartucho ROM *s*. (*ROM cartridge*) Un módulo enchufable que contiene una o más fuentes de impresora, programas o juegos u otro tipo de información almacenada en chips de ROM, en una tarjeta inserta en una carcasa de plástico con un conector abierto en un extremo, con el fin de enchufar la tarjeta fácilmente a una impresora, una computadora, una consola de juegos u otro tipo de dispositivo. Por ejemplo, los cartuchos que se insertan en las consolas de juegos son cartuchos ROM. *Véase también* ROM; tarjeta ROM.

cascada *s*. (*cascade*) **1**. Elementos adicionales mostrados por un elemento de menú o recuadro de lista entre los que el usuario puede efectuar una selección para interactuar con otros elementos de la pantalla. **2**. En los artículos de grupos de noticias, es la acumulación de caracteres de cita (a menudo corchetes angulares) añadidos por los programas de lectura de grupos de noticias cada vez que se replica a un artículo. La mayoría de los programas de lectura de grupos de noticias copian el artículo original en el cuerpo de la respuesta; después de varias respuestas, el material original tendrá numerosos caracteres de cita. *Véase también* artículo; grupo de noticias; lector de noticias.

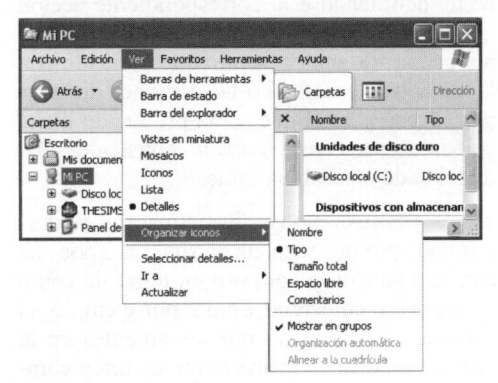

Cascada.

CASE *s*. Acrónimo de computer-aided software engineering (ingeniería de software asistida por computadora). Término de carácter general que se utiliza para describir el software diseñado para facilitar el uso de computadoras en todas las fases de desarrollo de programas informáticos, desde la planificación y el mode-

case 132

lado hasta la codificación y la documentación. La tecnología CASE representa un entorno de trabajo compuesto por programas y otras herramientas de desarrollo que ayudan a los administradores, analistas de sistemas, programadores y otros profesionales a automatizar el diseño y la implementación de programas y procedimientos para sistemas informáticos de carácter empresarial, científico o de ingeniería.

case *s.* En lenguajes de programación tales como Ada, Pascal y C, un tipo de instrucción de control que ejecuta uno de los diversos conjuntos de instrucciones dependiendo de algún valor clave. Las instrucciones case se utilizan para evaluar situaciones que tienen diversos posibles resultados. Esta instrucción es un refinamiento del tipo básico IF-THEN de instrucción condicional (si *A* es verdadero, entonces hacer *B*); la instrucción case funciona como una serie de instrucciones IF anidadas (si *A*, hacer esto; en caso contrario, si *B*, hacer esto; en caso contrario...). En la evaluación de una instrucción case, se compara sucesivamente una variable (como, por ejemplo, un número o una cadena de caracteres) con una serie de constantes asignadas por el programador. Cada constante representa un caso diferente, definiéndose la correspondiente acción que hay que llevar a cabo. Cuando el programa encuentra una constante que coincide con la variable, lleva a cabo las acciones dictadas por el caso para el que se ha producido dicha coincidencia. *Véase también* constante; instrucción de control; variable.

casero *s.* (***homebrew***) Hardware o software desarrollado por una persona en su casa o por una empresa para su propio uso en lugar de como un producto comercial, como, por ejemplo, el hardware desarrollado por los amantes de la electrónica cuando aparecieron los microcomputadores por primera vez en la década de 1970.

casilla de verificación *s.* (***check box***) Control interactivo que se puede encontrar a menudo en las interfaces gráficas de usuario. Las casillas de verificación se utilizan para activar o desactivar una o más funciones de un conjunto. Cuando se selecciona una opción, aparece una *x* o una marca de verificación en la casilla. *Véase también* control. *Compárese con* botón de radio.

caso *s.* (***case***) En procesamiento de textos, una indicación de si uno o más caracteres alfabéticos están en mayúsculas o minúsculas. Un programa o rutina sensible al uso de mayúsculas distingue entre letras mayúsculas y minúsculas y trata una palabra tal como gato de forma totalmente diferente a Gato o GATO. Un programa sensible al uso de mayúsculas que también separe las palabras en mayúscula o en minúscula colocaría la palabra Antonio en una lista antes que las palabras abalorio o antimonio, a pesar de que alfabéticamente sea posterior a esas dos palabras en minúscula.

cassette *s.* La unidad compuesta por una carcasa plástica y la cinta magnética que contiene. Las cintas de cassette se utilizan para realizar copias de seguridad de grandes cantidades de datos informáticos.

CAT *s.* **1.** Acrónimo de computer-aided testing (realización de pruebas asistida por computadora). Procedimiento utilizado por los ingenieros para comprobar o analizar diseños, especialmente aquellos creados con programas CAD. Los desarrolladores de software también realizan pruebas asistidas por computadora para llevar a cabo pruebas de regresión automatizadas. **2.** Acrónimo de computer-assisted teaching o computer-aided teaching (enseñanza asistida por computadora). *Véase* CAI. **3.** Acrónimo de computerized axial tomography (tomografía axial computerizada). Procedimiento médico en el que se utiliza una computadora para generar una imagen en tres dimensiones de una parte del cuerpo a partir de una serie de imágenes de rayos X tomadas como secciones transversales a lo largo de un mismo eje. *Véase* CAI.

catálogo *s.* (***catalog***) **1.** En una computadora, una lista que contiene información específica, como el nombre, longitud, tipo o ubicación de los archivos o del espacio de almacenamiento. **2.** En una base de datos, el diccionario de datos. *Véase también* diccionario de datos.

catálogo global *s.* (***global catalog***) Base de datos de directorios de Windows que las aplicaciones y clientes pueden consultar para localizar cualquier objeto en un bosque. El catálogo global se aloja en uno o más controladores de dominio del bosque. Contiene una réplica parcial de todas las particiones de directorio de dominio existentes en el bosque. Estas réplicas parciales incluyen réplicas de todos los objetos del bosque del modo siguiente: los atributos más frecuentemente utilizados en las operaciones de búsqueda y en los atributos necesarios para localizar una réplica completa de un objeto. *Véase también* Active Directory; atributo; controlador de dominio; bosque; replicación.

catch *s*. Palabra clave del lenguaje de programación Java utilizada para declarar un bloque de instrucciones que será ejecutado en el caso de que se produzca una excepción o error de tiempo de ejecución Java en un bloque «try» anterior. *Véase también* bloque; excepción; palabra clave; entorno de ejecución; try.

categoría 3, cable de *s*. (*Category 3 cable*) Un cable de red que soporta frecuencias de hasta 16 MHz y velocidades de transmisión de hasta 10 Mbps (Ethernet estándar). El cable de Categoría 3 tiene cuatro pares trenzados no apantallados de hilo de cobre y conectores RJ-45 y se utiliza en aplicaciones de voz y 10 Base-T. *También llamado* cable Cat 3.

categoría 4, cable de *s*. (*Category 4 cable*) Cable de red que soporta frecuencias de hasta 20 MHz y velocidades de transmisión de hasta 16 Mbps. El cable de Categoría 4 tiene cuatro pares trenzados no apantallados de hilo de cobre y conectores RJ-45. Menos popular que los cables de Categoría 3 y Categoría 5, se utiliza principalmente para redes token ring. *También llamado* cable Cat 4.

categoría 5 mejorado, cable de *s*. (*enhanced Category 5 cable*) *Véase* categoría 5e, cable de.

categoría 5, cable de *s*. (*Category 5 cable*) Cable de red que soporta frecuencias de hasta 100 MHz y velocidades de transmisión de hasta 100 Mbps (utilizando dos pares) o 1.000 Mbps (utilizando cuatro pares, en cuyo caso se denomina gigabit sobre cobre). El cable de Categoría 5 tiene cuatro pares trenzados no apantallados de hilo de cobre y conectores RJ-45 y se utiliza para redes 10/100/1.000 Base-T, ATM y token ring. *También llamado* cable Cat 5.

categoría 5e, cable de *s*. (*Category 5e cable*) Cable de red que soporta frecuencias de hasta 100 MHz y velocidades de transmisión de hasta 1.000 Mbps (modo semidúplex) o 2.000 Mbps (modo dúplex). El cable de Categoría 5e tiene cuatro pares trenzados no apantallados de hilo de cobre, conectores RJ-45 y un apantallamiento mejorado para impedir la degradación de la señal. El cable de Categoría 5e puede utilizarse para redes 10/100/1.000 Base-T, ATM y token ring. *También llamado* cable Cat 5e. *Véase también* dúplex; transmisión semi-dúplex.

cátodo *s*. (*cathode*) **1**. El electrodo emisor de electrones en un tubo de vacío. **2**. El terminal negativo de una batería. *Compárese con* ánodo. **3**. El terminal del electrodo que está negativamente cargado y desde el cual fluyen los electrones.

CATV *s*. Acrónimo de Community Antenna Television (televisión por antena comunitaria) o Cable Television (televisión por cable). Un sistema de radiodifusión para televisión que utiliza cable coaxial o de fibra óptica para distribuir una señal de banda ancha que contiene muchos canales independientes de televisión. Los sistemas CATV también se utilizan, cada vez más, para que los abonados envíen y reciban datos digitales (por ejemplo, conexiones Internet).

CatXML *s*. Acrónimo de Catalogue XML (XML para catálogos). Un estándar abierto para utilizar XML en intercambios de información de catálogo a través de Internet. CatXML utiliza un esquema XML flexible con múltiples perfiles que pueden adaptarse para satisfacer las necesidades de cada empresa individual. CatXML soporta las estructuras de información existentes hoy día y proporciona modelos de redes de información para consulta distribuida y formatos de salida dinámicos.

cazaerrores *s*. (*typosquatter*) Un tipo de ciberokupa que se aprovecha de los errores tipográficos para engañar a los usuarios de la Web. Los cazaerrores registran variantes de los nombres de dominio más populares que contienen los errores de escritura más comunes (por ejemplo: Mircosoft). Un usuario que cometa un error al escribir la dirección de un sitio web será llevado a ese sitio falso, que normalmente estará repleto de anuncios en forma de titulares y ventanas emergentes. El cazaerrores recibe una remuneración según el número de usuarios que vean los anuncios. *Véase también* ciberokupa.

CBEMA *s*. Acrónimo de Computer and Business Equipment Manufacturers Association (Asociación de fabricantes de equipamiento informático y empresarial). Organización de vendedores y fabricantes de hardware de Estados Unidos que promueve la estandarización del procesamiento de la información y de los equipos relacionados.

CBL *s*. Acrónimo de computer-based learning (aprendizaje basado en computadora). Término que hace referencia tanto a los sistemas de formación asistida por computadora (CAI), que se centran principalmente en la educación, como a los sistemas de formación basada en computadora (CBT, computer-based training), que son sistemas de formación específicos de la aplicación u orientados al entorno laboral. *Véase también* CAI; CBT.

CBT *s*. Acrónimo de computer-based training (formación basada en computadora). El uso de computadoras y programas software tutoriales personalizados para actividades de formación. Los sistemas CBT utilizan colores, gráficos y otras técnicas para captar la atención con el fin de mantener el interés de los usuarios, existiendo aplicaciones tanto muy simples como muy sofisticadas dentro de esta categoría. Un desarrollador de software, por ejemplo, podría incluir una serie de lecciones CBT dentro de una aplicación para proporcionar a los nuevos usuarios una introducción práctica al manejo del programa. Un consultor podría utilizar un programa CBT más amplio y detallado como herramienta para la impartición de un seminario de formación sobre gestión empresarial.

cc *s*. Acrónimo de «copia de cortesía». Una directiva que ordena al programa de correo electrónico enviar una copia completa de un determinado correo a otra persona. La utilización de una dirección de correo cc, en lugar de enviar directamente el correo a una persona, sugiere generalmente que no se le está pidiendo al receptor que tome ninguna acción; el mensaje tiene sólo un propósito informativo. Con la directiva cc, en la cabecera del mensaje se indica que este receptor ha recibido el correo, por lo que todos los demás receptores son conscientes de ello. *También llamado* con copia. *Véase también* correo electrónico; cabecera. *Compárese con* bcc.

cc:Mail *s*. Un programa de correo electrónico creado originalmente por cc:mail, Inc., y actualmente producido por Lotus Development Corporation. Lotus cc:Mail se ejecuta sobre múltiples plataformas de red y sobre Internet, y está estrechamente integrado con el software de colaboración Lotus Notes.

CCC *s*. Acrónimo de Computer Controlled Character (personaje controlado por computadora). El término CCC se emplea generalmente en juegos de rol para computadora, como, por ejemplo, las mazmorras multiusuario. Hace referencia a un personaje no interpretado por un ser humano, sino generado por la computadora e incluido dentro del propio juego. *Véase también* juego de computadora; MUD; juego de rol.

CCD *s*. *Véase* dispositivo de acoplamiento de carga.

CCI *s*. *Véase* Common Client Interface.

CCITT *s*. Acrónimo de Comité Consultivo Internacional Telegráfico y Telefónico, ahora denominado International Telecommunications Union-Telecommunications Standardization Sector (ITU-TSS, que a menudo se abrevia como ITU-T). CCITT fue la organización encargada de llevar a cabo las tareas de estandarización para la ITU. Después de una reorganización sufrida por la ITU en 1992, CCITT dejó de existir como organismo separado, aunque hay diversos estándares a los que todavía se conoce mediante el prefijo CCITT. *Véase también* ITU.

CCITT, grupos 1-4 *s*. (*CCITT Groups 1-4*) Un conjunto de cuatro estándares promulgados por el CCITT para la codificación y transmisión de imágenes a través de fax. Los Grupos

1 y 2 están relacionados con dispositivos analógicos y, por lo general, ya no se utilizan. Los Grupos 3 y 4 tratan de los dispositivos digitales. El Grupo 3 es un estándar muy extendido que soporta imágenes de 203 puntos por pulgada (ppp) horizontalmente por 98 ppp (imágenes estándar) o 198 ppp (imágenes de alta resolución) verticalmente. El estándar de Grupo 3 soporta dos métodos de compresión de datos, uno de ellos basado en códigos Huffman, que puede reducir la imagen a un 10 o un 20 por 100 del tamaño de la original, y otro denominado READ (relative element address designation; designación de direcciones relativas de elementos), que comprime las imágenes hasta ocupar entre un 6 y un 12 por 100 de la original. Los faxes de Grupo 3 también cuentan con protección mediante contraseñas y pemiten utilizar mecanismos de sondeo, de modo que una máquina receptora pueda solicitar que se le transmitan los datos en el momento apropiado. El Grupo 4, un estándar más reciente, soporta imágenes de hasta 400 ppp; soporta un mecanismo de compresión de datos que se basa en considerar una fila inicial de píxeles (puntos) blancos codificando cada una de las líneas sucesivas según los cambios con respecto a la línea anterior, lo que permite comprimir las imágenes hasta ocupar entre un 3 y un 10 por 100 de la original. No incluye información de corrección de errores en la transmisión y requiere utilizar una línea telefónica RDSI (Red Digital de Servicios Integrados) en lugar de una línea telefónica convencional.

CCITT, serie V *s.* (*CCITT V series*) *Véase* serie V.

CCITT, serie X *s.* (*CCITT X series*) *Véase* serie X.

ccNUMA *s.* Acrónimo de Cache-Coherent Non-Uniform Memory Access (acceso a memoria no uniforme con coherencia de caché). Tecnología que permite a varios sistemas de multiprocesamiento simétrico conectarse mediante un hardware de interconexión de alta velocidad y gran ancho de banda de tal manera que funcionen como una sola máquina. *Véase también* multiprocesamiento simétrico.

cco *s. Véase* bcc.

CCP *s.* Acrónimo de Certificate in Computer Programming (certificado en programación informática). Una titulación informática de nivel avanzado reconocida por el instituto ICCP para aquellas personas que pasan una exhaustiva serie de exámenes sobre programación.

CD *s.* Acrónimo de Carrier Detect (detector de portadora). Señal enviada desde un módem al equipo conectado y que indica que el módem está en línea. *Véase también* DCD.

cd *s.* Acrónimo de change directory (cambio de directorio). En MS-DOS, UNIX y programas de cliente FTP, es el comando que cambia del directorio actual al directorio cuya ruta se especifique después del comando cd. *Véase también* directorio; ruta.

CD *s.* Disco compacto individual, tal como un CD-ROM. *Véase también* CD-ROM; disco compacto.

CD plus *s.* (*CD Plus*) Formato de codificación de disco compacto que permite la mezcla de grabaciones de audio y de datos en el mismo CD sin que exista la posibilidad de que el equipo de audio llegue a dañarse al intentar reproducir las secciones de datos.

CD Video *s. Véase* CDV.

CD-E *s.* Acrónimo de compact disc-erasable (disco compacto borrable). Una mejora tecnológica de los discos CD mediante la cual puede cambiarse repetidamente la información contenida en el CD. Los CD contemporáneos son de «una sola escritura, múltiples lecturas» y en ellos la información escrita originalmente no se puede cambiar.

cdev *s.* Abreviatura de control panel device (dispositivo de panel de control). Una utilidad Macintosh que permite personalizar las configuraciones básicas del sistema. En las computadoras Macintosh con System 6, un cdev es un programa de utilidad situado en la carpeta del sistema. Los programas cdev de teclado y ratón están preinstalados. Otros programas cdev se proporcionan con los paquetes y utilidades software. En System 7, los programas cdev se denominan paneles de control. *Véase también* panel de control; carpeta System. *Compárese con* INIT.

CDF *s.* (***Channel Definition Format***) Acrónimo de Channel Definition Format (formato de definición de canales). Un formato de archivo basado en XML que describe un canal (una colección de páginas web) contenido en un servidor. El formato de definición de canales se utiliza con la característica Active Channel en Microsoft Internet Explorer para suministrar información seleccionada (y a menudo personalizada) a los usuarios que se hayan abonado a dicho servicio. *Véase también* Active Channel; emisión web.

CDFS *s.* **1.** Designación utilizada en computadoras UNIX para indicar que un sistema de archivos reside en un soporte físico extraíble de sólo lectura (es decir, un CD-ROM). Normalmente, esto indica que el disco compacto cumple el estándar ISO 9660. CDFS también se utiliza como parte de los comandos de montaje de soportes físicos (discos duros, unidades de cinta, unidades de red remotas y unidades de CD-ROM) para su uso en una computadora. *Véase también* CD-ROM; ISO 9660. **2.** Acrónimo de CD-ROM File System (sistema de archivos de CD-ROM). Sistema de archivos de 32 bits en modo protegido que controla el acceso a los contenidos de los discos CD-ROM en Windows 9x. *Véase también* modo protegido.

CD-I *s.* Acrónimo de compact disc-interactive (disco compacto interactivo). Un estándar hardware y software de tecnología de disco óptico que combina audio, vídeo y texto en discos compactos de alta capacidad. CD-I proporciona características tales como visualización y resolución de imágenes, animaciones, efectos especiales y audio. El estándar cubre métodos de codificación, compresión, descompresión y visualización de la información almacenada. *Véase también* CD-ROM.

CDMA *s. Véase* acceso múltiple por división de códigos.

CDN *s.* Acrónimo de content delivery network (red de distribución de contenido). Un servicio que almacena las páginas de un sitio web en la memoria caché de una serie de servidores geográficamente dispersos para permitir un suministro más rápido de las páginas web. Cuando se solicita una página correspondiente a una dirección URL compatible con este estándar de distribución de contenido, la red de distribución de contenido encamina la solicitud del usuario hacia el servidor de caché más próximo a él. *Véase también* distribución de contenido.

CDP *s.* Acrónimo de Certificate in Data Processing (certificado en procesamiento de Datos). Certificado reconocido por el instituto ICCP para aquellas personas que superan una serie de exámenes sobre computadoras y áreas relacionadas, entre las que se incluyen programación, software y análisis de sistemas.

CDPD *s. Véase* Cellular Digital Packet Data.

CD-R *s.* Acrónimo de compact disc-recordable (disco compacto grabable). Tipo de CD-ROM que puede escribirse en una grabadora de CD y leerse en una unidad de CD-ROM. *Véase también* grabadora de CD; CD-ROM.

CD-R/E *adj.* Acrónimo de compact disc-recordable and erasable (disco compacto grabable y borrable). Perteneciente o relativo al hardware y software para la conexión de computadoras con dispositivos CD-R (compact disc-recordable) y CD-E (compact disc-erasable). *Véase también* CD-R.

CD-ROM *s.* **1.** Acrónimo de compact disc read-only memory (memoria de sólo lectura en disco compacto). Forma de almacenamiento caracterizada por su alta capacidad (unos 650 megabytes) y por el uso de óptica láser en lugar de soportes magnéticos para leer los datos. Aunque las unidades de CD-ROM son estrictamente de sólo lectura, son similares a las unidades de CD-R (una sola escritura, múltiples lecturas), a los dispositivos ópticos WORM y a las unidades de disco óptico de lectura-escritura. *Véase también* CD-I; CD-R; WORM. **2.** Un CD (disco compacto) individual diseñado para utilizarse con una computadora y capaz de almacenar hasta 650 megabytes de datos. *Véase también* CD; disco.

CD-ROM de alta capacidad *s.* (*high-capacity CD-ROM*) *Véase* videodisco digital.

CD-ROM/XA *s.* Abreviatura de CD-ROM Extended Architecture (arquitectura ampliada de CD-ROM). Un formato ampliado de CD-ROM desarrollado por Philips, Sony y Microsoft. CD-ROM/XA es coherente con el estándar ISO 9660 (High Sierra), definiendo además una especificación para el entrelazado de datos, imágenes y audio ADPCM (adaptive differential pulse code modulation). *Véase también* modulación diferencial adaptativa por impulsos codificados; CD-ROM; especificación High Sierra.

CD-RW *s.* Acrónimo de compact disc-rewritable (disco compacto reescribible). Tecnología, equipamiento, software y soportes físicos utilizados en la producción de discos compactos CD que permiten múltiples escrituras.

CDS *s. Véase* servicios de circuito de datos.

CDV *s.* **1.** Acrónimo de compact disc video (vídeo de disco compacto). Videodisco de 5 pulgadas. *Véase también* videodisco. **2.** Acrónimo de compressed digital video (vídeo comprimido digital). Compresión de imágenes de vídeo para transmisión a alta velocidad.

CeBIT *s.* Una de las principales ferias comerciales del mundo dentro de los sectores de la tecnología de la información, las telecomunicaciones y la ofimática. Celebrada anualmente en Hannover, Alemania, CeBIT atrae a cientos de miles de visitantes y expositores de más de 60 países.

CEBus *s.* Abreviatura de Consumer Electronic Bus (bus para electrónica de consumo). CEBus es un conjunto de documentos de especificación con arquitectura abierta que define una serie de protocolos para permitir que una serie de equipos se comuniquen a través de los cables de la red eléctrica, pares trenzados de baja tensión, cables coaxiales, enlaces infrarrojos, enlaces RF y cables de fibra óptica. Cualquier empresa puede obtener una copia de estas especificaciones y desarrollar productos compatibles con el estándar CEBus.

celda *s.* (*cell*) **1.** Un paquete de longitud fija que constituye la unidad de transmisión básica en las redes de alta velocidad, como, por ejemplo, ATM. *Véase también* ATM. **2.** Una unidad de almacenamiento direccionable (nominada o numerada) que puede contener información. Una celda binaria, por ejemplo, es una unidad de almacenamiento que puede contener un bit de información, es decir, que puede estar activada o desactivada. **3.** Área de cobertura para teléfonos inalámbricos a la que da servicio una determinada estación base (torre celular), usualmente rodeada por otras seis celdas. Cuando un teléfono inalámbrico atraviesa la frontera entre una celda y otra, se produce una cesión de la llamada entre una celda y la siguiente. Las celdas pueden tener un radio que va desde 500 metros hasta 20 kilómetros, dependiendo del volumen de llamadas celulares y de la presencia de edificios de gran tamaño o de accidentes del terreno que puedan interferir con las señales. **4.** La intersección de una fila y una columna en una hoja de cálculo. Cada combinación de fila y columna en una hoja de cálculo es única, lo que permite identificar a cada celda de manera unívoca; por ejemplo, la celda B17 será la situada en la intersección de la columna B con la fila 17. Cada celda se muestra como un espacio rectangular que puede contener texto, un valor o una fórmula.

celda activa *s.* (*active cell*) La celda resaltada en la pantalla de una hoja de cálculo que constituye el foco actual de operación. *También llamado* celda actual, celda seleccionada. *Véase también* rango.

celda actual *s.* (*current cell*) *Véase* celda activa.

celda de carácter *s.* (*character cell*) Bloque rectangular de píxeles que representa el espacio en el que se dibuja un determinado carácter en la pantalla. Las pantallas de computadora utilizan diferentes números de píxeles como celdas de carácter. Las celdas de carácter no son siempre del mismo tamaño para una fuente dada; sin embargo, para las fuentes espaciadas proporcionalmente, como las normalmente mostradas en el Apple Macintosh, la altura de una fuente dada permanece constante, pero la anchura varía con cada carácter.

celda de memoria *s.* (*memory cell*) Circuito electrónico que almacena un bit de datos. *Véase también* bit.

celda seleccionada *s.* (*selected cell*) Véase celda activa.

Celeron *s.* Familia de microprocesadores de Intel de bajo coste introducida en 1998. Los chips Celeron están basados en la misma microarquitectura P6 que el procesador Pentium II. Incluyen una caché integrada L2 de 128 KB y soportan la tecnología MMX. Los chips Celeron tenían a principios de 2002 velocidades de hasta 1,3 GHz. *Véase también* Pentium.

Cellular Digital Packet Data *s.* Estándar inalámbrico que proporciona transmisión bidireccional de paquetes de datos a 19,2 Kbps por los canales de telefonía móvil ya existentes. *Acrónimo:* CDPD. *Véase también* paquete; inalámbrico.

Cellular Telecommunications and Internet Association *s.* Asociación con sede en Washington D.C. (EE. UU.) que representa al sector de las telecomunicaciones inalámbricas y a los fabricantes de equipos para dicho sector en Estados Unidos. *Acrónimo:* CTIA.

célula de combustible *s.* (*fuel cell*) Dispositivo electroquímico, similar en funciones a una pila, en el que la energía química del combustible, tal como hidrógeno, y de un oxidante, normalmente oxígeno, se transforman directamente en energía eléctrica. A diferencia de las pilas, las células de combustible no almacenan energía y nunca se agotan ni necesitan recargarse mientras se suministre combustible y oxidante de modo continuo. Los principios de la tecnología de células de combustible fueron descubiertos hace más de cien años, pero hasta hace poco esta tecnología sólo ha sido utilizada en laboratorios o en viajes espaciales (las misiones del Apolo y de la lanzadera espacial). En el presente se están desarrollando pequeñas células de combustible que suministrarán energía a dispositivos portátiles tales como computadoras portátiles o teléfonos celulares, generarán electricidad y calor y reemplazarán a los motores de combustión en los automóviles.

célula fotovoltaica *s.* (*photovoltaic cell*) Véase célula solar.

célula solar *s.* (*solar cell*) Dispositivo fotoeléctrico que produce energía eléctrica cuando se expone a la luz. *También llamado* célula fotovoltaica.

censor, software *s.* (*censorware*) Software que impone restricciones en el tipo de sitios Internet, grupos de noticias o archivos a los que puede acceder un usuario.

censura *s.* (*censorship*) La acción de impedir que un cierto material que alguien considera cuestionable circule dentro de un sistema de comunicaciones sobre el cual ese alguien tiene un cierto poder. Internet, como un todo, no está sujeta a censura, pero determinadas partes de la misma sí están sujetas a distintos grados de control. Un servidor de noticias, por ejemplo, puede a menudo configurarse para excluir algunos de los grupos de noticias alt. (o todos ellos), como, por ejemplo, alt.sex.* o alt.music.white-power, que son grupos de discusión no moderados y tienden a ser controvertidos. Un grupo de noticias moderado o una lista de correo moderada pueden ser considerados, en cierto modo, como «censurados», porque el moderador borrará normalmente el contenido altamente controvertido o de naturaleza obscena o el contenido que trate sobre un tema diferente de aquel al que está dedicado el grupo de noticias. Los servicios en línea (como, por ejemplo, America Online) tienen propietarios identificables que a menudo asumen una cierta responsabilidad sobre el contenido que llega a presentarse en las pantallas de los equipos de sus usuarios. En algunos países, la censura de ciertos sitios web de carácter político o cultural depende de la política nacional.

centi- *pref.* Una centésima, como, por ejemplo, en la palabra centímetro, que es una centésima de metro.

centrado en el documento *adj.* (*document-centric*) Perteneciente, relativo a, o característico de, un sistema operativo en el que el usuario abre archivos de documentos invocando así automáticamente las aplicaciones (como, por ejemplo, procesadores de texto o programas de hoja de cálculo) que permiten procesarlos. Muchas de las interfaces gráficas de usuario, como Macintosh Finder, así como la World

Wide Web, son entornos centrados en el documento. *Compárese con* centrado en la aplicación.

centrado en la aplicación *adj.* (***application-centric***) Perteneciente o relativo a, o característico de, un sistema operativo en el que un usuario invoca una aplicación para abrir o crear documentos (como, por ejemplo, archivos de procesamientos de textos y hojas de cálculo). Las interfaces de línea de comando y algunas interfaces gráficas de usuario, como el Administrador de programas de Windows 3.x, están centrados en la aplicación. *Compárese con* centrado en el documento.

central de conmutación *s.* (***central office***) En comunicaciones, es el centro de conmutación en el que se llevan a cabo las interconexiones entre las líneas de comunicaciones de los clientes.

central de telefonía móvil *s.* (***mobile telephone switching office***) Computadora que controla las llamadas de teléfono inalámbrico. La central de conmutación de telefonía móvil controla la operación de las células de las redes inalámbricas, realiza el seguimiento de las llamadas y transfiere las señales entre las redes inalámbricas y los sistemas tradicionales de telefonía por cable.

centralita *s.* (***Private Branch Exchange***) *Véase* PBX.

centrar *vb.* (***center***) Alinear los caracteres alrededor de un punto situado en el centro de una línea, página u otra área definida; en la práctica, colocar el texto de forma que esté a igual distancia de ambos márgenes o bordes. *Véase también* alinear.

Centrex *s.* Opción que ofrecen algunas compañías telefónicas en las que los clientes de empresa pueden disfrutar de las más recientes funcionalidades telefónicas accediendo a una amplia gama de servicios telefónicos sin tener que comprar o mantener el equipo necesario. Los clientes pueden comprar simplemente las líneas y servicios que vayan a usar. Las funcionalidades telefónicas de los servicios Centrex, en especial los servicios de conmutación, residen normalmente en las oficinas de la propia compañía telefónica. Centrex, al ofrecer una más amplia gama de servicios, está desplazando a las centralitas convencionales en el mundo empresarial. *Véase también* conmutación. *Compárese con* PBX.

centro comercial electrónico *s.* (***electronic mall***) Colección virtual de empresas en línea que se unen con la intención de incrementar la visibilidad de cada empresa a través de las otras empresas con las que están asociadas.

centro de autenticación *s.* (***authentication center***) Base de datos segura utilizada para identificar y prevenir el fraude con los teléfonos inalámbricos. Los centros de autenticación verifican si un determinado teléfono inalámbrico está registrado ante la red de un operador inalámbrico.

centro de cálculo *s.* (***computer center***) Instalación centralizada que alberga computadoras, tales como equipos mainframe y minicomputadoras, junto con los equipos asociados, para proporcionar servicios de procesamiento de datos a un grupo de personas.

centro de cálculo abierto *s.* (***open shop***) Servicio informático que está abierto a los usuarios y no está restringido a los programadores o a otro tipo de personal. Un centro de cálculo abierto es aquel en el que la gente puede intentar solucionar problemas informáticos por sí mismos en vez de tener que ponerse en manos de un especialista.

centro de cálculo cerrado *s.* (***closed shop***) Entorno informático en el que el acceso a la computadora está restringido a los programadores y otros especialistas. *Compárese con* centro de cálculo abierto.

centro de información *s.* (***information center***) **1.** Un tipo especializado de sistema informático dedicado a la extracción de información y a funciones de ayuda a la toma de decisiones. La información en tales tipos de sistemas es, normalmente, de sólo lectura y está compuesta por datos extraídos o descargados de otros sistemas de producción. **2.** Un centro informático de gran tamaño y sus oficinas asociadas; actúa como concentrador de un sistema de gestión y distribución de la información dentro de una organización.

centro de operaciones de red *s.* (***network operation center***) El departamento dentro de una empresa que es responsable de mantener la integridad de la red, de mejorar su eficiencia y de minimizar los tiempos de parada del sistema. *Acrónimo:* NOC.

CERN *s.* Acrónimo de Conseil Européen pour la Recherche Nucléaire (Consejo Europeo de Investigación Nuclear). El CERN, que es un centro de investigación en física de partículas localizado en Ginebra, Suiza, es la institución donde tuvo lugar el desarrollo original de la World Wide Web por parte de Tim Berners-Lee en 1989 como método de facilitar la comunicación entre los miembros de la comunidad científica. *Véase también* NCSA.

cero *s.* (***zero***) El símbolo aritmético (0) que representa la ausencia de un valor.

cero a la izquierda *s.* (***leading zero***) Cero que precede al dígito más significativo de un número (el de más a la izquierda). Se pueden utilizar uno o más ceros a la izquierda como caracteres de relleno en un campo que contenga una entrada numérica. Los ceros a la izquierda no son significativos en lo que respecta al valor de un número.

cero estados de espera *s.* (***zero wait state***) La condición de aquellos tipos de memoria de acceso aleatorio (RAM) que son lo suficientemente rápidos como para responder al procesador sin requerir estados de espera. *Véase también* estado de espera.

cerrar *vb.* (***close***) **1.** Terminar la conexión de una computadora con otra computadora de la red. **2.** Terminar la relación de una aplicación con un archivo abierto de modo que la aplicación no pueda ya acceder al archivo sin antes reabrirlo.

CERT *s.* Acrónimo de Computer Emergency Response Team (equipo de respuesta a emergencias informáticas). Una organización que proporciona servicios de consultoría sobre seguridad las veinticuatro horas del día para usuarios de Internet y proporciona avisos cuando se descubren nuevos virus u otras amenazas a la seguridad informática.

certificación *s.* (***certification***) **1.** El acto de otorgar un documento para demostrar la competencia de un profesional de la informática en un campo concreto. Algunos fabricantes de hardware y software, como Microsoft y Novell, ofrecen posibilidades de certificación en el uso de sus productos; otras organizaciones educativas ofrecen posibilidades de certificación más generales. **2.** La emisión de un aviso de que un usuario o sitio es de confianza para propósitos de autenticación de equipos informáticos y de seguridad. Los mecanismos de certificación se utilizan a menudo con los sitios web.

certificado *s.* (***certificate***) Los certificados se envían cada vez que se firma digitalmente un mensaje. El certificado proporciona la identidad del emisor y de él puede extraer el receptor una clave pública con la que descifrar los mensajes que el emisor haya cifrado. *También llamado* certificado digital.

certificado digital *s.* (***digital certificate***) **1.** Una tarjeta de identidad de un usuario en el ciberespacio. Emitido por una autoridad de certificación (AC), un certificado digital es una credencial electrónica que autentica a un usuario en Internet y en las redes intranet. Los certificados digitales garantizan la transferencia legítima de información confidencial, de dinero o de otros tipos de material sensible a través de una red utilizando tecnologías de clave pública. El propietario de un certificado digital dispone de dos claves (cadenas de números): una clave privada, que sólo el usuario conoce, para «firmar» los mensajes salientes y descifrar los mensajes entrantes, y una clave pública, que cualquiera puede utilizar para cifrar los datos enviados a ese usuario específico. *Véase también* autoridad de certificación; cifrado; clave privada; clave pública. **2.** Una garantía de que un cierto programa software descargado de Internet proviene de una fuente acreditada. Un certificado digital proporciona información acerca del software, como, por ejemplo, la identidad del autor y la fecha en la que el software fue registrado ante una autoridad de certificación (AC), y proporciona también una cierta protección frente a las manipulaciones.

cesión *s.* (*handoff*) El proceso de transferir una señal telefónica inalámbrica entre dos antenas de cobertura de celda a medida que una persona se desplaza de una celda a otra. El llamante no percibirá la cesión si ésta se realiza de manera suave; pero una cesión abrupta puede interferir con la recepción, dando como resultado la aparición momentánea de ruido e incluso la desconexión de la llamada. *Véase también* celda.

CFML *s.* Acrónimo de Cold Fusion Markup Language (lenguaje de composición Cold Fusion). Entorno de programación y lenguaje de composición basado en etiquetas y de carácter propietario para procesamiento en el lado del servidor.

CGA *s.* Acrónimo de Color/Graphics Adapter (adaptador de gráficos en color). Tarjeta adaptadora de vídeo lanzada al mercado por IBM en 1981. CGA dispone de varios modos de caracteres y gráficos, incluyendo modos de caracteres de 40 u 80 caracteres horizontales (columnas) por 25 líneas verticales con 16 colores y modos gráficos de 640 píxeles horizontales por 200 píxeles verticales con 2 colores o 320 píxeles horizontales por 200 píxeles verticales con 4 colores. *Véase también* adaptador gráfico; adaptadora de vídeo.

CGI *s.* **1.** Acrónimo de Common Gateway Interface (interfaz de pasarela común). La especificación que define las comunicaciones entre los servidores de información (como, por ejemplo, los servidores HTTP) y los recursos de la computadora host del servidor, como puedan ser las bases de datos y otros programas. Por ejemplo, cuando un usuario envía un formulario a través de un explorador web, el servidor HTTP ejecuta un programa (que a menudo se denomina script CGI) y pasa la información introducida por el usuario a dicho programa mediante la interfaz CGI. El programa devuelve entonces la información al servidor también a través de la interfaz CGI. El uso de CGI puede hacer que una página web sea mucho más dinámica y añadir interactividad a la experiencia del usuario. *Véase también* script CGI; servidor HTTP. **2.** *Véase* Computer Graphics Interface.

cgi-bin *s.* Abreviatura de Common Gateway Interface-binaries. Un directorio de archivos que contiene las aplicaciones externas que deben ejecutar los servidores HTTP mediante CGI. *Véase también* CGI.

CGM *s. Véase* Computer Graphics Metafile.

chalkware *s. Véase* vaporware.

CHAP *s.* (*Challenge Handshake Authentication Protocol*) Acrónimo de Challenge Handshake Authentication Protocol (protocolo de autenticación por negociación de desafío). Un esquema de autenticación utilizado por los servidores PPP para validar la identidad del originador de una conexión bien durante el establecimiento de la conexión o bien en cualquier momento posterior. *Véase también* autenticación; PPP.

chapuza *s.* **1.** (*hack*) Un trabajo descuidado. *Véase también* parche. **2.** (*hack*) Modificación del código de un programa a menudo realizada sin tomarse el tiempo necesario para encontrar una solución elegante. **3.** (*kludge*) Programa caracterizado por la falta de diseño o previsión, como escrito con prisas, para satisfacer una necesidad inmediata. Una chapuza funciona de forma básicamente correcta, pero su construcción o diseño tienen graves carencias en términos de elegancia o de eficiencia lógica. *Véase también* descerebrado; código espagueti. **4.** (*kludge*) Construcción de hardware provisional o a corto plazo

charla *s. Véase* chateo.

charlar *vb. Véase* chatear.

chasis *s.* (*chassis*) Carcasa metálica en la que se montan componentes electrónicos, como, por ejemplo, tarjetas de circuito impreso, ventiladores y fuentes de alimentación. Véase la ilustración en la página siguiente.

chat *s.* Un programa y utilidad Internet que soporta servicios de chat (charla). IRC ha hecho, en buena medida, que este programa quede obsoleto.

chat de voz *s.* (*voice chat*) Una funcionalidad ofrecida por los proveedores de servicios

Chasis.

Internet (ISP) que permite a los usuarios conversar entre sí directamente a través de una conexión Internet. *Véase también* teléfono Internet.

chatear *vb.* (*chat*) Mantener una conversación en tiempo real con otros usuarios a través de la computadora. *También llamado* charlar. *Véase también* IRC.

chateo *s.* (*chat*) Conversación en tiempo real a través de una computadora. Cuando un participante escribe una línea de texto y pulsa la tecla Intro, las palabras de dicho participante aparecen en las pantallas de los otros interlocutores, que pueden a su vez responder de la misma manera. La mayoría de los servicios en línea soporta mecanismos de chat; en Internet, IRC es el sistema más normalmente utilizado para chatear. *También llamado* charla. *Véase también* IRC.

Cheapernet *s. Véase* 10Base2.

Cheese, gusano *s.* (*Cheese worm*) Un gusano Internet que tapa los agujeros de seguridad creados por el gusano Lion. El gusano Cheese busca e infecta los sistemas basados en Linux que hayan sido anteriormente comprometidos por el gusano Lion, reparando las vulnerabilidades y cerrando una puerta trasera que la infección anterior había dejado abierta. A continuación, utiliza la computadora reparada para buscar otras computadoras vulnerables conectadas a Internet y enviarlas una copia de sí mismo.

Chernobyl, paquete *s.* (*Chernobyl packet*) Una forma de ataque de red en la que un paquete de datos enviado por un pirata informático activa todas las opciones disponibles del protocolo que se esté usando en el sistema receptor. El paquete Chernobyl provoca una tormenta de paquetes que puede hacer que la red se sobrecargue y deje de funcionar. *También llamado* paquete kamikaze.

Chernobyl, virus *s.* (*Chernobyl virus*) *Véase* CIH, virus.

chip *s. Véase* circuito integrado.

chip asíncrono *s.* (*asynchronous chip*) Un chip microprocesador que no necesita operar de manera síncrona con el reloj de un sistema. Las operaciones de los chips asíncronos no necesitan temporizarse de acuerdo con la velocidad del reloj y sólo consumen energía cuando hay operaciones en progreso. Esto permite a los chips asíncronos ofrecer una mayor velocidad de procesamiento y un menor consumo de energía que los chips tradicionales.

chip de cobre *s.* (*copper chip*) Microprocesador que utiliza cobre (en lugar del aluminio, más común) para conectar los transistores en un chip informático. La tecnología del chip de cobre, que fue desarrollada por IBM e introducida en 1997, puede aumentar la velocidad de un microprocesador tanto como un 33 por 100.

chip de memoria *s.* (*memory chip*) Circuito integrado dedicado al almacenamiento de datos. La memoria puede ser volátil y retener los datos temporalmente, como la memoria RAM, o no volátil y retener los datos permanentemente, como es el caso de las memorias ROM, EPROM, EEPROM o PROM. *Véase también* EEPROM; EPROM; circuito integrado; placa de memoria; memoria no volátil; PROM; RAM; memoria volátil.

chip de silicio *s.* (*silicon chip*) Circuito integrado que utiliza silicio como material semiconductor.

chip DEC 21064 *s.* Microprocesador de Digital Equipment Corporation presentado en febrero de 1992. La arquitectura del chip está diseñada de acuerdo con la tecnología SMP, por lo que pueden emplearse varios chips en una configuración paralela (multiprocesador). *Véase* DEC 21064, chip.

chip embebido *s.* (*embedded chip*) *Véase* sistema embebido.

chip Java *s.* (*Java chip*) Una implementación en un único circuito integrado de la máquina virtual especificada para la ejecución del lenguaje de programación Java. Tales chips, que están siendo desarrollados por Sun Microsystems, podrían utilizarse en dispositivos de muy pequeño tamaño y también como controladores para electrodomésticos. *Véase también* circuito integrado; Java; máquina virtual.

chip lógico *s.* (*logic chip*) Circuito integrado que procesa información en vez de simplemente almacenarla. Un chip lógico está formado por circuitos lógicos.

chip RAM *s.* (*RAM chip*) Un dispositivo semiconductor de almacenamiento de datos. Los chips RAM pueden ser de memoria dinámica o de memoria estática. *Véase también* RAM dinámica; RAM; RAM estática.

chip sin reloj *s.* (*clockless chip*) *Véase* chip asíncrono.

chip software *s.* (*software integrated circuit*) Módulo de software existente que puede ser incorporado en un programa de una manera muy parecida a como un circuito integrado puede incorporarse en una tarjeta lógica. *Véase también* tipo de datos abstracto; módulo; programación orientada a objetos.

chispa *s.* (*spike*) Señal eléctrica transitoria de muy corta duración y, normalmente, de gran amplitud. *Compárese con* sobretensión.

choque *s.* (*choke*) *Véase* bobina.

CHRP *s. Véase* Common Hardware Reference Platform.

ciber- *pref.* (*cyber-*) Un prefijo que se asocia con palabras «cotidianas» para dotarlas de un significado informático o de red, como, por ejemplo, en ciberley (la práctica de la ciencia jurídica en relación con, o mediante el uso de, Internet) y ciberespacio (el mundo virtual en línea). El prefijo deriva de la palabra cibernética que hace referencia al estudio de los mecanismos utilizados para controlar y regular sistemas complejos, ya sean máquinas o humanos.

ciberabogado *s.* (*cyberlawyer*) **1**. Un abogado que se anuncia o que distribuye información a través de Internet y de la World Wide Web. **2**. Un abogado especializado en temas informáticos y de comunicación en línea, incluyendo aquellos aspectos legales que regulan las comunicaciones, los derechos de propiedad intelectual, las cuestiones de intimidad y seguridad y otras especialidades.

ciberarte *s.* (*cyberart*) Las obras de los artistas que utilizan equipos informáticos para crear o distribuir el fruto de su trabajo.

cibercafé *s.* (*cybercafe*) **1**. Una cafetería o restaurante que ofrece acceso a equipos PC u otros terminales conectados a Internet, normalmente cobrando una cierta tarifa por cada minuto o cada hora de conexión. En los cibercafés, se suele animar a los usuarios a que coman o beban algo mientras acceden a Internet. **2**. Café virtual en Internet utilizado normalmente para fines sociales. Los usuarios interaccionan unos con otros por medio de programas de charla o bien mandándose mensajes unos a otros a través de un tablón de anuncios electrónico, como ocurre en un grupo de noticias o en un sitio web.

cibercharla *s.* (*cyberchat*) *Véase* IRC.

cibercultura *s.* (*cyberculture*) El comportamiento, creencias, costumbres y etiqueta que caracteriza a grupos de personas que se comunican o se relacionan a través de redes informáticas, como Internet. La cibercultura de un grupo puede ser muy diferente de la cibercultura de otro.

ciberdinero *s.* (*cybercash*) *Véase* e-money.

ciberespacio *s.* (*cyberspace*) **1**. La red avanzada de realidad virtual compartida imaginada por William Gibson en su novela *Neuromancer* (1982). **2**. El conjunto de entornos, como, por ejemplo, Internet, en el que las personas interactúan por medio de equipos informáticos conectados. Una característica definidora del ciberespacio es que la comunicación es independiente de la distancia física.

ciberespionaje *s.* (***netspionage***) Espionaje de la información digital de un competidor, patrocinado por alguna empresa, con el fin de robar secretos comerciales.

ciberjerga *s.* (***cyberspeak***) Terminología y lenguaje (a menudo repleto de jerga, palabras del argot y acrónimos) relacionados con entornos Internet (entornos de equipos informáticos conectados), es decir, con el ciberespacio. *Véase también* ciberespacio.

ciberlenguaje *s.* (***Netspeak***) La serie de convenios para escribir en mensajes de correo electrónico, canales IRC y grupos de noticias. El ciberlenguaje se caracteriza por la utilización de acrónimos y abreviaturas (como, por ejemplo, Salu2) y de elementos clarificadores tales como las emoetiquetas y los emoticonos. La utilización del ciberlenguaje debería estar gobernada por la netiqueta. *Véase también* marcador emotivo; emoticono; IMHO; IRC; netiqueta; ROFL.

cibernauta *s.* (***cybernaut***) Alguien que invierte una gran cantidad de tiempo en línea explorando Internet. *También llamado* internauta. *Véase también* ciberespacio.

cibernética *s.* (***cybernetics***) El estudio de los sistemas de control, como, por ejemplo, el sistema nervioso, en los organismos vivos y el desarrollo de sistemas equivalentes mediante dispositivos electrónicos y mecánicos. La cibernética compara las similitudes y diferencias entre los sistemas vivos y los sistemas inertes (independientemente de si dichos sistemas están formados por personas, grupos o sociedades) y está basada en teorías de la comunicación y de servocontrol que pueden aplicarse a sistemas animados, inanimados o de ambos tipos. *Véase también* biónica.

ciberokupa *s.* (***cybersquatter***) Una persona que registra nombres de empresas y otras marcas registradas, como nombres de dominio Internet, para forzar a esas empresas o a los propietarios de las marcas registradas a comprárselos a un precio desproporcionado.

ciberpoli *s.* (***cybercop***) Una persona que investiga los actos criminales cometidos en línea, especialmente el fraude y el acoso.

ciberpunk *s.* (***cyberpunk***) **1**. Un tipo de cultura popular que recuerda el espíritu de las novelas de ficción del género ciberpunk. **2**. Un género de ciencia ficción cuyas historias transcurren en un futuro cercano en el que los conflictos y la acción tienen lugar en entornos de realidad virtual mantenidos en redes informáticas globales dentro de una cultura mundial de alienación antiutópica. El prototipo de novela ciberpunk es la novela *Neuromancer* (1982), de William Gibson. **3**. Una persona o personaje de ficción que se asemeja a los héroes de las obras de ficción del género ciberpunk.

cibersexo *s.* (***cybersex***) Comunicación por medios electrónicos, como, por ejemplo, correo electrónico, salones de chat o grupos de noticias, con el objetivo de conseguir una estimulación o gratificación sexual. *Véase también* chateo; grupo de noticias.

cibervida *s.* (***cyberlife***) En el mundo de los juegos, una tecnología que remeda el ADN biológico. *Véase también* ADN digital.

ciberviuda *s.* (***cyberwidow***) La esposa de una persona que invierte una cantidad de tiempo desproporcionada en Internet.

ciclo de desarrollo *s.* (***development cycle***) El proceso de desarrollo de aplicaciones, desde la definición de requisitos hasta el producto final, incluyendo las siguientes etapas: análisis, diseño y prototipado, codificación y prueba del software e implementación.

ciclo de diseño *s.* (***design cycle***) Todas las fases implicadas en el desarrollo y producción de un nuevo producto hardware o software, incluyendo la especificación de producto, la creación de prototipos, la realización de pruebas, la depuración y la documentación.

ciclo de instrucción *s.* (***instruction cycle***) El ciclo en el cual un procesador extrae una instrucción de la memoria, la decodifica y la ejecuta. El tiempo requerido por un ciclo de instrucción es la suma del tiempo de extracción de la instrucción y del tiempo de traducción y ejecución de la misma y se mide según el número de ciclos de reloj (pulsos de un temporizador interno del procesador) transcurridos.

ciclo de máquina *s.* (*machine cycle*) **1.** Los pasos que se ejecutan para cada instrucción de máquina. Dichos pasos son, normalmente, el de extracción de la instrucción, decodificación de la misma, ejecución y almacenamiento de los resultados (en caso necesario). **2.** El tiempo requerido por la operación más rápida (normalmente, una operación NOP, que no hace nada) que un microprocesador pueda realizar.

ciclo de refresco *s.* (*refresh cycle*) El proceso mediante el cual una circuitería de control proporciona pulsos eléctricos repetidos a los chips de memoria RAM dinámica para renovar las cargas eléctricas almacenadas en las ubicaciones que contienen un 1 binario. Cada pulso es un ciclo de refresco. Sin un refresco constante, la memoria RAM dinámica pierde la información almacenada en la misma, de la misma forma que cuando se apaga la computadora o falla la alimentación. *Véase también* RAM dinámica; RAM estática.

ciclo de sondeo *s.* (*polling cycle*) El tiempo y la secuencia requeridos por un programa para sondear a cada uno de sus dispositivos o a cada uno de los nodos de una red. *Véase también* sondeo automático.

ciclo de UCP *s.* (*CPU cycle*) **1.** La unidad de tiempo más pequeña reconocida por la UCP (unidad central de proceso), que es típicamente de unos cuantos cientos de milmillonésimas de segundo. **2.** El tiempo que la UCP necesita para realizar la instrucción más simple, como, por ejemplo, extraer el contenido de un registro o ejecutar una instrucción de no operación (NOP).

ciclo de vida de un proyecto *s.* (*project life cycle*) Secuencia de etapas preplanificadas para la realización de un proyecto desde el principio hasta el fin.

ciclo de vida de un sistema *s.* (*system life cycle*) Vida útil de un sistema de información. Al final del ciclo de vida de un sistema, no resulta viable repararlo o ampliarlo, por lo que debe reemplazarse.

ciclo de visualización *s.* (*display cycle*) El conjunto completo de sucesos que tienen que tener lugar para que una imagen pueda ser mostrada por la computadora en la pantalla, incluyendo tanto la creación software de la imagen en la memoria de vídeo de la computadora como las operaciones hardware requeridas para mostrar una visualización precisa en la pantalla. *Véase también* ciclo de refresco.

ciclo nulo *s.* (*null cycle*) El intervalo más corto de tiempo requerido para ejecutar un programa; el tiempo necesario para recorrer el programa sin que éste tenga que procesar nuevos datos o ejecutar en bucle ningún conjunto de instrucciones.

CIDR *s. Véase* encaminamiento interdominios sin clases.

ciencias de la información *s.* (*information science*) El estudio del modo en que la información se recopila, organiza, gestiona y comunica. *Véase también* teoría de la información.

cifra *s.* (*cipher*) **1.** Un código. **2.** Un cero. **3.** Carácter codificado.

cifrado *s.* (*encryption*) El proceso de codificar los datos para impedir el acceso no autorizado a los mismos, especialmente durante la transmisión. El cifrado se basa, usualmente, en una o más claves o códigos que son esenciales para decodificar los datos, es decir, devolverlos a un formato legible. La Oficina Nacional de Estándares de Estados Unidos (National Bureau of Standards) especificó un estándar de cifrado complejo, el estándar DES (Data Encryption Standard), que está basado en una variable de 56 bits, lo que proporciona más de 70 billones de claves diferentes para cifrar documentos. *Véase también* DES.

cifrado de bloque *s.* (*block cipher*) Método de cifrado de clave privada que cifra datos en bloques de un tamaño fijo (normalmente, de 64 bits). El bloque de datos cifrado contiene el mismo número de bits que el original. *Véase también* cifrado; clave privada.

cifrado de clave pública *s.* (*public key encryption*) Un esquema asimétrico que utiliza una pareja de claves para cifrado: la clave pública

cifrado de contenido, sistema de

permite cifrar datos y su clave secreta correspondiente permite descifrarlos. Para firmas digitales, el proceso es el inverso: el emisor utiliza su clave secreta para crear un código electrónico unívoco, que puede ser leído por cualquiera que posea la correspondiente clave pública y que permite verificar que el mensaje proviene, verdaderamente, del supuesto emisor. *Véase también* clave privada; clave pública.

cifrado de contenido, sistema de *s*. (*Content Scrambling System*) *Véase* CSS.

cifrado de datos, clave de *s*. (*data encryption key*) Una secuencia de información secreta, como, por ejemplo, una cadena de números decimales o dígitos binarios, que se utiliza para cifrar y descifrar datos. *Acrónimo:* DEK. *Véase también* descifrado; cifrado; clave.

cifrado de flujo *s*. (*stream cipher*) Método que permite cifrar una secuencia de datos de longitud ilimitada utilizando una clave de longitud fija. *Véase también* clave. *Compárese con* cifrado de bloque.

cifrado ROT13 *s*. (*ROT13 encryption*) Un método simple de cifrado en el que cada letra se sustituye con la letra del alfabeto inglés situada trece posiciones después de la letra original, de modo que la A se sustituye por N, etc.; N, a su vez, se sustituye por A, y Z se sustituye por M. El cifrado ROT13 no se utiliza para proteger los mensajes contra lecturas no autorizadas, sino que se emplea en los grupos de noticias para codificar aquellos mensajes que puede que no todos los usuarios deseen leer, como, por ejemplo, chistes subidos de tono o mensajes de mal gusto. Algunos lectores de noticias pueden realizar automáticamente el cifrado y descifrado ROT13 con sólo pulsar una tecla.

cifrado RSA *s*. (*RSA encryption*) El algoritmo de cifrado de clave pública inventado por Ronald Rivest, Adi Shamir y Leonard Adleman en 1978 y en el que está basado el programa de cifrado PGP (Pretty Good Privacy). *Véase también* PGP; cifrado de clave pública.

cifrado, estándar avanzado de *s*. (*Advanced Encryption Standard*) *Véase* AES.

cifrar *vb*. (*encrypt*) Codificar (aleatorizar) la información de tal modo que sea ilegible para todas las personas excepto para aquellas que posean la clave de decodificación necesaria. A la información cifrada se le suele denominar texto cifrado.

CIFS *s*. (*Common Internet File System*) Un estándar propuesto por Microsoft que competiría directamente con el sistema de archivos NFS (Network File System, sistema de archivos de red) de Sun Microsystems para la Web. Es un sistema para la compartición de archivos a través de Internet o de una intranet.

CIH, virus *s*. (*CIH virus*) Un virus altamente destructivo que apareció por primera vez a principios de 1998. Cuando se activa, el código del virus CIH intenta sobrescribir el BIOS flash de las máquinas infectadas, haciendo que el equipo no pueda arrancar. El virus CIH se conoce también con el nombre de virus Chernobyl, porque en su forma original estaba preparado para activarse en el aniversario de la catástrofe nuclear de Chernobyl. Aunque el virus CIH carece de capacidades de ocultación o de replicación sofisticadas y es fácilmente detectado por los actuales programas antivirus, continúa apareciendo periódicamente. *También llamado* virus Chernobyl. *Véase también* virus.

CIM *s*. **1**. Acrónimo de Common Information Model (modelo común de información). Especificación conceptual soportada por el consorcio DMTF (Desktop Management Task Force) para aplicar un modelo orientado a objetos y basado en la Web para describir datos de gestión en una red empresarial. CIM forma parte de la iniciativa de gestión empresarial basada en la Web de DMTF. CIM es un marco común independiente del sistema y de la aplicación para describir y compartir información de gestión. Está basado en un modelo de tres niveles soportado sobre esquemas (conjuntos de clases): el esquema principal (Core Schema) cubre todas las áreas de gestión; los esquemas comunes (Common Schemas) cubren áreas específicas de gestión, como redes, aplicaciones y dispositivos; los esquemas de extensión (Extension Schemas) cubren tecnologías específicas, como aplicaciones y sistemas operativos. Un gran número de fabricantes, entre los que se incluyen SUN, IBM, Microsoft y Cisco, promueven el uso de CIM. *Véase también* DMTF; WBEM. **2**. Acrónimo de computer-input microfilm (informatización de microfilms). Proceso en el que la información almacenada en un microfilm es escaneada y los datos (texto y gráficos) se convierten en códigos que la computadora pueda utilizar y manipular. La informatización de microfilms es similar a procesos tales como el reconocimiento óptico de caracteres, en el que las imágenes en papel se escanean y se convierten en texto o gráficos. *Compárese con* COM. **3**. Acrónimo de computer-integrated manufacturing (fabricación integrada por computadora). El uso de computadoras, líneas de comunicación y software especializado para automatizar las funciones de gestión y las actividades operativas relacionadas con los procesos de fabricación. Se utiliza una base de datos común en todos los aspectos del proceso, desde el diseño al ensamblaje, la contabilidad y la gestión de los recursos. Los sistemas CIM avanzados integran el diseño e ingeniería asistidos por computadora (CAD/CAE), la planificación de necesidades materiales (MRP, material requirements planning) y el control de cadenas de montaje robotizadas para proporcionar un sistema de gestión «sin papeles» del proceso completo de fabricación.

cinta *s*. (*tape*) **1**. Soporte físico de almacenamiento que consta de una banda delgada de papel utilizado para almacenar información en la forma de secuencias de perforaciones, impregnaciones químicas o impresión de tinta magnética. **2**. Tira delgada de película de poliéster recubierta con material magnético que permite la grabación de datos. Puesto que la cinta es un material de almacenamiento de datos de longitud continua y dado que el cabezal de lectura/escritura no puede «saltar» al punto deseado en una cinta sin avanzar primero la cinta hasta dicho punto, la cinta tiene que leerse o escribirse secuencialmente, no aleatoriamente (como en el caso de un disquete o de un disco duro).

cinta de 4 mm *s*. (*4mm tape*) *Véase* cinta de audio digital.

cinta de 8 mm *s*. (*8mm tape*) Formato de cartucho de cinta utilizado para realizar copias de seguridad de los datos similar al que emplean algunas videocámaras, salvo porque la cinta está adaptada para el almacenamiento de datos. La capacidad es de 5 GB (gigabytes) o más de datos (opcionalmente comprimidos).

cinta de audio digital *s*. (*digital audio tape*) Soporte físico de almacenamiento magnético para grabar información de audio con codificación digital. *Acrónimo:* DAT.

cinta de carbón *s*. (*carbon ribbon*) Cinta utilizada en las impresoras de impacto, especialmente las impresoras de margarita, y en las máquinas de escribir para obtener una salida de calidad máxima. Una cinta de carbón está hecha de una delgada banda de mylar recubierta por una cara con una película de carbón. Los caracteres impresos con una cinta de carbón son extremadamente nítidos y están libres de la difuminación que puede producir una cinta entintada. *También llamado* cinta de película, cinta de mylar. *Véase también* impresora de margarita. *Compárese con* cinta de tela.

cinta de cassette *s*. (*cassette tape*) **1**. La cinta contenida en una cassette. **2**. La unidad compuesta por una carcasa plástica y la cinta magnética que contiene

cinta de mylar *s*. (*Mylar ribbon*) *Véase* cinta de carbón.

cinta de tela *s*. (*cloth ribbon*) Cinta entintada utilizada normalmente en las impresoras de impacto o máquinas de escribir. El elemento de impresión incide sobre la cinta y la pone en contacto con el papel para transferir la tinta que contiene. Después, la cinta avanza ligeramente para que haya disponible tinta fresca. La cinta de tela puede estar enrollada en un carrete o contenida en un cartucho que se diseña para adaptarse a la impresora utilizada. La cinta de tela, aunque adecuada para la mayoría de las tareas, se reemplaza a veces por una cinta de película cuando se requiere una salida lo más nítida posible. Sin embargo, las cintas de tela, que se recargan de tinta por acción capilar, se pueden utilizar para múltiples impresiones, a diferencia de una cinta de película. *Compárese con* cinta de carbón.

cinta digital lineal *s.* (*digital linear tape*) Soporte físico de almacenamiento magnético utilizado para realizar copias de seguridad de los datos. Las cintas lineales digitales permiten transferencias de datos más rápidas en comparación con otras tecnologías de cinta. *Acrónimo:* DLT.

cinta magnética *s.* (*magnetic tape*) *Véase* cinta.

cinta pelicular *s.* (*film ribbon*) *Véase* cinta de carbón.

CIP *s.* **1.** Abreviatura de Commerce Interchange Pipeline (pipeline de intercambio para comercio electrónico). Una tecnología de Microsoft que permite el encaminamiento seguro de datos comerciales entre aplicaciones a través de una red pública como Internet. CIP es independiente del formato de los datos y soporta mecanismos de cifrado y de firma digital, así como varios protocolos de transporte, incluidos SMTP, HTTP, DCOM y redes EDI de valor añadido. Normalmente, los datos, como, por ejemplo, facturas y pedidos, viajan por la red a través de una pipeline de transmisión y son leídos de la red mediante una pipeline de recepción, que decodifica y prepara los datos para la aplicación receptora. **2.** Abreviatura de Common Indexing Protocol (protocolo de indexación común). Un protocolo definido por IETF (Internet Engineering Task Force) para permitir a los servidores compartir información de indexación. CIP fue desarrollado para proporcionar a los servidores un método estándar para compartir información sobre el contenido de sus bases de datos. Con ese tipo de compartición, un servidor que no sea capaz de resolver una consulta concreta puede encaminar la consulta a otros servidores que puedan contener la información deseada; por ejemplo, para encontrar la dirección de correo electrónico de un usuario concreto en la Web.

circuito *s.* (*circuit*) **1.** Combinación de componentes eléctricos interconectados para realizar una tarea determinada. En un determinado nivel, una computadora consta de un solo circuito; en otro, consta de cientos de circuitos interconectados. **2.** Toda ruta capaz de conducir la corriente eléctrica.

circuito biestable *s.* (*bistable circuit*) Circuito que cuenta solamente con dos estados estables. La transición entre ellos debe iniciarse desde fuera del circuito. Un circuito biestable puede almacenar 1 bit de información.

circuito Darlington *s.* (*Darlington circuit*) Circuito amplificador compuesto por dos transistores montados frecuentemente en el mismo encapsulado. Los colectores de los dos transistores están conectados, y el emisor del primero está conectado a la base del segundo. Los circuitos Darlington proporcionan una amplificación de alta ganancia.

circuito de guarda *s.* (*watchdog*) Dispositivo de hardware (normalmente un temporizador o controlador) utilizado para monitorizar continuamente el funcionamiento y estado del sistema, comunicándose con el software del sistema mediante un controlador de dispositivo dedicado.

circuito dedicado *s.* (*dedicated circuit*) *Véase* línea dedicada.

circuito electrónico *s.* (*electronic circuit*) *Véase* circuito.

circuito en paralelo *s.* (*parallel circuit*) Circuito en el que están conectados entre sí los terminales correspondientes de dos o más de los componentes del circuito. En un circuito en paralelo, hay dos o más rutas separadas entre los puntos del circuito. Todos los componentes individuales de un circuito en paralelo están sometidos a la misma diferencia de potencial y la carga de corriente se divide entre ellos. *Véase la ilustración. Compárese con* circuito en serie.

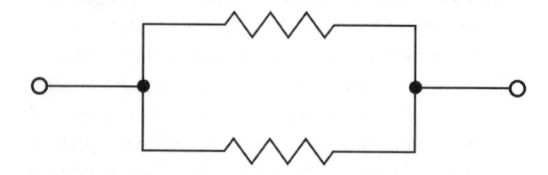

Circuito paralelo.

circuito en serie *s.* (*series circuit*) Circuito en el que dos o más componentes están unidos en serie. Toda la corriente pasa a través de cada componente en un circuito en serie, pero la diferencia de potencial se divide entre los componentes. Véase la ilustración. *Compárese con* circuito en paralelo.

Circuito serie

circuito flexible *s.* (*flex circuit*) Circuito impreso en una fina hoja de película de polímero flexible que puede utilizarse en aplicaciones que requieran circuitos que puedan curvarse o doblarse. Los circuitos flexibles ofrecen un ahorro de espacio y de peso comparados con los circuitos tradicionales y se utilizan ampliamente en aplicaciones médicas, industriales y de telecomunicaciones.

circuito híbrido *s.* (*hybrid circuit*) Circuito en el que se usan tipos fundamentalmente distintos de componentes para realizar funciones similares, como, por ejemplo, un amplificador de estéreo que utilice tanto tubos de vacío como transistores.

circuito integrado *s.* (*integrated circuit*) Dispositivo que consta de una serie de elementos de circuito conectados, tales como transistores y resistencias, fabricados sobre un solo chip de cristal de silicio u otro material semiconductor. Los circuitos integrados se clasifican según el número de elementos que contienen. Véase la Tabla C.1. *Acrónimo:* IC. *También llamado* chip. *Véase también* unidad central de proceso.

Categoría	Elementos
Integración a pequeña escala (SSI)	aproximadamente 10
Integración a media escala (MSI)	aproximadamente 100
Integración a gran escala (LSI)	aproximadamente 1.000
Integración a muy gran escala (VLSI)	aproximadamente 100.000
Integración a ultra gran escala (ULSI)	1.000.000 o más

Tabla C.1. *Tipos de circuitos integrados.*

circuito integrado de aplicación específica *s.* (*application-specific integrated circuit*) *Véase* matriz de puertas.

circuito integrado de muy alta velocidad *s.* (*very-high-speed integrated circuit*) Circuito integrado que realiza operaciones, normalmente operaciones lógicas, a una velocidad muy alta. *Acrónimo:* VHSIC.

circuito lógico *s.* (*logic circuit*) Circuito electrónico que procesa la información realizando una operación lógica con ella. Un circuito lógico es una combinación de puertas lógicas que produce, para las señales eléctricas que recibe como entrada, una salida basada en las reglas de la lógica implementadas en el diseño del circuito. *Véase también* puerta.

circuito realimentado *s.* (*feedback circuit*) Todo circuito o sistema que devuelve (realimenta) una parte de su salida hacia su entrada. Un ejemplo común de sistema realimentado, aunque no sea completamente electrónico, sería un sistema de calefacción doméstico con termostato. Este proceso de autolimitación o autocorrección es un ejemplo de realimentación negativa en la que los cambios a la salida son realimentados hacia el origen con el fin de invertir el cambio de la salida. En una realimentación positiva, un incremento a la salida se realimenta hacia el origen, incrementando la salida todavía más, lo que crea un efecto de tipo «bola de nieve». Un ejemplo de realimentación positiva no deseada sería el «pitido» que se produce cuando se acerca demasiado al altavoz el micrófono de un sistema de megafonía.

circuito virtual *s.* (*virtual circuit*) Conexión entre computadoras intercomunicadas que suministra a éstas lo que parece ser un enlace directo, pero donde los datos pueden tener que encaminarse a través de una ruta definida aunque más larga.

circuito virtual conmutado *s.* (*switched virtual circuit*) *Véase* SVC.

circuito virtual permanente *s.* (*permanent virtual circuit*) *Véase* PVC.

circuitos alámbricos *s.* (*wire-wrapped circuits*) Circuitos construidos en tarjetas perforadas

circular

utilizando cable en vez de las pistas de metal características de las tarjetas de circuito impreso. En estos circuitos, se enrollan los extremos desnudos de una serie de cables aislados alrededor de los largos terminales de unos zócalos de circuitos integrado especiales para este tipo de montaje. Los circuitos alámbricos suelen ser prototipos montados a mano utilizados para pruebas y para la investigación en el campo de la ingeniería eléctrica. *Compárese con* tarjeta de circuito impreso.

circular *s*. (*form letter*) Carta creada con el fin de ser impresa y distribuida a un grupo de personas cuyos nombres y direcciones se toman de una base de datos y se insertan mediante un programa de combinación de correspondencia en un mismo documento básico. *Véase también* combinación de correspondencia.

CIS *s*. **1**. Acrónimo de CompuServe Information Service (servicio de información de CompuServe). *Véase* CompuServe. **2**. Abreviatura de contact image sensor (sensor de imágenes por contacto). Un mecanismo fotosensible utilizado en los escáneres y máquinas de fax. Un escáner CIS refleja la luz procedente de una fila de diodos electroluminiscentes (LED) sobre un documento u otro objeto y convierte la luz reflejada en imágenes digitales. Los sensores CIS son más pequeños y ligeros que los dispositivos de acoplamiento de carga (CCD) tradicionalmente utilizados en los escáneres, pero la calidad de imagen que producen no es tan buena como la calidad de imagen producida mediante dispositivos CCD. *Véase también* diodo electroluminiscente; escáner. *Compárese con* dispositivo de acoplamiento de carga.

CISC *s*. Acrónimo de complex instruction set computing (procesamiento con conjunto de instrucciones complejo). Implementación de instrucciones complejas en un diseño de microprocesador con el fin de que se puedan invocar en el nivel de lenguaje ensamblador. Las instrucciones pueden ser muy potentes, permitiendo formas complejas y flexibles de calcular elementos, como, por ejemplo, direcciones de memoria. Sin embargo, toda esta complejidad implica que se requieren muchos ciclos de reloj para ejecutar cada instrucción. *Compárese con* RISC.

CIX *s*. *Véase* Commercial Internet Exchange.

CKO *s*. Acrónimo de Chief Knowledge Officer (Director de conocimientos). Ejecutivo de una organización encargado de la gestión y distribución de todo el conocimiento técnico y empresarial de la compañía. El CKO maximiza el valor del conocimiento almacenado, asegurándose de que los empleados tengan acceso al mismo y evitando las pérdidas de información causadas por cambios de carácter tecnológico y por las actualizaciones de las bases de datos u otros medios de almacenamiento.

clari. *s*. Grupos de noticias Internet mantenidos por ClariNet Communications, Inc. Los grupos de noticias ClariNet contienen artículos de noticias suministrados por Reuters, United Press International, SportsTicker, Commerce Business Daily y otras agencias y fuentes de noticias. A diferencia de la mayoría de los restantes grupos de noticias, los grupos ClariNet sólo son accesibles a través de proveedores de servicios Internet que estén abonados a dicho servicio. *Véase también* ClariNet; ISP; grupo de noticias.

ClariNet *s*. Un servicio comercial que distribuye artículos de noticias de UPI (United Press International) y otras agencias de noticias en los grupos de noticias que forman parte de la jerarquía clari. A diferencia de la mayoría de los otros grupos de noticias, el acceso a los grupos de noticias clari. está restringido a los proveedores de servicios Internet que pagan una cuota de suscripción a ClariNet.

ClarisWorks *s*. *Véase* AppleWorks.

clase *s*. (*class*) **1**. En hardware, método para agrupar tipos determinados de dispositivos y buses de acuerdo con las formas básicas en que el sistema operativo puede instalarlos y administrarlos. El árbol de hardware está organizado por clase de dispositivo y Windows utiliza instaladores de clase para instalar los controladores para todas las clases de hardware. **2**. En programación orientada a objetos, una categoría generalizada que describe un grupo de elementos más específicos, denominados objetos, que pueden existir dentro de ella. Una clase es una herramienta descriptiva utilizada en un programa para definir un conjunto de atributos o un conjunto de servicios (acciones disponibles en otras partes del programa) que caracterizan a cualquier miembro (objeto) de la clase. Las clases de programación son comparables, desde el punto de vista conceptual, a las categorías que las personas utilizan para organizar la información del mundo que las rodea, como, por ejemplo, las categorías animal, vegetal y mineral, que definen los tipos de entidades que incluyen y la manera en la que se comportan dichas entidades. La definición de clases en la programación orientada a objetos se puede comparar a la definición de tipos en algunos lenguajes, como, por ejemplo, C y Pascal. *Véase también* programación orientada a objetos.

Clase A, dirección IP *s.* (*Class A IP address*) Una dirección IP de unidifusión comprendida entre 1.0.0.1 y 126.255.255.254. El primer octeto indica la red y los tres últimos octetos indican una máquina host concreta dentro de la red. *Véase también* Clase B, dirección IP; Clase C, dirección IP; clases de direcciones IP.

clase abstracta *s.* (*abstract class*) **1**. En programación Java, una clase que contiene uno o más métodos abstractos y que, por tanto, nunca puede ser instanciada. Las clases abstractas se definen para que otras clases puedan ampliarlas y hacerlas concretas, implementando los métodos abstractos. *Véase también* clase; instanciar; Java; método; objeto. *Compárese con* clase concreta. **2**. En programación orientada a objetos, una clase en la que no pueden crearse objetos. Dicha clase, sin embargo, puede utilizarse para definir subclases, creándose luego los objetos a partir de las subclases. *Véase también* objeto. *Compárese con* clase concreta.

Clase B, dirección IP *s.* (*Class B IP address*) Una dirección IP de unidifusión comprendida entre 128.0.0.1 y 191.255.255.254. Los primeros dos octetos indican la red y los dos últimos octetos indican una máquina host específica dentro de la red. *Véase también* Clase A, dirección IP; Clase C, dirección IP; clases de direcciones IP.

clase base *s.* (*base class*) En C++, una clase de la que otras clases han sido, o pueden ser, derivadas por herencia. *Véase también* clase; clase derivada; herencia; programación orientada a objetos.

Clase C, dirección IP *s.* (*Class C IP address*) Una dirección IP de unidifusión comprendida entre 192.0.0.1 y 223.255.255.254. Los primeros tres octetos indican la red y los tres últimos octetos indican una máquina host concreta dentro de la red. *Véase también* Clase A, dirección IP; Clase B, dirección IP; clases de direcciones IP.

clase concreta *s.* (*concrete class*) En programación orientada a objetos, una clase en la que se pueden crear objetos. *Véase también* clase. *Compárese con* clase abstracta.

clase de permiso *s.* (*permission class*) Una clase que define el acceso a un recurso o define una identidad, permitiendo realizar comprobaciones de autorización.

clase derivada *s.* (*derived class*) En programación orientada a objetos, una clase creada a partir de otra clase denominada clase base. Una clase derivada hereda todas las características de su clase base. Después, la clase derivada puede añadir elementos de datos y rutinas, redefinir las rutinas de la clase base y restringir el acceso a ciertas características de la clase base. *Véase también* clase base; clase; herencia; programación orientada a objetos.

clase nuclear *s.* (*core class*) En el lenguaje de programación Java, una interfaz o clase pública que es una parte estándar del lenguaje. Las clases nucleares, como mínimo, están disponibles en todos los sistemas operativos donde se ejecuta la plataforma Java. Un programa escrito enteramente en el leguaje de programación Java se basa sólo en clases nucleares. *Véase también* clase; objeto; programación orientada a objetos.

clases de dirección *s.* (*address classes*) Agrupamientos predefinidos de direcciones Internet donde cada clase se utiliza para definir redes de un cierto tamaño. El rango de números que pueden asignarse al primer octeto de la dirección IP está basado en la clase de dirección. Las redes de Clase A (valores 1 a 126) son las más grandes, con más de 16 millones de máquinas host por cada red. Las redes de Clase B (128 a 191) tienen hasta 65.534 máquinas host por cada red; y las redes de Clase C (192 a 223) pueden tener hasta 254 máquinas host por cada red.

clases de direcciones IP *s*. (*IP address classes*) Las clases en que fueron divididas las direcciones IP para permitir la implementación de redes de distintos tamaños. Cada clase está asociada con un rango de posibles direcciones IP y está limitada a un número específico de redes por cada clase y un cierto número de máquinas host por cada red. Véase la Tabla C.2. *Véase también* Clase A, dirección IP; Clase B, dirección IP; Clase C, dirección IP; dirección IP.

clasificador *s*. (*sorter*) Programa o rutina que ordena datos. *Véase también* ordenar.

Classic *s*. Entorno del sistema operativo Mac OS X que permite a un usuario ejecutar software heredado. Classic permite emular el anterior sistema operativo Macintosh que tuviera el usuario y proporciona soporte para aquellos programas que no son compatibles con la arquitectura Mac OS X. *Véase también* Carbon; Cocoa; Mac OS X.

classpath *s*. En programación Java, classpath es una variable de entorno que le dice a los programas Java y a la máquina virtual Java (JVM) dónde encontrar las bibliotecas de clases, incluyendo las bibliotecas de clases definidas por el usuario. *Véase también* clase; biblioteca de clases; máquina virtual Java.

clave *s*. (*key*) **1**. En gestión de bases de datos, es un identificador de un registro o grupo de registros dentro de un archivo de datos. *Véase también* árbol B; hash; índice; lista invertida; campo de clave. **2**. En cifrado y firmas digitales, es una cadena de bits utilizada para cifrar y descifrar información que haya que transmitir. El cifrado utiliza comúnmente dos tipos diferentes de claves: una clave pública, conocida por más de una persona (por ejemplo, tanto por el emisor como por el receptor), y una clave privada, conocida sólo por una persona (normalmente, el emisor).

clave alternativa *s*. (*alternate key*) Cualquier clave candidata en una base de datos que no sea designada como clave primaria.

clave candidata *s*. (*candidate key*) Identificador unívoco de una tupla (fila) dentro de una relación (tabla de base de datos). La clave candidata puede ser simple (un solo atributo) o compuesta (dos o más atributos). Por definición, cada relación debe tener al menos una clave candidata, pero puede tener más de una. Si solamente hay una clave candidata, ésta se convierte automáticamente en la clave principal de la relación. Si, por el contrario, hay múltiples claves candidatas, el diseñador debe designar una clave como la clave principal. Toda aquella clave candidata que no haya sido designada como clave principal será una clave alternativa. *Véase también* clave; clave principal.

clave compuesta *s*. (*composite key*) Clave cuya definición consta de dos o más campos de un archivo, columnas de una tabla o atributos de una relación.

clave de búsqueda *s*. (*search key*) **1**. El campo (o columna) concreto de los registros mediante el cual hay que explorar la base de datos. *Véase también* clave principal; clave secundaria. **2**. El valor que hay que buscar en un documento o en una colección de datos.

Clase de dirección	Rango de direcciones IP	Redes por clase	Hosts por red (número máximo)
Clase A (/8)	1.x.x.x hasta 126.x.x.x	126	16.777.214
Clase B (/16)	128.0.x.x hasta 191.255.x.x	16.384	65.534
Clase C (/24)	192.0.0.x hasta 223.255.255.x	2.097.152	254

Tabla C.2. Clases de direcciones IP. Cada x *representa el campo número de host asignado por el administrador de la red.*

clave de cifrado *s.* (*encryption key*) Una secuencia de datos que se utiliza para cifrar otros datos y que, consecuentemente, debe utilizarse para el descifrado de los datos. *Véase también* descifrado; cifrado.

clave de licencia *s.* (*licensing key*) Cadena de caracteres corta que sirve como contraseña durante la instalación de software comercial con licencia. El uso de claves de licencia es un dispositivo de seguridad que tiene como finalidad reducir la duplicación ilegal de software con licencia.

clave de ordenación *s.* (*sort key*) Campo (normalmente denominado clave) cuyas entradas se ordenan para producir la disposición deseada de los registros que contienen el campo. *Véase también* campo; clave principal; clave secundaria.

clave descendiente *s.* (*descendent key*) Cada una de las subclaves que aparecen cuando se expande una clave del Registro. Una clave descendiente es lo mismo que una subclave. *Véase también* clave.

clave dominante *s.* (*major key*) *Véase* clave principal.

clave duplicada *s.* (*duplicate key*) Valor asignado a un campo indexado en un registro de una base de datos que duplica el valor asignado al mismo campo en otro registro de la base de datos. Por ejemplo, una clave (o índice) compuesta de un CÓDIGO-POSTAL debería contener necesariamente valores duplicados si el archivo contuviera varias direcciones con un mismo código postal. Un campo en el que los valores duplicados están permitidos no puede servir como clave principal, ya que la clave principal debe ser unívoca, pero puede servir como componente de una clave principal compuesta. *Véase también* campo; clave; clave principal.

clave maestra *s.* (*master key*) El componente del software o de los mecanismos de protección de datos que corresponde al servidor. En algunos sistemas, los datos o las aplicaciones están almacenados en un servidor y deben descargarse hasta la máquina local para poderlos utilizar. Cuando un cliente solicita los datos, presenta una clave de sesión. Si la clave de sesión suministrada se corresponde con la clave maestra, el servidor de claves envía el paquete solicitado. *Véase también* cliente; servidor.

clave principal *s.* (*primary key*) En bases de datos, el campo clave que sirve de identificador unívoco de una tupla (fila) específica en una relación (tabla de base de datos). *Véase también* clave alternativa; clave candidata. *Compárese con* clave secundaria.

clave privada *s.* (*private key*) Una de las dos claves utilizadas en los sistemas de cifrado de clave pública. El usuario mantiene en secreto la clave privada y la utiliza para cifrar firmas digitales y para descifrar los mensajes recibidos. *Véase también* cifrado de clave pública. *Compárese con* clave pública.

clave pública *s.* (*public key*) Una de las dos claves utilizadas en los sistemas de cifrado de clave pública. El usuario da a conocer esta clave de manera pública, de forma que todo el mundo pueda utilizarla para cifrar los mensajes enviados al usuario y para descifrar las firmas digitales de dicho usuario. *Véase también* cifrado de clave pública. *Compárese con* clave privada.

clave secundaria *s.* **1.** (*minor key*) *Véase* clave alternativa. **2.** (*secondary key*) Campo que va a ser ordenado o buscado dentro de un subconjunto de registros que tienen idénticos valores de clave primaria. *Véase también* clave alternativa; clave candidata. *Compárese con* clave principal.

claves dinámicas *s.* (*dynamic keys*) Técnica de cifrado en la que los mensajes se cifran de forma diferente en cada transmisión, basándose en claves diferentes, para que, en caso de que la clave sea interceptada y descifrada, no pueda serle de ninguna utilidad a aquel que la haya interceptado. *Véase también* cifrado; clave.

clavija *s.* (*plug*) Conector, especialmente un conector macho, que encaja en un zócalo. *Véase también* conector macho.

ClearType *s.* Tecnología de fuentes de Microsoft que mejora la resolución del texto en las pantallas LCD, como las utilizadas en las computadoras portátiles. La tecnología ClearType utiliza el procesamiento de señales propietario y las propiedades de las pantallas LCD para producir caracteres más claros, detallados y espaciados, lo que incrementa significativamente la legibilidad.

CLEC *s.* Acrónimo de Competitive Local Exchange Carrier (operador local de valor añadido). Una empresa que vende acceso a la red telefónica general de conmutación u otras conexiones de red de abonado en competencia con una compañía telefónica tradicional. *Véase también* ILEC; último kilómetro.

cliente *s.* (*client*) **1.** En una red de área local o en Internet, es una computadora que accede a recursos de red compartidos proporcionados por otra computadora (denominada servidor). *Véase también* arquitectura cliente/servidor; servidor. **2.** Proceso, como, por ejemplo, un programa o tarea, que solicita un servicio proporcionado por otro programa (por ejemplo, un procesador de textos que llama a una rutina de ordenación integrada en otro programa). El proceso cliente utiliza el servicio solicitado sin necesidad de «conocer» ningún detalle funcional sobre el otro programa o el propio servicio. *Compárese con* hijo; descendiente. **3.** En programación orientada a objetos, un miembro de una clase (grupo) que utiliza los servicios de otra clase con la que no está relacionado. *Véase también* herencia.

cliente Archie *s.* (*Archie client*) *Véase* Archie.

cliente complejo *s.* (*fat client*) En una arquitectura cliente/servidor, es una máquina cliente que lleva a cabo la mayor parte o la totalidad del procesamiento sin que el servidor realice procesamiento alguno o muy poco. El cliente se encarga de la presentación y de la funcionalidad, mientras que el servidor gestiona los datos y el acceso a los mismos. *Véase también* cliente; arquitectura cliente/servidor; servidor; servidor simple. *Compárese con* servidor complejo; cliente simple.

cliente de mensajería *s.* (*messaging client*) Un programa de aplicación que permite al usuario enviar mensajes (por ejemplo, de correo electrónico o fax) a otros usuarios o recibir mensajes de otros usuarios con ayuda de un servidor remoto.

cliente FTP *s.* (*FTP client*) Un programa que permite al usuario cargar y descargar archivos hacia y desde un sitio FTP a través de una red, como Internet, utilizando el protocolo FTP de transferencia de archivos. *Véase también* FTP. *Compárese con* servidor FTP.

cliente simple *s.* (*thin client*) Un nivel software que implementa un cliente de pequeño tamaño para un terminal de red gestionado de modo centralizado. El cliente simple permite al usuario acceder a datos y aplicaciones albergados en un servidor.

cliente WAIS *s.* (*WAIS client*) El programa necesario para acceder al sistema WAIS con el fin de realizar búsquedas en sus bases de datos. El usuario necesita instalar un programa cliente WAIS en su propia máquina o acceder desde una computadora que tenga dicho programa ya instalado. En Internet, hay disponibles para su descarga muchos programas WAIS gratuitos o de libre distribución para diversos sistemas operativos, incluyendo UNIX, MS-DOS, OS/2 y Windows. Para buscar documentos en una base de datos WAIS, el usuario selecciona la base o bases de datos que quiere explorar y escribe una consulta que contenga las palabras clave que desee buscar. El cliente WAIS envía esta consulta al servidor, comunicándose con él mediante el protocolo Z39.50. El servidor procesa la solicitud utilizando una serie de índices y devuelve al cliente una lista de titulares de los documentos que se correspondan con la consulta. El usuario puede entonces seleccionar qué documento quiere extraer enviando dicha solicitud al servidor y recibiendo como respuesta el documento completo. *Véase también* WAIS.

cliente whois *s.* (*whois client*) Un programa (como, por ejemplo, el comando whois de UNIX) que permite a un usuario acceder a bases de datos de nombres de usuario, direcciones de correo electrónico y otros tipos de información. *Véase también* whois.

cliente/servidor de dos niveles *s.* (*two-tier client/server*) Una arquitectura en la que un nivel está formado por el cliente y la lógica de negocio y el otro nivel está compuesto por la base de datos. Los lenguajes de cuarta generación (4GL) han ayudado a popularizar la arquitectura cliente/servidor en dos niveles. *Compárese con* cliente/servidor de tres niveles.

cliente/servidor de tres niveles *s*. (*three-tier client/server*) Una arquitectura cliente/servidor en la que los sistemas software están estructurados en tres niveles: el nivel de interfaz de usuario, el nivel de lógica de negocio y el nivel de bases de datos. Los niveles pueden tener uno o más componentes. Por ejemplo, puede haber una o más interfaces de usuario en el nivel superior, siendo capaz cada interfaz de usuario de comunicarse con más de una aplicación en el nivel intermedio simultáneamente, y pudiendo las aplicaciones del nivel intermedio utilizar más de una base de datos al mismo tiempo. Los componentes de cada nivel pueden ejecutarse en una computadora que esté separada de los otros niveles, comunicándose con los otros componentes a través de una red. *Véase también* arquitectura cliente/ servidor. *Compárese con* cliente/servidor de dos niveles.

cliente/servidor, arquitectura *s*. *Véase* arquitectura cliente/servidor.

clip de sonido *s*. (*sound clip*) Archivo que contiene un pequeño elemento de audio, normalmente una parte de una grabación más larga.

clip de vídeo *s*. (*video clip*) Archivo que contiene un pequeño elemento de vídeo, normalmente una parte de una grabación más larga.

Clipper *s*. Circuito integrado que implementa el algoritmo de cifrado SkipJack creado por la Agencia Nacional de Seguridad (NSA) de Estados Unidos y que cifra bloques de datos de 64 bits con una clave de 80 bits. El gobierno estadounidense fabrica el chip Clipper para cifrar datos telefónicos. El chip posee la característica añadida de poder ser descifrado por el gobierno estadounidense, que ha intentado sin éxito obligar a que se utilice este chip en Estados Unidos. *Véase también* cifrado.

clips web *s*. (*Web clipping*) Un servicio web que distribuye breves fragmentos de información a dispositivos de mano dotados de funcionalidad web, como, por ejemplo, teléfonos inalámbricos y asistentes digitales personales (PDA). En lugar de abrir un sitio web y explorar en busca de información, las técnicas de difusión de clips web permiten a un cliente solicitar de un servicio tipos específicos de información. Entonces, el servicio de clips web descarga la información en el dispositivo de mano.

clon *s*. Copia; en la terminología microinformática, una computadora igual en apariencia y comportamiento a otra máquina mejor conocida, más prestigiosa y, a menudo, más cara y que contiene el mismo microprocesador y ejecuta los mismos programas que ésta.

clonación *s*. (*mirroring*) **1**. En una red, es un medio de proteger los datos de la red duplicándolos en su totalidad en un segundo disco. La clonación es una de las estrategias implementadas en los mecanismos de seguridad basados en RAID. **2**. En Internet, es la replicación de un sitio web o un sitio FTP en otro servidor. Los sitios web suelen clonarse cuando son visitados frecuentemente por múltiples usuarios. Esto hace disminuir el tráfico de red hacia cada uno de los sitios, lo que permite a los usuarios acceder más fácilmente a la información o a los archivos contenidos en el sitio web. Un sitio puede ser también clonado en diferentes ubicaciones geográficas con el fin de facilitar las descargas de los usuarios situados en distintas áreas. *También llamado* reflejo o reflejar. *Véase también* RAID.

clonar *vb*. **1**. (*clone*) Copiar o replicar el contenido completo de una unidad de disco duro, incluyendo el sistema operativo, las opciones de configuración y los programas, por el procedimiento de crear una imagen de la unidad de disco duro. A menudo se suelen clonar las unidades de disco duro para realizar una instalación en un lote de equipos, particularmente equipos situados en una red, o para utilizar la copia clonada con propósitos de copia de seguridad. **2**. (*ghost*) Generar un duplicado, como, por ejemplo, duplicar una aplicación en memoria. *Véase también* salvapantallas.

close *s*. Comando FTP que ordena al cliente cerrar la conexión actual con un servidor. *Véase también* FTP; sitio web.

CLS *s*. Acrónimo de Common Language Specification (especificación común de lenguaje).

Subconjunto de características de lenguaje utilizado por el lenguaje común .NET en tiempo de ejecución y compuesto por características comunes a varios lenguajes de programación orientados a objetos. Se garantiza que los componentes y herramientas compatibles con CLS pueden interoperar con otros componentes y herramientas compatibles con CLS.

clúster *s.* (*cluster*) **1**. Un grupo de servidores de red independientes que operan (y aparecen ante los clientes) como si fueran una unidad. Una red en clúster está diseñada para mejorar la capacidad de la red permitiendo, entre otras cosas, que los servidores del clúster cedan trabajo a otros servidores con el objetivo de equilibrar la carga. Permitiendo a un servidor asumir trabajo de otro, una red en clúster también mejora la estabilidad y minimiza o elimina los tiempos de parada causados por fallos de un sistema o de una aplicación. *Véase también* arquitectura cliente/servidor. **2**. Computadora de comunicaciones y sus terminales asociados. **3**. Agregación, como, por ejemplo, un grupo de puntos de datos en un gráfico. **4**. En almacenamiento de datos, unidad de almacenamiento en disco que consiste en un número fijo de sectores (segmentos de almacenamiento en el disco) que el sistema operativo utiliza para leer o escribir información. Normalmente, un clúster consta de dos a ocho sectores, cada uno de los cuales contiene un número determinado de bytes (caracteres).

clúster de servidores *s.* (*server cluster*) Un grupo de sistemas informáticos independientes, conocidos como nodos, que trabajan conjuntamente como un único sistema para garantizar que los recursos y aplicaciones de misión crítica estén disponibles para los clientes. Éste es el tipo de clúster implementado por los servicios de clúster de Microsoft. *Véase también* clúster.

clúster perdido *s.* (*lost cluster*) Clúster (unidad de almacenamiento de disco) marcado por el sistema operativo como utilizado, pero que no representa a ningún fragmento de ninguna cadena de segmentos de un archivo. Un clúster perdido normalmente representa un residuo de alguna tarea anterior de mantenimiento de archivos que se ejecutó de manera incompleta, como, por ejemplo, como resultado de una salida no ordenada (terminación errónea o abrupta) de un programa de aplicación.

CLUT *s.* Acrónimo de Color Look Up Table (tabla indexada de colores). En las aplicaciones gráficas digitales, es un conjunto específico de colores utilizado para la creación de gráficos. Cuando se crea o edita un gráfico, el usuario puede especificar una tabla CLUT que se corresponda con las necesidades de impresión, de publicación web o de otros soportes de destino. En el diseño web, se utiliza una tabla CLUT específica con colores «seguros» para los exploradores para cerciorarse de que ciertos gráficos y dibujos se mostrarán de forma coherente en las distintas plataformas y con diferentes exploradores. *Véase también* tabla de colores web.

CMI *s.* Acrónimo de computer-managed instruction (formación gestionada por computadora). Cualquier tipo de actividad de enseñanza que utilice equipos informáticos como herramientas educativas. *Véase también* CAI; CBT.

CMOS *s.* **1**. Acrónimo de complementary metal-oxide semiconductor (metal-óxido semiconductor complementario). Tecnología de semiconductores en la que se integran parejas de transistores MOSFET (MOS field-effect transistor, transistor MOS de efecto de campo), uno de tipo N y otro de tipo P, en un mismo chip de silicio. Utilizados normal-mente para memorias RAM y aplicaciones de conmutación, estos dispositivos ofrecen ve-locidades de operación muy altas y un consumo extremadamente bajo. Sin embargo, se pueden dañar fácilmente con la electricidad estática. *Véase también* MOSFET; semiconductor de tipo n; semiconductor de tipo p. **2**. La memoria alimentada por baterías utilizada para almacenar los valores de parámetros necesarios para arrancar un PC, como, por ejemplo, el tipo de discos y la cantidad de memoria, así como la fecha y la hora del sistema.

CMOS RAM *s.* RAM formada utilizando tecnología CMOS (complementary MOS, MOS complementaria). Los chips CMOS consumen muy poca potencia y tienen una alta tolerancia al ruido de la fuente de alimentación. Estas características hacen que los chips CMOS, incluyendo los chips de RAM CMOS, sean muy útiles en todos los componentes hardware alimentados por baterías, como es el caso de la mayoría de las microcomputadoras, de los relojes y de ciertas zonas de memoria RAM mantenidas por el sistema operativo. *Véase también* CMOS; RAM paramétrica; RAM.

CMS *s. Véase* sistema de gestión de color.

CMY *s.* Acrónimo de cyan-magenta-yellow (turquesa-magenta-amarillo). Modelo para describir los colores que se producen por absorción de la luz, como es el caso de la tinta sobre el papel, en lugar de por emisión de luz, que es lo que sucede en los monitores de vídeo. Los tres tipos de células cono del ojo responden a las luces roja, verde y azul, las cuales son absorbidas (eliminadas de la luz blanca) por los pigmentos turquesa, magenta y amarillo, respectivamente. De este modo, pueden regularse los porcentajes de pigmentos de estos colores sustractivos primarios para conseguir cualquier color que se desee. Si no se utiliza ninguno de los pigmentos, el color blanco queda intacto. Si se añade el 100 por 100 de los tres pigmentos, el blanco se convierte en negro. *Compárese con* CMYK; RGB.

CMYK *s.* Acrónimo de cyan-magenta-yellow-black (turquesa-magenta-amarillo-negro). Modelo de color similar al modelo de color CMY, pero que genera el color negro con una componente negra independiente, en lugar de mediante la adición del 100 por 100 de turquesa, magenta y amarillo. *Véase también* CMY.

COBOL *s.* Acrónimo de Common Business-Oriented Language (lenguaje común orientado a la empresa). Lenguaje de programación compilado cuya sintaxis recuerda al idioma inglés. Desarrollado entre 1959 y 1961, todavía es ampliamente utilizado en la actualidad, especialmente en aplicaciones empresariales que normalmente se ejecutan en equipos mainframe. Un programa COBOL consta de una sección de identificación que especifica el nombre del programa y contiene cualquier otra documentación que el programador desee añadir; una sección de entorno, que especifica qué computadoras se están utilizando y los archivos utilizados en el programa para entrada y salida; una sección de datos, que describe el formato de las estructuras de datos utilizadas en el programa, y una sección de procedimientos, que contiene los procedimientos que dictan las acciones del programa. *Véase también* lenguaje compilado.

Cocoa *s.* Conjunto de herramientas de desarrollo orientadas a objetos e interfaces disponibles en Mac OS X. Cocoa contiene un conjunto de marcos de trabajo, componentes de software y herramientas de desarrollo utilizadas para construir aplicaciones para Mac OS X y que proporcionan interfaces de programación en Java y Objective-C. Cocoa está basado en OpenStep de NeXT y está integrado con las tecnologías de Apple.

CODASYL *s.* Acrónimo de Conference on Data Systems Languages (conferencia sobre lenguajes para sistemas de procesamiento de datos). Organización fundada por el Departamento de Defensa de Estados Unidos. CODASYL se dedica al desarrollo de lenguajes y sistemas de administración de datos, entre los que se encuentra el ampliamente utilizado COBOL.

Code Red, gusano *s.* (*Code Red worm*) Un gusano Internet pernicioso y de rápida expansión descubierto por primera vez a mediados de 2001. El gusano Code Red (código rojo) se propaga rápidamente y cualquier máquina que haya sido infectada una vez es potencialmente vulnerable a nuevas infecciones. El gusano Code Red ajusta su comportamiento a lo largo del tiempo, expandiéndose en modo propagación entre el día 1 y el día 19 de cada mes, atacando en modo inundación entre el día 20 y el 27 y, finalmente, ocultándose en modo hibernación hasta el día 1 del mes siguiente, en el que el ciclo comienza de nuevo. El gusano mantiene una lista de todas las computadoras previamente infectadas y todas ellas serán atacadas cada mes por cada nueva máquina que sea infectada. Esto hace que la erradicación total del gusano sea difícil, porque con sólo una máquina que continúe infectada como

códec

resultado de ciclos anteriores de propagación/ataque, puede volver, potencialmente, a reinfectar a todas las máquinas de la lista, y cada computadora puede sufrir múltiples ataques. Se sabe que existen al menos tres versiones del gusano Code Red. El gusano Code Red recibió ese nombre por un refresco con cafeína que tomaba el equipo de seguridad que descubrió el gusano.

códec *s. (codec)* **1.** Hardware que combina las funciones de las definiciones 1 y 2. **2.** Abreviatura de codificador/decodificador. Hardware que puede convertir señales de audio y vídeo entre los formatos digital y analógico. **3.** Abreviatura de compresor/descompresor. Hardware o software que puede comprimir y descomprimir datos de vídeo y audio. *Véase también* comprimir; descomprimir.

codificación *s. (encoding)* **1.** Método para tratar de resolver los problemas informáticos derivados del año 2000. Este método implicaba el almacenamiento, en un programa o sistema, de años de cuatro dígitos en los campos de fecha diseñados para contener sólo dos dígitos. Esto se hacía utilizando de forma más eficiente los bits asociados con el campo de fecha, como, por ejemplo, convirtiendo el campo de fecha de ASCII a binario o de decimal a hexadecimal, ya que ambas transformaciones permiten el almacenamiento de valores más grandes. **2.** *Véase* codificación Huffman.

codificación absoluta *s. (absolute coding)* Código de programa que utiliza direccionamiento absoluto en lugar de direccionamiento indirecto. *Véase también* dirección absoluta; dirección relativa.

codificación con corrección de errores *s. (error-correction coding)* Método de codificación que permite la detección y corrección de los errores que se producen durante la transmisión. Los datos se codifican de tal modo que es posible detectar y corregir los errores de transmisión mediante el examen de los datos codificados en el receptor. La mayoría de los códigos de corrección de errores se caracterizan por el número máximo de errores que pueden detectar y por el máximo número de errores que pueden corregir. La mayoría de los módems utiliza la codificación con corrección de errores. *También llamado* código de corrección de errores. *Véase también* detección y corrección de errores. *Compárese con* codificación con detección de errores.

codificación con detección de errores *s. (error-detection coding)* Método de codificación de datos que permite detectar los errores que se produzcan durante el almacenamiento o la transmisión. La mayoría de los códigos de detección de errores se caracterizan por el máximo número de errores que pueden detectar. *Véase también* suma de control. *Compárese con* codificación con corrección de errores.

codificación de fase *s. (phase encoding)* **1.** Técnica de grabación utilizada en dispositivos de almacenamiento magnético en la cual cada unidad de almacenamiento de datos está dividida en dos partes, cada una magnetizada de modo que tiene polaridad opuesta a la otra. **2.** El proceso de situar la información digital en una onda portadora analógica mientras se cambia periódicamente la fase de la portadora para incrementar la densidad de bits de la transmisión. *Véase también* codificación Manchester; fase.

codificación de longitud de recorrido *s. (run-length encoding)* **1.** *Véase* RLE. **2.** Método de compresión simple que sustituye a una serie contigua (recorrido) de valores idénticos por un flujo de datos con un par de valores que representan la longitud de la serie y el propio valor. Por ejemplo, un flujo de datos que contiene 57 entradas consecutivas con el valor 10 podría reemplazarse por un par de valores mucho más cortos: 57, 10. *Acrónimo:* RLE.

codificación en cuadratura *s. (quadrature encoding)* El método más común utilizado para determinar en qué dirección se está moviendo un ratón. En los ratones mecánicos, el movimiento de la bola del ratón se traduce en movimientos horizontales o verticales mediante un par de discos rotatorios, uno de ellos para el movimiento horizontal y el otro para el movimiento vertical, cada uno de los cuales realiza y rompe el contacto con dos sensores localizados sobre él. Los dos sensores están desfasados entre sí y el ratón detecta con cuál sensor se realiza primero el contacto. El término codificación en cuadratura proviene del hecho de que cada sensor envía una señal cuadrada que está desfasada 90 grados con respecto a la del otro sensor. Si la primera señal se detecta antes que la segunda, se supone que el ratón se ha movido en una dirección; si se detecta la segunda antes que la primera, se asumirá que el ratón se ha movido en la dirección opuesta. *Véase también* ratón mecánico; ratón; ratón optomecánico.

codificación FM *s.* (*FM encoding*) *Véase* codificación por modulación de frecuencia.

codificación hash *s.* (*hash coding*) *Véase* indexar mediante hash.

codificación Huffman *s.* (*Huffman coding*) Método para comprimir un conjunto determinado de datos basándose en la frecuencia relativa de los elementos individuales. Cuanto más a menudo aparezca un determinado elemento, como, por ejemplo, una letra, más pequeño, en bits, será el código correspondiente. Fue uno de los primeros códigos de compresión de datos y, con modificaciones, permanece como uno de los códigos más ampliamente utilizados en una gran variedad de tipos de mensajes.

codificación limitada de longitud de recorrido *s.* (*run-length limited encoding*) Método rápido y altamente eficiente de almacenamiento de datos en disco (normalmente, un disco duro) en el que los patrones de bits que representan la información se traducen a códigos en lugar de almacenarse literalmente bit a bit y carácter a carácter. En la codificación RLL, los cambios en el flujo magnético se basan en el número de ceros que aparecen en secuencia. Este esquema permite almacenar los datos con menos cambios en el flujo magnético que los que de otra manera hubieran sido necesarios para el número de bits de datos involucrados y que daría como resultado una capacidad de almacenamiento considerablemente mayor de la que es posible con tecnologías más antiguas, como la codificación por modulación de frecuencia (FM) y la codificación por modulación de frecuencia modificada (MFM). *Abreviatura:* codificación RLL. *Compárese con* codificación por modulación de frecuencia; codificación por modulación de frecuencia modificada.

codificación Manchester *s.* (*Manchester coding*) Método de codificación de datos utilizado en comunicaciones, como, por ejemplo, en algunas LAN, que combina datos y señales de temporización en un flujo de bits transmitidos. *Véase también* codificación de fase.

codificación MFM *s.* (*MFM encoding*) *Véase* codificación por modulación de frecuencia modificada.

codificación por modulación de frecuencia *s.* (*frequency modulation encoding*) Método de almacenamiento de información en un disco en el que se graban en la superficie los datos junto con información adicional de sincronización, los impulsos de reloj. La codificación FM es relativamente poco eficiente debido al espacio de disco adicional requerido por los impulsos de reloj. Debido a ello, ha sido prácticamente sustituida por un método más eficiente, denominado codificación por modulación de frecuencia modificada (MFM), y por otra técnica más compleja, pero extremadamente eficiente, denominada codificación de longitud de recorrido limitada (RLL). *Abreviatura:* codificación FM. *Compárese con* codificación por modulación de frecuencia modificada; codificación limitada de longitud de recorrido.

codificación por modulación de frecuencia modificada *s.* (*modified frequency modulation encoding*) Antiguo método de almacenamiento de datos en discos. La codificación por modulación de frecuencia modificada se basaba en una técnica anterior denominada codificación por modulación de frecuencia, pero mejoraba su eficiencia reduciendo la necesidad de sincronizar la información y basando la codificación magnética de cada bit en el estado del bit previamente grabado. Este método de codificación permite almacenar más información en disco que la codificación por modulación de frecuencia. Sin embargo, no ahorra tanto espacio como la técnica conocida como el nombre de codificación limitada de longitud de recorrido o RLL. *Abreviatura:* codificación

MFM. *Compárese con* codificación por modulación de frecuencia; codificación limitada de longitud de recorrido.

codificación RLL *s.* (***RLL encoding***) *Véase* codificación limitada de longitud de recorrido.

codificación simbólica *s.* (***symbolic coding***) La expresión de un algoritmo en palabras, números decimales y símbolos, en lugar de mediante números binarios, con el fin de que las personas puedan leerlo y entenderlo. La codificación simbólica se utiliza en los lenguajes de programación de alto nivel. *Véase también* algoritmo; lenguaje de alto nivel.

codificador *s.* **1**. (***coder***) *Véase* programador. **2**. (***encoder***) En general, cualquier elemento hardware o software que codifique información, es decir, que convierta la información a una forma o formato particulares. Por ejemplo, Windows Media Encoder convierte las señales de audio y vídeo a una forma que permite enviarlas como un flujo de transmisión a una serie de clientes a través de una red. **3**. (***encoder***) En referencia a la información de audio digital MP3, en concreto, es una tecnología que convierte un archivo de audio WAV en un archivo MP3. Un codificador MP3 comprime un archivo de sonido para obtener otro archivo mucho más pequeño, con un tamaño de aproximadamente la duodécima parte que el original, sin una pérdida apreciable de calidad. *También llamado* codificador MP3. *Véase también* MP3; WAV. *Compárese con* ripear; ripeador.

codificar *vb.* **1**. (***code***) Escribir instrucciones de programa en un lenguaje de programación. *Véase también* programar. **2**. (***encode***) En programación, poner algo en código, lo que frecuentemente implica cambiar la forma (por ejemplo, cambiar un número decimal a un formato de código binario). *Véase también* decimal codificado en binario; EBCDIC. **3**. (***encode***) *Véase* cifrar.

código *s.* (***code***) **1**. Un sistema de símbolos utilizado para convertir información entre una forma y otra. Los códigos utilizados para convertir información con el fin de ocultarla se denominan a menudo sistemas de cifrado. **2**. Uno de entre un conjunto de símbolos utilizados para representar información. **3**. Instrucciones de programa. El código fuente está compuesto por instrucciones legibles escritas por un programador en un determinado lenguaje de programación. El código máquina está compuesto por instrucciones numéricas que la computadora puede reconocer y ejecutar y que se obtienen mediante conversión del código fuente. *Véase también* datos; programa.

código abierto *s.* (***open source***) La práctica de hacer que el código fuente (instrucciones de programa) de un producto software esté libremente disponible, sin coste alguno, para los desarrolladores y usuarios interesados, aun cuando éstos no hayan estado implicados en la creación del producto original. Los distribuidores de software de código abierto esperan y promueven que los usuarios y programadores externos examinen el código para identificar problemas y para modificarlo con las mejoras y ampliaciones que puedan sugerir. Entre los productos de código abierto más ampliamente utilizados están el sistema operativo Linux y el servidor web Apache.

código autodocumentado *s.* (***self-documenting code***) Código fuente de un programa que, gracias al uso de un lenguaje de alto nivel y de identificadores descriptivos, puede ser entendido por otros programadores sin necesidad de comentarios adicionales.

código automodificante *s.* (***self-modifying code***) Código de programa, usualmente código objeto generado por un compilador o un ensamblador, que se modifica a sí mismo durante la ejecución, escribiendo nuevos códigos de operación, direcciones o valores de datos para sustituir a los existentes. *Véase también* procedimiento puro.

código autovalidante *s.* (***self-validating code***) Código de programa que puede autocomprobarse para verificar que se comporta correctamente, usualmente introduciéndose a sí mismo un conjunto de valores estándar de entrada y comparando los resultados con un conjunto de valores esperados de salida.

código Baudot *s.* (***Baudot code***) Esquema de código de 5 bits utilizado principalmente para la transmisión por telex, desarrollado originalmente para la telegrafía por el ingeniero y telegrafista francés Jean-Maurice-Emile Baudot. Algunas veces se le compara, aunque inapropiadamente, con el Alfabeto Internacional Número 2 propuesto por el Comité Consultivo Internacional Telegráfico y Telefónico (CCITT).

código binario cíclico *s.* (*cyclic binary code*) Representación binaria de los números en la que cada número se distingue del que le precede en una unidad (bit) en una determinada posición. Los números binarios cíclicos difieren de los números binarios «normales», aunque ambos están basados en dos dígitos, el 0 y el 1. Los números en el sistema binario cíclico representan un código, de forma similar al código Morse, mientras que los números binarios «normales» representan valores reales del sistema de numeración binario. Como cada pareja de números consecutivos sólo difiere en un bit, los números binarios cíclicos se utilizan para minimizar los errores a la hora de representar las medidas de una cierta magnitud. *Véase* la tabla.

Binario cíclico	*Binario «puro»*	*Decimal*
0000	0000	0
0001	0001	1
0011	0010	2
0010	0011	3
0110	0100	4
0111	0101	5
0101	0110	6
0100	0111	7
1100	1000	8
1101	1001	9

Tabla C.3. *Código binario cíclico comparado con otros sistemas de numeración.*

código de acceso *s.* (*access code*) *Véase* contraseña.

código de autorización *s.* (*authorization code*) *Véase* contraseña.

código de barras *s.* (*bar code*) El código de identificación especial que se imprime en forma de un conjunto de barras verticales de diferentes anchuras sobre los libros, los productos de consumo y otras mercaderías. Utilizados para la introducción rápida y libre de errores de los datos en instalaciones tales como bibliotecas, hospitales y supermercados, los códigos de barras representan información binaria que puede leerse mediante un escáner óptico. La codificación puede incluir números, letras o una combinación de las dos cosas. Algunos códigos incluyen mecanismos de protección frente a errores y pueden leerse en ambas direcciones.

código de carácter *s.* (*character code*) Código específico que representa un carácter determinado de un conjunto, como, por ejemplo, el conjunto de caracteres ASCII. El código de carácter de una tecla determinada depende de si otra tecla, como, por ejemplo, la tecla Mayúsculas, se pulsa al mismo tiempo. Por ejemplo, pulsar sólo la tecla A normalmente genera el código de carácter la a minúscula. Pulsar la tecla Mayúsculas más la tecla A genera normalmente el código de carácter correspondiente a la letra A mayúscula. *Compárese con* código de tecla.

código de condición *s.* (*condition code*) Uno de entre un conjunto de bits que se activan (1 o verdadero) o se desactivan (0 o falso) como resultado de alguna instrucción previamente ejecutada por la máquina. El término se usa principalmente en la programación en lenguaje ensamblador o lenguaje máquina. Los códigos de condición son específicos del hardware, pero suelen incluir indicadores de acarreo, de desbordamiento, de resultado cero y de resultado negativo. *Véase también* bifurcación condicional.

código de control *s.* (*control code*) Uno o más caracteres no imprimibles utilizados por un programa informático para controlar las acciones de un dispositivo y que se utilizan en impresión, comunicaciones y gestión de pantallas de visualización. Los códigos de control son empleados, fundamentalmente, por los programadores y los usuarios para controlar

código de corrección de errores

una impresora cuando un programa de aplicación no soporta esa impresora o alguna de las características especializadas que ésta ofrece. En vídeo, las computadoras envían códigos de control a una unidad de visualización para gestionar la apariencia del texto o del cursor en la pantalla. Entre los conjuntos de códigos de control más populares se encuentran ANSI y VT-100. *Véase también* carácter de control.

código de corrección de errores *s.* (*error-correcting code*) *Véase* codificación con corrección de errores.

código de escape *s.* (*escape code*) Carácter o secuencia de caracteres que indica que el siguiente carácter de un flujo de datos no debe ser procesado de modo corriente. En el lenguaje de programación C, el código de escape es la barra invertida.

código de exploración *s.* (*scan code*) Número codificado transmitido a una computadora IBM o compatible cuando se presiona o se suelta una tecla. Cada tecla del teclado tiene un código de exploración distintivo. Este código no coincide con el código ASCII de la letra, número o símbolo representado en la tecla; es un identificador especial para la tecla y es siempre el mismo para una tecla en particular. Cuando se presiona una tecla, se transmite el código de exploración a la computadora, donde una parte de la ROM del BIOS (sistema básico de entrada/salida) dedicada al teclado traduce el código de exploración a su equivalente en código ASCII. Como una misma tecla puede generar más de un carácter (la A minúscula y mayúscula, por ejemplo), la ROM del BIOS mantiene también información del estado de las teclas que cambian el comportamiento del teclado, tales como la tecla Mayúsculas, y tiene en cuenta esa información a la hora de traducir el código de exploración. *Compárese con* código de tecla.

código de instrucción *s.* (*instruction code*) *Véase* código de operación.

código de operación *s.* (*operation code*) La parte de una instrucción en lenguaje máquina o en lenguaje ensamblador que especifica el tipo de instrucción y la estructura de los datos sobre los que opera. *Véase también* lenguaje ensamblador; código máquina.

código de país *s.* (*country code*) *Véase* dominio geográfico principal.

código de redundancia cíclica *s.* (*cyclical redundancy check*) *Véase* CRC.

código de región *s.* (*region code*) Códigos contenidos en las películas DVD y las unidades DVD-ROM y que tienen como objetivo impedir la reproducción de ciertos discos DVD en ciertas regiones geográficas. Los códigos regionales son parte de la especificación DVD. *Véase también* CSS; deCSS.

código de retorno *s.* (*return code*) En programación, un código que se utiliza para informar de la salida de un procedimiento o para influir en los sucesos subsiguientes cuando un proceso o una rutina terminan (vuelven) y le pasan el control del sistema a otra rutina. Los códigos de retorno pueden, por ejemplo, indicar si una operación tuvo éxito o no y pueden, por tanto, utilizarse para determinar lo siguiente que se debe hacer.

código de tecla *s.* (*key code*) Número de código unívoco asignado a una tecla determinada del teclado de la computadora y que le dice a ésta qué tecla se ha pulsado o soltado. Un código de tecla es un identificador especial de la propia tecla y es siempre el mismo para una tecla determinada, independientemente de la letra, número o símbolo que aparezca en la tecla y del carácter generado por la tecla. *Compárese con* código de carácter; código de exploración.

código directo *s.* (*straight-line code*) Código de programa que sigue una secuencia directa de instrucciones en lugar de saltar de un lado a otro mediante instrucciones de transferencia, tales como GOTO y JUMP. *Véase también* instrucción GOTO; instrucción de salto. *Compárese con* código espagueti.

código dos de cinco *s.* (*two-out-of-five code*) Código sensible a los errores utilizado para la transmisión de datos y que almacena cada uno de los diez dígitos decimales (de 0 a 9) como un conjunto de cinco dígitos binarios. Las dos únicas posibilidades válidas son que dos de los dígitos sean unos (1) y los otros tres dígitos sean ceros (0) o que dos de los dígitos sean ceros (0) y los otros tres dígitos sean unos (1).

código espagueti *s.* (***spaghetti code***) Código que da lugar a un enrevesado flujo de programa debido normalmente a un uso excesivo o inapropiado de instrucciones GOTO o JUMP. *Véase también* instrucción GOTO; instrucción de salto.

código fuente *s.* (***source code***) Instrucciones de programa legibles por una persona y escritas por un programador o desarrollador en un lenguaje ensamblador o de alto nivel que una computadora no puede leer directamente. El código fuente necesita ser compilado en un código objeto antes de poder ser ejecutado por una computadora. *Compárese con* código objeto.

código fuente HTML *s.* (***HTML source***) *Véase* fuente.

código gestionado *s.* (***managed code***) Código ejecutado por el entorno de ejecución de lenguaje común en lugar de directamente por el sistema operativo. Las aplicaciones de código gestionado pueden aprovechar los servicios del entorno de ejecución de lenguaje común, como, por ejemplo, la recolección de basura, la verificación de tipos en tiempo de ejecución, el soporte de seguridad, etc. Estos servicios permiten que las aplicaciones de código gestionado exhiban un comportamiento uniforme independiente de la plataforma y del lenguaje. *Véase también* código no gestionado.

código Gray *s.* (***Gray code***) *Véase* código binario cíclico.

código Hamming *s.* (***Hamming code***) Familia de códigos de corrección de errores que debe su nombre a R. W. Hamming, de Bell Labs. En uno de los códigos Hamming más sencillos, cada 4 bits de datos van seguidos por 3 bits de comprobación, que se calculan a partir de los 4 bits de datos. Si cualquiera de los 7 bits llega a ser modificado, un sencillo cálculo puede detectar el error y determinar qué bit ha sido alterado. *Véase también* codificación con corrección de errores; corrección directa de errores.

código heredado *s.* (***inheritance code***) Conjunto de atributos estructurales y procedimentales pertenecientes a un objeto y que le han sido pasados por la clase u objeto del cual deriva. *Véase también* programación orientada a objetos.

código incrustado *s.* (***inline code***) Instrucciones de lenguaje ensamblador o lenguaje máquina integradas en un código fuente de alto nivel. Su forma varía considerablemente de un compilador a otro y no todos los compiladores soportan este tipo de código.

código intermedio *s.* (***bytecode***) Tipo especial de codificación de un programa informático generada por un compilador al procesar el código fuente original. Esta codificación representa una forma abstracta e independiente del procesador que la mayoría de las UCP no pueden ejecutar directamente, pero que resulta muy adecuada para un análisis posterior (por ejemplo, para tareas de optimización realizadas por el compilador), para el procesamiento del programa mediante un intérprete (por ejemplo, ejecutando applets Java en un explorador web) o para utilizarla en la generación de instrucciones binarias para la UCP de destino. La producción de código intermedio es una característica de los compiladores para los lenguajes de programación Java y Pascal. *Véase también* unidad central de proceso; compilador; intérprete; Java; applet Java; Pascal.

código máquina *s.* (***machine code***) El resultado final de la compilación de un programa escrito en lenguaje ensamblador o en cualquier lenguaje de alto nivel como C o Pascal: secuencias de unos y ceros que son cargadas y ejecutadas por un microprocesador. El código máquina es el único lenguaje que las computadoras entienden. Todos los demás lenguajes de programación representan formas de estructurar el lenguaje humano con el fin de que los humanos puedan hacer que las computadoras realicen tareas específicas. *Véase también* compilador.

código móvil malicioso *s.* (***malicious mobile code***) Un virus u otro programa destructivo que saca partido de las debilidades de seguri-

código muerto

dad existentes en los sistemas de transmisión inalámbrica. El código móvil malicioso puede afectar a los equipos informáticos, dispositivos PDA, teléfonos digitales con acceso a Internet y otros dispositivos de comunicación a través de redes inalámbricas.

código muerto *s.* (*dead code*) Código de programa que nunca llega a ejecutarse, posiblemente porque el programador ha eliminado todas las referencias a dicho código o porque el programa está escrito de tal forma que esa instrucción o instrucciones nunca serán necesarias; por ejemplo, una instrucción ELSE nunca sería necesaria en una condición IF que siempre resulte ser verdadera. El código muerto puede ralentizar la ejecución de los programas e incrementar el tamaño ocupado por el programa en memoria.

código nativo *s.* (*native code*) Código que ha sido compilado para un código máquina específico de un procesador.

código no gestionado *s.* (*unmanaged code*) Código ejecutado directamente por el sistema operativo fuera del entorno de ejecución de lenguaje común. El código no gestionado debe proporcionar sus propios mecanismos de recolección de basura, de comprobación de tipos, de seguridad, etc., a diferencia del código gestionado, que usa los servicios que a este respecto proporciona el entorno de ejecución de lenguaje común. *Véase también* código gestionado.

código objeto *s.* (*object code*) El código, generado por un compilador o un ensamblador, obtenido por traducción del código fuente de un programa. El término se suele referir comúnmente al código máquina que puede ejecutarse directamente por parte de la unidad central de proceso (UCP) del sistema, pero también puede referirse al código fuente en lenguaje ensamblador o a alguna otra variante del código máquina. *Véase también* unidad central de proceso.

código ponderado *s.* (*weighted code*) Código de representación de datos en el que cada posición de bit tiene un valor inherente especificado que puede o no incluirse en la interpretación de los datos, dependiendo de si el bit está activado o desactivado.

código redundante *s.* (*redundant code*) Código que duplica una función realizada en algún otro lugar, como, por ejemplo, el código que ordena una lista que ya ha sido ordenada.

código reentrante *s.* (*reentrant code*) Código escrito para que pueda ser compartido por varios programas al mismo tiempo. Cuando un programa está ejecutando un código reentrante, otro programa puede interrumpir la ejecución y comenzar o continuar la ejecución del mismo código. Muchas de las rutinas de los sistemas operativos se escriben para que sean reentrantes con el fin de que baste con una sola copia residente en memoria para servir a todas las aplicaciones que se estén ejecutando. *Véase también* código reubicable.

código reubicable *s.* (*relocatable code*) Programa escrito de tal manera que puede ser cargado en cualquier parte de la memoria disponible en lugar de tener que colocarse en una posición específica. En el código reubicable, las referencias de dirección que dependen de la ubicación física de un programa en memoria se calculan durante en tiempo de ejecución, de modo que las instrucciones de programa pueden llevarse a cabo correctamente. *Véase también* código reentrante.

código simbólico *s.* (*token*) Cualquier elemento textual no reducible presente en un conjunto de datos que esté siendo analizado sintácticamente, como, por ejemplo, un nombre de variable, una palabra reservada o un operador dentro de un programa. Se pueden almacenar los códigos simbólicos para acortar los archivos de programa y acelerar su ejecución. *Véase también* Basic; analizar.

código trampa *s.* (*cheat code*) En juegos de computadora, un código o secuencia de teclas secreta que proporciona ventaja a un jugador en un juego. Por ejemplo, los códigos trampa a menudo confieren más inmunidad, conceden más vidas o la habilidad para volar o atravesar obstáculos. *Véase también* juego de aventuras; juego de computadora.

código universal de producto *s.* (*Universal Product Code*) *Véase* UPC.

código-p *s.* (*p-code*) *Véase* pseudocódigo.

códigos de estado *s.* (*status codes*) Cadenas de dígitos u otros caracteres que indican el éxito o el fallo de alguna acción que se pretendía realizar. Los códigos de estado se utilizaban comúnmente para informar acerca de los resultados en los antiguos programas informáticos, pero la mayoría de los programas software actuales utilizan palabras o gráficos en su lugar. Los usuarios de Internet, especialmente aquellos que tienen cuentas de shell UNIX, pueden encontrarse con códigos de estado a la hora de utilizar la Web o el protocolo FTP. *Véase también* códigos de estado HTTP.

códigos de estado HTTP *s.* (*HTTP status codes*) Códigos de tres dígitos enviados por un servidor HTTP y que indican los resultados de una solicitud de datos. Los códigos que comienzan con 1 corresponden a solicitudes que puede que el cliente no haya terminado de enviar; con 2, corresponden a solicitudes satisfechas con éxito; con 3, indican que el cliente debe tomar alguna acción ulterior; con 4, se indican las solicitudes que han fallado debido a un error del cliente, y con 5, se indican las solicitudes fallidas debido a un error del servidor. *Véase también* 400; 401; 402; 403; 404; HTTP.

coerción *s.* (*coercion*) *Véase* mutación.

coherencia *s.* (*coherence*) **1**. En óptica, es la propiedad de algunas ondas electromagnéticas de estar en fase entre sí, como en la luz procedente de un láser. **2**. En la tecnología de barrido de líneas de pantalla, es la asignación del valor de un píxel al píxel situado a continuación suyo.

cola *s.* **1**. (*queue*) Una estructura de datos multielemento de la cual (por su propia definición) se pueden eliminar los elementos únicamente en el mismo orden en que fueron insertados; es decir, es una estructura que sigue un esquema de tipo FIFO (first in, first out; primero en entrar, primero en salir). Existen también diversos tipos de colas en las que la eliminación se basa en factores distintos del orden de inserción, como, por ejemplo, en algún valor de prioridad asignado a cada elemento. *Véase también* cola doble; elemento. *Compárese con* pila. **2**. (*trailer*) Información, que normalmente ocupa varios bytes, situada en la parte final de un bloque (sección) de datos transmitidos y que a menudo contiene datos de control de errores que resultan útiles para confirmar la precisión y el estado de la transmisión. *Véase también* suma de control. *Compárese con* cabecera.

cola de impresión *s.* (*print queue*) Búfer para los documentos e imágenes en espera de ser impresos. Cuando una aplicación coloca un documento en la cola de impresión, éste se mantiene en una parte especial de la memoria de la computadora, donde espera hasta que la impresora esté lista para recibirlo.

cola de mensajes *s.* (*message queue*) Una lista ordenada de mensajes en espera de transmisión de la cual se extraen mediante un mecanismo FIFO (first in, first out; primero en entrar, primero en salir).

cola de trabajos *s.* (*job queue*) Lista de programas o tareas que esperan a ser ejecutados por una computadora. Los trabajos en cola a menudo se ordenan de acuerdo a algún tipo de prioridad. *Véase también* cola.

cola del paquete *s.* (*packet trailer*) La parte de un paquete de datos situada a continuación del cuerpo (datos). La cola contiene normalmente información relacionada con los mecanismos de detección y corrección de errores. *Véase también* paquete.

cola doble *s.* (*deque*) Un tipo de estructura de datos de cola en el que se pueden añadir o extraer elementos por cualquiera de los dos extremos de la lista. *Véase también* cola.

cola FIFO *s.* (*FIFO*) *Véase* FIFO.

colapsada, red troncal *s.* (*collapsed backbone*) *Véase* red troncal.

colapso *s.* (*meltdown*) La completa saturación de una red informática causada por un nivel de tráfico más alto del que la red puede soportar.

colapso de la red *s.* (*network meltdown*) *Véase* tormenta de difusión; colapso.

colección de datos *s.* (*data collection*) La agrupación de datos por medio de su clasificación, ordenación u otros métodos de organización.

colector *s.* (*collector*) La región de un transistor bipolar hacia la que fluyen los portadores de carga en condiciones normales de operación. La salida del transistor suele tomarse del colector. Con respecto a la base del emisor, el colector es positivo en un transistor NPN y negativo en un transistor PNP. *Véase también* transistor NPN; transistor PNP. *Compárese con* base; emisor.

colector de bits *s.* (*bit bucket*) Localización imaginaria a la que se pueden enviar los datos para descartarlos. Un colector de bits es un dispositivo de entrada/salida nulo desde el cual no se pueden leer datos y en el cual se pueden escribir datos sin efecto alguno. El dispositivo NUL reconocido por MS-DOS es un colector de bits. Un listado de directorio, por ejemplo, simplemente desaparece cuando es enviado a NUL.

colector de datos *s.* (*data sink*) **1.** Cualquier medio de grabación en el que puedan almacenarse los datos hasta que sean necesarios. **2.** En comunicaciones, la parte de un equipo terminal de datos (DTE, Data Terminal Equipment) que recibe los datos transmitidos.

colgado *adj.* (*hung*) *Véase* colgarse.

colgarse *vb.* (*hang*) Dejar de responder. Un programa o sistema informático colgado no responde a la entrada que el usuario proporcione, pero la pantalla tiene el mismo aspecto que si todo estuviera funcionando con normalidad. El programa o sistema puede estar esperando a que suceda algo (por ejemplo, a que llegue información a través de una red) o puede haber terminado de manera anormal. Es posible que el programa o sistema comience de nuevo a funcionar normalmente por sí mismo o el usuario puede tener que terminar y reiniciar el programa o rearrancar la computadora. Cuando un sistema informático está colgado decimos también que está bloqueado. *Véase también* fallo catastrófico.

colisión *s.* (*collision*) El resultado que se produce cuando dos dispositivos o estaciones de red tratan de transmitir señales por el mismo canal y en el mismo momento. El resultado típico es una transmisión incomprensible.

colmena *s.* (*hive*) Uno de los conjuntos de alto nivel formados por claves, subclaves y valores en los Registros de Windows 9x, Windows NT, Windows 2000 y Windows CE. El término fue creado por un programador de Microsoft que pensó que la estructura del Registro se parecía a una colmena de abejas. Cada colmena es una parte permanente del Registro y está asociada con un conjunto de archivos que contienen información relativa a la configuración (aplicaciones, preferencias de usuario, dispositivos, etc.) de la computadora en la que está instalado el sistema operativo. Entre las colmenas del Registro se incluyen HKEY_LOCAL_MACHINE, HKEY_CURRENT_USER y HKEY_CURRENT_CONFIG. *Véase también* registro.

color *s.* En física, el componente de percepción humana de la luz que depende de la frecuencia. Para la luz de una sola frecuencia, las gamas de color varían desde el violeta (en el extremo de más alta frecuencia de la banda de luz visible, que es una pequeña parte del espectro electromagnético total) hasta el rojo (en el extremo de más baja frecuencia). En los monitores de vídeo, el color es producido mediante una combinación de hardware y software. El software manipula combinaciones de bits que representan los distintos matices de color que hay que representar en cada posición determinada de la pantalla (caracteres o puntos individuales denominados píxeles). El hardware adaptador de vídeo traduce estos bits en señales eléctricas, que a su vez controlan el brillo de una serie de elementos de fósforo de diferente color situados en las posiciones correspondientes de la pantalla del monitor TRC. El ojo del usuario combina la luz de los distintos elementos de fósforo para percibir un solo color. *Véase también* modelo de color; monitor en color; CRT; HSB; monitor; RGB; vídeo; adaptadora de vídeo.

color de 16 bits *adj.* (*16-bit color*) Perteneciente, relativo a o característico de una pantalla que puede mostrar 2^{16} (65.536) colores diferentes. *Compárese con* color de 24 bits; color de 32 bits.

color de 24 bits *s*. (*24-bit color*) Color RGB en el que el nivel de cada uno de los tres colores primarios de un píxel se representa mediante 8 bits de información. Una imagen en color de 24 bits puede contener más de 16 millones de colores distintos. No todos los monitores de computadora soportan el color de 24 bits, especialmente los modelos más antiguos. Aquellos que no lo hacen pueden utilizar color de 8 bits (256 colores) o color de 16 bits (65.536 colores). *Véase también* profundidad de bits; píxel; RGB. *Compárese con* color de 16 bits; color de 32 bits.

color de 32 bits *s*. (*32-bit color*) Color RGB similar al color de 24 bits, pero con 8 bits adicionales utilizados para permitir una más rápida transferencia del color de una imagen. *Véase también* profundidad de bits; RGB. *Compárese con* color de 16 bits; color de 24 bits.

color de 8 bits *s*. (*8-bit color*) Parámetro de configuración de visualización que contiene entradas de hasta 256 colores específicos. Cualquier paleta de color adjunta a una imagen es por definición una paleta de 8 bits.

color de mancha *s*. (*spot color*) Método para tratar el color en un documento en el que se especifica un color de tinta determinado y cada página que contiene elementos de ese color se imprime como una capa separada. La impresora imprime una capa para cada color de mancha del documento. *Véase también* modelo de color; separación de colores; Pantone. *Compárese con* color de proceso.

color de proceso *s*. (*process color*) Método para tratar el color en un documento en el que cada bloque de color se separa en sus componentes primarios sustractivos para ser impreso: turquesa, magenta y amarillo (así como el negro). Los restantes colores se crean mediante la combinación de capas de varios tamaños de puntos de semitonos impresas en turquesa, magenta y amarillo, formándose así la imagen. *Véase también* modelo de color; separación de colores. *Compárese con* color de mancha.

color espectral *s*. (*spectral color*) En vídeo, el matiz representado por una longitud de onda determinada dentro del espectro visible. *Véase también* modelo de color.

color verdadero *s*. (*true color*) *Véase* color de 24 bits.

colorímetro *s*. (*colorimeter*) Dispositivo que evalúa e identifica los colores en función de un conjunto estándar de colores sintetizados.

columna *s*. (*column*) **1**. Serie de elementos colocados verticalmente dentro de algún tipo de marco de trabajo; por ejemplo, una serie continua de celdas que va de arriba hasta abajo en una hoja de cálculo, un conjunto de líneas de una anchura determinada en una página impresa, una línea vertical de píxeles en una pantalla de vídeo o un conjunto de valores alineados verticalmente en una tabla o matriz. *Compárese con* fila. **2**. En un sistema de gestión de bases de datos relacional, el nombre de un atributo. El conjunto de valores de columna que forman la descripción de una entidad concreta se denomina tupla o fila. Una columna es el equivalente a un campo en un registro de un sistema de archivos no relacional. *Véase también* entidad; campo; fila; tabla.

.com *s*. **1**. En MS-DOS, es la extensión de archivo que identifica un archivo de comandos. *Véase también* COM. **2**. En el sistema de nombres de dominio (DNS, Domain Name System) de Internet, es el dominio de nivel superior que identifica las direcciones operadas por organizaciones comerciales. El nombre de dominio .com aparece como sufijo al final de la dirección. *Véase también* DNS; dominio. *Compárese con* .edu; .gov; .mil; .net; .org.

COM *s*. **1**. Un nombre reservado por el sistema operativo MS-DOS para los puertos de comunicaciones serie. Por ejemplo, si hay un módem conectado a un puerto serie y una impresora serie a otro, los dispositivos son identificados por el sistema operativo como COM1 y COM2. **2**. Acrónimo de Component Object Model (modelo de objetos componentes). Una especificación desarrollada por Microsoft para la construcción de componentes software que puedan combinarse para formar programas o añadir funcionalidad adicional a programas existentes que se ejecuten sobre plataformas Microsoft Windows. Los componentes COM pueden estar escritos en una diversidad de lenguajes, aunque la mayoría están escritos en C++ y pueden desconectarse de un programa en tiempo de ejecución sin tener que recompilar el programa. COM es la base de las especificaciones OLE (object linking and embedding, vinculación e incrustación de objetos), ActiveX y DirectX. *Véase también* ActiveX; componente; DirectX; OLE. **3.** La extensión reservada por MS-DOS para un tipo de archivo binario ejecutable (programa) limitado a un único segmento de 64 kilobytes (KB). Los archivos COM se utilizan a menudo para programas de utilidad y rutinas de corto tamaño. No están soportados en OS/2. **4.** Acrónimo de computer-output microfilm (microfilm de grabación de datos). Microfilm que puede grabar datos procedentes de una computadora.

COM distribuido *s.* (***Distributed COM***) *Véase* DCOM.

COM1 *s.* Puerto de comunicaciones serie en los sistemas Wintel. COM1 se especifica normalmente mediante el rango de E/S 03F8H, suele estar asociado con la línea de solicitud de interrupción IRQ4 y, en muchos sistemas, se utiliza para conectar un ratón serie RS232. *Véase también* IRQ.

COM2 *s.* Puerto de comunicaciones serie en los sistemas Wintel. COM2 se especifica normalmente mediante el rango de E/S 02F8H, suele estar asociado con la línea de solicitud de interrupción IRQ3 y, en muchos sistemas, se utiliza para conectar un módem. *Véase también* IRQ.

COM3 *s.* Puerto de comunicaciones serie en los sistemas Wintel (Windows corriendo en un chip de Intel). COM3 se especifica normalmente mediante el rango de E/S 03E8H, suele estar asociado con la línea de solicitud de interrupción IRQ4 y, en muchos sistemas, se utiliza como una alternativa a los puertos COM1 y COM2 si este último está siendo utilizado por algún otro periférico. *Véase también* IRQ; puerto; Wintel.

comando *s.* (***command***) Orden dada a un programa informático que, al ser emitida por el usuario, provoca que se lleve a cabo una determinada acción. Los comandos se suelen escribir en el teclado o se seleccionan mediante un menú.

comando de punto *s.* (***dot command***) Comando de formateo incluido en un documento y precedido por un punto para distinguirlo del texto imprimible. Los programas de formateo de textos, como el editor nroff de XENIX, y los programas de procesamiento de textos, como WordStar, utilizan comandos de punto para el formateo.

comando externo *s.* (***external command***) Programa incluido en un sistema operativo como MS-DOS que se carga en memoria y se ejecuta sólo cuando su nombre se introduce en el símbolo del sistema. Aunque un comando externo es un programa por sí mismo, se le denomina comando porque está incluido en el sistema operativo. *Véase también* XCMD. *Compárese con* comando interno.

comando incrustado *s.* (***embedded command***) Comando situado en un archivo de texto, de gráficos o de otro tipo de documento a menudo utilizado para instrucciones de impresión o de maquetación. Estos comandos a menudo no aparecen en la pantalla, pero pueden ser mostrados si es necesario. Cuando se transfieren documentos de un programa a otro, los comandos incrustados pueden causar problemas si los programas son incompatibles.

comando interno *s.* (***internal command***) Rutina que se carga en memoria junto con el sistema operativo y que reside ahí mientras que la computadora esté encendida. *Compárese con* comando externo.

comando Suspender *s.* (***Suspend command***) Característica de administración de energía de Windows 9x y Windows NT 4 y versiones posteriores para computadoras portátiles. Hacer clic en el comando Suspender en el menú Inicio permite al usuario suspender temporalmente las operaciones que esté efectuando la máquina (entrar en modo suspendido) ahorrando de este modo batería y sin tener que reiniciar las aplicaciones o volver a cargar los datos.

comandos FTP *s.* (***FTP commands***) Comandos que forman parte del protocolo de transferencia de archivos (File Transfer Protocol). *Véase también* FTP.

combinación de correspondencia *s.* (***mail merge***) Una facilidad de envío de correo masivo que toma los nombres, direcciones y, a veces, otros datos relevantes acerca de los receptores y combina esa información para generar una circular u otro documento básico similar.

combinatoria *s.* (***combinatorics***) Rama de la matemática relacionada con la probabilidad y la estadística que trata de la forma de contar, agrupar y disponer conjuntos finitos de elementos. La combinatoria estudia los conceptos de combinaciones y permutaciones. Una combinación es el agrupamiento de elementos tomados de un conjunto mayor sin tener en cuenta el orden de los elementos en cada grupo; por ejemplo, tomando dos elementos a la vez de un conjunto de cuatro objetos (A, B, C y D), se crean seis combinaciones de objetos: AB, AC, AD, BC, BD y CD. Una permutación es un agrupamiento de elementos tomados de un conjunto mayor teniendo en cuenta el orden de los elementos. Por ejemplo, al determinar las permutaciones de dos objetos de un conjunto de cuatro objetos, habría cuatro candidatos para elegir en la primera selección y quedarían tres para elegir en la segunda, lo que nos da 12 permutaciones en total: AB, AC, AD, BA, BC, BD, CA, CB, CD, DA, DB, DC. *Véase también* explosión combinatoria.

COMDEX *s.* Una feria anual de informática gestionada por Softbank COMDEX, Inc. Esta feria tiene lugar en Las Vegas en noviembre y es la feria informática más importante de Estados Unidos.

comentar *vb.* (***comment out***) Desactivar temporalmente una o más líneas de código de un programa encerrándolas en una instrucción de comentario. *Véase también* comentario; compilación condicional; anidar.

comentario *s.* (***comment***) Texto incluido en un programa con propósitos de documentación. Los comentarios usualmente describen lo que hace el programa, quién lo escribió, por qué ha sido cambiado, etc. La mayoría de los lenguajes de programación tienen una sintaxis para crear comentarios que permite que éstos sean reconocidos e ignorados por el compilador o ensamblador. *Véase también* comentar.

comercio electrónico *s.* (***e-commerce***) Actividad comercial que tiene lugar por medio de computadoras conectadas a través de una red. El comercio electrónico puede tener lugar entre un usuario y un fabricante a través de Internet, a través de un servicio de información en línea o a través de un tablón de anuncios electrónico (BBS, bulletin board system), o puede tener lugar entre las computadoras de los fabricantes y clientes mediante intercambio electrónico de datos (EDI, electronic data interchange). *También llamado* e-commerce. *Véase también* EDI.

comercio móvil *s.* (***m-commerce***) El comercio móvil implica el uso de asistentes digitales personales (PDA, personal digital assistant), teléfonos digitales y otros dispositivos inalámbricos de mano equipados con microexploradores para la compraventa de bienes en línea. El comercio móvil se distingue de otros tipos de comercio electrónico por su nivel de portabilidad. Los estándares WAP (Wireless Application Protocol) forman la base de la tecnología de comercio móvil, que aprovecha las capacidades de los teléfonos inteligentes, que incluyen correo electrónico, fax, Internet y teléfono en un único equipo móvil. *Véase también* microexplorador; WAP.

comillas curvadas *s.* (***curly quotes***) *Véase* comillas tipográficas.

comillas normales *s.* (***dumb quotes***) Comillas que tienen la misma apariencia (que normalmente es recta, como en el apóstrofe ' y en las comillas "" de una máquina de escribir) tanto antes como después del texto encerrado por las comillas. *Compárese con* comillas tipográficas.

comillas tipográficas *s.* (***smart quotes***) En procesadores de texto, una función que convierte automáticamente las comillas ("") que producen la mayoría de las computadoras en las comillas (« y ») utilizadas en los textos impresos.

Comité Consultatif International Télégraphique et Téléphonique *s. Véase* CCITT.

Comité Consultivo Internacional Telegráfico y Telefónico *s.* (***International Telegraph and Telephone Consultative Committee***) Una organización de estandarización que pasó a formar parte de la Unión Internacional de Telecomunicaciones en 1992. *Véase* CCITT. *Véase también* CCITT; ITU-T.

COMMAND.COM *s.* El intérprete de comandos para MS-DOS. *Véase también* intérprete de comandos.

Commercial Internet Exchange *s.* Una organización comercial sin ánimo de lucro formada por proveedores de servicios Internet públicos. Además de las tareas usuales de representación y de las actividades sociales, la organización también se encarga de operar un encaminador troncal Internet que está accesible para sus miembros. *Acrónimo:* CIX. *Véase también* red troncal; ISP; encaminador.

Common Access Method *s.* Estándar desarrollado por Future Domain y otros fabricantes de productos SCSI que permite a los adaptadores SCSI comunicarse con periféricos SCSI independientemente del hardware utilizado. *Véase también* SCSI.

Common Client Interface *s.* Interfaz de control que apareció por primera vez en la versión X Windows de NCSA Mosaic y mediante la cual otros programas pueden controlar la copia local de un explorador web. Las versiones X Windows y Windows de NCSA Mosaic pueden comunicarse con otros programas vía TCP/IP. La versión Windows es también capaz de realizar comunicaciones OLE. *Acrónimo:* CCI. *Véase también* Mosaic; OLE; TCP/IP; X Window System.

Common Hardware Reference Platform *s.* Especificación que describe una familia de máquinas, basada en el procesador PowerPC, que es capaz de iniciar múltiples sistemas operativos, incluyendo Mac OS, Windows NT, AIX y Solaris. *Acrónimo:* CHRP. *Véase también* PowerPC.

Common LISP *s.* Abreviatura de Common List Processing (procesamiento común de listas). Una versión formalizada y estandarizada del lenguaje de programación LISP. Puesto que LISP es de dominio público, se han desarrollado diversas versiones diferentes del lenguaje y se decidió adoptar Common LISP como estándar para proporcionar a los programadores una fuente definitiva de referencia para LISP. *Véase también* LISP; lenguaje de programación; estándar.

Communication Satellite Corporation *s.* Corporación creada por el gobierno de Estados Unidos para proporcionar servicios internacionales de comunicación vía satélite para telecomunicaciones. *Acrónimo:* COMSAT.

COMNET *s.* Conferencia y exposición del sector de las redes de comunicaciones. La conferencia incluye sesiones formativas y exposiciones sobre cuestiones técnicas y comerciales referentes a las redes de comunicaciones.

comp. *s.* Grupos de noticias Usenet que forman parte de la jerarquía comp. y que tienen el prefijo comp. Estos grupos de noticias están dedicados a la discusión sobre hardware y software informático y otros aspectos de la informática. Los grupos de noticias comp. son una de las siete jerarquías originales de grupos de noticias Usenet. Las otras seis son misc., news., rec., sci., soc. y talk. *Véase también* grupo de noticias; jerarquía tradicional de grupos de noticias; Usenet.

compactación *s.* (*compaction*) El proceso de recopilación y agrupamiento de las regiones actualmente asignadas de memoria o del espacio auxiliar de almacenamiento con el fin de que ocupen un espacio lo más pequeño posible, por ejemplo, para poder disponer de la mayor cantidad posible de espacio libre continuo. *Compárese con* dispersión; fragmentación de archivos.

compactación de datos *s.* (***data compaction***) *Véase* compresión de datos.

compactar *vb.* (***archive***) Comprimir un archivo.

CompactFlash *s.* Dispositivos de memoria enchufables diseñados por la Asociación CompactFlash para su uso en cámaras digitales, y eventualmente en otros dispositivos, con el fin de almacenar y transportar datos digitales, sonido, imágenes y vídeo. Los dispositivos CompactFlash son pequeñas tarjetas con un tamaño igual a 43 × 36 × 3,3 mm. Están basadas en tecnología flash no volátil, por lo que no necesitan baterías ni ninguna otra fuente de alimentación para retener la información. *Véase también* cámara digital.

CompactFlash Association *s.* Asociación sin ánimo de lucro que desarrolló y promocionó la especificación CompactFlash. Fundada en octubre de 1995, entre sus miembros incluye a 3COM, Eastman Kodak Company, Hewlett-Packard, IBM y NEC, entre otras corporaciones. *Véase también* CompactFlash.

CompactPCI *s.* Especificación abierta de bus para aplicaciones industriales desarrollada por el grupo PCI Industrial Computer Manufacturers Group (PICMG). CompactPCI se basa en el bus PCI de los equipos de escritorio, pero difiere en varios aspectos, incluyendo un conector de inserción y un diseño que permite la carga y extracción frontales de tarjetas. CompactPCI está dirigido a aplicaciones de automatización industrial, sistemas militares y adquisición de datos en tiempo real. Resulta adecuado para dispositivos de comunicaciones de alta velocidad tales como encaminadores y permite la inserción de tarjetas en caliente. *Véase también* conexión en caliente; bus local PCI.

comparador *s.* (*comparator*) Dispositivo que compara dos elementos con el fin de determinar si son iguales. En electrónica, por ejemplo, un comparador es un circuito que compara dos tensiones de entrada e indica cuál es la mayor.

comparar *vb.* (*compare*) Comprobar dos elementos, como, por ejemplo, palabras, archivos o valores numéricos, para determinar si son iguales o distintos. En los programas, el resultado de una operación de comparación suele utilizarse para determinar cuál de entre dos o más acciones hay que llevar a cabo a continuación.

comparición de carga *s.* (*load sharing*) Método para gestionar una o más tareas, trabajos o procesos por medio de la programación y ejecución simultánea de partes de ellos en dos o más microprocesadores.

compartición de archivo. *s.* (*file sharing*) La utilización de archivos de computadora en las redes, donde los archivos se almacenan en un servidor o computadora central y pueden ser accedidos, revisados y modificados por más de una persona. Cuando se utiliza un archivo con diferentes programas o diferentes computadoras, la compartición de archivos puede requerir que éstos sean convertidos a un formato mutuamente aceptable. Cuando un mismo archivo es compartido por muchas personas, puede regularse el acceso mediante mecanismos, tales como la protección con contraseñas, credenciales de seguridad o bloqueos de archivo para prohibir que se efectúen cambios en el archivo por parte de varias personas al mismo tiempo.

compartición de datos *s.* (*data sharing*) La utilización de un único archivo por más de una persona o computadora. La compartición de datos puede llevarse a cabo transfiriendo físicamente un archivo de una computadora a otra o, más frecuentemente, mediante una red y mecanismos de comunicación entre los equipos informáticos.

compartición de recursos *s.* (*resource sharing*) El acto de hacer que los archivos, impresoras y otros recursos de red estén disponibles para su utilización por parte de terceros.

compartir *vb.* (*share*) Hacer que los archivos, directorios o carpetas estén accesibles para otros usuarios a través de una red.

compatibilidad *s.* (*compatibility*) **1.** En referencia al software, la armonía existente, en lo que a la ejecución de tareas se refiere, entre computadoras y programas informáticos. Las computadoras compatibles en el nivel de software son aquellas que pueden ejecutar programas diseñados originalmente para otras marcas o modelos. La compatibilidad de software también se refiere al grado con el que los programas pueden trabajar juntos y compartir datos. En otro sentido, dos programas totalmente diferentes, tales como un procesador de textos y un programa de dibujo, son compatibles

compatibilidad binaria

entre sí si cada uno de ellos puede incorporar imágenes o archivos que hayan sido creados utilizando el otro. Todos los tipos de compatibilidad del software son cada vez más importantes a medida que las comunicaciones informáticas, las redes y las transferencias de archivos entre programas se convierten en aspectos cada vez más esenciales del funcionamiento de las microcomputadoras. *Véase también* compatibilidad descendente; compatible con las versiones posteriores. **2.** El grado en que una computadora, un dispositivo conectado, un archivo de datos o un programa pueden trabajar con, o entender, los mismos comandos, formatos o lenguaje que otro. Una verdadera compatibilidad querrá decir que las diferencias operativas son invisibles tanto para el usuario como para los programas. **3.** El grado con el que un elemento hardware se adapta a un estándar aceptado (por ejemplo, compatibilidad con IBM o compatibilidad con Hayes). En este sentido, la compatibilidad significa que el hardware opera en todos los aspectos, idealmente, como el estándar en el que está basado. **4.** El grado con el que dos máquinas pueden trabajar armónicamente. La compatibilidad (o la falta de la misma) entre dos máquinas indica si las dos máquinas pueden, y hasta qué punto, comunicarse, compartir datos o ejecutar los mismos programas. Por ejemplo, un Apple Macintosh y un IBM PC son generalmente incompatibles porque no pueden comunicarse de forma sencilla o compartir datos sin la ayuda de hardware y/o software que funcione como intermediario o como convertidor.

compatibilidad binaria *s*. (***binary compatibility***) Portabilidad de los programas ejecutables (archivos binarios) desde una plataforma o versión del sistema operativo a otra. *Véase también* variedad; portable.

compatibilidad descendente *s*. (***downward compatibility***) La capacidad del código fuente o de los programas desarrollados en un sistema más avanzado o con una versión del compilador más reciente para ser ejecutados o compilados por una versión menos avanzada (más antigua). *Compárese con* compatible con las versiones posteriores.

compatible con el año 2000 *adj*. (***Year 2000 compliant***) El criterio de compatibilidad aplicado para el problema del año 2000 era muy variable de una empresa u organización a otra; sin embargo, el criterio general era que el software o hardware pudiera realizar la transición de 1999 a 2000 sin producirse ningún error. En un PC, la consideración general era que si el reloj de tiempo real podía pasar una prueba de BIOS relativa al año 2000, el PC era compatible con el año 2000. Sin embargo, también se recomendaba probar a fondo todo el entorno informático de extremo a extremo para analizar la compatibilidad de los sistemas operativos, aplicaciones, código personalizado, datos e interfaz del sistema.

compatible con el nuevo milenio *adj*. (***millennium-compliant***) *Véase* compatible con el año 2000.

compatible con las versiones posteriores *adj*. (***upward-compatible***) Perteneciente, relativo a o característico de un producto informático, especialmente software, diseñado para funcionar adecuadamente con otros productos que se piensa que serán ampliamente utilizados en un futuro próximo. El uso de estándares y convenios hace que la compatibilidad con las versiones posteriores sea más fácil de conseguir.

compatible con Y2K *adj*. (***Y2K-compliant***) *Véase* compatible con el año 2000.

compatible en cuanto a conexión *adj*. (***plug-compatible***) Equipado con conectores equivalentes tanto en estructura como en uso. Por ejemplo, la mayoría de los módems que tienen conectores DB-25 en sus paneles posteriores son compatibles en cuanto a conexión, o lo que es lo mismo, pueden ser reemplazados por otros sin que haya que modificar el cable. *Compárese con* compatible pin a pin.

compatible Hayes *adj*. (***Hayes-compatible***) Que responde al mismo conjunto de comandos que los módems fabricados por Hayes Microcomputer Products. Este conjunto de comandos se ha convertido en el estándar de facto para los módems utilizados con microcomputadoras.

compatible IBM PC *adj*. (***IBM PC-compatible***) *Véase* compatible PC.

compatible PC *adj.* (*PC-compatible*) Que es conforme a las especificaciones de software y hardware de los equipos PC/XT y PC/AT de IBM, los cuales han sido los estándares de facto en la industria informática para las computadoras personales que utilizan la familia de microcomputadoras Intel 80x86 u otros chips compatibles. La mayoría de las actuales computadoras compatibles PC son desarrolladas por empresas distintas de IBM; aún hoy se las sigue denominando, a veces, «clónicos». *Véase también* 8086; clon; estándar de facto; IBM AT; Wintel.

compatible pin a pin *adj.* (*pin-compatible*) Que tiene pines (terminales) que son equivalentes a los pines de otro chip o dispositivo. Un chip, por ejemplo, podría tener una circuitería interna diferente a la usada en otro chip; pero si los dos chips utilizan los mismos pines de entrada y de salida de señales idénticas, son chips compatibles pin a pin. *Compárese con* compatible en cuanto a conexión.

compatibles con la unión *adj.* (*union-compatible*) En gestión de bases de datos, perteneciente a, o característico de, dos relaciones (tablas) del mismo orden (que tienen el mismo número de atributos) y cuyos atributos correspondientes están basados en el mismo dominio (el conjunto de valores aceptables).

compendio *s.* (*digest*) **1**. Un mensaje en una lista de correo que se envía a los suscriptores en lugar de enviarles los múltiples artículos individuales que el compendio contiene. Si la lista de correo es una lista moderada, puede que el compendio sea previamente editado. *Véase también* moderado. **2**. Un artículo en un grupo de noticias moderado que compila múltiples mensajes enviados al moderador. *Véase también* moderador; grupo de noticias.

compensación de pérdidas *s.* (*loss balancing*) Amplificación de una señal o valor para compensar las pérdidas producidas durante una transmisión o conversión de un valor.

compilación condicional *s.* (*conditional compilation*) Compilación selectiva o traducción del código fuente de un programa que se basa en ciertas condiciones o indicadores; por ejemplo, una serie de secciones de un programa especificadas por el programador podrían compilarse únicamente si estuviera activado un indicador de depuración en el instante de producirse la compilación. *Véase también* comentar.

compilador *s.* (*compiler*) **1**. Programa que traduce todo el código fuente de un programa escrito en un lenguaje de alto nivel a código objeto antes de la ejecución del programa. *Véase también* ensamblador; compilar; lenguaje de alto nivel; lenguaje interpretado; procesador de lenguaje; código objeto. **2**. Todo programa que transforma un conjunto de símbolos en otro siguiendo un conjunto de reglas sintácticas y semánticas.

compilador cruzado *s.* (*cross-compiler*) Compilador que se ejecuta en una plataforma de hardware, pero que genera código objeto para otra. *Véase también* ensamblador; compilador; ensamblador cruzado; desarrollo cruzado.

compilador de una pasada *s.* (*one-pass compiler*) Compilador que sólo necesita leer el archivo fuente una vez para crear el código objeto. La sintaxis de algunos lenguajes hace que sea imposible crear para ellos un compilador de una sola pasada. *Véase también* compilador.

compilador nativo *s.* (*native compiler*) Compilador que genera código máquina para la computadora en la que se está ejecutando por oposición al compilador cruzado, el cual produce código para otro tipo de computadora distinta. La mayoría de los compiladores son compiladores nativos. *Véase también* compilador; compilador cruzado.

compilador optimizador *s.* (*optimizing compiler*) Compilador que analiza su salida (lenguaje ensamblador o código máquina) para producir secuencias de instrucciones más eficientes (más compactas o rápidas).

compilar *vb.* (*compile*) Traducir todo el código fuente de un programa desde un lenguaje de alto nivel a código objeto antes de la ejecución del programa. El código objeto es código máquina ejecutable o una variante del código máquina. De una forma más general, la palabra compilar se utiliza en ocasiones para describir el proceso de traducción de cualquier descripción simbólica de alto nivel a un formato simbólico de nivel inferior o a un formato legible por la máquina. Los programas que llevan a cabo esta tarea se denominan compiladores. *Véase también* compilador; tiempo de compilación; lenguaje de alto nivel; código máquina; código fuente. *Compárese con* interpretar.

compilar con LaTeX *s.* (*LaTeX 2*) Procesar un archivo en formato LaTeX. *Véase también* LaTeX.

compilar y ejecutar *adj.* (*compile-and-go*) Perteneciente, relativo a o característico de un entorno de desarrollo que ejecuta un programa automáticamente después de compilarlo. *Véase también* compilar; ejecutar.

complementación *s.* (*negative entry*) El acto de añadir un signo negativo a un número que ha sido introducido en una calculadora, transformándolo así en un número negativo.

complemento *s.* **1**. (*complement*) En sentido amplio, un número que puede considerarse como una imagen especular de otro número escrito en la misma base, como, por ejemplo, base 10 o base 2. Los complementos se utilizan normalmente para representar números negativos. Dentro de un contexto informático, se pueden encontrar dos tipos de complementos: complementos a la raíz menos 1 y complementos verdaderos. Un complemento a la raíz menos 1 se conoce en el sistema decimal como complemento a nueve y en el sistema binario como complemento a uno. Los complementos verdaderos se conocen en el sistema decimal como complemento a diez y en el binario como complemento a dos (una forma normalmente utilizada para representar números negativos durante el procesamiento). *Véase también* operación complementaria; complemento a nueve; complemento a uno; complemento a diez; complemento a dos. **2**. (*snap-in*) Componente de software que proporciona capacidad de administración y gestión del sistema dentro del marco de trabajo de la Consola de administración de Microsoft (MMC) en Windows NT, Windows 2000 y Windows XP. Un complemento es un objeto COM que representa una unidad de comportamiento de administración, la extensión más pequeña disponible a través de la MMC. Existen dos tipos de complementos: autónomo (no relacionados con ningún otro complemento) y de extensión (invocado por un complemento padre). Pueden combinarse varios complementos para crear herramientas de administración más amplias.

complemento a diez *s.* (*ten's complement*) Número en el sistema en base 10 que es el complemento real de otro número. Se obtiene restando cada dígito de 1 menos la base y sumando 1 al resultado o restando cada número de la potencia inmediatamente superior de la base. Por ejemplo, el complemento a diez de 25 es 75, y puede obtenerse restando cada dígito de 9, que es 1 menos la base (9−2=7, 9−5=4) y entonces se suma 1 (74+1=75) o restando 25 de la siguiente potencia de 10, que es 100 (100−25=75). *Véase también* complemento. *Compárese con* complemento a nueve.

complemento a dos *s.* (*two's complement*) Número en el sistema en base 2 (sistema binario) que es el complemento real de otro número. El complemento a dos normalmente se calcula invirtiendo los dígitos de un número binario (cambiando los unos por ceros y los ceros por unos) y sumando 1 al resultado. Cuando se usa el complemento a dos para representar números negativos, el dígito más significativo (el que está más a la izquierda) es siempre 1. *Véase también* complemento.

complemento a la base de numeración menos 1 *s.* (*radix-minus-1 complement*) En un sistema para representar números utilizando un número fijo de posibles dígitos (base) y un número fijo de posiciones para ellos, el número obtenido a partir de otro número restando cada uno de los dígitos del otro número del dígito más grande posible (igual a la base de numeración menos 1). Por ejemplo, en un sistema de números decimales de cinco dígitos, el complemento a la base de numeración menos 1 de 1.234 sería 98.765. Sumar cualquier número a su complemento a la base de numeración menos 1 da como resultado el número más grande posible en el sistema (en el ejemplo, 99.999). Sumar otra vez 1 a dicho número da como resultado, en este ejemplo,

100.000 (pero puesto que sólo se utilizan los primeros cinco dígitos, el resultado es cero). Por tanto, el negativo de cualquier número en el sistema es el complemento a la base de numeración menos 1 más 1, ya que $-a + a = 0$. En el sistema binario, el complemento a la base de numeración menos 1 es el complemento a uno, que electrónicamente se obtiene fácilmente invirtiendo todos los bits.

complemento a nueve *s*. (*nine's complement*) Número en el sistema decimal (en base 10) que es el complemento de otro número. Se obtiene restando de 9 cada dígito del número del que se va a calcular su complemento. Por ejemplo, el complemento a nueve de 64 es 35 (el número que se obtiene restando 6 de 9 y 4 de 9). *Véase también* complemento.

complemento a uno *s*. (*one's complement*) Número en el sistema binario (base 2) que es el complemento de otro número. *Véase también* complemento.

complemento verdadero *s*. (*true complement*) *Véase* complemento.

completamente direccionable *s*. (*all points addressable*) El modo en los programas de gráficos por computadora en el que todos los píxeles pueden ser individualmente manipulados. *Acrónimo:* APA. *Véase también* modo gráfico.

Component Pascal *s*. Derivado del Pascal diseñado para programar componentes de software para plataformas NET y JVM. *Véase también* Oberon; Pascal.

componente *s*. (*component*) **1**. Una parte individual de un sistema o estructura de mayor tamaño. **2**. Una rutina software modular independiente que ha sido compilada y vinculada dinámicamente y está lista para ser utilizada con otros componentes o programas. *Véase también* compilar; componente software; hipervínculo; programa; rutina. **3**. En la plataforma de red J2EE de Sun Microsystem, es una unidad software de nivel de aplicación soportada por un contenedor. Los componentes son configurables en tiempo de implantación. La plataforma J2EE define cuatro tipos de componentes: beans Java empresariales (EJB), componentes web, applets y clientes de aplicación. *Véase también* applet; contenedor; Enterprise JavaBeans; J2EE.

componente compresor de imagen *s*. (*image compressor component*) Componente de software utilizado por Image Compression Manager para comprimir datos de imagen en QuickTime, una tecnología de Apple para crear, editar, publicar y visualizar contenido multimedia. *Véase también* Image Compression Manager; QuickTime.

componente de diálogo de compresión de imagen *s*. (*image compression dialog component*) Interfaz de programación de aplicaciones que establece parámetros para la compresión de imágenes y secuencias de imágenes en QuickTime, una tecnología de Apple para crear, editar, publicar y visualizar contenido multimedia. El componente muestra un cuadro de diálogo como interfaz de usuario, comprueba y almacena las opciones de configuración seleccionadas en el cuadro de diálogo y controla la compresión de la imagen o imágenes basándose en los criterios seleccionados.

componente de exportación de gráficos *s*. (*graphics export component*) Tecnología desarrollada por Apple para la creación, edición, publicación y visualización de contenido multimedia. El componente de exportación de gráficos proporciona una interfaz de programación de aplicaciones que permite a un reproductor de QuickTime exportar imágenes estáticas a una amplia variedad de formatos de archivo.

componente de importación de gráficos *s*. (*graphics import component*) Tecnología desarrollada por Apple para la creación, edición, publicación y visualización de contenido multimedia. El componente de exportación de gráficos proporciona una interfaz de programación de aplicaciones que permite a un reproductor de QuickTime importar imágenes estáticas desde una amplia variedad de formatos de archivo.

componente de marquesina *s*. (*marquee component*) Una región en una página web que muestra un mensaje de texto que se desplaza horizontalmente.

componente descompresor de imagen *s.* (***image decompressor component***) Componente de software utilizado por Image Compression Manager para descomprimir datos de imagen en QuickTime, una tecnología de Apple para crear, editar, publicar y visualizar contenido multimedia. *Véase también* Image Compression Manager; QuickTime.

componente polarizado *s.* (***polarized component***) Componente de circuito que debe instalarse con sus terminales en una orientación específica con respecto a la polaridad del circuito. Los diodos, rectificadores y algunos condensadores son ejemplos de componentes polarizados.

componente software *s.* (***component software***) Rutinas modulares de software, o componentes, que pueden combinarse con otros componentes para formar un programa completo. Un programador puede utilizar y reutilizar un componente existente sin necesidad de conocer su funcionamiento interno, sino sólo el mecanismo para que otro programa o componente pueda invocarle y transferir datos hacia y desde el componente. *Véase también* componente; programa; rutina.

componente transcodificador de imágenes *s.* (***image transcoder component***) Componente que transfiere imágenes comprimidas de un formato de archivo a otro en QuickTime, una tecnología desarrollada por Apple para la creación, edición, publicación y visualización de contenido multimedia.

componentware *s. Véase* componente software.

componer un bloque *vb.* (***block***) Seleccionar un segmento de texto utilizando un ratón, una selección de menú o una tecla de cursor para llevar a cabo una acción con dicho segmento, como, por ejemplo, darle formato o borrar el segmento.

composición de páginas *s.* (***page makeup***) Composición de gráficos y texto en una página como preparación para la impresión.

compresión *s.* (***compression***) *Véase* compresión de datos.

compresión con pérdidas *s.* (***lossy compression***) El proceso de comprimir un archivo de modo que ciertos datos se pierden después de comprimir y descomprimir el archivo. Los archivos de vídeo y de sonido contienen a menudo más información de la que el espectador o el oyente puede percibir; un método de compresión con pérdidas que no preserve esa información innecesaria puede reducir el tamaño de los archivos hasta dejarlos en sólo un 5 por 100 de su tamaño original. *Compárese con* compresión sin pérdidas.

compresión de archivos *s.* (***file compression***) El proceso de reducir el tamaño de un archivo para su transmisión o almacenamiento. *Véase también* compresión de datos.

compresión de audio *s.* (***audio compression***) Un método de reducir el volumen global de una señal de audio. Esto se realiza limitando la cantidad de distorsión aparente cuando la señal se reproduce a través de un altavoz o se transmite a través de un enlace de comunicaciones.

compresión de datos *s.* (***data compression***) Método para reducir la cantidad de espacio o de ancho de banda necesarios para almacenar o transmitir un bloque de datos que se emplea en comunicaciones de datos, transmisiones facsímil, transferencia y almacenamiento de archivos y edición de discos CD-ROM. *También llamado* compactación de datos.

compresión de imágenes *s.* (***image compression***) El uso de una técnica de compresión de datos con una imagen gráfica. Los archivos gráficos no comprimidos tienden a ocupar grandes cantidades de espacio de almacenamiento, por lo que la compresión de imágenes resulta útil para ahorrar espacio. *Véase también* archivo comprimido; compresión de datos; compresión de vídeo.

compresión de RAM *s.* (***RAM compression***) Tecnología desarrollada por una serie de fabricantes de software con la intención de resolver el problema de la falta de memoria global bajo Windows 3.x. La compresión de los contenidos usuales de la RAM podría hacer que el sistema tuviera menos necesidad de leer o escribir en la memoria virtual (memoria basada en el disco duro), acelerándose así el sistema, ya que la memoria virtual es mucho más lenta que la RAM física. Debido a la reducción de los precios de la RAM y a la introducción de sistemas operativos que permiten gestionar la RAM de manera más eficiente, tales como Windows 9x, Windows NT y OS/2, las técnicas de compresión de RAM sólo suelen utilizarse en las computadoras personales más antiguas. *Véase también* compresión; RAM; Windows.

compresión de tono *s.* (*tone compression*) En gráficos digitales, la compresión del rango completo de color de una imagen al rango más estrecho del dispositivo de salida elegido. La compresión de tono en la digitalización y edición de gráficos puede mejorar la calidad de la imagen impresa final.

compresión de vídeo *s.* (*video compression*) Reducción del tamaño de los archivos que contienen imágenes de vídeo almacenadas en formato digital. Si no se llevara a cabo ninguna compresión, un archivo de vídeo con 24 bits de color y un tamaño de 640 × 480 píxeles ocuparía casi un megabyte por fotograma, lo que significa más de un gigabyte por minuto. Sin embargo, la compresión de vídeo permite eliminar parte de la información sin afectar a la calidad de imagen percibida. *Véase también* compresión con pérdidas; Motion JPEG; MPEG.

compresión Lempel Ziv *s.* (*Lempel Ziv compression*) Método de compresión de datos diseñado por Abraham Lempel y Jakob Ziv en 1977 y 1978. La compresión Lempel Ziv se basa en sustituir los datos repetidos por ciertos valores. Se implementa de dos formas básicas: el algoritmo LZ77, que se basa en valores que apuntan a las posiciones de los datos repetidos, y el algoritmo LZ78, que construye un diccionario y utiliza el índice del diccionario para apuntar a los datos repetidos. Una versión mejorada del algoritmo LZ78, conocida como LZW, está implementada en varios formatos de archivo muy conocidos, tales como GIF y TIFF. *Véase también* .lzh; compresión LZW.

compresión LZW *s.* (*LZW compression*) Algoritmo de compresión denominado así en honor de Abraham Lempel y Jakob Ziv (creadores de la compresión Lempel Ziv) y del diseñador del LZW Terry Welch; este algoritmo hace uso de cadenas de datos repetitivas a la hora de comprimir cadenas de caracteres. Es también la base de la compresión GIF. *Véase también* GIF; compresión Lempel Ziv.

compresión sin pérdidas *s.* (*lossless compression*) El proceso de comprimir un archivo de forma tal que, después de efectuar la compresión y la descompresión, el archivo generado se corresponde con el original bit a bit. El texto, el código de un programa y los datos numéricos deben comprimirse utilizando métodos de compresión sin pérdidas; dichos métodos pueden reducir generalmente un archivo hasta dejarlo en un 40 por 100 de su tamaño original. *Compárese con* compresión con pérdidas.

compresor *s.* (*compressor*) Dispositivo que limita algunos aspectos de una señal transmitida, como, por ejemplo, el volumen, para incrementar la eficiencia.

compress *s.* Utilidad UNIX propietaria que permite reducir el tamaño de los archivos de datos. Los archivos comprimidos con esta utilidad emplean la extensión .Z en sus nombres.

comprimir *vb.* (*compress*) Reducir el tamaño de un conjunto de datos, como, por ejemplo, un archivo o un mensaje de comunicaciones, de modo que se puedan almacenar en menos espacio o transmitirse con menos ancho de banda. Los datos pueden comprimirse eliminando los patrones repetidos de bits y sustituyéndolos por alguna especie de resumen que ocupe menos espacio; la restauración de los patrones repetidos permite descomprimir los datos. Para los archivos de texto, código y datos numéricos, es preciso utilizar métodos de compresión sin pérdidas; para los archivos de vídeo y de sonido, pueden usarse métodos de compresión con pérdidas. *Véase también* compresión sin pérdidas; compresión con pérdidas.

comprobación de bucle *s.* (*loop check*) *Véase* comprobación mediante eco.

comprobación de errores *s.* (*error checking*) Un método para detectar discrepancias entre los datos transmitidos y recibidos durante la transferencia de archivos.

comprobación de hardware *s*. (*hardware check*) **1.** En un PC, una prueba del hardware del sistema realizada por el BIOS del PC durante la prueba POST (autocomprobación de arranque) que tiene lugar durante el proceso de inicio del sistema. **2.** Comprobación automática realizada por el hardware para detectar errores internos o posibles problemas.

comprobación de límites *s*. (*limit check*) En programación, una prueba que verifica si una cierta información especificada está dentro de los límites aceptables. *Véase también* matriz.

comprobación de paridad *s*. (*parity check*) Utilización de la paridad para comprobar la precisión de los datos transmitidos. *Véase también* paridad; bit de paridad.

comprobación de rango *s*. (*range check*) En programación, una comprobación de los límites superior e inferior de un valor para determinar si el valor se encuentra dentro del conjunto de datos aceptado. *Véase también* comprobación de límites.

comprobación de secuencia *s*. (*sequence check*) Proceso que verifica que los datos o registros están en un orden determinado. *Compárese con* prueba de integridad; prueba de coherencia; detección de duplicados.

comprobación de tipos *s*. (*type checking*) El proceso realizado por un compilador o intérprete para asegurarse de que cuando se utiliza una variable, ésta se trata como si tuviera el mismo tipo de datos que se había declarado que tenía. *Véase también* compilador; tipo de datos; intérprete.

comprobación de validez *s*. (*validity check*) El proceso de analizar los datos para determinar si se respetan los parámetros predeterminados de coherencia y exhaustividad.

comprobación integrada *s*. (*built-in check*) *Véase* comprobación de hardware; autotest de encendido.

comprobación mediante eco *s*. (*echo check*) En comunicaciones, un método para verificar la precisión de los datos transmitidos retransmitiéndolos hacia el emisor, que compara la señal de eco con la original.

CompuServe *s*. Un servicio de información en línea subsidiario de America Online. CompuServe proporciona información y capacidades de comunicaciones, incluyendo acceso a Internet. Se lo conoce principalmente por sus foros de soporte técnico dedicados a productos hardware y software comerciales y por ser uno de los primeros servicios en línea comerciales de gran envergadura. CompuServe también opera varios servicios de red privada.

computación paralela *s*. (*parallel computing*) La utilización de múltiples computadoras o procesadores para resolver un problema o llevar a cabo una tarea. *Véase también* procesador matricial; procesamiento masivamente paralelo; procesamiento en cadena; SMP.

computadora *s*. (*computer*) Dispositivo capaz de procesar información para producir un resultado deseado. Independientemente de su tamaño, las computadoras normalmente realizan su trabajo en tres pasos bien definidos: (1) aceptación de la entrada, (2) procesamiento de la entrada según determinadas reglas y (3) producción de la salida. Existen varias maneras de clasificar las computadoras: según su tamaño (que puede ir desde las microcomputadoras hasta las supercomputadoras), según su generación (de primera a quinta generación) y según el modo de procesamiento (analógico frente a digital). *También llamado* ordenador. Véase la Tabla C.4. *Véase también* analógico; digital; circuito integrado; integración a gran escala; integración a muy gran escala.

computadora analógica *s*. (*analog computer*) Una computadora utilizada para medir datos cuyo valor varía de manera continua, como, por ejemplo, velocidades o temperaturas.

computadora de a bordo *s*. (*on-board computer*) Computadora que reside dentro de otro dispositivo.

computadora de cuarta generación *s*. (*fourth-generation computer*) *Véase* computadora.

computadora de destino *s*. **1.** (*object computer*) La computadora destinataria de un intento específico de comunicación. **2.** (*target computer*)

Clase	Las computadoras se pueden clasificar como supercomputadoras, mainframes, superminicomputadoras, minicomputadoras, estaciones de trabajo y microcomputadoras o dispositivos PDA. Si los restantes factores, como por ejemplo, la edad de la máquina, son iguales, esta clasificación proporciona cierta información acerca de la velocidad, tamaño, coste y capacidades de la computadora.
Generación	Las computadoras de primera generación con cierta importancia histórica, como UNIVAC, aparecieron a principios de los años cincuenta y estaban basadas en tubos de vacío. En las computadoras de segunda generación, que surgieron a principios de los sesenta, los transistores reemplazaron a los tubos de vacío. Las computadoras de tercera generación datan de los años sesenta y en ellas los circuitos integrados reemplazaron a los transistores. Las computadoras de cuarta generación, que aparecieron a mediados de los años setenta, son aquellas, tales como las microcomputadoras, en las que la integración a gran escala (LSI) permitió incorporar miles de circuitos en un chip. Se espera que las computadoras de quinta generación combinen la integración a muy gran escala (VLSI) con sofisticados métodos de cálculo, incluyendo la inteligencia artificial y el procesamiento distribuido real.
Modo de procesamiento	Las computadoras son analógicas o digitales. Generalmente, las computadoras analógicas se usan para fines científicos, donde representan valores mediante señales que varían de forma continua que pueden tomar cualquier valor de un número infinito de valores dentro de un rango limitado en cualquier instante dado de tiempo. Las computadoras digitales, el tipo en el que normalmente piensa todo el mundo, representan los valores mediante señales discretas, los bits que representan los dígitos binarios 0 y 1.

Tabla C.4. *Formas de clasificar a las computadoras.*

La computadora que recibe datos de un dispositivo de comunicaciones, un dispositivo hardware de ampliación o un paquete software.

computadora de escritorio *s.* (*desktop computer*) Computadora que puede caber con comodidad en la superficie de un escritorio de oficina. La mayoría de las computadoras personales, junto con algunas estaciones de trabajo, pueden considerarse computadoras de escritorio. *Compárese con* computadora portátil.

computadora de gama media *s.* (*midrange computer*) Computadora de tamaño medio. Este término es intercambiable con el de minicomputadora, excepto en que las computadoras de gama media no incluyen estaciones de un solo usuario. *Véase también* minicomputadora.

computadora de lápiz *s.* (*pen computer*) Un equipo perteneciente a una clase de computadoras cuyo dispositivo de entrada principal es un lápiz en lugar de un teclado. Una computadora de lápiz es, usualmente, un dispositivo de mano más pequeño que los dispositivos normales y tiene una pantalla plana basada en tecnología semiconductora, como, por ejemplo, una pantalla LCD. Requiere utilizar un sistema operativo especial diseñado para trabajar con el dispositivo de entrada de lápiz o un sistema operativo propietario diseñado para funcionar con un dispositivo de propósito específico. La computadora de lápiz es el modelo principal de una clase emergente de computadoras conocidas con el nombre de asistentes digitales personales (PDA, personal digital assistants). *Véase también* agenda electrónica; PC Card; PDA.

computadora de longitud de palabra fija *s.* (*fixed-word-length computer*) Descripción que se aplica a casi todas las computadoras y que hace referencia al tamaño uniforme de las unidades de datos, o palabras, que procesa el microprocesador y envía a través del sistema por las líneas hardware que componen el bus principal de datos. Las computadoras con longitud de palabra fija, incluyendo las computadoras personales IBM y Macintosh, comúnmente trabajan con 2 o 4 bytes cada vez.

computadora de mano *s.* (***handheld computer***) Computadora lo suficientemente pequeña como para sostenerse en una mano mientras se opera con ella con la otra mano. Las computadoras de mano se utilizan normalmente en el sector del transporte y en otros servicios de campo. Normalmente, se construyen para realizar tareas específicas. A menudo tienen teclados especializados restringidos en vez de la disposición QWERTY estándar, pantallas más pequeñas de lo normal, dispositivos de entrada tales como lectores de códigos de barras y dispositivos de comunicaciones para enviar sus datos a la computadora central; rara vez tienen unidades de disco. Su software es normalmente propietario y reside en una ROM. *Véase también* teclado QWERTY; ROM. *Compárese con* PC de mano; PDA.

computadora de origen *s.* (***source computer***) **1**. Computadora desde la que se transfieren los datos a otra computadora. **2**. Computadora en la que se compila un programa. *Compárese con* computadora de destino.

computadora de primera generación *s.* (***first-generation computer***) *Véase* computadora.

computadora de propósito general *s.* (***general-purpose computer***) Computadora que puede realizar cualquier tarea de procesamiento para la que haya disponible software. Un PC es una computadora de propósito general.

computadora de quinta generación *s.* (***fifth-generation computer***) *Véase* computadora.

computadora de red *s.* (***network computer***) Una computadora diseñada para utilizarla en una red en la que los programas y el almacenamiento son proporcionados por servidores. Las computadoras de red, a diferencia de los terminales pasivos, tienen su propia potencia de procesamiento, pero su diseño no incluye almacenamiento local y dependen de servidores de red para poder tener acceso a aplicaciones. *Acrónimo:* NC.

computadora de tercera generación *s.* (***third-generation computer***) Cualquiera de las computadoras creadas desde mediados de los años sesenta a los años setenta y que estaban basadas en circuitos integrados en vez de en transistores discretos. *Véase también* computadora.

computadora de vestimenta *s.* (***wearable computer***) Computadora personal portátil que su usuario lleva puesta como si se tratara de unas gafas, ropa o un reloj de pulsera, pero que, a diferencia de esos elementos, es interactiva, responde a comandos y lleva a cabo instrucciones. Una computadora de vestimenta puede utilizarse como una computadora convencional para recopilar, almacenar y recuperar datos, pero sin obligar al usuario a permanecer en una localización estática mientras opera con la computadora. Las primeras computadoras de vestimenta eran dispositivos clandestinos utilizados a mediados de los años sesenta para predecir el funcionamiento de las ruletas. Hoy día, estas computadoras se utilizan para aplicaciones tales como el control de inventario o el seguimiento de envíos de mensajería.

computadora de viaje *s.* (***luggable computer***) Las primeras computadoras portátiles producidas a principios y mediados de la década de 1980. Estas primeras unidades, que tenían pantallas integradas basadas en tubos de rayos catódicos, pesaban más de 8 kilos y tenían el tamaño de una maleta, de donde proviene su nombre. *Véase también* computadora portátil.

computadora digital *s.* (***digital computer***) Computadora en la que las operaciones están basadas en dos o más estados discretos. Las computadoras digitales binarias están basadas en dos estados, los estados lógicos «encendido» y «apagado», representados por dos niveles de tensión, utilizándose combinaciones de dichos estados para representar todos los tipos de información: números, letras, símbolos gráficos e instrucciones de programa. Dentro de la computadora, los estados de los diversos componentes de circuito cambian continua-

Tipo	Peso aproximado	Fuente de alimentación	Comentarios
Transportable	7,5-15 Kg	Red eléctrica	Normalmente, disponen de unidades de disquetes y de disco duro; utilizan pantalla de TRC estándar.
Portátil	4-7,5 Kg	Red eléctrica o baterías	Pueden transportarse debajo del brazo; normalmente, tienen una unidad de disquetes; utilizan pantallas LCD o de plasma.
Ultraligera	1-4 Kg	Baterías o transformador	Fáciles de transportar en un maletín; en ocasiones, disponen de unidad RAM o EPROM en lugar de unidad de disquetes o disco duro; modelos más delgados se conocen como notebook.
De mano	Menos de 1 Kg	Baterías o transformador	También conocidos como palmtop o palm-size, pueden sostenerse en la palma de la mano.

Tabla C.5. Computadoras portátiles.

mente para mover, procesar y almacenar esta información. *Compárese con* computadora analógica.

computadora doméstica *s.* (*home computer*) Computadora personal con diseño y precio apropiados para el uso doméstico.

computadora híbrida *s.* (*hybrid computer*) Computadora que contiene tanto circuitos analógicos como digitales.

computadora monoplaca *s.* (*board computer*) *Véase* monotarjeta.

computadora monousuario *s.* (*single-user computer*) Computadora diseñada para el uso de una sola persona; una computadora personal. *Compárese con* sistema multiusuario.

computadora multinodo *s.* (*multinode computer*) Computadora que utiliza múltiples procesadores y divide entre ellos el procesamiento de una tarea compleja. *Véase también* unidad central de proceso; procesamiento paralelo.

computadora paralela *s.* (*parallel computer*) Computadora que utiliza varios procesadores que trabajan de manera concurrente. El software escrito para las computadoras paralelas puede incrementar la cantidad de trabajo realizado en un período de tiempo específico dividiendo una tarea de computación entre varios procesadores que funcionan simultáneamente. *Véase también* procesamiento paralelo.

computadora personal *s.* **1.** (*personal computer*) Computadora diseñada para el uso de una sola persona cada vez. Las computadoras personales no necesitan utilizar los recursos de procesamiento, de disco y de impresión de otra computadora. Las computadoras PC de IBM y compatibles y los equipos Apple Macintosh son ejemplos de computadoras personales. *Acrónimo:* PC. **2.** (*Personal Computer*) *Véase* IBM PC.

computadora portátil *s.* (*portable computer*) Toda computadora diseñada para ser transportada fácilmente. Las computadoras portátiles pueden clasificarse según su tamaño y su peso. Véase la Tabla C.5.

computadora satélite *s.* (*satellite computer*) Computadora que está conectada a otra computadora con la que interactúa a través de un enlace de comunicaciones. Como su nombre indica, una computadora satélite es de menor «envergadura» que la computadora principal o host; el host controla el satélite mismo o las tareas que el satélite realiza. *Véase también* comunicaciones remotas.

computadora sin terminal *s.* (*headless computer*) Sistema informático que no tiene teclado, ratón o monitor de vídeo durante el funcionamiento normal.

computadora ultraligera *s.* (***ultralight computer***) *Véase* computadora portátil.

computar (***compute***) *vb.* **1.** Realizar cálculos. **2.** Utilizar una computadora o hacerla que lleve a cabo un determinado trabajo.

Computer Graphics Interface *s.* Estándar de software aplicado a dispositivos de gráficos por computadora, como impresoras y trazadores gráficos. Computer Graphics Interface se deriva del estándar gráfico ampliamente reconocido GKS (Graphical Kernel System), que proporciona a los programadores de aplicaciones métodos estándar de creación, manipulación y visualización e impresión de gráficos de computadora. *Acrónimo:* CGI. *Véase también* Graphical Kernel System.

Computer Graphics Metafile *s.* Estándar de software relacionado con el ampliamente utilizado sistema GKS (Graphical Kernel System), que proporciona a los programadores de aplicaciones medios estándar para la descripción de gráficos en forma de un conjunto de instrucciones que permite recrearlos. Estos metaarchivos gráficos pueden almacenarse en disco o enviarse a un dispositivo de salida; Computer Graphics Metafile proporciona un lenguaje común para describir tales archivos en relación con el estándar GKS. *Acrónimo:* CGM. *Véase también* Graphical Kernel System.

Computer Press Association *s.* Organización comercial de periodistas, presentadores y autores que escriben o informan sobre la tecnología e industria informática. *Véase* CPSR.

COMSAT *s. Véase* Communication Satellite Corporation.

comunicación de datos *s.* (***data communications***) *Véase* comunicaciones.

comunicación inalámbrica *s.* (***wireless communication***) Comunicación sin cables entre una computadora y otra computadora o dispositivo. La forma de comunicación inalámbrica proporcionada como parte del sistema operativo Windows utiliza luz infrarroja para transmitir archivos. Otra forma de comunicación inalámbrica es la radiofrecuencia, utilizada por los teléfonos inalámbricos domésticos y por los teléfonos celulares. *Véase también* infrarrojo; dispositivo infrarrojo; puerto de infrarrojos.

comunicación interaplicaciones *s.* (***interapplication communication***) El proceso de envío de mensajes a un programa por parte de otro programa. Por ejemplo, algunos programas de correo electrónico permiten a los usuarios hacer clic sobre una dirección URL contenida dentro del mensaje. Cuando el usuario hace clic sobre la dirección URL, el programa explorador se inicia automáticamente y accede a dicha dirección.

comunicación interprocesos *s.* (***interprocess communication***) La capacidad de una tarea o proceso para comunicarse con otro en un sistema operativo multitarea. Entre los métodos comunes de comunicación interprocesos se encuentran las canalizaciones, los semáforos, la memoria compartida, las colas, las señales y los buzones. *Acrónimo:* IPC.

comunicación serie *s.* (***serial communication***) El intercambio de información de bit en bit a través de un único canal entre computadoras o entre computadoras y dispositivos periféricos. La comunicación serie puede ser síncrona o asíncrona. Tanto el emisor como el receptor deben usar la misma velocidad de baudios, la misma configuración de paridad y la misma información de control. *Véase también* tasa de baudios; paridad; bit de inicio; bit de parada.

comunicaciones *s.* (***communications***) La vasta disciplina que abarca los métodos, mecanismos y soportes implicados en la transferencia de información. En las áreas relacionadas con la informática, las comunicaciones implican la transferencia de datos de un equipo a otro a través de algún medio de comunicación, como el teléfono, los reemisores de microondas, enlaces vía satélite o cables físicos. Existen dos métodos principales de comunicaciones informáticas: la conexión temporal de dos equipos a través de una red conmutada, como pueda ser el sistema telefónico público, y el enlace permanente o semipermanente de múltiples estaciones de trabajo o equipos en una red. La línea que separa los dos tipos de comunicaciones es, sin embargo, un tanto borrosa, porque las microcomputadoras equipadas con módems se utilizan a menudo para acceder a computadoras situadas en redes tanto privadas como de acceso público. *Véase también* transmisión asíncrona; CCITT; canal; protocolo de comunicaciones; IEEE; RDSI; modelo de referencia ISO/OSI; LAN; módem; red; transmisión síncrona. *Compárese con* transmisión de datos; telecomunicaciones; teleproceso.

comunicaciones asíncronas *s.* (*asynchronous communications*) Comunicación entre equipos informáticos en las que los equipos emisor y receptor no necesitan emplear una temporización como medio de determinar dónde empiezan y finalizan las transmisiones. *Compárese con* comunicaciones síncronas.

comunicaciones digitales *s.* (*digital communications*) Intercambio de comunicaciones en el que toda la información se transmite con codificación binaria (digital).

comunicaciones igualitarias *s.* (*peer-to-peer communications*) Interacción entre dispositivos que operan en el mismo nivel de comunicaciones dentro de una red basada en una arquitectura con varios niveles. *Véase también* arquitectura de red.

comunicaciones ópticas *s.* (*optical communications*) La utilización de la luz y de tecnología de transmisión de la luz, como, por ejemplo, fibra óptica y láseres, para enviar y recibir datos, imágenes o sonido.

comunicaciones remotas *s.* (*remote communications*) Interacción con una computadora remota a través de una conexión telefónica u otra línea de comunicación.

comunicaciones síncronas *s.* (*synchronous communications*) Comunicaciones entre computadoras en las que las transmisiones están sincronizadas mediante señales de temporización intercambiadas entre las máquinas emisora y receptora.

comunidad en línea (*online community*) *s.* **1.** Una comunidad local que opera una serie de foros políticos en línea para la discusión de temas de gobierno local o de cuestiones de interés público. **2.** Miembros de un grupo de noticias, lista de correo, MUD, BBS u otro tipo de foro o grupo en línea específicos. *Véase también* BBS; lista de correo; MUD; grupo de noticias. **3.** Todos los usuarios de Internet y de la World Wide Web colectivamente.

comunidad virtual *s.* (*virtual community*) *Véase* comunidad en línea.

CON *s.* Nombre de dispositivo lógico para una consola reservado en el sistema operativo MS-DOS para el teclado y la pantalla. El teclado, que sólo permite introducir datos, y la pantalla, que sólo permite proporcionar datos como salida, forman juntos la consola y representan las fuentes primarias de entrada y de salida en un sistema MS-DOS.

con copia *s.* (*carbon copy*) *Véase* cc.

con copia oculta *s.* (*blind carbon copy*) *Véase* bcc.

con errores *adj.* (*buggy*) En el campo del software, lleno de fallos o errores. *Véase también* bug.

con ordenación inversa de bytes *adj.* (*little endian*) Perteneciente, relativo o referido a un método de almacenar un número de forma que el byte menos significativo aparezca primero en el número. Por ejemplo, dado el número hexadecimal A02B, el método de ordenación inversa de bytes hará que el número se almacene como 2BA0. Los microprocesadores de Intel emplean el método de ordenación inversa de bytes. *Compárese con* ordenación directa, con.

concatenar *vb.* (*concatenate*) Unir de manera secuencia (por ejemplo, cuando se combinan las dos cadenas «hola» y «amigos» en una única cadena «hola amigos»). *Véase también* cadena de caracteres.

concentración de líneas *s.* (*line concentration*) La concentración de múltiples canales de entrada en un número menor de canales de salida. *Véase también* concentrador.

concentrador *s.* **1.** (*concentrator*) Dispositivo de comunicaciones que combina señales de múltiples fuentes, tales como los terminales de

concentrador activo

una red, en una o más señales antes de enviarlas a su destino. *Compárese con* multiplexor. **2.** (*hub*) En una red, es un dispositivo que une una serie de líneas de comunicaciones en una ubicación central proporcionando una conexión común a todos los dispositivos de la red. *Véase también* concentrador activo; concentrador conmutador.

concentrador activo *s.* (*active hub*) **1.** Un tipo de concentrador utilizado en las redes ARCnet que regenera (intensifica) las señales y las retransmite. *Compárese con* concentrador inteligente; concentrador pasivo. **2.** La computadora central que regenera y retransmite todas las señales en una red con configuración de estrella activa. *Véase también* estrella activa.

concentrador conmutador *s.* (*switching hub*) Un dispositivo central (conmutador) que conecta una serie de líneas de comunicación diferentes en una red y encamina los mensajes y paquetes entre las computadoras de la red. El conmutador funciona como un concentrador, o centralita, para la red. *Véase también* concentrador; paquete; PBX; conmutador; Ethernet conmutada; red conmutada.

concentrador inteligente *s.* (*intelligent hub*) Un tipo de concentrador que, además de transmitir señales, tiene capacidades integradas para realizar otras tareas de red, como la monitorización o la generación de informes sobre el estado de la red. Los concentradores inteligentes se utilizan en diferentes tipos de redes, incluyendo ARCnet y Ethernet 10 Base-T. *Véase también* concentrador.

concentrador pasivo *s.* (*passive hub*) Un tipo de concentrador utilizado en las redes ARCnet que retransmite las señales, pero no tiene ninguna capacidad adicional. *Véase también* ARCnet. *Compárese con* concentrador activo; concentrador inteligente.

concentradores en cascada *s.* (*cascading hubs*) Configuración de red en la que los concentradores están conectados a otros concentradores. *Véase también* concentrador.

concepto de programa almacenado *s.* (*stored program concept*) Esquema de arquitectura de sistema, acreditada durante mucho tiempo al matemático John von Neumann, en la que tanto programas como datos se encuentran en un dispositivo de almacenamiento de acceso directo (memoria de acceso aleatorio o RAM), permitiendo de ese modo que el código y los datos se traten de manera intercambiable. *Véase también* arquitectura de Von Neumann.

concordancia *s.* (*concordance*) Lista de palabras que aparece en un documento junto con los contextos de las apariencias.

concurrente *adj.* (*concurrent*) Perteneciente, relativo a o característico de una operación informática en la que dos o más procesos (programas) tienen acceso al mismo tiempo al microprocesador y, por tanto, se ejecutan prácticamente de forma simultánea. Dado que un microprocesador puede funcionar con unidades de tiempo mucho más pequeñas que las que pueden percibir las personas, parecerá que los procesos concurrentes se ejecutan simultáneamente, aunque en realidad no es así.

condensado *adj.* (*condensed*) Perteneciente, relativo a o característico de un estilo de fuente, permitido en algunas aplicaciones, que reduce el grosor de cada carácter y que, por tanto, los sitúa más próximos entre sí que con el espaciado normal. Muchas impresoras matriciales poseen una característica que hace que la impresora reduzca el grosor de los caracteres y los imprima más juntos, lo que hace que quepan más caracteres en una misma línea. *Compárese con* expandida.

condensador *s.* (*capacitor*) Componente de circuito que proporciona una cantidad conocida de capacidad (habilidad para almacenar carga eléctrica). Un condensador consiste normalmente en dos placas conductoras separadas por un material aislante (dieléctrico). A igualdad de otros factores, la capacidad se incrementa cuanto mayores son las placas y cuanto más próximas se encuentren. Un condensador bloquea la corriente continua, pero deja pasar la corriente alterna en una medida que depende del valor de la capacidad y de la frecuencia de la corriente. *Véase también* capacidad.

condición *s.* (*condition*) El estado de una expresión o variable (por ejemplo, cuando un resultado pueda ser verdadero o falso o cuando una comparación indique que dos números son iguales o no).

condición de carrera *s.* (***race condition***) **1.** Condición en la cual los datos se propagan rápidamente a través de un circuito lógico de forma anticipada con respecto a la señal de reloj con la que se pretende controlar su paso. **2.** Condición en la que un circuito de realimentación interactúa con los procesos de los circuitos internos de modo que se genera un comportamiento de salida caótico.

condicional *adj.* (***conditional***) Perteneciente, relativo a o característico de una acción u operación que tiene lugar en función de si una determinada condición es verdadera. *Véase también* expresión booleana; instrucción condicional.

conductor *s.* Sustancia que conduce bien la electricidad. Los metales son buenos conductores, con la plata y el oro estando entre los mejores. El conductor más comúnmente utilizado es el cobre. *Compárese con* aislante; semiconductor.

conectado *adj.* (***wired***) **1.** Que tiene acceso a Internet. **2.** Una persona con grandes conocimientos acerca de los recursos, los sistemas y la cultura de Internet.

conectarse *vb.* (***jack in***) **1.** Acceder a una red o BBS especialmente con el propósito de entrar en un canal IRC o en una simulación de realidad virtual, como, por ejemplo, un MUD (multiuser dungeon, mazmora multiusuario). *Véase también* IRC; MUD. **2.** Iniciar una sesión en una computadora.

conectividad *s.* (***connectivity***) **1.** La capacidad de los dispositivos hardware o de los paquetes software para intercambiar datos con otros dispositivos o paquetes. **2.** La capacidad de los dispositivos hardware, de los paquetes software o de un equipo informático para trabajar con dispositivos de red o con otros dispositivos hardware, paquetes software o equipos a través de una conexión de red. **3.** La naturaleza de la conexión entre el equipo de un usuario y otro equipo informático, como, por ejemplo, un servidor o una computadora host de Internet o de

alguna otra red. Este término puede describir la calidad del circuito o línea telefónica, el grado de carencia de ruido o el ancho de banda de los dispositivos de comunicaciones.

conectividad total *s.* (***any-to-any connectivity***) La propiedad de un entorno integrado de red informática en el que es posible compartir datos entre múltiples protocolos, tipos de máquina host y topologías de red.

conectoide *s.* (***connectoid***) En Windows 9x y Windows NT, es un icono que representa una conexión de acceso telefónico a redes y que permite ejecutar un script para iniciar una sesión en la red a la que se esté accediendo telefónicamente.

conector *s.* **1.** (***connector***) En hardware, un acoplador utilizado para unir cables o para unir un cable a un dispositivo (por ejemplo, un conector RS-232-C, utilizado para unir el cable de un módem a una computadora). La mayoría de los tipos de conectores están disponibles en uno de los dos posibles géneros (macho o hembra). Un conector macho se caracteriza por poseer uno o más terminales expuestos. Un conector hembra se caracteriza por poseer uno o más receptáculos (zócalos o enchufes) diseñados para aceptar los terminales del conector macho. *Véase también* conector DB; conector DIN. **2.** (***connector***) En programación, un símbolo circular utilizado en un organigrama o diagrama de flujo para indicar un salto, como, por ejemplo, a otra página. **3.** (***socket***) Un identificador de un servicio concreto en un nodo particular de una red. El conector está compuesto de una dirección de nodo y un número de puerto que identifica el servicio. Por ejemplo, el puerto 80 de un nodo Internet indica un servidor web. *Véase también* número de puerto; API sockets.

conector BNC *s.* (***BNC connector***) *Véase* BNC.

conector DAV *s.* (***DAV connector***) *Véase* DAV.

conector DB *s.* (***DB connector***) Uno de los diversos conectores que permite llevar a cabo tareas de entrada y salida en paralelo. Las iniciales DB (data bus, bus de datos) están seguidas por un número que indica la cantidad de líneas (hilos) que componen el conector. Por

conector de audio

ejemplo, un conector DB-9 tiene nueve terminales y soporta hasta nueve líneas, cada una de las cuales puede conectarse a un terminal del conector.

conector de audio *s.* (*phono connector*) Conexión utilizada para enchufar un dispositivo, tal como un micrófono o un par de auriculares, a equipo de audio o a un periférico o adaptador de computadora con capacidades de sonido. *Véase* la ilustración.

Conector de audio.

conector de borde *s.* (*edge connector*) El conjunto de contactos metálicos anchos y planos en una tarjeta de expansión que se insertan en la ranura de expansión de una computadora personal o en el conector de un cable de tipo cinta. El conector de borde conecta la tarjeta con la ruta de compartición de datos del sistema (el bus) por medio de una serie de líneas impresas que se conectan a los circuitos de la tarjeta. El número y el patrón de las líneas difieren en los diversos tipos de conector. *Véase también* placa de expansión; cable de cinta.

conector de cable *s.* (*cable connector*) El conector situado en cualquiera de los extremos de un cable. *Véase también* conector DB; conector DIN; RS-232-C, estándar; RS-422/423/449.

conector DIN *s.* (*DIN connector*) Un conector de varios terminales conforme a la especificación de la organización nacional de estándares alemana (Deutsch Industrie Norm). Los conectores DIN se utilizan para enlazar diversos componentes en las computadoras personales.

conector F *s.* (*F connector*) Conector coaxial utilizado principalmente en aplicaciones de vídeo que se conecta mediante un mecanismo de rosca. Véase la ilustración.

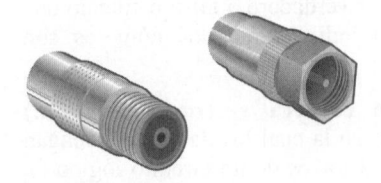

Conectores F.

conector hembra *s.* (*female connector*) Conector que tiene uno o más receptáculos para la inserción de terminales. Los números de componente de los conectores hembra a menudo incluyen una *F* (female, hembra), una *S* (socket, zócalo) una *J* (jack, hembra telefónica) o una *R* (receptáculo). Por ejemplo, un conector hembra DB-25 puede ser etiquetado como DB-25S o DB-25F. (Observe que, aunque la letra *F* puede denotar a un conector hembra, no tiene ese significado en el conector *F*, el cual es un tipo de conector de cable coaxial). Véase la ilustración. *Compárese con* conector macho.

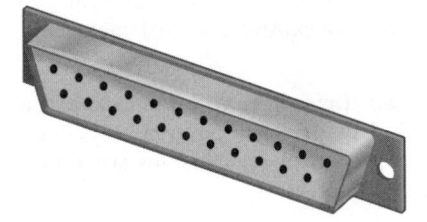

Conectores hembra.

conector IEEE 1394 *s.* (*IEEE 1394 connector*) Un tipo de conector que permite conectar y desconectar dispositivos serie de alta velocidad. Un conector IEEE 1394 se encuentra situado, usualmente, en la parte trasera del equipo, cerca del puerto serie o del puerto paralelo. El bus IEEE 1394 se utiliza principalmente para conectar dispositivos de audio y vídeo digital de gama alta a los equipos informáticos; sin embargo, algunos discos duros, impresoras, escáneres y unidades DVD también pueden conectarse a una computadora utilizando un conector IEEE 1394.

conector macho *s.* (*male connector*) Tipo de conector que posee terminales para inserción en un receptáculo. El código de componente de un conector macho incluye a menudo una *M* (male, macho) o *P* (plug, enchufe). Por ejemplo, un conector macho DB-25 podría estar etiquetado como DB-25M o DB-25P. Véase la ilustración. *Compárese con* conector hembra.

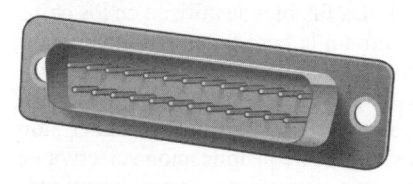

Conectores macho.

conector modular *s.* (***modular jack***) Véase conector telefónico.

conector naval británico *s.* (***British Naval Connector***) Véase BNC.

conector PCMCIA *s.* (***PCMCIA connector***) El conector hembra de 68 pines situado en el interior de una ranura PCMCIA y diseñado para albergar al conector macho de 68 pines de una tarjeta PC Card. *Véase también* PC Card; ranura PCMCIA.

conector RCA *s.* (***RCA connector***) Conector utilizado para comunicar dispositivos de audio y vídeo, tales como un equipo estéreo o un monitor de vídeo compuesto, a un adaptador de vídeo de una computadora. Véase la ilustración. *Véase también* pantalla de vídeo compuesto. *Compárese con* conector de audio.

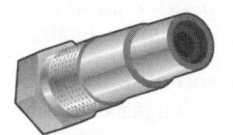

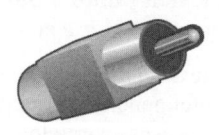

Conector RCA. Versión hembra (izquierda) y versión macho (derecha).

conector RJ-11 *s.* (***RJ-11 connector***) Véase conector telefónico.

conector RJ-45 *s.* (***RJ-45 connector***) Un conector de ocho terminales utilizado para conectar cables a los dispositivos. Los ocho terminales están insertos en una carcasa de plástico y tienen un código de colores para poder establecer fácilmente la correspondencia con las ranuras correspondientes de los enchufes RJ-45. Los enchufes RJ-45 se utilizan para conectar computadoras a las redes de área local y para enlazar dispositivos RDSI (Red Digital de Servicios Integrados) a dispositivos NT-1 (Network Terminator, terminador de red) *Véase también* RDSI.

conector SCSI *s.* (***SCSI connector***) Un conector de cable utilizado para conectar un dispositivo SCSI a un bus SCSI. *Véase también* bus; conector; dispositivo SCSI.

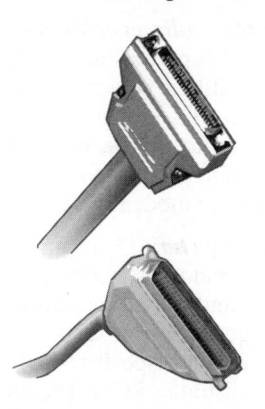

Conector SCSI.

conector S-vídeo *s.* (***S-video connector***) Interfaz hardware para dispositivos de vídeo que maneja la crominancia (color) y la luminancia (blanco y negro) por separado. Un conector S-vídeo es capaz de proporcionar una imagen más definida que las conseguidas con los sistemas que utilizan conectores de tipo RCA o compuesto.

conector telefónico *s.* (***phone connector***) Conexión, normalmente de tipo RJ-11, utilizada para unir una línea telefónica a un dispositivo tal como un módem. *Véase* la ilustración.

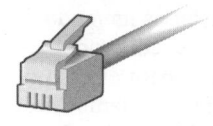

Conector telefónico.

conexión *s.* (***connection***) Un enlace físico entre dos o más dispositivos de comunicaciones a través de cable, radio, fibra óptica u otro tipo de medio.

conexión a red mediante infrarrojos *s.* (***infrared network connection***) Una conexión de red a un servidor de acceso remoto a través de un puerto infrarrojo. *Véase también* puerto de infrarrojos.

conexión de red *s.* (***network connection***) *Véase* Ethernet.

conexión dedicada *s.* (***dedicated connection***) *Véase* línea dedicada.

conexión directa por cable *s.* (***direct cable connection***) Un enlace entre los puertos de E/S de dos computadoras que utiliza solamente un cable en lugar de emplear un módem u otro dispositivo activo de interfaz. En la mayoría de los casos, una conexión directa por cable requiere utilizar un cable de módem nulo.

conexión en cadena *s.* (***daisy chain***) Un conjunto de dispositivos conectados en serie. Para eliminar las solicitudes conflictivas de utilización del canal (bus) al que todos los dispositivos están conectados, a cada dispositivo se le asigna una prioridad distinta. SCSI (Small Computer System Interface) y el nuevo USB (Universal Serial Bus) soportan los dispositivos de conexión en cadena. *Véase también* SCSI; USB.

conexión en caliente *s.* (***hot plugging***) Característica que permite al equipo conectarse a un dispositivo activo, como, por ejemplo, una computadora, mientras el dispositivo está encendido.

conexión en cascada *s.* (***cascade connection***) *Véase* canalización.

conexión en clúster *s.* (***clustering***) Agrupación de múltiples servidores de forma que parezcan una sola unidad a las computadoras clientes de una red. La conexión en clúster es un modo de incrementar la capacidad de la red, proporcionando capacidades de reserva para el caso de que uno de los servidores falle, y también es un modo de mejorar la seguridad de los datos. *Véase también* clúster; servidor.

conexión fusible *s.* (***fusible link***) Componente de circuito, a menudo parte de un circuito integrado, que está diseñado para romperse o para quemarse como un fusible cuando se aplica una corriente relativamente alta. Más que proteger contra el flujo de corriente excesivo, la conexión fusible permite realizar modificaciones intencionadas del circuito sobre el terreno. Las conexiones fusibles se utilizan en los chips PROM y forman la base de un tipo de circuito integrado conocido como matriz lógica reprogramable. Estos circuitos se pueden personalizar «sobre el terreno», después de haber sido fabricados, mediante la aplicación selectiva de altas corrientes a través de ciertas conexiones fusibles para romperlas. *Véase también* matriz lógica reprogramable; PROM.

conexión paralela *s.* (***parallel connection***) *Véase* interfaz paralela.

conexión persistente *s.* (***persistent connection***) Conexión con un cliente que permanece abierta después de que el servidor envíe una respuesta. Incluidas en el estándar HTTP 1.1 y similares a las extensiones Keep-Alive de Netscape HTTP 1.0, las conexiones persistentes se utilizan para mejorar la eficiencia y el rendimiento de acceso a Internet eliminando la sobrecarga asociada con el establecimiento de múltiples conexiones. *También llamado* conexión de cliente persistente. *Véase también* procesamiento en cadena.

conexión persistente de cliente *s.* (***persistent client connection***) *Véase* conexión persistente.

conexión punto a punto *s.* (***point-to-point connection***) *Véase* configuración punto a punto.

conexionismo *s.* (***connectionism***) Modelo en inteligencia artificial que propugna el uso de procesos paralelos altamente especializados que se ejecutan simultáneamente y que están masivamente conectados. Así, el método conexionista no emplearía un solo procesador de alta velocidad para implementar un algoritmo, sino que dividiría éste en múltiples elementos simples de procesamiento especializados altamente conectados. Las redes neuronales son ejemplos clásicos de conexionismo, en los que cada «neurona» de la red puede ser asignada a un solo procesador. *Véase también* algoritmo; inteligencia artificial; red neuronal.

conferencia A/E/C SYSTEMS *s.* (*A/E/C SYSTEMS conference*) Conferencia anual del sector de la arquitectura, la ingeniería y la construcción. La conferencia promueve el intercambio de información sobre nuevas técnicas y tecnologías empleadas en estos sectores.

conferencia en tiempo real *s.* (*real-time conferencing*) *Véase* teleconferencia.

conferencia informática *s.* (*desktop conferencing*) Utilización de equipos informáticos para la comunicación simultánea entre una serie de participantes en una reunión que se encuentren geográficamente separados. Esta comunicación puede incluir la introducción de datos en programas de aplicación, la visualización de datos mediante dichos programas y comunicaciones de audio y de vídeo. *Véase también* dataconferencia; teleconferencia; videoconferencia.

confeti *s.* (*chad*) El papel que se suelta cuando se perfora un agujero en una tarjeta, en una cinta o en el borde perforado del papel continuo; es el equivalente informático del agujero de una rosquilla.

confianza bidireccional *s.* (*two-way trust*) Un tipo de relación de confianza en la que los dos dominios que participan en la relación confían el uno en el otro. En una relación de confianza bidireccional, cada uno de los dominios ha establecido una relación de confianza unidireccional con el otro dominio. Por ejemplo, el dominio A confía en el dominio B y el dominio B confía en el dominio A. Las relaciones de confianza bidireccionales pueden ser transitivas o no transitivas. Todas las relaciones de confianza bidireccionales entre dominios de Windows del mismo bosque o árbol de dominios son transitivas. *Véase también* dominio; bosque; relación de confianza unidireccional; confianza transitiva.

confianza transitiva *s.* (*transitive trust*) El tipo estándar de relación de confianza entre dominios Windows dentro de un bosque o árbol de dominios. Cuando un dominio se une a un bosque o árbol de dominios existente, se establece automáticamente una relación de confianza transitiva. Las relaciones de confianzas transitivas son siempre relaciones bidireccionales. Esta serie de relaciones de confianza existentes entre dominios ascendientes y descendientes dentro de un árbol de dominios y entre dominios raíz de los árboles de dominios dentro de un bosque, permite a todos los dominios de un bosque confiar en los otros dominios para propósitos de autenticación. Por ejemplo, si el dominio A confía en el dominio B y éste confía en el dominio C, entonces el dominio A confía en el dominio C. *Véase también* dominio; bosque; relación de confianza unidireccional; confianza bidireccional.

CONFIG.SYS *s.* Archivo de texto especial que controla ciertos aspectos de comportamiento del sistema operativo en MS-DOS y OS/2. Los comandos contenidos en el archivo CONFIG.SYS activan o desactivan características del sistema, establecen límites sobre recursos (por ejemplo, el número máximo de archivos abiertos) y amplían el sistema operativo cargando controladores de dispositivo que controlan hardware específico para un sistema informático individual.

configuración *s.* **1.** (*configuration*) En referencia a una sola microcomputadora, es la suma de los componentes internos y externos de un sistema, incluyendo componentes hardware como la memoria, unidades de disco, teclado, monitor de vídeo, y otro hardware adicional menos crítico, como, por ejemplo, un ratón, un módem o una impresora; componentes software (el sistema operativo y los diversos controladores de dispositivo); opciones del usuario establecidas mediante archivos de configuración, tales como los archivos AUTOEXEC.BAT y CONFIG.SYS en los equipos IBM PC y compatibles, y en ocasiones determinados elementos hardware de control de opciones (conmutadores y puentes). Aunque la configuración del sistema puede cambiarse, por ejemplo, añadiendo más memoria o más capacidad de disco, la estructura básica del sistema (su arquitectura) permanece igual. *Véase también* AUTOEXEC.BAT; CONFIG.SYS. **2.** (*configuration*) En relación a las redes de comunicaciones, es el conjunto completo de hardware interconectado o el modo en el que se dispone una red (la manera en la que los elementos están conecta-

configuración conmutada

dos). **3.** (*setup*) Una computadora junto con todos sus dispositivos.

configuración conmutada *s.* (*switched configuration*) Un enlace de comunicaciones en el que una señal viaja desde el origen hasta un conmutador que encamina la señal a uno de varios posibles destinos. *Compárese con* configuración punto a punto.

configuración de CMOS *s.* (*CMOS setup*) Utilidad de configuración de sistema, accesible en el instante que se produce el arranque, para establecer ciertas opciones del sistema, como la fecha y la hora, la clase de controladores instalados y la configuración de puertos. *Véase también* CMOS.

configuración de página *s.* (*page setup*) Conjunto de selecciones que afecta a cómo se imprime un archivo en una página. La configuración de página puede reflejar el tamaño del papel que va a usar la impresora, los márgenes de la página, las páginas específicas del documento que van a ser impresas, si la imagen debe reducirse o ampliarse al imprimirse y si otro archivo va a ser impreso inmediatamente después de que el primer archivo se imprima.

configuración dinámica de host *s.* (*Dynamic Host Configuration Protocol*) *Véase* DHCP.

configuración en bucle *s.* (*loop configuration*) Un enlace de comunicaciones en el que múltiples estaciones están conectadas a una línea de comunicaciones en forma de bucle cerrado. Generalmente, los datos enviados por una estación son recibidos y retransmitidos por turno por cada una de las estaciones del bucle. Este proceso continúa hasta que los datos alcanzan su destino final. Véase la ilustración. *Véase también* red en anillo.

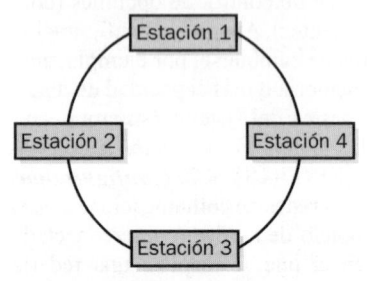

Configuración en bucle.

configuración maestro/esclavo *s.* (*master/slave arrangement*) Sistema en el que un dispositivo, llamado maestro, controla a otro dispositivo, llamado esclavo. Por ejemplo, una computadora puede controlar los dispositivos conectados a ella.

configuración multipunto *s.* (*multipoint configuration*) Un enlace de comunicaciones en el que se conectan secuencialmente múltiples estaciones a la misma línea de comunicaciones. Normalmente, la línea de comunicaciones es controlada por una estación principal, como, por ejemplo, una computadora, y las estaciones conectadas a la línea son estaciones secundarias. Véase la ilustración.

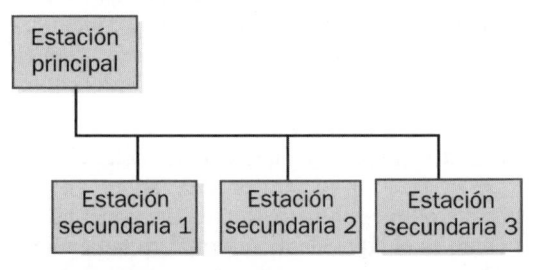

Configuración multipunto.

configuración punto a punto *s.* (*point-to-point configuration*) Un enlace de comunicaciones en el que existen enlaces dedicados entre orígenes y destinos individuales, por oposición a una configuración punto a multipunto, en la que la misma señal viaja hacia múltiples destinos (como, por ejemplo, en un sistema de televisión por cable), y a diferencia también de las configuraciones conmutadas, en las que la señal se mueve desde el origen hasta un conmutador que encamina la señal a uno de varios posibles destinos. *También llamado* conexión punto a punto.

configurar *vb.* (*set*) Establecer una condición concreta, como, por ejemplo, especificar los intervalos de tabulación, poner a cero un contador o establecer un punto de parada en un programa. *Véase también* punto de interrupción.

confirmación negativa *s.* (*negative acknowledgement*) *Véase* NAK.

conflicto IRQ *s.* (*IRQ conflict*) La condición en una computadora Wintel en la que dos dispositivos periféricos distintos utilizan la misma línea de interrupción IRQ para solicitar servicio por parte de la unidad central de proceso (UCP). Los conflictos IRQ impedirán que el sistema funcione correctamente; por ejemplo, la UCP puede responder a una interrupción procedente de un ratón serie ejecutando una rutina de procesamiento de interrupciones correspondiente a las interrupciones generadas por un módem. Puede evitarse la aparición de conflictos IRQ utilizando hardware y software Plug and Play. *Véase también* rutina de tratamiento de interrupciones; IRQ; Plug and Play.

conformación de tráfico *s.* (***traffic shaping***) Una técnica para la asignación de ancho de banda y para evitar la pérdida de paquetes basada en imponer políticas de prioridad en la transmisión de datos a través de una red. *También llamado* conformación de ancho de banda. *Véase también* gestión del ancho de banda; ancho de banda, reserva de; paso de testigo.

congestión *s.* (***congestion***) La condición de una red en la que la carga actual se aproxima o excede a los recursos disponibles y al ancho de banda previsto para gestionar dicha carga en una ubicación concreta de la red. Normalmente, la congestión implica pérdidas de paquetes y retardos.

conjunto *s.* (***set***) En impresión y visualización, un grupo de caracteres relacionados, como, por ejemplo, un conjunto de caracteres. *Véase también* conjunto de caracteres.

conjunto básico de servicio *s.* (***BSS***) *Véase* BSS.

conjunto de búferes *s.* (***buffer pool***) Grupo de direcciones de memoria o de ubicaciones de dispositivos de almacenamiento que se asignan para el almacenamiento temporal, especialmente durante las operaciones de transferencia.

conjunto de caracteres *s.* (***character set***) Agrupación de caracteres alfabéticos, numéricos y otros caracteres que tienen alguna relación en común. Por ejemplo, el conjunto de caracteres ASCII estándar incluye letras, números, símbolos y códigos de control que conforman el esquema de codificación ASCII.

conjunto de caracteres ASCII *s.* (***ASCII character set***) Un código estándar de 7 bits para representar caracteres ASCII mediante valores binarios. Los valores de código van de 0 a 127. La mayor parte de los sistemas basados en PC utilizan un código ASCII ampliado de 8 bits, con 128 caracteres adicionales que se usan para representar símbolos adicionales, caracteres de idiomas distintos del inglés y símbolos gráficos. *Véase también* ASCII; carácter; EBCDIC; ASCII ampliado; ASCII estándar.

conjunto de chips *s.* (***chip set*** o ***chipset***) Colección de chips diseñados para funcionar como una unidad en la realización de una tarea común. El término es más comúnmente utilizado para referirse al conjunto de circuitos integrados (como, por ejemplo, el controlador de interrupciones programable) que proporcionan funciones de soporte a una UCP junto con la propia UCP. A menudo, puede incluirse uno de estos conjuntos de chips en un único chip. *Véase también* UCP; circuito integrado; controlador de interrupciones programable.

conjunto de datos *s.* (***data set***) Una colección de información relacionada compuesta por elementos separados que pueden ser tratados como una unidad de cara a la manipulación.

conjunto de datos concatenados *s.* (***concatenated data set***) Grupo de conjuntos separados de datos relacionados tratados que se tratan una sola unidad en los procesamientos.

conjunto de instrucciones *s.* (***instruction set***) La colección de instrucciones de la máquina que un procesador reconoce y puede ejecutar. *Véase también* ensamblador; microcódigo.

conjunto de Mandelbrot *s.* (***Mandelbrot set***) *Véase* fractal.

conjunto de protocolos *s.* (***protocol suite***) Una serie de protocolos diseñada, usualmente por un fabricante, para actuar como complemento de una pila de protocolos. *Compárese con* pila de protocolos.

conjunto de símbolos *s.* (***symbol set***) Colección de símbolos permitidos en un sistema de codificación de datos, tal como el sistema ASCII ampliado o un lenguaje de programación.

conjunto de validación *s.* (*validation suite*) Conjunto de pruebas que mide la conformidad con un estándar, especialmente con la definición estándar de un lenguaje de programación. *Véase también* estándar.

conjunto difuso *s.* (*fuzzy set*) Conjunto construido utilizando los principios de la lógica difusa. Se utiliza en inteligencia artificial para tratar con datos imprecisos o continuos que no pueden expresarse a través de la teoría de conjuntos convencional. En un conjunto difuso, la función miembro para el conjunto de objetos no es binaria, sino continua, de modo que un objeto puede ser un miembro del conjunto para un grado específico o valor arbitrario. En la programación informática, un conjunto difuso se representa efectivamente mediante una matriz. *Véase también* matriz; inteligencia artificial; lógica difusa.

conjunto SWING *s.* (*SWING set*) Biblioteca de las interfaces GUI Java que funciona uniformemente en cualquier plataforma nativa que soporte la Máquina Virtual de Java (JVM). Los componentes del conjunto Swing han suplantado en gran medida al kit de herramientas Abstract Window Toolkit de Sun Microsystems. *Véase también* AWT; interfaz gráfica de usuario; máquina virtual Java.

conmutación *s.* (*switching*) Un método de comunicaciones que utiliza conexiones temporales en lugar de permanentes para establecer un enlace o para encaminar información entre dos interlocutores. En la red telefónica pública, por ejemplo, la línea del abonado va hasta un centro de conmutación, donde se establece la conexión real con el interlocutor hacia el que se cursa la llamada. En las redes informáticas, la conmutación de mensajes y la conmutación de paquetes permiten intercambiar información a cualesquiera dos interlocutores. En ambos casos, los mensajes se encaminan (conmutan) a través de estaciones intermedias que actúan conjuntamente para conectar al emisor con el receptor.

conmutación de bancos *s.* (*bank switching*) Método que permite expandir la memoria de acceso aleatorio (RAM) disponible de una computadora por medio de la conmutación entre una serie de bancos de chips de memoria RAM que comparten un rango de direcciones de memoria, el cual se reserva antes de que comience la conmutación. Sólo puede accederse a un banco cada vez; cuando un banco no está activo, mantiene cualquier cosa que esté almacenada en él. Antes de poder usar otro banco, el sistema operativo, controlador o programa debe enviar explícitamente un comando al hardware para realizar la conmutación. Dado que la conmutación entre bancos necesita un tiempo, las operaciones que hacen un uso intensivo de la memoria tardarán más tiempo con la memoria de bancos conmutados que con la memoria principal. Normalmente, la memoria de bancos conmutados es una tarjeta de expansión que se inserta en una ranura de la placa base.

conmutación de cabezales *s.* (*head switching*) El proceso de conmutar eléctricamente entre varios cabezales de lectura/escritura en una unidad de disco.

conmutación de circuitos *s.* (*circuit switching*) Un método de abrir líneas de comunicaciones, como en el sistema telefónico, creando un enlace físico entre el extremo iniciador y el extremo receptor. En la conmutación de circuitos, la conexión se realiza en un centro de conmutación que conecta físicamente a los dos interlocutores y mantiene una línea abierta entre ellos durante todo el tiempo necesario. La conmutación de circuitos se utiliza, típicamente, en la red telefónica general, y también se usa, a menor escala, en redes de comunicaciones privadas. A diferencia de otros métodos de transmisión, como la conmutación de paquetes, requiere que se establezca el enlace antes de que puedan tener lugar las comunicaciones. *Compárese con* conmutación de mensajes; conmutación de paquetes.

conmutación de colores *s.* (*color cycling*) Técnica utilizada en infografía para cambiar el color de uno o más píxeles de la pantalla cambiando la paleta de colores utilizada por el adaptador de vídeo en lugar de modificando los bits de color de cada píxel. Por ejemplo, para hacer que un círculo rojo se difumine en un color de fondo negro, el programa sólo necesita cambiar el conjunto de valores de señal correspondientes al «rojo» en la tabla de colores indexada del adaptador de vídeo, haciéndolo progresivamente más oscuro hasta que coincida con el fondo negro. En cada paso, el color aparente del círculo completo cambia instantáneamente, pareciendo difuminarse sin necesidad de pintarlo una y otra vez. La velocidad con que el círculo se difumina y el grado de difuminación dependen por completo del programador.

conmutación de etiquetas *s.* (*tag switching*) Una tecnología de conmutación multinivel para Internet desarrollada por Cisco Systems y que integra mecanismos de encaminamiento y de conmutación.

conmutación de etiquetas multiprotocolo *s.* (*Multiprotocol Label Switching*) *Véase* MPLS.

conmutación de mensajes *s.* (*message switching*) Una técnica utilizada en algunas redes de comunicaciones mediante la cual los mensajes, que incluyen la apropiada información de dirección, se encaminan a través de una o más estaciones de conmutación intermedias antes de ser enviados a su destino final. En una red de conmutación de mensajes típica, una computadora central recibe los mensajes, los almacena (normalmente, durante un tiempo muy breve), determina sus direcciones de destino y luego los distribuye. La conmutación de mensajes permite a una red regular el tráfico y utilizar las líneas de comunicaciones de manera eficiente. *Compárese con* conmutación de circuitos; conmutación de paquetes.

conmutación de nivel 4 *s.* (*layer 4 switching*) En NAT (Network Address Translation, traducción de direcciones de red), es una función que procesa los paquetes entrantes y cambia la dirección IP y el puerto de destino para transferirlos al servidor adecuado dentro de la red privada y después vuelve a redireccionar los paquetes devueltos que salgan de la red privada. Puesto que la conmutación de nivel 4 controla la dirección de los paquetes que viajan en ambas direcciones, la red interna es completamente transparente para las máquinas cliente. *Véase también* LVS; NAT.

conmutación de paquetes *s.* (*packet switching*) Una técnica de distribución de mensajes en la que se retransmiten pequeñas unidades de información (paquetes) a través de las estaciones de una red informática a lo largo de la mejor ruta disponible entre el origen y el destino. Una red de conmutación de paquetes gestiona la información en pequeñas unidades descomponiendo los mensajes de gran tamaño en múltiples paquetes antes del encaminamiento. Aunque cada paquete puede viajar a lo largo de una ruta distinta y los paquetes que componen un mensaje pueden llegar en momentos diferentes o fuera de secuencia, el equipo receptor recompone el mensaje original correctamente. Las redes de conmutación de paquetes son consideradas como rápidas y eficientes. Para gestionar las tareas de encaminar el tráfico y ensamblar/desensamblar los paquetes, dicho tipo de redes requieren una cierta inteligencia por parte de los equipos informáticos y el software encargados de controlar la entrega de mensajes. Internet es un ejemplo de red de conmutación de paquetes. Los estándares para la conmutación de paquetes en las redes están documentados en la recomendación X.25 de la ITU. *Compárese con* conmutación de circuitos.

conmutación de tareas *s.* **1.** (*task swapping*) El proceso de cambiar de una aplicación a otra guardando los datos de la aplicación que se esté actualmente ejecutando en primer plano en un dispositivo de almacenamiento y cargando la otra aplicación. *Véase también* primer plano; tarea; conmutación de tareas. **2.** (*task switching*) El acto de moverse de un programa a otro sin cerrar el primero de los programas. La conmutación de tareas es un único acto, por oposición a la multitarea, en la que la unidad de procesamiento central conmuta rápidamente y de forma repetida entre dos o más programas. *Véase también* tarea; conmutación de tareas. *Compárese con* multitarea.

conmutación IP *s.* (*IP switching*) Una tecnología desarrollada por Ipsilon Networks (Sunnyvale, California, EE.UU.) que permite transmitir una secuencia de paquetes IP con un destino común a través de una conexión ATM

conmutación óptica

(Asynchronous Transfer Mode) de banda ancha y alta velocidad.

conmutación óptica *s.* (*optical switching*) Tecnología en la que las transmisiones se envían como haces luminosos desde el origen hasta el destino. En la conmutación óptica, las transmisiones se conmutan mediante bancos de espejos milimétricos ajustables y de forma circular situados en los puntos de conmutación, lo que significa que las señales no tienen que convertirse de señales luminosas a señales electrónicas, y viceversa, durante la transmisión. Cuando se utiliza con la multiplexación por división de onda (WDM), el tráfico puramente óptico puede ser cien veces más rápido que la transmisión eléctrica. *Véase también* fotónica.

conmutación rápida de paquetes *adj.* (*fast packet switching*) Perteneciente o relativo a, o descriptivo de, las redes de conmutación de paquetes de alta velocidad que incluyen pocos o ningún mecanismo de control de errores. El término está a menudo restringido, sin embargo, a las tecnologías de red de alta velocidad, como ATM, que transmiten celdas de longitud fija en lugar de incluir aquéllas que, como frame relay, transmiten paquetes de longitud variable.

conmutador *s.* **1.** (*switch*) En las redes, es un dispositivo capaz de reenviar paquetes directamente a los puertos asociados con direcciones de red concretas. *Véase también* puente; multicapa; encaminador. **2.** (*switch*) Un elemento de circuito que tiene dos estados: activado y desactivado. **3.** (*switch*) Un dispositivo de control que permite al usuario seleccionar uno de entre dos o más posibles estados. **4.** (*switch*) En comunicaciones, es una computadora o dispositivo electrónico que controla el encaminamiento y la operación de una ruta de señal. **5.** (*switch box*) Una carcasa que contiene un mando de selección. Cuando el usuario selecciona una posición del mando, la señal que pasa a través del conmutador puede redirigirse desde una única entrada a una de varias posibles salidas o desde la entrada seleccionada a la única salida disponible. Los dispositivos conmutadores se utilizan a menudo para conectar múltiples periféricos, como, por ejemplo, impresoras, a un mismo puerto.

conmutador A/B *s.* (*A/B switch box*) Un conmutador con dos salidas. Utilizando el conmutador, el usuario puede seleccionar cuál de las salidas desea utilizar. *Véase también* conmutador (definición 1); conmutador.

conmutador de anticipación *s.* (*cut-through switch*) Conmutador de red que encamina los paquetes inmediatamente al puerto asociado con el destinatario del paquete. *Véase también* paquete.

conmutador de datos *s.* (*data switch*) Un dispositivo en un sistema informático que encamina los datos entrantes hacia distintas ubicaciones.

conmutador de pala *s.* (*paddle switch*) Conmutador con un asa de gran tamaño. El conmutador de encendido/apagado de gran tamaño en muchas computadoras personales IBM es un tipo de conmutador de pala.

conmutador DIP *s.* (*DIP switch*) Uno o más de los conmutadores deslizantes o interruptores contenidos en la carcasa plástica o cerámica de un encapsulado DIP (Dual Inline Package) montado en una tarjeta de circuito. Cada conmutador de un conmutador DIP puede colocarse en una de dos posibles posiciones, abierto o cerrado, para controlar determinadas opciones de la tarjeta de circuito. *Véase también* DIP.

conmutador multinivel *s.* (*multilayer switch*) Un conmutador de red que utiliza información de más de un nivel ISO/OSI (nivel 2, nivel 3, nivel 4 y/o nivel 7) para reenviar el tráfico. *Véase también* modelo de referencia ISO/OSI; conmutador.

conmutador web *s.* (*Web switch*) Un dispositivo de red (un conmutador) diseñado para optimizar el encaminamiento del tráfico web utilizando la información incluida en las solicitudes HTTP para encaminar dichas peticiones hacia los servidores más apropiados independientemente de dónde estén situados. Los conmutadores web tienen por objeto mejorar las características de velocidad, escalabilidad y rendimiento para los sitios web con alto volumen de tráfico. *Véase también* conmutador.

conmutar *vb.* (***toggle***) Pasar de uno a otro de dos posibles estados binarios. Por ejemplo, la tecla Bloq Num de un teclado estilo IBM hace que el teclado numérico conmute entre la introducción de números y el control de los movimientos del cursor.

conmutar de tarea *vb.* (***hot key***) Realizar una transferencia a un programa diferente pulsando una tecla de acceso directo.

conocimientos informáticos *s.* (***computer literacy***) Conocimiento y comprensión de los equipos informáticos combinados con la habilidad de utilizarlos de manera efectiva. En el nivel menos especializado, los conocimientos informáticos implican saber cómo encender una computadora, arrancar y detener programas de aplicación simples y guardar e imprimir información. En un nivel superior, los conocimientos informáticos se vuelven más detallados, implicando la habilidad de los usuarios para manipular aplicaciones complejas y, posiblemente, programar en lenguajes tales como Basic o C. En el nivel más alto, los conocimientos informáticos conducen a un conocimiento técnico especializado sobre electrónica y lenguaje ensamblador. *Véase también* usuario avanzado.

consola *s.* (***console***) **1**. Unidad de control, como, por ejemplo, un terminal, a través de la que un usuario se comunica con una computadora. En las microcomputadoras, la consola es la caja que alberga los principales componentes y controles de un sistema, a veces incluyendo la pantalla, el teclado o ambos. Con el sistema operativo MS-DOS, la consola es el principal dispositivo de entrada (teclado) y salida (pantalla), como el nombre de dispositivo CON pone de manifiesto. *Véase también* CON; consola del sistema. **2**. *Véase* consola de juegos.

consola de control *s.* (***control console***) *Véase* consola.

consola de control de la computadora *s.* (***computer control console***) *Véase* consola del sistema.

consola de juegos *s.* (***game console***) *Véase* juego de consola.

consola del sistema *s.* (***system console***) El centro de control de un sistema informático, principalmente en referencia a computadoras tipo mainframe y minicomputadoras. En los sistemas distribuidos o conectados en red, una de las estaciones de trabajo queda designada como administradora del sistema; esta estación de trabajo es análoga a la consola del sistema en una red de área local. *Véase también* consola; LAN.

consolidación de redes *s.* (***supernetting***) La agregación de múltiples direcciones de red de la misma clase en un único bloque. *Véase también* encaminamiento interdominios sin clases; clases de direcciones IP. *Compárese con* descomposición en subredes.

constante *s.* (***constant***) Elemento con nombre que mantiene un valor coherente a lo largo de la ejecución de un programa, en oposición a un variable, que puede cambiar su valor durante la ejecución. *Compárese con* variable.

constante en coma flotante *s.* (***floating-point constant***) Constante que representa un valor real o de coma flotante. *Véase también* constante; notación en coma flotante.

constelación *s.* (***constellation***) En comunicaciones, un patrón que representa los posibles estados de una onda portadora, cada uno de los cuales se asocia con una combinación de bits determinada. Una constelación muestra el número de estados que pueden reconocerse como cambios distintivos en una señal de comunicaciones y, por tanto, el número máxi-

```
0111   0110  │  0010   0001
 •      •    │   •      •

0100   0101  │  0011   0000
 •      •    │   •      •
─────────────┼─────────────
1100   1111  │  1001   1000
 •      •    │   •      •

1101   1110  │  1010   1011
 •      •    │   •      •
```

Constelación.

mo de bits que se pueden codificar en un solo cambio (equivalente a 1 baudio o a un suceso). Véase la ilustración en la página anterior.

consulta *s.* (*query*) Conjunto específico de instrucciones que permite extraer determinados datos.

consulta de acción *s.* (*action query*) En Microsoft Access, una consulta que copia o modifica datos. Las consultas de acción incluyen las consultas de adición, de borrado, de creación de tablas y de actualización. Se identifican mediante un símbolo de exclamación (!) al lado de su nombre en la ventana de Base de datos.

consulta de actualización *s.* (*update query*) Consulta de la base de datos que modifica un conjunto de registros de acuerdo a unas determinadas condiciones de búsqueda o con una serie de criterios.

consulta de creación de tabla *s.* (*make-table query*) En Microsoft Office, una consulta que desplaza los datos resultantes a una nueva tabla de la base de datos actual o de otra base de datos.

consulta de lenguaje natural *s.* (*natural language query*) Consulta a un sistema de bases de datos que está redactada utilizando un subconjunto de un lenguaje natural, como el inglés o el japonés. La consulta debe cumplir ciertas reglas de sintaxis restrictivas de manera que el sistema pueda analizarlas sintácticamente. *Véase también* analizar; sintaxis.

consulta de matriz *s.* (*crosstab query*) Consulta que calcula una suma, un promedio, un recuento u otro tipo de total de los registros y después agrupa los resultados de acuerdo a dos categorías, una cuyos elementos se indican en el lado izquierdo de la hoja de datos y otra cuyos elementos se enumeran en la parte superior.

consulta de selección *s.* (*select query*) Consulta que plantea una pregunta sobre los datos almacenados en las tablas y que devuelve un conjunto de resultados en forma de hoja de datos sin modificar los datos.

consulta en tabla *s.* (*table lookup*) El proceso de utilizar un valor conocido para buscar datos en una tabla preconstruida de valores; por ejemplo, utilizar el tipo de un artículo comprado para explorar una tabla de impuestos con el fin de determinar cuál es el impuesto de valor añadido aplicable. *Véase también* búsqueda.

consulta mediante ejemplo *s.* (*query by example*) Lenguaje de consulta fácil de usar implementado en varios sistemas de gestión de bases de datos relacionales. Con las consultas mediante ejemplo, el usuario especifica los campos que quiere visualizar, los enlaces entre tablas y los criterios de extracción directamente en los formularios de pantalla. Estos formularios son una representación pictórica directa de la estructura de la tabla y de las filas que conforman la base de datos. Por tanto, la construcción de una consulta se convierte en un simple procedimiento de «verificación» desde el punto de vista del usuario. *Acrónimo:* QBE.

consultar *vb.* (*query*) Extraer datos de una base de datos y presentarlos para su uso.

consultor *s.* (*consultant*) Profesional informático que trata con sus empresas clientes como subcontratista en vez de como un empleado. Los consultores se dedican a menudo a analizar las necesidades del usuario y a desarrollar especificaciones de sistema.

Consumer Electronics Show *s.* Evento comercial anual de la industria de la electrónica de consumo celebrado en Las Vegas (Estados Unidos). CES incluye una exhibición de los últimos productos de electrónica de consumo y conferencias que se centran en las tendencias existentes entre los consumidores y las estrategias comerciales.

consumo de corriente *s.* (*current drain*) La corriente extraída de una fuente de tensión por su carga (el objeto que recibe la corriente).

contador *s.* (*counter*) **1.** Dispositivo que realiza un seguimiento del número de visitantes de un sitio de la World Wide Web. **2.** En electrónica, un circuito que cuenta un número específico de pulsos antes de generar una salida. **3.** En programación, una variable utilizada para llevar la cuenta de algo.

contador de frecuencia *s.* (*frequency counter*) **1.** Circuito electrónico, que a menudo se encuentra integrado en las computadoras de control de procesos, que cuenta la frecuencia con que una cierta actividad tiene lugar. **2.** Equipos de pruebas de ingeniería que mide y visualiza la frecuencia de las señales electrónicas.

contador de instrucciones *s.* (*instruction counter*) *Véase* registro de instrucción.

contador de posición actual *s.* (*current location counter*) *Véase* contador de programa.

contador de programa *s.* (*program counter*) Registro (pequeño circuito de memoria de alta velocidad contenido en un microprocesador) que contiene la dirección (posición) de la instrucción que se va a ejecutar a continuación en la secuencia del programa.

contador de repeticiones *s.* (*repeat counter*) Contador de bucle; típicamente, un registro que almacena un número que representa cuantas veces un proceso repetitivo ha sido o está siendo ejecutado.

contenedor *s.* (*container*) **1.** En terminología OLE, un archivo que contiene objetos vinculados o incrustados. *Véase también* OLE. **2.** En SGML, un elemento que tiene contenido por oposición a otro compuesto solamente por el nombre de etiqueta y los atributos. *Véase también* elemento; SGML; etiqueta. **3.** En la plataforma de red J2EE de Sun Microsystems, una entidad que proporciona servicios de gestión del ciclo de vida, de seguridad, de implantación y de tiempo de ejecución a componentes tales como las beans, los componentes web, las applets y los clientes de aplicación. Cada tipo de contenedor creado (por ejemplo, web, JSP, servlet, applet y cliente de aplicación) también proporciona servicios específicos del componente. *Véase también* applet; componente; Enterprise JavaBeans; JSP; servlet.

contenedor de denominación *s.* (*naming container*) Cualquier control ASP.NET que implemente la interfaz INamingContainer. Se trata de una interfaz marcadora que permite que un control cree un nuevo ámbito de denominación por debajo suyo, de modo que los atributos identificadores asignados a sus controles descendientes sean unívocos dentro de la página ASP.NET completa en la que el control está contenido.

contenedor JSP *s.* (*JSP container*) En la plataforma J2EE, un contenedor JSP proporciona los mismos servicios que un contenedor servlet, como, por ejemplo, servicios de red mediante los cuales pueden enviarse solicitudes y respuestas, solicitudes de decodificación y respuestas de formateo. Todos los contenedores servlet deben soportar HTTP como protocolo de solicitud y respuesta, pero también pueden soportar protocolos adicionales de solicitud-respuesta, como HTTPS. El contenedor JSP actúa también como motor que interpreta y procesa las páginas JSP para generar un servlet. *Véase también* contenedor; HTTP; HTTPS; J2EE; servlet; contenedor servlet.

contenedor servlet *s.* (*servlet container*) En la plataforma de red J2EE de Sun Microsystems, es un contenedor que decodifica solicitudes, formatea las respuestas y proporciona los servicios de red a través de los cuales se envían las solicitudes y respuestas. Todos los contenedores servlet deben soportar HTTP como protocolo de solicitud y respuesta, pero también pueden soportar otros protocolos de solicitud-respuesta adicionales, como HTTPS. *Véase también* contenedor; HTTP; HTTPS; J2EE.

contenedor web *s.* (*Web container*) Un contenedor que implementa la parte de componente web de la arquitectura de red J2EE (Java 2 Platform Enterprise Edition) de Sun Microsystems. La parte de componente web de la arquitectura específica un entorno de ejecución para componentes web que incluye servicios de seguridad, concurrencia, gestión de ciclo de vida, transacción, implantación y de otros tipos. Proporcionados por un servidor web o un servidor J2EE, los contenedores web ofrecen los mismos servicios que un contenedor JSP (JavaServer Pages) y proporcionan una visión federada de las interfaces de programación de aplicaciones (API) de la plataforma J2EE. *Véase también* interfaz de programación de aplicaciones; contenedor; J2EE; contenedor JSP; contenedor servlet.

contenido *s.* (*content*) **1.** La «sustancia» de un documento por oposición a su formato o apariencia. **2.** Los datos que aparecen entre las etiquetas de inicio y de fin de un elemento dentro un documento SGML, XML o HTML. El contenido de un elemento puede consistir en texto legible o en otros elementos. *Véase también* elemento; HTML; SGML; etiqueta. **3.** El cuerpo de mensaje de un artículo de grupo de noticias o de un mensaje de correo electrónico.

contenido activo *s.* (*active content*) Material contenido en una página web que cambia en pantalla con el tiempo o como respuesta a una acción del usuario. El contenido activo se implementa mediante controles ActiveX. *Véase también* control ActiveX.

contenido, distribución *s.* (*content distribution*) *Véase* distribución de contenido.

Content Management Server *s.* Aplicación software automatizada desarrollada por Microsoft Corporation para ayudar a los usuarios no técnicos a crear, controlar y publicar contenido para sitios web. Un sistema de flujo de trabajo esboza las tareas que cada usuario puede realizar, asigna el contenido a personas o grupos de personas y permite a los usuarios monitorizar el estado del contenido que tienen asignado.

contexto de documento *s.* (*KWIC*) *Véase* KWIC.

contienda *s.* (*contention*) En una red, es la competencia entre los distintos nodos por la utilización de una línea de comunicaciones o recurso de red. En un cierto sentido, el término contienda se aplica a una situación en la que dos o más dispositivos intentan transmitir al mismo tiempo provocando una colisión en la línea. En otro sentido un tanto diferente, el término contienda también se aplica a un método no regulado de controlar el acceso a una línea de comunicaciones en el que el derecho a transmitir se concede a la estación que consiga el control de la línea. *Véase también* CSMA/CD. *Compárese con* paso de testigo.

contiguo *adj.* Que tiene un límite compartido. Que es inmediatamente adyacente. Por ejemplo, los sectores contiguos en un disco son segmentos de almacenamiento de datos localizados físicamente uno junto al otro.

continuación *s.* (*follow-up*) Un mensaje en un grupo de noticias que replica a un artículo anterior. La continuación tiene la misma línea de asunto que el artículo original con el prefijo «Re:». Un artículo y todas sus continuaciones, en el orden en que fueron recibidas, constituyen un hilo de discusión que un usuario puede leer de principio a fin utilizando un lector de noticias.

contorneado *s.* (*contouring*) En procesamiento de imágenes, la pérdida de detalle que tiene lugar en una imagen sombreada cuando no se utilizan las suficientes gradaciones de gris para reproducir un gráfico, como, por ejemplo, una fotografía. En fotografía y artes gráficas, este fenómeno se denomina a veces posterización.

contramedidas de intrusión *s.* (*Intrusion Countermeasure Electronics*) *Véase* ICE.

contraseña *s.* (*password*) La cadena de caracteres introducida por un usuario para verificar su identidad ante la red. El sistema compara la cadena proporcionada con una lista almacenada de usuarios autorizados y contraseñas. Si la cadena es legítima, el sistema permite al usuario acceder a él con el nivel de seguridad que haya sido aprobado para el propietario de la contraseña. Idealmente, una contraseña es una combinación de texto, números y signos de puntuación u otros caracteres que no puede ser fácilmente adivinada o averiguada por los potenciales intrusos.

contraste *s.* (*contrast*) **1.** El mando de control mediante el que se puede regular el contraste de un monitor. **2.** El grado de diferencia entre los extremos más luminosos y más oscuros de los colores en un monitor o en una salida impresa.

contrato basura *s.* (*pink contract*) Un apéndice no estándar a un contrato firmado con un proveedor de servicios Internet (ISP, Internet service provider) que ofrece específicamente al cliente la oportunidad de enviar correo electrónico comercial no solicitado y poner en marcha sitios web relacionados con el correo no solicitado. *Véase también* correo basura.

contrato de licencia *s.* (*license agreement*) Contrato legal entre un proveedor de software y un usuario que especifica los derechos del usuario con respecto al software. Normalmente, un contrato de licencia entra en vigor en el software al por menor una vez que el usuario abre el paquete de software. *Véase también* acuerdo de licencia de usuario final.

contrato de licencia para descarga *s*. (*clickwrap agreement*) Contrato o licencia incluido en un programa software o en un sitio web que establece las condiciones para la utilización del software o de los bienes y servicios distribuidos a través del sitio web. Los usuarios deben aceptar expresamente los términos del contrato de licencia para descarga, normalmente haciendo clic en un botón titulado «Acepto» o «I Agree», antes de poder instalar el software o utilizar los bienes o servicios. Un contrato de licencia para descarga es una versión electrónica de un contrato de licencia de usuario final. *También llamado* acuerdo de licencia para descarga. *Véase también* acuerdo de licencia de usuario final. *Compárese con* contrato de licencia para software empaquetado.

contrato de licencia para software empaquetado *s*. (*shrinkwrap agreement*) Contrato o licencia incluido en, o que trata sobre, un paquete de software y en el que se establecen las condiciones para el uso del software. Normalmente, un contrato de licencia para software empaquetado establece que un usuario acepta los términos del contrato por el hecho de abrir el paquete. Un contrato de licencia para software empaquetado es una versión impresa de un contrato de licencia de usuario final. *También llamado* acuerdo de licencia para software empaquetado. *Véase también* acuerdo de licencia de usuario final. *Compárese con* contrato de licencia para descarga.

control *s*. **1.** En una interfaz gráfica de usuario, objeto en pantalla que puede manipular el usuario para llevar a cabo una acción. Los controles más comunes son los botones, que permiten al usuario seleccionar opciones, y las barras de desplazamiento, que permiten al usuario desplazarse por un documento o colocar texto en una ventana. **2.** Gestión de una computadora y de sus capacidades de procesamiento con el fin de mantener el orden mientras se desempeñan las tareas y las actividades. El término control se aplica a las medidas diseñadas para garantizar que las acciones estén libres de errores y sean desempeñadas en el orden correcto en relación a otras actividades del hardware o de procesamiento de datos. En relación al hardware, el control de las operaciones del sistema puede residir en una ruta de datos denominada bus de control. En relación al software, el control se refiere a las instrucciones de programa que gestionan tareas de procesamiento de datos.

control ActiveX *s*. (*ActiveX control*) Un componente software reutilizable basado en la tecnología ActiveX de Microsoft y que se emplea para añadir interactividad o funcionalidad adicional, como, por ejemplo, animaciones o menús emergentes, a una página web, a las aplicaciones y a las herramientas de desarrollo software. Los controles ActiveX pueden escribirse en distintos lenguajes, incluyendo Java, C++ y Visual Basic. *Véase también* ActiveX. *Compárese con* aplicación auxiliar.

control de acceso *s*. (*access control*) Los mecanismos para limitar el acceso a ciertos elementos de información o a ciertos controles basándose en las identidades de los usuarios y en su pertenencia a varios grupos predefinidos. Los mecanismos de control de acceso son utilizados normalmente por los administradores de sistemas para controlar el acceso de los usuarios a los recursos de red, tales como servidores, directorios y archivos. *Véase también* privilegios de acceso; administrador del sistema.

control de acceso discrecional, lista de *s*. (*discretionary access control list*) La parte del descriptor de seguridad de un objeto que concede o deniega a usuarios y grupos específicos el permiso para acceder al objeto. Sólo el propietario de un objeto puede cambiar los permisos concedidos o denegados en una lista de control de acceso discrecional (DACL, discretionary access control list); por tanto, el acceso al objeto se concede a discreción del propietario. *Acrónimo:* DACL. *Véase también* grupo de distribución.

control de acelerador *s*. (*throttle control*) Dispositivo que permite al usuario de un juego

control de datos

o simulador de vuelo controlar la potencia del motor simulada. El control de acelerador se utiliza junto con una palanca de mandos (que controla los alerones y elevadores simulados) y, posiblemente, un control de timón.

control de datos *s.* (***data control***) El aspecto de la gestión de datos que se ocupa de controlar quién utiliza los datos, quién accede a ellos, quién los modifica, quién es su propietario y quién elabora información a partir de los mismos, así como los modos en que todas estas actividades se llevan a cabo.

control de enlace de datos síncrono *s.* (***Synchronous Data Link Control***) *Véase* SDLC.

control de errores *s.* (***error control***) **1**. El proceso de anticiparse a los errores de programa durante el desarrollo software. **2**. La sección de un programa, procedimiento o función que comprueba la existencia de errores, como, por ejemplo, caracteres incorrectamente tecleados, desbordamientos y subdesbordamientos, referencias de puntero colgantes o ilegales, e incoherencias en el uso de la memoria.

control de flujo *s.* (***flow control***) La gestión del flujo de datos en una red para garantizar que el receptor pueda procesar todos los datos entrantes. Los mecanismos de control de flujo, implementados tanto en hardware como en software, impiden que el transmisor de un cierto tráfico envíe los datos más rápido de lo que el receptor puede absorberlos.

control de formulario *s.* (***form control***) En un sitio web, es un botón o recuadro individual mediante el que se introduce información en un formulario electrónico.

control de redundancia *s.* (***redundancy check***) *Véase* CRC; LRC.

control de redundancia longitudinal *s.* (***longitudinal redundancy check***) *Véase* LRC.

control de redundancia vertical *s.* (***vertical redundancy check***) *Véase* VRC.

control de servidor ASP.NET *s.* (***ASP.NET server control***) Un componente del extremo servidor que encapsula la interfaz de usuario y otros tipos de funcionalidad relacionados. Un control de servidor ASP.NET se deriva directa o indirectamente de la clase System.Web.UI.Control. El superconjunto de los controles de servidor ASP.NET incluye los controles de servidor web, los controles de servidor HTML y los controles móviles. La sintaxis de página para un control de servidor ASP.NET incluye un atributo runat: «servidor» en la etiqueta del control. *Véase también* control de servidor web; control de servidor HTML; controles de servidor para validación.

control de servidor HTML *s.* (***HTML server control***) Un control de servidor ASP.NET que pertenece al espacio de nombres System.Web.UI.HtmlControls. Un control de servidor HTML se corresponde directamente con un elemento HTML y se declara en una página ASP.NET como un elemento HTML marcado por un atributo runat=servidor. Por contraste con los controles de servidor web, los controles de servidor HTML no tienen un prefijo con la etiqueta <asp:NombreControl>. *Véase también* control de servidor web.

control de servidor web *s.* (***Web server control***) Un control de servidor ASP.NET que pertenece al espacio de nombres System.Web.UI.WebControls. Los controles de servidor web son más ricos y más abstractos que los controles de servidor HTML. Los controles de servidor web tienen un prefijo <asp:NombreControl> en la página ASP.NET. *Véase también* control de servidor ASP.NET; control de servidor HTML; espacio de nombres.

control de timón *s.* (***rudder control***) Dispositivo que consta de un par de pedales que permite a un usuario introducir los movimientos del timón en un programa de simulación de vuelo. El control de timón se utiliza junto con una palanca de mandos (que controla los alerones y elevadores simulados) y, posiblemente, con un control de acelerador.

control de tipos débil *s.* (***weak typing***) Característica de un lenguaje de programación que permite al programa cambiar el tipo de dato de una variable durante la ejecución del programa. *Véase también* tipo de datos; variable. *Compárese con* control de tipos fuerte.

control de tipos fuerte *s.* (***strong typing***) Característica de un lenguaje de programación que no permite al programa cambiar el tipo de dato de una variable durante la ejecución del programa. *Véase también* tipo de datos; variable. *Compárese con* control de tipos débil.

control de usuario *s.* (***user control***) En ASP.NET: es un control de servidor que se crea de forma declarativa utilizando la misma sintaxis que para una página ASP.NET y que se guarda en forma de archivo de texto con una extensión .ascx. Los controles de usuario permiten particionar y reutilizar la funcionalidad de la página. Al recibirse la primera solicitud, el entorno de ejecución de la página analiza sintácticamente el control de usuario para obtener una clase derivada de System.Web.UI.UserControl y compila dicha clase para generar un montaje, que luego reutiliza en las solicitudes subsiguientes. Los controles de usuario son fáciles de desarrollar debido a que pueden crearse e implantarse de forma similar a las páginas sin compilación previa. En Windows Forms: es un control compuesto que proporciona un comportamiento y una interfaz de usuario coherentes en una aplicación o entre varias aplicaciones. El control de usuario puede ser local a una aplicación o añadirse a una biblioteca y compilarse para obtener una DLL que pueda ser utilizada por múltiples aplicaciones.

control de versiones *s.* (***version control***) El proceso de mantenimiento de una base de datos de todo el código fuente y archivos relacionados en un proyecto de desarrollo software con el fin de controlar los cambios realizados durante el proyecto.

control del cursor *s.* (***cursor control***) La capacidad de un usuario informático para mover el cursor hasta una posición especificada de la pantalla. Entre las teclas utilizadas para controlar el cursor se incluyen las teclas de flecha hacia la izquierda, hacia la derecha, hacia arriba y hacia abajo y algunas otras teclas como la de retroceso, Inicio y Fin. Los dispositivos señaladores, como el ratón, también pueden controlar los movimientos del cursor, ayudando a menudo al usuario a mover el cursor a una gran distancia cuando se desplaza de un sitio a otro dentro de un documento.

control del enlace lógico *s.* (***Logical Link Control***) *Véase* LLC.

control personalizado *s.* (***custom control***) Un control desarrollado por un usuario o por un fabricante independiente de software que no pertenece a la biblioteca de clases de .NET Framework. Se trata de un término genérico que incluye los controles de usuario. En los formularios web (páginas ASP.NET) se utiliza un control de servidor personalizado. En las aplicaciones de formularios Windows se emplea un control de cliente personalizado.

control por reloj *s.* (***clocking***) *Véase* sincronización.

controlado mediante puerta *adj.* (***gated***) Transmitido a través de una puerta hacia un elemento lógico electrónico posterior.

controlado por comandos *adj.* (***command-driven***) Que acepta comandos en forma de letras o palabras de código que deben ser aprendidas por el usuario. *Compárese con* controlado por menús.

controlado por menús *adj.* (***menu-driven***) Que utiliza menús para presentar los comandos y opciones disponibles. Los programas conducidos por menú suelen considerarse más amigables y más fáciles de aprender que los programas que sólo disponen de interfaz de línea de comandos. *Compárese con* interfaz de línea de comandos.

controlado por parámetros *adj.* (***parameter-driven***) Perteneciente, relativo o referido a un programa u operación cuyo carácter o salida está determinado por los valores de los parámetros que se le asignan.

controlado por sucesos *adj.* (***event-driven***) Perteneciente, relativo o referido a un software que cumple su objetivo respondiendo a sucesos causados externamente, como cuando el usuario pulsa una tecla o hace clic con un botón del ratón. Por ejemplo, un formulario de introducción de datos controlado por sucesos permitirá al usuario hacer clic y editar cualquier campo en cualquier instante en lugar de forzar al usuario a seguir una secuencia fija de indicaciones.

controlador *s*. **1**. (*controller*) Dispositivo en el que otros dispositivos confían para acceder a un subsistema de una computadora. Un controlador de disco, por ejemplo, controla el acceso a una o más unidades de disco gestionando el acceso físico y lógico a la unidad o unidades. **2**. (*driver*) Dispositivo de hardware o programa que controla o regula otro dispositivo. Un controlador de línea, por ejemplo, amplifica las señales transmitidas a través de una línea de comunicaciones. Un controlador de software es un programa de control específico del dispositivo que permite a la computadora trabajar con un determinado dispositivo, como una impresora o una unidad de disco. Dado que el controlador gestiona características específicas del dispositivo, el sistema operativo está libre de la carga de tener que entender, y dar soporte, a las necesidades de los dispositivos de hardware individuales. *Véase también* controlador de dispositivo. **3**. (**handle**) *Véase* asa.

controlador de 32 bits *s*. (*32-bit driver*) Subsistema de software que controla un dispositivo de hardware (controlador de dispositivo) u otro subsistema de software. Las versiones de 32 bits de este software aprovechan el conjunto de instrucciones de los procesadores 486 y Pentium para mejorar la velocidad. *Véase también* controlador; conjunto de instrucciones.

controlador de canal doble *s*. (*dual channel controller*) Circuito o dispositivo que gobierna el acceso de una señal a dos rutas de transmisión.

controlador de clúster *s*. (*cluster controller*) Un dispositivo intermediario situado entre un equipo informático y un grupo (clúster) de dispositivos subsidiarios, como, por ejemplo, los terminales de una red, y que se utiliza para controlar el clúster.

controlador de comunicaciones *s*. (*communications controller*) Un dispositivo utilizado como intermediario en la transferencia de datos hacia y desde la computadora host a la que esté conectado. Al liberar a la computadora host de las tareas de envío, recepción, descifrado y comprobación de errores de transmisión, un controlador de comunicaciones ayuda a hacer un uso más eficiente del tiempo de procesamiento de la computadora host, tiempo que puede ser más provechoso si se lo dedica a otras tareas no relacionadas con las comunicaciones. Un controlador de comunicaciones puede ser una máquina programable o un dispositivo no programable diseñado para ajustarse a ciertos protocolos de comunicaciones. *Véase también* procesador frontal.

controlador de disco *s*. (*disk driver*) Controlador de dispositivo que se añade a un sistema para dar soporte a un dispositivo de disco de un fabricante específico. *Véase también* controlador de dispositivo.

controlador de dispositivo *s*. **1**. (*device controller*) *Véase* controlador de entrada/salida. **2**. (*device driver*) Componente de software que permite a un sistema informático comunicarse con un dispositivo. En la mayoría de los casos, el controlador también manipula el hardware para transmitir los datos al dispositivo. Sin embargo, los controladores de dispositivo asociados con los paquetes de aplicación, normalmente, realizan sólo la traducción de datos, confiando el trabajo de enviar realmente los datos a los dispositivos a los controladores de bajo nivel. Muchos dispositivos, especialmente los adaptadores de vídeo de las computadoras PC compatibles, no funcionarán correctamente (si es que no funcionan en absoluto) sin los controladores de dispositivo correctos instalados en el sistema.

controlador de dispositivo con interfaz de flujo *s*. (*stream interface device driver*) DLL de nivel de usuario que controla los dispositivos conectados a una plataforma basada en Windows CE. Un controlador de dispositivo con interfaz de flujo presenta los servicios de un dispositivo hardware a las aplicaciones exponiendo una serie de funciones Win32 de interfaz de flujo. Los controladores con interfaz de flujo también pueden controlar dispositivos integrados en una plataforma basada en Windows CE dependiendo de la arquitectura software de los controladores.

controlador de dispositivo de red *s.* (*network device driver*) Software que coordina la comunicación entre la tarjeta adaptadora de red y el hardware y el resto del software de la computadora controlando la funcionalidad física de la tarjeta adaptadora de red.

controlador de dispositivo instalable *s.* (*installable device driver*) Controlador de dispositivo que puede incluirse dentro de un sistema operativo, normalmente para reemplazar a otro servicio existente menos funcional.

controlador de dispositivo virtual *s.* (*virtual device driver*) Software en Windows 9x que gestiona un recurso hardware o software del sistema. Si un determinado recurso retiene información entre un acceso y el siguiente que afecte a la forma en que dicho recurso se comporta cuando se accede a él (por ejemplo, un controlador de disco con su información de estado y sus búferes), deberá existir un controlador de dispositivo virtual para él. Los controladores de dispositivo virtuales se describen utilizando abreviaturas de tres letras que comiencen por V y terminen con D; la letra central indica el tipo de dispositivo, como, por ejemplo, D para la pantalla (display), P para la impresora (printer), T para el temporizador (timer) y *x* cuando el tipo de dispositivo no sea relevante. *Acrónimo:* V*x*D. *Véase también* controlador de dispositivo.

controlador de dispositivo virtual de impresión *s.* (*virtual printer device driver*) *Véase* controlador de dispositivo virtual.

controlador de dispositivo virtual de pantalla *s.* (*virtual display device driver*) *Véase* controlador de dispositivo virtual.

controlador de dispositivo virtual de reloj *s.* (*virtual timer device driver*) *Véase* controlador de dispositivo virtual.

controlador de disquete *s.* (*floppy disk controller*) *Véase* controladora de disco.

controlador de dominio *s.* (*domain controller*) En Windows NT, es el servidor maestro que contiene la base de datos de los servicios de directorio que permite identificar todos los usuarios y recursos de la red.

controlador de E/S *s.* (*I/O controller*) *Véase* controlador de entrada/salida.

controlador de entrada *s.* (*input driver*) *Véase* controlador de dispositivo.

controlador de entrada/salida *s.* (*input/output controller*) Circuito que dirige operaciones y realiza tareas relacionadas con la función de recibir una entrada y transferir una salida desde o hacia un dispositivo o puerto de entrada o de salida proporcionando así al procesador un método coherente de comunicación (interfaz de entrada/salida) con el dispositivo y liberando también tiempo de procesador para realizar otros trabajos. Por ejemplo, cuando se realiza una operación de lectura o escritura en un disco, el controlador de la unidad desarrolla las electrónicamente sofisticadas tareas de alta velocidad implicadas en posicionar los cabezales de lectura/escritura, localizar las áreas específicas de almacenamiento en el disco giratorio, leer y escribir en la superficie del disco e incluso comprobar los errores. La mayoría de los controladores requiere un software que permita a la computadora recibir y procesar los datos que facilita el controlador.

controlador de impresora *s.* **1.** (*printer controller*) El hardware de procesamiento de una impresora, especialmente en una impresora de páginas. Incluye el procesador de líneas de imagen, la memoria y los microprocesadores de propósito general que la impresora incorpore. Los controladores de impresora también pueden estar incluidos en una computadora personal conectados a través de un cable de alta velocidad con una impresora que se limita a ejecutar sus instrucciones. *Compárese con* motor de impresión. **2.** (*printer driver*) Programa de software diseñado para permitir a otros programas trabajar con una impresora determinada sin preocuparse por detalles específicos del hardware y el lenguaje interno de la impresora. Los programas de aplicaciones pueden comunicarse adecuadamente con una variedad de impresoras mediante el uso de controladores de impresora, que administran todos las sutilezas subyacentes de cada impresora, de manera que la aplicación no tiene que preocuparse por ellas. Las interfaces gráficas de usuario actuales ofrecen sus propios controladores de impresora eliminando la necesidad de que una aplicación que se ejcute con esa interfaz tenga que contar con su propio controlador de impresora.

controlador de interrupciones programable *s.* (***programmable interrupt controller***) Chip de Intel que maneja las solicitudes de interrupción (IRQ). Las máquinas AT de IBM utilizan dos controladores de interrupciones programables, admitiendo un máximo de 15 líneas IRQ. Los controladores de interrupciones programables han sido reemplazados por los controladores de interrupciones programables avanzados (APIC), que permiten el multiprocesamiento. *Acrónimo:* PIC. *Véase también* IBM AT; IRQ.

controlador de minipuerto *s.* (***miniport driver***) Controlador de modo kernel que es específico de un dispositivo. Un controlador de minipuerto está enlazado a un controlador de puerto que proporciona una interfaz entre el controlador de puerto y el sistema operativo. Normalmente, se implementa como una biblioteca de enlace dinámico.

controlador de propósito general *s.* (***general-purpose controller***) Controlador que está diseñado para múltiples usos. *Véase también* controlador.

controlador de teclado *s.* (***keyboard controller***) Microprocesador instalado en un teclado cuya función principal es la de esperar e informar de las pulsaciones de teclas.

controlador de TRC *s.* (***CRT controller***) La parte de una tarjeta adaptadora de vídeo que genera la señal de vídeo, incluyendo las señales de sincronización horizontal y vertical. *Véase también* adaptadora de vídeo.

controlador de vídeo *s.* (***video driver***) Software que proporciona la interfaz entre el hardware del adaptador de vídeo y otros programas, incluido el sistema operativo. El usuario puede acceder al controlador de vídeo para especificar la resolución y la profundidad de color de las imágenes del monitor durante el proceso de instalación. *Véase también* controlador; monitor; adaptadora de vídeo.

controlador domótico *s.* (***home controller***) Una interfaz hardware o software utilizada para controlar los sistemas en una red doméstica en las aplicaciones de domótica.

controlador embebido *s.* (***embedded controller***) Tarjeta de circuito controlador basado en procesador que está integrada en la maquinaria de la computadora. *Véase también* controlador.

controlador gráfico *s.* (***graphics controller***) La parte de los adaptadores de vídeo EGA y VGA que permite a la computadora acceder al búfer de vídeo. *Véase también* EGA; VGA.

controlador ODBC *s.* (***ODBC driver***) Un archivo de programa utilizado para conectarse con una base de datos concreta. Cada programa de base de datos, como Access o dBASE, o sistema de gestión de base de datos, como SQL Server, requiere un controlador diferente.

controlador principal de dominio *s.* (***Primary Domain Controller***) **1.** En cualquier red de área local, es el servidor que mantiene la copia maestra de la base de datos de cuentas de usuario del dominio y que valida las solicitudes de inicio de sesión. *Acrónimo:* PDC. **2.** En Windows NT, es una base de datos que proporciona una ubicación centralizada de administración para los recursos y cuentas de usuario. La base de datos permite a los usuarios iniciar una sesión en el dominio en lugar de en una máquina host específica. Otra base de datos separada de cuentas controla las máquinas del dominio y asigna los recursos del dominio a los usuarios.

controladora de disco *s.* (***disk controller***) Chip y circuitería asociada de propósito especial que dirige y controla las operaciones de lectura y escritura de una unidad de disco de una computadora. Una controladora de disco maneja tareas como el posicionamiento del cabezal de lectura/escritura, media entre la unidad y el microprocesador y controla la transferencia de información hacia y desde la memoria. Las controladoras de disco se utilizan con las unidades de disquetes y discos duros y pueden estar integradas en el sistema o ser parte de una tarjeta que se conecta en una ranura de expansión.

controladora de vídeo *s.* (*video controller*) *Véase* adaptadora de vídeo.

controlar *vb.* (*track*) En administración de datos, seguir el flujo de información de forma manual o automática.

controles de servidor para validación *s.* (*validation server controls*) Un conjunto de controles de servidor incluido en ASP.NET que permite verificar los datos introducidos por el usuario. Los datos de entrada se comprueban a medida que son proporcionados por controles de servidor HTML y controles de servidor web (por ejemplo, un formulario de página web) de acuerdo con una serie de requisitos definidos por el programador. Los controles de validación realizan la comprobación de los datos de entrada como parte del código del servidor. Si el usuario está utilizando un explorador que soporta DHTML, los controles de validación pueden también realizar la comprobación de los datos de entrada utilizando scripts del extremo cliente. *Véase también* control de servidor ASP.NET; control de servidor HTML; control de servidor web.

convenio *s.* (*convention*) Todo estándar utilizado más o menos universalmente en una situación dada. Hay muchos convenios que se aplican a las microcomputadoras. En programación, por ejemplo, un lenguaje como C se basa en símbolos y abreviaturas formalmente aceptadas que deben utilizarse en los programas. De manera menos formal, los programadores normalmente adoptan el convenio de sangrar las instrucciones subordinadas dentro de una rutina con el fin de poder visualizar la estructura del programa más fácilmente. Diversos comités nacionales e internacionales de normalización suelen debatir y promulgar convenios relativos a los lenguajes de programación, las estructuras de datos, los estándares de comunicación y las características de los dispositivos. *Véase también* CCITT; ISO; NTSC; estándar.

convenio uniforme de denominación *s.* (*Uniform Naming Convention*) *Véase* UNC.

convenio universal de denominación *s.* (*Universal Naming Convention*) *Véase* UNC.

convergencia *s.* (*convergence*) Una aproximación. La convergencia puede ocurrir entre diferentes disciplinas y tecnologías, como cuando las comunicaciones telefónicas y la informática convergen en el campo de las telecomunicaciones. También puede ocurrir dentro de un programa, como en una hoja de cálculo, cuando un conjunto circular de fórmulas se recalcula repetidamente (iteración), acercándose cada vez más los resultados de cada iteración a la verdadera solución.

conversacional *adj.* (*conversational*) Perteneciente, relativo a o característico del modo de operación, típico de las microcomputadoras, en el que el usuario de la computadora y el sistema se comunican mediante un diálogo compuesto por comandos y respuestas del sistema. *Véase también* interactivo.

conversión *s.* (*conversion*) El proceso de cambiar de una forma o formato a otro; en lo que respecta a la información, se trata de un cambio que afecta a la forma, pero no a la sustancia. Entre los tipos de conversión se encuentran la conversión de datos (cambiar la forma en que se representa la información), la conversión de archivos (cambiar un archivo de un formato a otro), la conversión del hardware (cambiar todo un sistema informático o parte del mismo), la conversión del soporte físico (transferir los datos desde un soporte de almacenamiento a otro), la conversión del software (cambiar un programa diseñado para una plataforma de modo que pueda ejecutarse en otra) y la conversión del sistema (cambiar de un sistema operativo a otro).

conversión binaria *s.* (*binary conversion*) La conversión de un número hacia o desde el sistema de numeración binario. Véase el Apéndice E. *Véase también* binario.

conversión circular *s.* (*roundtripping*) El proceso de convertir archivos de un formato a otro para visualizarlos o editarlos y luego volver a convertirlos a su formato original. En algunos casos, estas conversiones circulares pueden efectuarse de forma repetida sobre un mismo archivo, lo cual puede llegar a constituir un problema, ya que cada conversión puede, potencialmente, introducir cambios no deseados en el archivo.

conversión de archivos *s.* (***file conversion***) El proceso de transformar los datos de un archivo de un formato a otro sin alterar los datos; por ejemplo, convirtiendo un archivo del formato interno de un procesador de textos a su equivalente ASCII. En algunos casos, puede perderse determinada información acerca de los datos, como los atributos de formato. Otro tipo más detallado de conversión de archivos implica cambiar la codificación de los caracteres de un estándar a otro, como, por ejemplo, cuando se convierte de caracteres EBCDIC (que se utilizan principalmente para computadoras mainframe) a caracteres ASCII. *Véase también* ASCII; EBCDIC.

conversión de código *s.* (***code conversion***) **1**. El proceso de transformar los datos de una representación a otra, como, por ejemplo, de ASCII a EBCDIC o de complemento a 2 a BCD (binary-coded decimal). **2**. El proceso de traducción de instrucciones de programa de una forma a otra. El código puede convertirse en el nivel del lenguaje fuente (por ejemplo, de C a Pascal), en el nivel de la plataforma hardware (por ejemplo, de IBM PC a Apple Macintosh) o en el nivel del lenguaje (por ejemplo, de código fuente en C a código máquina). *Véase también* código.

conversión de datos *s.* (***data conversion***) Cambio en la manera en la que la información está representada en un programa o archivo, como, por ejemplo, cambiar una representación binaria a otra decimal o hexadecimal.

conversión de hardware *s.* (***hardware conversion***) Cambio de todo o parte de un sistema informático para que funcione con dispositivos nuevos o distintos de los anteriores.

conversión de medio *s.* (***media conversion***) Transferencia de datos de un soporte de almacenamiento a otro, como, por ejemplo, de disco a cinta magnética.

conversión de sistema *s.* (***system conversion***) Cambio de un sistema operativo a otro, como, por ejemplo, de Windows 98 a Windows 2000, UNIX u OS/2.

conversión de software *s.* (***software conversion***) Cambio o traslado de un programa, originalmente diseñado para ejecutarse en una computadora, con el fin de que se ejecute en otra. Normalmente, esto implica un trabajo de modificación detallado (profesional) del propio programa.

conversión hexadecimal *s.* (***hexadecimal conversion***) Conversión de un número de o hacia el sistema hexadecimal. Véase el Apéndice E.

convertidor *s.* (***converter***) Todo dispositivo que transforma señales eléctricas o datos informáticos. Por ejemplo, un convertidor analógico-digital traduce señales analógicas a señales digitales.

convertidor AD *s.* (***A-D converter***) *Véase* convertidor analógico-digital.

convertidor analógico-digital *s.* (***analog-to-digital converter***) Un dispositivo que convierte una señal que varía de modo continuo (analógica), como, por ejemplo, un sonido o una tensión, procedente de un instrumento de monitorización, en un código binario que pueda ser usado por una computadora. Véase la ilustración. *Acrónimo:* ADC. *También llamado* convertidor AD. *Véase también* módem. *Compárese con* convertidor digital-analógico.

Convertidor analógico-digital.

convertidor de señal *s.* (***signal converter***) Dispositivo o circuito que convierte una señal de una forma a otra, como, por ejemplo, de analógica a digital, o de modulación por impulsos codificados a modulación de frecuencia.

convertidor digital-analógico *s.* (***digital-to-analog converter***) Un dispositivo que traduce datos digitales a una señal analógica. Un convertidor digital-analógico toma una sucesión de valores digitales discretos de entrada y crea una señal analógica cuya amplitud se corresponde, en cada momento, con cada valor digital. *Véase la ilustración. Acrónimo:* DAC. *Compárese con* convertidor analógico-digital.

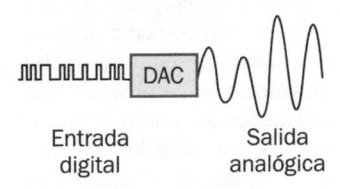

Convertidor digital-analógico.

convertir con BinHex *vb.* (**BinHex**) Convertir un archivo binario en texto ASCII imprimible de 7 bits o convertir el archivo de texto ASCII de nuevo a formato binario utilizando el programa BinHex. *Compárese con* uudecode; uuencode.

cookie *s.* **1.** Un bloque de datos que un servidor devuelve a un cliente como respuesta a una solicitud realizada por el cliente. **2.** En la World Wide Web, un bloque de datos que un servidor web almacena en un sistema cliente. Cuando un usuario vuelve al mismo sitio web, el explorador devuelve una copia de la cookie al servidor. Las cookies se utilizan para identificar a los usuarios, para ordenar al servidor que envíe una versión personalizada de la página web solicitada, para enviar información sobre la cuenta de acceso del usuario y para otros propósitos administrativos. **3.** Originalmente, el término hacía alusión a fortune cookie (galleta de la suerte), un programa UNIX que proporciona como salida, cada vez que se lo utiliza, un mensaje distinto («el mensaje de la suerte»). En algunos sistemas, el programa cookie se ejecuta durante el inicio de sesión del usuario.

.coop *s.* Uno de los siete nuevos nombres de dominio de nivel superior aprobados en 2000 por ICANN (Internet Corporation for Assigned-Names and Numbers). .coop está pensado para ser empleado en los sitios web de las cooperativas sin ánimo de lucro. Los siete nuevos nombres de dominio comenzaron a estar disponibles para su uso en la primavera de 2001.

coordenada *s.* (*coordinate*) Todo elemento de un conjunto de referencias que especifican una localización determinada, como, por ejemplo, la intersección de una fila y columna determinadas. En los gráficos por computadora y las pantallas de visualización, las coordenadas especifican elementos tales como los puntos de una línea, las esquinas de un cuadrado o la localización de un píxel en pantalla. En otras aplicaciones informáticas, las coordenadas especifican celdas en las hojas de cálculo, puntos de datos en un gráfico, posiciones de memoria, etc. *Véase también* coordenadas cartesianas; coordenadas polares.

coordenada horaria universal *s.* (***UTC***) *Véase* UTC.

coordenadas absolutas *s.* (***absolute coordinates***) Coordenadas que se definen en términos de su distancia al origen, que es el punto donde los ejes se interceptan. Los gráficos, tanto normales como por computadora, utilizan coordenadas absolutas para localizar puntos en un gráfico o en una cuadrícula de visualización; por ejemplo, puntos relativos a los ejes *x* e *y* de un gráfico o los ejes *x*, *y* y *z* utilizados para especificar la ubicación de un objeto gráfico tridimensional en la pantalla. Véase la ilustración. *Véase también* coordenadas cartesianas.

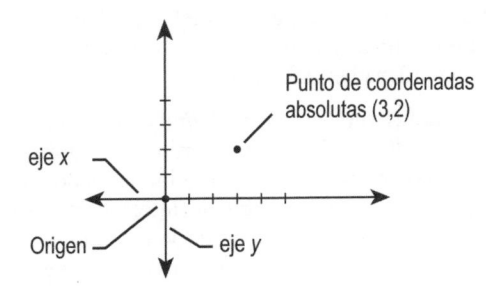

Coordenadas absolutas.

coordenadas cartesianas *s.* (***Cartesian coordinates***) Puntos en el plano (dos dimensiones) o en el espacio (tres dimensiones) que se localizan por sus posiciones en relación a un conjunto de ejes que se intersectan. Reciben este nombre en honor al matemático francés René Descartes, que introdujo el sistema en el siglo XVII. En dos dimensiones, los puntos quedan descritos por sus posiciones en relación con los dos ejes familiares *x* (usualmente horizontal) e *y* (usualmente vertical). En tres dimensiones, se añade un tercer eje, *z*, a los ejes *x* e *y*. Véase la ilustración. *Véase también* sistema de coordenadas *x-y-z*. *Compárese con* coordenadas polares.

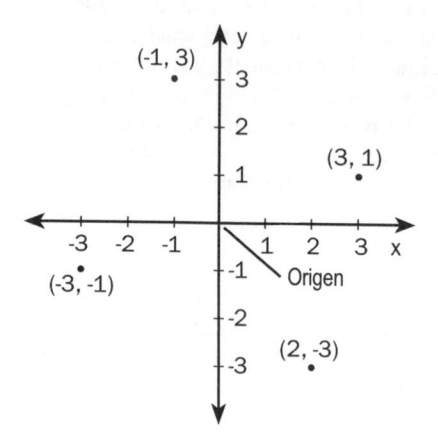

Coordenadas cartesianas.

coordenadas polares *s.* (***polar coordinates***) Coordenadas de la forma (*r*, θ) utilizadas para localizar un punto en dos dimensiones (en un plano). La coordenada polar *r* es la longitud de la línea que comienza en el origen y termina en el punto y θ (la letra griega theta) es el ángulo entre esa línea y el eje positivo *x*. *Compárese con* coordenadas cartesianas.

coordenadas relativas *s.* (***relative coordinates***) Coordenadas definidas en términos de su distancia con respecto a un punto inicial dado en vez de con respecto al origen (intersección de dos ejes). Por ejemplo, a partir de un punto inicial de la pantalla, un cuadrado definido mediante coordenadas relativas puede dibujarse como una serie de líneas, cada una de ellas representando un desplazamiento de una cierta magnitud y dirección con respecto al punto precedente. Todo el cuadrado se puede redibujar en cualquier localización cambiando simplemente las coordenadas del punto inicial en vez de recalcular las coordenadas de cada esquina con respecto al origen. Véase la ilustración. *Compárese con* coordenadas absolutas.

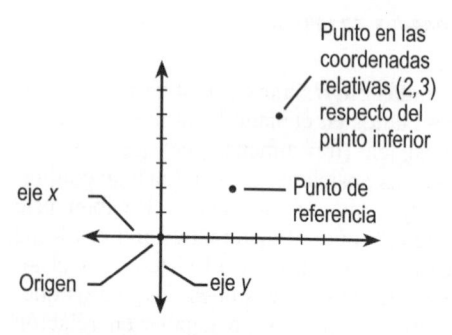

Coordenadas relativas.

copia de cortesía *s.* (***courtesy copy***) *Véase* cc.

copia de cortesía oculta *s.* (***blind courtesy copy***) *Véase* bcc.

copia de disco *s.* (***disk copy***) El proceso de duplicar los datos de un disco de origen y la estructura organizativa de dichos datos en un disco de destino *Véase también* copia de seguridad.

copia de emergencia *s.* (***backup copy***) *Véase* copia de seguridad.

copia de seguridad *s.* (***backup***) Copia duplicada de un programa, disco o datos realizada con propósitos de archivado definitivo o para salvaguardar archivos valiosos frente a posibles perdidas debido a que la copia activa esté dañada o destruida. Una copia de seguridad es una copia «asegurada». Algunos programas de aplicaciones realizan copias de seguridad de los archivos de datos automáticamente, manteniendo la versión actual y la versión anterior en el disco. *También llamado* copia de emergencia, archivo de seguridad.

copia de seguridad de archivos *s.* (***file backup***) *Véase* copia de seguridad.

copia de seguridad diferencial *s.* (***differential backup***) Una copia de seguridad que copia los archivos creados o modificados desde la última copia de seguridad normal o incremental. No marca los archivos como si se hubiera hecho una copia de seguridad de los mismos (en otras palabras, el atributo de archivo no se desactiva). Si se está utilizando una combinación de copias de seguridad normales y diferenciales, el restaurar los archivos y las carpetas requiere que se disponga tanto de la última copia de seguridad normal como de la diferencial.

copia de seguridad y recuperación *s.* (***backup and recovery***) Estrategia disponible en muchos sistemas de gestión de bases de datos que permite restaurar una base de datos hasta la última unidad completa de trabajo (transacción) después de que un error de software o hardware haya dejado la base de datos inservible. El proceso se inicia con la última copia de seguridad de la base de datos. Se lee el registro de transacciones, o archivo de cambios, de la base de datos y se recupera cada transacción registrada a través del último punto de control en el registro. *Véase también* copia de seguridad; punto de control; registro.

copia de seguridad y restauración *s.* (***backup and restore***) El proceso de mantener copias de seguridad y volverlas a copiar en el soporte origen en caso necesario.

copia en profundidad *s.* (***deep copy***) Copia de los contenidos de una estructura de datos incluidas todas sus subestructuras.

copia impresa *s.* (***hard copy***) Copia sobre papel, película fotográfica u otro soporte físico permanente. *Compárese con* copia software.

copia software *s.* (***soft copy***) Las imágenes temporales presentadas en la pantalla de una computadora. *Compárese con* copia impresa.

copia única *s.* (***one-off***) **1**. CD-ROM creado en una grabadora de CD-R, que sólo puede crear una copia de un CD-ROM cada vez. **2**. Producto que se fabrica uno por uno en lugar de fabricarse de forma masiva.

copiar *vb.* (***copy***) Duplicar información y reproducirla en otra parte de un documento, en otro archivo o ubicación de memoria distintos o en un soporte físico diferente. Las operaciones de copia pueden realizarse sobre conjuntos de datos que vayan de un único carácter a grandes segmentos de texto, a imágenes gráficas o a uno o varios archivos de datos. El texto y los gráficos, por ejemplo, pueden copiarse a otra parte de un documento, a la memoria de la computadora (por medio de una ubicación temporal de almacenamiento como el Portapapeles de Windows o de Macintosh) o a un archivo distinto. De forma similar, los archivos pueden copiarse de un disco o directorio a otro y los datos pueden copiarse de la pantalla a la impresora o a un archivo de datos. En la mayoría de los casos, el procedimiento de copia deja intacta la información original. *Compárese con* cortar y pegar; movimiento.

copiar disco *s.* (***copy disk***) Comando de MS-DOS para duplicar los contenidos de un disco flexible en un segundo disco. *Véase también* disquete; MS-DOS.

COPPA *s.* Acrónimo de Children's Online Privacy Protection Act (Ley de protección de la intimidad en línea de los niños). Una ley federal de Estados Unidos aprobada en abril de 2000 y pensada para proteger la intimidad en línea de los niños menores de trece años. COPPA exige que los sitios web que recopilen información personal de niños menores de trece años reciban primero permiso de los padres o tutores y monitoricen y supervisen las experiencias de los niños con elementos web interactivos, tales como salones de charla y facilidades de correo electrónico.

coprocesador *s.* (***coprocessor***) Procesador, distinto del microprocesador principal, que realiza funciones adicionales o asiste al microprocesador principal. El tipo más común de coprocesador es el coprocesador de coma flotante, también llamado coprocesador numérico o matemático, el cual está diseñado para realizar cálculos numéricos más rápidamente y mejor que los microprocesadores de propósito general utilizados en las computadoras personales. *Véase también* procesador de coma flotante.

coprocesador gráfico *s.* (***graphics coprocessor***) Microprocesador especializado, incluido en algunos adaptadores de vídeo, que puede generar imágenes gráficas como líneas y áreas rellenas en respuesta a instrucciones procedentes de la UCP, liberando así a la UCP para realizar otros trabajos.

coprocesador matemático *s.* (***math coprocessor***) *Véase* procesador de coma flotante.

coprocesador numérico *s.* (***numeric coprocessor***) *Véase* procesador de coma flotante.

copyleft *s. Véase* licencia pública general.

copyright *s.* Un método de proteger los derechos del creador de una obra, como pueda ser un texto, una composición musical, una pintura o un programa informático, por medios legales. En muchos países, el autor de una obra tiene la propiedad intelectual de la obra (copyright) en cuanto ésta queda fija en un medio tangible (como, por ejemplo, una hoja de papel o un archivo dentro de un disco); dicha norma se aplica en Estados Unidos para las obras creadas después de 1977. El registro del copyright o el uso del símbolo de copyright no es necesario para crear el copyright, aunque hace más fuertes las capacidades legales del creador. La copia y distribución no autorizadas de material protegido por copyright puede llevar aparejadas severas penas, ya se realice con ánimo de lucro o no. Los derechos de copyright afectan a la comunidad informática de tres formas distintas: la protección de software mediante copyright, el estado de copyright de los materiales (como, por ejemplo, las letras de las canciones) distribuidos a través de una red como Internet y el estado de copyright de los materiales originales distribuidos a través de una red (como, por ejemplo, mediante publicación en un grupo de noticias). Las últimas dos formas implican la utilización de soportes electrónicos, que se podría argumentar que no son tangibles, y las normas legales que protegen la información diseminada a través de medios electrónicos están todavía en desarrollo. *Véase también* buen uso; licencia pública general.

CORBA *s.* Acrónimo de Common Object Request Broker Architecture (arquitectura común para gestión de solicitudes de objetos). Una especificación desarrollada en 1992 por el Object Management Group mediante la cual los elementos de programa (objetos) se comunican con objetos de otros programas, incluso si los dos programas están escritos con diferentes lenguajes de programación y se ejecutan sobre diferentes plataformas. Un programa realiza sus solicitudes de objetos a través de un gestor de solicitudes de objetos u ORB, y así no necesita conocer la estructura del programa del que el objeto proviene. CORBA está diseñada para funcionar en entornos orientados a objetos. *Véase también* IIOP; objeto; OMG; orientado a objetos.

corchete angular *s.* (*angle bracket*) *Véase* <>.

co-residente *adj.* (*coresident*) Perteneciente o relativo a una condición en la que dos o más programas se cargan en memoria al mismo tiempo.

corrección automática de errores *s.* (*automatic error correction*) Un proceso que al detectar un determinado procesamiento interno o error de transmisión de datos, invoca una rutina diseñada para corregir el error o reintentar la operación.

corrección directa de errores *s.* (*forward error correction*) En comunicaciones, una forma de controlar errores insertando bits extras (redundantes) en un flujo de datos transmitido a otro dispositivo. El dispositivo receptor utiliza los bits redundantes para detectar y, siempre que sea posible, corregir los errores en los datos. *Véase también* codificación con corrección de errores.

corrector gramatical *s.* (*grammar checker*) Accesorio de software que comprueba el texto en busca de errores en las construcciones gramaticales.

corrector ortográfico *s.* (*spelling checker*) Aplicación que emplea un diccionario almacenado en el disco para detectar los errores de ortografía de un documento.

corrector sintáctico *s.* (*syntax checker*) Programa que permite identificar errores de sintaxis en un lenguaje de programación. *Véase también* sintaxis; error sintáctico.

correo basura *s.* (*spam*) **1.** Un mensaje de correo electrónico no solicitado enviado por una empresa o por una persona que tratan de vender algo al receptor. *También llamado* UCE, correo electrónico comercial no solicitado. **2.** Un mensaje de correo electrónico no solicitado enviado a muchos receptores simultáneamente o un artículo de noticias publicado simultáneamente en muchos grupos de noticias. El correo basura es el equivalente electrónico del correo basura tradicional, repleto de anuncios publicitarios. En la mayoría de los casos, el contenido de un mensaje o artículo basura no es relevante para el tema del grupo de noticias o para los intereses del receptor; el correo basura es un abuso de los mecanismos de comunicación a través de Internet que se lleva a cabo para distribuir un mensaje a un grupo enorme de personas con un coste mínimo. **3.** Correo no deseado y no solicitado distribuido por alguien de forma masiva a través de Internet enviando mensajes a un gran número de receptores o a un gran número de grupos de noticias. El acto de distribuir dicho correo basura, denominado en inglés «spamming», enfurece a la mayoría de los usuarios de Internet y es una invitación a la venganza, que a menudo toma la forma de devolver ese correo basura a su creador, lo que puede inundar y posiblemente desactivar el buzón de correo electrónico del emisor del correo basura.

correo basura, bloqueo de *s.* (***spam blocking***) *Véase* camuflaje de direcciones.

correo caracol *s.* (***snail mail***) Una frase popular en Internet para hacer referencia a los servicios de correo proporcionados por los servicios postales de los distintos países. El término tiene su origen en el hecho de que el correo postal normal es muy lento comparado con el correo electrónico.

correo electrónico *s.* (***e-mail***) **1.** Un mensaje de texto electrónico. **2.** El intercambio de mensajes de texto y archivos informáticos a través de una red de comunicaciones, como, por ejemplo, una red de área local o Internet, usualmente entre computadoras o terminales.

correo electrónico comercial no solicitado *s.* (***unsolicited commercial e-mail***) *Véase* correo basura.

correo electrónico transaccional *s.* (***transactional e-mail***) Un tipo de marketing basado en la Web en el que se venden bienes y servicios directamente a los consumidores mediante mensajes de correo electrónico. A diferencia del marketing tradicional basado en correo electrónico, que requiere que el receptor del correo electrónico visite el sitio web del vendedor, el correo electrónico transaccional permite completar una transacción de ventas desde el propio correo electrónico publicitario. Para poder aprovechar las opciones de compra a través del correo electrónico transaccional, el receptor debe ver los mensajes de correo electrónico en formato HTML.

correo vocal *s.* (***voice mail***) Un sistema que graba y almacena mensajes telefónicos en la memoria de una computadora. A diferencia de los contestadores automáticos normales, los sistemas de correo vocal disponen de buzones de correo separados para múltiples usuarios, cada uno de los cuales puede copiar, almacenar o redistribuir los mensajes recibidos.

correo, compendio de *s.* (***mail digest***) *Véase* compendio.

corriente *s.* (***current***) El flujo de carga eléctrica a través de un conductor o la intensidad de dicho flujo. La corriente se mide en amperios. *Véase también* amperio; culombio. *Compárese con* voltio.

corriente alterna *s.* (***alternating current***) Corriente eléctrica que invierte su dirección de flujo (polaridad) periódicamente de acuerdo con una frecuencia medida en hercios o ciclos por segundo. *Acrónimo:* AC. *Compárese con* corriente continua.

corriente continua *s.* (***direct current***) Corriente eléctrica cuya dirección de flujo no se invierte. La corriente puede detenerse o puede cambiar de amplitud, pero siempre fluye en la misma dirección. *Acrónimo:* DC. *Compárese con* corriente alterna.

corrupción *s.* (***corruption***) Proceso por el cual los datos en memoria o en disco se modifican inadvertidamente alterando o anulando, por tanto, su significado.

corrupción de datos *s.* (***data corruption***) *Véase* corrupción.

corrutina *s.* (***coroutine***) Rutina que está en memoria al mismo tiempo que otra y que frecuentemente se ejecutan de forma concurrente.

cortador *s.* (***burster***) Dispositivo utilizado para separar, por las perforaciones, el papel continuo.

cortafuegos *s.* (***firewall***) Un sistema de seguridad que trata de proteger la red de una organización contra amenazas externas procedentes de otra red, como, por ejemplo, piratas informáticos que intenten acceder desde Internet. Usualmente, es una combinación de hardware y software que evita que los equipos informáticos de la red de la organización se comuniquen de forma directa con otros equipos externos a la red, y viceversa. En lugar de ello, todas las comunicaciones se encaminan a través de un servidor proxy situado fuera de la red de la organización, y el servidor proxy decide si resulta seguro permitir que un mensaje o archivo concreto pase a su través hacia la red de la organización. *También llamado* servidor de seguridad. *Véase también* servidor proxy.

cortar *vb.* (***cut***) Eliminar parte de un documento, usualmente colocándola temporalmente en memoria para que la parte cortada pueda ser insertada (pegada) en otro lugar. *Compárese con* borrar.

cortar y pegar *s.* (***cut and paste***) Procedimiento en el que la computadora actúa como una combinación electrónica de tijera y pegamento para reorganizar un documento o compilar un documento de diferentes fuentes. Cuando se usa la característica cortar y pegar, se selecciona la parte del documento que se va a mover, se elimina para almacenarla en memoria o en disco y a continuación se reinserta en el mismo o en otro documento.

corto alcance *adj.* (***short-haul***) Perteneciente o relativo a un dispositivo de telecomunicaciones que transmite una señal a través de una línea de comunicaciones a una distancia inferior a unos 30 km. *Compárese con* largo alcance.

coste total de propiedad *s.* (***total cost of ownership***) Específicamente, es el coste de posesión, operación y mantenimiento de un único PC; más generalmente, es el coste en que incurren las empresas y organizaciones al instalar y mantener redes de sistemas informáticos complejas y de gran envergadura. El coste total de propiedad incluye la inversión en hardware y software más los costes posteriores de instalación, formación del personal, soporte técnico, actualización y reparación. Entre las iniciativas de la industria diseñadas para reducir el coste total de propiedad se incluyen la administración y gestión de red centralizadas, así como soluciones hardware que toman la forma de computadoras basadas en red que pueden tener, o no, almacenamiento local y capacidades de expansión. *Acrónimo:* TCO.

cota *s.* (***bound***) El límite superior o inferior dentro de un rango permitido de valores.

co-ubicación *s.* (***colocation*** o ***co-location***) La operación de un servidor, encaminador u otro dispositivo en una instalación que proporcione una conexión Internet dedicada, un espacio físico en un recinto seguro y una fuente de alimentación regulada. Los servicios de co-ubicación incluyen a menudo mecanismos de detección y sofocación de incendios, fuentes de alimentación de reserva, soporte técnico y medidas adicionales de seguridad para garantizar una alta disponibilidad.

courseware *s.* Software dedicado a la educación o la formación.

CP/M *s.* Acrónimo de Control Program/Monitor (monitor/programa de control). Línea de sistemas operativos de Digital Research, Inc. (DRI), para microcomputadoras basadas en microprocesadores de Intel. El primer sistema, el CP/M-80, fue el sistema operativo más popular para las microcomputadoras basadas en el 8080 y el Z80. Digital Research también desarrolló CP/M-86 para computadoras basadas en 8086/8088, CP/M-Z8000 para computadoras Zilog basadas en el Z8000 y CP/M-68K para computadoras Motorola basadas en el 68000. Cuando aparecieron en el mercado el IBM PC y el sistema operativo MS-DOS, el uso de CP/M por parte de los usuarios finales disminuyó. DRI continúa mejorando la línea de sistemas operativos CP/M, que ahora soporta la multitarea con los productos Concurrent CP/M y MP/M. *Véase también* MP/M.

CPA *s. Véase* Computer Press Association.

CPCP *s.* (***Coffee Pot Control Protocol***) *Véase* HTCPCP.

cpi *s. Véase* caracteres por pulgada.

CPM *s. Véase* método del camino crítico.

CPRM *s.* Acrónimo de Content Protection for Recordable Media (protección de contenido para medios grabables). Tecnología desarrollada para controlar el uso de material de vídeo y de música digital sujeto a copyright bloqueando la transferencia de materiales protegidos a soportes extraíbles, tales como discos zip y tarjetas inteligentes. CPRM se añadiría a los dispositivos de almacenamiento y proporcionaría mecanismos de cifrado de datos y códigos de identificación para bloquear la copia de archivos sujetos a copyright.

cps *s. Véase* caracteres por segundo.

CPSR *s.* Acrónimo de Computer Professionals for Social Responsibility (profesionales informáticos por la responsabilidad social). Organización militante formada por profesionales de la informática. CPSR se creó en un principio a raíz de la preocupación sobre el uso de la tecnología informática para fines militares, pero amplió posteriormente su campo de interés a temas como las libertades civiles o el efecto de la informática sobre los trabajadores.

CR *s. Véase* retorno de carro.

cracker *s.* Una persona que se salta las medidas de seguridad de un sistema informático y obtiene acceso no autorizado. El objetivo de algunos crackers es obtener información de un sistema informático ilegalmente o utilizar los recursos del equipo. Sin embargo, el objetivo de la mayoría de ellos es simplemente entrar en el sistema. *Véase también* hacker.

cramfs *s.* Acrónimo de Característica del sistema de archivos disponible en los sistemas Linux versión 2.4 que permite incluir un sistema de archivos en una pequeña ROM. Se utiliza en los dispositivos Linux de mano para comprimir y escribir aplicaciones en ROM o en una memoria Flash.

cráneo *s.* (*propeller head*) Término del argot para referirse a una persona obsesionada con las computadoras o con algún otro tipo de tecnología.

Cray-1 *s.* Una antigua supercomputadora desarrollada en 1976 por Seymour Cray. Extremadamente poderoso en su día, el Cray-1 de 64 bits operaba a 75 MHz y era capaz de ejecutar 160 millones de operaciones en coma flotante por segundo. *Véase también* supercomputadora.

CRC *s.* Acrónimo de cyclical (o cyclic) redundancy check (control de redundancia cíclica). Procedimiento utilizado para detectar la existencia de errores en la transmisión de datos. El control de errores CRC utiliza un complejo cálculo para generar un número basado en los datos transmitidos. El dispositivo transmisor realiza el cálculo antes de la transmisión y lo incluye en el paquete que envía al dispositivo receptor. El dispositivo receptor repite el mismo cálculo después de la transmisión. Si ambos dispositivos obtienen el mismo resultado, se supone que la transmisión está libre de errores. El procedimiento se conoce como control de redundancia porque cada transmisión incluye no sólo datos, sino también valores adicionales (redundantes) para control de errores. Diversos protocolos de comunicaciones, como XMODEM y Kermit, utilizan el control de redundancia cíclica.

creación de programas *s.* (*program creation*) El proceso de producir un archivo ejecutable. Tradicionalmente, la creación de programas comprende tres etapas: (1) compilar el código fuente de alto nivel en código fuente en lenguaje de ensamblador; (2) ensamblar el código fuente en lenguaje ensamblador para obtener archivos objeto en código máquina, y (3) montar los archivos objeto en código máquina con diversos archivos de datos, archivos de ejecución y archivos de biblioteca para obtener un archivo ejecutable. Algunos compiladores pasan directamente de código fuente de alto nivel a código objeto en lenguaje máquina, y otros entornos integrados de desarrollo agrupan las tres etapas en un único comando. *Véase también* ensamblador; compilador; montador; programa.

creador *s.* (*creator*) En el Apple Macintosh, es el programa que crea un archivo. Los archivos están enlazados a sus creadores mediante códigos de creador; este enlace permite al sistema operativo abrir la aplicación creadora correspondiente cuando se intenta abrir un archivo de documento.

credenciales *s.* (***credentials***) Conjunto de información que incluye la identificación y las pruebas de identificación que se usan para poder acceder a los recursos locales y de red. Ejemplos de credenciales son los nombres de usuario y contraseñas, tarjetas inteligentes y certificados.

crédito electrónico *s.* (***electronic credit***) Una forma de comercio electrónico que implica la realización a través de Internet de transacciones con tarjeta de crédito. *Véase también* comercio electrónico.

crioelectrónico *adj.* (***cryoelectronic***) Que implica el uso de circuitos electrónicos superconductores mantenidos en un entorno criogénico a temperaturas muy bajas.

criptoanálisis *s.* (***cryptoanalysis***) La decodificación de información cifrada electrónicamente con el propósito de comprender las técnicas de cifrado utilizadas. *Véase también* criptografía; cifrado.

criptografía *s.* (***cryptography***) La utilización de códigos para convertir los datos de modo que sólo un receptor específico sea capaz de leerlos utilizando una clave. El eterno problema de la criptografía es que la clave tiene que ser transmitida al receptor previsto y puede ser interceptada. La criptografía de clave pública representa, en este sentido, un avance reciente y muy significativo dentro de este área. *Véase también* código; cifrado; PGP; clave privada; clave pública.

criptografía de clave pública *s.* (***public key cryptography***) *Véase* cifrado de clave pública.

cristal de cuarzo *s.* (***quartz crystal***) Pieza de mineral de cuarzo de forma y tamaño precisos utilizada por sus propiedades piezoeléctricas. Cuando se aplica una tensión a un cristal de cuarzo, éste vibra a una frecuencia determinada por su tamaño y su forma. Los cristales de cuarzo normalmente se utilizan para controlar la frecuencia de circuitos osciladores, como, por ejemplo, los relojes de las microcomputadoras. *Véase también* piezoeléctrico.

criterios de búsqueda *s.* (***search criteria***) Los términos o condiciones que un motor de búsqueda utiliza para encontrar elementos en una base de datos. *Véase también* motor de búsqueda.

criterios de comparación *s.* (***comparison criteria***) Conjunto de condiciones de búsqueda que se utiliza para encontrar datos. Los criterios de comparación pueden ser una serie de caracteres que se quiere comparar, como, por ejemplo, «Northwind Traders», o una expresión, como «>300».

croma *s.* (***chroma***) La calidad de un color que combina el tono y la saturación. *Véase también* matiz; saturación.

CRT *s.* Acrónimo de cathode-ray tube (tubo de rayos catódicos, TRC). El fundamento de las pantallas de televisión y de las pantallas estándar de microcomputadora. Una pantalla de TRC se construye alrededor de un tubo de vacío que contiene uno o más cañones de electrones cuyos haces de electrones barren rápidamente y en sentido horizontal la parte interior de la superficie frontal del tubo, que está recubierta con un material que brilla cuando se irradia. Cada haz de electrones se mueve de izquierda a derecha, de arriba abajo, trazando una línea de barrido horizontal cada vez. Para evitar que la imagen de la pantalla parpadee, el haz de electrones refresca la pantalla 30 veces o más por segundo. La claridad de la imagen está determinada por el número de píxeles de la pantalla. *Véase* la ilustración. *Véase también* píxel; rasterización; resolución.

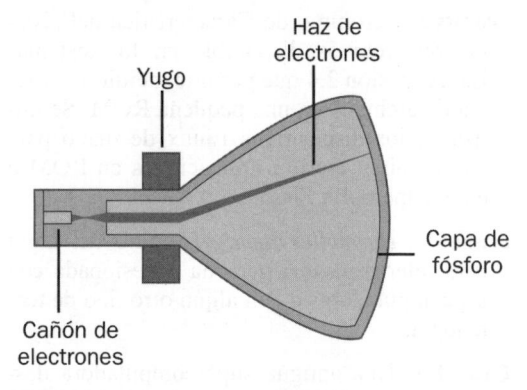

CRT. *Tubo de rayos catódicos.*

cruce de improperios *s.* (*flamefest*) Una serie de mensajes o artículos de grupo de noticias o de otro tipo de conferencias en línea altamente incendiarios.

cruz *s.* (*cross hairs*) Líneas cruzadas utilizadas por los dispositivos de entrada de algunas computadoras para localizar una coordenada *x-y* determinada.

CryptoAPI *s.* Una interfaz de programación de aplicaciones (API) proporcionada como parte de Microsoft Windows. CryptoAPI proporciona un conjunto de funciones que permite a las aplicaciones cifrar o firmar digitalmente los datos de una forma flexible al mismo tiempo que proporciona protección para los datos confidenciales que forman la clave privada del usuario. Las propias operaciones criptográficas son realizadas por módulos independientes, denominados proveedores de servicios criptográficos (CSP, cryptographic service provider). *Véase también* interfaz de programación de aplicaciones; proveedor de servicios criptográficos; clave privada.

CSD *s. Véase* datos por conmutación de circuitos.

CSLIP *s.* Acrónimo de Compressed Serial Line Internet Protocol (protocolo Internet comprimido de línea serie). Es una versión de SLIP que utiliza información comprimida de direcciones Internet, lo que hace que este protocolo sea más rápido que SLIP. *Véase también* SLIP.

CSMA/CA *s.* Acrónimo de Carrier Sense Multiple Access with Collision Avoidance (acceso múltiple por detección de portadora con evitación de colisiones). Es un protocolo similar a CSMA/CD para controlar el acceso a una red en la que los nodos (estaciones) están a la escucha en la red y sólo transmiten cuando está libre el canal. Pero, en CSMA/CA, los nodos evitan las colisiones de datos indicando su intención mediante una breve señal RTS (Request to Send, petición de transmisión) y luego esperando a recibir una confirmación antes de llevar a cabo la propia transmisión.

CSMA/CD *s.* Acrónimo de Carrier Sense Multiple Access with Collision Detection (acceso múltiple por detección de portadora con detección de colisiones). Un protocolo de red para gestionar aquellas situaciones en las que dos o más nodos (estaciones) transmiten al mismo tiempo, provocando así una colisión. Con CSMA/CD, cada nodo de la red monitoriza la línea y transmite cuando detecta que ésta no está ocupada. Si tiene lugar una colisión porque otro nodo está aprovechando la misma oportunidad para transmitir, ambos nodos dejarán de transmitir. Para evitar otra colisión, ambos esperan durante un tiempo aleatorio distinto antes de intentar transmitir de nuevo. *Compárese con* paso de testigo.

CSO *s.* Acrónimo de Computing Services Office (oficina de servicios informáticos). Un servicio de directorio Internet que establece correspondencias entre los nombres de los usuarios y sus direcciones de correo electrónico, generalmente en entornos universitarios. El servicio CSO, al que se puede acceder a través de Gopher, fue desarrollado originalmente en el Centro de Cálculo de la Universidad de Illinois.

CSR *s. Véase* reconocimiento continuo del habla.

CSS *s.* **1**. Acrónimo de Content Scrambling System (sistema de cifrado de contenido). Una característica de cifrado añadida a los discos DVD distribuidos bajo la aprobación de MPAA. CSS verifica que existe una correspondencia entre el código de región grabado en el DVD y el del dispositivo de reproducción. Si ambos códigos no se corresponden (como, por ejemplo, si se compra un DVD en Japón y se utiliza un reproductor DVD comprado en Estados Unidos), CSS no permitirá reproducir el DVD. CSS tampoco permite reproducir un DVD en un equipo reproductor no aprobado por MPAA. *Véase también* deCSS; código de región. **2**. *Véase* hojas de estilo en cascada.

CSS1 *s. Véase* hojas de estilo en cascada.

CSU *s. Véase* DDS.

.csv *s.* La extensión de archivo de un archivo de texto delimitado por comas.

CSV *s.* **1**. Acrónimo de circuit-switched voice. *Véase* CSV/CSD. **2**. Acrónimo de comma separated values (valores separados por comas). Extensión de nombre de archivo que se asigna a archivos de texto que contienen tablas de datos del tipo de los almacenados en campos de bases de datos. Como su nombre indica, las entradas de datos individuales están separadas por comas. *Compárese con* TSV. **3**. *Véase* voz por conmutación de circuitos.

CSV/CSD *s*. (*alternate circuit-switched voice/ circuit-switched data*) Acrónimo de alternate circuit-switched voice/circuit-switched data (transmisión alternativa de voz/datos mediante conmutación de circuitos). Una opción de configuración para canales ISDN B (bearer, portadora) que permite la transmisión digital de comunicaciones de voz o de datos entre dos usuarios durante el tiempo de una llamada. *Véase también* canal B; datos por conmutación de circuitos; voz por conmutación de circuitos; RDSI.

CT Expo *s*. Acrónimo de Computer Telephony Expo. Exposición anual dedicada a los temas de comunicaciones y de procesamiento de datos en la que participan los sectores informáticos, de telecomunicaciones e Internet. Celebrada en Los Ángeles (California, Estados Unidos), CT Expo suele atraer a cientos de empresas que exhiben sus últimos productos y servicios e incluye también conferencias sobre diversas materias relacionadas con la telefonía informatizada.

CTERM *s*. *Véase* CTP.

CTI *s*. Acrónimo de computer-telephony integration (telefonía informatizada). La práctica consistente en utilizar una computadora para controlar una o más funciones telefónicas y de telecomunicaciones.

CTIA *s*. *Véase* Cellular Telecommunications and Internet Association.

CTIA Wireless *s*. Conferencia anual de los sectores de los datos inalámbricos y de los dispositivos informáticos de mano. Patrocinada por la Cellular Telecommunications and Internet Association, CTIA Wireless suele incluir presentaciones de productos y de desarrollos técnicos en el campo de las comunicaciones inalámbricas de voz y datos.

CTL *s*. Abreviatura de control. *Véase también* carácter de control; tecla de control (Ctrl).

CTO *s*. Acrónimo de Chief Technology Officer (Director Técnico). Es el ejecutivo que se encarga en las empresas de gestionar la arquitectura de tecnologías de la información (TI) y otros activos tecnológicos. Las responsabilidades del CTO pueden incluir la supervisión de los centros de TI, de las redes y la intranet corporativa, de las aplicaciones, de las bases de datos, de la presencia web y de otros recursos tecnológicos.

CTP *s*. (*Communications Terminal Protocol*) Acrónimo de Communications Terminal Protocol (protocolo de terminal de comunicaciones). Un protocolo de terminal que permite a un usuario situado en una ubicación remota acceder a una computadora como si la computadora (remota) del usuario estuviera directamente conectada (cableada) a la computadora a la que está accediendo. *También llamado* CTERM.

Ctrl *s*. (*CTRL* o *Ctrl*) Abreviatura de control. Una designación utilizada para etiquetar la tecla Control en los teclados informáticos. *Véase también* carácter de control; tecla de control (Ctrl).

Ctrl+Alt+Supr *s*. (*Ctrl+Alt+Delete*) Combinación de tres teclas utilizada en computadoras IBM y compatibles para reiniciar (rearrancar) la máquina. Al presionar Ctrl+Alt+Supr, se produce un arranque en caliente en MS-DOS (la computadora se reinicia, pero no pasa a través de todas las comprobaciones internas que se hacen cuando se enciende el sistema, es decir, tras un arranque en frío). En Windows 9x y Windows NT, Ctrl+Alt+Supr presenta un cuadro de dialogo en el que el usuario puede seleccionar entre apagar la computadora o finalizar cualquier tarea en curso.

Ctrl+C *s*. **1**. En UNIX, la combinación de teclas utilizada para interrumpir la ejecución de un proceso. **2**. El atajo de teclado reconocido por muchos programas (como, por ejemplo, Windows) como instrucción para copiar el elemento actualmente seleccionado.

Ctrl+G *s.* (***Ctrl+S***) Acceso directo de teclado reconocido por muchos programas como una instrucción para guardar el documento o el archivo actual.

Ctrl+S *s.* En los sistemas en los que se utiliza una negociación software entre los terminales y una computadora central, es la combinación de teclas para suspender la salida. Ctrl+Q permite continuar mostrando la salida después de efectuada una suspensión mediante Ctrl+S. *Véase también* negociación software; XON/XOFF.

Ctrl-Inter *s.* (***Control-Break***) *Véase* tecla de Interrupción.

CTS *s.* Acrónimo de Clear To Send (preparado para transmitir). En las comunicaciones serie, es una señal, enviada, por ejemplo, desde un módem a su computadora, utilizada para indicar que se puede iniciar la transmisión. CTS es una señal hardware que se envía a través de la línea 5 de las conexiones RS-232-C. *Compárese con* RTS.

CUA *s. Véase* acceso de usuario común.

cuadrícula *s.* (***grid***) **1**. En el reconocimiento óptico de caracteres, una cuadrícula se utiliza para medir o especificar caracteres. *Véase también* coordenadas cartesianas. **2**. Una hoja de cálculo es una cuadrícula de filas y columnas; una pantalla gráfica es una cuadrícula de líneas horizontales y verticales de píxeles. **3**. Dos conjuntos de líneas o elementos lineales situados en ángulo recto.

cuadro *s.* (***box***) Símbolo rectangular, realmente con forma de diamante, normalmente denominado cuadro de decisión, utilizado en la creación de diagramas de flujo para representar un punto en el que un proceso se bifurca en más de una posible salida, como en una situación de sí/no. *Véase también* cuadro de decisión.

cuadro de decisión *s.* (***decision box***) Símbolo de organigrama con forma de rombo que indica una decisión que da lugar a una bifurcación en el proceso que se está considerando. Véase la siguiente ilustración.

cuadro de diálogo *s.* (***dialog box***) En una interfaz gráfica de usuario, ventana especial que

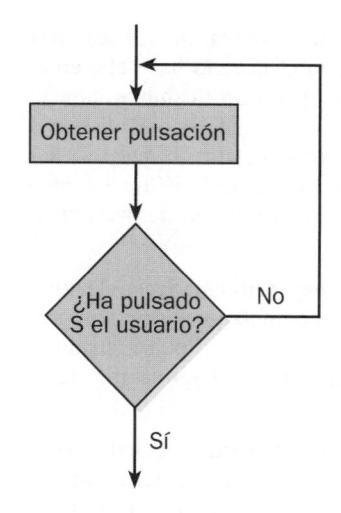

Cuadro de decisión.

muestra el sistema o la aplicación para solicitar una respuesta por parte del usuario. *Véase también* entorno de gestión de ventanas. *Compárese con* integrador.

cuadro de lista *s.* (***list box***) Control de Windows que permite al usuario elegir una opción entre una lista de posibilidades. El cuadro de lista aparece como un recuadro de texto donde se muestra la opción actualmente seleccionada junto a un botón con una flecha hacia abajo. Cuando el usuario hace clic en el botón, la lista se despliega. La lista tiene una barra de desplazamiento si hay más opciones de las que caben en el espacio que tiene asignada la lista para mostrar los datos.

cuadro de tamaño *s.* (***size box***) Control situado en la esquina superior derecha del marco de una ventana en la pantalla de los equipos Macintosh. Cuando el usuario hace clic en el cuadro de tamaño, la ventana cambia entre el tamaño establecido por el usuario para la ventana (tamaño que se establece arrastrando los bordes) y el tamaño máximo. *Compárese con* botón de maximización.

cuadro de texto *s.* (***text box***) En un cuadro de diálogo o formulario HTML, cuadro en el que el usuario puede introducir texto.

cuadro de zoom *s.* (***zoom box***) Control situado en la esquina superior derecha del marco de una ventana en la pantalla de los equipos Macintosh. Cuando el usuario hace clic en el cuadro de zoom, la ventana cambia entre el tamaño máximo y el tamaño establecido por el usuario para la ventana (tamaño que se establece arrastrando los bordes). *Véase también* ventana. *Compárese con* botón de maximización.

cualquier tecla *s.* (*any key*) Una tecla aleatoria en un teclado de computadora. Algunos programas piden al usuario que «pulse cualquier tecla» para continuar. No importa qué tecla pulse el usuario.

cuantizar *vb.* (*quantize*) Dividir un elemento en unidades distintas e independientes (cuantos) y asignar un valor a cada unidad resultante, especialmente en el dominio del tiempo. *Compárese con* digitalizar.

cuanto *s.* (*quantum*) **1**. Porción de tiempo utilizada como unidad de asignación en un sistema de tiempo compartido. *Compárese con* franja temporal. **2**. Una cantidad de algo; por ejemplo, en física, una unidad de energía radiante. **3**. En comunicaciones, la unidad resultante de la división de una señal mediante cuantización.

cuarta forma normal *s.* (*fourth normal form*) *Véase* forma normal.

cuasi lenguaje *s.* (*quasi-language*) Término peyorativo para designar cualquier lenguaje de programación que, a causa de sus deficiencias, no resulta apropiado para llevar a cabo cualquier trabajo serio.

Cube *s.* Computadora personal presentada por Apple en el año 2000. Cube se caracterizaba por su forma de cubo curvado transparente de 18 × 18 × 18 centímetros, con la fuente de alimentación fuera de la carcasa para crear una computadora pequeña y extremadamente silenciosa. Cube ofrecía el mismo procesador G4 y las mismas características disponibles en otras computadoras Macintosh, pero con menos opciones de expansión. Aunque el diseño exclusivo despertó interés por su carácter innovador, Apple dejó de fabricar el modelo Cube en el año 2001, sólo un año después de su introducción.

cubo *s.* (*cube*) Estructura de datos OLAP. Un cubo contiene dimensiones (tales como comunidad/región/ciudad) y campos de datos (como, por ejemplo, la cantidad de ventas). Las dimensiones organizan los tipos de datos en jerarquías con diversos niveles de detalle, mientras que los campos de datos expresan determinadas cantidades.

cuello de botella de Von Neumann *s.* (*Von Neumann bottleneck*) Competencia entre los datos y las instrucciones para acaparar el tiempo de la UCP. El matemático John von Neumann fue el primero en mostrar que una computadora basada en una arquitectura que enlazara un único procesador con una memoria emplearía más tiempo, en realidad, extrayendo los datos de la memoria que procesándolos. El cuello de botella surge cuando el procesador debe elegir entre procesar un gran número de instrucciones por segundo o leer una gran cantidad de datos en el mismo tiempo. *Véase también* UCP.

cuenta *s.* (*account*) **1**. El mecanismo de contabilización y registro utilizado por las redes y los sistemas operativos multiusuario para controlar las actividades de los usuarios autorizados. Las cuentas de red son creadas por los administradores de red y se utilizan tanto para validar a los usuarios como para administrar las directivas (por ejemplo, permisos) relacionados con cada usuario. **2**. Un mecanismo de contabilización y registro utilizado por los proveedores de un servicio en línea para identificar a un abonado y para mantener un registro de utilización del servicio con propósitos de facturación.

cuenta de la shell *s.* (*shell account*) Servicio ofrecido por una computadora que permite al usuario introducir comandos del sistema operativo en el sistema del proveedor de servicios a través de una interfaz de línea de comandos (normalmente, una de las shells de UNIX) en vez de tener que acceder a Internet a través de una interfaz gráfica de usuario. Las cuentas de la shell pueden proporcionar acceso a Internet a través de herramientas basadas en caracteres, tales como Lynx, para explorar la World Wide Web. *Véase también* shell.

cuenta de la shell UNIX *s*. (*UNIX shell account*) Una cuenta shell que proporciona acceso basado en línea de comandos a un sistema UNIX. *Véase también* cuenta de la shell.

cuenta de usuario *s*. (*user account*) En un sistema informático multiusuario o un sistema informático seguro, es un método establecido para que una persona pueda tener acceso al sistema y sus recursos. Usualmente creada por el administrador del sistema, una cuenta de usuario está compuesta de información acerca del usuario, como una contraseña y una serie de derechos y permisos. *Véase también* grupo; inicio de sesión; perfil de usuario.

cuenta guest *s*. (*guest account*) Una cuenta utilizada para iniciar una sesión en un sistema o dominio en el que el usuario no dispone de acceso. Generalmente, los recursos y el acceso están severamente limitados. En la tecnología Windows NT, esta cuenta está definida en todos los dominios. *Véase también* dominio.

cuenta Internet *s*. (*Internet account*) Un término genérico para designar un nombre de usuario registrado ante un proveedor de servicios Internet (ISP, Internet Service Provider). Para acceder a una cuenta Internet es necesario disponer de un nombre de usuario y una contraseña. Los proveedores de servicios Internet proporcionan a los propietarios de cuentas Internet servicios tales como acceso telefónico a Internet mediante PPP y funciones de correo electrónico.

cuenta invitado *s*. *Véase* cuenta guest.

cuenta raíz *s*. *Véase* cuenta root.

cuenta root *s*. (*root account*) En los sistemas UNIX, es la cuenta que tiene control sobre la operación de una computadora. El administrador del sistema utiliza esta cuenta para mantenimiento del sistema. *También llamado* superusuario. *Véase también* administrador del sistema.

cuerpo *s*. (*body*) **1**. Un segmento de un paquete de datos que contiene los datos útiles. **2**. En el correo electrónico y los grupos de noticias Internet, es el contenido de un mensaje. El contenido de un mensaje está situado a continuación de la cabecera, que contiene información acerca del emisor, el origen y el destino del mensaje. *Véase también* cabecera. **3**. En HTML, SGML y XML, es una sección de un documento donde se encuentra el contenido del documento junto con los marcadores que describen las características de dicho contenido, como, por ejemplo, su formato.

cuerpo principal *s*. (*main body*) El conjunto de instrucciones de un programa informático en el que comienza la ejecución del programa y que invoca las subrutinas del programa.

CUI *s*. *Véase* interfaz de usuario de tipo carácter.

CUL8R *s*. Una abreviatura jocosa que significa «See you later» (hasta luego) y que puede verse algunas veces en los grupos de discusión Internet como forma de despedida utilizada por un participante que abandona temporalmente el grupo.

culombio *s*. (*coulomb*) Unidad de carga eléctrica equivalente a aproximadamente $6,26 \times 10^{18}$ electrones, siendo una carga negativa un exceso de electrones y una carga positiva una carencia de electrones.

cúmulo de aplicación *s*. (*application heap*) Un bloque de RAM usado por una aplicación para almacenar su código, recursos, registros, datos de documentos y otros tipos de información. *Tambien llamado* montón de aplicación. *Véase también* cúmulo de memoria; RAM.

cúmulo de memoria *s*. (*heap*) Zona de memoria reservada para un programa para ser usada en el almacenamiento temporal de estructuras de datos cuya existencia o tamaño no pueda ser determinado hasta que el programa se ejecute. Para construir y utilizar tales elementos, lenguajes de programación como C y Pascal incluyen funciones y procedimientos para solicitar memoria libre del cúmulo de memoria accediendo a él y liberándolo cuando ya no se necesite. En contraste con la memoria de pila, los bloques del cúmulo de memoria no se liberan en el orden inverso al que fueron asignados, de manera que puede haber bloques libres intercalados con bloques que están en uso. Mientras que el programa continúa en ejecución, es posible tener que mover los bloques de modo que esos pequeños bloques libres puedan fusionarse para formar bloques más grandes que satisfagan las necesidades del programa. *También llamado* montón. *Véase también* recolección de memoria. *Compárese con* pila.

cursiva *s*. (*italic*) Estilo de fuente en el que los caracteres están ligeramente inclinados hacia la derecha. *Esta frase está en cursiva.* La cursiva se utiliza sobre todo para enfatizar, para frases o palabras en un idioma extranjero, para títulos literarios y de otras obras, para términos técnicos y para citas. *Véase también* familia de fuentes. *Compárese con* redonda.

cursor *s*. **1**. Indicador de pantalla especial, como un subrayado o rectángulo parpadeante, que marca el lugar en el que una pulsación de tecla aparecerá cuando se escriba. **2**. En las aplicaciones y sistemas operativos que utilizan un ratón, la flecha u otro icono en pantalla que se desplaza siguiendo los movimientos del ratón. **3**. En referencia a las tabletas de digitalización, es el estilete (puntero o «lápiz»).

cursor de bloque *s*. (*block cursor*) Cursor en pantalla que tiene igual grosor y altura en píxeles que una celda de carácter en modo texto. Un cursor de bloque se utiliza en aplicaciones basadas en texto, especialmente como puntero del ratón cuando haya un ratón instalado en el sistema. *Véase también* celda de carácter; cursor; puntero del ratón.

cursor direccionable *s*. (*addressable cursor*) Un cursor programado de modo que puede moverse a cualquier ubicación de la pantalla por medio del teclado o ratón.

cursor en I *s*. (*I-beam*) Cursor de ratón utilizado por muchas aplicaciones, como los procesadores de texto, cuando se encuentran en el modo de edición de texto. El cursor en I indica las secciones del documento en las que se puede insertar, borrar, cambiar o mover texto. El cursor se llama así por su forma de I. *También llamado* puntero de cursor en I. *Véase también* cursor; ratón.

cursores animados *s*. (*animated cursors*) Una característica de Windows 95 y Windows NT que permite aparecer serie de imágenes, una detrás de otra, en la posición del puntero del ratón en lugar de una sola imagen, produciendo así un corto bucle de animación. La característica de cursores animados está designada por el sufijo .ani.

curva de Bézier *s*. (*Bézier curve*) Curva que se calcula matemáticamente para conectar puntos separados con el fin de crear curvas y superficies suaves y de forma libre, del tipo necesario para los programas de ilustración y los modelos CAD. Las curvas de Bézier sólo necesitan unos pocos puntos para definir un gran número de formas, de ahí su utilidad con respecto a otros métodos matemáticos de aproximación de una forma geométrica dada. *Véase* la ilustración. *Véase también* CAD.

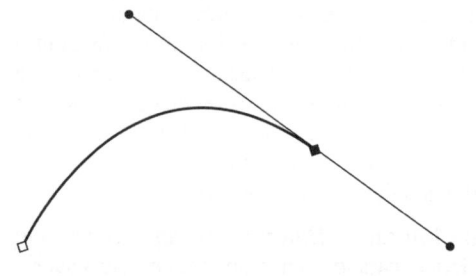

Curva de Bézier.

CUSeeMe *s*. Un programa de videoconferencia desarrollado en la Universidad de Cornell. Fue el primer programa que proporcionó a los usuarios de Windows y de Mac OS la posibilidad de participar en videoconferencias en tiempo real a través de Internet, pero requiere un gran ancho de banda (una velocidad de al menos 128 Kbps) para funcionar adecuadamente.

custodia de claves *s*. (*key escrow*) Método para la recuperación de claves en el que se proporciona una clave de cifrado a un tercero autorizado por un organismo gubernamental con el fin de que un mensaje cifrado pueda ser, en caso necesario, descifrado y leído por el gobierno. *Véase también* cifrado; recuperación de claves.

CV *s*. *Véase* visión por computadora.

CVS *s*. **1**. Acrónimo de Concurrent Versions System (sistema de versiones concurrentes). Un sistema de control de versiones de código abierto y transparente con respecto a la red que permite a múltiples desarrolladores visualizar y editar código simultáneamente. Es bastante popular porque la función cliente/servidor permite operar a través de Internet. CVS mantiene una única copia del código fuente, con un registro que indica quién ha iniciado los cambios y cuándo se llevaron los cambios a cabo. CVS fue desarrollado para el sistema operativo UNIX y es utilizado comúnmente por programadores que trabajan en entornos Linux, Mac OS X y otros entornos basados en UNIX. **2.** *Véase* síndrome de la visión por computadora.

CWIS *s*. *Véase* sistema de información de campus.

cXML *s*. Acrónimo de commerce XML (XML para aplicaciones de comercio electrónico). Un conjunto de definiciones de documento para XML (Extensible Markup Language) desarrollado para su uso en aplicaciones de comercio electrónico interempresas. cXML define estándares para la realización de listados de productos, permite transmitir solicitudes y respuestas electrónicas entre aplicaciones de aprovisionamiento y proveedores y proporciona la posibilidad de realizar transacciones financieras seguras a través de Internet.

Cyberdog *s*. Conjunto de aplicaciones Internet de Apple para la exploración de páginas web y el correo electrónico, que se basa en OpenDoc para facilitar la integración con otras aplicaciones. *Véase también* OpenDoc.

cybrarian *s*. Software utilizado en algunas bibliotecas que permite consultar una base de datos utilizando un motor interactivo de búsqueda.

Cycolor *s*. Proceso de impresión en color que utiliza una película especial con millones de cápsulas rellenas con tintas turquesa, magenta y amarilla. Cuando se exponen a la luz roja, verde o azul, las cápsulas se endurecen y se vuelven irrompibles. La película se presiona entonces contra un papel especialmente tratado y las cápsulas que no se han endurecido en el proceso previo se rompen, soltando sus colores sobre el papel. *Véase también* CMY.

DA s. *Véase* accesorio de escritorio.

DAC s. *Véase* convertidor digital-analógico.

DACL s. *Véase* control de acceso discrecional, lista de.

D-AMPS s. Acrónimo de Digital Advanced Mobile Phone Service (servicio avanzado digital de telefonía móvil). Versión digital del servicio telefónico celular analógico AMPS. D-AMPS, también escrito en ocasiones DAMPS, difiere de AMPS en que es de naturaleza digital y en que triplica el número de canales disponibles utilizando técnicas de acceso múltiple por división del tiempo (TDMA, time division multiple access) para dividir cada uno de los 30 canales AMPS en tres canales diferentes. *Véase también* AMPS; FDMA; TDMA.

DAO s. *Véase* Data Access Objects.

DAP s. (*Directory Access Protocol*) Acrónimo de Directory Access Protocol (protocolo de acceso a directorios). El protocolo que gobierna las comunicaciones entre los clientes y servidores X.500. *Véase también* serie X.

DaratechSUMMIT s. Conferencia dedicada a los últimos desarrollos de ingeniería y tecnológicos dentro del campo de la informática. DaratechSUMMIT se centra en cómo afecta la tecnología de la información a las práctica de negocios y en cómo puede ser útil en la fabricación y en la producción.

DARPA s. (*Defense Advanced Research Projects Agency*) Acrónimo de Defense Advanced Research Projects Agency (Agencia de Proyectos Avanzados de Investigación para la Defensa). La agencia del gobierno de Estados Unidos que proporcionó el soporte original para el desarrollo de las redes interconectadas que posteriormente evolucionaron para formar Internet. *Véase también* ARPANET.

DARPANET s. Red de la Agencia de Proyectos Avanzados de Investigación para la Defensa de Estados Unidos (DARPA). *Véase* ARPANET.

darse de baja vb. (*unsubscribe*) 1. En un programa cliente para lectura de noticias, es la acción de eliminar un grupo de noticias de la lista de grupos a los que el usuario está suscrito. *Véase también* grupo de noticias. 2. Borrarse como receptor de una lista de correo. *Véase también* lista de correo.

Darwin s. Sistema operativo de código abierto de Apple Computer que forma el núcleo de Mac OS X. Darwin es un sistema operativo BSD UNIX independiente del procesador basado en las tecnologías FreeBSD y Mach 3.0. Darwin ofrece conectividad de red avanzada, memoria protegida, mecanismos multitarea con desalojo y soporte para sistemas de archivos Macintosh y UNIX. Darwin puede ejecutarse tanto en computadoras PowerPC Macintosh como en computadoras basadas en procesadores de Intel. *Véase también* Mac OS X.

DAS s. *Véase* estación de doble conexión.

DASD s. Acrónimo de direct access storage device (dispositivo de almacenamiento de acceso directo). Dispositivo de almacenamiento de datos con el que se puede acceder a la información directamente en lugar de recorrer secuencialmente todas las áreas de almacenamiento. Por ejemplo, una unidad de disco es un dispositivo DASD, pero una unidad de cinta no lo es, ya que en una unidad de cinta los datos se almacenan en forma de secuencia lineal. *Véase también* acceso directo. *Compárese con* acceso secuencial.

.dat s. Extensión de archivo genérica para un archivo de datos.

DAT s. *Véase* cinta de audio digital; traducción dinámica de direcciones.

Data Access Objects *s.* Interfaz de acceso a datos que se comunica con Microsoft Jet y con orígenes de datos compatibles con ODBC para conectarse a ellos y extraer, manipular y actualizar datos y estructuras de base de datos. *Acrónimo:* DAO.

data warehouse *s. Véase* almacén de datos.

data warehousing *s. Véase* almacenaje de datos.

datacom *s.* Abreviatura de data communications (comunicaciones de datos). *Véase* comunicaciones.

dataconferencia *s.* (*data conferencing*) Comunicación simultánea de datos entre participantes en una reunión que estén geográficamente separados. Las conferencias de datos implican la utilización de software de pizarra y de otros tipos que permite a todos los participantes acceder a, y modificar, un único conjunto de archivos situado en una cierta ubicación. *Véase también* conferencia informática; pizarra. *Compárese con* videoconferencia.

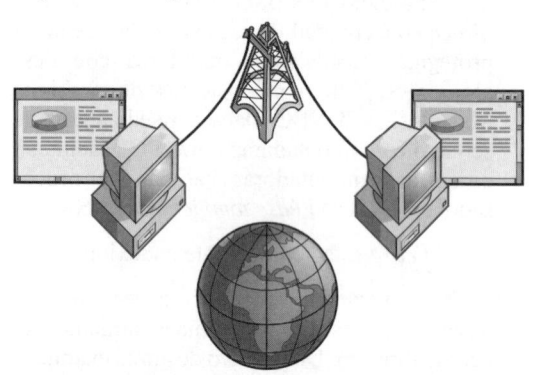

Dataconferencia.

datagrama *s.* (*datagram*) Un paquete o unidad de información junto con su información de entrega correspondiente, como, por ejemplo, la dirección de destino, y que se envía a través de una red de conmutación de paquetes. *Véase también* conmutación de paquetes.

dato *s.* (*datum*) Un único elemento de información. *Véase también* datos.

datos *s.* (*data*) Elementos de información. *Véase también* dato. *Compárese con* información.

datos analógicos *s.* (*analog data*) Datos que están representados por variaciones continuas en alguna propiedad física, como la tensión, la frecuencia o la presión. *Compárese con* transmisión digital de datos.

datos de control *s.* (*control data*) Datos compuestos por información de temporización y conmutación utilizados para sincronizar y encaminar otros datos o para gestionar la operación de un dispositivo, tal como un bus o un puerto.

datos de origen *s.* (*source data*) Los datos originales en los que se basa una aplicación informática.

datos de prueba *s.* (*test data*) Conjunto de valores utilizados para probar el correcto funcionamiento de un programa. Las razones para seleccionar datos de prueba específicos incluyen verificar una salida conocida (salida anticipada) y comprobar las condiciones límite que puedan hacer que el programa falle.

datos de recepción *s.* (*Receive Data*) *Véase* RXD.

datos de recursos *s.* (*resource data*) Las estructuras de datos, plantillas, procedimientos de definición, rutinas de gestión, mapas de iconos, etc., asociados con un recurso concreto, como un menú, ventana o cuadro de diálogo. *Véase también* recurso; subarchivo de recursos.

datos de transmisión *s.* (*Transmit Data*) *Véase* TXD.

datos en bruto *s.* (*raw data*) **1**. Información que ha sido recopilada, pero no evaluada. **2**. Datos sin procesar, normalmente no formateados, como un flujo de bits que no haya sido filtrado para eliminar los comandos o caracteres especiales. *Véase también* modo sin formato. *Compárese con* modo elaborado.

datos heredados *s.* (*legacy data*) Datos adquiridos por una organización y que fueron compilados por otra organización. La organización que los adquiere recibe la información existente como una especie de «herencia» del anterior propietario de la información.

datos persistentes *s.* (***persistent data***) Datos almacenados en una base de datos o en una cinta magnética con el fin de que sean recordados por la computadora entre una sesión y otra.

datos por conmutación de circuitos *s.* (***circuit-switched data***) Opción RDSI que puede activarse en los canales B (portadores) y que permite al usuario de RDSI transmitir datos digitales a través de un canal a 64 Kbps a lo largo de una conexión dedicada punto a punto mientras dure la llamada. *Acrónimo:* CSD. *Véase también* CSV/CSD; canal B; RDSI. *Compárese con* voz por conmutación de circuitos.

datos, cifrado de *s.* (***data encryption***) *Véase* cifrado.

datos, paquete de *s.* (***data packet***) *Véase* paquete.

DAV *s.* (***digital audio/video connector***) Acrónimo de Digital Audio/Video (audio/vídeo digital). Una interfaz en algunas tarjetas de vídeo de gama alta o tarjetas sintonizadoras de televisión que permite la transmisión simultánea de señales de vídeo y audio digitales. *También llamado* conector DAV. *Véase también* interfaz; adaptadora de vídeo.

DB *s. Véase* base de datos.

dB *s. Véase* decibelio.

DBA *s.* Acrónimo de database administrator *Véase* administrador de bases de datos.

.dbf *s.* Extensión de archivo para un archivo de bases de datos dBASE.

DBMS *s.* Acrónimo de database management system. *Véase* sistema de gestión de bases de datos.

DBS *s.* (***direct broadcast satellite***) Acrónimo de Direct Broadcast Satellite (difusión directa vía satélite). Un servicio digital de telecomunicaciones que suministra programas de televisión a través de DSS (Digital Satellite Systems, sistema digital de satélite). La tecnología de radiodifusión directa vía satélite utiliza un satélite en órbita geoestacionaria (GEO) para recibir señales digitalizadas enviadas por los centros terrestres a través de un enlace ascendente; el satélite envía entonces la señal a lo largo de una ancha franja sobre la superficie de la Tierra. Los abonados situados dentro de esa franja utilizan pequeñas antenas parabólicas (de unos 30 centímetros) para llevar la señal hasta un decodificador con el fin de reproducirla. Aunque se utiliza principalmente para radiodifusiones de televisión, la tecnología tiene también el potencial de permitir en el futuro el suministro de contenido multimedia de alta calidad y la realización de comunicaciones digitales. *Véase también* DSS; satélite de órbita geoestacionaria; emisión web.

dbXML *s.* Acrónimo de database XML (XML para bases de datos). Un servidor de bases de datos XML nativo diseñado para gestionar grandes conjuntos de documentos XML. dbXML puede estar embebido en aplicaciones personalizadas o ejecutarse como una base de datos autónoma.

DC *s. Véase* corriente continua.

DCA *s.* **1.** Acrónimo de Document Content Architecture (arquitectura de contenido de documentos). Una guía de formateo utilizada en la arquitectura SNA (Systems Network Architecture) de IBM y que permite el intercambio de documentos de sólo texto entre distintos tipos de computadoras. DCA proporciona dos tipos de formateo de documentos: RFTDCA (Revisable-Form-Text DCA, DCA para texto de formato revisable), que permite la modificación del formato, y FFTDCA (Final-Form-Text DCA, DCA para texto de formato final), que no puede ser modificado. *Véase también* DIA; SNA. **2.** Acrónimo de Directory Client Agent. *Véase* DUA.

DCD *s.* **1.** Acrónimo de Data Carrier Detected (detección de portadora). Una señal en las comunicaciones serie que se envía desde un módem a su computadora para indicar que el módem ha detectado la presencia de portadora. *También llamado* RLSD. *Véase también* RS-232-C, estándar. **2.** Acrónimo de Document Content Description (descripción del contenido de los documentos). Una especificación que gobierna las reglas para definir la estructura y contenido de los documentos XML. La especificación fue creada por IBM y Microsoft en 1998 y propuesta al World Wide Web Consortium para su aprobación. *Véase también* XML.

DCE *s.* **1.** Acrónimo de Data Communications Equipment (equipo de comunicación de datos). Es el término utilizado en las especificaciones RS-232 y X.25 para aquellos dispositivos, como, por ejemplo, los módems, que proporcionan a otro dispositivo (al que se conoce con el nombre de equipo terminal de datos, DTE, Data Terminal Equipment) acceso a una línea de comunicaciones. Un DCE es un dispositivo intermediario que a menudo transforma la entrada procedente de un DTE antes de enviarla hacia el receptor previsto. *Véase también* RS-232-C, estándar; serie X. *Compárese con* DTE. **2.** *Véase* entorno informático distribuido.

DCOM *s.* Acrónimo de Distributed Component Object Model (modelo distribuido de objetos componentes). La versión del modelo de objetos componentes (COM, Component Object Model) de Microsoft que estipula cómo deben comunicarse los componentes a través de redes basadas en Windows. Permite la distribución de diferentes componentes de una misma aplicación entre dos o más computadoras conectadas en red ejecutando una aplicación distribuida a través de la red, de forma tal que la distribución de componentes es transparente para el usuario, y permitiendo mostrar remotamente una aplicación. *También llamado* COM distribuido. *Véase también* COM; componente.

DCS *s.* Acrónimo de Desktop Color Separation (separación informática de colores). Es el principal formato para preparar para impresión el texto y los gráficos de las publicaciones digitales. Las separaciones DCS constan de cinco archivos, uno para cada uno de los colores CMYK y un archivo maestro que incluye la versión en pantalla de la página e información sobre los otro cuatro archivos. *Véase también* OPI.

DCTL *s. Véase* lógica de transistores con acoplo directo.

DDBMS *s. Véase* sistema de gestión de bases de datos distribuidas.

DDC *s.* Acrónimo de Display Data Channel (canal de datos de visualización). Estándar VESA que permite el control por software de los monitores gráficos de computadora. Con DDC, se suministran al subsistema de gráficos las características del monitor, y el subsistema utiliza los datos para configurar la pantalla y proporcionar un canal de comunicación bidireccional entre el monitor y la computadora. *Véase también* VESA.

DDCP *s. Véase* prueba de color digital directa.

DDE *s.* Acrónimo de Dynamic Data Exchange (intercambio dinámico de datos). Un método de comunicación interprocesos incluido en Microsoft Windows y OS/2. DDE permite intercambiar datos y comandos a dos o más programas que estén ejecutándose simultáneamente. En Windows 3.1, DDE fue en buena medida suplantado por OLE, que es una extensión de DDE. En Windows 95 y Windows NT, se utilizan más comúnmente OLE y ActiveX. *Véase también* ActiveX; comunicación interprocesos; OLE.

DDK *s.* Acrónimo de Driver Development Kit (kit de desarrollo de controladores). Conjunto de herramientas utilizadas para crear un software que permita a un sistema operativo trabajar con dispositivos hardware. Con un DDK, un desarrollador de software puede crear controladores para dispositivos de red, de almacenamiento, de impresión, de sonido, de vídeo de entrada o de otros tipos. *Véase también* controlador.

DDL *s. Véase* lenguaje de definición de datos.

DDoS *s.* Acrónimo de Distributed Denial of Service (denegación distribuida de servicio). Una forma de ataque por denegación de servicio (DoS) lanzado desde varias computadoras a la vez y que busca interrumpir el acceso web abrumando a una determinada computadora objetivo con solicitudes de conexión que no puede satisfacer. Un ataque DDoS implica introducirse en una serie de computadoras e implantar en ellas programas que esperen en estado inactivo hasta que se les envíe una señal de ataque. En ese momento, las computadoras comienzan a enviar un flujo continuo de paquetes de datos hacia el sitio web objeto del ataque sobrepasando la capacidad de respuesta del servidor web. Puesto que el ataque procede de muchas computadoras, las funciones de seguridad que podrían, de otro modo, reconocer el ataque y dejar de aceptar paquetes de datos procedentes de un determinado origen son incapaces de cerrar las conexiones con todos los atacantes. *Véase también* DoS; paquete; zombi.

DDS *s*. Acrónimo de Digital Data Service (servicio digital de datos). Una línea de comunicaciones dedicada que proporciona capacidades de transmisión a velocidades de hasta 56 Kbps. Las líneas DDS utilizan un dispositivo conocido como CSU/DSU en lugar de un módem para conectar dos redes. El dispositivo CSU (Channel Service Unit, unidad de servicio de canal) conecta la red a la línea de transmisión y el DSU (Data Service Unit, unidad de servicio de datos) convierte los datos para su transmisión por el CSU y controla el flujo de datos.

de 8 bits, de 16 bits, de 32 bits. de 64 bits (*8-bit/16-bit/32-bit/64-bit*) *adj*. **1**. Capaz de transferir 8, 16, 32 o 64 bits, respectivamente, a través de la ruta de datos de un adaptador de vídeo. Un adaptador de vídeo de *n* bits puede visualizar hasta 2^n colores. Por ejemplo, un adaptador de vídeo de 8 bits puede mostrar hasta 256 colores; un adaptador de 16 bits puede mostrar hasta 65.536 colores; un adaptador de 24 bits puede mostrar unos 16 millones de colores (un adaptador de vídeo de 24 bits tiene una ruta de datos de 32 bits, aunque los 8 bits más altos no se utilizan directamente para generar color). *Véase también* canal alfa. **2**. Capaz de transferir 8, 16, 32 o 64 bits, respectivamente, a través de las líneas de un bus de datos. Por ejemplo, la arquitectura MCA de IBM incluye uno o más buses de datos de 32 bits con líneas de datos adicionales de 16 y 8 bits. *Véase también* máquina de 16 bits; máquina de 32 bits; máquina de 64 bits; máquina de 8 bits.

de arranque *adj*. (*bootable*) Que contiene los archivos de sistema necesarios para arrancar un PC y hacerlo funcionar. *Véase también* arranque.

de menor peso *adj*. (*low-order*) Que tiene atribuida la menor significación o importancia. Normalmente, es el elemento de más a la derecha de un grupo. Por ejemplo, el bit situado más a la derecha en un grupo de bits es el bit de menor peso. *Compárese con* orden superior.

de pantalla completa *adj*. (*full-screen*) Capaz de utilizar, o de ser mostrado en, el área completa de una pantalla. Las aplicaciones que se ejecutan en entornos de gestión de ventanas, aunque podrían utilizar el área completa de la pantalla, normalmente asignan áreas diferentes a ventanas diferentes, cada una de las cuales puede alargarse para llenar la pantalla completa.

de papel blanco *adj*. (*paper-white*) Perteneciente, relativo o referido a un tipo de monitor de computadora monocromo cuyos colores de operación predeterminados son texto negro sobre fondo blanco. Los monitores de papel blanco son populares en los entornos de autoedición y de procesamiento de textos debido a que el monitor se asemeja bastante a una hoja de papel blanca impresa con caracteres negros.

de tiempo real *adj*. (*real-time*) Perteneciente o relativo a un marco temporal impuesto por restricciones externas. Las operaciones en tiempo real son aquellas en las que las actividades de la máquina coinciden con la percepción humana del tiempo o aquellas en las que las operaciones de la computadora se realizan a la misma velocidad que un proceso físico o externo. Las operaciones en tiempo real son características de los sistemas de guiado de aeronaves, sistemas de procesamiento de transacciones, aplicaciones científicas y otras áreas en las que la computadora debe responder a las situaciones a medida que ocurren (por ejemplo, animar un gráfico en un simulador de vuelo o hacer correcciones basándose en las medidas realizadas).

debate moderado *s*. (*moderated discussion*) Comunicación que tiene lugar en una lista de correo, grupo de noticias u otro foro en línea que está editado por un moderador. Cuando un usuario envía un mensaje a un foro de debate moderado, el moderador decide si ese mensaje es relevante para el tema objeto de debate. Si lo es, lo reenviará al grupo de debate. El contenido de estos foros de debate moderados suele considerarse más valioso que el de un foro de debate no moderado, ya que la información ha sido leída y aprobada por un «guardián» que, presumiblemente, ha filtrado todos los mensajes irrelevantes. Algunos moderadores también filtran los mensajes de contenido obsceno o pornográfico o cuyo contenido pudiera resultar ofensivo. *Véase también* lista de correo; moderador; grupo de noticias.

DEC 21064, chip *s.* (***DECchip 21064***) Microprocesador de Digital Equipment Corporation presentado en febrero de 1992. El chip DEC 21064 es un chip de 64 bits basado en RISC, superescalar, super-pipeline con registros de 64 bits, un bus de datos de 64 bits, un bus de direcciones de 64 bits y una ruta de datos de 128 bits entre el microprocesador y la memoria. También incorpora una caché de instrucciones de 8 KB, una caché de datos de 8 KB y un procesador en punto flotante. El chip DEC 21064 contiene 1,7 millones de transistores y opera a 3,3 voltios. La versión de 200-MHz opera a una velocidad máxima de 400 MPS. La arquitectura del chip está diseñada de acuerdo con la tecnología SMP, por lo que pueden emplearse varios chips en una configuración paralela (multiprocesador). *Véase también* procesador de coma flotante; MIPS; procesamiento en cadena; RISC; superpipelining; superescalar.

deca- *pref.* Prefijo métrico que significa 10, es decir, 10^1.

deci- *pref.* Prefijo métrico que significa 10^{-1} (una décima).

decibelio *s.* (***decibel***) Una décima de belio (llamado así en honor a Alexander Graham Bell). Es una unidad utilizada en electrónica y en otros campos para medir la intensidad de un sonido o señal. Las medidas en decibelios están en una escala logarítmica que compara la cantidad medida con una referencia conocida. Para calcular el número de decibelios entre dos valores se utiliza la fórmula siguiente: dB = n log (x/r), donde x es el valor medido, r es el valor de referencia y n es 10 para las medidas de tensión y corriente y 20 para las medidas de potencia. *Abreviatura:* dB.

decimal *s.* El sistema de numeración en base 10. *Véase también* base.

decimal codificado en binario *s.* (***binary-coded decimal***) Sistema para codificar números decimales en forma binaria con el fin de evitar errores de redondeo y conversión. En el sistema de codificación decimal codificado en binario, cada dígito de un número decimal se codifica separadamente como un numeral binario. Cada uno de los dígitos decimales comprendidos entre 0 y 9 se codifica utilizando 4 bits, y para facilitar la lectura, cada grupo de 4 bits se separa mediante un espacio. Este formato también se denomina 8-4-2-1, por los pesos de las cuatro posiciones de bits, y utiliza los siguientes códigos: 0000 = 0; 0001 = 1; 0010 = 2; 0011 = 3; 0100 = 4; 0101 = 5; 0110 = 6; 0111 = 7; 1000 = 8; 1001 = 9. De esta manera, el número decimal 12 es 0001 0010 en notación decimal codificado en binario. *Acrónimo:* BCD. *Véase también* base; binario; número binario; decimal; EBCDIC; decimal empaquetado; redondear.

decimal empaquetado *adj.* (***packed decimal***) Método de codificación de números decimales en forma binaria que maximiza el espacio de almacenamiento utilizando cada byte para representar dos dígitos decimales. Cuando se almacenan números decimales con signo en formato decimal empaquetado, el signo aparece en los cuatro bits más a la derecha del byte más a la derecha (el menos significativo).

decisión lógica *s.* (***logical decision***) Toda decisión que puede tener uno de dos posibles resultados (verdadero/falso, sí/no, etc.). *Compárese con* lógica difusa.

declaración *s.* (***declaration***) Combinación de un identificador y la información relacionada con él. Por ejemplo, realizar una declaración de una constante significa asociar el nombre de la constante con su valor. La declaración se realiza normalmente en el código fuente de un programa; la propia operación de asociación puede tener lugar durante la compilación o en la ejecución. *Véase también* acoplar; constante; declaración de datos; tipo de datos; identificador; instrucción; rutina; declaración de tipo; variable.

declaración de datos *s.* (*data declaration*) Instrucción de un programa que especifica las características de una variable. Los requisitos para las declaraciones de datos varían entre los distintos lenguajes de programación, pero pueden incluir valores como el nombre de la variable, el tipo de datos, el valor inicial y la especificación de tamaño. *Véase también* matriz; tipo de datos; registro; variable.

declaración de tipo *s.* (*type declaration*) Declaración en un programa que especifica las características de un nuevo tipo de datos, normalmente combinando una serie de tipos de datos existentes más primitivos.

declarar *vb.* (*declare*) Especificar el nombre y el tipo de una variable que será utilizada en un programa. En la mayoría de los lenguajes de programación de alto nivel, las variables se declaran al principio de las secciones de código. *Véase también* variable.

declinar *vb.* (*opt-out*) Optar por no recibir ciertos servicios o funciones ofrecidos por una empresa de e-business. Algunas de estas empresas inscriben automáticamente a los usuarios en un rango predeterminado de servicios, pero les permiten declinar la oferta de funciones para aquellos servicios en los que decidan no participar.

DECnet *s.* Un conjunto de componentes hardware y software y una pila de protocolos diseñados por Digital Equipment Corporation para su arquitectura DNA (Digital Network Architecture).

decodificador *s.* **1.** (*decoder*) Dispositivo o rutina de programa que vuelve a convertir los datos codificados a su forma original. Esto puede significar transformar códigos no legibles o cifrados en texto legible o cambiar de un código a otro, aunque a este último tipo de decodificación se le conoce normalmente como conversión. *Compárese con* conversión. **2.** (*decoder*) En electrónica y en hardware, un tipo de circuito que genera una o más señales de salida seleccionadas basándose en la combinación de señales de entrada que recibe. **3.** (*set-top box*) Dispositivo que convierte una señal de televisión por cable en una entrada de señal de un aparato de televisión. Los decodificadores se pueden emplear para acceder a la World Wide Web y son uno de los tipos existentes de terminales domésticos de información. *Véase también* equipo de información.

decodificador de direcciones *s.* (*address decoder*) Un dispositivo electrónico que convierte una dirección numérica en las señales eléctricas necesarias para seleccionar una posición de memoria específica de uno o más chips de memoria RAM.

decodificador de DVD *s.* (*DVD decoder*) Componente de hardware o software que permite a una unidad de disco de vídeo digital (DVD) reproducir películas en la pantalla de una computadora. *Véase también* videodisco digital.

decrementar *vb.* (*decrement*) Disminuir un número en una cierta cantidad. *Compárese con* incrementar.

decremento *s.* (*decrement*) La cantidad en la que se decrementa un número. *Compárese con* incremento.

deCSS *s.* Abreviatura de Decrypt CSS. Una utilidad capaz de romper el sistema de cifrado CSS utilizado en los discos DVD. Descifrando el código CSS, pueden utilizarse las películas DVD y otros materiales sujetos a copyright con cualquier dispositivo reproductor DVD sin tener en cuenta los códigos de licencia o de región. El origen de deCSS puede atribuirse a una serie de personas interesadas en desarrollar un reproductor DVD para el sistema operativo Linux. El término deCSS se utiliza a veces para designar, genéricamente, a cualquier programa software capaz de saltarse las medidas de seguridad de la tecnología CSS. *Véase también* CSS; código de región.

dedal *s.* (*thimble*) Elemento tipográfico, similar a una rueda de margarita, que contiene un juego completo de caracteres en el que cada uno de los caracteres se encuentra en una barra de tipos diferente. Al igual que con una rueda de margarita, los radios o barras de tipos salen de un concentrador central. Sin embargo, en un dedal de impresión, cada barra se curva 90 grados en su punto medio, por lo que las barras de tipos apuntan directamente hacia arriba con el tipo mirando hacia fuera del concentrador. *Véase también* impresora de dedal. *Compárese con* margarita; impresora de margarita.

dedicado *adj.* (*dedicated*) Perteneciente, relativo o referido a un dispositivo, programa o procedimiento que realiza una sola tarea o función.

definición de contornos *s.* (*contouring*) En gráficos por computadora, como los modelos CAD, representación de la superficie de un objeto (de sus protuberancias y ranuras). Véase la ilustración.

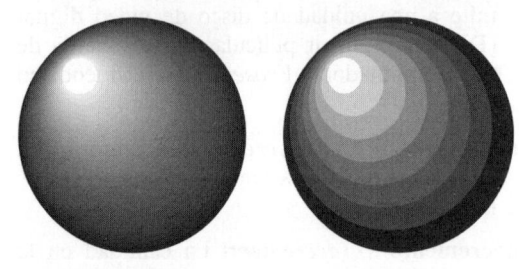

Definición de contornos.

deformación *s.* (*deformation*) En aplicaciones multimedia y de diseño asistido por computadora, el proceso de alterar un modelo por medio de ciertas herramientas, como, por ejemplo, estirar, romper, doblar o torcer. *Véase también* CAD; multimedia.

defraguear *vb.* (*defrag*) Término del argot utilizado en lugar de desfragmentar. Significa reordenar los datos en una unidad de disco para que cada archivo se almacene en sectores contiguos con el fin de que los cabezales de la unidad no tengan que andar moviéndose entre una serie de ubicaciones dispersas del disco para poder leer o escribir partes de un archivo concreto. *Véase también* desfragmentación.

degradación *s.* (*degradation*) **1.** En comunicaciones, el deterioro de la calidad de la señal, como cuando se produce una interferencia de línea. **2.** En sistemas informáticos, una reducción en el nivel de rendimiento o servicio. La degradación en el rendimiento de una microcomputadora se detecta por tiempos de respuesta lentos o pausas frecuentes en las operaciones de acceso a disco debido a que la memoria resulta insuficiente para albergar un programa completo además de los datos que el programa esté utilizando.

DEK *s.* Acrónimo de Data Encryption Key. *Véase* cifrado de datos, clave de.

delimitador *s.* **1.** (*delimiter*) Carácter especial que aleja, o separa, elementos individuales de un programa o conjunto de datos. Entre los caracteres especiales habitualmente utilizados se incluyen a menudo comas, comillas, tabulaciones y marcas de párrafo. *Véase también* delimitar; campo; registro. **2.** (*anchor*) *Véase también* ancla.

delimitar *vb.* (*delimit*) Establecer los límites de alguna entidad, generalmente utilizando un símbolo especial llamado delimitador. Los lenguajes de programación suelen delimitar diversos elementos de longitud variable, como los comentarios, cadenas de caracteres y bloques de programa. *Véase también* delimitador.

delito informático *s.* (*computer crime*) El uso ilegal de una computadora por una persona no autorizada bien por diversión (como es el caso de los hackers) o para obtener un beneficio (como sería el caso de un ladrón). *Véase también* hacker.

demo *s.* Abreviatura de demostración. Una versión parcial o limitada de un paquete software que se distribuye de manera gratuita con el propósito de promocionar el producto. Las demos consisten a menudo en presentaciones animadas que describen o ilustran las características del programa. *Véase también* versión recortada.

demodulación *s.* (*demodulation*) En comunicaciones, es el método por el que un módem extrae los datos a partir de las frecuencias de portadora moduladas (ondas que han sido modificadas de tal manera que las variaciones en la amplitud y en la frecuencia representan información significativa) transmitidas a través de una línea telefónica. Los datos son convertidos al formato digital que necesita la computadora a la que el módem está conectado con la mínima distorsión posible. *Compárese con* modulación.

demonio *s.* (*daemon*) Un programa asociado con los sistemas UNIX que realiza una función de utilidad para mantenimiento o administración sin ser invocado por el usuario. Los demonios se ejecutan en segundo plano y se activan sólo cuando es necesario, por ejemplo, para corregir un error del que otro programa no se pueda recuperar.

demonio de correo *s.* (*mailer-daemon*) Un programa utilizado para transportar correo electrónico entre máquinas host de una red. *Véase también* demonio.

demonio marcador *s.* (*demon dialer*) *Véase* marcador robot.

denegación de servicio, ataque de *s.* (*denial of service attack*) *Véase* DoS.

denizen *s.* Término que se utiliza en inglés para hacer referencia a un participante en un grupo de noticias Usenet.

densidad de bits *s.* (*bit density*) Medida de la cantidad de información por unidad de distancia lineal o área de superficie en un soporte físico de almacenamiento o por unidad de tiempo en una cadena de transmisión.

densidad de caracteres *s.* (*character density*) En impresión o visualización en pantalla, es una medida del número de caracteres por unidad de área o por unidad de distancia lineal. *Véase también* separación.

densidad de empaquetado *s.* (*packing density*) El número de unidades de almacenamiento por unidad de longitud o de área de un dispositivo de almacenamiento. Los bits por pulgada son una de las medidas de la densidad de empaquetado.

densidad de palabras clave *s.* (*keyword density*) Una medida de las palabras clave en una página web expresada como porcentaje sobre el texto total. Una densidad de palabras clave alta puede incrementar la probabilidad de que un sitio web sea encontrado por los motores de búsqueda, alguno de los cuales utilizan la densidad de palabras clave para ordenar las páginas web según su relevancia con respecto a una búsqueda realizada a través de Internet. *Véase también* palabra clave.

Departamento de Informática *s.* (*Information Services*) Nombre formal del departamento de proceso de datos de una empresa. *También llamado* Procesamiento de Datos, Procesamiento de la Información, Sistemas de Información, Tecnología de la Información.

dependencia *s.* (*dependence*) El estado en el que una entidad necesita un cierto hardware o software específicos o unos ciertos sucesos específicos para su propia definición de funcionalidad. *Véase también* dependiente del contexto; variable dependiente; dependencia del dispositivo; dependiente del hardware; dependiente del software.

dependencia de datos *s.* (*date dependency*) En relación al problema del año 2000, la necesidad que muchos programas tienen de datos de entrada y salida relacionados con la fecha y la manera en la que la fecha se representa en dichos datos. Esta dependencia determinaba si el programa iba a poder ejecutarse correctamente cuando se produjera el cambio de siglo.

dependencia del dispositivo *s.* (*device dependence*) El requisito de que un dispositivo concreto está presente o disponible para poder utilizar un programa, interfaz o protocolo. La dependencia de un programa con respecto a un dispositivo suele considerarse poco deseable, porque el programa estará limitado a un único sistema o requerirá ajustes para poder funcionar sobre otros tipos de sistema. *Compárese con* independencia del dispositivo.

dependiente de la computadora *adj.* (*computer-dependent*) *Véase* dependiente del hardware.

dependiente de la máquina *adj.* (*machine-dependent*) Perteneciente, relativo o referido a un programa o elemento hardware que está vinculado a un tipo particular de computadora debido a que utiliza características específicas o exclusivas del equipo y que no puede utilizarse fácilmente, o no puede utilizarse en absoluto, con otra computadora. *Compárese con* independiente de la máquina.

dependiente del contexto *adj.* (*context-dependent*) Perteneciente, relativo a o característico de un proceso o un conjunto de caracteres cuyo significado depende del entorno.

dependiente del hardware *adj.* (*hardware-dependent*) Perteneciente o relativo a programas, lenguajes o componentes y dispositivos informáticos que dependen de una determinada configuración o sistema informático. El lenguaje ensamblador, por ejemplo, es dependiente del hardware, ya que se crea para un modelo o marca de microprocesador concreto y sólo funciona para esa marca o modelo.

dependiente del software *adj.* (*software-dependent*) Perteneciente, relativo o referido a una computadora o dispositivo vinculado a un programa o conjunto de programas determinados desarrollados para dicho dispositivo o computadora.

depositar *vb.* (*poke*) Almacenar un byte en una posición de memoria absoluta. Los comandos de lectura y escritura de un byte de memoria pueden encontrarse a menudo en muchos lenguajes de programación, como Basic (comando POKE), que normalmente no permiten acceder a ubicaciones de memoria específicas.

depuración de memoria *s.* (*memory scrubbing*) **1**. En computadoras mainframe, el proceso en el que una computadora lee su propia memoria en los tiempos muertos para detectar y corregir errores. **2**. El proceso de examinar y corregir los errores a medida que se transfieren los datos de la memoria a la UCP de una computadora.

depurador *s.* (*debugger*) Programa diseñado para ayudar en la depuración de otro programa permitiendo al programador ir paso a paso a través del programa, examinar los datos y monitorizar condiciones como los valores de las variables. *Véase también* bug; depurar.

depurar *vb.* (*debug*) Detectar, localizar y corregir errores lógicos o sintácticos en un programa o errores de funcionamiento en el hardware. En un contexto hardware, se suele utilizar más a menudo el término diagnosticar, especialmente cuando se trata de un problema de gran envergadura. *Véase también* bug; depurador.

derechos de acceso *s.* (*access rights*) *Véase* privilegios de acceso.

derechos digitales, gestión de *s.* (*Digital Rights Management*) *Véase* DRM.

derechos públicos *s.* (*public rights*) En el contexto de Internet, es el grado en el que se permite al público en general utilizar (e insertar) información en Internet de acuerdo con las leyes de protección de la propiedad intelectual. *Véase también* buen uso; dominio público; software de dominio público.

deriva *s.* (*drift*) El movimiento de los portadores de carga en un semiconductor provocado por la aplicación de una tensión. El término también se utiliza para referirse a cualquier cambio lento y no deseado en un parámetro; por ejemplo, el valor de una resistencia puede cambiar, o derivar, ligeramente a medida que la resistencia se enfría o se calienta.

deriva del tema *s.* (*topic drift*) La tendencia en los debates en línea a apartarse del tema original pasando a otros temas relacionados o no relacionados con el anterior. Por ejemplo, alguien puede preguntar en un grupo de noticias dedicado a la televisión acerca de un programa de entretenimiento; entonces, otra persona puede decir algo sobre una historia que vio en ese programa acerca de envenenadores de comidas, lo que hace que una tercera persona comience una discusión general sobre las ventajas de los cultivos ecológicos.

DES *s.* Acrónimo de Data Encryption Standard (estándar de cifrado de datos). Especificación de un sistema de cifrado de datos informáticos desarrollado por IBM y adoptado por el gobierno de Estados Unidos como estándar en 1976. DES utiliza una clave de 56 bits. *Véase también* cifrado; clave.

desacoplar *vb.* (*undock*) **1**. Desconectar una computadora portátil de una estación de acoplamiento. *Véase también* estación de acoplamiento; portátil. **2**. Desplazar una barra de herramientas del borde de la ventana hasta transformar la barra de herramientas en una ventana flotante. *Véase también* barra de herramientas.

desactivar *vb*. (***unset***) Hacer que el valor de una posición de bit sea igual a 0. *Compárese con* activar.

desapilar *vb*. (***pop***) Sacar el elemento superior (el más recientemente añadido) de una pila eliminando durante el proceso dicho elemento de la pila. *Compárese con* apilar.

desarrollador *s*. (***developer***) **1**. Alguien que diseña y desarrolla software. **2**. *Véase* programador.

desarrollador de aplicaciones *s*. (***application developer***) Un individuo que diseña y analiza la apariencia y operación de un programa de aplicación.

desarrollo cruzado *s*. (***cross development***) La utilización de un sistema para desarrollar programas para otro tipo de sistema distinto, a menudo porque las herramientas de desarrollo software del sistema de desarrollo son mejores que las del sistema de destino.

desarrollo de sistemas *s*. (***system development***) El proceso de definir, diseñar, probar e implementar un nuevo sistema.

desarrollo web *s*. (***Web development***) El diseño y codificación de páginas para la World Wide Web.

desasignar *vb*. (***deallocate***) Liberar memoria previamente asignada. *Véase también* puntero. *Compárese con* asignar.

desasociar *vb*. (***disassociate***) En Windows 95 y Windows NT, eliminar una asociación entre un archivo y otra aplicación. *Compárese con* asociar.

desbastar *s*. (***dejagging***) Suavizar la apariencia «escalonada» de las líneas diagonales y curvas en las imágenes gráficas. *Compárese con* aliasing.

desbordamiento *s*. **1**. (***overflow***) La parte de un elemento de datos que no puede ser almacenada porque los datos exceden la capacidad de la estructura de datos disponible. **2**. (***overflow***) En términos generales, condición que se produce cuando los datos resultantes de determinada entrada o el procesamiento necesita más bits de los que proporciona el hardware o el software para almacenar los datos. Algunos ejemplos de desbordamiento pueden ser una operación en coma flotante cuyo resultado es demasiado grande para el número de bits permitido por el exponente, una cadena que excede los límites de la matriz asignada para ello o una operación de enteros cuyo resultado contiene demasiados bits para el registro en el que va a ser almacenado. *Véase también* error de desbordamiento. *Compárese con* subdesbordamiento. **3**. (***overrun***) En la transferencia de información, un error que se produce cuando un dispositivo que está recibiendo datos no puede procesar o hacer uso de la información a la velocidad a la que ésta se está recibiendo. *Véase también* limitado por la entrada/salida.

desbordamiento de datos, error de *s*. (***data-overrun error***) Un error que tiene lugar cuando se adquieren más datos de los que pueden ser procesados. *Véase también* bps.

desbordamiento de división *s*. (***divide overflow***) *Véase* error de desbordamiento.

desbordamiento del contador de datos *s*. (***date counter overflow***) Problema que puede ocurrir en sistemas o programas cuando el valor de una variable de fecha excede los valores permitidos. Un desbordamiento del contador de datos puede ocurrir cuando una fecha que se incrementa genera un número que el sistema interpreta como cero o como un número negativo. Es muy probable que esto provoque que el sistema o el programa envíe un mensaje de error para intentar volver al punto de inicio original. Aunque esto fue considerado durante mucho tiempo un problema del año 2000, este error no está necesariamente ligado al año 2000.

descarga electrostática *s*. (***electrostatic discharge***) La descarga de electricidad electrostática desde una fuente externa, como las manos de una persona, sobre un circuito integrado, lo que a menudo provoca daños en el circuito. *Acrónimo:* ESD.

descargar *vb.* **1.** (*download*) En comunicaciones, transferir una copia de un archivo desde una computadora remota hasta la computadora solicitante por medio de un módem o una red. **2.** (*download*) Enviar un bloque de datos, como, por ejemplo, un archivo PostScript, a un dispositivo dependiente, como una impresora PostScript. *Compárese con* cargar. **3.** (*offload*) Asumir parte de la carga de procesamiento de otro dispositivo. Por ejemplo, algunas pasarelas conectadas a una LAN pueden asumir el procesamiento TCP/IP de la máquina host, liberando así una capacidad de procesamiento significativa en el procesador. *Véase también* unidad central de proceso; pasarela; host; TCP/IP. **4.** (*unload*) Extraer un medio de almacenamiento, como una cinta magnética o un disco, de su unidad. **5.** (*unload*) Eliminar software de la memoria del sistema. *Véase también* memoria.

descartar *vb.* (*scratch*) Borrar o eliminar datos.

descarte *s.* (*fallout*) Todo fallo de un componente que se produce mientras un equipo se somete a las pruebas iniciales de resistencia, especialmente cuando la prueba se realiza en la fábrica. *Véase también* quemar.

descendiente *s.* (*descendant*) **1.** En informática, un proceso (en general, un programa o tarea) invocado por otro proceso y que hereda parte de las propiedades del originador, como, por ejemplo, los archivos abiertos. *Véase también* hijo; herencia. *Compárese con* cliente. **2.** En programación orientada a objetos, una clase (grupo) que constituye una forma especializada de otra clase de nivel más alto. *Véase también* clase; programación orientada a objetos.

descerebrado *adj.* (*braindamaged*) Algo que se comporta de forma errática o destructiva. Una aplicación o programa de utilidad descerebrado se caracteriza por uno o más de los siguientes síntomas: una interfaz de usuario poco intuitiva y misteriosa, una respuesta no predecible a los comandos, no liberar la memoria no utilizada, no cerrar los archivos abiertos y utilizar elementos «reservados» del sistema operativo que pueden dar como resultado un error fatal en un programa o en el propio sistema operativo. Los programas descerebrados son también a menudo responsables de causar problemas en las redes de área local. *Compárese con* chapuza.

descifrado *s.* (*decryption*) El proceso de restaurar los datos cifrados a su forma original. *Véase también* cifrado de datos, clave de. *Compárese con* cifrado.

descompilador *s.* (*decompiler*) Programa que intenta generar código fuente de alto nivel a partir de código en lenguaje ensamblador o código máquina. Ésta puede ser una tarea complicada, ya que algunos códigos de lenguaje ensamblador no tienen correspondencia con un código fuente de alto nivel. *Véase también* desensamblador. *Compárese con* compilador.

descomponer en bloques *vb.* (*block*) Distribuir un archivo entre bloques de tamaño fijo en un soporte de almacenamiento.

descomposición binaria *s.* (*binary chop*) *Véase* búsqueda binaria.

descomposición en subredes *s.* (*subnetting*) La división de una red en subredes para mejorar las prestaciones y la seguridad de la red. *Véase también* subred. *Compárese con* consolidación de redes.

descomprimir *vb.* **1.** (*decompress*) *Véase* descomprimir. **2.** (*uncompress*) Restaurar el contenido de un archivo comprimido a su forma original. *Compárese con* comprimir. **3.** (*unzip*) Descomprimir un archivo que haya sido comprimido mediante un programa tal como compress, gzip o PKZIP.

desconectar *vb.* (*disconnect*) Romper un enlace de comunicaciones.

desconectarse (*jack out*) *vb.* **1.** Interrumpir el acceso a una red o un sistema BBS en línea. *Véase también* conectarse; sesión, iniciar una. **2.** Cerrar la sesión en una computadora.

descriptor *s.* **1.** En extracción de información, una palabra, similar a una entrada de índice de un libro, que identifica un tema o elemento significativo en un documento o grupo de documentos almacenados. Se utiliza como clave para acelerar la búsqueda y extracción de información. *Véase también* palabra clave. **2.** En programación, un conjunto de información almacenada que se utiliza para describir alguna otra cosa, normalmente en términos de su estructura, de su contenido o de algún otro tipo de propiedad. *Compárese con* identificador. **3.** Un identificador alfanumérico unívoco de hasta 10 caracteres asignado por InterNIC a los nombres de dominio, contactos y registros de red en su base de datos de nombres de dominio. El descriptor NIC se utiliza como forma abreviada de localizar registros y garantizar la precisión de la base de datos. *También llamado* descriptor NIC. **4.** En la comunicación en línea, como en los salones de charla y tablones de anuncios electrónicos, es el nombre que una persona utiliza para identificarse. El descriptor es comparable a un alias o apodo y es similar a los utilizados en las radios de banda ciudadana. **5.** Cualquier código simbólico que un programa puede utilizar para identificar y acceder a un objeto, como, por ejemplo, a un dispositivo, a un archivo, a una ventana o a un cuadro de diálogo. **6.** Un puntero a un puntero; es decir, una variable que contiene la dirección de otra variable, que a su vez contiene la dirección del objeto deseado. En ciertos sistemas operativos, el descriptor apunta a un puntero almacenado en una posición fija de memoria, mientras que el puntero apunta a un bloque móvil. Si los programas comienzan a partir del descriptor cuando acceden al bloque, el sistema operativo puede realizar tareas de gestión de memoria como la recolección de basura sin afectar a los programas. *Véase también* puntero.

descriptor DCD *s.* (***Document Content Description***) *Véase* DCD.

descriptor de archivo *s.* (***file handle***) En MS-DOS, OS/2 y Windows, un identificador (número) que utiliza el sistema para identificar o referirse a un archivo abierto o, algunas veces, a un dispositivo.

descriptor de implantación *s.* (***deployment descriptor***) En la plataforma de red Java J2EE, un descriptor de implantación es un archivo XML que se proporciona para cada módulo o aplicación y que describe cómo debería implantarse. El descriptor de implantación instruye a una herramienta de implantación para que implante un módulo o aplicación con una serie de opciones específicas de contenedor. También describe los requerimientos de configuración específicos que debe resolver un administrador cuando instale los módulos y las aplicaciones J2EE en un entorno operativo. *Véase también* contenedor; J2EE; módulo; XML.

deseleccionar *vb.* (***deselect***) Invertir la acción de seleccionar una opción, un rango de texto, una colección de objetos gráficos, etc. *Compárese con* seleccionar.

desempaquetar *vb.* **1.** (***unbundle***) Separar los elementos que componen un paquete comercial; por ejemplo, para vender los componentes de un paquete software por separado en lugar de como un paquete completo. *Compárese con* empaquetar. **2.** (***unpack***) Restaurar datos empaquetados a su formato original. *Compárese con* empaquetar.

desencadenador *s. Véase* disparador.

desencadenar *s. Véase* disparar.

desensamblador *s.* (***disassembler***) Programa que convierte código máquina en código fuente de lenguaje ensamblador. La mayoría de los depuradores incorporan algún tipo de desensamblador integrado que permite al programador ver un programa ejecutable como si fuera lenguaje ensamblador legible para el hombre. *Véase también* descompilador. *Compárese con* ensamblador.

desentrelazar *s.* (***deinterlace***) Combinar dos campos entrelazados en un único fotograma que no está entrelazado. El desentrelazado se realiza para eliminar los artefactos visuales y mejorar la calidad del vídeo codificado.

deserializar *vb.* (***deserialize***) Cambiar de forma serie (bit a bit) a forma paralela (byte a byte); convertir un flujo (serie) de bits en una serie de flujos paralelos que representen la misma información. *Compárese con* serializar.

desfile de iconos *s.* (***icon parade***) La secuencia de iconos que aparece durante el arranque de una computadora Macintosh.

desfragmentación *s.* (*defragmentation*) El proceso de reescribir partes de un archivo en sectores contiguos de un disco duro con el fin de incrementar la velocidad de acceso y de extracción. Cuando los archivos se actualizan, la computadora tiende a guardar estas actualizaciones en el espacio contiguo mayor que exista en el disco duro, que a menudo se encuentra en un sector distinto que las otras partes del archivo. Cuando los archivos se «fragmentan» de esta manera, la computadora deberá recorrer todo el disco duro cada vez que se acceda al archivo con el fin de recopilar las distintas partes del archivo lo que hace que aumente el tiempo de respuesta, ralentizando así la computadora. *Véase también* optimización. *Compárese con* fragmentación.

desfragmentador *s.* (*defragger*) Utilidad de software que permite reunir partes de un archivo que se ha fragmentado como consecuencia de sobrescrituras y actualizaciones. Un desfragmentador almacena físicamente el archivo en sectores contiguos de un disco duro para acelerar el acceso tanto como un 75 por 100. *Véase también* desfragmentación; fragmentación; optimizador.

desgajable *adj.* (*tear-off*) Se dice de algo que puede arrastrarse desde su posición original en una interfaz gráfica de usuario y situarse donde el usuario decida. Por ejemplo, muchas aplicaciones gráficas disponen de menús desgajables con paletas de herramientas que pueden arrastrarse a otros lugares distintos de la barra de menú.

desgajador *s. Véase* ripeador.

desgajamiento *s.* (*tearing*) Artefacto visual producido cuando la frecuencia de refresco de la pantalla está fuera de sincronía con la frecuencia de imagen de la aplicación. La porción superior de un cuadro se muestra al mismo tiempo que la porción inferior de otro con un corte claro entre las dos imágenes parciales.

desgajar *vb. Véase* ripear.

deshacer *vb.* (*undo*) Invertir la última acción; por ejemplo, deshacer un borrado, restaurando así el texto borrado en un documento. Muchos programas de aplicación permiten al usuario deshacer y rehacer sus acciones. *Véase también* recuperar.

desinstalar *vb.* **1.** (*deinstall*) *Véase* desinstalar. **2.** (*uninstall*) Eliminar software completamente del sistema, incluyendo la eliminación de los archivos y componentes que residan en ubicaciones del sistema tales como el Registro de Windows 9x, Windows NT o Windows 2000. Algunas aplicaciones tienen utilidades de desinstalación integradas y en otros casos puede utilizarse un programa de desinstalación independiente.

desintercalar *vb.* (*decollate*) Separar las copias en una impresión de papel continuo.

desmagnetizador *s.* (*degausser*) Dispositivo utilizado para eliminar la magnetización de un monitor de vídeo o de un cabezal de grabador de cintas y borrar la información de los medios de almacenamiento magnéticos, tales como cintas y discos.

desmontar *vb.* (*unmount*) Colocar un disco o una cinta magnética en un estado tal que no puedan emplearse para el uso activo. *Compárese con* montar.

despachador *s.* (*dispatcher*) En algunos sistemas operativos multitarea, es el conjunto de rutinas responsable de asignar el tiempo de UCP (unidad central de proceso) a las diversas aplicaciones.

despiece *s.* (*exploded view*) Tipo de representación que muestra una estructura con sus partes separadas, aunque indicándose la relación existente entre ellas. Véase la ilustración de la página siguiente.

desplazamiento *s.* **1.** (*bias*) Desviación uniforme o sistemática con respecto a un punto de referencia. **2.** (*offset*) En los métodos de direccionamiento relativos, es un número que especifica la distancia a la que se encuentra un elemento determinado con respecto a un punto inicial. *Véase también* dirección relativa.

desplazamiento circular *s.* (*end-around shift*) Una operación realizada sobre un valor binario mediante la que se extrae un bit por un extremo y se introduce por el otro. Por ejemplo, un desplazamiento circular a la derecha del valor

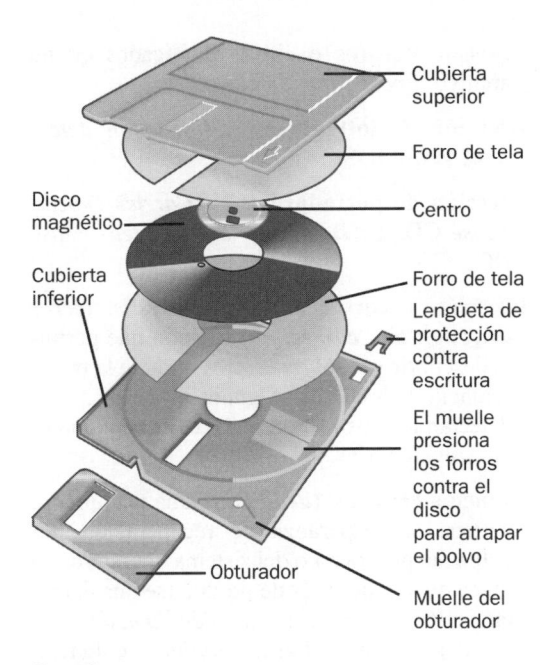

Despiece.

00101001 produce 10010100. *Véase también* desplazar.

desplazamiento en bloque *s.* (*block move*) Movimiento de una serie de elementos de datos a una localización diferente como una sola unidad, como, por ejemplo, al reorganizar documentos con un procesador de textos o al mover el contenido de un rango de celdas en una hoja de cálculo. La mayoría de las UCP disponen de instrucciones especiales para realizar de manera sencilla desplazamientos de bloques.

desplazamiento horizontal *s.* (*horizontal scrolling*) Característica de programas como los procesadores de textos y las hojas de cálculo que permite al usuario visualizar la información más allá de los límites horizontales de la pantalla (o ventana, en una interfaz gráfica de usuario).

desplazamiento temporal *s.* (*time shifting*) Método para tratar de resolver los problemas informáticos derivados del año 2000. Este método implicaba la modificación de las fechas en los datos con los que un programa trabaja (encapsulación de programas) o la modificación de la lógica de entrada/salida del programa (encapsulación de datos). En ambos casos, la fecha se desplaza hacia atrás en el tiempo para procesar la entrada y hacia delante en el tiempo hasta la fecha correcta para generar la salida. *Véase también* encapsulación.

desplazamiento vertical *s.* (*vertical scrolling*) Movimiento de arriba a abajo en un documento visualizado. *Véase también* barra de desplazamiento.

desplazar *vb.* **1.** (*scroll*) Mover un documento u otro conjunto de datos en una ventana con el fin de ver una parte concreta del documento. El desplazamiento puede controlarse mediante el ratón, las flechas de cursor u otras teclas del teclado. *Véase también* barra de desplazamiento. **2.** (*shift*) En programación, mover los valores de los bits una posición hacia la izquierda o hacia la derecha en un registro o en una ubicación de memoria. *Véase también* desplazamiento circular. *Compárese con* rotar.

desreferenciar *vb.* (*dereference*) En programación, acceder a la información almacenada en la dirección a la que señala un puntero. La sintaxis para desreferenciar varía entre los distintos lenguajes informáticos. *Véase también* realizar una doble desreferencia; descriptor; puntero.

destino *s.* **1.** (*destination*) La ubicación (unidad, carpeta o directorio) en la que se copia un archivo o a la que se desplaza un archivo. *Compárese con* fuente. **2.** (*target*) En sentido amplio, el objetivo de una operación o comando informático. Ejemplos de esto serían una computadora que vaya a ejecutar un programa traducido para su uso, un lenguaje «extranjero» (es decir, para otra computadora) al que se vaya a traducir un programa o un grupo de gente para el que se esté diseñando un tipo de producto. En MS-DOS, el destino es normalmente un disco al que se hace referencia en los mensajes de una operación de copia (por ejemplo, «insertar el disquete de destino»). En relación a las conexiones SCSI (Small Computer System Interface), el destino es el dispositivo que recibe las órdenes. *Véase también* SCSI; computadora de destino; disco de destino; lenguaje de destino.

destino nominado *s.* (***named target***) *Véase* ancla nominada.

desviación *s.* (***bias***) **1**. En comunicaciones, un tipo de distorsión en la longitud de los bits transmitidos provocada por un retardo que se produce cuando aumenta o disminuye la tensión cada vez que la señal cambia de 0 a 1, o viceversa. **2**. En matemáticas, una indicación del grado en que la media de un grupo de valores se desvía de un valor de referencia.

desviación estándar *s.* (***standard deviation***) En estadística, es una indicación de la dispersión de un grupo de medidas con relación al promedio (la media) de ese grupo. Cada una de las diferencias con respecto a la media se eleva al cuadrado, y la desviación estándar se define como la raíz cuadrada de la media de estas diferencias elevadas al cuadrado.

detección *s.* (***detection***) Descubrimiento de cierta condición que afecta al sistema informático o a los datos con los que trabaja.

detección de colisiones *s.* (***collision detection***) **1**. El proceso mediante el que un juego o programa de simulación determina si dos objetos de la pantalla se están tocando. Se trata de un procedimiento bastante lento y a menudo complicado; algunas computadoras que están optimizadas para gráficos y juegos, como, por ejemplo, Amiga, tienen un hardware especial incorporado específicamente para detectar colisiones. **2**. El proceso mediante el que un nodo de una red de área local monitoriza la línea de comunicaciones para determinar cuándo ha tenido lugar una colisión, es decir, cuándo dos nodos han intentado transmitir al mismo tiempo. Aunque las estaciones de red suelen evitar las colisiones monitorizando la línea y esperando a que esté libre antes de transmitir, este método evita todas las posibles situaciones de colisión. En caso de que se produzca una colisión, los dos nodos implicados suelen esperar un intervalo aleatorio de tiempo antes de intentar retransmitir. *Véase también* contienda; CSMA/CD.

detección de duplicados *s.* (***duplication check***) Comprobación realizada para determinar si existen registros o claves duplicados en un archivo. *Véase también* clave.

detección de intrusiones *s.* (***intrusion detection***) *Véase* IDS.

detección de portadora *s.* **1**. (***Carrier Detect***) *Véase* CD. **2**. (***Data Carrier Detected***) *Véase* DCD.

detección y corrección de errores *s.* (***error detection and correction***) Método que permite descubrir y resolver errores durante la transferencia de archivos. Algunos programas sólo detectan los errores; otros los detectan e intentan solucionarlos.

detención crítica *s.* (***dead halt***) Una máquina se detiene sin esperanza de recuperación por culpa del programa o del sistema operativo. La única opción después de producirse una detención crítica es reiniciar. *También llamado* parada del sistema. *Véase también* colgarse. *Compárese con* rearrancar.

detener *vb.* (***break***) Interrumpir la ejecución en un punto determinado, usualmente con propósitos de depuración. *Véase también* punto de interrupción.

determinante *s.* (***determinant***) En la teoría de diseño de bases de datos, cualquier atributo o combinación de atributos en el que cualquier otro atributo o combinación de atributos es funcionalmente dependiente.

determinismo *s.* (***determinism***) En informática, la capacidad de predecir un resultado o de saber de antemano cómo un sistema de procesamiento va a manipular los datos. Una estimulación determinística, por ejemplo, es aquella en la que una entrada determinada siempre produce la misma salida.

devolución de llamada *s.* (***callback***) Una característica de seguridad utilizada para autenticar a los usuarios que acceden telefónicamente a la red. Con el mecanismo de devolución de llamada, la red valida el nombre de usuario y contraseña del llamante, cuelga y luego devuelve la llamada, normalmente a un número preautorizado. Esta medida de seguridad previene, normalmente, el acceso no autorizado a una cuenta, incluso aunque hayan sido robados el identificador de inicio de sesión y la contraseña de una persona. *Véase también* autenticación; módem con devolución de llamada; servidor de acceso remoto.

DFP *s. Véase* puerto de panel plano digital.

DFS *s. Véase* sistema de archivos distribuido.

DGIS *s.* Acrónimo de Direct Graphics Interface Specification (especificación de interfaz gráfica directa). Interfaz desarrollada por Graphics Software Systems. DGIS es un firmware (normalmente, implementado en la ROM de un adaptador de vídeo) que permite a un programa mostrar gráficos en una pantalla de vídeo a través de una extensión de la interfaz proporcionada por la interrupción 10H del BIOS de IBM.

DHCP *s.* Acrónimo de Dynamic Host Configuration Protocol (protocolo de configuración dinámica de host). Un protocolo TCP/IP que permite a una red conectada a Internet asignar una dirección IP temporal a una máquina host automáticamente cuando ésta se conecta a la red. *Véase también* dirección IP; TCP/IP. *Compárese con* SLIP dinámico.

Dhrystone *s.* Prueba comparativa del rendimiento general, desarrollada originalmente por Rheinhold Weicker en 1984, para medir y comparar el rendimiento de computadoras. La prueba informa del rendimiento general del sistema en dhrystones por segundo. Su objetivo es reemplazar la más antigua y menos fiable prueba comparativa Whetstone. La prueba comparativa Dhrystone, como la mayoría de las pruebas comparativas, consta de un programa estándar que se revisa periódicamente para minimizar las ventajas injustas que podrían obtenerse con ciertas combinaciones de hardware, compiladores y entornos. Dhrystone se concentra en el tratamiento de cadenas de caracteres y no utiliza operaciones en coma flotante. Como la mayoría de las pruebas comparativas, está muy influida por las opciones de diseño del hardware y el software, como, por ejemplo, las opciones del compilador o del montador, la optimización del código, la memoria caché, los estados de espera y los tipos de datos enteros. *Véase también* prueba comparativa. *Compárese con* siega de Eratóstenes; Whetstone.

DHTML *s. Véase* HTML dinámico.

DIA *s.* Acrónimo de Document Interchange Architecture (arquitectura de intercambio de documentos). Una guía de intercambio de documentos utilizada en la arquitectura SNA (Systems Network Architecture) de IBM. DIA especifica los métodos de organizar y direccionar los documentos para su transmisión entre computadoras de distintos tamaños y modelos. DIA es soportada por APPC (Advanced Program-to-Program Communication, comunicación avanzada interprogramas) de IBM y por LU (Logical Unit, unidad lógica) 6.2, que establece las capacidades y tipos de interacciones posibles en un entorno SNA. *Véase también* DCA; SNA.

diádico *adj.* (*dyadic*) Perteneciente, relativo a o característico de un par (por ejemplo, un procesador diádico, que contiene dos procesadores controlados por el mismo sistema operativo). El término suele estar limitado a la descripción de un sistema con dos microprocesadores. Las operaciones booleanas diádicas son aquellas, tales como AND y OR, en las que el resultado depende de dos valores de entrada. *Véase también* álgebra booleana; operando. *Compárese con* unario.

diafonía *s.* (*crosstalk*) Interferencia causada por la transferencia de una señal desde un circuito a otro, como, por ejemplo, en una línea telefónica.

diagnosticar *vb.* (*troubleshoot*) Aislar la fuente de un problema en un programa, sistema informático o red y corregir el problema correspondiente.

diagnóstico asistido por computadora *s.* (*computer-assisted diagnosis*) El uso de computadoras por parte de los profesionales médicos para diagnosticar la condición de un paciente. Los programas de aplicación médica pueden ayudar a determinar la causa, los síntomas y el tratamiento de problemas, así como mantener un registro del historial médico del paciente y

diagrama de bloques

de los resultados de las pruebas que se le hayan realizado. *Véase también* sistema experto.

diagrama de bloques *s.* (***block diagram***) Diagrama de una computadora u otro sistema en el que una serie de bloques etiquetados representan los componentes principales y las líneas y flechas entre los bloques muestran los caminos y las relaciones entre los componentes. Un diagrama de bloques es una visión global de cómo está constituido el sistema y de cómo funciona. Para mostrar los diversos componentes del sistema más en detalle, se utilizan diferentes tipos de diagramas, tales como diagramas de flujo o esquemáticos. Véase la ilustración. *Compárese con* diagrama de burbujas; organigrama.

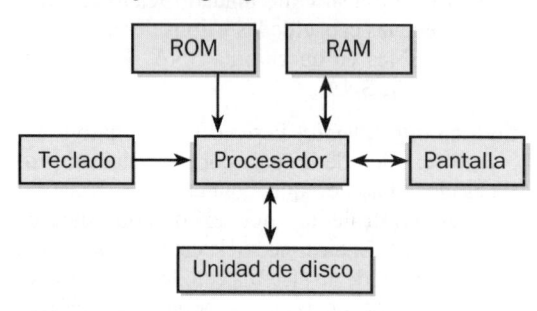

Diagrama de bloques.

diagrama de burbujas *s.* (***bubble chart***) Diagrama en el que una serie de óvalos (burbujas) dibujados para representar categorías, operaciones o procedimientos están conectados por líneas o flechas que representan el flujo de datos u otras relaciones entre los elementos representados por las burbujas. En el análisis de sistemas, se utilizan diagramas de burbujas en lugar de diagramas de bloques o de flujo para describir las conexiones entre conceptos o partes de un todo, sin enfatizar una relación estructural, secuencial o procedimental entre las partes. Véase la siguiente ilustración. *Compárese con* diagrama de bloques; organigrama.

diagrama de cableado *s.* (***cabling diagram***) Plano que muestra la ruta de los cables que conectan los componentes o periféricos del sistema informático. Los diagramas de cablea-

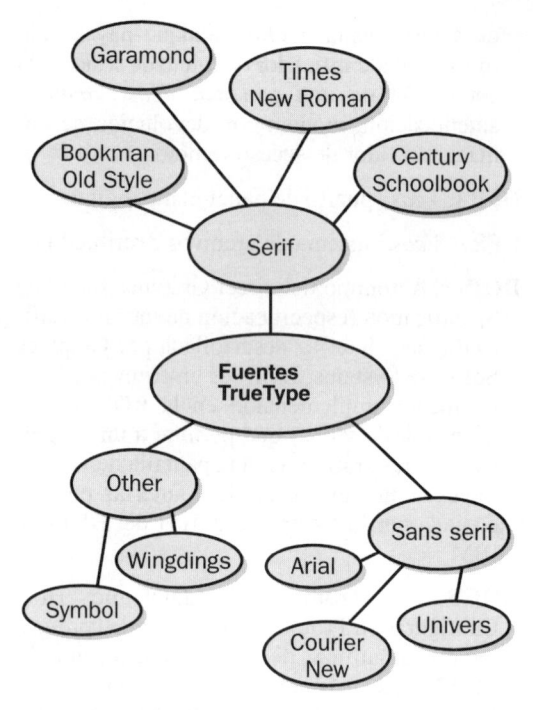

Diagrama de burbujas.

do son particularmente importantes para explicar la conexión de las unidades de disco a una controladora de disco.

diagrama de columnas *s.* (***column chart***) Un diagrama de barras en el cual los valores se muestran y se imprimen como barras verticales. Véase la ilustración. *Véase también* gráfico de barras.

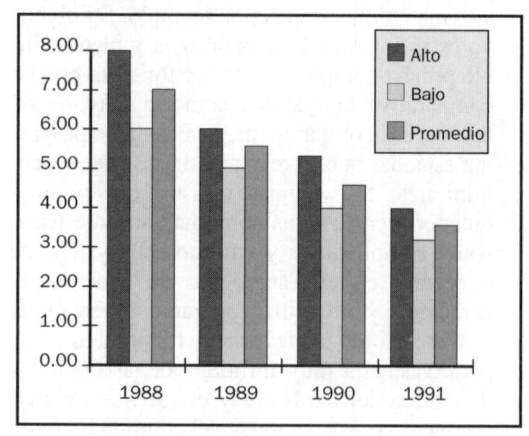

Diagrama de columnas.

diagrama de dispersión *s.* (*scatter diagram*) Gráfico que consta de puntos cuyas coordenadas representan valores de datos, a menudo utilizados para ilustrar una correlación entre una o más variables y un grupo de prueba. Véase la ilustración. *También llamado* diagrama de puntos, gráfico de puntos.

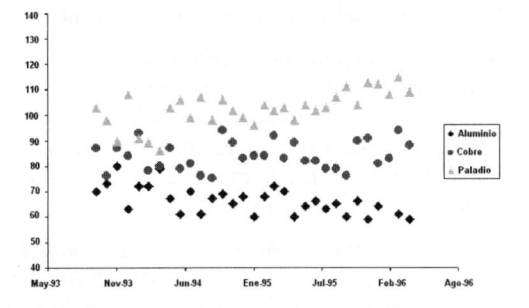

Diagrama de dispersión.

diagrama de Gantt *s.* (*Gantt chart*) Diagrama de barras que muestra las partes individuales de un proyecto como barras dispuestas según una escala de tiempo horizontal. Los diagramas de Gantt son utilizados como herramienta de planificación de proyectos para desarrollar calendarios de tareas. La mayoría del software de planificación de proyectos permite realizar diagramas de Gantt.

diagrama de puntos *s.* (*point diagram*) *Véase* diagrama de dispersión.

diagrama de Venn *s.* (*Venn diagram*) Tipo de diagrama utilizado para expresar el resultado de operaciones sobre conjuntos en el que un rectángulo representa el universo y los círculos contenidos dentro del rectángulo representan conjuntos de objetos. Las relaciones entre los conjuntos vienen indicadas por las posiciones relativas de los círculos. El diagrama de Venn recibe su nombre de John Venn (1834-1923), un lógico inglés de la Universidad de Cambridge. Véase la ilustración.

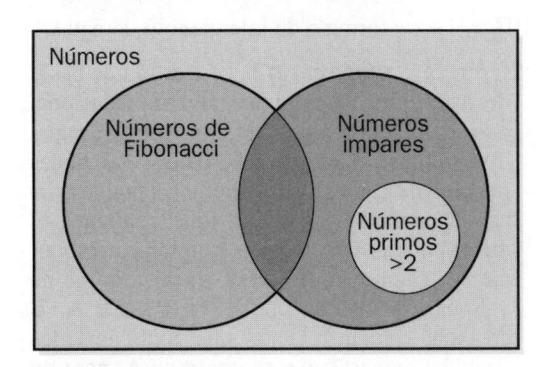

diagrama lógico *s.* (*logic diagram*) Esquemático que muestra las conexiones entre los circuitos lógicos de la computadora y especifica las salidas esperadas resultantes de un conjunto determinado de entradas.

diagrama piramidal *s.* (*pyramid diagram*) Diagrama utilizado para mostrar relaciones entre clases de objetos.

dial rotatorio *s.* (*rotary dialing*) El sistema utilizado antiguamente en los teléfonos con propósitos de señalización, donde cada dígito se asociaba con un cierto número de pulsos. Durante la marcación, estos pulsos, que se podían oír como una serie de clics, conectaban y desconectaban momentáneamente la corriente en los hilos telefónicos. *Compárese con* marcación por tonos.

dialecto *s.* (*dialect*) Variante de un lenguaje o protocolo. Por ejemplo, Transact-SQL es un dialecto del lenguaje estructurado de consulta SQL.

diálogo *s.* (*dialog*) **1.** En informática, es el intercambio de datos de entrada del operador y respuestas de la máquina que forma una «conversación» entre un equipo informático interactivo y la persona que lo está utilizando. **2.** El intercambio de señales entre equipos informáticos que se estén comunicando a través de una red.

diario *s.* (*journal*) Un registro informatizado de las transacciones que tienen lugar en una computadora o a través de una red. Los diarios pueden utilizarse, por ejemplo, para registrar las transferencias de mensajes en una red de comunicaciones, para supervisar las actividades del sistema que alteren los contenidos de una base de datos o para mantener un registro de archivos que hayan sido almacenados de forma definitiva o que hayan sido borrados del

Diagrama de Venn.

sistema. Los diarios se mantienen a menudo como forma de reconstruir los sucesos que han tenido lugar o los conjuntos de datos en caso de que se pierdan o resulten dañados. *Véase también* pista de auditoría.

diario web *s.* (***weblog***) Un sitio web cuyo contenido se actualiza regularmente para reflejar los intereses del propietario del sitio. A menudo, pero no siempre, el contenido tiene la forma de un diario, incluye selecciones de noticias y de información de otros sitios web y se presenta desde un punto de vista personal. En algunos sitios, el diario web se genera como resultado de un esfuerzo de colaboración entre los visitantes del sitio. Uno de los diarios web más conocidos es Slashdot.org, dedicado a temas de alta tecnología.

DIB *s.* **1**. Acrónimo de Directory Information Base (base de información de directorio). Un directorio de nombres de usuarios y recursos en un sistema X.500. La DIB es mantenida por un agente servidor de directorio (DSA, Directory Server Agent). *También llamado* páginas blancas. **2**. Acrónimo de device-independent bitmap (mapa de bits independiente del dispositivo). Formato de archivo diseñado para garantizar que los gráficos de mapa de bits creados con una aplicación puedan cargarse y visualizarse en otra aplicación exactamente de la misma manera en la que aparecían en la aplicación original. *Véase también* gráficos de mapa de bits.

dibit *s.* Conjunto de 2 bits que representa una de las cuatro posibles combinaciones 00, 01, 10 y 11. En comunicaciones, un dibit es un tipo de unidad de transmisión posible gracias a la técnica de modulación, conocida como modulación por desplazamiento de fase diferencial que codifica los datos utilizando cuatro estados diferentes (desplazamientos de fase) en la línea de transmisión para representar cada uno de las cuatro combinaciones de dibit. *Véase también* modulación por desplazamiento de fase.

dibujo de líneas *s.* (***line drawing***) Dibujo realizado con líneas sólidas sin aplicar sombreados u otras características que sugieran masa o definición de contornos.

diccionario de datos *s.* (***data dictionary***) Base de datos que contiene información sobre todas las bases de datos de un sistema de base de datos. Los diccionarios de datos almacenan todos los diferentes esquemas y especificaciones de archivo junto con sus ubicaciones. También contienen información sobre qué programas utilizan, cuáles datos y qué usuarios están interesados en cada tipo de informe.

diccionario ideológico *s.* (***thesaurus***) **1**. Compilación de palabras y sus sinónimos. **2**. En aplicaciones informáticas, un archivo de sinónimos almacenado en el disco; también se denomina así al programa utilizado para realizar búsquedas en el archivo.

diccionario, ataque de *s.* (***dictionary attack***) Originalmente, era un método de adivinar la contraseña o PIN de un usuario probando con todas las palabras del diccionario hasta encontrar la adecuada. Actualmente, el término se utiliza para identificar cualquier tipo de ataque que se dedique a probar una serie de palabras o cadenas de caracteres alfanuméricos conocidas con el fin de averiguar una contraseña simple.

dieléctrico *s.* (***dielectric***) Material aislante, tal como la goma o el plástico, que no conduce la electricidad.

diezmar *s.* (***downsample***) Reducir el número de muestras de audio o de píxeles aplicando alguna operación como el promediado. Algunos formatos populares de música a través de Internet, como MP3, utilizan el diezmado para reducir el tamaño de los archivos.

DIF *s. Véase* formato de intercambio de datos.

diferencia *s.* (***difference***) **1**. En gestión de bases de datos, un operador del álgebra relacional que se utiliza para ordenar conjuntos de registros (tuplas). Por ejemplo, dadas dos tablas relacionales, A y B, a las que se les puede aplicar la operación de unión (que contienen el mismo número de campos, con los correspondientes campos conteniendo el mismo tipo de valores), la instrucción DIFFERENCE A, B crea una tercera relación que contiene todos aquellos registros que aparecen en A, pero no en B. *Véase también* álgebra relacional; tupla.

Compárese con intersección; unión. **2**. La cantidad en la que dos valores difieren. En electrónica, las diferencias entre elementos físicos, como, por ejemplo, formas de onda o tensiones, se aprovechan en la operación de los circuitos, amplificadores, multiplexores, equipos de comunicaciones, etc.

diferenciador *s*. (*differentiator*) Circuito cuya salida es el diferencial (la primera derivada) de la señal de entrada. El diferencial mide la rapidez con que un valor cambia, de modo que la salida de un diferenciador es proporcional a la tasa instantánea de variación de la señal de entrada. Véase la ilustración. *Compárese con* integrador.

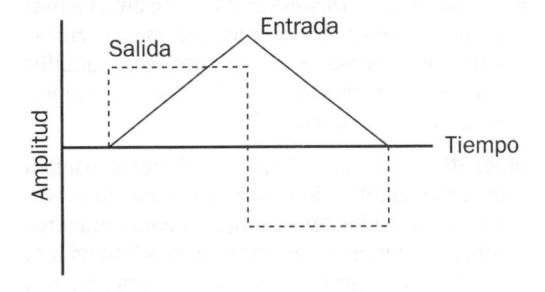

Diferenciador.

diferencial *adj*. (*differential*) En electrónica, una referencia a un tipo de circuito que utiliza la diferencia existente entre dos señales en lugar de la diferencia entre una señal y alguna tensión de referencia.

Diffie-Hellman *s*. Protocolo de negociación de claves de Diffie-Hellman. Un método de criptografía de clave pública que permite a dos máquinas host crear y compartir una clave secreta. El algoritmo de Diffie-Hellman se utiliza para la gestión de claves en redes privadas virtuales (VPN) que utilicen el estándar IPSec. *Véase también* IPSec.

difuminar *vb*. (*ghost*) Mostrar una opción de un menú o de un submenú con un tipo de letra atenuado para indicar que no puede seleccionarse esa opción en un instante concreto.

difundir por la Web *vb*. (*webcast*) Producir y distribuir programas de audio, vídeo y texto basados en la Web.

difusión *s*. (*broadcast*) Al igual que en radio o televisión, se trata de una transmisión enviada a más de un receptor.

difusión activa *s*. (*push*) **1**. En las redes y en Internet, es el proceso de enviar datos o un programa desde un servidor hacia un cliente a iniciativa del servidor. *Compárese con* extracción. **2**. Una tecnología desarrollada en relación con la World Wide Web y diseñada para proporcionar a los usuarios finales acceso web personalizado, haciendo que un sitio web distribuya activamente la información solicitada hasta la computadora del usuario, bien automáticamente o a intervalos de tiempo especificados. La tecnología de difusión activa fue desarrollada como medio de evitar a los usuarios la molestia de tener que extraer activamente información de la Web. Esta tecnología no es, por el momento, especialmente popular.

difusión activa-pasiva mediante servidor *s*. (*server push-pull*) Una combinación de técnicas web cliente/servidor, individualmente denominadas «distribución por el servidor» y «extracción por el cliente». En la distribución por el servidor, el servidor carga datos en el cliente, permaneciendo abierta la conexión de datos. Esto permite al servidor continuar enviando datos al explorador según sea necesario. En la extracción por el cliente, el servidor carga datos en el cliente, pero la conexión de datos no permanece abierta. El servidor envía una directiva HTML al explorador ordenándole que reabra la conexión después de un

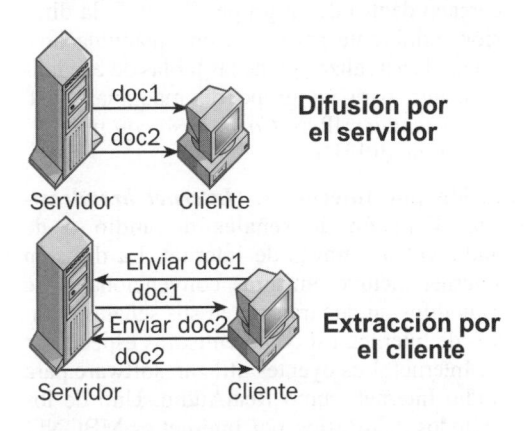

Difusión activa-pasiva mediante servidor.

cierto intervalo para obtener más datos o, posiblemente, que abra una nueva dirección URL. *Véase también* HTML; servidor; URL.

difusión de presentación *s.* (*presentation broadcast*) Propiedad de PowerPoint que permite ejecutar una presentación a través de la Web. La presentación se guarda en formato HTML y puede contener audio y vídeo. También puede grabarse y guardarse para posteriores visualizaciones.

difusión digital vía satélite *s.* (*digital broadcast satellite*) *Véase* DBS.

difusión directa vía satélite *s.* (*DBS*) *Véase* DBS.

difusión en red *s.* (*netcasting*) **1**. Una tecnología de Netscape utilizada en Netscape Netcaster que permitía a un usuario suscribirse a canales que distribuían de manera activa contenido web hasta el equipo del usuario sin que éste tuviera que extraer activamente la información. Netscape Netcaster, que era parte de algunas versiones anteriores de Netscape Navigator, competía con Microsoft Active Desktop. A diferencia de Active Desktop, que utiliza el formato CDF (Channel Definition Format) de Microsoft, el cliente de distribución activa Netcaster estaba basado en estándares abiertos existentes (HTML, Java y JavaScript). *Compárese con* Active Desktop. **2**. Sinónimo de difusión a través de la Web.

difusión indiferente *s.* (*anycasting*) Comunicación entre un único emisor y el receptor más cercano dentro de un grupo. En IPv6, la difusión indiferente permite a una máquina host iniciar la actualización de las tablas de encaminamiento para un grupo de máquinas host. *Véase también* IPv6. *Compárese con* multidifusión; unidifusión.

difusión por Internet *s.* (*Internet broadcasting*) Difusión de señales de audio o de audio/vídeo a través de Internet. La difusión Internet incluye emisoras convencionales de radiodifusión que transmiten sus señales a través de Internet, así como emisoras específicas de Internet. Los oyentes utilizan software para audio Internet, como RealAudio. Uno de los métodos de difusión por Internet es MBONE. *Véase también* MBONE; RealAudio.

difusión restringida *vb.* (*narrowcast*) Transmitir datos o programas a un área o audiencia definidas o limitadas. Una compañía de televisión por cable realiza difusiones restringidas de sus programas únicamente hacia sus abonados, mientras que las emisoras de televisión convencionales difunden la señal a todo el mundo que disponga de los equipos de recepción adecuados y esté situado dentro de su área de cobertura. En la Web, el contenido que se distribuye a los usuarios mediante tecnologías de distribución dinámica por suscripción representa una cierta forma de difusión restringida. *Véase también* unidifusión. *Compárese con* difusión; multidifusión.

difusión, de *adj.* (*broadcast*) Que se envía a más de un receptor. En comunicaciones y en las redes, los mensajes de difusión son aquellos que se distribuyen a todas las estaciones. *Véase también* correo electrónico.

digerati *s.* Los equivalentes en el ciberespacio a los intelectuales. Son personas conocidas por, o que pretender tener, amplios conocimientos sobre los temas y las cuestiones relativos a la revolución digital; más específicamente, son personas versadas en temas de Internet y de actividades en línea. *Véase también* gurú; técnico; mago.

digerir *vb.* (*crunch*) Procesar información. *Véase también* cálculo masivo.

digital *adj.* **1**. Una referencia a algo basado en dígitos (números) o a su representación. **2**. En informática, se utiliza de forma análoga, aunque el significado no sea el mismo, a binario, porque los equipos informáticos con los que la mayoría de las personas están familiarizadas procesan información codificada mediante diferentes combinaciones de los dígitos binarios (bits) 0 y 1. *Compárese con* analógico.

Digital Darkroom *s.* Programa de Macintosh desarrollado por Silicon Beach Software para la mejora de fotografías en blanco y negro o imágenes escaneadas.

Digital Vídeo-Interactivo *s.* (*Digital Video-Interactive*) Sistema de hardware/software desarrollado por RCA, General Electric e Intel que implementa compresión del vídeo y audio digital para aplicaciones de microcomputadora. *Acrónimo:* DV-I.

digitalizador de imagen *s.* (*frame grabber*) *Véase* digitalizador de vídeo.

digitalizador de vídeo *s.* (*video digitizer*) Dispositivo usado en gráficos de computadora que utiliza una cámara de vídeo en lugar de un cabezal de exploración para capturar una imagen de vídeo y almacenarla después en memoria con la ayuda de una tarjeta de circuito de propósito especial. *Véase también* digitalizar. *Compárese con* cámara digital.

digitalizador espacial *s.* (*spatial digitizer*) Escáner tridimensional frecuentemente utilizado en los campos médico y geográfico. *Compárese con* escáner óptico.

digitalizar *vb.* **1.** (*digitize*) Convertir cualquier fuente de entrada que varíe de modo continuo (analógica), como las líneas de un dibujo o una señal sonora, a una serie de unidades discretas representadas en una computadora por los dígitos binarios 0 y 1. Normalmente, se emplean convertidores analógico-digitales para realizar esta traducción. *Véase también* aliasing; convertidor analógico-digital. **2.** (*scan*) En facsímil y otras tecnologías ópticas, desplazar un dispositivo sensible a la luz a lo largo de una superficie que contenga una imagen, como una página de texto, convirtiendo las áreas claras y oscuras de la superficie en dígitos binarios que pueden ser interpretados por una computadora.

digiterati *s. Véase* digerati.

dígito *s.* (*digit*) Uno de los caracteres utilizados para indicar un número entero (unidad) en un sistema de numeración. En cualquier sistema de numeración, el número de dígitos posibles es igual a la base, o raíz, utilizada. Por ejemplo, el sistema decimal (en base 10) tiene 10 dígitos, de 0 a 9; el sistema binario (en base 2) tiene dos dígitos, 0 y 1, y el hexadecimal (en base 16) tiene 16 dígitos, que van de 0 a 9 y de A a F.

dígito binario *s.* (*binary digit*) Cualquiera de los dos dígitos, 0 y 1, en el sistema binario de numeración. *Véase también* bit.

dígito de autocontrol *s.* (*self-checking digit*) Dígito añadido a un número durante su codificación cuya función es confirmar la precisión de la codificación. *Véase también* suma de control; bit de paridad.

dígito de control *s.* (*check digit*) Dígito añadido a un número de cuenta o a otro valor clave identificativo y que se vuelve a calcular después cuando se utiliza. Este proceso determina si se ha producido un error al introducir el número. *Véase también* suma de control.

dígito más significativo *s.* (*most significant digit*) En una secuencia de uno o más dígitos, el dígito de orden superior, que es el dígito situado más a la izquierda. En 456,78, 4 es el dígito más significativo. *Acrónimo:* MSD. *Compárese con* dígito menos significativo.

dígito menos significativo *s.* (*least significant digit*) El dígito de menor peso o situado más a la derecha en la representación normal de un número. *Acrónimo:* LSD. *Véase también* de menor peso. *Compárese con* dígito más significativo.

dígitos significativos *s.* (*significant digits*) La secuencia desde el primer dígito distinto de cero hasta el último dígito de un número (el último dígito distinto de cero en un entero), utilizada para expresar la precisión del número (por ejemplo, 123000 tiene tres dígitos significativos, mientras que 0,000120300 tiene seis). *Véase también* notación en coma flotante.

DikuMUD *s.* **1.** Juego que utiliza el software de DikuMUD. **2.** Mazmorra multiusuario (MUD) desarrollada por cinco personas en el Instituto de Informática de la Universidad de Copenhague (cuyo acrónimo danés es DIKU). DikuMUD utiliza multimedia y es orientado a objetos, pero las clases que utiliza son precodificadas. El software está cubierto por un acuerdo de licencia que prohíbe su distribución comercial. *Véase también* MUD; multimedia; orientado a objetos.

dimensionamiento *s.* (*dimensioning*) En programas CAD, una manera de especificar y posiblemente controlar las medidas y relaciones espaciales de los elementos en un objeto modelado; por ejemplo utilizando líneas, flechas y texto (es decir, medidas) para indicar la longitud, altura y espesor de cada una de las paredes de un modelo de habitación o de vivienda. *Véase también* CAD.

dimensionamiento de coordenadas *s.* (*coordinate dimensioning*) Tipo de posicionamiento espacial en el que un punto se describe, respecto de una referencia fija, en términos de su distancia y dirección a lo largo de ejes predefinidos. *Véase también* coordenadas cartesianas; modelo tridimensional; modelo bidimensional.

DIMM *s.* Acrónimo de dual inline memory module (módulo de memoria de doble hilera). Tipo de tarjeta de memoria compuesta por chips de RAM montados en una tarjeta de circuito, similar a las tarjetas SIMM (Single Inline Memory Module), que son más comunes. Las tarjetas DIMM se caracterizan por un bus de datos de 64 bits y por tener terminales (conectores) en ambos lados, los cuales están conectados a diferentes circuitos y responden a diferentes señales. Las tarjetas SIMM, por el contrario, poseen un bus de datos de 32 bits y sus conectores se encuentran conectados al mismo circuito y responden a la misma señal. Mientras que las tarjetas SIMM deben añadirse por parejas, las tarjetas DIMM se pueden añadir a un equipo informático de una en una. *Véase también* chip de memoria. *Compárese con* SIMM.

DIN, conector *s. Véase* conector DIN.

dinámico *adj.* (*dynamic*) Que ocurre inmediata y concurrentemente. El término se utiliza para describir tanto software como hardware; en ambos casos, describe una acción o suceso que se produce cuando y como se necesita. En la gestión de memoria dinámica, un programa es capaz de negociar con el sistema operativo cada vez que necesita más memoria.

dinero digital *s.* (*digicash*) *Véase* e-money.

dinero electrónico *s.* (*electronic money*) *Véase* e-money.

dingbat *s.* Pequeño elemento gráfico utilizado con propósitos decorativos en un documento. Algunas fuentes, como Zapf Dingbats, están diseñadas para presentar conjuntos de dingbats. *Véase también* fuente. *Compárese con* viñeta.

diodo *s.* (*diode*) Dispositivo que deja pasar la corriente sólo en una dirección. Normalmente, un diodo es un semiconductor. Véase la ilustración. *Véase también* semiconductor.

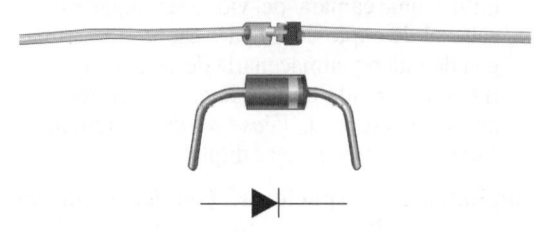

Diodo.

diodo de portadores excitados *s.* (*hot carrier diode*) *Véase* diodo Schottky.

diodo electroluminiscente *s.* (*light-emitting diode*) Dispositivo semiconductor que convierte la energía eléctrica en luz, utilizado, por ejemplo, en las luces indicadoras de actividad de las unidades de disco de las computadoras. Los diodos electroluminiscentes se basan en el principio de la electroluminiscencia y son altamente eficientes, produciendo poco calor para la cantidad de luz que proporcionan como salida. *Acrónimo:* LED.

diodo Schottky *s.* (*Schottky diode*) Tipo de diodo (dispositivo que deja pasar la corriente en una dirección) en el que se ponen en contacto una capa semiconductora y una capa de metal. Se caracteriza por sus altas velocidades de conmutación.

dióxido de silicio *s.* (*silicon dioxide*) Aislante utilizado para formar finas capas aislantes en algunos tipos de semiconductores. El término hace referencia también al componente principal del cristal.

DIP *s.* Acrónimo de dual inline package (encapsulado de doble hilera). Estándar de encapsulado de circuitos integrados en el que los circuitos electrónicos microminiatura grabados sobre una oblea de silicio se encierran en un elemento rectangular de plástico o de cerámica y se conectan a terminales que apuntan hacia abajo y salen por los lados más largos del chip. Diseñado para facilitar la fabricación de tarjetas de circuitos, este tipo de encapsulado no resulta adecuado para los chips más modernos que requieran un gran número de conexiones. *Véase también* procesamiento de imágenes de documentos. *Compárese con* portachips sin terminales; matriz de cuadrícula de terminales; SIP; tecnología de montaje superficial.

dipolo *s.* (*dipole*) Par de cargas eléctricas opuestas o polos magnéticos de signo contrario separados por una pequeña distancia.

dir *s.* Comando de MS-DOS que ordena a la computadora mostrar una lista de los archivos y subdirectorios contenidos en el directorio o carpeta actual. Si al comando le sigue una ruta, la computadora mostrará la lista de archivos y subdirectorios del directorio o carpeta especificado. *Véase también* comando; MS-DOS; ruta.

dirección *s.* (*address*) **1**. Un código utilizado para especificar el destino de un correo electrónico. **2**. Un nombre o símbolo que especifica un sitio o computadora concretos en Internet o en otra red. **3**. Un número que especifica una ubicación en memoria donde hay datos almacenados. *Véase también* dirección absoluta; espacio de direcciones; dirección física; dirección virtual.

dirección absoluta *s.* (*absolute address*) Un medio de especificar una ubicación precisa en memoria dentro de un programa utilizando su dirección (número) en lugar de una expresión de cálculo de la dirección. *También llamado* dirección directa, dirección de máquina, dirección real. *Véase también* codificación absoluta. *Compárese con* dirección relativa; dirección virtual.

dirección con puntos *s.* (*dot address*) Una dirección IP expresada mediante notación con puntos de cuatro componentes. *Véase también* dirección IP.

dirección de base *s.* (*base address*) La parte de una dirección de memoria formada por dos componentes que permanece constante y proporciona un punto de referencia a partir del cual puede calcularse la posición de un byte de datos. La dirección de base está acompañada por un valor de desplazamiento que se añade a la base para determinar la localización exacta (la dirección absoluta) de la información. Las direcciones de base se conocen como direcciones de segmento en las computadoras IBM PC y compatibles; los datos en estas computadoras se identifican mediante su posición expresada en forma de un desplazamiento relativo a partir del principio del segmento. *Véase también* dirección absoluta; desplazamiento; dirección relativa; segmento.

dirección de correo electrónico *s.* (*e-mail address*) Una cadena que identifica a un usuario de modo que éste pueda recibir correo electrónico a través de Internet. Una dirección de correo electrónico está, normalmente, compuesta de un nombre que identifica al usuario ante el servidor de correo seguido del signo @ y del nombre de host y el nombre de dominio del servidor de correo. Por ejemplo, si Ana Pérez Gómez tiene una cuenta en la máquina denominada «public» de la empresa Acme, podría tener una dirección de correo electrónico tal como apg@public.acme.com.

dirección de dispositivo *s.* (*device address*) Posición dentro del espacio de direcciones de la memoria de acceso aleatorio (RAM) de una computadora que el microprocesador o un dispositivo externo puede modificar. Las direcciones de dispositivo son distintas de otras direcciones en la RAM, que sólo pueden ser modificadas por el microprocesador. *Véase también* dispositivo; entrada/salida; RAM.

dirección de máquina *s.* (*machine address*) *Véase* dirección absoluta.

dirección de nombre de dominio *s.* (*domain name address*) La dirección de un dispositivo conectado a Internet o a cualquier otra red TCP/IP, en el sistema jerárquico que utiliza palabras para identificar los servidores, las organizaciones y los tipos, como, por ejemplo, www.logos.net. *Véase también* TCP/IP.

dirección de red *s.* (*net address*) **1**. Una dirección World Wide Web (URL). *Véase también* URL. **2**. Una dirección de correo electrónico.

3. La dirección prefijada en el hardware de un adaptador de red que se emplea para identificar de manera unívoca a un nodo en una red. *Véase también* tarjeta de interfaz de red. **4.** El nombre DNS o dirección IP de una máquina. *Véase también* DNS; dirección IP.

dirección diferida *s.* (*deferred address*) Dirección (localización de memoria) indirecta cuyo cálculo se pospone hasta el momento de la ejecución de un programa. *Véase también* dirección relativa.

dirección directa *s.* (*direct address*) *Véase* dirección absoluta.

dirección física *s.* (*physical address*) Dirección que se corresponde con una posición de memoria hardware. En procesadores sencillos, como el 8088 y el 68000, cada dirección es una dirección física. En los procesadores que permiten usar memoria virtual, los programas hacen referencia a direcciones virtuales, que se hacen corresponder con direcciones físicas gracias al hardware de gestión de memoria. *Véase también* unidad de gestión de memoria; paginación; memoria virtual.

dirección hardware *s.* (*hardware address*) *Véase* dirección física.

dirección indexada *s.* (*indexed address*) La localización en memoria de un elemento concreto de datos dentro de una colección de elementos, como, por ejemplo, una entrada de una tabla. Las direcciones indexadas se calculan comenzando con una dirección base y sumando a ésta un valor almacenado en un registro que se denomina registro de índice.

dirección indirecta *s.* (*indirect address*) *Véase* dirección relativa.

dirección Internet *s.* (*Internet address*) *Véase* dirección de nombre de dominio; dirección de correo electrónico; dirección IP.

dirección IP *s.* (*IP address*) Un número binario de 32 bits (4 bytes) que identifica de manera unívoca a un host (computadora) conectado a Internet ante otras máquinas host de Internet con el propósito de poder realizar comunicaciones mediante transferencia de paquetes. Una dirección IP se expresa en un formato compuesto por 4 números separados por puntos, que se corresponden con los valores decimales de sus 4 bytes; por ejemplo, 127.0.0.1. Los primeros 1, 2 o 3 bytes de la dirección IP identifican la red a la que el host está conectado; los siguientes bits identifican al propio host. Los 32 bits que forman los 4 bytes de la dirección permiten identificar a casi 2^{32} (unos 4.000 millones) máquinas host (hay unos cuantos rangos de pequeño tamaño dentro de ese conjunto de números que no se utilizan). *También llamado* número IP, número de protocolo Internet. *Véase también* host; IANA; ICANN; InterNIC; IP; clases de direcciones IP; paquete. *Compárese con* nombre de dominio.

dirección paginada *s.* (*paged address*) En la arquitectura de memoria paginada de las computadoras 80386, i486 y Pentium, una dirección en memoria creada combinando los procesos de traducción de segmentos y traducción de páginas. En el esquema de memoria paginada, que requiere que esté activada la función de paginación del microprocesador, las direcciones lógicas se transforman en direcciones físicas en dos pasos: traducción de segmentos y traducción de páginas. El primer paso, traducción de segmentos, convierte una dirección lógica en una dirección lineal (una dirección que se refiere de manera indirecta a una dirección física). Una vez obtenida la dirección lineal, el hardware de paginación del microprocesador convierte la dirección lineal en una dirección física especificando una tabla de página (una matriz de especificadores de página de 32 bits), una página dentro de la tabla (un bloque de 4 KB de direcciones contiguas en la memoria física) y un desplazamiento dentro de dicha página. Esta información se denomina, colectivamente, dirección física.

dirección real *s.* (*real address*) Dirección absoluta (dirección de máquina) que especifica una ubicación física de memoria. *Véase también* dirección física. *Compárese con* dirección relativa; dirección virtual.

dirección relativa *s.* (*relative address*) Posición, como en la memoria de una computadora, que se especifica en función de su distancia (desplazamiento) respecto del punto de inicio (dirección base). Normalmente, una dirección relativa se calcula añadiendo un desplazamiento a la dirección base. En lenguaje coloquial, es similar a crear la dirección C/ Mayor 2001, en la que la dirección base es el bloque 2000 de la C/ Mayor y el desplazamiento es 1, que especifica la primera casa respecto del punto de inicio del bloque. *También llamado* dirección indirecta.

dirección reubicable *s.* (*relocatable address*) En programación, una dirección que tendrá que ser ajustada para reflejar la posición real en memoria en la que se cargue un programa para su ejecución. En la instrucción «Leer el byte situado a 12 bytes de distancia de esta instrucción», la dirección es reubicable. En la instrucción «Leer el byte situado en la dirección 255», la dirección no es reubicable. Este convenio se puede comparar a cuando se describe la «dirección» de un automóvil aparcado como «nivel 2, fila G» un día y «nivel 5, fila B» otro día.

dirección simbólica *s.* (*symbolic address*) Dirección de memoria a la que se puede hacer referencia en un programa mediante un nombre en lugar de mediante un número.

dirección virtual *s.* (*virtual address*) En un sistema de memoria virtual, la dirección que utiliza la aplicación para hacer referencia a la memoria. La unidad de gestión de memoria (MMU, memory management unit) traduce esta dirección en una dirección física antes de realmente leer memoria o escribir en ella. *Véase también* dirección física; memoria virtual. *Compárese con* dirección real.

dirección web *s.* (*Web address*) *Véase* URL.

direccionamiento *s.* (*addressing*) El proceso de asignar una dirección o de hacer referencia a una dirección. En programación, la dirección es usualmente un valor que especifica una posición de memoria. *Véase también* dirección.

direccionamiento IP automático *s.* (*automatic IP addressing*) *Véase* AutoIP.

direccionamiento IP basado en clases *s.* (*classful IP addressing*) Un esquema de direccionamiento IP en el que las direcciones IP se organizan en clases: Clase A, Clase B y Clase C. *Véase también* clases de direcciones IP.

direccionamiento lógico de bloques *s.* (*logical block addressing*) Técnica en la que las posiciones de cilindro, cabezal y sector de un disco se convierten en direcciones de 24 bits con fines de almacenamiento y recuperación de datos. El direccionamiento lógico de bloques se utiliza con unidades SCSI y también es una característica de las unidades de disco de tipo Enhanced IDE (EIDE), en las que se rompe el antiguo límite de IDE de 528 MB y se pueden emplear unidades de hasta 8,4 GB de capacidad si se utiliza el espacio de direcciones lógicas de 24 bits. La conversión de direcciones se realiza mediante una controladora de disco de la unidad EIDE, pero también se requiere el soporte del BIOS y del sistema operativo de la computadora. *Acrónimo:* LBA. *Véase también* EIDE o E-IDE; SCSI.

direccionamiento segmentado de instrucciones *s.* (*segmented instruction addressing*) *Véase* arquitectura de direccionamiento segmentado.

direccionar *vb.* (*address*) Hacer referencia a una ubicación de almacenamiento concreta.

Direct3D *s. Véase* DirectX.

DirectAnimation *s. Véase* DirectX.

DirectDraw *s. Véase* DirectX.

DirectInput *s.* Interfaz de programación de aplicaciones desarrollada por Microsoft para palancas de mando y dispositivos de señalización similares en Windows 9x. *Véase también* DirectX.

directiva de auditoría *s.* (*audit policy*) Una directiva que determina los sucesos de seguridad de los que hay que informar al administrador de red.

directiva INCLUDE *s.* (*INCLUDE directive*) Instrucción contenida en un archivo de código fuente que provoca que otro archivo de código fuente pueda ser leído en ese punto durante la compilación o durante la ejecución. Permite al programador dividir un programa en archivos más pequeños y permite que múltiples programas utilicen los mismos archivos.

DirectMusic *s.* *Véase* DirectX.

directo, en *adj.* (***live***) Perteneciente o relativo a información de audio o vídeo que se transmite desde un sitio a otro a medida que es producida, a diferencia de la información que es grabado con anterioridad al momento de su difusión. *Véase también* transmisión síncrona.

directorio *s.* (***directory***) **1**. Un catálogo de nombres de archivo y otros directorios almacenado en un disco. Un directorio es una forma de organizar y agrupar los archivos con el fin de que el usuario no se sienta abrumado por una enorme lista de archivos. El directorio de nivel superior se denomina directorio raíz; los directorios contenidos dentro de otro directorio se denominan subdirectorios. Dependiendo de cómo soporte los directorios el sistema operativo, los nombres de archivo dentro de un directorio pueden verse y ordenarse de diversas formas, como, por ejemplo, alfabéticamente, por fecha, por tamaño o mediante iconos, en una interfaz gráfica de usuario. Lo que el usuario ve como un directorio está soportado, en el sistema operativo, por tablas de datos almacenadas en el disco que indican las características y la ubicación de cada archivo. En los sistemas operativos Macintosh y Windows 9x, los directorios se denominan carpetas. **2**. En una red, es un índice de nombres y de información relacionada relativos a usuarios autorizados y recursos de red.

directorio actual *s.* (***current directory***) El directorio de disco situado al extremo de la ruta de directorios activa; el directorio que se explora en primer lugar en busca de un archivo solicitado y en el que se almacenarán todos los nuevos archivos, a menos que se especifique otro directorio. *Véase también* ruta.

directorio compartido *s.* (***shared directory***) *Véase* directorio de red.

directorio de archivos plano *s.* (***flat file directory***) Directorio que no puede contener subdirectorios y que simplemente contiene una lista de nombres de archivos. *Compárese con* sistema de archivos jerárquico.

directorio de contenidos *s.* (***contents directory***) Serie de colas que contiene los descriptores y las direcciones de rutinas localizadas dentro de una región de la memoria.

directorio de datos *s.* (***data directory***) *Véase* catálogo; diccionario de datos.

directorio de disco *s.* (***disk directory***) Índice de los archivos contenidos en un disco semejante a un tarjetero. Un directorio de disco incluye información sobre los archivos, como, por ejemplo, sus nombres, tamaños, fechas de creación y localizaciones físicas en el disco. *Véase también* directorio.

directorio de origen *s.* (***source directory***) Durante una operación de copia de un archivo, es el directorio en el que se encuentran las versiones originales de los archivos.

directorio de red *s.* (***network directory***) En una red de área local, es un directorio situado en un disco ubicado en una computadora distinta de la que el usuario está empleando. Un directorio de red difiere de una unidad de red en que el usuario sólo tiene acceso a ese directorio. El que el resto del disco sea accesible al usuario depende de si se le han concedido derechos de acceso por parte del administrador de red. En las plataformas Macintosh, los directorios de red se denominan carpetas compartidas. *También llamado* directorio compartido. *Véase también* unidad de red; carpeta compartida.

directorio de red compartido *s.* (***shared network directory***) *Véase* directorio de red.

directorio en red *s.* (***networked directory***) *Véase* directorio de red.

directorio hijo *s.* (***child directory***) *Véase* subdirectorio.

directorio Internet *s.* (***Internet Directory***) **1**. Lugar de almacenamiento para información tal como nombres, direcciones web, organizaciones, departamentos, países y ubicaciones. Normalmente, los directorios Internet se utilizan para buscar direcciones de correo electrónico que no se encuentren en una libreta de direcciones local ni en un directorio de ámbito corporativo. **2**. Base de datos en línea de sitios Internet organizados por categoría en la que se pueden buscar archivos e información por tema, por palabra clave o mediante otros criterios.

directorio principal *s*. (*home directory*) Directorio asociado con una cuenta de usuario en UNIX. El directorio principal es el directorio actual cuando el usuario inicia una sesión por primera vez y el usuario puede volver a él introduciendo el comando cd (change directory) sin especificar un nombre de ruta. Los archivos del usuario normalmente se almacenarán en el directorio principal y en sus descendientes.

directorio público *s*. (*public directory*) Un directorio en un servidor FTP al que pueden acceder los usuarios anónimos con el propósito de extraer o almacenar archivos. Dicho directorio se denomina, a menudo, /pub. *Véase también* FTP anónimo; FTP; servidor FTP; /pub.

directorio raíz *s*. (*root directory*) El punto de entrada en el árbol de directorios en una estructura jerárquica de directorios basada en disco. Ramificándose desde esta raíz, se encontrarán diversos directorios y subdirectorios, cada uno de los cuales puede contener a su vez uno o más archivos o subdirectorios. Por ejemplo, en el sistema operativo MS-DOS, el directorio raíz se identifica mediante un nombre que está compuesto por un único carácter de barra inclinada hacia la izquierda (\). Por debajo de la raíz se encuentran otros directorios que pueden contener directorios adicionales, etc. Véase la ilustración.

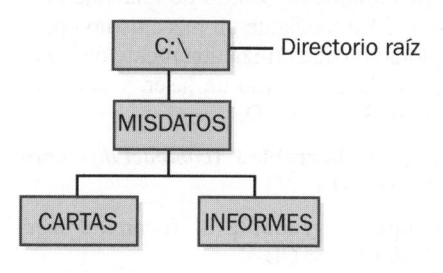

Directorio raíz.

directorio web *s*. (*Web directory*) Una lista de sitios web que proporciona la dirección URL y una descripción de cada sitio. *Véase también* URL.

directorio, agente de cliente de *s*. (*Directory Client Agent*) *Véase* DUA.

directorio, agente de servidor de *s*. (*Directory Server Agent*) *Véase* DSA.

directorio, agente de sistema de *s*. (*Directory System Agent*) *Véase* DSA.

directorio, base de información de *s*. (*Directory Information Base*) *Véase* DIB.

directorios, protocolo ligero de acceso a *s*. (*LDAP*) *Véase* LDAP.

DirectPlay *s*. *Véase* DirectX.

DirectShow *s*. *Véase* DirectX.

DirectSound *s*. *Véase* DirectX.

DirectX *s*. Conjunto de tecnologías de Microsoft que proporciona a los desarrolladores las herramientas necesarias para crear complejas aplicaciones multimedia en computadoras Windows. DirectX consta de componentes que forman dos niveles integrados. El nivel básico proporciona funciones de bajo nivel, como el soporte de dispositivos de entrada, diseñadas para asegurar que las aplicaciones puedan funcionar con (y aprovechar) el hardware basado en Windows. El nivel multimedia, situado por encima del nivel básico, proporciona servicios de alto nivel, como soporte para animaciones y flujo multimedia, que son necesarios en la creación de aplicaciones que incorporen características como, por ejemplo, sonido envolvente, vídeo y animación 3D. DirectSound y otras interfaces de programación de aplicaciones (API) con nombre similar son miembros de la familia DirectX. Véase la Tabla D.1 en la página siguiente. *Véase también* interfaz de programación de aplicaciones.

disco *s*. **1**. (*disc*) Pieza redonda y plana de metal brillante y no magnético, con un recubrimiento plástico, diseñada para ser leída y escrita mediante técnicas ópticas (láser). *Véase también* disco compacto. **2**. (*disk*) Pieza redonda y plana de plástico flexible recubierta de un material magnético que puede manipularse eléctricamente para almacenar información

Componente DirectX	Forma parte de	Soporta
Direct3D Immediate Mode	Nivel básico	Acceso al hardware de vídeo 3D.
Direct3D Retained Mode	Nivel multimedia	Creación y animación de mundos 3D en pantalla.
Direct-Animation	Nivel multimedia	Animación interactiva e integración de diferentes tipos de multimedia.
DirectDraw	Nivel básico	Acceso a la memoria de visualización y capacidades de hardware.
DirectInput	Nivel básico	Acceso directo a varios dispositivos de entrada, incluyendo palancas de mando con realimentación dinámica.
DirectMusic	Nivel básico	Composición de música en tiempo real.
DirectPlay	Nivel básico	Juegos en línea multijugador y otras aplicaciones de red.
DirectShow	Nivel multimedia	Captura y reproducción de flujos multimedia.
DirectSound	Nivel básico	Acceso directo a tarjetas de sonido; captura y reproducción de ondas sonoras.
Direct-Sound3D	Nivel básico	Localización de sonido 3D.
DirectX Transform	Nivel multimedia	Ampliabilidad de la plataforma DirectX para incluir productos de valor añadido.

***Tabla D.1.** Especificaciones ATA.*

grabada en formato digital (binario) contenida en una funda de plástico protectora que protege al disco de la contaminación y de posibles deterioros. *También llamado* disquete, disco flexible, microdisquete. *Compárese con* disco compacto; disco. **3.** (***disk***) *Véase* disco duro.

disco compacto *s.* (***compact disc***) **1.** Tecnología que es la base de soportes físicos como los CD-ROM, CD-ROM/XA, CD-I, CD-R, DVI y Photo CD. Estos soportes físicos de almacenamiento son, todos ellos, discos compactos, pero almacenan distintos tipos de información digital y tienen diferentes capacidades de lectura/escritura. La documentación sobre los formatos de disco compacto está recopilada en una serie de libros designados por el color de sus cubiertas. Por ejemplo, la documentación para los discos compactos de audio se encuentra en el denominado Libro Rojo. *Véase también* CD-I; CD-R; CD-ROM; CD-ROM/XA; DVI; Libro Verde; Libro Naranja; PhotoCD; Libro Rojo. **2.** Medio óptico de almacenamiento para datos digitales, normalmente para audio. Un disco compacto es un disco de metal brillante no magnético con un recubrimiento de plástico protector y que puede almacenar hasta 74 minutos de sonido de alta fidelidad. El disco se lee mediante un mecanismo óptico de exploración que utiliza una fuente de luz de alta intensidad, tal como un láser, y una serie de espejos. **3.** *Véase* CD.

disco compacto borrable *s.* (***compact disc-erasable***) *Véase* CD-E.

disco compacto grabable *s.* (***compact disc-recordable***) *Véase* CD-R.

disco compacto interactivo *s.* (***compact disc-interactive***) *Véase* CD-I.

disco compacto regrabable *s.* (***compact disc-rewritable***) *Véase* CD-RW.

disco comprimido *s.* (***compressed disk***) Disco duro o disquete cuya aparente capacidad para mantener los datos ha sido incrementada a través del uso de una utilidad de compresión, como Stacker o Double Space. *Véase también* compresión de datos.

disco de alta densidad *s.* (***high-density disk***) **1**. Un disquete de 5,25 pulgadas que puede almacenar 1,2 MB. *Compárese con* disco de doble densidad. **2**. Disquete de alta densidad que puede almacenar 1,44 MB. *Compárese con* disco de doble densidad.

disco de arranque *s.* **1**. (***boot disk***) Disquete que contiene los archivos de sistema claves de un sistema operativo compatible con PC y que puede arrancar o iniciar, el PC. Un disco de arranque debe ser insertado en la disquetera principal (normalmente, la unidad A:) y se utiliza cuando hay algún problema con el inicio del PC desde el disco duro, desde el cual la computadora generalmente arranca. *También llamado* disco de inicio. *Véase también* A:; arranque; unidad de arranque; disco duro. **2**. (***bootable disk***) *Véase* disco de arranque.

disco de audio digital *s.* (***digital audio disc***) Soporte óptico de almacenamiento para grabar información de audio codificada digitalmente. *Véase también* disco compacto.

disco de destino *s.* (***target disk***) El disco en el que se escriben los datos, como, por ejemplo, en una operación de copia. *Véase también* destino. *Compárese con* disco de origen.

disco de doble cara *s.* (***double-sided disk***) Disquete que puede almacenar datos en ambas superficies, la superior y la inferior.

disco de doble densidad *s.* (***double-density disk***) Disco creado para almacenar datos con dos veces la densidad (bits por pulgada) que la generación anterior de discos. Los primeros disquetes de PC de IBM almacenaban 180 KB de datos. Los discos de doble densidad aumentaron esa capacidad hasta los 360 KB. Los discos de doble densidad utilizan codificación por modulación de frecuencia modificada para el almacenamiento de datos. *Véase también* disquete; microdisquete; codificación por modulación de frecuencia modificada. *Compárese con* disco de alta densidad.

disco de inicio *s.* (***startup disk***) *Véase* disco del sistema.

disco de origen *s.* (***source disk***) Todo disco desde el que se van a leer datos, como, por ejemplo, cuando se realiza una operación de copia o cuando se carga en memoria una aplicación desde un disco. *Compárese con* disco de destino.

disco de sectores blandos *s.* (***soft-sectored disk***) Disco, especialmente un disquete, cuyos sectores han sido marcados con marcas de datos grabados en lugar de con perforaciones. *Véase también* agujero índice. *Compárese con* disco de sectores duros.

disco de sectores duros *s.* (***hard-sectored disk***) Disquete cuyos sectores de datos se han marcado físicamente con agujeros que son detectados por los sensores de la unidad para localizar el comienzo de cada sector. *Compárese con* disco de sectores blandos.

disco de vídeo digital borrable *s.* (***digital video disc-erasable***) Extensión diseñada para el formato de grabación de discos de vídeo digital que permite que un consumidor pueda realizar múltiples grabaciones. *Acrónimo:* DVD-E. *También llamado* DVD-RAM.

disco de vídeo digital grabable *s.* (***digital video disc-recordable***) Extensión diseñada para el formato de grabación de discos de vídeo digital que permite que el consumidor realice una sola grabación. *Acrónimo:* DVD-R.

disco del sistema *s.* (***system disk***) Disco que contiene un sistema operativo y que puede utilizarse para arrancar una computadora. *También llamado* disco de inicio. *Véase también* arranque; sistema operativo.

disco duro *s.* (***hard disk***) Dispositivo que contiene una o más superficies circulares (platos) no flexibles recubiertas con un material en el que los datos se pueden grabar magnéticamente junto con sus cabezales de lectura/escritura, los mecanismos de posicionamiento de los cabezales y un motor giratorio, todo ello dentro de una carcasa sellada que protege el dispositivo frente a los contaminantes externos. El entorno protegido permite a cada cabezal desplazarse en el aire entre 4 y 10 millonésimas de centímetro por encima de la superficie circular del plato respectivo, que gira normalmente a una velocidad de entre 3.600 y 7.200 rpm; por tanto, se pueden almacenar muchos más datos y se puede acceder mucho más deprisa que a un disquete. La mayoría de los discos duros contienen de dos a ocho platos. Véase la ilustración. *También llamado* unidad de disco duro. *Compárese con* disquete.

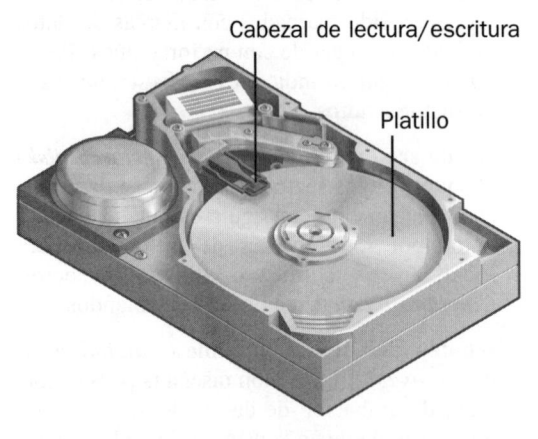

Disco duro. La cubierta de este disco duro se ha retirado para revelar los componentes que hay en su interior.

disco duro ATA/IDE *s.* (*ATA/IDE hard disk drive*) ATA (Advanced Technology Attachment, conexión de tecnología avanzada) e IDE (Integrated Drive Electronics, electrónica de unidades de disco integradas, o numerosas otras interpretaciones) son la misma cosa: una implementación de unidad de disco diseñada para integrar la controladora en la propia unidad, reduciendo así los costes de la interfaz y haciendo que las implementaciones del firmware sean más sencillas.

disco duro externo *s.* (*external hard disk*) Disco duro independiente con su propia carcasa y fuente de alimentación que se conecta a la computadora con un cable de datos y que se utiliza principalmente como unidad portátil. *Véase también* disco duro.

disco extraíble *s.* (*removable disk*) Disco que puede ser retirado de una unidad de disco. Los disquetes son extraíbles; los discos duros normalmente no lo son. *También llamado* disco intercambiable.

disco fijo *s.* (*fixed disk*) *Véase* disco duro.

disco flexible *s.* (*flexible disk*) *Véase* disquete.

disco flexible invertible *s.* (*flippy-floppy*) Anticuado disco flexible de 5,25 pulgadas que utiliza ambas caras para el almacenamiento, pero que se emplea en una unidad de disco antigua que sólo puede leer una cara cada vez. Por ello, para acceder a la cara opuesta, se debe extraer el disquete de la unidad y darle la vuelta. *Véase también* disco de doble cara.

disco intercambiable *s.* (*exchangeable disk*) *Véase* disco extraíble.

disco magnético *s.* (*magnetic disk*) Disco informático encerrado en una carcasa protectora (disco duro) o funda (disquete) y cubierto con un material magnético que permite almacenar datos en forma de cambios en la polaridad magnética (con una polaridad representando un 1 binario y la otra un 0) en muchas secciones de pequeño tamaño (dominios magnéticos) de la superficie del disco. Los discos magnéticos deben protegerse de la exposición a fuentes de magnetismo, que pueden dañar o destruir la información almacenada. *Véase también* disco; disquete; disco duro. *Compárese con* disco compacto; disco magneto-óptico.

disco magneto-óptico *s.* (*magneto-optic disc*) Disco de almacenamiento borrable o semiborrable de gran capacidad, similar a un CD-ROM, en el que se utiliza un rayo láser para calentar la superficie de grabación hasta que puedan alinearse magnéticamente una serie de pequeñas regiones de la superficie para almacenar bits de datos. *Véase también* CD-ROM; grabación magneto-óptica.

disco MO *s.* (*MO disk*) *Véase* disco magneto-óptico.

disco óptico *s.* (*optical disc*) *Véase* disco compacto.

disco RAM *s.* (*RAM disk*) Una unidad de disco simulada cuyos datos están en realidad almacenados en memoria RAM. Un programa especial permite al sistema operativo leer y escribir en el dispositivo simulado como si éste fuera una unidad de disco. Los discos RAM son extremadamente rápidos, pero requieren que se reserve memoria del sistema para su uso. Asimismo, los discos RAM suelen utilizar memoria volátil, por lo que los datos almacenados en los mismos desaparecen cuando se apaga el equipo. Muchos equipos portátiles incluyen discos RAM con una RAM CMOS alimentada por batería para evitar este problema. *Véase también* CMOS RAM. *Compárese con* caché de disco.

disco virtual *s.* (*virtual disk*) *Véase* disco RAM.

disco Winchester *s.* (*Winchester disk*) Antiguo nombre con el que IBM denominaba el disco duro. El término se deriva del nombre interno en clave de IBM para su primer disco duro, el cual almacenaba 30 megabytes (MB) y tenía un tiempo de acceso de 30 milisegundos, recordándole a sus inventores un rifle Winchester de calibre .30 conocido como «.30-.30.»

discreto *adj.* (*discrete*) Separado; individual; identificable como una unidad. Por ejemplo, los bits son elementos discretos de datos procesados por una computadora.

diseñador de bases de datos *s.* (*database designer*) Alguien que diseña e implementa funciones necesarias para las aplicaciones que emplean una base de datos.

diseñar *vb.* (*author*) **1**. Componer una serie de componentes multimedia, como gráficos, texto, audio y animaciones en una publicación o producto, para su distribución en un CD-ROM, en un DVD o en línea con el fin de que el producto sea visualizado en una computadora. **2**. Crear un producto para su implementación mediante tecnología informática. **3**. Crear páginas web actuando como un «proveedor de contenido». **4**. Escribir un programa informático.

diseño asistido por computadora *s.* (*computer-aided design*) *Véase* CAD.

diseño de abajo a arriba *s.* (*bottom-up design*) Metodología de diseño de desarrollo de programas en la que primero se definen las tareas de nivel inferior de un programa; el diseño de las funciones de nivel superior se obtiene del diseño de las de menor nivel. *Véase también* programación de abajo a arriba; programación de arriba a abajo. *Compárese con* diseño de arriba a abajo.

diseño de arriba a abajo *s.* (*top-down design*) Metodología de diseño de programas que comienza con la definición de la funcionalidad del programa en el nivel superior (una serie de tareas) y a continuación se divide cada tarea en tareas de nivel inferior, y así sucesivamente. *Véase también* programación de abajo a arriba; programación de arriba a abajo. *Compárese con* diseño de abajo a arriba.

diseño de página *s.* (*page layout*) En autoedición, el proceso de disponer adecuadamente el texto y los gráficos en las páginas de un documento. Los programas de diseño de páginas ofrecen funciones de distribución del texto y de aplicación de efectos especiales al mismo. Aunque los programas de diseño de páginas suelen ser más lentos que los programas de procesamiento de textos, pueden llevar a cabo tareas tan avanzadas como hacer que el texto fluya por complejos diseños de página multicolumna, imprimir documentos en firmas, gestionar la separación de colores y usar sofisticados espaciados entre letras (kerning) y mecanismos complejos de división de palabras.

diseño funcional *s.* (*functional design*) La especificación de las relaciones existentes entre las partes funcionales de un sistema informático incluyendo los detalles acerca de los distintos componentes lógicos y de la forma en que éstos trabajan conjuntamente. El diseño funcional se puede mostrar gráficamente mediante diagramas funcionales, que utilizan símbolos especiales para representar los elementos del sistema.

diseño modular *s.* (*modular design*) Un método de diseño de hardware o de software en el que un proyecto se divide en unidades más pequeñas, o módulos, cada una de las cuales puede desarrollarse, probarse y terminarse de forma independiente antes de combinarse con las otras para formar el producto final. Cada unidad se diseña para llevar a cabo una determinada tarea o función, y puede así convertirse en una parte de una biblioteca de módulos que a menudo pueden ser reutilizados en otros productos con requisitos similares. En programación, por ejemplo, un módulo podría consistir en instrucciones para desplazar el cursor por una ventana de la pantalla. Debido a que se diseña deliberadamente como una unidad autónoma que pueda trabajar con otras secciones del programa, el mismo módulo podría ser capaz también de realizar la misma tarea en otro programa, ahorrando así tiempo de desarrollo y de pruebas.

diseño orientado a objetos *s.* (***object-oriented design***) Método modular para crear un producto de software o un sistema informático en el que los módulos (objetos) pueden adaptarse fácilmente y de un modo asequible para cumplir nuevas necesidades. Los diseños orientados a objetos generalmente siguen al análisis orientado a objetos del producto o del sistema y se efectúan antes de cualquier programación real. *Véase también* objeto; análisis orientado a objetos.

diseño por contrato *s.* (***Design by Contract***) Un método de construcción de sistemas reutilizables donde un sistema de software se ve como un conjunto de componentes que se comunican entre sí y cuya interacción se basa en especificaciones precisas de las obligaciones mutuas, también denominadas contratos.

diseño y fabricación asistidos por computadora *s.* (***computer-aided design/computer-aided manufacturing***) *Véase* CAD/CAM.

diseño y prototipado asistidos por computadora *s.* (***computer-aided design and drafting***) *Véase* CADD.

disipador *s.* (***heat sink***) Dispositivo que absorbe y disipa el calor generado por un componente eléctrico, como, por ejemplo, un circuito integrado, con el fin de evitar un sobrecalentamiento. Los disipadores se construyen normalmente en metal y a menudo disponen de aletas que ayudan a transferir el calor a la atmósfera. *Véase* la ilustración. *Compárese con* tubería de calor.

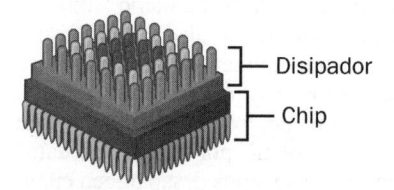

Disipador

disparador *s.* (***trigger***) **1**. Una función incluida dentro de un virus o gusano que controla la realización de algún tipo de actividad dañina u otro suceso similar. El disparador puede activarse en una fecha u horas determinadas o en respuesta a un suceso iniciado por el usuario, como la apertura de un archivo o programa específico. En algunos casos, el disparador puede reinicializarse repetidamente hasta que se consiga neutralizar el virus. **2**. En una base de datos, es una acción que hace que se lleve a cabo de manera automática un procedimiento cuando el usuario intenta modificar los datos. Un disparador puede ordenar al sistema de base de datos que lleve a cabo una acción específica, dependiendo de qué tipo concreto de cambio se haya intentado realizar. De esta forma, se pueden evitar los cambios incorrectos, indeseados o no autorizados, ayudando así a mantener la integridad de la base de datos.

disparar *vb.* (***trigger***) Activar una función o programa, como, por ejemplo, en el caso de la iniciación de las actividades dañinas de un virus, en respuesta a un suceso, fecha u hora específicos.

dispersar *vb.* (***disperse***) Descomponer y situar en más de una ubicación; por ejemplo, dispersar los resultados entre varios conjuntos de datos o dispersar los elementos (como, por ejemplo, los campos de un registro) de modo que aparezcan en más de un lugar dentro de la salida. *Compárese con* distribuir.

dispersión *s.* (***dispersion***) El grado en el que, en cualquier instante determinado, los datos en un sistema distribuido (interconectado) de computadoras están almacenados en diferentes ubicaciones o en diferentes dispositivos.

Display PostScript *s.* Versión ampliada del lenguaje PostScript orientada a proporcionar un lenguaje independiente del dispositivo para mostrar imágenes y texto en pantallas con visualización de tipo mapa de bits. *Véase también* PostScript.

disponer en mosaico *vb.* (*tile*) **1.** En un entorno con múltiples ventanas, reorganizar y redimensionar todas las ventanas abiertas de modo que se muestran ocupando toda la pantalla sin solaparse. **2.** En programación de gráficos por computadora, rellenar bloques de píxeles adyacentes en la pantalla con un diseño o patrón sin permitir que ningún bloque se solape. **3.** Rellenar el espacio de una pantalla o de un área limitada de la misma con múltiples copias de una imagen gráfica.

disponibilidad *s.* (*availability*) **1.** Una medida de la tolerancia a fallos de un equipo y de sus programas. Un equipo de alta disponibilidad funciona veinticuatro horas al día y siete días a la semana. *Véase también* tolerancia a fallos. **2.** Al hablar de procesamiento, es la accesibilidad de un recurso o sistema informático, como, por ejemplo, una impresora, en términos de tiempo de uso total o de porcentaje sobre el tiempo total en que el dispositivo es necesario.

disponible comercialmente *adj.* (*off-the-shelf*) Listo para usar; empaquetado. El término puede hacer referencia tanto a hardware como a software.

disposición *s.* (*layout*) **1.** En el diseño de computadoras, la disposición de los circuitos y otros componentes del sistema. **2.** En programación, el orden y la secuencia de la entrada y la salida. **3.** El diseño o plan global de un sistema documental. *Véase también* diseño de página.

disposición de archivos *s.* (*file layout*) En almacenamiento de datos, la organización de los registros dentro de un archivo. Con frecuencia, las descripciones de la estructura del registro se incluyen en la disposición del archivo.

disposición de terminales *s.* (*pinout*) Descripción o diagrama de los terminales de un chip o conector. *Véase también* terminal.

disposición del registro *s.* (*record layout*) La organización de los campos de datos dentro de un registro. *Véase también* registro.

disposición del teclado *s.* (*keyboard layout*) La disposición de teclas empleada en un teclado concreto, incluyendo factores tales como el número de teclas (el estándar actual es 101) y la configuración de las teclas (QWERTY es el estándar más extendido). Algunos sistemas propietarios utilizan diferentes disposiciones y muchos de ellos permiten asignar teclas a los caracteres de acuerdo con las preferencias del usuario.

disposición en capas *s.* (*layering*) En gráficos por computadora, la agrupación de elementos lógicamente relacionados en un dibujo. La disposición en capas permite al usuario de un programa visualizar, y trabajar independientemente en, partes de un gráfico en lugar de todo el dibujo.

dispositivo *s.* (*device*) Término genérico para designar un subsistema informático. Las impresoras, puertos serie y unidades de disco a menudo se denominan dispositivos; tales subsistemas necesitan frecuentemente su propio controlador de software, el cual se denomina controlador de dispositivo. *Véase también* controlador de dispositivo.

dispositivo antiestático *s.* (*antistatic device*) Un dispositivo diseñado para minimizar las descargas causadas por la acumulación de electricidad estática, que pueden alterar los equipos informáticos o causar pérdida de datos. Un dispositivo antiestático puede tomar la forma de una alfombrilla de suelo, de una muñequera con un cable conectado a la estación de trabajo, de un spray, de una loción u otro tipo de dispositivo de propósito especial. *Véase también* estático; electricidad estática.

dispositivo apuntador absoluto *s.* (*absolute pointing device*) Un dispositivo apuntador, mecánico o físico, cuya ubicación está asociada con la posición del cursor sobre la pantalla. Por ejemplo, si el usuario de una tableta gráfica coloca el lápiz en la esquina superior derecha de la tableta, el cursor se desplaza hasta la esquina superior derecha de la pantalla o de la

dispositivo asíncrono

ventana asociada con el lápiz. *Véase también* coordenadas absolutas. *Compárese con* dispositivo señalador relativo.

dispositivo asíncrono *s.* (*asynchronous device*) Un dispositivo cuyas operaciones internas no están sincronizadas con la temporización de ninguna otra parte del sistema.

dispositivo auxiliar *s.* (*auxiliary device*) *Véase* periférico.

dispositivo binario *s.* (*binary device*) Todo dispositivo que procesa información como una serie de estados eléctricos de tipo activado/desactivado o alto/bajo. *Véase también* binario.

dispositivo de acceso a Internet *s.* (*Internet access device*) Un mecanismo de comunicaciones y de encaminamiento de señales que posiblemente incorpora funciones de facturación y de control de uso y que se emplea para conectar múltiples usuarios remotos a Internet.

dispositivo de acceso frame relay *s.* (*frame relay access device*) *Véase* ensamblador/desensamblador frame relay.

dispositivo de acoplamiento de carga *s.* (*charge-coupled device*) Dispositivo en el que los componentes semiconductores individuales están conectados de modo que la carga eléctrica presente en la salida de un dispositivo sirve de entrada al siguiente dispositivo. El componente de detección de luz de las cámaras digitales y de muchas cámaras de vídeo es un dispositivo de acoplamiento de carga. *Acrónimo:* CCD.

dispositivo de almacenamiento *s.* (*storage device*) Aparato para la grabación de datos informáticos de forma permanente o semipermanente. Cuando se distingue entre dispositivo de almacenamiento principal y secundario (auxiliar), el primero hace referencia a la memoria de acceso aleatorio (RAM) y el segundo a las unidades de disco y otros dispositivos externos.

dispositivo de almacenamiento de acceso directo *s.* (*direct access storage device*) *Véase* DASD.

dispositivo de aspiración/expiración *s.* (*puff and sip device*) Tecnología informática de accesibilidad para personas con problemas de movilidad. Un dispositivo de aspiración/expiración es una alternativa al uso del teclado o del ratón. Para la funcionalidad del ratón, el dispositivo permite al usuario mover el puntero del ratón sin utilizar las manos soplando dentro de un tubo.

dispositivo de bloque *s.* (*block device*) Dispositivo, como, por ejemplo, una unidad de disco, que mueve la información en bloques (grupos de bytes) en lugar de un carácter (byte) cada vez. *Compárese con* dispositivo de caracteres.

dispositivo de captura de vídeo *s.* (*video capture device*) Tarjeta de expansión que convierte las señales de vídeo analógico a formato digital y las almacena en el disco duro de la computadora o en algún otro dispositivo de almacenamiento masivo. Algunos de los dispositivos de captura de vídeo pueden también transformar vídeo digital en vídeo analógico para reproducirlo en un magnetoscopio (VCR). *Véase también* placa de expansión.

dispositivo de caracteres *s.* (*character device*) 1. Dispositivo informático, como, por ejemplo, un teclado o una impresora, que recibe o transmite la información como un flujo de caracteres, de carácter en carácter. Los caracteres pueden ser transferidos bit a bit (transmisión en serie) o byte a byte (transmisión en paralelo), pero no se transmiten de un sitio a otro en bloques (grupos de bytes). *Compárese con* dispositivo de bloque. 2. En referencia a las pantallas de vídeo, un dispositivo capaz de presentar texto, pero no gráficos. *Véase también* modo de texto.

dispositivo de conmutación única *s.* (*single switch device*) Tecnología informática de accesibilidad para personas con problemas de movilidad. Un dispositivo de conmutación única permite a los usuarios interaccionar con la computadora mediante ligeros movimientos corporales.

dispositivo de E/S *s.* (*I/O device*) *Véase* dispositivo de entrada/salida.

dispositivo de entrada *s.* (*input device*) Dispositivo periférico cuyo propósito es permitir al usuario acceder a un sistema operativo. Ejemplos de dispositivos de entrada son los teclados, ratones, palancas de mandos y punzones. *Véase también* periférico.

dispositivo de entrada/salida *s.* (*input/output device*) Pieza de hardware que puede utilizarse para proporcionar datos a la computadora y recibir datos de ella dependiendo de la situación actual. Una unidad de disco es un ejemplo de un dispositivo de entrada/salida. Algunos dispositivos, como un teclado o un ratón, sólo pueden utilizarse para la introducción de información y por ello se denominan dispositivos de entrada (de sólo entrada). Otros dispositivos, como las impresoras, sólo pueden ser utilizados para la salida y por ello se denominan dispositivos de salida (de sólo salida). La mayoría de los dispositivos requiere la instalación de rutinas de software, llamadas controladores de dispositivo, para permitir a la computadora transmitir y recibir los datos a y desde ellos.

dispositivo de escritura *s.* (*handwriting input device*) Herramienta, como, por ejemplo, un lápiz y una tableta digital, utilizada para introducir texto escribiendo manualmente en lugar de a través del teclado. Junto con las tabletas de escritura, pueden emplearse dispositivos adicionales como tabletas de dibujo 3-D o de diseño asistido por computadora (CAD), computadoras PC Tablet o ratones.

dispositivo de estado sólido *s.* (*solid-state device*) Componente de circuito cuyas propiedades dependen de las características eléctricas o magnéticas de una sustancia sólida (por oposición a un gas o al vacío). Los transistores, diodos y circuitos integrados son dispositivos de estado sólido

dispositivo de información *s.* (*appliance*) Un dispositivo con un propósito único o limitado en cuanto a funcionalidad. Esta funcionalidad es similar a la de un electrodoméstico simple para el mercado de consumo.

dispositivo de limpieza de cabezales *s.* (*head-cleaning device*) Aparato utilizado para aplicar una pequeña cantidad de fluido de limpieza a un cabezal magnético con el fin de eliminar los residuos acumulados.

dispositivo de telefonía *s.* (*telephony device*) Mecanismo diseñado para transformar el sonido en señales eléctricas, transmitirlas y después convertirlas de nuevo en sonido.

dispositivo de visualización *s.* (*display device*) *Véase* pantalla.

dispositivo electroluminiscente orgánico *s.* (***Organic Light-Emitting Device***) *Véase* OLED.

dispositivo fotoeléctrico *s.* (*photoelectric device*) Dispositivo que utiliza la luz para crear o modular una señal eléctrica. Un dispositivo fotoeléctrico utiliza material semiconductor y se cae dentro de una de dos categorías. En un tipo (célula fotoeléctrica), la luz que incide sobre el semiconductor genera una corriente eléctrica. En otro tipo de dispositivo (fotosensor), la luz hace variar la resistencia del material semiconductor, modulando una tensión aplicada.

dispositivo infrarrojo *s.* (*infrared device*) Una computadora, o un periférico informático tal como una impresora, que puede comunicarse utilizando luz infrarroja. *Véase también* infrarrojo.

dispositivo inteligente *s.* (*smart device*) Un dispositivo electrónico capaz de conectarse en red y de ser controlado remotamente en una casa inteligente. Los dispositivos inteligentes pueden incluir electrodomésticos, sistemas de iluminación, sistemas de calefacción y refrigeración, sistemas de entretenimiento y sistemas de seguridad. *Véase también* domótica; red doméstica; vivienda inteligente.

dispositivo Internet *s.* (*Internet appliance*) *Véase* decodificador.

dispositivo lógico *s.* (*logical device*) Dispositivo que recibe su nombre de acuerdo con la lógica de un sistema de software independientemente de su relación física con el sistema. Por ejemplo, en el sistema operativo MS-DOS, una misma unidad de disquetes puede ser, simultáneamente, la unidad lógica A y la unidad lógica B.

dispositivo lógico programable *s.* (***programmable logic device***) Chip lógico programado por el cliente en lugar de por el fabricante. Al igual que una matriz de puertas, un dispositivo lógico programable consta de una colección de puertas lógicas; a diferencia de una matriz de puertas, un dispositivo lógico programable no necesita que su programación se concluya como parte del proceso de fabricación. *Acrónimo:* PLD. *Véase también* chip lógico. *Compárese con* matriz de puertas.

dispositivo PCMIA *s.* (***PCMIA device***) *Véase* PC Card.

dispositivo periférico *s.* (***peripheral device***) *Véase* periférico.

dispositivo SCSI *s.* (***SCSI device***) Un dispositivo periférico que utiliza el estándar SCSI para intercambiar datos y señales de control con el procesador de una computadora. *Véase también* periférico; SCSI.

dispositivo señalador *s.* (***pointing device***) Dispositivo de entrada utilizado para controlar un cursor en pantalla para acciones tales como «pulsar» botones de cuadros de diálogos, elegir opciones de menú o seleccionar rangos de celdas en hojas de cálculo o grupos de palabras en un documento. Los dispositivos señaladores se utilizan frecuentemente para crear dibujos o formas gráficas. El dispositivo señalador más común es el ratón, que se hizo famoso con el Apple Macintosh. Otros dispositivos señaladores son, por ejemplo, las tabletas gráficas, los punzones, los lápices luminosos, las palancas de mando y los ratones de bola. *Véase también* tableta gráfica; palanca de mando; lápiz luminoso; ratón; marcador; stylus; ratón de bola.

dispositivo señalador relativo *s.* (***relative pointing device***) Dispositivo de control de cursor, como, por ejemplo, un ratón o un ratón de bola, en el que el movimiento de un cursor en la pantalla está unido al movimiento del dispositivo, pero no a la posición absoluta de éste. Por ejemplo, si un usuario levanta el ratón y lo suelta en una posición diferente de la mesa, la posición del cursor en la pantalla no cambiará porque no se detectará ningún movimiento (de rodadura). Cuando el usuario haga rodar el ratón otra vez, el cursor se moverá para reflejar el movimiento del ratón contra la superficie del escritorio. Los dispositivos señaladores relativos difieren en este sentido de los dispositivos señaladores absolutos, tales como las tabletas gráficas, en los que la localización del dispositivo dentro de un área definida está siempre asociada con una posición predefinida de la pantalla. *Véase también* coordenadas relativas; movimiento relativo. *Compárese con* dispositivo apuntador absoluto.

dispositivo SerialKey *s.* (***SerialKey device***) Permite conectar un dispositivo de entrada alternativo (también denominado dispositivo de comunicación aumentativo) al puerto serie de la computadora. Esta característica está diseñada para personas que no pueden utilizar el teclado o el ratón estándar de una computadora.

dispositivo virtual *s.* (***virtual device***) Dispositivo al que se puede hacer referencia, pero que no existe físicamente. Por ejemplo, el direccionamiento de memoria virtual utiliza el almacenamiento en disco magnético para simular más memoria de la que está físicamente disponible.

disquete *s.* (***floppy disk***) Pieza redonda de película de plástico flexible recubierta con partículas de óxido férrico que pueden mantener un campo magnético. Cuando se introduce en una unidad de disco, el disquete gira para colocar áreas diferentes, o sectores, de la superficie del disco bajo el cabezal de lectura/escritura de la unidad, el cual puede detectar y modificar la orientación de los campos magnéticos de las partículas para representar los 1 y 0 binarios. Un disquete de 5,25 pulgadas de diámetro se encuentra dentro de una funda de plástico flexible y tiene un gran taladro en el centro que se ajusta alrededor de un eje en la unidad de disco; un disco de este tipo puede almacenar desde unos pocos cientos de miles hasta más de un millón de bytes de datos. Un disco de 3,5 pulgadas, revestido de una funda de plástico rígido, también se denomina disquete o microdisquete. Además, los disquetes de 8 pulgadas fueron comunes en los sistemas DEC y otros sistemas de minicomputadoras. *Véase también* microdisquete.

disquete de 3,5 pulgadas *s.* (***3.5-inch floppy disk***) Utilizado con las computadoras Macintosh y con las computadoras IBM y compatibles. Un microdisquete es una pieza redonda de película de poliéster recubierta con óxido férrico e inserta en una carcasa de plástico rígida que dispone de una tapa metálica deslizante. En el Macintosh, un disquete monocara de 3,5 pulgadas puede contener 400 kilobytes (KB), uno de doble clara (estándar) puede almacenar 800 KB y un disquete de doble cara y alta densidad puede almacenar 1,44 megabytes (MB). En las computadoras IBM y compatibles, un microdisquete puede almacenar 720 KB o 1,44 MB de información. *Véase también* disquete.

disquete de 5,25 pulgadas *s.* (***5.25-inch floppy disk***) Utilizado con las computadoras Macintosh y con las computadoras IBM y compatibles. Un microdisquete es una pieza redonda de película de poliéster recubierta con óxido férrico e inserta en una funda rígida de plástico que incorpora una tapa metálica deslizante. Un disquete de 5,25 pulgadas de diámetro está inserto en una funda de plástico flexible y tiene un gran agujero en el centro, que encaja en una pieza rotatoria situada en la unidad de disco; uno de estos discos puede almacenar desde unos pocos cientos de miles hasta más de un millón de bytes de datos. *Véase* disquete.

disquete de extra alta densidad *s.* (***extra-high-density floppy disk***) Disquete de 3,5 pulgadas capaz de almacenar 4 MB de datos y que requiere una disquetera especial que tiene dos cabezales en vez de uno. *Véase también* disquete.

distorsión *s.* (***distortion***) Cambio no deseado en la forma de onda de una señal. La distorsión puede producirse durante la transmisión de una señal, como cuando una emisión por radio es ininteligible; o también puede producirse cuando una señal pasa a través de un circuito; por ejemplo, se sube mucho el volumen en un equipo de sonido. La distorsión suele tener como consecuencia la pérdida de información

y donde resulta más problemática es en las señales analógicas. Las señales digitales no se ven afectadas por una distorsión de moderada intensidad.

distorsión de interferencia *s.* (***moiré***) Distorsión ondulante o parpadeo visible en una imagen que se visualiza o imprime con una resolución inapropiada. Los patrones de interferencia se ven afectados por varios parámetros, incluyendo el tamaño y la resolución de la imagen, la resolución del dispositivo de salida y el ángulo de la trama de semitono.

distorsión de retardo *s.* (***delay distortion***) *Véase* retardo de envolvente.

distorsionador *s.* (***scrambler***) Dispositivo o programa que reordena una secuencia de señal para representarla de modo indescifrable. *Véase también* cifrado.

distribución binomial *s.* (***binomial distribution***) En estadística, una lista o función que describe las probabilidades de los posibles valores de una variable aleatoria evaluada por medio de un proceso de muestreo de Bernoulli. Un proceso de Bernoulli tiene tres características: cada prueba tiene sólo dos resultados posibles: éxito o fracaso, cada prueba es independiente de las otras pruebas y la probabilidad de éxito en cada prueba es constante. Una distribución binomial se puede utilizar para calcular la probabilidad de obtener un número especificado de éxitos en un proceso de Bernoulli. Por ejemplo, la distribución binomial se puede utilizar para calcular la probabilidad de obtener un 7 tres veces al tirar en 20 ocasiones un par de dados.

distribución de contenido *s.* (***content delivery***) El proceso de almacenar las páginas de un sitio web en la memoria caché de una serie de servidores geográficamente dispersos para permitir un suministro más rápido de las páginas. Cuando se solicita una página con una dirección URL para la que se hayan implementado mecanismos de distribución de contenido, la red de distribución de contenido encamina la solicitud del usuario a un servidor de caché que esté más próximo al mismo. A menudo, los mecanismos de distribución de contenido

distribución de Poisson

se utilizan para sitios web de gran volumen de tráfico o eventos específicos de gran volumen de tráfico. *También llamado* suministro de contenido.

distribución de Poisson *s.* (*Poisson distribution*) Curva matemática utilizada a menudo en estadística y simulación para representar la probabilidad de que ocurran algunos sucesos (como, por ejemplo, la llegada de un cliente a una cola) cuando se conoce la probabilidad media. Esta distribución, llamada así en honor del matemático francés S. D. Poisson, es más simple de calcular que las distribuciones normal y binomial. *Véase también* distribución binomial; distribución normal.

distribución digital *vb.* (*distro*) Distribuir o vender programas software, música digital o elementos de texto a través de la Web.

distribución electrónica de software *s.* (*electronic software distribution*) Método de distribución directa de software a los usuarios a través de Internet. La distribución electrónica de software es similar a los pedidos por correo ordinario. *Acrónimo:* ESD.

distribución normal *s.* (*normal distribution*) En estadística, un tipo de función que describe las probabilidades de los posibles valores de una variable aleatoria. La función, cuya gráfica es la conocida curva de campana, se puede utilizar para determinar la probabilidad de que el valor de una variable caiga dentro de un determinado intervalo de valores.

distribución, servicios de *s.* (*distribution services*) *Véase* RDSI de banda ancha.

distribuir *vb.* (*distribute*) Repartir entre diversas ubicaciones o instalaciones, como, por ejemplo, cuando una función de procesamiento de datos es realizada por una serie de computadoras y otros dispositivos que están enlazados mediante una red.

distro *s.* **1.** Una empresa o persona dedicada a la distribución digital, es decir, que vende productos a través de la red, normalmente software, discos compactos de música o libros. **2.** Una distribución de música digital, software (usualmente una versión de Linux) o una revista en línea (e-zine). *Véase también* e-zine; Linux.

disyuntor *s.* (*circuit breaker*) Interruptor que abre y cierra el flujo de corriente cuando la corriente excede un cierto nivel. Los disyuntores se colocan en puntos críticos de circuitos para protegerlos frente a daños que pudieran resultar de un flujo excesivo de corriente, que normalmente es debido a un fallo del componente. Los disyuntores se utilizan a menudo en lugar de los fusibles, porque sólo necesitan reiniciarse en lugar de reemplazarse. *Compárese con* protector de sobretensión.

divergencia *s.* (*divergence*) Separación o alejamiento. En las pantallas de computadora, la divergencia se produce cuando los haces de electrones correspondientes a los colores rojo, verde y azul de un monitor no inciden sobre el mismo punto de la pantalla. Dentro de un programa, como, por ejemplo, una hoja de cálculo, la divergencia puede producirse cuando un conjunto circular de fórmulas se recalcula (itera) repetidamente, obteniendo resultados en cada iteración cada vez más alejados de una solución estable. *Compárese con* convergencia.

división en bandas *s.* (*striping*) Método para proteger los datos en una red distribuyéndolos a lo largo de múltiples discos. En el método más comúnmente utilizado, la división en bandas se combina con la paridad (información de corrección de errores) para asegurarse de que si una parte de los datos se pierde, pueda ser reconstruida. La división en bandas se implementa en la seguridad RAID. *Véase también* RAID. *Compárese con* duplicación de discos en espejo.

división entre cero *s.* **1.** (*division by zero*) Condición de error causada por un intento de dividir un número entre cero, lo que no está definido matemáticamente, o entre un número que se acerca lo suficientemente a cero como para que el resultado sea demasiado grande para que la máquina pueda expresarlo. Las computadoras no permiten la división entre cero, por lo que el software debe proporcionar algún método para proteger al usuario ante un fallo del programa bajo esas circunstancias.

2. (*zero divide*) División en la que el divisor es cero. La división entre cero está matemáticamente indefinida, no está permitida en un programa y se considera un error.

DIX *s.* Acrónimo de Digital Intel Xerox, las compañías que desarrollaron el conector AUI para los cables de Ethernet gruesa. *Véase también* AUI.

DJGPP *s.* Compilador y conjunto de herramientas utilizado por algunos programadores de juegos para crear programas en modo protegido de 32 bits que se ejecutan en sistemas operativos Windows. El DJGPP es un completo sistema de desarrollo de C/C++ en 32 bits para computadoras PC con MS-DOS; incluye versiones portadas de muchas herramientas de desarrollo GNU. En la mayoría de los casos, los programas creados utilizando DJGPP pueden ser vendidos sin licencia ni regalías. *Véase también* 32 bits; Allegro; GNU.

djinn *s.* Grupo de dispositivos, recursos y usuarios unidos por la tecnología JINI de Sun Microsystem. El grupo, controlado por la infraestructura de la tecnología JINI, opera de acuerdo con las especificaciones básicas para la administración, relaciones de confianza, identificación y políticas. *Véase también* Jini.

DLC *s.* Acrónimo de Data Link Control (control del enlace de datos). Un protocolo de corrección de errores en la arquitectura SNA (Systems Network Architecture), responsable de la transmisión de datos entre nodos a través de un enlace físico. Soportado por Microsoft Windows NT y Windows 2000, DLC está diseñado para proporcionar acceso a computadoras mainframe de IBM y a impresoras Hewlett-Packard conectadas a la red. *Véase también* HDLC; SNA.

DLCI *s.* (*Data Link Connection Identifier*) Acrónimo de Data Link Connection Identifier (identificador de conexión de enlace de datos). Un circuito virtual en las redes frame relay que identifica de manera permanente la ruta hacia un destino concreto. *Véase también* frame relay; circuito virtual.

.dll *s.* Extensión de archivo para una biblioteca de enlace dinámico. *Véase también* biblioteca de enlace dinámico.

DLL *s. Véase* biblioteca de enlace dinámico.

DLP *s.* Abreviatura de Digital Light Processing (procesamiento de luz digital). Es una tecnología de proyección digital desarrollada por Texas Instruments en la que se proyecta sobre una pantalla una señal enviada desde una computadora a un proyector DLP por medio de la luz reflejada mediante un dispositivo DMD (Digital Micromirror Device) que está compuesto por miles de pequeños espejos rotatorios, cada uno de los cuales representa un píxel y que están conectados a un chip. El chip actúa como un banco de conmutadores, existiendo un conmutador por cada espejo. Estos conmutadores, por su parte, hacen rotar los espejos en respuesta a la señal digital con el fin de reflejar la luz a través de una lente de proyección para crear la imagen. Los proyectores DLP utilizan una tecnología más moderna que los proyectores LCD, también utilizados para mostrar imágenes sobre una pantalla. *Véase también* microespejo digital.

DLS *s. Véase* Downloadable Sounds.

DLT *s. Véase* cinta digital lineal.

DMA *s. Véase* acceso directo a memoria; sistema de gestión documental.

DMD *s. Véase* microespejo digital.

DMI *s.* Acrónimo de Desktop Management Interface (interfaz de gestión de equipos de escritorio). Sistema para gestionar desde una computadora central las configuraciones y el estado de los equipos PC de una red. En DMI hay un programa agente que se ejecuta en segundo plano en cada máquina y que devuelve información o realiza alguna acción (tal y como se haya especificado en un archivo contenido en dicha máquina) en respuesta a una consulta recibida desde la computadora central. Entre las acciones que debe realizar el agente pueden incluirse la detección de errores y el envío de informes sobre los mismos a la computadora central cuando se produzcan. Por ejemplo, una impresora puede configurarse para que informe a la computadora central de que el papel se ha terminado o se ha quedado atascado. DMI fue desarrollada por DMTF (Desktop Management Task Force, un consorcio de fabricantes de equipamiento informático) como alternativa a SNMP (aunque ambos entornos pueden coexistir en el mismo sistema). *Véase también* agente; DMTF. *Compárese con* SNMP.

DML *s.* Acrónimo de Declarative Markup Language. *Véase* lenguaje de composición declarativo.

DMQL *s.* Acrónimo de Data Mining Query Language (lenguaje de consulta para minería de datos). Cualquier lenguaje de consulta desarrollado y utilizado para minería de datos en bases de datos relacionales. Los lenguajes DMQL proporcionan una sintaxis para especificar el tipo de conocimiento sobre el que se va a realizar la minería, las funciones de presentación y visualización de patrones, las jerarquías conceptuales y diversos datos sobre las tareas que hay que realizar. *Véase también* minería de datos. *Compárese con* lenguaje estructurado de consulta.

DMS *s. Véase* sistema de gestión documental.

DMT *s. Véase* multitono discreto.

DMTF *s.* Acrónimo de Desktop Management Task Force (grupo de trabajo para la gestión de equipos de escritorio). Consorcio formado en 1992 para desarrollar estándares para sistemas tipo PC, tanto autónomos como conectados en red, de acuerdo con las necesidades de los usuarios y de la industria.

DNA *s.* (*Digital Network Architecture*) Acrónimo de Digital Network Architecture (arquitectura de red digital). Una arquitectura de varios niveles y un conjunto de especificaciones de protocolos para redes. Diseñada por Digital Equipment Corporation, DNA está implementada en el conjunto de productos conocido por el nombre de DECnet. *Véase también* DECnet.

DNS *s.* **1.** Acrónimo de Domain Name Service (servicio de nombres de dominio). La utilidad Internet que implementa el sistema de nombres de dominio. Los servidores DNS, también denominados servidores de nombres, mantienen bases de datos que contienen las direcciones y a las que se accede de forma completamente transparente para el usuario. *Véase también* servidor DNS. **2.** Acrónimo de Domain Name System (sistema de nombres de dominio). Es el sistema jerárquico mediante el que se asignan a las máquinas host de Internet direcciones de nombre de dominio (como, por ejemplo, bluestem.prairienet.org) y direcciones IP (como, por ejemplo, 192.17.3.4). La dirección del nombre de dominio es utilizada por los usuarios y se traduce automáticamente a la dirección IP numérica, que es la empleada por el software de encaminamiento de paquetes. Los nombres DNS constan de un dominio de nivel superior (como, por ejemplo, .com, .org y .net), un dominio de segundo nivel (el nombre de sitio de una empresa, de una organización o de una persona) y, posiblemente, uno o más subdominios (servidores dentro de un dominio de segundo nivel). *Véase también* dirección de nombre de dominio; dirección IP.

doble barra *s.* (*double slash*) *Véase* //.

doble búfer *s.* (*double buffering*) La utilización de dos áreas temporales de almacenamiento (búferes) en lugar de una para almacenar la información procedente o destinada a un dispositivo de entrada/salida concreto. Puesto que puede irse rellenando un búfer mientras que el otro está siendo vaciado, los mecanismos de doble búfer incrementan la velocidad de transferencia.

doble comprobación *s.* (*duplication check*) La utilización de cálculos separados o independientes con el fin de establecer la precisión de un resultado.

doble densidad *adj.* (*dual density*) Perteneciente, relativo a o característico de las unidades de disquete que pueden leer y escribir en disquetes de diferentes densidades.

doble duplicación *s.* (*double dabble*) Método que permite convertir números binarios a decimales por medio de un proceso de duplicación de sumas y adición de los bits subsiguientes: duplicar el bit más a la izquierda, sumar el siguiente bit y duplicar el resultado de la suma, añadir el siguiente bit y duplicar la suma, y así sucesivamente hasta que el bit más a la derecha haya sido incluido en el total.

doble impacto s. (*double-strike*) En una impresora de impacto, como, por ejemplo, una impresora de margarita, es el proceso de imprimir dos veces sobre una palabra, con lo que el texto aparece más oscuro de lo normal. En las impresoras matriciales, puede utilizarse la impresión de doble impacto con un ligero desplazamiento para rellenar el espacio entre los puntos, con lo que se obtienen caracteres más suaves y oscuros.

doble palabra s. (*double word*) Unidad de datos que consiste en dos palabras contiguas (bytes conectados, no texto) procesadas conjuntamente por el microprocesador de una computadora.

doble precisión adj. (*double-precision*) Perteneciente, relativo a o característico de un número almacenado en el doble de memoria (dos palabras, normalmente 8 bytes) que la que se necesita para almacenar un número menos preciso (de simple precisión). Normalmente, las computadoras manejan los números de doble precisión en formato de coma flotante. *Véase también* número en coma flotante. *Compárese con* simple precisión.

doble publicación s. (*double posting*) En las discusiones de los grupos de noticias, es la práctica de replicar a los propios artículos publicados por uno mismo. Dado que podría considerarse a esto como el equivalente digital de hablar con uno mismo, la doble publicación se considera una práctica indeseable.

.doc s. Extensión de archivo que identifica archivos de documentos formateados para un procesador de textos. Ésta es la extensión de archivo predeterminada de los archivos de documentos de Microsoft Word.

DOCSIS s. Acrónimo de Data Over Cable Service Interface Specification (especificación de interfaz para el servicio de datos sobre cable). El estándar de la Unión Internacional de Telecomunicaciones (recomendación ITU J.112) que especifica las funciones y las interfaces internas y externas para la transferencia bidireccional a alta velocidad de datos digitales entre redes de televisión por cable y sus abonados. Los equipos compatibles con DOCSIS garantizan la interoperabilidad entre módems de cable y la infraestructura de televisión por cable independientemente del fabricante o proveedor. Inicialmente desarrollado por un grupo de proveedores de televisión por cable, entre los que se incluyen Time Warner y TCI, DOCSIS fue diseñado para soportar datos, vídeo y acceso de alta velocidad a Internet. Las velocidades de datos son de entre 27 y 36 Mbps aguas abajo (desde la red de cable) y de 320 Kbps a 10 Mbps aguas arriba (hacia la red de cable). *Véase también* módem de cable. *Compárese con* IEEE 802.x.

documentación s. (*documentation*) El conjunto de instrucciones incluidas con un programa o un elemento hardware. La documentación incluye usualmente la información necesaria acerca del tipo de sistema informático requerido, las instrucciones de instalación y las instrucciones relativas al uso y mantenimiento del producto.

documentalista s. (*tech writer*) Persona que escribe material de documentación para un producto hardware o software. *Véase también* documentación.

documentar vb. (*document*) Explicar o anotar algo, como, por ejemplo, un programa o procedimiento.

documento s. (*document*) Todo resultado autocontenido de un trabajo creado con un programa de aplicación y al que, si se guarda en disco, se le proporciona un nombre de archivo distintivo con el que se puede extraer. Normalmente, suele pensarse en los documentos únicamente como los resultados del trabajo realizado con procesadores de texto. Sin embargo, para una computadora, los datos no son más que una colección de caracteres, por lo que una hoja de cálculo o un gráfico tienen tanta categoría de documento como puedan tenerla una carta o un informe. En el entorno de Macintosh, concretamente, un documento es todo trabajo creado por un usuario al que se le asigna un nombre y que se guarda como un archivo independiente.

documento asociado s. (*attached document*) Un archivo de texto ASCII o un archivo binario, como, por ejemplo, un documento creado en un programa de procesamiento de textos, que está incluido en un mensaje de correo electrónico como adjunto. *Véase también* ASCII; adjunto; archivo binario; convertir con BinHex; MIME; uuencode.

documento compuesto *s.* (*compound document*) Documento que contiene diferentes tipos de información, habiendo sido creado cada información con una aplicación diferente; por ejemplo, un informe que contiene gráficos (creados con una hoja de cálculo) y texto (creado con un procesador de textos) es un documento compuesto. Aunque un documento compuesto es visualmente una unidad simple y sin junturas, está realmente formado por objetos discretos (bloques de información) que se han creado en sus propias aplicaciones. Estos objetos pueden estar físicamente incrustados en el documento destino o pueden estar vinculados a él mientras permanecen en el archivo original. Tanto los objetos incrustados como los vinculados pueden editarse. Sin embargo, los objetos vinculados pueden actualizarse para reflejar los cambios realizados en el archivo original. *Véase también* ActiveX; OLE; OpenDoc.

documento de origen *s.* (*source document*) El documento original del que se extraen los datos.

documento HTML *s.* (*HTML document*) Un documento de hipertexto que ha sido codificado con HTML.

documento, definición de tipo de *s.* (*document type definition*) *Véase* DTD.

documento, modelo de objetos de *s.* (*DOM*) *Véase* DOM.

DoD *s.* (*U.S. Department of Defense*) Acrónimo de Department of Defense (Departamento de Defensa): la rama militar del gobierno de Estados Unidos. El Departamento de Defensa desarrolló ARPANET, el origen de la Internet actual, y MILNET a través de su Agencia de Proyectos de Investigación Avanzada (ARPA, Advanced Research Projects Agency). *Véase también* ARPANET; Internet; MILNET.

DOM *s.* (*Document Object Model*) Acrónimo de Document Object Model (modelo de objetos de documento). Una especificación del consorcio W3C que describe la estructura de los documentos XML y DHTML en una forma que permite manipularlos mediante un explorador web. En el modelo de objetos de documento, o DOM, se presentan los documentos como estructuras lógicas en lugar de como un conjunto de palabras etiquetadas. En esencia, DOM es una forma de definir un documento en forma de una jerarquía de nodos de tipo árbol en la que el documento es un objeto que contiene otros objetos, como, por ejemplo, imágenes y formularios. Mediante DOM, los programas y scripts pueden acceder a estos objetos para cambiar aspectos, tales como su apariencia o comportamiento. DOM es un mecanismo para añadir profundidad e interactividad a lo que, de otro modo, sería una página web estática.

dominio *s.* (*domain*) **1.** En Windows NT Advanced Server, es una colección de equipos que comparte una base de datos de dominio común y una misma política de seguridad. Cada dominio tiene un nombre exclusivo. **2.** En el diseño y gestión de bases de datos, es el conjunto de valores válidos para un cierto atributo. Por ejemplo, el dominio para el atributo PAÍS podría ser la lista de todos los países que formen la Unión Europea. *Véase también* atributo. **3.** En Internet y otras redes, es la subdivisión de más alto nivel de un nombre de dominio en una dirección de red que identifica el tipo de entidad a la que pertenece la dirección (por ejemplo, .com para usuarios comerciales o .edu para instituciones educativas) o la ubicación geográfica de la dirección (por ejemplo, .fr para Francia o .es para España). El dominio es la última parte de la dirección (por ejemplo, www.acm.org). *Véase también* nombre de dominio.

dominio de conocimientos *s.* (*knowledge domain*) El área específica de experiencia a la que se dedica un sistema experto. *Véase también* sistema experto.

dominio de nivel superior *s.* (*top-level domain*) En el sistema de nombres de dominio de direcciones Internet, o jerarquía DNS, es cualquiera de las categorías de nombres más amplias bajo las cuales se incluyen todos los nombres de dominio. Los dominios de nivel superior para los sitios Internet de Estados Unidos incluyen .com, .edu, .gov, .net y .org. *Véase también* DNS; dominio geográfico principal.

dominio de segundo nivel *s.* (***second-level domain***) El nivel situado inmediatamente debajo del dominio de nivel superior en la jerarquía DNS de Internet. *Véase también* dominio.

dominio ferromagnético *s.* (***ferromagnetic domain***) *Véase* dominio magnético.

dominio geográfico principal *s.* (***major geographic domain***) Una secuencia de dos caracteres en una dirección de nombre de dominio Internet que indica el país/región en el que está ubicado un determinado host. El dominio geográfico principal es la última parte de la dirección de nombre de dominio, estando situado a continuación de los códigos de subdominio y dominio; por ejemplo, uiuc.edu.us indica un host situado en la Universidad de Illinois en Estados Unidos, mientras que cam.ac.uk indica un host situado en la Universidad de Cambridge, en el Reino Unido. *También llamado* código de país. *Véase también* DNS; dirección de nombre de dominio.

dominio magnético *s.* (***magnetic domain***) Región de un material ferromagnético en la que las partículas magnéticas moleculares o atómicas están alineadas en la misma dirección. *También llamado* dominio ferromagnético.

dominio público *s.* (***public domain***) El conjunto de todas las obras creativas, como, por ejemplo, libros, música o software, que no están cubiertas por derechos de copyright ni otros tipos de medidas de protección de la propiedad intelectual. Las obras de dominio público pueden ser copiadas libremente, modificadas y utilizadas de cualquier otra forma y con cualquier otro propósito. Buena parte de la información, de los textos y del software Internet son de dominio público, pero el hecho de colocar en Internet una obra sujeta a copyright no significa que dicha obra pase a ser de dominio público. *Compárese con* propietario.

Domino *s. Véase* Lotus Domino.

domótica *s.* (***home automation***) El proceso de controlar mediante programa los electrodomésticos, la iluminación, los sistemas de calefacción y refrigeración y otros dispositivos en una red doméstica. *Véase también* red doméstica.

dopante *s.* (***dopant***) Impureza que se añade en pequeñas cantidades al material semiconductor durante la fabricación de diodos, transistores y circuitos integrados. La resistencia de un semiconductor tiene un valor intermedio entre la resistencia de un conductor y la resistencia de un aislante (de ahí su nombre). Los dopantes se añaden al semiconductor para incrementar su conductividad. El tipo y la cantidad de dopante determina si el semiconductor será de tipo N (en el que la corriente es conducida por electrones libres) o de tipo P (en el que la corriente es conducida por las vacantes de electrones, denominadas huecos). Entre los dopantes más comunes se incluyen el arsénico, el antimonio, el bismuto y el fósforo. *Véase también* semiconductor de tipo *n*; semiconductor de tipo *p*.

dormir *vb.* (***sleep***) Suspender la operación sin terminarla.

DoS *s.* Acrónimo de denial of service (denegación de servicio). Un tipo de ataque informatizado, usualmente planeado, que trata de interrumpir el acceso a través de la Web. Los ataques por denegación de servicio pueden tener lugar de diversas maneras. La forma más común de ataque consiste en abrumar a un servidor Internet con solicitudes de conexión que no pueden ser satisfechas. Esto hace que el servidor esté tan ocupado tratando de responder al ataque, que ignora las solicitudes de conexión legítimas. Un ejemplo de este tipo de ataque, conocido con el nombre de inundación SYN, inunda los puertos de entrada del servidor con falsos mensajes de conexión. Otro, conocido como el Ping de la Muerte, envía un comando ping con un paquete IP de excesivo tamaño, que hace que el servidor se quede detenido, se bloquee o rearranque. Otras formas de ataque por denegación de servicio incluyen la destrucción o alteración de los datos de configuración de un servidor, como, por ejemplo, la información de encaminamiento, el acceso físico no autorizado a componentes físicos de un sistema y el envío de datos no válidos o de gran volumen, que hagan que un sistema se detenga o se bloquee. *Véase también* paquete; ping de la muerte; inundación SYN.

DOS *s.* **1.** Acrónimo de disk operating system (sistema operativo de disco). Término genérico que describe cualquier sistema operativo que se carga desde dispositivos de disco cuando se inicia o rearranca el sistema. Originalmente, el término servía para distinguir entre los sistemas basados en discos y los sistemas operativos de las microcomputadoras primitivas, que estaban basados en memoria o que sólo permitían el uso de cintas magnéticas o cintas de papel. **2.** *Véase* MS-DOS.

Downloadable Sounds *s.* Estándar para sintetizar sonidos de ondas de muestras digitales almacenadas en software. La asociación MIDI Manufacturers Association publica los estándares DLS de nivel 1 y nivel 2. *Acrónimo:* DLS.

downsizing *s.* En informática, es la práctica de migrar desde grandes sistemas informáticos, como los basados en mainframe y minicomputadoras, a sistemas más pequeños dentro de una organización, generalmente para ahorrar costes y actualizarse a programas software más modernos. Los sistemas más pequeños son, usualmente, sistemas cliente/servidor compuestos de una combinación de equipos PC, estaciones de trabajo y algunos sistemas heredados, como, por ejemplo, un mainframe, conectados mediante una o más redes de área local o redes de área extensa. *Véase también* arquitectura cliente/servidor; sistema heredado.

downstream *adj.* Referido a datos que se transfieren desde una red remota hacia una computadora individual. En algunas tecnologías de comunicaciones relacionadas con Internet, los datos fluyen más rápidamente aguas abajo que aguas arriba; los módems de cable, por ejemplo, pueden transferir datos a velocidades de hasta 30 Mbps aguas abajo, pero soportan velocidades mucho más bajas, de entre 128 Kbps y unos 2 Mbps, aguas arriba. *Compárese con* upstream.

downstream *adv.* **1.** La dirección en la que los datos se mueven del servidor al cliente. **2.** La ubicación de una computadora cliente en relación con un servidor.

downstream *s.* La dirección en la que la información pasa de un servidor al siguiente, como, por ejemplo, un suministro de noticias para un grupo de noticias o los datos de un servidor http (web). *Véase también* suministro de noticias; grupo de noticias; servidor.

DP *s. Véase* procesamiento de datos.

DPMA *s.* Acrónimo de Data Processing Management Association (Asociación para la gestión del procesamiento de datos). Organización estadounidense formada por profesionales de los sistemas de información. DPMA se fundó en 1951 con el nombre de National Machine Accountants Association.

DPMI *s. Véase* interfaz de modo protegido de DOS.

DPMS *s.* Acrónimo de VESA Display Power Management Signaling (señalización para administración de energía de monitores). Estándar VESA relativo a las señales que ponen a un monitor en modo suspendido para reducir el consumo de energía. *Véase también* PC ecológico; VESA.

DPOF *s.* Abreviatura de Digital Print Order Format (formato de pedido para impresión digital). Una especificación de impresión desarrollada por Computer Systems, Inc., Eastman Kodak Company, Fuji Photo Film Co., Ltd., y Matsushita Electric Industrial Co., Ltd. DPOF tiene como objetivo facilitar el proceso de impresión de las imágenes almacenadas en tarjetas de memoria para cámaras digitales, permitiendo a los usuarios seleccionar las imágenes que quieren imprimir, así como especificar el número de copias deseadas en la propia tarjeta. Las imágenes solicitadas pueden ser impresas entonces en una impresora doméstica o utilizando los servicios de un laboratorio fotográfico.

DPSK *s.* Acrónimo de differential phase-shift keying (modulación por desplazamiento de fase diferencial). *Véase* modulación por desplazamiento de fase.

DRAM *s. Véase* RAM dinámica.

DRAM de vídeo *s.* (*video DRAM*) *Véase* RAM de vídeo.

DRAM Rambus *s.* (*Rambus DRAM*) *Véase* RDRAM.

DRAM síncrona *s.* (*synchronous DRAM*) *Véase* SDRAM.

DRAW *s.* Acrónimo de direct read after write (lectura directa después de la escritura). Técnica utilizada en los discos ópticos para verificar la precisión de la información inmediatamente después de que haya sido grabada (o escrita) en el disco. *Compárese con* DRDW.

DRDW *s.* Acrónimo de direct read during write (lectura directa durante la escritura). Técnica utilizada en los discos ópticos para verificar la precisión de la información al mismo tiempo que se está grabando en el disco. *Compárese con* DRAW.

Dreamcast *s.* Una videoconsola diseñada por Sega. Incluye un motor gráfico de 128 bits de Hitachi con un procesador RISC SH-4 integrado (frecuencia de operación de 200 MHz, 360 MIPS/1,4 GFLOPS) y un sistema operativo personalizado que utiliza Windows CE como base (y que soporta DirectX). Los desarrolladores de juegos para la plataforma Dreamcast utilizan un entorno basado en Microsoft Visual Studio y una versión refinada de Visual C++. *Véase también* juego de computadora; juego de consola; DirectX; gigaflops; MIPS; OS; RISC; Visual C++. *Compárese con* GameCube; PlayStation; Xbox.

drenador *s.* (*drain*) En un FET, el electrodo hacia el que se dirigen los portadores de carga (electrones o huecos) desde la fuente bajo control de la puerta. *Véase también* FET; puerta; MOSFET; fuente.

drenador de corriente *s.* (*current drain*) La carga de un circuito. Por ejemplo, una linterna extrae corriente de la batería; en otras palabras, drena la corriente de la batería, por lo que la lámpara de la linterna podría denominarse drenador de corriente.

drenaje *s.* (*drain*) *Véase* consumo de corriente.

DRM *s.* Acrónimo de Digital Rights Management (gestión de derechos digitales). Un grupo de tecnologías desarrollado para proteger la propiedad intelectual frente a la piratería en línea controlando quién puede ver el contenido protegido y de qué forma. Un paquete DRM puede permitir al comprador ver el contenido protegido, pero impedir su impresión o reenvío. También puede configurarse el contenido para que caduque después de un tiempo prefijado o si se lo distribuye a múltiples usuarios. La tecnología DRM trata de proteger múltiples formas de contenido digital y analógico e incluye mecanismos de cifrado y de marca de agua digital, así como software de control del contenido.

DRO *s.* Acrónimo de destructive read out (lectura destructiva). *Véase* lectura destructiva.

droplet *s.* **1.** Característica de Frontier que permite incrustar scripts en una aplicación y ejecutarlos al hacer doble clic en la aplicación. **2.** Nombre genérico de cualquier programa AppleScript que permite arrastrar y colocar archivos para su procesamiento. *Véase también* AppleScript. **3.** Extensión de Quark XPress que permite arrastrar archivos desde el explorador de archivos para situarlos en una página.

.drv *s.* La extensión de archivo para un archivo de controlador. *Véase también* controlador.

DS *s.* Acrónimo de Digital Services (servicios digitales) o de Digital Signal (señal digital). Una categoría usada al hacer referencia a la velocidad, número de canales y características de transmisión de las líneas de comunicaciones T1, T2, T3 y T4. La unidad o nivel DS básico se conoce como DS-0, que se corresponde con la velocidad de 64 Kbps de un único canal T1. Los niveles superiores están compuestos de múltiples niveles DS-0. DS-1 representa una única línea T1 que transmite a 1,544 Mbps. Para velocidades superiores de datos, las líneas T1 se multiplexan para crear DS-2 (una línea T2 compuesta de cuatro canales T1 y que transmite a 6,312 Mbps), DS-3 (una línea T3 compuesta de 28 canales T1 y que transmite a 44,736 Mbps) y DS-4 (una línea T4 compuesta de 168 canales T1 y que transmite a 274,176 Mbps).

DSA *s*. **1.** (*Digital Signature Algorithm*) Acrónimo de Digital Signature Algorithm (algoritmo de firma digital). El estándar del gobierno de Estados Unidos para firmas digitales, especificado por el National Institute of Standards and Technology (Instituto Nacional de Estándares y Tecnología) en el estándar FIPS 186. DSA está basado en un estándar de cifrado que utiliza una clave pública y otra privada. *Véase también* firma digital. **2.** Acrónimo de Directory System Agent (agente del sistema de directorio) o Directory Server Agent (agente de servidor de directorio). Un programa servidor X.500 que busca la dirección de un usuario en la red cuando se lo solicita un agente de usuario de directorio (DUA, Directory User Agent). *Véase también* agente; serie X; DUA.

DSL *s*. Acrónimo de Digital Subscriber Line (línea digital de abonado), una tecnología digital de telecomunicaciones recientemente desarrollada (a finales de la década de 1990) que puede proporcionar transmisiones a alta velocidad sobre cables telefónicos estándar de cobre. A menudo se hace referencia a DSL mediante las siglas xDSL, donde la *x* hace referencia a uno o dos caracteres que definen diversas variantes de la tecnología DSL básica. Actualmente, ADSL (DSL asimétrica) es la forma que más normalmente se implanta, pero incluso ésta está por el momento disponible sólo para grupos limitados de abonados. *Véase también* ADSL; DSL Lite; HDSL; RADSL; SDSL; VDSL.

DSL Lite *s*. Abreviatura de Digital Subscriber Line Lite (DSL reducido). Una variación de ADSL, actualmente bajo desarrollo que simplifica la instalación, pero transmite más lentamente, a 1,544 Mbps. *Véase también* ADSL; DSL.

DSLAM *s*. Acrónimo de Digital Subscriber Line Access Multiplexer (multiplexor de acceso para línea digital de abonado). Un dispositivo en una central telefónica de un operador de telecomunicaciones que divide las líneas de abonado DSL y las conecta a máquinas host de Internet y a la red telefónica pública. La utilización de un DSLAM hace posible proporcionar servicios tanto de voz como de datos a través de un mismo par de hilos de cobre.

DSO *s*. Acrónimo de Dynamic Shared Object (objeto compartido dinámico). Un módulo de servidor HTTP Apache que soporta todas las plataformas basadas en UNIX. DSO utiliza una biblioteca compartida de recursos con enlace dinámico que se cargan y ejecutan sólo en tiempo de ejecución a medida que son necesarios. DSO se utiliza principalmente con Linux y está incluido en la mayoría de las distribuciones de Linux.

DSOM *s*. (*Distributed System Object Model*) Acrónimo de Distributed System Object Model (modelo distribuido de objetos para sistemas). Versión para entornos compartidos del modelo SOM de IBM en el que las bibliotecas binarias de clases pueden ser compartidas entre aplicaciones situadas en una serie de computadoras conectadas en red o entre diferentes aplicaciones que se estén ejecutando sobre un mismo sistema. El modelo DSOM complementa los lenguajes orientados a objetos existentes al permitir que aplicaciones escritas en diferentes lenguajes puedan compartir las bibliotecas de clases SOM. *Véase también* SOM.

DSP *s*. *Véase* procesador de señal digital.

DSR *s*. Acrónimo de Data Set Ready (aparato de datos preparado). Una señal utilizada en comunicaciones serie y que es enviada, por ejemplo, por un módem a la computadora a la que está conectado para indicar que está listo para operar. DSR es una señal hardware que se envía a través de la línea 6 de las conexiones RS-232-C. *Véase también* RS-232-C, estándar. *Compárese con* CTS.

DSS *s*. **1.** (*digital satellite system*) Acrónimo de Digital Satellite System (sistema digital vía satélite). Un sistema de satélite de alta potencia con la capacidad de suministrar transmisiones de alta calidad de cientos de canales directamente a los receptores de televisión. Una radiodifusión DSS comienza como una señal digital enviada desde la estación de un proveedor de servicio a un satélite. Desde allí se dirige hacia una antena parabólica (que suele tener en torno a 30 centímetros de diámetro) situada en el domicilio o en las instalaciones del usuario. La antena parabólica transmite la señal a un dispositivo convertidor, que la transforma en una señal analógica antes de enviarla al aparato de televisión. **2.** (*Digital Signature Standard*) Acrónimo de Digital Signature Standard (estándar de firma digital). Un estándar de criptografía de clave pública promulgado en 1994 por el NIST (National Institute of Standards and Technology) de Estados Unidos para autenticar documentos electrónicos. DSS utiliza un algoritmo de cifra digital (DSA) para generar y verificar firmas digitales basándose en una clave pública, que no es secreta, y una clave privada, que sólo es conocida o mantenida por la persona que genera la firma. Una firma digital sirve para autenticar tanto la identidad del firmante como la integridad de la información transmitida. *Véase también* cifrado de clave pública. **3.** *Véase* sistema de ayuda a la toma de decisiones.

DSSSL *s.* (*Document Style Semantics and Specification Language*) Acrónimo de Document Style Semantics and Specification Language (lenguaje semántico y de especificación de estilos de documento). Un estándar ISO derivado de SGML que contempla la semántica de la composición de documentos de alta calidad de una forma independiente de los procesos o sistemas de formateo concretos. Al igual que CSS y XSL, puede utilizarse para formatear documentos XML. *Véase también* ISO; SGML.

DSU *s. Véase* DDS.

DSVD *s.* (*Digital Simultaneous Voice and Data*) Acrónimo de Digital Simultaneous Voice and Data (voz y datos digitales simultáneos). Una tecnología de módem de Multi-Tech Systems, Inc., que permite utilizar una misma línea telefónica para conversaciones de voz y transferencia de datos. Esto se lleva a cabo conmutando a comunicaciones en modo paquete cuando se detecta la necesidad de realizar transferencias de voz; los paquetes de voz digitalizados se transfieren entonces junto con los paquetes de datos y de comandos.

DTD *s.* Acrónimo de Document Type Definition (definición de tipo de documento). Un documento separado que contiene definiciones formales de todos los elementos de datos contenidos en un tipo concreto de documento HTML, SGML o XML, como, por ejemplo, un informe o un libro. Consultando el archivo DTD de un documento, un programa denominado analizador sintáctico puede entender los códigos de composición contenidos en el documento. *Véase también* HTML; SGML.

DTE *s.* Acrónimo de Data Terminal Equipment (equipo terminal de datos). En las especificaciones RS-232-C y X.25, es un dispositivo, como, por ejemplo, un PC, que tiene la capacidad de transmitir información en forma digital a través de un cable o de una línea de comunicaciones hacia un dispositivo intermediario (conocido con el nombre de DCE). *Véase también* RS-232-C, estándar. *Compárese con* DCE.

DTL *s. Véase* lógica diodo-transistor.

DTMF *s.* Acrónimo de Dual Tone Multiple Frequency (multifrecuencia de doble tono). *Véase* marcación por tonos.

DTP *s. Véase* autoedición; procesamiento de transacciones distribuido.

DTR *s.* Acrónimo de Data Terminal Ready (terminal de datos preparado). Una señal usada en comunicaciones serie y que es enviada, por ejemplo, por una computadora a su módem para indicar que la computadora está lista para aceptar una transmisión entrante. *Véase también* RS-232-C, estándar.

DTV *s.* Acrónimo de desk top video (vídeo de sobremesa). Uso de cámaras digitales a través de una red para llevar a cabo videoconferencias. *Véase también* videoconferencia.

DUA *s.* Acrónimo de Directory User Agent (agente de usuario de directorio). Un programa cliente X.500 que envía una solicitud a un DSA para averiguar la dirección de un usuario en la red. *También llamado* DCA. *Véase también* agente; DSA.

DUB *s. Véase* cargador de arranque de acceso telefónico.

DUN *s.* (*dial-up networking*) Acrónimo de Dial-Up Networking (acceso telefónico a redes). Conexión a una red remota mediante un módem. El acceso telefónico a redes se utiliza normalmente para hacer referencia al teletrabajo, aunque el término es igualmente aplicable a las conexiones con Internet.

dúplex *adj.* (*duplex*) Capacidad de transportar información en ambas direcciones a través de un canal de comunicaciones. Un sistema es dúplex si puede transportar información en ambas direcciones al mismo tiempo, mientras que se denomina semidúplex si puede transportar información en sólo un sentido cada vez.

dúplex *s.* (*duplex*) **1**. Comunicación simultánea, en ambas direcciones, entre el emisor y el receptor. *También llamado* transmisión dúplex, transmisión full-dúplex. *Véase también* transmisión semidúplex. **2**. Papel fotográfico en el que puede imprimirse una imagen en ambas caras.

duplexión de discos *s.* (*disk duplexing*) *Véase* duplicación de discos en espejo.

duplicación *s. Véase* replicación.

duplicación de discos en espejo *s.* (*disk mirroring*) Técnica en la que se duplica la totalidad o parte de un disco duro en uno o más discos duros, cada uno de los cuales, idealmente, está conectado a su propia controladora. Con la duplicación de discos en espejo, cualquier cambio realizado en el disco original se realiza simultáneamente en los otros discos, de modo que si el disco original resulta dañado o se corrompe, los discos espejo contendrán una colección actualizada y no dañada de los datos del disco original. *Véase también* tolerancia a fallos.

duplicación de la frecuencia de reloj *s.* (*clock doubling*) Tecnología empleada por algunos microprocesadores de Intel que permite al chip procesar datos e instrucciones al doble de velocidad que el resto del sistema. *Véase también* i486DX2.

duro *adj.* (*hard*) **1**. Que retiene la magnetización incluso en ausencia de un campo magnético externo. *Compárese con* blando. **2**. Permanente, fijo o físicamente definido; que no puede ser modificado por la operación ordinaria de un sistema informático. *Véase también* copia impresa; error irrecuperable; retorno manual; disco de sectores duros. *Compárese con* blando.

DV *s. Véase* vídeo digital.

DVD *s. Véase* videodisco digital.

DVD-E *s. Véase* disco de vídeo digital borrable.

DVD-R *s. Véase* disco de vídeo digital grabable.

DVD-ROM *s.* (*digital video disc-ROM*) Versión de DVD legible por computadora que contiene 4,7 GB de capacidad por cada lado u 8,5 GB si se utiliza la tecnología «2P» de capa doble de la empresa 3M. *Acrónimo:* DVD-ROM. *También llamado* videodisco digital borrable. *Véase también* videodisco digital.

DVI *s.* Acrónimo de Digital Video Interface (interfaz de vídeo digital). Técnica de compresión/descompresión basada en hardware para almacenar vídeo, sonido, gráficos y otros datos en una computadora o en un CD-ROM. La tecnología DVI fue desarrollada por RCA en 1987 y adquirida por Intel en 1988. Intel ha desarrollado con posterioridad una versión software de DVI, denominada Indeo.

DV-I *s. Véase* Digital Vídeo-Interactivo.

DVMRP *s. Véase* protocolo de encaminamiento por multidifusión de vectores de distancia.

DVR *s.* Acrónimo de Digital Video Recording (grabación de vídeo digital). Tecnología que permite digitalizar y reproducir de forma inmediata las emisiones de televisión. Las señales de televisión se capturan en una unidad de disco duro, se convierten a formato digital y se muestran en tiempo real o, si el observador lo prefiere, en diferido. La tecnología DVR se puede utilizar (como si fuera un magnetoscopio) para programar de antemano la grabación de las emisiones de televisión favoritas, pudiendo el usuario elegir los programas que desea grabar mediante una guía de programas en línea. También se pueden añadir capacidades DVR a productos que incorporen componentes y tecnologías digitales relacionados, como, por ejemplo, decodificadores y convertidores de televisión digital.

DVST *s*. *Véase* tubo de almacenamiento de visión directa.

DWDM *s*. *Véase* multiplexación por división de longitud de onda densa.

DXF *s*. Un formato de archivo para diseño asistido por computadora desarrollado originalmente por Autodesk para su uso con el programa AutoCAD con el fin de facilitar la transferencia de archivos gráficos entre diferentes aplicaciones.

Dylan *s*. Abreviatura de Dynamic Language (lenguaje dinámico). Un lenguaje de programación orientado a objetos desarrollado por Apple Computer a mediados de la década de 1990 para el desarrollo de aplicaciones y sistemas. Incluye funciones de recolección de memoria, mecanismos de seguridad de los tipos de datos, recuperación de errores, un sistema de módulos y funciones de control de la ampliabilidad de los programas en tiempo de ejecución por parte del programador.

dynalink *s*. Abreviatura de dynamic link (enlace dinámico). *Véase* biblioteca de enlace dinámico.

E

e *s.* El símbolo utilizado para la base de los logaritmos naturales, que es igual a 2,71828. Introducido por Leonhard Euler a mediados del siglo XVIII, «e» es una constante matemática fundamental utilizada en el cálculo, la ciencia, la ingeniería y los lenguajes de programación, como, por ejemplo, en las funciones logarítmicas y exponenciales de C y Basic.

e- *pref.* Abreviatura de electrónico. Un prefijo que indica que una palabra se refiere a la versión informática de algún término tradicional no electrónico, como en el caso de e-mail, e-commerce y e-money.

E- *pref. Véase* exa-.

E3 *s.* Acrónimo de Electronic Entertainment Expo (Exposición del sector de la electrónica de entretenimiento). Importante convención donde los desarrolladores, fabricantes y editores del sector de los juegos presentan sus últimos productos.

EAI *s.* Acrónimo de Enterprise Application Integration (integración de aplicaciones empresariales). El proceso de coordinar la operación de los distintos programas, bases de datos y tecnologías existentes en una empresa o corporación con el fin de que funcionen eficientemente como un sistema de ámbito corporativo.

EAROM *s.* Acrónimo de electrically alterable read-only memory (memoria de sólo lectura alterable eléctricamente). *Véase* EEPROM.

EBCDIC *s.* Acrónimo de Extended Binary Coded Decimal Interchange Code (código decimal ampliado de intercambio con codificación binaria). Un código IBM que utiliza 8 bits para representar 256 posibles caracteres, incluyendo texto, números, signos de puntuación y caracteres de control de transmisión. Se utiliza principalmente en minicomputadoras y equipos mainframe de IBM. *Compárese con* ASCII.

e-cash *s. Véase* e-money.

ECC *s. Véase* codificación con corrección de errores.

ECL *s. Véase* lógica de emisores acoplados.

ECMA *s.* Acrónimo de European Computer Manufacturers Association (Asociación europea de fabricantes de equipos informáticos). Organización con sede en Ginebra, Suiza, cuyo homólogo americano es CBEMA (Computer and Business Equipment Manufacturers Association). Su estándar ECMA-101 se usa para transmitir texto con formato e imágenes gráficas conservando su formato original.

ECMAScript *s.* Especificación estandarizada de lenguaje de script orientado a objetos definida por la especificación 262 del European Computer Manufacturers Association (ECMA). Este lenguaje fue originalmente diseñado para realizar cálculos y manipular objetos dentro de un entorno web. Microsoft implementa ECMAScript como JScript, y Netscape implementa ECMAScript como JavaScript.

ECML *s.* (*Electronic Commerce Modeling Language*) Acrónimo de Electronic Commerce Modeling Language (lenguaje de modelado para comercio electrónico). Un lenguaje informático desarrollado por una serie de empresas líderes en el campo del comercio electrónico como estándar para la introducción de información de monederos electrónicos en los campos de datos de pago de los sitios web. Esto permite transferir con un solo clic información del monedero electrónico en los sitios web que sean compatibles con este mecanismo.

eco *s.* (*echo*) En comunicaciones, es una señal transmitida de vuelta hacia el emisor y que puede diferenciarse de la señal original. Las conexiones de red pueden probarse devolviendo un eco a la computadora principal.

e-commerce *s.* (*electronic commerce*) *Véase* comercio electrónico.

ecoplex *s.* (*echoplex*) En comunicaciones, se trata de una técnica para detección de errores. La estación receptora retransmite los datos de vuelta hacia la pantalla del emisor, donde pueden ser mostrados visualmente para comprobar su precisión.

ECP *s.* Acrónimo de Enhanced Capabilities Port (puerto de capacidades avanzadas). Protocolo desarrollado por Microsoft y Hewlett-Packard para comunicación bidireccional de alta velocidad entre una computadora y una impresora o un escáner. ECP es parte del estándar IEEE 1284, que especifica puertos paralelos avanzados que son compatibles con los antiguos puertos paralelos Centronics, que eran un auténtico estándar de facto. *Véase también* EPP; IEEE 1284.

e-credit *s. Véase* crédito electrónico.

ecuación *s.* (*equation*) Instrucción matemática que indica una igualdad incluyendo el signo igual (=) entre dos expresiones. En los lenguajes de programación, las instrucciones de asignación se escriben en forma de ecuación. *Véase también* instrucción de asignación.

ecualización *s.* (*equalization*) Tipo de acondicionamiento utilizado para compensar el retardo y la distorsión de la señal en un canal de comunicaciones. La ecualización intenta mantener las características de amplitud y de fase de una señal de manera que permanezca fiel a la original cuando alcance el dispositivo receptor.

e-currency *s. Véase* e-money.

EDGE *s.* Acrónimo de Enhanced Data Rates for Global Evolution (velocidades mejoradas de datos para evolución global) o Enhanced Data Rates for GSM and TDMA Evolution (velocidades de datos mejoradas para la evolución de GSM y TDMA). Una mejora de tercera generación para el servicio inalámbrico GSM (Global System for Mobile Communications) que permite suministrar datos, servicios multimedia y aplicaciones a través de líneas de banda ancha a velocidades de hasta 384 Kbps.

EDI *s.* Acrónimo de Electronic Data Interchange (intercambio electrónico de datos). Un estándar para intercambiar conjuntos de datos entre dos empresas a través de líneas telefónicas o de Internet. EDI transmite conjuntos de datos mucho mayores de los que pueden transmitirse por correo electrónico. Para que EDI sea efectivo, los usuarios deben acordar ciertos estándares para el formateo e intercambio de la información, como el protocolo X.400. *Véase también* serie X; estándar.

edición *s.* (*edit*) Cambio realizado a un archivo o documento.

edición de imágenes *s.* (*image editing*) El proceso de cambiar o modificar una imagen de mapa de bits usualmente mediante un editor de imágenes.

edición mediante tres puntos *s.* (*three-point editing*) En la edición de vídeo digital, una característica que simplifica el proceso de incluir nuevos fragmentos de vídeo dentro de una secuencia ayudando en el cálculo de los puntos de edición. Para hacer un cambio, deben definirse los puntos de entrada y de salida en el videoclip que se vaya añadir y el punto inicial y final en el videoclip de destino. El usuario proporciona tres cualesquiera de esos puntos de edición y el software de edición determina el cuarto.

editar *vb.* (*edit*) **1.** Realizar un cambio en un archivo o documento existente. Los cambios realizados en el documento existente se guardan en memoria o en un archivo temporal, pero no se añaden al documento hasta que se ordena al programa guardarlo. Los programas de edición suelen proporcionar medidas de protección contra los cambios inadvertidos, como, por ejemplo, solicitando una confirmación antes de guardar un archivo con el nombre de otro archivo existente, o permitiendo al usuario asignar una contraseña a un archivo, o dando la opción de configurar el archivo como de sólo lectura. **2.** Ejecutar software que realice cambios de envergadura y predecibles a un archivo de manera automática, como, por ejemplo, un montador o un filtro para gráficos.

editor *s.* Programa que crea archivos o que realiza cambios en archivos existentes. Normalmente, un editor es menos potente que un procesador de textos, careciendo de la capacidad posterior de dar formato al texto, como, por ejemplo, el uso de cursiva. Los editores de texto o de pantalla completa permiten al usuario moverse a través del documento utilizando las flechas de dirección. Por el contrario, los editores de línea requieren que el usuario especifique el número de línea en la que se encuentra el texto que se desea editar. *Véase también* Edlin.

editor de fotografías *s.* (*photo editor*) Aplicación gráfica utilizada para manipular una imagen, como, por ejemplo, una imagen escaneada digitalmente.

editor de fuentes *s.* (*font editor*) Programa de utilidad que permite al usuario modificar fuentes ya existentes o crear y guardar otras nuevas. Este tipo de aplicación normalmente funciona con una representación en pantalla de la fuente, con una representación que puede descargarse a una impresora PostScript o de otro tipo o con las dos. *Véase también* fuente PostScript; fuente de pantalla.

editor de imágenes *s.* (*image editor*) Programa de aplicación que permite al usuario modificar la apariencia de una imagen de mapa de bits, tal como una fotografía escaneada, utilizando filtros y otras funciones. La creación de nuevas imágenes se suele llevar a cabo mediante un programa de dibujo. *Véase también* gráficos de mapa de bits; filtro; programa de dibujo.

editor de líneas *s.* (*line editor*) Programa de edición de textos que numera cada línea del texto, trabajando con el documento línea a línea en lugar de palabra a palabra. *Véase también* editor.

editor de métodos de entrada *s.* (*Input Method Editor*) Programas utilizados para introducir los miles de caracteres diferentes que existen en los lenguajes asiáticos escritos utilizando un teclado estándar de 101 teclas. Un editor de métodos de entrada está compuesto de un motor, que convierte las pulsaciones de tecla en caracteres fonéticos e ideogramas, y de un diccionario de ideogramas comúnmente utilizados. A medida que el usuario realiza pulsaciones de teclas, el motor del editor de métodos de entrada intenta identificar el carácter o caracteres en el que dichas pulsaciones deben ser convertidas. *Acrónimo:* IME.

editor de software *s.* (*software publisher*) Empresa encargada del desarrollo y la distribución de software informático.

editor de sonidos *s.* (*sound editor*) Programa que permite al usuario crear y manipular los archivos de sonido.

editor de textos *s.* (*text editor*) *Véase* editor.

editor de vídeo *s.* (*video editor*) Dispositivo o programa utilizado para modificar los contenidos de un archivo de vídeo.

Editor de Visual Basic *s.* (*Visual Basic Editor*) Entorno en el que se escriben nuevos programas y procedimientos de Visual Basic for Applications o se editan los ya existentes. El Editor de Visual Basic contiene un completo juego de herramientas de depuración para detectar problemas lógicos, de sintaxis y de tiempo de ejecución en el código de programa.

editor del Registro *s.* (*Registry Editor*) Aplicación de Windows que permite al usuario editar las entradas del Registro. *Acrónimo:* REGEDIT. *Véase también* registro.

editor HTML *s.* (*HTML editor*) Un programa software utilizado para crear y modificar documentos HTML (páginas web). La mayoría de los editores HTML incluye un método para insertar etiquetas HTML sin necesidad de tener que escribir cada etiqueta. Algunos editores HTML también pueden reformatear automáticamente un documento con etiquetas HTML basándose en los códigos de formato utilizados por el programa de procesamiento de textos con el que se haya creado el documento. *Véase también* etiqueta; página web.

Edlin *s.* Editor obsoleto de líneas de texto utilizado en MS-DOS hasta la versión 5 de dicho sistema operativo. Su equivalente en OS/2 es SSE. *Véase también* editor.

EDMS *s.* Acrónimo de Electronic Document Management System. *Véase* sistema de gestión documental.

EDO DRAM *s.* Acrónimo de extended data out dynamic RAM (RAM dinámica con salida de datos extendida). Tipo de memoria que proporciona tiempos de lectura más rápidos que una DRAM de velocidad comparable, permitiendo que comience un nuevo ciclo de lectura mientras se están leyendo los datos de un ciclo previo. Esto permite conseguir unas mayores prestaciones globales del sistema. *Compárese con* RAM dinámica; EDO RAM.

EDO RAM *s.* Acrónimo de extended data out RAM (RAM con salida de datos extendida). Tipo de RAM dinámica que mantiene disponibles los datos para la UCP mientras se pone en marcha el siguiente acceso de memoria, lo que resulta en un incremento de la velocidad de transferencia. Las computadoras de la clase Pentium que utilizan el conjunto de chips Triton de Intel están diseñadas para aprovechar las ventajas de las memorias EDO RAM. *Véase también* unidad central de proceso; RAM dinámica. *Compárese con* EDO DRAM.

EDP *s.* Acrónimo de electronic data processing (procesamiento electrónico de datos). *Véase* procesamiento de datos.

.edu *s.* En el sistema de nombres de dominio de Internet, es el dominio de nivel superior que identifica las direcciones operadas por instituciones educativas universitarias. El nombre de dominio .edu aparece como sufijo al final de la dirección. En Estados Unidos, los colegios que ofrecen enseñanza preuniversitaria utilizan el dominio de nivel superior .k12.us o simplemente .us. *Véase también* DNS; dominio. *Compárese con* .com; .gov; .mil; .net; .org.

EEMS *s.* Acrónimo de Enhanced Expanded Memory Specification (especificación avanzada de memoria expandida). Superconjunto de la especificación EMS original. La versión 3.0 de EMS sólo permitía el almacenamiento de datos y utilizaba marcos de 4 páginas. EEMS permite almacenar en la memoria expandida hasta 64 páginas además de código ejecutable. Las características de EEMS se incluyeron en la versión 4.0 de EMS. *Véase también* EMS; marco de página.

EEPROM *s.* Acrónimo de electrically erasable PROM (PROM borrable eléctricamente). Tipo de EPROM que se puede borrar mediante la aplicación de una señal eléctrica. Resulta útil para el almacenamiento estable de información durante largos períodos de tiempo sin ningún tipo de alimentación eléctrica al mismo tiempo que sigue permitiendo la reprogramación. Las memorias EEPROM tienen menos capacidad de almacenamiento que las memorias RAM, tardan más en reprogramarse y sólo pueden ser reprogramadas un número limitado de veces antes de desgastarse. *Véase también* EPROM; ROM.

efecto barrera *s.* (***turnpike effect***) El equivalente en comunicaciones a los atascos de tráfico; hace referencia a los atascos provocados por un tráfico intenso a través de un sistema de comunicaciones o red.

efecto secundario *s.* (***side effect***) Todo cambio de estado provocado por una subrutina, como, por ejemplo, una rutina que lea un valor de un archivo y haga avanzar el indicador de la posición actual dentro del archivo.

efectuar una doble comprobación *vb.* (***cross-check***) Comprobar la precisión de un cálculo utilizando otro método para verificar el resultado. *Compárese con* efectuar una totalización cruzada.

efectuar una totalización cruzada *vb.* (***cross-foot***) Comprobar la precisión de un resultado total, como, por ejemplo, en un balance, sumando las columnas y luego sumando los subtotales de cada fila con el propósito de ver si el resultado coincide con el total.

EFF *s. Véase* Electronic Frontier Foundation.

e-form *s.* (***electronic form***) *Véase* formulario electrónico.

EGA *s.* Acrónimo de Enhanced Graphics Adapter (adaptador de gráficos mejorado). Estándar de pantalla de vídeo de IBM introducido en 1984. Emula el adaptador de gráficos en color (CGA, Color/Graphics Adapter) y el adaptador de pantalla monocroma (MDA, Monochrome Display Adapter), y proporciona textos y gráficos de resolución media. Fue reemplazado por el sistema VGA (Video Graphics Adapter).

ego-surf *s.* La práctica de utilizar un motor de búsqueda web para buscar el propio nombre en Internet.

EGP *s.* (*exterior gateway protocol*) Acrónimo de Exterior Gateway Protocol (protocolo de pasarela exterior). Un protocolo utilizado por encaminadores (pasarelas) en redes independientes y separadas para intercambiar información de encaminamiento, como, por ejemplo, entre máquinas host de Internet. *También llamado* protocolo de pasarela externa. *Compárese con* IGP.

EIA *s.* Acrónimo de Electronic Industries Association (asociación del sector electrónico). Una asociación con sede en Washington D.C., Estados Unidos, en la que están representados distintos fabricantes electrónicos. Dicha asociación establece estándares para componentes electrónicos. RS-232-C, por ejemplo, es el estándar EIA para la conexión de componentes serie. *Véase también* RS-232-C, estándar.

EIDE o **E-IDE** *s.* (*EIDE*) Acrónimo de Enhanced Integrated Drive Electronics (electrónica integrada y avanzada de unidades de disco). EIDE (que es una extensión de IDE) es un estándar de interfaz hardware para diseños de unidad de disco que albergan circuitos de control en las propias unidades de disco. Permite implementar interfaces estandarizadas con el bus del sistema al mismo tiempo que proporciona características avanzadas como transferencia de ráfagas de datos y acceso directo a los datos. EIDE permite construir unidades de hasta 8,4 gigabytes (IDE sólo permite hasta 528 megabytes). Soporta la interfaz ATA-2, que permite tasas de transferencia de hasta 13,3 megabytes por segundo (IDE llega sólo hasta 3,3 megabytes por segundo), y la interfaz ATAPI, que permite utilizar múltiples canales y con la que se pueden conectar unidades de CD-ROM, de disco óptico y de cinta magnética. La mayoría de los PC disponen de unidades EIDE, más baratas que las unidades SCSI y que proporcionan casi la misma funcionalidad. *Véase también* IDE; SCSI.

Eiffel *s.* Lenguaje avanzado de programación orientado a objetos con una sintaxis similar a C desarrollado por Bertrand Meyer en 1988. Eiffel se ejecuta en MS-DOS, OS/2 y Unix. Sus principales características de diseño son la capacidad de reutilizar módulos en distintos programas y la extensibilidad del software.

Eiffel# *s.* Un lenguaje subconjunto de Eiffel específicamente diseñado para el entorno .NET y para todo tipo de situaciones de subcontratación de diseños. *Véase también* diseño por contrato.

EIP *s. Véase* portal de información empresarial.

EIS *s. Véase* sistema de información ejecutiva.

EISA *s.* Acrónimo de Extended Industry Standard Architecture (arquitectura industrial estándar ampliada). Estándar de bus para la conexión de tarjetas adicionales a la placa base de un PC, como tarjetas de vídeo, módems internos, tarjetas de sonido, controladores de unidades de disco y tarjetas de interfaz con otros periféricos. El estándar EISA fue introducido en 1988 por un consorcio de nueve empresas del sector informático. Esas empresas (AST Research, Compaq, Epson, Hewlett-Packard, NEC, Olivetti, Tandy, Wyse y Zenith) eran conocidas colectivamente como «el grupo de los nueve». EISA es compatible con la arquitectura ISA anterior, pero ofrece características adicionales introducidas por IBM en su estándar de bus MCA. EISA tiene una ruta de datos de 32 bits y utiliza conectores que aceptan tarjetas ISA. Sin embargo, las tarjetas EISA sólo son compatibles con los sistemas EISA. EISA puede operar a frecuencias mucho más altas que el bus ISA y ofrece unas tasas de transferencia de datos mucho más altas que ISA. *Véase también* ISA; Micro Channel Architecture.

EJB *s. Véase* Enterprise JavaBeans.

eje *s.* (*axis*) En un gráfico u otro sistema bidimensional que utilice coordenadas, la línea horizontal (eje x) o la línea vertical (eje y) que sirve como referencia para la ubicación de puntos. En un sistema de coordenadas tridimensional, se utiliza una tercera línea (eje z) para representar la profundidad. Véase la ilustración. *Véase también* coordenadas cartesianas.

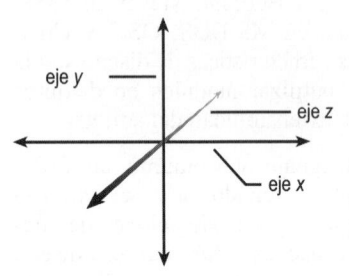

Eje.

eje x *s.* (***x-axis***) La línea de referencia horizontal en una cuadrícula, diagrama o gráfico que tenga dimensiones horizontal y vertical. *Véase también* coordenadas cartesianas.

eje y *s.* (***y-axis***) La línea vertical de referencia en una cuadrícula, diagrama o gráfico que tenga dimensiones horizontal y vertical. *Véase* coordenadas cartesianas.

eje z *s.* (***z-axis***) El tercer eje en un sistema de coordenadas tridimensional utilizado en los gráficos por computadora para representar la profundidad. *Véase también* coordenadas cartesianas; sistema de coordenadas x-y-z.

ejecución concurrente *s.* (***concurrent execution***) La ejecución aparentemente simultánea de dos o más rutinas o programas. La ejecución concurrente puede llevarse a cabo en un único proceso o utilizando técnicas de compartición de tiempo, tales como dividir los programas en diferentes tareas o hebras de ejecución, o utilizando múltiples procesadores. *Véase también* algoritmo paralelo; procesador; ejecución secuencial; tarea; subproceso; tiempo compartido.

ejecución concurrente de programas *s.* (***concurrent program execution***) *Véase* concurrente.

ejecución directa *s.* (***execute in place***) El proceso de ejecutar código directamente desde una memoria ROM en lugar de cargarlo primero en una memoria RAM. La ejecución directa del código, en lugar de copiarlo en la RAM para su ejecución, permite ahorrar recursos del sistema. Las aplicaciones almacenadas en otros sistemas de archivos, como, por ejemplo, en un dispositivo de almacenamiento PC Card, no pueden ejecutarse de esta forma. *Acrónimo:* XIP.

ejecución en seco *s.* (***dry run***) Ejecución de un programa que tiene algún efecto importante, como, por ejemplo, el formateo de un disco o la impresión de un libro, pero realizada con el efecto desactivado, evitando así formatear un disco que contenga datos o desperdiciar papel.

ejecución inmediata *adj.* (***load-and-go***) En referencia a una rutina, se dice que es de ejecución inmediata si es capaz de comenzar la ejecución nada más ser cargada. El término se utiliza frecuentemente en referencia a los compiladores y al código máquina que éstos generan.

ejecución lado a lado *s.* (***side-by-side execution***) La capacidad de instalar y utilizar múltiples versiones aisladas de un ensamblado al mismo tiempo. Esto puede tener lugar en la misma máquina o en el mismo proceso o dominio de aplicación. La ejecución lado a lado puede aplicarse a componentes y aplicaciones, así como a los componentes del entorno .NET. Permitir a los ensamblados ejecutarse lado a lado resulta esencial para soportar mecanismos robustos de control de versiones en el entorno de ejecución de lenguaje común.

ejecución paralela *s.* (***parallel execution***) *Véase* ejecución concurrente.

ejecución secuencial *s.* (***sequential execution***) El acto de ejecutar rutinas o programas en una secuencia lineal. *Compárese con* ejecución concurrente.

ejecutable *adj.* (***executable***) Perteneciente, relativo o referido a un archivo de programa que puede ejecutarse. Los archivos ejecutables utilizan extensiones tales como .bat, .com y .exe.

ejecutable *s.* (***executable***) Archivo de programa que puede ser ejecutado, como, por ejemplo, archivo0.bat, archivo1.exe o archivo2.com.

ejecutar *vb.* **1.** (***execute***) Llevar a cabo una instrucción. En programación, la ejecución implica cargar el código máquina del programa en memoria y luego llevar a cabo las instrucciones correspondientes. **2.** (*run*) Hacer funcionar un programa.

ejecutar en bucle *vb.* (*loop*) Ejecutar un grupo de instrucciones de forma repetida.

ejecutar paso a paso *vb.* (*single step*) Ejecutar un programa de instrucción en instrucción, usualmente dentro del contexto de un depurador. *Véase también* depurador.

ejecutivo *s.* (*executive*) El conjunto de componentes de modo kernel que forman la base del sistema operativo en Microsoft Windows NT y versiones posteriores. *Véase también* sistema operativo.

el mejor dentro de su clase *adj.* (*best of breed*) Término utilizado para describir un producto que es el mejor dentro de una categoría de productos determinada.

electricidad estática *s.* (*static electricity*) Carga eléctrica acumulada en un objeto. Aunque normalmente son inofensivas para los seres humanos, las descargas de electricidad estática a través de un circuito electrónico pueden causarle graves daños al circuito.

electrodo de puerta *s.* (*gate electrode*) *Véase* puerta.

electrofotografía *s.* (*electrophotography*) La producción de imágenes fotográficas utilizando cargas electroestáticas. Este método se utiliza en fotocopiadoras e impresoras láser. *Véase también* impresoras electrofotográficas.

electroguante *s.* (*data glove*) Controlador o dispositivo de entrada de datos con la forma de un guante y que contiene sensores que convierten el movimiento de la mano y de los dedos en comandos. *Véase también* realidad virtual.

electroimán *s.* (*electromagnet*) Dispositivo que crea un campo magnético cuando la corriente eléctrica pasa a su través. Un electroimán normalmente consta de un núcleo de hierro o de acero con cable arrollado a su alrededor. La corriente pasa a través del cable, produciendo un campo magnético. Los electroimanes se utilizan en las unidades de disco para grabar los datos en la superficie del disco.

electrolisis *s.* (*electrolysis*) Proceso en el que un compuesto químico se divide en sus partes constituyentes cuando una corriente eléctrica pasa a su través.

electroluminiscente *adj.* (*electroluminescent*) Propiedad para emitir luz cuando se aplica una corriente eléctrica. Los paneles electroluminiscentes se utilizan en las computadoras portátiles para iluminar las pantallas de cristal líquido. Una fina capa de fósforo se incrusta entre dos delgados paneles de electrodos, uno de los cuales es casi transparente. *Véase también* pantalla de cristal líquido.

Electronic Frontier Foundation *s.* Una organización dedicada a la defensa de las libertades civiles para los usuarios informáticos. La organización fue fundada en 1990 por Mitchell Kapor y John Perry Barlow como respuesta a las detenciones de hackers por parte del servicio secreto de Estados Unidos. *Acrónimo:* EFF.

Electronic Industries Association *s. Véase* EIA.

Electronic Privacy Information Center *s. Véase* EPIC.

electrónica *s.* (*electronics*) La rama de la física que trata con los electrones, los dispositivos electrónicos y los dispositivos eléctricos.

Electronics Industries Association *s. Véase* EIA.

electrostático *adj.* (*electrostatic*) Perteneciente o relativo a cargas eléctricas que no fluyen a través de un camino conductor. Las cargas electrostáticas se utilizan en fotocopiadoras e impresoras láser para mantener las partículas del tóner en un tambor fotoconductor y en trazadores gráficos de superficie plana para mantener el soporte de trazado en su sitio.

elegante *adj.* (*elegant*) Que combina las características de simplicidad, finura, eficiencia y sutileza. En el mundo de la informática académica, un diseño elegante (de programas, algoritmos o hardware) es una prioridad; pero en el mundo frenético de la industria informática, puede que se sacrifique la elegancia de un diseño con el fin de acelerar el desarrollo de un producto, lo que a veces da lugar a errores difíciles de subsanar.

elemento *s.* (*element*) **1.** En los lenguajes de composición como HTML y SGML, es la combinación de un conjunto de etiquetas, del contenido incluido entre las mismas y de cualesquiera atributos que las etiquetas puedan tener. Los elementos pueden estar anidados uno dentro del otro. *Véase también* atributo; HTML; lenguaje de composición; SGML. **2.** Todo objeto individual dentro de un contexto más amplio. Por ejemplo, un elemento de datos es un dato con las características o propiedades de un conjunto de datos mayor. Un elemento de imagen (píxel) es un punto en una pantalla o en un gráfico de computadora. Un elemento de impresión es la parte de una impresora de margarita que contiene los caracteres en relieve. *Véase también* impresora de margarita; elemento de datos; primitiva gráfica; píxel; dedal.

elemento de datos *s.* (*data element*) Unidad simple de datos. *También llamado* entrada de datos. *Véase también* campo de datos.

elemento de imagen *s.* (*picture element*) *Véase* píxel.

elemento de matriz *s.* (*array element*) Un valor de datos dentro de una matriz.

elemento de menú *s.* (*menu item*) Opción de un menú seleccionable por teclado o por ratón. En algunas ocasiones, un elemento de menú que no está disponible (es decir, que no es apropiado) en una determinada situación tiene un color gris (está atenuado en comparación con las opciones de menú validas).

elemento de visualización *s.* (*display element*) *Véase* primitiva gráfica.

elemento ficticio *s.* (*dummy*) Contenedor, normalmente un carácter, un registro o una variable, que se utiliza para reservar espacio hasta que el elemento buscado esté disponible. *Véase también* esqueleto.

elemento lógico secuencial *s.* (*sequential logic element*) Elemento de circuito lógico que tiene al menos una entrada y una salida y en el que la señal de salida depende de los estados presente y pasado de la señal o señales de entrada.

elemento XML *s.* (*XML element*) Información delimitada por una etiqueta de apertura y una etiqueta de cierre en un documento XML (eXtensible Markup Language). Un ejemplo sería <Apellido>Pedraza</Apellido>.

elevador *s.* (*elevator*) El recuadro cuadrado de una barra de desplazamiento que puede moverse hacia arriba y hacia abajo para cambiar la posición del texto o de una imagen en la pantalla. Véase la ilustración. *Véase también* barra de desplazamiento.

— Elevador

Elevador.

eliminado *s.* (*deletia*) Material omitido. El término se utiliza en las respuestas a mensajes de una lista de correo o de Usenet para indicar que se ha excluido el material innecesario del mensaje incorporado al que se está respondiendo.

eliminador de módem *s.* (*modem eliminator*) Un dispositivo que permite a dos computadoras comunicarse sin necesidad de un módem. *Véase también* módem nulo.

eliminar *vb.* **1.** (*erase*) Borrar datos permanentemente de un soporte de almacenamiento. Esto se suele llevar a cabo sustituyendo los datos existentes por ceros o por texto sin significado o, en los soportes magnéticos, perturbando la disposición física de las partículas magnéticas bien mediante el cabezal de borrado o mediante un imán de gran tamaño. La eliminación difiere del borrado normal en que el borrado normal simplemente dice a la computadora que los datos o el archivo ya no son necesarios. Los datos continúan almacenados y son recuperables hasta que el sistema operativo reutiliza el espacio que contiene el archivo borrado. La eliminación, por el contrario, borra los datos permanentemente. *Véase también* cabezal de borrado. *Compárese con* borrar. **2.** (*nuke*) Borrar un archivo, un directorio o un disco duro completo.

elipsis *s.* (*ellipsis*) Conjunto de tres puntos (…) utilizado para expresar que algo no está completo. En muchas aplicaciones de ventanas, la selección de un comando que va seguido de una elipsis dará lugar a un submenú o un cuadro de diálogo. En los manuales de programación y de software, una elipsis en una línea de sintaxis indica la repetición de ciertos elementos. *Véase también* cuadro de diálogo; sintaxis.

elite *s*. **1**. Fuente de anchura fija que puede estar disponible en varios tamaños. *Véase también* fuente monoespaciada. **2**. Tamaños de tipo de ancho fijo que imprime 12 caracteres por pulgada.

ELIZA *s*. Programa, basado en las técnicas de psicoterapia de Roger, que mantiene conversaciones simuladas con humanos emitiendo respuestas y planteando preguntas basadas en palabras claves de los comentarios anteriores. Fue creado por el doctor Joseph Weizenbaum, quien lo consideraba un poco como un juego y al que le alarmó que la gente se lo tomara tan en serio. *Véase también* inteligencia artificial; prueba de Turing.

elm *s*. Abreviatura de electronic mail (correo electrónico). Un programa para leer y componer correo electrónico en sistemas Unix. El programa elm tiene un editor de pantalla completa, lo que lo hace más fácil de utilizar que el programa mail original, pero elm ha sido prácticamente sustituido por pine. *Véase también* correo electrónico. *Compárese con* Eudora; pine.

e-mail *s*. (*electronic mail*) *Véase* correo electrónico.

embebido *adj*. (*embedded*) En software, perteneciente o relativo a un comando que está integrado dentro de la información que sirve para comunicarlo. Por ejemplo, los programas de aplicación insertan comandos de impresión embebidos en un documento para controlar la impresión y el formato. Las instrucciones de un lenguaje ensamblador de bajo nivel pueden embeberse en lenguajes de nivel más alto, tales como C, para proporcionar capacidades adicionales o mejorar la eficiencia del programa.

EMF *s*. *Véase* fuerza electromotriz.

emisión web *s*. **1**. (*webcast*) Programa de audio o vídeo en directo o en diferido que se distribuye a los usuarios a través de la Web. Para descargar estas emisiones, el usuario debe disponer de la aplicación de audio o vídeo apropiada, como, por ejemplo, RealPlayer. Normalmente, el responsable de las emisiones proporciona la aplicación necesaria de manera gratuita. **2**. (*webcasting*) Término popular para designar el acto de difundir información a través de la World Wide Web utilizando tecnologías de difusión activa y pasiva para distribuir información seleccionada desde un servidor a un cliente. Esta tecnología, que hizo su aparición en 1997, fue desarrollada para proporcionar a los usuarios contenido personalizado (por ejemplo, noticias, información deportiva, cotizaciones bursátiles e información meteorológica) que pueda ser actualizada periódica y automáticamente. La difusión a través de la Web proporciona a los usuarios la capacidad de especificar el tipo de contenido que desean ver y pone en las manos de los proveedores de contenido un modo de distribuir esa información directamente hasta el equipo del usuario. *También llamado* netcasting. *Véase también* extracción; difusión activa.

emisor *s*. (*emitter*) En los transistores, la región que sirve como fuente de los portadores de carga. *Compárese con* base; colector.

emisora web *s*. (*webcaster*) Una empresa u organización que produce y distribuye programas de audio, vídeo y texto basados en la Web.

EMM *s*. *Véase* gestor de memoria expandida.

e-money *s*. Un nombre genérico para designar el intercambio de dinero a través de Internet. *También llamado* ciberdinero, dinero digital, e-cash, e-currency.

emoticono *s*. (*emoticon*) Una cadena de caracteres de texto que, cuando se la mira de costado, forma una cara que expresa una emoción concreta. Los emoticonos se utilizan a menudo en mensajes de correo electrónico o artículos de grupos de noticias como comentario del texto que los precede. Entre los emoticonos comunes se incluyen :-) o :) para indicar «me río de lo que acabo de decir», ;-) para indicar «me río con malicia», :-(para indicar «tristeza», :-7 para indicar «estoy hablando medio en broma», :D o :-D (gran sonrisa) que indica «me río a carcajadas» y :-O (un bostezo de aburrimiento o quedarse con la boca abierta por la sorpresa). *Compárese con* marcador emotivo.

empalme IP *s.* (***IP splicing***) *Véase* suplantación IP.

empaquetar *vb.* **1.** (***bundle***) Combinar productos para venderlos como un lote. Frecuentemente, el software de sistema operativo y algunas aplicaciones ampliamente utilizadas se empaquetan con un sistema informático para su venta. **2.** (***pack***) Almacenar información de una manera más compacta. El empaquetado elimina los espacios innecesarios y otros caracteres por el estilo y puede utilizar también otros métodos especiales de compresión de los datos. Esta técnica es utilizada por algunos programas con el fin de minimizar las necesidades de almacenamiento.

empresa semivirtual *s.* (***clicks and mortar***) Empresa que combina la presencia en línea con las tiendas tradicionales.

empresa-consumidor *s.* (***business-to-consumer***) *Véase* B2C.

empresa-empresa *s.* (***business-to-business***) *Véase* B2B.

empresarial, informática *s.* (***enterprise networking***) *Véase* informática empresarial.

EMS *s.* Acrónimo de Expanded Memory Specification (especificación de memoria expandida). Técnica para añadir memoria a un PC que permite incrementar la memoria más allá del límite en modo real de los microprocesadores 80x86 de Intel, que es igual a 1 megabyte (MB). En las antiguas versiones de microprocesadores de esta familia, EMS permitía sobrepasar este límite de las tarjetas de memoria mediante una serie de bancos de 16 kilobytes de RAM a los que se podía acceder por software. En versiones posteriores de los microprocesadores de Intel, incluyendo los modelos 80386 y 80486, la memoria expandida se obtiene a partir de la memoria extendida mediante gestores software de memoria, como EMM386 en MS-DOS 5. Ahora, la memoria expandida se utiliza principalmente para aplicaciones MS-DOS antiguas, porque Windows y otras aplicaciones que se ejecutan en modo protegido en los microprocesadores 80386 y superiores no se ven afectadas por el límite de 1 MB. *Véase también* memoria expandida; modo protegido. *Compárese con* memoria convencional; memoria extendida.

emulación *s.* (***emulation***) El proceso de imitación por parte de una computadora, dispositivo o programa, del modo de funcionamiento de otra computadora, dispositivo o programa.

emulación de terminal *s.* (***terminal emulation***) La imitación de un terminal utilizando un programa software compatible con un determinado estándar, como el estándar ANSI, para emulación de terminales. El software de emulación de terminal se utiliza para hacer que una microcomputadora se comporte como si fuera un tipo concreto de terminal mientras se comunica con otra computadora, como, por ejemplo, un mainframe. *Véase también* VT-52, VT-100, VT-200.

emulador *s.* (***emulator***) Hardware o software diseñado para hacer que una computadora o un componente actúe como si se tratara de otro. Por medio de un emulador, una computadora puede ejecutar software escrito en otra máquina. En una red, las microcomputadoras pueden emular a los terminales con el fin de comunicarse con equipos mainframe.

emulador de ROM *s.* (***ROM emulator***) Un circuito especial con memoria RAM que se conecta a una determinada computadora para sustituir los chips de ROM de la misma. Se utiliza otra computadora para escribir el contenido de esa memoria RAM y entonces la computadora de destino lee la RAM como si fuera una memoria ROM. Los emuladores de ROM se utilizan para depurar el software residente en la ROM sin el alto coste y los retardos inherentes a la fabricación de los chips de ROM. Aunque resulta más caro utilizar un emulador de ROM que programar una EPROM, suele ser preferible actualmente, porque pueden cambiarse los contenidos mucho más rápidamente que los de una EPROM. *Véase también* EEPROM; EPROM; ROM.

emulador en circuito *s.* (*in-circuit emulator*) *Véase* ICE.

emulador SLIP *s.* (*SLIP emulator*) Software que remeda una conexión SLIP en cuentas shell de UNIX que no ofrecen una conexión SLIP directa. Muchos proveedores de servicios Internet utilizan sistemas UNIX y ofrecen cuentas shell a los usuarios para acceso a Internet. Al igual que una conexión SLIP, el emulador SLIP permite al usuario no tener que tratar directamente con el entorno UNIX del proveedor de servicios Internet cuando tenga que acceder a Internet y utilizar aplicaciones Internet tales como exploradores web gráficos. *Véase también* ISP; cuenta de la shell; SLIP.

emular *vb.* (*emulate*) Cuando un sistema de hardware o de software se comporta de la misma manera que otro sistema de hardware o de software. Por ejemplo, en una red, las microcomputadoras podrían emular terminales con el fin de comunicarse con los equipos mainframe.

en libertad *adj.* (*in the wild*) Que está afectando actualmente a los usuarios informáticos, particularmente en referencia a virus informáticos. Un virus que todavía no ha sido contenido o controlado por los programas antivirus o que continúa reapareciendo a pesar de las medidas de detección de virus se denomina virus en libertad. *Véase también* virus.

en línea *adj.* (*online*) **1.** En referencia a un usuario, quiere decir que es capaz de conectarse a Internet, a un servicio en línea o a un sistema BBS porque dispone de una cuenta que le proporciona acceso. **2.** En referencia a un usuario, quiere decir que está actualmente conectado a Internet, a un servicio en línea o a un sistema BBS o que está utilizando un módem para conectarse a otro módem. **3.** En referencia a una o más computadoras, significa que éstas están conectadas a una red. *Compárese con* fuera de línea. **4.** En referencia a un programa o dispositivo informático, quiere decir que está activado y listo para operación, que es capaz de comunicarse con una computadora o ser controlado por ésta. *Compárese con* fuera de línea.

encabezado *s.* **1.** (*head*) En HTML, una sección de código que precede al cuerpo de un documento y se utiliza para describir al propio documento (título, autor, etc.) en lugar de a los elementos contenidos en el documento. **2.** (*heading*) *Véase* cabecera.

encadenamiento *s.* (*chaining*) **1.** En informática, enlazar dos o más entidades de modo que sean dependientes entre sí para poder funcionar. **2.** En programación, enlazar instrucciones de programa de modo que cada instrucción, excepto la primera, obtenga sus datos de entrada de la instrucción previa. **3.** En programación, el enlace entre dos o más programas con el fin de que el primer programa haga que el segundo comience a ejecutarse. **4.** *Véase* cadena, conectar en. **5.** Con los archivos de procesamiento por lotes, el proceso de enlazar dos o más de estos archivos de modo que la terminación del primero de los archivos de proceso por lotes haga que comience a ejecutarse el segundo. **6.** En el almacenamiento de datos, enlazar dos o más unidades individuales de almacenamiento. Por ejemplo, un archivo de disco puede estar en realidad almacenado en varios sectores diferentes del disco, cada uno de los cuales apunta al siguiente sector que contiene una parte de dicho archivo. Decimos que estos sectores están encadenados o, más literalmente, que forman una cadena de clústeres.

encadenamiento de datos *s.* (*data chaining*) El proceso de almacenar segmentos de datos en ubicaciones no contiguas reteniendo la capacidad de reconectarlos en la secuencia apropiada.

encadenamiento directo *s.* (*forward chaining*) En sistemas expertos, una forma de resolver problemas que parte de un conjunto de reglas y una base de datos de hechos y que llega a una conclusión basada en los hechos que cumple con todas las premisas establecidas por las reglas. *Véase también* sistema experto. *Compárese con* encadenamiento inverso.

encadenamiento inverso *s.* (*backward chaining*) En sistemas expertos, una forma de resolver problemas que parte de un enunciado y un

encajar

conjunto de reglas que llevan al enunciado y después trabaja hacia atrás, haciendo coincidir las reglas con información extraída de una base de datos de hechos, hasta que se pueda verificar el enunciado o demostrar que es erróneo. *Compárese con* encadenamiento directo.

encajar *vb.* (*thunk*) Invocar código de 32 bits desde código de 16 bits, o viceversa. Esta operación implica, principalmente, la traducción hacia y desde un sistema de direccionamiento de memoria basado en desplazamientos definidos con respecto a segmentos de 16 bits y un espacio de memoria plano, o lineal, de 32 bits. *Véase también* espacio de direcciones; espacio de direcciones plano; espacio de direcciones segmentado.

encaje *s.* (*thunk*) Código que permite al código de 16 bits llamar al código de 32 bits, y viceversa. Existen tres mecanismos diferentes de encaje: encaje plano, que necesita que un compilador con mecanismo de encaje permita a un código de 32 bits llamar a una DLL de 16 bits y a un código de 16 bits llamar a una DDL de 32 bits; encaje genérico, que permite a una aplicación de 16 bits cargar y llamar a una DLL de 32 bits, y encaje universal, que permite a un código de 32 bits cargar y llamar a una DLL de 16 bits. Todos los tipos de encaje están basados en Windows, pero el mecanismo de encaje utilizado dependerá de la versión de Windows.

encaminador *s.* (*router*) Un dispositivo intermediario en una red de comunicaciones que facilita la distribución de los mensajes. En una determinada red utilizada para conectar diversas computadoras a través de una malla de posibles conexiones, los encaminadores reciben los mensajes transmitidos y los reenvían hacia los destinos apropiados a través de la ruta más eficiente disponible. En un conjunto interconectado de redes de área local (LAN), incluyendo redes basadas en diferentes arquitecturas y protocolos, los encaminadores realizan la función, algo diferente, de actuar como enlace entre las distintas redes de área local, permitiendo enviar mensajes de una a otra. *También llamado* enrutador. *Véase también* puente; pasarela.

encaminador de borde con etiquetado *s.* (*label edge router*) *Véase* MPLS.

encaminador de conmutación de etiquetas *s.* (*label switch router*) *Véase* MPLS.

encaminamiento *s.* (*routing*) El proceso de reenviar paquetes dentro de una red desde el origen al destino. *También llamado* enrutamiento. *Véase también* encaminamiento dinámico; encaminamiento estático.

encaminamiento adaptativo *s.* (*adaptive routing*) *Véase* encaminamiento dinámico.

encaminamiento de cebolla *s.* (*onion routing*) Una técnica de comunicación anónima desarrollada por primera vez por la Marina de Estados Unidos en la que un mensaje se envuelve en una serie de niveles de cifrado y se pasa a través de diversas estaciones intermedias con el fin de ocultar su punto de origen. Con la técnica de encaminamiento de cebolla, los paquetes de datos se envían a través de una compleja red de encaminadores, cada uno de los cuales abre una conexión anónima con el siguiente, hasta que el paquete alcanza su destino. Cuando el paquete es recibido por el primer encaminador cebolla, se lo cifra una vez por cada encaminador adicional a través del cual deba pasar. Cada uno de los subsiguientes encaminadores va quitando una capa de cifrado hasta que el mensaje alcanza su destino en forma de texto en claro.

encaminamiento de patata caliente *s.* (*hot-potato routing*) Un esquema de encaminamiento de paquetes que utiliza la técnica de mantener los datos en movimiento, incluso si esto implica que los datos puedan temporalmente alejarse de su destino final. *También llamado* encaminamiento por deflexión.

encaminamiento dinámico *s.* (*dynamic routing*) Encaminamiento que se ajusta automáticamente a las condiciones actuales de una red. El encaminamiento dinámico utiliza típicamente uno de varios protocolos de encaminamiento dinámicos posibles, como el protocolo RIP (Routing Information Protocol) y el protocolo BGP (Border Gateway Protocol). *Compárese con* encaminamiento estático.

encaminamiento estático *s.* (*static routing*) El encaminamiento basado en una ruta fija de retransmisión. A diferencia del encaminamiento dinámico, el encaminamiento estático no se adapta a las variaciones de las condiciones de la red. *Compárese con* encaminamiento dinámico.

encaminamiento interdominios sin clases *s.* (*classless interdomain routing*) Un esquema de direcciones que utiliza estrategias de agregación para minimizar el tamaño de las tablas de encaminamiento Internet de nivel superior. Las rutas se agrupan con el objetivo de minimizar la cantidad de información transmitida por los encaminadores principales. El principal requisito de este esquema es el uso de protocolos de encaminamiento que lo soporten, como BGP (Border Gateway Protocol) versión 4 y RIP versión 2. *Acrónimo:* CIDR. *Véase también* BGP; protocolo de comunicaciones; RIP; encaminador; consolidación de redes.

encaminamiento por deflexión *s.* (*deflection routing*) *Véase* encaminamiento de patata caliente.

encaminamiento reflectante *s.* (*reflective routing*) En las redes de área extensa, es el proceso de utilizar un reflector para distribuir datos, reduciendo así la carga del servidor de red. *Véase también* reflector.

encapsulación *s.* (*encapsulation*) **1**. En programación orientada a objetos, el empaquetado de atributos (propiedades) y funcionalidad (métodos o comportamientos) para crear un objeto que es esencialmente una «caja negra», es decir, cuya estructura interna permanece oculta y a cuyos servicios pueden acceder los demás objetos sólo mediante mensajes que se pasen a través de una interfaz claramente definida (el equivalente en programación a un buzón de correos o a una línea telefónica). La encapsulación garantiza que el objeto que suministra un servicio pueda evitar que otros objetos manipulen sus datos o procedimientos directamente y permite al objeto que solicita un servicio ignorar los detalles de cómo se suministra dicho servicio. *Véase también* ocultación de información. **2**. En términos del problema del año 2000, es un método para tratar con las fechas que implica desplazar la lógica de programa (encapsulación de datos) o la entrada (encapsulación de programas) hacia atrás en el tiempo a un año paralelo que permita que el sistema evite las complicaciones derivadas del año 2000. La encapsulación permite así que el procesamiento continúe realizándose mediante una especie de «salto en el tiempo», consistente en saltar a un tiempo anterior antes de que empiece el procesamiento y (para mantener la precisión) desplazar la salida hacia adelante un mismo número de años para reflejar la fecha actual. *Véase también* encapsulación de datos; encapsulación de programas.

encapsulación de datos *s.* (*data encapsulation*) Método para tratar de resolver los problemas informáticos derivados del año 2000. Este método implicaba modificar la lógica de entrada y de salida de un programa dejando los datos reales sin modificar. La lógica de entrada se modificaba para reflejar una fecha más antigua (paralela a la actual) que la computadora pudiera manejar. Una vez generada la salida, la lógica de salida cambiaba los datos para reflejar la fecha correcta.

encapsulación de programas *s.* (*program encapsulation*) Método para tratar de resolver los problemas informáticos derivados del año 2000. Este método implicaba la modificación de los datos con los que trabajaban los programas. Los datos de entrada se modificaban para reflejar una fecha paralela más antigua que el programa pudiera manejar. Cuando se generaba la salida, dichos datos se modificaban otra vez para reflejar la fecha correcta. El propio programa se dejaba sin modificar.

encapsulado *s.* (*package*) En electrónica, el habitáculo en el cual se empaqueta un componente electrónico. *Véase también* DIP.

encapsulado de doble hilera *s.* (*dual inline package* o *dual in-line package*) *Véase* DIP.

encapsulado de simple hilera *s.* (*single inline package*) *Véase* SIP.

encapsular *vb.* (*encapsulate*) **1**. En programación orientada a objetos, mantener los detalles de implementación de una clase en un archivo independiente cuyo contenido no necesita ser conocido por un programador que esté utilizando dicha clase. *Véase también* programación orientada a objetos; TCP/IP. **2.** Tratar una colección de información estructurada como un todo sin modificar ni tener en cuenta su estructura interna. En comunicaciones, un mensaje o paquete construido de acuerdo con un determinado protocolo, como, por ejemplo, un paquete TCP/IP, puede ser considerado, junto con sus datos de formateo, como un flujo no diferenciado de bits que puede descomponerse y empaquetarse de acuerdo con los requisitos de un protocolo de nivel inferior (por ejemplo, como paquetes ATM) con el fin de enviarlo a través de una red concreta; en el destino, los paquetes de nivel inferior se recomponen, volviendo a recrear el mensaje tal como fue formateado por el protocolo de encapsulación. *Véase también* ATM.

encender *vb.* (***power up***) Iniciar una computadora; dar comienzo a un procedimiento de arranque en frío; conectar la alimentación.

Energy Star *s.* Símbolo fijado a sistemas y componentes que indica que se trata de un diseño de bajo consumo de energía. Energy Star es el nombre de un programa de la Environmental Protection Agency que anima a los fabricantes de PC a construir sistemas que hagan un uso eficiente de la energía. Los requisitos dictan que los sistemas o monitores deben ser capaces de entrar automáticamente en un «estado reposo» o estado de menor consumo de energía mientras que la unidad está inactiva, definiéndose el estado de baja energía como 30 vatios o menos. Los sistemas y monitores que cumplen estas directrices se marcan con el logotipo Energy Star.

enfocar *vb.* (***focus***) En las tecnologías de televisión y de pantallas de barrido de líneas, hacer que un haz de electrones converja en un único punto de la superficie interna de la pantalla.

enganchado en fase *adj.* (***phase-locked***) Perteneciente, relativo a o característico de la relación entre dos señales cuyas fases relativas se mantienen constantes mediante un mecanismo de control, como, por ejemplo, un dispositivo electrónico.

enganche *s.* (***hook***) Posición en una rutina o programa en el que el programador puede conectar o insertar otras rutinas con fines de depuración o de mejorar la funcionalidad.

englobamiento de nombres de archivos *s.* (***filename globbing***) Característica de la línea de comandos de Linux, disponible en la mayoría de servidores FTP, que permite a un usuario hacer referencia a conjuntos de archivos sin enumerar individualmente cada nombre de archivo. El englobamiento de nombres de archivos puede emplearse para seleccionar o borrar todos los archivos de un directorio de trabajo con un solo comando. Según desee el usuario, el englobamiento puede seleccionar todos los archivos o sólo aquellos nombres de archivo que contengan un carácter o un rango de caracteres específicos. *Véase también* carácter comodín.

Enhanced Graphics Display *s.* Pantalla de vídeo de PC capaz de generar imágenes gráficas con resoluciones comprendidas en el rango de 320 $\times$ 200 a 640 $\times$ 480 píxeles, en color o en blanco y negro. La resolución y la profundidad de color dependen de las frecuencias de barrido vertical y horizontal de la pantalla, de las capacidades de la tarjeta controladora de la pantalla de vídeo y de la RAM de vídeo disponible.

enhebramiento *s.* (***threading***) Técnica utilizada por ciertos lenguajes intérpretes, como muchas implementaciones de Forth, para acelerar la ejecución. Las referencias a otras rutinas de soporte en cada rutina de soporte, como, por ejemplo, una palabra predefinida de Forth, se sustituyen por punteros a dichas rutinas. *Véase también* Forth; subproceso.

ENIAC *s.* Computadora de 30 toneladas y 200 metros cuadrados que contenía alrededor de 18.000 válvulas de vacío y 6.000 interruptores manuales. Desarrollada entre 1942 y 1946 para la Armada de Estados Unidos por J. Presper Eckert y John Mauchly en la Universidad de Pennsylvania, ENIAC se considera como la primera computadora verdaderamente electrónica. Siguió funcionando hasta 1955.

enlace ascendente *s.* (***uplink***) El enlace de transmisión que va desde una estación terrena hasta un satélite de comunicaciones.

enlace blando *s.* (*soft link*) *Véase* enlace simbólico.

enlace de comunicaciones *s.* (*communications link*) La conexión entre computadoras que permite la transferencia de datos.

enlace de datos *s.* (*data link*) Una conexión entre cualesquiera dos dispositivos capaces de enviar y recibir información, como, por ejemplo, una computadora y una impresora o una computadora central y un terminal. Algunas veces, el término se amplía para incluir a aquellos equipos, como, por ejemplo, los módems, que permiten transmitir y recibir. Dichos dispositivos se ajustan a una serie de protocolos que gobiernan la transmisión de datos. *Véase también* protocolo de comunicaciones; enlace de datos, nivel de; DCE; DTE.

enlace de datos, nivel de *s.* (*data-link layer*) El segundo de los siete niveles del modelo de referencia ISO/OSI para la estandarización de las comunicaciones entre equipos informáticos. El nivel de enlace de datos está situado un nivel por encima del nivel físico. Se ocupa de empaquetar y direccionar los datos y de gestionar el flujo de transmisión. Es el más bajo de los tres niveles (enlace de datos, red y transporte) implicados en la transferencia de datos entre dispositivos. *Véase también* modelo de referencia ISO/OSI.

enlace descendente *s.* (*downlink*) La transmisión de datos desde un satélite de comunicaciones a una estación terrena.

enlace simbólico *s.* (*symbolic link*) Entrada de directorio de disco que toma el lugar de una entrada de directorio para un archivo, pero realmente es una referencia a un archivo que se encuentra en un directorio diferente. *También llamado* alias, acceso directo.

enlace troncal *s.* (*trunk*) **1.** En comunicaciones, es un canal que conecta a dos estaciones de conmutación. Los enlaces troncales usualmente transportan un gran número de llamadas simultáneas. **2.** En las redes, es el cable que forma la principal ruta de comunicaciones de una red. En una red de bus, es el único cable al que todos los nodos están conectados. *Véase también* red troncal.

enlaces agregados *s.* (*aggregated links*) *Véase* agregación de enlaces.

enlatado *s.* (*boilerplate*) Texto reciclable; una frase o fragmento de código, como, por ejemplo, el lema de una organización o el código gráfico que imprime el logotipo de una empresa de software, que puede ser utilizado repetidamente en muchos documentos diferentes. El tamaño del texto enlatado puede ir desde uno o dos párrafos a muchas páginas. Se trata, esencialmente, de una composición genérica que puede escribirse una vez, guardarse en disco y combinarse, bien de forma literal o bien con alguna pequeña modificación, en los documentos o programas que puedan escribirse más adelante y que así lo requieran.

enlazar *vb.* (*link*) **1.** Conectar dos elementos de una estructura de datos utilizando variables de índice o variables de puntero. *Véase también* índice; puntero. **2.** Producir un programa ejecutable a partir de módulos compilados (programas, rutinas o bibliotecas) combinando el código objeto (código objeto en lenguaje ensamblador, código máquina ejecutable o una variante de código máquina) del programa y resolviendo las referencias de interconexión (como, por ejemplo, las llamadas a rutinas de biblioteca realizadas por un programa). *Véase también* montador.

enmascaramiento *s.* (*masking*) El proceso de utilización de la operación de máscara para realizar operaciones sobre bits, bytes o palabras de datos. *Véase también* máscara.

enmascaramiento de campos de datos *s.* (*data field masking*) El proceso de filtrar o seleccionar parte de un campo de datos para controlar la forma en que se transmite y se visualiza.

enmascarar *vb.* (*mask off*) Utilizar una máscara para eliminar bits de un byte de datos. *Véase también* máscara.

ENQ *s. Véase* carácter de interrogación.

enrutador *s. Véase* encaminador.

enrutamiento *s. Véase* encaminamiento.

ensamblado *s.* (*assembly*) Una colección de uno o más archivos que se someten a control de

ensamblado compartido

versión y se implantan como una unidad. Un ensamblado es el bloque componente principal de una aplicación construida de acuerdo con la arquitectura .NET. Todos los recursos y tipos gestionados están contenidos dentro de un ensamblado y están marcados como accesibles sólo desde el ensamblado o accesibles desde código perteneciente a otros ensamblados. Los ensamblados también desempeñan un papel fundamental en la seguridad. El sistema de seguridad de acceso al código utiliza información acerca del ensamblado para determinar el conjunto de permisos que se le concede al código de dicho ensamblado.

ensamblado compartido *s.* (*shared assembly*) Ensamblado al que puede referenciar más de una aplicación. Para que un ensamblado sea compartido, debe construirse explícitamente para ese propósito, asignándole un nombre criptográficamente fuerte. *Véase también* ensamblado privado; nombre fuerte.

ensamblado privado *s.* (*private assembly*) Ensamblado utilizado por una sola aplicación. Un ensamblado privado se almacena en la estructura de directorios de la aplicación que lo utiliza. *Véase también* ensamblado compartido.

ensamblador *s.* (*assembler*) Un programa que convierte programas en lenguaje ensamblador, compresibles por los seres humanos, en lenguaje máquina ejecutable. *Véase también* ensamblar; lenguaje ensamblador; listado en ensamblador; compilador; código máquina.

ensamblador cruzado *s.* (*cross-assembler*) Ensamblador que se ejecuta en una plataforma hardware, pero que genera código máquina para otra. *Véase también* ensamblador; compilador; compilador cruzado; desarrollo cruzado.

ensamblador de macros *s.* (*macro assembler*) Ensamblador que puede realizar tareas de sustitución y expansión de macros. El programador puede definir una macro que consista en varias instrucciones y después utilizar el nombre de macro más tarde, evitando así el tener que reescribir las instrucciones. Por ejemplo, una macro llamada «intercambio» podría intercambiar los valores de dos variables: después de definir la macro «intercambio», el programador puede insertar una instrucción tal como «intercambio a, b» en el programa en lenguaje ensamblador. Mientras está realizando el ensamblado, el ensamblador reemplaza la macro con las instrucciones contenidas en la misma, que cambian los valores de las variables *a* y *b*.

ensamblador/desensamblador de paquetes *s.* (*packet assembler/disassembler*) Una interfaz entre equipos no basados en conmutación de paquetes y una red de conmutación de paquetes. *Acrónimo:* PAD.

ensamblador/desensamblador frame relay *s.* (*frame relay assembler/disassembler*) Un equipo combinado encaminador y CSU/DSU (channel service unit/digital service unit, unidad de servicio de canal/unidad de servicio digital) que conecta una red interna a una conexión frame relay. El dispositivo convierte los datos (que pueden ser paquetes IP o ajustarse a algún otro protocolo de red) en paquetes para su transmisión a través de la red frame relay y convierte dichos paquetes de nuevo al formato original. Dado que se trata de un tipo de conexión directa (sin un cortafuegos), es necesario utilizar algún otro mecanismo de protección de red. *Acrónimo:* FRAD. *Véase también* cortafuegos; frame relay; IP.

ensamblar *vb.* (*assemble*) En programación, convertir un programa en lenguaje ensamblador en un conjunto de instrucciones equivalentes en lenguaje máquina denominado código objeto. *Véase también* ensamblador; lenguaje ensamblador; montador; código objeto.

enseñanza asistida por computadora *s.* (*computer-assisted teaching*) *Véase* CAI.

enseñanza informatizada *s.* (*computer-based learning*) *Véase* CBL.

entero *s.* (*integer*) **1**. Tipo de dato utilizado para representar números enteros. Los cálculos que sólo operan con enteros son mucho más rápidos que los cálculos con números en coma flotante, de modo que los enteros son ampliamente utilizados en programación para propósitos de recuento y de numeración. Los enteros pueden tener signo (positivos o negativos) o no tenerlo (positivos). También pueden ser descritos como enteros largos o cortos, dependiendo del número de bytes necesarios para almacenarlos. Los enteros cortos, almacenados en 2 bytes, cubren un rango menor de números (por ejemplo, desde el –32.768 hasta el 32.767) que los enteros largos (por ejemplo, desde el –2.147.483.648 hasta el 2.147.483.647), los cuales se almacenan en 4 bytes. *También llamado* número entero. *Véase también* notación en coma flotante. **2.** Número entero positivo o negativo, como, por ejemplo, 37, 250 o 764.

Enterprise JavaBeans *s*. Una interfaz de programación de aplicaciones (API) diseñada para extender el modelo de componentes JavaBean a aplicaciones multiplataforma del extremo servidor que puedan ejecutarse en los distintos sistemas usualmente presentes en un entorno corporativo. Los JavaBeans corporativos se definen en la especificación Enterprise JavaBean publicada por Sun Microsystems, Inc. El objetivo de esta API es proporcionar a los desarrolladores un método de aplicar tecnología Java a la creación de componentes de servidor reutilizables para aplicaciones empresariales, como las de procesamiento de transacciones. *Acrónimo:* EJB. *Véase también* Java; JavaBean.

entidad *s*. (*entity*) En el diseño asistido por computadora y el diseño orientado a objetos, un elemento que puede tratarse como una unidad y, a menudo, como un miembro de una categoría o tipo determinado. *Véase también* CAD; diseño orientado a objetos.

entidad de aplicación *s*. (*application entity*) *Véase* AE.

entidad de carácter *s*. (*character entity*) En HTML y SGML, es la notación para un carácter especial. Una entidad de carácter comienza con un signo & seguido de una cadena de letras o una cadena de números y termina con un punto y coma (;). Entre los caracteres especiales representados mediante las entidades de carácter, se incluyen los acentos agudos y graves, la tilde y las letras griegas, entre otros. *También llamado* entidad nominada.

entidad de visualización *s*. (*display entity*) *Véase* entidad; primitiva gráfica.

entidad nominada *s*. (*named entity*) *Véase* entidad de carácter.

entidades XML *s*. (*XML entities*) Combinaciones de caracteres y símbolos que sustituyen a otros caracteres cuando se analiza sintácticamente un documento XML, utilizándose usualmente para sustituir caracteres que tienen otro significado en XML. Por ejemplo, &lt; representa el símbolo <, que es también el corchete angular de apertura de una etiqueta.

entorno *s*. (*environment*) **1.** En microinformática, el término hace referencia a una definición de las especificaciones, como, por ejemplo, la ruta de comandos, con las que opera un programa. **2.** La configuración de recursos disponible para un usuario. El concepto de entorno hace referencia al hardware y el sistema operativo que se ejecuta sobre él. Por ejemplo, Windows y Macintosh se denominan entornos de ventana porque están basados en regiones de la pantalla denominadas ventanas.

entorno de aplicación Macintosh *s*. (*Macintosh Application Environment*) Shell para sistemas abiertos con arquitectura RISC que proporciona una interfaz estilo Macintosh dentro de una ventana del sistema X Window. El entorno de aplicación Macintosh es compatible con Mac y UNIX y soportará todos los productos comerciales de Macintosh. *Acrónimo:* MAE. *Véase también* RISC; X Window System.

entorno de desarrollo de aplicaciones *s*. (*application development environment*) Un conjunto integrado de programas pensados para que los utilicen los desarrolladores de software. Los componentes típicos de un entorno de desarrollo de aplicaciones incluyen un compilador, un sistema de exploración de archivos, un depurador y un editor de texto que se utiliza para crear programas.

entorno de desarrollo integrado *s*. (*integrated development environment*) Conjunto de herramientas integradas para el desarrollo de software. Generalmente, las herramientas se ejecutan desde una interfaz de usuario y constan, entre otros elementos, de un compilador, un editor y un depurador. *Acrónimo:* IDE.

entorno de ejecución *s.* (***runtime***) *Véase* entorno de ejecución multilenguaje.

entorno de ejecución multilenguaje *s.* (***common language runtime***) El motor encargado de la ejecución gestionada de código. El motor de ejecución suministra al código gestionado servicios tales como la integración multilenguaje, la seguridad de acceso al código, la gestión del tiempo de vida de los objetos y el soporte de depuración y perfilado.

entorno de ejecución seguro *s.* (***sandbox***) Área de seguridad de una máquina virtual Java para las applets descargadas (remotas o que no sean de confianza). Es un área en el que dichas applets son confinadas, impidiéndoselas acceder a recursos del sistema. El confinamiento en el entorno de seguridad evita que las applets descargadas lleven a cabo operaciones potencialmente peligrosas, ya sea de forma maliciosa o de manera no intencionada. Las applets tienen que limitarse a operar dentro del área de seguridad y cualquier intento de «escapar» de esta área es impedido por el gestor de seguridad Java.

entorno de escritorio *s.* (***desktop environment***) La apariencia e interfaz de usuario del sistema operativo de una computadora. Los sistemas operativos pueden ofrecer al usuario la oportunidad de personalizar el entorno de escritorio o en ocasiones elegir entre varios entornos de escritorio alternativos, mientras que el sistema operativo subyacente continúa siendo el mismo.

entorno de gestión de ventanas *s.* (***windowing environment***) Sistema operativo o shell que presenta al usuario una serie de áreas de la pantalla especialmente delineadas denominadas ventanas. Los entornos de gestión de ventanas normalmente permiten cambiar el tamaño de las ventanas y desplazarlas por la pantalla. Macintosh Finder, Windows y OS/2 Presentation Manager son ejemplos de entornos de gestión de ventanas. *Véase también* interfaz gráfica de usuario; ventana.

entorno de trabajo distribuido *s.* (***distributed workplace***) Un entorno distinto de las fábricas y oficinas tradicionales en el que se lleva a cabo algún tipo de trabajo de forma regular. La flexibilidad proporcionada por la combinación de tecnologías informáticas y de comunicaciones permite a muchos trabajadores realizar sus tareas desde cualquier lugar en el que se haya instalado la apropiada infraestructura informática y de comunicación de datos. *Véase también* SOHO; teletrabajar.

entorno heterogéneo *s.* (***heterogeneous environment***) Entorno de computación, normalmente dentro de una organización, en la que se utiliza hardware y software de dos o más fabricantes. *Compárese con* entorno homogéneo.

entorno homogéneo *s.* (***homogeneous environment***) Entorno de computación, normalmente dentro de una organización, en el que sólo se utiliza hardware de un único fabricante y software de un único fabricante. *Compárese con* entorno heterogéneo.

entorno informático distribuido *s.* (***Distributed Computing Environment***) Conjunto de estándares de Open Group (anteriormente Open Software Foundation) para el desarrollo de aplicaciones distribuidas que pueden operar en más de una plataforma. *Acrónimo:* DCE. *Véase también* procesamiento distribuido.

entra basura y sale basura *s.* (***garbage in-garbage out***) Axioma de la informática equivalente al tradicional «lo que se come, se cría», que significa que si los datos introducidos en un proceso son erróneos, los datos de salida que produzca el proceso serán también erróneos. *Acrónimo:* GIGO.

entrada *s.* **1.** (***entry***) Unidad de información tratada como un todo por un programa informático. **2.** (***entry***) El proceso de introducción de información. **3.** (***input***) Información introducida en una computadora o programa para procesarla, como, por ejemplo, desde un teclado o desde un archivo almacenado en una unidad de disco.

entrada de datos *s.* (***data item***) *Véase* elemento de datos.

entrada de voz *s.* (***voice input***) Instrucciones habladas que una computadora traduce a comandos ejecutables utilizando tecnologías de reconocimiento del habla o que se insertan en documentos con ayuda de un micrófono. *Véase también* reconocimiento del habla.

entrada/salida *s*. (*input/output*) Las tareas complementarias de recopilar datos con los que pueda trabajar una computadora o programa y poner a disposición del usuario o de otros procesos informáticos los resultados de las actividades de la computadora. La recopilación de datos suele realizarse mediante dispositivos de entrada, tales como el teclado y el ratón, mientras que la salida se suele poner a disposición del usuario a través del monitor y la impresora. Otros recursos de datos, como los archivos de disco y los puertos de comunicaciones de la computadora, pueden servir como dispositivos tanto de entrada como de salida. *Acrónimo:* I/O.

entrega extremo a extremo *s*. (*end-to-end delivery*) Proceso de comunicaciones en las redes en el cual los paquetes son entregados y a continuación confirmados por el sistema receptor.

entrelazado *adj*. (*interlaced*) Referido a un método de visualización en los monitores de barrido de líneas en el que el haz de electrones refresca o actualiza todas las líneas de barrido impares en un barrido vertical de la pantalla y todas las líneas de barrido pares en el siguiente barrido. *Compárese con* no entrelazado.

entrelazado *s*. (*interlacing*) *Véase* barrido entrelazado.

entrelazado de sectores *s*. (*sector interleave*) *Véase* entrelazar.

entrelazar *vb*. (*interleave*) Disponer los sectores de un disco duro de forma tal que, después de leer un sector, el siguiente sector de la secuencia numérica se sitúe en la posición del cabezal cuando la computadora esté lista para aceptarlo y no antes para evitar que la computadora tenga que esperar una revolución completa del disco para que el sector vuelva a situarse en la posición correcta. El entrelazado se configura mediante la utilidad de formato que inicializa un disco para su uso con una computadora determinada.

enumerador de bus *s*. (*bus enumerator*) Controlador de dispositivo que identifica los dispositivos localizados en un bus específico y asigna un código de identificación unívoco a cada dispositivo. El enumerador de bus es responsable de cargar la información sobre los dispositivos en el árbol de descripción del hardware. *Véase también* bus; controlador de dispositivo; árbol de hardware.

enumerador de puertos *s*. (*port enumerator*) En Windows, una parte del sistema plug and play que detecta los puertos I/O e informa sobre ellos al gestor de configuración. *Véase también* Plug and Play.

enunciado de acción *s*. (*action statement*) *Véase* instrucción.

enunciado del programa *s*. (*program statement*) El enunciado que define el nombre, describe brevemente la operación y posiblemente proporciona otra información acerca del programa. Algunos lenguajes, como Pascal, tienen un enunciado explícito del programa; otros no o emplean otras formas (como, por ejemplo, la función main ( ) de C).

envenenamiento de caché *s*. (*cache poisoning*) Corrupción deliberada de la información almacenada en el sistema de nombres de dominio (DNS, Domain Name System) de Internet por medio de la modificación de los datos que establecen la correspondencia entre nombres de máquinas host y direcciones IP. La información incorrecta de este tipo, al ser almacenada en caché (guardada) por un servidor DNS y luego ser pasada a otro, expone a los servidores DNS a ataques en los que los datos enviados desde una máquina host a otra pueden ser analizados o corrompidos. Los mecanismos de envenenamiento de caché han sido utilizados para redirigir solicitudes de red desde un servidor legítimo a otro sitio web alternativo. *Véase también* DNS.

enviar *vb*. (*send*) Transmitir un mensaje o archivo a través de un canal de comunicaciones.

enviar un flujo *vb*. (*stream*) Transferir datos de manera continua, de principio a fin, con un flujo constante. Muchos aspectos de la informática utilizan la capacidad de enviar flujos de datos. Por ejemplo, la entrada y salida de archivos y las comunicaciones. En caso nece-

envoltorio

sario, una aplicación que esté recibiendo un flujo de datos debe ser capaz de guardar la información en un búfer para evitar que se pierdan datos. En Internet, los flujos de datos permiten a los usuarios comenzar a acceder y a utilizar un archivo antes de que éste haya sido transmitido por completo.

envoltorio *s.* (*wrapper*) En el lenguaje de programación Java, un objeto que encapsula y delega unas determinadas operaciones en otro objeto con el fin de alterar su comportamiento o su interfaz. *Véase también* Java; objeto.

envoltorio de objeto *s.* (*object wrapper*) En aplicaciones orientadas a objetos, una manera de encapsular un conjunto de servicios suministrados por una aplicación no orientada a objetos para poder tratar como un objeto a los servicios encapsulados. *Véase también* objeto.

envoltorio invocable vía COM *s.* (*COM callable wrapper*) Objeto proxy generado por el entorno de ejecución para que las aplicaciones COM existentes puedan utilizar de forma transparente clases gestionadas, como las clases de .NET Framework. *Acrónimo:* CCW.

envolvente *s.* (*envelope*) **1**. En comunicaciones, una sola unidad de información que se agrupa con otros elementos, como, por ejemplo, bits de control de errores. **2**. La forma de una onda sonora causada por los cambios de amplitud. Véase la ilustración.

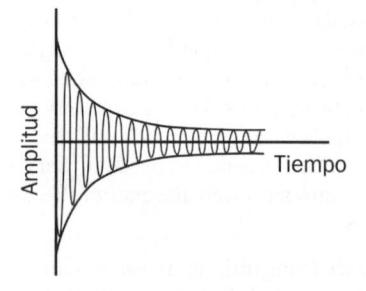

Envolvente.

EOF *s. Véase* fin de archivo.

EOL *s.* Acrónimo de end of line (fin de línea). Un carácter de control (no imprimible) que indica el final de una línea de datos en un archivo de datos.

EOT *s. Véase* fin de la transmisión.

EPIC *s.* **1**. Abreviatura de Electronic Privacy Information Center (Centro de información sobre la intimidad electrónica). Un centro de investigación de interés público con sede en Washington D.C., Estados Unidos, dedicado a dirigir la atención pública hacia las libertades civiles y los problemas de intimidad en línea relacionados con la comunicación electrónica, la criptografía y otras tecnologías similares. **2**. Abreviatura de Explicitly Parallel Instruction Computing (procesamiento de instrucciones explícitamente paralelo). Una tecnología desarrollada conjuntamente por Intel y Hewlett-Packard como base para la arquitectura del conjunto de instrucciones de 64 bits incorporado en IA-64, que fue la base del chip Merced. La tecnología EPIC está diseñada para permitir a los procesadores IA-64 ejecutar instrucciones de manera eficiente y extremadamente rápida. Entre los elementos fundamentales, se incluyen un paralelismo explícito basado en la identificación por software de las instrucciones que el procesador puede ejecutar concurrentemente; una gestión mejorada de las rutas de bifurcación de los programas y mecanismos de carga anticipada desde memoria. *Véase también* IA-64; Merced.

epitaxia de haz molecular *s.* (*molecular beam epitaxy*) Proceso utilizado en la fabricación de dispositivos semiconductores, como, por ejemplo, los circuitos integrados. Un dispositivo que emplee la técnica epitaxial de haz molecular crea delgadas capas de material semiconductor mediante la vaporización del material y dirigiendo un haz de moléculas al sustrato sobre el que se debe formar la capa. Esta técnica permite crear capas muy precisas y delgadas.

EPP *s.* Acrónimo de Enhanced Parallel Port (puerto paralelo mejorado). Puerto de alta velocidad para dispositivos periféricos distintos de las impresoras y escáneres (por ejemplo, unidades de disco externas). Especificado en el estándar IEEE 1284, EPP describe puertos paralelos bidireccionales que proporcionan velocidades de datos de 1 Mbps o más por oposición a los entre 100 y 300 Kbps de los antiguos puertos Centronics, que eran un auténtico estándar de facto. *Véase también* IEEE 1284; puerto de entrada/salida. *Compárese con* ECP.

EPROM *s.* Acrónimo de erasable PROM (PROM borrable). Chip de memoria no volátil que se programa después de su fabricación. Las EPROM se pueden reprogramar quitando la capa protectora de la parte superior del chip y exponiendo éste a la luz ultravioleta. Aunque las EPROM son más caras que las PROM, pueden ser más económicas cuando se requiere realizar muchos cambios en un diseño. *Véase también* EEPROM; PROM; ROM.

.eps *s.* La extensión de archivo que identifica los archivos con formato PostScript encapsulado. *Véase también* EPS.

EPS *s.* Acrónimo de Encapsulated PostScript (PostScript encapsulado). Formato de archivo PostScript que se puede usar como una entidad independiente. La imagen EPS debe incorporarse a la salida PostScript de una aplicación, como, por ejemplo, una aplicación de autoedición. Muchos paquetes de imágenes prediseñadas de alta calidad usan este tipo de imágenes. *Véase también* PostScript.

EPSF *s.* Acrónimo de Encapsulated PostScript file (archivo PostScript encapsulado). *Véase* EPS.

equilibrado de carga *s.* (*load balancing*) **1**. En administración de redes cliente/servidor, es el proceso de reducir la intensidad del flujo de tráfico dividiendo un segmento de red muy ocupado en múltiples segmentos más pequeños o utilizando mecanismos software para distribuir el tráfico entre múltiples tarjetas de interfaz de red que operan simultáneamente para transferir información a un servidor. **2**. En comunicaciones, es el proceso de encaminar el tráfico a través de dos o más rutas en lugar de emplear una sola. Este tipo de equilibrio de carga proporciona transmisiones más rápidas y fiables. **3**. En procesamiento distribuido, es la distribución de actividad entre dos o más servidores con el fin de evitar sobrecargar a ninguno de ellos con demasiadas solicitudes procedentes de los usuarios. El equilibrado de carga puede ser estático o dinámico. En el primer tipo, la carga se equilibra de antemano, asignando diferentes grupos de usuarios a diferentes servidores. En el segundo tipo, se utilizan mecanismos software para dirigir las solicitudes entrantes en tiempo de ejecución al servidor que sea más capaz de procesarlas.

equipo auxiliar *s.* (***auxiliary equipment***) *Véase* periférico.

equipo de datos *s.* (***data set***) En comunicaciones, se denomina así a un módem. *Véase también* módem.

equipo de demo *s.* (***demo***) Computadora que está disponible en una tienda para que los clientes la prueben con el fin de asegurarse de si quieren comprarla.

equipo de información *s.* (***information appliance***) Una computadora especializada diseñada para realizar un número limitado de funciones y, especialmente, para proporcionar acceso a Internet. Aunque se podría considerar como equipos de información a dispositivos tales como las libretas de direcciones electrónicas y los gestores de citas, el término se usa más normalmente para dispositivos menos caros y menos capaces que una computadora personal completamente funcional. Los decodificadores de televisión son un ejemplo actual de este tipo de dispositivos; otros dispositivos, predichos para un futuro próximo, incluirían los hornos de microondas, frigoríficos, relojes y otros dispositivos similares con conexión a red.

equipo terminal de datos *s.* (***Data Terminal Equipment***) *Véase* DTE.

ergonomía *s.* (***ergonomics***) El estudio de las personas (sus características físicas y la forma en que operan) en relación con su entorno de trabajo (los muebles y máquinas que utilizan). El objetivo de la ergonomía consiste en aportar comodidad, eficiencia y seguridad física al diseño de los teclados, mesas de trabajo, sillas y otros elementos que componen el puesto de trabajo.

Erlang *s.* Lenguaje de programación funcional concurrente. Originalmente desarrollado para controlar centrales telefónicas, Erlang es un lenguaje de propósito general que se adapta bien a las aplicaciones donde sean esenciales el desarrollo rápido de sistemas complejos y la robustez. Erlang ofrece soporte de concurrencia, mecanismos distribuidos y tolerancia a fallos. La versión de Erlang más ampliamente implementada es la versión de código abierto.

ERP *s. Véase* planificación de recursos empresariales.

error *s.* **1.** (*bug*) Error en la codificación o en la lógica que provoca que un programa no funcione correctamente o que produzca resultados incorrectos. Los errores menores, tales como que el cursor no se comporte como se espera, pueden ser molestos o frustrantes, pero no dañan la información. Los errores más serios pueden hacer que el usuario deba reiniciar el programa o la computadora, perdiendo así toda la información que no haya sido grabada anteriormente. Pero aún peores son los errores que pueden dañar datos guardados sin avisar al usuario. Tales errores deben ser encontrados y corregidos mediante el proceso denominado depuración. Debido al riesgo potencial de datos importantes, los programas de aplicación comerciales se comprueban y depuran lo más exhaustivamente posible antes de su publicación. Después de que el programa esté disponible comercialmente, los errores menores que surjan se corrigen en la siguiente actualización. Un error más serio puede a veces arreglarse con un fragmento de software denominado parche que solventa el problema o permite de alguna forma aliviar sus efectos. *Véase también* prueba beta; bomba; fallo catastrófico; depurar; depurador; colgarse; error inherente; error lógico; error semántico; error sintáctico. **2.** Valor o condición no coherente con el valor o condición verdadero, especificado o esperado. En las computadoras, aparece un error cuando un suceso no tiene lugar de la forma esperada o cuando se producen intentos de operación ilegales. En comunicaciones de datos, se produce un error cuando hay discrepancia entre los datos transmitidos y los recibidos. *Véase también* error crítico; mensaje de error; tasa de errores; tasa de errores; error fatal; error irrecuperable; error inherente; error intermitente; error lógico; error de máquina; error de desbordamiento; error de paridad. *Compárese con* fallo.

error crítico *s.* (*critical error*) Error que suspende el procesamiento hasta que la condición pueda corregirse bien por software o bien mediante la intervención del usuario (por ejemplo, un intento de leer un disco inexistente, la falta de papel en la impresora o un error en la suma de control de un mensaje de datos).

error de cliente *s.* (*client error*) Un problema comunicado por el módulo cliente HTTP (Hypertext Transfer Protocol) como resultado de la dificultad a la hora de interpretar un comando o de la incapacidad de conectarse apropiadamente a una máquina host remota.

error de desbordamiento *s.* (*overflow error*) Error que surge cuando un número, frecuentemente resultado de una operación aritmética, es demasiado grande para almacenarlo en la estructura de datos que un programa proporciona para ello.

error de disco *s.* (*disk crash*) El fallo de una unidad de disco. *Véase también* fallo catastrófico.

error de escritura *s.* (*write error*) Error encontrado mientras la computadora se encuentra en el proceso de transferir información desde la memoria a un dispositivo de almacenamiento u otro dispositivo de salida. *Compárese con* error de lectura.

error de excepción fatal *s.* (*fatal exception error*) Mensaje de Windows que señala que ha ocurrido un error irrecuperable, de esos que hacen que el sistema se detenga. Los datos que estén siendo procesados cuando ocurre el error normalmente se pierden y se debe rearrancar el equipo. *Véase también* gestión de errores.

error de hardware *s.* (*hardware failure*) Funcionamiento incorrecto de un componente físico en un sistema informático, como un fallo catastrófico de los cabezales de un disco o un error de memoria. *Véase también* error irrecuperable.

error de lectura *s.* (*read error*) Error encontrado mientras una computadora se encuentra en el proceso de obtener información procedente de un dispositivo de almacenamiento u otra fuente de entrada. *Compárese con* error de escritura.

error de máquina *s.* (*machine error*) Error de hardware. Probablemente el tipo de error de máquina más habitual implica a los soportes físicos, como, por ejemplo, un error al leer un disco duro.

error de parada *s.* (*Stop error*) Error serio que afecta al sistema operativo y que puede poner los datos en peligro. El sistema operativo genera un mensaje obvio, una pantalla con el error de parada, en lugar de continuar y de posiblemente corromper los datos. *También llamado* error de pantalla azul, error fatal del sistema. *Véase también* pantalla azul.

error de paridad *s.* (*parity error*) Un error en el número total de unos o ceros que componen una determinada información. Ese error indica que ha tenido lugar algún tipo de error en los datos transmitidos o en los datos almacenados en memoria. Si tiene lugar un error de paridad en una comunicación, será preciso retransmitir parte o la totalidad de un mensaje; si tiene lugar un error de paridad en la RAM, la computadora suele detenerse. *Véase también* paridad; bit de paridad.

error de punteros cruzados *s.* (*stale pointer bug*) *Véase* error de solapamiento.

error de servidor *s.* (*server error*) Un fallo a la hora de satisfacer una solicitud de información a través de HTTP como resultado de un error en el servidor en lugar de un error en el cliente o del usuario. Los errores de servidor están indicados por los códigos de estado HTTP que comienzan por 5. *Véase también* HTTP; códigos de estado HTTP.

error de solapamiento *s.* (*aliasing bug*) Una clase de sutiles errores de programación que pueden surgir en los fragmentos de código que realizan asignaciones dinámicas de memoria. Si hay varios punteros haciendo referencia al mismo segmento de almacenamiento, el programa puede liberar ese espacio de almacenamiento utilizando alguno de los punteros y luego intentar utilizar otro puntero (un alias), que ya no estaría apuntando a los datos deseados. Este error es evitable utilizando estrategias de asignación que no usen nunca más de una copia de un puntero a un segmento asignado de la memoria principal o utilizando lenguajes de nivel más alto, como LISP, que emplean una característica de recolección de zonas de memoria no utilizadas (recolección de basura). *También llamado* error de punteros cruzados. *Véase también* alias; asignación dinámica; recolección de memoria.

error de tiempo de ejecución *s.* (*run-time error*) Error de software que ocurre mientras un programa está siendo ejecutado, detectado por un compilador u otro programa supervisor.

error del milenio *s.* (*millennium bug*) *Véase* problema del año 2000.

error del sistema *s.* (*system error*) Condición de software que hace que el sistema operativo sea incapaz de continuar funcionando con normalidad. Por lo general, este tipo de error requiere que se reinicie el sistema.

error fatal *s.* (*fatal error*) Error que provoca que el sistema o el programa de aplicación se detenga, es decir, que falle abruptamente sin ninguna esperanza de recuperación.

error inherente *s.* (*inherent error*) Error en las suposiciones, en el diseño, en la lógica, en los algoritmos o en varios de dichos aspectos que provoca que un programa funcione incorrectamente sin importar lo bien escrito que esté. Por ejemplo, un programa de comunicaciones serie que se escriba para utilizar un puerto paralelo contiene un error inherente. *Véase también* lógica; semántica; sintaxis.

error intermitente *s.* (*intermittent error*) Error que se produce en instantes impredecibles.

error irrecuperable *s.* **1.** (*hard error*) Error que impide al programa volver a la actividad normal. *Véase también* error fatal. **2.** (*hard error*) Error causado por un fallo en el hardware o por el intento de acceder a un hardware no compatible. *Véase también* error irrecuperable. *Compárese con* error recuperable. **3.** (*hard failure*) Cese de operación del que no hay recuperación posible, necesitándose normalmente llamar al servicio de reparaciones para corregir la situación. *También llamado* fallo hardware. **4.** (*unrecoverable error*) Error fatal, uno del que un programa es incapaz de recuperarse sin la ayuda de técnicas de recuperación externas. *Compárese con* error recuperable.

error lógico *s.* **1.** (*logic error*) Error, como, por ejemplo, un algoritmo incorrecto, que provoca que un programa produzca resultados incorrectos, pero no evita que el programa funcione. Como el programa sigue funcionando, los errores lógicos suelen ser bastante difíciles de encontrar. *Véase también* lógica; semántica; sintaxis. **2.** (*logical error*) *Véase* error lógico.

error propagado *s.* (*propagated error*) Error utilizado como entrada de otra operación, produciendo así otro error.

error recuperable *s.* **1.** (*recoverable error*) Error que puede ser correctamente tratado por el software. Por ejemplo, si el usuario introduce un número cuando se solicita una letra, el programa puede simplemente mostrar un mensaje de error y preguntar de nuevo al usuario. **2.** (*soft error*) Error del cual un programa o sistema operativo puede recuperarse. *Compárese con* error irrecuperable.

error semántico *s.* (*semantic error*) Error en el significado: una instrucción de un programa que es sintácticamente correcta (legal), pero funcionalmente incorrecta. *Véase también* lógica; semántica; sintaxis.

error sintáctico *s.* (*syntax error*) Error que resulta de una instrucción que viola una o más de las reglas gramaticales de un lenguaje y que, por tanto, no es «legal». *Véase también* lógica; semántica; sintaxis.

error Y2K *s.* (*Y2K bug*) *Véase* problema del año 2000.

escala *s.* (*scale*) Línea horizontal o vertical en un gráfico que muestra los valores mínimo, máximo y del intervalo para los datos reflejados en el gráfico.

escala de grises *s.* (*gray scale*) Secuencia de sombras en el rango que va desde el negro hasta el blanco utilizada en infografía para añadir detalle a las imágenes o para representar una imagen en color en un dispositivo de salida monocromo. Al igual que el número de colores en una imagen en color, el número de sombras de gris depende del número de bits almacenados por píxel. Los grises pueden representarse mediante sombras de gris reales mediante puntos de semitono o mediante tramado. *Véase también* tramado; semitono.

escala IRE *s.* (*IRE scale*) Escala utilizada para determinar las amplitudes de una señal de vídeo, desarrollada por el IRE (Institute of Radio Engineers), que ahora forma parte del IEEE (Institute of Electrical and Electronic Engineers). La escala IRE incluye un total de 140 unidades, 100 de ellas situadas por encima de cero y otras 40 por debajo.

escalabilidad *s.* (*scalability*) Medida del modo en que una computadora, servicio o aplicación puede crecer para satisfacer las demandas crecientes de prestaciones. En clústeres de servidores, es la capacidad de añadir de forma incremental uno o más sistemas a un clúster existente cuando la carga total del mismo excede sus posibilidades. *Véase también* clúster de servidores.

escalable *adj.* (*scalable*) Perteneciente o relativo a la característica de un componente hardware o software o una red que hace posible que se amplíe (o reduzca) para satisfacer futuras necesidades o adaptarse a circunstancias variables. Por ejemplo, una red escalable permite al administrador de red añadir muchos nodos adicionales sin necesidad de rediseñar el sistema básico.

escalado del ratón *s.* (*mouse scaling*) *Véase* sensibilidad del ratón.

escalar *s.* (*scalar*) Factor, coeficiente o variable que consta de un solo valor (en oposición a un registro, una matriz u otra estructura de datos compleja). *Compárese con* vector.

escalar *vb.* (*scale*) **1.** En programación, determinar el número de dígitos ocupados por un número de coma fija o de coma flotante. *Véase también* notación en coma fija; número en coma flotante. **2.** Alterar la forma en que se representan los valores con el fin de modificar su rango. Por ejemplo, cambiar de metros lineales a pulgadas en el plano de una casa. **3.** Agrandar o reducir una imagen gráfica, como, por ejemplo, un dibujo o una fuente de caracteres proporcional, ajustando su tamaño proporcionalmente.

escalonamiento *s.* (*stairstepping*) Trazado impreciso, similar a los escalones de una escalera, en una línea o curva gráfica que debería ser suave. *También llamado* aliasing, efecto de escalera.

escalones *s.* (*jaggies*) Los bordes quebrados que aparecen en las líneas diagonales y en las curvas cuando se las dibuja a baja resolución en los gráficos por computadora.

escáner *s.* (*scanner*) Dispositivo óptico de entrada que utiliza un equipo fotosensible para capturar una imagen en papel o en otro material. La imagen se traduce a una señal digital que puede entonces manipularse mediante un software gráfico o de reconocimiento óptico de caracteres (OCR). Existen varios tipos de escáner, entre los que se encuentran el escáner plano (el cabezal de digitalización pasa sobre un objeto fijo), con alimentador de hojas (el objeto se hace pasar por un cabezal de digitalización fijo), de tambor (el objeto se hace rotar alrededor de un cabezal de digitalización fijo) o de mano (el usuario pasa el dispositivo sobre un objeto fijo).

escáner con alimentador de papel *s.* (*sheet-fed scanner*) Escáner con un sencillo mecanismo de alimentación de papel en el que el escáner introduce las hojas de papel y las va digitalizando a medida que pasan sobre un mecanismo de digitalización estático. Los escáneres con alimentador de papel permiten la digitalización automática de documentos de varias hojas. *Véase también* escáner. *Compárese con* escáner de tambor; escáner de escritorio; escáner de mano.

escáner de códigos de barras *s.* (*bar code scanner*) Dispositivo óptico que utiliza un rayo láser para leer e interpretar códigos de barras, tales como los códigos universales de producto utilizados en los productos de alimentación y otros productos de venta al por menor. *Véase también* código de barras; código universal de producto.

escáner de color *s.* (*color scanner*) Escáner que convierte imágenes a un formato digitalizado y que es capaz de interpretar el color. La profundidad del color depende de la profundidad de bits del escáner, su capacidad para transformar el color en 8, 16, 24 o 32 bits. Los escáneres de color de gama alta, normalmente utilizados cuando la salida va a ser impresa, son capaces de codificar la información en una resolución alta o números de puntos por pulgada (ppp). Los escáneres de color de gama baja codifican la información a una resolución de 72 dpi y se emplean habitualmente para imágenes de pantalla de computadora que no se pretende imprimir. *Véase también* resolución; escáner.

escáner de escritorio *s.* (*flatbed scanner*) Escáner con una superficie plana y transparente que almacena la imagen que se va a escanear, generalmente un libro u otro documento en papel. Un cabezal de exploración bajo la superficie se mueve a lo largo de la imagen. Algunos escáneres de escritorio pueden también reproducir medios transparentes, como diapositivas. Véase la ilustración. *Compárese con* escáner de tambor; escáner de mano; escáner con alimentador de papel.

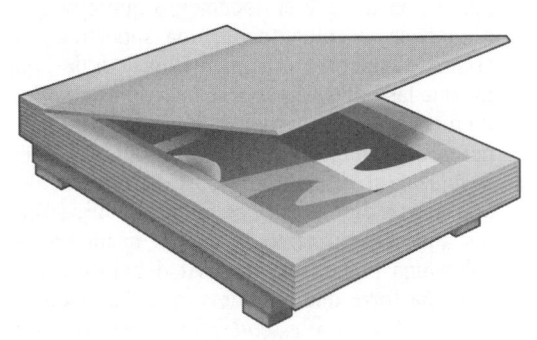

Escáner de escritorio.

escáner de mano *s.* (*handheld scanner*) Tipo de escáner que se usa de la siguiente manera: el usuario pasa el cabezal de exploración, contenido dentro de una unidad de mano, sobre el medio que se va a escanear, como, por ejemplo, un trozo de papel. *Véase también* cabezal de digitalización; escáner. *Compárese con* escáner de tambor; escáner con alimentador de papel; escáner de escritorio.

escáner de tambor *s.* (*drum scanner*) Tipo de escáner en el que el medio que va a ser digitalizado, como, por ejemplo, una hoja de papel, se hace girar alrededor de un cabezal de exploración estacionario. *Véase también* escáner. *Compárese con* escáner con alimentador de papel; escáner de escritorio; escáner de mano.

escáner de transparencias *s.* (*transparency scanner*) *Véase* escáner.

escáner de triple pasada *s.* (*triple-pass scanner*) Escáner de color que realiza una pasada de digitalización de la imagen para cada uno de los colores de luz primarios (rojo, verde y azul). *Véase también* escáner de color.

escáner óptico *s.* (*optical scanner*) Dispositivo de entrada que utiliza un equipo detector de luz para escanear papel u otro soporte físico, traduciendo el patrón de escala de grises o de colores en una señal digital que puede manipularse mediante un paquete software de reconocimiento óptico de caracteres o mediante un programa gráfico. Cada tipo de escáner tiene su propio método para sostener el soporte físico que hay que digitalizar. Así, hay escáneres planos, en los que el documento que hay que digitalizar se coloca sobre una superficie de cristal; escáneres con alimentador de hojas, en los que las hojas de papel se hacen pasar sobre un mecanismo de digitalización inmóvil; escáneres de mano, con los que el usuario debe desplazar el dispositivo sobre el documento que se va a digitalizar y escáneres de brazo, en los que el documento se coloca hacia arriba sobre una plataforma inmóvil debajo de una pequeña torre que se mueve a lo largo de la página. *Compárese con* reconocimiento de caracteres de tinta magnetizada; digitalizador espacial.

escaparate *s.* (*storefront*) *Véase* escaparate virtual.

escaparate electrónico *s.* (*electronic storefront*) Una empresa que muestra sus mercancías en Internet e incluye información de contacto o mecanismos de venta en línea.

escaparate virtual *s.* (*virtual storefront*) Un punto de presencia de una empresa en la Web que proporciona oportunidades para ventas en línea. *También llamado* escaparate electrónico.

escape de enlace de datos *s.* (*data link escape*) En transmisión de datos, un carácter de control que cambia el significado de los caracteres que le siguen inmediatamente.

esclavo *s.* (*slave*) Todo dispositivo, incluyendo las computadoras, que está controlado por otro dispositivo, al que se denomina maestro. *Véase también* configuración maestro/esclavo.

escribir *vb.* **1.** (*key in*) Introducir información en una computadora escribiéndola mediante el teclado de la misma. **2.** (*write*) Transferir información hacia un dispositivo de almacenamiento, como un disco, o hacia un dispositivo de salida, como un monitor o una impresora. La escritura es el medio por el que una computadora proporciona los resultados del procesamiento. También decimos que una computadora escribe en la pantalla cuando muestra información en el monitor. *Véase también* producir una salida. *Compárese con* leer.

escritor de informes *s.* (*report writer*) *Véase* generador de informes.

escritor de trazos *s.* (*stroke writer*) En vídeo, una pantalla de visualización que dibuja los caracteres e imágenes gráficas como conjuntos de trazos (líneas o curvas que conectan determinados puntos) en vez de como conjuntos de puntos, como en los típicos monitores de barrido de líneas. *Véase también* gráfico vectorial.

escritorio *s.* (*desktop*) Área de trabajo en pantalla que utiliza iconos y menús imitando la superficie de un escritorio. El escritorio es característico del sistema Apple Macintosh y de los programas de gestión de ventanas tales como Microsoft Windows. Su propósito es hacer que una computadora resulte más fácil de utilizar permitiendo a los usuarios mover imágenes u objetos o iniciar o parar tareas de modo muy parecido a como si estuvieran trabajando en un escritorio físico. *Véase también* interfaz gráfica de usuario.

escritorio virtual *s.* (*virtual desktop*) Herramienta de ampliación del escritorio que proporciona acceso al escritorio cuando éste está tapado por una serie de ventanas abiertas o que expande el tamaño del escritorio de trabajo. *Véase también* escritorio.

escritura *s.* (***write***) Transferencia de información a un dispositivo de almacenamiento, como un disco, o a un dispositivo de salida, como un monitor o una impresora. Una escritura en disco, por ejemplo, significa que se transfiere la información desde la memoria a un espacio de almacenamiento en disco. *Véase también* salida. *Compárese con* lectura.

escritura anticipada *s.* (***type-ahead capability***) La capacidad de un programa informático para leer las pulsaciones de tecla y almacenarlas en una zona temporal de memoria (búfer) antes de mostrarlas en la pantalla. Esta capacidad garantiza que no se pierdan las pulsaciones de tecla si el usuario escribe más rápido de lo que el programa es capaz de visualizarlas.

ESD *s. Véase* distribución electrónica de software; descarga electrostática.

ESDI *s.* Acrónimo de Enhanced Small Device Interface (interfaz mejorada para dispositivos de pequeño tamaño). Interfaz que permite que los discos se comuniquen con los equipos informáticos a alta velocidad. Las unidades ESDI normalmente transfieren datos a unos 10 megabits por segundo, pero pueden duplicar esa velocidad. Aunque es rápida, la interfaz ESDI ha sido reemplazada por interfaces como SCSI y EIDE. *Véase también* EIDE o E-IDE; SCSI.

ESP *s.* **1.** *Véase* puerto serie ampliado. **2.** Abreviatura de Encapsulating Security Payload (carga útil de seguridad con encapsulación). Es un estándar del IEEE para proporcionar integridad y confidencialidad a los datagramas IP (Internet Protocol). En algunas circunstancias, también puede proporcionar autenticación a los datagramas IP. *Véase también* autenticación; datagrama; IEEE; IP.

espaciado de anchura fija *s.* (***fixed-width spacing***) *Véase* monoespaciado.

espaciado de paso fijo *s.* (***fixed-pitch spacing***) *Véase* monoespaciado.

espaciado entre líneas *s.* (***line spacing***) *Véase* interlineado.

espaciado fijo *s.* (***fixed spacing***) *Véase* monoespaciado.

espaciado proporcional *s.* (***proportional spacing***) Tipo de espaciado de caracteres en el que el espacio horizontal que ocupa cada carácter es proporcional a la anchura del mismo. Por ejemplo, la letra «w» ocupa más espacio que la letra «i». *Compárese con* monoespaciado.

espacio de colores *s.* (***color space***) Una forma de describir los colores en los entornos digitales. RGB es el espacio de colores más común en la Web y más comúnmente visualizado en las pantallas de los equipos informáticos, mientras que CMYK es el espacio de colores principal en el campo de la autoedición y en otros soportes de impresión digital.

espacio de direcciones *s.* (***address space***) El rango total de posiciones de memoria direccionable por una computadora.

espacio de direcciones plano *s.* (***flat address space***) Espacio de direcciones en el que cada ubicación de memoria se especifica mediante un número distintivo. Las direcciones de memoria comienzan en 0 y se incrementan secuencialmente de 1 en 1. El sistema operativo Macintosh, OS/2 y Windows NT utilizan un espacio de direcciones plano. MS-DOS utiliza un espacio de direcciones segmentado, donde para acceder a una ubicación de memoria se necesita un número de segmento y un valor de desplazamiento. *Véase también* segmentación. *Compárese con* espacio de direcciones segmentado.

espacio de direcciones segmentado *s.* (***segmented address space***) Espacio de direcciones que se divide, desde el punto de vista lógico, en fragmentos denominados segmentos. Para referirse a una determinada ubicación, un programa debe especificar un segmento y un desplazamiento dentro del segmento. (El desplazamiento es un valor que hace referencia a un punto específico dentro de un segmento respecto del comienzo del mismo). Debido a que los segmentos pueden solaparse, las direcciones no son unívocas; existen muchas maneras lógicas de acceder a una ubicación de memoria determinada. La arquitectura en modo real del Intel 80x86 está segmentada. La mayoría de las demás arquitecturas de microprocesadores son planas. *Véase también* segmento. *Compárese con* espacio de direcciones plano.

espacio de intercambio *s.* (***swap space***) *Véase* archivo de intercambio.

espacio de nombres *s.* (***namespace***) **1**. Una agrupación de uno o más nombres que representan objetos individuales en un entorno informático compartido, como, por ejemplo, una red. Los nombres contenidos dentro de un espacio de nombres son unívocos, se crean de acuerdo con una serie de reglas concretas y pueden resolverse para obtener un elemento concreto de información identificativa, como, por ejemplo, una dirección IP o un dispositivo de red. Un espacio de nombres puede ser plano, una colección simple de nombres unívocos, o jerárquico, como es el caso del sistema de nombres de dominio (DNS) de Internet, que está basado en una estructura tipo árbol que se refina a través de niveles sucesivos, comenzando por el servidor raíz y los dominios de nivel superior de Internet (.com, .net, .org, etc.). En términos cotidianos, un espacio de nombres es comparable a una guía telefónica, en la que cada nombre es único y se resuelve para obtener el número telefónico y la dirección de una persona o empresa concretas o de alguna otra entidad. **2**. Un medio de identificar elementos y atributos en un documento XML asignándoles un nombre compuesto de dos partes, en el que la primera parte es el espacio de nombres y la segunda parte es el nombre funcional. Un espacio de nombres sirve para identificar un conjunto de nombres con el fin de evitar confusiones cuando haya múltiples objetos con idénticos nombres funcionales que se tomen de diferentes fuentes y se incluyan en el mismo documento XML. Los espacios de nombres hacen referencia, usualmente, a un identificador de recursos uniforme (URI, Uniform Resource Identifier), porque cada identificador URI es unívoco.

espacio de nombres virtual *s.* (***virtual name space***) El conjunto de todas las secuencias jerárquicas de nombres que pueden ser utilizadas por una aplicación para localizar objetos. Cada una de esas secuencias de nombres define una ruta a través del espacio de nombres virtual con independencia de si la jerarquía de nombres refleja la disposición real de los objetos en el sistema. Por ejemplo, el espacio de nombres virtual de un servidor web está compuesto por todas las posibles direcciones URL de la red en la que el servidor opera. *Véase también* URL.

espacio duro *s.* (***hard space***) *Véase* espacio no separador.

espacio eme *s.* (***em space***) Unidad tipográfica de medida que es igual en grosor al tamaño de punto de una fuente concreta. Para muchas de las fuentes, esto es igual al grosor de la letra M mayúscula, de donde toma su nombre el espacio eme. *Compárese con* espacio ene; espacio fijo; espacio simple.

espacio en blanco *s.* (***white space***) Las áreas vacías de una página que pueden utilizarse en el diseño para mejorar el equilibrio, el contraste y el atractivo visual de la página.

espacio ene *s.* (***en space***) Unidad tipográfica de medida que es igual en grosor a medio punto de una fuente determinada. *Compárese con* espacio eme; espacio fijo; espacio simple.

espacio entre bloques *s.* (***interblock gap***) *Véase* separación entre registros.

espacio fijo *s.* (***fixed space***) Cantidad de espacio horizontal utilizada para separar los caracteres en el texto (a menudo, la anchura de un numeral en una determinada fuente). *Véase también* espacio eme; espacio ene; espacio simple.

espacio Gopher *s.* (***Gopherspace***) El conjunto total de información en Internet accesible en forma de menús y documentos a través de Gopher. *Véase también* Gopher.

espacio libre *s.* (***free space***) Espacio en un disquete o en una unidad de disco duro que no está ocupado actualmente por datos. *Véase también* disquete; disco duro.

espacio no separador *s.* (***nonbreaking space***) Carácter que reemplaza el carácter de espacio estándar para mantener dos palabras juntas en una línea en lugar de permitir que se efectúe un salto de línea entre ellas.

espacio simple *s.* (***thin space***) Cantidad de espacio horizontal en una fuente igual a un cuarto del tamaño en puntos de la fuente. Por ejemplo, un espacio simple en una fuente de 12 puntos tiene una anchura de 3 puntos. *Véase también* punto. *Compárese con* espacio eme; espacio ene; espacio fijo.

especificación *s.* (***specification***) **1.** En procesamiento de la información, una descripción de los registros de datos, programas y procedimientos involucrados en una tarea determinada. **2.** Descripción detallada de algo. **3.** En relación al hardware informático, es un elemento de información sobre los componentes, capacidades y características de una computadora. **4.** En relación al software, es una descripción del entorno operativo y de las características propuestas de un nuevo programa.

especificación de archivo *s.* (***file specification***) **1.** Documento que describe la organización de los datos dentro de un archivo. **2.** Nombre de archivo que contiene caracteres comodín e indica qué archivos, de entre un grupo de archivos con nombre similar, se están solicitando. **3.** La ruta de acceso a un archivo partiendo del nombre de la unidad de disco y a través de una cadena de directorios hasta llegar al nombre que permite localizar un archivo concreto.

especificación de intercambio de metadatos *s.* (***Metadata Interchange Specification***) Conjunto de especificaciones que tratan el intercambio, compartición y gestión de metadatos. *Acrónimo:* MDIS. *Véase también* metadatos.

especificación de lenguaje común *s.* (***Common Language Specification***) *Véase* CLS.

especificación de memoria extendida *s.* (***extended memory specification***) Especificación desarrollada por Lotus, Intel, Microsoft y AST Research que define una interfaz de software que permite a las aplicaciones en modo real utilizar la memoria extendida y áreas de memoria no administradas por MS-DOS. La memoria es administrada por un controlador de dispositivo instalable, Expanded Memory Manager (EMM). La aplicación debe utilizar el controlador para acceder a la memoria adicional. *Acrónimo:* XMS. *Véase también* Gestor de memoria expandida; memoria extendida.

especificación de programa *s.* (***program specification***) En desarrollo de software, es un enunciado de los objetivos y requisitos de un proyecto, así como de la relación del proyecto con otros proyectos.

especificación DOCSIS *s.* (***Data Over Cable Service Interface Specification***) *Véase* DOCSIS.

especificación funcional *s.* (***functional specification***) Descripción del ámbito, objetivos y tipos de operaciones que van a ser consideradas en el desarrollo de un sistema de gestión de la información.

especificación High Sierra *s.* (***High Sierra specification***) Especificación de formato ampliamente utilizada para definir la estructura lógica, la estructura de archivos y las estructuras de los registros en un CD-ROM. La especificación recibe ese nombre a raíz de una reunión sobre tecnología CD-ROM que tuvo lugar cerca de Lake Tahoe en noviembre de 1985. Esta especificación estableció las bases para el estándar internacional ISO 9660.

especificación RISC avanzada *s.* (***Advanced RISC Computing Specification***) Los requisitos hardware mínimos que permiten a un sistema basado en RISC cumplir con las recomendaciones del estándar Advanced Computing Environment. *Véase también* Advanced RISC.

específico del país *adj.* (***country-specific***) Perteneciente, relativo a o característico de un elemento hardware o software que utiliza caracteres o convenios exclusivos de un país o de un conjunto de países determinados. El término «específico del país» no hace referencia necesariamente a lenguajes hablados, aunque permite utilizar caracteres especiales (tales como los acentos) que sean específicos de un idioma. Generalmente, entre las características consideradas específicas del país se incluyen la disposición del teclado (incluyendo las teclas de caracteres especiales), los convenios de fecha y hora, los símbolos financieros o de divisa, la notación decimal (punto o coma decimal) y el orden de clasificación alfabética. Tales características están controladas por el sistema operativo de la computadora (por ejemplo, por los comandos Keyboard y Country de MS-DOS) o por programas de aplicación que ofrecen opciones para adaptar los documentos a un determinado conjunto de convenios nacionales o internacionales.

espectadores *s.* (***eyeballs***) Las personas o el número de personas que ven un sitio web o los anuncios que en él se muestran.

espectro *s.* (***spectrum***) El rango de frecuencias de un tipo particular de radiación. *Véase también* espectro electromagnético.

espectro electromagnético *s.* (***electromagnetic spectrum***) El rango de frecuencias de la radiación electromagnética. En teoría, el rango de dicho espectro es infinito. Véase la ilustración.

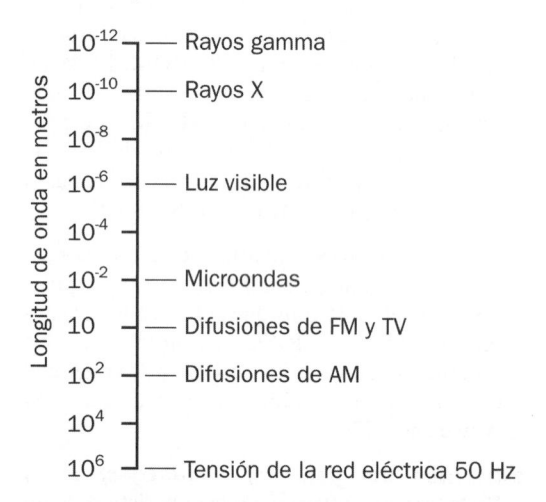

Longitud de onda en metros
- 10^{-12} — Rayos gamma
- 10^{-10} — Rayos X
- 10^{-8}
- 10^{-6} — Luz visible
- 10^{-4}
- 10^{-2} — Microondas
- 10 — Difusiones de FM y TV
- 10^{2} — Difusiones de AM
- 10^{4}
- 10^{6} — Tensión de la red eléctrica 50 Hz

Espectro electromagnético.

espectro expandido, de *adj.* (***spread spectrum***) Perteneciente o relativo a un sistema de comunicación por radio seguro en el que el contenido de la transmisión se divide en partes temporalmente separadas, que son transmitidas a frecuencias diferentes. Cuando un receptor identifica una señal de expansión de espectro, reconstituye su forma original. La expansión de espectro fue inventada por la actriz Hedy Lamarr en 1940, pero no se utilizó hasta 1962.

espera *s.* (***standby***) Estado en el que una computadora consume menos potencia que cuando está inactiva, pero permanece disponible para su uso inmediato. Mientras que la computadora está en espera, la información que se encuentra en la memoria de la computadora no está guardada en el disco duro. Si se produce un corte de alimentación, la información que está en memoria se pierde.

espía *s.* (***eavesdropper***) *Véase* mirón.

espurio *s.* (***glitch***) Una breve sobretensión en la potencia eléctrica.

esqueleto *s.* (***stub***) Rutina que contiene código no ejecutable y que, generalmente, incluye comentarios que describen lo que eventualmente habrá; se utiliza como contenedor para una rutina que se escribirá posteriormente. *También llamado* rutina ficticia. *Véase también* programación de arriba a abajo.

esquema *s.* (***schema***) Descripción de una base de datos para el sistema de gestión de bases de datos (SGBD) en el lenguaje proporcionado por el SGBD. Un esquema define aspectos de la base de datos, tales como atributos (campos) y dominios y parámetros de los atributos.

esquema conceptual *s.* (***conceptual schema***) En un modelo de base de datos que soporte una arquitectura de triple esquema (como la descrita por ANSI/X3/SPARC), es la descripción de los contenidos de información y de la estructura de una base de datos. Un esquema conceptual (también conocido como esquema lógico) proporciona un modelo de la base de datos completa, actuando como intermediario entre los otros dos tipos de esquemas (interno y externo) que se ocupan del almacenamiento de la información y de su presentación al usuario. Los esquemas generalmente se definen utilizando comandos de un lenguaje de definición de datos (DDL) soportado por el sistema de bases de datos. *Véase también* esquema interno; esquema.

esquema interno *s.* (***internal schema***) Información visual sobre los archivos físicos que componen una base de datos, incluyendo nombres de archivo, ubicación de los archivos, metodología de acceso y las derivaciones de datos actuales o potenciales, en un modelo de base de datos como el descrito por ANSI/X3/SPARC, que define una arquitectura de triple esquema. El esquema interno corresponde al esquema de datos en los sistemas basados en CODASYL/DBTG. En una base de datos distribuida puede que exista un esquema interno diferente para cada ubicación. *Véase también* esquema conceptual; esquema.

esquema lógico *s.* (*logical schema*) *Véase* esquema conceptual.

esquemático *s.* (*schematic*) Diagrama que muestra los componentes de un circuito y las conexiones entre ellos utilizando líneas y un conjunto de símbolos estándar para representar los distintos componentes electrónicos. *Véase la ilustración.*

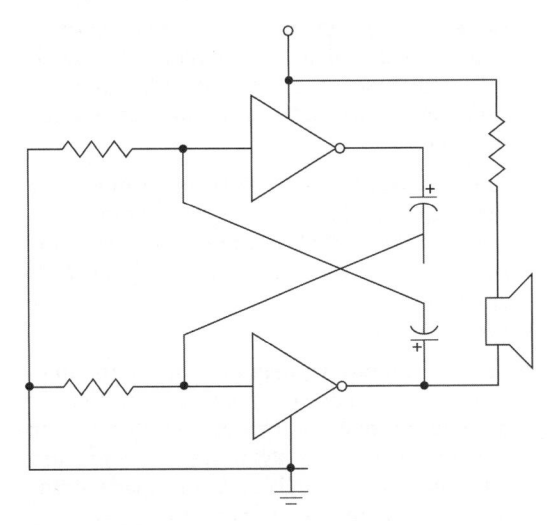

Esquemático.

ESRB *s.* Acrónimo de Entertainment Software Rating Board (Consejo de calificación de software de entretenimiento). Un organismo independiente y autorregulado que proporciona calificaciones públicas del software de entretenimiento y da soporte a las empresas del sector de software interactivo de entretenimiento. ESRB proporciona calificaciones para juegos informáticos y otros productos interactivos como sitios web, juegos en línea y servicios interactivos de charla.

establecimiento de correspondencias *s.* (*matching*) El proceso de comprobación de si dos elementos de datos son idénticos o el proceso de localización de un elemento de datos que sea idéntico a un valor clave proporcionado. *Véase también* reconocimiento de patrones.

estación *s.* (*station*) **1.** En la especificación de red LAN inalámbrica IEEE 802.11, se denomina así a un nodo, que a menudo es móvil. **2.** *Véase* estación de trabajo.

estación base *s.* (*base station*) Torre de transmisiones para las señales telefónicas inalámbricas. Comúnmente denominadas torres celulares, las estaciones base también comprenden las antenas de radio y los circuitos electrónicos que se encargan de gestionar las llamadas inalámbricas. Las estaciones base retransmiten las conversaciones hacia y desde la red telefónica cableada y entre teléfonos inalámbricos. Cada estación base cubre un área limitada denominada celda.

estación de acoplamiento *s.* (*docking station*) Unidad que se utiliza para albergar una computadora portátil y que contiene una toma de alimentación, ranuras de expansión y conexiones a periféricos, tales como monitor, impresora, teclado de tamaño normal y ratón. La finalidad de una estación de acoplamiento es transformar la computadora portátil en una máquina de escritorio y permitir así a los usuarios utilizar periféricos, tales como un monitor y un teclado normal. *Véase la ilustración. Véase también* ranura de expansión; portátil; periférico; computadora portátil.

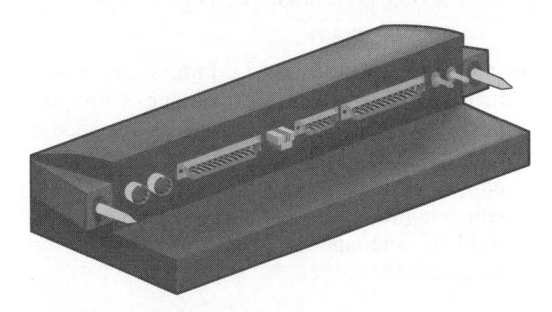

Estación de acoplamiento.

estación de doble conexión *s.* (***dual attachment station***) Un nodo FDDI con dos conexiones a la red bien a través de un nodo y de un concentrador o bien a través de dos concentradores. *Compárese con* estación de simple conexión.

estación de simple conexión *s.* (***single attachment station***) Un nodo FDDI que se conecta al anillo principal a través de un concentrador. *Compárese con* estación de doble conexión.

estación de trabajo *s.* (***workstation***) **1**. Una microcomputadora o terminal conectados a una red. **2**. Una computadora autónoma de gran potencia, del tipo de las utilizadas en diseño asistido por computadora y en otras aplicaciones que requieren máquinas de alta gama y usualmente caras, con considerables capacidades de procesamiento o de visualización gráfica. **3**. Una combinación de hardware de entrada, de salida y de procesamiento que una persona puede utilizar para llevar a cabo su trabajo.

estación de trabajo sin disco *s.* (***diskless workstation***) Una estación en una red informática que no está equipada con una unidad de disco y que utiliza archivos almacenados en un servidor de archivos. *Véase también* servidor de archivos.

estación DEC *s.* (***DECstation***) **1**. Computadora personal, parte de una serie, presentada por Digital Equipment Corporation en 1989. **2**. Estación de trabajo UNIX monousuaria presentada por Digital Equipment Corporation en 1989 y basada en procesadores RISC. *Véase también* RISC. **3**. Pequeño sistema informático, utilizado principalmente para el procesamiento de textos, presentado por Digital Equipment Corporation en 1978.

estadísticas *s.* (***statistics***) La rama de las matemáticas que trata con las relaciones entre grupos de medidas y con la relevancia que puedan tener las similitudes y diferencias encontradas en dichas relaciones. *Véase también* distribución binomial; método de Monte Carlo; probabilidad; análisis de regresión; desviación estándar; estocástico.

estado *s.* (***status***) La condición en cualquier momento determinado de alguno de los numerosos elementos de procesamiento (un dispositivo, un canal de comunicaciones, una estación de red, un programa, un bit u otro elemento), condición utilizada para informar acerca de las operaciones de la computadora o para controlarlas.

estado de comando *s.* (***command state***) El estado en el que un módem acepta comandos, como, por ejemplo, un comando para marcar un número telefónico. *Compárese con* estado en línea.

estado de espera *s.* (***wait state***) Ciclo de procesamiento del microprocesador durante el cual sólo espera los datos procedentes de un dispositivo de entrada/salida o de la memoria. Aunque un solo estado de espera no es humanamente perceptible, el efecto acumulativo de múltiples estados de espera reduce el rendimiento del sistema. *Véase también* cero estados de espera.

estado de un programa *s.* (***program state***) La condición de un programa (contenido de la pila, contenido de la memoria, instrucción que está siendo ejecutada) en un momento determinado.

estado de usuario *s.* (***user state***) El modo con menos privilegios en el que un microprocesador Motorola 680x0 puede operar. Éste es el modo en que se ejecutan los programas de aplicación. *Véase también* 68000. *Compárese con* estados de supervisor.

estado durmiente *s.* (***sleep***) En un entorno multiproceso, estado temporal de suspensión durante el que un proceso permanece en memoria hasta que algún suceso, como una interrupción o una llamada efectuada desde otro proceso, pueda «despertarlo».

estado en línea *s.* (***online state***) El estado de un módem en el que éste se está comunicando con otro módem. *Compárese con* estado de comando.

estado inactivo *s.* (***idle state***) La condición en la que un dispositivo está operativo, pero no está siendo utilizado.

estados de supervisor *s.* (***supervisor state***) El modo con mayores privilegios en el que un microprocesador Motorola 680x0 puede operar. Todas las operaciones que el microprocesador puede llevar a cabo pueden ser ejecutadas en el estado de supervisor. *Véase también* modo privilegiado. *Compárese con* estado de usuario.

estallar *vb.* (***blow up***) Terminal anormalmente, como, por ejemplo, cuando un programa cruza alguna frontera computacional o de almacenamiento y no puede manejar adecuadamente la situación al otro lado de esa frontera, como en la frase «intenté dibujar fuera de la ventana y las rutinas gráficas estallaron». *Véase también* abend o ABEND; abortar.

estándar *s.* (***standard***) **1**. Una guía técnica de facto para el desarrollo de hardware o software que se generaliza cuando un producto o tecnología es desarrollado por una única empresa y, debido al éxito y a la imitación, comienza a utilizarse tan ampliamente que cualquier desviación de la norma provoca problemas de compatibilidad o limita la comercialización de los productos. Este tipo de estándar altamente informal tiene varios ejemplos, como los módems compatibles con Hayes y las computadoras personales compatibles con IBM PC. *Véase también* compatibilidad. **2**. Una guía técnica redactada por una organización reconocida de carácter gubernamental o no comercial y que se utiliza para conseguir una cierta uniformidad en un área de desarrollo hardware o software. El estándar es el resultado de un proceso de aceptación formal, basado en especificaciones esbozadas por un comité o grupo cooperativo, después de un estudio intensivo de los enfoques y métodos existentes y de los desarrollos y tendencias tecnológicas. El estándar propuesto se aprueba o ratifica posteriormente por una organización de renombre y se adopta a lo largo del tiempo mediante consenso a medida que los productos basados en ese estándar son cada vez más prevalentes en el mercado. Existen numerosos estándares de este tipo, incluyendo el conjunto de caracteres ASCII, el estándar RS-232-C y la interfaz SCSI. *Véase también* ANSI; convenio; RS-232-C, estándar; SCSI.

estándar abierto *s.* (***open standard***) Un conjunto de especificaciones públicamente disponibles que describe las características de un dispositivo hardware o un programa software. Los estándares abiertos se publican para promover la interoperabilidad y así ayudar a popularizar nuevas tecnologías. *Véase también* estándar.

estándar de facto *s.* (***de facto standard***) Diseño, programa o lenguaje que ha llegado a ser tan ampliamente utilizado e imitado que tiene poca competencia, pero cuyo estado no ha sido oficialmente reconocido como estándar por ninguna organización como ANSI (American National Standards Institute) o ISO (International Organization for Standardization). *Véase también* estándar. *Compárese con* estándar de jure.

estándar de jure *s.* (***de jure standard***) Estándar para desarrollo de hardware o software que ha sido emitido o aprobado a través de un proceso formal por una organización de estándares. *Véase también* estándar. *Compárese con* estándar de facto.

estándar DES *s.* (***data encryption standard***) *Véase* DES.

estándar EPP IEEE *s.* (***EPP IEEE standard***) Estándar IEEE relacionado con el protocolo de puerto paralelo ampliado (EPP, Enhanced Parallel Port). Este protocolo fue desarrollado originalmente por Intel, Xircom y Zenith Data Systems como medio de proporcionar un enlace de puerto paralelo de altas prestaciones que continuara siendo compatible con los tradicionales puertos paralelos estándar. Esta capacidad del protocolo fue implementada por Intel en el conjunto de chips 386SL (chip de E/S 82360) con anterioridad al establecimiento del comité 1284 del IEEE y del inicio de los correspondientes trabajos de estandarización. El protocolo EPP ofrecía numerosas ventajas a los fabricantes de periféricos con puertos paralelos y fue aceptado rápidamente por muchas empresas como método opcional de transferencia de datos, formándose una no demasiado estructurada asociación de unos 80 fabricantes interesados en desarrollar y promover el protocolo EPP. Esta asociación se convirtió en el Comité EPP y fue de crucial importancia para que este protocolo fuera adoptado como uno de los modos avanzados del estándar IEEE

1284. *Véase también* protocolo de comunicaciones; IEEE 1284; puerto paralelo.

estándares Bell de comunicaciones *s.* (*Bell communications standards*) Una serie de estándares de transmisión de datos desarrollados por AT&T a finales de la década de 1970 y principios de la década de 1980 que, gracias a su gran aceptación en Norteamérica, se convirtieron en el estándar de facto para módems. Bell 103, que ahora está prácticamente obsoleto, gobernaba las transmisiones a 300 bits por segundo (bps) con comunicación dúplex asíncrona sobre líneas de acceso telefónico, utilizando FSK (frequency shift keying, modulación por desplazamiento de frecuencia). Bell 212a gobernaba el funcionamiento de los módems a 1.200 bps con comunicación dúplex asíncrona sobre líneas de acceso telefónico, utilizando PSK (phase shift keying, modulación por desplazamiento de fase). Un conjunto internacional de estándares de transmisión, conocido por el nombre de recomendaciones del CCITT, ha terminado siendo aceptado de forma general como fuente principal de estandarización, especialmente para comunicaciones a velocidades superiores a 1.200 bps. *Véase también* serie V; FSK; modulación por desplazamiento de fase.

estándares de modulación *s.* (*modulation standards*) Protocolos que determinan la forma en que los módems convierten datos digitales en señales analógicas que puedan transmitirse a través de líneas telefónicas. Inicialmente, Bell creó los estándares de modulación utilizados en Estados Unidos y el CCITT creó una serie de recomendaciones internacionales. La organización ITU-T (anteriormente llamada CCITT) realiza ahora recomendaciones adoptadas con carácter general por los fabricantes de módems tanto de Estados Unidos como fuera de él. Las recomendaciones de la serie ITU-TV (como, por ejemplo, V.34 y V.90) definen las comunicaciones de datos por red telefónica. Los sufijos -bis y -ter (por ejemplo, V.32 bis) indican versiones posteriores a la original. *Véase también* V.34; V.90.

estático *adj.* (*static*) En procesamiento de la información, el término tiene el significado de fijo o predeterminado. Por ejemplo, el tamaño de un búfer de memoria estático permanece invariable durante la ejecución de un programa. La condición opuesta es dinámico, que es sinónimo de variable.

estático *s.* (*static*) En comunicaciones, un ruido de chisporroteo causado por la interferencia eléctrica con una señal transmitida. *Véase también* ruido.

esteganografía *s.* (*steganography*) Técnica de «ocultación» para mantener en secreto la información insertando un mensaje dentro de otro mensaje portador de carácter inocuo. En esteganografía, los bits de datos innecesarios de una imagen, de un sonido, de un texto o incluso de un archivo en blanco son reemplazados con bits de información invisible. El término esteganografía proviene del griego «texto encubierto» y tradicionalmente incluye cualquier método de comunicación secreta que encubra la existencia del mensaje. Como la esteganografía no puede ser detectada por los programas software de descifrado, se utiliza a menudo para reemplazar o complementar el cifrado.

estereograma *s.* (*stereogram*) *Véase* autoestereograma.

estilo de base *s.* (*base style*) El estilo subyacente u original del que dependen otros estilos de un documento. Cuando se cambia un elemento de formato en el estilo de base de un documento, todos los otros estilos que se derivan del estilo de base se verán también afectados por el cambio.

estilo de carácter *s.* (*character style*) Todo atributo, por ejemplo, negrita, cursiva, subrayado o versalita, que se aplica a un carácter. Dependiendo del sistema operativo o programa considerado, la gama de estilos de carácter del texto puede o no incluir la fuente, la cual se refiere al diseño de un grupo de caracteres en un tamaño determinado. *Véase también* familia de fuentes.

estilo de fuente *s.* (*type style*) **1**. En sentido amplio, el diseño general de un tipo de letra o de una familia de tipos de letra. **2**. Una de las formas variantes de un tipo de letra, entre las cuales se incluyen la negrita, la cursiva, la negrita cursiva y la fuente normal. **3.** El grado de oblicuidad o inclinación de un tipo de letra.

estilo de línea *s.* (***line style***) En autoedición, impresión y procesamiento de textos de alta gama, la forma y calidad de una línea, como, por ejemplo, una línea de puntos, una línea doble o una línea extrafina. *Véase también* hilo.

estocástico *adj.* (***stochastic***) Basado en sucesos aleatorios. Por ejemplo, un modelo estocástico describe un sistema teniendo en cuenta tanto los sucesos casuales como los planificados.

estrella *s.* (***star***) *Véase* *.

estrella activa *s.* (***active star***) Un tipo de topología de red en estrella en el que la computadora central regenera y retransmite de manera activa todas las señales. *Véase también* red en estrella.

estructura *s.* (***structure***) **1.** Colección de elementos de datos. *Véase también* estructura de datos. **2.** El diseño y composición de un programa, incluyendo el flujo del programa, la jerarquía y la modularidad.

estructura de árbol *s.* (***tree structure***) Toda estructura caracterizada por las propiedades organizativas esenciales de un árbol. *Véase también* árbol.

estructura de archivos *s.* (***file structure***) Descripción de un archivo o grupo de archivos que van a ser tratados conjuntamente para algún propósito. Tal descripción incluye la disposición del archivo y la ubicación de cada archivo que se está considerando.

estructura de bloques *s.* (***block structure***) La organización de un programa en grupos de instrucciones denominados bloques que se tratan como una unidad. Los lenguajes de programación tales como Ada, C y Pascal están diseñados con una estructura de bloques. Un bloque es una sección de código rodeada por ciertos delimitadores (como, por ejemplo, BEGIN y END o { y }), lo que significa que el código contenido entre esos delimitadores puede tratarse como un grupo relacionado de instrucciones. Por ejemplo, en C, cada función es un bloque separado. La estructura de bloques también limita el ámbito de las constantes, de los tipos de datos y de las variables declarados en un bloque, de forma que esas constantes, tipos y variables no son reconocidos fuera del bloque. *Véase también* función; procedimiento; ámbito.

estructura de bucle *s.* (***loop structure***) *Véase* instrucción iterativa.

estructura de control *s.* (***control structure***) Parte de un programa definido por la relación entre las instrucciones que se emplea en la programación estructurada. Existen tres estructuras de control básicas: secuencia, donde una instrucción simplemente sigue a otra; selección, donde el flujo del programa depende de los criterios que se van cumpliendo, e iteración, donde una acción se repite hasta que ocurre alguna condición.

estructura de datos *s.* (***data structure***) Esquema organizativo, como, por ejemplo, un registro o una matriz, que puede aplicarse a una serie de datos para facilitar su interpretación o para realizar operaciones con ellos.

estructura de datos contigua *s.* (***contiguous data structure***) Estructura de datos, como, por ejemplo, una matriz, que se almacena en un conjunto consecutivo de direcciones de memoria. *Véase también* estructura de datos. *Compárese con* estructura de datos no contigua.

estructura de datos gráfica *s.* (***graphics data structure***) Estructura de datos que está diseñada específicamente para representar uno o más elementos de una imagen gráfica.

estructura de datos no contigua *s.* (***noncontiguous data structure***) En programación, una estructura de datos cuyos elementos no se almacenan de forma contigua en memoria. Las estructuras de datos tales como grafos y árboles, cuyos elementos están conectados por punteros, son estructuras de datos no contiguas. *Compárese con* estructura de datos contigua.

estructura de la base de datos *s.* (***database structure***) Una descripción general del formato de los registros contenidos en una base de datos, incluyendo el número de campos, las especificaciones relativas al tipo de datos que deben introducirse en cada campo y los nombres de los campos utilizados.

estructura de malla *s.* (*network structure*) La organización de registros utilizada en una base de datos mallada concreta.

estructura de registro *s.* (*record structure*) Lista ordenada de los campos que constituyen un registro junto con una definición del dominio (los valores aceptables) de cada campo. *Véase también* registro.

estructura invertida *s.* (*inverted structure*) Estructura de archivo en la que las claves del registro se almacenan y manipulan separadamente de los propios registros.

estructura lineal *s.* (*linear structure*) Estructura en la que los elementos están organizados de acuerdo a estrictas reglas de precedencia. En una estructura lineal se aplican dos condiciones: si X precede a Y e Y precede a Z, entonces X precede a Z, y si X precede a Y y X precede a Z, entonces Y precede a Z o Z precede a Y.

estructura monohebra *s.* (*single threading*) Condición en la que cada nodo hoja de una estructura de datos en árbol contiene un puntero a su padre. *Véase también* nodo; puntero; enhebramiento.

estructura multihebra *s.* (*multithreading*) En tratamiento de datos, técnica en la que los nodos de una estructura de datos en árbol contienen punteros a los nodos superiores para hacer más eficiente el recorrido de la estructura. *Véase también* subproceso.

estructura relacional *s.* (*relational structure*) La organización de registros utilizada en la implementación de un modelo relacional.

estudio de viabilidad *s.* (*feasibility study*) Evaluación de un posible proyecto con el propósito de determinar si debe o no realizarse. Los estudios de viabilidad normalmente tienen en cuenta el tiempo, el presupuesto y la tecnología necesaria para su consecución y resultan bastante comunes en los departamentos informáticos de las grandes organizaciones.

e-tail *s. Véase* comercio electrónico.

Ethernet *s.* **1.** Un sistema de red de área local ampliamente utilizado desarrollado por Xerox en 1976 y a partir del cual se desarrolló el estándar 802.3 del IEEE. **2.** El estándar IEEE 802.3 para redes basadas en contienda. Ethernet utiliza una topología basada en bus o en estrella y emplea una forma de acceso denominada CSMA/CD (Carrier Sense Multiple Access with Collision Detection, acceso múltiple por detección de portadora con detección de colisiones) para regular el tráfico en la línea de comunicaciones. Los nodos de red están enlazados mediante cable coaxial, cable de fibra óptica o cable de par trenzado. Los datos se transmiten en tramas de longitud variable que contienen información de entrega y de control y hasta 1.500 bytes de datos. El estándar Ethernet permite la transmisión en banda base a 10 megabits (10 millones de bits) por segundo y está disponible en distintas variantes, incluyendo las denominadas Thin Ethernet, Thick Ethernet, 10Base2, 10Base5, 10Base-F y 10Base-T. El estándar IEEE denominado 802.3z, o Gigabit Ethernet, opera a una velocidad 10 veces superior, de 100 Mbps. *Véase también* ALOHAnet; banda base; red de bus; cable coaxial; contienda; CSMA/CD; Gigabit Ethernet; IEEE 802.x; cable de par trenzado.

Ethernet conmutada *s.* (*switched Ethernet*) Una red Ethernet que utiliza un conmutador de alta velocidad en lugar de un conmutador Ethernet. Una red Ethernet conmutada ofrece un ancho de banda dedicado de 10 Mbps entre estaciones en lugar de emplear un medio compartido. *Véase también* Ethernet; conmutador.

Ethernet fina *s.* (*thin Ethernet*) *Véase* 10Base2.

Ethernet gruesa *s.* (*thick Ethernet*) *Véase* 10Base5.

Ethernet, repetidor *s.* (*repeating Ethernet*) *Véase* repetidor.

Ethernet/802.3 *s.* El estándar IEEE para transmisiones a 100 Mbps a través de una red Ethernet.

Ethernet/802.3 define una serie de especificaciones hardware y para la construcción de paquetes de datos. *Véase también* Ethernet.

etiqueta *s*. **1**. (*etiquette*) *Véase* netiqueta. **2**. (*label*) Un identificador. Una etiqueta puede ser un elemento físico, tal como las etiquetas adherentes utilizadas para identificar discos u otros elementos de la computadora, o bien una etiqueta electrónica que se añade a los discos flexibles o a los discos duros. También puede ser una palabra, símbolo u otro grupo de caracteres utilizados para identificar un archivo, un soporte de almacenamiento, un elemento definido en un programa informático o un elemento específico dentro de un documento, tal como una hoja de cálculo o un gráfico. *Véase también* identificador. **3**. (*tag*) En ciertos tipos de archivos de datos, es una clave o una dirección que identifica un registro y el lugar donde está almacenado dentro de otro archivo. *Véase también* ordenación por etiquetas. **4**. (*tag*) En los lenguajes de composición como SGML y HTML, es un código que identifica un elemento dentro de un documento, como, por ejemplo, un encabezado o un párrafo, con propósitos de formateo, indexación y vinculación de la información contenida en el documento. Tanto en SGML como en HTML, una etiqueta es, por regla general, un par de corchetes angulares que encierran uno o más caracteres alfabéticos y numéricos. Usualmente, se coloca una pareja de corchetes angulares antes de un elemento y otra pareja después del mismo para indicar dónde comienza y termina el elemento. Por ejemplo, en HTML, <I>hello world</I> indica que la frase «hello world» debe presentarse en cursiva. *Véase también* <>; elemento; marcador emotivo; HTML; SGML. **5**. (*tag*) En programación, es un conjunto de uno o más caracteres que contienen información acerca de un archivo, tipo de registro u otra estructura.

etiqueta de cabecera *s*. (*header label*) Estructura inicial, tal como un registro de apertura, dentro de la organización lineal de un archivo o comunicación que describe la longitud, el tipo y la estructura de los datos que siguen. *Compárese con* etiqueta de cola.

etiqueta de cola *s*. (*trailer label*) **1**. Etiqueta utilizada en las tramas de datos de comunicaciones que sigue a los datos y que puede contener una marca de fin de mensaje, una suma de control y bits de sincronización. **2**. Pequeño bloque de información utilizado en el procesamiento de cintas que marca el final de un archivo o el final de la cinta y que puede contener otra información, como, por ejemplo, el número de registros que contiene el archivo o archivos almacenados en la cinta. *Compárese con* etiqueta de cabecera.

etiqueta de volumen *s*. (*volume label*) Nombre para un disco o cinta. Los sistemas MS-DOS, que rara vez utilizan nombres de disco excepto en los listados de directorio, emplean el término etiqueta de volumen. Los sistemas Apple Macintosh, que con frecuencia hacen referencia a los discos por el nombre, utilizan el término nombre de volumen.

etiqueta HTML *s*. (*HTML tag*) *Véase* etiqueta.

etiquetas, conmutación de *s*. (*label switching*) *Véase* MPLS.

ETX *s*. *Véase* fin de texto.

Eudora *s*. Un programa cliente de correo electrónico desarrollado originalmente como software gratuito para las computadoras Macintosh por Steve Dorner, de la Universidad de Illinois, y que ahora es mantenido por Qualcomm, Inc., que ofrece versiones tanto gratuitas como comerciales para Macintosh y Windows.

EULA *s*. *Véase* acuerdo de licencia de usuario final.

Euphoria *s*. Acrónimo de End User Programming with Hierarchical Objects for Robust Interpreted Applications (programación con objetos jerárquicos para el desarrollo de aplicaciones interpretadas robustas por parte de los usuarios finales). Lenguaje de programación interpretado ideado para el desarrollo general de aplicaciones y programación de juegos en plataformas MS-DOS, Windows y Linux.

evaluación *s*. (*evaluation*) La determinación por un programa del valor de una expresión o de la acción que una instrucción de programa especifique. La evaluación puede tener lugar en tiempo de compilación o en tiempo de ejecución.

evaluación de cortocircuito *s.* (***short-circuit evaluation***) Forma de evaluación de expresiones que garantiza que las expresiones booleanas serán evaluadas sólo hasta que se determine su valor. *Véase también* AND; operador booleano; OR.

evaluación perezosa *s.* (***lazy evaluation***) Mecanismo de programación que permite llevar a cabo una acción de evaluación sólo cuando es necesario y sólo hasta el punto en que sea preciso. La evaluación perezosa permite a un programa procesar con rapidez y efectividad objetos de datos tales como tablas y listas de gran tamaño.

exa- *pref.* Prefijo que significa 1 trillón (10^{18}). En informática, la cual está basada en el sistema de numeración binario (base 2), exa- tiene un valor literal de 1.152.921.504.606.846.976, que es la potencia de 2 (2^{60}) más cercana al trillón. *Abreviatura:* E.

exabyte *s.* Aproximadamente un trillón de bytes, es decir, un millón de billones o 1.152.921.504.606.846.976 bytes. *Abreviatura:* EB.

examinar *vb.* (***peek***) **1**. Mirar el siguiente carácter de un búfer asociado con un dispositivo de entrada sin eliminar el carácter del búfer. **2**. Leer un byte desde una dirección de memoria absoluta. Los comandos para realizar este tipo de lectura se encuentran a menudo en lenguajes de programación, tales como Basic, que no permiten normalmente el acceso a direcciones de memoria específicas.

Excel *s.* Software de hoja de cálculo de Microsoft para las computadoras PC Windows y Macintosh. Excel forma parte de la familia de productos Office. La versión más reciente, que forma parte de Office XP, incluye la capacidad de acceder y analizar datos en directo desde la Web simplemente copiando y pegando páginas web en Excel. La primera versión de Excel fue presentada para Macintosh en 1985. Excel para Windows se presentó en 1987.

excepción *s.* (***exception***) En programación, un problema o un cambio en las condiciones que provoca que el microprocesador detenga la operación que esté realizando y gestione la situación mediante una rutina diferente. Una excepción es similar a una interrupción. Ambas fuerzan al microprocesador a ejecutar un conjunto de instrucciones distinto. *Véase también* interrupción.

excepción no tratada *s.* (***unhandled exception***) Condición de error que no puede resolver internamente una aplicación. Cuando se produce una excepción no tratada, el sistema operativo termina la aplicación que ha causado el error.

excitador de línea *s.* (***line driver***) Dispositivo utilizado para aumentar la distancia de transmisión por medio de la amplificación de una señal antes de ponerla en la línea o pasarla a lo largo de la misma. *Véase también* corto alcance.

Excite *s.* Un motor de búsqueda para la World Wide Web desarrollado por Excite, Inc. Después de realizar una búsqueda, Excite proporciona tanto un resumen de cada sitio web que ha localizado y que cumple con las especificaciones indicadas como un vínculo para obtener más información del mismo tipo.

exclusión mutua *s.* (***mutual exclusion***) Técnica de programación que asegura que sólo un programa o rutina puede acceder al mismo tiempo a algunos recursos, como, por ejemplo, una posición de memoria, un puerto de E/S o un archivo, a menudo a través del uso de semáforos, que son indicadores empleados en los programas para coordinar las actividades de más de un programa o rutina. *Véase también* semáforo.

.exe *s.* En MS-DOS, una extensión de nombre de archivo que indica que el archivo es un programa ejecutable. Para ejecutar uno de estos programas, el usuario sólo tiene que escribir el nombre del archivo, sin la extensión .exe, en el indicativo del sistema y luego pulsar Intro. *Véase también* programa ejecutable.

expandida *adj.* (***expanded***) Estilo de fuente que coloca los caracteres más separados que el definido por el espaciado normal. *Compárese con* condensado.

expansión *s.* (*expansion*) Forma de aumentar las capacidades de una computadora añadiendo hardware que realice tareas que no forman parte del sistema básico. La expansión se logra, normalmente, insertando tarjetas de circuito impreso (tarjetas de expansión) en aperturas (ranuras de expansión) situadas dentro de la computadora. *Véase también* placa de expansión; ranura de expansión; arquitectura abierta; PC Card; ranura PCMCIA.

expansión de fechas *s.* (*date expansion*) Método para tratar de resolver los problemas informáticos derivados del año 2000. Este método implicaba realizar cambios en los datos, en las descripciones de los datos y (si era necesario) en la lógica del programa relativa a las fechas por medio de la expansión de los campos de fecha de dos dígitos a cuatro dígitos, por ejemplo, de DDMMYY a DDMMYYYY.

expansión de macros *s.* (*macro expansion*) El acto de sustituir una macro por su equivalente definido. *Véase también* macro; ensamblador de macros; procesador de macros.

expansor de puerto *s.* (*port expander*) Mecanismo hardware utilizado para conectar varios dispositivos a un puerto serie. Aunque pueden conectarse varios dispositivos, sólo uno puede utilizar el puerto en cualquier momento dado.

explorador *s.* (*browser*) *Véase* explorador web.

explorador compatible con Java *s.* (*Java-compliant browser*) Explorador web que tiene incorporado el soporte para el lenguaje de programación Java. La mayoría de los exploradores web actuales son compatibles con Java. *Véase también* Java; explorador web.

explorador de líneas *s.* (*line-based browser*) Un explorador web cuya visualización está basada en texto en lugar de en gráficos. Un explorador basado en líneas bastante común es Lynx. *Véase también* Lynx; explorador web.

Explorador de Windows *s.* (*Windows Explorer*) Una utilidad de Windows que permite al usuario localizar y abrir archivos y carpetas. El Explorador de Windows se asemeja al Administrador de archivos de Windows 3.1. El usuario puede seleccionar carpetas en una lista que se muestra en la parte izquierda de la pantalla y acceder a los archivos de una carpeta seleccionada a partir de una lista que se muestra en la parte derecha de la pantalla.

explorador web *s.* (*Web browser*) Software que permite a un usuario visualizar documentos HTML y acceder a archivos y a software relacionados con esos documentos. Originalmente desarrollados para permitir a los usuarios ver o explorar documentos en la World Wide Web, los exploradores web permiten difuminar la distinción entre recursos locales y remotos a ojos del usuario al proporcionar también acceso a documentos contenidos en una red, una intranet o el disco duro local. El software de exploración web se basa en el concepto de hipervínculos que permiten a los usuarios hacer clic con el ratón para saltar entre un documento y otro en el orden que deseen. La mayoría de los exploradores web son capaces de descargar y transferir archivos, proporcionar acceso a grupos de noticias, mostrar imágenes embebidas en los documentos, reproducir archivos de audio y vídeo asociados con un documento y ejecutar pequeños programas, como applets Java o controles ActiveX, incluidos en los documentos por los programadores. Para realizar algunas de estas tareas, algunos exploradores web requieren aplicaciones auxiliares (plug-ins). *También llamado* explorador. *Véase también* control ActiveX; aplicación auxiliar; hipervínculo; Internet Explorer; applet Java; Lynx; Mosaic; Netscape Navigator.

explorar *vb.* (*browse*) Recorrer una base de datos, una lista de archivos o Internet bien en busca de un elemento concreto o en busca de material que pueda ser de interés. Generalmente, la exploración implica observar, más que modificar, la información. Al hablar de las actividades de los piratas informáticos, la exploración es un medio no destructivo (supuestamente) de averiguar información acerca de una computadora desconocida después de entrar ilegalmente en ella.

Explorer *s.* *Véase* Internet Explorer; Explorador de Windows.

ExploreZip, virus *s.* (*ExploreZip*) Un virus destructivo que ataca a las computadoras Windows, en las que aparece como un adjunto de correo electrónico denominado zipped_files.exe. ExploreZip afecta a las unidades de disco locales, a las unidades asignadas y a las máquinas accesibles a través de la red, y destruye tanto archivos de documentos como archivos de código fuente por el procedimiento de abrirlos y cerrarlos inmediatamente, dejando un archivo con una longitud de cero bytes. Descrito tanto como un caballo de Troya (porque requiere que la víctima abra el adjunto) cuanto como un gusano (porque puede propagarse en ciertos casos), ExploreZip se difunde enviándose a sí mismo por correo electrónico a la dirección de contestación de todos los mensajes de correo electrónico no leídos situados en la carpeta de entrada del programa de correo electrónico de la computadora, así como localizando el directorio Windows de las unidades asignadas y de las máquinas accesibles a través de la red y depositando allí una copia de sí mismo. *Véase también* caballo de Troya; virus; gusano.

explosión combinatoria *s.* (*combinatorial explosion*) Condición inherente a ciertos tipos de problemas matemáticos en la que un pequeño aumento en el tamaño del problema (número de elementos de datos o parámetros de la operación) lleva aparejado un enorme incremento en el tiempo necesario para obtener una solución. *Véase también* combinatoria.

explosión de la información *s.* (*information explosion*) **1**. El rápido crecimiento de la cantidad de información disponible hoy día. *También llamado* revolución de la información. **2**. El actual período de la historia humana en la que la posesión y diseminación de la información ha suplantado a la mecanización o industrialización como fuerza motriz de la sociedad.

explotar *vb.* (*bomb*) Fallar de manera abrupta y completa sin dar al usuario otra posibilidad de recuperarse del problema más que rearrancar el programa o sistema. *Véase también* abend o ABEND; bug; fallo catastrófico; colgarse.

exponenciación *s.* (*exponentiation*) La operación consistente en elevar un número a una determinada potencia, como, por ejemplo, en 2^3. En los programas informáticos y lenguajes de programación, la exponenciación se suele representar mediante el carácter de ángulo (^), como en 2^3.

exponente *s.* (*exponent*) En matemáticas, número que muestra cuántas veces se utiliza un número como factor en un cálculo. En otras palabras, un exponente muestra la potencia del número. Los exponentes positivos, como en 2^3, indican multiplicación ($2 \times 2 \times 2$). Los exponentes negativos, como en 2^{-3}, indican división (1 dividido entre 2^3). Los exponentes fraccionarios, como en $8^{1/3}$, indican la raíz de un número (la raíz cúbica de 8).

exportación *s.* (*export*) En NFS, un archivo o carpeta que se pone a disposición de otras computadoras de la red utilizando el protocolo de montaje NFS. *Véase también* NFS.

exportar *vb.* (*export*) Mover información de un sistema o programa a otro. Los archivos compuestos exclusivamente de texto pueden exportarse en formato ASCII (formato de texto legible). Para los archivos que incluyan gráficos, sin embargo, el sistema o programa receptor deberá ser capaz de soportar el formato de archivo utilizado para la exportación. *Véase también* EPS; PICT; TIFF. *Compárese con* importar.

expresión *s.* (*expression*) Combinación de símbolos (identificadores, valores y operadores) que proporciona un resultado al ser evaluada. El valor resultante puede ser asignado a una variable, pasado como un argumento, comprobado en una instrucción de control o utilizado en otra expresión.

expresión aritmética *s.* (*arithmetic expression*) Una serie de elementos, incluyendo tanto etiquetas de datos y constantes como números, unidos mediante operadores aritméticos, como, por ejemplo, + y –, y que pueden ser calculados para producir un valor.

expresión booleana *s.* (*Boolean expression*) Expresión que produce como resultado un valor booleano (verdadero o falso). Estas expresiones pueden incluir comparaciones (por ejemplo, comprobaciones de igualdad o, para valores no booleanos, comparaciones de tipo < [menor que] o > [mayor que]) y combinaciones lógicas (utilizando operadores booleanos tales como AND, OR y XOR) de otras expresiones booleanas. *Véase también* booleano; álgebra booleana; operador booleano; operador relacional.

expresión condicional *s.* (*conditional expression*) *Véase* expresión booleana.

expresión constante *s.* (*constant expression*) Expresión que se compone sólo de constantes y cuyo valor no cambia durante la ejecución de un programa. *Compárese con* expresión variable.

expresión lógica *s.* (*logical expression*) *Véase* expresión booleana.

expresión matemática *s.* (*mathematical expression*) Expresión que utiliza valores numéricos, tales como enteros, números de coma fija o números de coma flotante, y operadores, tales como la suma, resta, multiplicación y división. *Véase también* expresión.

expresión relacional *s.* (*relational expression*) Expresión que utiliza un operador relacional tal como «menos que» o «más que» para comparar dos o más expresiones. Una expresión relacional proporciona como resultado un valor booleano (verdadero/falso). *Véase también* booleano; operador relacional.

expresión variable *s.* (*variable expression*) Expresión que depende del valor de al menos una variable y que debe ser evaluada durante la ejecución de un programa. *Véase también* tiempo de ejecución; variable. *Compárese con* expresión constante.

Extended Edition *s.* Versión de OS/2 con facilidades incorporadas de base de datos y comunicaciones desarrollada por IBM. *Véase también* OS/2.

eXtensible Firmware Interface *s.* En computadoras que disponen del procesador Itanium de Intel, la interfaz entre el sistema operativo y el firmware de arranque e inicialización de bajo nivel de la computadora. La interfaz está compuesta por tablas de datos que contienen información relacionada con la plataforma además de llamadas de servicio de arranque y de tiempo de ejecución, que el sistema operativo y su cargador pueden emplear con el fin de proporcionar un entorno estándar para arrancar un sistema operativo y ejecutar aplicaciones de prearranque. *Acrónimo:* EFI.

extensión *s.* **1.** (*extension*) Programa o módulo de programa que añade funcionalidad o incrementa la efectividad de un programa. **2.** (*extension*) Conjunto de caracteres añadido a un nombre de archivo que sirve para ampliar o clarificar su significado o para identificar un archivo como miembro de una categoría. Una extensión puede ser asignada por el usuario o por un programa, como, por ejemplo, .com o .exe para los programas ejecutables que MS-DOS puede cargar y ejecutar. **3.** (*extension*) Conjunto suplementario de códigos utilizado para incluir caracteres adicionales en un conjunto de caracteres determinado. **4.** (*extension*) En el Macintosh, es un programa que altera o aumenta la funcionalidad del sistema operativo. Existen dos tipos: extensiones del sistema, como, por ejemplo, QuickTime, y extensiones Chooser, como los controladores de impresora. Cuando se enciende un Macintosh, se cargan en memoria las extensiones contenidas en la carpeta Extensions dentro de la carpeta System. *Véase también* extensión de selector; QuickTime; carpeta System. **5.** (*extent*) En un disco u otro dispositivo de almacenamiento de acceso directo, se llama así a un bloque continuo de espacio de almacenamiento reservado por el sistema operativo para un determinado programa o archivo.

extensión de archivo *s.* (*file extension*) *Véase* extensión.

extensión de selector *s.* (*Chooser extension*) Programa que añade elementos al accesorio selector del escritorio de Macintosh. Al iniciar el sistema, el selector añade a su menú de opciones extensiones disponibles en la carpeta de extensiones del sistema. Por ejemplo, si se desea utilizar una impresora particular con el sistema operativo Mac OS, se debe disponer de la extensión de selector correcta para dicha impresora en la carpeta de extensiones en el momento de encender la computadora. *Véase también* selector; extensión.

extensión de signo *s.* (*sign extension*) *Véase* bit de signo.

extensión del nombre de archivo *s.* (*file name extension*) *Véase* extensión.

Extension Manager *s.* Utilidad de Macintosh desarrollada por Apple que permite al usuario determinar qué extensiones se cargan al encender la computadora. *Véase también* extensión.

extensiones HTML *s.* (*HTML extensions*) Una característica u opción que constituye una extensión de la especificación formal del lenguaje HTML. Las extensiones pueden no ser soportadas por todos los exploradores web, pero pueden ser utilizadas ampliamente por los autores de páginas web. Un ejemplo de extensión son los textos que se muestran mediante una marquesina móvil.

extensiones MIME seguras *s.* (*Secure/Multipurpose Internet Mail Extensions*) *Véase* S/MIME.

extensiones multimedia *s.* (*Multimedia Extensions*) *Véase* MMX.

extensor de DOS *s.* (*DOS extender*) Programa diseñado para ampliar los 640 KB disponibles de memoria convencional que usan el sistema operativo DOS y las aplicaciones basadas en DOS. Un extensor de DOS funciona reclamando una parte de la memoria reservada (memoria utilizada por otras partes del sistema, como, por ejemplo, el adaptador de vídeo, la ROM BIOS y los puertos de E/S).

externalización *s.* (*outsourcing*) La asignación de tareas a contratistas independientes, como, por ejemplo, consultores individuales o empresas de servicios. Hay tareas, como la introducción de datos y la programación, que a menudo se externalizan.

extracción *s.* (*pull*) El proceso de descargar datos de un servidor de red. *Compárese con* difusión activa.

extracción de archivo *s.* (*file retrieval*) El acto de acceder a un archivo de datos y transmitirlo desde una ubicación de almacenamiento hasta la máquina donde se lo va a utilizar.

extracción de características *s.* (*feature extraction*) La selección de aspectos significativos de una imagen por computadora para usarlos como directrices en la búsqueda mediante computadora de correspondencias con patrones y en los procesos de reconocimiento de imágenes. *Véase también* procesamiento de imágenes.

extracción de documentos *s.* (*document retrieval*) Funcionalidad incorporada en ciertos programas de aplicación que permite al usuario buscar documentos específicos especificando ciertos elementos de información, tales como la fecha, el autor o una serie de palabras clave previamente asignadas. La extracción de documentos depende de un esquema de indexación que el programa mantiene y utiliza. Dependiendo de las capacidades del programa, la función de extracción de documentos puede permitir al usuario especificar más de una condición para refinar la búsqueda.

extracción de información *s.* (*information retrieval*) El proceso de localizar, organizar y visualizar información, particularmente por medios electrónicos.

extracción inteligente de conceptos *s.* (*ICE*) *Véase* ICE.

extraer *vb.* **1.** (*extract*) En programación, derivar un conjunto de caracteres de otro utilizando una máscara (patrón) que determina qué caracteres se deben extraer. **2.** (*extract*) Eliminar o duplicar elementos de un grupo de mayor tamaño de manera sistemática. **3.** (*fetch*) Copiar una instrucción o un elemento de datos de memoria y almacenarlo en un registro. La extracción es parte del ciclo de ejecución de un microprocesador; en primer lugar, es preciso extraer una instrucción o elemento de datos de memoria y cargarlo en un registro, después de lo cual puede ejecutarse la instrucción o procesarse el elemento de datos. **4.** (*retrieve*) Obtener un elemento o conjunto de datos específico solicitado por el procedimiento de localizarlo y devolverlo a un programa o al usuario. Las computadoras pueden extraer información de cualquier dispositivo de almacenamiento: discos, cintas magnéticas o memoria. **5.** (*untar*) Separar los archivos individuales que componen un archivo creado con el programa tar de UNIX. *Compárese con* tar.

extraer de la cola *vb.* (*dequeue*) Eliminar un elemento de una cola. *Véase también* cola.

extraer de un bloque *vb.* (*deblock*) Eliminar uno o más registros lógicos (unidades de información almacenadas) de un bloque. Las aplicaciones y los sistemas de bases de datos deben a menudo extraer la información de un bloque con el fin de que determinadas unidades de información específicas estén disponibles para su procesamiento. *Compárese con* componer un bloque.

extranet *s.* Una extensión de una intranet corporativa que utiliza tecnología World Wide Web para facilitar la comunicación con los proveedores y clientes de la empresa. Una extranet permite a los clientes y a los proveedores disfrutar de un acceso limitado a la intranet de una empresa para mejorar la velocidad y la eficiencia de sus relaciones comerciales. *Véase también* intranet.

extras *s.* (***bells and whistles***) Características atractivas añadidas al hardware o software además de la funcionalidad básica, comparables a accesorios tales como los cerrojos de puerta eléctricos o el aire acondicionado añadido a un automóvil. Los productos, especialmente sistemas informáticos, que no tienen esos extras se suelen denominar a veces «básicos».

extremo *s.* (***endpoint***) El principio o el final de un segmento de línea.

e-zine *s.* Una publicación digital disponible a través de Internet, a través de un tablón de anuncios electrónico (BBS) o a través de otro servicio en línea, a menudo de manera gratuita.

F

F *s.* *Véase* faradio.

F2F *adv.* Abreviatura de face-to-face (cara a cara). En persona, en lugar de a través de Internet. El término se usa en los mensajes de correo electrónico escritos en inglés.

fabricación asistida por computadora *s.* (*computer-aided manufacturing*) *Véase* CAM.

fabricación integrada por computadora *s.* (*computer-integrated manufacturing*) *Véase* CIM.

fabricante de software *s.* (*software house*) Organización que desarrolla programas software y proporciona a sus clientes el correspondiente soporte técnico.

fabricante de software independiente *s.* (*independent software vendor*) Desarrollador de software independiente; una persona u organización que de manera independiente crea software informático. *Acrónimo:* ISV.

fabricante independiente *s.* (*third party*) Compañía que fabrica y vende accesorios o periféricos para el uso conjunto con una computadora o periférico de un fabricante de renombre, normalmente sin ninguna participación de ese fabricante de renombre.

fabricante original de equipos *s.* (*original equipment manufacturer*) El fabricante de un determinado equipo. A la hora de fabricar computadoras y equipos relacionados, este tipo de fabricantes suele adquirir componentes de otros fabricantes, los integra en sus propios productos y después vende los productos al público. *Acrónimo:* OEM. *Compárese con* revendedor de valor añadido.

facsímil *s.* (*facsimile*) *Véase* fax.

factor *s.* En matemáticas, un elemento que participa en una multiplicación. Por ejemplo, 2 y 3 son factores en la operación 2 × 3. Los factores primos de un número son un conjunto de números primos que, si se multiplican entre sí, permiten obtener dicho número.

factor de bloque *s.* (*blocking factor*) **1**. El número de registros en un bloque de disco. Si la longitud de registro para un determinado archivo es de 170 bytes, si un bloque del disco contiene 512 bytes y si no se permite a los registros traspasar la frontera de un bloque, entonces el factor de bloque es 3 y cada bloque contiene 510 (170 × 3) bytes de datos y dos bytes no utilizados. **2**. El tamaño de los segmentos con los que se transfieren datos hacia o desde un dispositivo de bloques, como, por ejemplo, un disco. Si se solicitan menos bytes, la unidad de disco continuará leyendo el bloque completo. En las computadoras personales, los factores de bloque más usuales son 128, 256 y 512 bytes.

factor de forma *s.* (*form factor*) **1**. Término utilizado en infografía, específicamente con referencia al método de representación conocido como radiosidad, el cual divide una imagen en pequeños correctores para calcular la iluminación. El factor de forma es un valor calculado que representa la cantidad de energía radiada por una superficie y recibida por otra, teniendo en cuenta condiciones como la distancia entre las superficies, la orientación de una con respecto a la otra y la presencia de obstáculos entre ellas. **2**. Cuando se utiliza para describir al software, se refiere a la cantidad de memoria necesaria, el tamaño del programa u otros aspectos similares. **3**. El tamaño, forma y configuración de un elemento hardware de un sistema informático. El término se suele aplicar a componentes tales como unidades de disco, tarjetas de circuito y pequeños dispositivos, tales como computadoras de mano. También puede utilizarse de manera más genérica para incluir la disposición y posicionamiento de los conmutadores y enchufes externos y de otros

factorial

componentes del dispositivo o puede hacer referencia a la forma de una computadora completa.

factorial *s.* Expresado como *n*! (factorial de *n*), es el resultado de multiplicar los enteros sucesivos desde 1 hasta *n*; *n*! es igual a $n\times(n-1)\times(n-2)\times...\times 1$.

fallar *vb.* (*crash*) En un sistema o programa, dejar de funcionar correctamente, dando lugar a la suspensión de la operación. *Véase también* abend o ABEND.

fallo *s.* **1.** (*failure*) La incapacidad de un sistema informático o de un dispositivo relacionado para operar de manera fiable o para operar en absoluto. Una causa común de fallos de los sistemas es la pérdida de alimentación, que puede minimizarse con una fuente de alimentación de reserva que utilice baterías, fuente que deberá operar hasta que puedan apagarse todos los dispositivos. Dentro de un sistema, los fallos de los componentes electrónicos suelen tener lugar en las etapas tempranas de la vida del sistema o componente y pueden a menudo provocarse manteniendo el equipo en operación constante durante unas cuantas horas o días. Los fallos mecánicos son difíciles de predecir, pero suelen afectar principalmente a los dispositivos que tienen partes móviles, como es el caso de las unidades de disco. **2.** (*fault*) Error de programación que provoca que el software funcione incorrectamente. **3.** (*fault*) Como fallo de página, es un intento de acceder a una página de memoria virtual que no está asignada a una dirección física. *Véase también* fallo de página. **4.** (*fault*) Defecto físico, como, por ejemplo, una pérdida de conexión, que impide que un sistema o dispositivo opere como debería.

fallo catastrófico *s.* (*crash*) El fallo de un programa o una unidad de disco. Un fallo catastrófico de un programa da como resultado la pérdida de todos los datos no guardados y puede dejar al sistema operativo en un estado lo suficientemente inestable como para que sea necesario reiniciar la computadora. El fallo catastrófico de una unidad de disco, algunas veces denominado error de disco, hace que la unidad deje de funcionar y puede provocar la

pérdida de datos. *Véase también* abend o ABEND; aterrizaje del cabezal.

fallo de alimentación *s.* (*power failure*) Pérdida de electricidad que causa la pérdida de los datos que no hayan sido guardados y que todavía se encuentren en la memoria de acceso aleatorio (RAM) de la computadora si no hay ninguna fuente de alimentación de emergencia en el equipo. *Compárese con* sobretensión.

fallo de página *s.* (*page fault*) La interrupción que tiene lugar cuando un programa software trata de leer o escribir en una posición de memoria virtual que esta marcada como «no presente». El hardware de asignación de direcciones de un sistema de memoria virtual mantiene información de estado acerca de todas las páginas del espacio de direcciones virtual. Una página concreta puede estar asignada a una dirección física o no estar presente en memoria física. Cuando se detecta una lectura o escritura en una dirección virtual no asignada, el hardware de gestión de memoria genera la interrupción de fallo de página. El sistema operativo debe responder al fallo de página cargando en memoria los datos de la página y actualizando la información de estado contenida en la unidad de gestión de memoria. *Véase también* página; intercambiar; memoria virtual.

fallo de protección general *s.* (*General Protection Fault*) La condición de error que tiene lugar en los procesadores 80386 y superiores que estén ejecutándose en modo protegido (como, por ejemplo, en Windows 3.1) cuando una aplicación intenta acceder a una zona de memoria situada fuera de su espacio de memoria autorizado o cuando se ejecuta una instrucción no válida. *Acrónimo:* GPF. *Véase también* modo protegido.

fallo del arranque *s.* (*boot failure*) La incapacidad de una computadora para localizar o activar el sistema operativo y, por tanto, para arrancar el equipo. *Véase también* arranque.

fallo del sistema *s.* (*system failure*) La incapacidad de una computadora para continuar funcionando, usualmente debido a un fallo de software, más que a un fallo de hardware.

fallo en frío *s.* (*cold fault*) Error fatal que ocurre inmediatamente o muy poco después del inicio como resultado del desalineamiento de los componentes del sistema. El proceso de encender y apagar cualquier computadora induce una serie de expansiones y contracciones térmicas en sus componentes internos. Con el tiempo, estos cambios en las dimensiones de los componentes pueden ocasionar una rotura microscópica en un chip o la pérdida de un terminal en un zócalo, por lo que el sistema falla cuando está frío, pero el problema parece desaparecer después de que la máquina se caliente. Por esta razón, algunos usuarios dejan la unidad del sistema (pero no el monitor) de una computadora funcionando día tras día en lugar de encender la máquina sólo cuando la necesitan.

familia *s.* (*family*) Serie de productos de hardware o software que tienen algunas características en común, como, por ejemplo, una serie de computadoras personales de la misma compañía, una serie de chips de UCP del mismo fabricante que todos usan el mismo conjunto de instrucciones, un conjunto de sistemas operativos de 32 bits basados en la misma API (por ejemplo, Windows 95 y Windows 98) o un conjunto de fuentes que se supone que están diseñadas para utilizarse juntas, como, por ejemplo, la fuente Times New Roman. *Véase también* unidad central de proceso; fuente; conjunto de instrucciones; sistema operativo.

familia de fuentes *s.* (*font family*) El conjunto de fuentes disponibles que representan diversas variaciones de un mismo tipo de letra. Por ejemplo, Times Roman y Times Roman Italic son miembros de la misma familia de fuentes. Cuando el usuario selecciona el atributo de cursiva, el sistema elige la fuente cursiva correcta de la familia de fuentes con su aspecto característico. Si no existe ninguna fuente cursiva en la familia, el sistema se limita a inclinar el correspondiente carácter en redonda. *Véase también* cursiva; redonda.

familia informática *s.* (*computer family*) Término utilizado normalmente para designar a un grupo de computadoras basadas en el mismo procesador o en una serie de microprocesadores relacionados y que comparten características de diseño significativas. Por ejemplo, las computadoras Apple Macintosh, desde el Macintosh original (presentado en 1984) hasta el Quadra, representan una familia diseñada por Apple con los microprocesadores 68000, 68020, 68030 y 68040 de Motorola. Las familias de computadoras suelen ser paralelas a las familias de microprocesadores, aunque no siempre éste es el caso. Por ejemplo, los Macintosh ya no se fabrican con procesadores 680x0 y la familia Macintosh se ha «ampliado» a otra generación: los PowerMac, basados en el microprocesador PowerPC.

fan-in *s.* El número máximo de señales que pueden excitar a un dispositivo electrónico determinado, como una puerta lógica, en un instante concreto, sin que exista riesgo de corrupción de la señal. El valor nominal de fan-in de un dispositivo depende tanto de su tipo como del método de fabricación. *Compárese con* fan-out.

fan-out *s.* El número máximo de dispositivos electrónicos que pueden ser excitados por un dispositivo electrónico dado, como, por ejemplo, una puerta lógica, en cada momento determinado, sin que la señal se vuelva demasiado débil. El valor nominal de fan-out de un dispositivo depende de su tipo y del método de fabricación. *Compárese con* fan-in.

fantasma *s.* (*ghost*) Un sitio web abandonado o que ya nadie mantiene y que sigue siendo accesible para los visitantes.

fanzine *s.* Una revista, distribuida en línea o por correo, producida y dedicada a fanáticos de un grupo, persona o actividad concretos. *Véase también* e-zine.

FAQ *s.* Acrónimo de frequently asked questions (preguntas más frecuentes). Un documento que enumera preguntas y respuestas comunes sobre un tema concreto. Las FAQ son a menudo publicadas en grupos de noticias Internet en los que los nuevos participantes tienden a preguntar las mismas cuestiones que los lectores habituales han respondido ya muchas veces.

faradio *s.* (*farad*) La unidad de capacidad (la posibilidad de almacenar carga). Un condensador de 1 faradio almacena una carga de 1 culombio con una diferencia de potencial de 1 voltio entre sus placas. En la práctica, un faradio es una cantidad extremadamente grande de capacidad. La capacidad se suele expresar en términos de microfaradios (10^{-6}) o picofaradios (10^{-12}). *Abreviatura:* F.

FARNET *s.* (*Federation of American Research Networks*) Acrónimo de Federation of American Research Networks (Federación de Redes de Investigación Americanas). Una asociación sin ánimo de lucro de empresas de tecnología de interconexión en red de Estados Unidos que aboga a nivel nacional por el fomento de las redes de interconexión, poniendo un énfasis especial en las comunidades educativa y de investigación y otras comunidades relacionadas. *Véase también* interred.

fase *s.* (*phase*) Medida relativa que describe la relación temporal entre dos señales que tienen la misma frecuencia. La fase se mide en grados, teniendo un ciclo de oscilación completo 360 grados. La fase de una señal puede estar adelantada o retrasada entre 0 y 180 grados respecto de otra. Véase la ilustración.

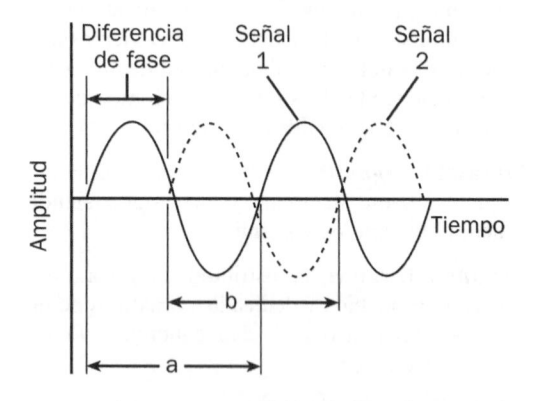

Fase.

Fast Ethernet *s. Véase* 100Base-X.

Fast SCSI *s.* Una variante de la interfaz SCSI-2 que puede transferir datos de 8 en 8 bits a velocidades de hasta 10 megabytes por segundo. El conector Fast SCSI tiene 50 pines. *También llamado* Fast SCSI-2. *Véase también* SCSI; SCSI-2. *Compárese con* Fast/Wide SCSI; Wide SCSI.

Fast/Wide SCSI *s.* Una variante de la interfaz SCSI-2 que puede transferir datos de 16 en 16 bits a velocidades de hasta 20 megabytes por segundo. El conector Fast/Wide SCSI tiene 68 pines. *También llamado* Fast/Wide SCSI-2. *Véase también* SCSI; SCSI-2. *Compárese con* Fast SCSI; Wide SCSI.

FAT *s. Véase* tabla de asignación de archivos.

fatbits *s.* **1**. Característica existente en algunos programas que permite realizar modificaciones píxel a píxel mediante una función de ampliación de la imagen. **2**. Originalmente (como FatBits), era una característica del programa MacPaint de Apple en el que una pequeña parte de un dibujo podía ampliarse y modificarse de píxel en píxel. La palabra fatbit hace referencia a un píxel (bit) de gran tamaño.

fatware *s.* Software que monopoliza el espacio del disco duro y la capacidad de proceso del sistema debido a una sobreabundancia de funciones o a un diseño ineficiente.

favorito *s.* (*favorite*) En Microsoft Internet Explorer, un atajo para acceder a una página de la World Wide Web; el término es análogo al término «marcador» utilizado en Netscape Navigator. *Véase también* carpeta Favoritos; lista de favoritos. *Compárese con* marcador.

fax *s.* Abreviatura de facsímil. La transmisión de texto o gráficos a través de líneas telefónicas en forma digital. Las máquinas de fax convencionales escanean un documento original, transmiten una imagen del documento en forma de mapa de bits y reproducen la imagen recibida en una impresora. La resolución y los mecanismos de codificación están estandarizados en las recomendaciones del CCITT concernientes a los Grupos 1-4. Las imágenes fax también pueden ser enviadas y recibidas por microcomputadoras equipadas con el necesario hardware y software para transmisión por fax. *Véase también* CCITT, grupos 1-4.

fax a la carta *s.* (*fax on demand*) Sistema automatizado que permite solicitar información por teléfono. Cuando se realiza una petición, el sistema envía la información por fax al número de teléfono que se proporciona al realizar la petición. *Acrónimo:* FOD.

fax-módem *s.* (*fax modem*) Un módem que envía (y posiblemente recibe) datos codificados en formato fax (normalmente, formato fax CCITT) que una máquina fax u otro módem pueden decodificar y convertir en una imagen. La imagen debe haber sido previamente codificada en la computadora host. Los documentos gráficos y de texto pueden convertirse a formato fax mediante un programa software especial, que usualmente se proporciona con el módem; los documentos en papel deberán ser primero escaneados. Los módems fax pueden ser internos o externos y pueden combinar capacidades de fax y de módem convencional. *Véase también* fax; módem.

FCB *s. Véase* bloque de control de archivos.

FCC *s.* Acrónimo de Federal Communications Commission (Comisión Federal de Comunicaciones). La agencia de Estados Unidos creada por la Ley de Comunicaciones de 1934 que regula las radiodifusiones y transmisiones interestatales e internacionales a través de cable o de radio, incluyendo las comunicaciones telefónicas, las comunicaciones telegráficas y las telecomunicaciones.

FDDI *s.* Acrónimo de Fiber Distributed Data Interface (interfaz de datos distribuidos por fibra). Un estándar desarrollado por ANSI (American National Standards Institute, Instituto Nacional de Estándares de Estados Unidos) para redes de área local (LAN) de alta velocidad con cables de fibra óptica. FDDI proporciona especificaciones para velocidades de transmisión de 100 megabits (100 millones de bits) por segundo en redes basadas en el estándar token ring. *Véase también* red token ring.

FDDI II *s.* Versión II del estándar FDDI (Fiber Distributed Data Interface, interfaz de datos distribuidos por fibra). Es una extensión del estándar FDDI que contiene especificaciones adicionales para la transmisión en tiempo real de datos analógicos en forma digitalizada para redes de área local (LAN) de alta velocidad con cables de fibra óptica. *Véase también* FDDI.

FDHP *s.* Acrónimo de Full Duplex Handshaking Protocol (protocolo de negociación dúplex). Un protocolo utilizado por los módems dúplex para determinar el tipo de origen de la transmisión y adaptarse a él. *Véase también* dúplex; negociación.

FDM *s.* Acrónimo de Frequency Division Multiplexing (multiplexación por división de frecuencias). Forma de introducir múltiples señales de transmisión en bandas separadas de un mismo canal de comunicaciones, de modo que todas las señales puedan transmitirse simultáneamente. FDM se utiliza en las transmisiones analógicas, como, por ejemplo, en redes en banda base o en comunicaciones por línea telefónica. En FDM, la gama de frecuencias del canal se divide en bandas más estrechas, pudiendo cada una de ellas transportar una señal de transmisión distinta. Por ejemplo, FDM puede dividir un canal de voz con un rango de frecuencias de 1.400 hercios (Hz) en cuatro subcanales (820-990 Hz, 1.230-1.400 Hz, 1.640-1.810 Hz y 2.050-2.220 Hz), separando cada pareja de subcanales adyacentes mediante una banda de guarda de 240 Hz con el fin de minimizar las interferencias.

FDMA *s.* Acrónimo de Frequency Division Multiple Access (acceso múltiple por división de frecuencia). Método de multiplexación en el que un conjunto de frecuencias asignadas a un servicio de telefonía celular se divide en 30 canales diferentes, pudiendo ser utilizado cada uno de ellos por un llamante diferente. FDMA es la tecnología utilizada en el servicio telefónico AMPS, muy extendido en Norteamérica y otros países de todo el mundo. *Véase también* AMPS. *Compárese con* TDMA.

fecha de caducidad *s.* (*expiration date*) La fecha en la que un programa de libre distribución o una versión beta o versión de prueba de un programa deja de funcionar a expensas de que sea adquirida la versión completa o de que se introduzca un código de acceso.

fecha juliana *s.* (*Julian date*) **1.** Fecha expresada como el número de días transcurridos desde

fecha mágica

el 1 de enero de 4713 a.C. (en el calendario juliano); por ejemplo, 2.450.000 para el 9 de octubre de 1995 (gregoriano). Las fechas julianas son útiles para encontrar el tiempo transcurrido entre dos sucesos que disten entre sí varios años, como sucede en astronomía. El punto inicial es el comienzo del período juliano, definido en 1583 por Joseph Scaliger como el punto de coincidencia de varios ciclos basados en el calendario juliano. *Véase también* calendario gregoriano; calendario juliano. **2.** A menudo (pero incorrectamente) se denomina así a una fecha expresada mediante el año y el número de días transcurridos desde el principio del año; por ejemplo, 13.91 para el 13 de enero de 1991. *Acrónimo:* JD.

fecha mágica *s.* (*magic date*) Fecha o fechas que en algunos sistemas informáticos se comporta como si fuera un número reservado o un indicador con un significado especial. Ejemplo de esto son los números 00 y 99, los cuales han sido utilizados en algunos sistemas o programas basados en años de dos dígitos. Las fechas mágicas indican algunos estados especiales; por ejemplo, que un componente o recurso del sistema nunca debería caducar o ser purgado. Como el número 99, en concreto, se había utilizado de este modo en muchos sistemas antes del cambio de siglo, las fechas del año 1999 tenían el potencial de causar problemas en esos sistemas.

fecha reservada *s.* (*reserved date*) Fecha que tiene un significado especial en vez de representar simplemente la fecha del calendario. Por ejemplo, algunos programas utilizan el 9999 para identificar una cuenta o un listado de base de datos que no tiene fecha de caducidad. *Véase también* fecha mágica.

fecha y hora *s.* (*time and date*) En informática, las funciones de mantenimiento de fecha y hora que realiza el sistema operativo de una computadora cuyo uso más visible es como forma de «marcar» los archivos con la fecha y hora de su creación o de su última revisión.

femto- *pref.* Prefijo métrico que significa 10^{-15} (una milbillonésima)

femtosegundo *s.* (*femtosecond*) Una milbillonésima (10^{-15}) de segundo. *Abreviatura:* fs.

FEP *s. Véase* procesador frontal.

feria comercial *s.* (*trade show*) Evento o exposición de ventas en el que participan varios fabricantes que presentan los productos de la compañía. La industria informática realiza una serie de ferias anuales, entre las que se incluye COMDEX.

FET *s.* Acrónimo de field-effect transistor (transistor de efecto de campo). Tipo de transistor en el que el flujo de corriente entre la fuente y el drenador se modula mediante el campo eléctrico existente en el entorno del electrodo de puerta. Los FET se utilizan como amplificadores, osciladores y conmutadores, y se caracterizan por una extremadamente alta impedancia de entrada (resistencia) que los hace especialmente adecuados para amplificar señales muy pequeñas. Entre los diversos tipos de FET, se incluyen el FET de unión y el FET de metal-óxido-semiconductor (MOSFET). *Véase* la ilustración. *Véase también* MOSFET.

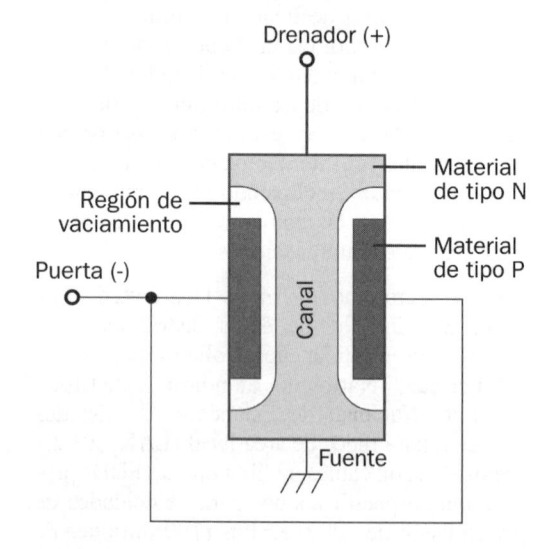

FET. *Transistor de efecto de campo de unión de canal N.*

FF *s. Véase* avance de página.

FFT *s. Véase* transformada rápida de Fourier.

FFTDCA *s. Véase* Final-Form-Text DCA.

fiabilidad *s.* (*reliability*) La probabilidad de que un sistema informático o dispositivo continúe funcionando a lo largo de un determinado período de tiempo y bajo condiciones especificadas. La fiabilidad puede medirse mediante diferentes índices de rendimiento. Por ejemplo, la fiabilidad de un disco duro suele indicarse mediante el tiempo medio entre fallos (MTBF): la cantidad de tiempo que, como promedio, puede esperarse que el disco funcione sin fallar. *Véase también* MTBF; MTTR.

fibra hasta el domicilio *s.* (*fiber to the home*) *Véase* FTTH.

fibra hasta la acera *s.* (*fiber to the curb*) *Véase* FTTC.

fibra óptica *s.* **1.** (*fiber optics*) Tecnología para la transmisión de haces de luz a lo largo de fibras ópticas. Un haz de luz, como, por ejemplo, el producido en un láser, puede modularse para transportar información. Dado que la luz tiene una frecuencia más alta en el espectro electromagnético que otros tipos de radiación, como, por ejemplo, las ondas de radio, un solo canal de fibra óptica puede transportar una cantidad más significativa de información que la mayoría de los restantes medios de transmisión de información. Las fibras ópticas son trenzas delgadas de vidrio u otro material transparente con docenas o cientos de trenzas alojadas en un mismo cable. Las fibras ópticas son, esencialmente, inmunes a las interferencias electromagnéticas. *Véase también* fibra óptica. **2.** (*optical fiber*) Trenza delgada de material transparente utilizado para transportar señales ópticas. La fibra óptica se construye a partir de tipos especiales de vidrio y plástico y está diseñada de manera que un haz de luz introducido por un extremo permanecerá dentro de la fibra sin reflejarse en las superficies internas a medida que viaja a lo largo de la fibra. Las fibras ópticas son baratas, compactas y ligeras y a menudo se encapsulan muchos cientos en un mismo cable. *Véase también* fibra óptica.

fibra oscura *s.* (*dark fiber*) Capacidad no utilizada en las comunicaciones por fibra óptica.

ficción interactiva *s.* (*interactive fiction*) Tipo de juego de computadora en el que el usuario participa en una historia dando órdenes al sistema. Las órdenes que da el usuario determinan, hasta cierto punto, los sucesos que ocurrirán durante la historia. Normalmente, la historia incluye una meta que debe alcanzarse, y el reto consiste en decidir la secuencia correcta de acciones que llevará a la consecución de dicha meta. *Véase también* juego de aventuras.

ficha *s.* (*fiche*) *Véase* microficha.

fidelizador *adj.* (*sticky*) En referencia a un sitio web, describe las propiedades, tales como los servicios o el contenido dirigidos o personalizados, que incrementan la cantidad de tiempo que los usuarios deciden invertir en el sitio y aumentan el deseo del usuario de volver al sitio repetidamente.

Fidonet *s.* **1.** La red de sistemas BBS, empresas privadas, ONG (organizaciones no gubernamentales) y personas que utilizan el protocolo Fidonet. **2.** Un protocolo para el envío de correo electrónico, artículos de grupos de noticias y archivos a través de líneas telefónicas. El protocolo se originó en la BBS Fido, iniciada en 1984 por Tom Jennings, y el mantenimiento de unos bajos costes ha sido uno de los factores fundamentales en su subsiguiente desarrollo. Fidonet puede intercambiar correo electrónico con Internet.

FIFO *s.* (*first in-first out*) Acrónimo de first in, first out (primero en entrar, primero en salir). Un método de procesamiento de colas en el que los elementos se extraen en el mismo orden en el que fueron añadidos: el primero en entrar es el primero en salir de la cola. Este tipo de orden resulta típico de una lista de documentos en espera de impresión. *Véase también* cola. *Compárese con* LIFO.

fila *s.* (*row*) Serie de elementos colocados horizontalmente dentro de algún tipo de marco de trabajo; por ejemplo, una serie continua de celdas que va de izquierda a derecha en una hoja de cálculo, una línea horizontal de píxeles en una pantalla de vídeo o un conjunto de valores de datos alineados horizontalmente en una tabla. *Compárese con* columna.

File Server for Macintosh *s.* Un servicio de integración de redes Apple Talk que permite a los clientes Macintosh y a los clientes PC compartir archivos. *También llamado* MacFile. *Véase también* servidor de impresión para Macintosh.

film at 11 *s.* Una frase que algunas veces puede verse en los grupos de noticias. Una alusión a una breve noticia de televisión que hace referencia a alguna noticia principal que será cubierta en detalle en el noticiario de las 11 y que se usa sarcásticamente para ridiculizar la falta de oportunidad o la carencia de interés de algún artículo anterior. *Véase también* grupo de noticias.

FilterKeys *s.* Característica de accesibilidad incluida en el Panel de control de Windows 9x que permite el uso del teclado a los usuarios con minusvalías físicas. Con FilterKeys, el sistema ignorará las pulsaciones de tecla de carácter breve o repetitivo que son el resultado de movimientos lentos e inexactos de los dedos. *Véase también* accesibilidad. *Compárese con* MouseKeys; ShowSounds; SoundSentry; StickyKeys; ToggleKeys.

filtrado colaborativo *s.* (*collaborative filtering*) Una forma de derivar información a partir de las experiencias y opiniones de una serie de personas. El término fue acuñado por Doug Ferry en Xerox PARC, donde primero se utilizó la técnica, permitiendo a los usuarios añadir notas a los documentos a medida que los leían y seleccionar qué documentos leer a continuación basándose no sólo en su contenido, sino también en lo que otros habían escrito acerca de ellos. Un uso común del filtrado colaborativo es la creación de listas de páginas World Wide Web de interés para determinadas personas; documentando las experiencias de muchas personas, puede «filtrarse» una lista de sitios web de interés. El filtrado colaborativo también se utiliza como herramienta de investigación de mercados; manteniendo una base de datos de opiniones y puntuaciones relativas a múltiples productos, los investigadores pueden predecir qué nuevos productos les gustarán a las personas que actúan como contribuidores de la base de datos.

filtrado de paquetes *s.* (*packet filtering*) El proceso de controlar el acceso a red basándose en las direcciones IP. Los cortafuegos incorporan a menudo filtros que conceden o deniegan a los usuarios la capacidad de entrar o salir de una red de área local. El filtrado de paquetes también se utiliza para aceptar o rechazar paquetes, tales como los de correo electrónico, basándose en el origen del paquete con el fin de garantizar la seguridad en una red privada. *Véase también* cortafuegos; dirección IP; paquete.

filtrado trilineal *s.* (*trilinear filtering*) Técnica utilizada en la representación de juegos 3-D de computadora y otras aplicaciones digitales de animación que produce la ilusión de profundidad de campo, haciendo que los objetos más alejados sean menos definidos y detallados que los objetos más cercanos.

filtro *s.* (*filter*) **1**. Un patrón o máscara a través del cual se hacen pasar los datos para eliminar elementos concretos. Por ejemplo, un filtro utilizado en los programas de correo electrónico o a la hora de extraer mensajes de grupos de noticias puede permitir a los usuarios eliminar los mensajes que provengan de otros usuarios concretos. *Véase también* filtro de correo electrónico; máscara. **2**. En comunicaciones y electrónica, son elementos hardware o software que dejan pasar selectivamente ciertos componentes de una señal y eliminan o minimizan otros. Un filtro en una red de comunicaciones, por ejemplo, puede diseñarse para transmitir una cierta frecuencia, pero atenuar (amortiguar) las frecuencias situadas por encima suyo (un filtro paso bajo), las frecuencias situadas por debajo suyo (un filtro paso alto) o las frecuencias situadas tanto por encima como por debajo suyo (un filtro paso banda). **3**. Un programa o un conjunto de funciones dentro de un programa que lee la entrada estándar u otra entrada designada, transforma la entrada de alguna manera especificada y luego escribe la salida en su dispositivo de salida estándar o en el dispositivo de salida designado. Un filtro de base de datos, por ejemplo, puede marcar la información que tenga una cierta antigüedad. **4**. En infografía, un efecto especial o efecto de producción que se aplica a las imágenes de mapa de bits; por ejemplo, desplazar píxeles dentro de una imagen, hacer transparentes ciertos elementos de una imagen o distorsionar la imagen. Algunos filtros están incorporados dentro de un programa gráfico, como, por ejemplo, un programa de dibujo o un editor de imágenes; otros son paquetes software independientes que se añaden al programa gráfico. *Véase también* gráficos de mapa de bits; editor de imágenes; programa de dibujo.

filtro antideslumbramiento *s.* (*glare filter*) Máscara transparente colocada sobre la pantalla de un monitor de vídeo que permite reducir o eliminar la luz reflejada por su superficie de cristal.

filtro de bozos *s.* (*bozo filter*) En Internet, un término de la jerga utilizado en inglés para designar a una característica de algunos clientes de correo electrónico y lectores de grupos de noticias, o una utilidad independiente, que permite al usuario bloquear o filtrar los mensajes de correo electrónico o artículos de grupos de noticias entrantes que procedan de determinadas personas. Generalmente, estas personas son aquellas de las que el usuario no quiere oír ni hablar, como, por ejemplo, los llamados bozos. *También llamado* filtro de eliminación. *Véase también* bozo.

filtro de cookies *s.* (*cookie filtering tool*) Una utilidad que impide a las cookies en un explorador web enviar información acerca del usuario que está solicitando acceso a un sitio web. *Véase también* cookie.

filtro de correo *s.* (*mail filter*) *Véase* filtro de correo electrónico.

filtro de correo electrónico *s.* (*e-mail filter*) Una característica en los programas software de lectura de correo electrónico que ordena automáticamente el correo entrante en diferentes carpetas o buzones basándose en la información contenida en el mensaje. Por ejemplo, todo el correo entrante procedente del Tío Paco de un usuario podría ser colocado en una carpeta etiquetada «Tío Paco». Los filtros pueden utilizarse también para bloquear o aceptar correo electrónico procedente de determinadas fuentes.

filtro de Kalman *s.* (*Kalman filter*) Filtro adaptativo utilizado para estimar el estado de un sistema a partir de medidas que contienen errores aleatorios. Este filtro adaptativo recursivo determina los parámetros correctos de un modelo de proceso. Cada nueva medida permite predecir y ajustar los parámetros del modelo proporcionando una estimación del error en cada actualización. La estructura computacional del filtro de Kalman, así como su capacidad para incorporar los efectos del ruido (tanto el de la medida como el del modelado), le hacen recomendable en aplicaciones de seguimiento mediante visión por computadora. *Véase también* visión activa; distorsión; modelado; ruido.

filtro de medios *s.* (*media filter*) **1**. Un dispositivo añadido a las redes de datos para filtrar el ruido electrónico procedente del entorno. Por ejemplo, podría añadirse un filtro de medios a una red Ethernet basada en cable coaxial para evitar la pérdida de datos debida a interferencias provocadas por equipos electrónicos cercanos. *Véase también* cable coaxial; Ethernet. **2**. Un dispositivo utilizado con redes de área local (redes LAN) como adaptador entre dos tipos diferentes de medio físico. Por ejemplo, puede utilizarse un conector RJ-45 entre un cable coaxial y un cable de par trenzado no apantallado (UTP). Los filtros de medios son similares en función a los transceptores. Al igual que sucede con muchos otros componentes de las redes LAN, los fabricantes seleccionan a menudo nombres diferentes para productos similares, por lo que se necesita un experto en redes LAN para decidir qué filtros de medios son necesarios para una red LAN concreta. *Véase también* cable coaxial; conector; LAN; transceptor; UTP.

filtro ISAPI *s.* (*ISAPI filter*) Un archivo DLL utilizado por Microsoft Internet Information Server (IIS) para verificar y autenticar las solicitudes ISAPI recibidas por el servidor IIS.

filtro paso alto *s.* (*highpass filter*) Circuito electrónico que deja pasar todas las frecuencias de una señal que estén por encima de una frecuencia especificada. *Compárese con* filtro paso banda; filtro paso bajo.

filtro paso bajo *s.* (*lowpass filter*) Circuito electrónico que permite pasar a través suyo a todas las frecuencias situadas por debajo de una frecuencia especificada. *Compárese con* filtro paso banda; filtro paso alto.

filtro paso banda *s.* (*bandpass filter*) Un circuito electrónico que deja pasar las señales que están dentro de un cierto rango (banda) de frecuencias, pero bloquea o atenúa las señales situadas por encima o por debajo de dicha banda. *Véase también* atenuación. *Compárese con* filtro paso alto; filtro paso bajo.

filtro polarizador *s.* (*polarizing filter*) Pieza transparente de cristal o plástico que polariza la luz que la atraviesa, es decir, sólo permite el paso a las ondas que vibran en una dirección concreta. Los filtros polarizadores se utilizan frecuentemente para reducir el deslumbramiento en las pantallas de los monitores. *Véase también* filtro antideslumbramiento.

fin de archivo *s.* (*end-of-file*) **1**. Código insertado por un programa después del último byte de un archivo para informar al sistema operativo de la computadora de que no hay datos adicionales. En ASCII, el fin de archivo se representa mediante el valor 26 (hexadecimal 1A) o el carácter de control Ctrl+Z. *Acrónimo:* EOF. **2**. Un indicador de cualquier tipo en un programa informático o base de datos que permite determinar que se ha llegado al final del archivo. Los sistemas más antiguos, antes del año 2000, con capacidad para almacenar solamente años de dos dígitos en los campos de datos y que también utilizaran marcadores de fin de archivo tales como 99, eran susceptibles a experimentar problemas relacionados con el tratamiento de fechas. *Véase también* 99 o 9999.

fin de la transmisión *s.* (*end-of-transmission*) Carácter que representa el final de una transmisión. En ASCII, el fin de la transmisión tiene el valor decimal 4 (hexadecimal 04). *Acrónimo:* EOT.

fin de sesión *s.* (*logoff*) El proceso de terminar una sesión en una computadora a la que se accede a través de una línea de comunicaciones.

fin de temporización *s.* (*time out*) Un suceso que indica que ha transcurrido una cantidad de tiempo predeterminada sin que haya tenido lugar otro suceso esperado. El suceso de fin de temporización se utiliza para interrumpir el proceso que haya estado esperando ese otro suceso. Por ejemplo, un sistema remoto de acceso telefónico puede conceder al usuario 60 segundos para iniciar una sesión después de establecer una conexión. Si el usuario no es capaz de introducir un nombre de inicio de sesión y contraseña válidos dentro de este tiempo, la computadora interrumpe la conexión, protegiéndose así frente a potenciales intrusos y dejando libre una línea telefónica que, de no interrumpirse la conexión, habría quedado en un estado no operativo.

fin de texto *s.* (*end-of-text*) En transmisión de datos, un carácter utilizado para marcar el final de un archivo de texto. El fin de texto no indica necesariamente el final de la transmisión, ya que puede incluirse al final del archivo otro tipo de información, tal como información de control de errores o caracteres de control de transmisión. En ASCII, el fin de archivo se representa mediante el valor decimal 3 (03 en hexadecimal). *Acrónimo:* ETX.

Final-Form-Text DCA *s.* Estándar de la arquitectura DCA (Document Content Architecture) para almacenar documentos listos para imprimir para el intercambio ente programas distintos. Un estándar relacionado es el estándar Revisable-Form-Text DCA (RFTDCA). *Acrónimo:* FFTDCA. *Véase también* DCA. *Compárese con* Revisable-Form-Text DCA.

finalización del tiempo de espera del host *s.* (*host timed out*) Condición de error que se produce cuando un sistema remoto no responde en una cantidad razonable de tiempo (unos pocos minutos) durante el intercambio de datos a través de una conexión TCP. Esta condición podría significar que el sistema remoto ha tenido un fallo o ha sido desconectado de la red. El mensaje de error que ve el usuario puede o no estar expresado de esta manera. *Véase también* TCP. *Compárese con* host not responding.

finally *s.* Palabra clave utilizada en el lenguaje de programación Java que ejecuta un bloque de instrucciones independientemente de si se ha producido una excepción Java o un error de tiempo de ejecución en un bloque anterior definido por la palabra clave «try». *Véase también* bloque; excepción; palabra clave; try.

Finder *s.* La interfaz estándar del sistema operativo Macintosh. Finder permite al usuario ver el contenido de los directorios (carpetas); mover, copiar y borrar archivos, e iniciar aplicaciones. Los elementos contenidos en el sistema se suelen representar mediante iconos, empleándose un ratón u otro dispositivo señalador para manipular estos elementos. Finder fue la primera interfaz gráfica de usuario con éxito comercial y ayudó a consolidar el interés en los sistemas basados en iconos. *Véase también* MultiFinder.

finger *s.* Una utilidad Internet, originalmente limitada a UNIX, pero que ahora está disponible en muchas otras plataformas, que permite a un usuario obtener información sobre otros usuarios que puedan estar conectados a través de otros sitios Internet (si dichos sitios permiten el acceso mediante finger). Dada una dirección de correo electrónico, finger devuelve el nombre completo del usuario, una indicación de si tiene actualmente iniciada una sesión y cualquier otra información que el usuario haya decidido suministrar como parte de su perfil. Dado un nombre o un apellido, finger devuelve los nombres de inicio de sesión de los usuarios cuyo nombre o apellido se correspondan con el suministrado.

finger, hacer *vb.* (*finger*) Obtener información sobre un usuario por medio del programa finger.

FIPS *s.* (*Federal Information Processing Standards*) Acrónimo de Federal Information Processing Standards (estándares federales para procesamiento de la información). Un sistema de estándares, guías y métodos técnicos para procesamiento de la información dentro del gobierno federal de Estados Unidos.

FIPS 140-1 *s.* Un estándar FIPS (Federal Information Processing Standard) del gobierno de Estados Unidos, promulgado por el NIST (National Institute of Standards and Technology) y que especifica los requisitos de seguridad para módulos criptográficos. FIPS 140-1 define cuatro niveles de requisitos de seguridad relativos a los módulos criptográficos hardware y software de los sistemas informáticos y de telecomunicaciones utilizados para datos confidenciales, pero no clasificados. Los cuatro niveles de seguridad van desde un diseño básico de módulo hasta una serie crecientemente restrictiva de niveles de seguridad, física. El estándar cubre características de seguridad tales como la seguridad del hardware y el software, los algoritmos criptográficos y la gestión de claves de cifrado. Los productos FIPS 140-1 pueden validarse para uso federal tanto en Estados Unidos como en Canadá después de una verificación independiente. *Véase también* criptografía.

FireWire *s.* Un bus serie de alta velocidad de Apple que implementa el estándar IEEE 1394. *Véase también* IEEE 1394.

firma *s.* (*signature*) Una secuencia de datos utilizada para identificación, como, por ejemplo, un texto añadido a un mensaje de correo electrónico o a un fax.

firma de código *s.* (*code signing*) El proceso de añadir una firma digital a las ediciones y actualizaciones realizadas en el código fuente y en las aplicaciones publicados a través de Internet. La firma de código tiene por objeto proporcionar un cierto nivel de seguridad y de confianza a la distribución de software a través de Internet. *Véase también* firma digital.

firma digital *s.* (*digital signature*) Un mecanismo de seguridad usado en Internet que utiliza dos claves, una pública y otra privada, para cifrar mensajes antes de la transmisión y descifrarlos después de la recepción.

firmware *s.* Rutinas software almacenadas en memoria ROM (memoria de sólo lectura). A diferencia de la memoria de acceso aleatorio, la memoria de sólo lectura continúa intacta incluso en ausencia de alimentación. Las rutinas de arranque y las instrucciones de entrada/salida de bajo nivel están almacenadas en firmware. El firmware está a medio camino entre el software y el hardware en lo que respecta a la facilidad con que se lo puede modificar. *Véase también* RAM; ROM.

FIRST *s.* Acrónimo de Forum of Incident Response and Security Teams (Foro de equipos de seguridad y respuesta a incidentes). Una organización dentro de ISOC (Internet Society) que se coordina con CERT para promocionar el intercambio de información y la respuesta unificada a las amenazas de seguridad. *Véase también* CERT; Internet Society.

fisgar *vb.* (*lurk*) Recibir y leer artículos o mensajes en un grupo de noticias u otro tipo de conferencia en línea sin contribuir al intercambio de mensajes que tiene lugar.

físico *adj.* (*physical*) En informática, perteneciente o relativo a, o característico de, un equipo o marco de referencia real por oposición a otro conceptual. *Compárese con* lógico.

FIX *s.* Acrónimo de Federal Internet Exchange (Central Federal de Conmutación Internet). Un punto de conexión entre las distintas intranets del gobierno de Estados Unidos e Internet. Existen dos centrales de conmutación FIX: FIX West, en Mountain View, California, y FIX East, en College Park, Maryland. Juntas enlazan las redes troncales de MILNET, ESnet (la red TCP/IP del Departamento de Energía) y NSInet (NASA Sciences Internet) con NSFnet. *Véase también* red troncal; MILNET; NSFnet; TCP/IP.

flame *s. Véase* improperio.

flanco anterior *s.* (*leading edge*) La parte inicial de una señal electrónica. Si una señal digital pasa de 0 a 1 y luego otra vez a 0, la transición de 0 a 1 es el flanco anterior de la señal.

flanco posterior *s.* (*trailing edge*) La parte posterior de una señal electrónica. Cuando una señal digital pasa de estado activado a desactivado, esa transición es el flanco posterior de la señal.

Flash *s.* Formato de archivo de gráficos vectoriales (extensión .swf) desarrollado por Macromedia para permitir a los diseñadores añadir animación e interactividad a las páginas web multimedia. Los archivos Flash pueden reproducirse con un plug-in Shockwave descargable o con un programa Java. El formato de archivo ha sido liberado por Macromedia como un estándar abierto para Internet.

flecha de desplazamiento *s.* (*scroll arrow*) *Véase* barra de desplazamiento.

float *s.* El nombre del tipo de datos utilizado en algunos lenguajes de programación, como, por ejemplo, C, para declarar variables en las que pueden almacenarse números en coma flotante. *Véase también* tipo de datos; número en coma flotante; variable.

FLOP *s. Véase* operación en coma flotante.

FLOPS *s.* Acrónimo de floating-point operations per second (operaciones en coma flotante por segundo). Medida de la velocidad a la que una computadora puede realizar operaciones en coma flotante. *Véase también* operación en coma flotante; MFLOPS. *Compárese con* MIPS.

flóptico *adj.* (*floptical*) Que utiliza una combinación de tecnologías magnética y óptica para conseguir una muy alta densidad de datos en discos especiales de 3,5 pulgadas. Los datos se escriben y se leen del disco en forma magnética, pero el cabezal de lectura/escritura se posiciona ópticamente por medio de un láser y de una serie de muescas presentes en el disco.

fluctuación *s.* **1.** (*flicker*) Variación rápida y perceptible de una imagen en pantalla, como, por ejemplo, en una televisión o en el monitor de una computadora. Los parpadeos ocurren cuando la imagen se refresca (actualiza) de forma demasiado infrecuente o demasiado lenta como para que el ojo perciba un nivel constante de brillo. En la televisión y en las pantallas de barrido por líneas, no es perceptible ningún parpadeo cuando la velocidad de refresco se encuentra entre 50 y 60 veces por segundo. En los monitores entrelazados, en los que las líneas de barrido impares se refrescan en una pasada y las líneas de barrido pares en la otra, se consigue una velocidad de refresco efectiva libre de parpadeos de 50 a 60 veces por segundo porque las líneas parecen combinarse, aunque cada una de las líneas individuales se actualice, en realidad, sólo entre 25 y 30 veces por segundo. **2.** (*jitter*) Apariencia imprecisa en un fax debida a una serie de puntos que se graban incorrectamente durante el proceso de digitalización y que, por tanto, quedan mal colocados en la salida. **3.** (*jitter*) En la comunicación digital, la distorsión causada por la falta de sincronización de las señales. **4.** (*jitter*) Pequeñas vibraciones en una imagen de vídeo causadas por las irregularidades en la señal de visualización. La fluctuación se manifiesta a menudo en forma de líneas horizontales que tienen el mismo grosor que las líneas de barrido.

fluir *vb.* (*run around*) En maquetación, colocar un texto de tal manera que rodee una ilustración u otro tipo de elemento visual.

flujo *s.* **1.** (*downflow*) Una de las cuatro etapas del proceso de creación de almacenes de datos durante la cual la información almacenada se distribuye y archiva. *Véase también* almacén de datos. *Compárese con* metaflujo; reflujo. **2.** (*flux*) La intensidad total de un campo magnético, eléctrico o de radiación a través de un área determinada **3.** (*stream*) Cualquier tipo de transmisión de datos, como el movimiento de un archivo entre disco y memoria, que tenga lugar como un proceso ininterrumpido. La manipulación de un flujo de datos es una tarea de programación. Los consumidores, sin embargo, encontrarán esta referencia a flujos y transmisión de flujos en relación con Internet, donde se ha incrementado el uso de las técnicas de transmisión de flujos para permitir a los usuarios (incluso a aquellos que tengan equipos más lentos) acceder a archivos multimedia de gran tamaño (especialmente aquellos que contienen componentes de audio y de vídeo) y empezar a mostrarlos o reproducirlos antes de que se hayan transferido todos los datos.

flujo de bits *s.* (*bit stream*) **1.** Una serie de dígitos binarios que representa un flujo de información transferido a través de un cierto medio. **2.** En las comunicaciones síncronas, un flujo continuo de datos en el que los caracteres del flujo son separados unos de otros por la estación receptora en lugar de estar separados por marcadores (como, por ejemplo, bits de arranque y de parada) insertados en los datos.

flujo de clics *s.* (*clickstream*) La ruta que un usuario recorre mientras está explorando un sitio web. Cada selección realizada por el usuario en una página web añade un clic al flujo. Cuanto más lejos vaya el usuario, dentro del flujo de clics, sin encontrar el elemento que anda buscando, más probable será que decida marcharse a otro sitio web. El análisis de los patrones de uso ayuda a los diseñadores de sitios web a crear estructuras de sitio, vínculos y facilidades de búsqueda amigables. *Véase también* sitio web.

flujo de control *s.* (*control flow*) Los trayectos de todos los posibles caminos de ejecución en un programa a menudo representados en forma de diagrama. Véase la ilustración.

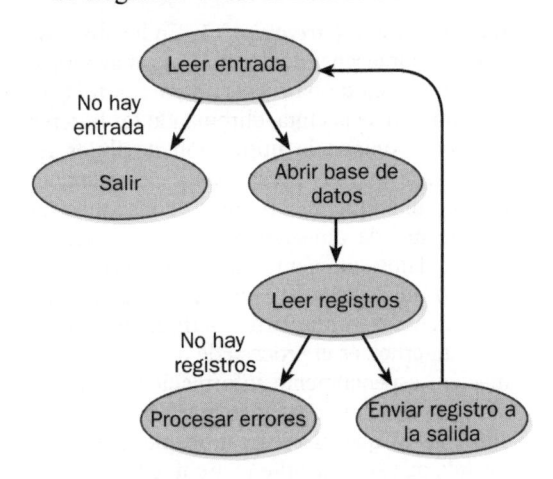

Flujo de control.

flujo de datos *s.* **1.** (*data flow* o *dataflow*) En procesamiento paralelo, un diseño en el que los cálculos se realizan cuando todos los datos están disponibles (procesamiento controlado por los datos) o cuando otros procesadores solicitan los datos (procesamiento controlado por la demanda). *Véase también* procesamiento paralelo. **2.** (*data flow* o *dataflow*) El movimiento de datos a través de un sistema desde el punto de entrada hasta el destino. **3.** (*data stream*) Una serie no diferenciada de bytes de datos.

flujo de entrada *s.* (*input stream*) Flujo de información utilizado en un programa como una secuencia de bytes que están asociados con un destino o tarea particular o fin. Los flujos de entrada incluyen series de caracteres leídos desde el teclado y llevados a la memoria y bloques de datos leídos de los archivos de disco. *Compárese con* flujo de salida.

flujo de salida *s.* (*output stream*) Flujo de información que abandona un sistema informativo y está asociado con un destino o tarea particular. En programación, un flujo de salida puede ser una serie de caracteres enviados desde la memoria de la computadora a la pantalla o a un archivo de disco. *Compárese con* flujo de entrada.

flujo multimedia *s.* (*media stream*) Una secuencia continua de audio o audio/vídeo enviada a través de una red.

flujos de datos *s.* (*streaming*) **1.** En los dispositivos de almacenamiento en cinta magnética, es una técnica de bajo coste para controlar el movimiento de la cinta, eliminando los búferes de cinta. Aunque la utilización de flujos de datos hace que las prestaciones de arranque/parada disminuyan, permite conseguir un mecanismo de almacenamiento y extracción de los datos altamente fiable, y resulta útil cuando un equipo o aplicación concretos requieren un suministro continuo de datos. **2.** En Internet, es el proceso de distribuir información, especialmente información multimedia tal como sonido o vídeo, mediante un flujo continuo al que el receptor puede acceder a medida que se transmite el archivo.

flujos en tiempo real *s.* (*real-time streaming*) El proceso de suministrar un archivo multimedia a través de un servidor especializado de flujos multimedia utilizando el protocolo RTSP (Real-Time Streaming Protocol, protocolo de flujos en tiempo real). Con los flujos en tiempo real, el archivo se reproduce, en la práctica, en el servidor de flujos multimedia, aunque se visualiza en la computadora que haya abierto el archivo. Los mecanismos de flujos en tiempo real transmiten con un ancho de banda mayor que los flujos HTTP. Se utilizan a menudo para realizar difusiones de eventos en directo, como un concierto o el discurso inaugural de una conferencia. *Véase también* flujos HTTP.

flujos HTTP *s.* (*HTTP streaming*) El proceso de descargar flujos de contenido digital utilizando un servidor HTTP (un servidor Internet estándar) en lugar de un servidor diseñado específicamente para transmitir flujos multimedia. La transmisión de flujos HTTP descarga el archivo multimedia en una computadora, que reproduce el archivo descargado en cuanto está disponible. *Véase también* flujos en tiempo real.

FM *s. Véase* modulación de frecuencia.

FOCUS *s.* (*Federation on Computing in the United States*) Acrónimo de Federation on Computing in the United States (Federación Informática de Estados Unidos). Representante de Estados Unidos en la IFIP (International Federation of Information Processing). *Véase también* IFIP.

FOD *s. Véase* fax a la carta.

folio *s.* Número de página impreso.

fondo *s.* (*background*) **1.** El color sobre el que se muestran los caracteres y los gráficos, como, por ejemplo, un fondo blanco para caracteres en negro. *Compárese con* primer plano. **2.** Los colores, texturas, patrones y dibujos que forman la superficie de una página web sobre la que se sitúan los textos, iconos, gráficos, botones y otros elementos. *Véase también* papel tapiz. **3.** Los colores, texturas, patrones y dibujos que forman la superficie del escritorio sobre la que se sitúan los iconos, botones, barras de menús y barras de herramientas. *Véase también* papel tapiz.

fondo de pantalla *s.* (*display background*) En gráficos por computadora, la parte de una imagen en pantalla que permanece estática mientras otros elementos cambian. Por ejemplo, los bordes de la ventana en una pantalla o una paleta de formas o patrones en un programa de dibujo.

fonema *s.* (*phoneme*) En lingüística, la unidad de habla más pequeña que distingue un sonido de una palabra de otro. Los fonemas son los elementos en los que se basan las técnicas de síntesis del habla.

Font/DA Mover *s.* Aplicación para los sistemas de Apple Macintosh más antiguos que permitía al usuario instalar fuentes de pantalla y accesorios del escritorio.

foo *s.* Cadena utilizada por los programadores en los países anglosajones en lugar de información más específica. Dicho nombre puede utilizarse, por ejemplo, para las variables o funciones en los ejemplos de sintaxis, así como para los nombres de archivos temporales. De la misma manera, un programador puede escribir foo para probar una rutina de tratamiento de introducción de cadenas. Si se necesita una segunda cadena de ejemplo, a menudo se usará el nombre bar, lo que sugiere que el origen de ambas se encuentra en el término FUBAR (acrónimo que, en lenguaje vulgar, significa Fouled Up Beyond All Recognition/Repair, fastidiado más allá de toda reparación/reconocimiento) habitual en el lenguaje utilizado en el ejército de Estados Unidos. No obstante, se han apuntado otros posibles orígenes. *Compárese con* fred.

forma *s.* (*form*) En los medios de almacenamiento ópticos, un formato de almacenamiento de datos utilizado en la tecnología de discos compactos.

forma canónica *s.* (*canonical form*) En matemáticas y programación, la forma estándar o arquetípica de una expresión o enunciado.

forma de Backus-Naur *s.* (*Backus-Naur form*) Metalenguaje utilizado para definir la sintaxis de lenguajes formales tanto para el desarrollador del lenguaje como para el usuario. Un lenguaje se define mediante un conjunto de instrucciones, en cada una de las cuales se define un elemento sintáctico (escrito entre corchetes angulares) conocido como metavariable en términos de símbolos reales (denominados terminales) y otras metavariables (incluyéndose la propia metavariable objeto de definición, en caso necesario). Véase la ilustración. *Acrónimo:* BNF. *Véase también* metalenguaje; forma normal.

```
<number>::=<unsigned number> |
           <sign> <unsigned number>
<unsigned
         number>::=<digit>|<digit>
<unsigned
                   number>
<digit>::=0|1|2|3|4|5|6|7|8|9
<sign>::=+|-
```

Forma de Backus-Naur.

forma de onda *s.* (*waveform*) La manera en que cambia la amplitud de una onda a lo largo del tiempo. *Véase también* período; fase; longitud de onda.

forma normal *s.* (*normal form*) **1.** En una base de datos relacional, un método para estructurar (organizar) la información con el fin de evitar la redundancia e incoherencia y para aumentar la eficiencia de los procesos de mantenimiento, almacenamiento y actualización. Se aceptan varias «reglas» o niveles de normalización, siendo cada uno de ellos una mejora del anterior. Las tres formas más comúnmente utilizadas son: la primera forma normal (1NF), la segunda forma normal (2NF) y la tercera forma normal (3NF). La primera forma normal, la menos estructurada, consiste en grupos de registros (como, por ejemplo, listas de empleados) en los que cada campo (columna) contiene información unívoca y no repetitiva. La segunda y tercera formas normales realizan una descomposición de una base de datos en primera forma normal, separándola en tablas diferentes por el procedimiento de definir interrelaciones cada vez más estrechas entre los campos. Las segundas formas normales no incluyen campos que sean subconjuntos de otros campos distintos del campo principal (clave). Por ejemplo, una segunda forma normal cuya clave sea el nombre del empleado no incluiría a la vez el cargo y la retribución por hora si ésta dependiese del cargo. La tercera forma normal no incluye campos que proporcionen información sobre campos distintos del campo clave. Por ejemplo, una tercera forma normal cuya clave sea el nombre del empleado no incluiría en una misma tabla el nombre del proyecto, el número de empleado y el jefe del que el empleado depende, a no ser que el número de empleado y el jefe sólo estuvieran asociados con el proyecto en el que el empleado estuviera trabajando. Otras mejoras adicionales de normalización incluyen la forma normal de Boyce-Codd (BCNF), la cuarta forma normal (4NF) y la quinta forma normal o forma normal de unión-proyección (5NF o PJ/NF). Sin embargo, estos niveles no se usan tan habitualmente como la primera, segunda y tercera formas normales. **2.** En programación, el metalenguaje, a veces denominado forma normal de Backus (forma de Backus-Naur), es un lenguaje utilizado para describir la sintaxis de otros lenguajes, específicamente ALGOL 60, para el que fue inventado. *Véase también* forma de Backus-Naur.

forma normal de Boyce-Codd *s.* (*Boyce-Codd normal form*) *Véase* forma normal.

forma normal de unión-proyección *s.* (*projection-join normal form*) *Véase* forma normal.

formación asistida por computadora *s.* 1. (*computer-aided instruction*) *Véase* CAI. 2. (*computer-aided learning*) *Véase* CAL.

formación gestionada por computadora *s.* (*computer-managed instruction*) *Véase* CMI.

formación informatizada *s.* 1. (*computer instruction*) El uso de una computadora en la enseñanza. *Véase también* CAI. 2. (*computer-based training*) *Véase* CBT.

formar *vb.* (*train*) Enseñar a un usuario final a utilizar un producto software o hardware.

formatear *vb.* (*format*) 1. Preparar un disco para su uso organizando su espacio de almacenamiento en «compartimentos» de datos, cada uno de los cuales puede ser localizado por el sistema operativo para poder ordenar y extraer los datos. Cuando se formatea un disco previamente utilizado, toda información existente en él se pierde. 2. Cambiar la apariencia de un texto seleccionado o de los contenidos de una celda seleccionada en una hoja de cálculo.

formateo *s.* (*formatting*) 1. Proceso de inicializar un disco de modo que pueda ser utilizado para almacenar información. *Véase también* inicializar. 2. Los elementos de estilo y de presentación que se añaden a los documentos mediante el uso de márgenes, sangrías y diferentes estilos, tamaños y variantes de tipos de letra.

formato *s.* (*format*) 1. La disposición de los datos dentro de un documento que normalmente permite a una cierta aplicación poder leer o escribir en el documento. Muchas aplicaciones pueden almacenar un archivo en formatos genéricos, tales como el texto ASCII sin formato. 2. Los atributos de una celda en una hoja de cálculo, tales como su carácter de celda alfanumérica o numérica, el número de dígitos, el uso de comas y el uso de signos de divisa. 3. La disposición de las áreas de almacenamiento de los datos (pistas y sectores) en un disco. 4. El orden y los tipos de los campos de una base de datos. 5. Especificaciones para la colocación de texto en una página o en un párrafo. 6. En general, la estructura o apariencia de una unidad de datos.

formato binario *s.* (*binary format*) Cualquier formato que estructure los datos en paquetes de 8 bits. El formato binario se utiliza generalmente para representar código objeto (instrucciones de programa traducidas a un formato legible para la máquina) o datos que formen parte de un flujo de transmisión. *Véase también* archivo binario.

formato de archivo *s.* (*file format*) La estructura de un archivo que define la forma en que éste es almacenado y presentado en la pantalla o en una impresora. El formato puede ser bastante simple y común, como en el caso de los archivos almacenados en forma de texto ASCII legible, o puede ser muy complejo e incluir diversos tipos de códigos e instrucciones de control utilizados por los programas, impresoras y otros dispositivos. Como ejemplo de estos últimos podemos citar RTF (Rich Text Format), DCA (Document Content Architecture), PICT, DIF (Data Interchange Format), DXF (Data Exchange File), TIFF (Tagged Image File Format) y EPSF (Encapsulated PostScript Format).

formato de archivo nativo *s.* (*native file format*) El formato que una aplicación utiliza internamente para procesar los datos. La aplicación debe convertir los archivos de otros formatos al formato nativo antes de poder trabajar con ellos. Por ejemplo, un procesador de textos puede reconocer los archivos de texto en formato ASCII, pero los convertirá a su propio formato nativo antes de visualizarlos.

formato de archivo plano *s.* (*flat file format*) Formato de archivo de imagen en el que no se pueden editar objetos individuales. Los archivos almacenados en formatos JPEG, GIF y

BMP, por ejemplo, son, todos ellos, archivos planos.

formato de datos *s*. (*data format*) La estructura aplicada a los datos por un programa de aplicación con el fin de proporcionar un contexto en el que los datos puedan ser interpretados.

Formato de datos jerárquicos *s*. (*Hierarchical Data Format*) Formato de archivo para almacenar múltiples tipos de datos gráficos y numéricos y transferirlos entre distintos tipos de máquinas junto con una biblioteca de funciones para gestionar tales archivos de un modo uniforme. La NCSA desarrolló y dio soporte a la biblioteca y funciones de archivo y las ha hecho de dominio público. La mayor parte de los tipos más comunes de computadoras soportan archivos en formato de datos jerárquicos (HDF). El formato puede ampliarse fácilmente para acomodar modelos de datos adicionales. Las funciones de la biblioteca tienen interfaces para FORTRAN y C. *Acrónimo:* HDF. *Véase también* NCSA.

formato de definición de canal *s*. (*CDF*) *Véase* CDF.

formato de fecha *s*. (*date format*) La manera en que se formatean las fechas en un sistema informático o en un programa. Aunque algunas organizaciones exigen que se utilice el mismo formato en todos sus sistemas y programas, muchas organizaciones no lo hacen, lo que puede hacer que tratar de solucionar potenciales problemas con las fechas, como el problema del año 2000, sea difícil. Además, los formatos de fecha pueden variar ampliamente de una a otra organización, aunque muchas de ellas han optado por estandarizar para uso interno los formatos especificados en ANSI X3.30-1997 o ISO8601:1988.

formato de intercambio *s*. (*Interchange Format*) *Véase* RTF.

formato de intercambio de datos *s*. (*data interchange format*) Formato que consta de códigos ASCII en el que pueden estructurarse bases de datos, hojas de cálculo y otros documentos similares para facilitar su utilización y transferencia a otros programas. *Acrónimo:* DIF. *Véase también* ASCII.

formato del registro *s*. (*record format*) *Véase* estructura de registro.

formato portable de documento *s*. *Véase* PDF.

fórmula *s*. (*formula*) Instrucción matemática que describe las acciones que se realizarán sobre determinados valores numéricos. Una fórmula define un cálculo sin tener en cuenta los valores reales sobre los que va a aplicar, como $A+B$, con A y B representando cualquier valor designado por el usuario. Por tanto, una fórmula es diferente de un problema aritmético, como $1+2$, el cual incluye valores y debe redefinirse si se cambia cualquier valor. A través de las fórmulas, los usuarios de aplicaciones, como, por ejemplo, hojas de cálculo, obtienen el poder de realizar cualquier cálculo simplemente cambiando los valores seleccionado y haciendo que el programa recalcule los resultados. Los programas sofisticados incluyen muchas fórmulas predefinidas que permiten realizar cálculos matemáticos y del negocio estándar.

formulario *s*. (*form*) **1**. En algunas aplicaciones (especialmente bases de datos), una ventana, cuadro u otro elemento estructurado y autocontenido de presentación con áreas predefinidas para introducir o modificar información. Un formulario es un filtro visual de los datos subyacentes que está presentando, que generalmente ofrece las ventajas de una mejor organización de los datos y una mayor facilidad de visualización. **2**. Documento estructurado con espacios reservados para introducir información y que a menudo contiene también codificación especial.

formulario de codificación *s*. (*coding form*) Hoja de papel con líneas horizontales y verticales para ayudar en la escritura de código fuente en lenguajes antiguos que emplean una sintaxis dependiente de la posición (como, por ejemplo, FORTRAN). La mayoría de los programadores utiliza actualmente papel milimetrado si es que utiliza algún papel.

formulario electrónico *s*. (*e-form*) Un documento en línea que contiene espacios en blanco para que el usuario los rellene con la información solicitada y que puede ser enviado a través de una red a la organización que solicita la información. En la Web, los formularios electrónicos están a menudo codificados para su procesamiento mediante scripts CGI e incluyen mecanismos de seguridad basados en cifrado. *Véase también* CGI.

formularios multicopia *s.* (*multipart forms*) Papel de impresión para computadora dispuesto en conjuntos con papel carbón entre las páginas (o con un revestimiento químico que imita al carbón por detrás de cada hoja, excepto la última) con el fin de producir copias de la salida de impresión obtenida mediante impresoras de impacto. Los formularios multicopia se designan según el número de copias del conjunto, como, por ejemplo, formularios de dos copias, de tres, etc.

foro *s.* (*forum*) Un medio proporcionado por un servicio en línea o BBS para que los usuarios participen en discusiones escritas acerca de un tema concreto publicando mensajes y contestando a los mismos. En Internet, los foros más extendidos son los grupos de noticias de Usenet.

Forte *s.* Entorno integrado de desarrollo de Sun Microsystems para desarrolladores de Java. *Véase también* entorno de desarrollo integrado.

Fortezza *s.* Una tecnología criptográfica desarrollada por la NSA (National Security Agency) de Estados Unidos para permitir la comunicación segura de información confidencial. Fortezza se basa en tecnologías de cifrado, autenticación y otras similares, integradas en una tarjeta personalizada que tiene el nombre de Fortezza Crypto Card, que puede insertarse en la ranura PCMCIA de un equipo informático. Esta tarjeta interactúa con el hardware y software compatible con Fortezza para dotar de seguridad a aplicaciones tales como el correo electrónico, la exploración web, el comercio electrónico y el cifrado de archivos. También puede utilizarse un dispositivo RS-232 en los sistemas heredados que no tengan capacidad de lectura de tarjetas. Esta tecnología está soportada por distintos fabricantes de productos comerciales.

Forth *s.* Lenguaje de programación creado por Charles Moore a finales de los años sesenta. Moore eligió el nombre del lenguaje, una versión de la palabra fourth (cuarto), porque pensó que era un lenguaje de cuarta generación y su sistema operativo sólo le permitía utilizar cinco letras para los nombres de programa. Forth es un lenguaje estructurado e interpretado que utiliza un mecanismo de hebras, el cual permite a los programadores ampliar fácilmente el lenguaje y hace que Forth pueda ofrecer una gran funcionalidad en un espacio limitado. A diferencia de otros lenguajes de programación, Forth utiliza la notación postfija para sus expresiones matemáticas y requiere que el programador trabaje directamente con la pila del programa. *Véase también* 4GL; lenguaje interpretado; notación postfija; pila; enhebramiento.

Fortran *s.* (*FORTRAN*) Abreviatura de formula translation (traducción de fórmulas). El primer lenguaje informático de alto nivel (desarrollado en el período 1954-58 por John Backus) y que ha sido el progenitor de muchos conceptos clave de programación de alto nivel, tales como las variables, expresiones, instrucciones, instrucciones iterativas y condicionales, subrutinas independientemente compiladas y entrada/salida formateada. FORTRAN es un lenguaje compilado y estructurado. El nombre es indicativo de las raíces que este lenguaje tiene en los campos de la ciencia y la ingeniería, en los que aún se lo sigue utilizando bastante, aunque el propio lenguaje ha sido ampliado y mejorado en numerosos aspectos en los últimos treinta y cinco años, hasta convertirlo en un lenguaje que resulta de utilidad en muchos otros campos. *Véase también* lenguaje compilado; programación estructurada.

forzar *vb.* (*force*) En programación, realizar una acción determinada que normalmente no se produciría. El término se utiliza sobre todo en el sentido de obligar a que una serie de datos se encuentren dentro de un determinado rango de valores; por ejemplo, forzar a que un divisor sea distinto de cero. *Véase también* mutación.

FOSDIC *s.* Acrónimo de film optical sensing device for input to computers (dispositivo de lectura óptica de microfilms para su introducción en un sistema informático). Dispositivo utilizado por el gobierno de Estados Unidos para leer documentos en microfilm y almacenarlos digitalmente en cintas magnéticas o en discos a los que pueda acceder una computadora.

fósforo *s.* (*phosphor*) Toda sustancia capaz de emitir luz al incidir sobre ella una radiación. La superficie interior de una pantalla TRC está recubierta de fósforo que, al ser excitado por un haz de electrones, muestra una imagen en la pantalla. *Véase también* persistencia.

fósforo de alta persistencia *s.* (*high-persistence phosphor*) Fósforo que brilla durante un período de tiempo relativamente largo después de ser golpeado por los electrones. Los fósforos de alta persistencia se utilizan en los tubos de almacenamiento de vista directa, aunque la mayoría de los tubos de rayos catódicos (TRC) utiliza fósforos de persistencia relativamente baja, por lo que sus imágenes pueden cambiarse rápidamente sin presentar «residuos» de imágenes anteriores que permanecieran en la pantalla. *Véase también* CRT; tubo de almacenamiento de visión directa.

fotocélula *s.* (*photo cell*) *Véase* dispositivo fotoeléctrico.

fotocomponedora *s.* **1.** (*imagesetter*) Dispositivo de tipografía que puede transferir texto e imágenes listos para imprenta directamente a papel o película desde archivos de computadora. Las fotocomponedoras imprimen a una alta resolución (normalmente, a más de 1.000 dpi) y, habitualmente, son compatibles con PostScript. **2.** (*phototypesetter*) Impresora similar a una impresora láser, pero capaz de proporcionar resoluciones de aproximadamente 2.000 puntos por pulgada. Las fotocomponedoras aplican directamente la luz a una película fotográfica o a un papel fotosensible. *Véase también* fotocomposición. *Compárese con* fotocomponedora.

fotocomposición *s.* (*photocomposition*) En la tipografía tradicional, el uso de equipos fotográficos y electrónicos en la disposición y producción de una página impresa. En autoedición, se utilizan máquinas fotocomponedoras especializadas para conseguir los mismos resultados. *Véase también* fotocomponedora. *Compárese con* fotocomponedora.

fotocomposición informatizada *s.* (*computer typesetting*) Operaciones de fotocomposición que son total o parcialmente controladas mediante una computadora. El control parcial puede implicar la transmisión de texto directamente desde su origen hasta la fotocomponedora sin necesidad de una etapa intermedia de composición. La informatización total puede incluir la digitalización de todos los gráficos, que serían también transmitidos directamente hasta la fotocomponedora y regenerados sin una etapa intermedia de composición.

fotoconductor *s.* (*photoconductor*) Material que presenta un aumento en la conductividad cuando es expuesto a una fuente de luz. Los fotoconductores se usan en fotodetectores, que se emplean en la fibra óptica para registrar la luz y convertirla en pulsos eléctricos. *Véase también* fibra óptica.

fotografía digital *s.* (*digital photography*) Fotografía por medio de una cámara digital. La fotografía digital difiere de la fotografía convencional en que las cámaras digitales no utilizan una película de haluro de plata para capturar una imagen. En lugar de ello, las cámaras digitales capturan y almacenan cada imagen electrónicamente. *Véase también* cámara digital.

fotografía electrónica *s.* (*electronic photography*) *Véase* fotografía digital.

fotograma *s.* (*display frame*) Una imagen en una secuencia de animación *Véase también* trama; búfer de imagen.

fotogramas por segundo *s.* (*frames per second*) *Véase* frecuencia de imagen.

fotolitografía *s.* (*photolithography*) Técnica utilizada en la fabricación de circuitos integrados. El patrón del circuito se dibuja, fotografía y reduce a un negativo con el tamaño final deseado. Este negativo se denomina fotomáscara. La luz se pasa a través de la fotomáscara que se encuentra sobre una oblea de material semiconductor que se ha recubierto con un material fotorresistivo. Cuando la luz incide

fotomáscara

sobre el material fotorresistivo, su composición cambia. En el siguiente paso, el material fotorresistivo que no ha sido afectado por la luz, se lava. Por último, el material semiconductor se expone a una solución de ácido que elimina la superficie no protegida por el material fotorresistivo, creando el patrón de circuito deseado sobre la superficie de la oblea. *Véase también* fotomáscara; fotorresist.

fotomáscara *s.* (***photomask***) Negativo fotográfico de un esquema de un circuito utilizado en la fabricación de circuitos integrados. *Véase también* fotolitografía.

fotónica *s.* (***photonics***) Sistemas optoelectrónicos que transmiten luz visible o energía infrarroja. Los sistemas fotónicos se utilizan con las redes de fibra óptica y los circuitos ópticos. Las redes fotónicas permiten obtener grandes incrementos en la velocidad y el ancho de banda, lo que permite codificar y transmitir cantidades significativamente mayores de información que con las soluciones cableadas tradicionales.

fotorrealismo *s.* (***photorealism***) El proceso de crear imágenes lo más próximas posible a la calidad fotográfica o de la «vida real». En los gráficos por computadora, el fotorrealismo requiere computadoras potentes y software altamente sofisticado y se basa en buena medida en la aplicación de algoritmos matemáticos. *Véase también* trazado de rayos.

fotorresist *s.* (***photoresist***) Compuesto que se utiliza en la fabricación fotolitográfica de circuitos integrados y tarjetas de circuito impreso. Cuando se expone a la luz ultravioleta a través de una fotomáscara, el fotorresist expuesto a la luz se polimeriza (endurece); las áreas no expuestas pueden ser lavadas, dejando el patrón de trazas en el substrato. Posteriores secuencias de grabación eliminan las áreas no protegidas por el fotorresist polimerizado.

fotosensor *s.* (***photosensor***) *Véase* dispositivo fotoeléctrico.

FPD *s. Véase* monitor de página completa.

FPGA *s.* Acrónimo de Field Programmable Gate Array (matriz de puertas reprogramable). Tipo de chip lógico programable que puede configurarse, después de su fabricación y distribución, para una amplia gama de aplicaciones especializadas. Las FPGA pueden reprogramarse para incorporar innovaciones y actualizaciones en los diseños. Gracias a su flexibilidad y adaptabilidad, las FPGA se usan en multitud de dispositivos, que van desde hornos microondas a las supercomputadoras.

FPLA *s. Véase* matriz lógica reprogramable.

FPM RAM *s. Véase* RAM en modo página.

FPU *s.* Acrónimo de floating-point unit (unidad de coma flotante). Circuito que realiza cálculos en coma flotante. *Véase también* circuito; operación en coma flotante.

FQ *s. Véase* gestión de colas equitativa.

fractal *s.* Palabra acuñada por el matemático Benoit Mandelbrot en 1975 para describir cierta clase de formas caracterizadas por su irregularidad, pero que, en cierta manera, evocan un patrón. Los técnicos del campo de los gráficos por computadora utilizan fractales de manera frecuente para generar imágenes de la Naturaleza, como paisajes, nubes o bosques. La característica distintiva de los fractales es que son «autosimilares». Es decir, cualquier fragmento de un fractal, cuando se amplía, tiene el mismo carácter que todo el conjunto. La analogía estándar es la de una línea costera, la cual posee una estructura similar independientemente de que sea vista a escala local o continental. Curiosamente, resulta difícil normalmente medir la longitud del perímetro de una de esas figuras de manera exacta, precisamente porque la distancia total medida depende del tamaño del elemento más pequeño que se mida. Por ejemplo, se podría medir, en una determinada línea costera, el perímetro de cada península y ensenada, o en una escala más amplia, el perímetro de cada pequeño promontorio o malecón, y así sucesivamente. De hecho, un determinado fractal puede tener un área finita, pero un perímetro infinito. Este tipo de formas se considera de dimensión fraccionaria (por ejemplo, entre 1, una línea, y 2, un plano) y de ahí el nombre de fractal. Véase la ilustración. *Véase también* autómatas celulares; graftal.

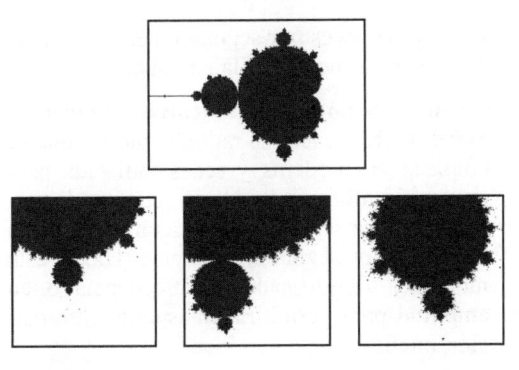

Fractal.

FRAD *s. Véase* ensamblador/desensamblador frame relay.

fragmentación *s.* (*fragmentation*) La dispersión de partes de un archivo entre distintas áreas del disco. La fragmentación aparece a medida que se borran archivos en un disco y se añaden otros nuevos. Dicha fragmentación ralentiza el acceso al disco y degrada el rendimiento global de las operaciones del disco, aunque normalmente no de forma grave. Hay disponibles programas de utilidad para reordenar los segmentos de almacenamiento de los archivos en los discos fragmentados.

fragmentación de archivos *s.* (*file fragmentation*) **1.** En una base de datos, es una situación en la cual los registros no son almacenados en su secuencia óptima de acceso como consecuencia de las sucesivas inserciones y eliminaciones de registros. La mayoría de sistemas de bases de datos ofrece o contiene utilidades que reordenan los registros para mejorar la eficiencia en el acceso y consolidar el espacio libre ocupado hasta entonces por los registros borrados. **2.** La descomposición en bloques de los archivos a medida que son almacenados por el sistema operativo en segmentos pequeños y separados dentro del disco. Esta condición es una consecuencia natural del incremento del tamaño de los archivos y del almacenamiento de los mismos en un disco muy lleno que no contenga bloques contiguos de espacio libre lo suficientemente grandes como para albergarlos. La fragmentación de archivos no representa un problema de integridad de los datos, aunque puede llegar a ralentizar los tiempos de acceso de lectura y escritura si el disco está muy lleno y el espacio de almacenamiento muy fragmentado. Hay disponibles productos software para redistribuir (optimizar) el espacio de almacenamiento de archivos con el fin de reducir la fragmentación.

fragmento de código *s.* (*code snippet*) **1.** Pequeño fragmento de código de programación que forma parte de un programa más grande. Normalmente, el fragmento de código realiza una función o tarea específica. **2.** En una interfaz gráfica de usuario, las instrucciones de programación insertadas en una opción de menú o botón definido por el usuario. El fragmento de código (formado por una o más líneas de código fuente) determina qué hace el botón o la opción cuando se seleccionan o se hace clic sobre ellos.

fragmento de código HTML *s.* (*HTML code fragment*) Código HTML que se inserta en una página web para añadirla características tales como un script, un contador o una marquesina móvil. Se utilizan a menudo en el contexto de los anillos de páginas web para añadir un enlace, un vínculo, unos gráficos estándar o características de automatización a una página personal con el fin de indicar la pertenencia al anillo.

FRAM *s.* Acrónimo de ferromagnetic RAM (RAM ferromagnética). Tipo de tecnología de almacenamiento de datos en la que los datos se graban de forma semipermanente en pequeñas tarjetas o barras de material recubierto con una película magnética de óxido férrico (de hierro). Igual que con las cintas magnéticas o los discos, los datos se conservan en ausencia de alimentación; pero también, al igual que con una RAM semiconductora, el equipo informático puede acceder a los datos en cualquier orden.

frame relay *s.* Un protocolo de conmutación de paquetes para utilización en redes WAN (redes de área extensa). Frame relay transmite paquetes de longitud variable a velocidades de hasta 2 Mbps a través de rutas fijas predeterminadas denominadas circuitos virtuales permanentes (PVC, permanent virtual circuits). Es una variante de X.25 que no utiliza algunos de los mecanismos de detección de errores de X.25 con el fin de conseguir una mayor velocidad. *Véase también* ATM; X.25.

franja *s.* (*slice*) *Véase* franja temporal.

franja temporal *s.* (*time slice*) Breve período de tiempo durante el cual una tarea particular toma el control del microprocesador en un entorno multitarea de tiempo compartido. *Véase también* multitarea; multitarea con desalojo. *Compárese con* cuanto.

FRC *s. Véase* prueba de redundancia funcional.

frecuencia *s.* (*frequency*) La medida de la tasa de repetición de un determinado suceso periódico, como, por ejemplo, que una señal describa un ciclo completo. La frecuencia se mide usualmente en hercios (Hz), siendo un hercio igual a un suceso (ciclo) por segundo. En España, la corriente eléctrica de uso doméstico es corriente alterna con una frecuencia de 50 Hz. La frecuencia también se mide en kilohercios (kHz o 1.000 Hz), megahercios (MHz o 1.000 kHz), gigahercios (GHz o 1.000 MHz) o terahercios (THz o 1.000 GHz). Véase la ilustración. *Compárese con* longitud de onda.

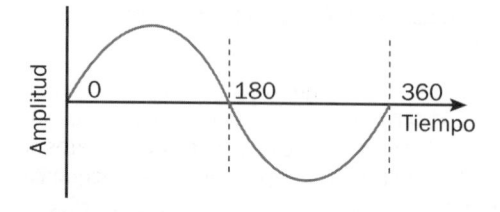

Frecuencia.

frecuencia de exploración *s.* (*scan rate*) *Véase* frecuencia de refresco.

frecuencia de imagen *s.* (*frame rate*) **1.** En animación, el número de veces por segundo que se actualiza una imagen. Cuando la frecuencia de imagen supera las 14 imágenes por segundo, la animación parece fundirse en un movimiento suave. *Véase también* animación. **2.** La velocidad con la que se transmiten imágenes completas hacia un monitor de barrido de líneas y la velocidad con la que éste las visualiza. La velocidad de imagen se calcula como el número de veces por segundo (hercios) que el haz de electrones barre la pantalla.

frecuencia de portadora *s.* (*carrier frequency*) Señal de frecuencia de radio, como las que se emplean en módems y redes, utilizada para transmitir información. Una frecuencia de portadora es una señal que vibra a un número fijo de ciclos por segundo, o hercios (Hz), y está modulada (modificada) en frecuencia o en amplitud para permitirla transportar información inteligible.

frecuencia de refresco *s.* (*refresh rate*) En referencia al hardware de vídeo, la frecuencia a la que se redibuja la pantalla completa para mantener una imagen fija y sin parpadeos. En las pantallas de televisión y monitores de barrido de líneas, el haz de electrones que ilumina el recubrimiento de fósforo de la superficie interna de la pantalla normalmente refresca todo el área de imagen a una frecuencia igual o superior a 50 hercios o 50 veces por segundo. Los monitores entrelazados, que redibujan líneas alternas durante cada barrido del haz de electrones, refrescan cada línea concreta sólo 25 veces o más por segundo. Debido a que las líneas pares e impares se refrescan en barridos sucesivos, la frecuencia eficaz de refresco es de 50 veces por segundo o superior. *Véase también* refrescar.

frecuencia de reloj *s.* (*clock rate*) La velocidad con la que oscila el reloj interno en un dispositivo electrónico. En las computadoras, cada oscilación del reloj se denomina ciclo y la frecuencia de reloj se mide en megahercios o millones de ciclos por segundo. También denominada velocidad de reloj, la frecuencia de reloj determina la rapidez con que la UCP puede ejecutar instrucciones básicas, como, por ejemplo, sumar dos números, y se utiliza para sincronizar las actividades de los diversos componentes del sistema. Entre 1981, cuando fue lanzado al mercado el IBM PC, y principios de 2002, las frecuencias típicas de reloj para las computadoras personales se han incrementado casi por 1.000, pasando de 4,77 MHz a 2 GHz e incluso más. *Véase también* reloj.

frecuencia de trama *s.* (*screen frequency*) *Véase* semitono.

fred *s.* Herramienta de interfaz para X.500. *Véase también* serie X.

Free Software Foundation *s.* Una organización fundada por Richard Stallman y dedicada a eliminar las restricciones en el derecho de las personas a usar, copiar, modificar y redistribuir programas informáticos con propósitos no comerciales. Free Software Foundation es quien mantiene el software GNU, que es un software de tipo UNIX que puede distribuirse libremente. *Véase también* GNU.

FreeBSD *s.* Una versión de libre distribución de BSD UNIX (Berkeley Software Distribution UNIX) para computadoras personales IBM y compatibles con IBM. *Véase también* BSD UNIX.

freeware *s. Véase* software gratuito.

freír *vb.* (*fry*) Destruir una tarjeta de circuito u otro componente de una computadora aplicando una tensión excesiva. Aun cuando la tensión aplicada no sea excesiva, puede freírse un componente electrónico cuando éste entra en disrupción, conduciendo más corriente de la que su diseño permite.

frontal *s.* (*front end*) **1.** En la comunicación a través de red, designa a una computadora cliente o al procesamiento que tiene lugar en ella. *Compárese con* back end. **2.** En una aplicación cliente/servidor, es la parte del programa que se ejecuta en el cliente. *Véase también* arquitectura cliente/servidor. *Compárese con* back end. **3.** En las aplicaciones, es el software o la parte del software que proporciona una interfaz para acceder a otra aplicación o herramienta. Los frontales son a menudo utilizados para proporcionar una interfaz común de acceso a un conjunto de herramientas creadas por un fabricante de software. Un frontal generalmente ofrece una interfaz más amigable para el usuario que la aplicación que funciona «detrás» de él.

frontera digital *s.* (*digital divide*) La separación existente entre aquellos que tienen la oportunidad de aprovecharse de Internet y de los recursos de información relacionados y aquellos que no gozan de dicha oportunidad. Las diferencias en cuanto a ingresos, en cuanto a educación y en cuanto a conocimientos acerca de la tecnología contribuyen a que aparezca esa separación entre los que tienen acceso a los recursos tecnológicos y los que no.

fs *s. Véase* femtosegundo.

FSK *s.* Acrónimo de frequency-shift keying (modulación por desplazamiento de frecuencia). Forma simple de modulación en la que los valores digitales 0 y 1 se representan mediante dos frecuencias diferentes. La modulación FSK se utilizaba en los primeros módems que funcionaban a 300 bits por segundo.

FT1 *s. Véase* T1 fraccionaria.

FTAM *s.* Acrónimo de File Transfer Access and Management (acceso y gestión de transferencias de archivos). Un estándar de comunicaciones para la transferencia de archivos entre diferentes marcas y modelos de equipos informáticos.

FTP *s.* **1.** Un identificador común de inicio de sesión para FTP anónimo. **2.** Acrónimo de File Transfer Protocol (protocolo de transferencia de archivos). Es un protocolo rápido de nivel de aplicación ampliamente utilizado para cargar y descargar archivos en sistemas informáticos remotos a través de una red basada en TCP/IP, como Internet. Este protocolo también permite a los usuarios utilizar comandos FTP para trabajar con los archivos, como, por ejemplo, para obtener listados de archivos y directorios almacenados en el sistema remoto. *Véase también* TCP/IP.

FTP anónimo *s.* (*anonymous FTP*) La habilidad de acceder a un sistema informático remoto en el cual uno no dispone de una cuenta a través del protocolo FTP (File Transfer Protocol) de Internet. Los usuarios tienen derechos de acceso restringidos al utilizar FTP anónimo, y normalmente sólo pueden copiar archivos hacia o desde un directorio público del sistema remoto, que a menudo se denomina /pub. Los usuarios pueden también normalmente usar comandos FTP, como los que permiten obtener un listado de archivos y directorios. Cuando se utiliza FTP anónimo, el usuario accede al sistema informático remoto mediante un programa FTP y generalmente utiliza «anonymous» o «FTP» como nombre de inicio de sesión. La contraseña es, usualmente, la dirección de correo electrónico del usuario, aunque, a menudo, un usuario puede no proporcionar una contraseña o proporcionar una dirección de correo electrónico falsa. En otros casos, la contraseña puede ser la palabra «anonymous». Muchos sitios FTP no permiten el acceso FTP anónimo para poder mantener la seguridad. Aquellos que sí que permiten el acceso FTP anónimo, en ocasiones restringen las acciones que los usuarios pueden realizar, permitiéndoles sólo la descarga de archivos, por las mismas razones de seguridad. *Véase también* FTP; inicio de sesión; /pub.

FTTC *s.* Acrónimo de fiber to the curb (fibra hasta la acera). La instalación y uso de cables de fibra óptica tendidos desde la central telefónica hasta las proximidades de la oficina o domicilio de un usuario. Con FTTC, un cable coaxial u otro tipo de mecanismo transporta las señales desde la acera hasta el domicilio u oficina. FTTC es un sustituto del sistema tradicional, permitiendo la distribución de señales telefónicas, televisión por cable, servicios de acceso a Internet, contenido multimedia y otros tipos de comunicaciones a través de una misma línea. *Compárese con* FTTH; POTS.

FTTH *s.* Acrónimo de fiber to the home (fibra hasta el domicilio). La instalación y uso de cables de fibra óptica tendidos desde la central telefónica directamente hasta la oficina o domicilio del usuario. FTTH es un sustituto de los servicios telefónicos tradicionales, permitiendo la distribución de señales de telefonía, de televisión por cable, de servicios de acceso a Internet, de contenido multimedia y otros tipos de comunicaciones a través de una misma línea. *Compárese con* FTTC; POTS.

FUD *s.* Acrónimo de fear, uncertainty and doubt (miedo, incertidumbre y duda). Término peyorativo utilizado para expresar desagrado o desacuerdo con las declaraciones públicas de un vendedor, particularmente cuando éste habla de los productos de su competencia. Si se percibe que un vendedor trata de dar a entender que resultaría un error comprar a la competencia, se dice que ese vendedor está utilizando la técnica FUD como técnica de marketing.

fuente *s.* **1.** (***font***) Conjunto de caracteres con la misma tipografía (como, por ejemplo, Garamond), estilo (como, por ejemplo, cursiva) y grosor (como, por ejemplo, negrita). Una fuente consta de todos los caracteres disponibles con un estilo y grosor específicos para un diseño determinado; una tipografía es el diseño en sí. Las computadoras utilizan las fuentes para mostrarlas en pantalla y las impresoras para proporcionar una salida impresa. En ambos casos, las fuentes se almacenan como mapas de bits (patrones de puntos) o como contornos (definidos mediante un conjunto de formulas matemáticas). Incluso aunque el sistema no pueda simular las diferentes tipografías en pantalla, los programas de aplicación pueden enviar información sobre los tipos de letra y el estilo a una impresora, la cual puede reproducir la fuente si está disponible una descripción de la misma. *Véase también* mapa de bits; generador de fuentes. **2.** (***source***) En un FET, el electrodo hacia el que los portadores de carga (electrones o huecos) se desplazan desde la fuente hasta el control de puerta. *Véase también* CMOS; drenaje; FET; puerta; MOSFET; NMOS; PMOS. **3.** (***source***) En procesamiento de la información, un disco, archivo, documento u otra colección de información de la que se toman o se copian datos. *Compárese con* destino.

fuente blanda *s.* (***soft font***) *Véase* fuente descargable.

fuente de alimentación *s.* (***power supply***) Dispositivo eléctrico que transforma la alimentación estándar disponible (220 V de corriente alterna en España) en los voltajes más bajos (normalmente, de 5 a 10 voltios CC) que requieren los sistemas informáticos. Las fuentes de alimentación para computadoras personales se caracterizan por su potencia en vatios, que normalmente va de unos 90 vatios como mínimo hasta 250 vatios como máximo.

fuente de alimentación periférica *s.* (***peripheral power supply***) Fuente auxiliar de alimentación utilizada por una computadora o dispositivo como suministro alternativo de energía en caso de fallo de la alimentación. *Acrónimo:* PPS.

fuente de ancho fijo *s.* (*fixed-width font*) *Véase* fuente monoespaciada.

fuente de cartucho *s.* (*cartridge font*) Fuente contenida en un cartucho auxiliar y utilizada para añadir fuentes a impresoras láser, de inyección de tinta o matriciales de gama alta. Las fuentes de cartucho son diferentes de las fuentes internas, que se almacenan en la ROM de la impresora y siempre están disponibles, y de las fuentes descargables (software), que residen en el disco y que pueden enviarse a la impresora siempre que sean necesarias. *Véase también* cartucho de fuentes. *Compárese con* fuente interna.

fuente de contorno *s.* (*outline font*) Fuente (estilo) almacenada en una computadora o impresora como un conjunto de contornos para dibujar cada uno de los caracteres alfabéticos y otros caracteres de un conjunto de caracteres. Las fuentes de contorno son plantillas más que patrones reales de puntos y se escalan para aumentar o disminuir su tamaño abajo para adaptarse a un tamaño de tipo particular. Estas fuentes se usan principalmente en impresión, como es el caso de la mayoría de las fuentes PostScript de una impresora láser compatible con PostScript y las fuentes TrueType. *Compárese con* fuente de mapa de bits; fuente de pantalla; fuente trazada.

fuente de impresora *s.* (*printer font*) Fuente residente o cargada en una impresora. Una fuente de impresora puede ser interna, descargada o estar en un cartucho de fuentes. *Compárese con* fuente de pantalla.

fuente de letra *s.* (*type font*) *Véase* fuente.

fuente de mapa de bits *s.* (*bitmapped font*) Conjunto de caracteres de un tamaño y estilo determinados en el que cada carácter se describe como una mapa de bits exclusivo (patrón de puntos). Las fuentes de pantalla de Macintosh son ejemplos de fuente de mapas de bits. Véase la ilustración. *Véase también* fuente descargable; fuente de contorno; TrueType. *Compárese con* fuente PostScript; fuente vectorial.

Fuente de mapa de bits. *Cada carácter está formado por un patrón de puntos.*

fuente de pantalla *s.* (*screen font*) Tipo de letra diseñado para mostrarse en el monitor de una computadora. Las fuentes de pantalla suelen tener fuentes PostScript relacionadas para imprimir el texto en impresoras compatibles con PostScript. *Véase también* fuente derivada; fuente intrínseca. *Compárese con* fuente PostScript; fuente de impresora.

fuente de presentación *s.* (*display face*) Tipo de letra adecuado para encabezados y títulos de documentos que se distingue por su capacidad de resaltar sobre el resto del texto de una página. Los tipos sans serif, como Helvética y Avant Garde, suelen servir como fuentes de presentación. *Véase también* sans serif. *Compárese con* fuente del cuerpo.

fuente del cuerpo *s.* (*body face*) Tipo de letra adecuado para el texto principal de un documento más que para los encabezados o títulos. Debido a su legibilidad, las fuentes de tipo serif, como Times y Palatino, resultan buenas fuentes para el cuerpo de los documentos, aunque también se pueden utilizar las fuentes de tipo sans serif. *Véase también* sans serif; serif. *Compárese con* fuente de presentación.

fuente del sistema *s.* (*system font*) En el Macintosh y en algunas aplicaciones para PC, es la fuente utilizada por la computadora para mostrar el texto en pantalla, tal como los títulos de menú y los elementos de la pantalla (pero no el texto contenido en un procesador de textos u otra aplicación). *Véase también* fuente.

fuente derivada *s.* (*derived font*) Fuente que ha sido escalada o modificada a partir de una fuente existente. Por ejemplo, el sistema operativo de Macintosh puede generar los caracteres en tamaños de fuente distintos a los rangos

fuente descargable

de tamaños instalados. *Véase también* fuente. *Compárese con* fuente intrínseca.

fuente descargable *s.* (***downloadable font***) Conjunto de caracteres almacenados en disco y enviados (descargados) a la memoria de una impresora cuando es necesario para imprimir un documento. Las fuentes descargables se usan habitualmente con impresoras láser y otras impresoras de página, aunque muchas impresoras matriciales pueden aceptar algunas de ellas. *También llamado* fuente software.

fuente escalable *s.* (***scalable font***) Fuente cuyo tamaño se puede variar para producir caracteres de varios tamaños. Ejemplos de estas fuentes escalables son las fuentes de pantalla en una interfaz gráfica de usuario, las fuentes de trazos (como Courier) y las fuentes de contorno comunes a la mayoría de las impresoras PostScript, las fuentes TrueType y el método para la definición de fuentes de pantalla utilizado en Macintosh System 7. Por contraste, la mayoría de las interfaces y dispositivos de impresión basados en texto (como las impresoras de margarita) presentan el texto en un único tamaño. *Véase también* fuente de contorno; fuente PostScript; fuente de pantalla; fuente trazada; TrueType.

fuente integrada *s.* (***built-in font***) *Véase* fuente interna.

fuente interna *s.* (***internal font***) Fuente que ya está cargada en la memoria de la impresora (ROM) al suministrar la impresora. *Compárese con* fuente descargable; cartucho de fuentes.

fuente intrínseca *s.* (***intrinsic font***) Fuente (tamaño y estilo) para la que existe una imagen de bits (un patrón exacto) que puede ser utilizado como tal sin tener que ser modificada o escalada. *Compárese con* fuente derivada.

fuente luminosa *s.* (***light source***) **1**. En gráficos por computadora, la posición imaginaria de una fuente de luz que determina el sombreado en una imagen. **2**. El dispositivo que proporciona la luminiscencia (por ejemplo, una bombilla o un dispositivo láser) en cualquier tecnología que esté basada en el uso y la interpretación de la luz, como, por ejemplo, un escáner o un tubo de rayos catódicos.

fuente monoespaciada *s.* (***monospace font***) Fuente (conjunto de caracteres con un estilo y tamaño concretos), similar a los utilizados en una máquina de escribir, en la que cada carácter ocupa la misma cantidad de espacio horizontal independientemente de su anchura (por ejemplo, una «i» ocupa el mismo espacio que una «m»). Véase la ilustración. *También llamado* fuente de anchura fija. *Véase también* monoespaciado. *Compárese con* fuente proporcional.

Fuente monoespaciada.

fuente multimaestra *s.* (***multiple master font***) Sistema avanzado de creación y administración de fuentes desarrollado por Adobe. Una fuente multimaestra contiene dos o más conjuntos de contorno de fuentes o diseños maestros que determinan el rango dinámico de cada eje de diseño en un tipo de letra. Las fuentes multimaestras incluyen uno o más ejes de diseño (grosor, anchura, estilo y tamaño óptico) que permiten al usuario crear miles de variaciones de un mismo tipo de letra.

fuente PostScript *s.* (***PostScript font***) Fuente definida de acuerdo con las reglas del lenguaje de definición de página PostScript y diseñada para ser impresa en una impresora compatible con PostScript. Las fuentes PostScript se distinguen de las fuentes de mapa de bits por su suavidad, detalle y fidelidad a los estándares de calidad establecidos en la industria tipográfica. *Véase también* PostScript. *Compárese con* fuente de pantalla.

fuente proporcional *s.* (***proportional font***) Conjunto de caracteres de un estilo y tamaño determinados en el que se asigna una cantidad variable de espacio horizontal a cada letra o número. Por ejemplo, en una fuente proporcional, la letra *i* ocupa menos espacio que la letra *m*. *Compárese con* fuente monoespaciada.

fuente residente *s.* (*resident font*) *Véase* fuente interna.

fuente Symbol *s.* (*symbol font*) Tipo de letra o fuente especial que sustituye los caracteres normalmente accesibles desde el teclado por caracteres alternativos utilizados como símbolos, como, por ejemplo, caracteres científicos, lingüísticos o de alfabetos distintos al del idioma inglés.

fuente trazada *s.* (*stroke font*) Fuente impresa dibujada a través de una combinación de líneas en lugar de rellenando una forma, al igual que una fuente de contorno. *Compárese con* fuente de contorno.

fuente vectorial *s.* (*vector font*) Fuente en la que los caracteres se dibujan utilizando disposiciones de segmentos de línea en lugar de disposiciones de bits. *Véase también* fuente. *Compárese con* fuente de mapa de bits.

fuentes de mapa de bits *s.* (*raster fonts*) Fuentes que se almacenan como mapas de bits. Las fuentes de mapas de bit están diseñadas con un tamaño y una resolución específicos para una determinada impresora y no se pueden escalar o girar. Si una impresora no soporta fuentes de mapa de bits, no será capaz de imprimirlas. Las cinco fuentes de mapa de bits que existen son Courier, MS Sans Serif, MS Serif, Small y Symbol. *Véase también* fuente; impresora.

fuera de línea *adj.* (*offline*) **1.** Coloquialmente, es una referencia al hecho de trasladar una discusión entre las personas interesadas a un instante posterior más apropiado. Por ejemplo, «podemos hablar de esto fuera de línea. Ahora, volvamos al tema que nos ocupa». **2.** En referencia a una o más computadoras, hace referencia a que éstas están desconectadas de una red. *Compárese con* en línea. **3.** En referencia a un programa o dispositivo informático, quiere decir que es incapaz de comunicarse con una computadora o ser controlado por ésta. *Compárese con* en línea.

fuertemente acoplado *adj.* (*tightly coupled*) **1.** Perteneciente, relativo a o característico de una relación de interdependencia entre computadoras, tal como en el caso del multiprocesamiento. **2.** Referido a dos procesos informáticos cuyo resultado final y cuyo rendimiento son altamente interdependientes.

fuerza bruta *adj.* (*brute force*) En general, cualquier proceso que implica esencialmente «hacerlo a lo bruto». Sin embargo, en tecnología informática, fuerza bruta hace referencia normalmente a un estilo de programación que se basa en la potencia de procesamiento de la computadora más que en la planificación para crear o encontrar una solución más elegante para un problema. La programación por fuerza bruta también ignora la información disponible sobre cómo se resolvieron situaciones similares en el pasado y que podrían basarse en metodologías de diseño anticuadas. Por ejemplo, un programa que utilice la fuerza bruta para reventar contraseñas podría probar con todas las palabras de un diccionario (lo que requeriría una potencia de cálculo enorme). En su lugar, programaciones más elegantes utilizarían reglas especiales, el historial, estadísticas u otras técnicas o información disponibles para limitar el número y tipo de palabras con las que probar primero.

fuerza electromotriz *s.* (*electromotive force*) La fuerza que provoca el movimiento de los portadores de carga (los electrones) en un conductor. *Acrónimo:* EMF. *Véase también* amperio; culombio.

full-duplex *adj. Véase* dúplex.

función *s.* (*function*) **1.** Término general para designar una subrutina. **2.** En algunos lenguajes, tales como Pascal, una subrutina que devuelve un valor. *Véase también* llamada de función; procedimiento; rutina; subrutina. **3.** El propósito de, o la acción llevada a cabo por, un programa o rutina.

función de definición de ventana *s.* (*window definition function*) Recurso asociado con una ventana en una aplicación de Macintosh. El gestor de ventanas de Macintosh llama a esta función para realizar acciones tales como dibujar y redefinir el tamaño de la ventana. *También llamado* WDEF.

función de mancha *s.* (*spot function*) El procedimiento PostScript utilizado para crear un tipo concreto de trama en una imagen de semitonos. *Véase también* semitono; PostScript; mancha.

función estándar *s.* (*standard function*) Función que siempre está disponible dentro de un determinado lenguaje de programación. *Véase también* función.

función externa *s.* (*external function*) *Véase* XFCN.

función main *s.* (*main function*) El cuerpo principal de un programa escrito en un lenguaje informático que utilice conjuntos de funciones para crear programas completos. Por ejemplo, el lenguaje C requiere que cada programa contenga una función denominada main, que C utiliza como punto inicial de ejecución. *Véase también* cuerpo principal.

función matemática *s.* (*mathematical function*) Función de un programa que realiza un conjunto de operaciones matemáticas sobre uno o más valores o expresiones y que devuelve un valor numérico.

función restringida *s.* (*restricted function*) Función u operación que sólo puede ejecutarse bajo ciertas circunstancias, especialmente cuando la unidad central de procesamiento (UCP) se encuentra en modo privilegiado. *Véase también* modo privilegiado.

función sigmoide *s.* (*sigmoid function*) Tipo de función matemática con forma de S que está empezando a utilizarse en muchos sistemas dinámicos, entre los que se incluyen las redes neuronales, ya que constituye la solución a una ecuación diferencial de primer orden. Normalmente, hace corresponder un valor real, que puede tener un módulo arbitrariamente grande (positivo o negativo), con otro valor real, que se encuentra en un rango más limitado. En la literatura informática de redes neuronales, la función sigmoide a menudo se denomina función logística. La razón de su prevalencia es que se considera que se asemeja a la probabilidad de que una neurona real genere un potencial de acción en respuesta a una entrada y salida determinadas. *Véase también* inteligencia artificial; red neuronal.

funcionitis *s.* (*featuritis*) Jerga para denominar una tendencia que consiste en añadir funciones a un programa aun a riesgo de perder su tamaño compacto o elegancia originales. El término describe la adición de una función tras otra, resultando finalmente en un programa grande, poco manejable y normalmente poco elegante que es, o parece ser, una colección de añadidos ad hoc. El resultado de la funcionitis es una condición de los programas denominada hinchazón del software. *Véase también* software inflado.

funda *s.* (*sleeve*) *Véase* sobre.

funda de disco *s.* (*disk jacket*) El plástico protector que cubre un disquete.

fundente *s.* (*flux*) Producto químico utilizado para facilitar la unión de la suelda con los conductores eléctricos.

fundición de silicio *s.* (*silicon foundry*) Fábrica o máquina utilizada para crear obleas de silicio cristalino.

furor web *s.* (*Web rage*) **1.** La última moda para ganar popularidad entre los usuarios de la Web. **2.** Enfado o frustración relacionados con el uso u operación de Internet.

furtivo *s.* (*sneaker*) Una persona contratada por una empresa u organización para someter a prueba sus mecanismos de seguridad tratando de introducirse en la red de esa empresa u organización. La información recopilada por el furtivo puede utilizarse para eliminar las vulnerabilidades de la red. *Véase también* tiger team.

fusible *s.* (*fuse*) Elemento de circuito que se quema o se rompe cuando la corriente que pasa a través de él excede ciertos límites. Un fusible protege a un circuito del daño causado por el exceso de corriente. Realiza la misma función que un disyuntor, pero no puede ser reinicializado, por lo que debe ser reemplazado si se rompe. Un fusible consiste en una corta longitud de cable de una composición y grosor determinados; cuanto más grueso, más corriente puede pasar antes de que el cable se funda y abra el circuito.

FWIW *adv.* Acrónimo de for what it's worth (por si sirve de algo). Una expresión inglesa utilizada en mensajes de correo electrónico y grupos de noticias.

FYI *s.* **1.** Un documento electrónico distribuido a través de InterNIC, al igual que una petición de comentarios (RFC, request for comments), pero que pretende explicar a los usuarios un estándar Internet o una característica, en lugar de definirla para los desarrolladores, como hacen los documentos RFC. *Véase también* InterNIC. *Compárese con* RFC. **2.** Acrónimo de for your information (para tu información). Una expresión inglesa utilizada en mensajes de correo electrónico y grupos de noticias para presentar información que se piensa que puede ser de utilidad para el lector.

G

G *pref. Véase* giga-.

G4 *s. Véase* Power Macintosh.

GaAs *s. Véase* arseniuro de galio.

galleta de la fortuna *s.* (*fortune cookie*) Un proverbio, predicción, chiste u otro tipo de frase seleccionado aleatoriamente de entre una colección de tales elementos y presentado en la pantalla de un equipo informático por un programa. Las galletas de la fortuna se muestran a menudo durante el inicio y cierre de sesión en los sistemas UNIX.

galvanoplastia *s.* (*electroplating*) El uso de la electrolisis para depositar una fina capa de un material sobre otro material. *Véase también* electrolisis.

gama *s.* (*gamut*) El rango completo de colores que una impresora o pantalla es capaz de reproducir. Si un color cae fuera de la gama admitida por un dispositivo, no se lo podrá mostrar o imprimir con precisión utilizando dicho dispositivo.

gama de colores *s.* (*color gamut*) El rango concreto de colores que un dispositivo es capaz de producir. Un dispositivo tal como un escáner, monitor o impresora puede producir una gama particular de colores, que está determinada por las características del propio dispositivo.

Game Boy *s.* Popular consola de juegos portátil, con baterías, de Nintendo Corporation, lanzada al mercado por primera vez en 1990 y frecuentemente actualizada. Los juegos se suministran en cartuchos. La última versión de Game Boy, la Game Boy Advance, incluye un procesador ARM de 32 bits con memoria embebida y una pantalla reflectiva TFT de 2,9 pulgadas con resolución de 240 por 160 píxeles. *Véase también* juego de computadora; TFT.

GameCube *s.* Videoconsola de Nintendo Corporation. Tiene un formato muy adecuado para los desarrolladores e introduce la tecnología 1T-RAM, que reduce los retardos de transferencia hacia la memoria principal y la memoria combinada gráfica LSI. El microprocesador es un Power PC «Gecko» de IBM personalizado, que incluye una caché secundaria [Nivel uno: 32 KB de instrucciones, 32 KB de datos (de 8 vías); Nivel dos: 256 KB (de 2 vías)]. Los juegos se suministran en un disco de juegos GameCube. *Véase también* juego de computadora; juego de consola. *Compárese con* Dreamcast; PlayStation; Xbox.

ganancia *s.* (*gain*) El incremento en la amplitud de una señal, en términos de tensión, corriente o potencia, producido por un circuito. La ganancia puede expresarse en forma de factor o en decibelios. *Véase también* decibelio.

gazapo *s.* (*glitch*) Un problema normalmente de carácter menor.

GB *s. Véase* gigabyte.

Gbps *s. Véase* gigabits por segundo.

GDI *s.* Acrónimo de Graphical Device Interface (interfaz gráfica de dispositivo). En Windows, sistema de visualización gráfica utilizado por las aplicaciones para mostrar o imprimir texto basado en mapas de bits (fuentes True Type), imágenes y otros elementos gráficos. GDI se encarga de dibujar en pantalla los cuadros de diálogo, botones y otros elementos en un estilo coherente, llamando a los controladores de pantalla adecuados y pasándoles la información sobre el elemento que hay que dibujar. La interfaz GDI también funciona con impresoras GDI, que poseen una capacidad limitada para preparar una página para su impresión. En su lugar, la GDI lleva a cabo dicha tarea invocando a los controladores de impresora adecuados y enviando la imagen o el documento directamente a la impresora en lugar de reformatear la imagen o el documento en PostScript u otro lenguaje de impresión. *Véase también* fuente de mapa de bits; cuadro de diálogo; controlador; PostScript.

Gecko *s.* Un motor de exploración web multiplataforma introducido por Netscape en 1998 y distribuido y desarrollado como software de código abierto a través de Mozilla.org. Diseñado para ser de pequeño tamaño, rápido y modular, el motor Gecko soporta estándares Internet, incluyendo HTML, las hojas de estilo en cascada (CSS), XML y el modelo DOM (Document Object Model). Gecko es el motor de composición en pantalla del programa software Communicator de Netscape.

geek *s.* **1**. Experto o especialista informático. *Compárese con* gurú; técnico; mago. **2**. En términos generales, persona que disfruta de las actividades mentales (como, por ejemplo, juegos de palabras o de programación de computadoras) en mayor medida que la mayoría del resto de la población. Los fanáticos informáticos, en este sentido, reivindican cada vez más el uso de este término con orgullo, pero puede resultar ofensivo cuando se utiliza por terceros, sugiriendo cierta incapacidad para las relaciones sociales normales.

gel de sílice *s.* (*silica gel*) Desecante (sustancia que absorbe la humedad) que a menudo se incluye en el embalaje de equipos ópticos o electrónicos.

GENA *s.* Acrónimo de General Event Notification Architecture (arquitectura general de notificación de sucesos). Una extensión de HTTP definida por un borrador de estándar Internet del IETF (Internet Engineering Task Force) y utilizado para comunicar sucesos a través de Internet entre recursos HTTP. Los servicios UPnP (Universal Plug and Play) utilizan GENA para enviar mensajes de sucesos XML a los puntos de control.

generación *s.* (*generation*) **1**. Categoría que distingue productos, tales como computadoras o lenguajes de programación, de acuerdo con los avances tecnológicos que representan. *Véase también* computadora. **2**. Concepto utilizado para distinguir entre un proceso, otro proceso que él inicia (su hijo) y el proceso que le inició a él (su padre, que será el abuelo del hijo).

Véase también proceso. **3**. Concepto utilizado para distinguir versiones almacenadas de un conjunto de archivos. A la más antigua se la llama abuelo, la siguiente más antigua es el padre y la más nueva es el hijo.

generación de números aleatorios *s.* (*random number generation*) Producción de una secuencia impredecible de números en la que todos los números tienen la misma probabilidad de aparecer en un momento determinado o en un punto determinado de la secuencia. En general, se considera que una generación verdaderamente aleatoria de números es imposible. El proceso utilizado en las computadoras debería llamarse, más apropiadamente, «generación de números seudoaleatorios».

generación del sistema *s.* (*system generation*) El proceso de configurar e instalar software del sistema para un conjunto concreto de componentes hardware. Los sistemas operativos complejos, como UNIX, se suministran con controladores de dispositivo y utilidades que a menudo no son relevantes para una configuración hardware concreta; agrupar únicamente los componentes necesarios, así como especificar las características importantes del sistema, son tareas que forman parte del proceso de generación del sistema.

generador de aplicaciones *s.* (*application generator*) Software utilizado para generar código máquina o código fuente con el fin de ejecutar una aplicación basándose en una descripción de la funcionalidad deseada. Limitados en cuanto a su ámbito de aplicación, los generadores de aplicaciones están incluidos en algunos programas de gestión de bases de datos y utilizan conjuntos de instrucciones predefinidos para generar el código de programa. *Véase también* aplicación.

generador de caracteres *s.* (*character generator*) Programa o dispositivo de hardware que traduce un código de carácter determinado, como, por ejemplo, un código ASCII, en el correspondiente patrón de píxeles para mostrarlo en pantalla. Estos dispositivos están normalmente limitados en el número y rango de estilos de fuente que soportan en comparación con las máquinas que soportan caracteres de mapa de bits. *Compárese con* fuente de mapa de bits.

generador de fuentes *s.* (***font generator***) Programa que transforma los contornos de los caracteres integrados en mapas de bits (patrones de puntos) del estilo y tamaño que requiere un documento impreso. Los generadores de fuentes funcionan escalando un contorno de carácter a un tamaño; a menudo también puede expandir o comprimir los caracteres que generan. Algunos generadores de fuentes almacenan los caracteres resultantes en disco y otros los envían directamente a la impresora.

generador de informes *s.* (***report generator***) Aplicación que normalmente forma parte de un programa de gestión de base de datos y que utiliza un «formulario» de informe creado por el usuario para disponer e imprimir los contenidos de una base de datos. Un generador de informes se utiliza para seleccionar rangos de registros o campos específicos de los registros y para formatear la salida con el fin de que resulte atractiva, definiendo características tales como las cabeceras, encabezados dinámicos, números de páginas y fuentes.

generador de programas *s.* (***program generator***) Programa que crea otros programas (normalmente en código fuente) basado en un conjunto de especificaciones y relaciones determinadas por el usuario. Los generadores de programas se utilizan a menudo para simplificar la tarea de crear una aplicación. *Véase también* 4GL; generador de aplicaciones.

generador de señales analógicas *s.* (***analog signal generator***) Un dispositivo que genera señales que varían de modo continuo y se utiliza en ocasiones para operar un actuador dentro de una unidad de disco. *Véase también* actuador.

generador de sonido *s.* (***sound generator***) Chip o circuito que produce señales electrónicas que pueden excitar un altavoz y sintetizar sonido.

Genie *s.* Un servicio de información en línea desarrollado originalmente por General Electric (GE) Information Services con el nombre de GEnie (General Electric network for information exchange, red de General Electric para el intercambio de información). Actualmente, es propiedad de IDT Corporation, que lo comercializa con el nombre de Genie (con *e* minúscula). Genie proporciona información comercial, foros, servicios de compra y de noticias y puede intercambiar correo electrónico con Internet.

GEO *s. Véase* satélite de órbita geoestacionaria.

geoestacionario *adj.* (***geostationary***) *Véase* geosíncrono.

geometría *s.* (***geometry***) La rama de las matemáticas que trata de la construcción, propiedades y relaciones de los puntos, líneas, ángulos, curvas y formas geométricas. La geometría es una parte esencial del diseño asistido por computadora y de los programas de tratamiento gráfico.

GeoPort *s.* Puerto serie rápido de entrada/salida perteneciente a la gama de computadoras Macintosh en la que se incluyen las computadoras Macintosh Centris 660AV, Quadra 660AV o PowerMac. Cualquier dispositivo serie compatible con Macintosh puede conectarse a un GeoPort, pero con hardware y software específico para GeoPort; este puerto puede transmitir datos a velocidades de hasta 2 Mbps (megabits por segundo) y puede gestionar transmisiones de voz, fax, datos y vídeo.

GEOS *s.* Un sistema operativo desarrollado por Geoworks Corporation y utilizado en algunos dispositivos de mano. GEOS está diseñado para proporcionar una amplia funcionalidad en entornos con recursos restringidos que tengan capacidades de memoria o de almacenamiento limitadas, como los teléfonos inteligentes, algunos dispositivos de acceso a Internet y los dispositivos PDA y otros equipos informáticos de mano.

geosíncrono *adj.* (***geosynchronous***) Que completa una revolución en el mismo tiempo que tarda la Tierra en realizar una rotación, como, por ejemplo, un satélite de comunicaciones.

germanio *s.* (***germanium***) Elemento semiconductor (número atómico 32) que se utiliza en algunos transistores, diodos y células solares, pero que ha sido reemplazado por el silicio en la mayoría de las aplicaciones. El germanio tiene una tensión de polarización más baja que el silicio, pero es más sensible al calor (como en la soldadura).

gestión de cambios *s.* (*change management*) **1.** El proceso de gestionar los cambios durante la reestructuración o reingeniería de una empresa. **2.** El proceso de supervisión y control de las actualizaciones, revisiones y otros cambios realizados en un proyecto o producto hardware o software.

gestión de colas *s.* (*queuing*) En la interconexión por red, es el proceso de almacenar los datos en búfer como preparación para la transmisión. *Véase también* gestión de colas equitativa; cola FIFO; LIFO; WFQ.

gestión de colas equitativa *s.* (*fair queuing*) Una técnica utilizada para mejorar la calidad de servicio y que proporciona a cada flujo de sesión que pasa a través de un dispositivo de red una parte equitativa de los recursos de red. Con la gestión de colas equitativa, no se utilizan mecanismos de prioridad. *Acrónimo:* FQ. *Véase también* calidad de servicio; gestión de colas. *Compárese con* WFQ.

gestión de colas personalizada *s.* (*custom queuing*) Un mecanismo de gestión de colas en los encaminadores Cisco mediante el cual el enlace WAN (red de área extensa) se divide en microconductos, basándose en un porcentaje del ancho de banda total disponible en el conducto. *Véase también* ancho de banda, reserva de.

gestión de colores *s.* (*color management*) El proceso de producir o reproducir de manera coherente y precisa los colores con una variedad de dispositivos de introducción de color, de salida y de visualización. La gestión de colores incluye, entre otras cosas, una conversión precisa de la entrada RGB procedente de dispositivos de entrada, tales como escáneres y cámaras, o de dispositivos de visualización, como pueda ser un monitor, a salida MCYK para dispositivos de salida, tales como una impresora. La gestión de colores también comprende la aplicación de un perfil de dispositivo que contiene información sobre el comportamiento, en lo que respecta a los colores, de la impresora o del dispositivo en el que la imagen vaya a ser reproducida, así como variables que contemplen las variaciones ambientales, tales como la humedad y la iluminación. *Véase también* CMYK; RGB.

gestión de datos *s.* (*data management*) El control de los datos desde la adquisición y la introducción de los mismos hasta el procesamiento, la salida y el almacenamiento. En las microcomputadoras, el hardware gestiona los datos recopilándolos, trasladándolos de una ubicación a otra y siguiendo una serie de instrucciones para procesarlos. El sistema operativo gestiona el hardware y se asegura de que las distintas partes del sistema trabajen de manera armónica para que los datos se almacenen de forma segura y precisa. Los programas de aplicación gestionan los datos recibiendo y procesando la entrada de acuerdo con los comandos del usuario y enviando los resultados a un dispositivo de salida o a una ubicación de almacenamiento en un disco. El usuario también es responsable de la gestión de los datos cuando se encarga de adquirirlos, de etiquetar y organizar los discos, de efectuar copias de seguridad de los datos, de guardar los archivos definitivos y de eliminar el material innecesario del disco duro.

gestión de datos espacial *s.* (*spatial data management*) La representación de los datos como una colección de objetos en el espacio, particularmente en forma de iconos sobre una pantalla, con el fin de hacer que los datos sean más fáciles de comprender y de manipular.

gestión de errores *s.* (*error handling*) El proceso de gestionar los errores (o excepciones) a medida que surgen durante la ejecución de un programa. Algunos lenguajes de programación, tales como C++, Ada y Eiffel, tienen características que facilitan el proceso de gestión de errores. *Véase también* bug.

gestión de la información *s.* (*information management*) El proceso de definir, evaluar, salvaguardar y distribuir los datos dentro de una organización o sistema.

gestión de memoria *s.* (*memory management*) **1.** En los sistemas operativos para computadoras personales, son los procedimientos para optimizar el uso de la memoria RAM (random access memory). Estos procesos incluyen el almacenar selectivamente los datos, controlar los datos cuidadosamente y liberar la memoria cuando ya no se necesiten los datos. La mayoría de los sistemas operativos actuales optimizan el uso de la memoria RAM por sí solos. Algunos de los antiguos sistemas operativos, tales como las primeras versiones de MS-DOS, requerían el uso de herramientas de terceros para optimizar el uso de la memoria RAM y necesitaban que el usuario tuviera mayores conocimientos acerca de cómo los sistemas operativos o las aplicaciones utilizaban la memoria. *Véase también* unidad de gestión de memoria; RAM. **2.** En programación, el proceso de garantizar que un programa libere cada bloque de memoria cuando ya no lo necesite. En algunos lenguajes, tales como C y C++, el programador debe controlar por sí mismo el uso de memoria por parte del programa. Java, un lenguaje más moderno, libera automáticamente cualquier bloque de memoria que no esté siendo utilizado. *Véase también* C; C++; recolección de memoria; Java.

gestión de profundidad *vb.* (*depth queuing*) **1.** Procedimiento consistente en dibujar los objetos de una escena comenzando por el fondo y terminando por el primer plano para facilitar así la tarea de suprimir las líneas ocultas. **2.** En gráficos y modelado por computadora, proporcionar a un objeto bidimensional una apariencia tridimensional mediante técnicas como el sombreado o la eliminación de líneas ocultas.

gestión de proyectos *s.* (*project management*) El proceso de planificar, monitorizar y controlar la evolución y el desarrollo de una tarea concreta.

gestión de recursos de información *s.* (*information resource management*) El proceso de gestionar los recursos de recopilación, almacenamiento y manipulación de los datos dentro de una organización o sistema.

gestión de tareas *s.* (*task management*) La función del sistema operativo consistente en controlar el progreso de las diferentes tareas que se están ejecutando en una computadora y de proporcionar los necesarios recursos, especialmente en un entorno multitarea.

gestión de tráfico *s.* (*traffic management*) *Véase* ITM.

gestión de ventanas temporales *s.* (*windowing*) Un método correctivo (de solución de problemas) o simplemente una técnica utilizada para la comodidad del usuario en donde los años de dos dígitos se interpretan respecto de una ventana temporal. Los procedimientos lógicos de gestión de ventanas temporales permiten al software generar correctamente años de cuatro dígitos. En la gestión de ventanas, el siglo se determina asumiendo que el año se encuadra dentro de una franja de cien años. Por ello, si la ventana se define en el rango que va desde 1995 a 2094, se considerará que cualquier año que sea 95 o superior pertenece al siglo XX (19xx), mientras que cualquier otro número menor de 95 se considerará dentro del siglo XXI (20xx). La gestión de ventanas temporales fijas presupone que la ventana siempre empieza en la misma fecha, denominada año pivote. Una gestión de ventanas móviles permite al usuario o a cualquier sistema especificar el año pivote al instalar o iniciar el programa. La gestión de ventanas deslizantes calcula el punto pivote cada vez que se ejecuta un programa y puede basarse en una determinada franja de tiempo, llamada deslizador, que se puede añadir a la fecha actual para generar el año de pivote correspondiente a la ventana temporal. Las posibles diferencias entre los distintos mecanismos de gestión de ventanas temporales requieren un cuidadoso análisis a la hora de exportar o importar datos entre sistemas. *Véase también* año pivote.

gestión del ancho de banda *s.* (*bandwidth management*) El análisis y control de tráfico en una red WAN (red de área extensa) y en los enlaces a través de Internet para gestionar las prioridades de asignación de ancho de banda y mejorar la calidad de servicio. *Véase también* calidad de servicio; conformación de tráfico.

gestión documental *s.* (*document management*) El espectro completo de actividades de creación y distribución de documentos electrónicos dentro de una organización.

gestor de archivos *s.* (*file manager*) Módulo de un sistema operativo o entorno que controla el emplazamiento físico y el acceso a un grupo de archivos de programa.

gestor de bases de datos *s.* (*database manager*) *Véase* administrador de bases de datos; sistema de gestión de bases de datos.

gestor de contactos *s.* (*contact manager*) Tipo de base de datos especializada que permite a un usuario llevar un registro de sus comunicaciones personales con otros. Estos gestores de contactos son muy utilizados por los vendedores y todos aquellos que necesitan mantener un registro de las conversaciones, de los mensajes de correo electrónico y de otras formas de comunicación mantenidas con un amplio número de clientes actuales o prospectos. *Véase también* base de datos.

gestor de información personal *s.* (*personal information manager*) *Véase* PIM.

gestor de la cola de impresión *s.* (*print spooler*) Software informático que intercepta un trabajo de impresión durante su camino hacia la impresora y que en su lugar lo envía al disco o a la memoria, donde permanece el trabajo de impresión hasta que la impresora está preparada.

gestor de listas de correo *s.* (*mailing list manager*) Software utilizado para mantener una lista de correo Internet o intranet. El gestor de la lista de correo acepta los mensajes enviados por los suscriptores, envía copias de los mensajes (que pueden ser primero editadas por un moderador) a todos los suscriptores y acepta y procesa las solicitudes de los usuarios, como, por ejemplo, las solicitudes de suscripción y de baja de la lista de correo. Los gestores de listas de correo más comúnmente utilizados son LISTSERV y Majordomo. *Véase también* LISTSERV; lista de correo; Majordomo; moderador.

Gestor de memoria expandida *s.* (*Expanded Memory Manager*) Controlador que implementa la porción de software de la especificación EMS (Expanded Memory Specification, especificación de memoria expandida) para hacer accesible la memoria expandida de los PC de IBM y compatibles. *Acrónimo:* EMM.

Véase también EMS; memoria expandida; memoria extendida.

gestor de solicitudes de objetos *s.* (*object request broker*) *Véase* ORB.

gestor del sistema de archivos instalable *s.* (*Installable File System Manager*) En Windows 9x y Windows 2000, la parte de la arquitectura del sistema de archivos responsable de arbitrar el acceso a los diferentes componentes del sistema de archivos. *Acrónimo:* IFS.

gestor financiero personal *s.* (*personal finance manager*) Aplicación de software diseñada para ayudar al usuario a la hora de realizar tareas simples de contabilidad financiera, como, por ejemplo, libros de contabilidad y pago de facturas.

get *s.* Comando FTP que ordena al servidor transferir un determinado archivo a un cliente. *Véase también* cliente FTP; comandos FTP; servidor FTP.

GFLOP *s. Véase* gigaflops.

GGA *s.* Acrónimo de Good Game All (habéis jugado bien). GGA se utiliza a menudo al final de los juegos en línea y los juegos celebrados a través de servicios de charla. *Véase también* juego de rol.

.gif *s.* La extensión de archivo que identifica las imágenes de mapa de bits GIF. *Véase también* GIF.

GIF *s.* **1.** Un gráfico almacenado como archivo en formato GIF. **2.** Acrónimo de Graphics Interchange Format (formato de intercambio de gráficos). Un formato de archivo gráfico desarrollado por CompuServe y utilizado para transmitir imágenes de mapa de bits a través de Internet. Una imagen puede contener hasta 256 colores, incluyendo un color transparente. El tamaño del archivo depende del número de colores utilizado en la práctica. Se utiliza el método de compresión LZW para reducir el tamaño del archivo todavía más. *Véase también* compresión LZW; gráficos rasterizados.

GIF animado *s.* (*animated GIF*) Una serie de imágenes gráficas en formato GIF mostrada secuencialmente en una misma posición para dar la apariencia de una imagen en movimiento. *Véase también* GIF.

GIF entrelazada *s*. (*interlaced GIF*) Imagen en formato GIF que aparece gradualmente en un explorador web mostrando versiones de la imagen cada vez más detalladas hasta que el archivo completo termina de descargarse. Los usuarios de módems lentos experimentan un tiempo de espera más corto hasta que aparece la imagen y, en ocasiones, pueden obtener suficiente información sobre la imagen para decidir si continuar con la descarga o abandonar. Los usuarios con conexiones rápidas notarán poca diferencia entre una imagen GIF entrelazada y otra imagen GIF no entrelazada.

giga- *pref*. **1**. En almacenamiento de datos, 1.024 $\times$1.048.576 (2^{30}) o 1.000$\times$1.048.576. *Véase también* gigabyte; gigaflops; gigahercio; kilo-; mega-. **2**. Mil millones (10^9).

Gigabit Ethernet *s*. El estándar IEEE denominado 802.3z, que incluye soporte para velocidades de transmisión de 1 Gbps (gigabit por segundo, equivalente a 1.000 Mbps o megabits por segundo), a través de una red Ethernet. El estándar Ethernet normal (802.3) sólo soporta velocidades de hasta 100 Mbps. *Compárese con* Ethernet/802.3.

gigabit sobre cobre *s*. (*gigabit over copper*) *Véase* categoría 5, cable de.

gigabits por segundo *s*. (*gigabits per second*) Una medida de la velocidad de transferencia de datos; por ejemplo, en una red, expresada como múltiplo de 1.073.741.824 (2^{30}) bits. *Acrónimo*: Gbps.

gigabyte *s*. **1**. 1.024 megabytes (1.024 $\times$ 1.048.576 [2^{30}] bytes). **2**. Mil megabytes (1.000 $\times$ 1.048.576 bytes). *Acrónimo*: GB.

gigaflops *s*. Medida de las prestaciones de cálculo: mil millones de operaciones en coma flotante por segundo. *Acrónimo*: GFLOP. *Véase también* operación en coma flotante.

gigahercio *s*. (*gigahertz*) Medida de frecuencia: mil millones de ciclos por segundo. *Abreviatura*: GHz.

gigaPoP *s*. Abreviatura de gigabit Point of Presence (punto de presencia gigabit). Un punto de acceso para Internet2 (y, posiblemente, otras redes de alta velocidad) que soporta velocidades de transferencia de datos de al menos 1 Gbps. En Estados Unidos hay unos 30 gigaPoPs ubicados en varios puntos.

GIGO *s*. *Véase* entra basura y sale basura.

GIMP *s*. Acrónimo de GNU Image Manipulation Program (programa de manipulación de imágenes GNU). Un programa gráfico libre y ampliable que se usa para la creación de imágenes y la manipulación de fotografías. GIMP está disponible para varias plataformas tipo UNIX, incluyendo Linux y Mac OS X.

GIOP *s*. Abreviatura de General Inter-ORB Protocol. *Véase* IIOP.

GIS *s*. *Véase* sistema de información geográfica.

GKS *s*. *Véase* Graphical Kernel System.

global *adj*. Relativo a un documento, archivo o programa en su conjunto en lugar de a un segmento restringido del mismo. *Compárese con* local; variable local.

Global System for Mobile Communications *s*. *Véase* GSM.

globo de ayuda *s*. (*Balloon Help*) Característica de ayuda en pantalla en forma de viñeta en el sistema operativo Mac OS desarrollado por Apple Computer, Inc. Después de activar esta función haciendo clic sobre el icono de globo en la barra de herramientas, el usuario puede posicionar el cursor sobre un icono u otro elemento y aparecerá un globo de diálogo que describe la función del elemento.

globos *s*. (*balloons*) En las vistas de impresión y vistas web de un documento, los globos marcadores señalan elementos especiales, como comentarios y marcas de control de cambios, en los márgenes del documento. Se pueden utilizar estos globos para localizar fácilmente los cambios y comentarios de los revisores y responder a los mismos.

GMR *s*. *Véase* cabezal gigante magnetorresistivo.

GNOME *s.* Acrónimo de GNU Network Object Model Environment (entorno GNU de modelos de objetos de red). Popular entorno de escritorio de código abierto para sistemas operativos UNIX y derivados, como, por ejemplo, LINUX. GNOME ofrece una interfaz gráfica de usuario para equipos de escritorio y una serie de aplicaciones básicas similares a las que pueden encontrarse en Microsoft Windows o en el sistema operativo de Macintosh. Al ofrecer un entorno similar al de los sistemas operativos más populares y una interfaz de apariencia familiar, GNOME pretende hacer que UNIX resulte más fácil para los usuarios. El desarrollo de GNOME está supervisado por la Fundación GNOME, asociación de organizaciones y empresas informáticas con intereses en el sistema operativo UNIX. GNOME y KDE son dos de los principales aspirantes a constituirse en el estándar de escritorio de Linux. *Véase también* KDE.

GNU *s.* Acrónimo de GNU's Not UNIX. Una colección de software basada en el sistema operativo UNIX y mantenida por la organización Free Software Foundation. GNU se distribuye bajo la licencia pública general GNU, que requiere que cualquiera que distribuya GNU o un programa basado en GNU puede cobrar únicamente por la distribución y el soporte y debe permitir al usuario modificar y redistribuir el código en los mismos términos. *Véase también* Free Software Foundation; licencia pública general. *Compárese con* Linux.

Gnutella *s.* Un protocolo de compartición de archivos que forma la base de una serie de protocolos de interconexión a través de redes igualitarias. Gnutella forma una red descentralizada y con un acoplamiento difuso en la que cada usuario es capaz de ver y acceder a todos los archivos compartidos de otros usuarios de Gnutella. A diferencia de Napster, Gnutella no requiere un servidor centralizado y se puede intercambiar cualquier tipo de archivo. Gnutella fue desarrollado originalmente por investigadores del grupo Nullsoft de America Online, pero la implementación original del protocolo no fue nunca presentada en público. Después apareció una versión preliminar de código abierto de Gnutella, que dio como resultado que aparecieran diversas variaciones. *Véase también* Napster.

Godwin, ley de *s.* (*Godwin's Law*) Tal como fue originalmente propuesta por el activista de Internet Michael Godwin, es la teoría de que, a medida que se prolonga una discusión en línea, es inevitable que se termine haciendo una comparación con los nazis o con Hitler. Cuando un participante en una discusión en línea termina por invocar dicha comparación, otros participantes pueden citar la ley de Godwin para indicar tanto que la persona carece ya de otros argumentos como que la discusión ha durado demasiado tiempo.

Good Times, virus *s.* (*Good Times virus*) Un supuesto virus de correo electrónico al que se alude en una advertencia que ha sido ampliamente propagada a través de Internet, así como por fax y por correo estándar. La advertencia afirma que la lectura de un mensaje de correo electrónico con el asunto «Good Times» causará daños en el sistema del usuario. De hecho, actualmente es imposible dañar a un sistema simplemente con leer un mensaje de correo electrónico, aunque sí es posible incluir un virus en un archivo adjunto a un mensaje de correo electrónico. Algunos consideran que el «virus» es la propia cadena de advertencias, que malgasta ancho de banda de Internet y tiempo de los lectores. Puede obtenerse información sobre tales falsos virus y sobre virus reales en CERT (http://www.cert.org/). *Véase también* leyenda urbana; virus.

Gopher *s.* Una utilidad Internet para buscar información textual y presentársela al usuario en forma de menús jerárquicos, entre los cuales el usuario selecciona submenús o archivos, que pueden ser descargados y visualizados. Un cliente Gopher puede acceder a todos los servidores Gopher disponibles, de modo que el usuario accede a un «espacio Gopher» común. El nombre del programa es un triple juego de palabras en inglés: está diseñado para la búsqueda de información («go for» information); excava en Internet para extraer información («gopher» es el nombre inglés de la ardilla de tierra), y fue desarrollado en la Universidad de

Minnesota, cuyos equipos deportivos se denominan Golden Gophers. Actualmente, Gopher está siendo absorbido por la World Wide Web.

GOSIP *s*. Acrónimo de Government Open Systems Interconnection Profile (perfil gubernamental de interconexión de sistemas abiertos). Una especificación del gobierno de Estados Unidos para que todas las nuevas adquisiciones de redes cumplan con los estándares ISO/OSI. GOSIP entró en vigor el 15 de agosto de 1990, pero no fue nunca implementado completamente y fue sustituido por POSIT.

.gov *s*. En el sistema de nombres de dominio de Internet, es el dominio de nivel superior que identifica las direcciones operadas por agencias del gobierno de Estados Unidos. El nombre de dominio .gov aparece como sufijo al final de la dirección. En Estados Unidos, sólo las agencias gubernamentales federales de carácter no militar pueden utilizar el dominio .gov. La administración estatal en Estados Unidos usa el dominio de nivel superior .estado.us, donde a .us se le precede mediante la abreviatura de dos letras del estado correspondiente, o simplemente .us; otras administraciones regionales en Estados Unidos están registradas bajo el dominio .us. *Véase también* DNS; dominio. *Compárese con* .com; .edu; .mil; .net; .org.

GPF *s*. *Véase* fallo de protección general.

GPIB *s*. (*General-Purpose Interface Bus*) Acrónimo de General-Purpose Interface Bus (bus de interfaz de propósito general). Un bus desarrollado para el intercambio de información entre computadoras y equipos de automatización industrial. La definición eléctrica de este bus ha sido incorporada en un estándar IEEE. *Acrónimo:* GPIB. *Véase también* IEEE 488.

GPL *s*. *Véase* licencia pública general.

GPRS *s*. Acrónimo de General Packet Radio Service (servicio general de paquetes radio). Una mejora de tercera generación a GSM (Global System for Mobile Communications) que soporta aplicaciones distintas de la transmisión de voz, como la exploración web y otros servicios que requieran transferencia de paquetes de datos sin limitación del tamaño del mensaje. Se puede conectar de forma inmediata con los sistemas que utilizan el servicio cada vez que sea necesario y, por tanto, a ojos de los usuarios parece como si siempre estuvieran funcionando. *Véase también* GSM; TDMA.

GPS *s*. Acrónimo de Global Positioning System (sistema de posicionamiento global). Sistema de navegación por radio desarrollado por el Departamento de Defensa de Estados Unidos. El sistema utiliza una constelación de 24 satélites terrestres, monitorizados por estaciones terrenas de control, para ofrecer a nivel mundial información temporal y de posicionamiento de manera continua y muy precisa. GPS ofrece dos servicios: un servicio público de posicionamiento estándar, que proporciona datos de posicionamiento con una precisión de 100 metros en horizontal y 156 metros en vertical y una precisión temporal de 340 nanosegundos, y un servicio de posicionamiento preciso, principalmente para usos militares y gubernamentales, que proporciona datos de posicionamiento con una precisión de 22 metros en horizontal y 27,7 metros en vertical y una precisión temporal de 100 nanosegundos. *Véase también* receptor GPS.

grabación de vídeo digital *s*. (*digital video recording*) *Véase* DVR.

grabación digital *s*. (*digital recording*) El almacenamiento de información en formato con codificación binaria (digital). La grabación digital convierte la información (texto, gráficos, sonido o imágenes) en cadenas de unos y ceros que pueden representarse físicamente en un soporte de almacenamiento. Los soportes utilizados para grabación digital incluyen los discos y cintas magnéticas de computadora, los discos ópticos (o compactos) y los cartuchos ROM del tipo utilizado por algunos programas software y por muchas consolas de juegos.

grabación magneto-óptica *s*. (*magneto-optical recording*) Tipo de tecnología de grabación utilizada con discos ópticos en la que un haz de láser calienta una pequeña parte del material magnético que cubre el disco. El calor permite que un débil campo magnético cambie la orientación de esa parte grabando datos de este modo en el disco. Esta técnica puede utilizarse también para borrar el disco haciéndolo regrabable.

grabación mediante cambio de fase *s.* (*phase-change recording*) En los soportes ópticos, una técnica de grabación que utiliza un haz láser enfocado sobre un elemento microscópico de cristal metálico para alterar la reflectividad de su estructura, de tal manera que el cambio producido pueda leerse como un bit 0 o 1, dependiendo de si la estructura resultante refleja o absorbe la luz láser. *Véase también* unidad PD-CD.

grabación perpendicular *s.* (*perpendicular recording*) Método para aumentar la capacidad de almacenamiento en los soportes físicos magnéticos mediante la alineación de los dípolos magnéticos, cuya orientación determina los valores de bit, en una dirección que es perpendicular a la superficie de grabación. *También llamado* grabación vertical.

grabación por polímero-tinta *s.* (*dye-polymer recording*) Tecnología de grabación utilizada con discos ópticos en los que se utiliza tinta envuelta en el recubrimiento de polímero de plástico del disco óptico para crear pequeñas burbujas sobre la superficie que un láser puede leer. Las burbujas de polímero-tinta pueden aplanarse y crearse de nuevo, obteniéndose así un disco óptico regrabable.

grabación vertical *s.* (*vertical recording*) *Véase* grabación perpendicular.

grabador COM *s.* (*COM recorder*) Dispositivo que graba información de una computadora en microfilm. COM, en este contexto, significa computer output microfilm (microfilmación de los datos de salida de una computadora).

grabador de macros *s.* (*macro recorder*) Programa que graba y almacena macros de teclado. *Véase también* macro.

grabadora de CD *s.* (*CD recorder*) Dispositivo utilizado para escribir discos CD-ROM. Dado que con estos dispositivos un disco sólo puede escribirse una vez, habitualmente se emplean para crear discos CD-ROM que almacenen archivos definitivos de datos o para generar discos CD-ROM maestros que puedan ser duplicados para distribución masiva. *También llamado* equipo CD-R, quemador CD-R. *Véase también* CD-ROM.

grabadora de películas *s.* (*film recorder*) Dispositivo para grabar en una película de 35 mm las imágenes mostradas en la pantalla de una computadora.

grabar *vb.* (*record*) Retener información, usualmente en un archivo.

gradiente *s.* (*gradient*) Progresión suave de colores y sombras, normalmente de un color a otro, o de una sombra a otra sombra del mismo color.

grado de conocimiento *s.* (*mindshare*) La presencia y familiaridad de un producto, servicio o empresa en la mente de los usuarios o consumidores. A diferencia de la cuota de mercado, que es el porcentaje del mercado que tiene una empresa, producto o servicio concreto, el grado de conocimiento es un factor menos cuantificable, pero importante, a la hora de atraer la atención de los clientes y generar ventas. El término se usa frecuentemente en el sector informático, aunque no está limitado a este sector.

grado de servicio *s.* (*grade of service*) La probabilidad de que un usuario de una red de comunicaciones compartida, como el sistema telefónico público, reciba una señal de que todos los canales están ocupados. El grado de servicio se utiliza como medida de la capacidad de manejo de tráfico de la red y se aplica usualmente a un período específico, como, por ejemplo, la hora punta de tráfico. Un grado de servicio de 0,002, por ejemplo, supone que un usuario tiene un 99,8 por ciento de posibilidades de que una llamada realizada durante el período especificado alcance su destino previsto.

Graffiti *s.* Aplicación de software desarrollada por Palm para permitir el reconocimiento de la escritura manuscrita en los asistentes digitales personales (PDA). Graffiti contiene formas preprogramadas para cada letra, a las que los usuarios de la aplicación deben ajustarse tanto como sea posible al escribir. El texto se escribe directamente en la pantalla del PDA utilizando un estilete. La aplicación Graffiti entonces pasa la letra traducida a la aplicación del PDA.

gráfico *s*. **1.** (*chart*) Gráfico o diagrama que muestra los datos o las relaciones entre conjuntos de datos de forma gráfica en lugar de en forma numérica. **2.** (*graph*) *Véase* gráfico.

gráfico de áreas *s*. (*area chart*) Una presentación gráfica, como, por ejemplo, las cifras de ventas trimestrales, que utiliza tonos de sombra o colores para enfatizar la diferencia entre la línea que representa un conjunto de puntos de datos y la línea que representa otro conjunto de puntos de datos relacionado, pero independiente. Véase la ilustración.

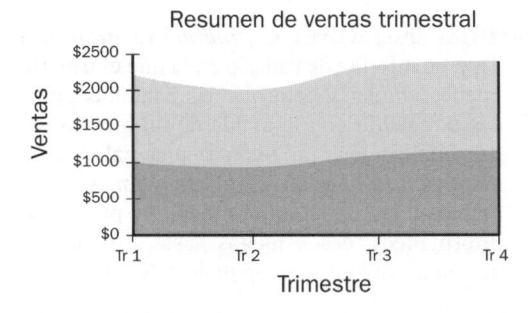

Gráfico de áreas.

gráfico de barras *s*. **1.** (*bar chart*) Tipo de gráfico en el que los elementos de datos se muestran como barras rectangulares. Las barras pueden presentarse en sentido vertical u horizontal y pueden distinguirse entre sí por el color o por algún tipo de sombreado o patrón. Pueden mostrarse valores positivos y negativos respecto de una línea tomada como referencia. Existen dos tipos bastante comunes de gráficos de barras: el gráfico de barras estándar, en el que cada valor se representa mediante una barra diferente, y el gráfico de barras apilado, en el que varios puntos de datos se «apilan» para dar lugar a una única barra. *Véase* la ilustración. **2.** (*bar graph*) *Véase* gráfico de barras.

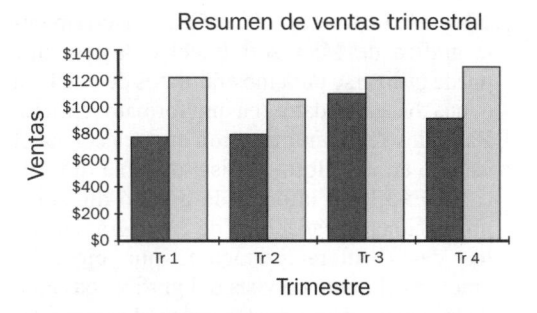

Diagrama de barras verticales

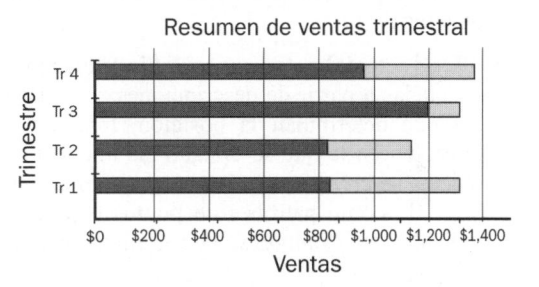

Diagrama de barras horizontales

Gráfico de barras. *Dos tipos habituales de gráficos de barras.*

gráfico de líneas *s*. (*line chart*) Gráfico empresarial en el cual los valores de uno o más conjuntos de datos están conectados por líneas. Véase la ilustración.

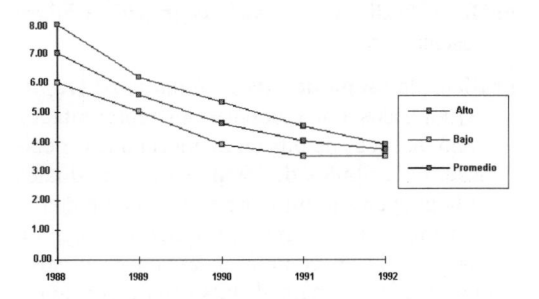

Gráfico de líneas.

gráfico de puntos *s*. (*point chart*) *Véase* diagrama de dispersión.

gráfico de sectores *s*. (*pie chart*) Tipo de gráfico que presenta los valores como porcentajes (porciones) de un todo (un círculo completo).

gráfico dinámico *adj.* (*PivotChart*) Herramienta gráfica de Microsoft Excel o Access que puede utilizarse para mostrar datos de una lista o una base de datos en un formato gráfico. Basándose en la información que selecciona el usuario en un informe o lista de tabla dinámica de Excel, un informe de gráfico dinámico proporciona la capacidad de crear gráficos de los datos interactivamente; por ejemplo, «mover» el punto de vista del gráfico, pasando de las ventas de productos ordenados por categoría a las ventas de productos ordenados por región o por vendedor. *Véase también* tabla dinámica.

gráfico vectorial *s.* (*vector graphics*) Imágenes generadas a partir de descripciones matemáticas que determinan la posición, longitud y dirección en la que se dibujan las líneas. Los objetos se crean como conjuntos de líneas en lugar de como patrones de puntos o píxeles individuales. *Compárese con* gráficos rasterizados.

gráficos 3-D *s.* (*3-D graphic*) Toda imagen gráfica que muestra uno o más objetos en tres dimensiones (altura, anchura y profundidad). Los gráficos 3-D se representan sobre un soporte bidimensional; la tercera dimensión, profundidad, se indica por medio de la perspectiva y empleando técnicas como el sombreado y los degradados de color.

gráficos analíticos *s.* (*analysis graphics*) *Véase* presentación.

gráficos de mapa de bits *s.* (*bitmapped graphics*) Gráficos por computadora representados como matrices de bits en memoria que especifican los atributos de los píxeles individuales de la imagen (un bit por píxel en una pantalla en blanco y negro, múltiples bits por píxel en una pantalla en color o en escala de grises). Los gráficos de mapa de bits son típicos de los programas de dibujo, los cuales tratan la imagen como grupos de puntos más que como formas geométricas. *Véase también* imagen de bits; mapa de bits; imagen de píxeles. *Compárese con* gráficos orientados a objetos.

gráficos de tortuga *s.* (*turtle graphics*) Entorno gráfico simple, presente en Logo y otros lenguajes, en el que se maneja una tortuga a través de comandos simples. Algunas versiones muestran la tortuga y su estela en la pantalla; otras, utilizan tortugas electromecánicas que escriben en papel.

gráficos empresariales *s.* (*business graphics*) *Véase* presentación.

gráficos estructurados *s.* (*structured graphics*) *Véase* gráficos orientados a objetos.

gráficos incrustados *s.* (*inline graphics*) Archivos gráficos embebidos en un documento HTML o página web y que se pueden visualizar mediante un explorador web u otro programa que reconozca el lenguaje HTML. Al evitar la necesidad de efectuar operaciones independientes de apertura de archivos, los gráficos incrustados pueden acelerar el acceso y la carga de un documento HTML. *También llamado* imagen incrustada.

gráficos interactivos *s.* (*interactive graphics*) Tipo de interfaz de usuario en la que el usuario puede cambiar y controlar las pantallas gráficas a menudo con la ayuda de un dispositivo de señalización, un ratón o una palanca de mandos. Las interfaces gráficas interactivas se emplean en un amplio rango de productos informáticos, desde juegos hasta sistemas de diseño asistido por computadora (CAD).

gráficos orientados a objetos *s.* (*object-oriented graphics*) Gráficos por computadora basados en el uso de primitivas gráficas, tales como, líneas, curvas, círculos o cuadrados. Los gráficos orientados a objetos, utilizados en aplicaciones tales como diseño asistido por computadora o programas de dibujo o ilustración, describen una imagen de forma matemática como un conjunto de instrucciones para crear los objetos que componen la imagen. Este tipo contrasta con el uso de gráficos de mapa de bits, en los cuales un gráfico se representa como un grupo de puntos en blanco y negro o en color dispuestos siguiendo un determinado patrón. Los gráficos orientados a objetos pueden disponerse en capas, girarse y ampliarse de forma relativamente fácil. *Véase también* primitiva gráfica. *Compárese con* gráficos de mapa de bits; programa de dibujo.

gráficos rasterizados *s.* (*raster graphics*) Método para la generación de gráficos que trata una imagen como una colección de pequeños puntos (píxeles) controlados de forma independiente y dispuestos en filas y columnas. *Compárese con* gráfico vectorial.

grafo *s.* (*graph*) En programación, una estructura de datos que consiste en cero o más nodos y cero o más aristas que conectan parejas de nodos. Si cualesquiera dos nodos en un grafo pueden ser conectados por una ruta a lo largo de las aristas, se dice que el grafo está conectado. Un subgrafo es un subconjunto de nodos y aristas dentro de un grafo. Un grafo es dirigido (un digrafo) si cada una de las aristas enlaza dos nodos en una sola dirección. Un grafo es ponderado si cada arista tiene un valor asociado con ella. *Véase también* nodo; árbol.

grafPort *s.* Estructura utilizada en Apple Macintosh para definir un entorno gráfico con su propio tamaño de pincel, fuentes, patrones de relleno, etc. Cada ventana tiene un grafPort y los grafPorts pueden utilizarse para enviar gráficos a archivos o ventanas situadas fuera de la pantalla.

graftal *s.* Una forma geométrica perteneciente a una familia similar a los fractales, pero que resulta más fácil de calcular. Los graftales se utilizan a menudo en la industria de los efectos especiales para crear imágenes sintéticas de estructuras tales como árboles y plantas. *Véase también* fractal.

gran botón rojo *s.* (*big red switch*) El conmutador de encendido/apagado de una computadora, considerado como una especie de interrupción o de último recurso. En el IBM PC original y en muchas otras computadoras, dicho interruptor era ciertamente grande y de color rojo. La utilización del botón de apagado es un último recurso porque borra todos los datos contenidos en la RAM y también puede dañar la unidad de disco duro.

Gran cambio de denominación *s.* (*Great Renaming*) El cambio al sistema actual de jerarquías de Usenet en toda Internet. Antes del Gran cambio de denominación, que tuvo lugar en 1985, los nombres de los grupos de noticias no locales tenían la forma net.*; por ejemplo, un grupo en el que se compartía código fuente, que anteriormente se llamaba net.sources, fue renombrado, pasando a denominarse comp.sources.misc. *Véase también* grupo de noticias local; grupo de noticias; jerarquía tradicional de grupos de noticias; Usenet.

granja de cachés *s. Véase* parque de cachés.

granja de servidores *s. Véase* parque de servidores.

granularidad *s.* (*granularity*) Descripción, en el rango de «gruesa» a «fina», de una característica o actividad de una computadora (como la resolución de pantalla, los mecanismos de búsqueda y ordenación o las asignaciones de franjas temporales) en términos del tamaño de las unidades que maneja (píxeles, conjuntos de datos o franjas temporales). Cuanto más grandes sean los elementos, más gruesa será la granularidad.

Graphical Kernel System *s.* Estándar gráfico para computadoras, reconocido por ANSI e ISO, que especifica los métodos de descripción, manipulación, almacenamiento y transferencia de imágenes gráficas. Funciona en el nivel de aplicación en vez de en el nivel de hardware y trata con estaciones de trabajo lógicas (combinaciones de dispositivos de entrada y de salida, tales como el teclado, el ratón y el monitor) en lugar de con dispositivos individuales. Graphical Kernel System (sistema kernel para gráficos) fue desarrollado en 1978 para tratamiento de gráficos bidimensionales; una modificación posterior, GKS-3D, amplió el estándar a los gráficos tridimensionales. *Acrónimo:* GKS. *Véase también* ANSI; ISO.

Graphite *s.* Opción alternativa de presentación en Mac OS X que exhibe una interfaz gris con resaltes más sutiles que la presentación estándar en colores Aqua. *Véase también* Aqua.

Great Plains *s.* Conjunto de aplicaciones empresariales de Microsoft Corporation para finanzas, contabilidad y gestión. Microsoft adquirió las aplicaciones Great Plains en diciembre de 2000, cuando compró la empresa Great Plains

Software, que había desarrollado originalmente ese conjunto de soluciones empresariales de contabilidad y gestión. Great Plains Business Solutions incluye aplicaciones para contabilidad y finanzas, gestión de relaciones con los clientes, comercio electrónico, recursos humanos, fabricación, contabilidad de proyectos y gestión de la cadena de aprovisionamiento.

grecas *s.* (***greek text***) *Véase* relleno con grecas.

grep *s.* Acrónimo de global regular expression print (impresión de expresiones regulares globales). Comando UNIX utilizado para buscar archivos mediante palabras clave.

gritar *vb.* (***shout***) Utilizar FRASES EN LETRAS MAYÚSCULAS para enfatizar lo que se dice en un mensaje de correo electrónico o en un artículo de grupo de noticias. El abuso de esta técnica se considera una violación de la netiqueta. Una forma más aceptable de enfatizar una palabra consiste en ponerla entre *asteriscos* o _caracteres de subrayado_. *Véase también* netiqueta.

grosor del trazo *s.* (***stroke weight***) La anchura de las líneas (trazos) que forman un carácter. *Véase también* fuente.

grupo *s.* (***group***) Una colección de elementos que puede ser tratada como un todo. En varios sistemas operativos multiusuario, un grupo es un conjunto de cuentas de usuario a los que en ocasiones se denomina miembros, pueden especificarse privilegios para el grupo y entonces cada miembro del mismo gozará de dichos privilegios. *Véase también* grupos predefinidos; cuenta de usuario.

grupo *vb.* (***group***) En un programa de dibujo, transformar una serie de objetos en un grupo. *Véase también* programa de dibujo.

grupo de bloques *s.* (***bucket***) Región de la memoria que puede direccionarse como una entidad y puede emplearse como receptáculo para almacenar datos. *Véase también* colector de bits.

grupo de discusión *s.* (***discussion group***) Cualquiera de los diversos foros en línea en los que las personas hablan acerca de temas de interés común. Los foros para grupos de discusión incluyen las listas de correo electrónicas, los grupos de noticias Internet y los canales IRC.

grupo de distribución *s.* (***distribution group***) Un grupo que se utiliza solamente para distribución de correo electrónico y que no está dotado de mecanismos de seguridad. Los grupos de distribución no pueden incluirse en las listas de control de acceso discrecional (listas DACL) usadas para definir los permisos relativos a recursos y objetos. Los grupos de distribución sólo pueden usarse con aplicaciones de correo electrónico (como Microsoft Exchange) para enviar mensajes de correo electrónico a conjuntos de usuarios. Si no necesita definir un grupo para propósitos de seguridad, cree un grupo de distribución en lugar de un grupo de seguridad. *Véase también* control de acceso discrecional, lista de.

grupo de noticias *s.* (***newsgroup***) Un foro en Internet para sostener discusiones sobre un rango especificado de materias. Un grupo de noticias está compuesto de artículos y de mensajes de contestación. Un artículo, junto con todos sus mensajes de contestación (que se supone que están relacionados con el tema específico indicado en la línea Asunto del artículo original) constituye un hilo de discusión. Cada grupo de noticias tiene un nombre compuesto por una serie de palabras, separadas por puntos, que indican el tema al que está dedicado el grupo de noticias mediante una serie de categorías progresivamente más restringidas, como, por ejemplo, soc.culture.spain. Algunos grupos de noticias sólo pueden ser leídos, y sólo puede participarse en ellos, en un único sitio Internet; otros, como los que forman las siete jerarquías Usenet o los de Clarinet, circulan por toda Internet. *Véase también* artículo; bit.; ClariNet; continuación; Gran cambio de denominación; grupo de noticias local; reflector de correo; hilo de discusión; jerarquía tradicional de grupos de noticias; Usenet. *Compárese con* lista de correo.

grupo de noticias local *s.* (***local newsgroups***) Grupo de noticias destinado a operar en un área geográficamente limitada, como, por ejemplo, una ciudad o una institución educativa. Los artículos enviados a estos grupos de noticias contienen información que es específica de dicha área y relativa a temas tales como eventos, reuniones y compraventa de artículos de segunda mano. *Véase también* grupo de noticias.

grupo de trabajo *s*. (*workgroup*) Un grupo de usuarios que trabaja en un proyecto común y comparte archivos informáticos, normalmente a través de una red de área local (LAN). *Véase también* software para grupos de trabajo.

grupo de usuarios *s*. (*user group*) Un grupo de personas que se forma debido a su interés común en un mismo sistema informático o programa software. Los grupos de usuarios, algunos de los cuales tienen un gran tamaño y son organizaciones muy influyentes, proporcionan soporte para los recién llegados y un foro en el que los miembros pueden intercambiar ideas e información.

grupo temático *s*. (*topic group*) Área de discusión en línea para personas que tengan un interés común en un tema determinado.

grupos de noticias en red *s*. (*network news*) Los grupos de noticias de Internet, especialmente los incluidos en la jerarquía Usenet.

grupos predefinidos *s*. (*built-in groups*) Los grupos predeterminados proporcionados con Microsoft Windows NT y Windows NT Advanced Server. Un grupo define una colección de derechos y permisos para las cuentas de usuario que sean miembros del grupo. Los grupos predefinidos son, por tanto, una forma conveniente de proporcionar acceso a los recursos de uso común. *Véase también* grupo.

GSL *s*. Acrónimo de Grammar Specification Language (lenguaje de especificación de gramáticas). Un formato de descripción de gramáticas utilizado por las aplicaciones VoiceXML y otros sistemas de reconocimiento del habla. GSL fue desarrollado por Nuance y soporta diversas aplicaciones de edición de voz y exploración por voz basadas en XML.

GSM *s*. Acrónimo de Global System for Mobile Communications (sistema global de comunicaciones móviles). Una tecnología de teléfonos celulares digitales implantada por primera vez en 1992. En 2000, GSM era la tecnología telefónica predominante en Europa y era utilizada por 250 millones de abonados en todo el mundo. Los teléfonos GSM incluyen una tarjeta inteligente extraíble que contiene información de la cuenta del abonado. Esta tarjeta puede ser transferida fácil y rápidamente de un teléfono a otro, lo que permite al usuario acceder a su cuenta desde cualquier teléfono del sistema. Diversas mejoras del sistema GSM permiten disponer de opciones más amplias de exploración web y transferencia de datos. *Véase también* GPRS; TDMA.

guante sensorial *s*. (*sensor glove*) Dispositivo informático de entrada que se ajusta a la mano y se emplea en entornos de realidad virtual. El guante traduce los movimientos de los dedos realizados por el usuario en comandos que manipulan los objetos del entorno. *También llamado* electroguante. *Véase también* realidad virtual.

guardar *vb*. (*save*) Escribir datos (típicamente un archivo) en un soporte de almacenamiento, como un disco o una cinta magnética.

guerra de improperios *s*. (*flame war*) Una discusión en una lista de correo, grupo de noticias u otro tipo de conferencia en línea que se ha transformado en un intercambio prolongado de improperios. *Véase también* improperio.

guerra de la información *s*. (*information warfare*) Ataques a las operaciones informáticas de las que depende la seguridad o la vida económica de un país enemigo. Entre los posibles ejemplos de guerra de la información se incluyen el sabotaje de los sistemas de control de tráfico aéreo o la corrupción masiva de registros bursátiles.

guerra santa *s*. (*holy war*) **1**. Una discusión en una lista de correo, grupo de noticias u otro tipo de foro acerca de algún tema controvertido y que levanta pasiones, como pueda ser el aborto o el problema del terrorismo. La introducción de una de estas guerras santas que caiga fuera del tema al que el foro está dedicado se considera una violación de la netiqueta. **2**. Ardua y extendida discusión entre los profesionales de la informática sobre algún aspecto del campo de la informática, como, por ejemplo, el debate sobre el uso de la instrucción GOTO en programación o sobre el almacenamiento de datos con ordenación natural de bytes frente a la ordenación inversa de bytes.

guest *s.* Un nombre común para una cuenta de inicio de sesión a la que puede accederse sin una contraseña. Los sistemas BBS (bulletin board system, tablón de anuncios electrónico) y los proveedores de servicios mantienen a menudo dicha cuenta para que los posibles futuros abonados puedan ver ejemplos de los servicios ofrecidos.

GUI *s. Véase* interfaz gráfica de usuario.

guía de luz *s.* (*light guide*) Estructura, como, por ejemplo, un filamento de fibra óptica, diseñada para transmitir luz a determinadas distancias con una atenuación o pérdida mínimas.

guía visual *s.* (*leader*) Fila de puntos, guiones u otros caracteres utilizada para guiar al ojo a lo largo de una página impresa hasta una información relacionada. Muchos procesadores de textos y otros programas pueden crear guías visuales.

GUID *s.* (*globally unique identifier*) Acrónimo de globally unique identifier (identificador globalmente unívoco). En el modelo de objetos componentes (COM, Component Object Model), es un código de 16 bytes que identifica la interfaz de un objeto para todos los equipos informáticos y redes. Dicho identificador es unívoco, porque contiene una marca temporal y un código basado en la dirección de red prefijada en el hardware de la tarjeta de interfaz LAN de la computadora host. Estos identificadores son generados por un programa de utilidad.

guión *s.* (*hyphen*) Signo de puntuación (-) utilizado para partir una palabra entre sílabas al final de una línea o para separar las partes de una palabra compuesta. Los programas de procesamiento de textos con utilidades de división de palabras reconocen tres tipos de guiones: normal, opcional y de no separación. Los guiones normales, también llamados guiones requeridos o duros, son parte de la ortografía de una palabra y siempre son visibles, como en pseudo-máquina. Los guiones opcionales, también llamados guiones blandos, aparecen sólo cuando una palabra se parte entre sílabas al final de una línea; normalmente, es el propio procesador de textos quien los introduce. Los guiones de no separación siempre son visibles, como los guiones normales, pero no permiten un salto de línea. *Véase también* programa de división de palabras.

guión bajo *s.* (*underscore*) Carácter de subrayado normalmente utilizado para resaltar una letra o palabra. En visualizaciones no gráficas, se utiliza generalmente para indicar caracteres en cursiva.

guión blando *s.* (*soft hyphen*) *Véase* guión.

guión discrecional *s.* (*discretionary hyphen*) *Véase* guión.

guión duro *s.* (*hard hyphen*) *Véase* guión.

guión eme *s.* (*em dash*) Signo de puntuación (—) utilizado para indicar una pausa o interrupción en una frase. Recibe su nombre de la letra eme, una unidad tipográfica de medida que en algunas fuentes es igual a la anchura de una M mayúscula. *Compárese con* guión ene; guión.

guión ene *s.* (*en dash*) Signo de puntuación (–) utilizado para mostrar rangos de fechas y números, como en 1990–92, y en adjetivos compuestos donde una parte tiene un guión o consta de dos palabras, como en económico–social. El guión ene recibe su nombre de la unidad tipográfica de medida, el espacio de la letra ene, cuya anchura es la mitad que la del espacio eme. *Véase también* espacio eme. *Compárese con* guión eme; guión.

guión normal *s.* (*normal hyphen*) *Véase* guión.

guión obligatorio *s.* (*required hyphen*) *Véase* guión.

guión opcional *s.* (*optional hyphen*) *Véase* guión.

gunzip *s.* Una utilidad GNU para descomprimir archivos comprimidos con gzip. *Véase también* GNU; descomprimir. *Compárese con* gzip.

gurú *s.* (*guru*) Experto técnico que está disponible para ayudar a resolver problemas y responder preguntas de un modo inteligible. *Véase también* técnico; mago.

gusano *s.* (*worm*) Un programa que se propaga entre computadoras, usualmente creando copias de sí mismo en la memoria de cada computadora. Un gusano puede duplicarse tantas veces en una computadora que haga que ésta termine por fallar. Los gusanos se escriben a veces en una serie de segmentos separados y se introducen subrepticiamente en un sistema host bien como broma o bien con la intención de causar daño o destruir información. *Véase también* bacteria; Internet Worm, gusano; caballo de Troya; virus.

gzip *s.* Una utilidad GNU para comprimir archivos. *Véase también* comprimir; GNU. *Compárese con* gunzip.

H

H *s. Véase* henrio.

H.320 *s*. Un estándar de la Unión Internacional de Telecomunicaciones (ITU, International Telecommunications Union) que permite la interoperabilidad entre equipos de videoconferencia de diferentes fabricantes a través de servicios de conmutación de circuitos, tales como RDSI, lo que hace que la videoconferencia a través de equipos de sobremesa sea viable. H.320 establece los formatos comunes necesarios para hacer que las entradas y salidas de audio y de vídeo sean compatibles y define un protocolo que hace posible que un terminal multimedia utilice mecanismos de sincronización y enlaces de comunicaciones audio/visuales. *Véase también* ITU; RDSI; videoconferencia.

H.323 *s*. Un protocolo de interoperabilidad de la Unión Internacional de Telecomunicaciones (ITU, International Telecommunications Union) que permite la intercomunicación de productos y aplicaciones multimedia a través de redes basadas en conmutación de paquetes. Con H.323, los productos multimedia ofrecidos por un fabricante pueden funcionar con los de otro, independientemente de la compatibilidad del hardware. Por ejemplo, un PC puede compartir flujos de audio y de vídeo a través de una intranet o de Internet. Así, las aplicaciones son independientes con respecto a la red, a la plataforma y a la aplicación. *Véase también* ITU; conmutación de paquetes.

H.324 *s*. Un estándar de la Unión Internacional de Telecomunicaciones (ITU, International Telecommunications Union) para la transmisión simultánea de vídeo, datos y voz a través de conexiones de módem por línea telefónica tradicional. *Véase también* POTS.

habilitar *vb*. (*enable*) Activar algo. *Compárese con* inhabilitar.

habla digital *s*. (*digital speech*) *Véase* síntesis del habla; DSL.

hacer clic *vb*. (*click*) Pulsar y liberar un botón del ratón una vez sin mover el ratón. Normalmente, se hace clic para seleccionar o deseleccionar un elemento o para activar un programa o una función de un programa. *Véase también* hacer clic derecho. *Compárese con* hacer doble clic; arrastrar.

hacer clic derecho *vb*. (*right click*) Realizar una selección utilizando el botón situado en el lado derecho de un ratón o de otro dispositivo señalador. Al hacer esto en Windows 9x y Windows NT 4.0 y versiones posteriores, normalmente aparece un menú emergente en pantalla con opciones aplicables al objeto sobre el cual está colocado el cursor. *Véase también* ratón; dispositivo señalador.

hacer doble clic *vb*. (*double-click*) Pulsar y liberar un botón de un ratón dos veces sin mover el ratón. Hacer doble clic es un modo de seleccionar y activar rápidamente un programa o una función de un programa. *Compárese con* hacer clic; arrastrar.

hacer ping *vb*. (*ping*) **1**. Verificar si una computadora está conectada a Internet empleando la utilidad ping. **2**. Comprobar qué usuarios de una lista de correo están actualizados enviando un mensaje de correo electrónico a la lista en el que se solicita una respuesta.

hack *vb*. *Véase* manipular.

hacker *s*. **1**. Una persona, más comúnmente considerada un cracker, que utiliza su experiencia informática con fines ilícitos, como, por ejemplo, obteniendo acceso a sistemas informáticos sin permiso y alterando los programas y los datos. *También llamado* cracker. *Véase también* hacktivista. **2**. Un amante de la informática; una persona que está totalmente enfrascada en la tecnología informática o en la programación de equipos informáticos, o a quien le gusta examinar el código de los sistemas operativos y de otros programas para ver cómo funcionan.

hacktivista *s.* (*hacktivist*) Una persona que persigue objetivos políticos o sociales mediante la actividad de pirateo informático. Los hacktivistas pueden entrar en sistemas informáticos para interrumpir el tráfico o causar confusión y pueden alterar páginas web o mensajes de correo electrónico para que muestren contenido favorable a una causa específica. *Véase también* hacker.

HAGO *s.* Acrónimo de have a good one (que tengas un buen día). Una expresión inglesa utilizada para concluir mensajes de correo electrónico o a la hora de desconectarse de un canal IRC.

HailStorm *s. Véase* .NET My Services.

HAL *s.* **1.** En el libro y la película de 1968 *2001: una odisea en el espacio*, escrita por el novelista Arthur C. Clarke, era la inteligente pero psicótica computadora, HAL 9000, que se apodera de una nave espacial en su viaje hacia Júpiter. El nombre HAL es un acrónimo de computadora Heurística/ALgorítmica, pero las letras H-A-L son también las letras justo anteriores a las letras I-B-M en el abecedario. **2.** *Véase* capa de abstracción de hardware.

háptica *s.* (*haptics*) El estudio del sentido del tacto. Este estudio se ha ampliado al estudio de la interacción humana con la tecnología informática por medios táctiles. La tecnología háptica es fundamental para los entornos de simulación de realidad virtual, en los que las computadoras deben poder detectar y responder a los movimientos de los dedos, la mano, el cuerpo o la cabeza. La computadora también puede recrear el sentido del tacto alterando la textura, incrementando la resistencia o realizando otras simulaciones que resulten apropiadas para mejorar la experiencia de realidad virtual del usuario. *Véase también* realimentación dinámica.

hardware *s.* Los componentes físicos de un sistema informático incluyendo cualesquiera equipos periféricos, tales como impresoras, módems y ratones. *Compárese con* firmware; software.

Harvard Mark I *s. Véase* Mark I.

hash *s.* En muchos programas cliente FTP, es un comando que ordena al cliente FTP que muestre un signo de almohadilla (#) cada vez que envíe o reciba un bloque de datos. *Véase también* cliente FTP.

Haskell *s.* Lenguaje de programación funcional basado en los cálculos lambda y apropiado para la creación de aplicaciones que necesitan ser altamente modificables.

haz de electrones *s.* (*electron beam*) Flujo de electrones que se mueven en una dirección. Un haz de electrones se utiliza en un tubo de rayos catódicos (TRC) para producir una imagen a medida que pasa a través del recubrimiento de fósforo interior del tubo. *Véase también* CRT.

HCM *s. Véase* módulo criptográfico hardware.

HDBMS *s. Véase* sistema de gestión de bases de datos jerárquicas.

HDCP *s.* Acrónimo de High-bandwidth Digital Content Protection (protección de contenido digital de banda ancha). Una especificación de cifrado y autenticación creada por Intel para dispositivos DVI (Digital Video Interface), tales como cámaras digitales, televisiones de alta definición y reproductores de videodisco. HDCP está diseñado para impedir que las transmisiones entre dispositivos DVI sean copiadas.

HDF *s. Véase* Formato de datos jerárquicos.

HDLC *s.* Acrónimo de High-level Data Link Control (control de alto nivel del enlace de datos). Un protocolo para la transferencia de información adoptado por ISO. HDLC es un protocolo síncrono orientado a bit que se aplica en el nivel de enlace de datos (nivel dos del modelo de referencia ISO/OSI, que se encarga del empaquetamiento de mensajes) para la comunicación entre computadoras y microcomputadoras. Los mensajes se transmiten en unidades denominadas tramas, que pueden contener cantidades variables de datos, pero que tienen que estar organizadas de una forma concreta. *Véase también* trama; modelo de referencia ISO/OSI.

HDML *s.* Acrónimo de Handheld Device Markup Language (lenguaje de composición para dispositivos de mano). Un lenguaje de composición simple, de primera generación, utilizado para definir aplicaciones y contenido de tipo hipertexto para dispositivos inalámbricos y otros dispositivos de mano que tienen pantallas de pequeño tamaño. Este lenguaje se utiliza principalmente para crear sitios web que puedan ser visualizados mediante teléfonos inalámbricos y asistentes digitales personales (PDA). HDML proporciona contenido que está compuesto principalmente de texto y de gráficos limitados. *Véase también* WML.

HDSL *s.* Acrónimo de High-bit-rate Digital Subscriber Line (línea digital de abonado de alta velocidad). Una variante de DSL; HDSL es un protocolo para la transmisión digital de datos a través de líneas de telecomunicación normales de cobre (por oposición a las de fibra óptica) a velocidades de 1,544 Mbps en ambas direcciones. *Véase también* DSL.

HDTP *s.* Acrónimo de Handheld Device Transport Protocol (protocolo de transporte para dispositivos de mano). Protocolo que permite a un dispositivo de mano, como, por ejemplo, un teléfono inalámbrico o un asistente digital personal (PDA), acceder a Internet. HDTP regula la entrada y salida de datos, que son interpretados por el microexplorador del dispositivo. *Véase también* WAP.

HDTV *s.* Acrónimo de High-Definition Television (televisión de alta definición). Un nuevo estándar de presentación para televisión que dobla la resolución de pantalla existente e incrementa la relación de aspecto de la pantalla de 4:3 a 16:9. Esta relación de aspecto crea una imagen de televisión que tiene la forma de una pantalla de cine.

HDTV sobre IP *s.* (*HDTV-over-IP*) Una opción de distribución para televisión de alta definición (HDTV) basada en Internet. HDTV sobre IP proporciona opciones para la provisión de servicios nuevos y ampliados por parte de proveedores de servicios Internet, empresas de cable, operadores de telecomunicaciones e intranets empresariales, siendo sus posibilidades de uso especialmente amplias en el terreno educativo. Las universidades utilizan redes de alta velocidad como Internet2 para proporcionar el gran ancho de banda que requiere HDTV sobre IP. Puesto que HDTV sobre IP ofrece un contraste y una fidelidad de la imagen extremadamente altos, se considera como un vehículo ideal para la distribución de cursos de educación a distancia que requieran imágenes de gran precisión, para las cuales el vídeo convencional no puede proporcionar una resolución suficiente. *También llamado* iHDTV.

hebra *s. Véase* subproceso.

hecto- *pref.* Prefijo métrico que significa 10^2 (cien).

HEL *s. Véase* capa de emulación de hardware.

hello, world *s.* (*hello world*) La salida del primer programa en el clásico libro *The C Programming Language*, de Brian Kernighan y Dennis Ritchie. Este programa es, tradicionalmente, la primera prueba que todo programador en C realiza en un nuevo entorno.

help *s.* **1.** En muchas aplicaciones, un comando que muestra una explicación de otro comando que le sigue. Por ejemplo, en muchos programas FTP, el comando help puede estar seguido por otros comandos, tales como cd (cambiar de directorio) o ls (listar archivos y directorios), para descubrir el propósito de esos otros comandos. **2.** En las versiones 5 y 6 de MS-DOS, el comando utilizado para solicitar información acerca de los comandos MS-DOS, de los parámetros de los comandos y de sus opciones.

hembra telefónica *s.* (*jack*) Conector diseñado para recibir un terminal de tipo clavija. Este tipo de conectores se utiliza principalmente para realizar conexiones de audio y vídeo.

henrio *s.* (*henry*) La unidad de inductancia. Una corriente que varíe a una velocidad de 1 amperio por segundo generará una diferencia de potencial de 1 voltio a través de una inductancia de 1 henrio. En la práctica, el henrio es una unidad de valor muy grande; las inductancias se suelen medir en milihenrios (mH = 10^{-3} H), microhenrios (μH = 10^{-6} H) o nanohenrios (nH = 10^{-9} H). *Abreviatura:* H. *Véase también* inductancia.

hercio *s.* (*hertz*) La unidad de medida de frecuencia, equivalente a un ciclo (de algún tipo de suceso periódico, como, por ejemplo, una forma de onda) por segundo. Las frecuencias de interés en informática y en los dispositivos electrónicos se suelen medir en kilohercios (kHz = 1.000 Hz = 10^3 Hz), megahercios (MHz = 1.000 kHz = 10^6 Hz), gigahercios (GHz = 1.000 MHz = 10^9 Hz) o terahercios (THz = 1.000 GHz = 10^{12} Hz). *Abreviatura:* Hz.

heredado *adj.* (***legacy***) Perteneciente o relativo a documentos, datos o hardware que existía con anterioridad a un tiempo determinado. La designación se refiere en concreto a un cambio en un proceso o en una técnica que requiere la traducción de archivos de datos antiguos a un sistema nuevo.

heredar *vb.* (***inherit***) Adquirir las características de otra clase en la programación orientada a objetos. Las características heredadas pueden ser ampliadas, restringidas o modificadas. *Véase también* clase.

herencia *s.* (***inheritance***) **1**. La transferencia de ciertas propiedades, tales como archivos abiertos, desde un programa o proceso padre a otro programa o proceso cuya ejecución fue iniciada por el padre. *Véase también* hijo. **2**. La transferencia de las características de una clase, en la programación orientada a objetos, a otras clases derivadas de la misma. Por ejemplo, si «vegetal» es una clase, las clases «legumbre» y «hortaliza» pueden derivarse de ella, y las dos heredarán las propiedades de la clase «vegetal»: nombre, estación de crecimiento de la planta, etc. *Véase también* clase; programación orientada a objetos.

herencia múltiple *s.* (***multiple inheritance***) Característica de algunos lenguajes de programación orientados a objetos que permite derivar una nueva clase a partir de varias clases existentes. La herencia múltiple extiende y combina los tipos existentes. *Acrónimo:* MI. *Véase también* clase; heredar; tipo.

hermano *s.* (***sibling***) Proceso o nodo de un árbol de datos que es descendiente del mismo antecesor o antecesores inmediatos que otros procesos o nodos. *Véase también* generación; nodo.

herramienta de comprensión de programa *s.* (***program comprehension tool***) Herramienta de ingeniería software que facilita el proceso de comprender la estructura y/o funcionalidad de las aplicaciones informáticas. *Acrónimo:* PCT. *También llamado* herramienta de exploración de software.

herramientas de gestión y monitorización *s.* (***Management and Monitoring Tools***) Componentes software que incluyen utilidades para la gestión y monitorización de red junto con servicios que soportan la marcación telefónica por parte de los clientes y la actualización de las agendas de teléfonos de los clientes. Entre estas herramientas, se incluye el protocolo SNMP (Simple Network Management Protocol, protocolo simple de gestión de red). *Véase también* SNMP.

herramientas software *s.* (***software tools***) Programas, utilidades, bibliotecas y otras herramientas, como editores, compiladores y depuradores, que pueden utilizarse para desarrollar programas.

heurística *s.* (***heuristic***) Un método o algoritmo que conduce a la solución correcta en una tarea de programación mediante medios no rigurosos o de autoaprendizaje. Un enfoque de programación consiste en desarrollar primero una regla heurística y después irla mejorando. El término procede del griego *heuriskein* («descubrir, averiguar») y está relacionado con la palabra «eureka» («lo encontré»).

hex *s. Véase* hexadecimal.

hexadecimal *adj.* Que utiliza 16 en lugar de 10 como base de representación de los números. El sistema hexadecimal utiliza los dígitos 0 a 9 y las letras A a F (mayúsculas o minúsculas) para representar los números decimales comprendidos entre 0 y 15. Un dígito hexadecimal es equivalente a 4 bits, y un byte puede expresarse mediante dos dígitos hexadecimales. Por ejemplo, el número binario 0101 0011 corresponde al valor hexadecimal 53. Para evitar la confusión con los números decimales, los números hexadecimales en los programas o en la documentación se suelen escribir añadiendo a continuación una H o precediéndolos mediante los caracteres &, $ o 0x. Así, 10H = 16 en decimal; 100H = 16^2 en decimal = 256 en decimal. En el Apéndice E se proporcionan las tablas de equivalencia y de conversión para números binarios, decimales, hexadecimales y octales.

HFS *s*. *Véase* Hierarchical File System.

HFS+ *s*. Acrónimo de Hierarchical File System Plus (sistema jerárquico de archivos avanzado). Principal formato de sistema de archivos disponible en el sistema operativo Macintosh. Con Mac OS 8.1, HFS+ sustituyó al anterior formato HFS, añadiendo soporte para nombres de longitud superior a 31 caracteres y representación Unicode de los nombres de archivos y directorios.

HGA *s*. Acrónimo de Hercules Graphic Adapter (adaptador gráfico Hércules). *Véase* HGC.

HGC *s*. Acrónimo de Hercules Graphic Card (tarjeta gráfica Hércules). Adaptador de vídeo introducido en 1982 por Hercules Computer Technology para computadoras personales IBM y compatibles y ahora sustituido por VGA y sus sucesores. Ofrecía un modo gráfico monocromo con 720 × 348 píxeles. *Véase también* VGA.

HGC Plus *s*. Adaptador de vídeo, introducido en 1986 por Hercules Computer Technology, que ofrecía espacio de búfer de vídeo adicional para almacenar 12 fuentes de 256 caracteres cada una que podían ser utilizadas para presentar caracteres gráficos.

HHOK *s*. Acrónimo de ha, ha, only kidding (sólo estaba bromeando). Una indicación humorística utilizada a menudo en mensajes de correo electrónico y comunicaciones en línea.

hibernación *s*. (*hibernation*) Estado en el que una computadora se apaga después de guardar todo lo que había en memoria en el disco duro. Cuando la computadora se enciende, los programas y documentos que estuvieran abiertos se restauran en el escritorio. *Véase también* espera.

Hierarchical File System *s*. Sistema jerárquico de archivos. Sistema de archivos con estructura de árbol utilizado en el Apple Macintosh, en el que las carpetas pueden anidarse dentro de otras carpetas. *Acrónimo*: HFS. *Véase también*

jerarquía; ruta; raíz. *Compárese con* sistema de archivos sin formato.

hijo *s*. **1**. (*child*) Proceso iniciado por otro proceso (el padre). Esta acción de iniciación se conoce frecuentemente como bifurcación. El proceso padre a menudo se queda en modo suspendido hasta que el proceso hijo termina su ejecución. **2**. (*child*) En una estructura de árbol, la relación de un nodo con su predecesor inmediato. *Véase también* generación; estructura de árbol.

hilo *s*. **1**. (*hairline*) La cantidad más pequeña de espacio visible o la línea más estrecha que puede mostrarse en una página impresa. El tamaño de un hilo depende de los materiales, del hardware y del software utilizados y también de la organización de que se trate. Por ejemplo, el servicio de correos de Estados Unidos define un hilo como 1/2 punto (aproximadamente 0,007 pulgadas), mientras que otras organizaciones definen otros tamaños distintos. *Véase también* punto; regla. **2**. (*thread*) En el correo electrónico y en los grupos de noticias Internet, es una serie de mensajes y respuestas relacionados con un tema específico.

hilo de discusión *s*. (*threaded discussion*) En un grupo de noticias u otro tipo de foro en línea, es una serie de mensajes o artículos en la que las respuestas a un artículo están anidadas directamente debajo suyo en lugar de disponer los artículos en orden cronológico o alfabético. *Véase también* grupo de noticias; hilo.

hinchazón del software *s*. (*software bloat*) Condición de los programas software causada por la adición de un número excesivo de características y funciones probablemente innecesarias cada vez que se lanzan nuevas versiones del programa. Generalmente, la hinchazón de software tiene como resultado largos tiempos de carga y requisitos de recursos (memoria y almacenamiento) desmesurados. *Véase también* software inflado; ahogo de funcionalidad.

hiperespacio *s*. (*hyperspace*) El conjunto de documentos a los que puede accederse siguiendo los hipervínculos existentes en la World Wide Web. *Compárese con* ciberespacio; espacio Gopher.

hipermedia *s.* (*hypermedia*) La combinación de texto, vídeo, gráficos, hipervínculos y otros elementos en la forma típica de los documentos web. Esencialmente, la hipermedia es la moderna extensión del hipertexto, los documentos hipervinculados y basados en texto de la Internet original. La información hipermedia trata de ofrecer un entorno de trabajo y de aprendizaje que se asemeje al pensamiento humano, es decir, un entorno en el que el usuario pueda realizar asociaciones entre temas en lugar de moverse secuencialmente de un tema al siguiente, que es lo que sucede en las listas alfabéticas. Por ejemplo, una presentación hipermedia sobre el tema de la navegación podría incluir vínculos a los temas relacionados de la astronomía, la migración de los pájaros, la geografía, los satélites y el radar. *Véase también* hipertexto.

hipertexto *s.* (*hypertext*) Texto que está interenlazado mediante una red compleja y no secuencial de asociaciones en la que el usuario puede explorar a través de una serie de temas relacionados. Por ejemplo, en un artículo con la palabra hierro, viajar a través de los vínculos a la palabra «hierro» puede conducir al usuario a la tabla periódica de los elementos o a un mapa de la difusión de las técnicas metalúrgicas durante la Edad de Hierro en Europa. El término hipertexto fue acuñado en 1965 para describir documentos presentados por una computadora en los que se expresa la estructura no lineal del pensamiento, por oposición al formato lineal característico de los libros, las películas y el habla. El término *hipermedia*, introducido más recientemente, es casi sinónimo, pero pone el énfasis en los elementos no textuales, tales como las animaciones, grabaciones sonoras y vídeo. *Véase también* HyperCard; hipermedia.

hipervínculo *s.* (*hyperlink*) Una conexión entre un elemento de un documento de hipertexto (como, por ejemplo, una palabra, frase, símbolo o imagen) y otro elemento diferente situado en el mismo documento, en otro documento, en un archivo o en un script. El usuario activa el vínculo haciendo clic sobre el elemento vinculado, que normalmente se presenta subrayado o en un color distinto del resto del documento, para indicar que el elemento tiene un vínculo asociado. Los hipervínculos se indican en los documentos de hipertexto mediante etiquetas correspondientes a lenguajes de composición tales como SGML y HTML. Estas etiquetas no son, generalmente, visibles para el usuario. *También llamado* vínculo, vínculo caliente, vínculo de hipertexto. *Véase también* ancla; HTML; hipermedia; hipertexto; URL.

hipervínculo incrustado *s.* (*embedded hyperlink*) Un vínculo a un recurso que está embebido dentro de un texto o está asociado con una imagen o un mapa de imagen. *Véase también* hipervínculo; mapa de imagen.

HIPPI *s.* Acrónimo de High-Performance Parallel Interface (interfaz paralela de altas prestaciones). Estándar de comunicaciones ANSI utilizado en las supercomputadoras.

histéresis *s.* (*hysteresis*) La tendencia de un sistema, dispositivo o circuito a comportarse de forma distinta dependiendo de la dirección en que varíe un parámetro de entrada. Por ejemplo, un termostato doméstico puede encenderse cuando se alcanzan los 22 grados al enfriarse la casa y no apagarse hasta que se alcancen los 24 grados cuando la casa se está calentando. La histéresis es importante en muchos dispositivos, especialmente en los que emplean campos magnéticos, como los transformadores y los cabezales de lectura/escritura.

histograma *s.* (*histogram*) Un diagrama que consta de barras horizontales y verticales cuyas anchuras y alturas representan los valores de unos datos determinados.

historial *s.* (*history*) Una lista de las acciones que un usuario ha realizado dentro de un programa, como, por ejemplo, los comandos introducidos en una shell del sistema operativo, los menús que ha recorrido al utilizar Gopher o los vínculos que ha seguido mientras estaba empleando un explorador web.

HKEY *s.* En Windows 9x, Windows NT y Windows 2000, se trata de un descriptor para una clave del Registro que almacena información de configuración. Cada clave tiene una serie de subclaves que contienen información de configuración que, en las versiones anteriores de

Windows, estaba almacenada en archivos. ini. Por ejemplo, el descriptor de clave HKEY_CURRENT_USERControl Panel tiene una subclave para el Escritorio de Windows. *Véase también* descriptor.

HLL *s*. *Véase* lenguaje de alto nivel.

HLS *s*. Acrónimo de hue-lightness-saturation (tono-brillo-saturación). *Véase* HSB.

HMA *s*. *Véase* área de memoria alta.

HMD *s*. *Véase* visiocasco.

hoja *s*. **1**. (*leaf*) Todo nodo (localización) en una estructura de árbol que está situado en el punto más alejado de la raíz (nodo principal) independientemente de la ruta que se siga. Así, en todo árbol, una hoja es un nodo situado al final de una rama y que, por tanto, no tiene descendientes. *Véase también* raíz; subárbol; árbol. **2**. (*sheet*) Característica para gestionar cuadros de diálogo incluida en la interfaz OS X Aqua de Mac. Cuando el usuario selecciona guardar o imprimir un documento, una hoja transparente emerge de la barra de títulos de la pantalla y permanece unida a esa ventana incluso aunque el fondo se desplace. La hoja permite al usuario continuar trabajando en la ventana, o en otra ventana, sin cerrar la hoja.

hoja de cálculo electrónica *s*. (*electronic spreadsheet*) *Véase* programa de hoja de cálculo.

hoja de estilo *s*. (*style sheet*) **1**. Un archivo de instrucciones utilizado para aplicar formatos de carácter, de párrafo y de página en aplicaciones de procesamiento de texto y de autoedición. **2**. Un archivo de texto que contiene código utilizado para aplicar elementos semánticos, como, por ejemplo, especificaciones de diseño de página, a un documento HTML. *Véase también* documento HTML; semántica.

hoja de estilo incrustada *s*. (*inline stylesheet*) Una hoja de estilo incluida dentro de un documento HTML. Puesto que una hoja de estilo incrustada está directamente asociada con un documento individual, cualquier cambio que se realice en la apariencia de dicho documento no afectará a la apariencia de otros documentos del sitio web. *Compárese con* hoja de estilo vinculada.

hoja de estilo vinculada *s*. (*linked stylesheet*) Una hoja de estilo que está separada de los documentos HTML a los que está vinculada. Una hoja de estilo vinculada puede utilizarse para conjuntos complejos de páginas web o incluso sitios web completos que requieran disponer de una apariencia uniforme. Puesto que el estilo se define una única vez y se vincula a las páginas web asociadas, puede cambiarse el sitio completo modificando un único archivo de hoja de estilo. *Compárese con* hoja de estilo incrustada.

hoja de estilo XML *s*. (*XML stylesheet*) Contiene reglas de formateo que se aplican al archivo XML que hace referencia a la hoja de estilo. El conjunto estándar de reglas para las hojas de estilo XML es XSL (Extensible Stylesheet Language, lenguaje ampliable de hojas de estilo). *Véase también* XSL.

hoja de propiedades *s*. (*property sheet*) Tipo de cuadro de diálogo en Windows 9x (al que se accede eligiendo Propiedades en el menú Archivo o haciendo clic con el botón derecho del ratón sobre un objeto y seleccionando Propiedades) que enumera los atributos o configuraciones de un objeto, como, por ejemplo, un archivo, una aplicación o un dispositivo de hardware. Una hoja de propiedades presenta al usuario un conjunto de páginas de propiedades que se asemeja a un clasificador con fichas, en donde cada ficha muestra controles de diálogo estándar para la personalización de parámetros.

hoja de trabajo *s*. (*worksheet*) En un programa de hoja de cálculo, página organizada en filas y columnas que aparecen en pantalla y que se usa para construir una tabla.

hojas de estilo en cascada *s*. (*cascading style sheets*) Una especificación del lenguaje HTML (Hypertext Markup Language) desarrollada por el consorcio W3C (World Wide Web Consortium) que permite a los autores de documentos HTML y a los usuarios asociar hojas de estilo a los documentos HTML. Las hojas de estilo incluyen información tipográfica que especifica cuál debe ser el aspecto de la página, como, por ejemplo, el tipo de letra del texto incluido en la misma. Esta especificación

holografía   **374**

también controla la forma en la que se combinarán las hojas de estilo del documento HTML y los estilos de usuario. Las hojas de estilo en cascada han sido propuestas para su incorporación en el estándar HTML 3.2. *Acrónimo:* CSS. *También llamado* mecanismo CSS, CSS1. *Véase también* HTML; hoja de estilo.

holografía *s.* (*holography*) Método de reproducción de imágenes visuales tridimensionales por medio de la grabación de patrones de interferencia de luz en un soporte físico, como, por ejemplo, una película fotográfica, creando un holograma. *Véase también* holograma.

holograma *s.* (*hologram*) Registro de una imagen tridimensional creado mediante técnicas holográficas. El holograma consta de un patrón de interferencia de luz que se mantiene en un soporte físico, como, por ejemplo, una película fotográfica. Cuando se ilumina adecuadamente, produce una imagen que cambia su apariencia a medida que el observador cambia el ángulo de visión. *Véase también* holografía.

HomePNA *s.* Abreviatura de Home Phoneline Networking Alliance (alianza para la implantación de redes domésticas sobre cableado telefónico). Una asociación de más de 100 empresas que intentan promover la adopción de una tecnología unificada para el establecimiento de redes domésticas utilizando el cableado telefónico existente. Las redes sobre cable telefónico permiten conectar múltiples equipos, impresoras y dispositivos periféricos, para propósitos tales como los juegos multijugador, la compartición de impresoras y de otros periféricos y la realización de rápidas descargas a través de Internet. Esta alianza fue fundada por una serie de empresas entre las que se incluyen IBM, Intel, AT&T y Lucent Technologies.

HomeRF *s.* Acrónimo de Home Radio Frequency (radiofrecuencia doméstica). Una especificación para redes domésticas inalámbricas que utiliza la banda de frecuencia de 2,4 GHz para establecer comunicaciones entre equipos, periféricos, teléfonos inalámbricos y otros dispositivos. HomeRF está soportada por Siemens, Compaq, Motorola, National Semiconductor, Proxim y otras empresas.

homologación *s.* (*certification*) El acto de otorgar un documento para demostrar que un producto hardware o software cumple con una cierta especificación, como, por ejemplo, que es capaz de funcionar con algún otro producto hardware o software.

homólogo *s.* (*peer*) Cualquiera de los dispositivos en una red de comunicaciones con varios niveles que opere en el mismo nivel de protocolo. *Véase también* arquitectura de red.

Honeynet, proyecto *s.* (*Honeynet Project*) Un grupo de investigación sobre seguridad sin ánimo de lucro creado para recopilar y analizar datos sobre métodos y herramientas de pirateo informático, manteniendo como señuelo una red de equipos que sea potencialmente atractiva para los piratas informáticos. El proyecto Honeynet construye redes informáticas completas con diferentes combinaciones de sistemas operativos y mecanismos de seguridad para simular de forma realista las redes utilizadas en las empresas y organizaciones. Los piratas informáticos son atraídos hasta la red, en la que se capturan todos los datos entrantes y salientes y en la que se contiene a los atacantes para ayudar a los investigadores a aprender acerca de las motivaciones y tácticas de los piratas informáticos.

honker *s.* Término del argot, originario de China, utilizado para designar a un hacker. La Unión de honkers de China es un activo grupo de piratas informáticos chinos con objetivos nacionalistas o de hacktivismo. La Unión de honkers de China ha aducido motivaciones patrióticas para desfigurar sitios web japoneses y estadounidenses para entrar en redes de Estados Unidos y para liberar el gusano Lion y otros programas maliciosos. *Véase también* hacktivista; Lion, gusano.

hora Zulú *s.* (*Zulu time*) Término del argot para referirse a la hora del meridiano de Greenwich.

horizonte de fecha *s.* (*date horizon*) Período de tiempo que un programa utiliza para determinar el punto de inicio o de terminación en lo que respecta a la realización de sus funciones. Un programa de control del inventario puede tener un horizonte de fecha situado dos meses antes de la fecha actual (horizonte de fecha trasero) para procesar las mercancías devueltas y otro situado dos meses después de la fecha actual (horizonte de fecha delantero) para propósitos de planificación. Si la lógica del programa no tiene en cuenta ninguno de los horizontes de fecha, podría ocurrir que, si fuera el año 1999, el programa experimentara problemas relacionados con el año 2000 cuando el horizonte de fecha delantero alcanzara el 1 de enero de 2000. *Véase también* horizonte de sucesos.

horizonte de sucesos *s*. (*event horizon*) El instante en el que el hardware y el software comenzaron a tener la posibilidad de encontrarse con problemas relacionados con el año 2000. Por ejemplo, el horizonte de sucesos en una empresa de contabilidad cuyo año fiscal terminara el 30 de junio de 1999 sería de seis meses a contar desde el 1 de enero de 1999.

horizonte temporal de fallo *s*. (*time horizon to failure*) *Véase* horizonte de sucesos.

hospedaje *s*. (*hosting*) La práctica de proporcionar facilidades informáticas y de telecomunicaciones a empresas o individuos, especialmente para su uso en la creación de sitios web y de comercio electrónico. Un servicio de albergue puede proporcionar acceso de alta velocidad a Internet, mecanismos redundantes de almacenamiento de datos y de procesamiento y mantenimiento veinticuatro horas a un coste inferior que si se implementaran los mismos servicios de forma independiente. *Véase también* hospedar; hospedaje virtual.

hospedaje virtual *s*. (*virtual hosting*) Un tipo de servicio de albergue que proporciona a los clientes un servidor web y servicios de comunicaciones y de otro tipo para sus propios sitios web. Además de hardware, software e infraestructura de comunicaciones, los servicios de albergue virtual pueden incluir asistencia en el proceso de registro de nombres de dominio, direcciones de correo electrónico y otras cuestiones relacionadas con la Web. *Véase también* hospedar; hospedaje.

hospedar *vb*. (*host*) Proporcionar servicios a equipos cliente que se conecten desde ubicaciones remotas; por ejemplo, ofrecer acceso a Internet o actuar como fuente de un servicio de noticias o de correo.

host *s*. **1**. En redes basadas en PC, una computadora que proporciona acceso a otras computadoras. **2**. En Internet y otras redes de gran tamaño, un equipo servidor que tiene acceso a otros equipos de la red. Una computadora host proporciona servicios, como noticias, correo o datos, a los equipos que se conectan a ella. **3**. La computadora principal en un entorno mainframe o de minicomputadora; es decir, la computadora a la que están conectados los terminales.

host bastión *s*. (*bastion host*) Computadora que proporciona seguridad sirviendo como pasarela entre una red interna y los sistemas externos. Todo el tráfico exterior que intenta conectar con la red interna se encamina a través del host bastión, el cual defiende de los ataques potenciales interceptando y analizando los paquetes entrantes. El host bastión puede ser parte de un sistema de seguridad más complejo que proporcione múltiples capas de protección.

host de ejecución en lenguaje común *s*. (*common language runtime host*) Aplicación no gestionada que utiliza un conjunto de interfaces de programación de aplicaciones, denominadas interfaces de host, para integrar código gestionado en la aplicación. Las aplicaciones host de ejecución en lenguaje común normalmente requieren un alto nivel de personalización del entorno de ejecución que se carga en el proceso. Las interfaces de host permiten a las aplicaciones host de ejecución en lenguaje común especificar parámetros que configuren el mecanismo de recolección de basura, que seleccionen la versión adecuada del entorno (servidor frente estación de trabajo), etc. Las aplicaciones host de ejecución en lenguaje común soportan a menudo un modelo de extensibilidad que permite al usuario final añadir dinámicamente nuevas funcionalidades, como, por ejemplo, un nuevo control o una función escrita por el usuario. Estas extensiones están normalmente aisladas unas de otras dentro del proceso, utilizando para ello dominios de aplicación y opciones personalizadas de seguridad. Como ejemplos de aplicaciones host de ejecución en lenguaje común, podemos citar ASP.NET, Microsoft Internet Explorer y una aplicación de ejecución de archivos ejecutables que puede iniciarse desde la shell de Windows.

Host Integration Server *s*. Una aplicación software de Microsoft Corporation que permite a las empresas integrar aplicaciones, datos y equipos de red existentes con nuevas tecnologías y aplicaciones empresariales. Host Integration Server preserva las inversiones e infraestructuras heredadas existentes en las empresas al mismo tiempo que proporciona herramientas de desarrollo comerciales que permiten la integración con redes cliente/servidor y con la Web.

host not responding *s*. El host no responde. Un mensaje de error emitido por un cliente Internet indicativo de que la computadora a la que se ha enviado una solicitud ha rehusado la conexión o no está, de alguna forma, disponible para responder a la solicitud.

host unreachable *s*. Host inalcanzable. Una condición de error que tiene lugar cuando la computadora concreta a la que el usuario se quiere conectar a través de una red TCP/IP no está accesible en la LAN bien porque está apagada o bien porque está desconectada de la red. El mensaje de error concreto que el usuario vea depende de cada sistema. *Véase también* TCP/IP.

HotBot *s*. Un motor de búsqueda en Internet desarrollado por Inktomi Corporation y HotWired, Inc. Utilizando Slurp, un robot web, esta herramienta mantiene una base de datos de documentos que puede compararse con las palabras clave introducidas por el usuario de forma similar a otros motores de búsqueda. HotBot incorpora muchas estaciones de trabajo en paralelo para buscar e indexar páginas web. *Véase también* araña.

HotJava *s*. Un explorador web desarrollado por Sun Microsystems, Inc., que está optimizado para ejecutar applets y aplicaciones Java embebidas en páginas web. *Véase también* applet; Java; applet Java.

Hotmail *s*. Un servicio de correo electrónico basado en la Web que se puso en marcha en 1996 y que ahora es propiedad de Microsoft, que lo opera desde diciembre de 1997. Hotmail proporciona cuentas gratuitas de correo electrónico y puede ser utilizado por cualquiera que disponga de acceso a Internet y de un programa explorador web.

HotSync *s*. Aplicación software de Palm que permite la sincronización de datos entre un dispositivo de mano Palm y otro dispositivo informático, como, por ejemplo, un portátil o una computadora personal. La sincronización tiene lugar a través de una conexión por cable o de manera inalámbrica (por ejemplo, mediante señales infrarrojas).

HotWired *s*. Un sitio web dependiente de la revista *Wired* que contiene noticias, rumorología y otras informaciones acerca de la cultura de Internet.

HP/UX o **HP-UX** *s*. (*HP/UX* o *HP-UX*) Acrónimo de Hewlett-Packard UNIX. Versión del sistema operativo UNIX diseñada específicamente para ser ejecutada en estaciones de trabajo Hewlett-Packard. *Véase también* UNIX.

HPC *s*. *Véase* PC de mano.

HPFS *s*. Acrónimo de High Performance File System (sistema de archivos de alto rendimiento). Un sistema de archivos disponible con las versiones 1.2 y posteriores de OS/2. *Véase también* sistema de archivos FAT; NTFS.

HPGL *s*. Acrónimo de Hewlett-Packard Graphics Language (lenguaje de gráficos de Hewlett-Packard). Lenguaje originalmente desarrollado para imágenes destinadas a trazadores gráficos. Un archivo HPGL consiste en instrucciones que un programa puede usar para reconstruir una imagen gráfica.

HPIB *s*. Acrónimo de Hewlett-Packard Interface Bus (bus de interfaz de Hewlett-Packard). *Véase* GPIB.

HPPCL *s*. Acrónimo de Hewlett-Packard Printer Control Language (lenguaje de control de impresión de Hewlett-Packard). *Véase* Printer Control Language.

.hqx *s*. Extensión de archivo para un archivo codificado con BinHex. *Véase también* BinHex; aguas abajo.

HREF *s*. Abreviatura de hypertext reference (referencia de hipertexto). Un atributo dentro de un documento HTML que define un vínculo a otro documento de la Web. *Véase también* HTML.

HSB *s*. Acrónimo de hue-saturation-brightness (tono-saturación-brillo). Modelo de color en el que el tono es el propio color, según la representación típica de una rueda de colores, donde 0° es rojo, 60° es amarillo, 120° es verde, 180° es turquesa, 240° es azul y 300° es magenta; la saturación es el porcentaje que el color tiene del tono especificado, y el brillo es el porcentaje de blanco que hay en el color. *Véase también* modelo de color. *Compárese con* CMY; RGB.

HSM *s*. Abreviatura de Hierarchical Storage Management (gestión de almacenamiento jerárquica). Una tecnología para la gestión de datos en línea y de dispositivos de almacenamiento de datos en la que el soporte en el que la información reside depende de la frecuencia con la que se acceda a la información. Al trasladar los datos entre los dispositivos de almacenamiento principales (a los que se puede acceder rápidamente, pero que son caros) y secundarios (más lentos, pero también más baratos), los mecanismos HSM mantienen la información más frecuentemente utilizada en los soportes de almacenamiento principales y los datos utilizados con menor frecuencia en los dispositivos de almacenamientos secundario, tales como cinta magnética o lector de discos ópticos. Aunque la información reside en diferentes soportes de almacenamiento, parece como si toda la información estuviera en línea y, de hecho, toda la información es accesible para el usuario. Cuando los usuarios solicitan datos que están almacenados en algún dispositivo secundario, los mecanismos HSM trasladan la información al soporte principal de almacenamiento.

HSV *s*. Acrónimo de hue-saturation-value (tono-saturación-valor). *Véase* HSB.

H-sync *s*. *Véase* sincronización horizontal.

HTCPCP *s*. Acrónimo de Hyper Text Coffe Pot Control Protocol (protocolo de hipertexto para control de cafeteras). Un protocolo definido en broma para la fiesta April Fools' Day (el equivalente a nuestro Día de los Inocentes) que constituye un remedo de los estándares Internet abiertos. HTCPCP/1.0 fue propuesto el 1 de abril de 1998 por Larry Masinter, de Xerox PARC, en el documento RFC 2324. En este documento, Masinter describía un protocolo para el control, monitorización y diagnóstico de cafeteras.

.htm *s*. La extensión de archivo MS-DOS/Windows 3.x que identifica los archivos HTML (Hyper Text Markup Language) que se suelen normalmente utilizar como páginas web. Puesto que MS-DOS y Windows 3.x no pueden reconocer las extensiones de archivo de más de tres letras, la extensión .html se trunca a tres letras en dichos entornos. *Véase también* HTML.

.html *s*. La extensión de archivo que identifica los archivos HTML (Hyper Text Markup Language) que normalmente se utilizan como páginas web. *Véase también* HTML.

HTML *s*. Acrónimo de Hyper Text Markup Language (lenguaje de composición de hipertexto). El lenguaje de composición utilizado para los documentos en la World Wide Web. Es un lenguaje con notación basada en etiquetas que se utiliza para formatear documentos que pueden luego ser interpretados y visualizados mediante un explorador web. HTML es una aplicación de SGML (Standard Generalized Markup Language, lenguaje estándar de composición generalizado) que utiliza etiquetas para marcar en un documento los elementos, como, por ejemplo, texto y gráficos, con el fin de indicar cómo deben mostrar los exploradores web estos elementos a los usuarios y responder a las acciones que el usuario lleve a cabo, como la activación de un vínculo por medio de una pulsación de tecla o un clic de ratón. HTML2, definido por IETF (Internet Engineering Task Force) incluía características de HTML comunes a todos los exploradores web existentes en 1994 y fue la primera versión de HTML utilizada ampliamente en la World Wide Web. HTML+ fue propuesto como extensión de HTML2 en 1994, pero nunca llegó a ser implementado. HTML3, que tampoco llegó nunca a ser estandarizado ni implementado completamente por ninguno de los principales desarrolladores de exploradores web, introdujo las tablas dentro del estándar. HTML3.2 incorporó una serie de características que ya estaban siendo ampliamente implementadas a principios de 1996, incluyendo las tablas, applets y la capacidad de dejar fluir el texto alrededor de las imágenes. HTML4, la última especificación, soporta las hojas de estilo y los lenguajes de script e incluye características de internacionalización y accesibilidad. Los futuros desarrollos de HTML serán llevados a cabo por el consorcio W3C (World Wide Web Consortium). La mayoría de los exploradores web, y en especial Netscape Navigator e Internet Explorer, reconocen otras etiquetas HTML además de las incluidas en el actual estándar. *Véase también* .htm; .html; SGML; etiqueta; explorador web.

HTML dinámico *s*. (*dynamic HTML*) Una tecnología diseñada para añadir riqueza, interactividad e interés gráfico a las páginas web, proporcionando a dichas páginas la posibilidad de cambiarse y actualizarse dinámicamente, es decir, en respuesta a las acciones de los usuarios, sin necesidad de efectuar descargas repetidas del servidor. Esto se realiza combinando HTML con JavaScript y con los mecanismos de hojas de estilo en cascada (CSS, cascade style sheets). Como ejemplos de acciones de HTML dinámico, podemos citar el movimiento de gráficos en la página y la visualización de información, como, por ejemplo, menús o tablas, en respuesta a los movimientos o clics de ratón. La interoperabilidad de estos mecanismos está gobernada por la especificación DOM (Document Object Model) del consorcio W3C (World Wide Web Consortium); dicha especificación es una interfaz neutra con respecto a la plataforma y al lenguaje pensada para garantizar que los programas y scripts puedan acceder y actualizar de forma dinámica el contenido, la estructura y el estilo de los documentos. *Acrónimo:* DHTML.

HTTP *s*. Acrónimo de Hypertext Transfer Protocol (protocolo de transferencia de hipertexto). El protocolo utilizado para transferir solicitudes desde un explorador a un servidor web y para transferir páginas desde los servidores web hacia los exploradores solicitantes. Aunque HTTP se utiliza de forma casi universal en la Web, no se trata de un protocolo especialmente seguro.

HTTP Daemon *s*. *Véase* HTTPd.

HTTP Next Generation *s*. *Véase* HTTP-NG.

HTTP seguro *s*. (*Secure HTTP*) *Véase* SHTTP; HTTPS.

HTTPd *s*. Acrónimo Hypertext Transfer Protocol Daemon (demonio HTTP). Un pequeño y rápido servidor HTTP suministrado de forma gratuita por NCSA. HTTPd fue el predecesor de Apache. *También llamado* HTTP Daemon. *Véase también* Apache; servidor HTTP; NCSA.

HTTP-NG *s*. Acrónimo de Hypertext Transfer Protocol Next Generation (HTTP de nueva generación). Un estándar en desarrollo por parte del consorcio W3C (World Wide Web Consortium) para mejorar las prestaciones y permitir la adición de características tales como la seguridad al protocolo HTTP. Mientras que la versión actual de HTTP establece una conexión cada vez que se realiza una solicitud, HTTP-NG establece una única conexión (que está compuesta por canales separados de información de control y de datos) para cada sesión completa entre un cliente y un servidor determinados.

HTTPS *s*. **1**. Software de servidor web para Windows NT desarrollado por EMWAC (European Microsoft Windows NT Academia Centre) en la Universidad de Edimburgo, Escocia, y que ofrece características tales como capacidades de búsqueda WAIS. *Véase también* servidor HTTP; WAIS. **2**. Acrónimo de Hypertext Transfer Protocol Secure (HTTP seguro). Una variante de HTTP que proporciona mecanismos de cifrado y de transmisión a través de un puerto seguro. HTTP fue desarrollado por Netscape y permite que HTTP se ejecute sobre un mecanismo de seguridad denominado SSL (Secure Sockets Layer, nivel de conectores seguros). *Véase también* HTTP; SSL.

hueco *s.* (*gap*) *Véase* separación entre registros.

huella *s.* (*footprint*) El área ocupada por una computadora personal u otro dispositivo.

huella digital *s.* **1.** (*digital fingerprinting*) *Véase* marca de agua digital. **2.** (*fingerprint*) Información insertada o adjuntada a un archivo o imagen con el fin de identificarlo de forma unívoca. *Compárese con* marca de agua digital.

huérfana *s.* (*orphan*) La primera línea de un párrafo cuando ésta es impresa aisladamente al final de una página o una columna de texto o la última línea de un párrafo cuando se la imprime aisladamente en la parte superior de una página o columna. Las líneas huérfanas son poco atractivas visualmente y, por tanto, indeseables en las publicaciones impresas. *Compárese con* viuda.

huevo de Pascua *s.* (*Easter egg*) Propiedad oculta de un programa de computadora. Puede ser un comando oculto, una animación, un mensaje de humor o una lista de créditos de las personas que desarrollaron el programa. Para visualizar un huevo de Pascua, a menudo el usuario debe introducir una extraña serie de pulsaciones de tecla.

Hybris, virus *s.* (*Hybris virus*) Un gusano Internet automodificante de difusión lenta, pero muy persistente, que fue detectado por primera vez a finales de 2000. El virus Hybris se activa cada vez que una computadora infectada se conecta a Internet. El virus se adjunta a sí mismo a todos los mensajes de correo electrónico salientes, mantiene una lista de todas las direcciones de correo electrónico contenidas en las cabeceras de los mensajes entrantes y envía copias de sí mismo a todas las direcciones de correo electrónico de la lista. Hybris es difícil de erradicar, porque se actualiza a sí mismo periódicamente, accediendo al grupo de noticias alt.comp.virus y descargando actualizaciones y plug-ins enviados a ese grupo de noticias mediante artículos anónimos. Hybris incorpora las extensiones descargadas en su propio código y envía por correo electrónico su forma modificada a otras víctimas potenciales adicionales. Hybris incluye a menudo un plug-in que hace aparecer un disco rotatorio sobre todas las ventanas activas de la pantalla de un usuario.

HyperCard *s.* Herramienta software de gestión de información diseñada para computadoras Apple Macintosh y que implementa varios conceptos de hipertexto. Un documento HyperCard está formado por una serie de tarjetas reunidas en un tarjetero. Cada tarjeta contiene texto, imágenes, sonido, botones que posibilitan el desplazamiento de una a otra tarjeta y otros controles. Se pueden codificar programas y rutinas en forma de scripts en un lenguaje orientado a objetos denominado HyperTalk o desarrollarlos como recursos de código externos (módulos XCMD y XFCN). *Véase también* hipertexto; programación orientada a objetos; XCMD; XFCN.

HyperTalk *s.* Lenguaje de programación utilizado para manipular pilas HyperCard desarrollado por Apple Computer, Inc. *Véase también* HyperCard.

HyperWave *s.* Un servidor World Wide Web especializado en manipulación de bases de datos y multimedia.

HYTELNET *s.* Un índice de recursos Internet basado en menús que indica recursos accesibles mediante Telnet, incluyendo catálogos de bibliotecas, bases de datos y bibliografías, tablones de anuncios electrónicos y servicios de información de red. HYTELNET puede utilizarse mediante un programa cliente que se ejecute en una computadora conectada a Internet o a través de la World Wide Web.

HyTime *s.* Lenguaje de composición estándar que describe vínculos dentro de los documentos y objetos hipermedia y entre unos documentos y objetos y otros. El estándar define las estructuras y algunas características semánticas, permitiendo la descripción de los mecanismos de exploración y de la información de presentación de los objetos.

Hz *s. Véase* hercio.

I²L *s. Véase* lógica integrada de inyección.

I seek you *s. Véase* ICQ.

I/O *s. Véase* entrada/salida.

I2O *s.* Abreviatura de Intelligent Input/Output. Una especificación de arquitectura para controladores de dispositivo de E/S que es independiente tanto del dispositivo que está siendo controlado como del sistema operativo base. *Véase también* controlador; dispositivo de entrada/salida.

i386 *s.* Familia de microprocesadores de 32 bits desarrollada por Intel. El i386 apareció en 1985. *Véase también* 80386DX.

i486 *s.* Familia de microprocesadores de 32 bits desarrollada por Intel que incorporaba y ampliaba las capacidades del i386. El i486 se presentó en 1989. *Véase también* i486DX.

i486DX *s.* Microprocesador de Intel que se empezó a comercializar en 1989. Además de las características del 80386 (registros de 32 bits, bus de datos de 32 bits y direccionamiento de 32 bits), el i486DX posee un controlador de caché interno, un coprocesador de coma flotante interno, está capacitado para el multiprocesamiento y tiene una arquitectura de ejecución en cadena (arquitectura pipeline). *Véase también* procesamiento en cadena.

i486DX2 *s.* Microprocesador de Intel que se empezó a comercializar en 1992 como una actualización de ciertos procesadores i486DX. El i486DX2 procesa los datos y las instrucciones al doble de la frecuencia de reloj del sistema. El incremento en la velocidad de operación genera un mayor calentamiento que en un i486DX, por lo que a menudo es conveniente instalar un disipador en el chip. *Véase también* disipador; i486DX; microprocesador. *Compárese con* OverDrive.

i486SL *s.* Versión de bajo consumo de potencia del microprocesador i486DX de Intel diseñado principalmente para las computadoras portátiles. El i486SL opera a una tensión de 3,3 voltios en lugar de a 5 voltios, puede ocultar la memoria y emplea un modo de gestión del sistema (SMM) en el que el microprocesador puede ralentizar o detener algunos componentes del sistema cuando éste no está realizando tareas que hacen un uso intensivo de la UCP, prolongando de este modo el tiempo de vida de la batería. *Véase también* i486DX; memoria oculta.

i486SX *s.* Microprocesador de Intel que se empezó a comercializar en 1991 como una alternativa más económica al i486DX. Opera a velocidades de reloj más bajas y no cuenta con un procesador de coma flotante. *Véase también* 80386DX; 80386SX. *Compárese con* i486DX.

IA *s. Véase* inteligencia artificial.

IA-64 *s.* Abreviatura de Intel Architecture 64. Es una arquitectura de microprocesador de 64 bits de Intel basada en la tecnología EPIC (Explicitly Parallel Instruction Computing). IA-64 es la base del chip Merced de 64 bits, así como de otros futuros chips que estarán basados en la misma arquitectura. A diferencia de otras arquitecturas basadas en la ejecución secuencial de instrucciones, IA-64 está diseñada para implementar los mecanismos de ejecución paralela definidos por la tecnología EPIC. También incluye numerosos registros (128 registros generales para operaciones con enteros y operaciones multimedia y 128 registros de coma flotante) y permite agrupar las instrucciones en paquetes de 128 bits. La arquitectura IA-64 incluye mecanismos integrados de escalabilidad y de compatibilidad con los programas software de 32 bits. *Véase también* EPIC; Merced.

IAB *s.* (*Internet Architecture Board*) Acrónimo de Internet Architecture Board (Consejo de

Arquitectura Internet). El organismo de ISOC (Internet Society) responsable de las cuestiones globales de arquitectura relativas a Internet. IAB también interviene para resolver disputas que puedan surgir en los procesos de estandarización. *Véase también* Internet Society.

IAC *s*. Acrónimo de Information Analysis Center (centro de análisis de la información). Nombre con que se designa a diversas organizaciones dirigidas por el Departamento de Defensa de Estados Unidos para facilitar el uso de la información técnica y científica existente. Los IAC establecen y mantienen bases exhaustivas de conocimientos, incluyendo datos históricos, técnicos y científicos, y también desarrollan y mantienen técnicas y herramientas analíticas con las que poder utilizar dichas bases de conocimiento.

IANA *s*. Acrónimo de Internet Assigned Numbers Authority (Autoridad de asignación de números Internet). La organización históricamente responsable de asignar direcciones IP (Internet Protocol) y supervisar los parámetros técnicos, como los números de protocolo y números de puerto relacionados con el conjunto de protocolos Internet. Bajo la dirección del finado doctor Jon Postel, IANA operó como brazo del IAB (Internet Architecture Board) de ISOC (Internet Society) bajo contrato con el gobierno de Estados Unidos. Sin embargo, dada la naturaleza internacional de Internet, las funciones de IANA, junto con la administración de nombres de dominio gestionada por la empresa estadounidense Network Solutions, Inc. (NSI), se privatizaron en 1998 y pasaron a una nueva organización sin ánimo de lucro denominada ICANN (Internet Corporation for Assigned Names and Numbers). *Véase también* ICANN; NSI.

IBG *s*. Acrónimo de inter block gap (separación entre bloques). *Véase* separación entre registros.

IBM AT *s*. Clase de computadoras personales lanzadas al mercado en 1984 conforme a la especificación PC/AT de IBM. El primer AT estaba basado en el procesador Intel 80286 y superaba ampliamente en velocidad a su predecesor, el XT. *Véase también* 80286.

IBM PC *s*. Abreviatura de IBM Personal Computer (computadora personal IBM). Una clase de computadoras personales introducidas en el mercado en 1981 y que se ajustaban a la especificación redactada por IBM para las computadoras personales. El primer PC estaba basado en el procesador Intel 8088. Durante una serie de años, el IBM PC fue el estándar de facto en el sector informático para las computadoras personales y a los clónicos que aparecieron, que eran computadoras que se ajustaban a esa especificación de IBM, se les denominó compatibles PC *Véase también* compatible PC; Wintel.

IBM PC/XT *s*. Clase de computadoras personales lanzada al mercado por IBM en 1983. El XT, abreviatura de eXtended Technology (tecnología ampliada), permitía al usuario añadir un más amplio rango de periféricos a sus máquinas de lo que era posible con el PC original de IBM. Equipado con un disco duro de 10 megabytes y una o dos disqueteras de 5 1/4 pulgadas, el PC/XT era expandible hasta los 256 K de RAM en la placa madre y tenía instalado el sistema operativo MS-DOS v2.1, el cual soportaba la utilización de directorios y subdirectorios. La popularidad de esta máquina contribuyó a la aparición de lo que sería conocido en el sector informático como «clónicos», copias del diseño original realizadas por muchos fabricantes. *Véase también* IBM AT; IBM PC; PC/XT.

iBook *s*. Computadora portátil presentada por Apple en julio de 1999. iBook estaba destinado a ser una versión portátil de iMac y se distingue fácilmente por su forma redondeada y los colores brillantes de su carcasa. Los primeros modelos de iBook incorporaban un procesador G3 a 300 MHz (PowerPC 750) y tenían la capacidad de implementar conexiones de red inalámbricas. *Véase también* iMac; PowerPC.

IC *adj*. Acrónimo de In Character (en el personaje). Utilizado para referirse a sucesos que tienen lugar dentro de un juego de rol, como las mazmorras multiusuario, por oposición a los sucesos de la vida real. También se utiliza en el contexto de los salones de charla en línea, de los mensajes de correo electrónico y de los mensajes de grupos de noticias. *Véase también* MUD; juego de rol.

IC *s*. *Véase* circuito integrado.

ICANN *s*. Acrónimo de Internet Corporation for Assigned Names and Numbers (Corporación Internet para asignación de números y nombres). La empresa privada sin ánimo de lucro a la que el gobierno de Estados Unidos delegó en 1998 la autoridad para la administración de direcciones IP (Internet Protocol), nombres de dominio, servidores raíz y cuestiones técnicas relativas a Internet, como la gestión de los parámetros de los protocolos (números de puerto, números de protocolo, etc.). ICANN, que es la sucesora de IANA (dedicada a la administración de direcciones IP) y de NSI (dedicada al registro de nombres de dominio), fue creada para internacionalizar y privatizar las tareas de administración y gestión en Internet. *Véase también* IANA; NSI.

I-CASE *s*. Acrónimo de Integrated Computer-Aided Software Engineering (ingeniería integrada del software asistida por computadora). Software que realiza una amplia variedad de funciones de ingeniería de software, como diseño de programas, codificación y realización de pruebas parciales o totales de los programas.

ICE *s*. **1**. Acrónimo de in circuit emulator (emulador en circuito). Un chip utilizado como sustituto de un microprocesador o microcontrolador. Un emulador en circuito se utiliza para pruebas de depuración de los circuitos lógicos. **2**. Acrónimo de Intrusion Countermeasure Electronics (electrónica de contramedidas de intrusión). Un tipo ficticio de software de seguridad, popularizado por el escritor de ciencia ficción William Gibson, que responde a los intrusos tratando de matarles. El origen del término se atribuye a un usuario de Usenet, Tom Maddox. **3**. Acrónimo de Information and Content Exchange (intercambio de contenido e información). Un protocolo basado en XML (Extensible Markup Language) diseñado para automatizar la distribución de contenido agregado a través de la World Wide Web. Basado en el concepto de agregadores (distribuidores) de contenido y abonados (receptores), ICE define las responsabilidades de las partes implicadas, así como el formato y los medios de intercambio de contenido, con el fin de que los datos puedan ser transferidos y reutilizados de manera simple. El protocolo ha sido presentado al consorcio W3C (World Wide Web Consortium) por Adobe Systems, CNET, Microsoft, Sun Microsystems y Vignette Corporation. Su objetivo es servir de ayuda tanto para la publicación como para el intercambio de contenido entre empresas. **4**. (***Intelligent Concept Extraction***) Acrónimo de Intelligent Concept Extraction (extracción inteligente de conceptos). Una tecnología propiedad de Excite, Inc., para la exploración de bases de datos indexadas con el fin de extraer documentos de la World Wide Web. La extracción inteligente de conceptos se asemeja a otras tecnologías de búsqueda en el sentido de que es capaz de localizar documentos web indexados relacionados con una o más palabras clave introducidas por el usuario. Sin embargo, y basándose en una tecnología de búsqueda propietaria, también efectúa comparaciones conceptuales de los documentos, siendo capaz de encontrar información relevante incluso si el documento encontrado no contiene la palabra o palabras clave especificadas por el usuario. Así, la lista de documentos devuelta por este sistema puede incluir tanto documentos que contengan el término de búsqueda especificado como otros que contengan palabras alternativas relacionadas con el término de búsqueda.

ICM *s*. *Véase* ajuste de color de una imagen.

ICMP *s*. Acrónimo de Internet Control Message Protocol (protocolo de mensajes de control Internet). Un protocolo Internet de nivel de red (ISO/OSI nivel 3) que proporciona corrección de errores y otra información relevante para el procesamiento de paquetes IP. Por ejemplo, puede permitir que el software IP de una máquina informe a otra máquina acerca de que un destino no es alcanzable. *Véase también* protocolo de comunicaciones; IP; modelo de referencia ISO/OSI; paquete.

icon *s*. Lenguaje de alto nivel diseñado para procesar estructuras de datos no numéricas y cadenas de caracteres utilizando una sintaxis similar a la de Pascal.

icono *s*. (*icon*) Pequeña imagen mostrada en la pantalla para representar un objeto que puede ser manipulado por el usuario. Al servir como nemónicos visuales y permitir al usuario controlar ciertas acciones de la computadora sin tener que recordar comandos o escribirlos en el teclado, los iconos contribuyen significativamente a la hora de crear un ambiente más amigable en las interfaces gráficas de usuario y, en general, en los PC. *Véase también* interfaz gráfica de usuario.

icono genérico *s*. (*generic icon*) Icono en una pantalla de Macintosh que identifica un archivo sólo como documento o aplicación. Normalmente, el icono para una aplicación será específico para esa aplicación y el icono de un documento será específico para la aplicación con la que se abre. Si en su lugar aparece un icono genérico, significa que está dañada la información que el explorador de archivos Macintosh utiliza para identificar la aplicación. *Véase también* Finder; icono; Macintosh.

ICP *s*. Acrónimo de Internet Cache Protocol (protocolo de caché Internet). Un protocolo de red utilizado por los servidores de caché para localizar objetos web específicos en las cachés vecinas. Normalmente implementado sobre UDP, ICP puede también utilizarse para la selección de cachés. ICP fue desarrollado por el proyecto de investigación Harvest de la Universidad del Sur de California. Ha sido implementado en SQUID y en otras cachés proxy para la Web.

ICQ *s*. Un programa de software descargable desarrollado por Mirabilis y ahora propiedad de AOL Time Warner, Inc., que envía una notificación a los usuarios de Internet cuando sus amigos, su familia u otros usuarios seleccionados están también en línea y les permite comunicarse con ellos en tiempo real. Mediante ICQ, los usuarios pueden participar en charlas, enviar correo electrónico, intercambiar mensajes a través de tablones de anuncios electrónicos y transferir direcciones URL y archivos, así como ejecutar programas de otros fabricantes, como, por ejemplo, juegos, en los que pueden participar múltiples personas. Los usuarios compilan una lista de los otros usuarios con los que quieren comunicarse. Todos los usuarios deben registrarse ante el servidor ICQ y disponer de software ICQ en su computadora. El nombre es una referencia a la frase inglesa «I seek you» (te busco). *Véase también* mensajería instantánea.

ICSA *s*. Acrónimo de International Computer Security Association (Asociación internacional de seguridad informática). Una organización para la información y formación relativas a cuestiones de seguridad en Internet. Conocida como NCSA (National Computer Security Association, Asociación nacional de seguridad informática) hasta 1997, ICSA proporciona homologación de productos y sistemas para garantía de seguridad; publica información sobre seguridad informática en documentos técnicos, libros, panfletos, vídeos y otras publicaciones; organiza consorcios dedicados a distintos problemas de seguridad y mantiene un sitio web que proporciona información actualizada sobre virus y otros temas relativos a la seguridad informática. Fundada en 1987, ICSA tiene actualmente su sede en Reston, Estados Unidos.

ID *s*. Acrónimo de intrusion detection (detección de intrusiones). *Véase* IDS.

ID de recurso *s*. (*resource ID*) Número que identifica un recurso determinado dentro de un tipo de recursos particular en Apple Macintosh; por ejemplo, un menú concreto de entre muchos recursos de tipo MENU que un programa puede utilizar. *Véase también* recurso.

ID SCSI *s*. (*SCSI ID*) Identificador SCSI; es la identidad unívoca de cada dispositivo SCSI. Todo dispositivo conectado a un bus SCSI debe tener un identificador SCSI diferente. En un bus SCSI pueden utilizarse un máximo de 8 identificadores SCSI distintos. *Véase también* bus; dispositivo SCSI.

IDE *s*. **1**. Acrónimo de Integrated Device Electronics (electrónica de dispositivos integrados). Tipo de interfaz con unidades de disco en la que la electrónica del controlador reside en la propia unidad, eliminando así la necesidad de una tarjeta adaptadora independiente. La interfaz IDE es compatible con el controlador utilizado por IBM en los equipos PC/AT, pero ofrece ventajas adicionales como la memoria caché de lectura anticipada. **2.** *Véase* entorno de desarrollo integrado.

identificación de máquina. *s.* (*machine identification*) Código por el cual un programa en ejecución puede determinar la identidad y las características de una computadora y otros dispositivos con los que esté interactuando.

identificación global universal *s.* (*global universal identification*) Un esquema de identificación en el que sólo se asocia un nombre con cada objeto particular; este nombre es aceptado en todas las plataformas y aplicaciones. *Acrónimo:* identificador globalmente unívoco. *Véase también* GUID.

identificador *s.* (*identifier*) Toda cadena de texto utilizada como etiqueta, tal como el nombre de un procedimiento o variable en un programa o el nombre asociado a un disco duro o a un disco flexible. *Compárese con* descriptor.

identificador de lenguaje *s.* (*language identifier*) Abreviatura numérica internacional estándar para un país o región geográfica. Un identificador de lenguaje es un valor de 16 bits que consta de un identificador de lenguaje primario y un identificador de lenguaje secundario. *Acrónimo:* LANGID. *Véase también* identificador nacional.

identificador DLCI *s.* (*DLCI*) *Véase* DLCI.

identificador globalmente unívoco *s.* (*GUID*) *Véase* GUID; identificación global universal.

identificador nacional *s.* (*locale identifier*) Un valor de 32 bits que consta de un identificador de idioma y un identificador de ordenación. En el código de los programas, un identificador nacional (LCID, locale identifier) especifica el idioma principal y cualquier idioma secundario de un entorno nacional específico. *Véase también* identificador de lenguaje.

identificador uniforme de recursos *s.* (*URI*) *Véase* URI.

idioma de entrada *s.* (*input language*) **1.** En Microsoft Windows XP, una configuración de opciones regionales y de idioma que especifica la combinación formada, por un lado, por el idioma que se está usando para escribir, y por otro, por la disposición del teclado, el IME, el convertidor de voz a texto u otro dispositivo utilizado para llevar a cabo esa escritura. Esta configuración era anteriormente denominada configuración local de entrada. **2.** Lenguaje para ser introducido en el sistema a través del teclado, a través de un convertidor de voz a texto o a través de un editor de métodos de entrada (IME)

IDL *s.* Acrónimo de Interface Definition Language (lenguaje de definición de interfaz). En programación orientada a objetos, un lenguaje que permite a un programa u objeto escrito en un lenguaje comunicarse con otro programa escrito en un lenguaje desconocido. Los lenguajes IDL se utilizan para definir interfaces entre programas de cliente y de servidor. Por ejemplo, un lenguaje IDL puede proporcionar interfaces para CORBA objetos remotos. *Véase también* CORBA; MIDL; programación orientada a objetos.

IDS *s.* Acrónimo de intrusion detection system (sistema de detección de intrusiones). Un tipo de sistema de gestión de seguridad para computadoras y redes que recopila y analiza información de distintas áreas dentro de una computadora o red para identificar posibles agujeros de seguridad tanto dentro como fuera de la organización. Un sistema IDS puede detectar una amplia gama de signaturas de ataques hostiles, generar alarmas y, en algunos casos, hacer que los encaminadores cierren las comunicaciones procedentes de fuentes hostiles. *También llamado* detección de intrusiones. *Compárese con* cortafuegos.

IDSL *s.* Acrónimo de Internet digital subscriber line (línea digital de abonado Internet). Un servicio de comunicaciones digitales de alta velocidad que proporciona acceso a Internet a velocidades de hasta 1,1 Mbps (megabits por segundo) sobre líneas telefónicas estándar. IDSL usa un híbrido de tecnologías RDSI y de línea digital de abonado. *Véase también* DSL; RDSI.

IE *s.* (*information engineering*) Acrónimo de Information Engineering. *Véase* ingeniería de la información.

IEEE *s.* Acrónimo de Institute of Electrical and Electronics Engineers (Instituto de Ingenieros Eléctricos y Electrónicos). Una sociedad de profesionales de la ingeniería y la electrónica con sede en Estados Unidos, pero cuyos miembros pertenecen a numerosos otros países. IEEE (que se pronuncia «ie cubo») se centra en las áreas de la electricidad, la electrónica, la ingeniería informática y otras áreas científicas relacionadas.

IEEE 1284 *s.* El estándar IEEE para señalización de alta velocidad a través de una interfaz de computadora paralela bidireccional. Un equipo compatible con el estándar IEEE 1284 puede comunicarse a través de su puerto paralelo en uno de cinco modos distintos: transferencia de datos saliente hacia una impresora u otro dispositivo similar (modo «Centronics»), transferencia entrante de 4 (modo cuarteto) y 8 (modo byte) bits cada vez; puerto paralelo ampliado bidireccional (EPP, Enhanced Parallel Port), utilizado por dispositivos de almacenamiento y otros periféricos distintos de las impresoras, y ECP (Enhanced Capabilities Port, puerto de capacidades ampliadas), utilizado para comunicación bidireccional con una impresora. *Véase también* interfaz paralela Centronics; ECP; puerto paralelo ampliado.

IEEE 1394 *s.* Un estándar de bus serie de entrada/salida no propietario y de alta velocidad. IEEE 1394 proporciona un método para conectar dispositivos digitales, incluyendo computadoras personales y hardware de electrónica de consumo. Es independiente de la plataforma, escalable (expandible) y flexible a la hora de dar soporte a conexiones igualitarias (es decir, conexiones que, aproximadamente, se podrían considerar como de dispositivo a dispositivo). IEEE 1394 preserva la integridad de los datos eliminando la necesidad de convertir las señales digitales en señales analógicas. Creado por Apple Computer para redes de equipos de sobremesa y desarrollado posteriormente por el grupo de trabajo IEEE 1394, se considera como una interfaz de bajo coste para dispositivos tales como cámaras digitales, cámaras de vídeo y dispositivos multimedia y se considera como una forma de integrar las computadoras personales y los equipos electrónicos domésticos. FireWire es la implementación propietaria del estándar realizada por Apple Computer. *Véase también* datos analógicos; IEEE.

IEEE 488 *s.* La definición eléctrica del bus GPIB (General-Purpose Interface Bus, bus de interfaz de propósito general) que especifica las líneas de datos y de control y los niveles de tensión y de corriente para dicho bus. *Véase también* GPIB.

IEEE 696/S-100 *s.* La definición eléctrica del bus S-100 utilizado en las antiguas computadoras personales que empleaban microprocesadores, tales como el 8080, el Z-80 y el 6800. El bus S-100, basado en la arquitectura del Altair 8800, fue extremadamente popular entre los primeros entusiastas de las computadoras porque permitía la instalación de un amplio rango de tarjetas de expansión. *Véase también* Altair 8800; S-100 bus.

IEEE 802.11 *s.* Especificación para redes inalámbricas del IEEE (Institute of Electrical and Electronics Engineers). Estas especificaciones, que incluyen los estándares 802.11, 802.11a, 802.11b y 802.11g, permiten a los equipos, impresoras y otros dispositivos comunicarse a través de una red inalámbrica de área local (WLAN).

IEEE 802.x *s.* Una serie de especificaciones de red desarrolladas por el IEEE. La *x* situada después del 802 es una variable para designar a las distintas especificaciones individuales. Las especificaciones IEEE 802.x se corresponden con los niveles físico y de enlace de datos del modelo de referencia ISO/OSI, pero dividen el nivel de enlace de datos en dos subniveles. El subnivel de control del enlace lógico (LLC, logical link control) se aplica a todas las especificaciones IEEE 802.x y cubre las conexiones entre una estación y otra, la generación de tramas de mensajes y los mecanismos de control de errores. El subnivel de control de acceso al medio (MAC, media access control), que trata con el acceso a red y la detección de colisiones, difiere entre un estándar IEEE 802 y otro. IEEE 802.3 se utiliza para redes en bus que emplean CSMA/CD tanto de banda ancha como de banda base y la versión de banda base está basada en el estándar Ethernet. IEEE 802.4 se utiliza para redes en bus que utilicen mecanismos de paso de testigo e IEEE 802.5 se utiliza para redes en anillo que utilicen mecanismos de paso de testigo (redes token ring). IEEE 802.6 es un estándar emergente para redes de área metropolitana (MAN) que permite transmitir datos, voz y vídeo a través de distancias superiores a 5 kilómetros. IEEE 802.14 está diseñado para la transmisión bidireccional hacia y desde redes de televisión por cable, a través de fibra óptica y cable coaxial, mediante la transmisión de células ATM de longitud fija y soporta difusiones de televisión, transmisiones de voz y datos y servicios de acceso a Internet. *Véase también* red de bus; modelo de referencia ISO/OSI; red en anillo; paso de testigo; red token ring.

Modelo ISO/OSI

| Aplicación |
| Presentación |
| Sesión |
| Transporte |
| Red |
| Enlace de datos |
| Físico |

Niveles IEEE 802 LLC y MAC
- Control de enlace lógico
- Control de acceso al medio

IEEE 802.x

IEPG *s*. Acrónimo de Internet Engineering and Planning Group (Grupo de planificación e ingeniería de Internet). Una asociación de proveedores de servicios Internet cuyo objetivo es promover Internet y coordinar los esfuerzos técnicos relativos a la misma.

IESG *s*. (*Internet Engineering Steering Group*) Acrónimo de Internet Engineering Steering Group (Grupo de supervisión de ingeniería Internet). El grupo dentro de ISOC (Internet Society) que, junto con el IAB (Internet Architecture Board), revisa los estándares propuestos por el IETF (Internet Engineering Task Force).

IETF *s*. Acrónimo de Internet Engineering Task Force (Grupo de trabajo de ingeniería Internet). Una organización mundial de personas interesadas en las redes y en Internet. Gestionado por el IESG (Internet Engineering Steering Group), IETF está a cargo de estudiar los problemas técnicos a los que Internet se enfrenta y de proponer soluciones al IAB (Internet Architecture Board). La labor de IETF se lleva a cabo mediante diversos grupos de trabajo centrados en temas específicos, como el encaminamiento y la seguridad. IETF es quien publicó las especificaciones que condujeron al estándar de protocolos TCP/IP. *Véase también* IESG.

IFC *s*. *Véase* Internet Foundation Classes.

.iff *s*. La extensión de archivo que identifica los archivos en formato IFF (Interchange File Format). IFF se utilizaba fundamentalmente en la plataforma Amiga, donde se empleaba para casi cualquier tipo de datos. En otras plataformas, IFF se utiliza principalmente para almacenar archivos de imagen y de sonido.

IFF *s*. Acrónimo de Interchange File Format (formato de archivox de intercambio). *Véase* .iff.

IFIP *s*. Acrónimo de International Federation of Information Processing (Federación Internacional de Procesamiento de la Información). Una organización de sociedades que representa a más de 40 naciones miembro y que sirve a los profesionales del procesamiento de la información. Estados Unidos está representado en este organismo a través de FOCUS (Federation on Computing in the United States). *Véase también* AFIPS; FOCUS.

IFS *s*. *Véase* gestor del sistema de archivos instalable.

IGES *s*. *Véase* Initial Graphics Exchange Specification.

IGMP *s*. (*Internet Group Membership Protocol*) Acrónimo de Internet Group Membership Protocol (protocolo de pertenencia a grupos Internet). Un protocolo utilizado por las máquinas host IP para informar acerca de su pertenencia a grupos de máquinas host a cualquier encaminador de multidifusión situado en su inmediata vecindad.

IGP *s*. (***Interior Gateway Protocol***) Acrónimo de Interior Gateway Protocol (protocolo de pasarela interior). Un protocolo usado para distribuir información de encaminamiento entre encaminadores o pasarelas en una red autónoma, es decir, en una red situada bajo el control de un organismo administrativo. Los dos protocolos de pasarela interior utilizados más a menudo son RIP (Routing Information Protocol) y OSPF (Open Shortest Path First). *Véase también* sistema autónomo; OSPF; RIP. *Compárese con* EGP.

IGRP *s*. Acrónimo de Interior Gateway Routing Protocol (protocolo de encaminamiento de pasarela interior). Un protocolo desarrollado por Cisco Systems que permite la coordinación de las labores de encaminamiento realizadas por una serie de pasarelas. Entre los objetivos de IGRP se incluyen el disponer de mecanismos de encaminamiento estables en redes de gran tamaño, la rápida respuesta a los cambios en la topología de red y una baja sobrecarga de control. *Véase también* protocolo de comunicaciones; pasarela; topología.

igualdad *s*. (***equality***) La propiedad de ser idénticos, principalmente utilizada en referencia a valores y estructuras de datos.

IIA *s*. *Véase* SIIA.

IIL *s*. *Véase* lógica integrada de inyección.

IIOP *s*. Acrónimo de Internet Inter-ORB Protocol (protocolo Inter-ORB de Internet). Un protocolo de red que permite a programas distribuidos, escritos en diferentes lenguajes de programación, comunicarse a través de Internet. IIOP, que es una asignación especializada del protocolo GIOP (General Inter-ORB Protocol, protocolo general Inter-ORB) basada en un modelo cliente/servidor, es una parte crítica de la arquitectura CORBA (Common Object Request Broker Architecture). *Véase también* CORBA. *Compárese con* DCOM.

IIS *s*. (***Internet Information Server***) Acrónimo de Internet Information Server. Marca de software servidor web de Microsoft que utiliza HTTP (Hypertext Transfer Protocol) para suministrar documentos World Wide Web. Incorpora distintas funciones de seguridad, permite emplear programas CGI y también proporciona servicios Gopher y FTP.

ILEC *s*. Acrónimo de Incumbent Local Exchange Carrier (operador titular telefónico local). Una compañía telefónica que proporciona servicio local a sus clientes. *Compárese con* CLEC.

ilegal *adj*. (***illegal***) Que no está permitido o que conduce a resultados no válidos. Por ejemplo, un carácter ilegal en un programa de procesamiento de textos sería uno que el programa no pudiera reconocer. Una operación ilegal podría ser imposible para un programa o sistema debido a determinadas restricciones intrínsecas. *Compárese con* inválido.

iluminación por píxel *s*. (***per-pixel lighting***) Esquema de iluminación utilizado en el proceso de renderización de juegos 3D de computadora y en otras aplicaciones de animación digital que calcula la iluminación propia para cada píxel mostrado. La iluminación por píxel proporciona efectos de iluminación altamente realistas, pero requiere tarjetas de vídeo de altas prestaciones para obtener una visualización apropiada. *También llamado* sombreado de Phong.

IM *s*. Acrónimo de Instant Messaging. *Véase* mensajería instantánea.

iMac *s*. Familia de computadoras de Apple Macintosh que apareció en 1998. Diseñada para usuarios no técnicos, el iMac utiliza una carcasa que contiene la UCP y el monitor y está disponible en varios colores de brillo. La «i» de iMac es por Internet; el iMac fue diseñado para establecer una conexión de Internet extremadamente sencilla. La primera versión de iMac incluía un procesador PowerPC a 266 MHz, un bus de sistema de 66 MHz, un disco duro, una unidad de CD-ROM y un monitor de 15 pulgadas, con una carcasa azul traslúcida. Los iMac posteriores incorporaron procesadores más rápido y una selección de colores de carcasa. Véase la ilustración. *Véase también* Macintosh.

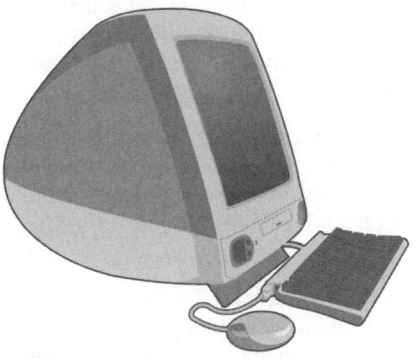

iMac.

.image *s.* Extensión de archivo para una imagen de disco Macintosh, un tipo de almacenamiento a menudo utilizado en los sitios de descarga de software FTP de Apple.

Image Compression Manager *s.* Importante componente de software utilizado en QuickTime, una tecnología de Apple que permite crear, editar, publicar y visualizar contenido multimedia. Image Compression Manager es una interfaz que proporciona servicios de compresión y de descompresión de imágenes a otras aplicaciones y gestores. Puesto que Image Compression Manager es independiente de controladores y algoritmos de compresión específicos, puede presentar una interfaz de aplicación común para los compresores basados en software y basados en hardware y ofrecer opciones de compresión de manera que sus aplicaciones puedan utilizar la herramienta apropiada para una situación particular. *Véase también* QuickTime.

imagen *s.* **1.** (*frame*) Una única imagen que ocupa toda la pantalla y puede mostrarse en secuencia junto con otras imágenes ligeramente distintas para crear imágenes animadas. **2.** (*image*) Un duplicado, copia o representación de la totalidad o parte de un disco duro, de un disquete, de una sección de memoria, de un archivo, de un programa o de una serie de datos. Por ejemplo, un disco RAM puede mantener una imagen de todo o de parte de un disco en la memoria principal; un programa de RAM virtual puede almacenar en un disco una imagen de alguna porción de la memoria principal de la computadora. *Véase también* disco RAM. **3.** (*image*) Descripción almacenada de una pintura gráfica, como un conjunto de valores de brillo y color de píxeles o como un conjunto de instrucciones para reproducir la imagen. *Véase también* mapa de bits; mapa de píxeles.

imagen de bits *s.* (*bit image*) Colección secuencial de bits que representa en memoria una imagen que va a ser mostrada en pantalla, particularmente en sistemas que usan una interfaz gráfica de usuario. Cada bit de una imagen de bits se corresponde con un píxel (punto) en la pantalla. La propia pantalla, por ejemplo, representa una sola imagen de bits; de forma similar, los patrones de puntos para todos los caracteres de una fuente representa una imagen de bits de la fuente. En una pantalla en blanco y negro, cada píxel es blanco o negro, por lo que puede representarse mediante un solo bit. El «patrón» de ceros y unos en la imagen de bits determina entonces el patrón de puntos blancos y negros que forman una imagen en la pantalla. En una pantalla de color, la descripción correspondiente de los bits en pantalla se llama imagen de píxeles, porque se necesita más de un bit para representar cada píxel. *Véase también* mapa de bits; imagen de píxeles.

imagen de carácter *s.* (*character image*) Conjunto de bits dispuesto en forma de un carácter. Cada imagen de carácter se dispone dentro de una cuadrícula rectangular, o rectángulo de carácter, que define su altura y anchura. *Véase también* fuente de mapa de bits.

imagen de píxeles *s.* (*pixel image*) La representación de un gráfico en colores en la memoria de la computadora. Una imagen de píxeles es similar a una imagen de bits, que también describe un gráfico; pero la imagen de píxeles tiene una dimensión añadida, que a veces se denomina profundidad y que describe el número de bits de memoria asignados a cada píxel de pantalla.

imagen de tono continuo *s.* (*continuous-tone image*) Imagen, tal como una fotografía, en la que el color o las diferentes tonalidades de gris se reproducen mediante degradados en vez de mediante puntos agrupados o puntos de tamaño variable, como en la impresión tradicional de libros o de periódicos. Las imágenes de tono continuo se pueden visualizar en un monitor analógico (como el monitor de un televisor), el cual acepta como entrada una señal que varíe de manera continua. No pueden visualizarse en un monitor digital, que requiere que la entrada se descomponga en unidades discretas, y tampoco pueden imprimirse en libros o periódicos, los cuales representan las ilustraciones en forma de grupos de puntos. *Véase también* digitalizar; digitalizador de vídeo. *Compárese con* semitono.

imagen de visualización *s.* (*display image*) La colección de elementos que se muestran conjuntamente en un instante determinado en una pantalla de computadora.

imagen especular *s.* (*mirror image*) Imagen que es un duplicado exacto del original, salvo porque una dimensión está invertida. Por ejemplo, una flecha apuntando a la derecha y una flecha apuntando a la izquierda que tengan el mismo tamaño y forma son imágenes especulares.

imagen incrustada *s.* (*inline image*) Una imagen que está embebida dentro del texto de un documento. Las imágenes incrustadas son bastante comunes en las páginas web. *Véase también* gráficos incrustados.

imagen inmersiva *s.* (*immersive imaging*) Método de presentación de imágenes fotográficas en una computadora utilizando técnicas de realidad virtual. Una técnica de imagen inmersiva común sitúa al usuario en el centro de la vista. El usuario puede desplazarse 360 grados dentro de la imagen y puede alejarse y acercarse a la imagen. Otra técnica sitúa un objeto en el centro de la vista y permite al usuario girar alrededor del objeto para examinarlo desde cualquier perspectiva. Las técnicas de imagen inmersiva pueden emplearse para proporcionar experiencias de realidad virtual sin equipamiento, como, por ejemplo, un visiocasco y unas gafas. *También llamado* renderización basada en imagen. *Véase también* tratamiento de imágenes; realidad virtual.

imagen prediseñada *s.* (*clip art*) Colección (en un libro o en un disco) de fotografías, diagramas, mapas, dibujos y otros gráficos tanto privados como de dominio público que pueden ser extraídos de la colección e incorporados en otros documentos.

imagen rasterizada *s.* (*raster image*) Imagen de pantalla formada por patrones de luz y oscuridad o por píxeles de diferentes colores en una matriz rectangular. *Véase también* gráficos rasterizados.

imagen residual *s.* (*ghost*) Imagen secundaria atenuada que aparece en una pantalla de vídeo ligeramente desplazada respecto de la imagen principal (debido a la reflexión de la señal en la transmisión) o en una salida de impresora (debido a elementos de impresión inestables).

imagen retroiluminada *s.* (*back-lit display* o *backlit display*) Imagen iluminada desde atrás en lugar de por una fuente luminosa situada encima o enfrente.

imagen virtual *s.* (*virtual image*) Imagen que está almacenada en la memoria de la computadora, pero que es demasiado grande para mostrarse completamente en pantalla. Para mostrar las distintas partes de la imagen, se utilizan las técnicas de desplazamiento (scrolling) y de panorámica. *Véase también* pantalla virtual.

IMAP4 *s.* Acrónimo de Internet Message Access Protocol 4 (protocolo Internet de acceso a mensajes, versión 4). La versión más reciente de IMAP, un método para que un programa de correo electrónico pueda acceder a mensajes de correo electrónico y de tablón de anuncios electrónico almacenados en un servidor de correo. A diferencia de POP3, que es otro protocolo similar, IMAP permite a un usuario extraer los mensajes de forma eficiente desde más de un equipo. *Compárese con* POP3.

IMC *s.* (*Internet Mail Consortium*) Acrónimo de Internet Mail Consortium (Consorcio de correo Internet). Una organización internacional de empresas y fabricantes que realiza actividades relacionadas con la transmisión de correo electrónico a través de Internet. Los objetivos de este consorcio están relacionados con la promoción y expansión del correo Internet. Los intereses de este grupo van desde hacer que el correo Internet sea más sencillo para los nuevos usuarios hasta hacer avanzar las nuevas tecnologías de transmisión de correo y expandir el papel desempeñado por el correo Internet a áreas tales como el comercio electrónico y el entretenimiento. Por ejemplo, Internet Mail Consortium soporta dos especificaciones complementarias, vCalendar y vCard, diseñadas para facilitar el intercambio electrónico de información personal y agendas de actividades.

IMHO *s.* Acrónimo de in my humble opinion (en mi humilde opinión). IMHO, utilizado en mensajes de correo electrónico y en foros en línea, marca una frase que el escritor del mensaje quiere presentar como opinión personal más que como enunciado de un hecho. *Véase también* IMO.

IMO *s.* Acrónimo de in my opinion (en mi opinión). Una abreviatura inglesa utilizada a menudo en mensajes de correo electrónico y grupos de noticias y de discusión Internet para indicar el reconocimiento por parte del autor de que una frase que acaba de escribir resulta opinable y no se trata de un hecho. *Véase también* IMHO.

impacto *s.* (*hit*) **1.** En los juegos informáticos de guerra y de otros tipos, se refiere a las ocasiones en las que se dispara, se ataca o se elimina de alguna otra forma con éxito a un personaje. **2.** Extracción de un archivo de un sitio web. Cada archivo separado al que se accede en una página web, incluyendo los documentos HTML y los gráficos, cuenta como un impacto.

impactos de clic *s.* (*clickthrough*) El número de veces que los visitantes de un sitio web pulsan sobre un titular de anuncio dentro de un período de tiempo específico. Los impactos de clic son uno de los elementos que los productores de los sitios web utilizan para decidir cuánto cobrar a los anunciantes. *Véase también* tasa de clics.

impar, paridad *s.* (*odd parity*) *Véase* paridad.

impedancia *s.* (*impedance*) Oposición al flujo de la corriente alterna. La impedancia tiene dos aspectos: la resistencia, que se opone tanto a la corriente alterna como a la continua y es siempre mayor que cero, y la reactancia, que se opone únicamente a la corriente alterna, varía con la frecuencia y puede ser positiva o negativa. *Véase también* resistencia.

implementador *s.* (*implementor*) En los juegos de rol, es el administrador, codificador o desarrollador del juego. *Véase también* juego de rol.

importar *vb.* (*import*) Introducir información en un sistema o programa desde otro. El sistema o programa que recibe los datos debe ser capaz de soportar la estructura o formato internos de los datos. Diversos convenios, como los formatos TIFF (Tagged Image File Format) y PICT (para archivos gráficos), facilitan la tarea de importación. *Véase también* PICT; TIFF. *Compárese con* exportar.

impresión *s.* (*printout*) *Véase* copia impresa.

impresión bidireccional *s.* (*bidirectional printing*) La capacidad de una impresora de impacto o de chorro de tinta para imprimir de izquierda a derecha y de derecha a izquierda. La impresión bidireccional mejora significativamente la velocidad, porque no se pierde tiempo en devolver el cabezal de impresión hasta el principio de la línea siguiente, aunque puede verse afectada la calidad de impresión.

impresión elegante *s.* (*pretty print*) Característica de algunos editores utilizada en programación que da formato al código de manera que sea más fácil de leer y de entender cuando se imprime. Por ejemplo, una característica de impresión elegante puede ser insertar líneas en blanco para separar los módulos o sangrar las rutinas anidadas para visualizarlas más fácilmente. *Véase también* código; editor; módulo; rutina.

impresión en segundo plano *s.* (*background printing*) El proceso de enviar un documento a una impresora mientras que la computadora está realizando una o más tareas.

impresión en varias pasadas *s.* (*multiple-pass printing*) Tipo de impresión matricial en la que el cabezal de impresión realiza más de una pasada a lo largo de la página para cada línea impresa, imprimiendo cada línea una segunda vez exactamente encima de la primera pasada.

La impresión de varias pasadas puede utilizarse con impresoras matriciales para oscurecer la impresión y suavizar los errores de alineación. En impresoras mejores, una segunda pasada puede darse después de que el papel se haya movido ligeramente, de modo que los puntos en los caracteres se superponen para crear una imagen más nítida y oscura.

impresión inmediata s. (*immediate printing*) Proceso en el que los comandos de texto e impresión se envían directamente a la impresora sin ser almacenados como un archivo de impresión y sin la utilización de un procedimiento intermedio de composición de página o de un archivo que contenga los comandos de configuración de la impresora.

impresión sombreada s. (*shadow print*) Estilo aplicado a un texto en el que se desplaza un duplicado de cada carácter, normalmente hacia abajo y a la derecha, para crear un efecto de sombra. Véase la ilustración.

Shadows

Shadows

Impresión sombreada.

impresora s. (*printer*) Periférico informático que coloca texto o una imagen generada por computadora en papel u otro soporte, como, por ejemplo, una transparencia. Las impresoras pueden clasificarse de varias formas distintas: impresoras de impacto o no de impacto, según su tecnología de impresión, según el método de formación de caracteres, según el método de transmisión, según el método de impresión, según la funcionalidad de impresión y según la calidad de impresión. *Impresoras de impacto o no de impacto:* Ésta es la más común de las distinciones. Las impresoras de impacto golpean físicamente el papel y están ejemplificadas por las impresoras matriciales y las impresoras de margarita; las impresoras no de impacto incluyen todos los demás tipos de mecanismos de impresión, incluyendo las impresoras láser, de inyección de tinta y térmicas. *Tecnología de impresión:* Entre los más importantes tipos de tecnología de impresión están la impresora matricial, la de inyección de tinta, la láser, la térmica y (aunque un poco desfasada) la de margarita. Las impresoras matriciales pueden clasificarse según el número de punzones del cabezal de impresión: 9, 18, 24 y así sucesivamente. *Formación de caracteres:* Caracteres monolíticos hechos de líneas continuas (tales como los producidos por las impresoras de margarita) frente a los caracteres matriciales compuestos de patrones de puntos (tales como los producidos por las impresoras matriciales estándar, las de inyección de tinta y las térmicas). En cuanto a las impresoras láser, aunque técnicamente son matriciales, generalmente se considera que producen caracteres monolíticos, porque su salida es muy clara y los puntos son extremadamente pequeños y están muy juntos. *Método de transmisión:* Paralelo (transmisión byte a byte) frente a serie (transmisión bit a bit). Estas categorías se refieren al modo de enviar la salida a la impresora más que a cualquier distinción de tipo mecánico. Muchas impresoras están disponibles en versión paralelo o serie y hay otras que ofrecen ambas opciones, lo que da una mayor flexibilidad en cuanto a opciones de instalación. *Método de impresión:* Carácter a carácter, línea a línea o página a página. Las impresoras de caracteres incluyen a las impresoras matriciales, las de inyección de tinta, las térmicas y las de margarita. Las impresoras de líneas incluyen a las impresoras de banda, de cadena y de tambor que se asocian normalmente con las grandes instalaciones informáticas o redes de computadoras. Las impresoras de página incluyen a las impresoras electrofotográficas, tales como las impresoras láser. *Funciones de impresión:* Sólo texto, frente a texto y gráficos. Las impresoras de sólo texto, incluyendo la mayoría de las impresoras de margarita y de dedal y algunas impresoras matriciales y láser, pueden reproducir sólo los caracteres para los que tengan patrones almacenados en memoria o alguna forma de adaptarlos, tales como tipos en relieve o los mapas de caracteres internos. Las impresoras de texto y gráficos (matriciales, de inyección de tinta, láser y otras) pueden reproducir todo tipo de imágenes «dibujando» cada una como un patrón de puntos. *Calidad de impresión:* Calidad borrador; calidad de casi carta o calidad de carta.

impresora compartida *s.* (*shared printer*) Impresora que recibe la entrada de más de una computadora.

impresora de bola *s.* (*ball printer*) Impresora de impacto que utiliza un pequeño cabezal de impresión con forma de bola que tiene grabada una serie de caracteres completos en relieve sobre su superficie. La impresora gira e inclina la bola para alinear adecuadamente los caracteres y después hace que la bola impacte sobre una cinta. Este método se utilizaba en la máquina de escribir Selectric de IBM.

impresora de calidad de carta *s.* (*letter-quality printer*) Toda impresora que produzca una salida de calidad lo suficientemente alta para ser utilizada en cartas comerciales. *Véase también* impresora de margarita; impresora láser.

impresora de caracteres *s.* (*character printer*) **1.** Impresora que no puede imprimir gráficos, como, por ejemplo, las impresoras de margarita o incluso una impresora matricial o láser que carezca de modo gráfico. Las impresoras de este tipo simplemente reciben los códigos de caracteres desde el sistema de control e imprime los caracteres apropiados. *Compárese con* impresora de gráficos. **2.** Impresora que opera imprimiendo un carácter cada vez, como, por ejemplo, una impresora matricial o de margarita estándar. *Compárese con* impresora de líneas; impresora de páginas.

impresora de cera térmica *s.* (*thermal wax printer*) *Véase* impresora térmica de transferencia de cera.

impresora de dedal *s.* (*thimble printer*) Impresora que utiliza un elemento de impresión de dedal, que es especialmente utilizado en una línea de impresoras de NEC. Dado que estas impresoras utilizan caracteres totalmente formados como los de una máquina de escribir, generan una salida de calidad de carta que es indistinguible de la de una máquina de escribir. Esto incluye el ligero relieve creado por el impacto del tipo contra el papel a través de la cinta, que distingue a este tipo de documento de los producidos por las impresoras láser. *Véase también* dedal. *Compárese con* impresora de margarita.

impresora de deposición de iones *s.* (*ion-deposition printer*) Impresora de páginas en la que la imagen se forma mediante cargas electrostáticas sobre un tambor que toma el tóner y lo transfiere al papel, como en una impresora láser, LED o LCD, pero el tambor se carga utilizando un haz de iones en lugar de luz. Estas impresoras, utilizadas principalmente en entornos de procesamiento de grandes volúmenes de datos, normalmente operan a velocidades comprendidas entre 30 y 90 páginas por minuto. En las impresoras de deposición de iones, el tóner normalmente se funde con el papel mediante un método que es rápido y no requiere calor, pero deja el papel un poco satinado, haciéndolo poco apropiado para la correspondencia empresarial. Además, las impresoras de deposición de iones tienden a producir caracteres gruesos y ligeramente difusos; la tecnología también es más cara que la de una impresora láser. *Véase también* impresoras electrofotográficas; impresora sin impacto; impresora de páginas. *Compárese con* impresora láser; impresora LCD; impresora LED.

impresora de difusión de tinta *s.* (*dye-diffusion printer*) *Véase* impresora de tono continuo.

impresora de gráficos *s.* (*graphics printer*) Impresora, como, por ejemplo, una impresora láser, de inyección de tinta o de impacto matricial, que genera gráficos formados píxel a píxel y no simplemente caracteres de texto. Prácticamente, todas las impresoras utilizadas actualmente con las computadoras personales son impresoras de gráficos; las impresoras de margarita constituyen la excepción. *Compárese con* impresora de caracteres.

impresora de impacto *s.* (*impact printer*) Impresora, como una impresora matricial de agujas o una impresora de margarita, que presiona mecánicamente una cinta entintada contra el papel para crear marcas. *Véase también* impresora de margarita; impresora matricial. *Compárese con* impresora sin impacto.

impresora de inyección de burbujas *s.* (***bubble-jet printer***) Tipo de impresora de no impacto que utiliza un mecanismo similar al utilizado por una impresora de inyección de tinta para disparar la tinta desde los inyectores para formar los caracteres sobre el papel. Una impresora de inyección de burbujas utiliza elementos de calentamiento especiales para preparar la tinta, mientras que la impresora de inyección de tinta utiliza cristales piezoeléctricos. *Véase también* impresora de inyección de tinta; impresora sin impacto. *Compárese con* impresora láser.

impresora de inyección de tinta *s.* (***inkjet printer***) Impresora sin impacto en la que se hace vibrar o se calienta la tinta líquida hasta convertirla en polvo y luego se pulveriza a través de los pequeños agujeros del cabezal de impresión para formar caracteres o gráficos sobre el papel. Las impresoras de inyección de tinta compiten con algunas impresoras láser en precio y calidad de impresión, aunque no en velocidad. No obstante, la tinta, que debe ser altamente soluble para evitar atascar las boquillas del cabezal de impresión, genera una salida algo difusa sobre determinados tipos de papel y se esparce si se toca poco tiempo después de que se haya realizado la impresión. *Véase también* impresora sin impacto; cabezal de impresión.

impresora de líneas *s.* (***line printer***) Toda impresora que imprime una línea cada vez, a diferencia de las que imprimen carácter a carácter (tal como ocurre con las impresoras matriciales) o de página en página (como ocurre en algunas de las impresoras matriciales y en la mayoría de las impresoras láser). Las impresoras de líneas son las que suelen generar los conocidos listados de «computadora» en papel continuo de 11 por 17 pulgadas. Son dispositivos de alta velocidad y se suelen utilizar con equipos mainframe, minicomputadoras o máquinas conectadas en red más que con sistemas monousuario.

impresora de margarita *s.* (***daisy-wheel printer***) Impresora que utiliza un elemento de tipo de margarita. La salida de la margarita es nítida y deja un poco de huella, con caracteres totalmente formados semejantes a la calidad de una máquina de escribir. Las impresoras de margarita fueron el estándar para la impresión de alta calidad hasta que fueron desplazadas por las impresoras láser. *Véase también* margarita; dedal; impresora de dedal.

impresora de páginas *s.* (***page printer***) Toda impresora, como las impresoras láser, que imprime una página entera cada vez. Debido a que las impresoras de páginas deben almacenar la página completa en memoria antes de imprimir, necesitan una cantidad relativamente grande de memoria. *Compárese con* impresora de líneas.

impresora de posicionamiento lógico *s.* (***logic-seeking printer***) Toda impresora con inteligencia integrada que le permite mirar más allá de la posición de impresión actual y desplazar el cabezal de impresión directamente a la siguiente área donde se va a imprimir, ahorrando así tiempo en la impresión de páginas llenas de espacios.

impresora de sublimación de tinta *s.* (***dye-sublimation printer***) *Véase* impresora de tono continuo.

impresora de tinta sólida *s.* (***solid-ink printer***) Impresora para equipos informáticos que utiliza barras de tinta sólida. Las barras de tinta se calientan hasta fundirse y la tinta derretida se pulveriza sobre la página, donde se enfría y se solidifica. *Véase también* tinta sólida.

impresora de tono continuo *s.* (***continuous-tone printer***) Impresora que produce una imagen utilizando niveles suavemente mezclados de tinta continua para obtener gradaciones de gris o de color. *Compárese con* tramado.

impresora de transferencia térmica *s.* (***thermal transfer printer***) *Véase* impresora térmica de transferencia de cera.

impresora dúplex *s.* (***duplex printer***) Impresora capaz de imprimir en las dos caras de una página.

impresora electrostática *s.* (***electrostatic printer***) *Véase* trazador gráfico electrostático.

impresora en color *s.* (*color printer*) Impresora para equipos informáticos que puede imprimir a todo color. La mayoría de las impresoras en color también pueden generar salida en blanco y negro.

impresora láser *s.* (*laser printer*) Impresora electrofotográfica basada en la tecnología utilizada en las fotocopiadoras. Se utilizan un rayo láser enfocado y un espejo giratorio para dibujar la imagen de la página deseada sobre un tambor fotosensible. La imagen se convierte en el tambor en una carga electrostática que atrae y mantiene adherido el tóner. Alrededor del tambor se hace rodar hoja de papel cargada electrostáticamente, lo que despega el tóner del tambor y lo deposita sobre el papel. En ese momento se aplica calor para que el tóner impregne el papel. Finalmente, se retira la carga eléctrica del tambor y se recolecta el exceso de tóner. Si se omite el último paso, la impresora será capaz de crear varias copias de la página, repitiendo solamente los pasos de aplicación del tóner y de transferencia de éste al papel. La única desventaja importante de la impresora láser es que ofrece menor flexibilidad que las impresoras matriciales a la hora de manejar tipos de papel. Resulta más fácil, por ejemplo, manejar formularios y páginas de anchura extragrande en las impresoras de líneas o matriciales que en las impresoras láser. *Véase también* impresoras electrofotográficas; impresora sin impacto; impresora de páginas. *Compárese con* impresora matricial; impresora de deposición de iones; impresora LCD; impresora LED.

impresora LCD *s.* (*LCD printer*) Una impresora electrofotográfica similar a una impresora láser y que a menudo se suele denominar incorrectamente impresora láser. Las impresoras LCD utilizan una fuente luminosa brillante, que normalmente es una lámpara halógena. *Véase también* impresoras electrofotográficas; impresora sin impacto; impresora de páginas. *Compárese con* impresora de deposición de iones; impresora láser; impresora LED.

impresora LED *s.* (*LED printer*) Una impresora electrofotográfica similar a las impresoras LCD y láser. La principal diferencia entre las impresoras LED y láser y las impresoras LCD es la fuente luminosa. Las impresoras LED emplean una matriz de diodos electroluminiscentes. *Véase también* impresoras electrofotográficas; diodo electroluminiscente; impresora sin impacto; impresora de páginas. *Compárese con* impresora de deposición de iones; impresora láser; impresora LCD.

impresora matricial *s.* (*dot-matrix printer*) Toda impresora que genera caracteres construidos por puntos y que utiliza un cabezal de impresión con una serie de puntos de impacto. La calidad de la salida de impresión dependerá en gran medida del número de puntos en la matriz, el cual puede ser lo suficientemente bajo como para que sean perceptibles los puntos individuales o bien lo suficientemente alto como para que parezcan caracteres plenamente formados. Las impresoras matriciales se clasifican a veces por el número de puntos de impacto que haya en el cabezal de impresión (normalmente, 9, 18 o 24). *Compárese con* impresora de margarita; impresora láser.

impresora multifunción *s.* (*multifunction printer*) *Véase* periférico multifunción.

impresora paralelo *s.* (*parallel printer*) Impresora que se conecta a la computadora a través de una interfaz paralelo. En general, una conexión paralelo puede transmitir datos entre dispositivos más rápidamente que una conexión serie. La interfaz paralelo es la preferida en el mundo del PC de IBM, ya que su cableado está más estandarizado que el de la interfaz serie y porque el sistema operativo de la computadora supone que la impresora del sistema está conectada al puerto paralelo. *Véase también* interfaz paralela. *Compárese con* impresora serie.

impresora predeterminada *s.* (*default printer*) La impresora a la que una computadora envía los documentos cuando no se especifica una alternativa.

impresora serie *s.* (*serial printer*) Impresora conectada a la computadora a través de una interfaz serie (normalmente, RS-232-C o compatible). Los conectores para este tipo de impresora varían ampliamente, razón por la que son menos populares que las impresoras paralelo entre aquellos que utilizan equipos IBM PC y compatibles. Las impresoras serie son estándar para las computadoras Apple. *Véase también* conector DB; serie; transmisión serie. *Compárese con* impresora paralelo.

impresora sin impacto *s.* (*nonimpact printer*) Toda impresora que produzca marcas en el papel sin incidir sobre él mecánicamente. Entre los tipos más comunes se encuentran las impresoras de chorro de tinta, térmicas y láser. *Véase también* impresora de inyección de tinta; impresora láser; impresora térmica. *Compárese con* impresora de impacto.

impresora térmica *s.* (*thermal printer*) Impresora sin impacto que utiliza calor para generar una imagen sobre papel tratado especialmente. La impresora utiliza agujas para producir una imagen, pero en lugar de golpear las agujas contra una cinta con el fin de marcar el papel, como las impresoras matriciales de puntos de aguja, calienta las agujas y las pone suavemente en contacto con el papel. El recubrimiento especial del papel se decolora al calentarse.

impresora térmica de transferencia de cera *s.* (*thermal wax-transfer printer*) Tipo especial de impresora sin impacto que utiliza el calor para derretir cera coloreada sobre el papel para crear una imagen. Al igual que la impresora térmica estándar, utiliza agujas para aplicar el calor. Sin embargo, en lugar de hacer contacto con un papel dotado de un recubrimiento especial, las agujas tocan una ancha cinta saturada con ceras de diferentes colores. La cera se funde bajo las agujas y se adhiere al papel.

impresora virtual *s.* (*virtual printer*) Característica disponible en muchos sistemas operativos que permite guardar la salida de la impresora a un archivo hasta que la impresora esté disponible.

impresoras electrofotográficas *s.* (*electrophotographic printers*) Impresoras pertenecientes a una categoría en la que se incluyen las impresoras láser, LED, LCD y de deposición de iones. En tales impresoras, se aplica una imagen en negativo a un tambor fotosensible eléctricamente cargado. El tambor fotosensible revela un patrón de carga electrostática sobre su superficie que representa el negativo fotográfico de la imagen que tiene que imprimir el tambor. Una tinta en polvo (tóner) se adhiere a las áreas cargadas del tambor y luego éste presiona la tinta sobre el papel, quedando el tóner adherido al papel por aplicación de calor. Los distintos tipos de impresora en esta categoría varían principalmente en el modo utilizado para cargar el tambor. *Véase también* impresora de deposición de iones; impresora láser; impresora LCD; impresora LED.

imprimir *vb.* (*print*) En informática, enviar información a una impresora. Este término se utiliza también con el sentido de «mostrar» o «copiar». Por ejemplo, la instrucción de impresión (PRINT) en Basic hace que se visualice (que se imprima) la salida en la pantalla. De igual forma, un programa de aplicación al que se le puede decir que imprima un archivo en disco interpreta el comando como una instrucción para dirigir la salida a un archivo de disco en lugar de a una impresora.

imprimir a un archivo *s.* (*print to file*) Un comando que se encuentra en muchas aplicaciones y que ordena al programa formatear un documento para impresión y almacenar el documento formateado como un archivo en vez de enviarlo a la impresora.

improperio *s.* (*flame*) Un mensaje de correo electrónico o artículo de grupo de noticias abusivo o personalmente insultante.

IMT-2000 *s.* (*International Mobile Telecommunications for the Year 2000*) Acrónimo de International Mobile Telecommunications for the Year 2000 (telecomunicaciones móviles internacionales para el año 2000). Especificaciones establecidas por la Unión Internacional de Telecomunicaciones (ITU, International Telecommunications Union) para establecer una arquitectura de red de telecomunicaciones inalámbricas de tercera generación. Las especificaciones incluyen velocidades de transmisión de datos más altas y una calidad de voz mejorada.

inactivo *adj.* (*idle*) **1**. Que está a la espera de un comando. **2**. Que está operativo, pero no en uso.

inalámbrico *adj.* (***wireless***) Perteneciente o relativo a, o característico de, las comunicaciones que tienen lugar sin utilizar cables o hilos de interconexión, como, por ejemplo, las comunicaciones por radio, microondas o luz infrarroja.

inclusión del lado del servidor *s.* (***server-side include***) Un mecanismo para incluir texto dinámico en documentos de la World Wide Web. Las inclusiones del lado del servidor son códigos de comando especiales reconocidos e interpretados por el servidor; su salida se coloca en el cuerpo del documento antes de enviar el documento al explorador. Las inclusiones del lado del servidor pueden utilizarse, por ejemplo, para incluir una marca de fecha/hora en el texto del archivo. *Acrónimo:* SSI. *Véase también* servidor.

incrementar *vb.* (***increment***) Aumentar el valor de un número en una determinada cantidad. Por ejemplo, si una variable tiene el valor 10 y se incrementa sucesivamente en 2, tomará los valores 12, 14, 16, 18, etc. *Compárese con* decrementar.

incremento *s.* (***increment***) Cantidad de unidades o escalar por la que se incrementa el valor de un objeto, como, por ejemplo, un número, un puntero dentro de una matriz o una posición de pantalla. *Compárese con* decremento.

incrustación en páginas web *s.* (***Web page embedding***) Inclusión de un reproductor de flujos multimedia digitales directamente en una página web utilizando código HTML. En lugar de mostrar un hipervínculo al archivo multimedia, la técnica de incrustación en la página web utiliza aplicaciones auxiliares (plug-ins) del explorador para presentar el reproductor multimedia como un elemento visual más, que forma parte del diseño de la página web.

incrustado *adj.* (***inline***) **1.** En el código HTML, hace referencia a los gráficos que se muestran junto con texto formateado en HTML. Las imágenes incrustadas en una línea de texto HTML utilizan la etiqueta <IMG>. El texto de una imagen incrustada puede estar alineado con la parte superior, con la parte inferior o con el centro de una imagen específica. **2.** En programación, hace referencia a una llamada a función que se ha sustituido mediante una instancia del propio cuerpo de la función. Los argumentos de la función se sustituyen por parámetros formales. Las funciones incrustadas se crean usualmente mediante una transformación en tiempo de compilación destinada a incrementar la eficiencia del programa.

incrustar *vb.* (***embed***) Insertar información creada en un programa, como un diagrama o una ecuación, dentro de otro programa. Una vez incrustado el objeto, la información pasa a formar parte del documento. Cualquier cambio que se realice en el objeto se verá reflejado en el documento.

indagación *s.* (***inquiry***) Solicitud de información. *Véase también* consulta.

Indeo *s.* Tecnología de códec desarrollada por Intel para comprimir archivos de vídeo digitales. *Véase también* códec. *Compárese con* MPEG.

independencia de los datos *s.* (***data independence***) La separación de los datos en una base de datos con respecto a los programas que los manipulan. La independencia de los datos aumenta la accesibilidad de los datos almacenados.

independencia del dispositivo *s.* (***device independence***) Característica de un programa, interfaz o protocolo que soporta operaciones de software que producen resultados similares en una gran variedad de hardware. Por ejemplo, el lenguaje PostScript es un lenguaje de descripción de páginas independiente del dispositivo, porque los programas que generan comandos PostScript de texto y de gráficos no necesitan ser personalizados para cada impresora posible. *Compárese con* dependencia del dispositivo.

independiente de la máquina *adj.* (***machine-independent***) Perteneciente, relativo o referido a un programa o elemento hardware que puede utilizarse en más de un tipo de computadora con pocas, o ninguna, modificaciones. *Compárese con* dependiente de la máquina.

indexación CIP, protocolo de *s.* (***Common Indexing Protocol***) *Véase* CIP.

indexar *vb.* (*index*) **1**. En una base de datos, el término designa la acción de encontrar los datos utilizando claves tales como palabras o nombres de campos para localizar los registros. **2**. En almacenamiento de archivos indexados, es la acción de buscar archivos almacenados en el disco utilizando un índice de ubicaciones de los archivos (direcciones). **3**. En programación y procesamiento de la información, localizar información almacenada en una tabla añadiendo un cierto desplazamiento, llamado índice, a la dirección base de la tabla. **4**. En almacenamiento y recuperación de datos, crear y utilizar una lista o tabla que contenga información de referencia que apunta a una serie de datos almacenados.

indexar mediante hash *vb.* (*hash*) Asignar un valor numérico mediante una transformación conocida con el nombre de función de hash. Estas funciones se utilizan para convertir un identificador o una clave, que tienen un significado para el usuario, en un valor que sirve para localizar los correspondientes datos en una estructura, como, por ejemplo, una tabla. Por ejemplo, dada la clave MOUSE y una función de hash que sumara el valor ASCII de los distintos caracteres, dividiera el total entre 127 y se quedara con el resto, MOUSE tendría un valor de hash de 12 y los datos identificados por MOUSE estarían almacenados entre los elementos de la posición 12 de la tabla.

Indexing Service Query Language *s.* Lenguaje de consulta disponible además de SQL para el servicio de indexación de Windows 2000. Anteriormente conocido como Index Server, su función original era indexar el contenido de los servidores web de IIS (Internet Information Services). Este servicio ahora crea catálogos indexados índices para los contenidos y propiedades de los sistemas de archivos y sitios web virtuales.

indicador *s.* (*indicator*) Marca o luz que muestra información sobre el estado de un dispositivo, como una luz conectada a un disco duro que brilla cuando se está accediendo al disco.

indicador cero *s.* (*zero flag*) Indicador (bit) en un microprocesador que se establece (activa), normalmente en un registro de indicadores, cuando el resultado de una operación es cero. *Véase también* bandera.

indicador de acarreo *s.* (*carry flag*) *Véase* bit de acarreo.

indicativo *s.* (*prompt*) Texto visualizado que indica que un programa informático está esperando la introducción de datos por parte del usuario.

indicativo del sistema *s.* (*system prompt*) *Véase* símbolo del sistema.

indicativo DOS *s.* (*DOS prompt*) La indicación visual mostrada por el procesador de comandos MS-DOS para indicar que el sistema operativo está listo para aceptar un nuevo comando. El indicativo DOS predeterminado es una ruta seguida de un signo mayor que (por ejemplo, C:>); el usuario puede también seleccionar un indicativo personalizado mediante el comando PROMPT.

índice *s.* (*index*) **1**. En programación, un valor escalar que permite el acceso directo a una estructura de datos formada por múltiples elementos, tal como una matriz, sin necesidad de una búsqueda secuencial a través de la colección de elementos. *Véase también* matriz; elemento; hash; lista. **2**. Listado de palabras clave y datos asociados que apuntan a la ubicación de información más exhaustiva, como archivos y registros almacenados en un disco o claves de registro de una base de datos.

índice web *s.* (*Web index*) Un sitio web cuyo propósito es permitir a un usuario localizar otros recursos en la Web. El índice web puede incluir una utilidad de búsqueda o puede simplemente contener hipervínculos individuales a los recursos indexados.

inducción *s.* (*induction*) La creación de una tensión o corriente en un material por medio de campos eléctricos o magnéticos, como, por ejemplo, en el devanado secundario de un transformador cuando se lo expone al campo magnético variable causado por la presencia de una corriente alterna en el devanado primario. *Véase también* impedancia. *Compárese con* inductancia.

inductancia *s.* (*inductance*) La capacidad de almacenar energía en forma de un campo magnético. Todo cable metálico tiene una cierta inductancia, y si se arrolla el cable, especialmente si se hace alrededor de un núcleo ferromagnético, se incrementa la inductancia. La unidad de inductancia es el henrio. *Compárese con* capacidad; inducción.

INET *s.* 1. Una conferencia anual celebrada por la Internet Society (IS, Sociedad Internet). 2. Abreviatura de Internet.

.inf *s.* La extensión de archivo para los archivos de información sobre dispositivos, que son esos archivos que contienen scripts utilizados para controlar las operaciones del hardware.

infección *s.* (*infection*) La presencia de un virus o un caballo de Troya en un sistema informático. *Véase también* caballo de Troya; virus; gusano.

inferencias lineales por segundo *s.* (*linear inferences per second*) *Véase* LIPS.

inferir *vb.* (*infer*) Formular una conclusión basada en información específica bien por aplicación de las reglas de la lógica formal o bien por generalización a partir de un conjunto de observaciones. Por ejemplo, del hecho de que los canarios son pájaros y del hecho de que los pájaros tienen plumas, puede inferirse (obtenerse la conclusión) de que los canarios tienen plumas.

infierno DLL *s.* (*DLL hell*) Problema que ocurre en las versiones de Microsoft Windows anteriores a Windows Me y Windows 2000 en la que una instalación de una aplicación nueva sobrescribe los archivos compartidos DLL (biblioteca de enlace dinámico) con versiones (más antiguas o más recientes) que necesita para funcionar. Si los archivos reemplazados son incompatibles con los que necesitan otras aplicaciones, dichas aplicaciones exhibirán un comportamiento erróneo o no responderán cuando accedan a los archivos DLL incompatibles. Las últimas versiones del sistema operativo Windows, Windows 2000 y Windows XP incorporan una característica denominada Windows File Protection (protección de archivos de Windows) que elimina esta situación monitorizando y corrigiendo la instalación y sustitución de archivos DLL. *Véase también* biblioteca de enlace dinámico.

inflado *s.* (*Web cramming*) Una forma común de fraude en la que los proveedores de servicios Internet (ISP) añaden una serie de costes a la factura mensual por servicios ficticios o por servicios que al cliente se le habían dicho que eran gratuitos.

.info *s.* Uno de los siete nuevos nombres de dominio de nivel superior aprobados en 2001 por la ICANN (Internet Corporation for Assigned Names and Numbers). A diferencia de los otros nuevos nombres de dominio, que se centran en tipos específicos de sitios web, .info está pensado para una utilización no restringida.

infobahn *s.* La red Internet. Infobahn es una mezcla de los términos información y Autobahn, que es una autopista alemana conocida por las altas velocidades a las que los conductores pueden legalmente viajar. *También llamado* autopista de la información, superautopista de la información, la red.

infografía *s.* (*computer graphics*) La visualización de «imágenes», por oposición a la visualización de caracteres numéricos y alfabéticos, en una pantalla de computadora. La infografía comprende distintos métodos de generación, visualización y almacenamiento de la información. Así, el término infografía puede hacer referencia a la creación de diagramas y gráficos de negocios; a la visualización de dibujos, caracteres en cursiva y punteros de ratón en la pantalla, o a la forma en que las imágenes son generadas y mostradas en la pantalla. *Véase también* modo gráfico; presentación; gráficos rasterizados; gráfico vectorial.

infomediario *s.* (*infomediary*) Una contracción de la frase «intermediario de la información». Es un proveedor de servicios que se posiciona entre los compradores y vendedores recopilando, organizando y distribuyendo información especializada que mejora la interacción entre los consumidores y las empresas en línea.

información *s.* (*information*) El significado de los datos tal como se pretende que los interpreten las personas. Los datos están compuestos de hechos, que se convierten en información cuando se los contempla en su contexto y son capaces de transmitir un cierto significado a las personas. Las computadoras procesan los datos sin ningún tipo de comprensión de lo que los datos representan.

información, paquete de *s.* (*information packet*) *Véase* paquete.

informática *s.* (*computer science*) El estudio de las computadoras incluyendo su diseño, operación y empleo en el procesamiento de la información. La informática combina aspectos tanto teóricos como prácticos de la ingeniería, la electrónica, la teoría de la información, las matemáticas, la lógica y la psicología. Los diversos aspectos de la informática van desde la programación y la arquitectura de computadoras hasta la inteligencia artificial y la robótica.

informática centrada en la red *s.* (*network-centric computing*) Un entorno informático en el que uno o más servidores de red representan el centro de actividad. Considerado como la «tercera ola» en la informática de grandes sistemas, después del desarrollo de los mainframe y de los equipos de escritorio, la informática centrada en la red establece a los servidores como fuente principal de potencia de procesamiento con el fin de dar a los usuarios acceso directo a información y aplicaciones basadas en la red. En los sistemas informáticos centrados en la red, las aplicaciones no están preinstaladas ni se tienen que desinstalar localmente, es decir, en el equipo de escritorio; en lugar de ello, se accede a las aplicaciones según va siendo necesario, «sobre la marcha». De esta forma, los equipos de escritorio individuales no tienen por qué disponer de grandes cantidades de espacio de almacenamiento en disco ni tampoco tiene por qué cargar ni gestionar programas de aplicación. *Véase también* servidor.

informática cuántica *s.* (*quantum computing*) Diseño teórico para computadoras basado en la mecánica cuántica. A diferencia de las computadoras digitales clásicas (actuales), que calculan conjuntos de valores secuencialmente, ya que un único bit sólo puede representar 1 o 0 en cualquier instante de tiempo dado, una computadora cuántica se basa en la capacidad de cada bit para representar más de un valor al mismo tiempo. Dado que cada bit cuántico (llamado qubit) representa múltiples valores, una computadora cuántica puede encontrarse simultáneamente en múltiples estados y puede así trabajar en numerosos problemas al mismo tiempo para ofrecer mucha más potencia de computación que la que está disponible actualmente. La informática cuántica está siendo investigada por la agencia DARPA (Defense Advanced Research Projects Agency) de Estados Unidos y otros organismos. Aunque los átomos de hidrógeno y carbono se han empleado para crear rudimentarias computadoras cuánticas, la tecnología está aún en su infancia.

informática de trabajo en grupo *s.* (*workgroup computing*) Un método de trabajo electrónico en el que distintas personas del mismo proyecto comparten recursos y acceden a archivos utilizando algún tipo de red, como, por ejemplo, una red de área local, lo que les permite coordinar las distintas tareas. Esto se lleva a cabo utilizando software diseñado para informática de trabajo en grupo. *Véase también* software para grupos de trabajo.

informática difusa *s.* (*fuzzy computing*) **1.** Tecnología informática en la cual la computadora interpreta los datos buscando patrones para la resolución de problemas mientras lleva a cabo las tareas. Usando la informática difusa, la computadora es capaz de examinar los patrones de los datos que recibe, realizar inferencias basadas en esos datos y actuar de acuerdo con ellas. **2.** Técnica de computación que trata con datos vagos, incompletos o ambiguos de un modo matemático preciso, proporcionando soluciones basadas en el modo de pensar humano. El término difuso se refiere al tipo de datos que se procesa, no a la técnica en sí, la cual es muy precisa. La informática difusa también es conocida como teoría de conjuntos difusos, lógica difusa o lógica borrosa, y engloba, por ejemplo, el control difuso y los sistemas expertos difusos.

informática distribuida *s.* (*distributed computing*) *Véase* procesamiento distribuido.

informática empresarial *s.* (*enterprise computing*) En una gran empresa, como pueda ser una corporación, el uso de equipos informáticos en una red o en una serie de redes interconectadas que, generalmente, comprende una diversidad de plataformas, sistemas operativos, protocolos y arquitecturas de red. *Tam-bién llamado* redes empresariales.

informática manuscrita *s.* (***pen-based computing***) El proceso de introducción de símbolos escritos a mano en una computadora mediante un estilete y una superficie sensible a la presión. *Véase también* computadora de lápiz.

informática móvil *s.* (***mobile computing***) El proceso de utilizar un equipo informático mientras se está de viaje. La informática móvil requiere usualmente una computadora portátil alimentada por baterías en lugar de un sistema de escritorio.

informática ubicua *s.* (***ubiquitous computing***) Término acuñado por Mark Wieser (1988) en Xerox PARC Computer Science Lab para describir un entorno informático tan establecido en la vida diaria, que es invisible para el usuario. Electrodomésticos como los magnetoscopios y los hornos microondas son ejemplos contemporáneos de bajo nivel de la informática ubicua. Se prevé que en el futuro las computadoras estarán tan integradas en todas las facetas de la vida (serán tan ubicuas), que su presencia se difuminará, quedando en un segundo plano. La informática ubicua se considera la tercera etapa en la evolución de la tecnología informática, después de los mainframes y de las computadoras personales.

Information Technology Industry Council *s.* Organización comercial del sector de las tecnologías de la información. El Consejo promociona los intereses del sector de las tecnologías de la información y recopila información sobre equipos informáticos, software, telecomunicaciones, equipos ofimáticos y otros temas relacionados con las tecnologías de la información. *Acrónimo:* ITIC.

information warehouse *s. Véase* almacén de información.

informe *s.* (***report***) La presentación de información acerca de un tema determinado, normalmente de forma impresa. Los informes preparados con ayuda de una computadora y del software apropiado pueden incluir texto, gráficos y diagramas. Los programas de bases de datos pueden incluir utilidades software especiales para crear formularios y generar informes. Puede utilizarse software de autoedición e impresoras láser o equipos de fotocomposición para producir un material impreso de alta calidad.

informe de problemas *s.* (***trouble ticket***) Informe relativo a un problema con un dispositivo o sistema determinado y que se controla a través del proceso de flujo de trabajo. Originalmente escritos en papel, ahora muchas aplicaciones de flujo de trabajo y de escritorio permiten generar informes electrónicos de problemas. *Véase también* servicio técnico; aplicación de flujo de trabajo.

Infoseek *s.* Un sitio de búsqueda a través de la Web que proporciona resultados de texto completo para las búsquedas realizadas por los usuarios, además de listas clasificadas de sitios relacionados. InfoSeek utiliza el motor de búsqueda Ultraseek y permite realizar búsquedas en páginas web, grupos de noticias Usenet y sitios FTP y Gopher.

infrarrojo *adj.* (***infrared***) Que tiene una frecuencia en el espectro electromagnético situada en el rango que está justo por debajo del correspondiente a la luz roja. Los objetos emiten radiaciones infrarrojas en proporción a la temperatura que tengan. Las radiaciones infrarrojas se dividen tradicionalmente en cuatro categorías hasta cierto punto arbitrarias basadas en la longitud de onda de la radiación. Véase la Tabla I.1. *Acrónimo:* IR.

infrarrojo cercano	750-1.500 nm
infrarrojo intermedio	1.500-6.000 nm
infrarrojo lejano	6.000-40.000 nm
infrarrojo ultralejano	40.000 nm-1 mm

Tabla I.1. Categorías de la radiación infrarroja.

infrarrojo serie *s.* (***Serial Infrared***) Sistema desarrollado por Hewlett-Packard para transmitir datos entre dos dispositivos que se encuentran separados hasta 1 metro de distancia utilizando un haz de luz infrarroja. Los puertos de infrarrojos en los dispositivos de

infrarrojos sin formato

recepción y de transmisión deben estar alineados. Generalmente, el infrarrojo serie se utiliza con computadoras portátiles, así como con periféricos tales como impresoras. *Acrónimo:* SIR. *Véase también* puerto de infrarrojos.

infrarrojos sin formato *s.* (*raw infrared*) Método de recepción de datos a través de un transceptor de infrarrojos (IR). El infrarrojos sin formato trata al transceptor de IR como un cable serie y no procesa los datos de ninguna manera. La aplicación es responsable de tratar la detección de colisiones y otros problemas potenciales.

ingeniería asistida por computadora *s.* (*computer-aided engineering*) *Véase* CAE.

ingeniería de la información *s.* (*IE*) Una metodología para desarrollar y mantener sistemas de procesamiento de la información, incluyendo sistemas informáticos y redes, dentro de una organización.

ingeniería de software *s.* (*software engineering*) El diseño y desarrollo de software. *Véase también* programación.

ingeniería humana *s.* (*human engineering*) El diseño de máquinas y productos asociados para satisfacer las necesidades de los humanos. *Véase también* ergonomía.

ingeniería informática *s.* (*computer engineering*) La disciplina dedicada al diseño y a los conceptos filosóficos subyacentes relativos al desarrollo de hardware informático.

ingeniería inversa *s.* (*reverse engineering*) Método de análisis de un producto en el que se estudia el elemento terminado con el fin de determinar su fabricación o las partes que lo componen. Por ejemplo, estudiar un chip de ROM finalizado para determinar su programación o estudiar un nuevo sistema informático para aprender sobre su diseño. En el campo del software, la ingeniería inversa normalmente implica la descompilación de una parte importante del código objeto y el estudio del código descompilado resultante.

ingeniería social *s.* (*social engineering*) La práctica de penetrar los mecanismos de seguridad de un sistema engañando a las personas para que divulguen sus contraseñas o información acerca de las vulnerabilidades de la red. A menudo se lleva a cabo esta práctica llamando por teléfono a la persona en cuestión pretendiendo ser otro empleado de la empresa que tiene una pregunta de carácter informático que realizarle.

ingeniero del conocimiento *s.* (*knowledge engineer*) Científico informático que construye un sistema experto adquiriendo el conocimiento necesario y traduciéndolo a un programa. *Véase también* sistema experto.

ingeniero software *s.* (*software engineer*) **1.** En general, alguien que trabaja con software en el nivel de código. Aunque puede considerarse que este tipo de labor abarca desde el diseño de software hasta la gestión de proyectos y la realización de pruebas, el término se considera más o menos sinónimo de programador (aquel que se encarga de escribir código). **2.** *Véase* desarrollador.

inhabilitador de clic derecho *s.* (*right click disabler*) Programa o script que impide que el usuario utilice cualquier función que se controle haciendo clic en el botón secundario del ratón. Cuando un usuario visita un sitio web, puede ejecutarse un script que inhabilite los clics del botón secundario del ratón para controlar las acciones y opciones del usuario.

inhabilitar *vb.* (*disable*) Suprimir algo o evitar que pueda llegar a suceder. La inhabilitación es un método de controlar las funciones de un sistema impidiendo que se produzcan ciertas actividades. Por ejemplo, un programa puede inhabilitar temporalmente las interrupciones (solicitudes de servicio procedentes de los dispositivos del sistema) no esenciales con el fin de evitar las interrupciones durante un paso crítico del procesamiento. *Compárese con* habilitar.

inhibir *vb.* (*inhibit*) Impedir que algo suceda. Por ejemplo, inhibir las interrupciones de un dispositivo externo quiere decir impedir que el dispositivo externo envíe ninguna interrupción.

.ini *s.* En MS-DOS y Windows 3.x, la extensión de archivo que identifica un archivo de inicialización que contiene las preferencias del usuario y la información de inicio sobre un programa de aplicación.

iniciador *s.* (***initiator***) El dispositivo de una conexión SCSI que emite comandos. El dispositivo que recibe los comandos es el destino. *Véase también* SCSI; destino.

inicialización *s.* (***initialization***) El proceso de asignar valores iniciales a las variables y estructuras de datos en un programa.

inicializador *s.* (***initializer***) Expresión cuyo valor es el primer valor (valor inicial) de una variable. *Véase también* expresión.

inicializar *vb.* (***initialize***) **1.** Asignar un valor inicial a una variable. **2.** Encender una computadora. *Véase también* arranque en frío; inicio. **3.** Preparar un medio de almacenamiento, como, por ejemplo, un disco o una cinta magnética, para su uso. Esta operación puede implicar la comprobación de la superficie del soporte del disco, la escritura de información de arranque y la configuración de los índices del sistema de archivos correspondientes a las ubicaciones de almacenamiento.

iniciar *vb.* (***launch***) Activar un programa de aplicación (especialmente en las computadoras Macintosh) desde la interfaz de usuario del sistema operativo.

inicio *s.* **1.** (***home***) Posición inicial, tal como la esquina superior izquierda de un monitor basado en caracteres, la parte más a la izquierda de una línea de texto, la celda A1 de una hoja de cálculo o la cabecera de un documento. **2.** (***startup***) *Véase* arranque.

inicio de archivo *s.* (***top-of-file***) **1.** Símbolo utilizado por un programa para señalar el comienzo de un archivo, el primer carácter de un archivo o, en una base de datos indexada (ordenada), el primer registro indexado. *Acrónimo:* TOF. *Véase también* principio de archivo. **2.** El lugar donde da comienzo un archivo.

inicio de sesión *s.* (***logon***) El proceso de identificarse uno mismo ante una computadora después de conectarse a ella a través de una línea de comunicaciones.

inicio de sesión remoto *s.* (***remote login***) La acción de iniciar una sesión en una computadora situada en una ubicación distante por medio de una conexión de comunicación de datos con la computadora que el usuario esté actualmente utilizado. Después del inicio de sesión remoto, la propia computadora del usuario se comporta como un terminal conectado al sistema remoto. En Internet, el inicio de sesión remoto se lleva a cabo principalmente mediante rlogin y telnet. *Véase también* rlogin; telnet.

inicio en caliente *s.* (***warm start***) *Véase* arranque en caliente.

inicio en frío *s.* (***cold start***) *Véase* arranque en frío.

INIT *s.* En las computadoras Macintosh más antiguas, es una extensión del sistema que se carga en memoria durante el arranque. *Véase también* extensión. *Compárese con* cdev.

Initial Graphics Exchange Specification *s.* Formato de archivo estándar para gráficos de computadora, soportado por el instituto ANSI (American National Standards Institute), que es particularmente adecuado para describir modelos creados con programas de diseño asistido por computadora (CAD). Incluye una amplia variedad de formas geométricas básicas (primitivas) y, de acuerdo con los objetivos de CAD, ofrece métodos para describir y realizar anotaciones sobre dibujos y diagramas de ingeniería. *Acrónimo:* IGES. *Véase también* ANSI.

Inmarsat *s.* Acrónimo de International Maritime Satellite (satélite marítimo internacional). Organización con sede en Londres, Inglaterra, que opera satélites para servicios internacionales de comunicaciones móviles en más de 80 países. Inmarsat proporciona servicios para uso marítimo, aéreo y terrestre.

inocular *vb.* (***inoculate***) Proteger a un programa contra la infección por virus guardando información característica acerca de éstos. Por ejemplo, puede recalcularse un valor de suma de comprobación, utilizado para detectar la presencia de errores en los datos, y compararlo con la suma de comprobación original almacenada cada vez que se ejecuta el programa; si se detecta algún cambio en la suma de comprobación, el archivo del programa estará corrompido y puede que esté infectado. *Véase también* suma de control; virus.

INS *s. Véase* WINS.

inserción de bits *s.* (***bit stuffing***) La práctica de insertar bits extra en un flujo de datos transmitidos. La inserción de bits se utiliza para garantizar que algún tipo de secuencia especial de bits sólo aparezca en los lugares deseados. Por ejemplo, en los protocolos de comunicaciones HDLC, SDLC y X.25 sólo pueden aparecer seis bits 1 seguidos al principio y al final de una trama (bloque) de datos, de modo que se utiliza la inserción de bits para introducir un bit 0 en el resto del flujo de datos cada vez que aparezcan cinco bits 1 seguidos. Los bits 0 insertados son eliminados por la estación receptora para devolver a los datos su forma original. *Véase también* HDLC; SDLC; X.25.

inserción de fecha *s.* (***date stamping***) Característica software que automáticamente inserta la fecha actual en un documento.

inserción en caliente *s.* (***hot insertion***) La inserción de un dispositivo o tarjeta mientras un sistema está alimentado. Muchas de las computadoras portátiles más recientes permiten la inserción de tarjetas PCMCIA en caliente. Los servidores de alta gama pueden también permitir la inserción en caliente con el fin de reducir los tiempos de detención del sistema.

instalación *s.* (***setup***) Los procedimientos relativos a la preparación de un programa o aplicación software para operar en una computadora.

instalación beta *s.* (***beta site***) Individuo u organización que prueba un programa software antes de que sea lanzado comercialmente. La empresa que produce el software normalmente selecciona estas instalaciones beta de entre un conjunto de clientes y voluntarios con quienes mantiene algún tipo de relación. La mayoría de las instalaciones beta realizan este servicio para la empresa gratuitamente, a menudo para obtener una primera impresión del software o para recibir copias del programa gratuitas una vez que el software se publica.

instalación limpia *s.* (***clean install***) Reinstalación del software de forma tal que se garantice que no permanezca ningún archivo de aplicación o del sistema procedente de una instalación anterior. El procedimiento de instalación limpia evita que los programas de instalación inteligentes omitan determinados archivos durante la instalación cuando ya existen otros con el mismo nombre, que es una característica que podría impedir la resolución de algún problema existente.

Instalador *s.* (***Installer***) Programa, proporcionado con el sistema operativo de Apple Macintosh, que permite al usuario instalar actualizaciones del sistema y crear discos de arranque (del sistema).

instalar *vb.* (***install***) Poner a punto y preparar para la operación. Los sistemas operativos y los programas de aplicación suelen incluir un programa de instalación o configuración basado en disco que realiza la mayor parte del trabajo de preparación del programa para funcionar con la computadora, la impresora y otros dispositivos. A menudo, dicho programa de instalación puede comprobar qué dispositivos están conectados al sistema, puede solicitar al usuario que efectúe selecciones entre conjuntos de opciones, puede reservar el espacio para el programa en el disco duro y puede modificar los archivos de inicio del sistema de la forma necesaria.

instancia *s.* (***instance***) Un objeto en programación orientada a objetos en relación con la clase a la que pertenece. Por ejemplo, un objeto miLista que pertenece a una clase Lista es una instancia de la clase Lista. *Véase también* clase; variable de instancia; instanciar; objeto.

instanciar *vb.* (***instantiate***) Crear una instancia de una clase. *Véase también* clase; instancia; objeto.

instantánea *s.* (***snapshot***) Copia de la memoria principal o la memoria de vídeo en un momento determinado enviada a la impresora o al disco duro. *También llamado* volcado. *Véase también* volcado de pantalla.

instrucción *s.* **1.** (***instruction***) Enunciado de alguna acción que hay que realizar en cualquier lenguaje informático, sobre todo en lenguaje máquina o lenguaje ensamblador. La mayoría de los programas están compuestos por dos tipos de instrucciones: declaraciones e instrucciones ejecutables. *Véase también* declaración; instrucción. **2.** (*statement*) La entidad ejecutable más pequeña dentro de un lenguaje de programación.

instrucción CALL *s.* (*CALL instruction*) Tipo de instrucción de programación que desvía la ejecución del programa a una nueva área de memoria (secuencia de directivas) y que también permite el retorno eventual a la secuencia original de directivas.

instrucción compuesta *s.* (*compound statement*) Instrucción compuesta por dos o más instrucciones individuales.

instrucción condicional *s.* (*conditional statement*) Instrucción de un lenguaje de programación que selecciona una ruta de ejecución basándose en si alguna condición es verdadera o falsa (por ejemplo, la instrucción IF). *Véase también* case; condicional; instrucción IF; instrucción.

instrucción de asignación *s.* (*assignment statement*) Una instrucción de lenguaje de programación que se utiliza para asignar un valor a una variable. Usualmente, está compuesto de tres elementos: una expresión que hay que asignar, un operador de asignación (normalmente, un símbolo tal como = o :=) y una variable de destino. Al ejecutar la instrucción de asignación, se evalúa la expresión y el valor resultante se almacena en el destino especificado. *Véase también* operador de asignación; expresión; variable.

instrucción de bifurcación *s.* (*branch instruction*) Instrucción de lenguaje ensamblador o código máquina que transfiere el control a otra instrucción, normalmente basándose en alguna condición (es decir, realiza la transferencia si una condición específica es verdadera o falsa). Las instrucciones de bifurcación son casi siempre transferencias relativas, saltándose hacia adelante o hacia atrás una serie de bytes de código. *Véase también* instrucción GOTO; instrucción de salto.

instrucción de computadora *s.* (*computer instruction*) Instrucción que una computadora es capaz de reconocer y que puede ejecutar. *Véase también* instrucción máquina.

instrucción de control *s.* (*control statement*) Instrucción que afecta al flujo de ejecución a través de un programa. Las instrucciones de control incluyen a las instrucciones condicionales (CASE, IF-THEN-ELSE), instrucciones iterativas (DO, FOR, REPEAT, WHILE) e instrucciones de transferencia (GOTO). *Véase también* instrucción condicional; instrucción iterativa; instrucción; instrucción de transferencia.

instrucción de entrada/salida *s.* (*input/output statement*) Instrucción de programa que hace que los datos se transfieran entre la memoria y un dispositivo de entrada o de salida.

instrucción de macro *s.* (*macro instruction*) Instrucción utilizada para gestionar definiciones de macros. *Véase también* lenguaje de macros.

instrucción de no hacer nada *s.* (*do-nothing instruction*) *Véase* instrucción de no operación.

instrucción de no operación *s.* (*no-operation instruction*) Instrucción del lenguaje máquina que no proporciona otro resultado que el de obligar al procesador a utilizar ciclos de reloj. Estas instrucciones son útiles en ciertas situaciones, como, por ejemplo, para implementar bucles de temporización o forzar a las instrucciones subsiguientes a alinearse en ciertas fronteras de memoria. *Acrónimo:* NO-OP; NOP. *Véase también* instrucción máquina.

instrucción de salto *s.* (*jump instruction*) Instrucción que transfiere el flujo de ejecución de una sentencia o instrucción a otra. *Véase también* instrucción GOTO; instrucción de transferencia.

instrucción de transferencia *s.* (*transfer statement*) Instrucción de un lenguaje de programación que transfiere el flujo de ejecución a otra posición del programa. *Véase también* instrucción de bifurcación; instrucción CALL; instrucción GOTO; instrucción de salto.

instrucción ficticia *s.* (*dummy instruction*) *Véase* instrucción de no operación.

instrucción fuente *s.* (*source statement*) Instrucción en el código fuente de un programa. *Véase también* código fuente; instrucción.

instrucción GOTO *s.* (*GOTO statement*) Instrucción de control utilizada en los programas para transferir la ejecución a alguna otra instrucción; el equivalente en alto nivel de una instrucción de bifurcación o de salto. El uso de las instrucciones GOTO está generalmente desaconsejado porque no sólo dificultan al programador la comprensión de la lógica de un programa, sino que también hacen más difícil para el compilador la generación de código optimizado. *Véase también* instrucción de bifurcación; instrucción de salto; código espagueti.

instrucción IF *s.* (*IF statement*) Instrucción de control que ejecuta un bloque de código si una expresión booleana es evaluada como verdadera. La mayoría de los lenguajes de programación también soportan una cláusula ELSE, la cual especifica el código que se ejecuta cuando la expresión booleana es evaluada como falsa. *Véase también* condicional.

instrucción iterativa *s.* (*iterative statement*) Instrucción de un programa que hace que el programa repita una o más instrucciones. Ejemplos de instrucciones iterativas en Basic son: FOR, DO, REPEAT...UNTIL y DO...WHILE. *Véase también* instrucción de control.

instrucción máquina *s.* (*machine instruction*) Instrucción (enunciado de una acción) en código máquina que puede ser ejecutada directamente por un procesador o un microprocesador. *Véase también* instrucción.

instrucción no ejecutable *s.* (*nonexecutable statement*) **1.** Instrucción de programa que no puede ejecutarse porque se encuentra fuera del flujo de ejecución del programa. Por ejemplo, una instrucción que sigue inmediatamente a la instrucción return(), pero anterior al final de bloque, en C, no es ejecutable. **2.** Definición de tipo, declaración de variable, comando de preprocesador, comentario u otra instrucción en un programa que no se traduce a código máquina ejecutable.

instrucción privilegiada *s.* (*privileged instruction*) Instrucción (normalmente una instrucción máquina) que solamente puede ser ejecutada por el sistema operativo. Las instrucciones privilegiadas existen debido a que el sistema operativo necesita realizar ciertas operaciones que las aplicaciones no pueden ejecutar. Por tanto, sólo las rutinas del sistema operativo poseen el privilegio de ejecutar esas determinadas instrucciones.

instrucción REM *s.* (*REM statement*) Instrucción de comentario (remark). Una instrucción del lenguaje de programación Basic y de los lenguajes de archivos de procesamiento por lotes de MS-DOS y OS/2, que se emplea para añadir comentarios a un programa o archivo de procesamiento por lotes. Todas las instrucciones que comiencen con la palabra REM son ignoradas por el intérprete o compilador o por el procesador de comandos. *Véase también* comentario.

instrucción send *s.* (*send statement*) En los lenguajes de script PPP y SLIP, es una instrucción que ordena enviar ciertos caracteres al programa encargado de marcar el número de un proveedor de servicios Internet (programa marcador). *Véase también* ISP; PPP; lenguaje de script; SLIP.

integración *s.* (*integration*) **1.** En informática, es la combinación de diferentes actividades, programas o componentes hardware para formar una unidad funcional. *Véase también* módem integrado; software integrado; RDSI. **2.** En electrónica, el proceso de empaquetar múltiples elementos de circuitos electrónicos en un solo chip. *Véase también* circuito integrado. **3.** En matemáticas, y específicamente en cálculo, una operación realizada sobre una ecuación y destinada a encontrar el área bajo una cierta curva o el volumen comprendido dentro de una forma dada.

integración a baja escala *s.* (*small-scale integration*) Concentración de menos de 10 componentes en un solo chip. *Acrónimo:* SSI. *Véase también* circuito integrado.

integración a escala ultra-alta *s.* (*ultra-large-scale integration*) La densidad más alta posible en la actualidad con la que pueden integrarse componentes (transistores y otros elementos) en un circuito integrado. El término «escala ultra-alta» se aplica generalmente a densidades de 1.000.000 de componentes o mayores. *Acrónimo:* ULSI. *Véase también* circuito integrado. *Compárese con* integración a gran escala; integración a media escala; integración a baja escala; integración a super-gran escala; integración a muy gran escala.

integración a gran escala *s.* (***large-scale integration***) Término que describe un chip que contiene miles de elementos de circuito. *Acrónimo:* LSI. *Véase también* circuito integrado. *Compárese con* integración a media escala; integración a baja escala; integración a super-gran escala; integración a escala ultra-alta; integración a muy gran escala.

integración a media escala *s.* (***medium-scale integration***) Concentración de cientos de elementos de circuito en un solo chip. *Acrónimo:* MSI. *Véase también* circuito integrado.

integración a muy gran escala *s.* (***very-large-scale integration***) Relativo a la densidad con la que se encapsulan transistores y otros elementos en un circuito integrado y a la fineza de las conexiones entre ellos. La integración a muy gran escala está generalmente comprendida en el rango que va desde los 5.000 hasta los 50.000 componentes. *Acrónimo:* VLSI. *Véase también* circuito integrado. *Compárese con* integración a gran escala; integración a media escala; integración a baja escala; integración a super-gran escala; integración a escala ultra-alta.

integración a super-gran escala *s.* (***super-large-scale integration***) Relativo a la densidad con la que se encapsulan componentes (transistores y otros elementos) en un circuito integrado y a la fineza de las conexiones entre ellos. El número real de componentes no está especificado, pero generalmente se considera que está en el rango comprendido entre 50.000 y 100.000. *Acrónimo:* SLSI. *Véase también* circuito integrado. *Compárese con* integración a gran escala; integración a media escala; integración a baja escala; integración a escala ultra-alta; integración a muy gran escala.

integración de aplicaciones empresariales *s.* (***Enterprise Application Integration***) *Véase* EAI.

integración de sistemas *s.* (***systems integration***) El desarrollo de un sistema informático para un cliente concreto combinando productos de diferentes fabricantes.

integración de telefonía a informática *s.* (***computer telephone integration***) Proceso que permite a las aplicaciones informáticas responder a llamadas entrantes, visualizar información de bases de datos al mismo tiempo que entra la llamada, encaminar y reencaminar las llamadas automáticamente por medio de la técnica de arrastrar y colocar, marcar los números de teléfono de las llamadas salientes desde una base de datos almacenada en la computadora e identificar las llamadas entrantes de los clientes y transferirlas a destinos predeterminados. *Véase también* arrastrar y colocar.

integración en el nivel de oblea *s.* (***wafer-scale integration***) La fabricación en una única oblea de diferentes microcircuitos que luego se conectan para formar un único circuito que ocupa toda la oblea. *Véase también* oblea.

integración transparente *s.* (***seamless integration***) El resultado favorable que tiene lugar cuando un nuevo componente hardware o programa se integra sin ningún tipo de problemas dentro de la operación global del sistema. Usualmente, es el resultado de una programación y diseño cuidadosos.

integrador *s.* (***integrator***) Circuito cuya salida representa la integral, con respecto al tiempo, de la señal de entrada, es decir, su valor acumulado total a lo largo del tiempo. Véase la ilustración. *Compárese con* diferenciador.

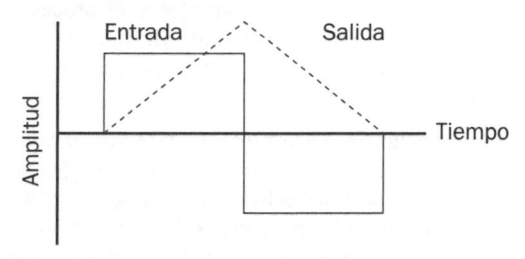

Integrador.

integridad *s.* (*integrity*) El carácter completo y preciso de los datos almacenados en una computadora, especialmente después de haberlos manipulado de alguna manera. *Véase también* integridad de los datos.

integridad de los datos *s.* (*data integrity*) La precisión de los datos y su conformidad con el valor esperado, especialmente cuando se los transmite o procesa.

inteligencia *s.* (*intelligence*) **1**. La capacidad de una máquina, como, por ejemplo, un robot, para responder apropiadamente a estímulos (entradas) cambiantes. **2**. La capacidad de un programa para monitorizar su entorno e iniciar las acciones oportunas con vistas a alcanzar un estado deseado. Por ejemplo, un programa que esté esperando a que se lean datos de un disco puede, mientras tanto, conmutar a otra tarea. **3**. La capacidad de un programa para simular el pensamiento humano. *Véase también* inteligencia artificial. **4**. La capacidad del hardware para procesar información. Cuando un dispositivo no tiene inteligencia, decimos de él que es pasivo; por ejemplo, un terminal pasivo conectado a una computadora puede recibir datos de entrada y mostrar datos de salida, pero no puede procesar la información de manera independiente.

inteligencia artificial *s.* (*artificial intelligence*) La rama de la informática que se ocupa de capacitar a las computadoras para simular aspectos de la inteligencia humana, tales como el reconocimiento del habla, los procesos de deducción, las inferencias, la respuesta creativa, la capacidad de aprender a partir de la experiencia y la capacidad de realizar inferencias a partir de información incompleta. Dos áreas comunes de investigación en inteligencia artificial son los sistemas expertos y el procesamiento de lenguaje natural. *Acrónimo:* AI. *Véase también* sistema experto; procesamiento de lenguaje general.

inteligencia de enjambre *s.* (*swarm intelligence*) Subcampo incipiente de la inteligencia artificial que aprovecha el conocimiento colectivo de partículas o agentes relativamente simples. Vagamente basado en los principios de organización de las colonias de insectos sociales, intenta encontrar aplicaciones para la inteligencia colectiva de agentes o grupos fragmentados. Esta disciplina por el énfasis en los aspectos distribuidos, las interacciones directas o indirectas, la flexibilidad y la robustez. Hasta el momento, se han aplicado con éxito estos principios en redes de comunicaciones y en robótica. *Véase también* inteligencia artificial; robótica.

inteligencia distribuida *s.* (*distributed intelligence*) Un sistema en el que la capacidad de procesamiento (inteligencia) está distribuida entre múltiples computadoras y otros dispositivos, cada uno de los cuales puede funcionar de manera hasta cierto punto independiente, pero también puede comunicarse con los otros dispositivos para operar como parte de ese sistema de mayor tamaño. *Véase también* procesamiento distribuido.

inteligencia informática *s.* (*computational intelligence*) El estudio del diseño de agentes inteligentes cuyo razonamiento está basado en métodos de cálculo. El objetivo científico básico de la inteligencia informática consiste en entender los principios que hacen posible el comportamiento inteligente tanto en los sistemas naturales como en los artificiales. Los agentes inteligentes son flexibles para adaptarse a entornos cambiantes y a objetivos también variables. Aprenden de la experiencia y realizan elecciones apropiadas dadas las limitaciones perceptivas y las capacidades finitas de cálculo. El objetivo central de ingeniería de la inteligencia informática consiste en especificar métodos para el diseño de artefactos inteligentes y que resulten de utilidad. *Véase también* agente; inteligencia artificial; agente autónomo.

inteligente *adj.* (*intelligent*) Perteneciente, relativo a o característico de un dispositivo controlado parcial o totalmente por uno o más procesadores integrados en el dispositivo.

Intelligent Transportation Infrastructure *s.* Sistema de autopistas urbanas y suburbanas automatizadas y de servicios de control y gestión del tráfico propuesto en 1996 por el ministro de Transportes de Estados Unidos Federico Peña. *Acrónimo:* ITI.

IntelliSense *s.* Tecnología de Microsoft utilizada en varios productos de Microsoft, entre los que se incluyen Internet Explorer, Visual Basic, Visual Basic C++ y Office que está diseñada para ayudar a los usuarios a realizar tareas de rutina. En Visual Basic, por ejemplo, información como las propiedades y métodos de un objeto se muestran cuando el desarrollador escribe el nombre del objeto en la ventana de código de Visual Basic.

intensificar *vb.* (*boost*) Fortalecer una señal de red antes de su retransmisión.

interacción dialogada *s.* (*conversational interaction*) Interacción en la que dos o más partes transmiten y reciben alternativamente mensajes entre sí. *Véase también* procesamiento interactivo.

interactivo *adj.* (*interactive*) Caracterizado por un intercambio dialogado de entrada y salida, como cuando un usuario introduce una pregunta o comando y el sistema responde inmediatamente. La interactividad de las microcomputadoras es una de las características que las hace asequibles y fáciles de usar.

interbloquear *vb.* (*interlock*) Evitar que un dispositivo actúe mientras se está desarrollando la operación actual.

interbloqueo *s.* (*deadlock*) **1**. Situación que ocurre cuando dos programas o dispositivos están esperando una respuesta del otro antes de continuar. *También llamado* abrazo mortal. **2**. En juegos de computadora, un interbloqueo se produce cuando los recursos necesarios para continuar el juego dejan de estar disponibles para el jugador. La condición de interbloqueo puede ser intencionada, como, por ejemplo, una condición de pérdida, o un error de diseño por parte del diseñador del juego. *Véase también* juego de computadora. **3**. En los sistemas operativos, una situación en la que uno o más procesos no pueden continuar operando porque cada uno de ellos está en espera de que el otro proceso continúe su operación y libere algún recurso.

intercalar *vb.* (*collate*) En el tratamiento de datos, mezclar elementos de dos o más conjuntos similares para crear un conjunto combinado que mantenga el orden o la secuencia de los elementos utilizada en los conjuntos originales.

intercambiador de género *s.* (*gender changer*) Dispositivo que une dos conectores macho (que tienen terminales) o dos conectores hembra (que tiene receptáculos). Véase la ilustración. *También llamado* cambiador de género.

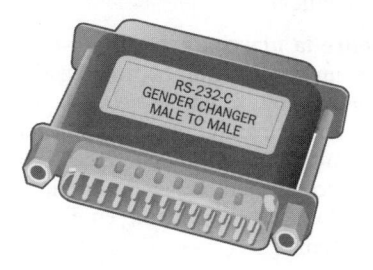

Intercambiador de género.

intercambiar *vb.* (*swap*) **1**. Cambiar un elemento por otro, como, por ejemplo, intercambiar dos disquetes en una unidad de disco. **2**. Mover segmentos de programas o de datos entre la memoria y el dispositivo de almacenamiento en disco. *Véase también* memoria virtual.

intercambio *s.* (*swapping*) **1**. Técnica que permite a un sistema operativo y, por tanto, a una computadora direccionar (tener disponible) más memoria de la que existe físicamente en el sistema. El intercambio, en este sentido (y a diferencia de otras acepciones, como, por ejemplo, intercambiar discos en una unidad), implica mover entre la memoria y el disco bloques de información en unidades conocidas como páginas a medida que se necesiten durante la ejecución de la aplicación. Algunos sistemas operativos como Windows NT y versiones posteriores, Windows 9x y versiones posteriores, OS/2 y Linux soportan esta característica de intercambio. **2**. Técnica para introducir y extraer procesos completos de la memoria principal. **3**. En programación, el proceso de cambiar un valor por otro, como, por ejemplo, intercambiar los valores de dos variables. *Véase también* página; intercambiar; archivo de intercambio; memoria virtual.

intercambio de documentos, arquitectura de *s.* (*Document Interchange Architecture*) *Véase* DIA.

intercambio dinámico *s.* (*fly swapping*) *Véase* intercambio sobre la marcha.

intercambio dinámico de datos *s.* (*Dynamic Data Exchange*) *Véase* DDE.

intercambio electrónico de datos *s.* (*electronic data interchange*) *Véase* EDI.

intercambio en caliente *s.* (*hot swapping*) *Véase* conexión en caliente.

intercambio sobre la marcha *s.* (*swap-on-the-fly*) En Linux, un proceso que permite añadir espacio de intercambio según se necesite. El intercambio sobre la marcha permite crear en cualquier momento un archivo de intercambio en cualquier disco disponible; dicho archivo estará activo sólo hasta el momento en el que se apague el sistema.

interconexión *s.* (*interconnect*) **1**. Una conexión eléctrica o mecánica. La interconexión es la comunicación y conexión física entre dos componentes de un sistema informático. **2**. *Véase* SAN.

interconexión de componentes periféricos *s.* (*Peripheral Component Interconnect*) *Véase* bus local PCI.

interfaz *s.* (*interface*) **1**. Una tarjeta, conector u otro dispositivo que conecta elementos de hardware con la computadora, de modo que la información puede ser desplazada de un lugar a otro. Por ejemplo, las interfaces estandarizadas como RS-232-C y SCSI permiten la comunicación entre las computadoras y las impresoras o los discos. *Véase también* RS-232-C, estándar; SCSI. **2**. Software que permite a un programa interoperar con el usuario (la interfaz de usuario, la cual puede ser una interfaz de línea de comandos, una interfaz controlada por menús o una interfaz gráfica de usuario); interoperar con otro programa, tal como el sistema operativo, o interoperar con el hardware de la computadora. *Véase también* interfaz de programación de aplicaciones; interfaz gráfica de usuario. **3**. El punto en que se realiza una conexión entre dos elementos para que puedan trabajar conjuntamente o intercambiar información.

interfaz abierta de preimpresión *s.* (*Open Prepress Interface*) *Véase* OPI.

interfaz avanzada de configuración y administración de energía *s.* (*Advanced Configuration and Power Interface*) *Véase* ACPI.

interfaz binaria de aplicaciones *s.* (*application binary interface*) Un conjunto de instrucciones que especifica cómo interacciona un archivo ejecutable con el hardware y cómo se almacena la información. *Acrónimo:* ABI. *Compárese con* interfaz de programación de aplicaciones.

interfaz de acceso primario *s.* (*Primary Rate Interface*) *Véase* PRI.

interfaz de disco *s.* (*disk interface*) **1**. Estándar para la conexión de unidades de disco y computadoras. Por ejemplo, el estándar ST506 para conectar discos duros a computadoras es un estándar de interfaz de disco. **2**. La circuitería que conecta una unidad de disco a un sistema informático.

interfaz de entrada/salida *s.* (*input/output interface*) *Véase* controlador de entrada/salida.

interfaz de línea de comandos *s.* (*command-line interface*) Forma de interfaz entre el sistema operativo y el usuario en el que el usuario escribe los comandos utilizando un lenguaje de comandos especial. Aunque los sistemas con interfaces de línea de comandos son normalmente considerados más difíciles de aprender y de usar que aquellos con interfaz gráfica, los sistemas basados en comandos son, por lo general, programables; esto les proporciona una flexibilidad no disponible en los sistemas basados en gráficos que no tienen una interfaz de programación. *Compárese con* interfaz gráfica de usuario.

interfaz de modo protegido de DOS *s.* (*DOS Protected Mode Interface*) Interfaz de software, originalmente desarrollada para la versión 3 de Microsoft Windows, que permite a los programas de aplicaciones basados en MS-DOS funcionar en el modo protegido integrado en los microprocesadores 80286 y posteriores. En modo protegido, el microprocesador puede soportar la multitarea y utilizar la memoria por encima de 1 MB, capacidades que de otro modo no están disponibles para programas diseñados para ejecutarse en MS-DOS. *Véase* *también* modo protegido; modo real; interfaz de programa de control virtual.

interfaz de programa de control virtual *s.* (*Virtual Control Program Interface*) Especificación para programas MS-DOS que permite a los procesadores 386 y de nivel superior el acceso a la memoria extendida en un entorno multitarea (por ejemplo, Windows). *Acrónimo:* VCPI. *Véase también* 80386DX; memoria extendida; multitarea. *Compárese con* modo protegido.

interfaz de programación de aplicaciones *s.* (*application programming interface*) Un conjunto de rutinas utilizadas por un programa de aplicación para controlar la ejecución de procedimientos por parte del sistema operativo de la computadora. *Acrónimo:* API. *También llamado* interfaz de programa de aplicación.

interfaz de programación de aplicaciones remota *s.* (*Remote Application Programming Interface*) Mecanismo de llamada a procedimientos remotos (RPC) que permite que una aplicación que se ejecute en una computadora de escritorio haga llamadas de función a un dispositivo Windows CE. La computadora de escritorio se conoce como cliente RAPI (Remote Application Programming Interface) y el dispositivo Windows CE se denomina servidor RAPI. RAPI opera sobre Winsock y TCP/IP. *Acrónimo:* RAPI. *Véase también* RPC.

interfaz de usuario *s.* (*user interface*) La parte de un programa con la que un usuario interactúa. Entre los tipos de interfaces de usuario (IU) podemos citar las interfaces de línea de comandos, las interfaces controladas por menú y las interfaces gráficas de usuario. *Acrónimo:* UI.

interfaz de usuario de tipo carácter *s.* (*character user interface*) Interfaz de usuario que muestra sólo caracteres de texto. *Acrónimo:* CUI. *Véase también* interfaz de usuario. *Compárese con* interfaz gráfica de usuario.

interfaz digital para instrumentos musicales *s.* (*Musical Instrument Digital Interface*) *Véase* MIDI.

interfaz en niveles *s.* (*layered interface*) En programación, una o más capas de rutinas situadas entre una aplicación y el hardware de la computadora y entre las cuales se dividen las actividades de acuerdo con el tipo de tarea que cada actividad tenga que llevar a cabo. Las interfaces de este tipo facilitan la adaptación de un programa a diferentes tipos de equipos. *Véase la ilustración.*

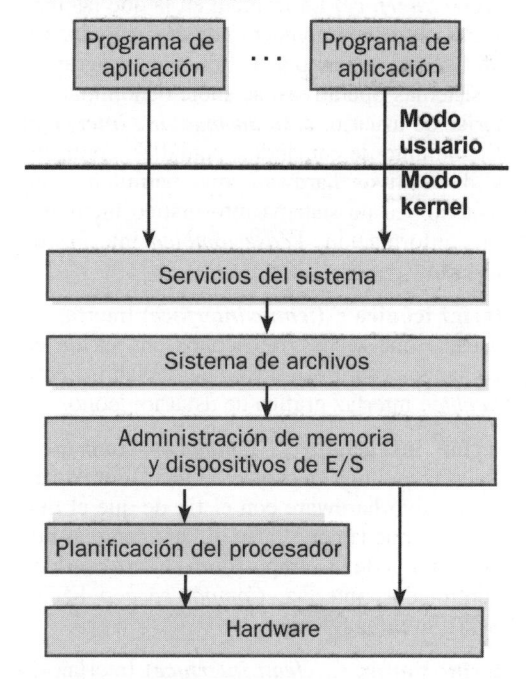

Interfaz en niveles.

interfaz gráfica *s.* (*graphical interface*) *Véase* interfaz gráfica de usuario.

interfaz gráfica de usuario *s.* (*graphical user interface*) Entorno visual informático que representa en la pantalla los programas, archivos y opciones mediante imágenes gráficas como iconos, menús y cuadros de diálogo. El usuario puede seleccionar y activar estas opciones señalando y pulsando con el ratón o a veces con el teclado. Cada elemento determinado (como la barra de desplazamiento) funciona de la misma manera para el usuario en todas las aplicaciones, ya que la interfaz gráfica de usuario proporciona rutinas software estándar para controlar estos elementos e informar de las acciones del usuario (como una pulsación de ratón sobre un determinado icono o en una determinada ubicación del tex-

interfaz hombre-máquina

to o la pulsación de una tecla). Las aplicaciones invocan estas rutinas con parámetros específicos en vez de intentar reproducir la correspondiente funcionalidad partiendo de cero. *Acrónimo:* GUI.

interfaz hombre-máquina *s.* **1.** (*human-machine interface*) La frontera en la que las personas entran en contacto con las máquinas y las utilizan. Cuando se aplica a los programas y sistemas operativos, se suele denominar interfaz de usuario. **2.** (*man-machine interface*) El conjunto de comandos, pantallas, controles y dispositivos hardware que permiten a un usuario y a un sistema informático intercambiar información. *Véase también* interfaz de usuario.

interfaz icónica *s.* (*iconic interface*) Interfaz de usuario que se basa en iconos en vez de en comandos escritos a través del teclado. *Véase también* interfaz gráfica de usuario; icono.

interfaz incrustada *s.* (*embedded interface*) Interfaz incluida en la placa controladora de un dispositivo hardware con el fin de que el dispositivo pueda conectarse directamente al bus del sistema de la computadora. *Véase también* controlador; interfaz. *Compárese con* ESDI; SCSI; interfaz ST506.

interfaz limpia *s.* (*clean interface*) Interfaz de usuario con características simples y comandos intuitivos. *Véase también* interfaz de usuario.

interfaz multidocumento *s.* (*multiple-document interface*) *Véase* MDI.

interfaz orientada a objetos *s.* (*object-oriented interface*) Interfaz de usuario en la que los elementos del sistema están representados por entidades de pantalla visibles, tales como iconos, que se usan para manipular los elementos del sistema. Las interfaces de visualización orientadas a objetos no están necesariamente relacionadas con la programación orientada a objetos. *Véase también* gráficos orientados a objetos.

interfaz paralela *s.* (*parallel interface*) La especificación de un esquema de transmisión de datos que envía múltiples bits de datos y de control simultáneamente a través de una serie de hilos conductores conectados en paralelo. La interfaz paralela más común es la interfaz Centronics. *Véase también* interfaz paralela Centronics. *Compárese con* interfaz serie.

interfaz paralela Centronics *s.* (*Centronics parallel interface*) Estándar de facto para las rutas de intercambio de datos en paralelo entre las computadoras y los periféricos, originalmente desarrollado por el fabricante de impresoras Centronics, Inc. Las interfaces paralelas Centronics proporcionan ocho líneas de datos en paralelo más una serie de líneas adicionales para la información de control y de estado. *Véase también* interfaz paralela.

interfaz programática *s.* (*programmatic interface*) **1.** Interfaz de usuario que depende de los comandos emitidos por el usuario o de un lenguaje de programación especial por contraste con una interfaz gráfica de usuario. UNIX y MS-DOS tienen interfaces programáticas; Apple Macintosh y Microsoft Windows tienen interfaces gráficas de usuario. *Véase también* interfaz de línea de comandos; interfaz gráfica de usuario; interfaz icónica. **2.** Conjunto de funciones que cualquier sistema operativo pone a disposición del programador para el desarrollo de una aplicación. *Véase también* interfaz de programación de aplicaciones.

interfaz serie *s.* (*serial interface*) Esquema de transmisión de datos en el que los datos y los bits de control se envían secuencialmente a través de un mismo canal. En referencia a una conexión de entrada/salida en serie, el término normalmente implica el uso de una interfaz RS-232 o RS-422. *Véase también* RS-232-C, estándar; RS-422/423/449. *Compárese con* interfaz paralela.

interfaz ST506 *s.* (*ST506 interface*) La especificación de señales hardware desarrollada por Seagate Technologies para las controladoras de unidades de disco duro y sus correspondientes conectores. La versión ST506/412 de esta interfaz se ha convertido en un estándar de facto.

interfaz TSP *s.* (*Telephony Service Provider Interface*) La interfaz externa de un proveedor de servicios que los fabricantes de equipos de telefonía necesitan implementar. Los proveedores de servicios telefónicos acceden a los equipos específicos de los fabricantes a través de un controlador de dispositivos con interfaz estándar. La instalación de un proveedor de servicios permite a las aplicaciones basadas en Windows CE que utilicen elementos de telefonía acceder a los correspondientes equipos telefónicos. *Acrónimo:* TSPI. *Véase también* TSP.

interfaz visual *s.* (***visual interface***) *Véase* interfaz gráfica de usuario.

interferencia *s.* (***interference***) **1.** Señales electromagnéticas que pueden perturbar la recepción de radio o televisión. Las señales pueden ser generadas naturalmente, como en el caso de los rayos, o por dispositivos electrónicos, como las computadoras. **2.** Ruido u otras señales externas que afectan al rendimiento de un canal de comunicaciones.

interferencia de radiofrecuencia *s.* (***radio frequency interference***) *Véase* RFI.

Interix *s.* Una aplicación software de Microsoft que permite a las empresas ejecutar aplicaciones heredadas existentes basadas en UNIX al mismo tiempo que añaden aplicaciones basadas en el sistema operativo Microsoft Windows. Interix sirve como plataforma empresarial unificada desde la que ejecutar aplicaciones basadas en UNIX, basadas en Internet y basadas en Windows.

interlineado *s.* **1.** (***lead***) En tipografía, el espacio vertical entre dos líneas de texto. **2.** (***leading***) El espacio, expresado en puntos, entre líneas de texto medido desde la línea base (parte inferior) de una línea y la línea base de la siguiente. Véase la ilustración. *Véase también* punto.

```
         ┌─Un espacio grande entre líneas─┐
         │↕se denomina interlineado abierto.│
Interlineado                    Líneas base ┘
```

Interlineado.

intermediario *adj.* (***pass-through***) **1.** En general, una referencia a algo que permite el paso de información o señales entre otras entidades. Por ejemplo, un servidor proxy intermediario permite acceso externo a un servidor interno (protegido), pasando las peticiones del cliente solicitante al servidor, sin permitir un acceso directo. **2.** Relativo a un dispositivo o conector que transporta una señal o conjunto de señales desde la entrada hasta la salida sin realizar ningún cambio. Por ejemplo, un dispositivo periférico, tal como un adaptador SCSI, puede tener un puerto de E/S paralelo de puente para conectar una impresora a través del mismo conector.

intermitente *adj.* (***intermittent***) Relativo a algo, como una señal o conexión, que no está roto, pero funciona a intervalos periódicos u ocasionales.

internauta *s.* (***Internaut***) *Véase* cibernauta.

Internet *s.* La colección mundial de redes y pasarelas que utilizan el conjunto de protocolos TCP/IP para comunicarse entre sí. La base de Internet es una red troncal de líneas de comunicación de datos de alta velocidad que interconectan una serie de computadoras host o nodos principales compuesta por miles de sistemas informáticos comerciales, gubernamentales, educativos y de otro tipo que encaminan datos y mensajes. Pueden desconectarse de la red uno o más nodos de Internet sin poner en peligro a la red completa y sin que se detengan las comunicaciones a través de Internet, porque no hay una única computadora o red que controle toda la red. El origen de Internet fue una red descentralizada, denominada ARPANET, creada por el Departamento de Defensa de Estados Unidos en 1969 para facilitar las comunicaciones en caso de un ataque nuclear. Con el tiempo, otras redes como BITNET, Usenet, UUCP y NSFnet fueron conectándose a ARPANET. Actualmente, Internet ofrece toda una gama de servicios a los usuarios, como FTP, correo electrónico, la World Wide Web, noticias de Usenet, Gopher, IRC, telnet y otros. *También llamado* la Red. *Véase también* BITNET; FTP; Gopher; IRC; NSFnet; telnet; Usenet; UUCP; World Wide Web.

Internet de nueva generación *s.* (***Next Generation Internet***) Una iniciativa financiada por el gobierno federal de Estados Unidos y diseñada para desarrollar tecnologías de red más rápidas y potentes que las actualmente disponibles en la red Internet global. La Internet de Nueva Generación o NGI (Next Generation Internet) comenzó en 1997 bajo los auspicios de una serie de agencias gubernamentales, incluyendo DARPA (Defense Advanced Research Projects Agency), NASA (National Aeronautics & Space Administration) y NSF (National Science Foundation). Su objetivo es desarrollar tecnologías de red avanzadas y probarlas en redes experimentales universitarias y gubernamentales que proporcionen velocidades entre 100 y 1.000 veces superiores a la actual Internet. Las tecnologías desarrolladas están pensadas para su uso por parte de instituciones educativas, empresas y el público en general. *Acrónimo:* NGI. *Compárese con* Internet; Internet2.

Internet Draft *s*. Un documento producido por el IETF (Internet Engineering Task Force) con el propósito de discutir un posible cambio en los estándares que gobiernan Internet. Los borradores Internet están sujetos a revisión o sustitución en cualquier momento; si no se sustituyen ni revisan, los borradores Internet dejan de ser válidos pasados seis meses. Un borrador Internet, si es aceptado, puede desarrollarse para generar un documento RFC. *Véase también* IETF; RFC.

Internet Explorer *s*. Software de exploración web de Microsoft. Introducido en octubre de 1995, las últimas versiones de Internet Explorer incluyen muchas características que permiten personalizar la experiencia en la Web. Internet Explorer también está disponible para las plataformas Macintosh y UNIX. *Véase también* control ActiveX; applet Java; explorador web.

Internet Foundation Classes *s*. Una biblioteca de clases Java desarrollada por Netscape para facilitar la creación de aplicaciones de misión crítica escritas completamente en Java. IFC (Internet Foundation Classes) incluye objetos de interfaz de usuario y marcos de trabajo cuyo objetivo es extender el conjunto de herramientas AWT (Abstract Window Toolkit) de Java. También incluye un editor de texto multifuente, controles de aplicación esenciales y marcos de trabajo para operaciones de control mediante ratón, gráficos, gestión de sucesos, gestión de ventanas, animación, persistencia de objetos, programas monohebra y localización de software. *Véase también* AWT; Application Foundation Classes; Java Foundation Classes; Microsoft Foundation Classes.

Internet inalámbrica *s*. (*wireless Internet*) Versión de Internet diseñada para su uso con teléfonos inalámbricos y dispositivos de mano dotados de pantallas de pequeño tamaño, memoria limitada y velocidades de transmisión de datos más lentas que las habituales en una computadora personal. La mayoría de los sitios Internet inalámbricos ofrecen contenido que está formado, principalmente, por texto y una serie de gráficos limitados.

Internet Information Server *s*. (*IIS*) *Véase* IIS.

Internet Mail Consortium *s*. (*IMC*) *Véase* IMC.

Internet Relay Chat *s*. *Véase* IRC.

Internet Security and Acceleration Server *s*. Una aplicación software de Microsoft Corporation utilizada para incrementar la seguridad y las prestaciones del acceso a Internet por parte de las empresas. Internet Security and Acceleration Server proporciona un cortafuegos corporativo y un servidor de caché web de altas prestaciones para gestionar de forma segura el flujo de información procedente de Internet a través de la red interna de la empresa.

Internet Society *s*. Una organización internacional sin ánimo de lucro, con sede en Reston (Virginia, Estados Unidos) compuesta por particulares, empresas, fundaciones y agencias gubernamentales y dedicada a promocionar el uso, mantenimiento y desarrollo de Internet. IAB (Internet Architecture Board) es uno de los organismos que forman parte de Internet Society. Además, Internet Society edita la publicación *Internet Society News* y organiza la conferencia anual INET. *Acrónimo:* ISOC. *Véase también* INET; IAB.

Internet SSE *s*. *Véase* SSE.

Internet World *s*. Una serie de conferencias y exhibiciones internacionales sobre tecnología Internet y de comercio electrónico patrocinada por la revista *Internet World*. Entre las principales conferencias de la serie se incluyen las mayores conferencias del mundo sobre Internet, que son Internet World Spring e Internet World Fall.

Internet Worm, gusano *s.* (***Internet Worm***) Una cadena de código informático autorreplicante (un gusano) que fue distribuida a través de Internet en noviembre de 1988. En una sola noche consiguió sobrecargar y cerrar un gran porcentaje de las computadoras conectadas en aquel momento a Internet, replicándose a sí mismo una y otra vez en cada computadora a la que accedía, aprovechándose de un error de los sistemas UNIX entonces existentes. Concebido como una travesura, el gusano Internet Worm fue escrito por un estudiante de la Universidad de Cornell. *Véase también* puerta trasera; gusano.

Internet2 *s.* Un proyecto de desarrollo de red informática iniciado en 1996 por un grupo de 120 universidades bajo los auspicios de UCAID (University Corporation for Advanced Internet Development, Corporación universitaria para el desarrollo avanzado de Internet). El consorcio está ahora dirigido por más de 190 universidades que trabajan codo a codo con la industria y el gobierno. El objetivo de Internet2, cuya red troncal de fibra óptica y alta velocidad entró en funcionamiento a principios de 1999, es el desarrollo de aplicaciones y tecnologías Internet avanzadas para su uso en actividades de investigación y de educación universitaria. El objetivo es que Internet2 y las tecnologías de aplicación desarrolladas por sus miembros terminen por beneficiar también a los usuarios de la red Internet comercial. Algunas de las nuevas tecnologías que Internet2 y sus miembros están desarrollando y probando son IPv6, los mecanismos de multidifusión y los mecanismos de calidad de servicio (QoS, quality of service). Internet2 y NGI (Next Generation Internet) son iniciativas complementarias. *Compárese con* Internet; Internet de nueva generación.

InterNIC *s.* Abreviatura de Internet Network Information Center (centro de información de red de Internet). Es la organización que tradicionalmente se encargaba de registrar los nombres de dominio y las direcciones IP, así como de distribuir información acerca de Internet. InterNIC fue formada en 1993 como un consorcio en el que participaba la NSF (National Science Foundation), AT&T, General Atomics y Network Solutions, Inc. (con sede en Herndon, Virginia, Estados Unidos). Este último socio administra los servicios de registro de InterNIC, que asignan los nombres y direcciones Internet.

interoperabilidad *s.* (***interoperability***) Referido a los componentes de los sistemas informáticos que son capaces de operar en diferentes entornos. Por ejemplo, el sistema operativo NT de Microsoft es interoperable sobre Intel, DEC Alpha y otros procesadores. Otro ejemplo sería el estándar SCSI para unidades de disco y otros dispositivos periféricos que permite a éstos interoperar con diferentes sistemas operativos. Hablando de software, existe interoperabilidad cuando los programas son capaces de compartir datos y recursos. Microsoft Word, por ejemplo, es capaz de leer archivos creados por Microsoft Excel.

interplataforma *adj.* (***cross-platform***) Perteneciente, relativo a o característico de una aplicación software o un dispositivo hardware que se puede ejecutar o puede operar en más de una plataforma de sistema.

interpolar *vb.* **1.** (***interpolate***) Estimar los valores intermedios a partir de dos valores conocidos de una secuencia. **2.** (***tween***) En un programa de gráficos, calcular formas intermedias durante la metamorfosis de una forma en otra.

interpretar *vb.* (***interpret***) **1**. Ejecutar un programa traduciendo una instrucción cada vez a una forma ejecutable y ejecutándola antes de traducir la siguiente instrucción en lugar de traducir el programa completo a código ejecutable (compilarlo) antes de ejecutarlo de manera independiente. *Véase también* intérprete. *Compárese con* compilar. **2.** Traducir una instrucción a una forma ejecutable y a continuación ejecutarla.

intérprete *s.* (***interpreter***) Programa que traduce y después ejecuta cada instrucción de un programa escrito en un lenguaje interpretado. *Véase también* compilador; lenguaje interpretado; procesador de lenguaje.

intérprete de comandos *s.* (***command interpreter***) Programa, normalmente parte del sistema operativo, que acepta comandos escritos en el teclado y realiza las tareas cuando se le ordena. El intérprete de comandos es responsable de cargar las aplicaciones y de dirigir el flujo de información entre las aplicaciones. En OS/2 y MS-DOS, el intérprete de comandos también administra funciones simples, como mover y copiar archivos y mostrar la información de directorio de un disco. *Véase también* shell.

interred *adj.* (***internetwork***) Perteneciente o relativo a las comunicaciones entre redes conectadas. A menudo se utiliza para hacer referencia a comunicaciones que tienen lugar entre dos redes de área local (LAN) a través de Internet o de otra red de área extensa (WAN). *Véase también* LAN; WAN.

interred *s.* (***internetwork***) Un conjunto de redes informáticas posiblemente heterogéneas y que están unidas por medio de pasarelas que gestionan la transferencia de datos y la conversión de mensajes entre los protocolos de la red emisora y los de la red receptora. *También llamado* internet.

interrogación *s.* (***question mark***) *Véase* ?

interrogar *vb.* (***interrogate***) Realizar una consulta esperando una respuesta inmediata. Por ejemplo, una computadora puede interrogar a un terminal conectado para determinar el estado del terminal (si está preparado para transmitir o recibir).

interrupción *s.* **1.** (***break***) Detención en una transmisión de comunicaciones que se produce cuando una estación receptora interrumpe y se hace con el control de la línea o cuando la estación transmisora detiene prematuramente la transmisión. **2.** (***break***) Detención de un programa que se produce cuando el usuario pulsa la tecla de interrupción o su equivalente. **3.** (***interrupt***) Señal transmitida desde un dispositivo al procesador de una computadora solicitando la atención del procesador. Cuando el procesador recibe una interrupción, suspende de sus operaciones en curso, guarda el estado de su trabajo y transfiere el control a una rutina especial conocida como rutina de tratamiento de interrupciones, la cual contiene las instrucciones para tratar la situación en particular que ha causado la interrupción. Diversos dispositivos de hardware pueden generar interrupciones para solicitar un servicio o informar de algún problema o el propio procesador puede generar una interrupción en respuesta a errores de programa o a solicitudes de servicios del sistema operativo. Las interrupciones constituyen la forma en que el procesador se comunica con los restantes elementos que constituyen una computadora. Una jerarquía de prioridades de interrupción determina qué solicitud de interrupción se atenderá primero en el caso de que haya más de una solicitud. Un programa puede desactivar temporalmente algunas interrupciones si necesita toda la atención del procesador para completar una tarea particular. *Véase también* excepción; interrupción externa; interrupción de hardware; interrupción interna; interrupción de software.

interrupción de control *s.* (***control break***) Cambio en el control de una computadora en el que normalmente se pasa el control de la UCP (unidad central de proceso) a la consola del usuario o a cualquier otro programa.

interrupción de hardware *s.* (***hardware interrupt***) Solicitud de servicio desde la unidad de procesamiento central generada externamente por un dispositivo de hardware, como, por ejemplo, una unidad de disco o un puerto de entrada/salida, o internamente por la propia UCP. Las interrupciones de hardware externas se usan para situaciones como cuando se recibe un carácter desde un puerto y tiene que ser procesado, hay una unidad de disco lista para transferir un bloque de datos o un tic del temporizador del sistema. Las interrupciones de hardware internas se producen cuando un programa intenta una acción imposible, como acceder a una dirección no disponible o una división entre cero. Las interrupciones de hardware tienen asignadas niveles de importancia o de prioridad. La prioridad más alta se otorga a un tipo de interrupción llamada interrupción no enmascarable, una que indica un error serio, como, por ejemplo, un fallo de memoria, que debe ser atendido inmediatamente. *Véase también* interrupción externa; interrupción.

interrupción de inactividad *s.* (*idle interrupt*) Interrupción provocada cuando un dispositivo o un proceso pasan a estar inactivos.

interrupción de software *s.* (*software interrupt*) Interrupción generada por un programa que detiene el procesamiento actual para solicitar un servicio proporcionado por una rutina de tratamiento de interrupciones (un conjunto de instrucciones separado diseñado para llevar a cabo la tarea solicitada). *También llamado* trampa.

interrupción enmascarable *s.* (*maskable interrupt*) Interrupción de hardware que puede deshabilitarse (enmascararse) temporalmente durante períodos en los que un programa necesita la atención completa de microprocesador. *Véase también* interrupción externa; interrupción de hardware; interrupción. *Compárese con* interrupción no enmascarable.

interrupción externa *s.* (*external interrupt*) Interrupción de hardware generada por los elementos de hardware externos dirigida al microprocesador. *Véase también* interrupción de hardware; interrupción interna; interrupción.

interrupción interna *s.* (*internal interrupt*) Interrupción generada por el propio procesador en respuesta a ciertas situaciones predefinidas, como los intentos de dividir entre cero o los casos en que un valor aritmético excede el número de bits permitido para ese valor. *Véase también* interrupción. *Compárese con* interrupción externa.

interrupción no enmascarable *s.* (*nonmaskable interrupt*) Interrupción de hardware que ignora y obtiene la prioridad sobre las solicitudes de interrupción generadas por software y por el teclado y otros dispositivos. Una interrupción no enmascarable no puede ser invalidada (enmascarada) por otra solicitud de servicio y se envía al microprocesador sólo en circunstancias desastrosas, como errores severos de memoria o fallos de alimentación. *Acrónimo:* NMI. *Compárese con* interrupción enmascarable.

interruptor del programador *s.* (*programmer's switch*) Pareja de botones de las computadoras Macintosh que permiten al usuario reiniciar el sistema o acceder a una interfaz de línea de comandos del sistema operativo. Originalmente, se pensaba que sólo los programadores que realizaran pruebas de software necesitarían estas funciones, por lo que los primeros modelos de Macintosh ocultaban dichos botones dentro de la carcasa y suministraban un accesorio de plástico que podía conectarse para que el programador pudiera pulsarlos. En muchos modelos más recientes, los botones están integrados en la carcasa; el botón que permite reiniciar el sistema está marcado con un triángulo que apunta hacia la izquierda y el otro botón está marcado con un círculo.

intersección *s.* (*intersect*) Operador del álgebra relacional utilizado en la gestión de bases de datos. Dadas dos relaciones (tablas), A y B, que tengan campos (columnas) correspondientes y que contengan los mismos tipos de valores (es decir, que sean compatibles para la unión), entonces la intersección de A y B genera una tercera relación que contiene sólo aquellas tuplas (filas) que aparecen tanto en A como en B. *Véase también* tupla.

intersticial *s.* (*interstitial*) Un formato de anuncio Internet que aparece en una ventana emergente entre unas páginas web y otras. Los anuncios intersticiales se descargan completamente antes de aparecer, usualmente mientras que se está cargando una página web que el usuario ha seleccionado. Dado que las ventanas emergentes intersticiales no aparecen hasta que se ha descargado el anuncio completo, a menudo utilizan gráficos animados, audio u otras tecnologías multimedia dirigidas a llamar la atención del usuario, las cuales requieren tiempos de carga mayores.

intervalo de fecha válido *s.* (*valid date interval*) Espacio de tiempo durante el que una computadora almacena la fecha correcta. En muchos PC, el intervalo de fecha válido es de 1980 en adelante.

intervalo de supresión horizontal *s.* (*horizontal blanking interval*) *Véase* supresión; retorno horizontal.

intervalo de supresión vertical *s.* (*vertical blanking interval*) El tiempo que necesita el haz de electrones en una pantalla de barrido de líneas para realizar un retroceso vertical. *Véase también* supresión; retorno vertical.

intervalo entre archivos *s.* (*file gap*) *Véase* intervalo entre bloques.

intervalo entre bloques *s.* (*block gap*) El espacio físico no utilizado que separa los bloques de datos o registros físicos en una cinta magnética o los sectores formateados en un disco.

intimidad *s.* (*privacy*) El concepto de que los datos de un usuario, como, por ejemplo, los archivos almacenados y el correo electrónico, no deben ser examinados por nadie más sin permiso de ese usuario. El derecho a la intimidad no está reconocido de forma general en Internet. En algunos países, como en Estados Unidos, las leyes protegen sólo al correo electrónico mientras está en tránsito o mientras se encuentra en un almacén temporal y sólo frente al acceso por parte de las fuerzas de seguridad. Los dueños de las empresas reclaman a menudo el derecho a inspeccionar cualquier dato almacenado en sus sistemas. Para gozar de intimidad, el usuario debe tomar medidas activas, como, por ejemplo, el cifrado. *Véase también* cifrado; PGP; PEM. *Compárese con* seguridad.

intranet *s.* Una red privada basada en protocolos Internet como TCP/IP, pero diseñada para la gestión de información dentro de una empresa u organización. Sus aplicaciones incluyen servicios tales como la distribución de documentos, la distribución de software, el acceso a bases de datos y la formación. Las intranets se denominan así porque se asemejan a un sitio World Wide Web y están basadas en las mismas tecnologías, pero son estrictamente internas a la organización y no están conectadas a Internet. Algunas intranets ofrecen también acceso a Internet, pero tales conexiones se realizan a través de un cortafuegos que protege a la red interna frente a la Web externa. *Compárese con* extranet.

intraware *s.* Software de trabajo en grupo o middleware para utilización en la intranet privada de una empresa. Los paquetes de intraware contienen normalmente aplicaciones de correo electrónico, de base de datos, de gestión de flujos de trabajo y de exploración de páginas web. *Véase también* software para grupos de trabajo; intranet; middleware.

introducción de datos *s.* (*data entry*) El proceso de escribir nuevos datos en la memoria de la computadora.

introducción de texto *s.* (*text entry*) El acto de proporcionar caracteres de texto a un sistema por medio de un teclado.

introducir *vb.* (*input*) Proporcionar información a una computadora para su procesamiento.

intruso *s.* (*intruder*) Un usuario o programa no autorizados que generalmente suelen tener intenciones maliciosas y que actúan en una computadora o en una red informática. *Véase también* bacteria; cracker; caballo de Troya; virus.

inundación *s.* (*flooding*) La técnica de comunicación por red consistente en reenviar una trama a través de todos los puertos de un conmutador excepto el puerto a través del cual llegó. La técnica de inundación puede utilizarse para implementar mecanismos robustos de distribución de datos y de establecimiento de rutas. *También llamado* encaminamiento por inundación.

inundación de paquetes *s.* (*packet flooding*) Una técnica empleada en diversos ataques por denegación de servicio en los que se envía una avalancha de paquetes de datos a un servidor objetivo, desbordando la capacidad de la computadora y haciendo que ésta sea incapaz de responder a las solicitudes de red legítimas. Como ejemplos de tipos específicos de ataques por inundación de paquetes se incluyen los ataques pitufo y los ataques por inundación SYN. *Véase también* DoS; paquete; ataque pitufo; inundación SYN.

inundación SYN *s.* (*SYN flood*) Un método de sobrecargar una computadora host de una red, especialmente en Internet, enviando a esa computadora una gran cantidad de paquetes SYN de solicitud de conexión (paquetes de sincronización), pero sin responder nunca a los paquetes de confirmación devueltos por el host. Los ataques por inundación SYN son una forma de ataque por denegación de servicio. *Véase también* DoS. *Compárese con* ping de la muerte.

inválido *adj.* (*invalid*) Erróneo o irreconocible debido a un defecto en el razonamiento o a un error en la entrada. Los resultados inválidos, por ejemplo, se pueden producir si falla la lógica de un programa. *Compárese con* ilegal.

invariante de bucle *s.* (*loop invariant*) Condición que permanece verdadera durante la ejecución de las sucesivas iteraciones de un bucle.

inversión de bits *s.* (*bit flipping*) Proceso de inversión de bits (cambio de los unos por ceros, y viceversa). Por ejemplo, en un programa de gráficos, para invertir una imagen de mapa de bits en blanco y negro (cambiar el blanco por el negro, y viceversa), el programa simplemente invierte los bits que componen el mapa de bits.

inversión de flujo *s.* (*flux reversal*) El cambio en la orientación de las diminutas partículas magnéticas situadas en la superficie de un disco o cinta hacia uno de dos posibles polos magnéticos. Las dos diferentes alineaciones se utilizan para representar el 1 binario y el 0 binario con el propósito de almacenar datos: una inversión de flujo suele representar un 1 binario, mientras que la ausencia de inversión representa un 0 binario.

inversor *s.* (*inverter*) **1**. Dispositivo que convierte la corriente continua (CC) en corriente alterna (AC). **2**. Circuito lógico que invierte su señal de entrada; por ejemplo, invertir una entrada a nivel alto en una salida a nivel bajo.

invertir *vb.* (*invert*) **1**. En una señal eléctrica digital, reemplazar un nivel alto por uno bajo, y viceversa. Este tipo de operación es el equivalente electrónico de una operación booleana NOT. **2**. Cambiar algo al orden inverso o cambiarlo por su opuesto. Por ejemplo, invertir los colores en una pantalla monocroma significa cambiar los puntos iluminados por puntos oscuros y a la inversa. *Véase la ilustración.*

Normal   Invertida

Invertir. Ejemplo que muestra los efectos de invertir los colores en una pantalla monocroma.

investigación de operaciones *s.* (*operations research*) El uso de técnicas matemáticas y científicas para analizar y mejorar la eficiencia de las empresas, de los mecanismos de gestión, de los organismos gubernamentales y de otras áreas. Desarrollada aproximadamente a comienzos de la Segunda Guerra Mundial, la investigación de operaciones se empleó inicialmente para mejorar las operaciones militares durante la guerra. Esta práctica se extendió después a las empresas comerciales e industriales como método para descomponer los sistemas y procedimientos y estudiar sus partes componentes y las interacciones entre las mismas con el fin de mejorar la eficiencia global. La investigación de operaciones implica, entre otras cosas, la utilización del método del camino crítico y de conceptos de estadística, probabilidad y teoría de la información

invitado *s. Véase* guest.

invocación de plataforma *s.* (*platform invoke*) La funcionalidad proporcionada por el entorno de ejecución para permitir que el código gestionado invoque puntos de entrada de DLL nativas no gestionadas.

invocación remota de procedimiento *s.* (*RPC*) *Véase* RPC.

invocar *vb.* **1**. (*call*) Transferir la ejecución del programa a alguna sección de código (usualmente una subrutina) al mismo tiempo que se guarda la información necesaria para permitir que la ejecución continúe en el punto en que se realizó la llamada cuando la sección invocada haya completado su ejecución. Algunos lenguajes (como FORTRAN) tienen una instrucción explícita de invocación CALL; otros (como C y Pascal) realizan una invocación cuando aparece el nombre de un procedimiento o función. En lenguaje ensamblador, existen diversos nombres para la instrucción de invocación. Cuando tiene lugar una invocación de una subrutina en cualquier lenguaje, suelen pasarse a la subrutina uno o más valores (denominados argumentos o parámetros) que pueden ser utilizados y en ocasiones modificados por la subrutina. *Véase también* argumento; parámetro. **2.** (*invoke*) Llamar o activar; se utiliza en referencia a los comandos y subrutinas.

IO.SYS *s.* Uno de los dos archivos ocultos del sistema instalados en un disco de arranque MS-DOS. IO.SYS, en las versiones IBM de MS-DOS (en las que se denominaba IBM-BIO. COM), contiene controladores de dispositivo para periféricos, tales como la pantalla, el teclado, la unidad de disquete, la unidad de disco duro, el puerto serie y el reloj en tiempo real. *Véase también* MSDOS.SYS.

IP *s.* Acrónimo de Internet Protocol (protocolo Internet). El protocolo dentro de TCP/IP que gobierna la descomposición de los mensajes de datos en paquetes, el encaminamiento de los paquetes desde la estación y red de origen hasta las de destino y la recomposición de los paquetes en el destino para formar los mensajes de datos originales. IP se ejecuta en el nivel de comunicación entre redes del modelo TCP/IP, equivalente al nivel de red en el modelo de referencia ISO/OSI. *Véase también* modelo de referencia ISO/OSI; TCP/IP. *Compárese con* TCP.

IP Filter *s.* Un filtro de paquetes TCP/IP para sistemas UNIX, particularmente BSD. Similar en cuanto a funcionalidad a netfilter e iptables en Linux, IP Filter puede utilizarse para proporcionar funciones de traducción de direcciones de red (NAT, Network Address Translation) o servicios de cortafuegos. *Véase también* cortafuegos. *Compárese con* netfilter; iptables.

IP móvil *s.* (*mobile IP*) Un protocolo Internet diseñado para dar soporte a la movilidad de las máquinas host. IP móvil permite a un host permanecer conectado a Internet con la misma dirección IP (denominada dirección propia) mientras se mueve por diferentes ubicaciones. El protocolo IP móvil realiza el seguimiento de un host móvil registrando la presencia del host ante un agente externo; el agente original del usuario reenvía entonces los paquetes a la red remota. *Véase también* IP.

IP versión 4 *s.* (*Internet Protocol version 4*) *Véase* IPv4.

IP versión 6 *s.* (*Internet Protocol version 6*) *Véase* IPv6.

IP, seguridad *s.* (*IP Security*) *Véase* IPSec.

IP/SoC *s.* Conferencia y exhibición sobre propiedad intelectual y sistemas en chip (Intellectual Property/System on a Chip). Es la principal conferencia y exhibición para gestores, arquitectos e ingenieros que utilicen elementos de propiedad intelectual en el diseño y producción de circuitos semiconductores de tipo «sistema en chip». El evento incluye exhibiciones de productos y foros para el intercambio de información.

IPC *s. Véase* comunicación interprocesos.

ipchains *s. Véase* iptables.

IPL *s. Véase* carga inicial del programa.

IPng *s.* Acrónimo de Internet Protocol next generation (protocolo Internet de nueva generación). Una versión revisada de IP que pretende, fundamentalmente, resolver los problemas de crecimiento de Internet. IPng es compatible en sentido descendente con la versión actual de IP (IPv4) y fue aprobado como borrador de estándar en 1998 por el IETF (Internet Engineering Task Force). Ofrece diversas mejoras con respecto a IPv4, incluyendo un tamaño de direcciones IP cuatro veces más grande (128 bits en lugar de 32), capacidades de encaminamiento ampliadas, formatos de cabecera simplificados, soporte mejorado para opciones y soporte para mecanismos de autenticación, de confidencialidad y de gestión de la calidad de servicio. *También llamado* IPv6. *Véase también* IETF; IP; dirección IP.

IPP *s.* (*Internet Printing Protocol*) Acrónimo de Internet Printing Protocol (protocolo de impresión a través de Internet). Una especificación para la transmisión de documentos a impresoras a través de Internet. El desarrollo de IPP fue propuesto en 1997 por algunos miembros del IETF (Internet Engineering Task Force).

IPP tiene por objetivo proporcionar un protocolo estándar para la impresión a través de Internet y cubre tanto la impresión como la gestión de impresoras (estado de la impresora, cancelación de trabajos, etc.). Es aplicable a servidores de impresión y a impresoras de red.

IPSec *s.* Abreviatura de Internet Protocol Security (seguridad del protocolo Internet). Un mecanismo de seguridad que está siendo desarrollado por el IETF (Internet Engineering Task Force) y que pretende garantizar el intercambio seguro de paquetes en el nivel IP. IPSec está basado en dos niveles de seguridad: AH (Authentication Header, cabecera de autenticación), que autentica al emisor y garantiza al receptor que la información no ha sido alterada durante la transmisión, y ESP (Encapsulating Security Payload, carga útil de seguridad con encapsulación), que proporciona cifrado de datos además de autenticación y garantía de integridad. IPSec protege todos los protocolos del conjunto de protocolos TCP/IP y de las comunicaciones Internet utilizando L2TP (Layer Two Tunneling Protocol, protocolo de túnel de nivel dos) y pretende garantizar la seguridad de las transmisiones a través de redes privadas virtuales (VPN). *Véase también* antirrepetición; protocolo de comunicaciones; Diffie-Hellman; ESP; IETF; IP; IPv6; L2TP; TCP/IP; paquete; red privada virtual.

iptables *s.* Una utilidad empleada para configurar las reglas y opciones de cortafuegos en Linux. Forma parte del marco de trabajo de netfilter en el kernel de Linux y sustituye a ipchains, una implementación anterior. *Véase también* netfilter. *Compárese con* IP Filter.

IPv4 *s.* Abreviatura de Internet Protocol version 4. Es la versión actual del protocolo IP, por oposición al protocolo IP de nueva generación, que se conoce familiarmente con el nombre de IPng y, más formalmente, como IPv6. *Véase también* IP. *Compárese con* IPng.

IPv6 *s.* Abreviatura de Internet Protocol version 6. Protocolo Internet de nueva generación desarrollado por el IETF (Internet Engineering Task Force). IPv6 está ahora incluido como parte del soporte IP básico en muchos productos y en los principales sistemas operativos.

IPv6 ofrece varias mejoras con respecto a IPv4, principalmente una ampliación del espacio de direcciones disponibles, que pasa de 32 a 128 bits, lo que hace que el número de direcciones disponibles sea en la práctica ilimitado. Usualmente denominado IPng (IP next generation, IP de nueva generación), IPv6 incluye también soporte para direccionamiento de multidifusión y de difusión indiferente. *Véase también* difusión indiferente; IP; IPng.

ipvs *s.* Acrónimo de IP Virtual Server (servidor virtual IP). *Véase* LVS.

IPX *s.* Acrónimo de Internetwork Packet Exchange (intercambio de paquetes interred). El protocolo de Novell NetWare que gobierna el direccionamiento y encaminamiento de paquetes dentro de una LAN y entre una red LAN y otra. Los paquetes IPX pueden encapsularse en paquetes Ethernet o tramas token ring. IPX opera en los niveles 3 y 4 de ISO/OSI, pero no realiza todas las funciones correspondientes a dichos niveles. En particular, IPX no garantiza que los mensajes se entreguen completos (es decir, que no haya pérdidas de paquetes); de ese trabajo se encarga SPX. *Véase también* Ethernet; paquete; red Token Ring. *Compárese con* SPX.

IPX/SPX *s.* Acrónimo de Internetwork Packet Exchange/Sequenced Packet Exchange (intercambio de paquetes interred/intercambio de paquetes secuenciado). Los protocolos de nivel de red y de transporte utilizados por Novell Netware, que se corresponden, conjuntamente, a la combinación de TCP e IP en el conjunto de protocolos TCP/IP. IPX es un protocolo sin conexión que gestiona el direccionamiento y encaminamiento de paquetes. SPX, que se ejecuta por encima de IPX, garantiza la entrega correcta de los paquetes. *Véase también* IPX; SPX.

IR *s. Véase* infrarrojo.

ir a toda pastilla *vb.* (*scream*) Operar a muy alta velocidad. Por ejemplo, un módem que puede transferir datos varias veces más rápido que el módem al cual ha sustituido o una computadora con una velocidad de reloj muy alta podría decirse que van «a toda pastilla».

IRC *s.* Acrónimo de Internet Relay Chat (servicio de reemisión Internet para charla). Un servicio que permite a un usuario Internet participar en una conversión en línea en tiempo real con otros usuarios. Los canales IRC, mantenidos por un servidor IRC, transmiten a todos los usuarios del canal el texto escrito por cada usuario que se hayan unido al mismo. Generalmente, cada canal está dedicado a un tema concreto, lo que puede que esté indicado en el nombre del canal. Los clientes IRC muestran los nombres de los canales actualmente activos, permiten al usuario unirse a un canal y luego muestran las palabras o líneas escritas por los otros participantes con el fin de que el usuario pueda responder. IRC fue inventado en 1988 por Jarkko Oikarinen, un finlandés. *Véase también* canal; servidor.

IrDA *s.* Acrónimo de Infrared Data Association (asociación de datos por infrarrojos). La asociación industrial de fabricantes de equipos informáticos, componentes y equipos de telecomunicaciones que ha establecido los estándares para comunicación por infrarrojos entre equipos informáticos y dispositivos periféricos, como, por ejemplo, impresoras.

IRG *s. Véase* separación entre registros.

IRGB *s.* Acrónimo de Intensity Red Green Blue (intensidad, rojo, verde, azul). Tipo de codificación de color utilizada originalmente por las tarjetas adaptadoras CGA (Color/Graphics Adapter) de IBM y que continuó utilizándose en las tarjetas EGA (Enhanced Graphics Adapter) y VGA (Video Graphics Array). La codificación de color RGB estándar de 3 bits (que permite especificar ocho colores) se complementa con un cuarto bit (denominado intensidad), que incrementa uniformemente la intensidad de las señales roja, verde y azul, dando lugar a un total de 16 colores. *Véase también* RGB.

IRL *s.* Acrónimo de in real life (en la vida real). Una expresión utilizada por muchos usuarios en línea para hacer referencia a la vida fuera del ámbito informático, especialmente en el marco de los mundos virtuales, como los programas talker, los canales IRC, las mazmorras multiusuario y los mundos de realidad virtual. *Véase también* IRC; MUD; talker; realidad virtual.

IRQ *s.* Acrónimo de interrupt request (solicitud de interrupción). Una de entre el conjunto de posibles interrupciones hardware en una computadora Wintel; cada solicitud de interrupción está identificada por un número. El número de IRQ determina qué rutina de tratamiento de interrupciones se utilizará. En los buses AT, ISA y EISA hay disponibles 15 interrupciones. En la arquitectura MCA hay disponibles 255 interrupciones. Cada interrupción de dispositivo se cablea o configura mediante un puente o un conmutador DIP. El bus VL y el bus local PCI tienen sus propios sistemas de interrupción, traduciéndose las correspondientes interrupciones a números de IRQ. *Véase también* bus AT; conmutador DIP; EISA; interrupción; conflicto IRQ; ISA; puente; Micro Channel Architecture; bus local PCI; VL bus.

IRSG *s.* (*Internet Research Steering Group*) Acrónimo de Internet Research Steering Group (Grupo de supervisión de la investigación sobre Internet). El organismo que dirige el IRTF (Internet Research Task Force).

IRTF *s.* (*Internet Research Task Force*) Acrónimo de Internet Research Task Force (Grupo de trabajo de investigación sobre Internet). Una organización de voluntarios que forma parte de ISOC (Internet Society) y que se centra en la formulación de recomendaciones a largo plazo relativas a Internet y dirigidas al IAB (Internet Architecture Board). *Véase también* Internet Society.

IS *s. Véase* Departamento de Informática.

ISA *s.* Acrónimo de Industry Standard Architecture (arquitectura industrial estándar). Especificación de diseño de bus que permite añadir componentes a las computadoras personales IBM y compatibles en forma de tarjetas que se conectan mediante ranuras de expansión. Introducida originalmente en el IBM PC/XT con una ruta de datos de 8 bits, la interfaz ISA se amplió en 1984, cuando IBM introdujo el PC/AT, para incorporar una ruta de datos de 16 bits. Una ranura ISA de 16 bits consiste en realidad en dos ranuras independientes de 8 bits, montadas una a continuación de otra, con el fin de que una sola tarjeta de 16 bits pueda ocupar ambas ranuras. Se puede insertar y utilizar una tarjeta de expansión de 8 bits en una ranura de 16 bits (ocupa solamente una de las dos ranuras), pero una tarjeta de expansión de 16 bits no puede usarse en una ranura de 8 bits. *Véase también* EISA; Micro Channel Architecture.

ISAM *s*. *Véase* método de acceso secuencial indexado.

ISAPI *s*. Acrónimo de Internet Server Application Programming Interface (interfaz de programación de aplicaciones para servidor Internet). Una interfaz fácil de utilizar y de altas prestaciones para aplicaciones desarrolladas con el servidor IIS (Internet Information Server) de Microsoft. ISAPI tiene su propia biblioteca de enlace dinámico que ofrece significativas ventajas de prestaciones sobre la especificación CGI (Common Gateway Interface). *Véase también* interfaz de programación de aplicaciones; biblioteca de enlace dinámico; IIS. *Compárese con* CGI.

ISC *s*. (***Internet Software Consortium***) Acrónimo de Internet Software Consortium (Consorcio de software Internet). Una organización sin ánimo de lucro que desarrolla software disponible de forma gratuita a través de la World Wide Web o FTP y que interviene en el desarrollo de estándares Internet, como, por ejemplo, DHCP (Dynamic Host Configuration Protocol, protocolo de configuración dinámica de host). *Véase también* DHCP.

ISDN *s*. (***Integrated Services Digital Network***) Acrónimo de Integrated Services Digital Network. *Véase* RDSI.

ISIS o **IS-IS** *s*. Acrónimo de Intelligent Scheduling and Information System (sistema de información y planificación inteligente). Juego de herramientas diseñado para prevenir y eliminar fallos en los sistemas de fabricación. Desarrollado en 1980 en la Universidad de Cornell, ISIS está disponible comercialmente en la actualidad.

ISLAN *s*. *Véase* red isócrona.

ISMA *s*. Acrónimo de Internet Streaming Media Alliance (alianza para la transmisión de flujos multimedia a través de Internet). Una organización sin ánimo de lucro que promueve la adopción de estándares abiertos para la transmisión de flujos multimedia a través de redes basadas en IP (Internet Protocol). Entre los miembros de ISMA, se encuentran diversos grupos y empresas de tecnología, incluyendo a Apple Computer, Cisco Systems, IBM, Kasenna, Philips y Sun Microsystems. *Véase también* Windows Metafile Format.

ISO *s*. Abreviatura de International Organization for Standardization (a menudo, las siglas ISO se identifican incorrectamente como acrónimo de International Standards Organization). Una asociación internacional de 130 países, cada uno de los cuales está representado por su principal organización de definición de estándares; por ejemplo, Estados Unidos está representado por ANSI (American National Standards Institute). ISO trabaja para establecer estándares globales para las comunicaciones y el intercambio de información. El principal de sus logros es el modelo de referencia ISO/OSI, ampliamente aceptado, que define estándares para la interacción de computadoras conectadas a través de redes de comunicaciones. ISO no es un acrónimo, sino que se deriva de la palabra griega *isos*, que significa «igual» y es la raíz del prefijo «iso-».

ISO 8601:1988 *s*. Estándar titulado «Elementos de datos y formatos de intercambio» de ISO (International Organization for Standardization, organización internacional para la estandarización) que cubre una serie de formatos de fechas.

ISO 9660 *s*. Estándar internacional de formato para discos CD-ROM adoptado por ISO (International Organization for Standardization) que sigue las recomendaciones expresadas en la especificación High Sierra, pero con algunas modificaciones. *Véase también* especificación High Sierra.

ISOC *s*. *Véase* Internet Society.

ISP *s*. Acrónimo de Internet Service Provider (proveedor de servicios Internet). Una empresa que proporciona servicios de conectividad con Internet a particulares, empresas y organizaciones. Algunos proveedores de servicios Internet son grandes empresas nacionales o multinacionales que ofrecen acceso desde muchas ubicaciones, mientras que otros están limitados a una única ciudad o región. *También llamado* proveedor de acceso, proveedor de servicios.

ISSE *s. Véase* SSE.

ISV *s. Véase* fabricante de software independiente.

IT *s.* Acrónimo de Information Technology (tecnología de la información). *Véase* Departamento de Informática.

Itanium *s.* Microprocesador de Intel que posee un conjunto de instrucciones para procesamiento explícitamente paralelo y un direccionamiento de memoria de 64 bits.

iterar *vb.* (*iterate*) Ejecutar una o más instrucciones o comandos de manera repetida. En estas condiciones, se dice que esas instrucciones o comandos están incluidos en un bucle. *Véase también* instrucción iterativa; bucle.

ITI *s. Véase* Intelligent Transportation Infrastructure.

ITM *s.* Abreviatura de Internet traffic management (gestión del tráfico Internet). El análisis y control del tráfico Internet para mejorar la eficiencia y optimizar la disponibilidad. Con ITM, el tráfico web se distribuye entre múltiples servidores utilizando equilibradores de carga y otros dispositivos. *Véase también* equilibrado de carga.

ITR *s. Véase* radio Internet.

ITSP *s.* Acrónimo de Internet Telephony Service Provider (proveedor de servicios de telefonía Internet). Una empresa que proporciona a particulares, empresas y organizaciones capacidades de llamada desde PC a teléfono. Mediante un ITSP, las llamadas iniciadas en un PC viajan a través de Internet hasta una pasarela que, a su vez, envía la llamada a la red telefónica general de conmutación y, finalmente, al teléfono receptor. *Véase también* ISP; telefonía.

ITU *s.* Acrónimo de International Telecommunications Union (Unión Internacional de Telecomunicaciones). Una organización internacional con sede en Ginebra, Suiza, que es responsable de realizar recomendaciones y establecer estándares relativos a los sistemas de comunicación de datos y de telefonía para organizaciones de telecomunicaciones públicas y privadas. Fundada en 1865 con el nombre de International Telegraph Union, fue renombrada como International Telecommunications Union en 1934 para dejar más claro el ámbito completo de sus responsabilidades. ITU se convirtió en una agencia de las Naciones Unidas en 1947. Una remodelación efectuada en 1992 organizó ITU en torno a tres organismos de gobierno: el Sector de radiocomunicaciones, el Sector de estandarización de telecomunicaciones (ITU-TSS, o ITU-T para abreviar; anteriormente conocido como CCITT) y el Sector de desarrollo de las telecomunicaciones. *Véase también* ITU-T.

ITU-T *s.* La división de estandarización de la Unión Internacional de Telecomunicaciones, anteriormente denominada Comité Consultivo Internacional Telegráfico y Telefónico (CCITT). ITU-T desarrolla recomendaciones para todo tipo de comunicaciones analógicas y digitales. *También llamado* ITU-TSS. *Véase también* CCITT, grupos 1-4; ITU.

ITU-T, serie V de *s.* (*ITU-T V series*) *Véase* serie V.

ITU-T, serie X de *s.* (*ITU-T X series*) *Véase* serie X.

ITU-TSS *s. Véase* ITU-T.

iTV *s.* Acrónimo de Interactive Television (televisión interactiva). Un medio de comunicación que combina la televisión con servicios interactivos. iTV ofrece comunicación bidireccional entre los usuarios y los proveedores de comunicaciones. Desde sus televisiones, los usuarios pueden pedir una programación especial, responder a las opciones de programación y acceder a Internet y a servicios adicionales, como los de mensajería instantánea y funciones telefónicas.

IVR *s. Véase* respuesta vocal interactiva.

IVUE *s.* Formato de imagen propietaria (de Live Pictures) que permite ajustar los archivos a la resolución de pantalla en cualquier nivel de ampliación.

i-way *s.* Abreviatura de Information Superhighway. *Véase* superautopista de la información.

J

J *s*. Lenguaje de programación de alto nivel creado por Kenneth Iverson, desarrollador del APL, y por Roger Hui. J es el lenguaje sucesor de APL que puede ejecutarse en muchas plataformas, entre las que se incluyen Windows 95, Windows NT, Macintosh, Linux, RS/6000 y Sun Sparc. Al igual que el lenguaje APL, J es empleado principalmente por los matemáticos. *Véase también* APL.

J2EE *s*. Acrónimo de Java 2 Enterprise Edition (Java 2 edición empresarial). Un marco de servidor de aplicaciones definido por Sun Microsystems, Inc., para el desarrollo de aplicaciones distribuidas. Incluye todas las anteriores interfaces de programación de aplicaciones Java dirigidas a sistemas de información empresarial distribuidos multinivel. La plataforma J2EE está compuesta por un conjunto de servicios, interfaces de programación de aplicaciones (API) y protocolos que proporcionan la funcionalidad para desarrollar aplicaciones multinivel basadas en la Web. *Véase también* interfaz de programación de aplicaciones; Enterprise JavaBeans; IDL; Java; JDBC; Jini; JMS; JNDI; JSP; JTA; JTS; RMI-IIOP.

Jabber *s*. Un sistema de mensajería instantánea basado en XML. El software Jabber está disponible para la mayoría de los sistemas operativos y permite a los usuarios acceder a otros servicios de mensajería instantánea. Jabber es una aplicación de código fuente abierto supervisada por Jabber.org.

jack RJ-11 *s*. (*RJ-11 jack*) *Véase* conector telefónico.

jack RJ-45 *s*. (*RJ-45 jack*) *Véase* conector RJ-45.

Janet *s*. Abreviatura de Joint Academic Network (red académica unificada). Una red de área extensa en el Reino Unido que actúa como red troncal principal de Internet en dicho país. *Véase también* red troncal.

.jar *s*. Una extensión de nombre de archivo que identifica un archivo comprimido JAR (Java Archive, archivo Java). Nota: cambiando la extensión .jar a .zip, pueden utilizarse herramientas de extracción habituales, como PKZIP o WINZIP para examinar el contenido de los archivos .jar. *Véase también* archivo comprimido; JAR; PKZIP; .zip.

JAR *s*. Acrónimo de Java Archive (archivo Java). Los archivos JAR permiten a los desarrolladores Java implantar de forma eficiente las clases Java y sus recursos asociados. Los elementos de un archivo JAR están comprimidos igual que en un archivo zip estándar. Los archivos JAR incluyen un mecanismo de seguridad y un directorio especial META-INF que contiene información administrativa acerca del contenido de los archivos. Utilizando una combinación de firma digital y de los datos del directorio META-INF, los archivos JAR pueden firmarse para garantizar la autenticidad y la seguridad. *Véase también* .jar.

Java *s*. Un lenguaje de programación orientado a objetos desarrollado por Sun Microsystems, Inc. Similar a C++, Java es más pequeño, más portable y más fácil de usar que C++, porque es más robusto y efectúa su propia gestión de memoria. Java se diseñó también con los objetivos de ser un lenguaje seguro y de ser neutral respecto a la plataforma (lo que significa que puede ejecutarse en cualquier plataforma), gracias al hecho de que los programas Java se compilan para generar código intermedio (bytecode), que no está refinado hasta el punto de tener que depender de las instrucciones de una plataforma específica y se ejecuta en los equipos dentro de un entorno software especial, conocido con el nombre de máquina virtual. Esta característica de Java hace de él un útil lenguaje para la programación de aplicaciones web, dado que los usuarios acceden a la web desde muchos tipos de computadoras.

Java se utiliza para programar aplicaciones de pequeño tamaño o applets y para la World Wide Web, así como para crear aplicaciones de red distribuidas. *Véase también* código intermedio; applet Java; Jini; programación orientada a objetos.

Java Card *s*. Una interfaz de programación de aplicaciones (API) de Sun Microsystems que permite a los programas y applets Java ejecutarse en tarjetas inteligentes y otros dispositivos con memoria limitada. Java Card utiliza una máquina virtual Java Card diseñada especialmente para dispositivos con restricciones de memoria muy severas. *Véase también* applet; máquina virtual Java Card; tarjeta inteligente.

Java Foundation Classes *s*. Un conjunto de librerías de clases basadas en Java desarrolladas por Sun Microsystems. Las clases Java Foundation Classes incluyen diversas partes básicas de las clases Internet Foundation Classes creadas por Netscape Communications y amplían el conjunto de herramientas abstracto para gestión de ventanas (AWT) de Java, proporcionando componentes de interfaz gráfica de usuario para utilizarlos en el desarrollo de aplicaciones Java comerciales y relacionadas con Internet. *Véase también* AWT; Application Foundation Classes; Internet Foundation Classes; Java; JavaBean; Microsoft Foundation Classes.

Java HotSpot *s*. Motor de aceleración Java presentado, en 1999, por Sun Microsystems, Inc., diseñado para ejecutar aplicaciones Java más rápidamente que los compiladores JIT (just-intime). El núcleo de Java HotSpot, y la característica por la que recibe su nombre, es su capacidad para realizar una optimización adaptativa, la identificación y optimización de los «hot spots» (puntos críticos) o secciones de código de rendimiento crítico. La recolección de memoria (liberación de la memoria ocupada de los objetos que ya no están en uso) y el procesamiento multihebra mejorados son características adicionales diseñadas para contribuir al aumento del rendimiento. *Véase también* Java.

Java IDL *s*. Lenguaje de definición de interfaces (Interface Definition Language) Java. Una tecnología Java que proporciona interoperabilidad CORBA y conectividad para la plataforma Java. Estas funcionalidades permiten a las aplicaciones Java invocar operaciones en servicios de red remotos utilizando el lenguaje IDL del OMG (Object Management Group) y el protocolo Internet Inter-ORB (IIoP, Internet Inter-ORB Protocol). *Véase también* CORBA; IDL; J2EE; RMI-IIOP.

Java Management API *s*. (*JMAPI*) *Véase* JMAPI.

JavaBean *s*. Una arquitectura de componentes Java definida en la especificación JavaBeans desarrollada por Sun Microsystems. Una JavaBean, o Bean, es un componente de aplicación reutilizable (un segmento de código independiente) que puede combinarse con otros componentes JavaBean para crear una aplicación o applet Java. El concepto de JavaBean pone el acento en la independencia del lenguaje Java con respecto a la plataforma, según la cual, idealmente, un programa, una vez escrito, puede ejecutarse en cualquier plataforma informática. Los componentes Java-Bean son similares a los controles ActiveX de Microsoft. Sin embargo, existe una diferencia importante: los controles ActiveX pueden desarrollarse en diferentes lenguajes de programación, pero sólo puede ejecutarse en una plataforma Windows, mientras que los componentes JavaBean pueden desarrollarse sólo en el lenguaje de programación Java, pero, idealmente, pueden ejecutarse sobre cualquier plataforma. *Véase también* ActiveX; Java.

JavaMail *s*. Una API de la plataforma Java de Sun Microsystems para el envío y recepción de correo. JavaMail es un conjunto de interfaces abstractas de programación de aplicaciones que modelan un sistema de correo y proporciona un marco de trabajo independiente de la plataforma y del protocolo para construir aplicaciones cliente de correo electrónico basadas en Java. *Véase también* interfaz de programación de aplicaciones; correo electrónico; J2EE.

JavaOS *s*. Un sistema operativo diseñado para ejecutar aplicaciones escritas en el lenguaje de programación Java. JavaOS fue creado por

JavaSoft, una empresa subsidiaria de Sun Microsystems, con el objetivo de ejecutar la máquina virtual Java (JVM, Java Virtual Machine) directamente sobre microprocesadores, eliminando así la necesidad de tener un sistema operativo residente. JavaOS es de pequeño tamaño y está diseñado para computadoras de red, así como para toda una gama de dispositivos que va desde máquinas de juegos a buscapersonas y teléfonos celulares. *Véase también* Java.

JavaScript *s.* Un lenguaje de script desarrollado por Netscape Communications y Sun Microsystems y que está vagamente relacionado con Java. JavaScript, sin embargo, no es un lenguaje verdaderamente orientado a objetos y está limitado en cuanto a rendimiento en comparación con Java, porque no es un lenguaje compilado. Con JavaScript pueden añadirse a las páginas web funciones y aplicaciones básicas basadas en red, pero el número y complejidad de las funciones disponibles de interfaz de programación son menores que las disponibles con Java. El código JavaScript, que se incluye en una página web junto con el código HTML, se considera generalmente más fácil de escribir que Java, especialmente para los programadores principiantes. Se necesita un explorador web compatible con JavaScript, como, por ejemplo, Netscape Navigator o Internet Explorer, para poder ejecutar código JavaScript. *Véase también* interfaz de programación de aplicaciones; HTML; lenguaje de script. *Compárese con* Java.

JCL *s.* Acrónimo de Job Control Language (lenguaje de control de trabajos). Lenguaje de comandos utilizado en sistemas mainframe OS/360 de IBM. JCL se utiliza para iniciar aplicaciones y especifica información sobre el tiempo de ejecución, sobre el tamaño del programa y sobre los archivos de programa utilizados para cada aplicación. *Véase también* lenguaje de comandos.

JDBC *s.* API de Java diseñada para proporcionar acceso a bases de datos relacionales y a otros materiales con formato tabular, como hojas de cálculo y archivos sin formato. Con JDBC, un desarrollador puede crear una aplicación Java interplataforma que puede conectarse con, y enviar instrucciones SQL a, una serie de bases de datos relacionales diferentes. Aunque, normalmente, se piensa que corresponde a Java Database Connectivity, JDBC es el nombre de la tecnología y no un acrónimo.

JDK *s.* (*Java Developer's Kit*) Acrónimo de Java Developer's Kit (kit de desarrollo Java). Un conjunto de herramientas software desarrollado por Sun Microsystems para la escritura de aplicaciones o applets Java. El kit, que se distribuye de forma gratuita, incluye un compilador Java, un intérprete, un depurador, un visor para applets y archivos de documentación. *Véase también* applet; Java; applet Java.

jDoc *s.* Un formato interactivo e interplataforma para la visualización, distribución e interacción con páginas web de contenido dinámico. Los documentos jDoc tienen un tamaño pequeño y pueden incrustarse en documentos HTML para ofrecer interactividad del lado del cliente. jDoc fue creado por EarthStones y es una extensión de la plataforma Java de Sun.

jerarquía *s.* (*hierarchy*) Tipo de organización que, como un árbol, se ramifica en unidades más específicas, cada una de las cuales es «propiedad» de la unidad de nivel inmediatamente superior. Las jerarquías son características de varios aspectos de la informática, ya que aportan marcos de trabajo organizativos que pueden reflejar vínculos lógicos, o relaciones, entre diferentes registros, archivos o componentes del equipo. Las jerarquías se utilizan, por ejemplo, para organizar archivos relacionados en un disco, registros relacionados en una base de datos y dispositivos relacionados (interconectados) en una red. En algunas aplicaciones, como las hojas de cálculo, se utilizan ciertos tipos de jerarquías para establecer el orden de precedencia en el que la computadora debe realizar las operaciones aritméticas. *Véase también* sistema de archivos jerárquico.

jerarquía digital síncrona *s.* (*SDH*) *Véase* SDH.

jerarquía tradicional de grupos de noticias *s.* (*traditional newsgroup hierarchy*) Las siete categorías estándar de grupos de noticias de

Usenet: comp., misc., news., rec., sci., soc. y talk. Pueden añadirse grupos de noticias a la jerarquía tradicional únicamente después de pasar por un proceso formal de votación. *Véase también* comp.; misc.; grupo de noticias; news.; rec.; Solicitud de discusión; sci.; soc.; talk.; Usenet. *Compárese con* alt.

jerárquica, red informática *s.* (*hierarchical computer network*) **1**. Una red en la que las funciones de control están organizadas de acuerdo con una jerarquía y en la que se pueden distribuir las tareas de procesamiento de datos. **2**. Una red en la que una computadora host controla una serie de computadoras de menor tamaño, que a su vez pueden actuar como máquinas host para un grupo de estaciones de trabajo tipo PC.

jerárquico *adj.* (*hierarchical*) Perteneciente, relativo a u organizado como una jerarquía. *Véase también* jerarquía.

Jet SQL *s.* Lenguaje de consulta. Jet SQL es un dialecto utilizado por la aplicación Microsoft Access, específicamente por el motor de la base de datos Microsoft Jet, para extraer, manipular y estructurar datos que residen en un sistema gestor de bases de datos relacional (SGBDR). Jet SQL se basa principalmente en el estándar SQL 92 de ANSI con extensiones adicionales.

JetSend, protocolo *s.* (*JetSend Protocol*) Un protocolo de comunicaciones independiente de la plataforma y desarrollado por Hewlett-Packard para permitir la comunicación directa entre dispositivos. El protocolo JetSend está diseñado para proporcionar a los dispositivos compatibles con JetSend la capacidad de intercambiar información y datos sin necesidad de controladores de dispositivo y sin depender de servidores ni de la intervención del usuario. El protocolo está pensado para su uso con impresoras, escáneres, máquinas fax y otros «equipos» de información similares y fue desarrollado para simplificar y mejorar la interoperabilidad entre un amplio rango de dispositivos.

JFC *s. Véase* Java Foundation Classes.

JFIF *s.* Acrónimo de JPEG File Interchange Format (formato de intercambio de archivos JPEG). Un método para guardar imágenes fotográficas almacenadas de acuerdo con la técnica de compresión de imágenes JPEG (Joint Photographic Experts Group). JFIF representa un formato de archivo en «lenguaje común» en el sentido de que está diseñado específicamente para permitir a los usuarios transferir fácilmente imágenes JPEG entre diferentes computadoras y aplicaciones. *Véase también* JPEG; TIFF JPEG.

Jini *s.* Una especificación técnica desarrollada por Sun Microsystems que utiliza un pequeño fragmento (48 Kb) de código Java para permitir a cualquier dispositivo de red que disponga de una máquina virtual java (JVM, Java Virtual Machine) anunciar su disponibilidad y proporcionar sus servicios a cualquier otro dispositivo conectado a la misma red. Jini está basado en el concepto de crear una «federación» de dispositivos autoconfigurables capaces de intercambiar transparentemente código cuando sea necesario para simplificar las interacciones entre dispositivos de red. *Véase también* Java.

JIT *adj. Véase* just-in-time.

JMAPI *s.* (*Java Management Application Programming Interface*) Acrónimo de Java Management Application Programming Interface (interfaz Java de programación de aplicaciones de gestión). Un conjunto de especificaciones de interfaces de programación de aplicaciones propuesto por Sun Microsystems para permitir la utilización del lenguaje Java en tareas de gestión de red. *Véase también* interfaz de programación de aplicaciones; Java.

JMS *s.* Acrónimo de Java Messaging Service (servicio de mensajería Java). En la plataforma de red J2EE, JMS es una API que sirve para utilizar sistemas de mensajería empresarial como IBM MQ Series, TIBCO Rendezvous y otros. *Véase también* interfaz de programación de aplicaciones; J2EE.

JNDI *s.* Acrónimo de Java Naming and Directory Interface (interfaz de directorio y de denominación Java). Un conjunto de interfaces de programación de aplicaciones de la plataforma J2EE de Sun Microsystems que ayuda a comunicarse con múltiples servicios de directorio y de denominación. *Véase también* interfaz de programación de aplicaciones; J2EE.

Joint Photographic Experts Group *s. Véase* JPEG.

Joliet *s.* Extensión del estándar ISO 9660 (1998) desarrollada para permitir nombres de archivo largos o nombres de archivo que no se adapten al convenio 8.3. Este formato se utiliza en algunos nuevos CD-ROM para sistemas operativos, tales como Windows 9x, que pueden manejar este tipo de nombres de archivo. *Véase también* 8.3; ISO 9660; nombre de archivo largo.

.jpeg *s.* La extensión de archivo que identifica las imágenes gráficas con formato JPEG. *Véase también* JPEG.

JPEG *s.* **1.** Un gráfico almacenado como archivo en formato JPEG. **2.** Acrónimo de Joint Photographic Experts Group (Grupo unificado de expertos fotográficos). Un estándar de ISO/ITU para almacenar imágenes en formato comprimido utilizando una transformada de coseno discreto. JPEG consigue un equilibrio entre la tasa de compresión y la pérdida de información, pudiendo conseguir tasas de compresión de 100:1 con una pérdida de calidad significativa y de en torno a 20:1 con una pérdida apenas perceptible.

JPEG progresivo *s.* (*progressive JPEG*) Una mejora del formato de archivo gráfico JPEG que muestra gradualmente una imagen fotorrealista en un explorador web, presentando versiones cada vez más detalladas de la imagen hasta que se ha terminado de descargar todo el archivo.

JPEG, formato de intercambio de archivos *s.* (*JPEG File Interchange Format*) *Véase* JFIF.

.jpg *s.* La extensión de archivo que identifica las imágenes gráficas codificadas en el formato de intercambio de archivos JPEG, tal como lo especificó originalmente el grupo JPEG (Joint Photographic Experts Group). Los gráficos incrustados en las páginas World Wide Web son a menudo archivos .jpg, como, por ejemplo, coolgraphic.jpg. *Véase también* JPEG.

JScript *s.* Un lenguaje de script interpretado y basado en objetos que utiliza conceptos tomados de C, C++ y Java. Es la implementación de Microsoft de la especificación del lenguaje ECMA 262 (ECMAScript Edition 3). Las versiones más recientes de JavaScript y JScript son compatibles con la especificación del lenguaje ECMAScript de ECMA (European Computer Manufacturing Association), que para abreviar se denomina estándar ECMA 262.

JSGF *s.* (*Java Speech Grammar Format*) Acrónimo de Java Speech Grammar Format (formato Java de gramática para voz). Un formato de descripción de gramáticas independiente de la plataforma y desarrollado para su uso con sistemas de reconocimiento del habla. Java Speech Grammar Format se utiliza ampliamente con Voice XML y puede emplearse con la mayoría de los sistemas de reconocimiento del habla y otras aplicaciones relacionadas.

JSP *s.* Abreviatura de JavaServer Pages (página de servidor Java). Una tecnología creada por Sun Microsystems para permitir el desarrollo de aplicaciones basadas en la Web e independientes de la plataforma. Utilizando etiquetas HTML y XML y scriptlets Java, JSP ayuda a los desarrolladores de sitios web a crear programas interplataforma. Los scriptlets JSP se ejecutan en el servidor, no en un explorador web, y generan contenido dinámico para las páginas web, con la posibilidad de integrar contenido procedente de una diversidad de orígenes de datos, como bases de datos, archivos y componentes JavaBean. Los desarrolladores de sitios web pueden concentrarse en el diseño y visualización de un sitio web sin necesidad de tener experiencia en el desarrollo de aplicaciones. *Véase también* Java; JavaBean. *Compárese con* Active Server Pages.

JTA *s.* Acrónimo de Java Transaction API (API Java para transacciones). En la plataforma J2EE, JTA especifica las transacciones, comentarios y operaciones de anulación utilizados por los componentes EJB (Enterprise JavaBean). Es una API de protocolo de alto nivel e independiente de la implementación que permite a las aplicaciones y a los servidores de aplicación acceder a transacciones. *Véase también* interfaz de programación de aplicaciones; J2EE; JTS; anulación.

JTS *s.* Acrónimo de Java Transaction Services (servicios Java de transacciones). En la plataforma J2EE, JTS especifica la implementación de un gestor de transacciones que soporta JTA e implementa la encarnación Java del servicio de transacciones de objetos (Object Transaction Service) del OMG a un nivel por debajo de la API. JTS propaga las transacciones utilizando el protocolo IIOP (Internet Inter-ORB Protocol, protocolo Internet Inter-ORB). *Véase también* interfaz de programación de aplicaciones; J2EE; JTA; anulación.

juego *s.* (*game*) *Véase* juego de computadora.

juego de aventuras *s.* (*adventure game*) Un juego informático de rol en el que el jugador actúa como uno de los personajes de una narración. Para poder completar el juego, el jugador debe resolver problemas y evitar o sobreponerse a los ataques y a otras formas de interferencia creadas por el entorno del juego y por otros personajes. El primer juego de aventuras se denominaba «Adventure». Fue desarrollado en 1976 por Will Crowther de Bolt, Baranek & Newman. *Véase también* juego de galería; juego de computadora; juego de rol.

juego de computadora *s.* (*computer game*) Una clase de programa informático en la que uno o más usuarios interaccionan con el equipo como forma de entretenimiento. Los juegos informáticos abarcan una amplia gama, que va desde los simples juegos de letras hasta los juegos de ajedrez, búsquedas del tesoro, juegos de guerra y simulaciones de eventos deportivos. Los juegos se controlan mediante un teclado o mediante un joystick u otro tipo de dispositivo y se suministran en disquetes, en CD-ROM, en cartuchos de juegos, a través de Internet o como máquinas de galería.

juego de consola *s.* (*console game*) Un sistema informático de propósito especial diseñado específicamente para que el usuario doméstico pueda utilizar videojuegos. Una consola de juegos incluye, normalmente, un procesador, uno o más controladores de juego, una salida de audio y una salida de vídeo que se conecta a una televisión. Los propios juegos y las tarjetas de memoria se suministran como cartuchos insertables o discos compactos. Muchas versiones recientes de consolas para juegos son sistemas de 128 bits y también incluyen un módem para participar en juegos en línea a través de Internet. Entre las consolas para juegos más conocidas están Microsoft Xbox, Sony PlayStation 2, Nintendo GameCube y Sega Dreamcast. *Compárese con* juego de galería.

juego de galería *s.* (*arcade game*) **1**. Un juego informático que se activa introduciendo monedas y en el que pueden participar uno o más jugadores y que incluye pantallas gráficas de alta calidad, sonido de alta calidad y una acción de gran rapidez. **2**. Cualquier juego informático diseñado para remedar el estilo de un juego de galería operado por monedas, como, por ejemplo, los juegos comercializados para equipos domésticos. *Véase también* juego de computadora.

juego de herramientas de desarrollador *s.* (*developer's toolkit*) Conjunto de rutinas (normalmente, en una o más bibliotecas) diseñado para permitir a los desarrolladores escribir más fácilmente programas para una computadora, sistema operativo o interfaz de usuario determinados. *Véase también* biblioteca; caja de herramientas.

juego de imitación *s.* (*Imitation Game*) *Véase* prueba de Turing.

juego de ordenador *s. Véase* juego de computadora.

juego de rol *s.* (*role-playing game*) Un juego en línea, como, por ejemplo, una mazmorra multiusuario (MUD), en el que los participantes adoptan las identidades de una serie de personajes que interaccionan entre sí. Estos juegos tienen a menudo una ambientación fantástica o de ciencia ficción y un conjunto de reglas que todos los jugadores están obligados a seguir. Los juegos de rol pueden ser similares a los de aventuras en términos del guión, pero también incluyen funciones de gestión y de toma de decisiones para el personaje que se haya asumido durante el curso del juego. *Acrónimo:* RPG. *Véase también* MUD. *Compárese con* juego de aventuras.

juego en línea *s.* (*online game*) Un juego pensado para ser jugado mientras se está conectado a Internet, a una intranet o a otro tipo de red, habiendo conectadas una o varias personas adicionales simultáneamente. Los juegos en línea permiten a los jugadores interaccionar entre sí sin que sea necesaria su presencia física. *Véase también* juego de computadora.

JUG *s.* Acrónimo de Java User Group (grupo de usuarios Java). Un grupo de usuarios que se reúne para debatir acerca del lenguaje de programación Java y de la plataforma Java. *Véase también* grupo de usuarios.

jugador *s.* (*gamer*) Hace referencia a una persona que utiliza juegos, que pueden ser en ocasiones juegos de rol o juegos de intercambio de cartas. A menudo, se refiere a una persona cuya afición principal son los juegos informáticos, de consola, de galería o en línea.

Jughead *s.* Acrónimo de Jonzy's Universal Gopher Hierarchy Excavation and Display (visualización y exploración de la jerarquía Gopher universal de Jonzy). Un servicio Internet que permite a los usuarios localizar directorios en el espacio Gopher mediante búsquedas con palabras clave. Los servidores Jughead indexan las palabras clave que aparecen en los títulos de directorio de los menús Gopher de nivel superior, pero no indexan los archivos contenidos dentro de los directorios. Para acceder a Jughead, los usuarios deben dirigir sus clientes Gopher a un servidor Jughead. *Véase también* Gopher; espacio Gopher. *Compárese con* Archie; Veronica.

jukebox *s.* Software diseñado para reproducir una lista de archivos de sonido en un orden especificado por el usuario, de forma en cierto modo similar a los dispositivos tipo jukebox utilizados para reproducir discos de vinilo. *Véase también* servidor de discos ópticos CD-ROM.

Jump to .NET *s.* Acrónimo de Java User Migration Path to Microsoft.NET (ruta de migración a Microsoft.NET para usuarios Java). Un conjunto de servicios y tecnologías Microsoft que permite a los programadores Java preservar, mejorar y migrar los proyectos en lenguaje Java a la plataforma .NET de Microsoft. Incluye herramientas para interoperabilidad del código existente, soporte sintáctico para el lenguaje Java y conversión automatizada de código fuente Java a C#. JUMP to .NET permite a los programadores que estén utilizando el lenguaje Java transportar el código existente a la plataforma .NET de Microsoft. *Véase también* .NET.

justificación con microespacios *s.* (*microspace justification*) La adición de espacios de pequeño tamaño entre los caracteres que componen las palabras con el fin de completar una línea de cara a su justificación en lugar de limitarse a añadir espacio entre las palabras. Un buen mecanismo de justificación con microespacios proporciona al texto justificado un aspecto más profesional y acabado. Sin embargo, una utilización excesiva de esta técnica de justificación hace que las palabras pierdan la coherencia visual. *Véase también* justificar; microespaciado.

justificar *vb.* (*justify*) **1.** Alinear líneas de texto de forma equilibrada en los márgenes izquierdo y derecho de una columna por el procedimiento de insertar espacios adicionales entre las palabras de cada línea. Si los espacios resultan excesivos, pueden reducirse reescribiendo el texto o partiendo las palabras con guiones al final de las líneas. *Véase también* alinear. *Compárese con* bandera. **2.** Alinear verticalmente.

justificar a la derecha *vb.* (*right-justify*) Alinear las líneas de texto y otros elementos de visualización de modo que los bordes derechos queden en línea. *Véase también* alinear; bandera. *Compárese con* justificar a la izquierda.

justificar a la izquierda *vb.* (*left-justify*) Alinear a lo largo del borde izquierdo, como, por ejemplo, un párrafo de texto. *Véase también* justificar; bandera. *Compárese con* justificar a la derecha.

just-in-time *adj.* **1.** Describe un compilador que compila código Java sobre la marcha. *Acrónimo:* JIT. *Véase también* Java; sobre la marcha. **2.** Relativo a un sistema de control de almacén y de gestión de la producción industrial basado en el sistema kanban japonés. Con los sistemas just-in-time, los trabajadores reciben los materiales de los proveedores «justo a tiempo» para que la fabricación planificada pueda tener lugar. Los trabajadores de las líneas de producción generalmente indican su necesidad de materiales por medio de una tarjeta o un sistema de peticiones informatizado. **3**. Referido a una acción que sólo se lleva a cabo en el momento en que es necesaria, como, por ejemplo, la compilación just-in-time o la activación de objetos just-in-time.

JVM *s*. Acrónimo de Java Virtual machine. *Véase* máquina virtual Java.

K

K *pref. Véase* kilo-.

K *s*. Abreviatura de kilobyte.

K&R C *s*. Abreviatura de (Brian W.) Kernighan and (Dennis M.) Ritchie C. La versión del lenguaje de programación C definida por dichos dos autores y que fue utilizada como estándar informal de C hasta que un comité ANSI desarrolló un estándar más formal. *Véase también* C.

kashidas *s*. Caracteres especiales utilizados para extender el trazo de enlace entre dos caracteres arábigos. Las kashidas se utilizan para mejorar la apariencia del texto justificado, alargando visualmente las palabras en lugar de incrementando el espacio entre las mismas. Véase la ilustración.

Kashidas.

KB *s*. Abreviatura de Knowledge Base (base de conocimientos). Fuente principal de información de producto para los ingenieros de soporte y clientes de Microsoft. Esta amplia colección de artículos, que se actualiza diariamente, contiene información práctica detallada, respuestas a preguntas de soporte técnico y listas de problemas conocidos. *También llamado* Microsoft Knowledge Base.

Kb *s*. *Véase* kilobit.

KB *s*. *Véase* kilobyte.

Kbit *s*. *Véase* kilobit.

Kbps *s*. *Véase* kilobits por segundo.

Kbyte *s*. *Véase* kilobyte.

kc *s*. *Véase* kilociclo.

KDE *s*. Acrónimo de K Desktop Environment (entorno de escritorio K). Popular entorno de escritorio de código abierto, originalmente destinado a estaciones de trabajo UNIX y recientemente portado al sistema operativo Linux. KDE ofrece una interfaz gráfica de usuario y una serie de aplicaciones básicas que se corresponden con las que hay disponibles en Microsoft Windows o el sistema operativo de Macintosh. Al ofrecer un entorno similar al de los sistemas operativos más populares y una interfaz de apariencia familiar, KDE pretende hacer que Linux resulte más fácil para los usuarios. KDE y GNOME son dos de los principales aspirantes a constituirse en el estándar de escritorio de Linux. *Véase también* GNOME; GUI.

Kerberos *s*. Un protocolo de autenticación de red desarrollado por el MIT. Kerberos autentica la identidad de los usuarios que intentan iniciar una sesión en una red y cifra sus comunicaciones utilizando mecanismos criptográficos de clave secreta. El MIT distribuye una implementación gratuita de Kerberos, aunque Kerberos también está disponible en muchos productos comerciales. *También llamado* protocolo de autenticación Kerberos v5. *Véase también* autenticación; criptografía; IPSec.

Kermit *s*. Un protocolo de transferencia de archivos utilizado en comunicaciones asíncronas entre equipos informáticos. Kermit es un protocolo muy flexible utilizado en muchos paquetes software diseñados para comunicarse a través de líneas telefónicas. *Compárese con* Xmodem; Ymodem; Zmodem.

kernel *s*. El núcleo de un sistema operativo: la parte de un sistema que gestiona la memoria, los archivos y los dispositivos periféricos; que mantiene la fecha y la hora; que arranca las aplicaciones y que asigna los recursos del sistema.

kernel 2.4 *s.* (*2.4 kernel*) Actualización del núcleo del sistema operativo Linux lanzada al mercado a finales de 2000. Las características del kernel 2.4 ponen un especial énfasis en el soporte de nuevos tipos de bus, dispositivos y controladores; en un mejor soporte de USB; en un mejor rendimiento de los servidores web, y en una mayor escalabilidad del multiprocesamiento simétrico.

KEXT *s.* Acrónimo de Kernel Extension (extensión del kernel). En Mac OS X, se trata de un mecanismo de extensión creado para expandir la funcionalidad del núcleo del sistema operativo. Las extensiones KEXT son modulares y se cargan dinámicamente, pudiéndose crear una de tales extensiones para cualquier servicio que requiera acceso a las interfaces internas del kernel. La creación de una extensión KEXT permite la carga de fragmentos de código dentro del kernel sin necesidad de efectuar una recompilación.

keymaster *s.* Un nombre de host común asignado por los administradores de red a una pasarela o encaminador. Este nombre se popularizó en parte debido al personaje Keymaster de la película de 1984 *Ghostbusters*.

Khornerstone *s.* Prueba comparativa de rendimiento para cálculos de coma flotante utilizada para la prueba de estaciones de trabajo UNIX. *Véase también* prueba comparativa; Dhrystone; operación en coma flotante; Whetstone.

kHz *s. Véase* kilohercio.

kilo- *pref.* **1**. En términos informáticos, un prefijo que significa 2^{10} (1.024). **2**. Prefijo métrico que significa 10^3 (mil).

kilobaudio *s.* (*kilobaud*) Unidad de medida de la capacidad de transmisión de un canal de comunicaciones, que es igual a 2^{10} (1.024) baudios. *Véase también* baudio.

kilobit *s.* Unidad de datos igual a 1.024 bits. *Abreviatura:* Kb o Kbit.

kilobits por segundo *s.* (*kilobits per second*) Velocidad de transferencia de datos, por ejemplo, a través de un módem o de una red medida en múltiplos de 10^{24} bits por segundo. *Abreviatura:* Kbps.

kilobyte *s.* Unidad de datos igual a 1.024 bytes. *Abreviatura:* K, KB o Kbyte. *Véase también* kilo-.

kilociclo *s.* (*kilocycle*) Unidad de medida que representa 1.000 ciclos, lo que normalmente significa 1.000 ciclos por segundo. *Abreviatura:* kc. *Véase también* kilohercio.

kilohercio *s.* (*kilohertz*) Medida de frecuencia equivalente a 1.000 hercios o 1.000 ciclos por segundo. *Abreviatura:* kHz. *Véase también* hercio.

kit de desarrollo Java *s.* (*JDK*) *Véase* JDK.

kit de desarrollo software *s.* (*software development kit*) *Véase* juego de herramientas de desarrollador.

kit de herramientas *s.* (*toolkit*) *Véase* caja de herramientas.

kit manos-libres *s.* (*hands-free kit*) Accesorio de telefonía inalámbrica que permite a los usuarios realizar llamadas sin tomar el teléfono con las manos. Un kit básico incluye unos microcascos y un micrófono. Otros kits más elaborados para utilización en automóviles pueden incluir un amplificador de potencia, un micrófono que se monta en el salpicadero, un teclado telefónico y unos altavoces.

knowbot *s.* Abreviatura de knowledge robot (robot de conocimiento). Un programa de inteligencia artificial que sigue una serie de reglas predeterminadas para realizar sus tareas, como, por ejemplo, tareas de búsqueda de archivos o búsqueda de documentos que contengan elementos específicos de información en una red, como, por ejemplo, Internet. *Véase también* bot.

KWIC *s.* (*keyword-in-context*) Acrónimo de keyword-in-context (palabra clave en su contexto). Una metodología de búsqueda automática que crea índices de los títulos o del texto de los documentos. Cada palabra clave se almacena en el índice resultante junto con una parte del texto que la rodea, usualmente la palabra o frase que precede o sigue a la palabra clave dentro del texto o del título.

L2TP *s.* (***Layer Two Tunneling Protocol***) Acrónimo de Layer Two Tunneling Protocol (protocolo de túnel de nivel 2). Un protocolo estándar de túnel Internet que proporciona mecanismos de encapsulación para enviar tramas PPP (Point-to-Point Protocol) a través de redes orientadas a paquetes. Para las redes IP, el tráfico L2TP se envía en forma de mensajes UDP (User Datagram Protocol). En los sistemas operativos Microsoft, este protocolo se utiliza en conjunción con IPSec (IP Security) como tecnología de red privada virtual (VPN) para proporcionar conexiones VPN de acceso remoto o de encaminador a encaminador. L2TP se describe en el documento RFC 2661. *Véase también* IPSec; protocolo punto a punto; tunelizar; UDP.

L8R *adv.* Abreviatura de «later», tal como se utiliza en la frase inglesa «See you later» (hasta luego); es una expresión que se utiliza a menudo en mensajes de correo electrónico en inglés o grupos de Usenet como despedida.

LACP *s.* Acrónimo de Link Aggregation Control Protocol (protocolo de control de agregación de enlace). *Véase* agregación de enlaces.

LAN *s.* Acrónimo de local area network (red de área local). Un grupo de computadoras y otros dispositivos dispersados sobre un área relativamente limitada y conectados mediante un enlace de comunicaciones que permite a cualquier dispositivo interaccionar con cualquier otro a través de la red. Las redes LAN incluyen normalmente equipos PC y recursos compartidos, tales como impresoras láser y discos duros de gran tamaño. Los dispositivos de una red LAN se denominan nodos y los nodos están conectados por cables a través de los cuales se transmiten los mensajes. *Véase también* red en banda base; red de banda ancha; red de bus; arquitectura cliente/servidor; detección de colisiones; protocolo de comunicaciones; contienda; CSMA/CD; red; arquitectura igualitaria; red en anillo; red en estrella. *Compárese con* WAN.

LAN de servicios integrados *s.* (***Integrated Services LAN***) *Véase* red isócrona.

LAN inalámbrica *s.* (***wireless LAN***) Una red de área local (LAN) que envía y recibe datos a través de radio, señalización óptica infrarroja o cualquier otra tecnología que no requiera una conexión física entre los nodos individuales y el concentrador. Las redes LAN inalámbricas se utilizan a menudo en entornos de oficina o de fábrica en los que un usuario deba llevar consigo una computadora portátil de un lugar a otro. *También llamado* WLAN.

LAN Manager *s.* Una tecnología antigua de red de área local (LAN) desarrollada por Microsoft y distribuida por Microsoft, IBM (como IBM LAN Server) y otros fabricantes licenciados. Sustituida por los protocolos de interconexión de red TCP/IP en Windows 9x, LAN Manager implementaba el protocolo NetBEUI y como detalle notable cabe mencionar el pequeño tamaño de su pila de protocolos. Se utilizaba para conectar computadoras con sistemas operativos MS-DOS, OS/2 o UNIX para que los usuarios pudieran compartir archivos y recursos de los sistemas y ejecutar aplicaciones distribuidas utilizando una arquitectura cliente/servidor. *Véase también* arquitectura cliente/servidor; LAN; NetBEUI.

LAN virtual *s.* (***virtual LAN***) Una red de área local compuesta por un grupo de máquinas host que están situadas en segmentos físicamente diferentes, pero que se comunican como si estuvieran conectadas al mismo cable. *Véase también* LAN.

LANE *s.* Acrónimo de LAN Emulation (emulación LAN).

LANGID *s. Véase* identificador de lenguaje.

LANtastic *s.* Un sistema operativo de red de Artisoft diseñado para soportar tanto redes igualitarias como redes clientes/servidor, compuestas de equipos PC con una mezcla de sistemas operativos MS-DOS y Windows.

lanzar *vb.* (***release***) Distribuir formalmente un producto en el mercado.

lápiz *s.* (***pen***) *Véase* lápiz luminoso; stylus.

lápiz luminoso *s.* (***light pen***) Dispositivo de entrada formado por una especie de punzón conectado a un monitor de computadora. El usuario apunta a la pantalla con el punzón y selecciona elementos o elige comandos presionando un pulsador situado en el costado del lápiz luminoso o bien presionando el lápiz luminoso contra la superficie de la pantalla (el equivalente de realizar un clic con el ratón). *Véase también* dispositivo apuntador absoluto. *Compárese con* pantalla táctil.

lápiz selector *s.* (***selector pen***) *Véase* lápiz luminoso.

lapso *s.* (***span***) *Véase* rango.

largo alcance *adj.* (***long-haul***) Perteneciente o relativo a, o característico de, un tipo de módem capaz de transmitir a larga distancia. *Compárese con* corto alcance.

láser *s.* (***laser*** o ***LASER***) Acrónimo de light amplification by stimulated emission of radiation (amplificación de luz por emisión estimulada de radiación). Dispositivo que utiliza ciertos efectos cuánticos para producir luz coherente capaz de transmitirse con una mayor eficiencia que la luz no coherente dada la pequeña divergencia del haz luminoso a lo largo del trayecto. Los láseres se utilizan en tecnología informática para transmitir datos a través de cables de fibra óptica, para leer y escribir datos en discos CD-ROM y para colocar una imagen sobre un tambor fotosensible en las impresoras láser.

LaserWriter 35 *s.* El conjunto estándar de 35 fuentes PostScript para la familia de impresoras láser LaserWriter de Apple. *Véase también* impresora láser; fuente PostScript.

latch *s.* Circuito o elemento de circuito utilizado para mantener un determinado estado, tal como los estados activo e inactivo o los valores lógicos verdadero y falso. Un latch sólo cambia de estado en respuesta a una entrada concreta. *Véase también* biestable.

latencia *s.* (***latency***) El tiempo requerido para que una señal viaje desde un punto de una red a otro. *Véase también* ping.

latencia de la red *s.* (***network latency***) El tiempo que se tarda en transferir la información entre computadoras de una red.

latencia rotacional *s.* (***rotational latency***) *Véase* retardo rotacional.

LaTeX *s.* Sistema de preparación de documentos basado en TeX desarrollado por Leslie Lamport. Mediante el uso de comandos simples e intuitivos para los elementos de texto, como las cabeceras, el sistema LaTeX permite al usuario concentrarse más en el contenido del documento que en la apariencia del mismo. *Véase también* cabecera; TeX.

Launcher *s.* En Mac OS, un programa que organiza aplicaciones y programas de uso frecuente y que permite al usuario ejecutarlos con un solo clic del ratón.

LBA *s. Véase* direccionamiento lógico de bloques.

LCC *s. Véase* portachips con terminales; portachips sin terminales.

lcd *s.* En algunos clientes FTP, es el comando que cambia el directorio actual en el sistema local. *Véase también* cliente FTP.

LCD *s. Véase* pantalla de cristal líquido.

LCP *s.* Acrónimo de Link Control Protocol (protocolo de control de enlace). *Véase* PPP.

LDAP *s.* (***Lightweight Directory Access Protocol***) Acrónimo de Lightweight Directory Access Protocol (protocolo ligero de acceso a directorios). Un protocolo de red diseñado para funcionar como parte de una pila de protocolos TCP/IP con el fin de extraer información de un directorio jerárquico, como, por ejemplo, X.500. Esto proporciona a los usuarios una herramienta unificada para explorar conjuntos de datos con el fin de encontrar un determinado elemento de información, como, por ejemplo, un nombre de usuario, una dirección de correo electrónico, un certificado de seguridad u otro tipo de información de contacto. *Véase también* serie X.

lector *s.* (*reader*) *Véase* lector de tarjetas.

lector de barras *s.* (*bar code reader*) *Véase* escáner de códigos de barras.

lector de documentos *s.* (*document reader*) Dispositivo que explora textos impresos y utiliza el reconocimiento de caracteres para convertirlos en archivos de texto informáticos. *Véase también* reconocimiento de caracteres.

lector de huellas dactilares *s.* (*fingerprint reader*) Escáner que lee las huellas dactilares humanas para compararlas con una base de datos de imágenes de huellas dactilares almacenadas.

lector de noticias *s.* (*newsreader*) Un programa cliente Usenet que permite a un usuario suscribirse a grupos de noticias Usenet, leer los artículos, publicar respuestas, responder por correo electrónico y publicar sus propios artículos. Muchos exploradores web proporcionan también estas funciones. *Véase también* artículo; correo electrónico; continuación; grupo de noticias; Usenet; explorador web.

lector de noticias referencial *s.* (*threaded newsreader*) Un lector de noticias que muestra los artículos de los grupos de noticias en forma de hilos de discusión. Las respuestas a un artículo aparecen directamente debajo del artículo original en lugar de en orden cronológico o de cualquier otro tipo. *Véase también* lector de noticias; artículo; publicar; hilo.

lector de páginas *s.* (*page reader*) *Véase* lector de documentos.

lector de tarjetas *s.* (*card reader*) **1**. Aparato mecánico que lee los datos informáticos de las tarjetas perforadas. Actualmente su uso no está muy extendido, pero los lectores de tarjetas permiten crear los datos informáticos sin conexión y después introducirlos en la computadora para su procesamiento. Esta necesidad de crear datos sin conexión se debía a los limitados recursos de la UCP. La lectura de lotes de tarjetas perforadas constituía un mejor uso del tiempo de UCP que esperar a que un operador humano escribiera los datos directamente en la memoria de la computadora. *También llamado* lector de tarjetas perforadas. **2**. Dispositivo de entrada utilizado principalmente con fines de identificación y que lee información codificada magnéticamente (normalmente, en dos pistas) en una tarjeta de plástico, como, por ejemplo, una tarjeta de crédito o la credencial de un empleado.

lector de tarjetas inteligentes *s.* (*smart card reader*) Un dispositivo que se instala en los equipos informáticos para poder utilizar tarjetas inteligentes con el fin de disponer de funciones de seguridad mejoradas. *Véase también* tarjeta inteligente.

lector de tarjetas perforadas *s.* (*punched-card reader*) *Véase* lector de tarjetas.

lector fuera de línea *s.* (*offline reader*) *Véase* navegador fuera de línea.

lector óptico *s.* (*optical reader*) Dispositivo que lee texto impreso en papel detectando los patrones de luz y oscuridad de una página y aplicando a continuación métodos de reconocimiento de caracteres ópticos para identificar los caracteres. *Véase también* reconocimiento óptico de caracteres.

lectura *s.* (*read*) La acción de transferir datos desde una fuente de entrada hacia la memoria de la computadora o desde la memoria hacia la UCP (unidad central de proceso). *Compárese con* escritura.

lectura después de escritura *s.* (*read-after-write*) Característica de ciertos dispositivos de almacenamiento de datos, tales como unidades de cinta, en los que el dispositivo lee los datos inmediatamente después de que son escritos con el fin de verificar la integridad de los datos.

lectura destructiva *s.* (*destructive read*) Atributo de ciertos sistemas de memoria, sobre todo de las memorias de núcleo. En la lectura destructiva de una posición de memoria, los datos se pasan al procesador, pero la copia en memoria se destruye durante el proceso de lectura. Los sistemas de lectura destructiva requieren lógica especial para reescribir otra vez los datos en una posición de memoria después de haber sido leídos. *Véase también* núcleo. *Compárese con* lectura no destructiva.

lectura directa después de escritura *s.* (*direct read after write*) *Véase* DRAW.

lectura directa durante la escritura *s.* (*direct read during write*) *Véase* DRDW.

lectura no destructiva *s.* (*nondestructive readout*) Operación de lectura que no destruye los datos leídos, ya sea porque la tecnología de almacenamiento es capaz de mantener los datos o porque la operación de lectura va acompañada por una función de refresco (actualización) de datos. *Compárese con* lectura destructiva.

lectura/escritura *adj.* (*read/write*) Capaz de ser leído y escrito. *Abreviatura:* R/W (read/write). *Compárese con* sólo lectura.

LED *s. Véase* diodo electroluminiscente.

leer *vb.* (*read*) Transferir datos desde una fuente externa, como, por ejemplo, desde el disco o el teclado hacia la memoria o desde la memoria hacia la unidad central de proceso (UCP). *Compárese con* escribir.

legible por computadora *adj.* (*computer-readable*) Perteneciente, relativo a o característico de la información que puede ser interpretada y manipulada por una computadora. Existen dos tipos de información de la que se suele decir que es legible por la computadora: por un lado, los códigos de barras, cintas magnéticas, caracteres de tinta magnética y otros formatos que pueden ser escaneados de alguna manera y leídos como datos por la computadora, y por otro lado, el código máquina, que es la forma en que las instrucciones y los datos llegan al microprocesador de la computadora.

legible por la máquina *adj.* (*machine-readable*) **1.** Codificado en la forma binaria utilizada por las computadoras y almacenado en un soporte físico adecuado, tal como una cinta magnética. *Véase también* reconocimiento óptico de caracteres. **2.** Que está presentado en una forma tal que una computadora puede interpretarlo y utilizarlo como entrada. Por ejemplo, los códigos de barras, que pueden ser escaneados y utilizados directamente como entrada para una computadora, contienen información legible por la máquina.

lenguaje *s.* (*language*) *Véase* lenguaje de programación.

lenguaje algorítmico *s.* (*algorithmic language*) Un lenguaje de programación, como Ada, Basic, C o Pascal, que utiliza algoritmos para la resolución de problemas.

lenguaje ampliable *s.* (*extensible language*) Lenguaje informático que permite al usuario extender o modificar la sintaxis y la semántica del lenguaje. En el sentido estricto de la palabra, el término se refiere a sólo unos pocos lenguajes, de entre los utilizados actualmente, que permiten al programador cambiar el propio lenguaje, como, por ejemplo, Forth. *Véase también* lenguaje informático; semántica; sintaxis; lenguaje de composición ampliable.

lenguaje compilado *s.* (*compiled language*) Lenguaje que se traduce a código máquina antes de cualquier ejecución, en oposición al lenguaje interpretado, que se traduce y ejecuta instrucción a instrucción. *Véase también* compilador. *Compárese con* lenguaje interpretado.

lenguaje conversacional *s.* (*conversational language*) Todo lenguaje de programación que permite al programador dar instrucciones a la computadora en modo conversacional a diferencia de los lenguajes más formales y estructurados. Por ejemplo, en un programa COBOL, para ejecutar un procedimiento denominado COMPROBAR diez veces, un programa utilizaría la siguiente instrucción: PERFORM COMPROBAR 10 TIMES.

lenguaje de alto nivel *s.* (*high-level language*) Lenguaje informático que proporciona un nivel de abstracción con respecto al lenguaje máquina subyacente. Las instrucciones en un lenguaje de alto nivel utilizan generalmente palabras clave similares a las del inglés y se traducen a más de una instrucción de lenguaje máquina. En la práctica, cada lenguaje informático por encima del lenguaje ensamblador es un lenguaje de alto nivel. *Acrónimo:* HLL. *Compárese con* lenguaje ensamblador.

lenguaje de aplicación común *s.* (*Common Application Language*) *Véase* CAL.

lenguaje de autor *s.* (*authoring language*) Un lenguaje informático o sistema de desarrollo de aplicaciones diseñado principalmente para crear programas, bases de datos y materiales para formación asistida por computadora (CAI, computeraided instruction). Un ejemplo familiar en relación con las microcomputadoras es PILOT, un lenguaje utilizado para crear lecciones. *Véase también* CAI; PILOT.

lenguaje de bajo nivel. *s.* (*low-level language*) Lenguaje dependiente de la máquina o que ofrece pocas instrucciones de control y tipos de datos. Cada instrucción de un programa escrito en un lenguaje de bajo nivel normalmente se corresponde con una instrucción de lenguaje máquina. *Véase también* lenguaje ensamblador. *Compárese con* lenguaje de alto nivel.

lenguaje de comandos *s.* (*command language*) El conjunto de palabras clave y expresiones que son aceptadas como válidas por un intérprete de comandos. *Véase también* intérprete de comandos.

lenguaje de composición *s.* (*markup language*) Una serie de códigos en un archivo de texto que indica a un equipo informático cómo formatear el archivo en una impresora o en una pantalla o cómo indexar y vincular la información contenida en el archivo. Como ejemplos de lenguajes de composición podemos citar HTML (Hypertex Markup Language) y XML (Extensible Markup Language), que se utilizan en las páginas web, así como SGML (Standard Generalized Markup Language), que se utiliza para maquetación y autoedición y en documentos electrónicos. Los lenguajes de composición de este tipo están diseñados para que los documentos y otros archivos sean independientes de la plataforma y altamente portables entre aplicaciones. *Véase también* HTML; SGML; XML.

lenguaje de composición ampliable *s.* (*Extensible Markup Language*) *Véase* XML.

lenguaje de composición de hipertexto *s.* (*Hypertext Markup Language*) *Véase* HTML.

lenguaje de composición declarativo *s.* (*declarative markup language*) En procesamiento de textos, es un sistema de códigos de formateo que únicamente indica que una cierta unidad de texto es una determinada parte de un documento. Después, el formateo del documento se lleva a cabo mediante otro programa, denominado analizador sintáctico. SGML y HTML son ejemplos de lenguajes de composición declarativos. *Acrónimo:* DML. *También llamado* lenguaje de manipulación de datos. *Véase también* HTML; SGML.

lenguaje de composición inalámbrico *s.* (*Wireless Markup Language*) *Véase* WML.

lenguaje de consulta *s.* (*query language*) Subconjunto del lenguaje de manipulación de datos; específicamente, la parte relacionada con la extracción y visualización de datos desde una base de datos. A veces se utiliza erróneamente para hacer referencia al lenguaje de manipulación de datos completo. *Véase también* lenguaje de manipulación de datos.

lenguaje de consulta de red *s.* (*Network Query Language*) *Véase* NQL.

lenguaje de control de impresora *s.* (*PJL*) *Véase* PJL. *Acrónimo:* PJL.

lenguaje de cuarta generación *s.* (*fourth-generation language*) *Véase* 4GL.

lenguaje de definición de datos *s.* (*data definition language*) Lenguaje que define todos los atributos y propiedades de una base de datos, en particular la disposición de registros, definiciones de campos, campos clave, ubicaciones de archivos y la estrategia de almacenamiento. *Acrónimo:* DDL.

lenguaje de definición de interfaz *s.* (*Interface Definition Language*) *Véase* IDL.

lenguaje de definición de Viena *s.* (*Vienna Definition Language*) *Véase* VDL.

lenguaje de desarrollo de aplicaciones *s.* (*application development language*) Un lenguaje informático diseñado para crear aplicaciones. El término está normalmente restringido para referirse a lenguajes con estructuras específicas de alto nivel destinadas al diseño de registros, a la disposición de formularios, a la extracción y actualización de información contenida en bases de datos y tareas similares. *Véase también* 4GL; aplicación; generador de aplicaciones.

lenguaje de descripción de datos *s.* (*data description language*) Lenguaje diseñado específicamente para declarar estructuras de datos y archivos. *Véase también* lenguaje de definición de datos.

lenguaje de descripción de lenguajes *s.* (*language-description language*) *Véase* metalenguaje.

lenguaje de descripción de página *s.* (*page-description language*) Lenguaje de programación, como PostScript, que se utiliza para describir la salida de una impresora o de un dispositivo de visualización que utiliza las instrucciones del lenguaje de descripción de página para construir texto y gráficos y crear así la imagen de página requerida. Los lenguajes de descripción de página son como otros lenguajes de computadora, con un flujo lógico de programa lógico que permite una manipulación sofisticada de la salida. Un lenguaje de descripción de página, como un papel de calco, establece especificaciones (como, por ejemplo, tipos de fuente y tamaños), pero deja la labor de dibujar los caracteres y gráficos al propio dispositivo de salida. Puesto que este método delega el trabajo de detalle en el dispositivo que genera la salida, un lenguaje de descripción de página es independiente de la máquina. Sin embargo, estas capacidades tienen un precio. Los lenguajes de descripción de página requieren impresoras con memoria y capacidad de procesamiento comparables a, y con frecuencia por encima, de las que tienen las computadoras personales. *Acrónimo:* PDL. *Véase también* PostScript.

lenguaje de descripción de servicios web *s.* (*Web Services Description Language*) *Véase* WSDL.

lenguaje de destino *s.* (*target language*) El lenguaje en el que se compila o ensambla el código fuente. *Véase también* ensamblador; compilador; compilador cruzado.

lenguaje de forma libre *s.* (*free-form language*) Lenguaje cuya sintaxis no está restringida por la posición de los caracteres en una línea. C y Pascal son lenguajes de forma libre; FORTRAN no lo es.

lenguaje de macros *s.* (*macro language*) La colección de instrucciones macro reconocidas por un determinado procesador de macros. *Véase también* instrucción de macro; procesador de macros.

lenguaje de manipulación de datos *s.* (*data manipulation language*) En sistemas de gestión de bases de datos, un lenguaje que se usa para insertar datos, actualizar y consultar una base de datos. Los lenguajes de manipulación de datos a menudo son capaces de realizar cálculos matemáticos y estadísticos para facilitar la generación de informes. *Acrónimo:* DML. *Véase también* lenguaje estructurado de consulta.

lenguaje de modelado de realidad virtual *s.* (*Virtual Reality Modeling Language*) *Véase* VRML.

lenguaje de muy alto nivel *s.* (*very-high-level language*) *Véase* 4GL.

lenguaje de programación *s.* (*programming language*) Todo lenguaje artificial que se puede utilizar para definir una secuencia de instrucciones que puede ser procesada y ejecutada por la computadora. Resulta complicado determinar con precisión qué es un lenguaje de programación y qué no lo es, pero el uso general del término implica que el proceso de traducción (desde el código fuente en el lenguaje de programación hasta el código máquina que necesita la computadora para funcionar) debe estar automatizado mediante algún otro programa, como, por ejemplo, un compilador. Por tanto, los lenguajes naturales, como el español o el inglés, no caerían dentro de la definición, algunos lenguajes de cuarta generación utilizan y comprenden algunos subconjuntos del idioma inglés. *Véase también* 4GL; compilador; lenguaje natural; programa.

lenguaje de propósito especial *s.* (*special-purpose language*) Lenguaje de programación cuya sintaxis y semántica están mejor adaptadas para un campo o método determinado. *Véase también* Prolog.

lenguaje de propósito general *s.* (*general-purpose language*) Lenguaje de programación, como Ada, Basic, C o Pascal, diseñado para una variedad de aplicaciones y usos. Por el contrario, SQL es un lenguaje diseñado para ser utilizado sólo con bases de datos.

lenguaje de script *s.* (*scripting language*) Lenguaje de programación simple diseñado para realizar tareas especiales o limitadas, algunas veces asociado con una aplicación o función determinada. Un ejemplo de lenguaje de script es Perl. *Véase también* Perl; script.

lenguaje de sombreado RenderMan *s.* (*RenderMan Shading Language*) Lenguaje gráfico y de representación, similar al lenguaje C, desarrollado por Pixar.

lenguaje de tercera generación *s.* (*third-generation language*) *Véase* 3GL.

lenguaje DSSSL *s.* (*DSSSL*) *Véase* DSSSL.

lenguaje ECML *s.* (*ECML*) *Véase* ECML.

lenguaje ensamblador *s.* (*assembly language*) Un lenguaje de programación de bajo nivel que utiliza abreviaturas o códigos mnemónicos y en el que cada instrucción se corresponde con una única instrucción de máquina. El lenguaje ensamblador se traduce en lenguaje máquina por medio de un programa ensamblador y es específico de cada procesador concreto. Entre las ventajas de utilizar un lenguaje ensamblador están la mayor velocidad de ejecución y la posibilidad que tiene el programador de interactuar de manera directa con el hardware del sistema. *Véase también* ensamblador; compilador; lenguaje de alto nivel; lenguaje de bajo nivel; código máquina.

lenguaje estándar generalizado de composición *s.* (*Standard Generalized Markup Language*) *Véase* SGML.

lenguaje estructurado de consulta *s.* (*structured query language*) Sublenguaje de base de datos utilizado en la consulta, actualización y gestión de bases de datos relacionales. Es el estándar de facto para los productos de base de datos. *Acrónimo:* SQL.

lenguaje formal *s.* (*formal language*) Combinación de sintaxis y semántica que define de modo completo un lenguaje informático. *Véase también* forma de Backus-Naur; semántica; sintaxis.

lenguaje fuente *s.* (*source language*) El lenguaje de programación en el que está escrito el código fuente de un programa. *Véase también* lenguaje de programación; código fuente.

lenguaje host *s.* (*host language*) **1.** Lenguaje de alto nivel soportado específicamente por un sistema operativo con sus herramientas y sistemas de desarrollo nativos. **2.** El lenguaje máquina de una UCP.

lenguaje independiente de la computadora *s.* (*computer-independent language*) Lenguaje informático diseñado para ser independiente de cualquier plataforma de hardware concreta. La mayoría de los lenguajes de alto nivel están pensados para ser independientes de la computadora; las implementaciones reales de los lenguajes (en la forma de compiladores e intérpretes) tienden a exhibir algunas propiedades y aspectos específicos del hardware. *Véase también* lenguaje informático.

lenguaje informático *s.* (*computer language*) Lenguaje artificial que especifica las instrucciones que van a ejecutarse en un programa. El término cubre un amplio espectro, ya que comprende desde el lenguaje máquina codificado en binario hasta los lenguajes de alto nivel. *Véase también* lenguaje ensamblador; lenguaje de alto nivel; código máquina.

lenguaje intermedio *s.* (*intermediate language*) **1.** Lenguaje informático utilizado como paso intermedio entre el lenguaje fuente original, normalmente un lenguaje de alto nivel, y el lenguaje de destino, que normalmente es código máquina. Algunos compiladores de alto nivel utilizan el lenguaje ensamblador como lenguaje intermedio. *Véase también* compilador; código objeto. **2.** *Véase* lenguaje intermedio de Microsoft.

lenguaje intermedio de Microsoft *s.* (*Microsoft intermediate language*) El conjunto de instrucciones independiente del procesador en el que se compilan los programas de .NET Framework. Contiene instrucciones para cargar, almacenar, inicializar e invocar métodos definidos sobre objetos. Combinado con los metadatos y con el sistema de tipos comunes, el lenguaje intermedio de Microsoft permite una auténtica

lenguaje interpretado

integración interlenguajes. Antes de la ejecución, el código MSIL (Microsoft Intermediate Language) se convierte a código máquina. No es interpretado. *Acrónimo:* MSIL.

lenguaje interpretado *s.* (*interpreted language*) Lenguaje en el que los programas se traducen a una forma ejecutable y se ejecutan instrucción a instrucción en lugar de ser traducidos completamente (compilados) antes de la ejecución. Basic, LISP y APL son generalmente lenguajes interpretados, aunque el Basic también puede ser compilado. *Véase también* compilador. *Compárese con* lenguaje compilado.

lenguaje máquina *s.* (*machine language*) *Véase* código máquina.

lenguaje máquina abstracto *s.* (*abstract machine language*) **1.** Un lenguaje intermedio de programación utilizado por un intérprete o compilador. **2.** *Véase* pseudocódigo.

lenguaje nativo *s.* (*native language*) *Véase* lenguaje host.

lenguaje natural *s.* (*natural language*) Lenguaje hablado o escrito por los humanos en oposición a un lenguaje de programación o un lenguaje máquina. El entendimiento del lenguaje natural y su aproximación en un entorno informático es un objetivo de investigación en el campo de la inteligencia artificial.

lenguaje no procedimental *s.* (*nonprocedural language*) Lenguaje de programación que no sigue el paradigma procedimental de ejecutar secuencialmente instrucciones, realizar llamadas a subrutinas y emplear estructuras de control, sino que en su lugar describe un conjunto de hechos y relaciones y luego se le consulta para obtener unos resultados específicos. *Compárese con* lenguaje procedimental.

lenguaje portable *s.* (*portable language*) Lenguaje que funciona del mismo modo en sistemas diferentes y que, por tanto, puede utilizarse el desarrollo de software para todos ellos. C, FORTRAN y Ada con lenguajes portables porque sus implementaciones en los distintos sistemas son altamente uniformes. El lenguaje ensamblador es extremadamente no portable.

lenguaje procedimental *s.* (*procedural language*) Lenguaje de programación en el que el elemento de programación básico es el procedimiento (una secuencia con nombre de instrucciones, como, por ejemplo, una rutina, subrutina o función). Los lenguajes de alto nivel más ampliamente utilizados (C, Pascal, Basic, FORTRAN, COBOL, Ada) son todos ellos lenguajes procedimentales. *Véase también* procedimiento. *Compárese con* lenguaje no procedimental.

lenguaje simbólico *s.* (*symbolic language*) Lenguaje informático que utiliza símbolos, tales como palabras clave, variables y operadores para formar las instrucciones. Todos los lenguajes informáticos excepto el lenguaje máquina son simbólicos.

lenguaje unificado de modelado *s.* (*Unified Modeling Language*) *Véase* UML.

LEO *s. Véase* satélite de baja órbita terrestre.

LER *s. Véase* MPLS.

lesión por esfuerzo repetititvo *s.* (*repetitive strain injury*) Enfermedad profesional que afecta a los tendones, ligamentos y nervios provocada por los efectos acumulados de una serie de movimientos repetitivos prolongados. Las lesiones por esfuerzos repetitivos comienzan a aparecer cada vez con mayor frecuencia entre trabajadores de oficina que pasan largos períodos de tiempo tecleando en estaciones de trabajo que no están equipadas con mecanismos de protección, tales como los soportes para muñeca. *Acrónimo:* RSI. *Véase también* síndrome del túnel carpiano; teclado ergonómico; soporte de muñeca.

letra capitular *s.* (*drop cap*) Letra mayúscula grande al comienzo de un bloque de texto que ocupa en sentido vertical dos o más líneas de texto normal. Véase la ilustración.

A sectetuer adipsicing elite in sed utm diam nonummy nibh wisi tincidunt eusismond ut laoreet dolore

Letra capitular.

letra de unidad *s.* (*drive letter*) El convenio de denominación para las unidades de disco en las computadoras IBM y compatibles. Las unidades se designan mediante una letra, comenzando por la A, seguida de un carácter de dos puntos.

léxico *s.* (*lexicon*) **1**. En programación, los identificadores, palabras clave, constantes y otros elementos de un lenguaje que constituyen su «vocabulario». Las maneras en las que estos elementos de vocabulario pueden combinarse es lo que se denomina la sintaxis del lenguaje. *Compárese con* sintaxis. **2**. Las palabras de un idioma y sus definiciones.

Ley COPPA *s.* (*Children's Online Privacy Protection Act*) *Véase* COPPA.

Ley de Comunicaciones de 1934 *s.* (*Communications Act of 1934*) *Véase* FCC.

Ley de Moore *s.* (*Moore's Law*) Predicción del cofundador de Intel, Gordon Moore, hecha en los primeros días de la revolución informática respecto al crecimiento de la tecnología de semiconductores. Moore predijo que el número de transistores que podrían caber en un chip se duplicaría cada año, y así ha sido. Diez años más tarde, Moore predijo que la capacidad del chip se duplicaría cada dos años y, realmente, la capacidad se ha duplicado cada 18 meses desde entonces. La duplicación de la capacidad cada 18 meses es conocida popularmente como una «ley».

leyenda *s.* (*legend*) Texto que describe o explica un gráfico y que usualmente se imprime debajo del mismo. En un gráfico o mapa, la leyenda es la explicación de los patrones o símbolos utilizados.

leyenda urbana *s.* (*urban legend*) Una historia ampliamente divulgada que permanece en circulación a pesar del hecho de no ser cierta. Muchas leyendas urbanas han estado circulando por Internet y otros servicios en línea durante años, incluyendo la solicitud de que se envíen tarjetas a un niño enfermo de Inglaterra (que hace mucho tiempo ya que se ha recuperado y ha crecido), la receta de unas galletas o de una tarta que cuesta 250 dólares (es un mito) y los virus Good Times o Penpal Greetings, que infectan los equipos cuando se lee un mensaje de correo electrónico (esos virus no existen). *Véase también* Good Times, virus.

LF *s. Véase* avance de línea.

LHARC *s.* Una utilidad gratuita de compresión de archivos creada en 1988. Con LHARC puede comprimirse el contenido de uno o más archivos en un único archivo más pequeño, con extensión .lha. Se requiere una copia del programa para descomprimir estos archivos. LHARC también puede añadir a la información comprimida un pequeño programa ejecutable y guardar todo ello en un único archivo, denominado archivo autoextraíble, que tendrá una extensión .exe. De este modo, el receptor del archivo comprimido no necesita disponer del programa LHARC de compresión para poder descomprimir el archivo. *Véase también* software gratuito; PKZIP; programa de utilidad.

liberar *vb.* (*release*) Ceder el control de un bloque de memoria, un dispositivo u otro recurso del sistema al sistema operativo.

libre de regalías *s.* (*royalty-free*) La ausencia de una necesidad de pagar al propietario original de música, de imágenes, de software o de otro tipo de contenido por el derecho a utilizar, editar o distribuir dicho contenido.

librería de clases de .NET Framework *s.* (*.NET Framework class library*) Una biblioteca de clases, interfaces y tipos de valores compatible con CLS (Common Language Specification, especificación de lenguaje común) y que está incluida en el kit de desarrollo software (SDK) de Microsoft .NET Framework. Esta biblioteca proporciona acceso a la funcionalidad del sistema y está diseñada para ser la base sobre la que se construyan las aplicaciones, componentes y controles de .NET Framework.

libreta de direcciones *s.* (*address book*) **1**. Como página web, un listín informal de direcciones de correo electrónico o direcciones URL. **2**. En un programa de correo electrónico, una sección de referencia que enumera direcciones de correo electrónico y nombres de personas.

libro de trabajo *s.* (***workbook***) En un programa de hoja de cálculo, archivo que contiene un número de hojas de trabajo relacionadas. *Véase también* hoja de trabajo.

libro electrónico *s.* (***e-book***) Formato que permite descargar libros y otros textos de gran tamaño desde un sitio web y visualizarlos digitalmente. Normalmente, la lectura de un libro electrónico requiere utilizar un dispositivo informático de pequeño tamaño, similar al de un libro impreso, y que contiene una pantalla de visualización y una serie de controles básicos. Los usuarios pueden marcar, resaltar o anotar el texto, pero las funciones de gestión de derechos de autor pueden impedir a los usuarios enviar por correo electrónico, imprimir o compartir de algún otro modo el contenido del libro electrónico. *También llamado* e-book.

Libro Naranja *s.* (***Orange Book***) **1**. Un libro de especificaciones escrito por Sony y Philips y referido a los formatos de disco compacto que sólo pueden escribirse una vez (CD-R, PhotoCD). *Véase también* CD-R; ISO 9660; PhotoCD. *Compárese con* Libro Verde; Libro Rojo. **2**. Un documento de estándares del Departamento de Defensa de Estados Unidos titulado «Trusted Computer System Evaluation Criteria, DOD Standard 5200.28-STD» (criterios de evaluación de los sistemas informáticos de confianza), de diciembre de 1985, que define un sistema de clasificaciones que va desde el nivel A1 (el más seguro) al nivel D (el menos seguro) y que indica la capacidad de un sistema informático para proteger información sensible. *Compárese con* Libro Rojo.

Libro Rojo *s.* (***Red Book***) **1**. Un libro de especificaciones escrito por Sony Corporation y Philips Corporation y avalado por ISO que cubre la tecnología de discos compactos de audio. *Compárese con* Libro Verde; Libro Naranja. **2**. Estándares de telecomunicaciones publicados por el CCITT. **3**. Los documentos de estándares de la NSA (National Security Agency, Agencia Nacional de Seguridad de Estados Unidos) titulados «Trusted Network Interpretation of the Trusted Computer System Evaluation Criteria (NCSC-TG-005)» (interpretación para redes de confianza de los criterios de evaluación de los sistemas informáticos de confianza) y «Trusted Network Interpretation (NCS-TG-011)» (interpretación para redes de confianza). Estos documentos definen un sistema de niveles que va desde el nivel A1 (el más seguro) a D (no seguro), donde el nivel indica la capacidad de una red informática para proteger información sensible. *Compárese con* Libro Naranja.

Libro Verde *s.* (***Green Book***) Un libro de especificaciones escrito por Sony y Philips y dedicado a la tecnología CD-I (compact disc-interactive, disco compacto interactivo). *Véase también* CD-I. *Compárese con* Libro Naranja; Libro Rojo.

licencia por puesto *s.* (***Per Seat Licensing***) Un modo de licencia que requiere una licencia de acceso de cliente por cada computadora cliente independientemente de si todos los clientes acceden al servidor al mismo tiempo. *Véase también* cliente. *Compárese con* licencia por servidor.

licencia por servidor *s.* (***Per Server Licensing***) Un modo de licencia que requiere una licencia de acceso de cliente separada por cada conexión concurrente al servidor independientemente de si hay otras computadoras cliente en la red que no se estén conectando al mismo tiempo. *Compárese con* licencia por puesto.

licencia por sitio *s.* (***site license***) Acuerdo de compra para utilizar múltiples copias del mismo software en una empresa o institución, normalmente con un descuento por volumen.

licencia pública general *s.* (***General Public License***) El acuerdo que regula la distribución de software por parte de la organización Free Software Foundation; por ejemplo, es el acuerdo que regula la distribución de las utilidades GNU (GNU Not UNIX). Cualquiera que tenga una copia de uno de esos programas puede redistribuirla y cobrar por los servicios de distribución y soporte, pero no puede impedir que las personas que reciban dicha copia puedan hacer lo mismo. Un usuario puede modificar el programa, pero si la versión modificada se distribuye, debe estar claramente identificada como tal y estar también cubierta por la licencia pública general. Un distribuidor debe también proporcionar el código fuente o indicar dónde puede obtenerse ese código fuente. *Acrónimo:* GPL. *También llamado* copyleft. *Véase también* software libre; Free Software Foundation; GNU.

LIFO *s.* **1.** (*last in-first out*) Acrónimo de last in, first out (último en entrar, primero en salir) Un método de procesar una cola en el que los elementos se extraen en orden inverso en relación con el orden en que fueron añadidos; es decir, el último en entrar es el primero en salir. *Véase también* pila. *Compárese con* cola FIFO. **2.** *Véase* LIFO.

ligadura *s.* (*ligature*) En tipografía, un solo carácter creado a partir de dos letras unidas y que reemplaza a las dos letras separadas. Debido a que las ligaduras no suelen incluirse en todas las fuentes de memoria, su uso puede causar problemas con el texto cuando haya que efectuar una sustitución de fuentes.

LIM EMS *s*. Acrónimo de Lotus/Intel/Microsoft Expanded Memory Specification (especificación de memoria expandida de Lotus/Intel/Microsoft). *Véase* EMS.

limitado *adj.* (*bound*) Limitado en sus prestaciones o en su velocidad. Por ejemplo, un sistema limitado por entrada/salida está limitado por la velocidad de sus dispositivos de entrada y salida (teclado, unidades de disco, etc.), incluso cuando el procesador o programa sea capaz de operar a una velocidad superior.

limitado por E/S *adj.* (*I/O-bound*) *Véase* limitado por la entrada/salida.

limitado por la entrada *adj.* (*input-bound*) *Véase* limitado por la entrada/salida.

limitado por la entrada/salida *adj.* (*input/output-bound*) Caracterizado por la necesidad de pasar largos períodos de tiempo esperando a que se realice la entrada y salida de unos datos que son procesados mucho más rápidamente. Por ejemplo, si el procesador es capaz de realizar cambios en una gran base de datos almacenada en un disco en menos tiempo que el que necesita el mecanismo de la unidad para realizar las operaciones de lectura y escritura, diremos que la computadora está limitada por la entrada/salida. Una computadora puede estar limitada sólo por la entrada o sólo por la salida si sólo son la entrada o la salida las que limitan la velocidad a la que el procesador acepta y procesa los datos.

limitado por la salida *s.* (*output-bound*) *Véase* limitado por la entrada/salida.

limitado por procesamiento *adj.* (*computation-bound*) Perteneciente, relativo a o característico de una situación en la que el rendimiento de una computadora está limitado por el número de operaciones aritméticas que debe realizar el microprocesador. Cuando un sistema está limitado por procesamiento, el microprocesador está sobrecargado por los cálculos.

limitado por proceso *adj.* (*process-bound*) Limitado en cuanto a sus prestaciones por las necesidades de procesamiento. *Véase también* limitado por procesamiento.

limitado por UCP *adj.* (*CPU-bound*) *Véase* limitado por procesamiento.

límite 2038 *s.* (*2038 limit*) Un potencial problema en algunos equipos PC que utilizan un entero de 32 bits con signo para representar la fecha y la hora. Como estos sistemas determinan la fecha y la hora mediante el número de segundos transcurridos desde la medianoche del 1 de enero de 1970, sólo pueden manejar un máximo de 2^{31} segundos, un número que se alcanzará a las 3:14:07 AM del 19 de enero de 2038. Cuando los segundos transcurridos excedan el valor máximo, el reloj se desbordará, dando como resultado una fecha y hora erróneas, lo que puede causar posibles trastornos. Algunas organizaciones describen los sistemas compatibles con el año 2000 como aquellos capaces de mostrar la fecha y hora correctas y de procesar apropiadamente las fechas pasado el año 2038, aunque esta definición no es aceptada universalmente. La extensión del problema potencial, por supuesto, está directamente relacionada con el número de sistemas de este tipo que aún estén funcionando al llegar el año 2038. *Véase también* compatible con el año 2000.

límites gráficos *s.* (*graphic limits*) En una pantalla de una computadora, el contorno de una imagen gráfica dentro de un programa de tratamiento de gráficos, incluyendo todo el área comprendida dentro del gráfico. En algunos entornos gráficos, los límites de un gráfico se definen mediante el rectángulo más pequeño que puede abarcarlo completamente, el cual se denomina rectángulo de contorno o recuadro de contorno.

limpiar la memoria *vb.* (*clear memory*) Proceso que borra todos los datos almacenados en la RAM.

línea *s.* (*line*) **1**. Cualquier cable o conjunto de cables, como, por ejemplo, la línea de alimentación o la línea telefónica, utilizados para transmitir energía eléctrica o señales. **2**. En una red SONET, es un segmento que se extiende entre dos multiplexores. *Véase también* SONET. **3**. En comunicaciones, es una conexión (normalmente un cable físico u otro tipo de cable) entre un dispositivo emisor y otro receptor (o entre un dispositivo llamante y otro llamado); dichos dispositivos pueden ser, entre otros, teléfonos, equipos informáticos y terminales. **4**. En programación, una instrucción que ocupa una línea del programa. En este contexto, se suele hacer referencia a una «línea de programa» o una «línea de código». **5**. En procesamiento de textos, una cadena de caracteres visualizada o impresa en una sola fila horizontal.

línea analógica *s.* (*analog line*) Una línea de comunicaciones, como una línea telefónica ordinaria, que transporta señales que varían de modo continuo, analógicas.

línea arrendada *s.* (*leased line*) *Véase* línea dedicada.

línea base *s.* (*baseline*) En la impresión y visualización de caracteres en pantalla, una línea horizontal imaginaria con la que están alineadas las bases de cada carácter, excluidos los trazos bajos. Véase la ilustración. *Véase también* trazo ascendente; trazo descendente; fuente.

línea cargada *s.* (*loaded line*) Cable de transmisión equipado con bobinas de carga, normalmente espaciadas entre sí aproximadamente 1 km, que reduce la distorsión de amplitud de la señal añadiendo inductancia (resistencia a los cambios en el flujo de corriente) a la línea. Las líneas cargadas minimizan la distorsión dentro del rango de frecuencias afectado por las bobinas de carga, pero las bobinas reducen también el ancho de banda disponible para la transmisión.

Magma

Descendente — Línea base

Línea base.

línea conmutada *s.* (*switched line*) Conexión telefónica de marcación estándar; el tipo de línea que se establece cuando una llamada se encamina a través de una estación de conmutación. *Compárese con* línea arrendada.

línea de atribución *s.* (*attribution line*) En los grupos de noticias, el correo electrónico y otras comunicaciones basadas en Internet es una línea de identificación añadida al material citado de publicaciones anteriores. Algunos programas software de mensajería y correo electrónico añaden automáticamente una línea de atribución, que puede decir algo como «Jaime Pérez escribió:» y usualmente aparece inmediatamente antes del texto citado.

línea de barrido *s.* (*scan line*) **1**. Fila de píxeles leída por un dispositivo de digitalización. **2**. Una de las muchas líneas horizontales de una pantalla de visualización gráfica, como, por ejemplo, una televisión o un monitor de barrido de líneas.

línea de comandos *s.* (*command line*) Cadena de texto escrita en el lenguaje de comandos y pasada al intérprete de comandos para su ejecución. *Véase también* lenguaje de comandos.

línea de enlace *s.* (*tie line*) Línea privada arrendada de un operador de comunicaciones y a menudo utilizada para enlazar dos o más puntos en una organización.

línea de solicitud de interrupción *s.* (*interrupt request line*) Línea de hardware sobre la que un dispositivo, como, por ejemplo, un puerto de entrada/salida, el teclado o una unidad de disco puede enviar interrupciones (solicitudes de servicio) a la UCP. Las líneas de solicitud de interrupción están integradas en el hardware interno de la computadora y tienen asignados diferentes niveles de prioridad, de modo que la UCP puede determinar las fuentes y la relativa importancia de las solicitudes de servicio entrantes. Son de vital importancia para los programadores que trabajan con operaciones de bajo nivel cercanas al hardware. *Acrónimo:* IRQ.

línea de tendencia *s.* (*trendline*) Representación gráfica de las tendencias en una serie de datos, como, por ejemplo, una línea inclinada para representar el incremento de ventas en un período de unos meses. Las líneas de tendencia se utilizan para el estudio de problemas de predicción. *También llamado* análisis de regresión.

línea de unión *s.* (*join line*) En una consulta de base de datos, es una línea que conecta campos entre dos tablas y muestra cómo se relacionan los datos. Generalmente, una línea de unión comienza con una flecha justo debajo del límite de la ventana de la tabla que apunta al campo de una tabla y termina justo debajo del límite de otra tabla con una flecha apuntando al campo relacionado. El tipo de unión indica qué registros se seleccionan para el conjunto de resultados de la consulta.

línea dedicada *s.* (*dedicated line*) **1**. Canal de comunicaciones que conecta permanentemente dos o más localizaciones. Las líneas dedicadas son líneas privadas o arrendadas en vez de públicas. Las líneas T1, que se utilizan por muchas organizaciones para la conexión a Internet, son ejemplos de líneas dedicadas. *También llamado* conexión dedicada, línea arrendada, línea privada. *Compárese con* línea conmutada. **2**. Línea telefónica que se utiliza para un único propósito, como, por ejemplo, recibir o enviar faxes o servir como una línea de módem.

línea digital *s.* (*digital line*) Línea de comunicaciones que transporta la información sólo en forma de código binario (digital). Para minimizar la distorsión y las interferencias provocadas por el ruido, las líneas digitales utilizan repetidores para regenerar la señal periódicamente durante la transmisión. *Véase también* repetidor. *Compárese con* línea analógica.

línea digital de abonado *s.* (*digital subscriber line*) *Véase* DSL.

línea digital de abonado asimétrica *s.* (*asymmetric digital subscriber line*) *Véase* ADSL.

línea digital de abonado simétrica *s.* (*symmetric digital subscriber line*) *Véase* SDSL.

línea DSR *s.* (*Data Set Ready*) *Véase* DSR.

línea equilibrada *s.* (*balanced line*) Línea de transmisión, como el cable de par trenzado, que contiene dos conductores capaces de transportar tensiones iguales y corrientes de polaridad y dirección opuestas.

línea oculta *s.* (*hidden line*) En cualquier aplicación, como un programa CAD, que represente objetos tridimensionales sólidos, una línea de un dibujo que estaría (o debería estar) oculta si el objeto se percibiera como una construcción sólida. El proceso de eliminar tales líneas en una aplicación se denomina eliminación de línea oculta. *Véase también* CAD; superficie oculta.

línea privada *s.* (*private line*) *Véase* línea dedicada.

línea quebrada *s.* (*polyline*) Forma abierta que consiste en una serie de segmentos múltiples conectados. Las líneas quebradas se utilizan en los programas CAD y otros programas gráficos. *Véase también* CAD.

línea roja *s.* (*redlining*) Característica de una aplicación de procesamiento de textos que marca los cambios, adiciones o eliminaciones realizados en un documento por un coautor o un editor. El propósito de la línea roja es crear un registro de los cambios realizados en un documento durante el transcurso de su desarrollo.

lineal *adj.* (*linear*) **1**. Que tiene las características de una línea. **2**. En matemáticas y electrónica, que exhibe una relación directa y proporcional entre sus características o variables. Por ejemplo, la salida de un amplificador lineal es directamente proporcional a la entrada. *Véase también* programación lineal. **3**. Que se desarrolla de manera secuencial. Por ejemplo, una

líneas de código 450

búsqueda lineal es una que se mueve de A a B y a C.

líneas de código *s.* (*lines of code*) Medida de la longitud de un programa. Dependiendo de las circunstancias, una línea de código puede ser cada línea del programa (incluyendo líneas en blanco y comentarios), cada línea que contenga el código real o cada instrucción. *Véase también* instrucción.

líneas de cuadrícula *s.* (*gridlines*) **1**. Líneas que se pueden añadir a un gráfico y que facilitan la visualización y evaluación de los datos. Las líneas de cuadrícula se extienden desde una serie de marcas en un eje a través del área de dibujo. Las líneas de cuadrícula no se imprimen cuando se saca un documento por impresora. **2**. En muchos programas de procesamiento de textos y hojas de cálculo, las finas líneas que indican los límites de las celdas en una tabla. **3**. Líneas trazadas a través de una página en un programa gráfico y que se corresponden con una serie de intervalos en una regla.

líneas por minuto *s.* (*lines per minute*) Medida de la velocidad de la impresora, el número de líneas de caracteres impresas en un minuto. *Acrónimo:* LPM.

lingüística *s.* (*linguistics*) El estudio analítico del lenguaje humano. Existen unos lazos muy estrechos entre la lingüística y la informática debido a los mutuos intereses en la gramática, la sintaxis, la semántica, la teoría de lenguajes formales y el procesamiento del lenguaje natural.

Linotronic *s.* Una filmadora láser de alta calidad que puede imprimir a resoluciones de 1.270 y 2.540 puntos por pulgada (ppp). Estos dispositivos se suelen conectar a procesadores PostScript de imágenes de mapa de bits con el fin de poder filmar directamente desde aplicaciones de autoedición que se ejecuten en una microcomputadora. *Véase también* fotocomponedora; PostScript; procesador de imágenes rasterizadas.

Linpack *s.* Prueba comparativa que resuelve un sistema de 100 ecuaciones para probar la velocidad de la UCP, del procesador de coma flotante y del acceso a la memoria. *Véase también* prueba comparativa; unidad central de proceso; procesador de coma flotante.

Linux *s.* Una versión del kernel de UNIX System V versión 3.0 desarrollada para equipos PC con procesadores 80386 y superiores. Desarrollada por Linus Torvalds (de donde viene su nombre) junto con otros numerosos colaboradores de todo el mundo, Linux se distribuye de forma gratuita y su código fuente está abierto a modificaciones por cualquiera que desee trabajar en ello, aunque algunas empresas lo distribuyen como parte de un paquete comercial que incluye utilidades compatibles con Linux. El kernel de Linux (o núcleo del sistema operativo) funciona con las utilidades GNU desarrolladas por la Free Software Foundation, que no desarrolló ella misma un kernel. Algunas personas lo utilizan como sistema operativo para servidores de red y hacia 1998/1999 empezó a tener una mayor visibilidad gracias al soporte otorgado por fabricantes tales como IBM o Compaq. *Véase también* software libre; GNU; kernel; UNIX.

Linux World Expo *s.* La feria comercial más grande del mundo para diseñadores, ingenieros y empresas que utilizan el sistema operativo Linux.

Lion, gusano *s.* (*Lion worm*) Un gusano en forma de script de la shell UNIX detectado por primera vez a principios de 2001 y que infecta a los servidores Linux que utilizan herramientas BIND (Berkeley Internet Name Domain). Después de utilizar una vulnerabilidad de BIND para infectar a una máquina, Lion roba los archivos de contraseñas y otra información crítica y los transmite al pirata informático. A continuación, Lion instala herramientas de pirateo y sustituye archivos críticos, ocultándose y abriendo múltiples puertas traseras a través de las cuales pueden realizarse ulteriores ataques al sistema. El gusano Lion fue, aparentemente, liberado a principios de 2001 por un grupo de piratas informáticos chinos con objetivos políticos específicos. En algunas referencias a este gusano, «Lion» puede aparecer denominado como «li0n».

LIPS *s.* **1**. (*Lightweight Internet Person Schema*) Acrónimo de Lightweight Internet

Person Schema (esquema ligero de datos personales para Internet). En los directorios LDAP, es una especificación para la extracción de elementos de información, tales como nombres y direcciones de correo electrónico. *Véase también* LDAP. **2.** Acrónimo de Language Independent Program Subtitling (subtitulado de programas independiente del idioma). Sistema desarrollado por el grupo GIST (C-DAC, India), utilizado por la televisión india para la difusión a nivel nacional de programas con subtítulos en múltiples idiomas en modo teletexto. Este sistema se consideró como el mejor diseño en el concurso de diseño VLSI (Very Large Scale Integration) de la conferencia internacional VLSI de 1993. Tres versiones de este ASIC (application-specific integrated circuit, circuito integrado específico de la aplicación) con diferentes características se implementaron en circuitos FPGA (field programmable gate array) de las familias 3K y 4K de Xilinx. *Véase también* matriz lógica reprogramable; matriz de puertas; integración a muy gran escala. **3.** Acrónimo de linear inferences per second (inferencias lineales por segundo). Medida de velocidad para algunos tipos de sistemas expertos y máquinas biológicas con pantalla de cristal líquido para aplicaciones de inteligencia artificial. *Véase también* inteligencia artificial; sistema experto.

liquidar *vb.* **1.** (*nuke*) Detener un proceso en un sistema operativo, una aplicación o un programa. **2.** (*zap*) Eliminar de manera permanente. Por ejemplo, liquidar un archivo significa eliminarlo sin posibilidad de poder recuperarlo después.

LISP *s.* Abreviatura de List Processing (procesamiento de listas). Un lenguaje de programación orientado a listas desarrollado en 1959-60 por John McCarthy y utilizado principalmente para manipular listas de datos. LISP se emplea ampliamente en los círculos académicos y de investigación y se considera el lenguaje estándar para la investigación en inteligencia artificial. *Véase también* inteligencia artificial. *Compárese con* Prolog.

lista *s.* (*list*) Estructura de datos de múltiples elementos que utiliza una organización lineal (primero, segundo, tercero, …), pero que permite que los elementos se añadan o eliminen en cualquier orden. Las colas, las colas dobles y las pilas son simplemente listas con una serie de restricciones añadidas que regulan cómo agregar o eliminar elementos. *Véase también* cola doble; elemento; lista enlazada; cola; pila.

lista circular *s.* (*circular list*) Lista vinculada o encadenada en la que el procesamiento continúa a través de todos los elementos, como en un anillo, y vuelve a la posición inicial, sin importar dónde esté situado dicho punto en la lista. *Véase también* lista enlazada.

lista clasificada *s.* (*point listing*) Base de datos de sitios web populares divididos en categorías según su tema y a menudo ponderados según su diseño y contenido.

lista de certificados de confianza *s.* (*certificate trust list*) Lista digitalmente firmada de certificados emitidos por una autoridad de certificación raíz que un administrador considera suficientemente acreditada para determinados propósitos, como la autenticación de clientes o el correo electrónico seguro. *Acrónimo:* CTL. *Véase también* certificado; autoridad de certificación.

lista de control de acceso *s.* (*access control list*) Una lista asociada con un archivo o con un recurso que contiene información acerca de cuáles usuarios o grupos tienen permiso para acceder al recurso o modificar el archivo. *Acrónimo:* ACL.

lista de correo *s.* (*mailing list*) Una lista de nombres y direcciones de correo electrónico que están agrupados y se identifican mediante un único nombre. Cuando un usuario coloca el nombre de la lista de correo en el campo Para: (To:) de un cliente de correo, el programa cliente envía el mensaje a la máquina donde reside la lista de correo y dicha máquina envía automáticamente el mensaje a todas las direcciones de la lista (quizá permitiendo a un moderador editar primero el mensaje). *Véase también* LISTSERV; gestor de listas de correo; Majordomo; moderador.

lista de distribución *s.* (*distribution list*) Una lista de receptores en una lista de envío de

lista de favoritos

correo electrónico. La lista de distribución puede tomar la forma de un programa de lista de correo, como LISTSERV, o de un alias en un programa de correo electrónico para designar a todos los receptores de un cierto mensaje. *Véase también* alias; LISTSERV; lista de correo.

lista de favoritos *s.* (*hotlist*) Una lista de elementos a los que se accede frecuentemente, como, por ejemplo, de páginas web en un explorador web, y en la cual el usuario puede seleccionar uno de los elementos. La lista de páginas web favoritas se denomina lista de marcadores en Netscape Navigator y Lynx y carpeta Favoritos en Microsoft Internet Explorer.

lista de revocación de certificados *s.* (*certificate revocation list*) Documento mantenido y publicado por una entidad emisora de certificados en el que se enumeran los certificados que han sido revocados. *Acrónimo:* CRL. *Véase también* certificado; autoridad de claves.

lista de usuarios Usenet *s.* (*Usenet User List*) Una lista mantenida por el Instituto Tecnológico de Massachusetts (MIT, Massachusetts Institute of Technology) que contiene el nombre y dirección de correo electrónico de todas las personas que han publicado algún mensaje en Usenet. *Véase también* Usenet.

lista de valores *s.* (*value list*) Lista de valores utilizada por alguna aplicación, como, por ejemplo, una base de datos, una cadena de búsqueda o valores para una consulta filtrada. *Véase también* filtro; consulta; cadena de búsqueda.

lista de Yanoff *s.* (*Yanoff list*) El nombre informal de la lista de servicios Internet creada y mantenida por Scott Yanoff. La lista Yanoff fue uno de los primeros directorios de recursos y servicios Internet. Está ubicada en la dirección http://www.spectracom.com/islist/.

lista doblemente vinculada *s.* (*doubly linked list*) Serie de nodos (elementos que representan segmentos discretos de información) en la que cada nodo hace referencia al nodo siguiente y al nodo anterior. Como consecuencia de esta doble referencia, una lista doblemente vinculada puede recorrerse hacia delante y hacia atrás en lugar de sólo hacia delante, como ocurre con las listas vinculadas simples.

lista enlazada *s.* (*linked list*) En programación, una lista de nodos o elementos de una estructura de datos conectados por punteros. Una lista enlazada simple tiene un puntero en cada nodo que señala al nodo situado a continuación en la lista. Una lista doblemente enlazada tiene dos punteros en cada nodo que señalan los nodos siguiente y anterior. En una lista circular, el primer y último nodo de la lista están enlazados entre sí. *Véase también* matriz; clave; lista; nodo; puntero. *Compárese con* lista lineal.

lista invertida *s.* (*inverted list*) Método para crear localizadores alternativos en conjuntos de información. Por ejemplo, en un archivo que contiene datos sobre coches, los registros 3, 7, 19, 24 y 32 pueden contener el valor «Rojo» en el campo COLOR. Una lista invertida (o índice) en el campo COLOR contendría un registro para «Rojo» seguido por los números de localizador 3, 7, 19, 24 y 32. *Véase también* campo; registro. *Compárese con* lista enlazada.

lista lineal *s.* (*linear list*) Lista ordenada simple de elementos en la que cada elemento, excepto el primero, sucede inmediatamente a otro elemento, y cada uno, excepto el último, precede a otro. *Compárese con* lista enlazada.

listado *s.* (*listing*) Copia impresa del código fuente de un programa. Algunos compiladores y ensambladores generan listados opcionales del proceso de ensamblado durante la compilación o proceso de ensamblado. Tales listados de código a menudo contienen información adicional, como, por ejemplo, los números de línea, la profundidad de los bloques anidados y las tablas de referencias cruzadas. *Véase también* listado en ensamblador.

listado de programa *s.* (*program listing*) Copia, normalmente en papel, del código fuente de un programa. Algunos compiladores pueden generar listados de programa con números de línea, referencias cruzadas, etc.

listado en ensamblador *s.* (*assembly listing*) Un archivo creado por un ensamblador que incluye las instrucciones de un programa en lenguaje ensamblador, el lenguaje máquina generado por el ensamblador y una lista de los símbolos usados en el programa. *Véase también* ensamblador; lenguaje ensamblador.

listo para el año 2000 *adj.* (***Year 2000 ready***) *Véase* compatible con el año 2000.

listo para filmar *adj.* (***camera-ready***) En edición, perteneciente o relativo al estado en el que un documento, con todos los elementos tipográficos y gráficos dispuestos, está adecuadamente preparado para ser enviado a una empresa de filmación. La empresa de filmación fotografía la copia lista para filmar y utiliza la fotografía para preparar los ferros para impresión. La propaganda de algunas aplicaciones afirma que tienen la capacidad de generar documentos listos para filmar, eliminando la necesidad de disponer manualmente los distintos elementos gráficos y tipográficos y de cortar y pegar dichos elementos sobre planchas de maquetación.

LISTSERV *s.* Uno de los gestores comerciales de listas de correo más populares, comercializado por L-SOFT International en versiones para BITNET, UNIX y Windows. *Véase también* lista de correo; gestor de listas de correo.

literal *s.* Valor utilizado en un programa que se expresa tal cual en vez de como un valor de variable o como el resultado de una expresión. Ejemplos de literales serían los números 25 y 32,1, el carácter *a*, la cadena *Hola* y el valor booleano TRUE. *Véase también* constante; variable.

litografía EUV *s.* (***EUV lithography***) La litografía EUV (Extreme UltraViolet, ultravioleta extremo) es un proceso de fabricación que permite grabar en los chips circuitos más pequeños que lo que permiten las técnicas litográficas tradicionales. Con este proceso, es posible producir de forma económica chips mucho más rápidos que aquellos creados utilizando los procesos tradicionales. En la litografía EUV, la imagen de un mapa de circuitos que hay que implementar en un chip se refleja en una serie de espejos que condensan la imagen. La imagen condensada se proyecta sobre obleas que contienen capas de metal, silicio y material fotosensible. Debido a que la luz EUV tiene una longitud de onda muy corta, es posible formar en las obleas patrones de circuito extremadamente intrincados.

Live3D *s.* Un plug-in VRML (Virtual Reality Modeling Language, lenguaje de modelado de realidad virtual) desarrollado para exploradores web por Netscape que permite a los usuarios visualizar e interactuar con un mundo de realidad virtual. *Véase también* VRML.

liveware *s.* Término vulgar que hace referencia a las personas para establecer la diferencia con el hardware, el software y el firmware. *También llamado* wetware.

llamada *s.* (***call***) En un programa, una instrucción o sentencia que transfiere la ejecución de programa a alguna sección de código, como una subrutina, para llevar a cabo una tarea específica. Una vez que se ha realizado la tarea, la ejecución del programa se reanuda en el punto en que se produjo la llamada. *Véase también* secuencia de llamada.

llamada a procedimiento *s.* (***procedure call***) En programación, una instrucción que hace que se ejecute un procedimiento. Una llamada a procedimiento puede estar localizada dentro de otro procedimiento o en el cuerpo principal del programa. *Véase también* procedimiento.

llamada asíncrona a procedimiento *s.* (***asynchronous procedure call***) Una llamada a función que se ejecuta de forma independiente de un programa en ejecución cuando tiene lugar un conjunto de condiciones de activación. Una vez que las condiciones se cumplen, el núcleo del sistema operativo genera una interrupción software e instruye al programa que se está ejecutando para que ejecute la llamada. *Acrónimo:* APC. *Véase también* llamada de función.

llamada de función *s.* (***function call***) Solicitud de un programa para obtener los servicios de una determinada función. Una llamada de función se codifica como el nombre de la función junto con cualquier parámetro necesario para que la función lleve a cabo su tarea. La propia función puede ser parte de un programa, puede estar almacenada en otro archivo e incorporarse al mismo cuando el programa se compila o puede formar parte del sistema operativo. *Véase también* función.

llamada selectiva *s.* (*selective calling*) La capacidad de una estación en una línea de comunicaciones para designar la estación que debe recibir una determinada transmisión.

llamar *vb.* (*call*) Establecer una conexión a través de una red de telecomunicaciones.

llave *s.* (*key*) Un objeto metálico utilizado con una cerradura física para desactivar un sistema informático.

llave hardware *s.* (*hardware key*) **1**. Cualquier dispositivo físico utilizado para dotar de seguridad a un sistema informático contra el acceso no autorizado, como, por ejemplo, la llave situada en la parte delantera de la carcasa de algunas computadoras personales. **2**. Dispositivo de seguridad conectado a un puerto de entrada/salida que permite el uso de un paquete de software determinado en esa computadora. La utilización de la llave hardware permite realizar copias de seguridad del software, pero impide su uso sin licencia en otras computadoras. *También llamado* mochila.

LLC *s.* Acrónimo de Logical Link Control (control del enlace lógico). En las especificaciones IEEE 802.x, es el más alto de los dos subniveles que forman el nivel de enlace de datos ISO/OSI. El subnivel LLC es responsable de gestionar los enlaces de comunicaciones y procesar el tráfico de tramas. *Véase también* IEEE 802.x; MAC.

local *adj.* **1**. En comunicaciones, un dispositivo al que se puede acceder directamente en lugar de por medio de una línea de comunicaciones. **2**. En general, que está a mano o restringido a un área determinada. **3**. En procesamiento de la información, una operación realizada por la computadora que se está empleando en vez de por una computadora remota. **4**. En programación, una variable de ámbito restringido, es decir, que sólo es utilizada en una parte (subprograma, procedimiento o función) de un programa. *Compárese con* remoto.

localhost *s.* El nombre utilizado para representar la misma computadora en la que se ha originado un mensaje TCP/IP. Un paquete IP enviado a localhost tiene la dirección IP 127.0.0.1 y no llega a salir a Internet. *Véase también* dirección IP; paquete; TCP/IP.

localización *s.* **1**. (*localization*) El proceso de alterar un programa para que resulte apropiado para el área geográfica en la que se lo va a utilizar. La localización implica la personalización o traducción de los datos y recursos requeridos para una región o idioma específicos. Por ejemplo, los desarrolladores de un programa de procesamiento de textos deben localizar (adaptar) las tablas de ordenación del programa para diferentes países o idiomas, porque el orden correcto de los caracteres en un idioma puede ser incorrecto en otro. **2**. (*seek*) El proceso de mover el cabezal de lectura/escritura en una unidad de disco hasta el lugar apropiado, normalmente para efectuar una operación de lectura o escritura.

localizador uniforme de recursos *s.* (*Uniform Resource Locator*) *Véase* URL.

localizador universal de recursos *s.* (*Universal Resource Locator*) *Véase* URL.

localizar *vb.* (*find*) *Véase* buscar.

LocalTalk *s.* Un esquema de cableado de bajo coste utilizado en las redes AppleTalk para conectar computadoras Apple Macintosh, impresoras y otros dispositivos periféricos. *Véase también* AppleTalk.

logaritmo *s.* (*logarithm*) *Abreviatura:* log. En matemáticas, la potencia a la que se debe elevar una base para igualar un número dado. Por ejemplo, para la base 10, el logaritmo de 16 es (aproximadamente) 1,2041, ya que $10^{1,2041}$ es igual (aproximadamente) a 16. Tanto los logaritmos naturales (con base *e*, que es aproximadamente 2,71828) como los logaritmos comunes (con base 10) se utilizan comúnmente en programación. Diversos lenguajes, como C y Basic, incluyen funciones para calcular logaritmos naturales.

lógica *s.* (*logic*) En programación, las afirmaciones, suposiciones y operaciones que definen lo que hace un programa determinado. Definir la lógica de un programa es a menudo el primer paso para desarrollar el código fuente del programa. *Véase también* lógica formal.

lógica booleana *s.* (***Boolean logic***) *Véase* álgebra booleana.

lógica compartida *s.* (***shared logic***) La utilización, por parte de múltiples circuitos o rutinas software, de circuitos o rutinas comunes para implementar una operación.

lógica de control *s.* (***control logic***) La circuitería electrónica que genera, interpreta y utiliza datos de control.

lógica de emisores acoplados *s.* (***emitter-coupled logic***) Diseño de circuito en el que los emisores de dos transistores están conectados a una resistencia de modo que sólo uno de los transistores conmuta cada vez. La ventaja de este diseño es su muy alta velocidad de conmutación. Sus desventajas son el alto número de componentes necesarios y la susceptibilidad al ruido. *Acrónimo:* ECL.

lógica de transistores con acoplo directo *s.* (***direct-coupled transistor logic***) Diseño de circuito que sólo utiliza transistores y resistencias con los transistores directamente conectados unos con otros. Este diseño fue utilizado en los primeros circuitos integrados comerciales. La velocidad de conmutación y el consumo de tales circuitos está alrededor de la media. *Acrónimo:* DCTL.

lógica del programa *s.* (***program logic***) La lógica subyacente al diseño y la construcción de un programa, es decir, las razones por las que el programa funciona de la forma en que lo hace. *Véase también* error lógico.

lógica difusa *s.* (***fuzzy logic***) Tipo de lógica utilizada en algunos sistemas expertos y otras aplicaciones de inteligencia artificial en la que las variables pueden tener grados de veracidad o falsedad representadas por un rango de valores comprendido entre 1 (verdadero) y 0 (falso). En lógica difusa, la salida de una operación puede expresarse como una probabilidad en lugar de como una certeza. Por ejemplo, una salida puede ser probablemente verdadera, posiblemente verdadera, posiblemente falsa o probablemente falsa. *Véase también* sistema experto.

lógica diodo-transistor *s.* (***diode-transistor logic***) Tipo de diseño de circuito que utiliza diodos, transistores y resistencias para realizar funciones lógicas. *Acrónimo:* DTL.

lógica empresarial *s.* (***business logic***) Conjunto de reglas y cálculos integrado en una aplicación de información empresarial. La aplicación utiliza la lógica empresarial para ordenar la información entrante y responder en consecuencia. La lógica empresarial funciona como un conjunto de instrucciones que asegura que las acciones de la aplicación son conformes con las necesidades específicas de un negocio.

lógica en modo corriente *s.* (***current-mode logic***) Tipo de diseño de circuito en el que los transistores operan en modo no saturado (amplificador).

lógica formal *s.* (***formal logic***) Estudio de las expresiones y secuencias lógicas y de la construcción global de un argumento válido sin importar la verdad del argumento. La lógica formal se utiliza para verificar si un programa es correcto.

lógica integrada de inyección *s.* (***integrated injection logic***) Tipo de diseño de circuito que utiliza transistores NPN y PNP y que no requiere otros componentes, como resistencias. Estos circuitos son relativamente rápidos, de bajo consumo y se pueden manufacturar en tamaños muy pequeños. *Véase también* transistor NPN; transistor PNP.

lógica simbólica *s.* (***symbolic logic***) Representación de las leyes del razonamiento, denominada así porque se emplean símbolos en lugar de expresiones del lenguaje natural para establecer proposiciones y relaciones. *Véase también* lógica.

lógica transistor-transistor *s.* (***transistor-transistor logic***) Tipo de diseño de circuito bipolar que utiliza transistores conectados entre sí bien directamente o a través de resistencias. La lógica transistor-transistor ofrece una alta velocidad y una buena inmunidad al ruido y se utiliza en muchos circuitos digitales. Es posible implementar un gran número de puertas lógicas transistor-transistor en un sólo circuito integrado. *Acrónimo:* TTL.

lógico *adj.* (***logical***) **1**. Basado en alternativas verdaderas o falsas en vez de en el cálculo aritmético de valores numéricos. Por ejemplo, una expresión lógica es aquella que, al ser evaluada, da un solo resultado que puede ser verdadero o falso. *Véase también* álgebra booleana. *Compárese con* lógica difusa. **2.** Que es conceptualmente verdadero con respecto a un diseño o idea; por ejemplo, las transmisiones de red se desplazan en círculo alrededor de un anillo lógico, aunque la propia forma del anillo no sea físicamente visible. *Compárese con* físico.

login *s. Véase* inicio de sesión.

logística *s.* (*fulfillment*) El proceso de suministrar los bienes y servicios pedidos por un cliente. Este proceso implica el establecimiento de un procedimiento fiable para el control de los pedidos y el suministro de productos.

Logo *s.* Lenguaje de programación con características basadas en gran parte en LISP. Logo se utiliza a menudo para enseñar programación a niños y fue originalmente desarrollado por Seymour Papert, en el MIT, en 1968. Logo está considerado como un lenguaje educativo, aunque algunas empresas han intentado aumentar su aceptación generalizada en la comunidad de la programación. *Véase también* LISP; tortuga; gráficos de tortuga.

logout *s. Véase* fin de sesión.

LOL *s.* Acrónimo de laughing out loud (riéndome a carcajadas). Una interjección utilizada en mensajes de correo electrónico en inglés, foros en línea y servicios de charla para expresar la apreciación de un chiste o de alguna otra ocurrencia humorística. *Véase también* ROFL.

longitud *s.* (*length*) El número de unidades lineales de espacio de almacenamiento ocupadas por un objeto, como, por ejemplo, un archivo en disco o una estructura de datos en un programa y que típicamente se mide en bits, bytes o bloques.

longitud de bloque *s.* (*block length*) La longitud, usualmente en bytes, de un bloque de datos. Las longitudes de bloque van normalmente de unos 512 bytes hasta 4.096 kilobytes (KB), dependiendo de para qué vaya a utilizarse el bloque.

longitud de línea de 80 caracteres *s.* (*80-character line length*) Longitud de línea estándar para las pantallas en modo texto. Esta longitud, utilizada en los primeros PC de IBM y en terminales profesionales de los años setenta y ochenta, es una herencia de las tarjetas perforadas y de los sistemas operativos de mainframe. Las interfaces gráficas de usuario permiten utilizar líneas más largas o más cortas dependiendo de las fuentes seleccionadas. Un mensaje con líneas más largas compuesto me-diante un programa de correo electrónico gráfico presenta las líneas partidas y resulta difícil de leer cuando el usuario sólo dispone de un programa de emulación de terminal y una cuenta *shell*.

longitud de onda *s.* (*wavelength*) La distancia entre picos o valles sucesivos en una señal periódica que se propaga a través del espacio. La longitud de onda está simbolizada por la letra griega lambda y puede calcularse como la velocidad dividida entre la frecuencia.

longitud del registro *s.* (*record length*) La cantidad de espacio de almacenamiento requerido para contener un registro, normalmente expresada en bytes. *Véase también* registro.

LonWorks *s.* Un estándar abierto para automatización de red creado por Echelon Corporation y soportado por la asociación LonMark Interoperability Association. LonWorks, introducido en 1991, puede utilizarse en aplicaciones de construcción, de transporte, industriales y domésticas para implementar una red de control distribuido.

lote *s.* (*batch*) Grupo de documentos o registros de datos que se procesan como una unidad. *Véase también* trabajo por lotes; procesamiento por lotes.

Lotus 1-2-3 *s.* Programa de hoja de cálculo electrónica lanzado al mercado en 1983 por Lotus Development Corporation. Era un programa bastante notable por sus capacidades de inclusión de gráficos y de gestión de datos (base de datos) además de la propia funcionalidad de hoja de cálculo. Lotus 1-2-3 es importante en la historia de las computadoras personales, ya que fue una de las primeras «aplicaciones estrella» que lograron que las empresas comenzaran a comprar y utilizar equipos PC.

IBM adquirió Lotus Development en 1995. *Véase también* aplicación estrella.

Lotus cc:Mail *s*. *Véase* cc:Mail.

Lotus Domino *s*. Una aplicación de trabajo en grupo que transforma Lotus Notes en un servidor de aplicaciones y de mensajería. *Véase también* Lotus Notes.

Lotus Notes *s*. Una aplicación de trabajo en grupo introducida en 1988 por Lotus Development Corporation y que ahora es propiedad de IBM. Lotus Notes combina correo electrónico, gestión de calendarios, planificación de tareas para grupos, gestión de contactos y tareas, acceso a grupos de noticias y capacidades de exploración web (mediante la integración de Microsoft Internet Explorer) en una misma aplicación cliente. Lotus Notes también ofrece capacidades de búsqueda en múltiples formatos y con múltiples tipos de archivos a través de una red o de la Web.

LPM *s*. *Véase* líneas por minuto.

LPMUD *s*. Tipo de mazmorra multiusuario (MUD, multiuser dungeon), dedicada normalmente al combate, que contiene su propio lenguaje de programación orientado a objetos para la creación de nuevas áreas y objetos en el mundo virtual. *Véase también* MUD.

LPT *s*. Nombre de dispositivo lógico para una impresora de líneas, un nombre reservado en el sistema operativo MS-DOS para hasta tres puertos paralelos de impresión designados como LPT1, LPT2 y LPT3. El primer puerto, LPT1, coincide normalmente con el dispositivo principal de impresión PRN (el nombre de dispositivo lógico para la impresora). Las letras LPT significaban originalmente Line Print Terminal (terminal de impresión de líneas).

LRC *s*. Acrónimo de longitudinal redundancy check (control de redundancia longitudinal). Procedimiento utilizado para verificar la precisión de los datos almacenados en cintas magnéticas o transmitidos por una línea de comunicación. *Véase también* bit de paridad. *Compárese con* VRC.

ls *s*. Comando UNIX que ordena al servidor devolver la lista de archivos y subdirectorios contenidos en el directorio actual o en el directorio especificado en el comando. Debido a que muchos sitios FTP se construyen sobre sistemas UNIX, este comando se puede utilizar también en esos sitios. *Véase también* sitio FTP; UNIX.

LS-120 *s*. Acrónimo de Laser Storage-120 (almacenamiento láser de 120 MB). Unidad de disquetes desarrollada por Imation Corporation que utiliza soportes físicos originales de almacenamiento por láser de 120 megabytes (MB) y también permite emplear disquetes estándar de 3,5 pulgadas de 1,44 MB. La unidad de disquetes LS-120 puede almacenar 120 MB de datos en un solo disquete de 3,5 pulgadas y es compatible con otros formatos de disquetes. Las unidades de disco LS-120 cumplen con el estándar de interfaz ATAPI (AT Attachment Packet Interface), por lo que varias unidades de disco diferentes pueden utilizar el mismo controlador EIDE.

LSB *s*. **1**. Acrónimo de Linux Standard Base (base estándar de Linux). Estándar desarrollado para ayudar al desarrollo de software de Linux proporcionando una base uniforme para todas las versiones del sistema operativo. El modelo de Linux proporcionado por el LSB ofrece una plataforma estable para que los desarrolladores creen software que pueda utilizarse con cualquier versión del sistema operativo, dejando abierta la puerta para que las empresas añadan características adicionales por encima de la base común de código. **2**. *Véase* bit menos significativo.

LSC *s*. *Véase* carácter menos significativo.

LSD *s*. *Véase* dígito menos significativo.

LSI *s*. *Véase* integración a gran escala.

LSP *s*. *Véase* MPLS.

LSR *s*. *Véase* MPLS.

LU *s*. Acrónimo de logical unit (unidad lógica). En una red SNA de IBM, es un punto que denota el principio o el fin de una sesión de comunicaciones. *Véase también* SNA.

ludita *s*. (*Luddite*) Persona opuesta a los avances tecnológicos, especialmente a aquellos diseñados para reemplazar la habilidad y experiencia humanas con maquinaria automatizada. Los primeros luditas fueron grupos de trabajadores del sector textil en Nottinghamshire, Inglaterra, quienes protestaron por el uso de nueva maquinaria a gran escala, a la que culpaban de los bajos salarios y el alto índice de desempleo. El origen del término nunca ha sido verificado, pero la teoría más popular es que el nombre (*luddite*) se debe a Ned Ludd, un aprendiz de tejedor que destruyó su tejedora con un martillo para protestar por los golpes que recibía de su oficial. *Véase también* tecnófobo. *Compárese con* tecnófilo.

LUG *s*. Acrónimo de Linux Users Group (grupo de usuarios Linux).

luminancia *s*. (***illuminance***) **1**. Medida de iluminación (tal como vatios por metro cuadrado) utilizada en referencia a dispositivos tales como televisores y pantallas de computadora. *Compárese con* luminancia. **2**. La cantidad de luz que incide sobre una superficie o la ilumina. **3**. Medida de la cantidad de luz irradiada por una fuente determinada, como, por ejemplo, una pantalla de computadora. **4**. El componente de brillantez percibida de un determinado color por contraste con su tono o su saturación. *Véase también* HSB. *Compárese con* luminancia.

luminosidad *s*. (***luminosity***) La brillantez de un color en un monitor basada en una escala que va de negro a blanco.

luz incidente *s*. (***incident light***) La luz que ilumina una superficie en los gráficos por computadora. *Véase también* luminancia.

LVS *s*. Acrónimo de Linux Virtual Server (servidor virtual Linux). Un servidor de código abierto y altas prestaciones que gestiona conexiones procedentes de los clientes y las pasa a un clúster de servidores reales. LVS recibe los paquetes entrantes y los reenvía al servidor apropiado. LVS se utiliza, usualmente, para construir servidores web, servidores de correo u otros servidores de red. *También llamado* ipvs. *Véase también* conmutación de nivel 4.

Lycos *s*. Un motor de búsqueda y directorio web que proporciona resúmenes de las páginas que se corresponden con las solicitudes de búsqueda realizadas. Además, el sitio de Lycos ofrece directorios clasificados de sitios, revisiones de sitios seleccionados y servicios para localización de usuarios, visualización de mapas, etc.

Lynx *s*. Un programa explorador web basado en texto (es decir, sin capacidades gráficas) para plataformas UNIX.

.lzh *s*. La extensión de archivo que identifica los archivos comprimidos mediante el algoritmo Lempel, Ziv, Haruyasu. *Véase también* archivo comprimido; compresión Lempel Ziv; LHARC.

M

M *pref.* *Véase* mega-.

m *pref.* *Véase* mili-.

MAC *s.* Acrónimo de Media Access Control (control de acceso al medio). En las especificaciones IEEE 802.x, es el más bajo de los dos subniveles que forman el nivel de enlace de datos ISO/OSI. El subnivel MAC gestiona el acceso a la red física, delimita las tramas y se encarga del control de errores. *Véase también* IEEE 802.x; LLC.

Mac *s.* *Véase* Macintosh.

Mac- *pref.* Prefijo utilizado para indicar la aplicabilidad de un producto de software para una computadora Macintosh, como MacDraw.

Mac OS *s.* Abreviatura de Macintosh operating system (sistema operativo de Macintosh). Es el nombre que se le dio al sistema operativo Macintosh a partir de la versión 7.5 en septiembre de 1994, cuando Apple empezó a conceder licencias del software a otros fabricantes de equipos informáticos. *Véase también* Macintosh.

Mac OS X *s.* La primera revisión completa del sistema operativo Macintosh. Mac OS X está basado en UNIX BSD 4.4, utiliza el microkernel Mach 3.0 y está construido basándose en el sistema Darwin de Apple, que es de código abierto. Mac OS X añade a las plataformas Macintosh multiprocesamiento simétrico, mecanismos multihebra, multitarea con desalojo, gestión avanzada de memoria y memoria protegida. Las bases UNIX de Mac OS X proporcionan una gran flexibilidad para el desarrollo de software, la interconexión por red y la actualización y ampliación del sistema operativo. Mac OS X incluye una interfaz gráfica de usuario y una interfaz de línea de comandos.

MacBinary *s.* Un protocolo de transferencia de archivos utilizado para preservar la codificación de los archivos producidos en un Macintosh y almacenados en computadoras no Macintosh; dichos archivos contienen el subarchivo de recursos del archivo (que contiene información, como, por ejemplo, el código de programa, los datos de las fuentes, sonido digitalizado o iconos), el subarchivo de datos (que contiene la información suministrada por el usuario, como, por ejemplo, el texto en un documento elaborado mediante un procesador de textos) y el bloque de información de la interfaz estándar (denominada Finder) de Macintosh. *Véase también* subarchivo de datos; Finder; subarchivo de recursos.

Mach *s.* Variante del sistema operativo UNIX desarrollada en la Universidad Carnegie-Mellon. Mach fue diseñado para incluir características avanzadas tales como mecanismos multitarea, multiprocesamiento y sistemas distribuidos. *Véase también* UNIX.

Mach 3.0 *s.* El microkernel que forma el nivel más bajo del sistema operativo Mac OS X. Mach 3.0 proporciona servicios básicos tales como los de gestión de memoria, gestión de hebras de procesamiento, memoria virtual y gestión del espacio de direcciones para el kernel del sistema operativo.

machacar *vb.* (***clobber***) Destruir datos, generalmente escribiendo otros datos sobre ellos de manera inadvertida.

Macintosh *s.* Serie popular de computadoras personales presentadas por Apple Computer Corporation en enero de 1984. Macintosh fue una de las primeras computadoras personales en incorporar una interfaz gráfica de usuario y la primera en utilizar disquetes de 3,5 pulgadas. También fue la primera en utilizar el microprocesador 68000 de 32 bits de Motorola. A pesar de sus características amigables para el usuario, Macintosh perdió cuota de mercado con respecto a los PC compatibles durante los años noventa, pero aún disfruta de un amplio uso en aplicaciones de autoedición y relacionadas con gráficos. En 1998, Apple Computer y Macintosh obtuvieron más notoriedad con el lanzamiento de la computadora iMac orientada al uso doméstico. *Véase* la ilustración. *También llamado* Mac. *Véase también* interfaz gráfica de usuario; iMac; compatible PC.

Macintosh.

Macintosh File System *s*. El sistema de archivos plano utilizado en los primeros tiempos en el Macintosh, antes de que se introdujera el sistema de archivos jerárquico HFS. *Acrónimo:* MFS. *Véase también* sistema de archivos sin formato. *Compárese con* Hierarchical File System.

macro *s*. **1**. En las aplicaciones, conjunto de pulsaciones de tecla e instrucciones grabadas y guardadas con un código abreviado o un nombre de macro. Cuando se escribe el código abreviado, el programa ejecuta las instrucciones de la macro. Los usuarios pueden crear una macro para ahorrar tiempo, reemplazando una serie más o menos larga (y frecuentemente utilizada) de pulsaciones de tecla por una versión abreviada. **2**. En lenguajes de programación, tales como C o el lenguaje ensamblador, es un nombre que define un conjunto de instrucciones que se sustituyen por el nombre de la macro en cualquier lugar del programa en el que la macro aparezca (éste es un proceso denominado expansión de macros) durante la compilación o el ensamblado del programa. Las macros son similares a las funciones, en el sentido de que pueden aceptar argumentos y de que son llamadas a bloques de instrucciones de mayor tamaño. Pero, a diferencia de las funciones, las macros se reemplazan por las instrucciones que representan mientras se pre-

para el programa para su ejecución; por contraste, las instrucciones de una función se copian una sola vez en un programa. *Compárese con* función.

macrocontenido *s*. (***macrocontent***) El texto u otro tipo de contenido principal de una página web. *Compárese con* microcontenido.

MacTCP *s*. Una extensión de Macintosh que permite a los equipos Macintosh utilizar TCP/IP. *Véase también* TCP/IP.

MADCAP *s*. (***multicast address dynamic client allocation protocol***) Acrónimo de multicast address dynamic client allocation protocol (protocolo de asignación dinámica de direcciones de multidifusión a clientes). Una extensión del protocolo estándar DHCP que se utiliza para soportar la asignación y configuración dinámicas de direcciones de multidifusión IP en redes basadas en TCP/IP.

MAE *s*. **1**. Acrónimo de Metropolitan Area Exchange (conmutador de área metropolitana). Uno de los puntos de conmutación Internet operados por MCI WorldCom a través del cual se conectan los proveedores de servicios Internet (ISP) para intercambiar datos. Los dos conmutadores MAE de mayor tamaño, MAE East (situado en las afueras de Washington D.C., Estados Unidos) y MAE West (cerca de San José, California, Estados Unidos), son puntos principales de carácter nacional e internacional de interconexión de red; más de la mitad de todo el tráfico de Internet viaja a través de uno de estos puntos. MCI WorldCom también opera otros conmutadores MAE más pequeños y de carácter regional en Chicago, Dallas, Houston, Los Ángeles, Nueva York, París y Francfort. *Véase también* red troncal; ISP. **2**. *Véase* entorno de aplicación Macintosh.

Magellan *s*. Un directorio web que toma su nombre del famoso explorador portugués y que revisa y clasifica todos los sitios web que en él aparecen. Publicado por McKinley Group, Magellan es ahora propiedad de Excite, Inc.

magnitud *s*. El valor de un número independientemente de su signo (+ o −). Por ejemplo, 16 y −16 tienen la misma magnitud. *Véase también* valor absoluto.

mago *s.* (*wizard*) **1.** Un participante en una mazmorra multiusuario (MUD, multiuser dungeon) que tiene permiso para controlar el dominio e incluso para eliminar los personajes de otros jugadores. *Véase también* MUD. **2.** Alguien capaz de hacer «magia» con las computadoras. Es un programador sobresaliente y creativo o un usuario avanzado. *Compárese con* gurú; mago UNIX.

mago blanco *s.* (*white hat*) Un hacker que opera sin intenciones malévolas. Estas personas no penetran en los sistemas con la intención de causar daños. Algunas veces, se las contrata para proporcionar seguridad contra piratas informáticos malintencionados. *Véase también* hacker. *Compárese con* mago negro.

mago negro *s.* (*black hat*) Un hacker que opera con intenciones maliciosas o criminales. Este tipo de hacker intenta entrar en los sistemas para alterar o destruir los datos o para realizar algún tipo de hurto. *Compárese con* mago blanco.

mago UNIX *s.* (*UNIX wizard*) Un programador UNIX particularmente experto y dispuesto a ayudar. Algunas empresas utilizan en la práctica esta frase para describir un determinado puesto de trabajo. El grupo de noticias comp.unix.wizards proporciona respuestas a muchas cuestiones de los usuarios.

mailto *s.* Un identificador de protocolo utilizado en la etiqueta HREF de un hipervínculo y que permite a los usuarios enviar un correo electrónico a alguien. Por ejemplo, Ana Gómez Pérez puede tener la dirección de correo electrónico agp@baz.foo.com y un documento HTML puede contener el código <A HREF=«mailto:agp@baz.foo.com»>¡Enviar correo electrónico a Ana!</A>. Si un usuario hace clic sobre el hipervínculo «¡Enviar correo electrónico a Ana!», se iniciará la aplicación de correo electrónico del usuario y el usuario podrá enviarle un mensaje sin necesidad de saber su dirección de correo real. *Véase también* correo electrónico; HTML; hipervínculo.

mainframe *s.* Tipo de gran sistema informático (que antiguamente se solía refrigerar mediante agua) que constituye el principal recurso de procesamiento de datos para muchas grandes empresas y organizaciones. Algunos de los sistemas operativos y soluciones de tipo mainframe tienen más de cuarenta años y sólo pueden almacenar los valores de año usando dos dígitos.

mainframe, computadora *s.* (*mainframe computer*) Una computadora de alto nivel, normalmente grande y cara, diseñada para realizar tareas de procesamiento intensivo. Las computadoras mainframe se caracterizan por su capacidad para soportar simultáneamente muchos usuarios que se conectan a la computadora mediante terminales. El nombre se deriva de «main frame» (bastidor principal), es decir, del bastidor originalmente utilizado para albergar la unidad de procesamiento de tales computadoras. *Véase también* computadora; supercomputadora.

Majordomo *s.* El nombre de un programa software muy popular que gestiona y soporta listas de correo Internet. *Véase también* lista de correo; gestor de listas de correo.

Make Changes *s.* El permiso estilo Macintosh que proporciona a los usuarios el derecho de realizar cambios en el contenido de una carpeta; dichos cambios, por ejemplo, pueden consistir en modificar, renombrar, mover, crear y borrar archivos. Cuando los mecanismos de integración de red de AppleTalk traducen a permisos los privilegios de acceso, un usuario que tenga el privilegio Make Changes recibirá permisos de escritura y borrado. *Véase también* permiso.

Maletín *s.* (*Briefcase*) Una carpeta del sistema en Windows 9x utilizada para sincronizar archivos entre dos equipos informáticos, usualmente entre computadoras de escritorio y portátiles. El Maletín puede transferirse a otro equipo mediante un disco o a través de cable o red. Cuando se transfieren de nuevo los archivos al equipo original, el Maletín actualiza todos los archivos de acuerdo con la versión más reciente.

maletín *s.* (*suitcase*) Archivo en las computadoras Macintosh que contiene una o más fuentes o accesorios de escritorio. En las versiones anteriores del sistema operativo, estos archi-

maletín de fuentes

vos se señalaban con el icono de un maletín. *Véase también* maletín de fuentes.

maletín de fuentes *s.* (*font suitcase*) Archivo en las computadoras Macintosh que contiene una o más fuentes o accesorios de escritorio. Estos archivos se indicaban en las versiones anteriores del sistema operativo con el icono de un maletín marcado con un A mayúscula. A partir del sistema 7.0 en adelante, este icono se utiliza para señalar fuentes individuales.

malware *s.* Software creado y distribuido con propósitos maliciosos, como, por ejemplo, el de invadir sistemas informáticos en forma de virus, gusanos o plug-ins y extensiones aparentemente inocentes que ocultan otras capacidades destructivas. *También llamado* software malicioso.

MAME *s.* Acrónimo de Multiple Arcade Machine Emulator (emulador múltiple de máquinas de galería). MAME es un software escrito en C que emula el hardware y software de los juegos de galería originales, permitiendo ejecutarlos en equipos PC. *Véase también* juego de galería; C.

MAN *s.* Acrónimo de metropolitan area network (red de área metropolitana). Una red de alta velocidad que puede transportar voz, datos e imágenes a velocidades de hasta 200 Mbps o superiores y a distancias de hasta 75 kilómetros. Dependiendo de la arquitectura de red, la velocidad de transmisión puede ser mayor para distancias más cortas. Una red MAN, que puede incluir una o más redes LAN, así como equipos de telecomunicaciones como enlaces de microondas y estaciones de reemisión vía satélite, es más pequeña que una red de área extensa (WAN), pero opera generalmente a una mayor velocidad. *Compárese con* LAN; WAN.

mancha *s.* (*spot*) Un «punto compuesto», generado a través del proceso de creación de semitonos en una impresora Postscript, que consta de un grupo de puntos colocados según un patrón que refleja el nivel de gris de un píxel concreto. *Véase también* escala de grises; semitono. *Compárese con* punto.

mando de juegos *s.* (*game pad*) Dispositivo de entrada para control de acciones utilizado con juegos de tipo galería que se ejecutan en equipos PC y consolas como Xbox de Microsoft, Game Cube de Nintendo, Dreamcast de Sega o PlayStation de Sony. Un mando de juego, al contrario que una palanca de mando, está diseñado para que un jugador pueda sostenerlo en las manos. Los botones del mando permiten al jugador controlar la dirección, la velocidad y otras acciones de la pantalla. *Compárese con* palanca de mando.

manipulación de bits *s.* (*bit manipulation*) Acción dirigida a cambiar sólo uno o varios bits individuales dentro de un byte o palabra. La manipulación de un byte o palabra completo es más común y, normalmente, más sencilla. *Véase también* máscara.

manipulación de datos *s.* (*data manipulation*) El procesamiento de los datos por medio de programas que aceptan comandos del usuario, que ofrecen distintas formas de tratar los datos y que le dicen al hardware qué es lo que tiene que hacer con los datos.

manipular *vb.* (*hack*) Alterar el comportamiento de una aplicación o sistema operativo modificando su código en lugar de ejecutando el programa y seleccionando opciones.

mano *s.* (*grabber*) En algunas aplicaciones basadas en gráficos, un tipo especial de puntero de ratón.

mantenimiento *s.* (*maintenance*) El proceso de tomar medidas para garantizar que un equipo hardware, un programa software o un sistema de base de datos funcione adecuadamente y esté actualizado

mantenimiento correctivo *s.* (*corrective maintenance*) El proceso de diagnosticar y corregir los problemas de una computadora una vez que éstos se han producido. *Compárese con* mantenimiento preventivo.

mantenimiento de archivos *s.* (*file maintenance*) En términos generales, se trata del proceso de cambiar la información de un archivo, alterar la estructura o la información de control de un archivo o copiar y guardar archivos. Por ejemplo, una persona que utiliza un terminal para introducir datos, el programa que acepta los datos del terminal y los guarda en un archivo de datos o el administrador que utiliza una herramienta para alterar el formato de un archivo de base de datos están realizando diferentes tareas de mantenimiento de archivos.

mantenimiento de programas *s.* (***program maintenance***) El proceso de dar soporte, depurar y actualizar un programa en respuesta a los comentarios recibidos de los usuarios individuales o corporativos o del mercado en general.

mantenimiento preventivo *s.* (***preventive maintenance***) Mantenimiento rutinario del hardware que tiene por objeto mantener los equipos en buenas condiciones de operación y localizar y corregir los problemas antes de que éstos den lugar a errores en la operación de los sistemas.

mantisa *s.* (***mantissa***) **1.** En cálculos que tienen logaritmos, la fracción decimal positiva de un logaritmo natural (base 10). Por ejemplo, el logaritmo natural de 16 es 1,2041; la característica, o parte entera del número, del logaritmo es 1 (el logaritmo de 10) y la mantisa, o parte fraccionaria, es 0,2041 (el logaritmo de 1,6). *Véase también* característica; logaritmo. **2.** En notación de coma flotante, la parte que expresa los dígitos significativos de un número. Por ejemplo, la representación en coma flotante de 640.000 es 6,4E+05. La mantisa es 6,4. El exponente (E+05) indica la potencia de 10 a la que se eleva 6,4. *Véase también* notación en coma flotante.

mapa *s.* (***map***) Cualquier representación de la estructura de un objeto. Por ejemplo, un mapa de memoria define la disposición de los objetos en una zona de memoria y un mapa de símbolos enumera las asociaciones entre los nombres de los símbolos y las direcciones de memoria en un programa. *Véase también* mapa de imagen.

mapa auto-organizante *s.* (***self-organizing map***) *Véase* SOM.

mapa de bits *s.* (***bitmap***) Una estructura de datos en memoria que representa una cierta información como una colección de bits individuales. Los mapas de bits se emplean para representar imágenes codificadas. Otro uso de un mapa de bits en algunos sistemas es la representación de los bloques de almacenamiento en un disco, indicándose si cada bloque está libre (0) o en uso (1). *Véase también* imagen de bits; imagen de píxeles.

mapa de bits auto-orientable *s.* (***billboard***) Primitiva insertada en una escena de 3D que se orienta de tal modo que una cara queda dirigida hacia el usuario. Una textura, normalmente una *sprite* animada, se aplica al mapa de bits auto-orientable para dar la apariencia de un objeto 3D en una escena.

mapa de bits independiente del dispositivo *s.* (***device-independent bitmap***) *Véase* DIB.

mapa de caracteres *s.* (***character map***) En gráficos por computadora basados en texto, un bloque de direcciones de memoria que se corresponde con una serie de espacios de caracteres en una pantalla. La memoria asignada a cada espacio de carácter se utiliza para describir el carácter que va a visualizarse en ese espacio. *Véase también* alfageométrico.

mapa de colores *s.* (***color map***) *Véase* tabla indexada de colores.

mapa de imagen *s.* (***image map***) Una imagen que contiene más de un hipervínculo en una página web. Haciendo clic sobre diferentes partes de la imagen, el usuario puede saltar a otros recursos situados en otra parte de la página web, en una página web diferente o en un archivo. A menudo, los mapas de imagen, que pueden ser una fotografía, un dibujo o estar compuestos de distintas fotografías o dibujos, se utilizan como mapa para los recursos contenidos en un sitio web concreto. Los exploradores web más antiguos sólo soportan mapas de imagen del lado del servidor, que se ejecutan en un servidor web mediante un script CGI. Sin embargo, los exploradores web más recientes (Netscape Navigator versión 2.0 y superiores e Internet Explorer versión 3.0 y superiores) soportan los mapas de imagen del lado del cliente, que se ejecutan en el explorador web de un usuario. *También llamado* mapa sensible. *Véase también* script CGI; hipervínculo; página web.

mapa de imagen del extremo cliente *s.* (***client-side image maps***) Mapa de imagen que realiza el procesamiento completamente dentro del propio programa del cliente (por ejemplo, un explorador web). Las primeras implementaciones de mapas de imagen (*circa* 1993) transmitían las coordenadas de las pulsaciones del ratón del usuario al servidor web para su procesamiento. Los mapas de imagen del extremo cliente generalmente mejoran la velocidad de respuesta al usuario. *Véase también* mapa de imagen.

mapa de luces *s.* (*lightmap*) Esquema básico de iluminación en la generación de imágenes 3D para juegos de computadora y otras aplicaciones de animación digital. Un mapa de luces genera una cuadrícula 3D precalculada para iluminar todos los objetos en un juego, pero no puede ser ajustada para acomodarse a los cambios realizados por el usuario dentro de la escena.

mapa de píxeles *s.* (*pixel map*) Estructura de datos que describe la imagen de un gráfico píxel a píxel, incluyendo propiedades tales como el color, la imagen, la resolución, las dimensiones, el formato de almacenamiento y el número de bits utilizados para describir cada píxel. *Véase también* píxel; imagen de píxeles.

mapa de sectores *s.* (*sector map*) **1.** Mapa que indica los sectores no utilizables de un disco. **2.** Tabla utilizada para traducir los números de sector que solicita el sistema operativo en números de sector físicos. El mapa de sectores representa un método diferente de implementar el entrelazado de sectores. Cuando se utiliza un mapa de sectores, los sectores se formatean en el disco en orden secuencial. La asignación permite al sistema leer los sectores en un orden no secuencial. Por ejemplo, utilizando un mapa de entrelazado de sectores de 3 a 1, una solicitud del sistema de los sectores 1 hasta 4 dará como resultado que la controladora de disco leerá los sectores físicos 1, 4, 7 y 10. *Véase también* entrelazar.

mapas pulsables *s.* (*clickable maps*) *Véase* mapa de imagen.

mapeado de relieve *s.* (*bump mapping*) En la generación de imágenes para juegos 3D y otras aplicaciones de animación digital, una técnica de tratamiento de gráficos en la que se añade una textura a la superficie de una imagen para que el objeto parezca tener un mayor nivel de detalle. El mapeado de relieve proporciona a cada píxel una textura, que la tarjeta de vídeo de la computadora calcula, para responder a los cambios del entorno, permitiendo una interpretación más realista de los objetos. *Véase* la ilustración.

Esfera 3D renderizada   Esfera 3D renderizada con mapas de relieve

Mapeado de relieve. *Esfera 3D renderizada con mapeado de relieve.*

mapeado de texturas *s.* (*texture mapping*) En gráficos 3D, el proceso de añadir detalles a un objeto mediante la creación de una imagen o un patrón que se dispone como un «envoltorio» alrededor del objeto. Por ejemplo, un mapa de textura de piedras puede recubrir un objeto en forma de pirámide para crear una imagen más realista. El proceso de mapeado de texturas también puede tener en cuenta los cambios de perspectiva a la hora de envolver la forma geométrica con la imagen de la textura. Esta técnica es muy apreciada en los gráficos 3D, porque permite la creación de imágenes detalladas sin la reducción de prestaciones que puede resultar de los cálculos necesarios para manipular imágenes creadas con una gran cantidad de polígonos.

mapeado MIP *s.* (*MIP mapping*) Una forma de mapeado en la que se precalcula desde una cierta distancia la apariencia de una imagen de mapa de bits y el resultado se emplea en un mapeador de texturas. Esto permite obtener imágenes con mapeado de texturas más suaves vistas desde la distancia, ya que la conversión de píxeles puede alterar los colores tal como son percibidos por el ojo humano.

mapeado multum in parvo *s.* (*multum in parvo mapping*) *Véase* mapeado MIP.

mapeador de puertos *s.* (*portmapper*) Un servicio utilizado por RPC (Remote Procedure Call, llamada remota a procedimientos) para asignar números de puertos. RPC no utiliza las designaciones de puerto con números públicamente conocidos y sólo asigna un número de puerto permanente al servicio mapeador de puertos. Puesto que los piratas informáticos pueden obtener acceso a las comunicaciones del mapeador de puertos, se suelen emplear diversas herramientas de seguridad para dicho servicio con el fin de prevenir el robo de información. *Véase también* RPC.

mapeador en modo real *s.* (*real-mode mapper*) Una mejora de los sistemas Windows 3.x que permite acceso de 32 bits al sistema de archivos. El mapeador en modo real proporciona una interfaz de acceso a disco de 32 bits para la cadena de controladores de dispositivo de DOS. *Acrónimo:* RMM.

mapear *vb.* (*map*) Traducir un valor a otro (por ejemplo, en los gráficos por computadora puede mapearse una imagen tridimensional sobre una esfera). En referencia a los sistemas de memoria virtual, una computadora puede traducir (mapear) una dirección virtual a su correspondiente dirección física. *Véase también* memoria virtual.

MAPI *s.* Acrónimo de Messaging Application Programming Interface (interfaz de programación de aplicaciones de mensajería). La especificación de interfaz de Microsoft que permite a diferentes aplicaciones de mensajería y de trabajo en grupo (incluyendo aplicaciones de correo electrónico, de correo vocal y de fax) funcionar mediante un único cliente, como, por ejemplo, el cliente Exchange incluido en Windows 95 y Windows NT. *Véase también* interfaz de programación de aplicaciones.

MapPoint *s.* Sistema de gestión de mapas empresariales presentado por Microsoft como producto compatible con Office en 1999. Diseñado para ser utilizado por usuarios profesionales, MapPoint consiste en una base de datos de mapas de Estados Unidos detallados hasta el nivel de las calles individuales junto con datos demográficos clasificados por estados, condados, códigos postales y otras divisiones geográficas. *Véase también* Office.

máquina *s.* (*box*) Procesador frontal IBM.

máquina abstracta *s.* (*abstract machine*) Un diseño de procesador que no está pensado para ser implementado, sino que representa un modelo para el procesamiento del lenguaje página abstracto. Su conjunto de instrucciones puede emplear instrucciones que se asemejan más estrechamente al lenguaje compilado que las instrucciones empleadas por una computadora real. También puede utilizarse para hacer que la implementación del lenguaje sea más portable a otras plataformas.

máquina Alpha *s.* (*Alpha box*) Una computadora construida utilizando el procesador DECchip 21064 de DEC (denominado Alpha internamente en Digital Equipment Corporation). *Véase también* chip DEC 21064.

máquina de 16 bits *s.* (*16-bit machine*) Computadora que trabaja con los datos en grupos de 16 bits cada vez. Una computadora puede ser considerada una máquina de 16 bits bien porque su microprocesador opere internamente con palabras de 16 bits o porque su bus de datos pueda transferir 16 bits cada vez. El PC/AT de IBM y los modelos similares basados en el microprocesador Intel 80286 son máquinas de 16 bits en lo que respecta al tamaño de palabra del microprocesador y el tamaño de su bus de datos. El Apple Macintosh Plus y el Macintosh SE utilizan un microprocesador con longitud de palabra de 32 bits (el Motorola 68000), pero poseen buses de datos de 16 bits y por eso se les considera normalmente máquinas de 16 bits.

máquina de 32 bits *s.* (*32-bit machine*) Computadora que trabaja con los datos en grupos de 32 bits cada vez. El Apple Macintosh II y los modelos superiores son máquinas de 32 bits en lo que respecta al tamaño de palabra de sus microprocesadores y el tamaño de sus buses de datos, ya que son computadoras basadas en los microprocesadores Intel 80386 y superiores.

máquina de 64 bits *s.* (*64-bit machine*) Computadora que trabaja con los datos en grupos de 64 bits cada vez. Se considera que una computadora es de 64 bits si su UCP opera internamente con palabras de 64 bits o si su bus de datos puede transferir 64 bits cada vez. De ese modo, una UCP de 64 bits tiene un tamaño de palabra de 64 bits u 8 bytes; un bus de datos de 64 bits tiene 64 líneas de datos, de manera que transmite la información a través del sistema en grupos de 64 bits cada vez. Como ejemplos de arquitectura de 64 bits podemos citar el Alpha AXP de Digital Equipment Corporation, la estación de trabajo Ultra de Sun Microsystems, Inc., y el PowerPC 620 de Motorola e IBM.

máquina de 8 bits *s.* (*8-bit machine*) Computadora que trabaja con los datos en grupos de 8 bits cada vez. Se considera que una máquina es de 8 bits si su microprocesador opera internamente con palabras de 8 bits o si su bus de datos puede transferir 8 bits cada vez. El PC original de IBM estaba basado en un microprocesador (el 8088) que trabajaba internamente con palabras de 16 bits, pero que transfería 8 bits cada vez. Estas máquinas son llamadas normalmente máquinas de 8 bits porque el tamaño del bus de datos limita la velocidad global de la máquina.

máquina de contabilidad *s.* (*accounting machine*) **1.** Una computadora en la que un paquete software de contabilidad se inicia cada vez que se enciende la máquina, con lo que la computadora se transforma en una máquina dedicada cuya única función es la de contabilidad. **2.** Una de las primeras aplicaciones de las técnicas de procesamiento automático de datos utilizada en contabilidad comercial, principalmente durante las décadas de 1940 y 1950. Las primeras máquinas de contabilidad no eran electrónicas y utilizaban tarjetas perforadas y cables dispuestos en una serie de paneles de interconexión.

máquina de escribir con memoria *s.* (*memory typewriter*) Máquina de escribir eléctrica con memoria interna y, normalmente, una pantalla de cristal líquido de una línea para visualizar los contenidos de la memoria. Las máquinas de escribir con memoria generalmente pueden retener en memoria una página de texto en la que se pueden realizar pequeñas modificaciones. Estas máquinas de escribir normalmente no retienen los contenidos de la memoria cuando se apagan.

máquina de Turing *s.* (*Turing machine*) **1.** Computadora que puede imitar satisfactoriamente la inteligencia humana en una prueba de Turing. **2.** Modelo teórico creado por el matemático británico Alan Turing en 1936, que es considerado como el prototipo de las computadoras digitales. Descrita en un documento («On Computable Numbers with an Appli-cation to the Entscheidungsproblem») publicado en *Proceedings of the London Mathemati-cal Society*, la máquina de Turing era un dispositivo lógico que podía explorar un cuadrado cada vez (blanco o que contuviera un símbolo) en una cinta de papel. Dependiendo del símbolo leído en un cuadrado determinado, la máquina cambiaría su estado y/o movería la cinta hacia atrás o hacia delante para borrar un símbolo o para imprimir uno nuevo. *Véase también* estado.

máquina DOS *s.* (*DOS box*) Computadora que utiliza los sistemas operativos MS-DOS o PC-DOS por oposición a una que ejecute cualquier otro sistema operativo, como, por ejemplo, UNIX.

máquina fax *s.* (*fax machine*) Abreviatura de máquina facsímil. Un dispositivo que escanea las páginas, convierte las imágenes correspondientes a dichas páginas a un formato digital coherente con el estándar internacional de transmisión vía facsímil y transmite la imagen a través de una línea telefónica. Las máquinas de fax también reciben dichas imágenes y las imprimen en papel. *Véase también* digitalizar.

máquina grabadora/tabuladora de Hollerith *s.* (*Hollerith tabulating/recording machine*) Máquina electromecánica inventada por Herman Hollerith a finales del siglo XIX para procesar datos suministrados en forma de agujeros perforados en una serie de localizaciones predeterminadas en unas tarjetas. Los contactos hechos a través de los agujeros cerraban unos circuitos eléctricos, permitiendo que las señales pasaran hacia los dispositivos de recuento y tabulación. Se calcula que esta máquina redujo en dos tercios el tiempo requerido para realizar el censo de Estados Unidos en 1980. Este tipo de máquinas fue fabricado a principios del siglo XX por la empresa Tabulating Machine Company de Hollerith, que llegaría a convertirse en la empresa IBM (International Business Machines Corporation).

máquina virtual *s.* (*virtual machine*) Software que remeda la operación de un dispositivo hardware, como, por ejemplo, un programa que permita a las aplicaciones escritas para un procesador Intel ejecutarse sobre un chip Motorola. *Acrónimo:* VM.

máquina virtual Java *s.* (*Java Virtual Machine*) El entorno en el que se ejecuta un programa Java. La máquina virtual Java proporciona a los programas Java una «computadora» basada en software con la que pueden interactuar (todos los programas, incluso aquellos que parezcan menos complejos, diseñados para los niños o para entretenimiento, deben ejecutarse dentro de un entorno que les permita usar la memoria, visualizar información, obtener datos de entrada, etc.). Puesto que la máquina virtual Java no es una computadora real, sino que sólo existe en software, los programas Java pueden ejecutarse en cualquier plataforma física, como, por ejemplo, un equipo Windows 9x o un Macintosh, que esté equipada con un intérprete (usualmente, un explorador de Internet) que pueda llevar a cabo las instrucciones del programa y una máquina virtual Java que proporcione el «hardware» sobre el que el programa puede ejecutarse. *Acrónimo:* JVM.

máquina virtual Java Card *s.* (*Java Card Virtual Machine*) Entorno de ejecución altamente optimizado y con un mínimo consumo de recursos para la plataforma Java2 Platform Micro Edition. Derivado de la máquina virtual Java (JVM, Java Virtual Machine), está diseñado para tarjetas inteligentes y otros dispositivos con restricciones de memoria severas. La máquina virtual Java Card puede funcionar en dispositivos con sólo 24 Kb de ROM, 16 Kb de EEPROM y 512 bytes de RAM. *Véase también* EEPROM; Java Card; RAM; ROM.

máquina-p *s.* (*p-machine*) *Véase* pseudomáquina.

marca *s.* (*mark*) **1**. En las aplicaciones y en el almacenamiento de datos, símbolo u otro dispositivo utilizado para distinguir un elemento de otros similares. **2**. En transmisión digital, el estado de una línea de comunicaciones (positiva o negativa) correspondiente a un valor binario (1). En comunicaciones serie asíncronas, una condición de marca es la transmisión continua de valores binarios 1 para indicar cuándo la línea está inactiva (que no transporta información). En el control de errores asíncrono, configurar el bit de paridad a 1 en cada grupo de bits transmitido se conoce como paridad de marca. *Véase también* paridad. *Compárese con* bit de parada. **3**. En los sistemas de detección óptica, una línea escrita con un lápiz o un bolígrafo, tal como en una papeleta de voto o un test de inteligencia, que puede ser reconocida por un lector óptico.

marca de agua *s.* (*watermark*) Imagen semitransparente utilizada a menudo en cartas y tarjetas de presentación. En el papel moneda, puede verse una marca de agua cuando se observa un billete al trasluz.

marca de agua digital *s.* (*digital watermark*) Un identificador unívoco integrado en un archivo para evitar el pirateo y demostrar la calidad del contenido y a quién pertenece el archivo. Las marcas de agua digitales se utilizan a menudo con archivos de gráficos y de audio para identificar los derechos de autor existentes sobre estas obras. *Véase también* huella digital.

marca de dirección *s.* (*address mark*) *Véase* marca de índice.

marca de fecha y hora *s.* (*date and time stamp*) *Véase* marca temporal.

marca de fin *s.* (*end mark*) Símbolo que designa el final de alguna entidad, como, por ejemplo, un archivo o un documento generado por un procesador de textos.

marca de índice *s.* (*index mark*) **1**. Localizador visual de información, como, por ejemplo, una línea, en una microficha. **2**. Señal magnética indicadora colocada en un disco durante el proceso de formateo software (división en sectores) para marcar el inicio lógico de cada pista.

marca de revisión *s.* (*revision mark*) Marca que muestra dónde se ha realizado una eliminación, inserción u otro cambio de edición en un documento.

marca diacrítica *s.* (*diacritical mark*) Marca de acento situada por encima, por debajo o a tra-

marca registrada

vés de un carácter escrito por ejemplo, los acentos agudo (´) y grave (`).

marca registrada *s.* (***trademark***) Palabra, frase, símbolo o diseño (o alguna combinación de esos elementos) que se utiliza para identificar un producto propietario, frecuentemente acompañado por el símbolo TM o ®.

marca temporal *s.* **1.** (***time stamp***) Una firma temporal añadida por un programa o sistema a los archivos, mensajes de correo electrónico y páginas web. Las marcas temporales indican la hora y, usualmente, la fecha en que un archivo o página web fue creado o modificado por última vez o en que un mensaje de correo electrónico fue enviado o recibido. La mayor parte de las marcas temporales son creadas por programas y se basan en la información de fecha y hora mantenida por el reloj del sistema de la computadora en la que el programa reside. Hay disponibles servicios comerciales de marcado temporal a través de la Web y por correo electrónico que ofrecen certificados demostrativos del envío para corroborar la fecha y hora en que un mensaje fue enviado. *También llamado* marca de fecha y hora. **2.** (***timestamp***) Una certificación emitida por un tercero de confianza que especifica que un mensaje concreto existía en una fecha y hora específicas. En un contexto digital, esos organismos de confianza independientes generan una marca temporal certificada para un mensaje concreto haciendo que un servicio de marcado temporal añada un valor horario a un mensaje y firmando luego digitalmente el resultado. *Véase también* firma digital; servicio.

marcación automática *s.* (***automatic dialing***) *Véase* automarcación.

marcación por pulsos *s.* (***pulse dialing***) *Véase* dial rotatorio.

marcación por tonos *s.* (***touch tone dialing***) El sistema de señalización utilizado en los teléfonos con teclados de tonos donde cada dígito se asocia con dos frecuencias específicas. Durante la marcación, estas frecuencias (por ejemplo, 1.336 Hz y 697 Hz para el número 2) se transmiten a la compañía telefónica.

marcador *s.* **1.** (***bookmark***) Un marcador insertado en un punto específico de un documento al que el usuario puede querer posteriormente volver como referencia. **2.** (***bookmark***) En Netscape Navigator, un enlace a una página web u otra dirección URL que un usuario ha almacenado en un archivo local para volver a ella posteriormente. *Véase también* carpeta Favoritos; lista de favoritos; URL. **3.** (***marker***) Símbolo que indica una posición determinada en una superficie de visualización. **4.** (***marker***) Parte de una señal de comunicación de datos que permite al equipo de comunicaciones reconocer la estructura del mensaje. Como ejemplos podríamos citar los bits de arranque y de parada que enmarcan un byte en las comunicaciones serie asíncronas. **5.** (***puck***) Dispositivo señalador utilizado con las tabletas gráficas. Un marcador, el cual se utiliza a menudo en las aplicaciones de ingeniería, es un dispositivo parecido a un ratón para seleccionar elementos o escoger comandos y tiene una sección de plástico transparente que se extiende desde el final y que tiene cruces impresos en él. La intersección de las cruces en el marcador apunta a una localización en la tableta gráfica, la cual es mapeada a una localización específica en la pantalla. Como las cruces del marcador están en una superficie transparente, un usuario puede trazar fácilmente un dibujo colocándolo entre la tableta gráfica y el marcador y moviendo las cruces sobre las líneas del dibujo. *Véase también* tableta gráfica; stylus.

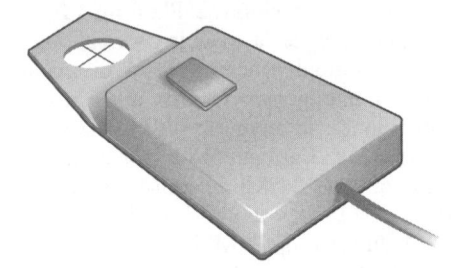

Marcador.

marcador de origen de un clip *s.* (***clip source tag***) Código marcador que localiza un archivo de flujos multimedia para utilizarlo en una página web. El marcador de origen de un clip incluye la ruta de acceso al archivo, que puede estar almacenado en un servidor web, en un sitio web o en la computadora donde se esté mostrando la página web.

marcador emotivo *s.* (*emotag*) En un mensaje de correo electrónico o artículo de grupo de noticias, es una letra, palabra o frase que está encerrada entre corchetes angulares y que, como un emoticono, indica la actitud del escritor ante lo que ha escrito. A menudo, los marcadores emotivos tienen etiquetas de apertura y de cierre, similares a las de HTML, que encierran una o más frases. Por ejemplo: <chiste>No pensabas que se pudiera encontrar ningún chiste aquí, ¿verdad?</chiste>. Algunos marcadores emotivos constan de una única etiqueta, como, por ejemplo, <risas>. *Véase también* emoticono; HTML.

marcador robot *s.* (*war dialer*) Un programa informático que llama a un conjunto de números telefónicos para identificar aquellos que permiten realizar una conexión con un módem de una computadora. Los marcadores robot son típicamente utilizados por los piratas informáticos para buscar computadoras vulnerables y, una vez realizada una conexión, pueden sondear automáticamente la computadora en busca de potenciales debilidades. En las décadas de 1970 y 1980 se utilizaban antiguos marcadores robot, denominados demonios marcadores (*daemon dialers*), para penetrar en los sistemas informáticos.

marcadores *s.* (*markup*) Comentarios y notas de control de cambios que indican las inserciones, eliminaciones o cambios de formato y que se pueden visualizar o imprimir.

marcas de recorte *s.* (*crop marks*) **1**. Líneas dibujadas en los bordes de las páginas para indicar dónde debe cortarse el papel para formar las páginas que compondrán el documento final. Véase la ilustración. *Véase también* marcas de registro. **2**. Líneas dibujadas en las fotografías o ilustraciones para indicar dónde deben cortarse o recortarse. *Véase también* recortar.

marcas de registro *s.* (*registration marks*) Marcas colocadas en una página para que, al imprimir, los elementos o capas de un documento puedan disponerse apropiadamente unos respecto a otros. Cada elemento que va a ser ensamblado contiene sus propias marcas de registro. Cuando las marcas están superpuestas de forma precisa, los elementos se encuentran en la posición correcta. Véase la ilustración.

Marcas de registro.

Marcas de recorte.

marco *s.* **1**. (*frame*) Una sección rectangular de la página mostrada por un explorador web y que está definida mediante un documento HTML separado del resto de la página. Las páginas web pueden tener múltiples marcos, cada uno de los cuales es un documento separado. Cada marco tiene asociadas las mismas capacidades que una página web sin marcos, incluyendo la posibilidad de desplazar el contenido en pantalla y de establecer vínculos con otro marco o sitio web; estas capacidades pueden utilizarse de forma independiente del resto de los marcos de la página. Los marcos, que fueron introducidos en Netscape Navigator 2.0, se utilizan a menudo como tabla de contenidos para uno o más documentos HTML en un sitio web. La mayoría de los exploradores web actuales soportan los marcos, aunque los más antiguos no lo hacen. *Véase también* documento HTML; explorador web. **2**. (*frame*) Un espacio rectangular que contiene un gráfico y define las proporciones del mismo. **3**. (*frame*) La parte de una ventana de pantalla (la barra de título y otros elementos) que está controlada por el sistema operativo en vez de por la aplicación que está ejecutándose en la pantalla. **4**. (*framework*) En programación orientada a objetos, una estructura de diseño básica reutilizable que consta de clases concretas y abstractas y que sirve de ayuda en el desarrollo de aplicaciones. *Véase también* clase abstracta; programación orientada a objetos.

marco de página *s*. (*page frame*) Dirección física a la que puede asignarse una página de memoria virtual. En un sistema con páginas de 4.096 bytes, el marco de página 0 se corresponde con las direcciones físicas de 0 a 4.095. *Véase también* paginación; memoria virtual.

marco fotográfico digital *s*. (*digital picture frame*) Dispositivo electrónico utilizado en la visualización de fotografías y gráficos digitales que proporciona la apariencia de un marco fotográfico tradicional. Los marcos fotográficos digitales permiten que el usuario pueda girar las fotografías dentro del marco en intervalos especificados, mostrar una serie de fotografías como una presentación de diapositivas o utilizar una conexión a Internet para descargar fotografías, para solicitar copias impresas o para enviar conjuntos personalizados de fotografías a otros.

margarita *s*. (*daisy wheel*) Elemento de impresión que consta de un conjunto de caracteres completamente formados con cada carácter montado sobre una barra de tipo separada, todos ellos irradiando desde un concentrador central. *Véase también* impresora de margarita; dedal; impresora de dedal.

margen *s*. (*margin*) En impresión, aquellas partes de una página (superior, inferior, laterales) que caen fuera del cuerpo del texto.

Mark I *s*. **1**. Máquina de cálculo electromecánica diseñada a finales de los años treinta y principios de los cuarenta por Howard Aiken, de la Universidad de Harvard, y construida por IBM. **2**. La primera computadora comercial, que estaba basada en el Manchester Mark I y fue presentada en 1951. **3**. La primera computadora completamente electrónica y con programa almacenado, diseñada y construida en la Universidad de Manchester, en Inglaterra. Ejecutó con éxito su primer programa en junio de 1948.

marketing vírico *s*. (*viral marketing*) Concepto de marketing que confía en los usuarios de computadoras para distribuir materiales de marketing, posiblemente incluso sin darse cuenta de su participación. El marketing vírico está a menudo relacionado con las cuentas de correo electrónico gratuitas o con otros servicios en línea gratuitos, desde los cuales los usuarios van pasando publicidad con cada mensaje que envían.

marquesina *s*. (*marquee*) Una extensión HTML no estándar que hace que aparezca un texto deslizante como parte de una página web. Actualmente, las marquesinas sólo son visibles con Internet Explorer. *Véase también* HTML; Internet Explorer; página web.

martillo *s*. (*hammer*) La parte de una impresora de impacto que incide o provoca que otro componente incida sobre la cinta para imprimir un carácter en el papel. En una impresora matricial, los pines o alambres son los martillos. En una impresora de margarita, el martillo incide sobre la rueda de la margarita que contiene los caracteres.

masa *s*. (*ground*) Camino conductor que va desde un circuito eléctrico a tierra o a un cuerpo conductor que sirve como tierra y que normalmente se utiliza como mecanismo de seguridad física. *Véase también* puesta a masa.

máscara *s*. **1**. (*mask*) Valor binario utilizado para eliminar o dejar pasar selectivamente ciertos bits en un valor de datos. El enmascaramiento se realiza utilizando un operador lógico (AND, OR, XOR o NOT) para combinar la máscara y el valor del dato. Por ejemplo, la máscara 00111111, cuando se utiliza con el operador AND, elimina (enmascara) los dos bits más altos del valor del dato, pero no afecta al resto del valor. Véase la ilustración. *Véase también* operador lógico; bit de máscara. **2**. (*mask*) En las tecnologías de televisión y de pantallas de visualización, es una fina hoja de metal perforada o una serie de tiras metálicas muy próximas situadas sobre la superficie de la pantalla que ayudan a crear una imagen clara y precisa garantizando que el haz de electrones de un color determinado (rojo, azul o verde) incida sólo sobre el elemento de fósforo que debe iluminar, mientras que los elementos correspondientes a los otros colores están tapados por la máscara. Se utilizan tres tipos de máscara: la máscara de sombra, con perforaciones redondas; la rejilla de apertura, con bandas verticales, y la máscara de ranura, con aberturas elípticas. *Véase también* máscara de sombra; máscara de apertura. **3**. (*skin*) Interfaz gráfica alternativa para un

```
  11010101   Valor del dato
AND 00111111   Máscara
  00010101   Valor resultante
```

Máscara.

sistema operativo (SO) o un programa de software. Una máscara personaliza el aspecto del SO o programa, pero no afecta a su funcionalidad. Los programas que permiten el uso de máscaras normalmente definen una serie de estándares para la creación y distribución de nuevas máscaras. *Véase también* interfaz gráfica de usuario.

máscara de apertura *s.* (*slot mask*) Tipo de máscara usada en los monitores basados en tubo de rayos catódicos (TRC) en la que se utiliza una fina hoja de metal perforada con agujeros elípticos para asegurar que el haz de electrones de un determinado color (rojo, verde o azul) incida solamente en el fósforo (del correspondiente color) que debe iluminar. Los agujeros con forma elíptica hacen que las máscaras de apertura sean una solución intermedia entre las máscaras de sombra, que poseen aberturas redondas, y las rejillas de apertura, que utilizan tiras de metal verticales. Las máscaras de apertura fueron introducidas por NEC en su tecnología CromaClear. *Véase también* CRT; máscara. *Compárese con* rejilla de apertura; máscara de sombra.

máscara de bits *s.* (*bit mask*) Valor utilizado con operadores bit a bit (And, Eqv, Imp, Not, Or y Xor) para comprobar, activar o desactivar el estado de los bits individuales en un campo de bits.

máscara de dirección *s.* (*address mask*) Un número que, comparado por la computadora con un número de dirección de red, bloqueará toda la información excepto la que sea necesaria. Por ejemplo, en una red que utilice XXX.XXX.YYY y donde todas las computadoras de la red utilicen unos primeros números de dirección iguales, la máscara bloqueará XXX.XXX.XXX y usará sólo los números significativos de la dirección, es decir, YYY. *Véase también* dirección.

máscara de sombra *s.* (*shadow mask*) Tipo de máscara utilizada en los monitores basados en tubo de rayos catódicos (TRC) en la que una hoja opaca perforada por finos agujeros garantiza que el haz de electrones de un color concreto incida sólo sobre el fósforo que debe iluminar. Al igual que la rejilla de apertura, que utiliza tiras verticales, y la máscara de apertura, que utiliza aberturas elípticas, una máscara de sombra ayuda a crear una imagen clara y precisa, enfocando de forma muy exacta el haz de electrones. *Véase también* CRT; máscara. *Compárese con* rejilla de apertura; máscara de apertura.

máscara de subred *s.* (*subnet mask*) *Véase* máscara de dirección.

mascarada IP *s.* (*IP masquerading*) *Véase* NAT.

matar *vb.* (*kill*) **1**. Detener o abortar un proceso en un programa o sistema operativo. **2**. En gestión de archivos, borrar un archivo, a menudo sin esperanza de poder invertir la acción.

material ferromagnético *s.* (*ferromagnetic material*) Sustancia que puede llegar a ser altamente magnetizada. La ferrita y el hierro en polvo son materiales ferromagnéticos comúnmente utilizados en electrónica, por ejemplo, como núcleos de bobinas para incrementar su inductancia y como parte del revestimiento de disquetes, discos duros y cintas magnéticas.

MathML *s.* Acrónimo de Mathematical Markup Language (lenguaje de composición matemático). Una aplicación XML para describir notación matemática y capturar tanto su estructura como su contenido. El objetivo de MathML es permitir el servicio, recepción y procesamiento de documentos matemáticos a través de la Web de la misma forma que HTML permite disponer de esta funcionalidad para los textos normales.

matiz *s.* (*hue*) En el modelo de color HSB, una de las tres características utilizadas para describir un color. El matiz es el atributo que mejor distingue un color de otros colores. Depende de la frecuencia de una onda de luz en el espectro visible. *Véase también* modelo de color; HSB. *Compárese con* brillo; saturación.

matriz *s.* **1**. (*array*) En programación, una lista de valores de datos, todos del mismo tipo, cada elemento de la cual puede ser referenciado mediante una expresión compuesta por el nombre de la matriz seguido de una expresión de índice. Las matrices son una parte fundamental de las estructuras de datos, que a su vez son una parte fundamental de la programación informática. *Véase también* elemento de matriz; índice; registro; vector. **2.** (*matrix*) Disposición de filas y columnas utilizada para la organización de elementos relacionados, tales como números, puntos, celdas de hojas de cálculo o elementos de circuito. Las matrices se utilizan en matemáticas para manipular conjuntos rectangulares de números. En informática y en las aplicaciones informáticas, las matrices se utilizan para el mismo propósito de disponer conjuntos de datos en forma de tabla, como en las hojas de cálculo y tablas de valores. En hardware, las matrices de puntos se utilizan para crear caracteres en pantalla y en la impresora (por ejemplo, en las impresoras matriciales). En electrónica, las matrices de diodos o transistores se utilizan para crear redes de circuitos lógicos para propósitos tales como codificar, decodificar o convertir la información. *Véase también* cuadrícula.

matriz 3D *s.* (*3-D array*) *Véase* matriz tridimensional.

matriz bidimensional *s.* (*two-dimensional array*) Disposición ordenada de información en la que la localización de cualquier elemento se describe mediante dos números (enteros) que identifican su posición en una fila y columna determinadas de la matriz.

matriz de cuadrícula de terminales *s.* (*pin grid array*) Método de montaje de chips en tarjetas de circuito impreso, principalmente para el caso de chips con un gran número de terminales. Los encapsulados PGA presentan terminales que sobresalen de la superficie inferior del chip en oposición a los encapsulados de doble hilera (DIL) y los encapsulados LCC (leadless chip carrier), cuyos terminales sobresalen de los bordes. *Acrónimo:* PGA. *Compárese con* DIP; portachips sin terminales.

matriz de puertas *s.* (*gate array*) Tipo especial de chip que consta inicialmente de una colección no específica de puertas lógicas. Después, durante el proceso de fabricación, se añade una capa para conectar las puertas con el fin de implementar una función determinada. Cambiando el patrón de conexiones, el fabricante puede adaptar el chip para cumplir muchas necesidades. Este proceso es muy popular, porque ahorra tiempo de diseño y de fabricación. La desventaja es que gran parte del chip se desperdicia en muchos casos.

matriz de puntos *s.* (*dot matrix*) La cuadrícula rectangular, o matriz, de diminutas «celdas» en las que se muestran o imprimen los puntos según los patrones requeridos para formar caracteres de texto, círculos, cuadrados y otras imágenes gráficas. Dependiendo del marco de referencia, el tamaño de una matriz de puntos varía entre unas pocas filas y columnas y una cuadrícula invisible que cubre toda la pantalla de visualización o página impresa. *Véase también* impresora matricial; rasterización.

matriz de puntos, de *adj.* (*dot-matrix*) Referido al hardware de vídeo y de impresión que construye los caracteres y las imágenes gráficas mediante un patón de puntos.

matriz dispersa *s.* (*sparse array*) Una matriz (disposición de elementos) en la que muchas de las entradas son idénticas, normalmente cero. No es posible definir exactamente cuándo una matriz es dispersa, pero está claro que en algún punto (normalmente cuando en torno a un tercio de la matriz tiene entradas idénticas) merece la pena redefinir la matriz. *Véase también* matriz.

matriz lógica *s.* (*logic array*) *Véase* matriz de puertas.

matriz lógica programable *s.* (*programmable logic array*) *Véase* matriz lógica reprogramable.

matriz lógica reprogramable *s.* (*field-programmable logic array*) Circuito integrado que contiene una matriz de circuitos lógicos en la que las conexiones entre los circuitos individuales, y por ello las funciones lógicas de la matriz, se pueden programar después de su fabricación, normalmente en el momento de la instalación sobre el terreno. Algunos de estos dispositivos sólo se pueden programar una vez, normalmente haciendo pasar una corriente intensa a través de una serie de enlaces fusibles contenidos en el chip. *Acrónimo:* FPLA.

matriz RAID *s*. (*RAID array*) *Véase* RAID.

matriz tridimensional *s*. (*three-dimensional array*) Disposición ordenada de información en la que se utilizan tres números (enteros) para localizar cada elemento. Una matriz tridimensional maneja los datos como si estuvieran dispuestos en filas, columnas y capas. *Véase también* matriz 3D; matriz; matriz bidimensional.

matriz x-y *s*. (**x-y** *matrix*) Disposición de filas y columnas con un eje horizontal (*x*) y un eje vertical (*y*).

MAU *s*. Acrónimo de Multistation Access Unit (unidad de acceso multiestación). Un dispositivo concentrador en una red token ring que conecta una serie de equipos informáticos mediante una disposición en estrella, pero utiliza el anillo lógico requerido en las redes token ring. *También llamado* MSAU. *Véase también* concentrador; red token ring.

máxima concentración *s*. (*deep hack*) Estado de absoluta concentración y dedicación cuando se está realizando un esfuerzo de programación.

maximizar *vb*. (*maximize*) En una interfaz gráfica de usuario, hacer que una ventana se amplíe para llenar todo el espacio disponible dentro de una ventana más grande o en la pantalla. *Véase también* agrandar; interfaz gráfica de usuario; botón de maximización; ventana. *Compárese con* minimizar; reducir.

mayor o igual que *adj*. (*greater than or equal to*) *Véase* operador relacional.

mayor que *adj*. (*greater than*) *Véase* operador relacional.

Mayús *s*. (*caps*) Abreviatura de mayúsculas. *Compárese con* minúscula.

Mayús + clic *vb*. (*Shift+click* o *Shift click*) Hacer clic en el botón del ratón mientras se mantiene pulsada la tecla Mayús. Esta operación puede realizar distintas funciones en las diferentes aplicaciones, pero su uso más común en Windows consiste en permitir a los usuarios seleccionar múltiples elementos en una lista, como, por ejemplo, seleccionar una serie de archivos para borrarlos o para copiarlos.

mayúsculas *adj*. (*uppercase*) Perteneciente, relativo a o caracterizado por letras mayúsculas. *Compárese con* minúscula.

Mayús-ImprPant *s*. (*Shift-PrtSc*) *Véase* tecla ImprPant.

mazmorra multiusuario *s*. (*multiuser dungeon*) *Véase* MUD.

Mb *s*. *Véase* megabit.

MB *s*. *Véase* megabyte.

MBONE *s*. Abreviatura de multicast backbone (red troncal de multidifusión). Un pequeño conjunto de sitios Internet, cada uno de los cuales puede transmitir audio y vídeo en tiempo real simultáneamente a todos los otros. Los sitios MBONE están equipados con un software especial para enviar y recibir paquetes a alta velocidad utilizando el protocolo de multidifusión uno a muchos de IP. MBONE ha sido usada para videoconferencia e incluso para la difusión de un concierto de los Rolling Stones en 1994. *Véase también* RealAudio.

Mbps *s*. Abreviatura de megabits por segundo. Un millón de bits por segundo.

MBR *s*. *Véase* registro de arranque maestro.

MC *s*. *Véase* megaciclo.

MC68000 *s*. *Véase* 68000.

MC68020 *s*. *Véase* 68020.

MC68030 *s*. *Véase* 68030.

MC68040 *s*. *Véase* 68040.

MC68881 *s*. *Véase* 68881.

MCF *s*. (*Meta-Content Format*) Acrónimo de Meta-Content Format (formato de metacontenido). Un formato abierto para describir información acerca del contenido de un conjunto estructurado de datos, como, por ejemplo, una página web, un conjunto de archivos en un equipo de escritorio Windows o una base de datos relacional. Meta-Content Format puede utilizarse para índices, diccionarios de datos o listas de precios.

MCGA *s*. Acrónimo de Multi-Color Graphics Array (matriz gráfica multicolor). Antiguo adaptador de vídeo incluido en los modelos 25 y 30 de la computadora PS/2 de IBM. El adaptador

MCGA podía emular la tarjeta CGA (Color/Graphics Adapter) y ofrecía dos modos gráficos adicionales: el primer modo tenía 640 píxeles horizontales por 480 píxeles verticales, con 2 colores elegidos de entre una paleta de 262.144 colores, y el segundo tenía 320 píxeles horizontales por 200 píxeles verticales, con 256 colores elegidos de entre una paleta de 262.144 colores. *Véase también* modo gráfico.

MCI *s*. **1**. Importante operador telefónico de larga distancia, originalmente conocido como Microwave Communications, Inc. **2**. Acrónimo de Media Control Interface (interfaz de control de medios). Parte de la interfaz de programación de aplicaciones de Windows que permite a un programa controlar dispositivos multimedia.

MCP *s*. Acrónimo de Microsoft Certified Professional (profesional certificado por Microsoft). Una certificación básica de Microsoft que verifica la capacidad de una persona para implementar adecuadamente un producto o tecnología de Microsoft como parte de una solución empresarial. La certificación MCP se utiliza a menudo como base para la adquisición de certificaciones adicionales en áreas de capacitación especializadas como las bases de datos, los lenguajes de programación y el desarrollo web.

MCSA *s*. Acrónimo de Microsoft Certified Systems Administrator (administrador de sistemas certificado por Microsoft). Una certificación de Microsoft que verifica la capacidad de una persona para implementar, gestionar y diagnosticar entornos existentes de sistemas y de red basados en Microsoft Windows y Windows .NET. *Véase también* MCP.

MCSD *s*. Acrónimo de Microsoft Certified Solution Developer (desarrollador de soluciones certificado por Microsoft). Una certificación de Microsoft que verifica la capacidad de una persona para utilizar herramientas de desarrollo, tecnologías y plataformas de Microsoft para diseñar y desarrollar soluciones empresariales. *Véase también* MCP.

MCSE *s*. Acrónimo de Microsoft Certified System Engineer (ingeniero de sistemas certificado por Microsoft). Una certificación de Microsoft que verifica la capacidad de una persona para analizar requisitos de negocio y luego diseñar e implementar soluciones empresariales con plataformas y software servidor Microsoft Windows. *Véase también* MCP.

MD2 *s*. Algoritmo de hash que crea un valor de hash de 128 bits utilizado para verificar la integridad de los datos. MD2 es una versión anterior de 8 bits de la más común MD5. *Véase también* algoritmo de hash.

MD4 *s*. Algoritmo de hash que crea un valor de hash de 128 bits utilizado para verificar la integridad de los datos. Al igual que la última versión, MD5, MD4 está optimizado para máquinas de 32 bits. *Véase también* algoritmo de hash.

MD5 *s*. Esquema de hash unidireccional de 128 bits, de gran aceptación en el sector, desarrollado por el Laboratorio de Informática del MIT y por RSA Data Security, Inc., y utilizado por varios fabricantes de implementaciones del protocolo PPP (Point-to-Point Protocol) para sus mecanismos de autenticación cifrada. MD5, que es una extensión de MD4, es ligeramente más lento que la versión anterior, pero ofrece una mayor seguridad de los datos. *Véase también* algoritmo de hash.

MDA *s*. Acrónimo de Monochrome Display Adapter (adaptador de pantalla monocromo). Adaptador de vídeo introducido con el modelo más antiguo del IBM PC en 1981. MDA sólo tenía capacidad para un modo de vídeo: un modo de caracteres con 25 líneas de 80 caracteres cada una con atributos opcionales para caracteres parpadeantes, subrayados y de alta intensidad. La propia IBM no utilizó en sus productos el nombre de adaptador de pantalla monocromo ni el acrónimo MDA.

MDI *s*. Acrónimo de multiple-document interface (interfaz de documentos múltiples). Interfaz de usuario en una aplicación que permite al usuario tener abierto más de un documento a la vez. *Véase también* interfaz de usuario.

MDIS *s*. *Véase* especificación de intercambio de metadatos.

mecanismo CCS *s*. (*Cascading Style Sheet mechanism*) *Véase* hojas de estilo en cascada.

mecanismo de acceso *s.* (*access mechanism*) **1.** Un circuito que permite a una parte de un sistema informático enviar señales a otra parte del sistema. **2.** En programación, el medio por el cual una aplicación puede leer de un recurso o escribir en él. *También llamado* método de acceso. **3.** Los componentes de la unidad de disco que mueven la cabeza o cabezas de lectura/escritura hasta la pista apropiada de un disco magnético u óptico. *Véase también* controladora de disco.

mecanismo de acoplamiento *s.* (*docking mechanism*) La parte de una estación de acoplamiento que conecta físicamente la computadora portátil con la estación. *Véase también* estación de acoplamiento.

mecanismo de tipo magnetoscopio *s.* (*VCR-style mechanism*) **1.** Tipo de mecanismo de acoplamiento motorizado en el que la computadora portátil es colocada físicamente en posición por la estación de acoplamiento. La ventaja de un mecanismo de tipo magnetoscopio es que proporciona una conexión de bus segura y eléctricamente coherente. *Véase también* mecanismo de acoplamiento; estación de acoplamiento; portátil; computadora portátil. **2.** Interfaz de usuario para reproducir archivos de películas que posee controles similares a los de un magnetoscopio (reproductor de vídeo).

mecatrónica *s.* (*mechatronics*) Término derivado de las palabras mecánica y electrónica para describir un campo de la ingeniería que aplica conceptos mecánicos, eléctricos y de ingeniería electrónica al diseño y fabricación de productos. Una disciplina relativamente nueva, la mecatrónica es aplicable a productos de campos tan diversos como la medicina, robótica, fabricación y electrónica de consumo.

media palabra *s.* (*half-word*) La mitad del número de bits que se considera que forman una palabra en una determinada computadora. Si, por ejemplo, la palabra es de 32 bits, media palabra será de 16 bits o 2 bytes. *Véase también* palabra.

medianil *s.* (*gutter*) El área en blanco entre dos o más columnas de texto o entre dos páginas opuestas de una publicación.

medidor de batería *s.* (*battery meter*) Dispositivo utilizado para medir la corriente (capacidad) de una célula eléctrica.

medio *adj.* (*medium*) Perteneciente o relativo a la parte intermedia en un rango de posibles valores.

medio *s.* (*medium*) Sustancia a través de la que pueden ser transmitidas las señales, como, por ejemplo, un cable eléctrico o un cable de fibra óptica. *Véase* soporte físico.

medio compartido *s.* (*shared medium*) El medio de comunicación compartido por los nodos de la red; esencialmente, es el ancho de banda de red.

meg *s. Véase* megabyte.

mega- *pref.* Un millón (10^6). En informática, donde se utiliza el sistema de numeración binario (base 2), mega tiene un valor literal de 1.048.576, que es la potencia de 2 (2^{20}) más cercana a un millón. *Abreviatura:* M

megabit *s.* Usualmente, 1.048.576 bits (2^{20}); en ocasiones se interpreta como un millón de bits. *Abreviatura:* Mb, Mbit.

megabyte *s.* Usualmente, 1.048.576 bits (2^{20}); en ocasiones se interpreta como un millón de bytes. *Abreviatura:* MB.

megaciclo *s.* (*megacycle*) Término utilizado para describir 1 millón de ciclos (normalmente, utilizado para indicar 1 millón de ciclos por segundo). *Abreviatura:* MC. *Véase también* megahercio.

megaflops *s. Véase* MFLOPS.

megahercio *s.* (*megahertz*) Medida de frecuencia equivalente a 1 millón de ciclos por segundo. *Abreviatura:* MHz.

megapíxel *adj.* (*megapixel*) Relativo a la resolución de imagen de un millón de píxeles o más. El término se utiliza para dispositivos tales como cámaras digitales, escáneres y monitores de computadora y adaptadores de pantalla.

Melissa *s.* Un virus de macro que afecta a los archivos Word en Microsoft Office 97 y Office 2000 y que apareció por vez primera en la primavera de 1999. Melissa se distribuye como

memoria

adjunto a un mensaje de correo electrónico que tiene como asunto «An Important Message From <nombre de usuario>», como un mensaje que comienza con la frase «Here is that document asked for...» o ambos. Cuando se abre el adjunto, el virus se propaga (si está instalado Microsoft Outlook) enviándose a sí mismo a las 50 primeras direcciones de correo electrónico de la libreta de direcciones Outlook del usuario. En la máquina infectada, el virus cambia también el Registro, infecta la plantilla Normal.dot de Word (que, a su vez, infecta nuevos documentos) y, en Office 2000, desactiva las advertencias de virus de macro de Word. Aunque el virus Melissa no destruye datos, puede afectar al rendimiento de los programas de correo electrónico debido al incremento en el volumen de mensajes. Si se abre un documento infectado en el instante en que el día del mes coincida con el número de minutos de la hora actual, el virus inserta el texto «Twenty-two points, plus triple-word-score, plus fifty points for using all my letters. Game's over. I'm outta here» en la ubicación actual del cursor. El virus fue bautizado así en honor a una chica conocida del pirata informático que lo desarrolló.

memoria *s.* (*memory*) Dispositivo donde la información puede ser almacenada y extraída. En el sentido más general, la memoria puede hacer referencia a almacenamiento externo, como unidades de disco o unidades de cinta. Aunque el uso más común hace referencia sólo a la memoria principal de una computadora, el dispositivo de almacenamiento semiconductor rápido (RAM) directamente conectado al procesador. *Véase también* núcleo; EEPROM; EPROM; memoria flash; PROM; RAM; ROM. *Compárese con* memoria de burbujas; almacenamiento masivo.

memoria alta *s.* (*high memory*) **1**. En los PC IBM y compatibles, el rango de direcciones comprendido entre 640 kilobytes y 1 megabyte utilizado principalmente para la ROM del BIOS y el hardware de control, como, por ejemplo, el adaptador de vídeo y los puertos de entrada/salida. *Compárese con* memoria baja. **2**. Direcciones de memoria a las que se accede mediante los números de dirección más grandes.

memoria alta de DOS *s.* (*high DOS memory*) *Véase* memoria alta.

memoria baja *s.* (*low memory*) En las computadoras que ejecutan MS-DOS, se llama así a los primeros 640 kilobytes de RAM. Esta memoria RAM es compartida por MS-DOS, por los controladores de dispositivo, por los datos y por los programas de aplicación. *Compárese con* memoria alta.

memoria base *s.* (*base memory*) *Véase* memoria convencional.

memoria caché *s.* (*cache memory*) *Véase* caché.

memoria compartida *s.* (*shared memory*) **1**. Una zona de memoria utilizada por sistemas informáticos con procesamiento paralelo para intercambiar información. *Véase también* procesamiento paralelo. **2**. Memoria a la que accede más de un programa en un entorno multitarea.

memoria convencional *s.* (*conventional memory*) La cantidad de RAM direccionable por una máquina IBM PC o compatible que opere en modo real. Típicamente, son 640 kilobytes (KB). Si no se usan técnicas especiales, la memoria convencional es el único tipo de RAM accesible por los programas MS-DOS. *Véase también* modo protegido; modo real. *Compárese con* memoria expandida; memoria extendida.

memoria de acceso aleatorio *s.* (*random access memory*) *Véase* RAM.

memoria de burbujas *s.* (*bubble memory*) Memoria formada por una serie de «burbujas» magnéticas persistentes en un sustrato de película fina. A diferencia de una memoria ROM, sí que puede escribirse información en una memoria de burbujas. Pero, a diferencia de una memoria RAM, los datos escritos en una memoria de burbujas permanecen allí hasta que son modificados, incluso aunque se apague la computadora. Por esta razón, la memoria de burbujas ha tenido cierta aplicación en entornos en los que el sistema informático debe ser capaz de recuperarse con una pérdida de datos mínima en caso de un fallo de energía. El uso y la demanda de la memoria de burbujas prácticamente ha desaparecido debido a la aparición de la memoria flash, que es menos cara y más fácil de producir. *Véase también* memoria flash; memoria no volátil.

memoria de disco *s.* (*disk memory*) *Véase* memoria virtual.

memoria de estado sólido *s.* (*solid-state memory*) Memoria que almacena la información en dispositivos de estado sólido.

memoria de lectura/escritura *s.* (*read/write memory*) Memoria que se puede leer y que se puede escribir (modificar). La RAM semiconductora y la memoria de núcleos son sistemas típicos de lectura/escritura. *Compárese con* ROM.

Memoria de muy gran tamaño *s.* (*Very Large Memory*) Sistema de memoria diseñado para manejar los enormes bloques de datos asociados con una base de datos de muy gran tamaño. Las memorias de muy gran tamaño utilizan la tecnología RISC de 64 bits para permitir la utilización de la memoria principal direccionable y tamaños de archivo mayores que 2 gigabytes (GB) y almacenar en caché tanto como 14 GB de memoria. *Acrónimo:* VLM. *Véase también* RISC; base de datos de muy gran tamaño.

memoria de sólo lectura *s.* (*read-only memory*) *Véase* ROM.

memoria de trabajo *s.* **1.** (*scratch*) Una región de la memoria o un archivo utilizados por un programa o sistema operativo para mantener temporalmente el trabajo en curso. Creada y mantenida normalmente sin el conocimiento del usuario final, la memoria de trabajo sólo se necesita hasta que la sesión actual finalice, momento en el que los datos se guardan o se descartan. *También llamado* archivo de trabajo. *Véase también* archivo temporal. *Compárese con* papelera. **2.** (*scratchpad memory*) *Véase* caché.

memoria de vídeo *s.* (*video memory*) Memoria localizada en el adaptador de vídeo o en el subsistema del vídeo y a partir de la cual se crea una imagen de pantalla. Si tanto el procesador de vídeo como la unidad central de proceso (UCP) tienen acceso a la memoria de vídeo, las imágenes se producen mediante la modificación de la memoria de vídeo por parte de la UCP. La circuitería de vídeo normalmente tiene prioridad sobre el procesador cuando ambos intentan leer o escribir en una ubicación de la memoria de vídeo, por lo que actualizar la memoria de vídeo es a menudo más lento que acceder a la memoria principal. *Véase también* RAM de vídeo.

memoria del estado, con *adj.* (*stateful*) Perteneciente o relativo a un sistema o proceso que monitoriza todos los detalles del estado de una actividad en la que participa. Por ejemplo, un procesamiento de mensajes con memoria del estado tiene en cuenta su contenido. *Compárese con* memoria del estado, sin.

memoria del estado, sin *adj.* (*stateless*) Perteneciente o relativo a un sistema o proceso que participa en una actividad sin monitorizar todos los detalles de su estado. Por ejemplo, el procesamiento de mensajes sin memoria del estado podría tener en cuenta únicamente sus orígenes o destinos, pero no su contenido. *Compárese con* memoria del estado, con.

memoria del sistema *s.* (*system memory*) *Véase* memoria.

memoria dinámica de acceso aleatorio *s.* (*dynamic random access memory*) *Véase* RAM dinámica.

memoria entrelazada *s.* (*interleaved memory*) Método de organización de las direcciones de una memoria RAM para reducir los estados de espera. En la memoria entrelazada, las direcciones adyacentes se almacenan en filas diferentes de chips, de modo que después de acceder a un byte, el procesador no tiene que esperar un ciclo de memoria completo antes de acceder al siguiente byte. *Véase también* tiempo de acceso; estado de espera.

memoria expandida *s.* (*expanded memory*) Tipo de memoria, de hasta 8 MB, que puede añadirse a los equipos IBM PC. Su uso está definido en la especificación EMS (Expanded Memory Specification). La memoria expandida no es accesible por parte de los programas MS-DOS, por lo que el gestor de memoria

memoria extendida

expandida (EMM, Expanded Memory Manager) asigna páginas (bloques) de bytes de la memoria expandida a segmentos de página situados en áreas de memoria accesibles. La memoria expandida no es necesaria ni en Windows 9x, ni en ninguna de las versiones de Windows NT, ni en Windows 2000. *Véase también* EEMS; EMS; Gestor de memoria expandida; marco de página.

memoria extendida *s.* (***extended memory***) Memoria del sistema situada más allá de 1 megabyte en las computadoras basadas en procesadores Intel 80x86. Esta memoria sólo es accesible cuando un procesador 80386 o superior opera en modo protegido o cuando un procesador 80286 trabaja en modo emulación. Para utilizar la memoria extendida, los programas MS-DOS necesitan la ayuda de un software que coloque al procesador temporalmente en modo protegido o necesitan utilizar las características de los procesadores 80386 o superiores que permiten establecer una correspondencia entre partes de la memoria extendida y determinados segmentos de la memoria convencional. El concepto de memoria extendida no tiene sentido en Windows 9x, en todas las versiones de Windows NT, en Windows 2000 y en Windows XP. *Véase también* EMS; especificación de memoria extendida; modo protegido.

memoria física *s.* (***physical memory***) Memoria presente en el sistema, a diferencia de la memoria virtual. Una computadora podría tener 64 megabytes de RAM física, pero admitir una capacidad de memoria virtual de 1 gigabyte o más. *Compárese con* memoria virtual.

memoria flash *s.* (***flash memory***) Tipo de memoria no volátil. La memoria flash es similar a la memoria EEPROM en cuanto a función, pero debe borrarse en bloques, mientras que una EEPROM puede borrarse byte a byte. Debido a su naturaleza orientada a bloques, la memoria flash se usa normalmente como suplemento o como sustituto de los discos duros en los equipos portátiles. En este contexto, la memoria flash se incluye en el propio equipo o, más frecuentemente, está disponible como una tarjeta PC Card que puede insertarse en una ranura PCMCIA. Una de las desventajas de la naturaleza orientada a bloques de la memoria flash es que no puede utilizarse en la práctica como memoria principal (RAM), ya que una computadora necesita poder escribir en la memoria en incrementos de un único byte. *Véase también* EEPROM; memoria no volátil; PC Card; ranura PCMCIA.

memoria interna *s.* (***internal memory***) *Véase* almacenamiento primario.

memoria lineal *s.* (***linear memory***) *Véase* memoria plana.

memoria local *s.* (***local memory***) En sistemas multiprocesador, la memoria situada en la misma tarjeta o bus de alta velocidad que un procesador determinado. Normalmente, ningún procesador puede acceder a la memoria local de otro procesador sin obtener antes algún tipo de permiso.

memoria lógica *s.* (***logical memory***) Una correlación entre la memoria física del sistema informático y un rango de direcciones que es accesible por parte de los dispositivos. La capa de abstracción de hardware (HAL) proporciona esta correlación (o mapeado). *Véase también* mapear.

memoria no volátil *s.* (***nonvolatile memory***) Sistema de almacenamiento que no pierde los datos cuando se desconecta la alimentación. Hace referencia a la memoria principal, ROM, EPROM, memoria flash, memoria de burbuja o CMOS RAM de reserva de batería. Ocasionalmente, el término se utiliza también en referencia a los subsistemas de disco. *Véase también* memoria de burbujas; CMOS RAM; núcleo; EPROM; memoria flash; ROM.

memoria oculta *s.* (***shadow memory***) Técnica empleada por el BIOS en algunas computadoras basadas en el 80x86 para copiar las rutinas de la ROM BIOS del sistema en una sección no utilizada de la RAM durante el proceso de arranque de la computadora. Esto ayuda a incrementar el rendimiento del sistema mediante la desviación de las solicitudes del sistema a las rutinas del BIOS a sus copias «ocultas».

memoria plana *s.* (***flat memory***) Memoria que aparece a ojos de un programa como un único gran espacio direccionable compuesto de memoria RAM o virtual. Los procesadores 68000 y VAX tienen memoria plana. Por el contrario, los procesadores 80x86 que operan en modo real tienen una memoria segmentada, aunque cuando estos procesadores operan en modo protegido, el sistema operativo OS/2 y las versiones de 32 bits de Windows acceden a la memoria utilizando un modelo de memoria plana.

memoria principal *s.* (***main memory***) *Véase* almacenamiento primario.

memoria RAM de salida ampliada *s.* (***extended data out random access memory***) *Véase* EDO RAM.

memoria reservada *s.* (***reserved memory***) *Véase* UMA.

memoria virtual *s.* (***virtual memory***) Memoria que aparece a ojos de una aplicación como si fuera más grande y uniforme de lo que en realidad es. La memoria virtual puede ser simulada en parte mediante un almacenamiento secundario, como, por ejemplo, un disco duro. Las aplicaciones acceden a la memoria a través de direcciones virtuales, las cuales son traducidas (mapeadas) por un hardware y un software especiales para obtener las direcciones físicas. *Acrónimo:* VM. *Véase también* paginación; segmentación.

memoria volátil *s.* (***volatile memory***) **1.** Memoria utilizada por un programa que puede cambiar independientemente del programa, como, por ejemplo, una memoria compartida con otro programa o con una rutina de servicio de interrupción. **2.** Memoria, como, por ejemplo, la RAM, que pierde los datos cuando se desconecta la alimentación. *Compárese con* memoria no volátil.

MEMS *s.* Acrónimo de micro-electromechanical systems (sistemas micro-electromecánicos). Tecnología que combina computadoras con dispositivos mecánicos extremadamente pequeños. Los dispositivos MEMS contienen microcircuitos en un diminuto chip de silicio al que se conecta un dispositivo mecánico, como, por ejemplo, un sensor o un actuador. Los dispositivos MEMS se utilizan en conmutadores, marcapasos, juegos, posicionamiento GPS, almacenamiento de datos y acelerómetros para airbags. Dado que los dispositivos MEMS pueden fabricarse en grandes cantidades a bajo coste, actualmente están planeados o en estudio muchos productos MEMS adicionales.

mendigar *vb.* (***grovel***) Solicitar un favor en un grupo de noticias.

menor o igual que *adj.* (***less than or equal to***) *Véase* operador relacional.

menor que *adj.* (***less than***) *Véase* operador relacional.

mensaje *s.* **1.** (***message***) En comunicaciones, es una unidad de información transmitida electrónicamente desde un dispositivo a otro. Un mensaje puede contener uno o más bloques de texto, así como caracteres de inicio y de fin, caracteres de control, una cabecera generada por software (que contiene la dirección de destino, el tipo de mensaje y otros tipos de elementos de información similares) e información de control de errores o de sincronización. Un mensaje puede ser encaminado directamente desde el emisor al receptor a través de un enlace físico o puede ser pasado, completo o por partes, a través de un sistema de conmutación que lo encamine desde una estación intermedia a otra. *Véase también* transmisión asíncrona; bloque; carácter de control; trama; cabecera; conmutación de mensajes; red; paquete; conmutación de paquetes; transmisión síncrona. **2.** (***message***) En los entornos de operación basados en mensajes, como Windows, es una unidad de información pasada entre programas que se estén ejecutando, dispositivos del sistema y el propio sistema operativo. **3.** (***message***) En software, es una unidad de información pasada desde la aplicación o el sistema operativo al usuario con el fin de sugerirle una acción, indicar una condición o informar de que ha tenido lugar un cierto suceso. **4.** (***post***) *Véase* artículo.

mensaje aguafiestas *s.* (***spoiler***) Envío a un grupo de noticias o lista de correo que revela lo que pretende ser una sorpresa, como, por ejemplo, el desenlace de una película o episodio de programa de televisión o la solución de un juego. La línea de asunto debería contener la palabra *spoiler* o mensaje aguafiestas, pero la netiqueta requiere que el remitente proteja a los lectores que no puedan o no quieran leer de antemano las líneas de asunto mediante el cifrado del envío poniendo una o más páginas en blanco antes del texto o ambas cosas. *Véase también* netiqueta.

mensaje anónimo *s.* (*anonymous post*) Un mensaje en un grupo de noticias o lista de correo del cual no se puede trazar el originador. Generalmente, la manera de hacer esto consiste en utilizar un servidor anónimo para las publicaciones en grupos de noticias o un reemisor anónimo para el correo electrónico. *Véase también* reemisor anónimo.

mensaje de error *s.* (*error message*) Un mensaje del sistema o programa que indica que se ha producido un error que necesita ser resuelto.

mensaje del día *s.* (*message of the day*) Un boletín diario para usuarios de una red, de un sistema informático multiusuario o de otro sistema compartido. En la mayoría de los casos, se muestra a los usuarios el mensaje del día cuando éstos inician la sesión en el sistema. *Acrónimo:* MOTD.

mensajería *s.* (*messaging*) El uso de equipos informáticos y equipos de comunicación de datos para transmitir mensajes de una persona a otra; por ejemplo, por correo electrónico, correo vocal o fax.

mensajería alfanumérica *s.* (*alphanumeric messaging*) La capacidad de recibir mensajes que contengan texto y números en un teléfono inalámbrico digital o buscapersonas. También se conoce con el nombre SMS (short message service, servicio de mensajes cortos).

mensajería instantánea *s.* (*instant messaging*) Un servicio que alerta a los usuarios cuando sus amigos o colegas están en línea y les permite comunicarse con ellos en tiempo real a través de salones privados de charla en línea. Con la mensajería instantánea, un usuario crea una lista de otros usuarios con los que desea comunicarse; cuando un usuario de esa lista está en línea, el servicio alerta al usuario y le permite contactar de forma inmediata con él. Aunque la mensajería instantánea ha sido hasta ahora un servicio fundamentalmente propietario, ofrecido por proveedores de servicios Internet, tales como AOL y MSN, las empresas están empezando a emplear la mensajería instantánea para incrementar la eficiencia de sus empleados y hacer que la experiencia de la organización esté más fácilmente accesible para los empleados.

mensajería numérica *s.* (*numeric messaging*) Servicio que permite a los teléfonos inalámbricos y buscapersonas recibir mensajes compuestos sólo por información numérica, como, por ejemplo, números de teléfono.

mensajería unificada *s.* (*unified messaging*) La integración de varias tecnologías de comunicaciones, como el correo vocal, fax y correo electrónico en un único servicio. La mensajería unificada está diseñada como herramienta de ahorro de tiempo para proporcionar a los usuarios un paquete integrado con el que puedan recibir, organizar y responder a los mensajes intercambiados en una diversidad de soportes.

mensajería vocal *s.* (*voice messaging*) Un sistema que envía y recibe mensajes en forma de grabaciones sonoras.

mensajería, API de *s.* (*Messaging Application Programming Interface*) *Véase* MAPI.

mensajes emergentes *s.* (*pop-up messages*) Los mensajes que aparecen cuando se emplea un sistema de ayuda emergente.

menú *s.* (*menu*) Lista de opciones de entre las que un usuario puede hacer una selección para llevar a cabo una acción deseada, como, por ejemplo, elegir un comando o aplicar un formato particular a parte de un documento. Muchos programas de aplicaciones, especialmente aquellos que ofrecen una interfaz gráfica, utilizan menús como medio para proporcionar al usuario una alternativa más fácil de aprender y de utilizar con el fin de memorizar los comandos del programa y su apropiada utilización.

menú de ruta *s.* (*path menu*) En entornos de ventanas, el menú o cuadro desplegable utilizado para introducir la ruta UNC de un recurso de red compartido.

menú desplegable *s.* **1.** (*drop-down menu*) Menú que se despliega desde la barra de menús cuando se solicita y que permanece abierto hasta que el usuario lo cierra o selecciona un elemento del mismo. *Compárese con* menú desplegable. **2.** (*pull-down menu*) Menú que se despliega de la barra de menús y que permanece disponible mientras que el usuario lo mantenga abierto. *Compárese con* menú desplegable.

menú emergente *s.* (*pop-up menu* o *popup menu*) En una interfaz gráfica de usuario, un menú que aparece en pantalla cuando el usuario selecciona un elemento determinado. Los menús emergentes pueden aparecer en cualquier lugar de la pantalla y, generalmente, desaparecen cuando el usuario selecciona un elemento del menú. *Compárese con* menú desplegable; menú desplegable.

menú en cascada *s.* (*cascading menu*) Sistema gráfico de menús jerárquico en el que un menú lateral de subcategorías se muestra cuando el puntero se coloca sobre la categoría principal.

menú hijo *s.* (*child menu*) *Véase* submenú.

menú jerárquico *s.* (*hierarchical menu*) Menú que tiene uno o más submenús. Esta disposición de menú/submenú es jerárquica porque cada nivel contiene al siguiente.

menú sensible al contexto *s.* (*context-sensitive menu*) Menú que resalta las opciones como disponibles o no disponibles dependiendo del contexto en el que se llame a la opción. Los menús de la barra de menús de Windows, por ejemplo, son menús sensibles al contexto; las opciones como Copiar están desactivadas si no hay nada seleccionado.

mercado de datos *s.* (*data mart*) Versión reducida de un almacén de datos que está ajustada para contener sólo la información que probablemente utilizará un grupo objetivo. *Véase también* almacén de datos.

mercado gris *s.* (*gray market*) Revendedores y otros proveedores de hardware y software que obtienen su material de otros distribuidores distintos de los autorizados por el fabricante. Las transacciones realizadas en el mercado gris pueden incluir elementos que los vendedores al por mayor compran con altos descuentos y revenden a un alto precio o pueden referirse a compras realizadas cuando no se pueden satisfacer a través de los canales normales de distribución determinados picos repentinos de demanda. En otros casos de más dudosa legalidad, las transacciones del mercado gris pueden implicar la compraventa de hardware robado o de imitación, como, por ejemplo, microprocesadores y paquetes software.

mercado horizontal *s.* (*horizontal market*) Categoría amplia de actividad empresarial, tal como la contabilidad o el control del inventario, que está presente en muchos tipos de empresas.

Merced *s.* Anterior nombre de código para la siguiente generación de microprocesadores de 64 bits diseñado por Intel y Hewlett-Packard y lanzado en el año 2000. Basado en la arquitectura IA-64, el microprocesador de 64 bits contiene por encima de 10 millones de transistores y se utiliza principalmente en servidores y estaciones de trabajo de alto rendimiento. *Véase también* IA-64.

Mercury *s.* Lenguaje de programación lógico/funcional que combina la claridad y expresividad de la programación declarativa con las características avanzadas de análisis estadístico y de detección de errores.

meseta *s.* (*mesa*) Área de una oblea de germanio o silicio que ha sido protegida durante el proceso de litografía y que, por tanto, es más alta que las áreas litografiadas circundantes. *Véase también* fotolitografía.

Message Queuing *s.* Un sistema de encaminamiento y gestión de colas de mensajes para Microsoft Windows que permite que aplicaciones distribuidas que se ejecuten en instantes diferentes se comuniquen a través de redes heterogéneas y con otros equipos que puedan estar desconectados. Message Queuing proporciona una entrega de mensajes garantizada, mecanismos de encaminamiento eficientes, mecanismos de seguridad y gestión de mensajes basada en prioridades. Message Queuing se denominaba anteriormente MSMQ.

meta- *pref.* Literalmente, un prefijo que describe un proceso o característica situado más allá del significado normal de la palabra sin el prefijo. Por ejemplo, metafísica significa «más allá de la física». En informática, meta- se antepone normalmente a una palabra para indicar que el «metatérmino» describe, define o actúa sobre objetos o conceptos del mismo tipo que él. Así, por ejemplo, los metadatos son datos sobre datos y una metaherramienta es una herramienta para trabajar con herramientas.

meta-archivo *s.* (*metafile*) Archivo que contiene o define a otros archivos. Muchos sistemas operativos utilizan meta-archivos para mantener la información de directorio sobre otros archivos en un determinado dispositivo de almacenamiento.

meta-archivo 3D *s.* (*3-D metafile*) Archivo independiente del dispositivo para almacenar presentaciones 3D. *Véase también* meta-archivo.

meta-archivo de visualización de vídeo *s.* (*video display metafile*) Archivo que contiene la información de visualización de vídeo para el transporte de imágenes de un sistema a otro. *Acrónimo:* VDM.

metacarácter *s.* (*metacharacter*) Carácter incluido en el código fuente de un programa o en un flujo de datos y que comunica información sobre otros caracteres en vez de sobre sí mismo. Un ejemplo simple es el carácter de barra invertida (\), el cual, cuando se utiliza en cadenas de caracteres del lenguaje de programación C, indica que la letra siguiente a la barra invertida es parte de una secuencia de escape que permite al lenguaje C mostrar un carácter no gráfico. *Véase también* carácter de escape.

metacompilador *s.* (*metacompiler*) Compilador que produce compiladores. La utilidad de UNIX yacc (Yet Another Compilar-Compiler) es un metacompilador. Si se le proporciona la especificación de un lenguaje, yacc crea un compilador para ese lenguaje. *Véase también* compilador.

metacontenido, formato de *s.* (*MCF*) *Véase* MCF.

metadatos *s.* (*metadata*) **1**. Datos sobre datos. Por ejemplo, el título, tema, autor o tamaño de un archivo son metadatos del archivo. *Véase también* diccionario de datos; repositorio. **2**. En Microsoft .NET Framework, la información que describe cada elemento administrado por el entorno de ejecución: un ensamblado, un archivo cargable, un tipo, un método, etc. Esto puede incluir la información necesaria para depuración o para recolección de memoria, así como atributos de seguridad, datos de clasificación, definiciones ampliadas de clases y de miembros, información de acoplamiento de versiones y otro tipo de información requerida por el entorno de ejecución.

metaetiqueta *s.* (*metatag*) Una etiqueta en un documento HTML o XML que permite al creador de una página web incluir información tal como el nombre del autor, una serie de palabras clave que identifiquen el contenido y una serie de detalles descriptivos (por ejemplo, objetos de la página que no sean de texto). La información marcada con metaetiquetas no aparece en la página web cuando un usuario la visualiza en un explorador, aunque puede verse si se visualiza el código fuente HTML o XML. Las metaetiquetas están incluidas en la cabecera de un documento y se utilizan a menudo para ayudar a los motores de búsqueda a indexar la página. *Véase también* HTML; fuente; etiqueta; XML.

metaflujo *s.* (*metaflow*) Una de las cuatro etapas del proceso de creación de almacenes de datos durante la cual se controlan y gestionan los metadatos (datos acerca de los datos); es la etapa de modelado de las reglas de negocio. Durante el metaflujo, se establece la correspondencia entre el entorno operativo y el entorno del almacén de datos. *Véase también* almacén de datos; flujo; metadatos; reflujo.

metalenguaje *s.* (*metalanguage*) Lenguaje utilizado para describir otros lenguajes. El formulario Backus-Naur (BNF) es un metalenguaje normalmente utilizado para definir lenguajes de programación. *También llamado* lenguaje de descripción de lenguajes. *Véase también* forma de Backus-Naur.

metal-óxido semiconductor *s.* (*metal-oxide semiconductor*) *Véase* MOS.

metamorfosis *s.* (*morphing*) Un proceso mediante el que se transforma gradualmente una imagen en otra creando la ilusión de que está teniendo lugar una metamorfosis en un tiempo muy breve. La metamorfosis es una técnica común de efectos especiales en el cine y está disponible en muchos paquetes avanzados de animación por computadora. *Véase también* interpolar.

meter *vb.* (***put***) En programación, escribir datos, normalmente en un archivo. En particular, escribir una cantidad muy pequeña de datos, como, por ejemplo, un carácter.

método *s.* (***method***) En programación orientada a objetos, un proceso realizado por un objeto cuando éste recibe un mensaje. *Véase también* objeto; programación orientada a objetos.

método de acceso *s.* (***access method***) *Véase* mecanismo de acceso.

método de acceso en cola *s.* (***queued access method***) Técnica de programación que minimiza los retardos de entrada/salida mediante la sincronización de la transferencia de información entre el programa y los dispositivos de entrada y salida de la computadora. *Acrónimo*: QAM.

método de acceso secuencial indexado *s.* (***indexed sequential access method***) Esquema para reducir el tiempo necesario para localizar un registro de datos dentro de una base de datos de gran tamaño proporcionando un valor de clave que identifica al registro. Se utiliza un archivo de índice más pequeño para almacenar las claves junto con los punteros que localizan los correspondientes registros en el archivo de base de datos principal. Dada una clave, se busca primero la clave en el archivo de índice y después se usa el puntero asociado para acceder a los restantes datos del registro que se encuentran en el archivo principal. *Acrónimo*: ISAM.

método de creación *s.* (***create method***) En programación Java, un método definido en la interfaz inicial e invocada por un cliente para crear un bean EJB. *Véase también* Enterprise JavaBeans; método.

método de Monte Carlo *s.* (***Monte Carlo method***) Técnica matemática que utiliza cálculos repetidos y números aleatorios para hallar una solución aproximada a un problema complejo. El método de Monte Carlo, llamado así por su relación con los juegos de azar que se practican en los casinos de Monte Carlo, Mónaco, puede emplearse en situaciones en las que es posible calcular la probabilidad de que ocurra un determinado suceso, pero no pueden incorporarse al análisis los efectos complejos de muchos otros factores contribuyentes.

método del camino crítico *s.* (***critical path method***) Método para evaluar y gestionar un proyecto grande mediante el aislamiento de tareas, sucesos importantes y programaciones y que muestra las interrelaciones entre ellos. El camino crítico, de donde este método toma su nombre, es una línea que conecta los sucesos cruciales, y si cualquiera de ellos se retrasa, afecta a los eventos siguientes y, en último extremo, a la finalización del proyecto. *Acrónimo:* CPM.

mezcla *s.* (***blend***) Fotografía o gráfico creado mediante un proceso software de mezcla.

mezcla de instrucciones *s.* (***instruction mix***) El conjunto de tipos de instrucciones contenidas en un programa, tales como instrucciones de asignación, instrucciones matemáticas (en coma flotante o enteras), instrucciones de control o instrucciones de indexación. Es importante para los diseñadores de microprocesadores y de computadoras conocer la mezcla de instrucciones, porque de ella pueden deducirse cuáles instrucciones deben ser optimizadas para obtener la mayor velocidad; y también es importante conocer la mezcla de instrucciones para los diseñadores de pruebas comparativas, porque les permite realizar pruebas que sean relevantes para las tareas reales ejecutadas por los sistemas.

mezclado alpha *s.* (***alpha blending***) En los procesos de representación 3D para juegos informáticos y otras aplicaciones de animación digital, es una técnica gráfica para la creación de imágenes realistas transparentes y semitransparentes. El mezclado alpha combina un color de origen transparente con un color de destino translúcido para simular de manera realista efectos tales como el humo, el cristal y el agua.

mezclar *vb.* **1.** (*blend*) En programas de ilustración y otros programas para gráficos, crear un gráfico nuevo combinado dos o más elementos gráficos independientes. Se pueden mezclar digitalmente fotografías, dibujos, colores, formas geométricas y texto. Los elementos gráficos pueden mezclarse para fines artísticos o pueden ser lo suficientemente realistas como para aparecer como una única fotografía o gráfico. **2.** (*merge*) Combinar dos o más elementos, como, por ejemplo, dos listas, de una forma ordenada y sin cambiar la estructura básica de ninguna de ellas. *Compárese con* concatenar.

MFC *s. Véase* Microsoft Foundation Classes.

MFLOPS *s.* Acrónimo de million floating-point operations per second (millones de operaciones en coma flotante por segundo). Una medida de la velocidad de cálculo.

MFP *s. Véase* periférico multifunción.

MFS *s. Véase* Macintosh File System.

mget *s.* Abreviatura de multiple get (extracción múltiple). Un comando utilizado en la mayoría de los clientes FTP y mediante el cual un usuario puede solicitar de una sola vez la transferencia de varios archivos. *Véase también* FTP.

MHTML *s.* Acrónimo de MIME HTML. Un método estándar para enviar un documento HTML encapsulado con gráficos incrustados, applets, documentos vinculados y otros elementos a los que se haga referencia en el documento HTML. *Véase también* HTML; MIME.

MHz *s. Véase* megahercio.

MI *s. Véase* herencia múltiple.

Mi Maletín *s.* (*My Briefcase*) Herramienta de Windows 9x útil para aquellas personas que trabajen fuera de la oficina, que gestiona la actualización de los archivos modificados una vez que se conecta de nuevo la computadora del usuario remoto a la red de la oficina.

MIB *s.* Acrónimo de Management Information Base. *Véase* base informática de gestión.

mickey *s.* Unidad de medida para el movimiento del ratón. Un mickey es normalmente igual a 1/200 de pulgada.

MICR *s. Véase* reconocimiento de caracteres de tinta magnetizada.

micro- *pref.* **1.** Desde un punto de vista cuantitativo y aproximado, el término designa algo pequeño o compacto, como en las palabras microprocesador o microcomputadora. **2.** Prefijo métrico que significa 10^{-6} (una millonésima).

Micro Channel Architecture *s.* El diseño de bus en las computadoras IBM PS/2 (excepto los modelos 25 y 30). Micro Channel es eléctrica y físicamente incompatible con el bus IBM PC/AT. A diferencia del bus PC/AT, Micro Channel funciona como un bus de 16 o 32 bits. Micro Channel también puede ser controlado independientemente por múltiples procesadores que actúen como maestros del bus.

microminiatura *s.* (*microminiature*) Circuito u otro componente eléctrico extremadamente pequeño, especialmente aquellos que constituyen un refinamiento de otro elemento previamente miniaturizado.

microcápsula *s.* (*microcapsule*) En una pantalla de papel electrónico, millones de pequeñas perlas llenas de tinta oscura y pigmentos claros que, en respuesta a una carga eléctrica, cambian de color para crear imágenes y texto. *Véase también* papel electrónico.

microchip *s. Véase* circuito integrado.

microcircuito *s.* (*microcircuit*) Circuito electrónico miniaturizado grabado sobre un chip semiconductor. Un microcircuito está construido de transistores, resistencias y otros componentes interconectados. Sin embargo, se fabrica como una unidad en lugar de como un conjunto de tubos de vacío, transistores discretos u otros elementos que tengan que interconectarse entre sí. *Véase también* circuito integrado.

microcircuito híbrido *s.* (*hybrid microcircuit*) Circuito microeléctrico que combina componentes microminiaturizados individuales y componentes integrados.

microcódigo *s.* (*microcode*) Código de muy bajo nivel que define el modo en el que un procesador opera. El microcódigo es de un nivel todavía más bajo que el código máquina; especifica lo que el procesador tiene que hacer a la hora de ejecutar una instrucción en código máquina. *Véase también* código máquina; microprogramación.

microcomputadora *s.* (*microcomputer*) Computadora construida en torno a un microprocesador monochip. Menos potentes que las minicomputadoras y los equipos mainframe, las microcomputadoras han evolucionado, sin embargo, hasta convertirse en máquinas muy potentes capaces de realizar tareas complejas. La tecnología ha progresado tan deprisa que las microcomputadoras actuales (lo que se conoce hoy como PC de escritorio) son tan potentes como las computadoras tipo mainframe de hace sólo unos años, siendo además mucho más baratas. *Véase también* computadora.

microcontenido *s.* (*microcontent*) Fragmentos cortos de texto en una página web que ayudan a proporcionar un resumen del contenido de la página. El microcontenido presenta, resume o amplía el macrocontenido de una página web e incluye encabezados, títulos de página, texto alternativo, vínculos y subcabeceras. *Compárese con* macrocontenido.

microcontrolador *s.* (*microcontroller*) Chip procesador de propósito especial diseñado y construido para gestionar una determinada tarea perfectamente definida. Además de la unidad central de procesamiento (UCP), un microcontrolador normalmente contiene su propia memoria, canales de entrada/salida (puertos) y temporizadores. Cuando forma parte de un equipo más grande, como, por ejemplo, un coche o un electrodoméstico, un microcontrolador se denomina sistema embebido. *Véase también* sistema embebido.

microdisquete *s.* (*microfloppy disk*) Disco de 3,5 pulgadas del tipo utilizado con el Macintosh y con las microcomputadoras IBM y compatibles. Un microdisco es una pieza redonda de película de poliéster recubierta de óxido férrico y encerrada en una carcasa de plástico rígido equipada con una cubierta de metal deslizante. En el Macintosh, un microdisquete de una sola cara puede almacenar 400 kilobytes (KB), un disco de doble cara (estándar) puede almacenar 800 KB y un disco de alta densidad y doble cara puede almacenar 1,44 megabytes (MB). En las máquinas IBM y compatibles, un microdisquete puede almacenar 720 KB o 1,44 MB de información. *Véase también* disquete.

Microdrive *s.* Unidad de disco de 1 pulgada presentada en 1988 por IBM. La unidad Microdrive está diseñada para su uso en computadoras de mano y en dispositivos de propósito especial, tales como cámaras digitales y teléfonos celulares.

microelectrónica *s.* (*microelectronics*) La técnica de construcción de circuitos y dispositivos electrónicos en encapsulados muy pequeños. El avance más significativo en la tecnología microelectrónica ha sido el circuito integrado. Circuitos que hace cuarenta años requerían una habitación llena de tubos de vacío, con un gran consumo de potencia, pueden ahora fabricarse en un chip de silicio más pequeño que un sello de correos y que sólo requiere unos pocos milivatios de potencia. *Véase también* circuito integrado.

microespaciado *s.* (*microspacing*) En impresión, el proceso de ajustar la colocación de un carácter en incrementos muy pequeños.

microespejo digital *s.* (*Digital Micromirror Device*) La tecnología de circuitos subyacente a las técnicas de procesamiento digital de luz de Texas Instruments utilizadas en proyectores de imagen. Un microespejo digital (Digital Micromirror Device, DMD) está compuesto por una matriz de espejos basculantes, individualmente direccionables, en un chip. Cada chip, que tiene una anchura inferior a 0,002 mm, rota en respuesta a una señal digital con el fin de reflejar la luz sobre la lente del sistema de proyección y crear así una imagen brillante a todo color. Pueden combinarse varios dispositivos de este estilo para crear sistemas de alta definición de 1.920 por 1.035 (1.987.200) píxeles, con 64 millones de colores. *Acrónimo:* DMD.

microexplorador *s.* (*microbrowser*) Una aplicación para teléfonos móviles que permite a los

microficha

usuarios acceder a Internet con el fin de enviar y recibir correo electrónico y explorar la Web. Los microexploradores no tienen la funcionalidad completa de un explorador web para PC típico. Por ejemplo, los microexploradores sólo pueden cargar versiones de texto reducidas de las páginas web. La mayoría de los microexploradores están diseñados para utilizar el estándar WAP (Wireless Application Protocol, protocolo de aplicaciones inalámbricas). *Véase también* WAP.

microficha *s.* (*microfiche*) Pequeña hoja de película de, aproximadamente, 10 a 15 centímetros utilizada para la grabación de imágenes reducidas fotográficamente, como páginas de documentos, o filas y columnas que forman un patrón de cuadrícula. Las imágenes resultantes son demasiado pequeñas para verlas a simple vista, por lo que se necesita un lector de microfichas para ver los documentos. *Compárese con* microfilm.

microfilm *s.* Tira delgada de película almacenada en un rollo y utilizada para grabar imágenes secuenciales de datos. Como con la microficha, un dispositivo especial amplía las imágenes de manera que puedan ser leídas. *Véase también* CIM; COM. *Compárese con* microficha.

microfluidodinámica *s.* (*microfluidics*) Tecnología para el control y la manipulación de fluidos a escala microscópica utilizando bombas y válvulas microscópicas incluidas en un chip. Los dispositivos basados en esta tecnología pueden llegar a ser importantes para una serie de aplicaciones médicas, farmacéuticas, genéticas y otros tipos de biotecnologías.

micrófono *s.* (*microphone*) Dispositivo que convierte las ondas sonoras en señales eléctricas analógicas. Hardware adicional puede convertir la salida del micrófono en datos digitales que una computadora puede procesar; por ejemplo, para grabar documentos multimedia o para analizar la señal sonora.

microforma *s.* (*microform*) El soporte físico, como, por ejemplo, microfilm o microficha, en el que se almacena una imagen reducida fotográficamente, denominada microimagen. Las microimágenes suelen representar texto, como, por ejemplo, documentos de un archivo. *Véase también* microficha; microfilm; micrografía.

microfotónica *s.* (*microphotonics*) Tecnología para dirigir los haces luminosos a escala microscópica. La microfotónica emplea diminutos espejos o cristales fotónicos para reflejar y transmitir longitudes de onda específicas de la luz que pueden transportar señales digitales. La tecnología microfotónica puede tener una gran importancia para las redes ópticas que actualmente están siendo desarrolladas para la industria de las telecomunicaciones. *Véase también* MEMS; conmutación óptica.

micrografía *s.* (*micrographics*) Las técnicas y métodos utilizados para grabar datos en microfilm. *Véase también* microforma.

microimagen *s.* (*microimage*) Imagen reducida fotográficamente, normalmente almacenada en un microfilm o en una microficha, que es demasiado pequeña para ser leída sin aumento. *Véase también* microforma; micrografía.

microinstrucción *s.* (*microinstruction*) Instrucción que forma parte del microcódigo. *Véase también* microcódigo.

microjustificación *s.* (*microjustification*) *Véase* justificación con microespacios.

microkernel *s.* **1.** Kernel que ha sido diseñado sólo con las características básicas y que normalmente está integrado en forma modular. **2.** En programación, la parte de un sistema operativo estrictamente dependiente del hardware que se pretende que sea portable de un tipo de computadora a otro. El microkernel proporciona una interfaz independiente del hardware al resto del sistema operativo, por lo que sólo es necesario reescribir el microkernel para portar el sistema operativo a una plataforma diferente. *Véase también* kernel; sistema operativo.

micrológica *s.* (*micrologic*) Conjunto de instrucciones, almacenadas en formato binario, o conjunto de circuitos lógicos electrónicos que define y gobierna la operación dentro de un microprocesador.

micropantalla *s.* (*microdisplay*) Pantalla de monitor diminuta que proporciona una vista a tamaño completo cuando se amplía. Las micropantallas funcionan ampliando una pantalla de sólo una décima de pulgada hasta llenar el campo de visión del usuario. Las micropantallas se pueden utilizar con computadoras, reproductores de DVD o dispositivos de mano, en cascos y visores o en cualquier sitio en el que un monitor de tamaño completo sea impracticable o no deseable.

microphone *s.* Programa de comunicaciones que se ejecuta en la computadora Macintosh.

microprocesador *s.* (*microprocessor*) Unidad central de procesamiento (UCP) integrada en un solo chip. Un microprocesador moderno puede tener varios millones de transistores en un encapsulado de circuito integrado que puede fácilmente caber en la palma de la mano. Los microprocesadores son el corazón de todas las computadoras personales. Cuando se añade la memoria y la fuente de alimentación al microprocesador, se dispone de todas las piezas requeridas para formar una computadora, excluyendo a los periféricos. Las líneas más populares de microprocesadores hoy día son la familia 680x0 de Motorola, que está presente en la línea Apple Macintosh, y la familia 80x86 de Intel, que está en el corazón de todos los PC de IBM y compatibles. *Véase también* 6502; 65816; 6800; 68000; 68020; 68030; 68040; 80286; 80386DX; 80386SX; 8080; 8086.

microprocesador de sección de bits *s.* (*bit slice microprocessor*) Bloque componente para microprocesadores desarrollados de forma personalizada para usos especializados. Estos chips pueden programarse para realizar las mismas tareas que otros microprocesadores, pero operan sobre unidades pequeñas de información, como, por ejemplo, 2 o 4 bits. Combinando varios de estos bloques, se pueden crear procesadores que manejen palabras de mayor tamaño.

microprogramación *s.* (*microprogramming*) La escritura de microcódigo para un procesador. Algunos sistemas, especialmente las minicomputadoras y los equipos mainframe, permiten modificar el microcódigo de un procesador instalado. *Véase también* microcódigo.

microsegundo *s.* (*microsecond*) Una millonésima (10^{-6}) de segundo. *Abreviatura:* ms.

micrositio *s.* (*microsite*) **1**. Un pequeño sitio web que tiene como tema un único mensaje o asunto y que está anidado dentro de un sitio de mayor tamaño. Los anunciantes pueden integrar en los sitios web populares sus propios micrositios, destinados a promocionar y vender servicios y productos específicos. **2**. Un sitio web de pequeño tamaño dedicado a un único tema. *También llamado* minisitio.

Microsoft .NET Messenger Service *s. Véase* .NET Messenger Service.

Microsoft Access *s. Véase* Access.

Microsoft Active Accessibility *s. Véase* accesibilidad activa.

Microsoft DOS *s. Véase* MS-DOS.

Microsoft Excel *s. Véase* Excel.

Microsoft Foundation Classes *s.* Una biblioteca de clases de C++ desarrollada por Microsoft. La biblioteca Microsoft Foundation Classes, o MFC, proporciona el marco de trabajo y las clases que permiten a los programadores construir aplicaciones Windows más fácil y rápidamente. MFC soporta ActiveX y se incluye con diversos compiladores de C++, incluyendo Microsoft Visual C++, Borland C++ y Symantec C++. *Acrónimo:* MFC. *Véase también* ActiveX; C++. *Compárese con* Application Foundation Classes.

Microsoft FrontPage *s.* Un programa que puede utilizarse para crear y gestionar sitios Internet e intranet sin necesidad de programación; Frontpage está disponible como parte de algunos de los paquetes Microsoft Office o como producto independiente.

Microsoft Internet Explorer *s. Véase* Internet Explorer.

Microsoft Knowledge Base *s. Véase* KB.

Microsoft Management Console *s. Véase* MMC.

Microsoft MapPoint *s. Véase* MapPoint.

Microsoft Money *s. Véase* Money.

Microsoft MSN Explorer *s. Véase* MSN Explorer.

Microsoft MSN Messenger Service *s. Véase* .NET Messenger Service.

Microsoft Network *s. Véase* MSN.

Microsoft Office *s. Véase* Office.

Microsoft Operations Manager *s.* Una solución de gestión de servidores y aplicaciones desarrollada por Microsoft Corporation para permitir la gestión de sucesos y del rendimiento en los entornos basados en Windows 2000 y en las aplicaciones .NET Enterprise Server. Entre las características de gestión de operaciones, se incluyen los informes del registro de sucesos de la red corporativa, la monitorización proactiva y la gestión de mensajes de alerta y la generación de informes y análisis de tendencias para el control de problemas. Microsoft Operations Manager proporciona una gran flexibilidad mediante reglas de gestión sofisticadas que pueden ser personalizadas para satisfacer las necesidades de cada empresa individual. Microsoft Operations Manager soporta estándares de tecnología de gestión, lo que permite una fácil integración con otros sistemas de gestión empresariales.

Microsoft Outlook *s. Véase* Outlook.

Microsoft PowerPoint *s. Véase* PowerPoint.

Microsoft Project *s.* Una aplicación software desarrollada por Microsoft Corporation para simplificar la planificación y gestión de proyectos. Microsoft Project incluye características que ayudan a construir y gestionar proyectos, establecer calendarios e hitos y comunicar y compartir ideas con los otros miembros del equipo.

Microsoft Reader *s.* Una aplicación software desarrollada por Microsoft para la descarga de libros electrónicos y otras publicaciones en cualquier computadora personal, equipo portátil o dispositivo de mano Pocket PC. Otras características adicionales permiten a los usuarios establecer marcadores en las páginas, resaltar texto, escribir notas y buscar definiciones.

Microsoft Tech Ed *s.* Una conferencia de formación anual organizada por Microsoft Corporation para educar a los ingenieros y empresas en el uso de tecnologías Microsoft. La conferencia proporciona a los asistentes acceso a información, a profesionales expertos y a laboratorios de formación dedicados a las últimas tecnologías de Microsoft.

Microsoft Visual InterDev *s. Véase* Visual InterDev.

Microsoft Visual Studio *s. Véase* Visual Studio.

Microsoft Visual Studio .NET *s.* Un entorno completo de desarrollo para la utilización de la tecnología Microsoft .NET. Utilizando Visual Studio .NET, los desarrolladores pueden crear rápidamente aplicaciones y servicios web seguros y escalables en el lenguaje que prefieran, aprovechándose así mejor los sistemas y la experiencia existentes.

Microsoft Windows *s. Véase* Windows.

Microsoft Windows 2000 *s. Véase* Windows 2000.

Microsoft Windows 95 *s. Véase* Windows 95.

Microsoft Windows 98 *s. Véase* Windows 98.

Microsoft Windows CE *s. Véase* Windows CE.

Microsoft Windows Messenger *s. Véase* .NET Messenger Service.

Microsoft Windows NT *s. Véase* Windows NT.

Microsoft Word *s. Véase* Word.

Microsoft XML *s. Véase* MSXML.

microtransacción *s.* (*microtransaction*) Transacción empresarial que supone una pequeñísima cantidad de dinero, normalmente por debajo de unos 5 euros. *Véase también* tecnología milicéntimo.

middleware *s.* **1.** Software situado entre dos o más tipos de software y que traduce la información entre ellos. El middleware, o software intermediario, puede cubrir un amplio espectro de software y generalmente está situado entre una aplicación y un sistema operativo, un sistema operativo de red o un sistema de gestión de bases de datos. Como ejemplos de middleware podemos citar CORBA (Common Object Request Broker Architecture, arquitectura común de gestión de solicitudes de objetos) y otros programas de gestión de objetos, así como los programas de control de red. *Véase también* CORBA. **2.** Herramientas de desarrollo software que permiten a los usuarios crear programas simples seleccionando servicios existentes y enlazándolos mediante un lenguaje de script. *Véase también* lenguaje de script. **3.** Software que proporciona una interfaz de programación de aplicaciones (API) común. Las aplicaciones escritas utilizando dicha API podrán ejecutarse en los mismos sistemas informáticos que el middleware. Un ejemplo de este tipo de middleware es ODBC, que ofrece una API común para muchos tipos de bases de datos. *Véase también* interfaz de programación de aplicaciones; ODBC.

middleware de mensajería *s.* (*messaging-oriented middleware*) *Véase* MOM.

MIDI *s.* Acrónimo de Musical Instrument Digital Interface (interfaz digital para instrumentos musicales). Estándar de interfaz serie que permite la conexión de sintetizadores musicales, instrumentos musicales y computadoras. El estándar MIDI se basa en parte en hardware y en parte en una descripción de la manera en que se codifican y comunican la música y el sonido entre dispositivos MIDI. La información transmitida entre dispositivos MIDI está en un formato denominado mensaje MIDI, que codifica aspectos del sonido, tales como el tono y el volumen en forma de bytes de información digital. Los dispositivos MIDI se pueden utilizar para crear, grabar y reproducir música. Usando MIDI, las computadoras, sintetizadores y secuenciadores pueden comunicarse entre sí bien manteniendo la sincronización o controlando en la práctica la música creada por otros equipos conectados. *Véase también* sintetizador.

MIDL *s.* Acrónimo de Microsoft Interface Definition Language (lenguaje de definición de interfaz de Microsoft). Implementación y extensión de Microsoft para el lenguaje IDL (Interface Definition Language). *Véase también* IDL.

miembro *s.* (*member*) **1.** Valor que forma parte de una estructura de datos prefijada. *Véase también* conjunto. **2.** En programación orientada a objetos, una variable o rutina que es parte de otra clase. *Véase también* C++; clase.

migración *s.* (*migration*) El proceso consistente en hacer que los datos y aplicaciones existentes funcionen en una computadora o sistema operativo distinto.

migración de datos *s.* (*data migration*) **1.** En aplicaciones de supercomputación, es el proceso de almacenar grandes cantidades de datos fuera de línea al mismo tiempo que se los hace aparecer como si estuvieran en línea como archivos residentes en disco. **2.** El proceso de transferir datos desde un repositorio u origen, como, por ejemplo, una base de datos, a otro, usualmente mediante programas o scripts automatizados. A menudo, la migración de datos implica transferir los datos desde un tipo de sistema informático a otro.

migración tras error *vb.* (*failover*) En un sistema de red en clúster (uno con dos o más servidores interconectados), es el proceso de reubicar un recurso fallido o sobrecargado, como un servidor, una unidad de disco o una red, pasándolo a su componente redundante o de reserva. Por ejemplo, cuando uno de los servidores de un sistema de dos servidores se detiene debido a un fallo de alimentación o a algún tipo de error, el sistema realiza una migración automática tras error al segundo servidor con pocas molestias, o ninguna, para los usuarios. *Véase también* clúster; restauración.

.mil *s.* En el sistema de nombres de dominio de Internet, es el dominio de nivel superior que identifica las direcciones correspondientes a organizaciones militares de Estados Unidos. La designación .mil aparece al final de la dirección. *Véase también* DNS; dominio. *Compárese con* .com; .edu; .gov; .net; .org.

mili- *pref.* (*milli-*) Prefijo métrico que significa 10^{-3} (una milésima). *Abreviatura:* m.

milisegundo *s.* (*millisecond*) Una milésima parte de un segundo. *Abreviatura:* ms.

milivoltio *s.* (*millivolt*) Una milésima parte de voltio. *Abreviatura:* mV.

millones de instrucciones por segundo *s.* (*millions of instructions per second*) *Véase* MIPS.

MILNET *s.* Abreviatura de Military Network (red militar). Una red de área extensa (WAN)

MIMD

que representa el lado militar de la red ARPANET original. MILNET se utiliza para transmitir tráfico no clasificado del ejército de Estados Unidos. *Véase también* ARPANET. *Compárese con* NSFnet.

MIMD *s.* Acrónimo de multiple instruction, multiple data (múltiples instrucciones, múltiples datos). Categoría de arquitectura informática utilizada en el procesamiento paralelo en la que las diferentes unidades centrales de procesamiento extraen instrucciones y operan sobre los datos de forma independiente. *Véase también* arquitectura; unidad central de proceso; instrucción; procesamiento paralelo. *Compárese con* SIMD.

MIME *s.* Acrónimo de Multipurpose Internet Mail Extensions (extensiones multipropósito de correo Internet). Un protocolo ampliamente usado en Internet que amplía SMTP (Simple Mail Transfer Protocol, protocolo simple de transferencia de correo) para permitir la transmisión de datos, como, por ejemplo, vídeo, sonido y archivos binarios, mediante correo electrónico Internet sin tener que traducir primero los datos a formato ASCII. Esto se lleva a cabo utilizando los tipos MIME, que describen el contenido de un documento. Una aplicación compatible con MIME y que quiera enviar un archivo, como, por ejemplo, algunos programas de correo electrónico, asignará un tipo MIME al archivo. La aplicación receptora, que también debe ser compatible con MIME, consulta una lista estandarizada de documentos, que están organizados en tipos y subtipos MIME, para interpretar el contenido del archivo. Por ejemplo, uno de los tipos MIME es text, y tiene una serie de subtipos, entre los que se incluye plain y html. El tipo MIME text/html hace referencia a un archivo que contiene texto escrito en html. MIME es parte del protocolo HTTP, y tanto los exploradores web como los servidores HTTP utilizan MIME para interpretar los archivos de correo electrónico que envían y reciben. *Véase también* HTTP; servidor HTTP; SMTP; explorador web. *Compárese con* BinHex.

minería de datos *s.* (*data mining*) El proceso de identificar relaciones, problemas o patrones comercialmente útiles en una base de datos, en un servidor web o en otro repositorio informatizado utilizando herramientas estadísticas avanzadas. Algunos sitios web utilizan técnicas de minería de datos para monitorizar la eficiencia de la navegación a través del sitio y para determinar los cambios en el diseño del sitio web basándose en el modo en que los consumidores utilizan el sitio.

miniatura *s.* (*thumbnail*) Una versión reducida de una imagen o una versión electrónica de una página que se utiliza generalmente para permitir una rápida exploración a través de múltiples imágenes o páginas. Por ejemplo, las páginas web contienen a menudo miniaturas de las imágenes (que pueden cargarse mucho más rápidamente en el explorador web que las imágenes a tamaño completo). En muchas de estas miniaturas, puede hacerse clic para cargar la versión completa de la imagen.

miniaturización *s.* (*miniaturization*) En el desarrollo de circuitos integrados, es el proceso de reducir el tamaño e incrementar la densidad de los transistores y otros elementos en un chip semiconductor. Además de aportar las ventajas del pequeño tamaño, la miniaturización de circuitos electrónicos también reduce las necesidades de energía, el calor disipado y los retardos de propagación de las señales desde un elemento de circuito al siguiente. *Véase también* circuito integrado; integración.

minicomputadora *s.* (*minicomputer*) Una computadora de tamaño medio construida para realizar cálculos complejos al mismo tiempo que gestiona de forma eficiente un gran volumen de datos de entrada y salida de los usuarios que se conectan a la computadora mediante terminales. Las minicomputadoras se conectan también frecuentemente a otras minicomputadoras a través de una red, distribuyéndose el procesamiento entre todas las máquinas conectadas. Las minicomputadoras se utilizan ampliamente en aplicaciones de procesamiento de transacciones y como interfaz entre sistemas informáticos mainframe y las redes de área extensa. *Véase también* computadora; mainframe, computadora; microcomputadora; supercomputadora; WAN. *Compárese con* computadora de gama media; estación de trabajo.

minidisquete *s.* (*minifloppy*) Disquete de 5,25 pulgadas. *Véase también* disquete.

minimizar *vb.* (*minimize*) En una interfaz gráfica de usuario, ocultar una ventana sin cerrar el programa responsable de la misma. Normalmente, se coloca un icono, un botón o un nombre para la ventana en el escritorio. Cuando el usuario hace un clic en el botón, icono o nombre, la ventana se restaura con el tamaño que tuviera previamente. *Véase también* interfaz gráfica de usuario; botón de minimización; barra de tareas; ventana. *Compárese con* maximizar.

mínimo *adj.* (*bare bones*) Puramente funcional, despojado de todas las características innecesarias. Las aplicaciones mínimas proporcionan sólo las funciones más básicas necesarias para llevar a cabo una cierta tarea. De la misma forma, una computadora mínima proporciona una cantidad mínima de hardware o se vende en el comercio sin ningún periférico y con tan sólo el sistema operativo (sin ningún otro programa software).

miniportátil *s.* **1.** (*mini-notebook*) Computadora portátil más pequeña que una computadora portátil estándar. La mayoría de los miniportátiles disponen de teclados pequeños, pantallas LCD integradas en la carcasa, procesadores Pentium y discos duros integrados. Están diseñados para operar con sistemas operativos estándar, como Windows 98, en lugar de con el sistema operativo Windows CE, utilizado por las computadoras de mano, todavía más pequeñas. **2.** (*notebook computer*) *Véase* computadora portátil.

miniservidor *s.* (*appliance server*) **1.** Un dispositivo de procesamiento de bajo coste utilizado para tareas específicas, incluyendo conectividad a Internet o servicios de archivo e impresión. El servidor es normalmente fácil de utilizar, pero no posee las capacidades ni el software de un servidor típico para uso general de oficina. **2.** *Véase* servidor empaquetado.

minisitio *s.* (*minisite*) *Véase* micrositio.

minitorre *s.* (*minitower*) Carcasa de computadora que se coloca verticalmente sobre el suelo y que tiene más o menos la mitad de la altura (13 pulgadas) que una caja tipo torre (24 pulgadas). *Véase también* torre.

minúscula *adj.* (*lowercase*) En referencia a las letras, es una letra no mayúscula (por ejemplo, *a*, *b* o *c*). *Compárese con* mayúsculas.

MIPS *s.* Acrónimo de millones de instrucciones por segundo. Una medida común de la velocidad del procesador. *Véase también* unidad central de proceso; MFLOPS.

mirón *s.* (*lurker*) Una persona que se limita a mirar en un grupo de noticias u otro tipo de conferencia en línea. *Véase también* fisgar. *Compárese con* netizen.

MIS *s. Véase* IS.

misc. *s.* Grupos de noticias Usenet que forman parte de la jerarquía misc. y tienen el prefijo misc. Estos grupos de noticias cubren temas que no encajan dentro de las otras jerarquías estándar de Usenet (comp., news., rec., sci., soc., talk.). *Véase también* grupo de noticias; jerarquía tradicional de grupos de noticias; Usenet.

misión crítica, de *adj.* (*mission critical*) Relativo a la información, el equipamiento u otros activos de una empresa o de un proyecto que resultan esenciales para la adecuada operación de la empresa o el adecuado cumplimiento del proyecto. Por ejemplo, los datos contables y los registros de clientes suelen considerarse información de misión crítica.

MMC *s.* Acrónimo de Microsoft Management Console (consola de administración de Microsoft). Entorno de trabajo para albergar una serie de herramientas administrativas denominadas complementos. Una consola puede contener herramientas, carpetas (u otros tipos de contenedores), páginas World Wide Web y otros elementos administrativos. Estos elementos se muestran en el panel izquierdo de la consola, denominado árbol de la consola. Una consola tiene una o más ventanas en las que pueden mostrarse vistas del árbol de la consola. La ventana principal de la consola MMC proporciona comandos y herramientas para la creación de consolas. Las características de creación de consolas de MMC y el propio árbol de la consola pueden ocultarse cuando una consola se encuentra en Modo Usuario. *Véase también* complemento.

MMDS *s*. Abreviatura de multichannel multipoint distribution service (servicio de distribución multipunto multicanal). Un servicio inalámbrico fijo propuesto como alternativa para aquellas situaciones en las que la tecnología DSL o los módems de cable no resulten prácticos o deseables. El espectro de MMDS se utilizaba originalmente para formación a distancia y para servicios inalámbricos de vídeo por cable antes de atraer el interés para la implementación de servicios inalámbricos fijos de banda ancha. *Véase también* banda ancha.

MMU *s*. *Véase* unidad de gestión de memoria.

MMX *s*. Abreviatura de Multimedia Extensions (extensiones multimedia). Una ampliación de la arquitectura de los procesadores Intel Pentium que mejora las prestaciones de las aplicaciones multimedia y de comunicaciones.

mnemónico *s*. (*mnemonic*) Palabra, rima u otro tipo de ayuda a la memorización utilizada para asociar un complicado o largo conjunto de información con algo simple y sencillo de recordar. Los mnemónicos se utilizan ampliamente en informática. Los lenguajes de programación distintos al lenguaje máquina, por ejemplo, son conocidos como lenguajes simbólicos porque utilizan mnemónicos cortos, como ADD (suma) y def (definición), para representar las instrucciones y operaciones. De la misma manera, las aplicaciones y los sistemas operativos basados en comandos escritos a través del teclado utilizan mnemónicos para representar las instrucciones para el programa. MS-DOS, por ejemplo, utiliza dir (por directorio) para solicitar una lista de archivos.

MNP10 *s*. Abreviatura de Microcom Networking Protocol, Class 10 (protocolo de red Microcom, clase 10). Un protocolo de comunicaciones estándar del sector utilizado para conexiones de módem a través de líneas telefónicas celulares analógicas. La versión más reciente de MNP10 es MNP 10EC (EC quiere decir Enhanced Cellular, celular avanzado). *Véase también* protocolo de comunicaciones.

Mobile Explorer *s*. Una plataforma modular de servicios y aplicaciones inalámbricas diseñada por Microsoft para construir teléfonos inalámbricos compatibles con la Web. Cuando se conecta a una red inalámbrica, Mobile Explorer proporciona un acceso móvil seguro al correo electrónico corporativo o personal, a las redes corporativas y a Internet. Incluye un microexplorador multimodo, que puede mostrar contenido web codificado en una diversidad de lenguajes de composición empleados para dispositivos de mano de pequeño tamaño, incluyendo cHTML, HTML, WAP 1.1 y WML. *Véase también* microexplorador.

Mobile Information Server *s*. Una aplicación software desarrollada por Microsoft para permitir a los operadores de telecomunicaciones, a los clientes empresariales y a los asociados comerciales ampliar de manera segura la información, las aplicaciones intranet corporativas y los servicios basados en Microsoft Exchange Server a usuarios de dispositivos informáticos de mano inalámbricos. Microsoft Information Server proporciona a los usuarios móviles acceso a datos y servicios personales almacenados en la Intranet, como correo electrónico, archivos de documentos, calendarios de citas e información de contactos.

mochila *s*. (*dongle*) **1**. Dispositivo adaptador o cable que implementa una interfaz no estándar entre una computadora y un dispositivo periférico o entre dos elementos dispares de hardware. **2**. *Véase* llave hardware.

módec *s*. (*modec*) En telecomunicaciones, es un dispositivo que genera digitalmente señales de módem analógico. El término módec es una combinación de los términos módem y códec (codificador/decodificador: hardware que puede convertir señales de audio o vídeo entre formatos analógicos y digitales). *Véase también* códec; módem.

modelado *s*. (*modeling*) **1**. El uso de computadoras para describir objetos y las relaciones espaciales existentes entre ellos de manera matemática. Los programas CAD, por ejemplo, se utilizan para crear representaciones en pantalla de dichos objetos físicos, como, por ejemplo, maquinaria, edificios, moléculas complejas y automóviles. Estos modelos utilizan ecuaciones para crear líneas, curvas y otras formas geométricas y para colocar con precisión dichas formas geométricas en relación unas con otras y en relación también con el espacio bidimensional o tridimensional en el que son dibujadas. *Véase también* CAD; representación; modelo sólido; modelado de superficie; modelo tridimensional; modelo bidimensional; modelo alámbrico. **2.** El uso de computadoras para describir el comportamiento de un sistema. Los programas de hoja de cálculo, por ejemplo, pueden utilizarse para manipular datos financieros que representen la fortaleza y el nivel de actividad de una empresa, para desarrollar planes de negocio o proyecciones de ventas o para evaluar el impacto de una serie de cambios propuestos sobre las operaciones y el estado financiero de la compañía. *Véase también* simulación; programa de hoja de cálculo.

modelado de superficie *s.* (*surface modeling*) Método de visualización utilizado por algunos programas de CAD que proporciona a las construcciones en pantalla una apariencia sólida. *Véase también* CAD. *Compárese con* modelo sólido; modelo alámbrico.

modelo *s.* (*model*) Representación matemática o gráfica de una situación u objeto del mundo real; por ejemplo, un modelo matemático de la distribución de la materia en el universo, un modelo (numérico) de hoja de cálculo de operaciones de un negocio o un modelo gráfico de una molécula. Generalmente, los modelos se pueden modificar o manipular de modo que sus creadores puedan ver cómo la versión real puede verse afectada por las modificaciones o la variación de las condiciones. *Véase también* modelado; simulación.

modelo 3D *s.* (*3-D model*) *Véase* modelo tridimensional.

modelo alámbrico *s.* (*wire-frame model*) En aplicaciones gráficas por computadora, como los programas CAD, una representación de un objeto tridimensional que utiliza líneas que parecen trozos de alambre unidos para crear un modelo. *Compárese con* modelo sólido; modelado de superficie.

modelo bidimensional *s.* (*two-dimensional model*) Simulación informática de un objeto físico en la que la longitud y la anchura son atributos reales, pero la profundidad no; un modelo con ejes *x* e *y*. *Compárese con* modelo tridimensional.

modelo COM distribuido *s.* (*Distributed Component Object Model*) *Véase* DCOM.

modelo compacto *s.* (*compact model*) Modelo de memoria de la familia de procesadores Intel 80x86. El modelo compacto sólo permite 64 kilobytes (KB) para el código de un programa, pero hasta 1 megabyte (MB) para los datos del programa. *Véase también* modelo de memoria.

modelo de color *s.* (*color model*) Todo método o convenio para representar el color en los campos de la autoedición y las artes gráficas. En los campos de las artes gráficas y la impresión, los colores se suelen especificar con el sistema Pantone. En los gráficos por computadora, los colores se pueden describir utilizando cualquiera de los muchos espacios de color existentes: HSB (tono, saturación y brillo), CMY (turquesa, magenta y amarillo) y RGB (rojo, verde y azul). *Véase también* CMY; HSB; Pantone; color de proceso; RGB; color de mancha.

modelo de controladores de Windows *s.* (*Windows Driver Model*) Arquitectura de 32 bits en capas para controladores de dispositivo y de bus que permite utilizar los controladores tanto con el sistema operativo Windows NT como con Windows 98. Proporciona servicios comunes de entrada/salida válidos para ambos sistemas operativos y soporta Plug and Play, USB (Universal Serial Bus), el bus IEEE 1394 y diversos dispositivos, incluyendo dispositivos de entrada, de comunicaciones, de tratamiento de imágenes y DVD. *Acrónimo:* WDM. *También llamado* modelo de controladores Win32.

modelo de controladores Win32 *s.* (*Win32 Driver Model*) *Véase* modelo de controladores de Windows.

modelo de datos *s.* (*data model*) Una colección de tipos de objeto, operadores y reglas de integridad relacionados que forman la entidad

modelo de malla

abstracta soportada por un sistema de gestión de bases de datos (SGBD). Así, es posible hablar de un SGBD relacional, de un SGBD de red, etc., dependiendo del tipo de modelo de datos que el SGBD soporte. En general, un SGBD soporta sólo un modelo de datos tratándose de una restricción práctica más que teórica.

modelo de malla *s.* (*network model*) Una estructura de base de datos, o disposición, similar a un modelo jerárquico, salvo porque los registros pueden tener múltiples registros padre y múltiples registros hijos. Un sistema de gestión de bases de datos que soporte el modelo de malla (o de red) puede utilizarse para simular un modelo jerárquico. *Véase también* CODASYL; base de datos mallada. *Compárese con* modelo jerárquico.

modelo de memoria *s.* (*memory model*) El enfoque utilizado para direccionar el código y los datos utilizados en un programa informático. El modelo de memoria dicta la cantidad de memoria que puede utilizarse en un programa para el código y la cantidad que puede usarse para los datos. La mayoría de las computadoras que disponen de un espacio de direcciones plano sólo soportan un único modelo de memoria. Por el contrario, las computadoras con un espacio de direcciones segmentado suelen soportar múltiples modelos de memoria. *Véase también* modelo compacto; espacio de direcciones plano; modelo grande; modelo medio; espacio de direcciones segmentado; modelo pequeño; modelo mínimo.

modelo de objetos *s.* (*object model*) **1**. Base estructural para una aplicación orientada a objetos. **2**. Base estructural para un diseño orientado a objetos. *Véase también* diseño orientado a objetos. **3**. La base estructural de un lenguaje orientado a objetos, como C++. Esta base incluye principios tales como los de abstracción, concurrencia, encapsulamiento, jerarquía, persistencia, polimorfismo y gestión de tipos. *Véase también* tipo de datos abstracto; objeto; programación orientada a objetos; polimorfismo.

modelo de objetos componentes *s.* (*Component Object Model*) *Véase* COM.

modelo de referencia Internet *s.* (*Internet reference model*) *Véase* modelo de referencia TCP/IP.

modelo de referencia ISO/OSI *s.* (*ISO/OSI reference model*) Modelo de referencia para la interconexión de sistemas abiertos (Open Systems Interconnection) de ISO. Una arquitectura (plan) en varios niveles que estandariza los niveles de servicio y los tipos de interacción para equipos informáticos que intercambien información a través de una red de comunicaciones. El modelo de referencia ISO/OSI separa las comunicaciones entre computadoras en siete niveles de protocolo, cada uno de los cuales aprovecha (y necesita) los estándares contenidos en los niveles situados por debajo suyo. El nivel inferior de los siete trata exclusivamente de los enlaces hardware. El nivel superior trata de las interacciones software en el nivel de los programas de aplicación. Es un marco de trabajo fundamental diseñado para servir como guía para la creación de hardware y software para interconexión por red. *También llamado* modelo de referencia OSI.

modelo de referencia OSI *s.* (*OSI reference model*) *Véase* modelo de referencia ISO/OSI.

modelo de referencia TCP/IP *s.* (*TCP/IP reference model*) Un modelo de interconexión en red que toma como base para su diseño el concepto de interredes: un conjunto de redes heterogéneas, a menudo construidas con diferentes arquitecturas, y entre las cuales resulta posible intercambiar información. El modelo de referencia TCP/IP, que a veces se denomina modelo de referencia Internet, está compuesto de cuatro niveles, el más característico de los cuales es el de interred, que se ocupa del encaminamiento de mensajes y que no tiene equivalente en el modelo de referencia ISO/OSI ni en el modelo SNA. *Compárese con* modelo de referencia ISO/OSI; SNA.

modelo grande *s.* (*large model*) Modelo de memoria de la familia de procesadores Intel 80x86. El modelo grande permite que tanto el código como los datos excedan los 64 kilobytes (KB), pero el total de ambos debe ser generalmente inferior a 1 megabyte. Cada estructura de datos debe tener un tamaño inferior a 64 kilobytes. *Véase también* modelo de memoria.

modelo jerárquico *s.* (***hierarchical model***) Modelo utilizado en la gestión de bases de datos en el que cada registro es el «padre» de uno o más registros hijo, que pueden o no tener la misma estructura que el padre; un registro no puede tener más de un padre. Conceptualmente, por tanto, un modelo jerárquico se describe normalmente como un árbol. Los registros individuales no tienen que estar necesariamente en el mismo archivo. *Véase también* árbol.

modelo matemático *s.* (***mathematical model***) Las suposiciones, expresiones y ecuaciones matemáticas que subyacen a un programa determinado. Los modelos matemáticos se utilizan para modelar sistemas físicos «del mundo real», tales como los planetas que orbitan alrededor de una estrella o la producción y consumo de recursos dentro de un sistema cerrado.

modelo medio *s.* (***medium model***) Modelo de memoria de la familia de procesadores Intel 80x86. El modelo medio permite sólo 64 kilobytes (KB) para los datos, pero generalmente hasta 1 megabyte para el código. *Véase también* modelo de memoria.

modelo mínimo *s.* (***tiny model***) Modelo de memoria de la familia de procesadores Intel 80x86. Este modelo permite un total combinado de sólo 64 kilobytes (KB) para código y datos. *Véase también* 8086; modelo de memoria.

modelo pequeño *s.* (***small model***) Modelo de memoria de la familia de procesadores Intel 80x86. El modelo pequeño sólo permite 64 kilobytes (KB) para el código y 64 KB para los datos. *Véase también* modelo de memoria.

modelo relacional *s.* (***relational model***) Modelo de datos en el que los datos están organizados en relaciones (tablas). Éste es el modelo implementado en la mayoría de los sistemas modernos de gestión de bases de datos.

modelo sólido *s.* (***solid model***) Construcción o forma geométrica que tiene continuidad en longitud, anchura y profundidad y que es tratada por un programa como si tuviera superficie y sustancia interna. *Compárese con* modelado de superficie; modelo alámbrico.

modelo tridimensional *s.* (***three-dimensional model***) Simulación informática de un objeto físico en la que la longitud, la anchura y la profundidad son atributos reales; un modelo con ejes x, y, z, que se puede hacer girar para verlo desde ángulos diferentes.

módem *s.* (***modem***) **1.** Cualquier dispositivo de comunicaciones que actúe como interfaz entre una computadora o terminal y un canal de comunicaciones. Aunque dicho dispositivo pueda no modular y demodular, en la práctica, señales analógicas, puede describírselo como un módem debido a que muchos usuarios perciben los módems como una especie de cajas negras que conectan un equipo informático a una línea de comunicaciones (como, por ejemplo, una red de alta velocidad o un sistema de televisión por cable). *Véase también* módem digital. **2.** Abreviatura de modulador/demodulador. Un dispositivo de comunicaciones que convierte los datos digitales de una computadora o terminal en señales de audio analógico que pueden pasar a través de una línea telefónica estándar, y viceversa. Puesto que el sistema telefónico fue diseñado para gestionar voz y otras señales de audio, mientras que un equipo informático procesa las señales en forma de unidades discretas de información digital, es preciso utilizar un módem en ambos extremos de la línea telefónica para poder intercambiar datos entre equipos informáticos. En el extremo transmisor, el módem convierte las señales digitales en audio analógico; en el extremo receptor, un segundo módem convierte el audio analógico otra vez a su forma digital original. Para poder transmitir una gran cantidad de datos, los módems de alta velocidad utilizan métodos sofisticados para «cargar» la información en la portadora de audio; por ejemplo, pueden combinar técnicas de modulación por desplazamiento de frecuencia, modulación de fase y modulación de amplitud para permitir que un único cambio en el estado de la portadora represente múltiples bits de datos. Además de las funciones básicas de modulación y demodulación, la mayoría de los módems incluye también firmware que les permite realizar llamadas telefónicas y responder a las llamadas entrantes. Los estándares internacionales para los módems son especificados por la Unión Internacional de Telecomunicaciones (ITU, International Telecommunications Union). A pesar de sus capacidades, los módems requieren que se utilice software de comunicaciones para poder funcionar. *Véase también* modulación de amplitud; modulación de frecuencia; modulación de amplitud en cuadratura. *Compárese con* módem digital.

módem a 56-Kbps *s.* (*56-Kbps modem*) Un módem asimétrico que opera sobre el sistema telefónico tradicional para distribuir datos a 56 Kbps aguas abajo (hacia el usuario) y con velocidades de 28,8 y 33,6 Kbps aguas arriba (hacia la red). Antes, los módems más lentos necesitaban un proceso de transmisión con dos conversiones: los datos digitales procedentes de una computadora se convertían a forma analógica para su transmisión a través del hilo telefónico y después se reconvertían a datos digitales en el módem receptor. Por contraste, los módems a 56 Kbps consiguen mayores velocidades convirtiendo los datos analógicos a digitales sólo una vez, normalmente en la central de conmutación de la compañía telefónica situada cerca del extremo origen de la transmisión. Diseñados para mejorar los tiempos de descarga para los usuarios Internet, los módems a 56 Kbps necesitan una red telefónica pública que permita una única conversión y también necesitan que esté disponible una conversión digital, tal como RDSI o T1, en las instalaciones del proveedor de servicios Internet (ISP) que proporcione la propia conexión con Internet. *Véase también* datos analógicos; transmisión digital de datos; módem; POTS.

módem analógico *s.* (*analog modem*) *Véase* módem.

módem asimétrico *s.* (*asymmetric modem*) Un módem que transmite datos hacia la red telefónica y recibe datos de la red a diferentes velocidades. Normalmente, un módem asimétrico tendrá una velocidad máxima de descarga significativamente mayor que su velocidad de transmisión de datos. *Véase también* módem.

módem basado en software *s.* (*software-based modem*) Un módem que utiliza un chip reprogramable y de propósito general para procesamiento digital de la señal y memoria de programa basada en RAM en lugar de emplear un chip dedicado que tenga las funciones de módem prefijadas en el silicio. Los módems basados en software pueden ser reconfigurados para actualizar y modificar las características y funciones del módem.

módem compatible Bell *s.* (*Bell-compatible modem*) Un módem que opera de acuerdo con los estándares de comunicaciones de Bell. *Véase también* estándares Bell de comunicaciones.

módem con devolución de llamada *s.* (*callback modem*) Un módem que, en lugar de responder a una llamada entrante, exige al llamante que introduzca un código de marcación por tonos y cuelgue para que el módem pueda devolver la llamada. Cuando el módem recibe el código del llamante, valida el código comparándolo con un conjunto almacenado de números telefónicos. Si el código se corresponde con alguno de los números autorizados, el módem marca dicho número y abre una conexión con el llamante original. Los módems con devolución de llamada se emplean cuando las líneas de comunicación deben estar disponibles para los usuarios externos, pero hay que proteger los datos frente a intentos de intrusión no autorizados.

módem de banda ancha *s.* (*broadband modem*) Un módem para uso en una red de banda ancha. La tecnología de banda ancha permite que coexistan varias redes en un mismo cable. El tráfico de una red no interfiere con el de otra dado que las conversaciones tienen lugar a frecuencias distintas, de forma bastante parecida a los sistemas de radiodifusión comerciales. *Véase también* red de banda ancha.

módem de cable *s.* (*cable modem*) Un módem que envía y recibe datos a través de una red de televisión por cable coaxial en lugar de a través de líneas telefónicas, que son las que se utilizan para un módem convencional. Los módems de cable, que tienen velocidades de 500 kilobits por segundo (Kbps), pueden generalmente transmitir datos más rápido que los módems convencionales actuales. Sin embargo, los módems por cable no operan a la misma velocidad en sentido inverso (cuando envían información) que en sentido directo (cuando reciben información). Las velocidades de transmisión hacia la red van de 2 Mbps a 10 Mbps, mientras que las velocidades de transmisión hacia el usuario están comprendidas entre unos 10 Mbps y 36 Mbps. *Véase también* cable coaxial; módem.

módem de conexión directa *s.* (*direct-connect modem*) Un módem que utiliza conectores y cable telefónico estándar y que se conecta directamente en una toma telefónica, evitando así tener que utilizar un teléfono como intermediario. *Compárese con* acoplador acústico.

módem de datos/fax *s.* (*data/fax modem*) Módem que puede manejar datos serie e imágenes facsímil ya sea para enviar o para recibir transmisiones.

módem de llamada/respuesta *s.* (*answer/originate modem*) Un módem que puede tanto realizar como recibir llamadas; es el tipo de módem que se utiliza más comúnmente.

módem de sólo respuesta *s.* (*answer-only modem*) Un módem que puede recibir, pero no realizar, llamadas.

módem digital *s.* (*digital modem*) **1**. Un módem de 56 Kbps. Dicho módem no es puramente digital, pero elimina la conversión tradicional digital/analógico para las transmisiones aguas abajo, es decir, las transmisiones que van desde Internet hacia el usuario final. Un módem de 56 Kbps es también digital en el sentido de que requiere una conexión digital, como T1, entre la compañía telefónica y el proveedor de servicios Internet (ISP) para poder conseguir su máxima velocidad. *Véase también* módem a 56-Kbps. **2**. Un dispositivo de comunicaciones que actúa como intermediario entre un dispositivo digital, como una computadora o terminal, y un canal de comunicaciones digitales, como, por ejemplo, una línea de red de alta velocidad, un circuito RDSI o un sistema de televisión por cable. Aunque un módem digital soporta protocolos de módem estándar (analógicos), no se trata de un módem «típico», en el sentido de que no es un dispositivo cuya función principal sea modular (convertir de digital a analógico) antes de la transmisión y demodular (convertir de analógico a digital) después de la transmisión. Utiliza técnicas avanzadas de modulación digital para cambiar las tramas de datos a un formato adecuado para su transmisión a través de una línea digital. *Véase también* adaptador de terminal. *Compárese con* módem. **3**. Un término utilizado para distinguir los dispositivos de comunicaciones completamente digitales, como los módems RDSI y los módems por cable, de los módems telefónicos más tradicionales que realicen una conversión analógico/digital.

módem DSVD *s.* (*DSVD*) *Véase* DSVD.

módem en red *s.* (*network modem*) Un módem que es compartido por usuarios de una red para llamar a un proveedor de servicios en línea, a un ISP, a una oficina de servicios o a otra fuente de información en línea. *Véase también* ISP; módem; servicio de información en línea; oficina de servicios.

módem externo *s.* (*external modem*) Un módem autónomo que está conectado mediante un cable al puerto serie de una computadora. *Véase también* módem interno.

módem integrado *s.* (*integral modem*) Un módem incorporado dentro de un equipo informático, por oposición a un módem interno, que es un módem situado en una tarjeta de expansión que puede ser extraída del equipo. *Véase también* módem externo; módem interno; módem.

módem interno *s.* (*internal modem*) Un módem construido en una tarjeta de expansión que es preciso instalar en una ranura de expansión de un equipo informático. *Compárese con* módem externo; módem integrado.

módem nulo *s.* (*null modem*) Una forma de conectar dos equipos informáticos a través de un cable que les permite comunicarse sin necesidad de emplear módems. Un cable de módem nulo permite realizar esto cruzando los hilos de envío y recepción, de modo que el hilo utilizado por un dispositivo para transmitir es el empleado para la recepción en el otro dispositivo, y viceversa.

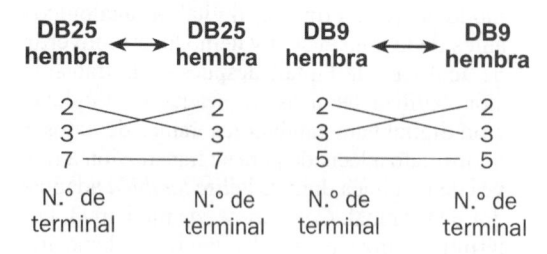

```
DB25  ⟷  DB25      DB9  ⟷  DB9
hembra    hembra    hembra    hembra
  2  ⟍  ⟋  2         2  ⟍  ⟋  2
  3  ⟋  ⟍  3         3  ⟋  ⟍  3
  7  ─────  7         5  ─────  5
N.º de    N.º de    N.º de    N.º de
terminal  terminal  terminal  terminal


DB25  ⟷  DB9       DB9  ⟷  DB25
hembra    hembra    hembra    hembra
  2  ─────  2         2  ─────  2
  3  ─────  3         3  ─────  3
  7  ─────  5         5  ─────  7
N.º de    N.º de    N.º de    N.º de
terminal  terminal  terminal  terminal
```

Módem nulo.

módem vocal *s.* **1.** (*voice modem*) Un dispositivo de modulación/demodulación que incluye un conmutador para pasar de un modo de transmisión de datos a un modo de comunicación telefónica, y viceversa. Este tipo de dispositivo puede contener un altavoz y un micrófono integrados para comunicación vocal, aunque más a menudo utilizan la tarjeta de sonido de la computadora. *Véase también* módem; tarjeta de sonido; telefonía. **2.** (*voice-capable modem*) Un módem que puede soportar aplicaciones de mensajería vocal además de sus funciones normales de transmisión de datos.

moderado *adj.* (*moderated*) Sujeto a revisión por un moderador, que puede eliminar los mensajes o artículos irrelevantes o controvertidos antes de redistribuirlos a través de un grupo de noticias, lista de correo u otro sistema de mensajería.

moderador *s.* (*moderator*) En algunos grupos de noticias Internet y listas de correo, es una persona que filtra todos los mensajes antes de distribuirlos a los miembros del grupo de noticias o lista. El moderador descarta o edita los mensajes que no se consideren apropiados. *Véase también* lista de correo; grupo de noticias.

modificación de direcciones *s.* (*address modification*) El proceso de actualizar una dirección de una posición de memoria durante el procesamiento.

modificar estructura *s.* (*modify structure*) Operador disponible en algunos sistemas de gestión de bases de datos que permite añadir o borrar campos (columnas) sin necesidad de reconstruir toda la base de datos.

modo *s.* (*mode*) El estado operacional de una computadora o programa. Por ejemplo, el modo de edición es el estado en el cual un programa acepta que se realicen cambios en un archivo. *Véase también* modo de dirección; modo de compatibilidad; modo a prueba de fallos; modo de vídeo; modo real virtual.

modo 8086 virtual *s.* (*virtual 8086 mode*) *Véase* modo real virtual.

modo 86 virtual *s.* (*virtual 86 mode*) *Véase* modo real virtual.

modo a prueba de fallos *s.* (*safe mode*) En algunas versiones de Windows, como, por ejemplo, Windows 95, un modo de arranque que omite los archivos de inicio y carga sólo los controladores más básicos. El modo a prueba de fallos permite al usuario corregir algunos problemas del sistema; por ejemplo, cuando el sistema no arranca o cuando el registro está corrompido. *Véase también* arranque.

modo alfanumérico *s.* (*alphanumeric mode*) *Véase* modo de texto.

modo apaisado *s.* (*landscape mode*) Orientación de impresión horizontal en la que el texto o las imágenes se imprimen «de lado», es decir, la anchura de la imagen en la página es mayor que la altura. *Compárese con* modo vertical.

modo borrador *s.* (*draft mode*) Modo de impresión de baja calidad y alta velocidad disponible en la mayoría de las impresoras matriciales. *Véase también* impresora matricial; calidad de borrador; calidad de impresión.

modo carácter *s.* (*character mode*) *Véase* modo de texto.

modo comando *s.* (*command mode*) Modo de operación en el que un programa espera a que un comando sea ejecutado. *Compárese con* modo de edición; modo de inserción.

modo completo *s.* (*full mode*) El estado operativo predeterminado de Windows Media Player en el que se muestran todas sus características. El reproductor Windows Media Player también puede aparecer en modo máscara. *Véase también* modo máscara.

modo con direccionamiento de puntos *s.* (*dot-addressable mode*) Modo de operación en el que un programa informático puede direccionar («apuntar a») puntos individuales de la pantalla o de los caracteres impresos. *Véase también* completamente direccionable.

modo conversacional *s.* (*conversational mode*) *Véase* conversacional.

modo de atracción *s.* (*attract mode*) En los juegos de galería comerciales, cuando un juego operado por monedas no está siendo utilizado, la pantalla muestra una secuencia de imágenes denominada «modo atracción». El objetivo es tentar a los potenciales jugadores e ilustrar el juego con las reglas del mismo. Asimismo, al cambiar constantemente la imagen de pantalla, el modo atracción evita que la pantalla se queme. *Véase también* juego de galería; quemar.

modo de compatibilidad *s.* (*compatibility mode*) Modo en el que el hardware o el software en un sistema soporta las operaciones de software de otro sistema. El término a menudo hace referencia a la capacidad de los sistemas operativos avanzados diseñados para los microprocesadores Intel (por ejemplo, OS/2 y Windows NT) de ejecutar software de MS-DOS o a la capacidad de algunas estaciones de trabajo de UNIX y de algunos sistemas de Apple Macintosh de ejecutar software de MS-DOS.

modo de dirección *s.* (*address mode*) El método utilizado para indicar una dirección en memoria. *Véase también* dirección absoluta; dirección indexada; dirección paginada; dirección relativa.

modo de edición *s.* (*edit mode*) El modo de un programa en el que un usuario puede realizar cambios en un documento, como, por ejemplo, insertar o borrar datos o texto. *Compárese con* modo comando.

modo de escritura *s.* (*write mode*) En operaciones de computadoras, el estado en el que un programa puede escribir (grabar) información en un archivo. En el modo de escritura, el programa permite realizar cambios en la información existente. *Compárese con* sólo lectura.

modo de impresión *s.* (*print mode*) Término genérico para el formato de salida de impresión de una impresora. Los modos de impresión van desde el modo de orientación del papel, vertical u horizontal, hasta la calidad de la letra y el tamaño de la impresión. Las impresoras matriciales de puntos soportan dos modos de impresión: borrador y calidad de carta (LQ) o calidad de casi carta (NLQ). Algunas impresoras pueden interpretar tanto el texto sin formato (ASCII) como un lenguaje de definición de página, como, por ejemplo, PostScript. *Véase también* PostScript; impresora.

modo de inserción *s.* (*insert mode*) Modo de operación en el que un carácter escrito en un documento o en una línea de comandos empuja a los siguientes caracteres existentes hacia la derecha en la pantalla en lugar de sobrescribirlos. El modo de inserción es el opuesto del modo de sobrescritura, en el que los nuevos caracteres reemplazan a los siguientes caracteres existentes. La tecla o combinación de teclas utilizada para cambiar entre modos varía de un programa a otro, pero la tecla Insertar es la que se usa con más frecuencia. *Compárese con* modo de sobrescritura.

modo de reposo *s.* (*sleep mode*) Modo de administración de energía que desactiva todas las operaciones de la computadora innecesarias para ahorrar energía después de no recibir datos desde un dispositivo de entrada u otra actividad durante un período de tiempo especificado. Una computadora en modo de reposo normalmente se activa al recibir una señal de entrada por parte de un usuario o de la red, como, por ejemplo, una entrada de teclado o una llamada entrante a través de un módem. Muchos dispositivos alimentados por baterías, entre los que se incluyen las computadoras portátiles, soportan el modo de reposo. *Véase también* PC ecológico; dormir; comando Suspender.

modo de ruptura *s.* (*break mode*) Suspensión temporal de la ejecución de un programa mientras se está en el entorno de desarrollo. En el modo de ruptura, se puede examinar, depurar, reiniciar, avanzar o continuar con la ejecución del programa.

modo de sobrescritura *s.* (*overwrite mode*) Modo de entrada de texto en el que los nuevos caracteres escritos sustituyen a los caracteres existentes que se encuentren debajo o a la izquierda del punto de inserción del cursor. *Compárese con* modo de inserción.

modo de texto *s.* (*text mode*) Modo de visualización en el que el monitor puede mostrar letras, números y otros caracteres de texto, pero no imágenes gráficas o formatos de caracteres (cursivas, superíndice, etc.) en pantalla. *También llamado* modo alfanumérico, modo carácter. *Compárese con* modo gráfico.

modo de transferencia asíncrono *s.* (*Asynchronous Transfer Mode*) *Véase* ATM.

modo de vídeo *s.* (*video mode*) La manera en que la adaptadora de vídeo de una computadora y el monitor muestran las imágenes en pantalla. Los modos más comunes son el modo de texto (modo carácter) y el modo gráfico. En el modo de texto, los caracteres incluyen letras, números y ciertos símbolos, ninguno de los cuales se «dibujan» en la pantalla punto a punto. Por contraste, el modo gráfico produce todas las imágenes de pantalla, ya sean texto o gráficos, mediante patrones de píxeles (puntos) que se dibujan píxel a píxel.

modo elaborado *s.* (*cooked mode*) Una de las dos formas (siendo la otra el modo en bruto) en las que un sistema operativo tal como UNIX o MS-DOS «ve» el descriptor, o identificador, de un dispositivo basado en caracteres. Si el descriptor se encuentra en modo elaborado, el sistema operativo almacena cada carácter en un búfer y realiza un tratamiento especial de los retornos de carro, de los marcadores de fin de archivo y de los caracteres de avance de línea y de tabulación, enviando una línea de datos a un dispositivo, como, por ejemplo, la pantalla, únicamente después de haber leído un retorno de carro o un carácter de fin de archivo. En el modo elaborado, a menudo se suelen proporcionar automáticamente como eco hacia la pantalla (es decir, se suelen visualizar) los caracteres leídos desde la entrada estándar. *Compárese con* modo sin formato.

modo gráfico *s.* (*graphics mode*) **1**. Conjunto específico de valores de color y resolución, a menudo relacionado con un adaptador particular de vídeo, como el modo VGA de 16 colores y 640 × 480 píxeles de pantalla. *Véase también* alta resolución; baja resolución; resolución. **2**. En computadoras tales como el IBM PC, es el modo de visualización en el que las líneas y caracteres de la pantalla se dibujan píxel a píxel. Puesto que en el modo gráfico las imágenes se crean a partir de puntos individuales en la pantalla, los programas disponen de una mayor flexibilidad para la creación de imágenes de la que tienen en el modo texto (o modo carácter). Así, la computadora puede mostrar un puntero de ratón con forma de flecha, o con cualquier otra forma, en lugar de mostrar un rectángulo parpadeante y puede mostrar los atributos de los caracteres, como, por ejemplo, negrita y cursiva, de la forma en que aparecerían si se imprimieran los caracteres en lugar de utilizar convenios sustitutivos, tales como el resaltado, el subrayado o los colores alternativos. *Compárese con* modo de texto.

modo máscara *s.* (*skin mode*) Estado operacional de varios reproductores multimedia, entre los que se encuentran RealPlayer, Winamp y Windows Media Player, en el que la interfaz de usuario se personaliza y se muestra como una máscara. A menudo, algunas características del reproductor no son accesibles en modo máscara. El modo máscara se denominaba modo compacto en Windows Media Player 7. *Véase también* modo completo.

modo MS-DOS *s.* (*MS-DOS mode*) Shell en el que se emula el entorno MS-DOS en sistemas de 32 bits como Windows 95. *Véase también* MS-DOS; shell.

modo privilegiado *s.* (*privileged mode*) Modo de ejecución soportado por el modo protegido de los microprocesadores 80286 y superiores de Intel en el que el software puede llevar a cabo operaciones restringidas que manipulan componentes críticos del sistema, como la memoria y los puertos (canales) de entrada/salida. Los programas de aplicación no pueden ejecutarse en modo privilegiado; el núcleo (*kernel*) del sistema operativo OS/2 sí puede hacerlo, así como los programas (controladores de dispositivo) que controlan los dispositivos conectados al sistema.

modo protegido *s.* (*protected mode*) Uno de los modos de operación de los microprocesadores Intel 80286 y superiores que soporta espacios de direcciones más grandes y características más avanzadas que las del modo real. Cuando se inician en modo protegido, estas UCP proporcionan soporte de hardware para la multitarea, mecanismos de seguridad de datos y gestión de memoria virtual. Los sistemas operativos Windows (versión 3.0 y posteriores) y OS/2 funcionan en modo protegido, al igual que la mayoría de las versiones de UNIX para estos microprocesadores. *Compárese con* modo real.

modo ráfaga *s.* (*burst mode*) Método de transferencia de datos en el que la información se agrupa y se envía como una unidad en una transmisión de alta velocidad. En el modo ráfaga, un dispositivo de entrada/salida toma el control de un canal multiplexador durante el tiempo necesario para enviar sus datos. En efecto, el multiplexador, el cual normalmente combina la entrada procedente de varias fuentes en un solo flujo de datos de alta velocidad, se convierte en un canal dedicado a las necesidades de un dispositivo hasta que la transmisión completa ha sido enviada. El modo ráfaga se utiliza tanto en comunicaciones como entre los dispositivos de un sistema informático. *Véase también* ráfaga; trocear.

modo real *s.* (*real mode*) Uno de los modos de operación en la familia de microprocesadores Intel 80x86. En modo real, el procesador puede ejecutar un solo programa a la vez. No puede acceder a más de 1 MB de memoria, pero puede acceder libremente a la memoria del sistema y a los dispositivos de entrada/salida. El modo real es el único modo posible en el procesador 8086 y es el único modo operativo que soporta MS-DOS. Por el contrario, el modo protegido que ofrecían los microprocesadores 80286 y superiores proporciona los mecanismos de gestión de memoria y de protección de memoria necesarios para un entorno multitarea como Windows. *Véase también* 8086; modo privilegiado. *Compárese con* modo protegido; modo real virtual.

modo real virtual *s.* (*virtual real mode*) Característica de los microprocesadores Intel 80386 (SX y DX) y posteriores que les permite emular varios entornos 8086 (modo real) a la vez. El microprocesador proporciona un conjunto de registros virtuales y de espacio de memoria virtual a cada entorno 8086 virtual. Un programa que se ejecuta en un entorno 8086 virtual está completamente protegido de otros entornos 8086 virtuales que haya en el sistema y se comporta como si tuviera el control del sistema completo. *También llamado* modo V86, modo 8086 virtual, modo 86 virtual. *Véase también* modo real.

modo respuesta *s.* (*answer mode*) Una configuración que permite a un módem responder automáticamente a una llamada entrante. Se utiliza en todas las máquinas de fax. *También llamado* respuesta automática.

modo saturado *s.* (*saturated mode*) El estado en el que un dispositivo de conmutación o amplificador está dejando pasar la máxima corriente posible. Un dispositivo se encontrará en modo saturado cuando al incrementar la señal de control no se obtiene como salida una mayor corriente.

modo sin formato *s.* (*raw mode*) Modo en el que los sistemas operativos UNIX y MS-DOS «ven» un dispositivo basado en caracteres. Si el identificador del dispositivo indica modo sin formato, el sistema operativo no filtrará los caracteres de entrada ni dará un tratamiento especial a los retornos de carro, marcadores de fin de archivo ni caracteres de tabulación y avance en línea. *Compárese con* modo elaborado.

modo suspendido *s.* (*suspend mode*) *Véase* modo de reposo.

modo teletipo *s.* (*teletype mode*) Modo de operación en el que una computadora o una aplicación limita sus acciones a las características de un teletipo (TTY). En la pantalla, por ejemplo, el modo teletipo significa que sólo pueden mostrarse caracteres alfanuméricos y son simplemente «escritos» en la pantalla, una letra detrás de otra, y no pueden colocarse en cualquier posición deseada. *Véase también* TTY.

modo V86 *s.* (*V86 mode*) *Véase* modo real virtual.

modo vertical *s.* (*portrait mode*) Orientación de impresión vertical en la que se imprime un documento a lo largo de la dimensión más estrecha de una hoja de papel rectangular. Éste es el modo de impresión utilizado en la mayoría de cartas, informes y otros documentos similares. *Compárese con* modo apaisado.

Modula-2 *s.* Lenguaje modular de alto nivel diseñado en 1980 por Niklaus Wirth. Derivado del Pascal, el Modula-2 es notable por su énfasis en la programación modular, su temprano soporte para la abstracción de datos y su falta de funciones y procedimientos estándar. *Véase también* programación modular.

modulación *s.* (*modulation*) **1.** En comunicaciones informáticas, es el mecanismo mediante el cual un módem convierte la información digital enviada por una computadora en señales de audio que se envían a través de la línea telefónica. **2.** El proceso de cambiar o regular las características de una onda portadora que vibra con una cierta amplitud (altura) y frecuencia (temporización) de modo que las variaciones representen información significativa.

modulación con código trellis *s.* (*trellis-coded modulation*) Forma mejorada de la modulación de amplitud en cuadratura utilizada en los módems que operan a 9.600 bps (bits por segundo) o más. La modulación con código trellis codifica la información en forma de conjuntos distintivos de bits asociados con cambios tanto de la fase como de la amplitud de la portadora y utilizando puntos de señal adicionales para los bits de comprobación de errores. *Acrónimo:* TCM. *Véase también* modulación de amplitud en cuadratura.

modulación de amplitud *s.* (*amplitude modulation*) Un método de codificar información en una transmisión, como, por ejemplo, vía radio, utilizando una onda portadora de frecuencia constante, pero de amplitud variable. Véase la ilustración. *Acrónimo:* AM. *Compárese con* modulación de frecuencia.

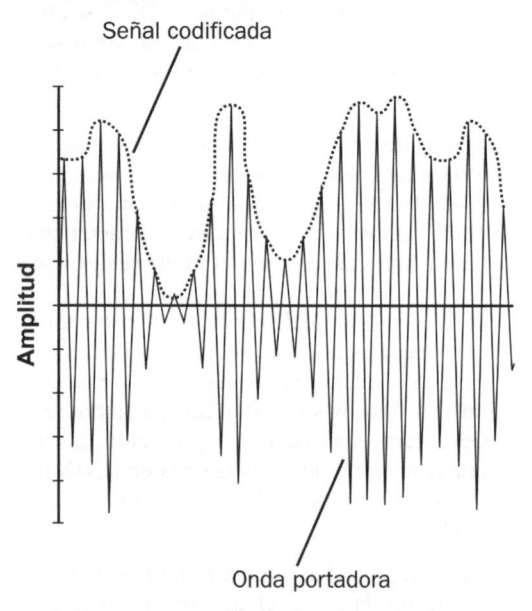

Modulación de amplitud.

modulación de amplitud en cuadratura *s.* (*quadrature amplitude modulation*) En comunicaciones, un método de codificación que combina la modulación de amplitud y la modulación de fase para crear una constelación de puntos de señal, representando cada uno de ellos una combinación exclusiva de bits que puede identificarse con un estado posible en el que puede encontrarse la onda portadora. *Acrónimo:* QAM. *Véase también* modulación de amplitud; constelación; modulación por desplazamiento de fase; modulación con código trellis.

modulación de anchura de impulsos *s.* (*pulse width modulation*) *Véase* modulación de impulsos en duración.

modulación de fase *s.* (*phase modulation*) Método para aprovechar la información contenida

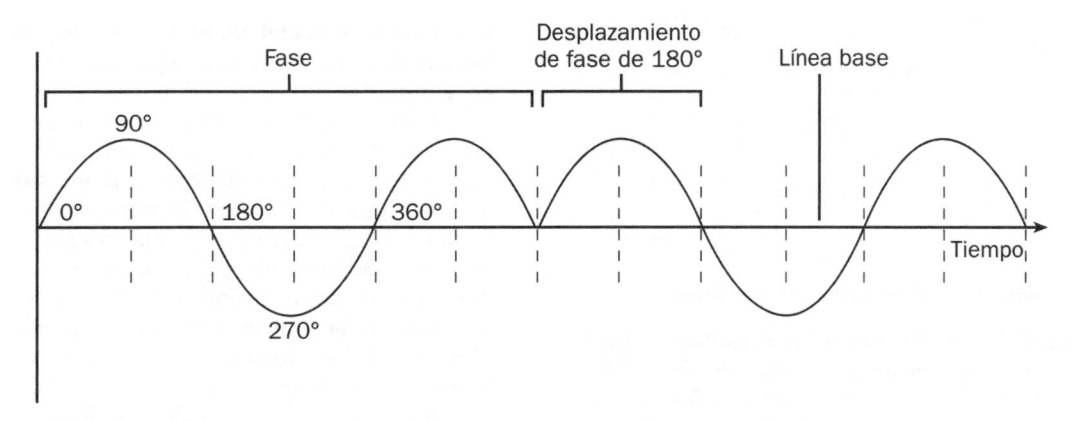

Modulación de fase.

en una forma de onda por medio del desplazamiento de la fase de la onda para representar la información, como, por ejemplo, los dígitos binarios 0 y 1. Véase la ilustración. *Véase también* modulación por desplazamiento de fase.

modulación de frecuencia *s.* (*frequency modulation*) Forma de codificar información en una señal eléctrica variando su frecuencia. La banda de radio FM utiliza modulación de frecuencia, como también lo hace la parte de audio de las radiodifusiones de televisión. Véase la ilustración. *Acrónimo:* FM. *Compárese con* modulación de amplitud.

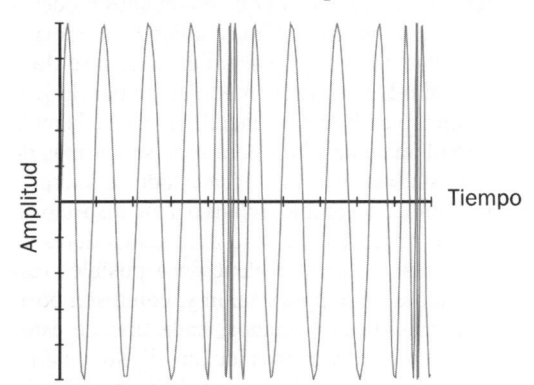

Modulación de frecuencia.

modulación de impulsos codificados *s.* (*pulse length modulation*) *Véase* modulación de impulsos en duración.

modulación de impulsos en duración *s.* (*pulse duration modulation*) Método de codificación de la información en una señal mediante la variación de la duración de los impulsos. La señal no modulada consta de un tren continuo de impulsos de frecuencia, duración y amplitud constantes. Durante la modulación, las duraciones de los impulsos cambian para reflejar la información que está siento codificada. Véase la ilustración. *Acrónimo:* PDM. *También llamado* modulación de longitud de impulsos, modulación de anchura de impulsos.

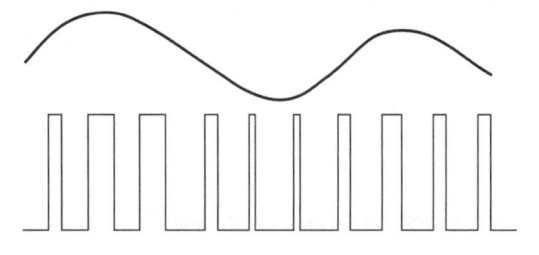

Modulación de impulsos en duración.

modulación de impulsos en posición *s.* (*pulse position modulation*) Método de codificación de la información en una señal mediante la variación de la posición de los impulsos. La señal no modulada consta de un tren continuo de impulsos de frecuencia, duración y amplitud constantes. Durante la modulación, las posiciones de los impulsos cambian para reflejar la información que está siento codificada. Véase la ilustración. *Acrónimo:* PPM. *Compárese con* modulación de pulso en amplitud; modulación por impulsos codificados; modulación de impulsos en duración.

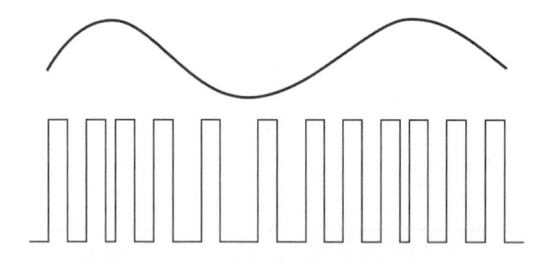

Modulación de impulsos en posición.

modulación de pulsos en amplitud *s.* (*pulse amplitude modulation*) Método de codificación de la información en una señal mediante la variación de la amplitud de los pulsos. La señal no modulada consta de un tren continuo de pulsos de frecuencia, duración y amplitud constantes. Durante la modulación se modifican las amplitudes del pulso para reflejar la información que está siendo codificada. Véase la ilustración. *Acrónimo:* PAM. *Compárese con* modulación por impulsos codificados; modulación de impulsos en duración; modulación de impulsos en posición.

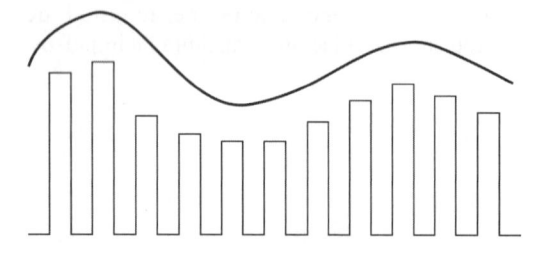

Modulación de pulsos en amplitud.

modulación delta adaptativa por impulsos codificados *s.* (*adaptive delta pulse code modulation*) Una clase de algoritmos de compresión para codificación y decodificación usados en compresión de audio y en otras aplicaciones de compresión de datos. Estos algoritmos almacenan señales muestreadas digitalmente como una serie de cambios de valor adaptando el rango del cambio con cada muestra según sea necesario, lo que incrementa el número efectivo de bits de resolución de los datos. *Acrónimo:* ADPCM. *Véase también* modulación por impulsos codificados. *Compárese con* modulación diferencial adaptativa por impulsos codificados.

modulación diferencial adaptativa por impulsos codificados *s.* (*adaptive differential pulse code modulation*) Un algoritmo de compresión de audio digital que almacena una muestra como la diferencia entre una combinación lineal de las muestras anteriores y la muestra actual en lugar de almacenar la propia medida. La fórmula utilizada para la combinación lineal se modifica cada pocas muestras para minimizar el rango dinámico de la señal de salida, lo que permite un almacenamiento más eficiente. *Véase también* modulación por impulsos codificados. *Compárese con* modulación delta adaptativa por impulsos codificados.

modulación por desplazamiento de fase *s.* (*phase-shift keying*) Método de comunicaciones utilizado por los módems para codificar datos que emplea los desplazamientos de fase de la onda portadora para representar la información digital. En su forma más simple, la modulación por desplazamiento de fase permite que la fase de la onda portadora se encuentre en uno de estos dos estados: desplazada 0 grados o desplazada 180 grados, lo que equivale en la práctica a invertir la fase de la onda. Esta sencilla modulación por desplazamiento de fase sólo es útil, no obstante, cuando cada fase puede ser comparada con un valor de referencia fijo, de manera que en muchos módems se utiliza una técnica más sofisticada llamada modulación por desplazamiento de fase diferencial o DPSK. En la modulación por desplazamiento de fase diferencial, la fase de la onda portadora se desplaza para representar más de dos estados posibles y cada estado se interpreta como un cambio relativo con respecto al estado precedente. No se necesitan valores de referencia ni prestar atención a posibles restricciones de temporización y, como son posibles más de dos estados, cada uno de éstos puede representar más de un dígito binario. *Acrónimo:* PSK. *Véase también* modulación de fase.

modulación por desplazamiento de fase diferencial *s.* (*differential phase-shift keying*) *Véase* modulación por desplazamiento de fase.

modulación por desplazamiento de frecuencia *s.* (*frequency-shift keying*) *Véase* FSK.

modulación por impulsos codificados *s.* (***pulse code modulation***) Método de codificación de la información en una señal por medio de la variación de la amplitud de los impulsos. A diferencia de la modulación de impulsos en amplitud (PAM), en la que la amplitud del impulso puede variar constantemente, la modulación por impulsos codificados limita las amplitudes de los impulsos a varios valores predefinidos. Dado que la señal es discreta, es decir, digital, en lugar de analógica, la modulación por impulsos codificados es más inmune al ruido que la modulación PAM. *Acrónimo:* PCM. *Compárese con* modulación de pulso en amplitud; modulación de impulsos en duración; modulación de impulsos en posición.

modulación por variación de amplitud *s.* (***amplitude shift keying***) Una forma de modulación de amplitud que utiliza dos diferentes alturas de onda para representar los valores binarios 1 y 0. *Acrónimo:* ASK. *Véase también* modulación de amplitud.

modular *vb.* (***modulate***) Cambiar de manera intencionada algún aspecto de una señal, normalmente con el propósito de transmitir información.

módulo *s.* **1.** (***module***) En hardware, un componente autocontenido que proporciona una función completa a un sistema y que puede intercambiarse con otros módulos que proporcionen funciones similares. *Véase también* tarjeta de memoria; SIMM. **2.** (***module***) En programación, una colección de rutinas y estructuras de datos que realiza una determinada tarea o implementa un tipo abstracto de datos determinado. Los módulos suelen estar formados por dos partes: una interfaz, que muestra una lista de las constantes, tipos de datos, variables y rutinas a las que pueden acceder otros módulos o rutinas, y una implementación, que es privada (accesible sólo para el módulo) y que contiene el código fuente que implementa realmente las rutinas contenidas en el módulo. *Véase también* tipo de datos abstracto; ocultación de información; Modula-2; programación modular. **3.** (***modulo***) Operación aritmética cuyo resultado es el resto de una operación de división. Por ejemplo, 17 módulo 3 = 2 dado que 17 dividido entre 3 genera un resto de 2. Las operaciones de módulo se utilizan en programación.

módulo cargable *s.* (***load module***) Unidad de código ejecutable cargada en la memoria por el cargador. Un programa consta de uno o más módulos cargables, cada uno de los cuales puede cargarse y ejecutarse independientemente. *Véase también* cargador.

módulo auxiliar *s.* (***add-in***) *Véase* ampliación.

módulo criptográfico hardware *s.* (***hardware cryptographic module***) Hardware diseñado para gestionar las funciones criptográficas necesarias para dotar de seguridad a los datos. Por ejemplo, un módulo criptográfico hardware, o HCM (Hardware Cryptographic Module), se puede utilizar en un servidor web que use SSL para reducir la carga de procesamiento de la UCP y mejorar el rendimiento global, encargándose el módulo de dotar de seguridad a los datos durante las transacciones en línea. El uso de un módulo HCM permite al servidor web continuar procesando más solicitudes de clientes. *Acrónimo:* HCM. *Véase también* SSL.

módulo de ampliación *s.* (***snap-in***) *Véase* aplicación auxiliar.

módulo de memoria *s.* (***memory module***) Tarjeta de circuito, cartucho u otro soporte extraíble que contiene uno o más chips de memoria RAM. *Véase también* tarjeta de memoria; cartucho de memoria; RAM.

módulo de memoria de simple hilera *s.* (***single inline memory module***) *Véase* SIMM.

módulo de servicio *s. Véase* back end.

módulo objeto *s.* (***object module***) En programación, la versión de código objeto (compilado) de un archivo de código fuente, la cual consta normalmente de una colección de rutinas y está lista para ser montada con otros módulos objeto. *Véase también* montador; módulo; código objeto.

módulo vacío *s.* (***dummy module***) Módulo, o grupo de rutinas, que no realiza ninguna función, pero que lo hará en alguna revisión futura; esencialmente, una colección de rutinas vacías. *Véase también* rutina vacía.

MOM *s*. Acrónimo de messaging-oriented middleware (middleware orientado a mensajería). Una clase de programas que traduce los datos y mensajes entre aplicaciones que emplean un determinado formato y servicios de comunicaciones (como, por ejemplo, NetBIOS y TCP/IP) que esperan un formato diferente.

monádico *adj*. (***monadic***) *Véase* unario.

monedero *s*. (***wallet***) En comercio electrónico, es un programa software que contiene la dirección e información de tarjeta de crédito de un usuario para utilizarla a la hora de pagar compras realizadas en línea. Cuando se abre el monedero en el momento de efectuar el pago electrónico, el monedero identifica al usuario ante el servidor del comerciante y permite al usuario autorizar el cargo apropiado en una tarjeta de crédito.

monedero electrónico *s*. (***e-wallet***) Un programa utilizado en comercio electrónico que almacena la información de facturación y de entrega de los clientes para facilitar las transacciones financieras a través de la Web. Un monedero electrónico permite a los clientes introducir instantáneamente información cifrada de envío y facturación a la hora de realizar un pedido en lugar de tener que escribir manualmente la información dentro de un formulario en una página web.

Money *s*. Software de gestión financiera basado en Windows de Microsoft para personas, familias y pequeñas empresas. Money incluye herramientas para gestionar cuentas bancarias e inversiones, realizar presupuestos, estimar los impuestos, realizar planes financieros y abonar facturas.

monitor *s*. El dispositivo en el que se muestran las imágenes generadas por el adaptador de vídeo de una computadora. El término monitor suele hacer referencia a la pantalla de vídeo y a la carcasa que la alberga. El monitor se conecta a la adaptadora de vídeo mediante un cable. *Véase también* CRT.

monitor apaisado *s*. (***landscape monitor***) Monitor que es más ancho que alto. Los monitores apaisados normalmente son un 33 por 100 más anchos que altos (aproximadamente la misma proporción que una pantalla de televisión). *Compárese con* monitor de página completa; monitor vertical.

monitor de página completa *s*. (***full-page display***) Pantalla de vídeo de tamaño y resolución suficientes como para mostrar imágenes de al menos 8 pulgadas y media por 11 pulgadas. Este tipo de pantalla resulta útil para aplicaciones de autoedición. *Acrónimo:* FPD. *Véase también* monitor vertical.

monitor de pantalla plana *s*. (***flat panel monitor***) Monitor de equipo de sobremesa que utiliza una pantalla de cristal líquido (LCD) en lugar de un tubo de rayos catódicos (TRC) para mostrar los datos. Los monitores de pantalla plana no son tan anchos como los monitores de TRC, por lo que ocupan mucho menos espacio físico.

monitor de papel blanco *s*. (***paper-white monitor***) Monitor de visualización en el que el texto y los caracteres gráficos se muestran en negro sobre un fondo blanco de forma similar a una página impresa. Algunos fabricantes utilizan el nombre para hacer referencia a un fondo que está tintado de modo semejante al papel encuadernado.

monitor de procesamiento de transacciones *s*. (***transaction processing monitor***) *Véase* monitor TP.

monitor de rendimiento *s*. (***performance monitor***) Proceso o programa que evalúa y registra información sobre distintos dispositivos del sistema y otros procesos.

monitor de teleproceso *s*. (***teleprocessing monitor***) *Véase* monitor TP.

monitor en color *s*. (***color monitor***) Dispositivo de vídeo diseñado para funcionar con una tarjeta o adaptador de vídeo y que produce texto o imágenes gráficas en color. Un monitor en color, a diferencia de uno monocromo, tiene una pantalla recubierta por dentro con patrones de tres tipos de fósforo que resplandecen en rojo, verde y azul cuando incide sobre ellos un haz de electrones. Para crear colores como el amarillo, el rosa o el naranja, los tres fósforos se iluminan al mismo tiempo con intensidades variables. Una tarjeta de vídeo que utilice grupos grandes de bits (6 o más) para describir los colores y que genere señales analógicas (continuamente variables) es capaz de generar una enorme gama potencial de colores en un monitor en color. *Véase también* color; modelo de color; Cycolor.

monitor hardware *s*. (*hardware monitor*) Placa de circuito independiente utilizada para vigilar el rendimiento de un sistema hardware/software. Un monitor hardware puede detectar la causa de un error fatal, como, por ejemplo, un fallo catastrófico del sistema, mientras que un monitor software o depurador no puede. *Compárese con* depurador.

monitor monocromo *s*. (*monochrome monitor*) *Véase* pantalla monocroma.

monitor multibarrido *s*. (*multiscan monitor*) Monitor de computadora capaz de adaptarse a diferentes frecuencias de vídeo para acomodarse a múltiples resoluciones de pantalla y para soportar diferentes adaptadores de vídeo y métodos de visualización gráfica.

monitor RGB *s*. (*RGB monitor*) Monitor en color que recibe las señales correspondientes a los niveles de rojo, verde y azul a través de líneas separadas. Un monitor RGB normalmente produce imágenes más nítidas y claras que las generadas por un monitor compuesto, el cual recibe los niveles para los tres colores a través de una sola línea. *Véase también* RGB. *Compárese con* pantalla de vídeo compuesto.

monitor TP *s*. (*TP monitor*) Abreviatura de monitor de teleproceso o monitor de procesamiento de transacciones. Un programa que controla la transferencia de datos entre terminales (o clientes) y una computadora mainframe (o uno o más servidores) para proporcionar un entorno coherente para una o más aplicaciones de procesamiento interactivo de transacciones (OLTP). Los monitores TP también pueden controlar la apariencia de la información mostrada en pantalla y comprobar los datos de entrada para verificar que tienen el formato adecuado. *Véase también* cliente; mainframe, computadora; OLTP; servidor.

monitor vertical *s*. (*portrait monitor*) Monitor con pantalla más alta que ancha. Las proporciones de la pantalla (pero no necesariamente el tamaño) son normalmente las mismas que las de una hoja de papel de 19,5 por 25,5 cm. *Compárese con* monitor apaisado.

monitor virtual *s*. (*virtual monitor*) Sistema de visualización mejorado para usuarios con problemas de visión que utiliza un equipo de realidad virtual para desplazar un texto ampliado por la pantalla en dirección opuesta al movimiento de la cabeza. *Véase también* realidad virtual.

monitorización de red remota *s*. (*remote network monitoring*) *Véase* RMON.

monocromo *adj*. (*monochrome*) Perteneciente, relativo o referido a un monitor que muestra imágenes en un solo color, negro sobre blanco (como en las primeras pantallas monocromas de Macintosh), o ámbar o verde sobre negro (como en los primeros monitores monocromos de IBM y otros). El término también se aplica a un monitor que sólo muestra niveles variables de un mismo color, como, por ejemplo, los monitores en escala de grises.

monoespaciado *s*. (*monospacing*) Tipo de espaciado de impresión y de visualización en el que cada carácter ocupa la misma cantidad de espacio horizontal en la línea independientemente de si el carácter es ancho (como la *m*) o estrecho (como la *I*). *También llamado* espaciado de paso fijo, espaciado fijo, espaciado de anchura fija. *Véase también* fuente monoespaciada. *Compárese con* espaciado proporcional.

monotarjeta *adj*. (*single-board*) Perteneciente o relativo a una computadora que ocupa una única tarjeta de circuito y que normalmente no tiene capacidad para tarjetas adicionales.

montado en bastidor *adj*. (*rack-mounted*) Construido para ser instalado en un marco de metal o carcasa de anchura estándar (normalmente, de 19 o 23 pulgadas) y sistemas de montaje también estándar.

montador *s*. (*linker*) Programa que enlaza módulos compilados y archivos de datos para crear un programa ejecutable. Un montador

montaje

también puede realizar otras funciones, como crear bibliotecas. *Véase también* biblioteca; tiempo de montaje; creación de programas.

montaje *s.* (*mount*) En NFS, una carpeta o archivo extraídos de otro lugar de la red y a los que se accede localmente. *Véase también* NFS.

montaje inteligente de programas *s.* (*smart linkage*) Característica de los lenguajes de programación que garantiza que las rutinas serán siempre llamadas con los tipos de parámetros correctos. *Véase también* montador.

montar *vb.* **1.** (*mount*) Hacer que un disco físico o una cinta sea accesible para el sistema de archivos de una computadora. El término se usa normalmente para describir el acceso a discos en las computadoras basadas en Macintosh y en UNIX. **2.** (*trap*) Solapar ligeramente los colores adyacentes para preparar el material para su impresión. Los programas de maquetación y de preimpresión montan los colores para evitar que aparezcan huecos entre ellos causados por pequeñas variaciones en el ajuste de las planchas de color durante la impresión.

montón *s.* (*heap*) *Véase* cúmulo de memoria.

montón de aplicación *s.* (*application heap*) *Véase* cúmulo de aplicación.

MOO *s.* Abreviatura de MUD, object-oriented (mazmorra multiusuario orientada a objetos). Tipo de entorno virtual de Internet similar a una mazmorra multiusuario utilizada para juegos, pero basado en un lenguaje orientado a objetos y centrado más en programación que en los propios juegos. *Véase también* MUD.

.moov *s.* Una extensión de archivo que indica un archivo de vídeo QuickTime MooV para una computadora Macintosh. *Véase también* MooV.

MooV *s.* El formato de archivo para películas QuickTime que almacena pistas sincronizadas de control, vídeo, audio y texto. *Véase también* QuickTime.

morphing *s. Véase* metamorfosis.

MOS *s.* Acrónimo de metal-óxido semiconductor. Tecnología de circuitos integrados con la que se construyen los transistores FET colocando una capa aislante de dióxido de silicio entre un electrodo de puerta de metal y un canal semiconductor. Los diseños MOS son ampliamente utilizados tanto en componentes discretos como en circuitos integrados. Los circuitos integrados MOS tienen las ventajas de una alta densidad de componente, una alta velocidad y un bajo consumo de potencia. Los dispositivos MOS se dañan fácilmente con la electricidad estática, por lo que, antes de insertarse en un circuito, deben mantenerse con sus conectores rodeados de espuma conductora para evitar así la acumulación de cargas estáticas. *Véase también* FET; MOSFET.

MOS de canal *n s.* (*N-channel MOS*) *Véase* NMOS.

MOS de canal *p s.* (*P-channel MOS*) *Véase* PMOS.

Mosaic *s.* El primer explorador World Wide Web popular con capacidades gráficas. Estrenado en Internet a principios de 1993 por el NCSA (National Center for Supercomputing Applications, Centro nacional de Estados Unidos para aplicaciones de supercomputación), situado en la Universidad de Illinois, en Urbana-Champaign, Mosaic está disponible en versiones gratuitas y versiones de libre distribución para Windows, Macintosh y sistemas X Window. Mosaic se distinguía de otros exploradores web antiguos por su facilidad de uso y su adición de imágenes incrustadas a los documentos web. *También llamado* NCSA Mosaic.

moscas *s.* (*flies*) En marketing a través de la Web y en desarrollo web, las personas que invierten un tiempo significativo en navegar a través de la Web y que son el blanco de determinadas campañas publicitarias y determinados tipos de contenido web.

MOSFET *s.* Acrónimo de MOS field-effect transistor (transistor MOS de efecto de campo). Tipo común de transistor de efecto de campo en el que una capa de dióxido de silicio aísla la puerta de metal del canal de corriente presente en el semiconductor. Los transistores MOSFET poseen una impedancia de entrada extremadamente alta y, por tanto, no requieren prácticamente potencia de excitación. Se emplean en muchas aplicaciones de audio, incluyendo los circuitos amplificadores de alta ganancia. Como todos los dispositivos MOS (metal-óxido semiconductor), los MOSFET se dañan fácilmente con la electricidad estática. Véase la ilustración. *Véase también* FET; MOS.

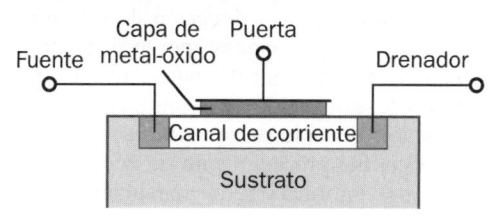

Mosfet.

MOTD *s. Véase* mensaje del día.

Motion JPEG *s.* Un estándar para almacenar películas de vídeo, propuesto por el JPEG (Joint Photographic Experts Group), que utiliza compresión de imágenes JPEG para cada una de las imágenes de la película. *Véase también* JPEG. *Compárese con* MPEG.

motor *s.* (***engine***) Procesador o parte de un programa que determina cómo el programa gestiona y manipula los datos. El término motor se utiliza a menudo en relación con un uso específico; por ejemplo, un motor de base de datos contiene las herramientas para manipular una base de datos y un motor de búsqueda web tiene la capacidad de buscar índices de la World Wide Web para establecer la correspondencia con una o más palabras clave que el usuario haya introducido. *Compárese con* procesador de servicio; procesador frontal.

motor analítico *s.* (***Analytical Engine***) Una máquina de cálculo mecánica diseñada por el matemático británico Charles Babbage en 1833, pero que nunca llegó a ser completada. Fue la primera computadora digital de propósito general. *Véase también* Motor de diferencias.

motor de base de datos *s.* (***database engine***) El módulo o módulos de programa que proporcionan acceso a un sistema de gestión de bases de datos (DBMS).

motor de búsqueda *s.* (***search engine***) **1**. Un programa que busca palabras clave en documentos o en una base de datos. **2**. En Internet, un programa que busca palabras clave en archivos y documentos contenidos en la World Wide Web, en grupos de noticias, en menús Gopher y archivos FTP. Algunos motores de búsqueda sólo se utilizan para un único sitio Internet, como, por ejemplo, los motores de búsqueda dedicados contenidos en un sitio web concreto. Otros motores permiten realizar búsquedas en diversos sitios utilizando agentes, tales como las arañas, para recopilar listas de documentos y archivos disponibles y almacenar estas listas en bases de datos que los usuarios pueden explorar mediante palabras clave. Como ejemplos de este último tipo de motor de búsqueda, podemos citar Lycos y Excite. La mayor parte de los motores de búsqueda residen en un servidor. *Véase también* agente; FTP; Gopher; grupo de noticias; araña; World Wide Web.

Motor de diferencias *s.* (***Difference Engine***) Antiguo dispositivo mecánico parecido a una computadora diseñado por el matemático y científico inglés Charles Babbage a principios de la década de 1820. El Motor de diferencias (Difference Engine) pretendía ser una máquina con capacidad para 20 dígitos decimales que podía resolver problemas matemáticos. El concepto de motor de diferencias fue mejorado por Babbage hacia 1830 con el diseño de su famoso Motor analítico, el precursor mecánico de la computadora electrónica. *Véase también* motor analítico.

motor de impresión *s.* (***printer engine***) La parte de una impresora de páginas, como, por ejemplo, una impresora láser, que se encarga de llevar a cabo la impresión. La mayoría de los motores de impresión son cartuchos autocontenidos y sustituibles. El motor es distinto del controlador de impresora, que incluye todo el hardware de procesamiento de la impresora. Los motores de impresión más ampliamente utilizados son los que fabrica Canon. *Compárese con* controlador de impresora.

motor de inferencias *s.* (***inference engine***) La parte de procesamiento de un sistema experto. El motor de inferencias establece correspondencias entre las proposiciones de entrada y los hechos y reglas contenidos en su base de conocimientos y luego extrae una conclusión de acuerdo con la cual actuará el sistema experto.

motor DIB *s.* (***DIBengine***) Software o combinación de hardware y software que produce archivos DIB. *Véase también* DIB.

motor gráfico *s.* (***graphics engine***) **1**. Adaptador de pantalla que gestiona el procesamiento relativo a gráficos de alta velocidad, liberando a la UCP para otras tareas. *También llamado* acelerador gráfico, acelerador de vídeo. **2**. Software que, basándose en los comandos emitidos por una aplicación, envía instrucciones de creación de imágenes gráficas al hardware encargado de crear en la práctica las imágenes. Como ejemplos se pueden citar QuickDraw de Macintosh y GDI (Graphics Device Interface) de Windows.

motor láser *s.* (***laser engine***) *Véase* motor de impresión.

motor paso a paso *s.* (***stepper motor***) Dispositivo mecánico que gira solo una distancia fija cada vez que recibe un impulso eléctrico. Un motor paso a paso es parte de una unidad de disco.

MOUS *s.* Acrónimo de Microsoft Office User Specialist (usuario especialista de Microsoft Office). Titulación otorgada por Microsoft que certifica los conocimientos de una persona acerca de los programas de escritorio de Microsoft Office. *Véase también* MCP.

mouse *s. Véase* ratón.

MouseKeys *s.* Característica de Windows 9x que permite al usuario utilizar el teclado numérico para mover el puntero del ratón. MouseKeys está dirigido, fundamentalmente, a personas con limitaciones físicas que tienen dificultades para mover un ratón convencional. *Véase también* ratón.

.mov *s.* Una extensión de archivo para un archivo de película en formato QuickTime de Apple. *Véase también* QuickTime.

.movie *s. Véase* .mov.

movimiento *s.* (***move***) Comando o instrucción para transferir la información de una dirección a otra. Dependiendo de la operación realizada, un movimiento puede afectar a los datos en la memoria de la computadora o puede afectar al texto o a una imagen gráfica contenidos en un archivo de datos. En programación, por ejemplo, una instrucción de movimiento puede transferir un valor de una dirección de memoria a otra. En las aplicaciones, por otra parte, un comando de movimiento puede recolocar un párrafo de texto o todo o parte de un gráfico desplazándolo de un lugar del documento a otro. A diferencia del procedimiento de copia, el cual duplica la información, un movimiento indica que la información es o puede ser borrada de su localización original. *Compárese con* copiar.

movimiento relativo *s.* (***relative movement***) **1**. En infografía y cinematografía, el movimiento de un objeto en relación con otro, como, por ejemplo, el movimiento de un caballo A desde la perspectiva de un caballo B en una pista de carreras. **2**. Movimiento cuya distancia y dirección son relativas a un punto inicial. Por ejemplo, cuando un puntero de ratón se mueve por la pantalla, las coordenadas de su nueva posición son relativas a la localización anterior del puntero. *Véase también* coordenadas relativas; dispositivo señalador relativo.

Mozilla *s.* **1**. Un apodo del explorador Netscape Navigator (después denominado Netscape Communicator) acuñado por Netscape Corporation. *Véase también* Mosaic; Netscape Navigator. **2**. Desde 1998, fecha en que el código fuente de Communicator fue distribuido de forma gratuita para que cualquier interesado pudiera emplearlo, el nombre de Mozilla se ha extendido hasta convertirse en una referencia genérica a cualquier explorador web que esté basado en el código fuente de Navigator.

mozilla.org *s.* El nombre del grupo encargado por Netscape Corporation para responsabilizarse de todas las cuestiones relacionadas con Mozilla, como, por ejemplo, preguntas, modificaciones del código, informes sobre errores, foros, etc.

MP/M *s.* Acrónimo de Multitasking Program for Microcomputers (programa multitarea para microcomputadoras). Versión multiusuario y multitarea del sistema operativo CP/M. *Véase también* CP/M.

MP3 *s.* Acrónimo de MPEG Audio Layer-3 (audio MPEG nivel 3). Un esquema de codificación digital de audio utilizado para la distribución de música grabada a través de Internet. MP3 comprime el tamaño de un archivo de audio en un factor de 10 o 12 sin degradar seriamente la calidad del sonido, que es equivalente a la de una grabación en CD. Los archivos MP3 tienen la extensión de archivo .mp3. Aunque MP3 es parte de la familia MPEG, se trata de un estándar exclusivamente para audio y no es igual que el ahora inexistente estándar MPEG-3. *Véase también* MPEG-3.

MP3, codificador *s.* (***MP3 encoder***) *Véase* codificador.

MPC *s. Véase* Multimedia PC.

.mpeg *s.* La extensión de archivo que identifica los archivos de vídeo y de sonido comprimidos en el formato MPEG especificado por el grupo MPEG (Moving Pictures Experts Group). *Véase también* MPEG.

MPEG *s.* **1**. Un archivo de audio/vídeo en formato MPEG. Dichos archivos tienen, generalmente, la extensión .mpg. *Véase también* JPEG. *Compárese con* Motion JPEG. **2**. Acrónimo de Moving Pictures Experts Group (grupo de expertos en imágenes en movimiento). Un conjunto de estándares para compresión de audio y vídeo establecido por el comité técnico conjunto ISO/IEC sobre tecnologías de la información. El estándar MPEG tiene diferentes tipos que han sido diseñados para operar en diferentes situaciones. *Compárese con* Motion JPEG.

MPEG-1 *s.* El estándar MPEG original para almacenar y extraer información de audio y vídeo diseñado para la tecnología de CD-ROM. MPEG-1 define un ancho de banda del soporte físico de hasta 1,5 Mbps, 2 canales de audio y una codificación de vídeo no entrelazado. *Véase también* MPEG. *Compárese con* MPEG-2; MPEG-3; MPEG-4.

MPEG-2 *s.* Una extensión del estándar MPEG-1 diseñada para emisiones de televisión, incluyendo HDTV. MPEG-2 define un ancho de banda mayor, de hasta 40 Mbps, 5 canales de audio, un rango más amplio de tamaños de trama y una codificación de vídeo entrelazado. *Véase también* HDTV; MPEG. *Compárese con* MPEG-1; MPEG-3; MPEG-4.

MPEG-3 *s.* Inicialmente, era un estándar MPEG diseñado para televisión de alta definición (HDTV), pero se vio que podía utilizarse MPEG-2 en lugar suyo. Como consecuencia, este estándar fue abandonado. *Véase también* HDTV; MPEG. *Compárese con* MP3; MPEG-1; MPEG-2; MPEG-4.

MPEG-4 *s.* Un estándar actualmente en desarrollo diseñado para videoteléfonos y aplicaciones multimedia. MPEG-4 proporciona un ancho de banda menor, de hasta 64 Kbps. *Véase también* MPEG. *Compárese con* MPEG-1; MPEG-2; MPEG-3.

.mpg *s. Véase* .mpeg.

MPI *s.* Acrónimo de Message Passing Interface (interfaz de paso de mensajes). Una especificación para el paso de mensajes en clústeres de estaciones de trabajo y arquitecturas de procesamiento masivamente paralelo (MPP, massively parallel processing). MPI fue diseñado como propuesta de estándar por el MPI Forum, un comité formado por fabricantes y usuarios.

MPLS *s.* Acrónimo de Multiprotocolo Label Switching (conmutación de etiquetas multiprotocolo). Una técnica basada en estándares que se emplea para gestionar y optimizar el flujo de tráfico en redes a gran escala. En una red MPLS, se asigna a los paquetes entrantes una etiqueta por medio de un encaminador de borde basado en etiquetas (LER, label edge router). Los encaminadores de conmutación de etiquetas (LSR, label switch router) utilizan estas etiquetas para reenviar los paquetes a través de la red a lo largo de una ruta de conmutación de etiquetas (LSP, label switch path). Cada LSR elimina la etiqueta existente y asigna una nueva. MPLS combina las ventajas de los puentes (conmutación de nivel 2, que se emplea en ATM y frame relay) y de los encaminadores (conmutación de nivel 3, utilizada en IP). MPLS sirve para crear redes más rápidas y escalables con el fin de facilitar la gestión de la calidad de servicio y de la clase de

MPOA

servicio, así como el uso de redes privadas virtuales (VPN).

MPOA *s.* Acrónimo de Multi-Protocol Over ATM (multiprotocolo sobre ATM). Una especificación establecida por el ATM Forum (un grupo industrial de fabricantes y usuarios de tecnología ATM) para la integración de ATM en redes Ethernet, token ring y TCP/IP existentes. *Véase también* ATM.

MPP *s. Véase* procesamiento masivamente paralelo; procesador masivamente paralelo.

MPPP *s.* (***Multilink Point-to-Point Protocol***) Acrónimo de Multilink Point-to-Point Protocol (protocolo punto a punto multienlace). Un protocolo Internet que permite a los equipos informáticos establecer múltiples enlaces físicos con el fin de combinar sus anchos de banda. Esta tecnología crea un enlace virtual que tiene más capacidad que un único enlace físico independiente. *Véase también* PPP.

MPR II *s.* Estándar para limitar las emisiones de campos magnéticos y eléctricos de los monitores de vídeo, incluyendo la radiación VFL. MPR II es un estándar voluntario que fue desarrollado en 1987 por el Swedish Board for Measurement and Testing y actualizado en 1990. *Véase también* radiación VLF.

mput *s.* En muchos clientes FTP, es el comando que ordena al cliente local transmitir múltiples archivos hacia el servidor remoto.

MR *s.* Acrónimo de modem ready (módem preparado). Una luz situada en el panel frontal de algunos módems y que indica que el módem está preparado.

MRP *s. Véase* planificación de necesidades materiales.

ms *s. Véase* milisegundo.

MS Audion. *s.* El nombre en código o nombre de trabajo de Windows Media Audio antes de que la tecnología fuera lanzada al mercado por Microsoft. *Véase también* Windows Media Audio.

MSAA *s.* Abreviatura de Microsoft Active Accessibility (accesibilidad activa de Microsoft). *Véase* accesibilidad activa.

MSAU *s. Véase* MAU.

MSB *s. Véase* bit más significativo.

MSC *s. Véase* carácter más significativo.

MSD *s. Véase* dígito más significativo.

MSDN *s.* Acrónimo de Microsoft Developer Network (red de desarrolladores de Microsoft). Una fuente de información y documentación impresa, en CD-DVD y en línea para desarrolladores, que incluye contenido y programas centrados en las actuales tendencias de desarrollo y en las tecnologías Microsoft. Entre las características ofrecidas por MSDN, se incluyen artículos técnicos y material de referencia; información sobre próximas conferencias y eventos; soporte a los desarrolladores mediante interacción mutua, compartición de información e interacción directa con Microsoft, y programas de suscripción de software.

MS-DOS *s.* Abreviatura de Microsoft Disk Operating System (sistema operativo de disco de Microsoft). Un sistema operativo monotarea y monousuario con una interfaz de línea de comandos lanzado al mercado en 1982 para las computadoras IBM PC y compatibles. MS-DOS, al igual que otros sistemas operativos, controla las operaciones del equipo, tales como la entrada y salida de disco, el soporte de vídeo, el teclado y muchas funciones internas relacionadas con la ejecución de programas y el mantenimiento de archivos.

MSDOS.SYS *s.* Uno de los dos archivos ocultos de sistema instalados en un disco de arranque MS-DOS. MSDOS.SYS, denominado IBM-DOS.SYS en las versiones de IBM de MS-DOS, contiene el software que forma el corazón (núcleo) del sistema operativo. *Véase también* IO.SYS.

msec *s. Véase* milisegundo.

MSI *s. Véase* integración a media escala.

MSIL *s. Véase* lenguaje intermedio de Microsoft.

MSN *s.* Acrónimo de Microsoft Network (red de Microsoft). Un servicio en línea y portal Internet inaugurado con la presentación de Windows 95 en agosto de 1995.

MSN Explorer *s*. Un programa software de Microsoft que integra la funcionalidad de Internet Explorer, de Windows Media Player, de Hotmail, de MSN Messenger, de MSN Communities, de Music Central y otros servicios y contenidos de MSN. *Véase también* MSN.

MSN Messenger Service *s*. *Véase* .NET Messenger Service.

MSP *s*. (*Message Security Protocol*) Acrónimo de Message Security Protocol (protocolo de seguridad de mensajes). Un protocolo para mensajes Internet que está basado en el uso de mecanismos de cifrado y verificación para garantizar la seguridad. También permite definir permisos en el nivel de servidor para la entrega o el rechazo de mensajes de correo electrónico.

MS-Windows *s*. *Véase* Windows.

MSXML *s*. Acrónimo de Microsoft XML. Un analizador sintáctico XML, basado en Java y desarrollado por Microsoft, que proporciona soporte para los estándares W3C (World Wide Web Consortium) relativos a aplicaciones y documentos XML.

MTA *s*. Acrónimo de message transfer agent (agente de transferencia de mensajes). Un proceso de aplicación, como se describe en el sistema de gestión de mensajes X.400, responsable de la distribución de mensajes de correo electrónico. Después de recibir un mensaje, un MTA lo almacena temporalmente y lo entrega o lo reenvía a otro MTA. Durante este proceso, el MTA puede cambiar las cabeceras del mensaje. *Véase también* serie X.

MTBF *s*. Acrónimo de mean time between failures (tiempo medio entre fallos). El intervalo medio de tiempo, normalmente expresado en miles o decenas de miles de horas (a veces denominado horas de encendido o POH, power-on hours), que transcurrirá antes de que un componente hardware falle y necesite reparación.

MTTR *s*. Acrónimo de mean time to repair (tiempo medio de reparación). El tiempo medio, usualmente expresado en horas, que se tarda en reparar un componente que ha fallado.

MTU *s*. Acrónimo de Maximum Transmission Unit (unidad máxima de transmisión). El paquete de datos de mayor tamaño que puede transmitirse a través de una red. El tamaño de MTU varía dependiendo de la red (por ejemplo, 576 bytes en redes X.25, 1.500 bytes en Ethernet y 17.914 bytes en las redes token ring a 16 Mbps). La responsabilidad de determinar el tamaño de MTU recae en el nivel de enlace de la red. Cuando se transmiten paquetes a través de la red, el MTU de ruta o PMTU (path MTU) representa el tamaño de paquete más pequeño de entre todas las redes implicadas (el tamaño que todas las redes pueden transmitir sin dividir el paquete).

MUD *s*. Acrónimo de multiuser dungeon (mazmorra multiusuario). Un entorno virtual en Internet en el que múltiples usuarios participan simultáneamente en un juego de rol (generalmente una fantasía medieval; de aquí el término «mazmorra») e interaccionan entre sí en tiempo real. *También llamado* entorno de simulación multiusuario.

MUD orientado a objetos *s*. (*MUD object-oriented*) *Véase* MOO.

muerto *adj*. (*down*) Que no funciona, en referencia a computadoras, impresoras, líneas de comunicaciones de red y otros tipos similares de hardware. *También llamado* caído.

muesca de protección contra escritura *s*. (*write-protect notch*) Pequeña abertura en la funda de un disquete que puede utilizarse para hacer que no se pueda escribir en el disco. En un disquete de 5,25 pulgadas, la muesca de protección contra escritura es un taladro rectangular en el borde de la funda del disco. Cuando se cubre esta muesca, una computadora puede leer el disco, pero no puede grabar nueva información en él. En los microdisquetes de 3,5 pulgadas que usan fundas de plástico, la muesca de protección contra escritura es una abertura en una esquina. Cuando la pieza deslizante de esta abertura se mueve para cubrir un pequeño taladro, el disco queda protegido y no puede escribirse en él. *También llamado* pestaña de protección contra escritura. *Véase también* escribir.

muestreo *s.* (*sampling*) **1**. En estadística, la recopilación de datos para obtener un subconjunto representativo de un grupo mayor (denominado población). Por ejemplo, un muestreo es el acto de determinar el supuesto patrón de voto en un país efectuando un sondeo entre una muestra representativa de votantes. Otros usos de este tipo de muestreo incluyen la comprobación de la precisión y eficiencia de las transacciones informatizadas revisando una transacción de cada cien o la predicción de los volúmenes de tráfico midiendo el flujo de tráfico en algunas calles seleccionadas. Existen varios procedimientos estadísticos para estimar la precisión con que una muestra refleja el comportamiento de un grupo completo. **2**. Convertir señales analógicas a un formato digital; las muestras se toman a intervalos periódicos para medir y registrar algún parámetro, como, por ejemplo, la señal procedente de un sensor de temperatura o un micrófono. En los sistemas informáticos se utilizan convertidores analógico-digitales para muestrear señales analógicas de tensión y convertirlas a una forma binaria que la computadora pueda procesar. Las dos características principales de este tipo de muestreo son la tasa de muestreo (usualmente expresada en muestras por segundo) y la precisión del muestreo (expresada en bits; una muestra de 8 bits, por ejemplo, puede medir una tensión de entrada con una precisión de 1/256 del rango de medida).

multiarranque *s.* (*multiboot*) **1**. Configuración de computadora en la que se ejecutan dos o más sistemas operativos. *Véase también* arranque dual; inicio. **2**. Capacidad de arranque de algunos sistemas operativos, como Windows NT, OS/2, UNIX y algunos Power Mac, que permite a los usuarios seleccionar cuál de entre dos o más sistemas operativos instalados, por ejemplo, Windows NT o UNIX, quieren utilizar para la sesión actual. *Véase también* arranque.

Multibus *s.* Bus de expansión de computadora diseñado por Intel Corporation que es muy utilizado por los diseñadores de estaciones de trabajo de alto rendimiento. Es un bus de gran ancho de banda (capaz de realizar una transmisión de datos extremadamente rápida) y también permite que existan múltiples maestros de bus. *Véase también* bus.

multicapa *adj.* (*multilayer*) **1**. En el diseño de placas, perteneciente o relativo a una tarjeta de circuito impreso que consta de dos o más capas. Cada capa tiene sus propias pistas metálicas de interconexión para proporcionar conexiones eléctricas entre los diversos componentes electrónicos y conexiones con las restantes capas. Las capas forman una tarjeta de circuito laminada en la que se montan los componentes, como, por ejemplo, circuitos integrados, resistencias y condensadores. El diseño multicapa permite trazar muchas más interconexiones entre los componentes que las tarjetas monocapa. **2**. En el diseño asistido por computadora (CAD), perteneciente o relativo a dibujos, como, por ejemplo, circuitos electrónicos, que se crean usando múltiples capas, cada una con un nivel diferente de detalle o un objeto diferente, con el fin de que las distintas partes del dibujo se puedan manipular, superponer o separar fácilmente.

multidifusión *s.* (*multicasting*) El proceso de enviar un mensaje simultáneamente a más de un destino a través de una red. *Compárese con* difusión indiferente.

multidifusión IP *s.* (*IP multicasting*) La extensión de la tecnología de multidifusión de las redes de área local a una red TCP/IP. Las máquinas host envían y reciben datagramas de multidifusión, cuyos campos de destino especifican direcciones de grupos de máquinas host IP en lugar de direcciones IP individuales. Un host indica que es miembro de un grupo por medio del protocolo IGMP (Internet Group Management Protocol, protocolo de gestión de grupos Internet). *Véase también* datagrama; IGMP; IP; MBONE; multidifusión.

multidifusión, red troncal de *s.* (*multicast backbone*) *Véase* MBONE.

multidomiciliación *s.* (*multihoming*) **1**. En Mac OS X, es una característica de selección automática de red que permite a una computadora mantener direcciones de red múltiples. La multidomiciliación puede utilizarse con un equipo informático que se emplee desde múltiples ubicaciones, como, por ejemplo, desde casa y desde la oficina, o para crear configuraciones de conexión especiales, como, por ejemplo, sistemas separados para comunicación dentro y fuera de una intranet. **2.** El uso de múltiples direcciones y/o múltiples interfaces en un único nodo. Un host multidomiciliado puede tener múltiples interfaces de red conectadas a dos o más redes o una única interfaz de red a la que se hayan asignado múltiples direcciones IP. La multidomiciliación puede utilizarse para proporcionar redundancia con el fin de conseguir un nivel de calidad de servicio determinado.

multielemento *adj.* (*multi-element*) Que consiste en múltiples elementos de datos que tienen el mismo formato y almacenan el mismo tipo de información. Los elementos de datos pueden ser variables simples, como ocurre en una matriz con variables enteras, o pueden ser estructuras de datos más complicadas, como una matriz de registros de empleados en los que cada registro contiene campos para el nombre del empleado, el número de la Seguridad Social, el salario, etc.

MultiFinder *s.* Versión del programa Finder de Macintosh que proporciona soporte para multitarea. El principal uso de MultiFinder es permitir que múltiples aplicaciones puedan residir en memoria simultáneamente. Para cambiar de aplicación, basta una sola pulsación del ratón, y la información de una aplicación se puede copiar en las demás. Si la aplicación activa permite una verdadera multitarea, pueden procesarse tareas en segundo plano. *Véase también* Finder.

multifrecuencia de doble tono *s.* (*Dual Tone Multiple Frequency*) *Véase* marcación por tonos.

multimedia *s.* La combinación de sonido, gráfico, animaciones y vídeo. En el mundo informático, la multimedia es un subconjunto de la hipermedia que combina los elementos antes mencionados mediante hipertexto. *Véase también* hipermedia; hipertexto.

multimedia educativa *s.* (*edutainment*) Contenido multimedia en software, en CD-ROM o en un sitio web que tiene como objetivo educar al usuario además de entretenerle. *Véase también* multimedia.

Multimedia PC *s.* Estándares software y hardware propuestos por la organización Multimedia PC Marketing Council, que establece los estándares mínimos referidos a las capacidades de reproducción de CD-ROM, vídeo y sonido de un PC. *Acrónimo:* MPC.

multinivel *s.* (*multi-tier*) *Véase* cliente/servidor de tres niveles.

múltiples receptores *s.* (*multiple recipients*) **1.** La capacidad de enviar correo electrónico a más de un usuario a la vez incluyendo más de una dirección de correo electrónico en una misma línea. Para separar las direcciones de correo electrónico se utilizan delimitadores, como, por ejemplo, comas o puntos y coma. *Véase también* correo electrónico; lista de correo. **2.** Los suscriptores de una lista de correo. Los mensajes enviados a la lista se distribuyen a los «múltiples receptores» de la lista.

multiplexación *s.* (*multiplexing*) Técnica utilizada en comunicaciones y operaciones de entrada/salida para transmitir simultáneamente una serie de señales separadas a través de un mismo canal o línea. Para mantener la integridad de cada señal en el canal, la multiplexación puede separar las señales en función del tiempo, espacio o frecuencia. El dispositivo utilizado para combinar las señales es un multiplexador. *Véase también* FDM; multiplexación por división en el espacio; multiplexación por división en el tiempo.

multiplexación por división de frecuencia *s.* (*frequency-division multiplexing*) *Véase* FDM.

multiplexación por división de longitud de onda densa *s.* (*dense wavelength division multiplexing*) Técnica de transmisión de datos en la que múltiples señales ópticas, cada una asignada a un color diferente (frecuencia de la onda luminosa), son multiplexadas en un único hilo de fibra óptica. Como cada señal viaja separadamente a través de la fibra en su propia banda de color, la multiplexación por división de longitud de onda densa permite la transmisión simultánea de diferentes tipos de señales, tales como SONET y ATM, cada una viajando a su propia frecuencia. La multiplexación por división de longitud de onda densa puede incrementar enormemente la capacidad de transporte de una sola fibra óptica. Dependiendo del número, del tipo y de la velocidad de las señales involucradas, el ancho de banda puede ir desde más de 40 Gbps hasta un máximo estimado de 200 Gbps o más. *Acrónimo:* DWDM. *También llamado* multiplexación por división de onda, WDM. *Compárese con* acceso múltiple por división de tiempo.

multiplexación por división de onda *s.* (***wave division multiplexing***) *Véase* multiplexación por división de longitud de onda densa.

multiplexación por división en el espacio *s.* (***space-division multiplexing***) La primera forma automatizada de multiplexación de comunicaciones que sustituyó a las centralitas y conmutadores controlados por operadores humanos. La multiplexación por división en el espacio fue sustituida por la multiplexación por división de frecuencia (FDM), que a su vez fue reemplazada por la multiplexación por división del tiempo (TDM) *Acrónimo:* SDM. *Véase también* FDM; multiplexación; multiplexación por división en el tiempo.

multiplexación por división en el tiempo *s.* (***time-division multiplexing***) Tipo de multiplexación en el que el tiempo de transmisión se divide en segmentos, cada uno de los cuales transporta un elemento de una señal. *Acrónimo:* TDM. *Véase también* multiplexador estadístico. *Compárese con* FDM.

multiplexador estadístico *s.* (***statistical multiplexer***) Dispositivo de multiplexación que añade inteligencia a la multiplexación por división en el tiempo por medio de la utilización de un búfer (almacenamiento temporal) y un microprocesador para combinar los flujos de transmisión en una sola señal y asignar dinámicamente el ancho de banda disponible. *También llamado* stat mux. *Véase también* asignación dinámica; multiplexación; multiplexación por división en el tiempo.

multiplexor *s.* (***multiplexer***) Un dispositivo utilizado para canalizar varios flujos de datos diferentes a través de una línea de comunicaciones común. Los multiplexores se emplean para conectar muchas líneas de comunicaciones a un número menor de puertos de comunicaciones o para conectar un gran número de puertos de comunicaciones a un número menor de líneas de comunicaciones. *Acrónimo:* MUX.

multiplexor de acceso DSL *s.* (***Digital Subscriber Line Access Multiplexer***) *Véase* DSLAM.

multiplicador *s.* (***multiplier***) **1.** En aritmética, el número que indica cuántas veces otro número (el multiplicando) se multiplica. *Véase también* factor. *Compárese con* multiplicando. **2.** En informática, un dispositivo electrónico independiente de la unidad central de proceso (UCP) que realiza la operación de multiplicación sumando el multiplicando tantas veces como indica el valor de los dígitos del multiplicador.

multiplicando *s.* (***multiplicand***) En aritmética, el número que se multiplica por otro número (el multiplicador). En matemáticas, el multiplicando y el multiplicador son intercambiables, dependiendo de cómo se plantee el problema, ya que el resultado será el mismo si ambos se invierten (por ejemplo, 233 y 332). Sin embargo, en la aritmética realizada por las computadoras, el multiplicando es diferente del multiplicador, ya que la multiplicación en una computadora, normalmente, se realiza como suma. Por tanto, 233 significa «sumar 2 tres veces». Mientras que 332 significa «sumar 3 dos veces». *Véase también* factor. *Compárese con* multiplicador.

multiprocesamiento *s.* (***multiprocessing***) Modo de operación en el que dos o más unidades de procesamiento conectadas y aparentemente iguales llevan a cabo uno o más procesos (programas o conjuntos de instrucciones) en tándem. En el multiprocesamiento, cada unidad de procesamiento trabaja sobre un conjunto de instrucciones distinto o en partes distintas del mismo proceso. El objetivo es incrementar la velocidad o la potencia de cálculo, lo mismo que en el procesamiento paralelo y en el uso de unidades especiales llamadas coprocesadores. *Compárese con* coprocesador; procesamiento paralelo.

multiprocesamiento simétrico *s.* (*symmetric multiprocessing*) *Véase* SMP.

multiprogramacion *s.* (*multiprogramming*) Tipo de procesamiento en el que una computadora mantiene más de un programa en memoria y trabaja sobre ellos de forma rotatoria, es decir, compartiendo el tiempo de procesador de manera que cada programa recibe alguna atención en algún momento. Este modo de trabajo es el contrapunto a utilizar el procesador para ejecutar un programa cada vez.

multitarea *s.* (*multitasking*) Método de procesamiento soportado por la mayoría de los sistemas operativos actuales en el que una computadora trabaja en varias tareas (es decir, separa en «partes» el trabajo) de forma aparentemente simultánea por medio de la división del tiempo del procesador entre las diferentes tareas. La multitarea puede ser cooperativa o con desalojo. En la primera, el sistema operativo confía en que cada tarea ceda el control voluntariamente a otra tarea; en la última, el sistema operativo decide qué tarea recibe la prioridad. *Véase también* segundo plano; cambio de contexto; multitarea cooperativa; primer plano; franja temporal.

multitarea con desalojo *s.* (*preemptive multitasking*) Tipo de multitarea en el que el sistema operativo interrumpe periódicamente la ejecución de un programa y cede el control del sistema a otro programa en espera. La multitarea con desalojo impide que cualquier programa monopolice el sistema. *También llamado* multitarea por división en franjas temporales. *Véase también* multitarea. *Compárese con* multitarea cooperativa.

multitarea cooperativa *s.* (*cooperative multitasking*) Tipo de multitarea en el que se asigna tiempo de procesamiento a una o más tareas en segundo plano durante los tiempos de inactividad de la tarea de primer plano sólo si dicha tarea lo permite. Éste es el principal modo de multitarea en el sistema operativo Macintosh. *Véase también* segundo plano; cambio de contexto; primer plano; multitarea; franja temporal. *Compárese con* multitarea con desalojo.

multitarea por franjas temporales *s.* (*time-slice multitasking*) *Véase* multitarea con desalojo.

multitono discreto *s.* (*discrete multitone*) En telecomunicaciones, una tecnología utilizada por los procesadores digitales de señal para dividir el ancho de banda disponible en una serie de subcanales, permitiendo transportar más de 6 Mbps de datos por un cable de par trenzado de cobre. *Acrónimo:* DMT.

multiusuario *s.* (*multiuser*) *Véase* sistema multiusuario.

multivibrador biestable *s.* (*bistable multivibrator*) *Véase* biestable.

MUMPS *s.* Acrónimo de Mass(achusetts) Utility Multi Programming System (sistema multiprogramación de utilidades para almacenamiento masivo o de Massachusetts). Lenguaje avanzado de programación de alto nivel con base de datos integrada desarrollado en 1966 en el Hospital General de Massachusetts y ampliamente utilizado en centros de asistencia sanitaria. Una característica exclusiva de MUMPS es su habilidad para almacenar tanto datos como fragmentos de programa en su base de datos.

mundo virtual *s.* (*virtual world*) **1**. Entorno modelado en 3D, a menudo creado en VRML, donde un usuario puede interactuar con el visor para modificar los valores de las variables. *Véase también* visor; VRML. **2**. Entorno electrónico que no está basado en el mundo físico. Las mazmorras multiusuario (MUD), los programas de charla y las salas de chateo se suelen considerar mundos virtuales. *Véase también* chat; MUD; talker.

MUSE *s.* Abreviatura de multiuser simulation environment (entorno de simulación multiusuario). *Véase* MUD.

museo web *s.* (*cobweb site*) Un sitio web que está muy desactualizado. *Véase también* sitio web.

.museum *s.* Uno de los siete nuevos nombres de dominio de nivel superior aprobados en 2000 por la ICANN (Internet Corporation for Assigned Names and Numbers, corporación Internet para la asignación de nombres y números). Este nombre de dominio está pensado para ser utilizado por sitios web pertenecientes a museos.

música electrónica *s.* (*electronic music*) Música creada con computadoras y dispositivos electrónicos. *Véase también* MIDI; sintetizador.

mutación *s.* (*cast*) Conversión de datos especificada por el programador de un tipo de datos a otro, como una conversión de entero a coma flotante. *También llamado* coerción. *Véase también* tipo de datos.

mutar *vb.* (*warp*) Término utilizado en ocasiones por los desarrolladores de juegos para describir la necesidad de volver a dibujar completamente una pantalla del juego. Por ejemplo, al atravesar una puerta o al avanzar al siguiente nivel puede que se requiera una mutación completa de la pantalla. *Véase también* juego de computadora.

MUX *s. Véase* multiplexor.

my two cents *s.* Una expresión inglesa que podría traducirse como «mi granito de arena», utilizada informalmente en artículos de grupos de noticias y, menos frecuentemente, en mensajes de correo electrónico y listas de correo para indicar que el mensaje es la contribución del que lo ha escrito a una discusión que está teniendo lugar. *También llamado* $0.02. *Véase también* lista de correo; grupo de noticias.

Mylar *s.* Producto de película de poliéster creado por DuPont a menudo utilizado como base en los soportes físicos de almacenamiento con recubrimiento magnético (discos y cintas) y cintas de carbón utilizadas en impresoras de impacto.

MYOB *s.* Acrónimo de mind your own business (ocúpate de tus asuntos). Una expresión inglesa utilizada en mensajes de correo electrónico y de grupos de noticias.

N

n *pref.* *Véase* nano-.

NACN *s.* (*North American Cellular Network*) Acrónimo de North American Cellular Network (red celular de América del Norte). Red de telecomunicaciones que permite a los usuarios de teléfonos inalámbricos en Norteamérica enviar y recibir llamadas cuando emplean las funciones de itinerancia fuera de su área de servicio.

nagware *s.* Palabra del argot para designar software informático de libre distribución que, al iniciarse o antes de cerrarse, muestra un prominente recordatorio de que es preciso pagar por el programa. *Véase también* software de libre distribución.

NAK *s.* Acrónimo de negative acknowledgement (confirmación negativa). Un código de control (carácter ASCII 21, 15 hexadecimal) que se transmite a una estación o equipo informático emisor por parte de la unidad receptora y que se emplea como señal de que la información transmitida ha llegado de forma incorrecta. *Compárese con* ACK.

.name *s.* Uno de los siete nuevos nombres de dominio de alto nivel aprobados en 2000 por la ICANN (Internet Corporation for Assigned Names and Numbers, corporación Internet para la asignación de nombres y números). Los nombres de dominio .name están pensados para aquellos que deseen registrar sitios web personales. Los siete nuevos nombres de dominio comenzaron a estar disponibles para su uso en la primavera de 2001.

N-AMPS *s.* Acrónimo de Narrow-band Analog Mobile Phone Service (servicio de telefonía móvil analógico de banda estrecha). Estándar propuesto por Motorola Corporation que combina el actual estándar de teléfono celular AMPS con información de señalización digital, lo que permite obtener un mayor rendimiento y una serie de capacidades mejoradas. *Véase también* AMPS.

NAND *s.* Abreviatura de NOT AND. Una operación lógica que combina los valores de dos bits (0, 1) o dos valores booleanos (falso, verdadero) y que devuelve un valor 1 (o verdadero) si alguno de los valores de entrada es 0 (o falso) y devuelve un 0 (falso) sólo si ambas entradas son verdaderas.

nano- *pref. Abreviatura:* n. Prefijo métrico que significa 10^{-9} (una mil millonésima).

nanosegundo *s.* (*nanosecond*) Una milmillonésima de segundo. Un nanosegundo es una medida temporal utilizada para representar la velocidad de computación, particularmente la velocidad a la que las señales eléctricas viajan a través de los circuitos contenidos dentro de la computadora.

NAP *s.* Acrónimo de Network Acces Point. *Véase* punto de acceso a red.

Napster *s.* Una aplicación de búsqueda de música a través de Internet que permite a los usuarios buscar e intercambiar archivos MP3 a través de la Web. En respuesta a la solicitud de un usuario relativa a una canción o a un artista, Napster busca en los discos duros de todos los demás usuarios Napster que estén en línea. Cuando se encuentra el elemento solicitado, el archivo se descarga a la computadora que ha hecho la solicitud. Napster también incluye un salón de charla y una biblioteca con los archivos más populares. La introducción de Napster en 1999 suscitó un acalorado debate acerca de las cuestiones de copyright y de distribución de contenido digital. *Véase también* MP3.

Narrow SCSI *s.* Interfaz SCSI o SCSI-2 que sólo puede transferir datos de 8 en 8 bits. *Véase también* SCSI; SCSI-2. *Compárese con* Fast/Wide SCSI; Wide SCSI.

NAS *s.* Acrónimo de Network-Attached Storage (almacenamiento conectado a la red). Un dispositivo de almacenamiento independiente de la plataforma y conectado a una red. NAS utiliza una unidad de almacenamiento con un servidor integrado que puede comunicarse con clientes a través de una red. Los dispositivos NAS son populares por su facilidad de mantenimiento, facilidad de gestión y escalabilidad. *Compárese con* SAN.

NAT *s.* Acrónimo de Network Address Translation (traducción de direcciones de red). El proceso de convertir las direcciones IP utilizadas dentro de una intranet u otra red privada a direcciones IP de Internet. Este enfoque hace posible utilizar un gran número de direcciones dentro de una red privada sin agotar el número limitado de direcciones IP numéricas disponibles en Internet. Entre las variantes de NAT que ofrecen funciones similares se incluyen las técnicas de alias IP, mascarada IP y de traducción de direcciones de puerto.

National Center for Supercomputing Applications *s. Véase* NCSA.

nativo *adj.* (*native*) Perteneciente, relativo a o característico de algo que está en su forma original. Por ejemplo, muchas aplicaciones son capaces de trabajar con archivos en diferentes formatos; el formato que la aplicación utiliza internamente es su formato de archivo nativo. Los archivos en otros formatos deben convertirse al formato nativo de la aplicación antes de poder ser procesados por la aplicación.

navegación vocal *s.* (*voice navigation*) La utilización de comandos hablados para controlar un explorador web. La navegación por voz es una característica de algunas aplicaciones auxiliares que permiten ampliar los exploradores web para permitir al usuario navegar a través de la Web por medio de la voz. *Véase también* explorador web.

navegador fuera de línea *s.* (*offline navigator*) Software diseñado para descargar correo electrónico, páginas web o artículos de grupos de noticias o publicaciones de otros foros en línea y guardarlos localmente en disco, donde se los puede explorar sin que el usuario tenga que pagar el coste de los tiempos muertos mientras está conectado a Internet o a un servicio de información en línea. *También llamado* lector fuera de línea.

Navigator *s. Véase* Netscape Navigator.

NBP *s.* Acrónimo de Name Binding Protocol (protocolo de asociación de nombres). Un protocolo utilizado en redes de área local AppleTalk para traducir entre nombres de nodo (que son los que conocen los usuarios) y direcciones numéricas AppleTalk. NBP opera en el nivel de transporte (nivel 4 del modelo de referencia ISO/OSI). *Véase también* AppleTalk; protocolo de comunicaciones; modelo de referencia ISO/OSI.

NC *s.* Acrónimo de network computer. *Véase* computadora de red.

NCC *s.* Acrónimo de network-centric computing. *Véase* informática centrada en la red.

NCITS *s.* (*National Committee for Information Technology Standards*) Acrónimo de National Committee for Information Technology Standards (Comité Nacional de Estándares de Tecnología de la Información). Un comité formado en Estados Unidos por el Consejo del Sector de las Tecnologías de la Información (Information Technology Industry Council) para desarrollar estándares nacionales con el fin de utilizarlos en dicho sector y para promover dichos estándares para uso internacional.

NCP *s.* Acrónimo de Network Control Protocol (protocolo de control de red). *Véase* PPP.

NCSA *s.* **1.** Acrónimo de National Center for Supercomputing Applications (Centro nacional de Estados Unidos para aplicaciones de supercomputación). Un centro de investigación ubicado en la Universidad de Illinois, en Urbana-Champaign. NCSA fue fundado en 1985 como parte de la NSF (National Science Foundation) y estaba especializado en tareas de visualización científica, pero es más conocido como el lugar donde se crearon NCSA Mosaic, el primer explorador web gráfico, y NCSA Telnet. *Véase también* Mosaic; NCSA Telnet. **2.** *Véase* ICSA.

NCSA Mosaic *s. Véase* Mosaic.

NCSA Telnet *s.* Un programa cliente telnet gratuito desarrollado y distribuido por el NCSA (National Center for Supercomputing Applications). *Véase también* cliente; NCSA.

NDIS *s.* Acrónimo de Network Driver Interface Specification (especificación de interfaz para controladores de red). Es una interfaz software, o conjunto de reglas, diseñado para permitir a diferentes protocolos de red comunicarse con una diversidad de adaptadoras de red. Proporcionando un estándar (un «lenguaje» común) para los controladores usados por las adaptadoras de red, NDIS permite que una única adaptadora de red soporte múltiples protocolos, y a la inversa, también permite que un mismo protocolo funcione con adaptadoras de red de diferentes fabricantes. *Véase también* controlador de dispositivo.

NDMP *s.* Acrónimo de Network Data Management Protocol (protocolo de gestión de datos en red). Un protocolo abierto para la realización de copias de seguridad de servidores de archivos a través de la red que permite disponer de un almacenamiento de datos independiente de la plataforma. *Véase también* copia de seguridad; protocolo de comunicaciones; servidor de archivos.

NDR *s. Véase* lectura no destructiva.

NDRO *s. Véase* lectura no destructiva.

NDS *s.* Acrónimo de Novell Directory Services (servicios de directorio de Novell). Una característica introducida en Novell Netware 4.0 que proporciona acceso a directorios que pueden estar ubicados en uno o más servidores.

negación *s.* (*negation*) La conversión de un patrón de bits o señal de dos estados (binaria) a su estado opuesto; por ejemplo, la conversión de 1001 a 0110.

negociación *s.* (*handshake*) Una serie de señales que confirman que puede tener lugar la comunicación o la transferencia de información entre computadoras u otros dispositivos. Una negociación hardware es un intercambio de señales a través de cables específicos (distintos de los cables de datos) en el que cada dispositivo indica si está preparado para enviar y recibir datos. Una negociación software consiste en una serie de señales transmitidas a través de los mismos hilos utilizados para transferir los datos, como sucede en el caso de las comunicaciones entre módems a través de líneas telefónicas.

negociación de desafío, protocolo de autenticación por *s.* (*CHAP*) *Véase* CHAP.

negociación hardware *s.* (*hardware handshake*) *Véase* negociación.

negociación software *s.* (*software handshake*) Un tipo de negociación que consiste en la transmisión de señales a través de los mismos hilos utilizados para transferir los datos, como sucede en las comunicaciones entre módems a través de líneas telefónicas, en lugar de emplear señales transmitidas a través de cables especiales. *Véase también* negociación.

negrita *s.* (*boldface*) Estilo de fuente que hace que el texto al que se aplica se muestre más oscuro y grueso que el texto circundante. Algunas aplicaciones permiten al usuario aplicar el estilo «negrita» al texto seleccionado. Otros programas requieren que se incluyan ciertos códigos especiales en el texto antes y después de las palabras que tienen que mostrarse en negrita. **Esta frase aparece en negrita**.

.net *s.* En el sistema de nombres de dominio de Internet, es el dominio de nivel superior que identifica las direcciones de los proveedores de red. La designación .net aparece situada al final de la dirección. *Véase también* DNS; dominio. *Compárese con* .com; .edu; .gov; .mil; .org.

.NET *s.* El conjunto de tecnologías de Microsoft que proporciona herramientas para conectar información, personas, sistemas y dispositivos. Dichas tecnologías proporcionan a las personas y a las organizaciones la capacidad de construir, albergar, implantar y utilizar soluciones basadas en servicios web XML.

Net *s.* **1.** Abreviatura de Internet. **2.** Abreviatura de Usenet.

.NET Compact Framework *s.* Un entorno independiente del hardware para la ejecución de programas en dispositivos de procesamiento con recursos restringidos. Hereda la arquitectura completa .NET Framework del entorno de ejecución de lenguaje común, soporta un subconjunto de la biblioteca de clases .NET Framework y contiene clases diseñadas exclusivamente para el entorno .NET Compact Framework. Entre los dispositivos soportados están los asistentes digitales personales (PDA, como el Pocket PC), teléfonos móviles, decodificadores de televisión, dispositivos informáticos para automoción y dispositivos embebidos diseñados a medida y construidos con el sistema operativo Microsoft Windows CE.

.NET Framework *s.* Una plataforma para la construcción, implantación y ejecución de aplicaciones y servicios web XML. Proporciona un entorno altamente productivo, basado en estándares y multilenguaje, para la integración de los sistemas existentes con aplicaciones y servicios de nueva generación y proporciona también la agilidad necesaria para enfrentarse a los desafíos de implantación y operación de las aplicaciones a escala Internet. El entorno .NET Framework está compuesto de tres partes principales: el entorno de ejecución de lenguaje común, un entorno jerárquico de bibliotecas de clases unificadas y una versión de ASP basada en componentes y denominada ASP.NET. *Véase también* ASP.NET; entorno de ejecución multilenguaje; librería de clases de .NET Framework.

.NET Messenger Service *s.* Un popular servicio de mensajería instantánea proporcionado por Microsoft como parte de la estrategia .NET. Con .NET Messenger Service, anteriormente MSN Messenger Service, los usuarios pueden comunicarse utilizando Windows Messenger, que está incluida en Windows XP, o MSN Messenger. *Véase también* mensajería instantánea. *Compárese con* AIM; ICQ; Yahoo! Messenger.

.NET My Services *s.* Un conjunto de servicios web XML para gestionar y proteger información personal e interacciones entre aplicaciones, dispositivos y servicios. Anteriormente denominado HailStorm, .NET My Services está basado en el sistema de autenticación de usuarios Microsoft .NET Passport. El conjunto de servicios .NET My Services incluye servicios como .NET ApplicationSettings, .NET Calendar, .NET Contact, .NET Documents, .NET Inbox, .NET Locations, .NET Profile y .NET Wallet. *Véase también* .NET; Passport.

Net TV *s. Véase* televisión por Internet.

net.- *pref.* Un prefijo utilizado para describir a personas e instituciones en Internet. Por ejemplo, una persona muy respetada podría ser descrita como net.dios.

net.dios *s.* (*net.god*) Una persona altamente respetada dentro de la comunidad Internet.

net.personaje *s.* (*net.personality*) Un término del argot para designar a una persona que ha conseguido una cierta celebridad en Internet.

net.policía *s.* (*net.police*) Una serie de personas (normalmente autonombradas) que trata de obligar al cumplimiento de lo que ellos entienden que son las «reglas» aplicables a la conducta en Internet. Sus actividades pueden estar dirigidas hacia usuarios que violen las reglas de la netiqueta, hacia las personas que envíen anuncios no solicitados en forma de mensajes de correo electrónico o publicaciones en grupos de noticias o incluso a personas que realicen comentarios «políticamente incorrectos» en grupos de noticias o listas de correo). *Véase también* netiqueta; correo basura.

NetBEUI *s.* Abreviatura de NetBIOS Extended User Interface (interfaz de usuario ampliada NetBIOS). NetBEUI es un protocolo de red creado por IBM y ahora utilizado por Microsoft, HP y Compaq. Se suele utilizar en redes de área local (LAN9 de pequeño tamaño o departamentales, de 1 a 200 clientes. El único método de encaminamiento que puede utilizar es el encaminamiento de origen token ring. Es la versión ampliada del estándar NetBIOS. *Véase también* CCP; protocolo de comunicaciones; LAN; NetBIOS.

NetBIOS *s.* Una interfaz de programación de aplicaciones (API) que puede ser empleada por los programas de aplicación en una red de área local compuesta de microcomputadoras IBM y compatibles que estén ejecutando MS-DOS, OS/2 o alguna versión de UNIX. Net-

BIOS, que es de interés principalmente para los programadores, proporciona a los programas de aplicación un conjunto uniforme de comandos para solicitar los servicios de red de nivel inferior requeridos para establecer sesiones entre nodos de una red y para intercambiar información. *Véase también* interfaz de programación de aplicaciones.

NetBSD *s*. Una versión gratuita del sistema operativo BSD UNIX desarrollada como resultado del trabajo de una serie de voluntarios. NetBSD es altamente interoperable, funciona sobre muchas plataformas hardware y es prácticamente compatible con POSIX. *Véase también* BSD UNIX; POSIX.

Netcaster *s*. *Véase* difusión en red.

netfilter *s*. El sistema de filtrado de paquetes para Linux introducido con la versión 2.4 del kernel. Netfilter es el primer cortafuegos con memoria del estado que se implementó en Linux. *Véase también* cortafuegos; iptables. *Compárese con* IP Filter.

NetFind *s*. *Véase* AOL NetFind.

nethead *s*. **1**. Un fan de Grateful Dead que participa en el grupo de noticias rec.music.gdead o en algún otro foro dedicado a dicha banda musical. **2**. Una persona que utiliza Internet como si tuviera adicción a ella.

netiqueta *s*. (*netiquette*) El término proviene de la palabra inglesa *netiquette* (network etiquette). Son los principios de cortesía observados a la hora de enviar mensajes electrónicos, como, por ejemplo, mensajes de correo y artículos de Usenet. Las consecuencias de violar la netiqueta incluyen recibir mensajes insultantes y que el nombre de esa persona que no respeta las reglas de la netiqueta sea colocado en el «filtro de bozos» de la supuesta audiencia a la que sus mensajes van dirigidos. Entre el comportamiento que no se considera correcto se incluyen los insultos personales gratuitos, el publicar grandes cantidades de material irrelevante, el contar el argumento de una película, programa de televisión o novela sin antes advertirlo, el publicar material ofensivo sin cifrarlo primero y el realizar excesivas publicaciones cruzadas de un mensaje a múltiples grupos sin tener en cuenta si los miembros de dichos grupos pueden encontrar interesantes los mensajes. *Véase también* filtro de bozos; improperio.

netizen *s*. Una persona que participa en comunicaciones en línea a través de Internet y de otras redes, especialmente conferencias y servicios de charla, como los grupos de noticias Internet o Fidonet. *Compárese con* mirón.

NetMeeting *s*. Una aplicación software desarrollada por Microsoft Corporation para permitir la realización de videoconferencias entre distintos participantes utilizando computadoras personales conectadas a través de Internet. Netmeeting permite a personas situadas en diferentes ubicaciones verse entre sí, intervenir en conversaciones tipo charla basadas en texto, enviar y recibir vídeos, intercambiar información gráficamente a través de una pizarra electrónica, compartir aplicaciones basadas en Windows y transferir archivos.

NetPC *s*. Abreviatura de Network PC (PC de red). Un sistema PC definido por una serie de empresas del sector y basado en Windows que es de pequeño tamaño y está pensado para actuar, simplemente, como un punto de acceso. Estos equipos PC generalmente tienen discos duros de muy pequeño tamaño, no tienen unidades de disquete y se construyen para que su coste sea muy bajo. Algunos equipos NetPC más antiguos pueden arrancar mediante acceso remoto a un servidor y utilizan recursos basados en el servidor para la mayoría de las acciones de procesamiento.

Netscape Navigator *s*. La ampliamente utilizada familia de programas de exploración web fabricada por Netscape Corporation. Hay versiones de Netscape Navigator disponibles para plataformas Windows y Macintosh y para muchas variedades de UNIX. Netscape Navigator, que está basado en el explorador web Mosaic de NCSA, fue uno de los primeros exploradores web disponibles comercialmente. En 1999, Netscape Corporation fue adquirida por America Online. *Véase también* Mosaic; explorador web.

Netscape Netcaster *s*. *Véase* difusión en red.

NetWare *s.* Una familia de sistemas operativos de red de área local (LAN) desarrollada por Novell, Inc. Diseñada para ejecutarse sobre máquinas PC y Macintosh, Novel NetWare permite a los usuarios compartir archivos y recursos del sistema, tales como discos duros e impresoras. *Véase también* sistema operativo de red.

Network Solutions, Inc. *s.* (*Network Solutions, Inc.*) *Véase* NSI.

NetWorld+Interop *s.* Una conferencia y exhibición internacionales para los sectores de las tecnologías de la información y de la comunicación por red. NetWorld+Interop atrae a participantes procedentes de una diversidad de sectores, incluyendo los de telecomunicaciones, servicios Internet y comercio electrónico. NetWorld+Interop incluye exhibiciones de productos, conferencias educativas, tutoriales y reuniones de trabajo sobre temas específicos.

NeuralCast Technology *s.* Tecnología desarrollada por RealNetworks para mejorar la transmisión de contenido digital mediante servidores RealNetworks. NeuralCast Technology utiliza una diversidad de protocolos, introduce nuevas técnicas para corregir errores en los flujos de transmisión y utiliza transmisiones telefónicas y vía satélite para coordinar redes de servidores con el fin de optimizar la transmisión de contenido digital.

news *s.* El protocolo Internet para extraer archivos de un grupo de noticias Internet. Pueden crearse hipervínculos a grupos de noticias utilizando el indicador de protocolo news://.

news. *s.* Grupos de noticias Usenet que forman parte de la jerarquía news. y que comienzan con la palabra «news.». Estos grupos de noticias cubren temas que tratan de la propia Usenet, como la política de uso de Usenet y la creación de nuevos grupos de noticias Usenet. *Véase también* grupo de noticias; jerarquía tradicional de grupos de noticias; Usenet. *Compárese con* comp.; misc.; rec.; sci.; soc.; talk.

news.announce.newusers *s.* Un grupo de noticias que contiene información general para los nuevos usuarios acerca de la utilización de los grupos de noticias Internet.

newsmaster *s.* La persona a cargo de mantener el servidor de noticias Internet en un host particular. Enviar un mensaje de correo electrónico a «newsmaster@host.dominio» es la forma estándar de ponerse en comunicación con un administrador de noticias determinado.

.newsrc *s.* La extensión de archivo que identifica un archivo de configuración para lectores de noticias basado en UNIX. El archivo de configuración contiene, normalmente, una lista actualizada de grupos de noticias a los que el usuario está suscrito y una indicación de los artículos de grupos de noticias que el usuario ya ha leído. *Véase también* lector de noticias; configuración.

Newton *s.* Un asistente digital personal (PDA, personal digital assistant) desarrollado por Apple Computer, Inc. *Véase también* PDA.

Newton OS *s.* El sistema operativo que controla el asistente digital personal (PDA) Newton MessagePad. *Véase también* PDA.

NeXT *s.* Computadora diseñada y producida por NeXT Computer, Inc. (más tarde, NeXT Software, Inc.), un fabricante de computadoras y desarrollador de software fundado en 1985 por Steven Jobs. NeXT fue comprada por Apple Computer en 1997.

NFS *s.* Acrónimo de Network File System (sistema de archivos de red). Un sistema de archivos distribuido que permite a los usuarios acceder a directorios y archivos remotos a través de una red como si fueran locales. NFS es compatible con Microsoft Windows y con los sistemas basados en UNIX, incluyendo Linux y Mac OS X.

NGI *s.* Acrónimo de Next Generation Internet. *Véase* Internet de nueva generación.

nibble *s.* La mitad de un byte (4 bits). *Compárese con* quadbit.

NIC *s.* **1.** Acrónimo de network interface card. *Véase* tarjeta de interfaz de red. **2.** Acrónimo de network information center (centro de información de red). Una organización que proporciona información acerca de una red y que realiza también otras tareas de soporte a los usuarios de la red. El centro NIC principal para Internet es InterNIC. Las intranets y otras redes privadas pueden tener sus propios centros de información de red. *Véase también* InterNIC.

NIC, descriptor *s.* (*NIC handle*) *Véase* descriptor.

NIDS *s.* Acrónimo de network-based intrusion-detection system (sistema de detección de intrusiones basado en red). Un tipo de sistema de detección de intrusiones (IDS) que analiza los paquetes individuales que viajan a través de una red. Un sistema NIDS puede detectar paquetes que un cortafuegos pueda no haber eliminado. *Véase también* IDS.

nieve *s.* (*snow*) **1**. En pantallas de computadoras, un tipo específico de distorsión caracterizado por el parpadeo intermitente de píxeles aleatorios que se produce cuando el microprocesador y el hardware de la pantalla interfieren entre sí al intentar utilizar la memoria de vídeo de la computadora al mismo tiempo. **2**. En televisión, es una distorsión temporal de una imagen visualizada que está provocada por una interferencia que actúa sobre la señal (que normalmente es de débil intensidad) y que toma la forma de una serie de puntos blancos aleatorios.

NII *s.* (*National Information Infrastructure*) Acrónimo de National Information Infrastructure (infraestructura nacional de la información). Un programa establecido por el gobierno de Estados Unidos para extender y supervisar el desarrollo de las superautopistas de la información. La infraestructura nacional de la información está compuesta por una red de área extensa de banda ancha que puede transportar datos, fax, vídeo y transmisiones de voz a usuarios situados en cualquier lugar de Estados Unidos. La red está siendo desarrollada, principalmente, por operadores privados. Muchos de los servicios, que están dirigidos a permitir una eficiente creación y diseminación de la información, ya están disponibles en la propia Internet, incluyendo una mayor accesibilidad a educación de calidad mediante mecanismos de educación a distancia y un acceso mejorado a los servicios gubernamentales. *Véase también* superauto-

pista de la información; Internet2; Internet de nueva generación. *Compárese con* Internet.

Nimda, gusano *s.* (*Nimda worm*) Un persistente gusano que puede ralentizar o detener por completo los servidores de correo, tomar el control de las páginas web e infectar sistemas por diferentes mecanismos. El gusano Nimda se difunde como un archivo adjunto a través de correo electrónico, explorando Internet en busca de servidores web vulnerables, ejecutando código JavaScript en una página web infectada o mediante mecanismos de compartición de recursos a través de una red. El gusano Nimda apareció por primera vez en 2001, habiendo sido seguida la versión original de una serie de variantes diversas.

niño script *s.* (*script kiddie*) Hacker en potencia sin las cualidades técnicas necesarias o el conocimiento requeridos para los métodos tradicionales de pirateo. Es alguien que sólo emplea scripts fáciles de usar. *Véase también* hacker; script infantil.

NIS *s.* Acrónimo de Network Information Service (servicio de información de red). *Véase* páginas amarillas.

NIST *s.* (*National Institute of Standards and Technology*) Acrónimo de National Institute of Standards and Technology (Instituto nacional de estándares y tecnología de Estados Unidos). Un organismo del Departamento de Comercio de Estados Unidos cuyo objetivo es desarrollar y promover estándares para aplicaciones de metrología, científicas y tecnológicas, con el fin de promover el comercio y mejorar la productividad del mercado. Antes de 1988, el NIST era denominado National Bureau of Standards.

nitidez *s.* (*sharpness*) *Véase* resolución.

nivel *s.* (*layer*) **1**. En comunicaciones y procesamiento distribuido, es un conjunto de reglas y estándares que gestiona una clase concreta de sucesos **2**. El protocolo o protocolos que operan en una determinada capa dentro de un conjunto de protocolos, como, por ejemplo, el nivel IP dentro de la pila de protocolos TCP/IP. Cada nivel es responsable de proporcionar funciones o servicios específicos para que los equipos informáticos intercambien información a través de una red de comunicaciones (como, por ejemplo, en el modelo de referencia ISO/OSI, compuesto por diversos niveles) y la información fluye entre cada nivel y el siguiente. Aunque los diferentes conjuntos de protocolos tienen un número variable de niveles, generalmente el nivel más alto se encarga de las interacciones software en el nivel de aplicación y el más bajo gobierna las conexiones hardware entre distintos equipos. Véase la Tabla N.1. *Véase también* modelo de referencia ISO/OSI; pila de protocolos; TCP/IP.

Nivel ISO/OSI	*Objetivos*
Aplicación (el nivel superior)	Transferencia de información de programa a programa.
Presentación	Dar formato y mostrar textos; conversión de código.
Sesión	Establecer, mantener y coordinar la comunicación.
Transporte	Suministro preciso y calidad del servicio.
Red	Rutas de transporte, tratamiento y transferencia de mensajes.
Enlace de datos	Codificación, direccionamiento y transmisión de la información.
Físico	Conexiones de hardware.

Tabla N.1. *Niveles del modelo ISO/OSI.*

nivel 1, punto de acceso de *s.* (***Tier 1***) Un punto de acceso a la red Internet que proporciona acceso e interconexión entre proveedores importantes de redes troncales nacionales e internacionales, como MCI WorldCom, Sprint, BBN e IBM. *Véase también* punto de acceso a red. *Compárese con* nivel 2, punto de acceso de.

nivel 2, punto de acceso de *s.* (***Tier 2***) Un conmutador de red regional para Internet en el que los proveedores de servicios Internet locales intercambian datos. Utilizando una central de conmutación de nivel 2, los proveedores de servicios Internet situados en la misma área pueden transferir datos entre sus usuarios sin necesidad de transportar dichos datos a través de largas distancias. Por ejemplo, si un usuario en Singapur se conecta a un sitio web de la misma ciudad a través de un punto de acceso local de nivel 2, no es necesario hacer pasar los datos a través de un punto principal de acceso a red o NAP (Network Access Point) situado en Japón o América del Norte. Los puntos de acceso de nivel 2 generalmente tienen capacidades mucho más pequeñas que los NAP nacionales e internacionales de nivel 1. *Véase también* punto de acceso a red. *Compárese con* nivel 1, punto de acceso de.

nivel de aplicación *s.* (***application layer***) El nivel más alto de estándares en el modelo de referencia OSI (Open Systems Interconnection, interconexión de sistemas abiertos). El nivel de aplicación contiene señales que realizan trabajo de utilidad para el usuario, como, por ejemplo, transferencia de archivos o acceso remoto a equipos informáticos, por oposición a los niveles inferiores, que controlan el intercambio de datos entre el transmisor y el receptor. Véase la Tabla N.1. *Véase también* modelo de referencia ISO/OSI.

nivel de conectores seguros *s.* (***Secure Sockets Layer***) *Véase* SSL.

nivel de línea *s.* (***line level***) La intensidad de una señal de comunicaciones en un determinado punto de la línea medida en decibelios (un múltiplo del logaritmo en base 10 de la relación entre dos valores) o neperios (el logaritmo natural de la relación entre dos valores).

nivel de placa *s.* (***board level***) Nivel de enfoque en la resolución de problemas y reparaciones que implica el seguimiento de un problema en una computadora hasta una tarjeta de circuito para después reemplazarla. Este nivel contrasta con el nivel de componente, que implica la reparación de la propia placa. En muchos casos, las reparaciones en el nivel de placa se realizan para restablecer rápidamente la condición de operatividad del dispositivo; las placas reemplazadas son entonces reparadas y probadas con el fin de poder ser utilizadas en posteriores reparaciones de nivel de placa. *Véase también* tarjeta de circuito.

nivel de presentación *s.* (*presentation layer*) El sexto de los siete niveles del modelo de referencia ISO/OSI para la estandarización de las comunicaciones entre equipos informáticos. El nivel de presentación es responsable de formatear la información para que pueda ser visualizada o impresa. Esta tarea incluye generalmente la interpretación de códigos (como, por ejemplo, los tabuladores) relacionados con la presentación, pero también puede incluir tareas de cifrado y descifrado y otras formas de codificación y la traducción entre diferentes conjuntos de caracteres. Véase la Tabla N.1. *Véase también* modelo de referencia ISO/OSI.

nivel de protocolo *s.* (*protocol layer*) *Véase* nivel.

nivel de red *s.* (*network layer*) El tercero de los siete niveles del modelo de referencia ISO/OSI para la estandarización de las comunicaciones entre computadoras. El nivel de red está situado justo por encima del nivel de enlace de datos y garantiza que la información llegue al destino indicado. Es el nivel intermedio de los tres niveles (enlace de datos, red y transporte) que se ocupa de la transferencia de información entre un dispositivo y otro. Véase la Tabla N.1. *Véase también* modelo de referencia ISO/OSI.

nivel de sesión *s.* (*session layer*) El quinto de los siete niveles del modelo de referencia ISO/OSI. El nivel de sesión gestiona los detalles sobre los que deben ponerse de acuerdo los dos dispositivos que estén comunicándose. Véase la Tabla N.1. *Véase también* modelo de referencia ISO/OSI.

nivel de transporte *s.* (*transport layer*) El cuarto de los siete niveles del modelo de referencia ISO/OSI para la estandarización de las comunicaciones entre equipos informáticos. El nivel de transporte está situado un nivel por encima de la red y es responsable tanto de la calidad del servicio como de entregar la información con una precisión suficiente. Entre las tareas realizadas en este nivel, se encuentran las de detección y corrección de errores. Véase la Tabla N.1. *Véase también* modelo de referencia ISO/OSI.

nivel físico *s.* (*physical layer*) El primer nivel (el más bajo) de los siete niveles del modelo de referencia ISO/OSI que estandariza las comunicaciones entre equipos informáticos. El nivel físico está totalmente orientado al hardware y trata con todos los aspectos relativos al establecimiento y mantenimiento de un enlace físico entre los equipos que se están comunicando. Entre las especificaciones cubiertas por el nivel físico se encuentran las del cableado, las señales eléctricas y las conexiones mecánicas. Véase la Tabla N.1. *Véase también* modelo de referencia ISO/OSI.

niveles DS *s.* (*Digital Services*) *Véase* DS.

nixpub *s.* Una lista de proveedores de servicios Internet (ISP) disponible en los grupos de noticias comp.bbs.misc y alt.bbs. *Véase también* ISP.

NKE *s.* Acrónimo de Network Kernel Extension (extensión del kernel de red). Una modificación o extensión de la infraestructura de red del sistema operativo Mac OS X. Las extensiones NKE pueden cargarse o descargarse dinámicamente sin necesidad de compilar el kernel y de rearrancar el sistema. Las extensiones NKE permiten crear y configurar módulos y pilas de protocolo que pueden monitorizar o modificar el tráfico de red o añadir al kernel otras funcionalidades de interconexión por red.

NL *s. Véase* carácter de nueva línea.

NLQ *s. Véase* calidad de casi carta.

NLS *s. Véase* soporte de lenguaje natural.

NMI *s. Véase* interrupción no enmascarable.

NMOS *s.* Acrónimo de N-channel metal-oxide semiconductor (metal-óxido semiconductor de canal *n*). Tecnología de semiconductores en la que el canal de conducción en los transistores MOSFET se forma por el movimiento de electrones en lugar de por el de huecos («vacantes» de electrones creadas a medida que los electrones se mueven de un átomo a otro). Debido a que los electrones se mueven más rápidamente que los huecos, la tecnología NMOS es más rápida que la PMOS, aunque es más difícil y cara de fabricar. *Véase también* MOS; MOSFET; semiconductor de tipo *n*. *Compárese con* CMOS; PMOS.

NNTP *s.* Acrónimo de Network News Transfer Protocol (protocolo de transferencia de noticias a través de red). Un protocolo estándar de facto en Internet utilizado para distribuir artículos de noticias y consultar servidores de noticias.

no competencia *s.* (***noncompetes***) Acuerdo entre el empresario y el empleado que establece que un empleado no aceptará trabajar para una empresa de la competencia durante un período específico de tiempo después de abandonar dicha empresa. Los acuerdos de no competencia son corrientes en empresas de alta tecnología y se crean para ayudar a mantener los secretos de una empresa y retener a los empleados valiosos.

no conductor *s.* (***nonconductor***) *Véase* aislante.

no empaquetado *adj.* (***unbundled***) Que no está incluido como parte de un paquete completo de hardware/software. El término se aplica especialmente a productos que estaban previamente empaquetados, a diferencia de otros productos que siempre se hubieran estado vendiendo independientemente.

no entregable *adj.* (***undeliverable***) Que no puede ser distribuido a un receptor deseado. Si un mensaje de correo electrónico no es entregable, se lo devuelve al remitente con información añadida del servidor de correo explicando el problema. Por ejemplo, la dirección de correo puede ser incorrecta o el buzón del receptor estar lleno.

no entrelazado *adj.* (***noninterlaced***) Relativo a un método de visualización en los monitores de barrido de líneas en el que el haz de electrones barre cada línea de la pantalla una vez durante cada ciclo de refresco. *Compárese con* entrelazado.

no leído *adj.* (***unread***) **1**. Perteneciente o relativo a, o descriptivo de, un artículo de un grupo de noticias que un usuario no ha recibido todavía. Los programas cliente lectores de correo distinguen entre los artículos «leídos» y «no leídos» por cada usuario y sólo descargan del servidor los artículos no leídos. **2**. Perteneciente o relativo a, o descriptivo de, un mensaje de correo electrónico que un usuario ha recibido, pero que todavía no ha abierto en un programa de correo electrónico.

no moderado *adj.* (***unmoderated***) Perteneciente o relativo a, o característico de, un grupo de noticias o lista de correo en la que todos los artículos o mensajes recibidos por el servidor se distribuyen automáticamente o están automáticamente disponibles para todos sus suscriptores. *Compárese con* moderado.

no trivial *adj.* (***nontrivial***) Se trata de algo que es bien difícil o bien particularmente significativo. Por ejemplo, un complicado procedimiento diseñado para resolver un problema difícil representaría una solución no trivial.

NOC *s.* Acrónimo de network operation center. *Véase* centro de operaciones de red.

nodo *s.* (***node***) **1**. Una unión de segmentos o líneas de algún tipo. **2**. En redes, un dispositivo conectado a una red y que es capaz de comunicarse con otros dispositivos de red, como, por ejemplo, una computadora cliente, un servidor o una impresora compartida. **3**. En las estructuras de tipo árbol, una ubicación dentro del árbol que puede tener enlaces a uno o más nodos situados por debajo suyo. Algunos autores hacen una distinción entre nodo y elemento, siendo un elemento un tipo de datos determinado y estando un nodo compuesto de uno o más elementos junto con sus estructuras de datos de soporte. *Véase también* elemento; grafo; puntero; cola; pila; árbol.

nodo pasivo *s.* (***passive node***) Un nodo de red que «escucha» las transmisiones, pero que no está activamente implicado en la retransmisión de las señales a lo largo de la red; es típico de un nodo en una red de bus. *Véase también* red de bus; nodo.

nombre canónico *s.* (***canonical name***) Nombre distintivo de objeto presentado con la raíz en primer lugar y sin las etiquetas de atributo

LDAP (tales como CN=, DC=). Los segmentos del nombre están delimitados por barras inclinadas (/). Por ejemplo, CN=MisDocumentos,OU=MiUO,DC=Microsoft,DC=Com se presentaría como microsoft.com/MiUO/MisDocumentos en forma canónica. *Véase también* LDAP.

nombre compartido *s.* (*shared name*) *Véase* nombre fuerte.

nombre completo *s.* (*full name*) Nombre de usuario que normalmente está compuesto por el nombre de pila y uno o dos apellidos. El sistema operativo suele mantener el nombre completo como parte de la información necesaria para identificar y definir una cuenta de usuario. *Véase también* cuenta de usuario.

nombre de archivo *s.* (*file name*) El conjunto de letras, números y símbolos permitidos que se asignan a un archivo para distinguirlo de los demás archivos almacenados en un disco o directorio concretos. Un nombre de archivo es la etiqueta con la que un usuario de computadora guarda y solicita un bloque de información. Tanto los programas como los datos disponen de su nombre de archivo y, a menudo, de extensiones que ayudan a identificar el tipo o el propósito del archivo. Los convenios de denominación, como, por ejemplo, la longitud máxima de un nombre de archivo y los caracteres que pueden utilizarse como parte del mismo, varían de un sistema operativo a otro. *Véase también* directorio; ruta.

nombre de archivo largo *s.* (*long filenames*) Característica de la mayoría de sistemas operativos actuales para PC, entre los que se incluyen Macintosh, Windows 9x, Windows NT, Windows 2000 y OS/2. Los nombres de archivo largos permiten al usuario asignar un nombre en texto sin formato a un archivo en lugar de limitar los posibles nombres sólo a unos pocos caracteres. Los nombres pueden sobrepasar los 200 caracteres de longitud, incluir letras mayúsculas y minúsculas y contener espacios entre los caracteres. *Compárese con* 8.3.

nombre de cuenta *s.* (*account name*) La parte de una dirección de correo electrónico que identifica a un usuario o a una cuenta en un sistema de correo electrónico. Una dirección de correo electrónico en Internet consta, usualmente, de un nombre de cuenta seguido del símbolo @, un nombre de host y un nombre de dominio. *Véase también* cuenta; nombre de dominio; dirección de correo electrónico.

nombre de dispositivo *s.* (*device name*) La etiqueta mediante la que se identifica ante el sistema operativo a un componente de un sistema informático. MS-DOS, por ejemplo, utiliza el nombre de dispositivo COM1 para identificar el primer puerto de comunicaciones serie.

nombre de dominio *s.* (*domain name*) Una dirección asignada a una conexión de red y que identifica el propietario de dicha dirección de una forma jerárquica: servidor.organización.tipo. Por ejemplo, www.whitehouse.gov identifica el servidor web de la Casa Blanca, que forma parte del gobierno de Estados Unidos.

nombre de host *s.* (*host name*) El nombre de un servidor específico en una red específica dentro de Internet. Es la parte situada más a la izquierda en la especificación completa de host. Por ejemplo, www.microsoft.com indica el servidor denominado «www» dentro de la red de Microsoft Corporation.

nombre de la computadora *s.* (*computer name*) En redes de computadoras, nombre que identifica de forma exclusiva a una computadora de la red. El nombre de una computadora no puede ser igual que el de cualquier otra computadora o dominio de la red. Se diferencia del nombre de usuario en que el nombre de equipo se utiliza para identificar una computadora determinada y todos sus recursos compartidos del resto del sistema con el fin de que pueda accederse a ellos. *Compárese con* alias; nombre de usuario.

nombre de ruta *s.* (*pathname*) En un sistema jerárquico de archivos, una lista de directorios o carpetas que llevan desde el directorio actual a un archivo.

nombre de ruta completo *s.* (*full pathname*) *Véase* ruta completa.

nombre de usuario *s.* **1.** (*user name*) El nombre mediante el que se conoce a una persona y mediante el cual se le dirigen los mensajes en una red de comunicaciones. *Véase también* alias. **2**. (*username*) El nombre mediante el que un usuario se identifica ante un sistema informático o red. Durante el proceso de inicio de sesión, el usuario debe introducir el nombre de usuario y la contraseña correcta. Si el sistema o red está conectado a Internet, el nombre de usuario generalmente se corresponde con la parte izquierda de la dirección de correo electrónico del usuario (la parte que antecede al signo @, como, por ejemplo, en nombreusuario@empresa.com). *Véase también* dirección de correo electrónico; inicio de sesión.

nombre del volumen *s*. (*volume name*) *Véase* etiqueta de volumen.

nombre fuerte *s*. (*strong name*) Un nombre compuesto por la identidad de un montaje: su nombre simple de texto, el número de versión y, a menudo, la información de cultura. Esta información está protegida por una clave pública y una firma digital generada a partir de los contenidos del montaje. Dos montajes con el mismo nombre fuerte deben ser idénticos.

nombre raíz *s*. (*root name*) En MS-DOS y Windows es la primera parte de un nombre de archivo. En MS-DOS y las versiones más antiguas de Windows, la longitud máxima del nombre raíz era de ocho caracteres; en Windows NT y versiones de Windows posteriores, el nombre raíz puede tener una longitud de hasta 255 caracteres. *Véase también* 8.3; extensión; nombre de archivo; nombre de archivo largo.

nombre visible *s*. (*screen name*) El nombre con el que es conocido un usuario de America Online. El nombre visible puede ser igual que el nombre real del usuario. *Véase también* America Online.

nombres de dominio, sistema de *s*. (*Domain Naming System*) *Véase* DNS.

nombres DNS, servidor de *s*. (*DNS name server*) *Véase* servidor DNS.

NO-OP *s*. *Véase* instrucción de no operación.

NOP *s*. *Véase* instrucción de no operación.

NOR exclusiva *s*. (*exclusive NOR*) Circuito electrónico digital de dos estados en el que la salida pasa a nivel alto sólo si todas las entradas están a nivel alto o todas están a nivel bajo.

normalizar *vb*. (*normalize*) **1**. En gestión de bases de datos, aplicar una serie formalizada de técnicas a una base de datos relacional para minimizar la inclusión de información duplicada. La normalización simplifica enormemente la gestión de las consultas y actualizaciones, incluyendo los aspectos de seguridad e integridad, aunque lo hace a cambio de crear un mayor número de tablas. *Véase también* forma normal. **2**. En programación, ajustar la parte de coma fija y la parte del exponente de un número de coma flotante con el fin de que la parte de coma fija esté comprendida dentro de un rango específico.

NOS *s*. Acrónimo de network operating system. *Véase* sistema operativo de red.

NOT *s*. Operador que realiza una negación booleana o lógica. *Véase también* operador booleano; operador lógico.

NOT AND *s*. *Véase* NAND.

nota al margen *s*. (*sidebar*) Bloque de texto situado a un lado del cuerpo principal del texto en un documento, a menudo separado por un borde u otro elemento gráfico.

notación *s*. **1**. (*form*) En programación, un metalenguaje (tal como la notación Backus-Naur) utilizado para describir la sintaxis de un lenguaje. *Véase también* forma de Backus-Naur. **2**. (*notation*) En programación, el conjunto de símbolos y formatos utilizado para describir los elementos de la programación, de las matemáticas o de alguna disciplina científica. La sintaxis de un lenguaje está en parte definida por su correspondiente notación. *Véase también* sintaxis.

notación binaria *s*. (*binary notation*) Representación de números utilizando los dígitos binarios 0 y 1. *Compárese con* notación en coma flotante.

notación científica *s*. (*scientific notation*) Método de representación de números en coma flotante, especialmente aquellos muy grandes o muy pequeños, en el que los números se expresan como productos que constan de un número comprendido entre 1 y 10 multiplicado por una potencia de 10. La notación científica normalmente utiliza la letra E en lugar de la «potencia 10», como en 5,0E3, que significa 5,0 por 10 elevado al cubo, es decir, 10^3. *Véase también* notación en coma flotante.

notación decimal con puntos *s.* (*dotted decimal notation*) El proceso de formatear una dirección IP como identificador de 32 bits formado por cuatro grupos de números, separando cada grupo mediante un punto. Por ejemplo, 123.432.154.12.

notación en coma fija *s.* (*fixed-point notation*) Formato numérico en el que la coma decimal tiene una posición específica. Los números en coma fija constituyen un compromiso entre los formatos enteros, que son compactos y eficientes, y los formatos numéricos en coma flotante, que cubren un amplio rango de valores. Como los números en coma flotante, los números en coma fija pueden tener parte fraccionaria, pero las operaciones con números en coma fija, normalmente, requieren menos tiempo que las operaciones en coma flotante. *Véase también* notación en coma flotante; entero.

notación en coma flotante *s.* (*floating-point notation*) Formato numérico que puede ser utilizado para representar números reales muy grandes y muy pequeños. Los números en coma flotante se almacenan en dos partes, una mantisa y un exponente. La mantisa especifica los dígitos del número y el exponente representa la magnitud del mismo (la posición de la coma decimal). Por ejemplo, los números 314.600.000 y 0,0000451 se expresan, respectivamente, como 3146E5 y 451E-7 en notación de coma flotante. La mayoría de los microprocesadores no soportan directamente la aritmética en coma flotante; en consecuencia, los cálculos en coma flotante se realizan mediante software o con procesadores especiales que permiten operar con números en coma flotante. *También llamado* notación exponencial. *Véase también* notación en coma fija; procesador de coma flotante; entero.

notación exponencial *s.* (*exponential notation*) *Véase* notación en coma flotante.

notación infija *s.* (*infix notation*) Notación utilizada para la escritura de expresiones en la que los operadores binarios aparecen entre sus argumentos, como, por ejemplo, 2+4. Los operadores unarios normalmente precediendo a sus argumentos, como, por ejemplo, −1. *Véase también* precedencia de los operadores; notación postfija; notación prefija; operador unario.

notación polaca *s.* (*Polish notation*) *Véase* notación prefija.

notación polaca inversa *s.* (*reverse Polish notation*) *Véase* notación postfija.

notación posicional *s.* (*positional notation*) En matemáticas, una forma de notación cuyo significado se basa en parte en la localización relativa de los elementos implicados. Por ejemplo, la notación numérica común es una notación posicional. En el número decimal 34, la posición del numeral 3 hace que el 3 represente tres decenas y la posición del numeral 4 hace que el 4 represente cuatro unidades.

notación postfija *s.* (*postfix notation*) Tipo de notación algebraica en la que los operadores aparecen después de los operandos. *También llamado* notación polaca inversa. *Compárese con* notación infija; notación prefija.

notación prefija *s.* (*prefix notation*) Tipo de notación algebraica desarrollado en 1929 por Jan Lukasiewicz, un lógico polaco, en el que los operadores aparecen delante de los operandos. Por ejemplo, la expresión $(a+b) \times (c-d)$ se escribiría en notación prefija como $\times + a\ b\ - c\ d$. *También llamado* notación polaca. *Véase también* notación infija; notación postfija.

notas incrustadas *s.* (*inline discussion*) Comentarios explicativos asociados con un documento completo o con un párrafo, imagen o tabla concretos de un documento. En los exploradores web, las notas incrustadas se muestran en el cuerpo del documento; en los programas de procesamiento de textos, se muestran usualmente en un panel de notas o comentarios independiente.

notificación *s.* (*notification*) Señal que genera el sistema operativo para señalar que se ha producido un suceso.

notificación de aplicación *s.* (*application notification*) Una notificación de aplicación arranca una aplicación en un instante determinado o cuando tiene lugar un suceso del sistema. Cuando una aplicación comienza como resultado de una notificación, el sistema especifica un parámetro de líneas de comandos que especifica el suceso que ha tenido lugar. *Véase también* Clase A, dirección IP; Clase B, dirección IP; Clase C, dirección IP.

notificación de lectura *s.* (*read notification*) Una función de correo electrónico que proporciona al emisor una confirmación de que el mensaje ha sido leído por el receptor.

notificación de recepción *s.* (*receipt notification*) Una función de correo electrónico que proporciona al emisor una confirmación de que un cierto mensaje ha sido recibido por el receptor.

novato *s.* (*newbie*) **1**. Un usuario inexperto en Internet. **2**. En un sentido particularmente despectivo, un usuario inexperto de Usenet que pregunta cosas que están claramente descritas en el archivo FAQ. *Véase también* FAQ.

Novell Directory Services *s. Véase* NDS.

Novell NetWare *s. Véase* NetWare.

NQL *s.* Acrónimo de Network Query Language (lenguaje de consulta en red). Un lenguaje de script para el control de agentes inteligentes para aplicaciones web.

NRZ *s. Véase* sin retorno a cero.

ns *s. Véase* nanosegundo.

NSAPI *s.* Acrónimo de Netscape Server Application Programming Interface (interfaz de programación de aplicaciones del servidor Netscape). Una especificación de las interfaces entre el servidor HTTP de Netscape y otros programas de aplicación. NSAPI puede utilizarse para proporcionar acceso a programas de aplicación desde un explorador web a través de un servidor web. *Véase también* servidor HTTP; explorador web.

NSF *s.* (*National Science Foundation*) Acrónimo de National Science Foundation (Fundación nacional de Estados Unidos para la Ciencia). Una agencia del gobierno de Estados Unidos cuyo objetivo es promover la investigación científica financiando tanto proyectos de desarrollo como proyectos que faciliten la comunicación científica, como es el caso de NSFnet, la antigua red troncal de Internet. *Véase también* red troncal; NSFnet.

NSFnet *s.* Abreviatura de National Science Foundation Network (red de la Fundación nacional de Estados Unidos para la Ciencia). Una red de área extensa (WAN) desarrollada por la NSF para sustituir a ARPANET para aplicaciones civiles. NSFnet sirvió como una de las principales redes troncales de Internet hasta mediados de 1995. Los servicios de red troncal Internet en Estados Unidos son ahora proporcionados por operadores comerciales. *Véase también* ARPANET; red troncal.

NSFnet, centro de información de red de *s.* (*NSFnet Network Information Center*) *Véase* InterNIC.

NSI *s.* Acrónimo de Network Solutions, Inc. La empresa responsable desde 1992 de registrar los nombres de dominio Internet de nivel superior y de mantener la base de datos autorizada («A») de dominios de nivel superior, que se replica diariamente en otros doce servidores raíz de Internet. En 1998, con la privatización de la administración de Internet, las funciones realizadas por NSI (bajo acuerdo cooperativo con la NSF de Estados Unidos) pasaron a ser responsabilidad de la ICANN, una nueva organización sin ánimo de lucro. NSI continúa estando activa, pero su asociación con el gobierno de Estados Unidos entró en la fase de «terminación» en 1998/1999. *Véase también* IANA; ICANN.

NT *s. Véase* Windows NT.

NT-1 *s.* (*Network Terminator 1*) Acrónimo de Network Terminator 1 (terminador de red 1). Un dispositivo RDSI que actúa como interfaz entre una línea telefónica RDSI y uno o más adaptadores de terminal o dispositivos terminales, como, por ejemplo, teléfonos RDSI.

Véase también RDSI; adaptador de terminal RDSI.

NTFS *s*. Acrónimo de NT file system (sistema de archivos NT). Un sistema de archivos avanzado diseñado para ser empleado específicamente con el sistema operativo Windows NT. Soporta nombres de archivo largos, controles de acceso completos para seguridad, recuperación del sistema de archivos, soportes de almacenamiento de tamaño extremadamente grande y diversas características para el subsistema POSIX de Windows NT. También soporta aplicaciones orientadas a objetos tratando todos los archivos como objetos que están dotados de atributos definidos por el usuario y por el sistema. *Véase también* sistema de archivos FAT; HPFS; POSIX.

NTP *s*. Acrónimo de Network Time Protocol (protocolo horario de red). Un protocolo utilizado para sincronizar la hora del sistema en una computadora con la de un servidor u otra fuente de referencia, como una radio, un receptor vía satélite o un módem. NTP proporciona una precisión temporal de un milisegundo en redes de área local y de unas pocas decenas de milisegundos en redes de área extensa. Las configuraciones NTP pueden utilizar servidores redundantes, rutas de red alternativas y autenticación criptográfica con el fin de conseguir una alta precisión y fiabilidad.

NTSC *s*. Acrónimo de National Television System (posteriormente cambiado a Standards) Committee (comité nacional del sistema de televisión). Organismo encargado de establecer las normas para televisión y vídeo en Estados Unidos. Es el patrocinador del estándar NTSC para la codificación de color, un sistema de codificación compatible con las señales en blanco y negro y que es el sistema usado para las emisiones de televisión en color en Estados Unidos.

NuBus *s*. Un bus de expansión de altas prestaciones utilizado en computadoras Macintosh que ofrece un gran ancho de banda y múltiples controladores de bus. Inventado en el Instituto Tecnológico de Massachusetts (MIT, Massachusetts Institute of Technology), NuBus fue al final licenciado a Texas Instruments y otras compañías. *Véase también* bus.

núcleo *s*. (*core*) Uno de los tipos de memoria incorporados en las computadoras antes de que la memoria de acceso aleatorio (RAM) estuviera disponible y fuera lo suficientemente barata. Algunas personas siguen usando el término núcleo para hacer referencia a la memoria principal de cualquier sistema informático, como, por ejemplo, en la frase «volcado de núcleo» que hace referencia a un listado del contenido en bruto de la memoria principal en el momento de producirse una detención catastrófica del sistema. *Compárese con* RAM.

núcleo de seguridad *s*. (*security kernel*) Núcleo del sistema operativo que se encuentra protegido frente al uso no autorizado. *Véase también* kernel.

NUL *s*. **1**. «Dispositivo» reconocido por el sistema operativo que puede ser tratado como dispositivo físico de salida (como una impresora), pero que descarta cualquier información que se le envíe. **2**. Código de carácter con valor nulo; literalmente, un carácter que significa «nada». Aunque es real en el sentido de que es reconocido, que ocupa espacio internamente en la computadora y que puede ser enviado o recibido como un carácter, un carácter NUL no muestra nada, no ocupa espacio en la pantalla ni en el papel y no provoca ninguna acción específica cuando es enviado a la impresora para ser impreso. En ASCII, NUL se representa mediante el código de carácter 0. *Véase también* ASCII.

NUMA *s*. Acrónimo de Non-Uniform Memory Access (acceso de memoria no uniforme). Arquitectura de multiprocesamiento que gestiona la memoria en función de su distancia al procesador. Los bancos de memoria a diversas distancias requieren tiempos de acceso distintos, accediéndose más rápidamente a la memoria local que a la memoria remota. *Véase también* SMP.

número binario *s*. (*binary number*) Número expresado en formato binario, es decir, en base 2. Los números binarios están compuestos por ceros y de unos. Véase el Apéndice E. *Véase también* binario.

número cardinal *s*. (*cardinal number*) Número que indica cuántos elementos hay en un conjunto por ejemplo, «Hay 27 nombres en esa lista». *Compárese con* número ordinal.

número complejo *s.* (*complex number*) Número de la forma $a + bi$, donde a y b son números reales e i es la raíz cuadrada de -1, denominada unidad imaginaria. Los números complejos pueden dibujarse como puntos en un plano de dos dimensiones, llamado plano complejo. El número a se dibuja en el eje horizontal del plano (el eje real) y el número b se dibuja en el eje vertical (el eje imaginario). *Compárese con* número real.

número de acceso *s.* (*access number*) El número telefónico utilizado por un abonado para obtener acceso a un servicio en línea.

número de fuente *s.* (*font number*) El número mediante el cual una aplicación o sistema operativo identifica internamente una fuente determinada. En el Apple Macintosh, por ejemplo, las fuentes pueden identificarse por sus nombres exactos además de por sus números de fuente, y el número de una fuente puede modificarse si se instala ésta en un sistema que ya disponga de una fuente con dicho número. *Véase también* fuente.

número de identificación personal *s.* (*personal identification number*) *Véase* PIN.

número de línea *s.* (*line number*) **1**. Número asignado por un editor de líneas a una línea de texto y que se usa para hacer referencia a dicha línea con el fin de visualizarla, modificarla o imprimirla. Los números de línea son secuenciales. *Véase también* editor de líneas. **2**. En comunicaciones, un número identificador asignado a un canal de comunicaciones.

número de puerto *s.* (*port number*) Un número que permite enviar paquetes IP a un proceso concreto de una computadora conectada a Internet. Algunos números de puerto, denominados números de puerto «públicamente conocidos», están asignados de forma permanente; por ejemplo, los datos de correo electrónico de SMTP se dirigen al puerto 25. Los procesos tales como las sesiones telnet reciben un número de puerto «efímero» cuando se inician; los datos para dicha sesión se dirigen a dicho número de puerto y dicho puerto deja de utilizarse cuando la sesión termina. Hay disponibles 65.535 números de puerto para utilizarlos con TCP y otro tanto para UDP. *Véase también* IP; SMTP; conector; TCP; UDP. *Compárese con* dirección IP.

número de referencia del volumen *s.* (*volume reference number*) *Véase* número de serie del volumen.

número de registro *s.* (*record number*) Número unívoco asignado a un registro en una base de datos y que sirve para identificarlo. Un número de registro puede identificar un registro existente por su posición (por ejemplo, el décimo registro desde el principio de una base de datos) o bien puede asignarse al registro para utilizarlo como clave (por ejemplo, el número 00742 asignado al décimo registro desde el principio de la base de datos). *Véase también* registro.

número de serie del volumen *s.* (*volume serial number*) El número de volumen identificativo opcional de un disco o cinta magnética. Los sistemas MS-DOS utilizan el término número de serie del volumen. Los sistemas Apple Macintosh emplean el término número de referencia del volumen. El número de serie de un volumen no es lo mismo que la etiqueta o nombre del volumen. *Compárese con* etiqueta de volumen.

número de sistema autónomo *s.* (*autonomous-system number*) *Véase* sistema autónomo.

número de unidad *s.* (*drive number*) El convenio de denominación para las unidades de disco en las computadoras Macintosh. Por ejemplo, un sistema con dos unidades designará a sus unidades como unidad 0 y 1.

número de versión *s.* (*version number*) Número asignado por un desarrollador de software para identificar un programa determinado en una etapa concreta antes y después de su lanzamiento. Se asignan números secuenciales en sentido creciente a las distribuciones públicas sucesivas. Normalmente, los números de versión incluyen fracciones decimales. Generalmente, los cambios importantes se reflejan por un cambio en el número entero, mientras que en el caso de cambios menores sólo se incrementa el número que sigue al punto decimal.

número en coma flotante *s.* (*floating-point number*) Número representado por una mantisa y un exponente de acuerdo a una base dada. Normalmente, la mantisa es un valor comprendido entre 0 y 1. Para hallar el valor de un número en coma flotante, la base se eleva a la potencia especificada por el exponente y la mantisa se multiplica por el resultado. La notación científica ordinaria utiliza los números en coma flotante con 10 como base. En una computadora, la base para los números en coma flotante, normalmente, es 2.

número entero *s.* **1.** (*integral number*) *Véase* entero. **2.** (*whole number*) Número sin componente fraccionaria; por ejemplo, 1 o 173 son enteros

número imaginario *s.* (*imaginary number*) Número que debe expresarse como el producto de un número real por *i*, donde $i^2 = -1$. La suma de un número imaginario y número real es un número complejo. Aunque los números imaginarios no se encuentran como tales en el universo (como en «1,544*i* megabits por segundo»), algunas parejas de magnitudes, especialmente en el campo de la ingeniería eléctrica, se comportan matemáticamente como las partes real e imaginaria de números complejos. *Compárese con* número complejo; número real.

número IP *s.* (*IP number*) *Véase* dirección IP.

número irracional *s.* (*irrational number*) Número real que no puede expresarse como la relación de dos enteros. Ejemplos de números irracionales son la raíz cuadrada de 3, pi y *e*. *Véase también* entero; número real.

número natural *s.* (*natural number*) Entero, o número entero, que es igual o mayor que cero. *Véase también* entero.

número ordinal *s.* (*ordinal number*) Número cuya forma indica la posición en una secuencia ordenada de elementos, como, por ejemplo, primero, tercero o vigésimo. *Compárese con* número cardinal.

número real *s.* (*real number*) **1.** Tipo de datos, en lenguajes de programación, tales como Pascal, que se utiliza para almacenar, con un cierto límite de precisión, valores que incluyen tanto parte entera como fraccionaria. *Véase también* doble precisión; simple precisión. *Compárese con* número en coma flotante; entero. **2.** Número que puede representarse en un sistema de numeración con una base determinada, como, por ejemplo, el sistema decimal, mediante una secuencia finita o infinita de dígitos y una coma decimal. Por ejemplo, 1,1 es un número real, como también lo es 0,33333… *Véase también* número irracional. *Compárese con* número complejo; número imaginario.

números de Fibonacci *s.* (*Fibonacci numbers*) En matemáticas, una serie infinita de números en la que cada entero sucesivo es la suma de los dos enteros que lo preceden (por ejemplo, 1, 1, 2, 3, 5, 8, 13, 21, 34, ...). Los números de Fibonacci reciben su nombre del matemático del siglo XIII Leonardo Fibonacci de Pisa. En informática, los números de Fibonacci se utilizan para acelerar las búsquedas binarias, dividiendo repetidamente un conjunto de datos en grupos, de acuerdo con parejas sucesivamente más pequeñas de números de la secuencia de Fibonacci. Por ejemplo, un conjunto de datos de 34 elementos se dividiría en un grupo de 21 y otro de 13. Si el elemento que se está buscando está en el grupo de 13, se descarta el grupo de 21, y el grupo de 13 se divide en dos grupos de 5 y 8. La búsqueda continuaría hasta que se localizara el elemento. La relación de dos términos sucesivos de la secuencia de Fibonacci converge en la denominada Relación de oro, un «número mágico» que parece representar las proporciones de un rectángulo ideal. Dicho número describe muchas cosas, desde la curva de una concha de nautilo hasta las proporciones de las cartas de una baraja o, intencionadamente, del Partenón de Atenas, en Grecia. *Véase también* búsqueda binaria.

NVM *s.* Acrónimo de Non-Volatile Memory (memoria no volátil). Memoria que permanece en el mismo estado cuando se desconecta la alimentación.

NVRAM *s.* Acrónimo de Non-Volatile Random Acces Memory (memoria no volátil de acceso aleatorio). Memoria de lectura/escritura no

NWLink

volátil o, normalmente, memoria volátil equipada con una batería de reserva para conservar los datos. *Véase también* NVM.

NWLink *s.* Una implementación de los protocolos IPX (Internetwork Packet Exchange), SPX (Sequenced Packet Exchange) y NetBIOS utilizados en las redes Novell. NWLink es un protocolo de red estándar que admite mecanismos de encaminamiento y puede soportar aplicaciones cliente-servidor NetWare, lo que permite que las aplicaciones compatibles con NetWare y basadas en sockets puedan comunicarse con aplicaciones basadas en sockets IPX/SPX. *Véase también* IPX/SPX; NetBIOS; RIPX.

nybble *s. Véase* nibble.

O

OAGI *s.* Acrónimo de Open Applications Group, Inc. Un consorcio sin ánimo de lucro de fabricantes de software y empresas creado para desarrollar y definir estándares y especificaciones de interoperabilidad basados en XML para aplicaciones de escala empresarial. OAGI fue formado en 1995 por un pequeño número de organizaciones y empresas de software empresarial y ha crecido hasta incluir más de 60 miembros.

OAGIS *s.* Acrónimo de Open Applications Group Integration Specification (especificación de integración del Grupo de aplicaciones abiertas). Un conjunto de estándares y especificaciones basados en XML y diseñados para promover el comercio electrónico B2B, proporcionando interoperabilidad entre empresas y entre aplicaciones de escala empresarial. OAGIS incluye definiciones y especificaciones de documentos empresariales, escenarios de proceso de negocio y plantillas para formularios empresariales, tales como facturas y solicitudes. OAGIS es supervisado por el Open Applications Group, Inc., un consorcio sin ánimo de lucro de empresas de software y empresas usuarias. *Véase también* OAGI.

OASIS *s.* Acrónimo de Organization for the Advancement of Structured Information Standards (Organización para la promoción de estándares de información estructurada). Un consorcio de empresas de tecnología formado para desarrollar guías de uso de XML (Extensible Markup Language) y otros estándares de información relacionados.

Oberon *s.* Un lenguaje ampliable orientado a objetos basado en Modula-2, cuyas versiones más recientes soportan el entorno .NET Framework. *También llamado* Active Oberon for .NET.

Object Database Management Group *s.* Organización encargada de promover estándares para bases de datos orientadas a objetos y de definir interfaces para las bases de datos orientadas a objetos. *Acrónimo:* ODMG. *Véase también* OMG.

Object Pascal *s.* Derivado orientado a objetos del lenguaje Pascal. *Véase también* Pascal.

Objective-C *s.* Versión orientada a objetos del lenguaje C desarrollada en 1984 por Brad Cox. Se conoce fundamentalmente por ser el lenguaje de desarrollo estándar para el sistema operativo NeXT. *Véase también* programación orientada a objetos.

objeto *s.* (*object*) **1**. Una única instancia de tiempo de ejecución de un tipo de objeto que el sistema operativo defina. Los objetos visibles en modo usuario incluyen los sucesos, archivos, puertos de entrada/salida, claves, directorios de objetos, puertos de protocolo, procesos, secciones, semáforos, vínculos simbólicos, hebras de procesamiento, temporizadores y objetos de credencial. Muchos objetos de modo usuario se implementan utilizando un objeto de modo kernel correspondiente. Los objetos que son exclusivamente de modo kernel incluyen los adaptadores, APC, tarjetas controladoras, dispositivos, colas de dispositivos, DPC, controladores software, interrupciones, mútex y archivos de flujo secuencial. **2**. En gráficos, se denomina de esta manera a cada entidad individual. Por ejemplo, una pelota que rebote en la pantalla puede ser un objeto en un programa gráfico. **3**. En programación orientada a objetos, es una variable compuesta tanto por rutinas como por datos y que se trata como una entidad discreta. *Véase también* tipo de datos abstracto; módulo; programación orientada a objetos. **4**. Abreviatura de código objeto (código legible por la máquina).

objeto compartido dinámico *s.* (*Dynamic Shared Object*) *Véase* DSO.

objeto contenedor *s.* (*container object*) Un objeto que puede contener, desde el punto de vista lógico, otros objetos. Por ejemplo, una carpeta es un objeto contenedor. *Véase también* objeto.

objeto de clave *s.* (*key BLOB*) *Véase* BLOB de claves.

objeto de datos activo *s.* (*Active data object*) Una interfaz de programación de aplicaciones (API, application programming interface) desarrollada por Microsoft para aplicaciones que necesitan acceder a bases de datos. ADO es una interfaz de fácil uso con OLE DB (OLE Database, base de datos OLE), una API que accede de manera directa a los datos contenidos en una base de datos. *También llamado* objeto de datos ActiveX.

objeto de datos de colaboración *s.* (*collaboration data object*) Tecnología de Microsoft Exchange Server para crear aplicaciones de mensajería y colaboración. Un objeto de datos de colaboración consiste en una interfaz de creación de scripts añadida a la interfaz MAPI (Messaging Application Programming Interface) de Microsoft. *Acrónimo:* CDO.

objeto de Directiva de grupo *s.* (*Group Policy Object*) Colección de opciones de configuración de la Directiva de grupo que son, esencialmente, los documentos creados por el módulo de Directiva de grupo, una utilidad de Microsoft Windows 2000. Estas opciones se almacenan en el nivel de dominio y afectan a los usuarios y a las computadoras contenidos en los sitios, dominios y unidades organizativas. *Acrónimo:* GPO.

objeto de permiso *s.* (*permission object*) Una instancia de una clase de permisos que representa una identidad o una serie de derechos de acceso a recursos. Un objeto de permiso puede utilizarse para especificar una solicitud, una demanda o una concesión de un permiso.

objeto vinculado *s.* (*linked object*) Objeto que está insertado dentro de un documento, pero que sigue existiendo en el archivo fuente. Cuando una información está vinculada, el nuevo documento se actualiza automáticamente cada vez que cambia la información en el documento original. Si se quiere editar la información vinculada, se debe hacer doble clic sobre ella y aparecerán las barras de herramientas y los menús del programa original, permitiendo así la edición en su formato nativo. Si el documento original se encuentra en la computadora local, todos los cambios realizados en la información vinculada aparecerán también en el documento original. *Véase también* OLE; paquete; documento de origen.

objetos portátiles distribuidos *s.* (*PDO*) *Véase* PDO. *Acrónimo:* PDO.

oblea *s.* (*wafer*) Pieza delgada y plana de cristal semiconductor utilizada en la fabricación de circuitos integrados. Se utilizan varias técnicas de grabación, dopado y deposición de capas para crear los componentes de circuito sobre la superficie de la oblea. Normalmente, se forman múltiples circuitos idénticos sobre una misma oblea, que se corta posteriormente en secciones. Después, a cada circuito integrado se le conectan sus terminales y se introduce en su encapsulado. *Véase también* circuito integrado; semiconductor.

oblicuo *adj.* (*oblique*) Describe un estilo de texto que se crea inclinando una fuente recta para imitar la cursiva cuando la auténtica fuente cursiva no está disponible en la computadora o en la impresora. *Véase también* fuente; cursiva; redonda.

observación *s.* (*remark*) *Véase* comentario; instrucción REM.

OC3 *s.* Abreviatura de optical carrier 3 (portador óptico 3). Uno de los diversos circuitos de señales ópticas utilizados en el sistema de transmisión de datos por fibra óptica a alta velocidad SONET. OC3 transporta una señal de 155,52 Mbps, la velocidad de transmisión mínima para la cual SONET y el estándar europeo SDH son completamente interoperables. *Véase también* SONET.

ocho punto tres *s.* (*eight dot three*) *Véase* 8.3.

OCR *s.* *Véase* reconocimiento óptico de caracteres.

octal *s.* El sistema de numeración en base 8, compuesto de los dígitos 0 a 7; la palabra proviene del latín *octo*, que quiere decir «ocho».

El sistema octal se utiliza en programación como una forma compacta de representar los números binarios. *Véase también* base.

octeto *s.* (*octet*) Unidad de datos que consiste exactamente en 8 bits independientemente del número de bits que utilice una computadora para representar una cantidad pequeña de información, tal como un carácter. *Compárese con* byte.

ocultación de contraseñas *s.* (*password shadowing*) Un sistema de seguridad en el que se almacena una contraseña cifrada en un archivo «dual» independiente, sustituyéndose la contraseña por una credencial representativa de la misma. La ocultación de contraseñas se utiliza como medida de protección frente a los ataques basados en contraseña. *Véase también* ataque mediante contraseña; captación de contraseñas.

ocultación de información *s.* (*information hiding*) Práctica de diseño en la que los detalles de implementación de las estructuras de datos y algoritmos incluidos en un módulo o subrutina se ocultan de las rutinas que utilizan dicho módulo o subrutina con el fin de garantizar que dichas rutinas no dependen de ningún detalle particular de la implementación. En teoría, la ocultación de información permite cambiar el módulo o subrutina sin que se vean afectadas las rutinas que lo utilizan. *Véase también* interrupción; módulo; rutina; subrutina.

ocultar *vb.* (*hide*) Desactivar temporalmente la visualización en pantalla de la ventana activa de una aplicación mientras que se deja la aplicación ejecutándose. Las ventanas que han sido ocultadas pueden volver a visualizarse normalmente emitiendo el comando apropiado dirigido al sistema operativo.

OCX *s.* Abreviatura de OLE custom control (control personalizado OLE). Un módulo software basado en las tecnologías OLE y COM que, cuando es invocado por una aplicación, produce un control que añade alguna característica deseada a la aplicación. La tecnología OCX es portable entre plataformas, funciona con sistemas operativos tanto de 16 como de 32 bits y puede utilizarse con muchas aplicaciones. Esta tecnología es la sucesora de la tecnología VBX (Visual Basic custom control, control personalizado Visual Basic), que soportaba sólo aplicaciones Visual Basic, y es la base de los controles ActiveX. Los controles OCX han sido, de hecho, sustituidos por los controles ActiveX, que son mucho más pequeños y, por tanto, funcionan mucho mejor a través de Internet. *Véase también* control ActiveX; COM; control; OLE; VBX; Visual Basic.

ODBC *s.* Acrónimo de Open Database Connectivity (conectividad abierta de base de datos). En la estructura WOSA (Windows Open System Architecture) de Microsoft, es una interfaz que proporciona un lenguaje común para que las aplicaciones Windows puedan acceder a bases de datos a través de una red. *Véase también* WOSA.

ODI *s.* Acrónimo de Open Data-link Interface (interfaz abierta de enlace de datos). Una especificación desarrollada por Novell para permitir a una tarjeta de interfaz de red (NIC) soportar múltiples protocolos, como TCP/IP e IPX/ SPX. ODI simplifica también el desarrollo de controladores de dispositivo al permitir no tener que preocuparse acerca del protocolo concreto que vaya a ser usado para transferir información a través de la red. ODI es comparable, en cierta manera, a NDIS (Network Driver Interface Specification, especificación de interfaz de controlador de red). *Véase también* NDIS; tarjeta de interfaz de red.

ODMA *s.* Acrónimo de Open Document Management API (API abierta de gestión documental). Una especificación de interfaz de programación de aplicaciones estándar que permite a las aplicaciones de escritorio, como Microsoft Word, interaccionar de manera transparente con sistemas especializados de gestión documental (DMS, document management system) instalados en servidores de red. La especificación ODMA es propiedad de AIIM (Association for Information & Image Management, Asociación para la gestión de la información y las imágenes). *Véase también* interfaz de programación de aplicaciones; sistema de gestión documental.

OEM *s. Véase* fabricante original de equipos.

OFC *s.* (***Open Financial Connectivity***) Acrónimo de Open Financial Connectivity (conectividad financiera abierta). La especificación de Microsoft para una interfaz entre servicios de banca electrónica y el software de contabilidad personal Microsoft Money.

Office *s.* Familia de aplicaciones individuales y paquetes de aplicación empresarial de Microsoft para las plataformas Windows y Macintosh. Office está construido alrededor de tres productos fundamentales: Word para procesamiento de texto, Excel para hojas de cálculo y Outlook para correo electrónico y trabajo en colaboración. Office XP, la versión más reciente para la plataforma Windows, está disponible en diversas versiones: la versión Office XP estándar, que incluye Word, Excel, Outlook y PowerPoint; la versión Office XP Professional, que añade Access; Office XP Developer, que incluye Word, Excel, Outlook, PowerPoint, Access, FrontPage, la nueva solución web de Microsoft para colaboración y equipos de trabajo SharePoint Team Services y herramientas de desarrollo, y, finalmente, Office XP Professional Special Edition, que ofrece todos los programas de Office XP Professional además de FrontPage, Share-Point Team Services, Publisher e IntelliMouse Explorer. Office v.X para Mac es la versión más reciente para Macintosh e incluye Word, Entourage (para correo electrónico y trabajo en colaboración), Excel y PowerPoint. Véase la Tabla O.1.

oficina automatizada *s.* (***automated office***) Un término bastante genérico utilizado para referirse a una oficina en la que se lleva a cabo el trabajo con la ayuda de computadoras, instalaciones de telecomunicaciones y otros dispositivos electrónicos.

oficina de correos *s.* (***post office***) El servidor, junto con los dispositivos de almacenamiento y los servicios de tratamiento de correo asociados, que proporciona una ubicación centralizada para la recopilación y distribución de correo electrónico a través de una red.

oficina de servicios *s.* (***service bureau***) **1.** Compañía que proporciona varios servicios relacionados con la edición, tales como la producción de preimpresión, autoedición, fotocomposición, infografía y digitalización óptica de gráficos. **2.** Organización que proporciona servicios de procesamiento de datos y acceso a paquetes software a cambio de una cuota.

oficina doméstica *s.* (***home office***) Una oficina establecida en una vivienda.

oficina electrónica *s.* (***electronic office***) Un término usado especialmente desde finales de la década de 1970 hasta mediados de la de 1980 para referirse a un hipotético entorno de trabajo sin papeles que podría conseguirse gracias al uso de computadoras y dispositivos de comunicaciones.

oficina principal *s.* (***home office***) El cuartel general de una compañía.

Producto	*Función*	*Plataforma*
Word	Procesamiento de textos	Windows, Macintosh
Excel	Hojas de cálculo	Windows, Macintosh
Outlook	Correo electrónico, colaboración	Windows
Entourage	Correo electrónico, colaboración	Macintosh
Publisher	Autoedición	Windows
Access	Gestión de bases de datos	Windows
PowerPoint	Presentaciones gráficas	Windows, Macintosh
FrontPage	Creación de sitios web	Windows
SharePoint Team Services	Solución web para grupos de trabajo	Windows

Tabla O.1. *Especificaciones de cada aplicación.*

oficina sin papeles *s.* (*paperless office*) La oficina ideal en la que la información se almacena, manipula y transfiere de modo exclusivamente electrónico en lugar de mediante papel.

ofimática *s.* (*office automation*) El uso de dispositivos electrónicos y de comunicaciones, como computadoras, módems y máquinas fax, junto con su software asociado, para realizar de manera mecánica tareas de oficina en lugar de hacerlas de forma manual.

ohmio *s.* (*ohm*) La unidad de medida de la resistencia eléctrica. Una resistencia de 1 ohmio dejará pasar 1 amperio de corriente cuando se aplique entre sus bornes una tensión de 1 voltio.

OLAP *s. Véase* base de datos OLAP.

OLE *s.* Acrónimo de object linking and embedding (vinculación e incrustación de objetos). Una tecnología para transferir y compartir información entre aplicaciones. Cuando un objeto, como, por ejemplo, un archivo de imagen creado con un programa de dibujo, se vincula a un documento compuesto, como, por ejemplo, una hoja de cálculo o un documento creado con un programa de procesamiento de textos, el documento sólo contiene una referencia al objeto; cualquier cambio realizado en el contenido de un objeto vinculado podrá ser visto en el documento compuesto. Por el contrario, cuando un objeto está incrustado en un documento compuesto, el documento contiene una copia del objeto; los cambios realizados en el contenido del objeto original no podrán ser vistos en el documento compuesto a menos que se actualice el objeto incrustado.

OLE Database *s.* Una interfaz de programación de aplicaciones desarrollada por Microsoft y utilizada para acceder a bases de datos. OLE Database es una especificación abierta que permite comunicarse con todo tipo de archivos de datos a través de una red informática. *Acrónimo:* OLE DB.

OLED *s.* Acrónimo de Organic Light-Emitting Device (dispositivo orgánico electroluminiscente). Tecnología desarrollada para la producción de pantallas digitales especialmente finas y ligeras. Una pantalla OLED está compuesta por una serie de películas orgánicas muy finas situadas entre dos conductores. Cuando se aplica corriente, se emite una luz brillante. Las pantallas OLED son ligeras, duraderas y de bajo consumo.

OLTP *s.* Acrónimo de online transaction processing (procesamiento interactivo de transacciones). Un sistema para procesar transacciones tan pronto como la computadora las recibe y actualizar los archivos maestros inmediatamente en un sistema de gestión de bases de datos. OLTP resulta útil para aplicaciones financieras y de control de inventario. *Véase también* sistema de gestión de bases de datos; procesamiento de transacciones. *Compárese con* procesamiento por lotes.

OM-1 *s. Véase* OpenMPEG Consortium.

OMA *s.* Acrónimo de Object Management Architecture (arquitectura de gestión de objetos). Definición desarrollada por el grupo OMG (Object Management Group) para procesamiento distribuido orientado a objetos. OMA incluye la arquitectura CORBA (Common Object Request Broker Architecture). *Véase también* CORBA; OMG.

OMG *s.* Acrónimo de Object Management Group (grupo de gestión de objetos). Organización sin ánimo de lucro que proporciona un marco de estandarización para interfaces orientadas a objetos. La arquitectura abierta y no propietaria desarrollada y gestionada por OMG permite a los desarrolladores trabajar con un gran conjunto de componentes estándar a la hora de construir aplicaciones con una sólida base común. El consorcio OMG fue fundado en 1989 por un grupo de desarrolladores de software y vendedores de sistemas y, actualmente, cuenta con más de seiscientas empresas asociadas.

onda *s.* (*wave*) **1**. En electrónica, el perfil de amplitud en función del tiempo de una señal eléctrica. **2**. Toda perturbación o cambio de naturaleza periódica y oscilatoria, como, por ejemplo, una onda luminosa o sonora. *Véase también* forma de onda.

onda cuadrada *s.* (*square wave*) Onda en forma rectangular generada por una fuente que cambia instantáneamente entre dos estados alternativos, normalmente a una frecuencia fija. Véase la ilustración. *Compárese con* onda sinusoidal.

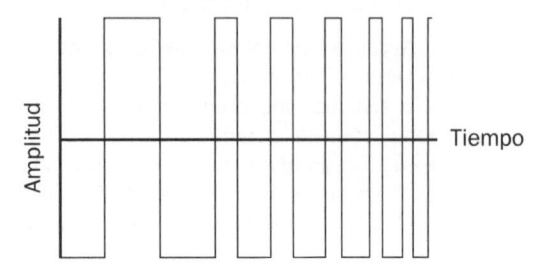

Onda cuadrada.

onda sinusoidal *s.* (*sine wave*) Onda uniforme y periódica generada por un objeto que vibra a una frecuencia determinada. Véase la ilustración. *Compárese con* onda cuadrada.

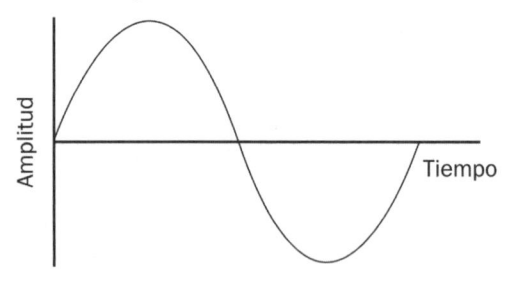

Onda sinusoidal.

OO *adj. Véase* orientado a objetos.

OOP *s. Véase* programación orientada a objetos.

OPA *s.* Acrónimo de Online Privacy Alliance (Alianza para la intimidad en línea). Una organización de más de 80 compañías de Internet y asociaciones profesionales creada para ser la voz del sector en las cuestiones relativas a la intimidad digital. OPA pone el acento en la necesidad de confianza que tienen los consumidores y anima a las empresas en línea a publicar sus políticas de intimidad. OPA ha creado una serie de guías para políticas de intimidad que se han convertido en el estándar del sector.

opacidad *s.* (*opacity*) La calidad que define cuánta luz puede pasar a través de los píxeles que forman un objeto. Si un objeto es 100 por 100 opaco, la luz no puede pasar a través de él.

opción *s.* (*switch*) En sistemas operativos tales como MS-DOS, es un parámetro utilizado para controlar la ejecución de un comando o aplicación y que comienza usualmente con un carácter de barra inclinada (/).

opción predeterminada *s.* (*default*) Selección realizada por un programa cuando el usuario no especifica una alternativa. Las opciones predeterminadas se incluyen en un programa cuando éste debe asumir un valor u opción para poder funcionar.

opciones *s.* (*Options*) *Véase* Preferencias.

opcode *s. Véase* código de operación.

Open Group *s.* Consorcio de fabricantes de hardware y software informático y de usuarios de la industria, el gobierno y las instituciones educativas que trata de impulsar el avance de los sistemas de información multifabricante. Open Group se formó en 1996 al fusionarse Open Software Foundation y X/Open Company Limited.

OpenCyc *s.* Plataforma de inteligencia artificial de código abierto. OpenCyc forma la base de diversas aplicaciones de gestión del conocimiento dirigidas al reconocimiento del lenguaje natural, la integración de bases de datos y el encaminamiento y priorización de mensajes de correo electrónico. La evolución de OpenCyc está regulada por OpenCyc.org.

OpenDoc *s.* Una interfaz de programación de aplicaciones (API) orientada a objetos que permite a múltiples programas independientes (componentes software) en diversas plataformas trabajar conjuntamente sobre un mismo documento (documento compuesto). Similar a OLE, OpenDoc permite incrustar o vincular a un documento imágenes, sonido, vídeo, otros documentos y otros archivos. OpenDoc es promovido por una alianza que incluye a Apple, IBM y las asociaciones Object Management Group y X Consortium. *Véase también* interfaz de programación de aplicaciones; componente software. *Compárese con* ActiveX; OLE.

OpenGL *s.* Interfaz de programación de aplicaciones de gran aceptación para la representación de gráficos 3D y aceleración hardware

3D. OpenGL es una interfaz multiplataforma y está disponible para todos los principales sistemas operativos.

OpenMPEG Consortium *s.* Una organización internacional de desarrolladores de hardware y software para la promoción del uso de los estándares MPEG. *Acrónimo:* OM-1. *Véase también* MPEG.

OpenType *s.* Iniciativa de colaboración entre Microsoft y Adobe para unificar el soporte de fuentes para Microsoft TrueType y Adobe PostScript Type 1. El formato de fuentes OpenType permite trabajar a los creadores de fuentes y a los usuarios con el tipo de fuente que mejor se ajuste a sus necesidades sin tener que preocuparse de si la fuente está basada en la tecnología TrueType o Post-Script. *También llamado* TrueType Open versión 2. *Véase también* fuente PostScript; TrueType.

Opera *s.* Un explorador web desarrollado por Opera Software S/A. Opera se caracteriza especialmente por su estricto soporte de los estándares W3C. Los desarrolladores de sitios web seleccionan a menudo Opera para probar si sus sitios web son compatibles con las especificaciones del W3C. *Véase también* W3C; explorador web.

operación *s.* (*operation*) **1.** En matemáticas, una acción realizada sobre un conjunto de entidades que produce una nueva entidad. Ejemplos de operaciones matemáticas son la suma y la resta. **2.** Acción específica llevada a cabo por una computadora en el proceso de ejecutar un programa.

operación aritmética *s.* (*arithmetic operation*) Cualquiera de los cálculos estándar realizados en aritmética: suma, resta, multiplicación o división. El término se usa también en referencia a los números negativos y valores absolutos.

operación asíncrona *s.* (*asynchronous operation*) Una operación que tiene lugar independientemente de cualquier mecanismo de temporización, como, por ejemplo, un reloj. Por ejemplo, dos módems que se comuniquen de manera asíncrona necesitan que cada uno envíe al otro señales de inicio y de parada para poder temporizar el intercambio de información. *Compárese con* operación síncrona.

operación atómica *s.* (*atomic operation*) Una operación que se considera o garantiza que es indivisible (por analogía con un átomo de materia que antiguamente se pensaba que era indivisible). O bien la operación es no interrumpible o, si se la cancela, existe un mecanismo que garantiza que el sistema vuelva al estado anterior al inicio de la operación.

operación complementaria *s.* (*complementary operation*) En lógica booleana, una operación que genera el resultado opuesto al que se obtiene con otra operación realizada con los mismos datos. Por ejemplo, si A no es verdadero, NOT A (su complemento) es falso. *Véase también* álgebra booleana.

operación concurrente *s.* (*concurrent operation*) *Véase* concurrente.

operación de comunicaciones solapada *s.* (*overlapped communication operation*) La realización de dos operaciones distintas de comunicaciones de manera simultánea; por ejemplo, una operación simultánea de lectura/escritura. Windows CE no soporta las operaciones de comunicaciones solapadas, pero sí permite que haya pendientes múltiples lecturas/escrituras en un dispositivo.

operación en coma flotante *s.* (*floating-point operation*) Operación aritmética realizada con datos almacenados en notación de coma flotante. Las operaciones en coma flotante se utilizan cuando los números pueden tener partes fraccionaria o irracional, como en las hojas de cálculo y diseños CAD. Por tanto, una medida de la potencia de una computadora es la cantidad de millones de operaciones en coma flotante por segundo (MFLOPS o megaflops) que puede realizar. *Acrónimo:* FLOP. *Véase también* notación en coma flotante; MFLOPS.

operación global *s.* (*global operation*) Operación, tal como una operación de búsqueda y sustitución, que afecta a todo un documento, programa u otro objeto, como, por ejemplo, un disco.

operación limitante *s.* (*limiting operation*) Toda rutina u operación que restringe las prestaciones de un proceso de mayor envergadura en el que está incluida; un cuello de botella.

operación lógica *s.* (*logic operation*) **1**. Manipulación de valores binarios en el nivel de bit. *Véase también* operador booleano. **2**. Expresión que utiliza valores y operadores lógicos.

operación monohebra *s.* (*single threading*) Dentro de un programa, la ejecución de un único proceso en cada momento.

operación síncrona *s.* (*synchronous operation*) **1**. Método de transmisión de datos en el que hay un tiempo constante entre bits, caracteres o sucesos consecutivos. La temporización se consigue compartiendo un mismo reloj. Cada extremo de la transmisión se autosincroniza utilizando los relojes e información enviada con los datos transmitidos. Los caracteres se separan de acuerdo con intervalos fijos de tiempo en lugar de estar delimitados por bits de arranque y de parada. **2**. Llamada a una función que bloquea la ejecución de un proceso hasta que retorna. *Véase también* operación asíncrona. **3**. Todo procedimiento que está controlado por un reloj o un mecanismo de temporización. *Compárese con* operación asíncrona. **4**. En comunicaciones y operaciones de bus, transferencia de datos acompañadas de pulsos de reloj incluidos en el flujo de datos o proporcionados simultáneamente a través de una línea distinta. **5**. Dos o más procesos que dependen de que se produzcan sucesos específicos, como, por ejemplo, de la presencia de señales de temporización comunes.

operador *s.* (*operator*) **1**. Persona que controla una máquina o sistema, tales como una computadora o una centralita telefónica. **2**. En matemáticas y programación, y en las aplicaciones informáticas, un símbolo u otro carácter que indica una operación que se aplica a uno o más elementos. *Véase también* binario; unario.

operador aritmético *s.* (*arithmetic operator*) Un operador que realiza una operación aritmética: +, –, * o /. Un operador aritmético acepta normalmente uno o dos argumentos. *Véase también* argumento; binario; operador lógico; operador; unario.

operador automático *adj.* (*autoattendant*) Un término utilizado para describir un sistema informático de almacenamiento y reenvío que sustituye al operador telefónico tradicional dirigiendo las llamadas telefónicas a sus extensiones correctas o a un sistema de correo vocal. Los sistemas de autoatención pueden incluir mensajes vocales, menús operables mediante tonos o características de reconocimiento de voz para enviar las llamadas a los destinos apropiados. *Compárese con* respuesta vocal interactiva.

operador básico de telecomunicaciones *s.* (*common carrier*) Compañía de comunicaciones (por ejemplo, una compañía telefónica) que proporciona servicio al público y está regulada por organizaciones gubernamentales.

operador booleano *s.* (*Boolean operator*) Operador diseñado para trabajar con valores booleanos. Los cuatro operadores booleanos más comunes en programación son AND (conjunción lógica), OR (inclusión lógica), XOR (OR exclusivo) y NOT (negación lógica). Los operadores booleanos se utilizan frecuentemente como cualificadores en las búsquedas efectuadas en bases de datos, como, por ejemplo, cuando se buscan todos los registros de empleados donde DEPARTAMENTO=«marketing» OR DEPARTAMENTO=«ventas» AND HABILIDAD=«procesamiento de textos». *Véase también* AND; OR exclusiva; NOT; OR.

operador de asignación *s.* (*assignment operator*) Un operador utilizado para asignar un valor a una variable o estructura de datos. *Véase también* instrucción de asignación; operador.

operador de telecomunicaciones *s.* (*carrier*) Compañía que proporciona servicios telefónicos u otros servicios de comunicaciones a los consumidores.

operador del canal *s.* (*channel op*) Un usuario de un canal IRC que tiene el privilegio de expulsar a los participantes indeseables. *Véase también* IRC.

operador del sistema *s.* (*system operator*) *Véase* sysop.

operador IRC *s.* (*channel operator*) *Véase* operador del canal.

operador lógico *s.* (*logical operator*) Operador que manipula valores binarios en el nivel de bit. En algunos lenguajes de programación, los operadores lógicos son idénticos a los operadores booleanos, que manipulan los valores verdadero y falso. *Véase también* operador booleano; máscara.

operador relacional *s.* (*relational operator*) Operador que permite al programador comparar dos (o más) valores o expresiones. Los operadores relacionales más comunes son mayor que (>), igual a (=), menor que (<), distinto de (<>), mayor o igual que (>=) y menor o igual que (<=). *Véase también* expresión relacional.

operador unario *s.* (*unary operator*) Operador que sólo admite un operando, como, por ejemplo, la resta unaria (como en −2,5). *Véase también* operador.

operando *s.* (*operand*) El objeto de una operación matemática o de una instrucción de programa.

operando inmediato *s.* (*immediate operand*) Valor de datos, utilizado en la ejecución de una instrucción del lenguaje ensamblador, que está contenido en la propia instrucción en vez de estar referenciado por una dirección contenida en la instrucción.

operativamente correcto *adj.* (*well-behaved*) **1.** Que obedece las normas de un determinado entorno de programación. **2.** Perteneciente, relativo a o característico de un programa que funciona correctamente incluso con valores de entrada extremos o erróneos.

operativo *adj.* (*up*) Que está funcionando y disponible para ser utilizado; se utiliza para describir líneas de comunicaciones que formen parte de una red, computadoras, impresoras y otros tipos de hardware similar.

OPI *s.* Acrónimo de Open Prepress Interface (interfaz abierta de preimpresión). Formato introducido por Aldus (ahora Adobe) para preparar para impresión el texto y los gráficos de una publicación digital, creando un gráfico de baja resolución para tareas de maquetación y un gráfico de alta resolución para impresión. Dependiendo del método utilizado, el proceso OPI crea un solo archivo que permite la extracción de una capa de color mediante un programa de separación de colores o crea varios archivos con colores separados cuando se utiliza DCS (Desktop Color Separation). *Compárese con* DCS.

OPS *s.* (*Open Profiling Standard*) Acrónimo de Open Profiling Standard (estándar abierto de gestión de perfiles). Una especificación de personalización e intimidad para Internet enviada por Netscape Communications Corporation, Firefly Network, Inc., y VeriSign, Inc., para consideración por parte del consorcio W3C (World Wide Web Consortium). OPS permite a los usuarios personalizar los servicios en línea al mismo tiempo que protege su intimidad. Para conseguir al mismo tiempo la personalización y la intimidad, OPS está basado en el concepto de un Perfil personal, que se encuentra almacenado en el equipo informático de cada usuario y contiene la identificación unívoca del usuario, datos demográficos y de contacto y, posiblemente, preferencias sobre el contenido. Esta información permanece bajo control del usuario y puede ser comunicada total o parcialmente a cualquier sitio que la solicite. *Véase también* cookie; certificado digital.

optar *vb.* (*opt-in*) Elegir recibir ciertos servicios o funciones ofrecidos por un negocio de e-business. Con este sistema, no se inscribe automáticamente a ningún usuario en ningún servicio o función. El usuario debe elegir explícitamente inscribirse en cada servicio o función.

optimización *s.* (*optimization*) **1.** Proceso ejecutado por un compilador o ensamblador y que está destinado a producir código ejecutable eficiente. *Véase también* compilador optimizador. **2.** En programación, el proceso de producir programas más eficientes (más pequeños o más veloces) refinando y diseñando estructuras de datos, algoritmos y secuencias de instrucciones.

optimizador *s.* (*optimizer*) Programa o dispositivo que mejora el rendimiento de una computadora, red u otro dispositivo o sistema. Por ejemplo, un programa optimizador de disco reduce el tiempo de acceso a archivo.

optimizar *vb.* (*optimize*) **1.** Realizar un ajuste de una aplicación para mejorar sus prestaciones. *Véase también* optimización. **2.** En las funciones de diseño web, es el proceso de reducir el tamaño de archivo de una fotografía o gráfico para permitir una carga más rápida. Los archivos se optimiza, usualmente, mediante una combinación de mecanismos, como los de reducción de la calidad global de la imagen y el ajuste de la información de color.

optoelectrónica *s.* (*optoelectronics*) La rama de la electrónica en la que se estudian las propiedades y el comportamiento de la luz. La optoelectrónica trata de los dispositivos electrónicos que permiten generar, medir, transmitir y modular la radiación electromagnética en las partes infrarroja, visible y ultravioleta del espectro electromagnético.

OR *s.* Operación lógica para combinar dos bits (0 o 1) o dos valores booleanos (falso o verdadero). Si uno o ambos valores son 1 (verdadero), se devuelve el valor 1 (verdadero). Véase la Tabla O.2.

a	b	a OR b
0	0	0
0	1	1
1	0	1
1	1	1

Tabla O.2. Resultados de la operación lógica OR.

OR exclusiva *s.* (*exclusive OR*) Operación booleana que genera un resultado «verdadero» si, y sólo si, uno de sus operandos es verdadero y el otro es falso. Véase la Tabla O.3. *Acrónimo:* EOR. *También llamado* XOR. *Véase también* operador booleano; tabla de verdad. *Compárese con* AND; OR.

a	b	a XOR b
0	0	0
0	1	1
1	0	1
1	1	0

Tabla O.3. OR exclusivo.

OR inclusivo *s.* (*inclusive OR*) *Véase* OR.

ORB *s.* Acrónimo de object request broker (gestor de solicitudes de objetos). En aplicaciones cliente/servidor, es una interfaz a la que el cliente dirige solicitudes de objetos. El ORB dirige la solicitud al servidor que contiene el objeto y luego devuelve los valores resultantes al cliente. *Véase también* cliente; CORBA.

orden *s.* (*order*) **1.** La magnitud de una base de datos en términos del número de campos que contiene. **2.** Secuencia en la que se ejecutan las operaciones aritméticas. **3.** En informática, la importancia relativa de un dígito o byte. Orden superior hace referencia al dígito o byte más significativo (normalmente, el de más a la izquierda). Orden inferior hace referencia al dígito o byte menos significativo (normalmente, el de más a la derecha).

orden ascendente *s.* (*ascending order*) La ordenación de una secuencia de elementos de menor a mayor, como, por ejemplo, de 1 a 10 o de A a Z. Las reglas para determinar el orden ascendente en una aplicación concreta pueden ser muy complicadas: letras mayúsculas antes que las letras minúsculas, caracteres ASCII ampliados en orden ASCII, etc.

orden de apilamiento *s.* (*stacking order*) El orden en que están dispuestas las capas de un archivo gráfico digital. Los elementos de primer plano se suelen apilar por encima de los elementos pertenecientes al fondo. Los cambios del orden de apilamiento pueden afectar a la forma en que el usuario vea el gráfico final. *Véase también* disposición en capas.

orden superior *adj.* (*high-order*) Que tiene el mayor peso o importancia. Usualmente, el término de orden superior aparece el primero o en la posición más a la izquierda en los sistemas de escritura basados en el alfabeto romano o numerales árabes. Por ejemplo, en el valor hexadecimal de 2 bytes 6CA2, el byte 6C de orden superior tiene un valor por sí mismo igual al decimal 108, pero representa 108 × 256 = 27.648 en el grupo, mientras que el byte de orden inferior A2 representa simplemente al decimal 162. *Compárese con* de menor peso.

orden z *s.* (*z-order*) **1.** El orden según el cual los objetos se dibujan unos encima de otros en pantalla para simular la profundidad (la tercera dimensión) en conjunción con las coordenadas *x* e *y* (altura y anchura). **2.** La disposición visual de ventanas o controles de formulario en capas a lo largo del eje *z* (profundidad). El orden *z* determina qué controles están situados por delante de otros controles. Cada ventana o control tiene una posición diferente en el orden *z*.

ordenación alfanumérica *s.* (*alphanumeric sort*) Un método de ordenar datos, como, por ejemplo, un conjunto de registros, que usa normalmente el siguiente orden: signos de puntuación, símbolos numéricos, caracteres alfabéticos (precediendo las letras mayúsculas a las minúsculas) y después todos los símbolos restantes.

ordenación ascendente *s.* (*ascending sort*) Una ordenación que da como resultado la disposición de los elementos en orden ascendente. *Véase también* ordenación alfanumérica; orden ascendente. *Compárese con* ordenación descendente.

ordenación configurable de bytes *adj.* (*bi-endian*) Perteneciente, relativo a o característico de los procesadores y otros chips que se pueden configurar para trabajar con ordenación directa de bytes (big endian) u ordenación inversa de bytes (little endian). El chip PowerPC tiene esta capacidad, lo que permite ejecutar el sistema operativo Windows NT (con ordenación inversa de bytes) o el sistema operativo MacOS/PPC (con ordenación directa). *Véase también* ordenación directa, con; con ordenación inversa de bytes; PowerPC.

ordenación de Shell *s.* (*Shell sort*) Algoritmo de programación utilizado para ordenar los datos en el que éstos se ordenan en subconjuntos, de manera que el proceso funciona progresivamente desde los desordenados a los más ordenados. Su nombre se debe a su inventor, Donald Shell, y es más rápido que la ordenación por el método de burbuja y la ordenación por inserción. *Véase también* algoritmo. *Compárese con* ordenación por el método de burbuja; ordenación por inserción.

ordenación descendente *s.* (*descending sort*) Ordenación que dispone los elementos en orden descendente (por ejemplo, con la Z precediendo a la A y los números más altos precediendo a los más bajos). *Véase también* ordenación alfanumérica. *Compárese con* ordenación ascendente.

ordenación digital *s.* (*digital sort*) Tipo de proceso de ordenación en el que se ordenan los números de registro o sus valores clave dígito a dígito, comenzando por el dígito menos significativo (el que está más a la derecha).

ordenación directa, con *adj.* (*big endian*) Almacenar números en tal forma que se coloca el byte más significativo en primer lugar. Por ejemplo, dado el número hexadecimal A02B, con este método el número se almacenaría como A02B, mientras que el método inverso haría que el número se almacenara como 2BA0. Este método se utiliza en los microprocesadores Motorola, mientras que los microprocesadores Intel utilizan el método contrario. El término inglés correspondiente (*big endian*) está sacado de la obra *Los viajes de Gulliver*, de Jonathan Swift, donde los Big Endians eran un grupo de personas que se oponían al decreto emitido por el emperador de que los huevos debían romperse primero por su extremo más estrecho antes de comerlos. *Compárese con* con ordenación inversa de bytes.

ordenación distributiva *s.* (*distributive sort*) Proceso de ordenación en el que se divide una lista en varias partes y luego se vuelven a unir las partes siguiendo un orden determinado. *Véase también* algoritmo de ordenación. *Compárese con* ordenación por el método de burbuja; ordenación por inserción; ordenación por fusión; ordenación rápida.

ordenación en varias pasadas *s.* (*multipass sort*) Operación de ordenación que, normalmente, como consecuencia del algoritmo de ordenación que se está utilizando, necesita dos o más pasadas a través de los datos antes de completarse. *Véase también* ordenación por el método de burbuja; ordenación por inserción; ordenación de Shell; algoritmo de ordenación.

ordenación interna *s.* (*internal sort*) **1.** Procedimiento de ordenación que produce subgrupos ordenados de registros que serán posteriormente combinados en una única lista. **2.** Operación de ordenación que tiene lugar en archivos que están completa o mayormente almacenados en memoria en lugar de en un disco durante el proceso.

ordenación inversa de bits *s.* (*reverse byte ordering*) *Véase* con ordenación inversa de bytes.

ordenación lexicográfica *s.* (*lexicographic sort*) Ordenación que dispone los elementos en el orden en el que aparecerían en un diccionario. Una ordenación lexicográfica sitúa los números, por ejemplo, dónde estarían situados si fueran deletreados; por ejemplo, 567 estaría en la Q. *Compárese con* ordenación alfanumérica.

ordenación multiarchivo *s.* (*multifile sorting*) El proceso de ordenar un conjunto de datos que residen en más de un archivo.

ordenación por claves *s.* (*key sort*) *Véase* ordenación por etiquetas.

ordenación por cúmulo *s.* (*heap sort* o *heapsort*) Método de ordenación con un bajo consumo de espacio que primero dispone los campos clave en una estructura de cúmulo y después elimina repetidamente la raíz del cúmulo, la cual, por definición, debe tener la clave de mayor tamaño, formando después el cúmulo de nuevo. *Véase también* árbol ordenado.

ordenación por el método de burbuja *s.* (*bubble sort*) Algoritmo de ordenación que comienza por el final de una lista con *n* elementos y se mueve a través de toda la lista, comprobando el valor de cada par de elementos adyacentes e intercambiándolos si no están en el orden correcto. El proceso completo se repite entonces para los *n*−1 elementos que quedan en la lista, y así sucesivamente, hasta que la lista está completamente ordenada, con el valor más grande al final de la lista. Una ordenación por el método de burbuja se denomina así porque el elemento «más ligero» de una lista (el más pequeño) ascenderá, en sentido figurado, como una burbuja hasta la parte superior de la lista; a continuación, el siguiente elemento más ligero ascenderá hasta su posición, y así sucesivamente. Véase la ilustración. *Véase también* algoritmo; ordenar. *Compárese con* ordenación por inserción; ordenación por fusión; ordenación rápida.

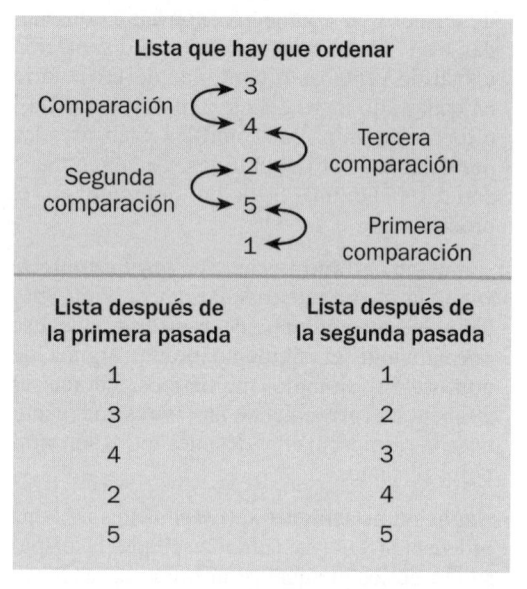

Lista que hay que ordenar	
Comparación → 3	
→ 4 ← Tercera comparación	
Segunda → 2 ←	
comparación → 5 ← Primera	
1 ← comparación	

Lista después de la primera pasada	Lista después de la segunda pasada
1	1
3	2
4	3
2	4
5	5

Ordenación por el método de burbuja.

ordenación por etiquetas *s.* (*tag sort*) Ordenación realizada en uno o más campos de clave con el propósito de establecer el orden de sus registros asociados

ordenación por fusión *s.* (*merge sort*) Técnica de ordenación que combina varias listas ordenadas (entrada) en una sola lista ordenada (salida). *Véase también* ordenación por el método de burbuja; ordenación por inserción; ordenación rápida; algoritmo de ordenación.

ordenación por inserción *s.* (*insertion sort*) Algoritmo de ordenación de listas que comienza con una lista que contiene un elemento y construye una lista ordenada mucho mayor insertando los elementos que se van a ordenar en sus posiciones correctas dentro de dicha lista, de uno en uno. Las ordenaciones por inserción no son eficientes cuando se utilizan con matrices debido a la constante mezcla de elementos, pero están perfectamente adecuadas para la ordenación de listas vinculadas. *Véase también* lista enlazada; algoritmo de ordenación. *Compárese con* ordenación por el método de burbuja; ordenación rápida.

ordenación por intercalación *s.* (*collating sort*)
Ordenación que se lleva a cabo mediante la combinación continua de dos o más archivos para generar una cierta secuencia de registros o elementos de datos.

ordenación por intercambio *s.* (*exchange sort*)
Véase ordenación por el método de burbuja.

ordenación rápida *s.* (*quicksort*) Eficiente algoritmo de ordenación, descrito por C. A. R. Hoare en 1962, en el que la estrategia esencial es la de «divide y vencerás». Una ordenación rápida comienza analizando la lista que ha de ser ordenada para tratar de localizar un valor medio. Este valor, denominado pivote, se desplaza a su posición definitiva en la lista. Después, todos los elementos de la lista cuyos valores son menores que el valor pivote se sitúan a un lado y los elementos cuyos valores son mayores se sitúan al otro lado. Cada lado resultante se ordena de la misma forma, hasta que se obtiene una lista completamente ordenada. *Véase también* algoritmo de ordenación. *Compárese con* ordenación por el método de burbuja; ordenación por inserción; ordenación por fusión.

ordenador *s.* (*computer*) *Véase* computadora.

ordenar *vb.* **1.** (*order*) Disponer en una secuencia, como, por ejemplo, alfabética o numérica. **2.** (*sort*) Organizar datos, y en particular un conjunto de registros, en un orden concreto. Los programas y algoritmos de programación disponibles para la ordenación varían mucho en cuanto a su velocidad y campo de aplicación. *Véase también* ordenación por el método de burbuja; ordenación distributiva; ordenación por inserción; ordenación por fusión; ordenación rápida; ordenación de Shell.

.org *s.* En el sistema de nombres de dominio de Internet, es el dominio de nivel superior que identifica las direcciones operadas por organizaciones que no encajan en ninguno de los otros dominios estándar. Por ejemplo, los sistemas de radiodifusión pública no son ni empresas comerciales con ánimo de lucro (.com) ni instituciones educativas con estudiantes (.edu), de modo que podrían tener una dirección Internet tal como pbs.org. La designación .org aparece al final de la dirección. *Véase también* DNS; dominio. *Compárese con* .com; .edu; .gov; .mil; .net.

organigrama *s.* (*flowchart*) Mapa gráfico de la ruta de control, o de datos, de las operaciones de un programa o de un sistema de tratamiento de la información. Los símbolos como cuadrados, rombos y óvalos representan las diferentes operaciones. Estos símbolos se conectan mediante líneas y flechas para indi-

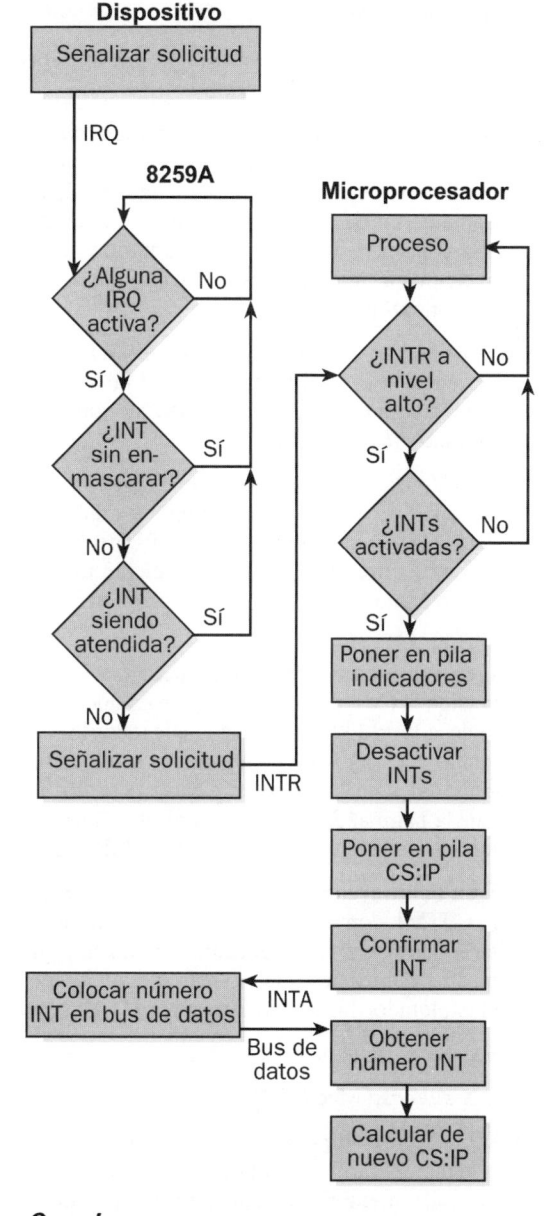

Organigrama.

car el flujo de datos o el control de un punto a otro. Los organigramas se utilizan como ayuda para mostrar el camino que seguirá un programa propuesto y como un medio para comprender las operaciones de un programa existente. *Véase* la ilustración.

orientación *s.* (*orientation*) *Véase* modo apaisado; modo vertical.

orientación de página *s.* (*page orientation*) *Véase* modo apaisado; modo vertical.

orientado a conexión *adj.* (*connection-oriented*) En comunicaciones, perteneciente o relativo a, o característico de, un método de transmisión de datos que requiere que exista una conexión directa entre dos nodos pertenecientes a una o más redes. *Compárese con* sin conexión.

orientado a objetos *adj.* (*object-oriented*) Perteneciente, relativo o referido a un sistema o lenguaje que permite el uso de objetos. *Véase también* objeto.

origen de datos *s.* (*data source*) **1**. En comunicaciones, la parte de un equipo terminal de datos (DTE) que envía datos. **2**. El originador de datos informáticos, frecuentemente un dispositivo analógico o digital de recopilación de datos.

origen del documento *s.* (*document source*) La versión HTML de texto legible de un documento de la World Wide Web en la que todas las etiquetas y códigos de composición se muestran como tales en lugar de emplearse para formatear la página. *También llamado* origen, documento de origen. *Véase también* HTML.

origen del marco *s.* (*frame source*) En las páginas HTML con marcos, es el documento fuente en el que se encuentra el contenido que hay que mostrar dentro de un cierto marco dibujado por el explorador local. *Véase también* HTML.

OS *s. Véase* sistema operativo.

OS X *s. Véase* Mac OS X.

OS/2 *s.* Abreviatura de Operating System 2. Un sistema operativo multitarea en modo protegido y de memoria virtual para computadoras personales basadas en los procesadores Intel 80286, 80386, i486 y Pentium. OS/2 puede ejecutar la mayoría de las aplicaciones MS-DOS y puede leer todos los discos MS-DOS. El programa OS/2 Presentation Manager proporciona una interfaz gráfica de usuario. La versión más reciente, conocida como OS/2 Warp 4, es un sistema operativo de 32 bits que proporciona capacidades de conexión por red, soporte de conexiones Internet, soporte de Java y tecnología de reconocimiento del habla. OS/2 fue desarrollado inicialmente como proyecto conjunto de Microsoft e IBM, pero posteriormente se convirtió en un producto IBM. *Véase también* modo protegido; memoria virtual.

oscilación *s.* (*oscillation*) Variación o conmutación de carácter periódico. En electrónica, el término oscilación hace referencia a un variación periódica en una señal eléctrica.

oscilador *s.* (*oscillator*) Circuito electrónico que produce una salida que varía de modo periódico con una frecuencia controlada. Los osciladores, que son un tipo importante de circuito electrónico, pueden diseñarse para proporcionar una salida de frecuencia constante o ajustable. Algunos circuitos osciladores utilizan cristales de cuarzo para generar una frecuencia estable. Las computadoras personales utilizan un circuito oscilador para proporcionar la frecuencia de reloj, normalmente de 1 a 200 megahercios (MHz), con la que operan el procesador y otros circuitos.

osciloscopio *s.* (*oscilloscope*) Instrumento de medida y prueba que proporciona una imagen visual de una señal eléctrica. Los osciloscopios se utilizan comúnmente para crear una visualización de la tensión en función del tiempo.

osciloscopio de rayos catódicos *s.* (*cathode-ray oscilloscope*) *Véase* osciloscopio.

OSF *s.* Acrónimo de Open Software Foundation (fundación para el software abierto). Consorcio de compañías sin ánimo de lucro (incluyendo DEC, Hewlett-Packard e IBM), creado en 1988, que promueve estándares y especificaciones para programas que operan bajo UNIX y concede licencias sobre el código fuente del software para sus miembros. Los productos OSF incluyen el entorno DCE (Distributed Computing Environment), la interfaz gráfica de usuario Motif y el sistema operativo OSF/1 (una variante de UNIX).

OSI *s*. *Véase* modelo de referencia ISO/OSI.

OSPF *s*. Acrónimo de Open Shortest Path First (apertura prioritaria de la ruta más corta). Un protocolo de encaminamiento para redes IP, tales como Internet, que permite a un encaminador calcular la ruta más corta hacia cada nodo para poder enviar los mensajes. El encaminador envía a otros encaminadores de la red, a través de los nodos a los que está enlazado, una información denominada anuncios de estado de enlace, que tiene por objeto acumular información del estado de los enlaces y poder realizar los necesarios cálculos. *Véase también* protocolo de comunicaciones; nodo; ruta; encaminador.

OTOH *s*. Acrónimo de on the other hand (por otro lado). Una expresión inglesa abreviada que a menudo se utiliza en mensajes de correo electrónico, noticias de Internet y grupos de discusión.

otro fabricante, de *adj*. (***third-party***) En juegos de consola, un juego creado para una consola específica por una empresa diferente a la que fabricó la consola.

Outlook *s*. Software de aplicación de Microsoft para mensajería y trabajo en colaboración. Es parte del paquete Microsoft Office e incluye correo electrónico, un calendario integrado y funciones de gestión de contactos y gestión de tareas, y también proporciona soporte para la construcción de herramientas personalizadas, como formularios de propósito especial, para funciones de trabajo colaborativo.

OverDrive *s*. Tipo de microprocesador de Intel diseñado para reemplazar el microprocesador i486SX o i486DX de una computadora. El microprocesador OverDrive es funcionalmente idéntico al microprocesador de Intel i486DX2, pero es un producto dirigido al usuario final, mientras que el i486DX2 se vende únicamente a fabricantes de computadoras que lo integran en sus propios sistemas. El mecanismo de actualización de un sistema mediante un procesador OverDrive varía de un sistema a otro, e incluso hay sistemas que no permiten el uso de un procesador OverDrive. *Véase también* i486DX; i486SL; i486SX; microprocesador. *Compárese con* i486DX2.

óxido férrico *s*. (***ferric oxide***) La sustancia química Fe_2O_3; un óxido de hierro utilizado con un agente aglutinante en el recubrimiento magnético aplicado a los discos y cintas empleados para almacenamiento de datos.

óxido magnético *s*. (***magnetic oxide***) *Véase* óxido férrico.

Oz *s*. Lenguaje de programación concurrente orientado a objetos.

P *pref. Véase* peta-.

p *pref. Véase* pico-.

P2P *s*. Acrónimo de Peer-to-Peer (igualitario o entre homólogos). Una opción de red basada en Internet en la que dos o más computadoras se conectan directamente entre sí para comunicarse y compartir archivos sin utilizar un servidor central. El interés en las redes P2P floreció con la introducción de Napster y Gnutella. *Véase también* arquitectura igualitaria; comunicaciones igualitarias.

P3P *s*. Acrónimo de Platform for Privacy Preferences (plataforma para preferencias de intimidad). Un protocolo abierto del W3C que permite a los usuarios de Internet controlar el tipo de información personal recopilada por los sitios web que visiten. P3P utiliza agentes de usuario integrados en los exploradores y en las aplicaciones web para permitir a los sitios web compatibles con P3P comunicar a los usuarios las prácticas relativas a la intimidad antes de que los usuarios inicien una sesión en el sitio web. P3P compara las políticas de intimidad del sitio web con el conjunto de preferencias personales de intimidad del usuario e informa a éste de cualquier desacuerdo que encuentre.

P5 *s*. Nombre interno de trabajo de Intel para el microprocesador Pentium. Aunque no se pretendía utilizarlo públicamente, el nombre P5 se filtró a la prensa informática y se usó de forma común para hacer referencia al microprocesador antes de que se lanzara comercialmente. *Véase también* 586; Pentium.

PackIT *s*. Formato de archivo utilizado en Apple Macintosh para representar colecciones de archivos Mac, posiblemente comprimidos mediante el algoritmo de compresión Huffman. *Véase también* codificación Huffman; Macintosh.

PAD *s*. Acrónimo de packet assembler/disassembler. *Véase* ensamblador/desensamblador de paquetes.

padre *s*. (*father*) *Véase* generación.

padre/hijo *adj*. (*parent/child*) **1**. Perteneciente a, o que constituye, una relación entre nodos en una estructura de datos en árbol en la cual el padre está un paso más cerca de la raíz (es decir, un nivel más alto) que el hijo. **2**. Perteneciente a, o que constituye, una relación entre procesos en un entorno multitarea en el cual el proceso padre llama al proceso hijo y, la mayoría de las veces, suspende su propia operación hasta que el proceso hijo se completa o es cancelado.

página *s*. (*page*) **1**. Bloque de memoria de tamaño fijo. Cuando se utiliza el término en el contexto de un sistema de memoria paginada, una página es un bloque de memoria cuya dirección física puede ser modificada mediante hardware de mapeado. *Véase también* EMS; unidad de gestión de memoria; memoria virtual. **2**. En el procesamiento de textos, el texto y los elementos de visualización que hay que imprimir en un lado de una hoja de papel de acuerdo con especificaciones de formato, tales como la anchura, el tamaño del margen y el número de columnas. **3**. En gráficos por computadora, una parte de la memoria de visualización que contiene una imagen a pantalla completa; la representación interna de una pantalla completa de información. **4**. *Véase* página web.

página con marcos *s*. (*frames page*) Una página web que divide la ventana de un explorador web en áreas desplazables diferentes que pueden mostrar de forma independiente varias páginas web. Una de las ventanas puede permanecer sin cambios, mientras que las otras ventanas cambian basándose en los hipervínculos que el usuario seleccione.

página de acceso *s*. (*gateway page*) *Véase* página de entrada.

página de bienvenida *s*. (*welcome page*) *Véase* página principal.

página de códigos *s.* (*code page*) En las versiones 3.3 de MS-DOS y posteriores, una tabla que relaciona los códigos binarios de caracteres utilizados en un programa con las correspondientes teclas del teclado o con la apariencia de los correspondientes caracteres en la pantalla. Las páginas de códigos son una forma de proporcionar soporte para los conjuntos de caracteres y los diseños de teclado utilizados en distintos países. Los dispositivos tales como la pantalla o el teclado se pueden configurar para utilizar una página de códigos específica y para cambiar de una página de códigos (como la de Estados Unidos) a otra (como, por ejemplo, la de Portugal) a solicitud del usuario.

página de entrada *s.* (*doorway page*) Una página web que funciona como puerta de entrada a un sitio web. Normalmente, las páginas de entrada contienen palabras clave que los motores de búsqueda a través de Internet reconocen cuando exploran Internet. Insertar las palabras clave correctas en una página de entrada puede incrementar el número de visitantes de un sitio.

página de fuente *s.* (*font page*) Zona de la memoria de vídeo reservada para almacenar tablas de definición de caracteres (conjuntos de patrones de caracteres) especificadas por el programador, utilizada para visualizar texto en la pantalla sistemas de vídeo MultiColor Graphics Array de IBM.

página de inicio *s.* (*start page*) *Véase* página principal.

página de presentación *s.* (*lobby page*) Página de información sobre una sesión de difusión multimedia que se muestra en el explorador del usuario antes de que la emisión comience. Puede contener un título, un asunto, el nombre del host, información sobre la emisión y una cuenta atrás indicativa del tiempo que falta para que dé comienzo la emisión.

página de salto *s.* (*jump page*) *Véase* página de entrada.

página de visualización *s.* (*display page*) Una página de información de visualización almacenada en la memoria de vídeo de una computadora. Las computadoras pueden disponer de memoria de vídeo suficiente para almacenar más de una página de visualización en cada momento. En tales casos, los programadores, especialmente aquellos cuyo trabajo está relacionado con la creación de secuencias de animación, pueden actualizar la pantalla rápidamente creando o modificando una página de visualización mientras que el usuario está viendo otra. *Véase también* animación.

página de visualización de vídeo *s.* (*video display page*) Parte del búfer de vídeo de una computadora que mantiene una imagen de pantalla completa. Si el búfer puede almacenar más de una página, o imagen, las actualizaciones de pantalla pueden completarse más rápidamente, ya que puede rellenarse una pantalla oculta mientras que se visualiza otra.

página dinámica *s.* (*dynamic page*) Un documento HTML que contiene gráficos GIF animados, applets Java o controles ActiveX. *Véase también* control ActiveX; GIF; HTML; applet Java.

página HTML *s.* (*HTML page*) *Véase* página web.

página principal *s.* **1.** (*default home page*) En un servidor web, es el archivo que se devuelve cuando se hace referencia a un directorio sin mencionar un nombre de archivo específico. La página principal está especificada por el software del servidor web y suele ser un archivo denominado index.html o index.htm **2.** (*home page*) Una página web personal, usualmente de una persona concreta (en lugar de pertenecer a un grupo u organización). **3.** (*home page*) Una página de entrada para un conjunto de páginas web y otros archivos dentro de un sitio web. **4.** (*home page*) Un documento cuyo propósito es servir como punto de partida para un sistema de hipertexto, especialmente la World Wide Web. Una página principal se denomina página de inicio en Microsoft Internet Explorer.

página puente *s.* (*bridge page*) *Véase* página de entrada.

página visible *s.* (*visible page*) En gráficos por computadora, la imagen que se está visualizando en la pantalla. Las imágenes de pantalla se escriben en la memoria de visualización en secciones denominadas páginas, cada una de las cuales contiene una visualización de pantalla.

página web *s.* (***Web page***) Un documento contenido en la World Wide Web. Una página web está compuesta por un archivo HTML con una serie de archivos asociados que almacenan gráficos o scripts y que está situado en un directorio concreto de una máquina determinada (y que, por tanto, es identificable mediante una dirección URL). Usualmente, las páginas web contienen vínculos a otras páginas web. *Véase también* URL.

página web dinámica *s.* (***dynamic Web page***) Una página web que tiene una forma fija, pero contenido variable, lo que permite adaptarla a los criterios de búsqueda de un cliente.

página web estática *s.* (***static Web page***) Página web que muestra el mismo contenido a todos los visitantes. Usualmente escrita en lenguaje HTML (Hypertext Markup Language), una página web estática muestra contenido que sólo varía si se modifica el código HTML. *Véase también* página web dinámica.

paginación *s.* **1.** (*pagination*) Proceso de añadir números a las páginas, como, por ejemplo, en un encabezado. **2.** (*pagination*) Proceso de dividir un documento en páginas para la impresión. **3.** (*paging*) Técnica para implementar memoria virtual. El espacio de dirección virtual se divide en una serie de bloques de tamaño fijo denominados páginas, cada una de las cuales puede asignarse a cualquiera de las direcciones físicas disponibles en el sistema. El hardware de gestión de memoria especial (MMU o PMMU) realiza la traducción de las direcciones virtuales en direcciones físicas. *Véase también* unidad de gestión de memoria; unidad de gestión de memoria paginada; memoria virtual.

paginación bajo demanda *s.* (***demand paging***) La implementación más común de memoria virtual, en la que las páginas de datos se leen y se cargan en la memoria principal desde un dispositivo auxiliar de almacenamiento sólo en respuesta a las interrupciones que se producen cuando un programa software solicita una ubicación de memoria que el sistema ha guardado en un almacenamiento auxiliar y ha reutilizado para otros propósitos. *Véase también* paginación; intercambiar; memoria virtual.

páginas amarillas *s.* (***Yellow Pages***) Cualquiera de los diversos servicios comerciales de directorio Internet existentes. Algunos son publicaciones impresas, otros son estrictamente electrónicos y algunos se ofrecen en ambos tipos de versiones.

páginas blancas *s.* (***white pages***) *Véase* DIB.

páginas de servidor Java *s.* (***JavaServer Pages***) *Véase* JSP.

páginas man *s.* (***man pages***) **1.** Documentación en línea sobre los comandos y programas UNIX y sobre las rutinas de bibliotecas UNIX disponibles para su utilización en programas C. Estos documentos, que también pueden encontrarse en el Manual del programador de UNIX, pueden visualizarse en el terminal del usuario o imprimirse utilizando el comando man. **2.** Un conjunto de archivos de ayuda incluidos en una distribución de Linux. Las páginas man pueden estar incluidas en la distribución Linux e instalarse junto con el sistema operativo o pueden descargarse de algún repositorio de información en línea.

páginas por minuto *s.* (***pages per minute***) *Véase* ppm.

pago electrónico *s.* (***digital cash***) *Véase* e-money.

palabra *s.* (***word***) La unidad nativa de almacenamiento en una máquina concreta. Una palabra es la cantidad de datos más grande que puede ser manejada por el microprocesador en una única operación y también, como regla, es la anchura del bus de datos principal. Los tamaños de palabra más comunes son los de 16 bits y 32 bits. *Compárese con* byte; octeto.

palabra clave *s.* (***keyword***) **1.** Cualquiera de las palabras que componen un cierto lenguaje de programación o un conjunto de rutinas del sistema operativo. *Véase también* palabra reservada. **2.** Una palabra, frase o código característicos almacenado en un campo clave y que se utiliza para realizar operaciones de ordenación o de búsqueda de registros en una base de datos. *Véase también* campo de clave.

palabra de instrucción *s.* (***instruction word***) **1**. Instrucción de lenguaje máquina que contiene un código de operación que identifica el tipo de instrucción, cero o más operandos que especifican los datos que serán afectados o su dirección y, opcionalmente, una serie de bits utilizados para indexación o para otros propósitos. *Véase también* ensamblador; código máquina. **2**. La longitud de una instrucción en lenguaje máquina.

palabra reservada *s.* (***reserved word***) Palabra que tiene un significado especial para un programa o en un lenguaje de programación. Las palabras reservadas incluyen normalmente aquellas utilizadas para instrucciones de control (IF, FOR, END), declaración de datos y similares. Una palabra reservada puede ser utilizada solamente en ciertas circunstancias predefinidas. No se puede utilizar para dar nombre a documentos, archivos, etiquetas, variables o herramientas generadas por el usuario, como las macros.

palanca de mando *s.* (***joystick***) Dispositivo señalador utilizado principalmente, aunque no de forma exclusiva, en juegos de ordenador. Una palanca de mando tiene una base, en la que pueden montarse botones de control, y una palanca vertical, que el usuario puede mover en cualquier dirección para controlar el movimiento de un objeto en la pantalla; la palanca también puede tener botones de control. Los botones activan diversas características de software, normalmente generando sucesos en pantalla. Una palanca de mando se utiliza normalmente como un dispositivo apuntador relativo moviendo un objeto en la pantalla al mover la palanca y deteniendo el movimiento cuando se suelta. En las aplicaciones de control industrial, la palanca de mando también puede utilizarse como dispositivo apuntador absoluto con cada posición de la pantalla asociada a una posición específica de la pantalla. Véase la ilustración. *Véase también* dispositivo apuntador absoluto; dispositivo señalador relativo. *Compárese con* mando de juegos.

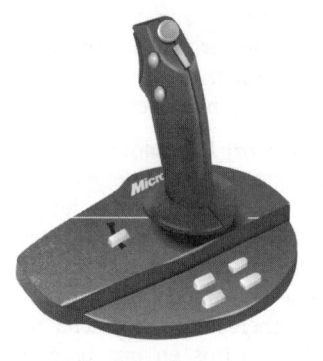

paleta *s.* **1**. (***paddle***) Antiguo tipo de dispositivo de entrada utilizado en los juegos de computadora, especialmente para los movimientos horizontales o verticales de un objeto en pantalla. Una paleta es menos sofisticada que una palanca de mando, ya que sólo permite al usuario, girando un mando rotatorio, especificar el movimiento a lo largo de un solo eje. La paleta recibía su nombre del hecho de que su uso más popular era controlar las paletas en pantalla en algunos sencillos juegos antiguos, como Pong. *Véase* la ilustración. **2**. (***palette***) Subconjunto de la tabla de colores que establece los colores que podrán ser visualizados en la pantalla en un momento determinado. El número de colores en la paleta está determinado por el número de bits utilizados para representar un píxel. *Véase también* bits de color; tabla indexada de colores; píxel. **3**. (***palette***) En los programas de dibujo, una colección de herramientas de dibujo, tales como patrones, colores, formas de pincel y diferentes anchos de línea, de entre las que el usuario puede elegir aquella con la que quiera trabajar.

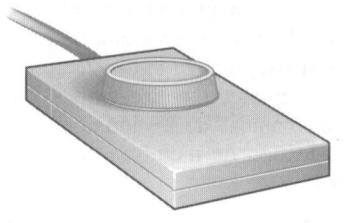

Paleta.

paleta de color *s.* (***color palette***) *Véase* paleta.

paleta verdaderamente segura *s.* (***reallysafe palette***) Tabla indexada de colores (CLUT) que consta de 22 de los colores de la paleta web segura de 216 colores que son completamente coherentes cuando se visualizan en todos los exploradores web de todas las principales plataformas informáticas. La paleta realmente segura surgió de un experimento que indicaba que la mayoría de los colores de la paleta web segura cambiaban en cierto grado cuando se visualizaban en diferentes entornos. *Véase también* tabla de colores web.

paleta web segura *s.* (*websafe palette*) *Véase* tabla de colores web.

palmtop *s.* Computadora personal portátil cuyo tamaño permite sostenerla en una mano mientras que se manipula con la otra. La principal diferencia entre las computadoras palmtop y las portátiles es que las primeras suelen alimentarse mediante baterías corrientes como las de tipo AA. Las computadoras palmtop, normalmente, no disponen de unidades de disco; en su lugar, sus programas se almacenan en la ROM y se cargan en la RAM cuando se encienden. Las computadoras palmtop más recientes están equipadas con ranuras PCMCIA que proporcionan una mayor flexibilidad y una mayor capacidad. *Véase también* PC de mano; ranura PCMCIA; computadora portátil. *Compárese con* portátil.

PAM *s. Véase* modulación de pulso en amplitud.

panel de control *s.* (*control panel*) En sistemas Windows y Macintosh, una herramienta que permite al usuario controlar determinados aspectos del sistema operativo o del hardware, como, por ejemplo, la fecha y la hora de un sistema, las características del teclado y los parámetros de red.

panel de interconexión *s.* (*backplane*) Tarjeta de circuito o bastidor que soporta otras tarjetas de circuito, dispositivos y las interconexiones entre dispositivos y proporciona alimentación y señales de datos a los dispositivos soportados.

panel de tareas *s.* (*Dock*) Función organizativa de Mac OS X que identifica las aplicaciones, documentos y ventanas más frecuentemente utilizados. Los usuarios pueden arrastrar los iconos hasta el panel de tareas para poder acceder rápidamente a las aplicaciones o documentos o pueden minimizar una ventana activa en el panel de tareas y seguir viendo cómo se ejecuta la aplicación mientras trabajan con otra ventana. El panel de tareas puede situarse en la parte inferior o en un lateral de la pantalla. *Véase también* Mac OS X.

panel desgajable *s.* (*knockout*) En hardware, una sección de un panel que puede ser retirada para tener más espacio para un interruptor u otro componente.

panel frontal *s.* (*front panel*) El panel delantero de una carcasa de computadora en el que están disponibles los mandos de control, conmutadores e indicadores luminosos con los que interactúa el operador. *Véase también* consola.

panel trasero *s.* (*back panel*) Panel situado en la parte posterior de la carcasa de una computadora y a través del cual se realiza la mayoría de las conexiones con las fuentes de alimentación y periféricos externos. Véase la ilustración.

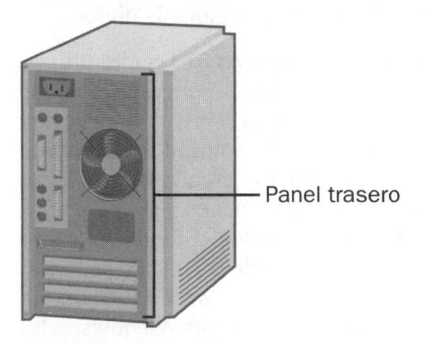

Panel trasero

Panel trasero.

pánico de kernel *s.* (*kernel panic*) En los sistemas basados en Mac OS X y UNIX, se trata de un tipo de error que se produce cuando el núcleo del sistema operativo es incapaz de procesar apropiadamente una instrucción. Un pánico de kernel se manifiesta ante el usuario como una pantalla de texto que contiene información sobre la naturaleza del error, el cual puede ser a menudo corregido reiniciando el sistema.

panorámica *s.* (*panning*) En gráficos por computadora, un método de visualización en el que una ventana de la pantalla realiza un barrido horizontal o vertical de una escena, como lo haría una cámara, para permitir que partes de la imagen actual que se encuentran fuera de la

pantalla

pantalla entren en el campo de visión suavemente.

pantalla *s.* (*display*) El dispositivo de salida visual de una computadora, que normalmente es un monitor de vídeo con tubo de rayos catódicos (TRC). En las computadoras portátiles, la pantalla suele utilizar tecnología LCD o es una pantalla plana de plasma de gas. *Véase también* pantalla plana; pantalla de cristal líquido; adaptadora de vídeo; pantalla de vídeo.

pantalla alfanumérica *s.* (*alphanumeric display*) Pantalla electrónica en una computadora de mano, en un buscapersonas o en un teléfono inalámbrico capaz de mostrar tanto texto como números.

pantalla analógica *s.* (*analog display*) Una pantalla de vídeo capaz de mostrar un rango continuo de colores o tonos en lugar de valores discretos. *Compárese con* pantalla digital.

pantalla azul *s.* **1.** (*blue screen*) Técnica utilizada en efectos especiales de películas en la que se superpone una imagen sobre otra. La acción o los objetos se filman colocados contra una pantalla azul. El fondo deseado se graba por separado y la toma que contiene la acción o los objetos se superpone sobre el fondo. El resultado es una imagen donde la pantalla azul desaparece. **2.** (*Blue Screen of Death*) En un entorno informático Microsoft Windows, referencia utilizada para denominar el resultado de un error fatal en el que la pantalla se vuelve azul y la computadora se queda colgada. La recuperación de un error de pantalla azul requiere, normalmente, que el usuario reinicie la computadora. *Acrónimo:* BSOD. *Véase también* error fatal.

pantalla compuesta *s.* (*composite display*) Pantalla, característica de los monitores de televisión y de algunos monitores de computadora, que es capaz de extraer una imagen de una señal compuesta (también denominada señal NTSC). Una señal compuesta transporta a través de un cable no sólo la información codificada necesaria para formar una imagen en la pantalla, sino también los pulsos necesarios para sincronizar el barrido horizontal y vertical cuando el haz de electrones realiza los barridos a través de la pantalla. Las pantallas compuestas pueden ser monocromas o de color. Una señal de color compuesta combina los tres colores de vídeo primarios (rojo, verde y azul) en una ráfaga de componente de color que determina el tono del color mostrado en pantalla. Los monitores de color compuestos son menos legibles que los monitores monocromos o los monitores de color RGB que utilizan señales separadas (y cables) para las componentes roja, verde y azul de la imagen. *Véase también* ráfaga de color; monitor en color; pantalla monocroma; NTSC; monitor RGB.

pantalla de arranque *s.* (*startup screen*) Pantalla de texto o gráficos que aparece cuando un programa se inicia (ejecuta). Las pantallas de arranque normalmente contienen información sobre la versión del software y, a menudo, contienen un logotipo del producto o de la empresa.

pantalla de ayuda *s.* (*help screen*) Pantalla de información que se muestra cuando el usuario solicita ayuda. *Véase también* ayuda.

pantalla de barrido de líneas *s.* (*raster display*) Monitor de vídeo (normalmente, un TRC) que muestra la imagen en la pantalla mediante líneas de barrido horizontales de arriba a abajo. Cada línea de barrido consiste en píxeles que pueden iluminarse y colorearse de forma individual. Las pantallas de televisión y la mayor parte de los monitores de las computadoras son de barrido de líneas. *Véase también* CRT; píxel. *Compárese con* pantalla vectorial.

pantalla de cristal líquido *s.* (*liquid crystal display*) Tipo de pantalla que utiliza un compuesto líquido que posee una estructura molecular polar encajado entre dos electrodos transparentes. Cuando se aplica un campo eléctrico, las moléculas se alinean con el campo, formando una disposición cristalina que polariza la luz que pasa a su través. Un filtro polarizado laminado sobre los electrodos bloquea la luz polarizada. De esta manera, una rejilla de electrodos puede «excitar» de forma selectiva una célula, o píxel, que contenga el material de cristal líquido, volviéndolo oscuro. En algunos tipos de pantallas de cristal líquido, detrás de la pantalla se coloca un panel electroluminiscente para iluminarla. Otros tipos de pantallas de cristal líquido son capaces de mostrar colores. *Acrónimo:* LCD. *Véase también* pantalla de supertorsión; pantalla nemática trenzada.

pantalla de cristal líquido reflexiva *s.* (*reflective liquid-crystal display*) Pantalla de cristal líquido que no está equipada con la luz de borde o luz trasera para mejorar la legibilidad, sino que depende de la reflexión de la luz ambiental, haciendo más difícil la lectura en entornos de luz brillante, como, por ejemplo, los exteriores. *También llamado* LCD reflexivo.

pantalla de descarga de gas *s.* (*gas-discharge display*) Tipo de pantalla plana utilizado en algunas computadoras portátiles que contiene gas neón entre sendos conjuntos horizontal y vertical de electrodos. Cuando uno de los electrodos de cada conjunto se carga, el neón resplandece (como en una lámpara de neón) en el punto en que se intersectan los dos electrodos, representando un píxel. *Véase también* pantalla plana; píxel.

pantalla de doble barrido *s.* (*dual-scan display*) Pantalla LCD de matriz pasiva utilizada en las computadoras portátiles. La velocidad de refresco de la pantalla es dos veces más rápida en las pantallas de doble barrido que en las pantallas de matriz pasiva estándar. Comparadas con las pantallas de matriz activa, las pantallas de doble barrido son más económicas en términos de consumo de potencia, pero tienen menos nitidez y un menor ángulo de visión. *Véase también* pantalla de matriz pasiva.

pantalla de gas-plasma *s.* (*gas-plasma display*) *Véase* pantalla de descarga de gas.

pantalla de matriz activa *s.* (*active-matrix display*) Una pantalla de cristal líquido (LCD, liquid crystal display) compuesta por una matriz de gran tamaño de células de cristal líquido que utilizan tecnología de matriz activa. La matriz activa es un método de direccionamiento de un conjunto de celdas de cristal líquido simples, correspondiendo cada celda a un píxel. En su forma más simple, existe un transistor de película delgada (TFT, thin-film transistor) por cada celda. Una tensión aplicada selectivamente a estas celdas produce la imagen visible. Las pantallas de matriz activa se utilizan a menudo en computadoras portátiles y de mano debido a su poca profundidad y a la alta calidad de sus imágenes en color, que son visibles en ángulos más anchos que las imágenes producidas por la mayoría de las pantallas de matriz pasiva. *También llamado* TFT, pantalla TFT, TFT LCD. *Véase también* pantalla de cristal líquido; TFT. *Compárese con* pantalla de matriz pasiva.

pantalla de matriz pasiva *s.* (*passive-matrix display*) Pantalla de cristal líquido (LCD) de bajo coste y baja resolución formada por una gran matriz de células de cristal líquido controladas por transistores situados fuera de la pantalla. Cada transistor controla una fila o columna completa de píxeles. Las pantallas de matriz pasiva se usan normalmente en las computadoras portátiles debido a su pequeño grosor. Aunque este tipo de pantalla presenta un buen contraste en pantallas monocromas, su resolución es menor en las pantallas a color. Además, las pantallas de matriz pasiva resultan difíciles de ver desde un ángulo (es decir, cuando no se las observa de frente), a diferencia de las pantallas de matriz activa. Como contrapar-

Pantalla de matriz pasiva.

pantalla de plasma

tida, las computadoras con pantallas de matriz pasiva resultan considerablemente más baratas que las que tienen pantallas de matriz activa. Véase la ilustración. *Véase también* pantalla de cristal líquido; pantalla de supertorsión; transistor; pantalla nemática trenzada. *Compárese con* pantalla de matriz activa.

pantalla de plasma *s.* (*plasma display*) *Véase* pantalla de descarga de gas.

pantalla de presentación *s.* (*splash screen*) Una pantalla que contiene gráficos, animaciones u otros elementos para atraer la atención que aparece mientras un programa se está cargando o como página de presentación de un sitio web. Una pantalla de presentación se utiliza con una aplicación y, normalmente, contiene un logotipo, información de la versión, créditos del autor o una nota de copyright, y aparece cuando el usuario abre un programa y desaparece cuando se completa la carga. Una pantalla de presentación utilizada en un sitio web sirve como puerta principal y habitualmente se carga antes que las páginas de contenido.

pantalla de siete segmentos *s.* (*seven-segment display*) Pantalla de diodos electroluminiscentes (LED) o pantalla de cristal líquido (LCD) que puede presentar cualquiera de los 10 dígitos decimales. Los siete segmentos son las siete barras que forman el número 8 en la pantalla de una calculadora.

pantalla de supertorsión *s.* (*supertwist display*) Tipo de pantalla de cristal líquido (LCD) de matriz pasiva que hace girar la luz polarizada cuando pasa a través de las moléculas del cristal líquido en el que las orientaciones superior e inferior de las moléculas les hace girar de 180 a 270 grados. Esta tecnología se utiliza para mejorar el contraste y ensanchar el ángulo de visión de la pantalla. Las pantallas de supertorsión, también conocidas como pantallas nemáticas de supertorsión, son más utilizadas y más baratas que las pantallas de matriz activa. Los diferentes tipos de pantallas de supertorsión incluyen la pantalla DSTN (nemática de supertorsión doble), la cual está basada en dos capas de supertorsión con direcciones de giro opuestas, y la pantalla CSTN (nemática de supertorsión de color), la cual proporciona un gran ángulo y color de alta calidad. Nemático hace referencia a los cuerpos hebrosos microscópicos característicos de los cristales líquidos utilizados en estas pantallas. Las pantallas de supertorsión son muy utilizadas en los teléfonos celulares y en otros dispositivos que pueden ser utilizados en entornos bajos de luz. *También llamado* pantalla nemática de supertorsión, CSTN, DSTN, pantalla nemática de torsión. *Véase también* pantalla nemática trenzada.

pantalla de vídeo *s.* (*video display*) Todo dispositivo capaz de visualizar, aunque no de imprimir, texto o gráficos proporcionados como salida por una computadora.

pantalla de vídeo compuesto *s.* (*composite video display*) Pantalla que recibe toda la información de vídeo codificada (incluyendo el color, la sincronización horizontal y la sincronización vertical) en una sola señal. Generalmente, en el estándar NTSC (National Television System Committee) se requiere una señal de vídeo compuesto por los aparatos de televisión y los magnetoscopios. *Véase también* NTSC. *Compárese con* monitor RGB.

pantalla de visualización *s.* (*display screen*) La parte de una unidad de vídeo en la que se muestran las imágenes. *Véase también* CRT.

pantalla digital *s.* (*digital display*) Pantalla de vídeo con capacidad para presentar solamente un número fijo de colores o tonos de gris. Algunos ejemplos de pantallas digitales son las pantallas Monochrome Display, Color/Graphics Display y Enhanced Color Display de IBM. *Véase también* CGA; EGA; MDA. *Compárese con* pantalla analógica.

pantalla dividida *s.* (*split screen*) Método de visualización en el que un programa puede dividir el área de visualización en dos o más secciones, las cuales pueden contener archivos diferentes o mostrar diferentes partes del mismo archivo.

pantalla DSTN *s.* (*DSTN display*) Acrónimo de double supertwist nematic display (pantalla nemática de doble supertrenzado). *Véase* pantalla de supertorsión.

pantalla electroluminiscente *s.* (*electroluminescent display*) Tipo de pantalla plana utilizada en equipos portátiles en el que se inserta una fina capa de fósforo entre una serie de electrodos verticales y horizontales. Estos electrodos forman las coordinadas *xy*; cuando un electrodo vertical y otro horizontal se cargan, el elemento de fósforo situado en su intersección emite luz. Las pantallas electroluminiscentes producen una imagen clara y precisa y proporcionan un amplio campo de visión. Fueron reemplazadas por las pantallas LCD de matriz activa. *Véase también* pantalla plana; pantalla de cristal líquido; pantalla de matriz pasiva. *Compárese con* pantalla de matriz activa.

pantalla ficticia *s*. (***boss screen***) Pantalla de visualización falsa que, normalmente, presenta material relativo al negocio que puede ser sustituida por una pantalla de juegos cuando el jefe se acerca. Las pantallas ficticias fueron muy populares con los juegos de MS-DOS, donde era difícil cambiar a otra aplicación rápidamente. Sin embargo, los juegos diseñados para Mac o Windows 9x generalmente no las necesitan porque es fácil cambiar a otra pantalla o aplicación para ocultar el hecho de que uno está usando un juego.

pantalla megapel *s*. (***megapel display***) *Véase* pantalla megapíxel.

pantalla megapíxel *s*. (***megapixel display***) Pantalla de vídeo con capacidad para mostrar al menos 1 millón de píxeles. Por ejemplo, una pantalla de vídeo con un tamaño de pantalla de 1.024 píxeles horizontales y de 1.024 píxeles verticales es una pantalla megapíxel.

pantalla monocroma *s*. (***monochrome display***) **1**. Pantalla capaz de representar un rango de intensidades en un solo color, como en un monitor de escala de grises. **2**. Pantalla de vídeo con capacidad para presentar solamente un color. El color mostrado depende del fósforo de la pantalla (a menudo verde o ámbar).

pantalla nemática trenzada *s*. (***twisted nematic display***) Tipo de pantalla de cristal líquido (LCD, liquid crystal display) de matriz pasiva en la que las hojas de cristal que encierran el material de cristal líquido nemático se tratan de tal manera que las moléculas de cristal se doblan describiendo un ángulo de 90 grados entre la parte superior y la parte inferior. Dicho de otra manera, la orientación en la parte inferior del cristal es perpendicular a la orientación en la parte superior. Cuando se aplica una carga eléctrica de forma selectiva a estos cristales, éstos se destrenzan temporalmente y bloquean el paso de la luz polarizada. Este bloqueo es lo que produce los píxeles oscuros en una pantalla LCD. El término nemática de la descripción se refiere a los cuerpos microscópicos con forma de hebra que caracterizan el tipo de cristales líquidos usados en estas pantallas.

pantalla plana *s*. (***flat-panel display***) Pantalla de vídeo de poca profundidad física basada en una tecnología distinta de los TRC (tubo de rayos catódicos). Este tipo de pantallas se utiliza sobre todo en computadoras portátiles. Algunos de los tipos más comunes de pantalla plana son la pantalla electroluminiscente, la pantalla de descarga de gas y la pantalla LCD.

pantalla RGB *s*. (***RGB display***) *Véase* monitor RGB.

pantalla táctil *s*. **1**. (***touch screen***) Pantalla de computadora diseñada o modificada para reconocer la localización de un toque realizado sobre su superficie. Cuando toca la pantalla, el usuario puede hacer una selección o mover el cursor. El tipo más simple de pantalla táctil está formado por una cuadrícula de líneas de detección que determina la localización de un toque haciendo coincidir los contactos verticales y horizontales. Otra, de un tipo más preciso, utiliza una superficie cargada eléctricamente y sensores situados alrededor de los límites exteriores de la pantalla para detectar la cantidad de disrupción eléctrica y localizar exactamente dónde se ha producido el contacto. Un tercer tipo tiene diodos electroluminiscentes (LED) de infrarrojos y sensores situados alrededor de los límites exteriores de la pantalla. Estos diodos y sensores crean una cuadrícula de infrarrojos invisible que el dedo del usuario interrumpe delante de la pantalla. *Compárese con* lápiz luminoso. **2**. (***touch-sensitive display***) *Véase* pantalla táctil.

pantalla TFT *s*. (***TFT display***) *Véase* pantalla de matriz activa.

pantalla TN *s.* (***TN display***) *Véase* pantalla nemática trenzada.

pantalla vectorial *s.* (***vector display***) Un TRC (tubo de rayos catódicos), utilizado en los osciloscopios y las pantallas DVST (tubo de almacenamiento de visión directa), que permite la deflexión arbitraria del haz de electrones basándose en unas señales de coordenadas *x* e *y*. Por ejemplo, para dibujar una línea en una pantalla vectorial, el adaptador de vídeo envía señales a los yugos *x* e *y* para mover el haz de electrones a lo largo del trayecto de la línea; no hay ningún fondo compuesto por líneas de barrido, de modo que la línea dibujada en la pantalla no está construida con píxeles. *Véase también* CRT; yugo. *Compárese con* pantalla de barrido de líneas.

pantalla virtual *s.* (***virtual screen***) Área de imagen que se extiende más allá de los límites físicos de visualización del monitor, permitiendo la manipulación de grandes documentos o de documentos múltiples que caigan parcialmente fuera de la zona normal de visualización de una pantalla. *Véase también* monitor.

pantalla X-Y *s.* (***X-Y display***) *Véase* pantalla vectorial.

Pantone *s.* (***PANTONE MATCHING SYSTEM***) En artes gráficas e impresión, se trata de un sistema estándar de especificación de colores de tinta que consiste en un libro de muestras en el que se asigna un número a cada uno de los aproximadamente 500 colores disponibles. *Acrónimo:* PMS. *Véase también* modelo de color.

PAP *s.* **1**. Acrónimo de Password Authentication Protocol (protocolo de autenticación de contraseñas). Un método para verificar la identidad de un usuario que intente iniciar una sesión en un servidor PPP (Point-to-Point Protocol). PAP se utiliza cuando no está disponible algún otro método más riguroso, como CHAP (Challenge Handshake Authentication Protocol, protocolo de autenticación por negociación de desafío) o si el nombre de usuario y contraseña que el usuario ha enviado a PAP deben ser enviados a otro programa sin cifrarse. **2**. Acrónimo de Printer Access Protocol (protocolo de acceso a impresoras). El protocolo de las redes AppleTalk que gobierna la comunicación entre equipos informáticos e impresoras.

papel continuo *s.* (***continuous-form paper***) Papel en el que cada hoja está conectada a las hojas anterior y siguiente para utilizarlo con la mayoría de las impresoras de impacto y de chorro de tinta y con algunos otros dispositivos de impresión diseñados con un mecanismo de alimentación de papel apropiado. Este tipo de papel suele tener una serie de agujeros taladrados a ambos lados, de modo que pueda moverse el papel mediante un dispositivo de arrastre. *Véase la ilustración. Véase también* alimentación por arrastre mediante taladro; alimentación por arrastre; alimentación por arrastre mediante dientes.

Papel continuo.

papel electrónico *s.* (***electronic paper***) Tecnología que permite imitar en una pantalla informática el aspecto y el estilo de los soportes tradicionales de papel. El papel electrónico está compuesto por finas hojas de plástico flexible que contienen millones de pequeñas esferas denominadas microcápsulas. Cada microcápsula contiene tanto un pigmento blanco como un pigmento negro y muestra el color adecuado en respuesta a una carga eléctrica. El papel electrónico retiene el patrón que se carga en él hasta que se solicita una nueva pantalla de texto o una nueva imagen.

papel NCR *s.* (***NCR paper***) Un papel especial utilizado en formularios multicopia. El papel NCR (no carbon required, sin carbón) está impregnado con un producto químico que lo oscurece cuando se aplica una presión. *Véase también* formularios multicopia.

papel tapiz *s.* (*wallpaper*) En una interfaz gráfica de usuario como Windows, el patrón o imagen de fondo de la pantalla que puede elegir el usuario. *Véase también* interfaz gráfica de usuario.

papelera *s.* **1.** (*scrap*) Archivo de aplicación o del sistema que se utiliza para almacenar datos que han sido marcados para su traslado, copia o eliminación. *Véase también* portapapeles. **2.** (*Trash*) Icono en la pantalla de un explorador de archivos Macintosh que se asemeja a una papelera. Para borrar un archivo o expulsar un disquete, el usuario arrastra el icono que identifica al archivo o disquete hasta la papelera. Sin embargo, los archivos almacenados en la papelera no se eliminarán completamente hasta que el usuario apague el sistema o elija la opción del menú que permite vaciar la papelera. El usuario puede recuperar el archivo pulsando dos veces sobre el icono de la papelera y arrastrando el icono del archivo fuera de la ventana de la papelera. *Compárese con* Papelera de reciclaje.

Papelera de reciclaje *s.* (*Recycle Bin*) Carpeta de Windows 9x, Windows CE, Windows NT, Windows 2000 y Windows XP representada por un icono en la pantalla semejante a una cesta decorada con el logotipo de reciclaje. Para borrar un archivo, el usuario arrastra su icono a la Papelera de reciclaje. Sin embargo, un archivo que se encuentra en la Papelera de reciclaje no se borra realmente del disco hasta que el usuario abre la Papelera de reciclaje, selecciona el archivo y pulsa la tecla Suprimir; hasta entonces, el usuario puede recuperar el archivo. *Compárese con* papelera.

papelería *adj.* (*stationery*) Describe un tipo de documento que, al ser abierto por el usuario, es duplicado por el sistema. Así, la copia se abre para su modificación por el usuario mientras que el documento original permanece intacto. Los documentos de papelería se pueden utilizar como plantillas (patrones prediseñados) de documentos. *Véase también* enlatado; plantilla.

papelería *s.* (*stationery*) Un documento modelo.

paquete *s.* **1.** (*package*) Aplicación informática que consta de uno o más programas creados para realizar un tipo particular de trabajo. Por ejemplo, un paquete de contabilidad o una hoja de cálculo. **2.** (*package*) Un grupo de clases o interfaces en el lenguaje de programación Java. Los paquetes se declaran en Java utilizando la palabra clave «package». *Véase también* clase; declarar; interfaz; palabra clave. **3.** (*packet*) Una unidad de información transmitida como un todo desde un dispositivo a otro a través de una red. **4.** (*packet*) En las redes de conmutación de paquetes, es una unidad de transmisión de tamaño máximo fijo que está compuesta por dígitos binarios que representan tanto datos como una cabecera que contiene un número de identificación, las direcciones de origen y de destino y, en ocasiones, datos para control de errores. *Véase también* conmutación de paquetes. **5.** (*suite*) Un conjunto de programas de aplicación que se vende conjuntamente, usualmente a un precio inferior al que se aplicaría si se adquirieran todas las aplicaciones por separado. Un paquete ofimático, por ejemplo, puede contener un programa de procesamiento de textos, una hoja de cálculo, un programa de gestión de bases de datos y un programa de comunicaciones.

paquete de aplicaciones *s.* (*application suite*) *Véase* paquete.

paquete de discos *s.* (*disk pack*) Colección de discos en un contenedor protector. Utilizado principalmente con microcomputadoras y computadoras de tipo mainframe, un paquete de discos es un soporte extraíble, generalmente un conjunto de discos de 14 pulgadas contenidos en una carcasa de plástico.

paquete de software *s.* (*software package*) Programa de venta al público listo para funcionar y que contiene todos los componentes y documentación necesarios.

paquete kamikaze *s.* (*kamikaze packet*) *Véase* Chernobyl, paquete.

paquete ping *s.* (*ping packet*) Un mensaje de interrogación transmitido mediante un programa ping (Packet Internet Groper). Los paquetes ping se envían desde un nodo a la dirección IP (Internet Protocol) de una computadora de

paquete plano

la red para determinar si dicho nodo es capaz de enviar y recibir transmisiones. Hay disponibles muchas utilidades ping gratuitas o de libre distribución para PC que pueden descargarse a través de Internet. *Véase también* ping; paquete.

paquete plano *s.* (*flat pack*) Circuito integrado alojado en un encapsulado plano rectangular que tiene los terminales de conexión en los bordes del encapsulado. El paquete plano es el precursor de los encapsulados de montaje superficial. *Véase también* tecnología de montaje superficial. *Compárese con* DIP.

paquete software *s.* (*software suite*) *Véase* paquete.

paquetes, ensamblador/desensamblador de *s.* (*packet assembler and disassembler*) *Véase* ensamblador/desensamblador de paquetes.

par Darlington *s.* (*Darlington pair*) *Véase* circuito Darlington.

par de coordenadas *s.* (*coordinate pair*) Pareja de valores que representa la coordenada *x* y la coordenada *y* de un punto que se almacena en una matriz de dos dimensiones que puede contener coordenadas para muchos puntos.

par trenzado no apantallado *s.* (*unshielded twisted pair*) *Véase* UTP.

parabólica *s.* (*dish*) *Véase* antena parabólica.

paradigma *s.* (*paradigm*) Un ejemplo o patrón arquetípico que proporciona un modelo para un proceso o sistema.

parado.com *adj.* (*dot-commed*) Alguien que ha perdido su trabajo debido a la reducción o el fracaso de una empresa u organización basada en Internet. *Véase también* punto-bomba.

paralaje *s.* (*parrallaxing*) Técnica de animación 3D utilizada a menudo por los desarrolladores de juegos para PC donde los fondos se visualizan utilizando diferentes velocidades para conseguir un mayor realismo. Por ejemplo, los niveles lejanos se mueven a una velocidad más lenta que los más cercanos, creando así una ilusión de profundidad. *Véase también* animación.

paralelo *adj.* (*parallel*) **1**. En geometría y gráficos, perteneciente, relativo o referido a las líneas que discurren una junto a otra en la misma dirección y en el mismo plano sin llegar a cruzarse. **2**. Perteneciente o relativo a los circuitos electrónicos en los cuales los terminales correspondientes de dos o más componentes están conectados. **3**. En comunicaciones de datos, perteneciente o relativo a la información que se envía en grupos de bits a través de múltiples cables, un cable por cada bit de un grupo. *Véase también* interfaz paralela. *Compárese con* serie. **4**. En el tratamiento de datos, relativo al tratamiento de uno o más sucesos al mismo tiempo, donde cada suceso tiene su propio porcentaje de los recursos del sistema. *Véase también* procesamiento paralelo.

parámetro *s.* (*parameter*) En programación, un valor dado a una variable bien al principio de una operación o bien antes de que una expresión sea evaluada por un programa. Hasta que la operación no está completa, el parámetro es tratado por el programa como un valor constante. Un parámetro puede ser un texto, un número o un nombre de argumento asignado a un valor que se pasa de una rutina a otra. Los parámetros se utilizan como forma de personalizar las operaciones de un programa. *Véase también* argumento; paso por referencia; paso por valor; rutina.

parámetro de comunicaciones *s.* (*communications parameter*) Una de las diversas opciones de configuración requeridas para permitir a los equipos informáticos comunicarse. En las comunicaciones asíncronas, por ejemplo, la velocidad del módem, el número de bits de datos y de bits de parada y el tipo de paridad son parámetros que deben configurarse correctamente para establecer una comunicación entre dos módems.

parámetro de referencia *s.* (*reference parameter*) Parámetro en el que se pasa a la rutina llamada la dirección de una variable en lugar del valor explícito. *Véase también* parámetro.

PARC *s. Véase* Xerox PARC.

parche *s.* (*patch*) Pieza de código objeto que se inserta en un programa ejecutable como una solución temporal de un error.

parche dinámico *s.* (*soft patch*) Parche o modificación que sólo se aplica mientras el código que está siendo parcheado se encuentra cargado en la memoria, de manera que el archivo ejecutable u objeto no se modifica de ningún modo. *Véase también* parche.

parchear *vb.* (*patch*) En programación, reparar una deficiencia en la funcionalidad de una rutina o programa existente, normalmente como respuesta a una necesidad inesperada o a un conjunto de circunstancias de operación. El parcheo es una forma común de añadir una característica o una función a un programa hasta que la siguiente versión del software se haya publicado. *Compárese con* chapuza; chapuza.

parcheo automático *s.* (*automatic patching*) Un proceso en el que las vulnerabilidades causadas por una infección destructiva de virus informático se analizan y corrigen mediante un virus corrector u otro programa antivirus. El parcheo automático puede ser iniciado por el usuario o puede ser llevado a cabo por un virus que se introduzca a través de una puerta falsa dejada por un virus malicioso sin consentimiento del usuario. *Véase también* virus corrector.

pareja de claves *s.* (*key pair*) Un esquema de cifrado ampliamente utilizado que permite un uso seguro de la identificación proporcionada por los certificados digitales. Una pareja de claves está compuesta por una clave pública y una clave privada. La clave pública se comparte con otras personas; la clave privada sólo es conocida por su propietario. Las claves pública y privada forman una pareja asimétrica, lo que quiere decir que las claves en ambos extremos de una transmisión son diferentes. Un mensaje cifrado con la clave pública sólo puede ser descifrado con la clave privada, mientras que un mensaje cifrado con la clave privada sólo puede ser descifrado con la clave pública.

pareja nombre-valor *s.* (*name-value pair*) **1.** En programación CGI, es cualquiera de los elementos de datos recopilados a partir de un formulario HTML por el explorador y pasados a través del servidor a un script CGI para su procesamiento. *Véase también* CGI; script CGI; HTML. **2.** En el lenguaje de programación Perl, un conjunto de datos en el que los datos están asociados con un nombre. *Véase también* Perl.

paridad *s.* (*parity*) La cualidad de ser igual o equivalente, que en el caso de las computadoras usualmente hace referencia a un procedimiento de control de errores en el que el número de bits 1 debe siempre ser el mismo (par o impar) para cada grupo de bits transmitido sin errores. Si se comprueba la paridad para cada carácter, el método se denomina comprobación de redundancia vertical o VRC (vertical redundancy checking); si se comprueba por separado para cada bloque, el método se denomina comprobación de redundancia longitudinal o LRC (longitudinal redundancy checking). En las comunicaciones típicas módem a módem, la paridad es uno de los parámetros que deben ser acordados por el emisor y el receptor antes de que la transmisión pueda tener lugar. Véase la Tabla P.1. *Véase también* bit de paridad; comprobación de paridad; error de paridad.

Tipo	*Descripción*
Paridad par	El número de bits 1 en cada conjunto transmitido de bits debe ser par.
Paridad impar	El número de bits 1 en cada conjunto transmitido de bits debe ser impar.
Sin paridad	No se utiliza bit de paridad.
Paridad de espacio	Se utiliza un bit de paridad que tiene siempre el valor 0.
Paridad de marca	Se utiliza un bit de paridad que tiene siempre el valor 1.

Tabla P.1. Tipos de paridad.

paridad par *s.* (*even parity*) *Véase* paridad.

parpadear *vb.* (*blink*) Encenderse y apagarse. A menudo se suelen mostrar de forma parpadeante los cursores, puntos de inserción, opciones de menú, mensajes de advertencia y otro tipo de indicaciones de la interfaz con el objetivo de captar la atención del usuario. En algunas ocasiones, la velocidad de parpadeo en una interfaz gráfica de usuario puede ser controlada por el usuario.

parque de cachés *s.* (*cache farm*) Un grupo de servidores que guarda copias de páginas web en memorias caché, con el fin de satisfacer solicitudes sucesivas, sin tener que pedir repetidamente las mismas páginas al servidor web. En esencia, los servidores están dedicados al almacenamiento de información en memoria caché. Guardando páginas web en un lugar en el que se pueda acceder a ellas sin incrementar el tráfico del sitio web, el parque de cachés permite a los usuarios finales disponer de un acceso web de altas prestaciones y también permite reducir la congestión de red y el volumen de tráfico. *Véase también* caché.

parque de discos *s.* (*disk farm*) Colección de unidades de disco situadas en una misma ubicación y que se utiliza para almacenar o procesar grandes cantidades de información, como datos científicos, cifras de ventas anuales de una corporación, imágenes gráficas o registros de facturación de una compañía telefónica. Los parques de discos actuales constan de discos magnéticos u ópticos y pueden almacenar terabytes de información. Antiguamente, los parques de discos a veces se denominaban «lavanderías», porque contenían muchas unidades que en la jerga técnica se llamaban «lavadoras». *Véase también* parque de servidores.

parque de impresión *s.* (*printing pool*) Dos o más impresoras idénticas conectadas a un mismo servidor de impresión y que actúan como una única impresora. En este caso, cuando se imprime un documento, el trabajo de impresión se enviará a la primera impresora que quede disponible dentro del parque de impresión. *Véase también* trabajo de impresión; impresora.

parque de servidores *s.* (*server farm*) Una agrupación centralizada de servidores de red mantenida por una empresa o, a menudo, un proveedor de servicios Internet (ISP). Un parque de servidores proporciona a una red características de equilibrio de carga, escalabilidad y tolerancia a fallos. Los servidores individuales pueden conectarse de forma tal que parezcan constituir un único recurso unificado. *También llamado* conjunto de servidores.

párrafo *s.* (*paragraph*) **1**. En el procesamiento de textos, cualquier parte de un documento precedida por una marca de párrafo y terminada por otra. Para el programa, un párrafo representa una unidad de información que puede ser seleccionada como un todo o a la que se le puede dar formato de distinto modo que a los párrafos que la rodean. **2**. En IBM y otras computadoras construidas con el microprocesador Intel 8088 u 8086, una sección de memoria de 16 bytes que comienza en una localización (dirección) divisible por 16 (hexadecimal 10)

partición *s.* (*partition*) **1**. Porción lógicamente diferenciada de memoria o de un dispositivo de almacenamiento que funciona como si fuera una unidad físicamente independiente. **2**. En programación de bases de datos, un subconjunto de una tabla o archivo de la base de datos.

partición de arranque *s.* (*boot partition*) La partición de un disco duro que contiene el sistema operativo y los archivos de soporte que el sistema carga en memoria cuando se enciende o rearranca la computadora.

partición de disco *s.* (*disk partition*) Compartimento lógico en una unidad de disco física. Un solo disco puede tener dos o más particiones de disco lógicas, haciéndose referencia a cada una de ellas mediante un nombre de unidad de disco diferente. Las particiones múltiples se dividen en una partición primaria (de arranque) y en una o más particiones extendidas.

pasada *s.* (*pass*) En programación, la realización de una secuencia completa de sucesos.

pasar *vb.* (*pass*) Reenviar un elemento de datos de una parte de un programa a otra. *Véase también* paso por referencia; paso por valor.

pasarela *s.* (*gateway*) Un dispositivo que conecta redes que utilizan diferentes protocolos de comunicaciones, de modo que la información pueda fluir entre una y otra. Una pasarela se encarga tanto de transferir la información como de convertirla a una forma compatible con los protocolos utilizados en la red de destino. *Compárese con* puente.

pasarela de aplicación *s.* (*application gateway*) Software que se ejecuta en una máquina y cuyo propósito principal es mantener la seguridad en una red protegida, permitiendo que un cierto tráfico circule entre la red privada y el mundo exterior. *Véase también* cortafuegos.

pasarela Internet *s.* (*Internet gateway*) Un dispositivo que proporciona la conexión entre la red troncal Internet y otra red, como, por ejemplo, una red de área local (LAN). Usualmente, el dispositivo es una computadora dedicada o un encaminador. La pasarela realiza, generalmente, conversiones de protocolo entre la red troncal Internet y la otra red, así como tareas de traducción o conversión de datos y de gestión de mensajes. Una pasarela se considera un nodo de Internet. *Véase también* pasarela; red troncal Internet; nodo; encaminador.

Pascal *s.* Lenguaje procedimental conciso diseñado entre 1967 y 1971 por Niklaus Wirth. Pascal, un lenguaje estructurado y compilado construido sobre el lenguaje ALGOL, simplifica la sintaxis a la vez que añade tipos de datos y estructuras tales como los subrangos, los tipos de datos enumerados, archivos, registros y conjuntos. *Véase también* ALGOL; lenguaje compilado. *Compárese con* C.

pasivación *s.* (*passivation*) En la plataforma de red J2EE de Sun Microsystems, es el proceso de «apagar» un componente EJB (Enterprise JavaBean) pasándolo desde memoria a un almacenamiento secundario. *Véase también* Enterprise JavaBeans; J2EE. *Compárese con* activación.

paso de los puntos *s.* (*dot pitch*) **1**. En las impresoras, es la distancia entre los puntos que forman una matriz de puntos. *Véase también* matriz de puntos. **2**. En pantallas de vídeo o monitores TRC, una medida de la claridad de la imagen. El paso de los puntos en una pantalla de vídeo es la distancia vertical, expresada en milímetros, entre dos píxeles del mismo color. Cuanto más pequeño sea el paso de los puntos, más nítida será, normalmente, la imagen, aunque la diferencia entre dos pantallas puede variar debido a que algunos fabricantes utilizan diferentes métodos para determinar el paso de los puntos en sus productos. El paso de los puntos de una pantalla es una característica intrínseca del producto y no puede alterarse. *Véase también* CRT; pantalla.

paso de pantalla *s.* (*screen pitch*) Medida de la densidad de pantalla de un monitor de computadora que representa la distancia entre los fósforos en la pantalla. Cuanto menor sea este parámetro, mayor será el grado de detalle que puede visualizarse con claridad. Por ejemplo, una pantalla de 28 puntos de paso de pantalla tiene una resolución mejor que una de 32. Véase la ilustración. *Véase también* fósforo.

Paso de pantalla de 0,28 mm

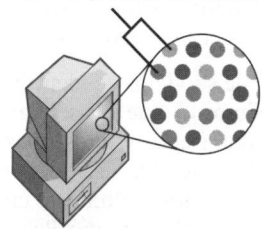

Paso de pantalla.

paso de parámetros *s.* (*parameter passing*) En programación, la sustitución de un valor de parámetro formal por su valor real cuando se procesa una llamada a un procedimiento o función.

paso de testigo *s.* (*token passing*) Un método para controlar el acceso a red utilizando una señal especial, denominada testigo (token), que determina qué estación tiene permiso para transmitir. El testigo, que es en la práctica un mensaje corto o un paquete de pequeño tamaño, es pasado de una estación a otra a lo largo de la red. Sólo la estación que posea el testigo puede transmitir información. *Véase también* red token bus; red token ring. *Compárese con* detección de colisiones; contienda; CSMA/CD.

paso por referencia *s.* **1.** (*pass by address*) Un medio para pasar un argumento o un parámetro a una subrutina. La rutina llamante pasa la dirección (dirección de memoria) del parámetro a la rutina llamada, la cual puede utilizar la dirección para recuperar o modificar el valor del parámetro. *También llamado* paso por dirección. *Véase también* argumento; invocar. *Compárese con* paso por valor. **2.** (*pass by reference*) *Véase* paso por referencia.

paso por valor *s.* (*pass by value*) Un medio para pasar un argumento o un parámetro a una subrutina. Se crea una copia del valor del argumento y se pasa a la rutina llamada. Cuando se usa este método, la rutina llamada puede modificar la copia del argumento, pero no puede modificar el argumento original. *Véase también* argumento; invocar. *Compárese con* paso por referencia.

pASP *s.* (*pocket Active Server Pages*) Acrónimo de pocket Active Server Pages (ASP de bolsillo). Una versión reducida de las páginas activas de servidor (ASP) y optimizada para scripts del lado del servidor para canales móviles.

Passport *s.* Un conjunto de servicios de identificación personal de Microsoft que consolidan nombres de usuario, contraseñas y otros tipos de información. Con el servicio de suscripción única de Passport, un usuario introduce un nombre y contraseña en cualquier sitio Passport de Internet; después de suscribirse a un sitio Passport, el usuario puede entrar en otros sin necesidad de reintroducir la información. Passport proporciona también un servicio de monedero electrónico basado en servidor, que almacena información de tarjetas de crédito y de facturación; un servicio Passport para niños, y un servicio de perfil público. Passport es uno de los servicios básicos de la iniciativa .NET de Microsoft. *Véase también* .NET; .NET My Services; suscripción única; monedero.

pata *s.* (*lead*) En electrónica, el conector metálico de ciertos componentes, tales como resistencias y condensadores.

patrón de bits *s.* (*bit pattern*) **1.** Combinación de bits a menudo utilizada para indicar las posibles combinaciones distintas de un número específico de bits. Por ejemplo, un patrón de 3 bits permite 8 posibles combinaciones y un patrón de 8 bits permite 256 combinaciones. **2.** Patrón de píxeles blancos y negros en un sistema informático capaz de soportar gráficos de mapas de bits. *Véase también* píxel.

PB *s. Véase* petabyte.

PB SRAM *s. Véase* RAM estática de ráfaga con procesamiento en cadena.

PBX *s.* Acrónimo de Private Branch Exchange (centralita telefónica). Un sistema automático de conmutación telefónica que permite a los usuarios de una organización llamarse mutuamente sin tener que pasar a través de la red telefónica pública. Los usuarios pueden también efectuar llamadas a números exteriores.

PC *s.* **1.** Una computadora perteneciente a la gama de computadoras personales de IBM. *También llamado* IBM PC. *Véase también* compatible PC; computadora personal. **2.** Microcomputadora que se ajusta al estándar desarrollado por IBM para computadoras personales, las cuales incorporan un microprocesador de la familia Intel 80x86 (o compatible) y pueden ejecutar el sistema BIOS. Véase la ilustración. *Véase también* 8086; BIOS; clon; IBM PC.

PC.

PC Card *s.* Tarjeta adicional compatible con la especificación PCMCIA. Una tarjeta PC Card es un dispositivo extraíble de aproximadamente el mismo tamaño que una tarjeta de crédito y diseñado para insertarse en una ranura PCMCIA. La versión 1 de la especificación PCMCIA, presentada en junio de 1990, especificaba una tarjeta de tipo I de 3,3 milímetros de grosor y que se pretendía utilizar principalmente como periférico de memoria. La versión 2, presentada en septiembre de 1991, especificaba dos tipos de tarjeta: una tarjeta de tipo II de 5 milímetros de grosor y una tarjeta de tipo III de 10,5 milímetros de grosor. Las tarjetas de tipo II permiten construir dispositivos tales como módems, faxes y tarjetas de red. Las tarjetas de tipo III se usan para implementar dispositivos que requieren más espacio, como, por ejemplo, dispositivos inalámbricos de comunicación y soportes de almacenamiento rotatorios (tales como discos duros). *Véase también* PCMCIA; ranura PCMCIA.

PC Card tipo I *s*. (***Type I PC Card***) *Véase* PC Card.

PC Card tipo II *s*. (***Type II PC Card***) *Véase* PC Card.

PC Card tipo III *s*. (***Type III PC Card***) *Véase* PC Card.

PC de mano *s*. (***handheld PC***) Computadora que es lo suficientemente pequeña como para caber en el bolsillo de una chaqueta y que puede ejecutar, por ejemplo, Windows CE (un sistema operativo para equipos PC de mano y sistemas empotrados) y las aplicaciones construidas para ese sistema operativo. Véase la ilustración. *Acrónimo:* HPC. *Compárese con* computadora de mano; PDA.

PC de mano.

PC desnudo *s*. (***naked PC***) Computadora personal vendida sin un sistema operativo (OS) instalado. El comprador de un PC desnudo debe elegir e instalar un sistema operativo antes de poder usar la computadora. Los PC desnudos son adquiridos principalmente por usuarios con cierto grado de experiencia en informática que desean instalar una versión de Linux o un sistema operativo poco habitual. Los fabricantes de computadoras y de software han expresado su preocupación sobre la posible piratería de software asociada a la venta de computadoras PC desnudas.

PC ecológico *s*. (***green PC***) Sistema informático diseñado para ahorrar energía. Por ejemplo, algunas computadoras desconectan la energía de los sistemas no esenciales cuando no se detecta ninguna entrada durante un período de tiempo determinado, una condición conocida como modo de reposo. Un PC ecológico también puede caracterizarse por la utilización de materiales de empaquetado mínimos y de consumibles reciclables, como, por ejemplo, los cartuchos de tóner.

PC Expo *s*. Exposición anual dedicada a cuestiones relacionados con la industria de las computadoras personales. PC Expo incluye exhibiciones de productos y eventos educativos que cubren una amplia variedad de temas relacionados con el campo de las computadoras personales.

PC remoto *s*. (***Remote PC***) *Véase* sistema remoto.

PC Tablet *s*. (***Tablet PC***) Pantalla táctil diseñada por Microsoft para introducir texto manuscrito utilizando un estilete o lápiz digital. Un dispositivo Tablet PC puede ejecutar aplicaciones Windows y funcionar como computadora personal o como agenda electrónica.

PC/XT *s*. La segunda generación de computadoras personales originales de IBM. El IBM PC/XT fue lanzado al mercado en 1983 y fue la primera de las computadoras de la familia PC que incluyó discos duros. *Véase también* IBM PC.

PCB *s*. *Véase* tarjeta de circuito impreso.

PC-DOS *s*. Acrónimo de Personal Computer Disk Operating System (sistema operativo de disco para computadora personal). La versión de MS-DOS vendida por IBM. MS-DOS y PC-DOS son prácticamente idénticos, aunque los nombres de archivo de los programas de utilidad difieren a veces en las dos versiones. *Véase también* MS-DOS.

PCI *s*. *Véase* bus local PCI.

PCIX *s*. **1**. Acrónimo de Peripheral Component Interconnect Extended (PCI ampliado). Una tecnología de bus informático desarrollada por IBM, Compaq y Hewlett-Packard y que permite transferir datos a velocidades superiores a las del bus PCI tradicional. PCIX incrementa la velocidad de los datos de 66 a 133 MHz, aunque no puede ir más rápido de lo que permitan los periféricos o el procesador conectados al bus. Los periféricos PCI y PCIX son compatibles entre sí. *También llamado* PCI-X. **2**. Acrónimo de Permission-based Customer Information Exchange (intercambio de información de clientes basado en permisos). Un marco para la organización e intercambio de información entre clientes y fabricantes. PCIX permite a diferentes empresas asignar a la información que poseen un formato comprensible por los clientes y basado en permisos sin cambiar sus estructuras internas de bases de datos.

PCL *s*. *Véase* Printer Control Language.

PCM *s*. *Véase* modulación por impulsos codificados.

PCMCIA *s*. Acrónimo de Personal Computer Memory Card International Association (Asociación internacional de tarjetas de memoria para computadoras personales). Grupo de fabricantes y vendedores creado para promover un estándar común para los periféricos de tipo PC Card y para las ranuras diseñadas para insertarlos, principalmente en computadoras portátiles y computadoras de mano, así como para dispositivos electrónicos inteligentes. PCMCIA es también el nombre del estándar para las tarjetas PC Card, cuya primera versión se presentó en 1990. *Véase también* PC Card; ranura PCMCIA.

PCS *s*. (*Personal Communications Services*) Acrónimo de Personal Communications Services (servicios de comunicaciones personales). Término utilizado por la Comisión Federal de Comunicaciones (FCC, Federal Communications Comission) de Estados Unidos para designar una gama de servicios y tecnologías de comunicaciones inalámbricas completamente digitales, que incluye teléfonos inalámbricos domésticos, servicios de correo vocal, servicios de buscapersonas, faxes y asistentes digitales personales (PDA). PCS está dividido en dos categorías: de banda estrecha y de banda ancha. Las comunicaciones PCS de banda estrecha, que operan en la banda de frecuencias de 900 MHz, proporcionan servicios de buscapersonas, mensajería de datos, transmisión de fax y capacidades de mensajería electrónica uni y bidireccional. Las comunicaciones PCS de banda ancha, que operan en el rango de los 1.850 MHz a 1.990 MHz y que se consideran como las redes PCS de nueva generación, permiten comunicación bidireccional de voz, datos y vídeo. Las tecnologías de telefonía celular GSM (Global System for Mobile Communications), CDMA (Code Division Multiple Access) y TDMA (Time Division Multiple Access) están incluidas en la categoría de comunicaciones PCS. *Compárese con* acceso múltiple por división de códigos; GSM; TDMA.

PCT *s*. **1**. Acrónimo de Private Communications Technology (tecnología de comunicaciones privadas). Un borrador de protocolo estándar elaborado por Microsoft y enviado a la IETF para su consideración. PCT, al igual que el protocolo SSL (Secure Sockets Layer) diseñado por Netscape, soporta mecanismos de autenticación y cifrado para garantizar la confidencialidad e intimidad de las comunicaciones Internet. **2**. Acrónimo de program comprehension tool (herramienta de comprensión de programas). Una herramienta de ingeniería del software que facilita el proceso de compresión de la estructura y/o funcionalidad de los programas informáticos. **3**. Acrónimo de Personal Communications Technology (tecnología de comunicaciones personales). Una versión mejorada de SSL (Secure Sockets Layer, nivel de conectores seguros).

.pcx *s*. La extensión de archivo que identifica las imágenes en mapa de bits en el formato de archivo Paintbrush para PC.

PDA *s.* Acrónimo de Personal Digital Assistant (asistente digital personal). Una computadora de mano de bajo peso diseñada para proporcionar funciones específicas, como, por ejemplo, organización personal (calendarios, base de datos de toma de notas, calculadora, etc.) y servicios de comunicaciones. Los modelos más avanzados también ofrecen funciones multimedia. Muchos dispositivos PDA utilizan un lápiz u otro dispositivo apuntador como entrada en lugar de emplear un teclado o un ratón, aunque algunos ofrecen un teclado demasiado pequeño para utilizarlo con los dedos y que hay que emplear en conjunción con un lápiz o dispositivo apuntador. Para el almacenamiento de datos, los dispositivos PDA utilizan memoria flash en lugar de unidades de disco, que consumen mucha más energía. *Véase también* firmware; memoria flash; PC de mano; PC Card; computadora de lápiz.

PDC *s.* Acrónimo de Primary Domain Controller. *Véase* controlador principal de dominio.

PDD *s.* Acrónimo de Portable Digital Document (documento digital portable). Archivo de gráficos creado a partir de un documento por QuickDraw GX en el sistema operativo Mac OS. Los archivos PDD se almacenan en un formato independiente de la resolución de la impresora, se imprimen a la resolución más alta disponible en la impresora utilizada y pueden contener las fuentes originales utilizadas en el documento. Debido a ello, un archivo PDD puede imprimirse en una computadora distinta de aquella en la que fue creado.

.pdf *s.* La extensión de archivo que identifica los documentos codificados en el formato portable de documentos (Portable Document Format) desarrollado por Adobe Systems. Para mostrar o imprimir un archivo .pdf, el usuario debe obtener una copia del visor gratuito Adobe Acrobat Reader. *Véase también* Acrobat; PDF.

PDF *s.* (*Portable Document Format*) Acrónimo de Portable Document Format (formato portátil de documentos). La especificación de Adobe para documentos electrónicos que utilicen la familia Adobe Acrobat de servidores y visores. *Véase también* Acrobat; .pdf.

PDL *s. Véase* lenguaje de descripción de página.

PDM *s. Véase* modulación de impulsos en duración.

PDO *s.* (*Portable Distributed Objects*) Acrónimo de Portable Distributed Objects (objetos portátiles distribuidos). Software de NeXT que corre bajo UNIX y que soporta un modelo de objetos en el que puede accederse a objetos almacenados en diversas ubicaciones de la red como si todos ellos estuvieran en una misma ubicación central.

PDS *s.* **1.** Acrónimo de Parallel Data Structure (estructura paralela de datos). Un archivo oculto, ubicado en el directorio raíz de un disco compartido bajo AppleShare, y que contiene información sobre los privilegios de acceso a las carpetas. **2.** Acrónimo de Processor Direct Slot (ranura directa de procesador). Una ranura de expansión en las computadoras Macintosh que está conectada directamente a las señales de procesador. Hay diversos tipos de ranuras PDS, con diferente número de terminales y diferentes conjuntos de señales, dependiendo de qué procesador se utilice en una computadora concreta.

Peachy, virus *s.* (*Peachy virus*) Un virus, detectado por primera vez en 2001, que fue el primero en intentar difundirse a través de archivos PDF. El virus Peachy se aprovecha de una característica de Adobe Acrobat que permite a los usuarios incluir archivos en los documentos PDF. El archivo embebido del virus Peachy infecta la computadora del usuario que descargue un archivo PDF y luego abra el archivo en Adobe Acrobat.

pecera *s.* (*fishbowl*) Un área segura dentro de un sistema informático en la que los intrusos pueden ser contenidos y monitorizados. Las peceras son normalmente puestas en marcha por un administrador de seguridad con el fin de simular aplicaciones o información de importancia y poder aprender más acerca de los piratas informáticos que se hayan introducido en la red sin que éstos puedan averiguar más datos acerca del sistema ni dañarlo. *Véase también* tarro de miel.

peer-to-peer architecture *s. Véase* arquitectura igualitaria.

peer-to-peer communications *s. Véase* comunicaciones igualitarias.

peer-to-peer network *s. Véase* arquitectura igualitaria.

pegar *vb.* (***paste***) Insertar un texto o un gráfico, que hayan sido cortados o copiados de un documento, en una ubicación distinta del mismo documento o en un documento diferente. *Véase también* cortar; cortar y pegar.

pel *s.* Abreviatura de picture element (elemento de imagen). *Véase* píxel.

película delgada *adj.* (***thin film***) Método utilizado en la fabricación de circuitos integrados. La tecnología de película delgada opera sobre los mismos principios básicos que la tecnología de película gruesa. Sin embargo, en lugar de utilizar tintas o pegamentos, la tecnología de la película delgada utiliza metales y óxidos de metales que se «evaporan» y después se depositan sobre el sustrato del patrón deseado para formar los componentes pasivos del circuito integrado (cables, resistencias y condensadores). *Véase también* epitaxia de haz molecular. *Compárese con* película gruesa.

película gruesa *adj.* (***thick film***) Término que describe un método utilizado en la fabricación de circuitos integrados. La tecnología de película delgada utiliza una técnica similar a la copia con plantilla llamada fotoserigrafía para depositar múltiples capas de tintas o pastas especiales sobre un sustrato de cerámica. Las tintas o pastas pueden ser conductoras, aislantes o resistivas. Los componentes pasivos (cables, resistencias y condensadores) de los circuitos integrados se forman depositando una serie de películas de características y patrones diferentes. *Compárese con* película delgada.

película vesicular *s.* (***vesicular film***) Un recubrimiento para discos ópticos que facilita el borrado y la reescritura. La superficie está marcada por pequeñas protuberancias, las cuales pueden ser aplanadas y así borradas en vez de los pozos utilizados en los discos CD-ROM estándar.

PEM *s.* (***Privacy Enhanced Mail***) Acrónimo de Privacy Enhanced Mail (correo con extensiones para garantía de intimidad). Un estándar Internet para sistemas de correo electrónico que utiliza técnicas de cifrado para garantizar la intimidad y seguridad de los mensajes. *Véase también* cifrado; estándar. *Compárese con* PGP.

Pentium *s.* Familia de microprocesadores de 32 bits presentada por Intel en marzo de 1993 como sucesora del i486. La familia Pentium está compuesta de microprocesadores superescalares basados en CISC que contienen entre 3 millones (los modelos más antiguos) y 28 millones de transistores. Disponen de un bus de direcciones de 32 bits, un bus de datos de 64 bits, una unidad incorporada de punto flotante y una unidad de gestión de memoria, cachés incorporadas y un modo de gestión del sistema (SMM) que proporciona al microprocesador la capacidad de ralentizar o detener algunos componentes del sistema cuanto éste se encuentra en estado de inactividad o no está realizando tareas que hacen un uso intensivo de la UCP, reduciendo en consecuencia el consumo de energía. El Pentium también emplea la predicción de bifurcación, lo que da como resultado un funcionamiento del sistema más rápido. Además, el Pentium tiene características integradas para asegurar la integridad de los datos y soporta la comprobación de redundancia funcional (FRC). El Pentium II introdujo como mejora el multimedia MMX. *Véase también* predicción de salto; CISC; prueba de redundancia funcional; i486DX; caché L1; caché L2; microprocesador; MMX; P5; SIMD; superescalar.

perder *vb.* (***drop out***) Dejar de recibir momentáneamente la señal durante una operación de lectura/escritura, produciendo así resultados erróneos.

perfboard *s.* Abreviatura de perforated board (tarjeta perforada). *Véase* placa de pruebas.

perfil *s.* (***profile***) *Véase* perfil de usuario.

perfil de hardware *s.* (***hardware profile***) Conjunto de datos que describe la configuración y características de un componente determinado de un equipo informático. Normalmente, estos datos se utilizan para configurar el uso de dispositivos de periféricos con las computadoras.

perfil de usuario *s.* (***user profile***) Un registro informático que contiene información sobre un usuario autorizado de un sistema informático multiusuario. Los perfiles de usuario son necesarios para propósitos de seguridad y por otras razones, pudiendo contener información tal como las restricciones de acceso de esa persona, la ubicación de su buzón de correo, el tipo de terminal que utiliza, etc. *Véase también* cuenta de usuario.

perfil de usuario itinerante *s.* (***roaming user profile***) Un perfil de usuario residente en servidor que se descarga a la computadora local cuando un usuario inicia una sesión; el perfil se actualiza tanto localmente como en el servidor cuando el usuario cierra la sesión. Los perfiles de usuario itinerantes están disponibles en el servidor cuando se inicia una sesión en una estación de trabajo o en el propio equipo servidor. Cuando se inicia la sesión, el usuario puede emplear el perfil de usuario local si éste está más actualizado que la copia almacenada en el servidor. *Véase también* perfil de usuario local; perfil de usuario obligatorio; perfil de usuario.

perfil de usuario local *s.* (***local user profile***) Un perfil de usuario que se crea automáticamente en el equipo la primera vez que un usuario inicia una sesión en una computadora. *Véase también* perfil de usuario obligatorio; perfil de usuario itinerante; perfil de usuario.

perfil de usuario obligatorio *s.* (***mandatory user profile***) Un perfil de usuario que no se actualiza cuando el usuario cierra la sesión. Dicho perfil se descarga en el equipo de escritorio del usuario cada vez que el usuario inicia una sesión y es creado por un administrador y asignado a uno o más usuarios con el fin de crear perfiles de usuario coherentes o específicos de una cierta tarea. *Véase también* perfil de usuario local; perfil de usuario itinerante; perfil de usuario.

perfilador *s.* (***profiler***) Herramienta de diagnóstico que permite analizar el comportamiento de los programas en tiempo de ejecución.

perfilador de código *s.* (***code profiler***) Herramienta diseñada para ayudar a los desarrolladores a identificar y eliminar las ineficiencias del código que dan lugar a cuellos de botella y disminuyen el rendimiento de sus aplicaciones. Los perfiladores de código analizan una aplicación en ejecución para determinar cuánto tiempo tarda en ejecutar funciones y con qué frecuencia las llama. Utilizar un perfilador de código es un proceso repetitivo en el que la herramienta debe reutilizarse después de haber localizado y corregido cada sección de código ineficiente.

perfilar *vb.* (***profile***) Analizar un programa para determinar cuánto tiempo se invierte en las diferentes partes del programa durante la ejecución.

perforadora de tarjetas *s.* (***keypunch***) Arcaico dispositivo controlado a través de un teclado que se utilizaba para perforar agujeros en ubicaciones predeterminadas de unas tarjetas de papel del tamaño aproximado de un sobre de carta. Se utilizaba para proporcionar programas y datos a los primeros sistemas informáticos.

periférico *s.* (***peripheral***) En informática, un dispositivo, como una unidad de disco, impresora, módem o palanca de mando, conectado a una computadora y controlado por el microprocesador de la misma. *Véase también* consola.

periférico multifunción *s.* (***multifunction peripheral***) Dispositivo de multipropósito que combina funciones de impresión con fax, escaneado (color o blanco y negro) y de copia (color o blanco y negro) en una misma unidad. Los periféricos multifunción son especialmente populares en el mercado SOHO (small office, home office, pequeña oficina, oficina doméstica), donde la relación efectividad-coste y las limitaciones de espacio pueden ser consideraciones importantes. *Acrónimo:* MFP. *También llamado* impresora multifunción.

periférico virtual *s.* (***virtual peripheral***) Periférico al que puede hacerse referencia, pero que no existe físicamente. Por ejemplo, una aplicación puede tratar el puerto serie a través del que se transmiten los datos como una impresora, pero el dispositivo que recibe los datos puede ser otra computadora.

periódico electrónico *s.* (*electronic journal*) Véase diario.

período *s.* (*period*) La cantidad de tiempo requerida para que una determinada oscilación realice un ciclo completo. Para una señal eléctrica oscilante, el período es el tiempo existente entre dos repeticiones de la forma de onda. Si *f* es la frecuencia de oscilación en hercios y *p* es el período en segundos, entonces $t = 1/f$. Véase la ilustración.

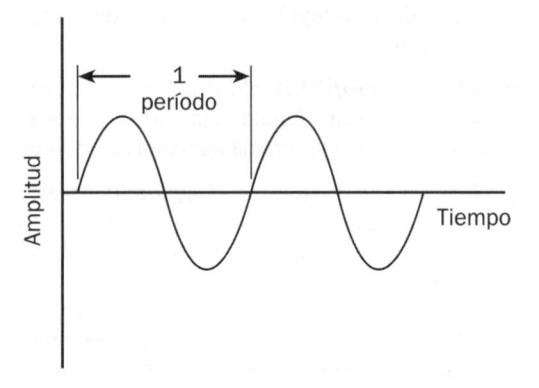

Período.

período en hercios *s.* (*hertz time*) Véase frecuencia de reloj.

Perl *s.* Acrónimo de Practical Extraction and Report Language (lenguaje práctico de extracción y generación de informes). Lenguaje interpretado basado en C y en diversas utilidades UNIX. Perl cuenta con potentes funcionalidades de tratamiento de cadenas de caracteres para extraer información de archivos de texto. Perl puede ensamblar una cadena y enviarla como comando a la shell; es por eso que Perl se utiliza frecuentemente para tareas de administración de sistemas. Los programas Perl se denominan scripts. Perl fue ideado por Larry Wall en el Laboratorio de propulsión a chorro de la NASA.

permiso *s.* (*permission*) En un entorno informático de red o multiusuario, es la capacidad de un usuario particular para acceder a un recurso concreto a través de su cuenta de usuario. Los permisos son concedidos por el administrador del sistema u otra persona autorizada. Pueden proporcionarse diversos niveles de acceso: sólo lectura, lectura y escritura (visualización y modificación) o lectura, escritura y borrado. *También llamado* permiso de acceso.

permiso de acceso *s.* (*access permission*) Véase permiso.

permisos solicitados *s.* (*requested permissions*) Permisos opcionales especificados en un ensamblado que representan los permisos mínimos requeridos, los permisos opcionales deseados y los permisos siempre denegados para todo el código del ensamblado. Si no hay ninguna solicitud, se conceden al código los permisos máximos que la directiva vigente autorice.

persistencia *s.* (*persistence*) Característica de algunos materiales electroluminiscentes, tales como el fósforo utilizado en los TRC, que provoca que una imagen quede retenida durante un corto período de tiempo después de ser irradiada; por ejemplo, después de incidir un haz de electrones en un TRC. La disminución de la persistencia se denomina a menudo disminución de luminancia.

Personal Handyphone System *s.* Dispositivo desarrollado en Japón para actuar como un teléfono celular que gestiona comunicaciones telefónicas, de fax y voz. *Acrónimo:* PHS.

Personal Web Server *s.* Aplicaciones de Microsoft que permiten a una computadora que esté ejecutando un sistema operativo de la familia Windows funcionar como servidor web para la publicación de páginas web personales y sitios intranet. Personal Web Server está disponible como parte de Microsoft Windows NT 4.0 Option Pack (NTOP), Windows 98 y Windows 95 OEM Service versión 2. FrontPage Personal Web Server está disponible como parte de FrontPage 1.1, FrontPage 97, FrontPage 98 y FrontPage 2000.

personalizar *vb.* (*customize*) Modificar o construir hardware o software que se adecúe a las necesidades o preferencias del usuario. Tradicionalmente, la personalización de hardware va desde el diseño de un circuito electrónico para un cliente concreto hasta la construcción de un sistema informático adaptado a las necesidades especiales del cliente. La personalización de software implica usualmente modificar o diseñar un programa software para un cliente específico.

pestaña de protección contra escritura *s.* (***write-protect tab***) *Véase* muesca de protección contra escritura.

peta- *pref.* Denota mil billones (10^{15}). En informática, donde se utiliza el sistema numérico binario (base 2), peta- tiene un valor literal igual a 1.125.899.906.842.624, que es la potencia de 2 (2^{50}) más cercano a un mil billones.

petabyte *s.* Término que expresa mil billones de bytes o 1.125.899.906.842.624 bytes, dependiendo del contexto. *Abreviatura:* PB.

petición de comentarios *s.* (***Request for Comments***) *Véase* RFC.

petición de transmitir *s.* (***Request to Send***) *Véase* RTS.

PGA *s. Véase* matriz de cuadrícula de terminales; Professional Graphics Adapter.

PGD *s.* (***Professional Graphics Display***) Acrónimo de Professional Graphics Display (pantalla gráfica profesional). Pantalla analógica creada por IBM que fue ideada para utilizarse con su adaptador PGA. *Véase también* Professional Graphics Adapter.

PGP *s.* Acrónimo de Pretty Good Privacy (que podría traducirse como «excelente nivel de intimidad»). Un programa para cifrado de clave pública basado en el algoritmo RSA y desarrollado por Philip Zimmermann. El software PGP está disponible en versiones gratuitas, carentes de soporte, y versiones comerciales, que sí tienen soporte técnico. *Véase también* intimidad; cifrado de clave pública; cifrado RSA.

Phage, virus *s.* (***phage virus***) Un virus destructivo que afecta al sistema operativo Palm. Phage realiza copias de sí mismo sobrescribiendo los archivos de aplicación y destruyéndolos. Una vez que el primer archivo huésped ha sido infectado, Phage se difundirá a todos los archivos disponibles. Phage puede difundirse de un dispositivo Palm a otro mediante una comunicación inalámbrica o mediante una conexión con una estación de acoplamiento.

Phage fue uno de los primeros virus creados específicamente para dispositivos de mano inalámbricos y el primero en afectar al sistema operativo Palm OS.

Phoenix BIOS *s.* Una ROM de BIOS compatible con IBM fabricada por Phoenix Technologies, Ltd. Se trata de una ROM de BIOS de gran popularidad en muchas de las denominadas computadoras clónicas. El sistema BIOS de Phoenix se situó como líder entre las computadoras compatibles con IBM poco tiempo después de que empezaran a aparecer en el mercado. *Véase también* BIOS; ROM BIOS. *Compárese con* AMI BIOS.

PhotoCD *s.* Sistema de digitalización de Kodak que permite almacenar imágenes de película, negativos, diapositivas e imágenes escaneadas en un disco compacto. Las imágenes se almacenan en un formato de archivo llamado Kodak PhotoCD IMAGE PAC File Format o PCD. Muchos negocios de desarrollo de fotografía o películas ofrecen este servicio. Normalmente, las imágenes almacenadas en un PhotoCD pueden ser vistas en cualquier computadora que incorpore utilidades de CD-ROM y el software necesario para leer un archivo PCD. Estas imágenes pueden visualizarse también utilizando uno de los muchos reproductores diseñados para mostrar imágenes almacenadas en CD.

Photoshop *s.* Producto software de Adobe para la edición y realce de imágenes digitales, para retoques fotográficos y para la gestión del color de las imágenes gráficas. Photoshop incluye características tales como múltiples niveles de deshacer, edición de texto con control de formato y herramientas de gestión de color y controles avanzados. El programa soporta numerosos formatos de archivos gráficos y archivos para la Web y se ejecuta tanto en plataformas Windows como Power Macintosh.

PHP *s.* Acrónimo de PHP Hypertext Preprocessor (preprocesador de hipertexto PHP). Un lenguaje de script de código abierto utilizado con documentos HTML para ejecutar funciones interactivas del lado del servidor. PHP se ejecuta en todos los principales sistemas operativos y se utiliza principalmente con servidores web Linux y UNIX o con servidores Windows dotados de módulos de ampliación software. PHP puede estar embebido en una página web y puede ser usado para acceder a información de bases de datos y presentarla al usuario. Los documentos HTML que contienen scripts PHP tienen, usualmente, una extensión de archivo .php. Originalmente, PHP quería decir «Personal Home Page» (página principal personal), mientras que en las versiones posteriores significa «PHP Hypertext Preprocessor». La sintaxis de PHP es bastante simple y muy similar a la de Perl, con algunos aspectos de la shell Bourne, de JavaScript y de C. También puede considerarse como una tecnología (un entorno del extremo servidor para motores de script portables, como ASP).

phreaker *s.* (*phreak*) Una persona que se introduce en las redes telefónicas u otros sistemas dotados de seguridad con propósitos maliciosos. En la década de 1970, los sistemas telefónicos utilizaban tonos audibles como señales de comunicación, y los preakers empleaban hardware casero para imitar los tonos y acceder fraudulentamente a servicios de larga distancia. *Véase también* casero. *Compárese con* cracker; hacker.

PHS *s. Véase* Personal Handyphone System.

pi *s.* Constante matemática aproximadamente igual a 3,1415926535897932, que describe la relación de la circunferencia de un círculo con su diámetro.

PIC *s. Véase* controlador de interrupciones programable.

pica *s.* **1.** Utilizada por los tipógrafos como una unidad de medida igual a 12 puntos o, aproximadamente, 1/6 de pulgada. *Véase también* punto. **2.** En referencia a las máquinas de escribir, un tipo de fuente de ancho fijo que inserta 10 caracteres por pulgada. *Véase también* separación.

PICMG *s.* Acrónimo de PCI Industrial Computer Manufacturers Group (grupo industrial de fabricantes de computadoras PCI). Consorcio formado por más de 350 vendedores de productos informáticos. Es una organización sin ánimo de lucro que desarrolla especificaciones para dispositivos basados en PCI, como la especificación CompactPCI. *Véase también* CompactPCI.

pico- *pref.* Denota una billonésima parte (10^{-12}). *Abreviatura:* p.

picoJava *s.* Un microprocesador desarrollado por Sun Microsystems, Inc., que ejecuta código Java. *Véase también* Java.

picosegundo *s.* (*picosecond*) Una billonésima parte de un segundo. *Abreviatura:* ps.

PICS *s.* (*Platform for Internet Content Selection*) Acrónimo de Platform for Internet Content Selection (plataforma para la selección de contenido Internet). Una especificación para clasificar y etiquetar el contenido Internet. Originalmente desarrollada por el W3C (World Wide Web Consortium) para permitir a los padres, profesores, administradores y otros supervisores controlar el material al que pueden acceder en línea los niños, su uso se ha ampliado para incluir la protección de la intimidad y de la propiedad intelectual. PICS no es, en sí mismo, un sistema para la clasificación del contenido Internet. Más bien especifica los convenios de formato que deben utilizar los sistemas de calificación moral a la hora de desarrollar etiquetas que puedan ser leídas por los programas software compatibles con PICS.

.pict *s.* La extensión de archivo que identifica las imágenes gráficas en el formato PICT de Macintosh. *Véase también* PICT.

PICT *s.* Estándar de formato de archivo para la codificación de imágenes gráficas ya sean orientadas a objetos o mapas de bits. El formato de archivo PICT fue utilizado por primera vez en aplicaciones de Macintosh, pero muchas aplicaciones de PC también pueden leer este formato. *Véase también* gráficos de mapa de bits; gráficos orientados a objetos.

pie *s.* **1.** (*footer*) Una o más líneas identificativas impresas en la parte inferior de una página. Un pie puede contener el número de página, una fecha, el nombre del autor y el título del documento. *Compárese con* cabecera. **2.** (*running foot*) Una o más líneas de texto en el margen inferior de una página compuestas de uno o más elementos, tales como el número de página, el número del capítulo y la fecha.

piezoeléctrico *adj.* (*piezoelectric*) Perteneciente, relativo a o característico de los cristales que pueden realizar la conversión entre energía mecánica y eléctrica. Un potencial eléctrico aplicado a un cristal piezoeléctrico da lugar a un pequeño cambio en la forma del cristal. De la misma manera, una presión física aplicada al cristal crea una diferencia de potencial eléctrica entre las superficies del cristal.

pila *s.* (*stack*) Una región de memoria reservada en la que los programas almacenan datos de estado, tales como las direcciones de llamada de las funciones y procedimientos, los parámetros pasados y, algunas veces, una serie de variables locales. *Véase también* desapilar; apilar. *Compárese con* cúmulo de memoria.

pila de protocolos *s.* (*protocol stack*) El conjunto de protocolos que funcionan cooperativamente en diferentes niveles para permitir las comunicaciones a través de una red. Por ejemplo, TCP/IP, que es la pila de protocolos de Internet, incluye más de 100 estándares, entre los que podemos citar FTP, IP, SMTP, TCP y Telnet. *Véase también* modelo de referencia ISO/OSI. *Compárese con* conjunto de protocolos.

pila de protocolos OSI *s.* (*OSI protocol stack*) El conjunto de protocolos basado en el modelo de referencia ISO/OSI, en el que existe una correspondencia entre los protocolos y los distintos niveles del modelo.

pila software *s.* (*software stack*) *Véase* pila.

pila TCP/IP *s.* (*TCP/IP stack*) El conjunto de protocolos TCP/IP. *Véase también* pila de protocolos; TCP/IP.

Pilot *s.* Una serie de populares dispositivos PDA de mano diseñados por Palm y basados en el sistema operativo Palm OS. Palm introdujo su primer modelo Pilot en 1996, seguido en 1997 por Palm Pilot y, posteriormente, por una serie de sucesivos modelos Palm de mano.

PILOT *s.* Acrónimo de Programmed Inquiry, Learning or Teaching (enseñanza, consulta o aprendizaje programados). Lenguaje de programación desarrollado en 1976 por John A. Starkweather y diseñado principalmente para la creación de aplicaciones de formación asistida por computadora.

PIM *s.* Acrónimo de personal information manager (gestor de información personal). Una aplicación que usualmente incluye un libro de direcciones y que organiza de una manera útil una serie de elementos de información no relacionados, como notas, citas y nombres.

PIN *s.* Acrónimo de personal identification number (número de identificación personal). Un código numérico unívoco utilizado para acceder a información personal o a recursos a través de un dispositivo electrónico. Los códigos PIN son utilizados por toda una diversidad de servicios electrónicos, como los cajeros automáticos, sitios Internet y servicios de telefonía inalámbrica.

pincel *s.* **1.** (*brush*) Herramienta utilizada en los programas de dibujo para bosquejar o rellenar áreas de un dibujo con el color y patrón que están actualmente en uso. Los programas de dibujo que ofrecen una variedad de formas de pincel pueden producir pinceladas de anchuras variables y, en algunos casos, efectos de sombra o caligrafía. **2.** (*paintbrush*) Herramienta artística de programas de dibujo u otras aplicaciones gráficas que sirve para aplicar un trazo de color homogéneo a una imagen. El usuario normalmente puede seleccionar el grosor del trazo. *Véase también* programa de dibujo. *Compárese con* aerógrafo.

pinchar *vb.* (*tap*) Utilizar un punzón para tocar rápidamente la pantalla de un dispositivo con el fin de llevar a cabo una cierta actividad. La acción de pinchar con el lápiz es análoga a la de hacer clic con un ratón.

pine *s.* Acrónimo de pine is not elm (pine no es elm) o de Program for Internet News and E-mail (programa para correo electrónico y noticias de Internet). Uno de los programas más comunes para lectura y composición de correo electrónico en los sistemas UNIX basados en caracteres. El programa pine fue desarrollado como una versión mejorada de elm en la Universidad de Washington. *Compárese con* elm.

ping *s.* **1.** Una utilidad UNIX que implementa el protocolo ping. **2.** Acrónimo de Packet Internet Groper (programa de sondeo mediante paquetes para Internet). Un protocolo utilizado para comprobar si una computadora determinada está conectada a Internet enviando un paquete a su dirección IP y esperando una respuesta. El nombre proviene de los aparatos de sónar submarino, mediante los que se difunde una señal sonora (denominada «ping») y se detectan los objetos próximos analizando las reflexiones del sonido.

ping de la muerte *s.* (*Ping of Death*) Un tipo de acto vandálico a través de Internet que implica enviar mediante el protocolo ping un paquete sustancialmente más grande que los 64 bytes usuales a una computadora remota. El tamaño del paquete hace que la computadora se bloquee o reinicie. *Véase también* paquete; ping.

ping-pong *s.* (*ping pong*) **1.** En comunicaciones, es una técnica que cambia la dirección de la transmisión, de modo que el emisor se convierte en el receptor, y viceversa. **2.** En procesamiento y transferencia de información, es la técnica de utilizar dos áreas de almacenamiento temporal (búferes) en lugar de una para almacenar la entrada y la salida.

Pingüino *s.* (*Penguin*) Término del argot para referirse al sistema operativo Linux o a un usuario de Linux. El nombre proviene del pingüino utilizado como mascota de Linux. *Véase también* Tux.

pintar *vb.* (*paint*) Rellenar una parte de una imagen con un color o patrón.

pintura *s.* (*paint*) Color y patrón utilizado con los programas gráficos para rellenar las áreas de un dibujo por medio de herramientas tales como el pincel o el aerosol.

PIO *s.* Acrónimo de Programmed Input/Output (entrada/salida programada) o, menos frecuentemente, Processor Input/Output (entrada/salida de procesador). Uno de los dos métodos utilizados para la transferencia de datos entre una unidad de disco y la memoria. Con PIO, el controlador de disco pasa un bloque de datos a los registros de la UCP y la UCP los transfiere al destino pretendido. El método PIO es típico de las unidades IDE. El otro método alternativo de transferencia de datos, el acceso directo a memoria (DMA, direct memory access), puentea a la UCP y transfiere los datos directamente entre el disco y la memoria. *Véase también* bus; toma de control del bus; controlador. *Compárese con* acceso directo a memoria.

piratería *s.* (*piracy*) **1.** El robo de un programa o de un diseño informático. **2.** Distribución y uso no autorizados de un programa informático.

piratería software *s.* (*software piracy*) *Véase* piratería.

pista *s.* (*track*) Una de las numerosas áreas circulares de almacenamiento de datos que componen un disquete o un disco duro y que son comparables a las muescas existentes en los antiguos discos fonográficos, aunque no tienen forma espiral. Las pistas, compuestas por sectores, son grabadas en el disco por un sistema operativo durante la operación de formateo del disco. En otros medios de almacenamiento, como, por ejemplo, la cinta magnética, las pistas corren paralelas al borde del soporte físico. *Véase* la ilustración.

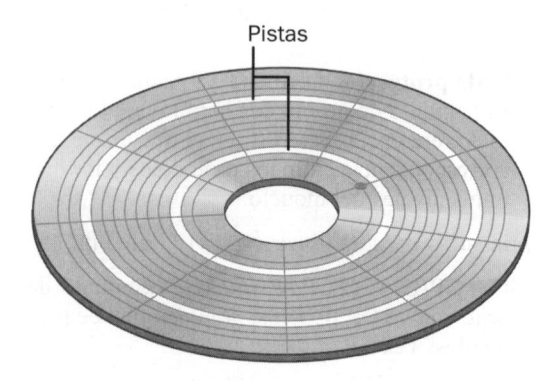

Pista.

pista de auditoría *s.* (*audit trail*) En referencia a la informática, un medio de trazar todas las actividades que afectan a un determinado elemento de información, como pueda ser un registro de datos, desde el momento en que se introduce en el sistema hasta el momento en que es eliminado. Una pista de auditoría hace posible documentar, por ejemplo, quién ha realizado cambios en un registro concreto y cuándo los ha realizado.

pista defectuosa *s*. (***bad track***) Pista de un disco duro o disquete que se identifica por contener un sector defectuoso que, en consecuencia, el sistema operativo no utiliza. *Véase también* sector defectuoso.

pistas por pulgada *s*. (***tracks per inch***) La densidad con la que están grabadas o pueden grabarse las pistas concéntricas (anillos de almacenamiento de datos) en una pulgada de radio de un disco. Cuanto mayor sea la densidad (más pistas por pulgada), más información podrá almacenar el disco. *Acrónimo:* TPI.

.pit *s*. Extensión de archivo para un archivo comprimido con PackIT. *Véase también* PackIT.

píxel *s*. Abreviatura de picture element (elemento de imagen). Uno de los puntos de una cuadrícula rectangular formada por miles de dichos puntos, cada uno de los cuales se «pinta individualmente» para formar la imagen mostrada en la pantalla por una computadora o en el papel por una impresora. Un píxel es el elemento más pequeño que el hardware o el software de visualización o impresión pueden manipular a la hora de crear letras, números o gráficos. Véase la ilustración.

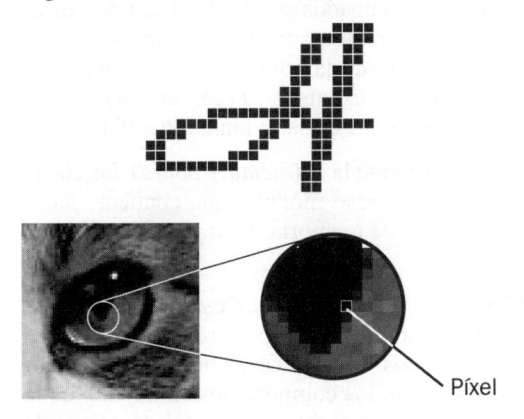

Píxel.

pizarra *s*. (***whiteboard***) Software que permite a múltiples usuarios conectados a través de una red trabajar conjuntamente sobre un documento, que se muestra simultáneamente en las pantallas de todos los usuarios, como si todos ellos estuvieran congregados alrededor de una pizarra física.

PJ/NF *s*. Acrónimo de projection-join normal form (forma normal de proyección-unión). *Véase* forma normal.

PJL *s*. (***Printer Job Language***) El lenguaje de comandos de impresión desarrollado por Hewlett-Packard que permite controlar la impresora en el nivel de los trabajos de impresión. Utilizando comandos PJL (Printer Job Language), pueden cambiarse las configuraciones predeterminadas de la impresora, como, por ejemplo, el número de copias que hay que imprimir. Los comandos PJL también permiten cambiar de lenguaje de impresión entre dos trabajos de impresión sucesivos sin que el usuario intervenga. Si la impresora soporta la comunicación bidireccional, una impresora compatible con PJL puede enviar al servidor de impresión información relativa a la propia impresora, como su modelo y el estado de los trabajos en curso. *Véase también* lenguaje de descripción de página; PostScript; Printer Control Language.

PKUNZIP *s*. Una utilidad software de libre distribución mediante la que se descomprimen los archivos comprimidos mediante la utilidad de libre distribución PKZIP. PKUNZIP y PKZIP se distribuyen, generalmente, de forma conjunta; la distribución de PKUNZIP para propósitos comerciales está prohibida sin el permiso previo de su propietario, PKware, Inc. *Véase también* PKZIP.

PKZIP *s*. Una utilidad de libre distribución ampliamente utilizada para comprimir archivos. Desarrollada por PKware, Inc., en 1989 y distribuida por una amplia variedad de fuentes, PKZIP puede combinar uno o más archivos en un único archivo de salida comprimido, que tiene la extensión .zip. Para descomprimir los archivos comprimidos se requiere otra utilidad complementaria, PKUNZIP. *Véase también* PKUNZIP; software de libre distribución; programa de utilidad.

PL/C *s*. Versión del lenguaje de programación PL/I desarrollada en la Universidad de Cornell y utilizada en computadoras tipo mainframe. *Véase también* PL/I.

PL/I *s.* Acrónimo de Programming Language I (lenguaje de programación I). Lenguaje de programación desarrollado por IBM (1964-1969), diseñado para reunir las características clave de FORTRAN, COBOL y ALGOL, al mismo tiempo que introducía nuevos conceptos como el tratamiento de errores basado en condiciones o la multitarea. El resultado de este esfuerzo fue un lenguaje compilado y estructurado tan complejo, que nunca consiguió una amplia aceptación. Aun así, PL/I se sigue utilizando en algunos entornos académicos y de investigación. *Véase también* ALGOL; COBOL; lenguaje compilado; Fortran.

PL/M *s.* Acrónimo de Programming Language for Microcomputers (lenguaje de programación para microcomputadoras). Lenguaje de programación derivado del PL/I y desarrollado a principios de los años setenta por Intel Corporation para el diseño de software para microprocesadores. PL/M se usaba principalmente para la creación de sistemas operativos. *Véase también* PL/I.

PL/SQL *s.* Abreviatura de Procedural Language Extension to SQL (extensión de lenguaje procedimental a SQL). Es el lenguaje de manipulación de datos de Oracle que permite la ejecución secuencial o agrupada de instrucciones SQL y que se emplea comúnmente para manipular los datos en una base de datos Oracle. La sintaxis es similar a la del lenguaje de programación Ada.

PLA *s.* Acrónimo de programmable logic array (matriz lógica programable). *Véase* matriz lógica reprogramable.

placa *s.* (*board*) Módulo electrónico que contiene chips y otros componentes electrónicos montados sobre un sustrato plano y rígido en el que se disponen pistas conductoras entre los componentes. Una computadora personal contiene una placa principal, denominada placa base, que suele llevar el microprocesador y una serie de ranuras en las que se pueden introducir placas más pequeñas, llamadas tarjetas o adaptadores, para expandir la funcionalidad del sistema principal, permitiendo así establecer conexiones con monitores, unidades de disco o redes de comunicaciones. *Véase también* adaptador; tarjeta; placa madre.

placa aceleradora *s.* (*accelerator board*) *Véase* tarjeta aceleradora.

placa adaptadora de vídeo *s.* (*video adapter board*) *Véase* adaptadora de vídeo.

placa de captura *s.* (*capture board*) *Véase* tarjeta de captura de vídeo.

placa de captura de vídeo *s.* (*video capture board*) *Véase* dispositivo de captura de vídeo.

placa de circuito *s.* (*circuit card*) *Véase* tarjeta de circuito.

placa de circuito impreso *s.* (*PC board*) *Véase* tarjeta de circuito impreso.

placa de expansión *s.* (*expansion board*) Tarjeta de circuito que se conecta al bus de la computadora (ruta principal de transferencia de datos) para añadir funciones adicionales o más recursos a la computadora. Las placas de expansión típicas añaden memoria, controladores de unidades de disco, soporte de vídeo, puertos paralelos y serie y módems internos. En las computadoras portátiles, las placas de expansión son dispositivos del tamaño de una tarjeta de crédito llamados tarjetas PC Card que encajan en una ranura situada en el lateral o en la parte trasera de la computadora. *También llamado* tarjeta extensora. *Véase también* ranura de expansión; PC Card; ranura PCMCIA.

placa de memoria *s.* (*memory board*) Tarjeta de circuito impreso modular que contiene uno o más chips de memoria. *Véase también* chip de memoria.

placa de pruebas *s.* (*breadboard*) Placa limpia y perforada utilizada para realizar prototipos de circuitos electrónicos. Los experimentadores pondrán los componentes en un lado de la placa e introducirán los terminales a través de las perforaciones para conectarlos por medio de cables a lo largo de la parte inferior. Hoy día, las placas de pruebas para diseñar circuitos están hechas de plástico. Sus taladros son pequeños y están colocados con muy poca separación para que se acomoden a los terminales de los chips y las conexiones están hechas de tiras de metal insertadas en los taladros. Véase la ilustración. *Compárese con* circuitos alámbricos.

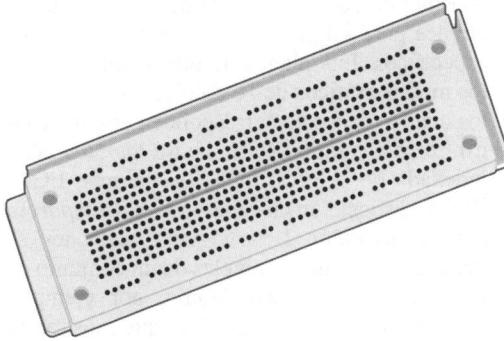

Placa de pruebas.

placa de vídeo *s*. (*video board*) *Véase* adaptadora de vídeo.

placa de visualización *s*. (*display board*) *Véase* adaptadora de vídeo.

placa del sistema *s*. (*system board*) *Véase* placa madre.

placa disponible en almacén comercial *s*. (*commercial off-the-shelf board*) Placa de hardware o plataforma que ya está disponible en la industria para ser adquirida y que puede utilizarse para propósitos de desarrollo o de prueba. *También llamado* tarjeta COTS.

placa enchufable *s*. (*plugboard*) Placa que permite al usuario controlar la operación de un dispositivo introduciendo cables en unos zócalos.

placa hija *s*. (*daughterboard*) Tarjeta de circuito que se conecta a otra, como, por ejemplo, a la placa principal del sistema (placa madre), para añadir funciones adicionales. *Véase también* placa madre.

placa madre *s*. (*motherboard*) La tarjeta de circuito principal que contiene los componentes primarios de un sistema informático. Esta tarjeta contiene el procesador, la memoria principal, la circuitería de soporte y el controlador de bus junto con sus correspondientes conectores. Otras tarjetas, incluyendo las tarjetas de expansión de memoria y las tarjetas de cada salida, pueden conectarse a la placa madre a través del conector de bus. *Véase también* ranura de expansión. *Compárese con* placa hija.

placa no montada *s*. (*unpopulated board*) Tarjeta de circuito cuyos zócalos están vacíos. *Compárese con* placa totalmente montada.

placa principal *s*. (*mainboard*) *Véase* placa madre.

placa sándwich *s*. (*piggyback board*) Tarjeta de circuito impreso que se conecta a otra tarjeta de circuito para mejorar sus capacidades. Una placa sándwich se utiliza a veces para reemplazar un solo chip, en cuyo caso el chip se elimina y la placa sándwich se inserta en el zócalo vacío. *Véase también* placa hija.

placa sin montar *s*. (*bare board*) Tarjeta de circuito sin ningún chip; más comúnmente, una placa de memoria no equipada con chips de memoria.

placa totalmente montada *s*. (*fully populated board*) Tarjeta de circuito impreso cuyos zócalos para circuitos integrados (IC) están todos ocupados. En particular, las placas de memoria contienen menos chips de memoria que el número máximo posible, dejando algunos zócalos de CI vacíos. Una placa así se dice que está parcialmente montada.

.plan *s*. Archivo en un directorio principal de un usuario de UNIX que se muestra cuando otros usuarios consultan dicha cuenta mediante el programa finger. Los usuarios pueden introducir información en los archivos .plan a su antojo para proporcionar información adicional a la normalmente mostrada por el comando finger. *Véase también* finger.

planar *adj*. En la fabricación de materiales semiconductores, que mantiene plana la superficie de la oblea de silicio original a lo largo de todo el procesamiento, mientras los compuestos químicos que forman los elementos responsables de controlar el flujo de corriente son difundidos por la superficie (y debajo de ella).

planificación de necesidades materiales *s*. (*Material Requirements Planning*) Método de gestión de la información en un entorno de fabricación que utiliza software para ayudar en los procesos de control y monitorización relacionados con la fabricación (por ejemplo, gestionar los planes de fabricación y determinar qué cantidad de materiales se compran y cuándo). *Acrónimo:* MRP. *Véase también* planificación de recursos empresariales.

planificación de recursos empresariales *s.* (*Enterprise Resource Planning*) Un método de gestión de la información empresarial que utiliza un software de aplicación integrado para proporcionar datos relativos a todos los aspectos de empresa, como fabricación, finanzas, inventario, recursos humanos, ventas, etc. El objetivo del software de planificación de recursos empresariales es proporcionar datos, donde y cuando se necesiten, que permitan a las empresas dirigir y controlar su funcionamiento global. *Acrónimo:* ERP. *Compárese con* planificación de necesidades materiales.

planificación dinámica *s.* (*dynamic scheduling*) La gestión de procesos (programas) que se ejecutan concurrentemente, gestión que usualmente corre a cargo del sistema operativo.

planificador *s.* (*scheduler*) Proceso del sistema operativo que inicia y termina las tareas (programas), administra los procesos que se estén ejecutando de manera concurrente y asigna los recursos del sistema.

planificar *vb.* (*schedule*) Programar una computadora para que realice una acción especificada en una fecha y hora concretas.

plano *adj.* (*planar*) En infografía, que descansa sobre un plano.

plano de bits *s.* (*bitplane*) **1.** Uno de entre un conjunto de mapas de bits que forman colectivamente una imagen en color. Cada plano de bits contiene los valores de uno de los bits del conjunto de bits que describen un píxel. Un plano de bits permite representar dos colores (usualmente, blanco y negro); dos planos de bits, cuatro colores; tres planos de bits, ocho colores, y así sucesivamente. Estas secciones de memoria se denominan planos de bits porque se tratan como si fueran capas separadas que se apilan unas encima de otras para formar la imagen completa. Por contraste, en las imágenes de píxel agrupado, los bits que describen un determinado píxel están almacenados de manera contigua dentro del mismo byte. La utilización de planos de bits para representar los colores se asocia a menudo con el uso de una tabla de consulta de colores, o mapa de colores, que se emplea para asignar colores a patrones de bits específicos. Los planos de bits se emplean en los modos gráficos de 16 colores VGA y EGA; los cuatro planos se corresponden con los cuatro bits del código IRGB. *Véase también* tabla indexada de colores; mapa de colores; EGA; IRGB; disposición en capas; VGA. *Compárese con* bits de color. **2.** En algunas ocasiones, se llama así a uno de los niveles de un conjunto de imágenes superpuestas (como, por ejemplo, diagramas de circuito) que hay que mostrar en la pantalla.

plano de color *s.* (*color plane*) *Véase* plano de bits.

plantilla *s.* **1.** (*overlay*) Hoja impresa colocada sobre una pantalla, tableta o teclado para identificar funciones concretas. *Véase también* plantilla de teclado. **2.** (*template*) En el procesamiento de textos y programas de autoedición, un documento prediseñado que contiene un cierto formato y, en muchos casos, texto genérico. **3.** (*template*) En un paquete de aplicación, una sobrecubierta para el teclado que identifica teclas especiales y combinaciones de teclas. **4.** (*template*) En procesamiento de imágenes, un patrón que puede utilizarse para identificar o ajustar una imagen digitalizada. **5.** (*template*) En MS-DOS, un pequeño bloque de memoria que contiene los comandos MS-DOS más recientemente introducidos. **6.** (*template*) En programas de hoja de cálculo, es una hoja de cálculo prediseñada que contiene fórmulas, etiquetas y otros elementos.

plantilla de teclado *s.* (*keyboard template*) Pieza de plástico o de papel fuerte que se coloca encima o alrededor de parte del teclado, como, por ejemplo, en las teclas de función, y que proporciona información impresa sobre el significado de las teclas.

plataforma *s.* (*platform*) **1.** En el lenguaje cotidiano, el tipo de computadora o sistema operativo que se está utilizando. **2.** La tecnología base de un sistema informático. Como las computadoras son dispositivos con capas, compuestos de una capa de hardware formada por los chips, una capa de sistema operativo y de firmware y una capa de aplicaciones, la capa más profunda de una máquina es a menudo llamada plataforma.

plataforma de referencia PowerPC *s*. (*PowerPC Reference Platform*) Estándar de sistema abierto desarrollado por IBM. La meta de IBM al diseñar la plataforma de referencia PowerPC fue asegurar la compatibilidad entre sistemas PowerPC construidos por distintas empresas. Los equipos Macintosh PowerPC de Apple no son aún compatibles con la plataforma de referencia PowerPC, pero se espera que las futuras versiones sí lo sean. *Acrónimo:* PReP. *Véase también* Common Hardware Reference Platform; sistema abierto; PowerPC.

Plataforma PowerPC *s*. (*PowerPC Platform*) Plataforma desarrollada por IBM, Apple y Motorola basada en los chips 601 y posteriores. Esta plataforma permite el uso de múltiples sistemas operativos como Mac OS, Windows NT y AIX, así como del software diseñado para esos sistemas operativos individuales. *Acrónimo:* PPCP.

platillo *s*. (*platter*) Uno de los discos de metal individuales para almacenamiento de datos contenidos dentro de una unidad de disco duro. La mayoría de los discos duros tienen entre dos y ocho platillos. Véase la ilustración *Véase también* disco duro.

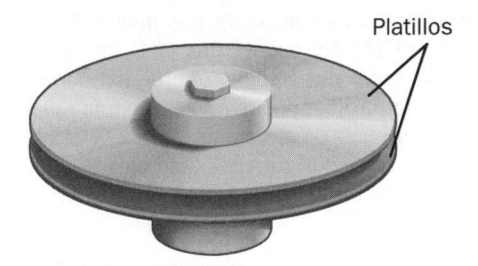

Platillo.

PlayStation *s*. Consola de juegos y entretenimiento de Sony Corporation. Play Station 2, la última versión, es un sistema de 128 bits que incluye un procesador de 300 MHz, 32 MB de memoria principal RDRAM directa y unas prestaciones de punto flotante de 6,2 GFLOPS. Play Station 2 ofrece también la capacidad de reproducir discos CD y DVD. *Véase también* juego de computadora; juego de consola. *Compárese con* Dreamcast; GameCube; Xbox.

PLCC *s*. Acrónimo de plastic leadless chip carrier (encapsulado plástico sin terminales). Variación de bajo coste del método LCC (leadless chip carrier, encapsulado sin terminales) para el montaje de chips en tarjetas de circuito. Aunque los dos encapsulados son similares en apariencia, los PLCC son físicamente incompatibles con los LCC, que están hechos de material cerámico. *Véase también* portachips sin terminales.

PLD *s*. *Véase* dispositivo lógico programable.

pletina *s*. (*deck*) Dispositivo de almacenamiento, como, por ejemplo, una pletina de cinta, o un grupo de tales dispositivos.

Plug and Play *s*. (*plug and play*) Cuando se utiliza con la primera letra en mayúsculas, y especialmente cuando se abrevia PnP, es un conjunto de especificaciones desarrolladas por Intel y Microsoft y que permiten a un PC configurarse automáticamente para trabajar con periféricos, tales como monitores, módems e impresoras. Un usuario puede conectar un periférico y utilizarlo sin necesidad de configurar manualmente el sistema. Un PC Plug and Play requiere tanto un BIOS (basic input/output system, sistema básico de entrada/salida) que soporte Plug and Play como una tarjeta de expansión Plug and Play. *Véase también* BIOS; placa de expansión; periférico.

plug and play *s*. Generalmente, una referencia a la capacidad de un sistema informático para configurar automáticamente un dispositivo añadido al mismo. La capacidad plug and play está disponible en las plataformas Macintosh basadas en NuBus, y desde Windows 95, en las computadoras compatibles PC.

plug-in *s*. *Véase* aplicación auxiliar.

PMML *s*. Acrónimo de Predictive Model Markup Language (lenguaje de composición para modelos predictivos). Un lenguaje basado en XML que permite compartir modelos predictivos entre las aplicaciones compatibles con este lenguaje.

PMMU *s. Véase* unidad de gestión de memoria paginada.

PMOS *s.* Acrónimo de P-channel metal-oxide semiconductor (metal-óxido semiconductor de canal *p*). Tecnología de semiconductor MOSFET en la que el canal de conducción se forma por el movimiento de los huecos («vacantes» de electrones que se crean a medida que los electrones se mueven de un átomo a otro) y no de los electrones. Debido a que los huecos se mueven más despacio que los electrones, la tecnología PMOS es más lenta que NMOS, pero también es más fácil y menos cara de fabricar. *Véase también* MOS; MOSFET; semiconductor de tipo *p*. *Compárese con* CMOS; NMOS.

PMS *s. Véase* Pantone.

PNG *s.* Acrónimo de Portable Network Graphics (gráficos de red portables). Un formato de archivo para imágenes gráficas de mapa de bits diseñado para sustituir el formato GIF y que carece de las restricciones legales asociadas con GIF. *Véase también* GIF.

PNNI *s.* Abreviatura de Private Network-to-Network Interface (interfaz privada interredes). Un protocolo de encaminamiento utilizado en las redes ATM y que proporciona a los conmutadores la capacidad de comunicar los cambios que se produzcan en la red. Mediante PNNI, puede informarse a los conmutadores de los cambios sufridos por la red a medida que éstos tienen lugar y los conmutadores pueden entonces utilizar dicha información para tomar decisiones de encaminamiento apropiadas. *Véase también* ATM.

PnP *s. Véase* Plug and Play.

PNP *s. Véase* transistor PNP.

poblar *vb.* (*populate*) **1**. Importar datos preparados a una base de datos desde un archivo utilizando un procedimiento software en vez de hacer que un operador introduzca los registros individuales. **2**. Colocar chips en los zócalos de una placa de circuito.

pocket Excel *s.* Una versión reducida de Microsoft Excel para Pocket PC. *Véase también* Microsoft Excel.

Pocket PC *s.* Un dispositivo personal de mano basado en una serie de especificaciones diseñadas por Microsoft y que ejecuta el sistema operativo Microsoft Windows for Pocket PC. Los Pocket PC mantienen el aspecto de las pantallas del sistema operativo Windows y ofrecen versiones compactas de muchas de las aplicaciones que se ejecutan en computadoras personales basadas en Windows. Hay varios fabricantes que producen dispositivos Pocket PC, incluyendo Hewlett-Packard, Compaq y Casio.

pocket Word *s.* Una versión reducida de Microsoft Word para Pocket PC. *Véase también* Word.

podredumbre de los vínculos *s.* (*linkrot*) Una condición que afecta a las páginas web que no son mantenidas adecuadamente y que da como resultado que existan vínculos desactualizados y no funcionales a otras páginas web.

PointCast *s.* Un servicio Internet que suministra y visualiza un conjunto personalizado de artículos de noticias para cada usuario individual. A diferencia de la World Wide Web y de otras aplicaciones Internet, PointCast es una tecnología de distribución dinámica mediante la que el servidor envía automáticamente datos sin necesidad de que el cliente ejecute ningún comando específico. *Véase también* servidor.

polaridad *s.* (*polarity*) El signo de la diferencia de potencial (tensión) entre dos puntos de un circuito. Cuando existe una diferencia de potencial entre dos puntos, uno de los puntos tiene una polaridad positiva y el otro una polaridad negativa. Los electrones fluyen de negativo a positivo. Por convenio, sin embargo, se considera que la corriente fluye de positivo a negativo.

polarización *s.* (*bias*) En electrónica, una tensión aplicada a un transistor u otro dispositivo electrónico para establecer un nivel de referencia para su operación.

polígono *s.* (*polygon*) Toda forma cerrada bidimensional compuesta de tres o más segmentos de líneas, como, por ejemplo, un hexágono, un octágono o un triángulo. Los usuarios de computadoras pueden encontrar polígonos en los programas gráficos.

polimorfismo *s*. (*polymorphism*) En un lenguaje de programación orientado a objetos, la capacidad para redefinir una rutina en una clase derivada (una clase que ha heredado las estructuras de datos y rutinas de otra clase). El polimorfismo permite al programador definir una clase base que incluya rutinas que realicen operaciones estándar sobre grupos de objetos relacionados sin reparar en el tipo exacto de cada objeto. El programador redefine las rutinas en la clase derivada para cada tipo teniendo en cuenta las características del objeto. *Véase también* clase; clase derivada; objeto; programación orientada a objetos.

política de cookies *s*. (*cookies policy*) Un enunciado que describe la política de un sitio web en lo que respecta a las cookies. Dicho enunciado normalmente define lo que es una cookie, explica los tipos de cookie usadas en el sitio web y describe de qué manera utiliza el sitio web la información almacenada en las cookies.

política de cuentas *s*. (*account policy*) En las redes de área local y en los sistemas operativos multiusuario, un conjunto de reglas que gobierna si se permite a un nuevo usuario acceder al sistema y si los derechos de un usuario existente se amplían para incluir recursos del sistema adicionales. Una política de cuentas también enuncia generalmente las reglas que debe cumplir el usuario mientras esté utilizando el sistema para poder mantener los privilegios de acceso.

política de intimidad *s*. (*privacy policy*) El enunciado público que describe cómo utiliza un sitio web la información que recopila de los visitantes del sitio. Algunos sitios web venden esta información a otras organizaciones o utilizan la información con propósitos de marketing. Otros sitios tienen políticas estrictas que limitan la forma de utilización de dicha información.

política de uso aceptable *s*. (*acceptable use policy*) Una declaración emitida por un ISP (Internet service provider, proveedor de servicios Internet) o por un servicio de información en línea que indica cuáles actividades pueden, o no, los usuarios llevar a cabo mientras están conectados al servicio. Por ejemplo, algunos proveedores prohíben a los usuarios realizar actividades comerciales a través de la red. *Acrónimo:* AUP. *Véase también* ISP; servicio de información en línea.

poner a cero *vb*. **1**. (*zero*) Rellenar o sustituir con ceros (por ejemplo, rellenar con ceros una parte de la memoria, un campo u otra estructura limitada). **2**. (*zero out*) Asignar el valor cero a una variable o a una serie de bits.

poner en cola *vb*. (*queue*) Colocar (un elemento) dentro de una cola.

poner en cola de impresión *vb*. (*spool*) Almacenar un documento de datos en una cola, en la que esperará a que llegue su turno para ser impreso. *Véase también* gestor de la cola de impresión.

poner un e-mail *vb*. (*e-mail*) Enviar un mensaje de correo electrónico.

Pong *s*. El primer videojuego comercial, una simulación de tenis de mesa, creado por Nolan Bushnell, de Atari, en 1972.

POP *s*. **1**. Acrónimo de point of presence. *Véase* punto de presencia. **2**. (*Post Office Protocol*) Acrónimo de Post Office Protocol (protocolo de oficina de correos). Un protocolo para servidores Internet que permite recibir, almacenar y transmitir correo electrónico y que permite que los programas cliente que se ejecutan en las computadoras conectadas a los servidores carguen y descarguen correo electrónico.

POP3 *s*. Acrónimo de Post Office Protocol 3 (protocolo de oficina de correos versión 3). Ésta es la versión actual del estándar POP que se utiliza normalmente en las redes TCP/IP. *Véase también* POP; TCP/IP.

portabilidad del software *s*. (*software portability*) *Véase* portable.

portable *adj*. Capaz de ejecutarse en más de un sistema informático o bajo más de un sistema operativo. El software altamente portable puede ser movido a otros sistemas con poco esfuerzo, el software moderadamente portable puede ser movido sólo con un esfuerzo sustancial y el software no portable sólo puede ser movido con un esfuerzo similar o mayor que el esfuerzo de escribir el programa original.

portachip plástico sin terminales *s.* (*plastic leadless chip carrier*) *Véase* PLCC.

portachips con terminales *s.* (*leaded chip carrier*) Método de montaje de chips en tarjetas de circuito impreso. Los encapsulados LCC con terminales presentan terminales con forma de pata que permiten conectarlos a la placa. El chip hace contacto con la placa mediante la tecnología de montaje superficial en la que los terminales se sueldan a la superficie en lugar de introducirse en una serie de taladros. Aunque resulta algo confuso, el encapsulado LCC (leaded chip carrier, portachips con terminales) tiene el mismo acrónimo que el encapsulado sin terminales (LCC, leadless chip carrier). *Acrónimo:* LCC. *Compárese con* portachips sin terminales.

portachips sin terminales *s.* (*leadless chip carrier*) Método de montaje de chips en tarjetas de circuito impreso. Los encapsulados LCC sin terminales disponen de contactos en lugar de terminales en forma de pata para conectarse a la placa. El chip simplemente descansa en un zócalo que tiene contactos en su base para establecer la conexión, y el chip se encaja en el zócalo de modo que los contactos queden firmes. *Acrónimo:* LCC. *Véase también* PLCC. *Compárese con* DIP; matriz de cuadrícula de terminales.

portador T *s.* (*T-carrier*) Una línea de comunicaciones digitales a larga distancia proporcionada por un operador telefónico. Unos multiplexores situados en los extremos de la línea combinan diversos canales de voz y flujos de datos digitales para su transmisión y los separan en recepción. Los servicios de portador de comunicaciones de tipo T, introducidos por AT&T en 1993, se definen con diferentes niveles de capacidad: T1, T2, T3 y T4. Además de comunicaciones de voz, los portadores de comunicaciones de tipo T se utilizan para conectividad con Internet. *Véase también* T1; T2; T3; T4.

portadora *s.* (*carrier*) En comunicaciones, una frecuencia especificada que puede modularse para transportar información.

portadora continua *s.* (*continuous carrier*) En comunicaciones, una señal de portadora que permanece activa durante toda la transmisión, transporte o no información.

portadora de datos *s.* (*data carrier*) *Véase* portadora.

portal *s.* Un sitio web que sirve como pasarela a Internet. Un portal es una colección de vínculos, contenido y servicios diseñados para proporcionar a los usuarios información que pueda ser de su interés: noticias, información meteorológica, aplicaciones de entretenimiento, sitios de comercio electrónico, salones de charla, etc. Excite, MSN.com, Netscape NetCenter y Yahoo! son ejemplos de portales. *Véase también* página principal; sitio web.

portal de información empresarial *s.* (*enterprise information portal*) Portal o puerta de enlace que permite a usuarios internos y externos de un negocio o empresa acceder a la información disponible en intranets, extranets e Internet con el fin de atender a las necesidades del negocio. Un portal de información empresarial proporciona una interfaz web sencilla, diseñada para ayudar a los usuarios a desplazarse rápidamente a través de grandes cantidades de datos para encontrar la información que necesitan. Al organizar toda la información interna contenida en los servidores, bases de datos, correo electrónico y sistemas legales de la empresa, el portal de información empresarial ejerce el control sobre la disponibilidad y presentación de la información de la compañía. *Acrónimo:* EIP. *Véase también* portal.

portapapeles *s.* (*clipboard*) **1.** Computadora que utiliza un lápiz electrónico como dispositivo de entrada principal. *Véase también* agenda electrónica; computadora de lápiz. **2.** Recurso de memoria especial disponible en sistemas operativos de ventanas. El portapapeles almacena una copia de la última información que se haya copiado o cortado. Una operación de pegar pasa los datos del portapapeles al programa actual. Un portapapeles permite transferir información de un programa a otro haciendo que el segundo programa pueda leer los datos generados por el primero. Los datos copiados que usan el portapapeles son estáticos y no reflejarán cambios posteriores. *Véase también* cortar y pegar; DDE. *Compárese con* papelera.

portar *vb.* (*port*) **1**. Modificar un programa para que pueda ejecutarse en una computadora diferente. **2**. Mover documentos, gráficos y otros archivos desde una computadora a otra.

portátil *adj.* (*portable*) Suficientemente ligero, resistente y libre de conexiones externas como para ser transportado por un usuario.

portátil *s.* (*laptop*) Pequeña computadora personal que funciona con baterías o con corriente alterna diseñada para utilizarla cuando se viaja. Estas computadoras portátiles disponen de pantallas planas LCD o de plasma y de pequeños teclados. La mayoría pueden ejecutar el mismo software que sus homólogos de escritorio y pueden aceptar periféricos similares, como tarjetas de sonido, módems internos o externos, disquetes y unidades de CD-ROM. Algunos de estos equipos portátiles están diseñados para conectarse a una estación de acoplamiento, convirtiéndolas efectivamente en computadoras de escritorio. La mayoría tiene conectores que permiten enchufar teclados externos y monitores de tamaño completo. Los equipos más antiguos pesaban alrededor de 6 kilos, pero los más modernos pueden pesar sólo 2 kilos y medio sin periféricos. *Véase también* computadora portátil. *Compárese con* portátil subnotebook.

portátil subnotebook *s.* (*subnotebook*) Clase de computadora portátil que es más pequeña y ligera que un portátil de tamaño normal. El portátil subnotebook tiene un teclado y una pantalla de tamaño reducido y a menudo utiliza una disquetera externa para ahorrar espacio y peso. A pesar de su tamaño, el portátil subnotebook ofrece todas las funciones de una computadora portátil de tamaño normal.

POS *s.* Acrónimo de point of sale (punto de venta). El lugar de una tienda en el que se pagan las mercancías. Los sistemas de transacciones informatizadas, como los utilizados en los supermercados, emplean escáneres (para leer las etiquetas y códigos de barras), cajeros electrónicos y otros dispositivos especiales para registrar las compras realizadas en el punto de venta.

posicionamiento de los cabezales *s.* (*head positioning*) El proceso de mover el cabezal de lectura/escritura de una unidad de disco hasta la pista apropiada para efectuar una lectura o una escritura.

POSIT *s.* Acrónimo de Profiles for Open Systems Internetworking Technology (perfiles para la tecnología de interconexión por red de sistemas abiertos). Un conjunto de estándares no obligatorios para los equipos de red utilizados por el gobierno de Estados Unidos. POSIT, que reconoce la prevalencia de TCP/IP, es el sucesor de GOSIP. *Véase también* GOSIP; TCP/IP.

POSIX *s.* Acrónimo de Portable Operating System Interface for UNIX (interfaz portable de sistemas operativos para UNIX). Un estándar del IEEE (Institute of Electrical and Electronics Engineers) que define un conjunto de servicios del sistema operativo. Los programas que cumplen con el estándar POSIX pueden ser fácilmente portados de un sistema a otro. POSIX fue desarrollado basándose en los servicios de sistema de UNIX, pero fue creado de forma que pudiera ser implementado por otros sistemas operativos. *Véase también* servicio.

POST *s. Véase* autotest de encendido.

posterización *s.* (*posterization*) *Véase* contorneado.

postmaster *s.* El nombre de inicio de sesión (y, por tanto, la dirección de correo electrónico) de una cuenta a quien corresponde la responsabilidad de mantener los servicios de correo electrónico en un servidor de correo. Cuando el propietario de una cuenta tiene problemas con el correo electrónico, puede enviar un mensaje a «postmaster» o «postmaster@nombre_dominio» y éste llegará, usualmente, a una persona que puede resolverle el problema.

postprocesador *s.* (*postprocessor*) Dispositivo o rutina software, como, por ejemplo, un montador, que opera sobre datos que han sido previamente manipulados por otro procesador. *Véase también* procesador de servicio. *Compárese con* preprocesador.

PostScript *s.* Lenguaje de descripción de páginas de Adobe Systems con un mecanismo flexible de gestión de fuentes y gráficos de alta calidad. El lenguaje de descripción de páginas más conocido es PostScript, que utiliza comandos similares a palabras del inglés para controlar la disposición de la página y cargar y escalar las fuentes de contorno. Adobe Systems también ha creado Display PostScript, un lenguaje de gráficos para pantallas de computadora que proporciona a los usuarios de PostScript y Display PostScript una capacidad absoluta de visualización WYSIWYG (what-you-see-is-what-you-get, lo que se ve es lo que se obtiene), la cual resulta más difícil de conseguir cuando se utilizan métodos diferentes para la visualización y la impresión. *Véase también* fuente de contorno; lenguaje de descripción de página.

PostScript encapsulado *s.* (*Encapsulated PostScript*) *Véase* EPS.

pot *s. Véase* potenciómetro.

potencia *s.* (*power*) **1.** En informática, la electricidad utilizada para hacer funcionar una computadora. **2.** En matemáticas, el número de veces que un valor es multiplicado por sí mismo; por ejemplo, 10 a la tercera potencia significa 10 por 10 por 10. **3.** La velocidad con la que una computadora realiza sus operaciones y la disponibilidad de distintas funciones. *Véase también* potencia de procesamiento.

potencia de procesamiento *s.* (*computer power*) La capacidad de una computadora para realizar un trabajo. Si se define mediante el número de instrucciones que la máquina puede ejecutar en un tiempo determinado, la potencia de procesamiento se mide en millones de instrucciones por segundo (MIPS) o en millones de instrucciones de coma flotante por segundo (MFLOPS). La potencia se mide también de otras formas, dependiendo de las necesidades u objetivos de la persona que esté evaluando la máquina. Por parte de los usuarios o compradores de equipos informáticos, la potencia se evalúa en ocasiones en términos de la cantidad de memoria de acceso aleatorio (RAM) de la máquina, de la velocidad a la que opera el procesador o del número de bits (8, 16, 32, etc.) que la computadora puede manejar en cada instante. Sin embargo, hay otros factores que influyen sobre dicha evaluación; dos de los más importantes son el grado de integración entre los distintos componentes de la computadora y el grado de adaptación de éstos a las tareas requeridas. Por ejemplo, independientemente de lo rápida o potente que sea la computadora, su velocidad durante las operaciones de acceso al disco duro se verá reducida si el disco duro es lento (por ejemplo, si tiene un tiempo de acceso de 65 milisegundos o superior). *Véase también* tiempo de acceso; prueba comparativa; MFLOPS; MIPS.

potencial *s.* (*potential*) *Véase* fuerza electromotriz.

potenciómetro *s.* (*potentiometer*) Elemento de circuito que puede ajustarse para proporcionar una resistencia variable. Los controles de volumen giratorios o deslizantes de muchas radios y televisores son potenciómetros. *También llamado* resistencia variable.

POTS *s.* Acrónimo de Plain Old Telephone Service (servicio telefónico tradicional). Conexiones telefónicas básicas con la red pública de conmutación sin funciones ni características adicionales. Una línea POTS es simplemente una línea telefónica conectada a un aparato telefónico simple y de una sola línea.

Power Mac *s. Véase* Power Macintosh.

Power Macintosh *s.* Computadora Macintosh basada en el procesador PowerPC. Los primeros Power Macintosh, 6100/60, 7100/66 y 8100/80, aparecieron en 1994. Les siguieron varias versiones actualizadas, y a principios de 1999, se lanzó el G3, un PowerPC 750. Éste fue seguido más tarde en el mismo año por la aparición del Power Macintosh G4. El Power Mac G4 utiliza el procesador PowerPC 7400 y presenta avances significativos en la velocidad de procesamiento. El Power Mac G4 utiliza el motor Velocity Engine de Apple para procesar la información en grupos de 128 bits, permitiendo un rendimiento sostenido de más de un gigaflop. *También llamado* Power Mac. *Véase también* PowerPC.

PowerBook *s.* Una familia de computadoras portátiles Macintosh fabricadas por Apple.

PowerPC *s.* Arquitectura de microprocesador desarrollada en 1992 por Motorola e IBM con alguna participación de Apple. Un microprocesador PowerPC está basado en la tecnología RISC y es superescalar, con un bus de datos de 64 bits y un bus de direcciones de 32 bits. También dispone de cachés separadas de datos e instrucciones, aunque el tamaño de cada una varía en la implementación. Todos los microprocesadores PowerPC disponen de varias unidades para el tratamiento de números enteros y en coma flotante. La tensión y la velocidad de operación varían con la implementación. A partir del PowerPC 740, los microprocesadores se fabricaron en cobre en lugar de con aluminio para mejorar el rendimiento y la fiabilidad. *Véase también* caché L1; caché L2; microprocesador; RISC; superescalar.

PowerPoint *s.* Software de presentación de Microsoft. PowerPoint incluye herramientas de edición de textos y gráficos que permiten cerrar diapositivas para presentaciones públicas. Las presentaciones pueden imprimirse, proyectarse, visualizarse en un monitor o, en la versión incluida en Office 2000, guardarse y publicarse como páginas web.

PPCP *s. Véase* Plataforma PowerPC.

ppm (*PPM* o *ppm*) *s.* Acrónimo de páginas por minuto. Valor de la capacidad de salida de la impresora, es decir, el número de páginas impresas que la impresora produce en un minuto. La velocidad en ppm de una impresora suele ser indicada normalmente por el fabricante y está basada en medidas del tiempo de impresión de una página «normal». Las páginas con excesivos gráficos o fuentes pueden reducir enormemente la velocidad en ppm de la impresora.

PPM *s. Véase* modulación de impulsos en posición.

ppp *s.* (*dpi*) *Véase* puntos por pulgada.

PPP *s.* Acrónimo de Point-to-Point Protocol (protocolo punto a punto). Un protocolo ampliamente utilizado de enlaces de datos para transmitir paquetes TCP/IP a través de conexiones de acceso telefónico, como, por ejemplo, las que puedan existir entre un equipo informático e Internet. PPP, que soporta la asignación dinámica de direcciones IP, proporciona una mayor protección en términos de seguridad e integridad de los datos y es más fácil de usar que SLIP, teniendo, a cambio, una mayor cantidad de información de control. El propio protocolo PPP está basado en un protocolo de control de enlace (LCP, Link Control Protocol) responsable de establecer un enlace computadora a computadora a través de líneas telefónicas y un protocolo de control de red (NCP, Network Control Protocol) responsable de negociar los detalles de nivel de red relativos a la transmisión. Fue desarrollado por la IETF (Internet Engineering Task Force) en 1991. *Compárese con* SLIP.

PPPoE *s.* Acrónimo de Point-to-Point Protocol over Ethernet (protocolo punto a punto sobre Ethernet). Una especificación para conectar a los usuarios de una red Ethernet a Internet a través de una conexión de banda ancha (como, por ejemplo, una única línea DSL), un dispositivo inalámbrico o un módem de cable. Utilizando PPPoE y un módem de banda ancha, los usuarios de una LAN pueden obtener acceso individual autenticado a redes de datos de alta velocidad. Combinando Ethernet y PPP (Point-to-Point Protocol), PPPoE proporciona a los proveedores de servicios Internet la capacidad de operar con un número limitado de direcciones IP asignando una dirección sólo cuando el usuario esté conectado a Internet. PPPoE es una forma eficiente de crear una conexión separada con un servidor remoto para cada usuario. Cuando se interrumpe la conexión con Internet, la dirección IP vuelve a quedar disponible para ser asignada a otro usuario.

PPS *s. Véase* fuente de alimentación periférica.

PPTP *s.* Acrónimo de Point-to-Point Tunneling Protocol (protocolo de túnel punto a punto). Una extensión del protocolo PPP (Point-to-

Point Protocol) utilizado para comunicaciones a través de Internet. PPTP fue desarrollado por Microsoft para soportar redes privadas virtuales que permiten a las personas y organizaciones utilizar Internet como un medio seguro de transmisión. PPTP soporta la encapsulación de paquetes cifrados en envoltorios seguros que pueden transmitirse a través de conexiones TCP/IP. *Véase también* red virtual.

práctico *adj.* (***hands-on***) Que incluye un trabajo interactivo con una computadora o un programa informático. Una tutoría práctica, por ejemplo, podría enseñar una habilidad (tal como el uso de un programa) por medio de sesiones de ejercicios y una serie de preguntas y respuestas.

PRAM *s.* Abreviatura de parameter RAM (RAM de parámetros). Una parte de la RAM en las computadoras Macintosh que contiene información de la configuración tal como la fecha y hora, el patrón del escritorio y otras opciones de los paneles de control. *Véase también* RAM.

P-rating *s.* Abreviatura de performance rating (medida de las prestaciones). Un sistema de medida de las prestaciones de los microprocesadores desarrollado por IBM, Cyrix y otros que se basa en el cálculo de las velocidades de operación en una serie de aplicaciones realistas. Anteriormente, se utilizaba la velocidad de reloj del microprocesador como método de comparación, pero este método no tiene en cuenta las diferentes arquitecturas de los chips ni los diferentes tipos de tareas que las personas llevan a cabo con las computadoras. *Véase también* unidad central de proceso; reloj; microprocesador.

precarga *vb.* (***preroll***) Almacenamiento en búfer de los datos que tiene lugar antes de que comience a reproducirse un clip de información multimedia. El tiempo de precarga varía dependiendo del ancho de banda disponible y del tamaño del archivo que se esté almacenando en el búfer.

precedencia *s.* (***precedence***) En las aplicaciones, el orden en el que se calculan los valores en una expresión matemática. En general, los programas de aplicación realizan primero las operaciones de división y multiplicación, siguiendo con las de suma y resta. Se pueden incluir conjuntos de paréntesis en las expresiones para controlar el orden en el que se calcularán. *Véase también* asociatividad de un operador; precedencia de los operadores.

precedencia de los operadores *s.* (***operator precedence***) La prioridad de los diversos operadores cuando se utiliza más de uno dentro de una expresión. En ausencia de paréntesis, se realizan en primer lugar las operaciones que tienen una mayor precedencia. *Véase también* expresión; operador; asociatividad de un operador.

precintado *adj.* (***shrink-wrapped***) Cerrado y sellado en una fina película de plástico para su distribución comercial. El uso del término implica una versión definitiva de un producto en contraste con una versión beta. *Véase también* beta.

precio de venta *s.* (***street price***) Precio en los comercios o en los servicios de venta por catálogo de un producto hardware o software para consumo. En la mayoría de los casos, el precio de venta es algo inferior al «precio de venta recomendado».

precisión *s.* **1.** (***accuracy***) El grado con el que el resultado de un cálculo o medida se aproxima al valor verdadero. *Compárese con* precisión. **2.** (***precision***) En programación, los valores numéricos son a menudo descritos como números de simple o doble precisión. La diferencia entre los dos es la cantidad de espacio de almacenamiento asignado al valor. *Véase también* doble precisión; simple precisión. **3.** (***precision***) Grado de detalle para escribir un número. Por ejemplo, 3,14159265 da más precisión (más detalle) sobre el valor de pi que 3,14. La precisión está relacionada, aunque es diferente, con la exactitud. La precisión indica el grado de detalle; la exactitud indica la corrección. El número 2,83845 es también más preciso que 3,14, pero resulta menos exacto para representar a pi. *Compárese con* precisión.

precodificado *adj.* (***hard-coded***) **1.** Dependiente de valores incluidos en el código del programa en vez de depender de valores que puedan ser introducidos por el usuario. **2.** Diseñado para manejar solamente una situación específica.

precompilador *s.* (*precompiler*) Programa que lee en un archivo fuente y realiza determinados cambios para preparar el archivo fuente para compilación. *También llamado* preprocesador. *Véase también* compilador.

predeterminar *vb.* (*default*) En referencia a los programas, hacer una elección cuando el usuario no especifica una alternativa.

predicción de salto *s.* (*branch prediction*) Técnica utilizada en algunos procesadores con una instrucción llamada preextracción para adivinar si se tomará o no una bifurcación en un programa y para extraer el código ejecutable de la posición apropiada. Cuando se ejecuta una instrucción de bifurcación, ella y la siguiente instrucción ejecutada se almacenan en un búfer. Esta información se utiliza para predecir qué camino tomará la instrucción la siguiente vez que se ejecute. Cuando la predicción es correcta (como ocurre el 90 por 100 de las veces), ejecutar una bifurcación no provoca ningún error del mecanismo de procesamiento en cadena de las instrucciones, de manera que la necesidad de recuperar la siguiente instrucción no ralentiza el sistema. *Véase también* instrucción de bifurcación; búfer; unidad central de proceso; procesamiento en cadena.

preextraer *vb.* (*prefetch*) Precargar los datos en un búfer para un clip de vídeo cuando éste comienza a reproducirse. Cuando se almacenan en una computadora los datos precargados, el videoclip puede reproducirse sin esperar a las operaciones habituales de llenado de los búferes que normalmente son necesarias en las transmisiones de flujos multimedia. *Véase también* precarga.

Preferencias *s.* (*Preferences*) Opción de menú disponible en muchas aplicaciones de interfaz gráfica de usuario que permite al usuario especificar cómo actuará la aplicación cada vez que sea utilizada. Por ejemplo, en un procesador de textos, el usuario puede especificar si debe aparecer la regla, si el documento debe visualizarse del mismo modo en el que será impreso (incluyendo los márgenes) y otras opciones. *También llamado* Opciones.

prefijo de etiqueta *s.* (*label prefix*) En una hoja de cálculo, carácter al principio de una entrada de celda que identifica la entrada al programa como una etiqueta.

prefs *s.* (*Prefs*) *Véase* Preferencias.

preguntas más frecuentes *s.* (*frequently asked questions*) *Véase* FAQ.

Premiere *s.* Software de edición de vídeo digital desarrollado por Adobe Systems. La interfaz de usuario de Premiere utiliza menús de comandos, ventanas y paletas flotantes para realizar modificaciones en los videoclips. Una función de línea temporal muestra una representación gráfica de la longitud de las escenas individuales y del orden en el que aparecen. El editor puede modificar dicha estructura y previsualizar el resultado antes de exportar el archivo en uno de los muchos formatos de vídeo soportados por el programa.

PReP *s.* *Véase* plataforma de referencia PowerPC.

preparado para transmitir *s.* (*Clear To Send*) *Véase* CTS.

preparado para Y2K *adj.* (*Y2K ready*) *Véase* compatible con el año 2000.

preprocesador *s.* (*preprocessor*) Dispositivo o rutina que realiza operaciones preliminares con los datos de entrada antes de pasarlos a procesamientos ulteriores. *Véase también* procesador frontal. *Compárese con* postprocesador.

presentación *s.* (*presentation graphics*) La representación de información de carácter comercial, como los datos de ventas o los precios de las acciones, en forma de diagrama en lugar de como una lista de números. Las presentaciones gráficas se utilizan para que los asistentes puedan captar de manera inmediata las estadísticas de la empresa y su importancia. Entre los ejemplos más comunes de presentaciones gráficas, se encuentran los diagramas de área, los diagramas de barras, los diagramas de líneas y los diagramas de sectores.

Presentation Manager *s.* La interfaz gráfica de usuario proporcionada con las versiones 1.1 y posteriores de OS/2. Presentation Manager deriva del entorno Windows basado en MS-DOS y proporciona capacidades similares. El usuario ve una interfaz gráfica orientada a ventanas y el programador utiliza un conjunto estándar de rutinas para gestionar la pantalla, el teclado, el ratón y la salida de datos por impresora independientemente del hardware concreto que esté conectado al sistema. *Véase también* OS/2; Windows.

Pretty Good Privacy *s. Véase* PGP.

PRI *s.* Acrónimo de Primary Rate Interface (interfaz de acceso primario). Uno de los dos servicios de transmisión RDSI (el otro es la interfaz de acceso básico BRI). PRI tiene dos variantes. La primera, que opera a 1,536 Mbps, transmite datos a través de 23 canales B y envía información de señalización a 64 Kbps a través de un canal D, y se utiliza en Estados Unidos, Canadá y Japón. La segunda, que opera a 1,984 Mbps, transmite datos a través de 30 canales B y envía información de señalización a 64 Kbps a través de un canal D, y se emplea en Europa y Australia. *Véase también* BRI; RDSI.

primer plano *adj.* (*foreground*) Que posee actualmente el control del sistema y responde a los comandos que emite el usuario. *Véase también* multitarea. *Compárese con* segundo plano.

primer plano *s.* (*foreground*) **1.** La condición de un programa o documento que actualmente tiene el control y que se ve afectado por los comandos y los datos introducidos en un entorno de ventanas. *Compárese con* segundo plano. **2.** El color de los caracteres y gráficos mostrados. *Compárese con* segundo plano.

primera forma normal *s.* (*first normal*) *Véase* forma normal.

primero en entrar, primero en salir *s. Véase* FIFO.

primitiva *s.* (*primitive*) **1.** En infografía, una forma, como, por ejemplo, una línea, círculo, curva o polígono, que pueda ser dibujada, almacenada y manipulada como una entidad discreta mediante un programa gráfico. Una primitiva es uno de los elementos a partir de los cuales se crea un diseño gráfico de mayor envergadura. **2.** En programación, un elemento fundamental de un lenguaje que puede ser usado para crear procedimientos de mayor tamaño que realicen la función que un programador quiere implementar.

primitiva gráfica *s.* (*graphics primitive*) Elemento de dibujo, como, por ejemplo, un carácter de texto, un arco o un polígono, que se dibuja y manipula como una unidad simple y se combina con otras primitivas para crear una imagen. *Compárese con* entidad.

principio de archivo *s.* (*beginning-of-file*) **1.** Código insertado por un programa antes del primer byte de un archivo utilizado por el sistema operativo de la computadora para referenciar las direcciones dentro de un archivo con respecto al primer byte (carácter) del mismo. **2.** La posición inicial (beginning of file) de un archivo en disco en relación con la primera posición de almacenamiento en el disco. Esta ubicación se indica en un directorio de datos o catálogo. *Acrónimo:* BOF. *Compárese con* fin de archivo.

Printer Control Language *s.* Lenguaje de control de impresora de Hewlett-Packard utilizado en sus líneas de impresoras LaserJet, DeskJet y RuggedWriter. Como consecuencia del dominio de la LaserJet en el mercado de las impresoras láser, el lenguaje Printer Control Language ha llegado a ser un estándar de facto. *Acrónimo:* PCL.

prioridad *s.* (*priority*) Precedencia al recibir la atención del microprocesador y en el uso de los recursos del sistema. Dentro de una computadora, una serie de niveles de prioridad de los que el usuario no es consciente son el mecanismo mediante el que se evitan muchos tipos diferentes de conflictos potenciales y de problemas. De forma similar, pueden asignarse prioridades a las tareas que se están ejecutando en una computadora con el fin de determinar cuándo y durante cuánto tiempo deben dichas tareas recibir tiempo de microprocesador. En las redes, pueden asignarse prioridades a las estaciones que determinen cuándo y durante cuánto tiempo pueden controlar esas estaciones las líneas de comunicaciones y, asimismo, pueden asignarse prioridades a los mensajes para indicar la rapidez con la que deben ser transmitidos. *Véase también* interrupción.

prioridad de interrupción *s*. (*interrupt priority*) *Véase* interrupción.

prioridad según demanda *s*. (*demand priority*) Un método de acceso a red en el que los concentradores controlan el acceso a la misma; es una característica de las redes Ethernet 100Base-VG. Con los mecanismos de prioridad según demanda, los nodos envían solicitudes a los concentradores y éstos conceden permiso para transmitir basándose en los niveles de prioridad asignados por los nodos a las solicitudes. *Véase también* 100Base-VG.

Priority Frame *s*. Protocolo de telecomunicaciones desarrollado por Infonet y Northern Telecom, Inc., diseñado para transportar datos, facsímil e información de voz.

priorización *s*. (*triage*) El proceso de asignar prioridades a los proyectos o elementos de un proyecto (como, por ejemplo, a las correcciones de los errores) de forma tal que se garantice que los recursos disponibles se asignan de la forma más efectiva y que puede obtenerse el mejor resultado posible con el tiempo y los recursos disponibles. Por ejemplo, la priorización fue una de las técnicas aplicadas a la hora de anticipar y prevenir los errores de los sistemas informáticos derivados del problema del año 2000. *Véase también* problema del año 2000.

priorizar *vb*. (*triage*) Identificar y asignar prioridades a los elementos de un proyecto o problema para ordenarlos de la forma que haga un mejor uso de la mano de obra, del dinero y de otros recursos disponibles.

privacidad *s*. *Véase* intimidad.

private *adj*. Palabra clave de algunos lenguajes de programación que describe a qué métodos o variables sólo pueden acceder los elementos residentes en la misma clase o módulo. *Véase también* clase; palabra clave; variable local; palabra reservada; ámbito. *Compárese con* public.

privatización *s*. (*privatization*) Generalmente, se refiere al proceso de pasar algo que estaba bajo control del gobierno a manos privadas. En el contexto de la informática e Internet, el término hace referencia a la cesión de varias redes troncales Internet del gobierno de Estados Unidos a la industria privada; por ejemplo, el control de NSFnet pasó del gobierno a manos privadas en 1992; también hace referencia a la más reciente (1998) privatización por parte del gobierno de Estados Unidos de la responsabilidad de los nombres de dominio y direcciones, que pasó de la IANA y de la NSI/InterNIC a una nueva organización denominada ICANN. *Véase también* IANA; ICANN; InterNIC.

privilegios *s*. (*privileges*) *Véase* privilegios de acceso.

privilegios de acceso *s*. (*access privileges*) El tipo de operaciones permitidas a un determinado usuario con respecto a un cierto recurso del sistema accesible a través de la red o para un servidor de archivos. El administrador del sistema puede permitir o prohibir diversos tipos de operaciones, como la capacidad de acceder a un servidor, la de visualizar el contenido de un directorio, la de abrir o transferir archivos y la de crear, modificar o borrar archivos o directorios. La asignación de privilegios de acceso a los usuarios ayuda al administrador del sistema a mantener la seguridad de éste, así como la confidencialidad de la información sensible, y asignar recursos del sistema, como, por ejemplo, espacio de disco. *También llamado* derechos de acceso. *Véase también* protección de archivos; servidor de archivos; permiso; administrador del sistema; acceso de escritura.

PRN *s*. El nombre de dispositivo lógico para la impresora. Un nombre reservado en el sistema operativo MS-DOS para el dispositivo estándar de impresión. PRN hace referencia usualmente al primer puerto paralelo de un sistema, que también se conoce con el nombre de LPT1.

.pro *s*. Uno de los siete nuevos nombres de dominio de nivel superior aprobados en 2000 por la ICANN (Internet Corporation for Assigned Names and Numbers). Estos nombres de dominio están pensados para utilizarse en sitios web relativos a profesiones, tales como doctores, contables y abogados. Seis de los nuevos dominios comenzaron a estar disponibles para su uso en la primavera de 2001; las negociaciones todavía no han concluido en lo que respecta al acuerdo final de registro para los dominios .pro.

probabilidad *s*. (***probability***) El grado de certidumbre de que un suceso tendrá lugar, que a menudo puede estimarse matemáticamente. En matemáticas, la estadística y la teoría de probabilidad son campos estrechamente relacionados. En informática, se utiliza la probabilidad para determinar hasta qué punto cabe esperar que se produzca un fallo o un error en un sistema o dispositivo.

problema de claves con fecha *s*. (***date-in-key problem***) Problema potencial de los sistemas informáticos que dependen de archivos indexados que utilizan fechas de dos dígitos como parte de la clave, como ocurre en ciertas bases de datos. Si los archivos tienen que ordenarse cronológicamente, los que comiencen con el año 2000 quedarán fuera de la secuencia; por ejemplo, (19)99 será interpretado como más reciente que (20)00.

problema del año 1999 *s*. (***1999 problem***) **1**. Problema potencial, si no se ha corregido, con los campos de fecha en códigos antiguos que fueron (algunas veces) utilizados para almacenar valores con un significado especial. Por ejemplo, la fecha 9/9/99 se utilizaba con frecuencia como una fecha de caducidad que significaba «mantener esta información para siempre» o, peor, «destruir este documento de forma inmediata». **2**. Una variante del problema del año 2000 en los sistemas informáticos que tengan años de dos dígitos en los campos de fecha y que sean usados por empresas y organizaciones en las que el año fiscal de 2000 comienza antes del final del año natural de 1999. Estos sistemas informáticos pueden interpretar el año fiscal como el año 1900.

problema del año 2000 *s*. (***Year 2000 problem***) Con anterioridad al 1 de enero de 2000, se trataba de un potencial problema software derivado del uso de dos dígitos (99) en lugar de cuatro (1999) como indicadores de año en los programas informáticos. Dichos programas asumían que los dígitos 19 precedían a todo valor de año, por lo que podrían potencialmente fallar o realizar cálculos incorrectos al interpretar el año 2000 (00) como una fecha anterior a 19xx, al cambiar el año y entrar en un nuevo siglo. La utilización de indicadores de año con dos dígitos era predominante en, aunque no estaba limitada a, los programas más antiguos que habían sido escritos en una época en la que el ahorro de dos bytes (dígitos) por cada valor de año era significativo en términos de memoria de la computadora. Debido a que estaba bastante extendida la utilización de indicadores de año con dos dígitos, las empresas, los gobiernos y otras organizaciones tomaron medidas a gran escala para evitar que el problema del año 2000 afectara a sus sistemas informáticos. Al final, sin embargo, el problema (afortunadamente) resultó no ser tan grave.

problema del día de la semana *s*. (***day-of-the-week problem***) Relativo a una imprecisión que puede producirse después del año 2000 en computadoras que calculan el día de la semana basándose en los dos últimos dígitos del año, suponiendo que las fechas que calculan son las correspondientes al siglo XX (1900). Dado que el 1 de enero de 1900 fue lunes, pero el 1 de enero de 2000 fue sábado, es posible que dichas computadoras no puedan determinar correctamente el día de la semana. Esto es particularmente problemático en computadoras que regulan sistemas temporizados basados en la semana laboral, como, por ejemplo, una puerta o cámara que se abre durante el horario de trabajo.

procedimiento *s*. (***procedure***) En un programa, una secuencia de instrucciones con nombre, a menudo con constantes, tipos de datos y variables asociadas que, normalmente, realizan una sola tarea. Un procedimiento también puede ser llamado (ejecutado) por otros procedimientos, así como por el cuerpo principal del programa. Algunos lenguajes distinguen entre un procedimiento y una función, devolviendo esta última un valor. *Véase también* función; parámetro; lenguaje procedimental; rutina; subrutina.

procedimiento almacenado *s*. (***stored procedure***) Colección precompilada de instrucciones de SQL e instrucciones de control de flujo opcionales almacenadas bajo un nombre y procesadas como una unidad. Se almacenan en una base de datos SQL y pueden ejecutarse al ser llamadas desde una aplicación.

procedimiento de función *s.* (*Function procedure*) Procedimiento que devuelve un valor y que puede utilizarse en una expresión. Se declara una función con la instrucción Function y se finaliza con la instrucción End Function.

procedimiento de suceso *s.* (*event procedure*) Procedimiento que se ejecuta automáticamente en respuesta a un suceso iniciado por el usuario o por el código del programa o disparado por el sistema.

procedimiento puro *s.* (*pure procedure*) Todo procedimiento que modifica sólo los datos que se le asignan dinámicamente (normalmente, a través de la pila). Un procedimiento puro no puede modificar ni los datos globales ni su propio código. Esta restricción permite que diferentes tareas invoquen simultáneamente a un mismo procedimiento puro. *Véase también* código reentrante.

procesador *s.* (*processor*) *Véase* unidad central de proceso; microprocesador.

procesador asociado *s.* (*attached processor*) Un procesador secundario conectado a un sistema informático, como, por ejemplo, un procesador de teclado o de subsistema de vídeo.

procesador de aplicaciones *s.* (*application processor*) Un procesador dedicado a una única aplicación.

procesador de bases de datos *s.* (*database machine*) **1.** Un servidor de base de datos que sólo realiza tareas de gestión de bases de datos. **2.** Un periférico que ejecuta tareas de base de datos, liberando así a la computadora principal de este trabajo.

procesador de coma flotante *s.* (*floating-point processor*) Coprocesador para realizar cálculos aritméticos en coma flotante. Añadiendo un procesador de coma flotante a un sistema, se pueden acelerar bastante los procesamientos matemáticos y gráficos si el software está diseñado para reconocerlo y usarlo. Los microprocesadores i486DX, 68040 y versiones superiores tienen procesadores integrados de coma flotante. *También llamado* coprocesador matemático, coprocesador numérico. *Véase también* notación en coma flotante; número en coma flotante.

procesador de comandos *s.* (*command processor*) *Véase* intérprete de comandos.

procesador de entrada/salida *s.* (*input/output processor*) Hardware diseñado para gestionar operaciones de entrada y salida con el fin de aliviar la carga en la unidad principal de proceso. Por ejemplo, un procesador de señales digitales puede llevar a cabo complejos análisis y procesos de síntesis que consumen mucho tiempo de patrones de sonido sin que se sobrecargue la UCP. *Véase también* procesador de señal digital; procesador frontal.

procesador de imágenes rasterizadas *s.* (*raster image processor*) Dispositivo que consta de hardware y software que convierte los gráficos vectoriales o el texto en una imagen rasterizada (mapa de bits). Los procesadores de imágenes rasterizadas se utilizan en impresoras de página, en fotocomponedoras y en trazadores de gráficos electrostáticos. Calculan los valores de brillo y color de cada píxel de la página, de modo que el patrón resultante de píxeles crea de nuevo los gráficos vectoriales y el texto originalmente descritos. *Acrónimo:* RIP.

procesador de lenguaje *s.* (*language processor*) Dispositivo de hardware o programa de software diseñado para aceptar las instrucciones escritas en un lenguaje determinado y traducirlas a código máquina. *Véase también* compilador; intérprete.

procesador de macros *s.* (*macro processor*) Programa que realiza una expansión de macros. Todos los programas que soportan macros incorporan algún tipo de procesador de macros, pero los procesadores de macros difieren de un programa a otro y los lenguajes de macros que soportan son distintos. *Véase también* macro; expansión de macros; instrucción de macro.

procesador de señal digital *s.* (*digital signal processor*) Circuito integrado diseñado para la manipulación de datos a alta velocidad y que utiliza en aplicaciones de audio, de comunicación, de manipulación de imágenes y otras aplicaciones de adquisición y control de datos. *Acrónimo:* DSP.

procesador de servicio *s.* (*back-end processor*) **1.** Procesador que gestiona los datos enviados por otro procesador; por ejemplo, un procesador de gráficos de alta velocidad dedicado a dibujar imágenes sobre una pantalla de vídeo opera en respuesta a los comandos que le pasa el procesador principal. *Compárese con* coprocesador. **2.** Procesador esclavo que realiza una tarea especializada, como, por ejemplo, proporcionar acceso rápido a una base de datos, liberando al procesador principal para otro trabajo. Esta tarea se considera de «servicio» porque está subordinada a la función principal de la computadora.

procesador de teclado *s.* (***keyboard processor***) *Véase* controlador de teclado.

procesador de texto *s.* (***word processor***) Programa de aplicación para la creación y manipulación de documentos de texto. Un procesador de texto es el equivalente electrónico del papel, bolígrafo, máquina de escribir, goma de borrar y, con frecuencia, de un diccionario de la lengua y otro de sinónimos. Dependiendo del programa y del equipo utilizado, los procesadores de texto pueden mostrar documentos en modo de texto (utilizando el resaltado, el subrayado o el color para representar los atributos de cursiva, negrita u otros formatos similares) o en modo gráfico (en el que se muestran en pantalla el formato y, en ocasiones, diversas fuentes de la misma forma en que aparecerían en una página impresa). Todos los procesadores de texto ofrecen al menos características limitadas para dar formato a los documentos, tales como cambios de fuentes, el diseño de página, la sangría de párrafos, etc. Algunos procesadores de texto pueden verificar la ortografía, encontrar sinónimos, incorporar gráficos creados en otro programa, alinear fórmulas matemáticas, crear e imprimir circulares, realizar cálculos, mostrar múltiples documentos en varias ventanas de la pantalla o permitir al usuario grabar macros que simplifiquen las operaciones complicadas o repetitivas. *Compárese con* editor; editor de líneas.

procesador direccionable por palabras *s.* (***word-addressable processor***) Procesador que no puede acceder a un byte individual de memoria, pero que puede acceder a una unidad de información de mayor tamaño. Para realizar operaciones sobre un byte individual, el procesador tiene que leer y escribir en memoria la unidad más grande. *Véase también* unidad central de proceso.

procesador escalar *s.* (***scalar processor***) Procesador diseñado para el cálculo de alta velocidad de valores escalares. Un valor escalar puede representarse mediante un solo número.

procesador frontal *s.* (***front-end processor***) **1.** En comunicaciones, una computadora que está ubicada entre las líneas de comunicaciones y una computadora principal (host) y que se utiliza para liberar al host de las tareas de gestión relativas a las comunicaciones; algunas veces se considera sinónimo de controlador de comunicaciones. Un procesador frontal está dedicado enteramente a gestionar la información transmitida, incluyendo la detección y control de errores; a la recepción, transmisión y, posiblemente, codificación de los mensajes, y a la gestión de las líneas de conexión con otros dispositivos. *Véase también* controlador de comunicaciones. **2.** Generalmente, una computadora o unidad de procesamiento que produce y manipula datos antes de que otro procesador los reciba. *Compárese con* procesador de servicio.

procesador gráfico *s.* (***graphics processor***) *Véase* coprocesador gráfico.

procesador masivamente paralelo *s.* (***massively parallel processor***) Computadora diseñada para realizar procesamiento masivamente paralelo.

procesador matricial *s.* (***array processor***) Un grupo de procesadores idénticos interconectados que operan síncronamente a menudo bajo control de un procesador central.

procesador numérico *s.* (***number cruncher***) **1.** Computadora que es capaz de realizar rápidamente grandes cantidades de cálculos matemáticos. **2.** Estación de trabajo potente. **3.** Programa cuya tarea principal es la de realizar cálculos matemáticos; por ejemplo, un programa estadístico.

procesadores duales *s.* (***dual processors***) Dos procesadores utilizados en una computadora para acelerar su operación: un procesador para controlar la memoria y el bus y otro para gestionar la entrada/salida. Otras computadoras personales utilizan un segundo procesador para realizar operaciones matemáticas de coma flotante. *Véase también* coprocesador; notación en coma flotante.

procesadores en tándem *s*. (***tandem processors***) Procesadores múltiples cableados con el fin de que el fallo de un procesador transfiera la operación de la unidad central de proceso (UCP) a otro procesador. El uso de procesadores en tándem forma parte de la estrategia para implementar sistemas informáticos tolerantes a fallos. *Véase también* unidad central de proceso.

procesamiento *s*. (***processing***) La manipulación de datos en un sistema informático. El procesamiento es la etapa vital comprendida entre la recepción de los datos (entrada) y la producción de los resultados (salida); el procesamiento es la tarea para la cual se diseñan las computadoras.

procesamiento analítico en línea *s*. (***online analytical processing***) *Véase* base de datos OLAP.

procesamiento automático de datos *s*. (***automatic data processing***) *Véase* procesamiento de datos.

procesamiento centralizado *s*. (***centralized processing***) El hecho de ubicar las funciones y operaciones de procesamiento en un único lugar (centralizado). *Compárese con* procesamiento descentralizado; procesamiento distribuido.

procesamiento concurrente *s*. (***concurrent processing***) *Véase* concurrente.

procesamiento continuo *s*. (***continuous processing***) El procesamiento de transacciones a medida que son introducidas en el sistema. *Compárese con* procesamiento por lotes.

procesamiento controlado por datos *s*. (***data-driven processing***) Tipo de procesamiento donde el procesador o programa deben esperar a que lleguen los datos antes de poder avanzar al siguiente paso de una secuencia. *Compárese con* procesamiento controlado por demanda.

procesamiento controlado por demanda *s*. (***demand-driven processing***) El procesamiento de los datos de manera inmediata a medida que están listos o disponibles. Dicho procesamiento en tiempo real ahorra la necesidad de almacenar los datos que todavía no han sido procesados. *Compárese con* procesamiento controlado por datos.

procesamiento controlado por interrupciones *s*. (***interrupt-driven processing***) Procesamiento que tiene lugar sólo cuando así se solicita por medio de una interrupción. Una vez que se ha completado la tarea requerida, la UCP queda libre para realizar otras tareas hasta que se produzca la siguiente interrupción. El procesamiento controlado por interrupciones se suele utilizar para responder a sucesos, tales como la pulsación de una tecla por parte del usuario o como el hecho de que una unidad de disquete pase a estar lista para una transferencia de datos. *Véase también* interrupción. *Compárese con* sondeo automático.

procesamiento controlado por sucesos *s*. (***event-driven processing***) Característica de programa perteneciente a las arquitecturas de sistema operativo más avanzadas, como los sistemas operativos Apple Macintosh, Windows y UNIX. En tiempos pasados, se necesitaban programas para interrogar, y anticipar de forma efectiva, a cada dispositivo que fuera a interactuar con el programa, como el teclado, el ratón, la impresora, la unidad de disco y el puerto serie. A menudo, a menos que se utilizaran técnicas de programación complejas, uno de dos sucesos que se produjeran simultáneamente se perdía. El procesamiento de sucesos soluciona este problema a través de la creación y mantenimiento de una cola de sucesos. Los sucesos que ocurren más comúnmente se añaden a la cola de sucesos para que el programa los procese por turnos; sin embargo, ciertos tipos de sucesos pueden anteponerse a otros si tienen una prioridad mayor. Un suceso puede ser de varios tipos, dependiendo del sistema operativo específico considerado: presionar un botón del ratón o una tecla del teclado, introducir un disco, hacer clic en una ventana o recibir la información de un controlador de dispositivo (como para gestionar la transferencia de datos desde el puerto serie o desde una conexión de red). *Véase también* sondeo automático; suceso; interrupción.

procesamiento cooperativo *s.* (*cooperative processing*) Modo de operación característico de los sistemas distribuidos en los que dos o más computadoras, como, por ejemplo, un mainframe y una microcomputadora, pueden ejecutar simultáneamente partes del mismo programa o trabajar sobre los mismos datos. *Compárese con* procesamiento distribuido.

procesamiento de comandos *s.* (*command processing*) *Véase* sistema controlado por comandos.

procesamiento de datos *s.* (*data processing*) **1.** En un sentido específico, la manipulación de datos para convertirlos en un resultado deseado. *Acrónimo:* DP. *Véase también* procesamiento centralizado; procesamiento descentralizado; procesamiento distribuido. **2.** El trabajo de carácter general realizado por las computadoras.

procesamiento de documentos *s.* (*document processing*) El acto de extraer y manipular un documento. En términos de la forma de operar de una computadora, el procesamiento documental implica tres etapas principales: creación o extracción de un archivo de datos, utilización de un programa para manipular los datos de alguna manera y almacenamiento del archivo modificado.

procesamiento de imágenes *s.* (*image processing*) El análisis, la manipulación, el almacenamiento y la visualización de imágenes gráficas a partir de fuentes tales como fotografías, dibujos y vídeo. El procesamiento de imágenes comprende una secuencia de tres pasos. El paso de entrada (captura de las imágenes y digitalización) convierte las diferencias de colores y sombreados de la imagen en valores binarios que una computadora puede procesar. La etapa de procesamiento puede incluir operaciones de mejora de las imágenes y de compresión de los datos. La etapa de salida consiste en la visualización o impresión de la imagen procesada. El procesamiento de imágenes se utiliza en aplicaciones tales como televisión, cine, medicina, imágenes meteorológicas vía satélite, visión por computadora y reconocimiento de patrones por computadora. *Véase también* realce de imágenes; digitalizador de vídeo.

procesamiento de imágenes de documentos *s.* (*document image processing*) Sistema que permite a una empresa almacenar y recuperar información usando imágenes de mapas de bits de documentos en papel introducidos a través de un escáner en lugar de usando archivos de texto y numéricos. El procesamiento de imágenes de documentos ocupa más memoria que el procesamiento de datos puramente electrónico, pero permite incorporar firmas, dibujos y fotografías y puede resultar más familiar a los usuarios sin formación informática. *Véase también* oficina sin papeles.

procesamiento de la información *s.* (*information processing*) La adquisición, almacenamiento, manipulación o presentación de los datos, particularmente por medios electrónicos.

procesamiento de lenguaje general *s.* (*natural-language processing*) Campo de la ciencia informática y lingüística que estudia los sistemas informáticos que puede reconocer y reaccionar al lenguaje humano, ya sea hablado o escrito. *Véase también* inteligencia artificial. *Compárese con* reconocimiento del habla.

procesamiento de listas *s.* (*list processing*) El mantenimiento y manipulación de estructuras de datos multielemento. Esto implica la adición y borrado de elementos, la escritura de datos en los elementos y el recorrido de la lista. El procesamiento de listas es la base del lenguaje de programación para inteligencia artificial LISP. *Véase también* LISP; lista; nodo.

procesamiento de textos *s.* (*word processing*) El acto de introducir y editar texto mediante un procesador de textos. *Acrónimo:* WP.

procesamiento de trabajos *s.* (*job processing*) Método de procesamiento en el que se procesa secuencialmente una serie de trabajos, cada uno consistente en una o más tareas agrupadas en forma de una unidad informáticamente coherente. *Véase también* procesamiento por lotes.

procesamiento de transacciones *s.* (*transaction processing*) Un método de procesamiento en el que las transacciones se ejecutan inmediatamente después de ser recibidas por el sistema. *Acrónimo:* TP. *Véase también* transacción. *Compárese con* procesamiento por lotes.

procesamiento de transacciones distribuido *s.* (*distributed transaction processing*) Procesamiento de transacciones que es compartido por una o más computadoras que se comunican a través de una red. *Acrónimo:* DTP. *Véase también* procesamiento distribuido; procesamiento de transacciones.

procesamiento de transacciones en línea *s.* (*online transaction processing*) *Véase* OLTP.

procesamiento descentralizado *s.* (*decentralized processing*) La distribución de las funciones de procesamiento informático entre más de una ubicación. El procesamiento descentralizado no es igual al procesamiento distribuido, que asigna múltiples computadoras a una misma tarea para incrementar la eficiencia.

procesamiento diferido *s.* (*deferred processing*) Procesamiento de los datos después de que éstos han sido recibidos y almacenados en bloques. *Compárese con* procesamiento directo.

procesamiento directo *s.* (*direct processing*) Procesamiento de los datos a medida que son recibidos por el sistema, por oposición al procesamiento diferido, en el que los datos se almacenan en bloques antes de procesarlos. *Compárese con* procesamiento diferido.

procesamiento distribuido *s.* (*distributed processing*) Una forma de procesamiento de la información en la que el trabajo es llevado a cabo por computadoras independientes enlazadas a través de una red de comunicaciones. El procesamiento distribuido se clasifica, usualmente, como procesamiento distribuido simple y procesamiento distribuido verdadero. El procesamiento distribuido simple reparte la carga de trabajo entre una serie de computadoras que pueden comunicarse unas con otras. El procesamiento distribuido verdadero consiste en que varias computadoras independientes realicen diferentes tareas, de tal forma que su trabajo combinado pueda contribuir a alcanzar un objetivo de mayor envergadura. Este último tipo de procesamiento requiere un entorno altamente estructurado que permita al hardware y al software comunicarse, compartir recursos e intercambiar información libremente.

procesamiento electrónico de datos *s.* (*electronic data processing*) *Véase* procesamiento de datos.

procesamiento en cadena *s.* **1.** (*pipeline processing*) Método de procesamiento en una computadora con el que se consigue un rápido procesamiento paralelo de los datos. Para ello, se solapan las operaciones usando una canalización, es decir, un área de la memoria mediante la que se pasa información de un proceso a otro. *Véase también* procesamiento paralelo; canalización; procesamiento en cadena. **2.** (*pipelining*) Método de extraer y decodificar instrucciones (preprocesamiento) en el cual, en todo momento, varias instrucciones de programa se encuentran en diversas etapas de extracción y decodificación. Idealmente, el procesamiento en cadena acelera el tiempo de ejecución al asegurarse de que el microprocesador no tenga que esperar a recibir las instrucciones; cuando se completa la ejecución de una instrucción, la siguiente ya está preparada y esperando. *Véase también* superpipelining. **3.** (*pipelining*) En el procesamiento paralelo, un método en el que las instrucciones son pasadas de una unidad de procesamiento a otra, como en una cadena de ensamblaje, y cada unidad está especializada en un tipo particular de operación. **4.** (*pipelining*) La utilización de mecanismos para utilizar la salida de una tarea como entrada de otra hasta que se ha llevado a cabo una secuencia de tareas deseada. *Véase también* canalización; verter.

procesamiento en segundo plano *s.* (*background processing*) La ejecución de ciertas operaciones por el sistema operativo o por un programa durante los intervalos momentáneos de inactividad de la tarea principal (de primer plano). Un ejemplo de proceso de segundo plano sería un programa de procesamiento de textos que imprimiera un documento durante los intervalos de inactividad comprendidos entre pulsaciones sucesivas de teclas por parte del usuario. *Véase también* segundo plano.

procesamiento incrustado *s.* (*inline processing*) Ejecución de un segmento de código de programa de bajo nivel, denominado código incrustado, para optimizar la velocidad de ejecución o los requisitos de almacenamiento. *Véase también* código incrustado.

procesamiento interactivo *s.* (*interactive processing*) Procesamiento que implica la participación más o menos continua del usuario. Dicho modo de comando/respuesta es característico de las microcomputadoras. *Compárese con* procesamiento por lotes.

procesamiento masivamente paralelo *s.* (*massively parallel processing*) Arquitectura informática en la que cada uno de un gran número de procesadores tiene su propia RAM, la cual contiene una copia del sistema operativo, una copia del código de la aplicación y su propia parte de los datos, sobre la que ese procesador trabaja independientemente de los otros. *Acrónimo:* MPP. *Compárese con* SMP.

procesamiento multihebra *s.* (*multithreading*) La ejecución de varios procesos en rápida secuencia (multitarea) dentro de un mismo programa. *Véase también* subproceso.

procesamiento paralelo *s.* (*parallel processing*) Método de procesamiento que sólo puede ejecutarse en una computadora que disponga de dos o más procesadores funcionando simultáneamente. El procesamiento paralelo difiere del multiprocesamiento en el modo en que se distribuye una tarea entre los procesadores disponibles. En el multiprocesamiento, un proceso puede dividirse en bloques secuenciales, gestionando un procesador el acceso a una base de datos, el segundo analizando los datos y un tercero gestionando la salida gráfica hacia la pantalla. Los programadores que trabajan con sistemas que pueden utilizar el procesamiento paralelo deben encontrar la manera de dividir una tarea de forma que sea más o menos distribuida equitativamente entre los procesadores disponibles. *Compárese con* coprocesador; multiprocesamiento.

procesamiento paralelo escalable *s.* (*scalable parallel processing*) Arquitecturas de multiprocesamiento en las que pueden añadirse fácilmente procesadores adicionales y usuarios adicionales sin un excesivo incremento de la complejidad o pérdida de prestaciones. *Acrónimo:* SPP.

procesamiento por lotes *s.* (*batch processing*) **1.** La práctica de almacenar transacciones durante un cierto período de tiempo antes de enviarlas a un archivo maestro, normalmente mediante una operación independiente que tiene lugar por la noche. *Compárese con* procesamiento de transacciones. **2.** Ejecución de un archivo por lotes. *Véase también* archivo de procesamiento por lotes. **3.** La práctica de adquirir programas y conjuntos de datos de los usuarios, ejecutarlos uno cada vez o en lotes formados por unos cuantos programas y luego proporcionar los resultados a los usuarios.

procesamiento secuencial *s.* (*sequential processing*) **1.** La ejecución de una instrucción, rutina o tarea seguida de la ejecución de la siguiente instrucción, rutina o tarea de la secuencia. *Compárese con* multiprocesamiento; procesamiento paralelo; procesamiento en cadena. **2.** El procesamiento de elementos de información en el orden en que están almacenados o en el que son introducidos.

procesamiento serie *s.* (*serial processing*) *Véase* procesamiento secuencial.

procesamiento simultáneo *s.* (*simultaneous processing*) **1.** En sentido amplio, una operación concurrente en la que se procesa más de una tarea dividiendo el tiempo de procesador entre las tareas. *Véase también* concurrente; multitarea. **2.** Operación multiprocesador real en la que puede procesarse más de una tarea al mismo tiempo. *Véase también* multiprocesamiento; procesamiento paralelo.

procesar *vb.* (*process*) Manipular datos con un programa.

procesador de E/S *s.* (*I/O processor*) *Véase* procesador de entrada/salida.

proceso *s.* (*process*) Programa o parte de un programa; una secuencia coherente de pasos llevada a cabo por un programa.

proceso de Bernoulli *s.* (*Bernoulli process*) Proceso matemático que implica la prueba Bernoulli, una repetición de un experimento en el que sólo hay dos posibles resultados, como, por ejemplo, éxito o fallo. Este proceso se utiliza principalmente en el análisis estadístico. *Véase también* proceso de muestreo de Bernoulli; distribución binomial.

proceso de muestreo de Bernoulli *s.* (*Bernoulli sampling process*) En estadística, una secuencia de *n* repeticiones independientes e idénticas de un experimento aleatorio en el que cada prueba tiene uno de dos posibles resultados. *Véase también* proceso de Bernoulli; distribución binomial.

proceso hijo *s.* (*child process*) *Véase* hijo.

Procmail *s.* Una utilidad de código abierto para procesamiento de correo electrónico en computadoras y redes basadas en Linux y otras versiones de UNIX. Procmail puede utilizarse para crear servidores de correo y listas de correo, para filtrar mensajes de correo electrónico, para clasificar el correo entrante, para preprocesar el correo y para llevar a cabo otras funciones relacionadas con el correo electrónico.

Prodigy *s.* Un proveedor de servicios Internet (ISP) que ofrece acceso a Internet y una amplia gama de servicios relacionados. Prodigy fue fundado por IBM y Sears como un servicio en línea independiente, fue adquirido por International Wireless en 1996 y en 1999 firmó un acuerdo de asociación con SBC Communications. La adición de la base de clientes Internet de SBC hizo de Prodigy el tercer mayor ISP de Estados Unidos.

Prodigy Information Service *s.* Un servicio de información en línea fundado por IBM y Sears. Al igual que sus competidores America Online y Compuserve, Prodigy ofrece acceso a bases de datos y bibliotecas de archivos, a servicios de charla en línea y a grupos de interés especial, así como servicios de correo electrónico y conectividad con Internet. *También llamado* Prodigy.

producir una salida *vb.* (*output*) Enviar datos con una computadora o emitir sonido mediante un altavoz.

producto *s.* (*product*) 1. Operador en el álgebra relacional utilizada en gestión de bases de datos que, cuando se aplica a dos relaciones existentes (tablas), da como resultado la creación de una nueva tabla que contiene todas las posibles concatenaciones ordenadas (combinaciones) de tuplas (filas) de la primera relación con las tuplas de la segunda. El número de filas en la relación resultante es el producto del número de filas de las dos relaciones de origen. *También llamado* producto cartesiano. *Compárese con* unión interna. 2. En matemáticas, el resultado de multiplicar dos o más números. 3. En el sentido más general, una entidad concebida y desarrollada con el propósito de competir en el mercado. Aunque las computadoras son productos, el término se aplica más comúnmente en el terreno informático al software, a los periféricos y a los accesorios.

producto cartesiano *s.* (*Cartesian product*) *Véase* producto.

Professional Graphics Adapter *s.* Adaptador de vídeo introducido por IBM, principalmente para aplicaciones CAD. El adaptador PGA puede mostrar 256 colores, con una resolución horizontal de 640 píxeles y una resolución vertical de 480 píxeles. *Acrónimo:* PGA.

profundidad de bits *s.* (*bit depth*) El número de bits por píxel asignados para almacenar la información de color indexado en un archivo gráfico.

profundidad de color *s.* (*color depth*) El número de valores de color que pueden asignarse a un único píxel de una imagen. Conocida también como profundidad de bit, la profundidad de color puede ir desde un bit (blanco y negro) a 32 bits (más de 16,7 millones de colores). *Véase también* profundidad de bits.

profundizar *vb.* (*drill down*) Comenzar en un menú, directorio o página web de nivel superior y pasar a través de diversos menús, páginas vinculadas o directorios intermedios hasta alcanzar el archivo, página, comando de menú o elemento que se esté buscando. La profundización es una práctica común al buscar archivos e información en Internet, donde las páginas principales de la World Wide Web y

programa

los menús de alto nivel de Gopher son, frecuentemente, muy generales y se hacen más específicos al ir pasando a niveles inferiores. *Véase también* Gopher; menú; página web.

programa *s.* (*program*) Secuencia de instrucciones que puede ser ejecutada por una computadora. El término puede hacer referencia al código fuente original o a la versión ejecutable (lenguaje máquina). *También llamado* software. *Véase también* creación de programas; rutina; instrucción.

programa activo *s.* (*active program*) El programa que tiene actualmente el control de un microprocesador.

programa antivirus *s.* (*antivirus program*) Un programa informático que explora la memoria y los dispositivos de almacenamiento masivo de un equipo para identificar, aislar y eliminar virus y que examina los archivos entrantes en busca de virus a medida que el equipo los recibe.

programa auxiliar *s.* (*helper program*) *Véase* aplicación auxiliar.

programa campanilla *s.* (*Tinkerbell program*) Un programa utilizado para monitorizar el tráfico de red y alertar a los administradores de seguridad cuando se produzcan conexiones desde alguna de las ubicaciones indicadas en una lista predeterminada de sitios e individuos. Los programas campanilla actúan como una herramienta de generación de informes de seguridad de bajo nivel.

programa CGI *s.* (*CGI program*) *Véase* script CGI.

programa de aplicación *s.* (*application program*) *Véase* aplicación.

programa de calendario *s.* (*calendar program*) Programa de aplicación en forma de calendario electrónico utilizado habitualmente para destacar fechas y planificar citas. Algunos programas de calendario recuerdan a los calendarios de pared, ya que muestran las fechas en bloques etiquetados con los días de la semana. Otros muestran la fecha día a día y permiten que el usuario pueda introducir citas, notas u otras cosas que recordar. Un programa de calendario de tipo día de la semana podría ser utilizado, por ejemplo, para averiguar que el día de Navidad de 2003 fue un sábado. Dependiendo de sus capacidades, un programa de este tipo podría cubrir solamente el siglo actual o podría cubrir cientos de años e incluso permitir el cambio (en 1582) del calendario juliano al gregoriano. Un programa calendario/planificador podría mostrar bloques de fechas o, al igual que una agenda, mostrar los días divididos en horas y medias horas con espacios para poder hacer anotaciones. Algunos programas permiten al usuario definir, en un punto importante de la agenda, una alarma que se active al llegar la hora correspondiente. Otros programas pueden coordinar los calendarios de diferentes personas conectadas a la misma red, de modo que cuando alguien introduzca en su calendario una cita, también estará introduciendo la cita en el calendario de las otras personas que deben asistir.

programa de cliente *s.* (*client-side program*) En Internet, es un programa que se ejecuta en una computadora cliente en lugar de en un servidor.

programa de comunicaciones *s.* (*communications program*) Programa de software que permite a una computadora conectarse con otra computadora e intercambiar información. Para iniciar las comunicaciones, estos programas realizan tareas como mantener los parámetros de comunicaciones, almacenar y marcar números de teléfono automáticamente, grabar y ejecutar procedimientos conexión y marcar repetidamente en líneas ocupadas. Una vez que se establece una comunicación, los programas de comunicaciones también pueden ser instruidos para guardar los mensajes entrantes en disco o para localizar y transmitir archivos de disco. Durante la comunicación, estos tipos de programas realizan las principales tareas, y normalmente invisibles, de codificar los datos, coordinar transmisiones desde y hacia una computadora distante y comprobar los datos entrantes en busca de errores de transmisión.

programa de configuración *s.* (*setup program*)
1. Programa implementado en el BIOS para

reconfigurar los parámetros del sistema con el fin de instalar una nueva unidad de disco. *Véase también* BIOS. **2.** *Véase* programa de instalación.

programa de control de red *s.* (*network control program*) En una red de comunicaciones que incluya una computadora mainframe, es un programa que usualmente reside en un controlador de comunicaciones y se encarga de tareas de comunicaciones, tales como el encaminamiento, el control de errores, el control de la línea y el sondeo (la comprobación de si los terminales tienen algo que transmitir), dejando libre a la computadora principal para realizar otras funciones. *Véase también* controlador de comunicaciones.

programa de copia *s.* (*copy program*) **1.** Programa diseñado para duplicar uno o más archivos en otro disco o directorio. **2.** Programa que desactiva o burla al dispositivo de protección de copia en un programa informático, de modo que el software pueda ser copiado, a menudo ilegalmente, a otro disco. *Véase también* protección contra copia.

programa de demostración *s.* (*demonstration program* o *demo program*) **1.** Prototipo que muestra la apariencia en pantalla y, en ocasiones, las utilidades propuestas de un programa en desarrollo. *Véase también* prototipado. **2.** Versión reducida de un programa propietario ofrecido como una herramienta de marketing.

programa de dibujo *s.* **1.** (*drawing program*) Programa para manipular gráficos orientados a objetos en oposición a la manipulación de imágenes de píxeles. En un programa de dibujo, por ejemplo, el usuario puede manipular un elemento, como una línea, círculo o bloque de texto, como un objeto independiente simplemente seleccionando el objeto y moviéndolo. *Véase también* gráficos orientados a objetos; imagen de píxeles; gráfico vectorial. **2.** (*paint program*) Programa de aplicación con el que se pueden crear gráficos en formato de mapa de bits. Un programa de dibujo, debido a que trata los dibujos como conjuntos de puntos, resulta particularmente apropiado para dibujar a mano alzada. Habitualmente, un programa de este tipo proporciona herramientas para crear imágenes que requieran líneas, curvas y formas geométricas, pero no trata ninguna de esas formas geométricas como una entidad que pueda ser desplazada o modificada como un objeto discreto sin perder su identidad. *Compárese con* programa de dibujo.

programa de división de palabras *s.* (*hyphenation program*) Programa (a menudo incluido como parte de una aplicación de procesamiento de textos) que introduce guiones opcionales en los saltos de línea. Un buen programa de división de palabras evitará finalizar más de tres líneas seguidas con guiones y pedirá confirmación al usuario o marcará los guiones dudosos, como, por ejemplo, con la palabra «desarrollo», ¿des-entrelazar o de-sentrelazar? *Véase también* guión.

programa de fax *s.* (*fax program*) Aplicación de computadora que permite al usuario enviar, recibir e imprimir transmisiones de fax. *Véase también* fax.

programa de filtrado *s.* (*filtering program*) Programa que filtra la información y presenta sólo los resultados que coinciden con las calificaciones definidas en el programa.

programa de gestión de memoria *s.* (*memory management program*) **1.** Programa que utiliza espacio del disco duro como una extensión de la memoria de acceso aleatorio (RAM). **2.** Programa utilizado para almacenar datos y programas en la memoria del sistema, monitorizar su uso y reasignar el espacio liberado después de su ejecución.

programa de hoja de cálculo *s.* (*spreadsheet program*) Aplicación normalmente utilizada para realizar presupuestos, previsiones y otras tareas financieras y que organiza los valores de datos utilizando celdas, definiéndose las relaciones entre las celdas mediante fórmulas. Un cambio en una celda produce cambios en las celdas relacionadas. Los programas de hoja de cálculo suelen proporcionar capacidades gráficas para presentar los datos de salida, así como diversas opciones de formato para texto, valores numéricos y recuadros gráficos. *Véase también* celda.

programa de instalación *s.* (*installation program*) Programa cuya función consiste en instalar otro programa en un soporte físico de almacenamiento o en memoria. Un programa de instalación, también llamado programa de configuración, puede utilizarse para guiar a un usuario a través del a menudo complejo proceso de configurar una aplicación para una combinación particular de máquina, impresora y monitor.

programa de procesamiento por lotes *s.* (*batch program*) Programa que se ejecuta sin interaccionar con el usuario. *Véase también* archivo de procesamiento por lotes. *Compárese con* programa interactivo.

programa de toma de instantáneas *s.* (*snapshot program*) Programa que genera una traza tomando una instantánea de determinados fragmentos de memoria a intervalos de tiempo especificados.

programa de traducción de lenguaje *s.* (*language translation program*) Programa que traduce instrucciones escritas en un lenguaje de programación a otro lenguaje de programación (normalmente, de un lenguaje de alto nivel a otro). *Véase también* lenguaje de alto nivel.

programa de utilidad *s.* (*utility program*) Programa diseñado para realizar un trabajo de mantenimiento en un sistema o en los componentes de un sistema (por ejemplo, un programa de copia de seguridad para archivado, un programa de recuperación de discos o archivos o un editor de recursos).

programa ejecutable *s.* (*executable program*) Programa que puede ejecutarse. El término normalmente se aplica a un programa compilado traducido a código máquina en un formato que puede cargarse en memoria y que un procesador de computadora puede ejecutar. En los lenguajes intérpretes, un programa ejecutable puede ser código fuente en el formato apropiado. *Véase también* código; compilador; programa informático; intérprete; código fuente.

programa en segundo plano *s.* (*background program*) Programa que puede ejecutarse o que se está ejecutando en segundo plano. *Véase también* segundo plano.

programa enlatado *s.* (*canned program*) *Véase* software enlatado.

programa FTP *s.* (*FTP program*) *Véase* cliente FTP.

programa fuente *s.* (*source program*) La versión en código fuente de un programa. *Véase también* código fuente. *Compárese con* programa ejecutable.

programa informático *s.* (*computer program*) Conjunto de instrucciones en algunos lenguajes de computadora que tienen la finalidad de ser ejecutados en una computadora para realizar alguna tarea. Normalmente, el término implica una entidad autocontenida en oposición a una rutina o biblioteca. *Véase también* lenguaje informático. *Compárese con* biblioteca; rutina.

programa interactivo *s.* (*interactive program*) Programa que intercambia salida y entrada con el usuario, el cual normalmente ve una pantalla de algún tipo y utiliza un dispositivo de entrada, como, por ejemplo, un teclado, un ratón o una palanca de mando, para proporcionar las respuestas al programa. Un juego de computadora es un programa interactivo. *Compárese con* programa de procesamiento por lotes.

programa macro *s.* (*macro program*) *Véase* ampliador de teclado.

programa nuclear *s.* (*core program*) Programa o segmento de programa que reside en la memoria de acceso aleatorio (RAM).

programa residente *s.* (*resident program*) *Véase* TSR.

programa residente en RAM *s.* (*RAM-resident program*) *Véase* programa TSR.

programa software *s.* (*software program*) *Véase* aplicación.

programa TSR *s.* (*terminate-and-stay-resident program*) *Véase* TSR.

programable *adj.* (*programmable*) Capaz de aceptar instrucciones para realizar una tarea u operación. La capacidad de ser programable es una característica propia de las computadoras.

programación *s.* (***programming***) El arte y la ciencia de crear programas informáticos. La programación comienza con el conocimiento de uno o más lenguajes de programación, tales como Basic, C, Pascal o lenguaje ensamblador. Pero no basta el conocimiento de un lenguaje para poder hacer un buen programa. Es posible que sean necesarios muchos otros conocimientos, como, por ejemplo, de teoría de algoritmos, de diseño de interfaces de usuario y de las características de los dispositivos hardware. Las computadoras son máquinas rigurosamente lógicas y programarlas requiere un enfoque igualmente lógico a la hora de diseñar, escribir (codificar), probar y depurar un programa. Los lenguajes de bajo nivel, como el lenguaje ensamblador, también requieren familiarizarse con las capacidades de un microprocesador y con las instrucciones básicas incorporadas al mismo. En el enfoque modular defendido por muchos programadores, los proyectos se descomponen en módulos más pequeños y manejables: unidades funcionales autónomas que pueden diseñarse, escribirse, probarse y depurarse de manera independiente antes de incorporarlas en el programa que se está desarrollando. *Véase también* algoritmo; chapuza; diseño modular; programación orientada a objetos; código espagueti; programación estructurada.

programación controlada por sucesos *s.* (***event-driven programming***) Tipo de programación en el que el programa evalúa y responde constantemente a conjuntos de sucesos, como pulsaciones de tecla o movimientos del ratón. Los programas controlados por sucesos son típicos de las computadoras Apple Macintosh, aunque la mayoría de interfaces gráficas, tales como Windows o X Window System, también utilizan este método. *Véase también* suceso.

programación de abajo a arriba *s.* (***bottom-up programming***) Técnica de programación en la que las funciones de menor nivel son las primeras que se desarrollan y prueban; las funciones de nivel superior se construyen después utilizando las funciones de menor nivel. Muchos desarrolladores de programas creen que la combinación ideal es el diseño de arriba a abajo y la programación de abajo a arriba. *Véase también* diseño de arriba a abajo. *Compárese con* programación orientada a objetos; programación de arriba a abajo.

programación de arriba a abajo *s.* (***top-down programming***) Método de programación que implementa un programa de arriba a abajo. Normalmente, esto se hace escribiendo un cuerpo principal con llamadas a varias rutinas principales (implementadas como esqueletos no funcionales). Después se codifica cada rutina, llamando a otras rutinas de menor nivel (también definidas al principio como esqueletos no funcionales). *Véase también* diseño de abajo a arriba; esqueleto; diseño de arriba a abajo. *Compárese con* programación de abajo a arriba.

programación de sistemas *s.* (***systems programming***) El desarrollo o mantenimiento de programas diseñados para ejecutarse como parte de un sistema operativo, tales como rutinas de E/S, interfaces de usuario, intérpretes de línea de comandos y rutinas de gestión de memoria y de planificación de tareas.

programación estructurada *s.* (***structured programming***) Programación que produce programas con un flujo claro, un diseño claro y un alto grado de modularidad o una estructura jerárquica. *Véase también* programación modular; programación orientada a objetos. *Compárese con* código espagueti.

programación funcional *s.* (***functional programming***) Estilo de programación en la que todos los servicios se proporcionan como funciones (subrutinas), normalmente sin efectos secundarios. Los lenguajes de programación funcional puros carecen de una instrucción de asignación tradicional; la asignación se implementa normalmente mediante operaciones de copia y modificación. Se piensa que la programación funcional ofrece ventajas para las computadoras de procesamiento paralelo. *Véase también* efecto secundario.

programación genética *s.* (***genetic programming***) Paradigma en el que se aplica el principio de la selección natural (por el que una entidad biológica cuya estructura está mejor adaptada a su entorno que sus compañeros produce descendientes más capaces de sobrevivir) a la creación de programas informáticos. Así, la programación genética busca encontrar y desarrollar, a partir del conjunto de todos los posibles programas, un código muy bien adaptado a la resolución de problemas, aunque no necesariamente diseñado de forma explícita para una tarea específica. Este método de descubrimiento inductivo trata de imitar el proceso de selección natural por medio del desarrollo de código informático basándose en su adaptabilidad y adecuación. *Véase también* inteligencia artificial.

programación lineal *s.* (*linear programming*) El proceso de crear programas capaces de encontrar soluciones óptimas para sistemas de ecuaciones (compuestos de funciones lineales) en las que los términos proporcionados no son suficientes para calcular de forma directa una solución.

programación lógica *s.* (*logic programming*) Estilo de programación, muy bien ejemplificado por Prolog, en el que un programa consta de hechos y relaciones desde las cuales se espera que el lenguaje de programación saque conclusiones. *Véase también* Prolog.

programación modular *s.* (*modular programming*) Método de programación en el que el programa se divide en varios módulos que se compilan independientemente. Cada módulo exporta ciertos elementos especificados (tales como constantes, tipos de datos, variables, funciones y procedimientos); el resto de los elementos continúa siendo privado para el módulo. Los restantes módulos sólo pueden utilizar los elementos exportados. Los módulos clarifican y explicitan las interfaces entre las partes principales de un programa. Por tanto, facilitan las tareas de programación en grupo y promueven la utilización de prácticas fiables de programación. La programación modular es la precursora de la programación orientada a objetos. *Véase también* módulo; programación orientada a objetos.

programación orientada a objetos *s.* (*object-oriented programming*) Paradigma de programación en el que un programa se ve como una colección de objetos discretos que son colecciones autocontenidas de estructuras de datos y rutinas que interactúan con otros objetos. *Acrónimo:* OOP. *Véase también* C++; objeto; Objective-C.

programación por inferencia *s.* (*inference programming*) Método de programación (como en Prolog) en la que los programas proporcionan resultados basándose en la inferencia lógica de un conjunto de hechos y reglas. *Véase también* Prolog.

programación visual *s.* (*visual programming*) Método de programación que emplea un entorno o lenguaje de programación en el que los componentes básicos del programa pueden seleccionarse a través de opciones de menú, botones, iconos y otros métodos predeterminados.

programador *s.* (*programmer*) **1.** Persona que escribe y depura los programas informáticos. Dependiendo del tamaño del proyecto y del entorno de trabajo, un programador podría trabajar solo o como parte de un equipo; estar envuelto en parte o en todo el proceso, desde el diseño hasta la finalización, o escribir el programa completo o sólo una porción del programa. *Véase también* programar. **2.** En hardware, un dispositivo utilizado para programar chips de memoria de solo lectura. *Véase también* PROM; ROM.

programador de memorias PROM *s.* (*PROM programmer*) Dispositivo de hardware que graba instrucciones o datos en un chip PROM (memoria programable de sólo lectura) o en un chip EPROM (PROM borrable). *También llamado* quemador de memorias PROM. *Véase también* EPROM; PROM.

programar *vb.* (*program*) Crear un programa informático, un conjunto de instrucciones que una computadora u otro dispositivo ejecuta para realizar una serie de acciones o un tipo concreto de trabajo.

Prolog *s.* Abreviatura de Programming in Logic (programación para lógica). Un lenguaje diseñado para la programación lógica. Prolog evolucionó durante la década de 1970 en Europa (principalmente en Francia y Escocia), y el primer compilador de Prolog fue desarrollado en 1972 por Philippe Roussel, en la Universidad de Marsella. El lenguaje ha conseguido posteriormente una amplia aceptación en el campo de la inteligencia artificial. Prolog es un lenguaje compilado que opera con las relaciones lógicas entre los elementos de datos en lugar de con relaciones matemáticas. *Véase también* inteligencia artificial.

prolongador de bus *s*. (*bus extender*) **1**. Dispositivo que expande la capacidad de un bus. Por ejemplo, los equipos PC/AT de IBM utilizan un prolongador de bus para añadirlo al bus original del PC y permitir la utilización de tarjetas de expansión de 16 bits además de las tarjetas de 8 bits. *Véase también* bus. **2**. Placa especial utilizada por los ingenieros para aumentar y añadir placas sobre la carcasa de la computadora haciendo más fácil el trabajar en la tarjeta de circuito.

PROM *s*. Acrónimo de programmable read-only memory (memoria programable de sólo lectura). Tipo de memoria de sólo lectura (ROM) que permite la escritura de datos en un dispositivo mediante un hardware denominado programador de memorias PROM. Una vez que una PROM ha sido programada no puede volver a programarse, quedando los datos almacenados de manera indeleble. *Véase también* EEPROM; EPROM; ROM.

propagación *s*. (*propagation*) Desplazamiento de una señal, como, por ejemplo, un paquete Internet, desde su origen hasta uno o varios destinos. La propagación de mensajes a través de diferentes trayectos con distintas longitudes puede hacer que los mensajes aparezcan en la computadora de un usuario con tiempos de entrega variables. *Véase también* retardo de propagación.

propagación de signo *s*. (*sign propagation*) *Véase* bit de signo.

propiedad *s*. (*property*) En Windows 9x, una característica o parámetro de un objeto o dispositivo. Las propiedades de un archivo, por ejemplo, incluyen el tipo, el tamaño y la fecha de creación, y pueden identificarse accediendo a la hoja de cálculo del archivo. *Véase también* hoja de propiedades.

propiedad de archivo *s*. (*file property*) Detalle de un archivo que ayuda a identificarlo, como, por ejemplo, un título descriptivo, el nombre del autor, el tema o una palabra clave que identifique los temas u otra información relevante contenida en el archivo.

propiedad de suceso *s*. (*event property*) Característica o parámetro de un objeto que se puede utilizar para responder a un suceso asociado. Se puede ejecutar un procedimiento o macro cada vez que tiene lugar un suceso configurando apropiadamente la propiedad de suceso relacionada.

propiedad intelectual *s*. (*intellectual property*) Contenido del intelecto humano que se considera único y original y al cual se le atribuye un cierto valor de mercado, por lo que merece protección legal. La propiedad intelectual incluye, entre otras cosas, las ideas, inventos, obras literarias, procesos químicos, empresariales o informáticos y los nombres y logotipos de empresas y productos. Las medidas de protección de la propiedad intelectual pueden clasificarse en cuatro categorías: copyright (para obras literarias, artísticas y musicales), marcas comerciales (para los nombres y logotipos de empresas y productos), patentes (para inventos y procesos) y secretos comerciales (para recetas, código y procesos). Las preocupaciones sobre cómo definir y proteger la propiedad intelectual en el ciberespacio han hecho que este área del marco legal sea sometida a un intenso escrutinio.

propietario *adj*. (*proprietary*) Perteneciente o relativo a, o característico de, algo que es propiedad privada. Generalmente, el término hace referencia a tecnologías que han sido desarrolladas por una empresa o entidad concretas con especificaciones que son consideradas como secretos comerciales por parte de su propietario. Las tecnologías propietarias pueden ser legalmente utilizadas sólo por las personas o entidades que adquieran una licencia explícita. Asimismo, otras empresas no pueden duplicar la tecnología tanto por cuestiones legales como porque sus especificaciones no han sido divulgadas por el propietario. *Compárese con* dominio público.

protección contra copia *s*. (*copy protection*) Bloqueo software incluido en un programa para computadora por su desarrollador para impedir que el producto sea copiado y distribuido sin aprobación o autorización.

protección de archivos *s.* (***file protection***) Un proceso o dispositivo mediante el que se mantienen la existencia e integridad de un archivo. Los métodos de protección de archivos van desde permitir un acceso de sólo lectura y asignar contraseñas hasta cubrir la muesca de protección contra escritura de un disco y guardar bajo llave los disquetes que contienen archivos confidenciales.

protección de datos *s.* (***data protection***) El proceso de garantizar la preservación, integridad y fiabilidad de los datos. *Véase también* integridad de los datos.

protección del software *s.* (***software protection***) *Véase* protección contra copia.

protección mediante contraseñas *s.* (***password protection***) La utilización de contraseñas como medio de permitir únicamente a los usuarios autorizados el acceso a un sistema informático o a sus archivos.

protected *s.* Palabra clave de un lenguaje de programación (como Java o C++) utilizada en una declaración de método o de variable. Significa que sólo los elementos que residen en su clase, en sus subclases o en las clases del mismo paquete pueden acceder al método o a la variable. *Véase también* clase; declaración; método; paquete; variable.

protector de sobretensión *s.* (***surge protector***) Dispositivo que impide que sobretensiones lleguen a una computadora u a otro equipamiento de naturaleza electrónica. *También llamado* supresor de sobretensiones. *Véase también* sobretensión; supresor de transitorios.

proteger contra escritura *vb.* (***write protect***) Impedir la escritura (grabación) de información, usualmente en un disco. Puede protegerse contra escritura tanto un disquete completo como un archivo individual de un disquete o de un disco duro (aunque no necesariamente de manera infalible). *Véase también* muesca de protección contra escritura.

protocolo *s.* (***protocol***) *Véase* protocolo de comunicaciones.

protocolo Bootstrap *s.* (***Bootstrap Protocol***) Un protocolo utilizado principalmente en redes TCP/IP para configurar estaciones de trabajo carentes de disco. Las recomendaciones RFC 951 y 1542 definen este protocolo. DHCP es un protocolo más reciente de configuración de arranque que utiliza Bootstrap. El servicio DGCP de Microsoft proporcionaba un soporte limitado para el servicio BOOTP. *Acrónimo:* BOOTP. *También llamado* protocolo de arranque. *Véase también* DHCP; RFC; TCP/IP.

protocolo CPCP *s.* (***CPCP***) *Véase* HTCPCP.

protocolo de acceso a directorios *s.* (***DAP***) *Véase* DAP.

protocolo de acceso a impresora *s.* (***Printer Access Protocol***) *Véase* PAP.

protocolo de anuncio de servicios *s.* (***SAP***) *Véase* SAP.

protocolo de aplicaciones inalámbricas *s.* (***WAP***) *Véase* WAP.

protocolo de archivos de Apple *s.* (***Apple Filing Protocol***) *Véase* AFP.

protocolo de autenticación NTLM *s.* (***NTLM authentication protocol***) Un protocolo de autenticación basado en un mecanismo de desafío/respuesta. El protocolo de autenticación NTLM era el predeterminado para la autenticación de red en Windows NT versión 4.0 y anteriores y en Windows Me (Windows Millennium Edition) y versiones anteriores. El protocolo continúa estando soportado en Windows 2000 y Windows XP, pero ya no es el predeterminado. *Véase también* Kerberos.

protocolo de comunicaciones *s.* (***communications protocol***) Un conjunto de reglas o estándares diseñado para permitir a las computadoras conectarse entre sí e intercambiar información con los menos errores posibles. El protocolo generalmente aceptado para estandarizar las comunicaciones genéricas entre computadoras es un conjunto de siete niveles de directrices hardware y software conocido como modelo OSI (Open Systems Interconnection, interconexión de sistemas abiertos). Otro estándar algo distinto, ampliamente utilizado antes de que se desarrollara el modelo OSI, es el modelo SNA

(Systems Network Architecture, arquitectura de red para sistemas) de IBM. La palabra «protocolo» se utiliza a menudo (lo que a veces resulta confuso) para hacer referencia a una multitud de estándares relativos a diferentes aspectos de las comunicaciones, como la transferencia de archivos (por ejemplo, XMODEM y ZMODEM), la negociación (por ejemplo, XON/XOFF) y las transmisiones a través de red (por ejemplo, CSMA/CD). *Véase también* modelo de referencia ISO/OSI; SNA.

protocolo de control de enlace *s.* (***Link Control Protocol***) *Véase* PPP.

protocolo de control de red *s.* (***Network Control Protocol***) *Véase* PPP.

protocolo de control de transmisión *s.* (***Transmission Control Protocol***) *Véase* TCP.

protocolo de control en tiempo real *s.* (***RTCP***) *Véase* RTCP.

protocolo de datagramas de usuario *s.* (***User Datagram Protocol***) *Véase* UDP.

protocolo de encaminamiento de pasarela interior *s.* (***Interior Gateway Routing Protocol***) *Véase* IGRP.

protocolo de encaminamiento por multidifusión de vectores de distancia *s.* (***Distance Vector Multicast Routing Protocol***) Protocolo de encaminamiento de Internet que proporciona un eficaz mecanismo para la entrega de datagramas sin conexión a un grupo de máquinas host a través de la red. Es un protocolo distribuido que genera dinámicamente árboles de de multidifusión IP utilizando una técnica denominada multidifusión de ruta inversa (RPM, Reverse Path Multicasting). *Acrónimo:* DVMRP.

protocolo de flujo en tiempo real *s.* (***RTSP***) *Véase* RTSP.

protocolo de información de encaminamiento *s.* (***Routing Information Protocol***) *Véase* RIP.

protocolo de mensajes de control Internet *s.* (***Internet Control Message Protocol***) *Véase* ICMP.

protocolo de oficina de correos *s. Véase* POP.

protocolo de pasarela de borde *s.* (***BGP***) *Véase* BGP.

protocolo de pasarela exterior *s.* (***EGP***) *Véase* EGP.

protocolo de pasarela externa *s.* (***External Gateway Protocol***) Un protocolo para distribuir información relativa a la disponibilidad de los encaminadores y pasarelas que interconectan las redes. *Acrónimo:* EGP. *Véase también* pasarela; encaminador.

protocolo de pasarela interior *s.* (***IGP***) *Véase* IGP.

protocolo de red *s.* (***network protocol***) Una serie de reglas y parámetros que definen y permiten las comunicaciones a través de una red.

protocolo de reserva de recursos *s.* (***RSVP***) *Véase* RSVP.

protocolo de resolución de direcciones *s.* (***Address Resolution Protocol***) *Véase* ARP.

protocolo de seguridad de mensajes *s.* (***MSP***) *Véase* MSP; proveedor de servicios gestionados.

protocolo de tiempo real *s.* (***RTP***) *Véase* RTP.

protocolo de transacciones inalámbricas *s. Véase* WTP.

protocolo de transferencia de hipertexto *s.* (***Hypertext Transfer Protocol***) *Véase* HTTP.

protocolo de transferencia de noticias *s.* (***Network News Transfer Protocol***) *Véase* NNTP.

protocolo de túnel punto a punto *s.* (***Point-to-Point Tunneling Protocol***) *Véase* PPTP.

protocolo encaminable *s.* (***routable protocol***) Un protocolo de comunicaciones que se utiliza para encaminar datos de una red a otra por medio de una dirección de red y una dirección de dispositivo. TCP/IP es un ejemplo de protocolo encaminable.

protocolo horario de red *s.* (***Network Time Protocol***) Un protocolo Internet utilizado para sincronizar los relojes de las computadoras conectadas a Internet. *Acrónimo:* NTP. *Véase también* protocolo de comunicaciones.

protocolo Internet *s.* (*Internet Protocol*) *Véase* IP.

protocolo Internet de línea serie *s.* (*Serial Line Internet Protocol*) *Véase* SLIP.

protocolo Inter-ORB de Internet *s.* (*Internet Inter-ORB Protocol*) *Véase* IIOP.

protocolo no fiable *s.* (*unreliable protocol*) Un protocolo de comunicaciones que intenta hacerlo «todo lo razonablemente posible» para entregar un mensaje transmitido, pero no trata de verificar si la transmisión ha llegado sin error.

protocolo orientado a bit *s.* (*bit-oriented protocol*) Un protocolo de comunicaciones en el que los datos se transmiten en forma de flujo continuo de bits en lugar de como una cadena de caracteres. Dado que los bits transmitidos no tienen ningún significado inherente en términos de ningún conjunto de caracteres concreto (como pueda ser ASCII), los protocolos orientados a bit utilizan secuencias especiales de bits en lugar de caracteres reservados, para propósitos de control. El protocolo HDLC (High-level Data Link Control) definido por ISO es un protocolo orientado a bits. *Compárese con* protocolo orientado a byte.

protocolo orientado a byte *s.* (*byte-oriented protocol*) Un protocolo de comunicaciones en el que los datos se transmiten en forma de una cadena de caracteres pertenecientes a un conjunto de caracteres concreto, como, por ejemplo, ASCII, en lugar de transmitirse como un flujo de bits, que es lo que sucede en los protocolos orientados a bit. Para expresar la información de control, los protocolos orientados a byte utilizan caracteres de control, la mayoría de los cuales son definidos por el esquema concreto de codificación utilizado. Los protocolos de comunicación asíncrona normalmente utilizados con los módems y el protocolo BISYNC de IBM son protocolos orientados a byte. *Compárese con* protocolo orientado a bit.

protocolo orientado a caracteres *s.* (*character-oriented protocol*) *Véase* protocolo orientado a byte.

protocolo punto a punto *s.* (*Point-to-Point Protocol*) *Véase* PPP.

protocolo seguro de transferencia de hipertexto *s.* (*Secure Hypertext Transfer Protocol*) *Véase* SHTTP.

protocolo SET *s.* (*SET protocol*) *Véase* SET.

protocolo simple de acceso a objetos *s.* (*Simple Object Access Protocol*) *Véase* SOAP.

protocolo simple de control *s.* (*Simple Control Protocol*) *Véase* SCP.

protocolo simple de gestión de red *s.* (*Simple Network Management Protocol*) *Véase* SNMP.

protocolo simple de transferencia de correo *s.* (*SMTP*) *Véase* SMTP.

protocolo síncrono *s.* (*synchronous protocol*) Un conjunto de normas desarrollado para estandarizar las comunicaciones síncronas entre computadoras, usualmente basado en la transmisión de flujos de bits o en códigos de caracteres predefinidos. Como ejemplos, podríamos citar el protocolo BISYNC (Binary Synchronous), orientado a caracteres, y los protocolos HDLC (High-level Data Link Control) y SDLC (Synchronous Data Link Control), orientados a bit. *Véase también* BISYNC; HDLC; SDLC.

protocolo síncrono binario *s.* (*binary synchronous protocol*) *Véase* BISYNC.

prototipado *s.* (*prototyping*) La creación de un modelo funcional de un nuevo sistema informático o programa con el fin de probarlo y refinarlo. El prototipado se emplea en el desarrollo de nuevos sistemas tanto hardware como software y en el de nuevos sistemas de gestión de la información. Las herramientas utilizadas para el desarrollo de prototipos hardware y software incluyen tanto elementos hardware como elementos software de soporte; las herramientas utilizadas en el prototipado de sistemas de información pueden incluir bases de datos, prototipos de pantallas y simulaciones que, en algunos casos, pueden desarrollarse hasta constituir un producto final.

proveedor de acceso *s.* (*access provider*) *Véase* ISP.

proveedor de acceso a Internet *s.* (*Internet access provider*) *Véase* ISP.

proveedor de contenido s. (*content provider*) **1.** Una empresa de servicios que pone a disposición de sus usuarios recursos de información basados en Internet. Entre los proveedores de contenido se encuentran los servicios en línea, como America Online y CompuServe, los proveedores de servicios Internet (ISP) y un creciente número de empresas de comunicación pertenecientes a los sectores audiovisual, de telefonía de larga distancia y editorial. *Véase también* ISP; servicio de información en línea. *Compárese con* agregador de contenido. **2.** En sentido general, una persona, grupo o empresa que proporciona información para su visualización o distribución a través de Internet o a través de intranets o extranets privadas o semiprivadas. El contenido, en este sentido, incluye no sólo información, sino también vídeo, audio, software, listados de sitios web y materiales publicitarios específicos de ciertos productos, como, por ejemplo, los catálogos en línea.

proveedor de datos .NET s. (*.NET data provider*) Un componente de ADO.NET que proporciona acceso a datos de una base de datos relacional.

proveedor de datos de .NET Framework s. (*.NET Framework data provider*) Un componente de ADO.NET que proporciona acceso a datos procedentes de un origen de datos relacional. Un proveedor de datos .NET Framework contiene clases para conectarse a un origen de datos, ejecutar comandos en dicho origen de datos y devolver los resultados de las consultas realizadas a ese origen de datos, incluyendo la capacidad de ejecutar comandos dentro de las transacciones. Un proveedor de datos .NET Framework también contiene clases para rellenar un conjunto de datos (Data-Set) con resultados procedentes de un cierto origen de datos y escribir en ese origen de datos los cambios que se produzcan en el conjunto de datos.

proveedor de presencia web s. (*Web Presence Provider*) Un proveedor de servicios Internet y de albergue web que gestiona el hardware y el software de servidor web necesarios para que un sitio web esté disponible en Internet. *Acrónimo:* WPP.

proveedor de servicios s. (*service provider*) *Véase* ISP.

proveedor de servicios criptográficos s. (*cryptographic service provider*) Un módulo independiente que realiza operaciones criptográficas, como, por ejemplo, las de creación y destrucción de claves. Un proveedor de servicios criptográficos consta, como mínimo, de una DLL y un archivo de firma. *Acrónimo:* CSP.

proveedor de servicios de aplicación s. (*application service provider*) Una empresa u organización externa que alberga aplicaciones o servicios para usuarios individuales o clientes empresariales. El cliente se conecta a un centro de datos mantenido por el proveedor de servicios de aplicación (ASP, Application Service Provider) a través de Internet o de líneas privadas con el fin de acceder a aplicaciones que de otro modo tendría que albergar en sus propios servidores locales o en máquinas PC individuales. Este tipo de disposición permite al cliente liberar un espacio de disco que, en caso contrario, sería ocupado por las aplicaciones, así como tener acceso a las actualizaciones más recientes de los programas software. Los ASP proporcionan soluciones que van desde aplicaciones de alta gama hasta servicios para pequeñas y medianas empresas. *Acrónimo:* ASP.

proveedor de servicios de logística s. (*fulfillment service provider*) Una compañía que proporciona servicios de logística para un sitio web de comercio electrónico controlando, empaquetando y enviando las mercancías pedidas a través del sitio. Un proveedor de servicios de logística permite a las empresas de comercio electrónico ahorrar tiempo, costes y mano de obra al externalizar todo el procesamiento de pedidos.

proveedor de servicios gestionados s. (*managed service provider*) Una empresa que proporciona servicios de acceso remoto a personas y otras empresas. Los proveedores de servicios gestionados ofrecen conexiones remotas, servicios de gestión de red, soporte de usuario, servicios de seguridad y servicios de albergue de aplicaciones. *Acrónimo:* MSP. *Compárese con* ISP.

proveedor de servicios Internet *s.* (*Internet service provider*) *Véase* ISP.

proveedor de servicios secundario *s.* (*secondary service provider*) Un proveedor de servicios Internet que proporciona presencia en la Web, pero no servicios de conectividad directa. *Véase también* ISP.

proveedor independiente de contenido *s.* (*independent content provider*) Una empresa u organización que suministra información a un servicio en línea, como America Online, para su reventa a los clientes del servicio en línea. *Véase también* servicio de información en línea.

proveedor OLAP *s.* (*OLAP provider*) Conjunto de software que proporciona acceso a un tipo particular de base de datos OLAP. Este software puede incluir un controlador de origen de datos y otro software cliente que es necesario para conectarse a una base de datos. *Véase también* base de datos OLAP.

provocación *s.* (*flame bait*) Un artículo en una lista de correo, grupo de noticias u otro tipo de conferencia en línea que tiene grandes probabilidades de provocar cruces de improperios, a menudo porque expresa una opinión controvertida o trata sobre un tema que despierta enconadas pasiones. *Véase también* improperio; guerra de improperios. *Compárese con* troll, hacer el.

provocador *s.* (*flamer*) Una persona que envía o publica mensajes abusivos a través de correo electrónico, en grupos de noticias y en otros foros en línea, así como en salones de charla en línea. *Véase también* chateo; grupo de noticias.

proxy *s.* Una computadora (o el software que se ejecuta en ella) que actúa como una barrera entre una red e Internet presentando sólo una única dirección de red a los sitios externos. Al actuar como mediador representando a todas las computadoras internas, el proxy protege las identidades internas de la red mientras sigue proporcionando acceso a Internet. *Véase también* servidor proxy.

proyección *s.* (*project*) Operador del álgebra relacional utilizado en la gestión de bases de datos. Dada la relación (tabla) A, el operador de proyección construye una nueva relación que contiene sólo un subconjunto especificado de atributos (columnas) de A.

Proyecto 802 *s.* (*Project 802*) El proyecto del IEEE para definir estándares de interconexión por red que dio como resultado las especificaciones 802.x. *Véase también* IEEE; IEEE 802.x.

proyecto Apache *s.* (*Apache project*) *Véase* servidor HTTP Apache.

Proyecto Gutenberg *s.* (*Project Gutenberg*) Un proyecto que pone a disposición de todos los usuarios a través de Internet los textos de los libros que son de dominio público. Los archivos de los libros están en formato ASCII legible con el fin de que sean accesibles para el mayor número posible de personas. Puede accederse a la información del Proyecto Gutenberg, que tiene su base en la Universidad de Illinois, en Urbana-Champaign, a través de FTP (en la dirección mrcnext.cso.uiuc.edu) o a través de la página web http://www.promo.net/pg/. *Véase también* ASCII.

proyector de datos *s.* (*data projector*) Dispositivo similar a un proyector de diapositivas que proyecta la salida del monitor de vídeo de una computadora en una pantalla.

proyector LCD *s.* (*LCD projector*) Un tipo de proyector de datos que utiliza la electricidad para activar o desactivar los píxeles que representan una imagen proyectada. A diferencia de los proyectores DLP, más modernos, los proyectores LCD son capaces de mostrar diferentes tonos de color (escala de grises) controlando la cantidad de electricidad utilizada para activar un determinado píxel. *Véase también* escala de grises; pantalla de cristal líquido. *Compárese con* DLP.

prueba beta *s.* (*beta test*) Prueba del software, que está aún en la fase de desarrollo, realizada por personas que realmente usan el software. En una prueba beta, un producto de software se envía a potenciales clientes seleccionados y usuarios finales influyentes (conocidos como sitios beta), quienes prueban su funcionalidad e informan sobre cualquier error (bug) operacional o de utilización encontrado. La prueba beta normalmente es uno de los últimos pasos que un desarrollador de software debe realizar antes de lanzar el producto al mercado; sin embargo, si los sitios beta indican que el software tiene dificultades operacionales o un extraordinario número de errores, el desarrollador debe realizar más pruebas beta antes lanzar el software.

prueba comparativa *s.* (***benchmark***) Prueba comparativa utilizada para medir el rendimiento del hardware o del software. Las pruebas comparativas para el hardware utilizan programas que prueban las capacidades del equipo (por ejemplo, la velocidad a la que una UCP puede ejecutar instrucciones o trabajar con números en coma flotante. Las pruebas comparativas para el software determinan la eficiencia, precisión o velocidad de un programa a la hora de realizar una tarea determinada, como, por ejemplo, recalcular los datos de una hoja de cálculo. Los mismos datos se utilizan con cada programa probado, de manera que las puntuaciones resultantes pueden compararse para ver qué programas funcionan bien y en qué áreas. El diseño de pruebas comparativas justas es casi un arte, porque varias combinaciones de hardware y software pueden presentar un rendimiento extremadamente variable bajo condiciones diferentes. A menudo, después de que una prueba comparativa se haya convertido en un estándar, los desarrolladores tratan de optimizar un producto para ejecutar esa prueba comparativa más rápido que los productos similares con el fin de mejorar las ventas. *Véase también* siega de Eratóstenes.

prueba de BIOS *s.* (***BIOS test***) Prueba para ver si un PC realizará la transición al año 2000 y mantendrá la fecha correcta. La prueba puede ir desde reiniciar la hora del sistema en el BIOS y rearrancar hasta ejecutar un programa o rutina software especialmente diseñada para detectar los problemas del año 2000.

prueba de coherencia *s.* (***consistency check***) Comprobación que permite verificar que los elementos de datos utilizan ciertos formatos, límites y otros parámetros y que no son internamente contradictorios. *Compárese con* prueba de integridad.

prueba de color digital directa *s.* (***direct digital color proof***) Hoja de prueba generada por un dispositivo de salida de bajo coste, como una impresora láser de color, que sirve para hacerse una idea aproximada de la apariencia final de la imagen cuando se genere con un equipo de impresión de calidad profesional. Una prueba de color digital directa no implica separación de colores, como en las pruebas de color tradicionales. En su lugar, una prueba de color digital directa se imprime a todo color de una sola vez en una misma página, resultando de menor calidad que con los métodos de separación de color tradicionales, pero teniendo las ventajas de una mayor velocidad y un menor coste. *Acrónimo:* DDCP. *Véase también* separación de colores.

prueba de estrés *s.* (***stress test***) Prueba de los límites funcionales de un sistema de software o de hardware que se realiza sometiendo al sistema a condiciones extremas, como, por ejemplo, volúmenes extremos de datos o temperaturas extremas.

prueba de integridad *s.* (***completeness check***) Comprobación que permite determinar que están presentes todos los datos requeridos en un registro. *Compárese con* prueba de coherencia.

prueba de redundancia funcional *s.* (***functional redundancy checking***) Método de prevención de errores mediante la utilización de dos procesadores que ejecuten las mismas instrucciones sobre los mismos datos al mismo tiempo. Si los resultados generados por ambos procesadores no concuerdan, quiere decir que se ha producido un error. Los procesadores Pentium y superiores de Intel tienen soporte integrado para la prueba de redundancia funcional. *Acrónimo:* FRC.

prueba de replicación *s.* (***leapfrog test***) Rutina de diagnóstico utilizada para probar el almacenamiento en disco o cinta que repetidamente se copia a sí mismo sobre el soporte de almacenamiento.

prueba de Turing *s.* (***Turing test***) Prueba de la inteligencia de una máquina propuesta por Alan Turing, matemático británico y desarrollador de la máquina de Turing. En la prueba de Turing, también conocida como Juego de imitación, una persona utiliza cualquier serie de preguntas para interrogar a dos concursantes, una persona y una computadora, con el fin de intentar determinar cuál es la computadora.

prueba digital *s*. (*digital proof*) *Véase* prueba de color digital directa.

pruebas alfa *s*. (*alpha test*) El proceso de pruebas por parte de los usuarios que se lleva a cabo en un programa software que esté en estado alfa.

pruebas asistidas por computadora *s*. (*computer-aided testing*) *Véase* CAT.

pruebas de caja blanca *s*. (*white box testing*) Método para realizar pruebas de software basado en el conocimiento de cómo debe funcionar el software. A diferencia de la prueba de la caja negra, que se centra en cómo funciona el software sin hacer referencia a cómo fue diseñado, la prueba de la caja blanca se basa en el conocimiento detallado del código del programa y tiene la finalidad de encontrar defectos y/o errores en su diseño y especificación. *También llamado* prueba de caja de cristal. *Compárese con* pruebas de caja negra.

pruebas de caja negra *s*. (*black box testing*) Método para probar software en el que la persona que lo prueba trata el software como si fuera una caja negra, es decir, las pruebas se centran en la funcionalidad del programa en lugar de hacerlo en su estructura interna. Las pruebas de caja negra están orientadas al usuario, ya que la principal preocupación es ver si un programa funciona y no cómo está construido. Las pruebas de caja negra se realizan normalmente con programas software que están en fase de desarrollo. *Compárese con* pruebas de caja blanca.

pruebas de regresión *s*. (*regression testing*) Realización de pruebas completas de un programa determinado en vez de probar sólo las rutinas modificadas para asegurarse de que no se ha introducido ningún nuevo error al realizar las modificaciones.

.ps *s*. La extensión de archivo que identifica los archivos de impresora PostScript. *Véase también* PostScript.

PSD *s*. Formato de archivo de gráficos utilizado para crear, modificar y mostrar imágenes estáticas en Photoshop, una aplicación de software diseñada por Adobe Systems. Los archivos PSD utilizan la extensión de archivo .psd.

PSE *s*. (*Packet Switching Exchange*) Acrónimo de Packet Switching Exchange (central de conmutación de paquetes). Una estación conmutadora intermedia dentro de una red de conmutación de paquetes.

psec *s*. *Véase* picosegundo.

pseudocódigo *s*. (*pseudocode*) **1**. Lenguaje máquina para un procesador inexistente (una pseudomáquina). Este código es ejecutado por un intérprete de software. La mayor ventaja del p-código es que es transportable a todas las computadoras para las que exista un intérprete del p-código. El enfoque del p-código ha sido intentado varias veces en la industria informática con resultados varios. El intento más conocido fue el sistema UCSD p-System. *Abreviatura:* p-código *Véase también* pseudomáquina; sistema p UCSD. **2**. Cualquier notación informal y fácil de entender en la que se escribe la descripción de un programa o algoritmo. Muchos programadores primero escriben sus programas en pseudocódigo, que se parece bastante a una mezcla de español y de su lenguaje de programación favorito, tal como C o Pascal, y después lo traducen línea a línea al lenguaje concreto que se vaya a utilizar.

pseudocomputadora *s*. (*pseudocomputer*) *Véase* pseudomáquina.

pseudoflujo *s*. (*pseudo-streaming*) Método utilizado para la visualización en tiempo real de audio y vídeo a través de la Web. A diferencia de los archivos de sonido o vídeo que se descargan completos en la computadora antes de poder ser reproducidos, el pseudoflujo permite la reproducción después de que sólo una parte del archivo (suficiente para llenar un búfer en la computadora receptora) haya sido descargada. El pseudoflujo, a diferencia del «auténtico» flujo, o flujo web, no depende del software de servidor para monitorizar dinámicamente la transmisión. No obstante, sólo puede reproducirse desde el principio del archivo en lugar de desde cualquier punto, como puede ser el caso con el flujo auténtico. *Véase también* flujo.

pseudolenguaje *s.* (***pseudolanguage***) Lenguaje de programación inexistente, es decir, uno para el que no existe implementación. El término puede hacer referencia al lenguaje máquina para un procesador inexistente o a un lenguaje de alto nivel para el que no existe compilador. *Véase también* pseudocódigo.

pseudomáquina *s.* (***pseudomachine***) Procesador que realmente no existe como hardware, sino que se emula por software. Un programa escrito para la pseudomáquina puede ejecutarse en varias plataformas sin tener que ser recompilado. *Abreviatura:* p-máquina. *Véase también* pseudocódigo; sistema p UCSD.

pseudo-op *s. Véase* seudo-operación.

PSK *s. Véase* modulación por desplazamiento de fase.

PSN *s.* Acrónimo de packet-switching network (red de conmutación de paquetes). *Véase* conmutación de paquetes.

pub *s. Véase* /pub.

public *adj*. Palabra clave de algunos lenguajes de programación que indica a qué métodos o variables pueden acceder elementos residentes en otras clases o módulos. *Véase también* clase; palabra clave; variable global; palabra reservada; ámbito. *Compárese con* private.

publicación bajo demanda *s.* (***demand publishing***) Producción de copias impresas de publicaciones en el momento en el que son necesarias en lugar de en grandes tiradas. La publicación bajo demanda es un subproducto de los sistemas de autoedición que ha comenzado a ser posible gracias a los avances de las capacidades de las impresoras.

publicación de bases de datos *s.* (***database publishing***) El uso de tecnología Internet o de autoedición para generar documentos impresos o electrónicos que contengan información extraída de una base de datos.

publicación de software *s.* (***software publishing***) El diseño, desarrollo y distribución de paquetes software no personalizados.

publicación electrónica *s.* (***electronic publishing***) Un término general para describir la distribución de información a través de medios electrónicos, como las redes de comunicaciones o los CD-ROM.

publicación prefija *s.* (***top posting***) En correo electrónico y en las discusiones de grupos de noticias, es el acto de colocar el nuevo material antes del material citado correspondiente a los mensajes anteriores en lugar de insertar el nuevo material después. Puesto que los mensajes con publicación prefija no pueden leerse en el orden cronológico normal, la publicación prefija se considera una práctica deseable.

publicar *vb.* (***post***) **1**. Situar un archivo en un servidor conectado a una red o en un sitio web. **2**. Enviar un artículo a un grupo de noticias u otro foro o conferencia en línea. El término se deriva de la acción de «publicar» un aviso en un tablón de anuncios físico. *Véase también* grupo de noticias.

Publisher *s.* Aplicación de software desarrollada por Microsoft Corporation para ayudar a las empresas a crear material del negocio y para marketing de alta calidad. Una parte de la familia de productos Office, Publisher proporciona a los usuarios empresariales opciones de diseño para una variedad de publicaciones, como boletines informativos, prospectos de publicidad, folletos y páginas web.

puente *s.* **1.** (***bridge***) Un dispositivo que conecta redes que utilizan los mismos protocolos de comunicaciones, de modo que la información puede pasar de una red a otra. *Compárese con* pasarela. **2.** (***bridge***) Un dispositivo que conecta dos redes de área local (LAN) que pueden utilizar o no los mismos protocolos y que permite que la información fluya entre ellas. El puente opera en el nivel de enlace de datos de ISO/OSI. *También llamado* conmutador de nivel de enlace. *Véase también* enlace de datos, nivel de. *Compárese con* encaminador. **3.** (***bridge***) En relación al problema del año 2000, un programa, rutina u otro mecanismo de conversión que convierte los formatos de fechas con años de dos dígitos a años de cuatro dígitos, y viceversa. Un puente se utiliza como remedio para llenar el hueco

existente entre los programas o sistemas en relación a los formatos de dos y cuatro dígitos.
4. (***jumper***) Pequeño conector o cable que puede conectarse entre puntos diferentes de un circuito electrónico para alterar un aspecto de una configuración de hardware. *Compárese con* conmutador DIP.

puente-encaminador *s.* (***bridge router***) Un dispositivo que soporta las funciones tanto de un puente como de un encaminador. Un puente encaminador conecta dos segmentos de una red de área local o red de área extensa, pasando paquetes de datos entre los segmentos según sea necesario y utiliza direcciones de nivel dos para el encaminamiento. *También llamado* Brouter y puente-enrutador. *Véase también* puente; encaminador.

puenteo *s.* (***bypass***) En telecomunicaciones, el uso de trayectos de comunicación distintos del proporcionado por la empresa de telefonía local, como, por ejemplo, satélites y sistemas de microondas.

puenteo local *s.* (***local bypass***) Conexión telefónica utilizada por algunas empresas que enlaza edificios separados, pero evitando a la compañía telefónica.

puerta *s.* (***gate***) **1.** Estructura de datos utilizada por los microprocesadores 80386 y superiores para controlar el acceso a funciones privilegiadas, para cambiar segmentos de datos o para conmutar de tarea. **2.** Conmutador electrónico que constituye el componente elemental de los circuitos digitales. Produce una señal eléctrica de salida que representa un valor binario 1 o 0 y que está relacionada con los estados de una o más señales de entrada mediante una operación del álgebra booleana, tal como AND, OR o NOT. *Véase también* matriz de puertas. **3.** El terminal de entrada de un transistor de efecto de campo (FET). *Véase también* drenaje; FET; MOSFET; fuente.

puerta AND *s.* (***AND gate***) Un circuito digital cuya salida toma el valor 1 sólo cuando todos los valores de entrada son 1. Véase la ilustración. *Véase también* tabla de verdad de AND.

puerta de control *s.* (***gating circuit***) Conmutador electrónico cuya salida está activada o desactivada dependiendo del estado de dos o más entradas. Por ejemplo, una puerta de control se podría utilizar para dejar pasar o no pasar una señal de entrada dependiendo de los estados de una o más señales de control. Una puerta de control se puede construir a partir de una o más puertas lógicas. *Véase también* puerta.

puerta de enlace *s. Véase* pasarela.

puerta falsa *s.* (***trapdoor***) *Véase* puerta trasera.

puerta lógica *s.* (***logic gate***) *Véase* puerta.

puerta NAND *s.* (***NAND gate***) Un circuito digital cuya salida es verdadera (1) si cualquiera de sus entradas es falsa (0). Una puerta NAND es un circuito AND (salida de valor 1 cuando todos los valores de entrada son 1) seguido de un circuito NOT (cuya salida es el complemento lógico de la entrada). Así, la salida de la puerta NAND está a nivel alto si cualquiera de sus entradas está a nivel bajo. *Véase también* puerta AND; puerta; puerta NOT.

puerta NOR *s.* (***NOR gate***) Un circuito digital cuya salida es verdadera (1) sólo si todas las entradas son falsas (0). Una puerta NOR es un circuito OR (cuya salida tiene valor 1 si cualquiera de los valores de entrada es 1) seguido de un circuito NOT (cuya salida es el complemento lógico de la entrada). *Véase también* puerta; puerta NOT; puerta OR.

puerta NOT *s.* (***NOT gate***) Una de las tres puertas lógicas básicas (junto con AND y OR) a partir de las cuales puede construirse cualquier sistema digital. El circuito NOT, también denominado inversor, tiene una salida que es la inversa de su entrada, es decir, la salida es verdadera (1) si la entrada es falsa (0) y falsa (0) si la entrada es verdadera (1). *Véase también* puerta AND; puerta; puerta OR.

puerta OR *s.* (***OR gate***) Una de las tres puertas lógicas básicas (junto con AND y NOT) a partir de las cuales puede construirse cualquier sistema digital. La salida de un circuito OR es verdadera (1) si cualquiera de sus entradas lo

Puerta AND.

es. *Véase también* puerta AND; puerta; puerta NOT.

puerta trasera *s.* (*back door*) Un medio de obtener acceso a un programa o sistema evitando sus controles de seguridad. Los programadores construyen a menudo puertas traseras en los sistemas bajo desarrollo para poder luego corregir errores. Si la puerta trasera llega a ser conocida por alguien distinto del programador o si no es eliminada antes del lanzamiento comercial del software, se convierte en un riesgo de seguridad. *También llamado* puerta falsa.

puerto *s.* (*port*) **1**. Una interfaz a través de la cual se transfieren datos entre un equipo informático y otros dispositivos (como una impresora, ratón, teclado o monitor), una red u otra computadora (mediante una conexión directa). El puerto aparece ante el procesador como una o más direcciones de memoria que el procesador puede utilizar para enviar o recibir datos. Un hardware especializado, como, por ejemplo, el de una tarjeta de ampliación, coloca los datos procedentes del dispositivo en las direcciones de memoria y envía los datos contenidos en las direcciones de memoria hacia el dispositivo. Los puertos también pueden estar dedicados en exclusiva a labores de entrada o de salida. Los puertos aceptan, usualmente, un tipo particular de conector, que se emplea para un propósito específico. Por ejemplo, los puertos de comunicación de datos en serie, los teclados y los puertos para redes de alta velocidad utilizan diferentes tipos de conectores, por lo que no es posible insertar un cable en el puerto equivocado. *También llamado* puerto de entrada/salida. **2**. Número de puerto.

puerto COM *s.* (*COM port* o *comm port*) Abreviatura de puerto de comunicaciones; es la dirección lógica asignada por MS-DOS (versiones 3.3 y posteriores) y Microsoft Windows (incluyendo Windows 9x y Windows NT) a cada uno de los cuatro puertos serie de una computadora personal IBM o compatible PC. El nombre de puerto COM se suele asignar también al propio puerto serie en un PC, al que se conectan periféricos tales como impresoras, escáneres y módems externos. Véase la ilustración. *Véase también* COM; puerto de entrada/salida; puerto serie.

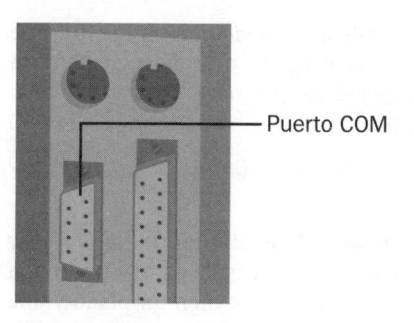

Puerto COM.

puerto de comunicaciones *s.* (*communications port*) *Véase* COM.

puerto de E/S *s.* (*I/O port*) *Véase* puerto.

puerto de entrada *s.* (*input port*) *Véase* puerto.

puerto de entrada/salida *s.* (*input/output port*) *Véase* puerto.

puerto de impresora *s.* (*printer port*) Un puerto a través del cual puede conectarse una impresora a una computadora personal. En las máquinas compatibles PC, los puertos de impresora son, usualmente, puertos paralelos y se identifican en el sistema operativo mediante el nombre de dispositivo lógico LPT. En muchas computadoras más recientes, el puerto paralelo tiene un icono de impresora en la carcasa del procesador para identificarlo como puerto de impresora. Para algunas impresoras, también pueden utilizarse puertos serie (nombre de dispositivo lógico COM), aunque generalmente se requiere una cierta tarea de configuración. En las plataformas Macintosh, los puertos de impresora son usualmente puertos serie y también se utilizan para conectar equipos Mac a una red AppleTalk. *Véase también* AppleTalk; unidad central de proceso; dispositivo lógico; puerto paralelo; puerto serie.

puerto de infrarrojos *s.* (*infrared port*) Un puerto óptico en un equipo informático para la comunicación con un dispositivo dotado de mecanismos de comunicación mediante infrarrojos. La comunicación puede establecerse sin necesidad de efectuar ninguna conexión física mediante cables. Los puertos de infrarrojos se incluyen en algunos equipos portátiles, agendas electrónicas e impresoras. *Véase también* cable; infrarrojo; puerto.

puerto de módem *s.* (***modem port***) Puerto serie utilizado para conectar un módem externo a una computadora personal. *Véase también* módem; puerto serie.

puerto de monitor *s.* (***monitor port***) *Véase* puerto de vídeo.

puerto de panel plano digital *s.* (***digital flat panel port***) Interfaz diseñada para permitir una conexión directa entre un monitor plano y una computadora sin necesitar una conversión analógico-digital. *Acrónimo:* DFP.

puerto de ratón *s.* (***mouse port***) **1**. En un Macintosh, el puerto Apple Desktop Bus. *Véase también* Apple Desktop Bus. **2**. En muchas computadoras compatibles PC, es un conector dedicado donde se inserta un ratón u otro dispositivo señalador para conectarlo a la computadora. Si no hay disponible un puerto de ratón, se puede utilizar un puerto serie para conectar el ratón a la computadora. *Véase la ilustración. Véase también* conector; ratón; dispositivo señalador; puerto serie.

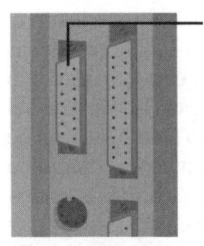

Puerto de ratón.

puerto de salida de audio *s.* (***audio output port***) Un circuito compuesto por un conversor digital analógico que transforma las señales generadas por la computadora en tonos audibles. Se utiliza en conjunción con un amplificador y un altavoz. *Véase también* convertidor digital-analógico.

puerto de teclado *s.* (***keyboard port***) El conector de una computadora que recibe datos procedentes del teclado. *Véase también* puerto.

puerto de vídeo *s.* **1**. (***display port***) Puerto de salida en una computadora que proporciona una señal para un dispositivo de vídeo, como, por ejemplo, un monitor. Véase la ilustración.

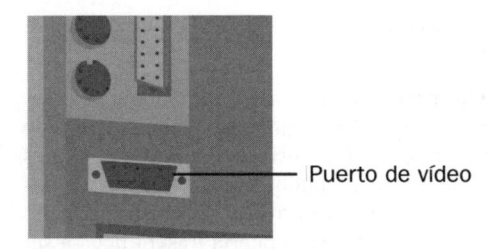

Puerto de vídeo.

2. (***video port***) Conector o puerto de una computadora que proporciona la señal de vídeo dirigida al monitor.

puerto de vídeo ampliado *s.* (***zoomed video port***) *Véase* puerto ZV.

puerto FIR *s.* (***FIR port***) Puerto rápido de infrarrojos (Fast InfraRed). Un puerto inalámbrico de E/S, principalmente utilizado en computadoras portátiles, que intercambia datos con un dispositivo externo mediante luz infrarroja. *Véase también* infrarrojo; puerto de entrada/salida.

puerto gráfico *s.* (***graphics port***) *Véase* grafPort.

puerto IEEE 1394 *s.* (***IEEE 1394 port***) Un puerto de 4 o 6 pines que soporta el estándar IEEE 1394 y puede proporcionar conexiones directas entre equipos informáticos y dispositivos digitales de electrónica de consumo. *Véase también* IEEE 1394.

puerto para juegos *s.* (***game port***) En las computadoras personales IBM y compatibles, un puerto de E/S para dispositivos, tales como palancas de mandos y paletas de juego. El puerto para juegos se suele incluir en una misma tarjeta de expansión con otros puertos de E/S. *Véase la ilustración. Véase también* adaptador de control de juegos.

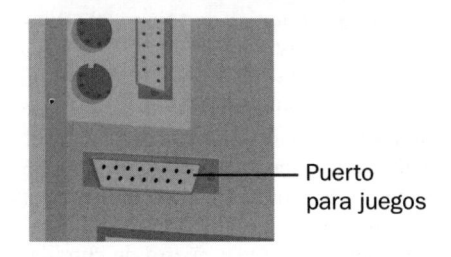

Puerto para juegos.

puerto paralelo *s.* (*parallel port*) Un conector de entrada/salida que envía y recibe datos de ocho en ocho bits, en paralelo, entre un equipo informático y un dispositivo periférico tal como una impresora, escáner, CD-ROM u otro dispositivo de almacenamiento. El puerto paralelo, que a menudo se denomina interfaz Centronics (de acuerdo con el estándar de diseño original), utiliza un conector de 25 terminales denominado conector DB-25 y que incluye tres grupos de líneas: cuatro para señales de control, cinco para señales de estado y ocho para datos. *Véase también* interfaz paralela Centronics; ECP; EPP; IEEE 1284; puerto de entrada/salida. *Compárese con* puerto serie.

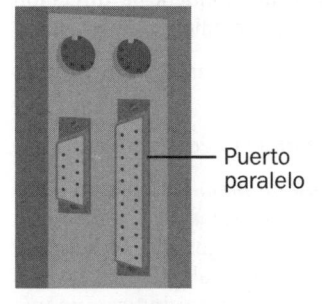

Puerto paralelo.

puerto paralelo ampliado *s.* (*Enhanced Parallel Port*) *Véase* EPP.

puerto paralelo bidireccional *s.* (*bidirectional parallel port*) Interfaz que soporta la comunicación paralela bidireccional entre un dispositivo, como puede ser una impresora, y una computadora. *Véase también* interfaz; puerto paralelo.

puerto SCSI *s.* (*SCSI port*) **1.** Un conector de un dispositivo para un cable de bus SCSI. *Véase también* SCSI. **2.** Un adaptador host SCSI dentro de una computadora que proporciona una conexión lógica entre ésta y todos los dispositivos conectados al bus SCSI. *Véase también* SCSI.

puerto serie *s.* (*serial port*) Una ubicación (canal) de entrada/salida que envía y recibe datos de bit en bit hacia y desde la unidad central de procesamiento de una computadora o un dispositivo de comunicaciones. Los puertos serie se utilizan para la comunicación de datos en serie y como interfaces con algunos dispositivos periféricos, como los ratones e impresoras.

puerto serie ampliado *s.* (*enhanced serial port*) Puerto de conexión para dispositivos periféricos utilizado normalmente para ratones y módems externos. Los puertos serie ampliados utilizan circuitos UART de alta velocidad de tipo 16550 o más avanzados con el fin de transferir los datos más rápidamente. Los puertos serie ampliados son capaces de transferir datos a velocidades de hasta 921,6 Kbps. *Acrónimo:* ESP. *Véase también* puerto de entrada/salida; UART.

puerto ZV *s.* (*ZV port*) Puerto disponible en muchas computadoras portátiles como alternativa multimedia de bajo coste a las entradas tradicionales de vídeo. El puerto ZV permite mantener un flujo de datos ininterrumpido desde la fuente hasta el destino sin necesidad de búferes. La especificación ZV (Zoomed Video) fue adoptada por la asociación PCMCIA (Personal Computer Memory Card International Association) para permitir altas tasas de transferencia para computadoras portátiles, para las videocámaras conectadas a las mismas y para otros dispositivos multimedia.

puesta a masa *s.* (*grounding*) La conexión de secciones de un circuito eléctrico a un conductor común, denominado masa, que sirve como referencia para las otras tensiones del circuito. El conductor de masa en las tarjetas de circuito instaladas suele estar conectado al chasis o carcasa metálica que alberga los componentes electrónicos; el chasis, a su vez, suele estar conectado al tercer terminal (terminal de masa) del enchufe de alimentación, que se conecta a un circuito de masa que está, de hecho, conectado a tierra. Este tipo de conexiones son importantes para evitar las descargas eléctricas.

puesto *s.* (*seat*) Una estación de trabajo o computadora en el contexto de los mecanismos de licencia de software basados en el número de puestos utilizados. *Véase también* contrato de licencia; estación de trabajo.

pulga web *s.* (*Web bug*) Un pequeño gráfico, prácticamente indetectable, que establece un vínculo con una página web y se integra en un documento con el propósito de monitorizar las actividades del usuario. Las pulgas web usualmente toman la forma de un archivo GIF transparente de un píxel por un píxel, por lo que resultan prácticamente invisibles. Este archivo de imagen se inserta en una página web, en un archivo de Microsoft Word o en otro documento al que los usuarios vayan a acceder. La aplicación en la que se abre el documento establece inmediatamente un vínculo con la Web para descargar y mostrar el gráfico embebido. De esta forma, cuando la aplicación descarga esa información gráfica invisible, se pasa información acerca del usuario al autor del archivo, incluyendo la dirección IP del usuario, el explorador que está utilizando, la dirección desde la que se hizo la referencia y la hora a la que se visualizó el documento.

pull *s. Véase* extracción.

pulsación *s.* (***stroke***) En la introducción de datos, una pulsación de tecla (una señal para la computadora de que se ha pulsado una tecla).

pulsación de tecla *s.* (***keystroke***) El acto de pulsar una tecla de un teclado con el fin de introducir un carácter o iniciar un comando en un programa. La eficiencia y facilidad de uso de ciertas aplicaciones se mide a menudo en términos del número de pulsaciones de tecla que se requieren para realizar las tareas más comunes. *Véase también* comando; tecla; teclado.

pulso *s.* (***pulse***) Señal transitoria, normalmente breve, con un principio y un final abruptos.

pulso de reloj *s.* (***clock pulse***) Pulso electrónico generado periódicamente por un oscilador de cristal para sincronizar las acciones de un dispositivo digital.

puntero *s.* (***pointer***) En programación y en procesamiento de la información, una variable que contiene la localización (dirección de memoria) de algún dato en vez del propio dato. *Véase también* dirección; descriptor; puntero del ratón; referencia.

puntero de instrucción *s.* (***instruction pointer***) *Véase* contador de programa.

puntero de pila *s.* (***stack pointer***) Registro que contiene la dirección actual del elemento superior de la pila. *Véase también* puntero; pila.

puntero del ratón *s.* (***mouse pointer***) Elemento de pantalla cuya localización cambia cuando el usuario mueve el ratón. Dependiendo de la localización del puntero del ratón y del funcionamiento del programa con el que esté trabajando, el área de la pantalla donde aparece el puntero del ratón sirve como objetivo para una acción cuando el usuario pulsa uno de los botones del ratón. *Véase también* cursor de bloque; cursor.

puntero directo *s.* (***forward pointer***) Puntero en una lista vinculada que contiene la dirección (posición) del siguiente elemento de la lista.

puntero en I *s.* (***I-beam pointer***) *Véase* cursor en I.

puntero nil *s.* (***nil pointer***) *Véase* puntero nulo.

puntero nulo *s.* (***null pointer***) Un puntero a nada, normalmente una dirección de memoria estandarizada, como, por ejemplo, 0. Un puntero nulo normalmente señala el final de una secuencia lineal de punteros o indica que una operación de búsqueda de datos no ha encontrado nada. *También llamado* puntero nil. *Véase también* puntero.

punto *s.* **1.** (***dot***) En una dirección Internet, es el carácter que separa las distintas partes del nombre de dominio, como, por ejemplo, el nombre de la empresa y el tipo de dominio. *Véase también* dominio; nombre de dominio. **2.** (***dot***) En las áreas de gráficos por computadora e impresión, es una pequeña marca que se combina con otras, en una disposición matricial de filas y columnas, para formar un carácter o elemento gráfico en un dibujo o diseño. Los puntos que forman una imagen en pantalla se denominan píxeles. La resolución de una pantalla o dispositivo de impresión se expresa a menudo en puntos por pulgada (ppp). Los puntos de impresora no son lo mismo que los «puntos de trama», que son grupos de puntos utilizados en la impresión mediante tramas de semitonos. *Véase también* píxel; resolución. *Compárese con* mancha. **3.** (***dot***) En UNIX, MS-DOS, OS/2 y otros sistemas operativos, es el carácter que separa un nombre de archivo de su correspondiente extensión, como, por ejemplo, en TEXTO.DOC (pronunciado «texto-punto-doc»). **4.** (*point*) Un único píxel en la pantalla, identificado por sus números de fila y columna. **5.** (*point*) Unidad de medida utilizada en impresión, aproximadamente igual a 1/72 de pulgada. La altura de los caracteres y la cantidad de espacio entre líneas (interlineado) de un texto están normalmente especificadas en puntos. **6.** (*point*) Localización en una forma geométrica representada por dos o más números que constituyen sus coordenadas.

punto activo *s.* (*hot spot*) La posición que marca, en un puntero de ratón, la ubicación exacta que se verá afectada por una acción del ratón, como, por ejemplo, la pulsación de un botón; como ejemplo de punto activo, podríamos citar el extremo de una flecha de cursor o la intersección de las líneas en un cursor con forma de cruz.

punto de acceso *s.* (*access point*) En una red LAN inalámbrica, es un transceptor que conecta la red LAN con una red cableada. *Véase también* LAN inalámbrica.

punto de acceso a red *s.* (*Network Access Point*) Uno de los puntos de conmutación de tráfico Internet en donde intercambian datos diversos operadores de Internet y proveedores importantes de servicios Internet. Cuando un cierto tráfico Internet se origina en una red y se dirige a otra, casi siempre pasa a través de al menos un punto de acceso a red o NAP (Network Access Point). En Estados Unidos, los principales puntos de acceso a red son MAE East, en Vienna, Virginia, y MAE West, en San José, California (ambos operados por MCI WorldCom); el punto de acceso a red de Chicago (operado por Ameritech); el punto de acceso a red de Pacific Bell (con múltiples ubicaciones en California); el conmutador Internet digital en Palo Alto, California (operado por Digital/ Compaq), y el punto de acceso a red de Sprint en Pennsauken, Nueva Jersey. En muchas otras ubicaciones de todo el mundo hay puntos de conmutación adicionales, de ámbito local y regional. *Acrónimo:* NAP. *También llamado* punto nacional de conexión.

punto de carga *s.* (*load point*) El principio del área de datos válida en una cinta magnética.

punto de control *s.* (*checkpoint*) **1.** Archivo que contiene la información que describe el estado del sistema (el entorno) en un instante de tiempo determinado. **2.** Coyuntura de procesamiento en la que la operación normal de un programa o sistema se suspende momentáneamente para determinar el estado del entorno.

punto de datos *s.* (*data point*) Cualquier par de valores numéricos trazados en un gráfico.

punto de entrada *s.* (*entry point*) Lugar de un programa donde puede iniciarse la ejecución.

punto de inicio *s.* (*starting point*) Un documento de la World Wide Web diseñado para ayudar a los usuarios a comenzar a navegar a través de la Web. El punto de inicio contiene a menudo herramientas, tales como motores de búsqueda, e hipervínculos a sitios web seleccionados. *Véase también* hipervínculo; motor de búsqueda; World Wide Web.

punto de inserción *s.* (*insertion point*) Barra vertical intermitente en la pantalla; por ejemplo, en las interfaces gráficas de usuario, que muestra la localización en la que aparecerá el texto insertado. *Véase también* cursor.

punto de interrupción *s.* (*breakpoint*) Posición de un programa en la que se detiene la ejecución, de modo que un programador puede examinar el estado del programa, los contenidos de las variables, etc. Un punto de interrupción se define y usa en un depurador y, normalmente, se implementa insertando en dicho punto algún tipo de instrucción de salto, de llamada o de trampa que transfiere el control al depurador. *Véase también* depurar; depurador.

punto de presencia *s.* (*point of presence*) **1.** Un punto en el que un operador telefónico de larga distancia se conecta con una central telefónica local o con un usuario individual. *Acrónimo:* POP. **2.** Un punto en una red de área extensa (WAN) al cual puede conectarse un usuario mediante una llamada telefónica local.

punto de publicación *s.* (*publishing point*) Directorio virtual utilizado para almacenar contenido o suministrar flujos multimedia emitidos en directo. Los usuarios finales acceden a un punto de publicación a través de su URL. Existen dos tipos de puntos de publicación de unidifusión: puntos de publicación a la carta para obtener contenido almacenado y puntos de publicación de difusión para flujos multimedia emitidos en directo. *Véase también* punto de publicación a la carta; punto de publicación de difusión. *Compárese con* unidifusión.

punto de publicación a la carta *s.* (*on-demand publishing point*) Tipo de punto de publicación que transmite el contenido de tal manera que el cliente puede controlar (iniciar, parar, poner en pausa, hacer un avance rápido o rebobinar) dicho contenido. Normalmente, el contenido a la carta es un archivo de Windows Media o un directorio de archivos. El contenido que se transmite desde un punto de publicación a la carta es siempre distribuido en forma de flujo de unidifusión. Anteriormente se le denominaba estación.

punto de publicación de difusión *s.* (*broadcast publishing point*) Tipo de punto de publicación que transmite el contenido de tal manera que el cliente no puede controlar (iniciar, parar, poner en pausa, hacer un avance rápido o rebobinar) dicho contenido. El contenido transmitido desde un punto de publicación de difusión puede distribuirse como un flujo de multidifusión o de unidifusión. Anteriormente se denominaba estación.

punto de ramificación *s.* (*branchpoint*) La ubicación en la que se encuentra una determinada instrucción de salto (ramificación) si la condición de la que depende (en caso de que exista una) es verdadera. *Véase también* instrucción de bifurcación.

punto de venta *s.* (*point of sale*) *Véase* POS.

punto nacional de conexión *s.* (*national attachment point*) *Véase* punto de acceso a red.

punto raíz *s.* (*radix point*) El punto u otro carácter que separa la parte entera de un número de la parte fraccionaria. En el sistema decimal, el punto raíz es la coma decimal, como en el número 1,33.

punto-bomba *s.* (*dot-bomb*) Una empresa u organización basada en Internet que ha fracasado o que se ha visto obligada a reducir su tamaño significativamente. *Véase también* parado.com.

punto-com *s.* (*dot-com*) Una empresa que lleva a cabo sus actividades comerciales principal o completamente a través de Internet. El término está derivado del dominio de nivel superior .com, que se utiliza al final de las direcciones web de los sitios web comerciales.

puntos aleatorios, estereograma de *s.* (*Single Image Random Dot Stereogram*) *Véase* autoestereograma.

puntos de experiencia *s.* (*experience points*) Utilizados a menudo en los juegos de rol, los puntos de experiencia son una forma de medir todo lo que el jugador ha experimentado o cuánto ha aprendido. A medida que un jugador avanza en el juego, gana beneficios adicionales, a menudo en forma de un aumento de las estadísticas o de las habilidades. En muchas ocasiones, el jugador gasta o utiliza estos puntos para aumentar su puntuación. *Véase también* juego de computadora; juego de rol.

puntos de impacto *s.* (*hit points*) Término utilizado en la mayoría de los juegos de acción para consola y para computadora en referencia al número de veces que un jugador puede ser dañado antes de que su personaje muera.

puntos por pulgada *s.* (*dots per inch*) Medida de la resolución de pantalla e impresora que se expresa como el número de puntos que un dispositivo puede imprimir o mostrar por pulgada lineal.

puntuación *s.* (*score*) En referencia a un comprobador ortográfico, la puntuación es un número que indica cuánto difiere una palabra de sustitución con respecto a la palabra original que ha sido escrita incorrectamente. Una puntuación baja indica que la palabra incorrecta sólo fue cambiada ligeramente, mientras que una puntuación alta indica que la palabra ha cambiado en gran medida.

punzón *s. Véase* stylus.

purgar *vb.* (*purge*) Eliminar la información antigua o innecesaria de manera sistemática; limpiar, como, por ejemplo, un archivo.

push *s. Véase* difusión activa.

PVC *s.* Acrónimo de permanent virtual circuit (circuito virtual permanente). Conexión lógica permanente entre dos nodos en una red de conmutación de paquetes. Los circuitos PVC se comportan como líneas dedicadas de conexión entre los nodos, pero los datos pueden transmitirse a través de un medio físico común. *Véase también* operador básico de telecomunicaciones; nodo; conmutación de paquetes; red privada virtual. *Compárese con* SVC.

pwd *s.* Acrónimo de print working directory (imprimir directorio de trabajo). El comando UNIX para visualizar el directorio actual.

PWM *s.* Acrónimo de pulse width modulation (modulación de la anchura de pulso). *Véase* modulación de impulsos en duración.

PXE *s.* Acrónimo de Preboot Execution Environment (entorno de ejecución de prearranque). Una tecnología soportada por el BIOS y utilizada para arrancar un PC de manera remota. Para poder encender un PC y arrancarlo desde la red, es preciso habilitar la funcionalidad PXE en el BIOS, y la tarjeta de interfaz de red (NIC) del PC debe ser compatible con PXE. El arranque PXE está especificado en el estándar WfM (Wired for Management) de Intel. *También llamado* arranque por red.

Python *s.* Lenguaje de programación orientado a objetos portable e interpretado, desarrollado y distribuido de forma gratuita por su desarrollador. Python funciona en muchas plataformas, entre las que se incluyen UNIX, Windows, OS/2 y Macintosh y se utiliza para escribir aplicaciones TCP/IP.

Q

QAM *s. Véase* modulación de amplitud en cuadratura; método de acceso en cola.

QBasic *s.* Un lenguaje interpretado. QBasic es un dialecto de Basic creado por Microsoft para la plataforma MS-DOS. Este lenguaje ya no dispone de soporte técnico.

QBE *s. Véase* consulta mediante ejemplo.

QIC *s.* **1**. Consorcio de fabricantes de cintas magnéticas de un cuarto de pulgada. QIC (Quarter-Inch Cartridge Drive Standards, Inc.) establece estándares para la producción de cintas de un cuarto de pulgada. Por ejemplo, el QIC-40 y el QIC-80, diseñados para utilizar un controlador de disquetera de PC, son denominados los «estándares de cinta de disquetera». **2**. Acrónimo de quarter-inch cartridge (cartucho de un cuarto de pulgada). Tecnología de almacenamiento utilizada en cartuchos y unidades de cinta para copia de seguridad. Se trata de un método para realizar copias de seguridad de los datos en sistemas informáticos. QIC representa un conjunto de estándares ideados para que las cintas puedan utilizarse en unidades de distintos fabricantes. El estándar QIC especifica la longitud de cinta, el número de pistas de grabación y la intensidad magnética del recubrimiento de la cinta, todo lo cual determinará la cantidad de información que puede escribirse en una cinta. Las unidades QIC-80 más antiguas pueden almacenar hasta 340 MB de datos comprimidos. Las versiones más recientes pueden almacenar más de 1 GB de información.

QoS *s.* Acrónimo de Quality of Service. *Véase* calidad de servicio. *También llamado* QOS.

quadbit *s.* Conjunto de 4 bits que representa una de las 16 posibles combinaciones. En comunicaciones, los quadbits tienen la finalidad de incrementar las velocidades de transmisión por medio de la codificación de 4 bits cada vez en lugar de 1 o 2. Los 16 quadbits son: 0000, 0001, 0010, 0011, 0100, 0101, 0110, 0111, 1000, 1001, 1010, 1011, 1100, 1101, 1110 y 1111. *Compárese con* nibble.

Quartz *s.* El motor de dibujo 2D en que se basa la construcción de imágenes en la interfaz Aqua de Mac OS X. La interfaz de programación de aplicaciones gráficas Quartz está basada en el estándar PDF (Portable Document Format) de Adobe.

qubit *s.* Abreviatura de quantum bit (bit cuántico). Los bits (actualmente, partículas atómicas) que forman las máquinas teóricas conocidas como computadoras cuánticas. Los qubits se diferencian de los bits de las computadoras actuales en que pueden encontrarse en más de un estado al mismo tiempo. En consecuencia, pueden representar tanto el 0 como el 1 simultáneamente. Los qubits, al igual que las computadoras cuánticas, están basados en la ciencia de la mecánica cuántica.

quemador de CDs *s.* (***CD burner***) *Véase* grabadora de CD.

quemador de discos CD-ROM *s.* (***CD-ROM burner***) *Véase* grabadora de CD.

quemar *vb.* **1**. (***burn***) Crear discos compactos de memoria de sólo lectura (CD-ROM). **2**. (***burn***) Escribir datos electrónicamente en un chip de memoria programable de sólo lectura (PROM) utilizando un dispositivo especial de programación denominado programador de memorias PROM o quemador de memorias PROM. *Véase también* PROM. **3**. (***burn***) Escribir datos electrónicamente en un chip de memoria flash o una tarjeta PC Card Tipo III. A diferencia de los chips de memoria PROM y de los CD-ROM, la memoria flash puede ser quemada repetidamente con nueva información. **4**. (***burn in***) Mantener un nuevo sistema o dispositivo funcionando de manera continua para que los elementos o componentes débiles fallen pronto y puedan ser detectados y corregidos antes de que el sistema pase a formar parte de la cadena de montaje. Dicha prueba se suele realizar en las fábricas antes de suministrar un cierto producto. **5.** (***burn in***) Realizar un cambio permanente en el recubrimiento de fósforo de la parte interna de un monitor, dejando encendido el monitor y haciéndole mostrar una imagen fija brillante en la pantalla durante períodos de tiempo prolongados. Dicha imagen continuará siendo visible después de apagar el monitor. Este problema se presentaba en los antiguos monitores de PC, pero con la mayoría de los nuevos monitores no existe ese riesgo. **6.** (***zap***) Dañar un dispositivo, normalmente mediante una descarga de electricidad estática.

QuickDraw *s*. En el Apple Macintosh, es el grupo predefinido de rutinas dentro del sistema operativo que controla la visualización de gráficos y texto. Los programas de aplicación invocan a QuickDraw para crear las visualizaciones en pantalla. *Véase también* caja de herramientas.

QuickDraw 3-D *s*. Versión de la biblioteca Macintosh Quick-Draw que incluye rutinas para realizar cálculos de gráficos tridimensionales. *Véase también* QuickDraw.

Quicken *s*. Software de gestión financiera de Intuit, Inc. La versión financiera personal presentada por Intuit en 1984 incluye herramientas para el seguimiento y el control de cuentas bancarias e inversiones, presupuestos, pago de facturas, planificación y preparación de devoluciones de impuestos, planificación financiera y planificación inmobiliaria. Quicken Home & Business, una versión para pequeñas empresas, añade herramientas de carácter empresarial, como, por ejemplo, facturación y cuentas de pago y de cobro.

QuickTime *s*. Componentes software desarrollados por Apple para la creación, edición, publicación y visualización de contenido multimedia. QuickTime, que soporta vídeo, animación, gráficos, 3D, realidad virtual (VR), MIDI, música, sonido y texto, ha sido parte del sistema operativo Mac OS desde la versión 7 y se utiliza en muchas aplicaciones Macintosh. Las aplicaciones Windows también pueden ejecutar archivos QuickTime, pero requieren la instalación de un software reproductor especial. QuickTime se utiliza a menudo en la Web para proporcionar páginas con vídeo y animaciones. La mayoría de los exploradores web permiten utilizar aplicaciones auxiliares (plug-ins) para ejecutar este tipo de archivos. QuickTime forma parte también de la nueva especificación MPEG-4. *Véase también* MPEG-4.

quinta forma normal *s*. (***fifth normal form***) *Véase* forma normal.

quiosco *s*. (***kiosk***) Computadora autónoma o terminal que proporciona la información al público, normalmente a través de una pantalla multimedia.

quiosco de información *s*. (***information kiosk***) *Véase* quiosco.

quit *s*. **1**. Un comando existente en muchas aplicaciones y que sirve para abandonar el programa. **2**. Un comando FTP que ordena al servidor cerrar la conexión actual con el cliente que ha emitido el comando.

R&D *s.* Acrónimo de research and development (investigación y desarrollo).

R/W *adj. Véase* lectura/escritura.

RAD *s.* Acrónimo de rapid application development (desarrollo rápido de aplicaciones). Método de construcción de sistemas informáticos en el que el sistema se programa e implementa por partes en lugar de diferir la implementación hasta que se complete el proyecto. Desarrollado por el programador James Martin, el método RAD utiliza herramientas como CASE y mecanismos de programación visual. *Véase también* CASE; programación visual.

radiación electromagnética *s.* (*electromagnetic radiation*) La propagación de un campo magnético a través del espacio. Las ondas de radio, la luz y los rayos X son ejemplos de radiación electromagnética, viajando todos ellos a la velocidad de la luz.

radiación electromagnética de muy baja frecuencia *s.* (*very-low-frequency electromagnetic radiation*) *Véase* radiación VLF.

radiación VLF *s.* (*VLF radiation*) Radiación de muy baja frecuencia. Radiación electromagnética (radio) a frecuencias comprendidas en el rango que va de unos 300 Hz a unos 30.000 Hz (30 KHz). Los monitores de computadora emiten este tipo de radiación. Un estándar de cumplimiento voluntario, MPR II, regula la cantidad de radiación VLF que un monitor puede emitir. *Véase también* MPR II.

radián *s.* El ángulo existente entre dos radios de un círculo colocados de tal manera que la longitud del arco entre ellos sea igual al radio. La circunferencia de un círculo es igual a 2π veces el radio, por lo que un radián contiene 360/(2π) = 180/π = aproximadamente 57,2958 grados. A la inversa, si se multiplica el número de grados por π/180, se obtendrá el número de radianes; 360 grados es igual a 2π radianes. *Véase* la ilustración.

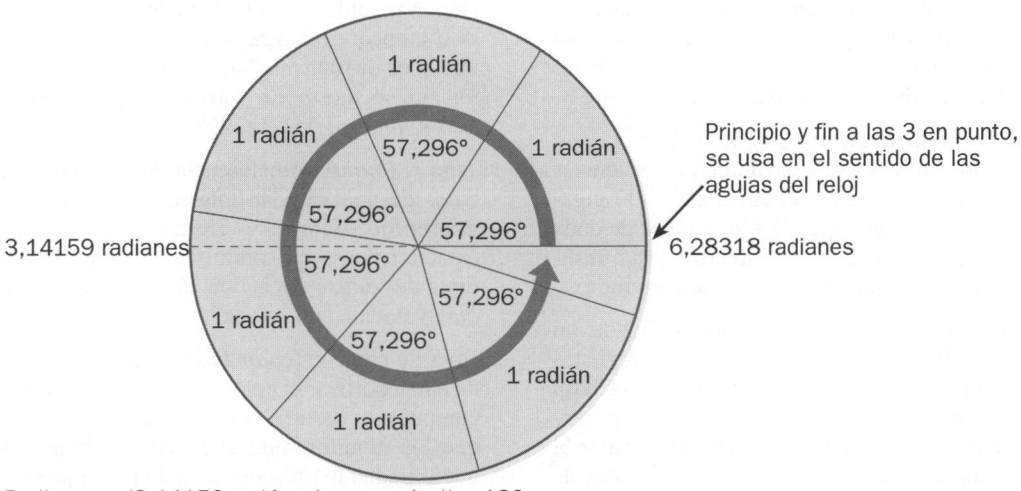

Radianes = (3,14159 × (ángulo en grados)) ÷ 180
1 grado = 0,017453 radianes

Radián.

radiar *vb.* (*beam*) Transferir información de un dispositivo a otro a través de una conexión inalámbrica de infrarrojos. El término hace referencia normalmente a la compartición de datos mediante dispositivos de mano, como los organizadores Palm, los equipos Pocket PC, teléfonos móviles y buscapersonas.

radio *s.* **1.** Señales de audio transmitidas a través de Internet de calidad comparable a las transmitidas por las emisoras de radio comerciales. *Véase también* radio Internet; MBONE; RealAudio. **2.** Ondas electromagnéticas con longitud de onda superior a unos 0,3 mm (frecuencias inferiores a 1 THz, aproximadamente). La radio se utiliza para transmitir una amplia variedad de señales empleando diversos rangos de frecuencias y tipos de modulación, como, por ejemplo, la radiodifusión AM y FM, los retransmisores de microondas y las emisiones de televisión. *Véase también* hercio; radiofrecuencia.

radio Internet *s.* (*Internet Talk Radio*) Programas de audio similares a las radiodifusiones comerciales, pero distribuidos a través de Internet en forma de archivos que pueden descargarse a través de FTP. Los programas de Internet Talk Radio, preparados en el edificio National Press Building de Washington D.C., Estados Unidos, tienen una duración de entre treinta minutos y una hora; un programa de treinta minutos requiere unos 15 MB de espacio de disco. *Acrónimo:* ITR.

radiofrecuencia *s.* (*radio frequency*) La porción del espectro electromagnético con frecuencias comprendidas entre 3 kilohercios y 300 gigahercios. Esto corresponde a longitudes de onda comprendidas entre 30 kilómetros y 0,3 milímetros. *Acrónimo:* RF. *Véase también* radio.

radiosidad *s.* (*radiosity*) Método utilizado en infografía para representar imágenes realistas de calidad fotográfica. La radiosidad se basa en la división de una imagen en polígonos muy pequeños, o parches, con el fin de calcular la iluminación global emitida por las fuentes de luz y reflejadas desde las superficies. A diferencia de las técnicas de trazado de rayos, que siguen los rayos de luz entre una fuente de luz y los objetos que ilumina, la radiosidad tiene en cuenta tanto la luz emitida desde una fuente de luz como la luz reflejada por todos los objetos contenidos en el entorno de la imagen. De este modo, la radiosidad tiene en cuenta no sólo una fuente de iluminación (como, por ejemplo, una bombilla), sino también los efectos de dicha iluminación cuando es absorbida y reflejada por cada objeto de la imagen. *Véase también* factor de forma. *Compárese con* trazado de rayos.

RADIUS *s.* Acrónimo de Remote Authentication Dial-In User Service (servicio de autenticación remota de usuarios de acceso telefónico). Una propuesta de protocolo Internet mediante el que un servidor de autenticación proporciona información de autorización y de autenticación a un servidor de red al que el usuario esté tratando de conectarse. *Véase también* autenticación; protocolo de comunicaciones; servidor.

RADSL *s.* Acrónimo de rate-adaptive asymmetric digital subscriber line (línea digital de abonado de velocidad adaptativa). Una versión flexible y de alta velocidad de ADSL (asymmetric digital subscriber line) que es capaz de ajustar su velocidad de transmisión (ancho de banda) basándose en la calidad de la señal y en la longitud de la línea de transmisión. A medida que la calidad de la señal mejora o empeora mientras que se está utilizando una línea de transmisión, la velocidad de transmisión se ajusta de forma correspondiente. *Véase también* ADSL; xDSL.

ráfaga *s.* (*burst*) Transferencia de un bloque de datos de una vez, sin interrupciones. Ciertos microprocesadores y ciertos buses tienen características que permiten emplear varios tipos de transferencias en ráfaga. *Véase también* velocidad de ráfaga.

ráfaga de color *s.* (*color burst*) Técnica utilizada para codificar el color en una señal de vídeo compuesta, desarrollada originalmente para que los monitores de televisión en blanco y negro pudieran presentar emisiones de programas en color. La ráfaga de color consta de una combinación de intensidades roja, verde y azul (utilizadas por las pantallas en blanco y negro) y dos señales de color diferentes que determinan las distintas intensidades de rojo, verde y azul (utilizada por las pantallas de color). *Véase también* tabla indexada de colores.

RAID *s.* Acrónimo de redundant array of independent (o inexpensive) disks (matriz redundante de discos de bajo coste o independientes). Un método de almacenamiento de datos en el que los datos se distribuyen entre un grupo de unidades de disco que funcionan como una única unidad de almacenamiento. Toda la información almacenada en cada uno de los discos está duplicada en otros discos de la matriz. Esta redundancia garantiza que no se pierda información si uno de los discos falla. RAID se utiliza generalmente en servidores de red en los que resulta crítica la accesibilidad de los datos y en los que se exige tolerancia a fallos. Hay varios niveles de RAID definidos, cada uno de los cuales implica diferentes compromisos entre la velocidad de acceso, la fiabilidad y el coste. *Véase también* controladora de disco; codificación con corrección de errores; código Hamming; disco duro; bit de paridad; servidor.

raíz *s.* **1.** (*radix*) La base de un sistema de numeración, como, por ejemplo, 2 en el sistema binario, 10 en el sistema decimal, 8 en el sistema octal y 16 en el sistema hexadecimal. *Véase también* base. **2.** (*root*) El nivel principal o superior en un conjunto de información jerárquicamente organizado. La raíz es el punto a partir del cual se bifurcan los distintos subconjuntos en una secuencia lógica que va limitando progresivamente la generalidad de la información. *Véase también* hoja; árbol.

raíz virtual *s.* (*virtual root*) El directorio raíz que un usuario ve cuando se conecta a un servidor Internet, como, por ejemplo, un servidor HTTP o FTP. La raíz virtual es, de hecho, un puntero al directorio raíz físico, que puede estar situado en una ubicación diferente, como, por ejemplo, en otro servidor. La ventaja de utilizar una raíz virtual es que se puede definir una dirección URL simple para el sitio Internet y se puede mover el directorio raíz sin que dicha dirección URL se vea afectada. *También llamado* v-root. *Véase también* puntero; directorio raíz; servidor; URL.

RAM *s.* Acrónimo de random access memory (memoria de acceso aleatorio). Memoria basada en semiconductores que la unidad central de proceso (UCP) u otros dispositivos de hardware pueden leer y escribir. Una característica importante es que a las ubicaciones de almacenamiento de una memoria RAM se puede acceder en cualquier orden. Observe que los diversos tipos de memoria ROM permiten también un acceso aleatorio, pero, sin embargo, no se puede escribir en ellas. Por lo general, el término RAM se suele reservar para hacer referencia a una memoria volátil en la que se puede tanto leer como escribir. *Compárese con* núcleo; EPROM; memoria flash; PROM; ROM.

RAM base *s.* (*base RAM*) *Véase* memoria convencional.

RAM de trabajo temporal *s.* (*scratchpad RAM*) Memoria utilizada por una unidad central de proceso (UCP) para el almacenamiento temporal de datos. *Véase también* unidad central de proceso; registro.

RAM de ventana *s.* (*window random access memory*) *Véase* WRAM.

RAM de vídeo *s.* (*video RAM*) Tipo especial de RAM dinámica (DRAM) utilizada en aplicaciones de vídeo de alta velocidad. La RAM de vídeo utiliza terminales distintos para el procesador y la circuitería de vídeo, proporcionando a la circuitería de vídeo una puerta trasera a la RAM de vídeo. La circuitería de vídeo puede acceder a la RAM de vídeo en serie (bit a bit), lo que es más apropiado para transferir píxeles a la pantalla que el acceso paralelo proporcionado por la DRAM convencional. *Acrónimo:* VRAM. *Véase también* RAM dinámica.

RAM dinámica *s.* (*dynamic RAM*) Tipo de memoria de acceso aleatorio (RAM) semiconductora. La RAM dinámica almacena la información en circuitos integrados que contienen condensadores. Dado que los condensadores pierden su carga con el tiempo, las tarjetas RAM dinámicas deben incluir lógica para refrescar (recargar) los chip de RAM continuamente. Mientras que una RAM dinámica se refresca, no puede ser leída por el procesador;

si el procesador puede leer la RAM mientras se está refrescando, se producen uno o más estados de espera. A pesar de ser más lenta, la RAM dinámica se utiliza más a menudo que la RAM porque su circuitería es más simple y porque puede almacenar hasta cuatro veces más datos. *Acrónimo:* DRAM. *Véase también* RAM. *Compárese con* RAM estática.

RAM en modo página *s.* (*page mode RAM*) RAM dinámica especialmente diseñada que soporta el acceso a posiciones de memoria secuenciales con un tiempo de ciclo reducido. Esto resulta especialmente atractivo en la RAM de vídeo, en la que se accede a cada dirección en orden ascendente para crear una imagen de pantalla. La RAM con modo página también puede mejorar la velocidad de ejecución del código, porque el código tiende a ejecutarse secuencialmente a través de la memoria. *Véase también* tiempo de ciclo; RAM dinámica.

RAM estática *s.* (*static RAM*) Tipo de memoria semiconductora de acceso aleatorio (RAM) basada en el circuito lógico conocido como biestable, el cual mantiene la información mientras que haya suficiente energía para hacer funcionar el dispositivo. Las RAM estáticas se reservan normalmente para el uso en cachés. *Acrónimo:* SRAM. *Véase también* caché; RAM; RAM estática síncrona de ráfaga. *Compárese con* RAM dinámica.

RAM estática asíncrona *s.* (*asynchronous static RAM*) Un tipo de RAM estática (SRAM) que no está sincronizada con el reloj del sistema. Al igual que la RAM estática en general, la RAM estática asíncrona, o SRAM asíncrona, se utiliza en la caché de nivel 2 de una computadora, que es la parte especial de memoria utilizada para almacenar la información a la que más frecuentemente se accede. Puesto que este tipo de RAM estática no está sincronizada con el reloj, la UCP debe esperar para obtener los datos solicitados de la caché de nivel 2. La RAM estática asíncrona es más rápida que la memoria principal, pero no tan rápida como la RAM estática de ráfaga síncrona o la RAM estática de ráfaga con pipeline. *También llamado* SRAM asíncrona. *Véase también* caché L2; RAM estática. *Compárese con* RAM dinámica; RAM estática de ráfaga con procesamiento en cadena; RAM estática síncrona de ráfaga.

RAM estática de ráfaga con procesamiento en cadena *s.* (*pipeline burst static RAM*) Tipo de RAM estática que utiliza tecnologías de ráfaga y procesamiento en cadena para incrementar la velocidad a la que se puede suministrar información a la UCP de la computadora. Encadenando (pipelining) las solicitudes de modo que una se ejecute mientras se recibe la siguiente, la RAM estática de ráfaga con procesamiento en cadena o PB SRAM (pipeline burst static RAM) puede proporcionar información a la UCP a alta velocidad. La PB SRAM se utiliza en las cachés L2 (memoria de respuesta rápida dedicada a almacenar los datos frecuentemente solicitados) de las computadoras que operan con velocidades de bus de 75 MHz o superiores. *Acrónimo:* PB SRAM. *Véase también* ráfaga; trocear; caché L2; procesamiento en cadena; RAM estática. *Compárese con* RAM estática asíncrona; RAM dinámica; RAM estática síncrona de ráfaga.

RAM estática síncrona de ráfaga *s.* (*synchronous burst static RAM*) Tipo de RAM estática que está sincronizada con el reloj del sistema. La RAM estática síncrona de ráfaga se utiliza en la caché L2 de las computadoras, donde se almacena la información a la que se accede frecuentemente para hacer más rápida la extracción de datos por parte de la UCP. La RAM estática síncrona de ráfaga es más rápida que una RAM estática asíncrona, pero está limitada a una velocidad de bus máxima de 66 MHz. Las computadoras que operan a velocidades más altas pueden utilizar otro tipo de memoria caché, conocida como RAM estática de ráfaga con procesamiento en cadena. *Véase también* caché L2; RAM estática. *Compárese con* RAM estática asíncrona; RAM dinámica; RAM estática de ráfaga con procesamiento en cadena.

RAM oculta *s.* (*shadow RAM*) *Véase* memoria oculta.

RAM paramétrica *s.* (*parameter RAM*) Unos pocos bytes de RAM CMOS alimentada con batería en las placas madre de las computadoras Apple Macintosh. La información sobre la configuración del sistema se almacena en la RAM paramétrica. *Acrónimo:* PRAM. *Véase también* CMOS RAM. *Compárese con* CMOS.

RAM síncrona *s.* (*sync SRAM*) *Véase* RAM estática síncrona de ráfaga.

RAM síncrona de gráficos *s.* (*synchronous graphics RAM*) Tipo de RAM dinámica optimizada para las transferencias de grandes volúmenes de datos a alta velocidad requerida por las aplicaciones de gráficos 3D, de vídeo y otras aplicaciones que hacen un uso intensivo de la memoria. Empleada principalmente en tarjetas aceleradoras de vídeo, la RAM síncrona de gráficos hace uso de operaciones en ráfagas e incluye características como la escritura de bloques que aumenta la eficiencia a la hora de extraer y escribir datos de gráficos en la pantalla. *Acrónimo:* SGRAM. *Véase también* bloque; máscara.

rama *s.* (*branch*) 1. Cualquier conexión entre dos elementos, como, por ejemplo, dos bloques en un organigrama o dos nodos en una red. 2. Nodo intermedio entre la raíz y las hojas en algunos tipos de estructuras lógicas de árbol, como el árbol de directorios en Windows o una organización de distribución mediante cintas.

RAMAC *s.* 1. Sistema de almacenamiento en disco de alta velocidad y alta capacidad introducido por IBM en 1994. Basado en el dispositivo de almacenamiento RAMAC original, fue diseñado para satisfacer la necesidad de las empresas de disponer de un almacenamiento eficiente y tolerante a fallos. 2. Acrónimo de Random Access Method of Accounting Control (método de acceso aleatorio de control de cálculo). Desarrollada en 1956 por un equipo de IBM dirigido por Reynold B. Johnson, RAMAC fue la primera unidad de disco para computadora. La unidad RAMAC original consistía en una pila de 50 discos de 24 pulgadas con una capacidad de almacenamiento de 5 megabytes y un tiempo de acceso medio de 1 segundo.

RAMDAC *s.* Acrónimo de random access memory digital-to-analog converter (convertidor digital-analógico de memoria de acceso aleatorio). Chip incluido en algunos adaptadores de vídeo VGA y SVGA que traduce la representación digital de un píxel en la información analógica necesaria para que el monitor pueda mostrarlo. Generalmente, la presencia de un chip RAMDAC mejora las prestaciones globales del tratamiento de vídeo. *Véase también* SVGA; VGA.

rango *s.* (*range*) 1. En el uso general, es el intervalo comprendido entre unos valores superior e inferior especificados. La comprobación de rangos es un método importante para validar los datos introducidos en una aplicación. 2. Un bloque de celdas seleccionadas para un tratamiento similar en una hoja de cálculo. Un rango de celdas se puede extender a lo largo de una fila o de una columna o abarcar varias filas y columnas, pero todas las celdas del rango deben ser contiguas, compartiendo como mínimo un borde. Los rangos permiten al usuario aplicar a múltiples celdas el mismo comando; por ejemplo, para darles el mismo formato, introducir el mismo dato en todas ellas, darles un nombre identificativo común con el fin de tratarlas como una unidad o seleccionarlas e incorporarlas en una fórmula.

ranura *s.* (*slot*) 1. Conector para montar un circuito integrado que está diseñado para conectar un microprocesador al bus de datos de un PC. Actualmente, sólo los modelos más recientes de la familia Pentium de Intel utilizan este tipo de conector. *Véase también* Pentium; Slot 1; Slot 2. 2. *Véase* ranura de expansión.

ranura de cabezal *s.* (*head slot*) La apertura oblonga en la carcasa de un disquete que proporciona al cabezal de lectura/escritura acceso a la superficie magnética del disco. Véase la ilustración en la página siguiente.

ranura de comunicaciones *s.* (*communications slot*) En muchos modelos de Apple Macintosh, es una ranura de expansión dedicada que se utiliza para tarjetas de interfaz de red. *Acrónimo:* CS.

ranura de expansión *s.* (*expansion slot*) Zócalo de una computadora diseñado para contener una tarjeta de expansión y conectarla al bus de sistema (ruta de datos). La finalidad de las

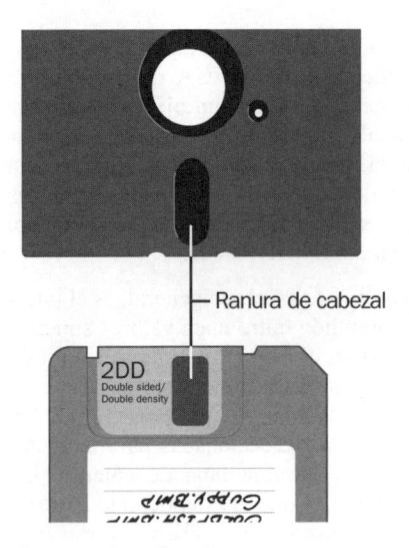

Ranura de cabezal.

ranuras de expansión es añadir o mejorar las características y capacidades de la computadora. En las computadoras portátiles, las ranuras de expansión vienen son ranuras PCMCIA diseñadas para aceptar PC Cards. *Véase también* placa de expansión; PC Card; ranura PCMCIA.

ranura de expansión PCI *s*. (*PCI expansion slot*) Zócalo de conexión para periféricos diseñados para el bus local PCI (Peripheral Component Interconnect) de la placa madre de un equipo informático.

ranura ISA *s*. (*ISA slot*) Zócalo de conexión para periféricos diseñados de acuerdo al estándar ISA (Industry Standard Architecture), el cual se aplica al bus desarrollado para la placa madre 80286 (PC/AT de IBM). *Véase también* ISA.

ranura PC Card *s*. (*PC Card slot*) *Véase* ranura PCMCIA.

ranura PCMCIA *s*. (*PCMCIA slot*) Abertura en la carcasa de una computadora, periférico u otro dispositivo electrónico inteligente diseñada para albergar una tarjeta PC Card. *Véase también* PC Card; conector PCMCIA.

RAPI *s*. *Véase* interfaz de programación de aplicaciones remota.

RARP *s*. Acrónimo de Reverse Address Resolution Protocol (protocolo de resolución inversa de direcciones). Un protocolo TCP/IP para determinar la dirección IP (o dirección lógica) de un nodo en una red de área local conectada a Internet cuando sólo se conoce la dirección hardware (o dirección física). Aunque RARP hace referencia únicamente al proceso de averiguación de la dirección IP y ARP se refiere técnicamente al procedimiento opuesto, se suele utilizar el término ARP para indicar ambos sentidos de traducción. *Véase también* ARP.

RAS *s*. **1**. Acrónimo de reliability, availability, serviceability (fiabilidad, disponibilidad, mantenibilidad). **2**. (*Remote Access Service*) Acrónimo de Remote Access Service (servicio de acceso remoto). Software de Windows que permite a un usuario acceder de forma remota al servidor de red mediante un módem. *Véase también* acceso remoto.

rascacielos *s*. (*skyscraper*) Uno de los diversos formatos de mayor tamaño para anuncios en líneas desarrollados para sustituir a los anuncios tradicionales de tipo rótulo en Internet. *Véase* anuncio de avalancha.

rasterización *s*. **1**. (*raster*) Patrón rectangular de líneas; en una pantalla de vídeo, las líneas de barrido horizontal de las cuales deriva el término barrido de líneas. **2**. (*rasterization*) La conversión de gráficos vectoriales (imágenes descritas en términos de elementos matemáticos, como puntos y líneas) en imágenes equivalentes compuestas de patrones de píxeles que puedan almacenarse y manipularse como conjuntos de bits. *Véase también* píxel.

rastrear *vb*. (*track*) En almacenamiento y recuperación de datos, seguir y leer un canal de grabación en un disco o en una cinta magnética.

rastro del ratón *s*. (*mouse trails*) La creación de una especie de rastro sombreado que sigue al puntero del ratón en la pantalla con el fin de hacerlo más fácil de ver. Los rastros del ratón son útiles en los equipos portátiles, especialmente en los que tienen pantallas de matriz pasiva y en los modelos más antiguos con pantallas monocromas. La relativamente baja resolución y contraste de dichas pantallas hace que resulte fácil perder de vista el pequeño puntero del ratón. *Véase también* puntero del ratón; submarinismo.

ratón *s.* (*mouse*) Dispositivo señalador bastante común. Las características básicas de un ratón son: una carcasa de fondo plano con botones, diseñada para ser asida por una mano; uno o más botones en la parte superior; un dispositivo de detección multidireccional (normalmente, una bola) en la parte inferior y un cable que conecta el ratón a la computadora. Al mover el ratón sobre una superficie (como la de un escritorio), el usuario controla la posición del cursor en la pantalla. Un ratón es un dispositivo señalador relativo, porque no hay límites definidos para el movimiento del ratón y porque su situación en la superficie no se relaciona directamente con una localización en la pantalla. Para seleccionar elementos o elegir comandos en la pantalla, el usuario presiona uno de los botones del ratón, produciendo un «clic de ratón». Véase la ilustración. *También llamado* mouse. *Véase también* ratón de bus; ratón mecánico; ratón óptico; ratón optomecánico; dispositivo señalador relativo; ratón en serie. *Compárese con* ratón de bola.

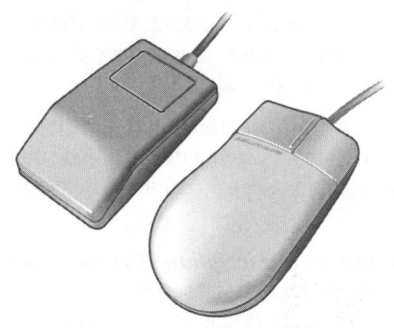

Ratón.

ratón de bola *s.* (*trackball*) Dispositivo señalador que consta de una bola colocada sobre dos rodillos, que forman ángulo recto, que traducen el movimiento de la bola en movimientos vertical y horizontal en la pantalla. Normalmente, un ratón de bola también dispone de uno o más botones para iniciar otras acciones. El habitáculo de un ratón de bola es estacionario; la bola se mueve con la mano. Véase la ilustración. *Compárese con* ratón mecánico.

ratón de bus *s.* (*bus mouse*) Ratón que se conecta al bus de la computadora a través de una tarjeta o puerto especial en lugar de a través de un puerto serie. *Véase también* ratón. *Compárese con* ratón en serie.

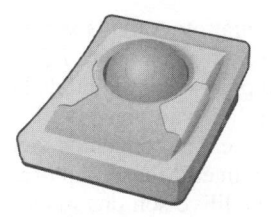

Ratón de bola.

ratón en serie *s.* (*serial mouse*) Dispositivo señalador conectado a la computadora a través de un puerto serie estándar. *Véase también* ratón. *Compárese con* ratón de bus.

ratón mecánico *s.* (*mechanical mouse*) Tipo de ratón en el que el movimiento de una bola situada en la parte inferior del ratón se traduce en señales direccionales. A medida que el usuario mueve el ratón, la bola rueda, haciendo girar un par de rodillos montados en ángulo recto en el interior del ratón y que tienen marcas conductoras en sus superficies. Debido a que las marcas permiten el flujo de la corriente eléctrica, un conjunto de escobillas conductoras situadas sobre la superficie de los rodillos pueden detectar dichas marcas conductoras. La circuitería electrónica del ratón traduce estas señales eléctricas de movimiento en información de movimiento del ratón, que puede ser utilizada por la computadora. *Véase también* ratón; ratón de bola. *Compárese con* ratón óptico; ratón optomecánico.

ratón óptico *s.* (*optical mouse*) **1.** Tipo de ratón que usa un par de diodos electroluminiscentes (LED) y una tableta especial con cuadrícula reflectiva para detectar el movimiento. Las dos luces son de diferente color y la tableta especial del ratón tiene una cuadrícula de líneas con los mismos colores: un color para las líneas verticales y otro para las líneas horizontales. Unos optodetectores, que están emparejados con los LED, detectan cuándo un haz luminoso coloreado pasa sobre una línea del mismo color indicando la dirección del movimiento. *Véase también* ratón. *Compárese con* ratón mecánico; ratón optomecánico. **2.** Tipo de ratón que utiliza una cámara digital CMOS y un procesador digital de señal para detectar el movimiento. La cámara fotografía la superficie sobre la que se mueve el ratón 1.500 veces por segundo y el procesador digital de la señal utiliza las fotografías para convertir los movimientos del ratón en movimientos del cursor sobre la pantalla. IntelliMouse Explorer e IntelliMouse with IntelliEye son dos modelos de ratón óptico sin partes móviles que no necesitan una alfombrilla de ratón especial y que fueron lanzados al mercado por Microsoft en 1999. *Véase también* ratón.

ratón optomecánico *s.* (*optomechanical mouse*) Tipo de ratón en el que el movimiento se traduce en señales direccionales mediante una combinación de medios ópticos y mecánicos. La parte óptica incluye pares de diodos electroluminiscentes (LED) y sus correspondientes sensores. La parte mecánica consta de ruedas rotatorias con una serie de hendiduras. Cuando se mueve el ratón, las ruedas giran y la luz procedente de los LED bien pasa a través de las hendiduras e incide sobre un fotodetector (sensor) o bien es bloqueada por las partes de las ruedas que no tienen hendidura. Estos cambios en el nivel luminoso son detectados por las parejas de sensores e interpretados como indicaciones de movimiento. Debido a que existe un ligero desfase entre los sensores, la dirección del movimiento se determina basándose en cuál de los sensores detecta primero el haz luminoso. Debido a que utiliza dispositivos ópticos en lugar de componentes mecánicos, un ratón optomecánico no está sometido al desgaste ni necesita el mantenimiento de los ratones puramente mecánicos, pero tampoco necesita las superficies de trabajo especiales que se requieren con los ratones ópticos. *Véase* la ilustración. *Véase también* ratón. *Compárese con* ratón mecánico; ratón óptico.

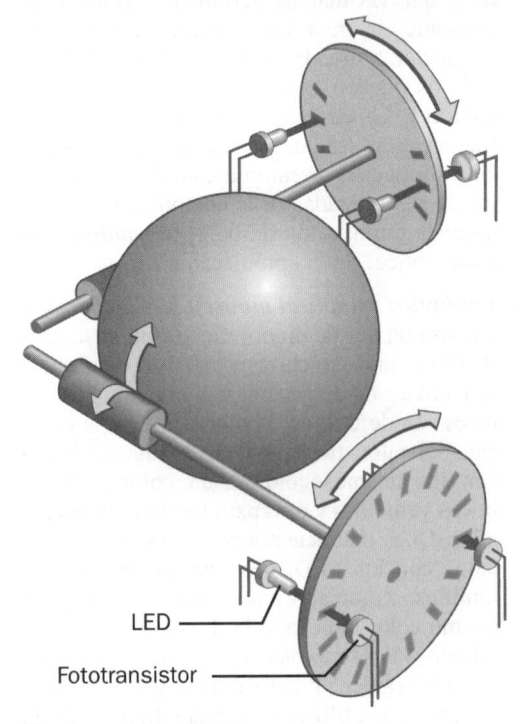

ratonera *s.* (*mousetrapping*) Una práctica empleada por algunos sitios web mediante la cual se desactivan los botones de retroceso y de salida del explorador web de un visitante y los intentos de abandonar el sitio se redirigen a otras páginas del sitio o a otros sitios web en contra de los deseos del visitante. Esta técnica está normalmente asociada con sitios web para adultos. *Compárese con* secuestro de páginas.

RDBMS *s.* Acrónimo de relational data base management system (sistema de gestión de bases de datos relacionales). *Véase* base de datos relacional.

RDF *s.* (*Resource Description Framework*) Acrónimo de Resource Description Framework (marco de descripción de recursos). Una especificación desarrollada por el W3C (World Wide Web Consortium) para definir una infraestructura flexible de organización y gestión de metadatos (datos acerca de datos) para la Web e Internet. El marco de descripción de recursos pretende proporcionar un entorno conceptual basado en XML (Extensible Markup Language) que pueda estandarizar la forma en que las aplicaciones intercambian metadatos (o metacontenido). Entre los posibles usos, se incluyen los motores de búsqueda, los sistemas de clasificación del contenido y otras áreas en las que resulta necesario intercambiar información acerca de los datos. *Véase también* XML.

Ratón optomecánico.

RDO *s. Véase* Remote Data Objects.

RDRAM *s.* Acrónimo de Rambus Dynamic RAM (RAM dinámica Rambus). Tipo de DRAM diseñado por Rambus, Inc. En su formato más rápido, conocido como Direct RDRAM, esta tecnología proporciona una ruta de datos de 16 bits y un ancho de banda de pico de 1,6 GB por segundo (aproximadamente de ocho a diez veces más rápida que una DRAM síncrona o SDRAM). La memoria RDRAM ha sido utilizada en chips gráficos y de vídeo. La predicción es que la memoria RDRAM reemplace a las memorias DRAM y SDRAM en las computadoras personales. *Véase también* RAM dinámica; SDRAM.

RDSI *s.* (*ISDN*) Acrónimo de Red Digital de Servicios Integrados. Una red de comunicaciones digital de alta velocidad que evolucionó a partir de los servicios telefónicos existentes. El objetivo a la hora de desarrollar RDSI era sustituir la red telefónica actual, que requiere conversiones de tipo digital-analógico, por una serie de elementos de infraestructura totalmente orientados a la transmisión y conmutación digitales y que fueran lo suficientemente avanzados como para sustituir las tradicionales formas analógicas de los datos, abarcando desde las comunicaciones de voz hasta las transmisiones de datos, de música y de vídeo. RDSI está disponible en dos formas, conocidas con los nombres de BRI (Basic Rate Interface, interfaz de acceso básico) y PRI (Primary Rate Interface, interfaz de acceso primario). BRI consta de dos canales B (bearer, portador) que transportan datos a 64 Kbps y un canal D (datos) que transporta información de señalización y de control a 16 Kbps. En América del Norte y Japón, la interfaz PRI está compuesta por 23 canales B y un canal D, todos los cuales operan a 64 Kbps; en el resto del mundo, la interfaz PRI consta de 30 canales B y un canal D. Las computadoras y otros dispositivos se conectan a las líneas RDSI a través de interfaces simples y estandarizadas. *También llamado* ISDN. *Véase también* BRI; canal; PRI.

RDSI de banda ancha *s.* (*broadband ISDN*) RDSI de nueva generación basada en tecnología ATM (Asynchronous Transfer Mode, modo de transferencia asíncrona). La RDSI de banda ancha divide la información en dos categorías: servicios interactivos, que son controlados por el usuario y servicios distribuidos (o de distribución) que pueden ser difundidos al usuario. *Véase también* ATM; RDSI.

RDSI de banda estrecha *s.* (*narrowband ISDN*) Nombre utilizado para distinguir las actuales líneas RDSI de las tecnologías RDSI de banda ancha que están actualmente en desarrollo. *Véase también* RDSI de banda ancha; RDSI.

Reader *s. Véase* Microsoft Reader.

README *s.* Archivo que contiene la información que el usuario necesita o que encontrará interesante y que puede no haber sido incluida en la documentación. Los archivos README se incluyen en disco en texto sin formato (sin caracteres extraños o específicos de un programa) con el fin de que puedan ser leídos fácilmente por una variedad de procesadores de texto.

real *adj.* (*live*) **1.** Propiedad de poder ser manipulado por el usuario con el fin de realizar cambios en un documento o en parte de un documento. **2.** Perteneciente o relativo a los datos reales o a un programa que trabaje con ellos por oposición a los datos de prueba.

Real Soon Now *adv.* Que va a tener lugar pronto, pero que no se espera que sea tan pronto como se pretende. Se podría decir, por ejemplo, que un programa comercial tendrá una determinada característica, que todo el mundo está esperando Real Soon Now si varias versiones antes el fabricante tuvo conocimiento de la necesidad de esa característica y no ha hecho nada por el momento. *Acrónimo:* RSN.

RealAudio *s.* Tecnología de transmisión de flujos de audio desarrollada por RealNetworks, Inc., para distribución de radio y de archivos de sonido con calidad FM a través de Internet en tiempo real. RealAudio está basado en dos componentes: un software cliente para la descompresión del sonido en tiempo real y un software servidor para la distribución del sonido. El software del cliente es gratuito, distribuyéndose en forma de programa descarga-

realce de imágenes

ble o como parte del software del explorador. *Véase también* RealPlayer; RealVideo; flujo; flujos de datos.

realce de imágenes *s.* (*image enhancement*) El proceso de mejorar la calidad de una imagen gráfica bien de forma automática con un programa software o bien de forma manual, realizando en este caso la tarea el usuario mediante un programa de dibujo. *Véase también* antialiasing; procesamiento de imágenes.

realidad virtual *s.* (*virtual reality*) Un entorno 3D simulado en el que un usuario puede introducirse y que puede manipular como si fuera un entorno físico. El usuario ve el entorno en una o más pantallas de visualización, posiblemente montadas en unas gafas especiales. Se utilizan dispositivos de entrada especiales, como electroguantes y electrotrajes que incorporan sensores de movimiento para detectar las acciones del usuario.

realimentación *s.* (*feedback*) La utilización de una parte de la salida de un sistema como entrada del mismo sistema. La realimentación se suele incluir de manera deliberada en muchos sistemas, pero en ocasiones esa realimentación aparece de forma no deseada. En electrónica, la realimentación se utiliza en los circuitos de monitorización, de control y de amplificación.

realimentación dinámica *s.* (*force feedback*) Tecnología que genera presión o resistencia en un dispositivo de entrada/salida. La realimentación dinámica permite a un dispositivo de entrada/salida, como, por ejemplo, una palanca de mando o un volante, reaccionar a las acciones del usuario con una respuesta apropiada a los sucesos visualizados en la pantalla. Por ejemplo, la realimentación dinámica puede utilizarse en un juego de computadora para proporcionar al usuario la sensación adecuada al hacer un picado con un avión o al tomar una curva cerrada un coche de carreras. *También llamado* fuerza de respuesta. *Véase también* dispositivo de entrada/salida.

realizar pruebas comparativas *vb.* (*benchmark*) Medir las prestaciones del hardware o del software.

realizar un archivado *vb.* (*archive*) Copiar archivos en una cinta o disco para su almacenamiento a largo plazo. *También llamado* archivar.

realizar un ciclo de encendido *vb.* (*cycle power*) Desconectar y volver a conectar la alimentación de una máquina con el fin de eliminar algo de la memoria o de reiniciar después de que la máquina haya fallado o se haya quedado colgada.

realizar un eco *vb.* (*echo*) Transmitir de nuevo hacia el emisor una señal recibida. Los programas informáticos, como MS-DOS y OS/2, pueden configurarse para que realicen un eco de la entrada mostrando los datos en la pantalla a medida que se reciben desde el teclado. Los circuitos de comunicación de datos pueden realizar un eco del texto hacia el terminal emisor para confirmar que el texto ha sido recibido.

realizar una copia de seguridad *vb.* (*back up*) Realizar una copia duplicada de un programa, un disco o un conjunto de datos. *Véase también* copia de seguridad.

realizar una doble desreferencia *vb.* (*double-dereference*) Desreferenciar un puntero al que apunta otro puntero; en otras palabras, acceder a la información a la que apunta un descriptor. *Véase también* desreferenciar; descriptor; puntero.

realizar una publicación cruzada *vb.* (*cross-post*) Copiar un mensaje o artículo de noticias de un grupo de noticias, foro de discusión, sistema de correo electrónico u otro canal de comunicaciones a otro; por ejemplo, de un grupo de noticias Usenet a un foro CompuServe o de correo electrónico a un grupo de noticias.

realizar una reingeniería *vb.* (*reengineer*) Repensar y redefinir los procesos y procedimientos. En el contexto de los sistemas informáticos, realizar una reingeniería significa cambiar la forma en que se lleva a cabo el trabajo con el fin de maximizar los beneficios de las nuevas tecnologías.

RealPlayer *s.* Un reproductor de contenido multimedia para Internet que también puede funcionar como aplicación auxiliar (plug-in) de un explorador y que ha sido desarrollado por RealNetworks, Inc. Soporta la reproducción de contenido RealAudio y RealVideo, así como algunos otros formatos, después de instalar las aplicaciones auxiliares apropiadas. La versión actual permite a los usuarios de RealPlayer explorar la Web en busca de contenido multimedia directamente desde el reproductor o a través de un explorador web. *Véase también* RealAudio; RealVideo.

RealSystem G2 *s.* Una plataforma abierta y basada en estándares para la distribución de flujos de audio y vídeo a través de Internet y de otras redes TCP/IP y desarrollada por RealNetworks, Inc. RealSystem G2 fue introducido por RealNetworks en sus reproductores, servidores y herramientas de desarrollo para audio y vídeo en 1998. Entre otras características, RealSystem G2 presenta buenas características de escalabilidad para diferentes anchos de banda, incluye mecanismos de transmisión de flujos que ajustan la distribución al ancho de banda disponible y soporta SMIL (Synchronized Multimedia Integration Language) para presentaciones multimedia. *Véase también* RealPlayer; RealVideo; SMIL; flujos de datos.

RealSystem Producer *s.* Una aplicación software desarrollada por RealNetworks que convierte la mayor parte de archivos de vídeo y de sonido a formato RealMedia con el fin de utilizar dicho contenido en forma de flujo multimedia a través de Internet o dentro de una intranet corporativa.

RealSystem Server *s.* Software desarrollado por RealNetworks para permitir a un servidor difundir flujos multimedia. Hay disponibles diversas versiones del servidor RealSystem diseñadas para satisfacer una amplia gama de necesidades, desde los pequeños servidores para intranet a los grandes servidores proxy.

RealVideo *s.* La tecnología de transmisión mediante flujos desarrollada por RealNetworks, Inc., para la distribución de vídeo a través de intranets y de Internet. RealVideo transmite vídeo desde un servidor en forma codificada (comprimida). El vídeo y su correspondiente sonido se presentan en el extremo cliente con ayuda de un reproductor software. RealVideo funciona tanto con IP como con los mecanismos de multidifusión IP, y al igual que sucede con RealAudio, no requiere que se transmita el archivo completo para que la reproducción pueda comenzar. *Véase también* RealAudio; RealPlayer; flujos de datos.

rearrancar *vb.* (*reboot*) Reiniciar una computadora recargando el sistema operativo. *Véase también* arrancar; arranque en frío; arranque en caliente.

reasignar *s.* (*reallocate*) Función en C que permite al programador solicitar una porción de cúmulo de memoria mayor que la que fue previamente asignada a un puntero determinado. *Véase también* asignación dinámica de memoria; cúmulo de memoria.

rebobinar *vb.* (*rewind*) Desplazar una cinta magnética o casete hasta la posición inicial.

rebotar *vb.* (*bounce*) Volver al emisor usado en referencia a los mensajes de correo electrónico que no pueden ser entregados.

rec. *s.* Grupos de noticias Usenet que forman parte de la jerarquía rec. y cuyos nombres tienen el prefijo rec. Estos grupos de noticias están dedicados a la discusión sobre actividades de carácter recreativo, hobbies y actividades artísticas. *Véase también* grupo de noticias; jerarquía tradicional de grupos de noticias; Usenet. *Compárese con* comp.; misc.; news.; sci.; soc.; talk.

recambio activo *s.* (*hot spare*) En los sistemas RAID (Redundant Array of Independent Disks), es una unidad de disco de reserva, dentro de la matriz de discos, que está configurada como unidad de emergencia en la que se pueden reconstruir los datos en caso de que falle otra unidad. Los recambios activos se mantienen en línea (operativos) y pueden activarse sin intervención del operador. *Véase también* RAID.

recargar *vb.* (*reload*) **1.** Extraer una nueva copia de una página web actualmente visible en el explorador web. **2.** Cargar de nuevo un programa en memoria desde un dispositivo de almacenamiento con el fin de ejecutarlo debido a que se ha producido un fallo en el sistema o se ha interrumpido de algún otro modo la operación del programa.

receptor GPS *s*. (***GPS receiver***) Dispositivo que incluye una antena, un receptor de radio y un procesador que usan el sistema GPS (Global Positioning System, sistema de posicionamiento global) mundial. Un receptor GPS utiliza la información de posición y tiempo procedente de cuatro satélites GPS para calcular información precisa sobre su localización actual, su velocidad de viaje y la hora actual. Un receptor GPS portátil puede ser un dispositivo autónomo o una unidad que se conecta a una computadora portátil. Los receptores GPS se utilizan en trabajos de carácter científico, como el seguimiento, mapeado y estudio de los volcanes, así como en la navegación por tierra, mar o aire. En el campo de consumo del público general, se emplea en actividades al aire libre, como el senderismo o la navegación, y en los coches para proporcionar información sobre la posición, el destino y el tráfico. *Véase también* GPS.

receptor/transmisor síncrono universal *s*. (***universal synchronous receiver-transmitter***) *Véase* USRT.

receptores desconocidos *s*. (***unknown recipients***) Una respuesta a un mensaje de correo electrónico que indica que el servidor de correo es incapaz de identificar una o más de las direcciones de destino.

receptor-transmisor asíncrono universal *s*. (***universal asynchronous receiver-transmitter***) *Véase* UART.

recetario *adj*. (***cookbook***) Perteneciente o relativo a, o característico de, un libro o manual que presenta información utilizando un método paso a paso. Por ejemplo, un método de programación tipo recetario presentaría una serie de programas de ejemplo que el lector pudiera analizar y adaptar a sus propias necesidades.

recetario *s*. (***cookbook***) Libro o manual informático que presenta la información utilizando un enfoque paso a paso. Comúnmente, el término recetario se refiere a una guía de programación, pero también puede referirse a un libro que muestre cómo llevar a cabo tareas especializadas en una aplicación.

rechazo de responsabilidad, mensaje estándar de *s*. (***standard disclaimer***) Una frase situada en un mensaje de correo electrónico o artículo de noticias que pretende sustituir la declaración exigida por algunas empresas e instituciones de que los contenidos del mensaje o artículo no representan necesariamente la opinión o la política de la organización desde cuyo sistema de correo electrónico se envió el mensaje.

recibir *vb*. (***receive***) Aceptar datos de un sistema de comunicaciones externo, como, por ejemplo, una red de área local (LAN) o una línea telefónica, y almacenar los datos en forma de archivo.

recolección de memoria *s*. (***garbage collection***) Proceso para la recuperación automática del cúmulo de memoria. Los bloques de memoria que han sido asignados, pero que ya no están en uso, son liberados y los bloques de memoria aún en uso pueden moverse para consolidar la memoria libre en bloques más grandes. Algunos lenguajes de programación requieren que el programador gestione la recolección de memoria. Otros, como Java, realizan esta tarea en lugar del programador. *Véase también* cúmulo de memoria.

recompilar *vb*. (***recompile***) Volver a compilar un programa, normalmente debido a la realización de cambios en el código fuente como consecuencia de los mensajes de error generados por el compilador. *Véase también* compilar.

reconfiguración automática del sistema *s*. (***automatic system reconfiguration***) Automatización de la configuración por parte del sistema para reflejar algún cambio que haya tenido lugar en el software o en el hardware. *Acrónimo:* ASR.

reconocimiento automático del habla *s*. (***automatic speech recognition***) *Véase* ASR.

reconocimiento continuo del habla *s*. (***continuous speech recognition***) Tipo de tecnología de reconocimiento automático del habla (ASR, automatic speech recognition) que responde a cadenas de palabras. El reconocimiento continuo del habla permite al usuario hablar con su voz natural sin necesidad de ir más despacio o enunciar cada palabra por separado. Un software de reconocimiento continuo del habla se aprovecha del contexto a la hora de reconocer las palabras, y por ello, su eficiencia disminuye si se pronuncia cada palabra por separado. *Véase también* ASR.

reconocimiento de caracteres *s.* (*character recognition*) El proceso de aplicar métodos de reconocimiento de patrones a las formas de los caracteres que han sido leídas por una computadora con el fin de determinar qué caracteres alfanuméricos o signos de puntuación son los que las formas representan. Puesto que las formas de los caracteres pueden cambiar bastante dependiendo de los tipos de letra y de los atributos de los caracteres, como, por ejemplo, negrita e itálica, el proceso de reconocimiento de caracteres puede estar sujeto a errores. Algunos sistemas sólo admiten tipos y tamaños de letra conocidos sin ningún tipo de atributo. Estos sistemas consiguen niveles muy altos de precisión, pero sólo pueden trabajar con texto que haya sido específicamente impreso para ellos. Otros sistemas utilizan técnicas extremadamente sofisticadas de reconocimiento de patrones para aprender nuevos tipos de letra y tamaños, consiguiendo una precisión relativamente buena. *Véase también* reconocimiento de caracteres de tinta magnetizada; reconocimiento óptico de caracteres; reconocimiento de patrones.

reconocimiento de caracteres de tinta magnetizada *s.* (*magnetic-ink character recognition*) Forma de reconocimiento de caracteres que lee un texto impreso con una tinta cargada magnéticamente para determinar las formas de los caracteres mediante la detección de la carga magnética en la tinta. Una vez que las formas han sido determinadas, se usan métodos de reconocimiento de caracteres para traducir las formas en texto para computadora. Una aplicación muy común de esta forma de reconocimiento de caracteres es la identificación de cheques bancarios. *Acrónimo:* MICR.

Véase también reconocimiento de caracteres. *Compárese con* reconocimiento óptico de caracteres.

reconocimiento de escritura *s.* (*handwriting recognition*) **1**. La habilidad de una computadora para traducir la escritura manuscrita a caracteres de entrada. Esta tecnología está aún bajo desarrollo, y la mayoría de los programas de reconocimiento de escritura requieren, para funcionar adecuadamente, que el usuario escriba las letras y palabras de un modo muy coherente y claro. El desarrollo de programas de reconocimiento de escritura manuscrita ha sido espoleado por los dispositivos PDA, los cuales tienen, frecuentemente, teclados que son demasiado pequeños como para introducir datos, y por el software diseñado para el mercado asiático, que tiene lenguajes con numerosos caracteres, lo que convierte a los teclados en un método engorroso para introducir texto. *Véase también* PDA. *Compárese con* reconocimiento óptico de caracteres. **2**. La capacidad de una computadora para identificar a un usuario reconociendo ciertas características de su escritura, especialmente la firma.

reconocimiento de huellas dactilares *s.* (*fingerprint recognition*) Tecnología utilizada para controlar el acceso a una computadora, red u otro dispositivo o a un área restringida a través de las huellas dactilares de un usuario. Los patrones de los dedos de un individuo se digitalizan mediante un lector de huellas dactilares u otro dispositivo similar y se comparan con imágenes almacenadas de huellas dactilares antes de conceder el acceso. *Véase también* biométrica.

reconocimiento de la voz *s.* (*voice recognition*) La capacidad de una computadora para entender palabras habladas con el propósito de recibir comandos y datos de entrada del usuario. Se han desarrollado sistemas que pueden reconocer vocabularios limitados a partir de la voz de individuos específicos, pero resulta más difícil desarrollar un sistema que sea capaz de aceptar una variedad de patrones vocales y acentos y que sea capaz de entender las diversas formas en las que puede formularse una solicitud o un enunciado, aunque se están realizando grandes avances en este área. *Véase también* inteligencia artificial; software de dictado; red neuronal.

reconocimiento de patrones *s.* (*pattern recognition*) **1.** Una amplia clase de tecnologías que describe la capacidad de una computadora para identificar patrones. El término se refiere normalmente al reconocimiento de imágenes visuales o patrones de sonidos que han sido convertidos a matrices de números. **2.** Reconocimiento de esquemas o secuencias puramente matemáticos o textuales.

reconocimiento del habla *s.* (*speech recognition*) *Véase* reconocimiento de la voz.

reconocimiento del lenguaje natural *s.* (*natural-language recognition*) *Véase* reconocimiento del habla.

reconocimiento dependiente del hablante *s.* (*speaker dependent recognition*) Tipo de reconocimiento automático del habla (ASR, automatic speech recognition) en el que el sistema informático se acostumbra a la voz y acento de un hablante concreto, lo que permite el reconocimiento de un vocabulario más amplio. *Véase también* ASR; reconocimiento independiente del hablante.

reconocimiento discreto del habla *s.* (*discrete speech recognition*) Sistema de reconocimiento del habla por computadora en el que se reconoce cada palabra como una unidad individual distinta y que requiere una pausa entre cada palabra pronunciada.

reconocimiento independiente del hablante *s.* (*speaker independent recognition*) Tipo de reconocimiento automático del habla (ASR, automatic speech recognition) en el que el sistema informático responde a las órdenes de cualquier hablante. Dado que el sistema no se ajusta a los matices de una voz específica, solamente es posible emplear un vocabulario limitado. *Véase también* ASR; reconocimiento dependiente del hablante.

reconocimiento óptico *s.* (*optical recognition*) *Véase* reconocimiento óptico de caracteres.

reconocimiento óptico de caracteres *s.* (*optical character recognition*) El proceso mediante el cual un dispositivo electrónico examina los caracteres impresos en papel y determina sus formas detectando patrones de puntos claros y oscuros. Una vez que el escáner o lector ha determinado las formas, se utilizan métodos de reconocimiento de caracteres (establecimiento de correspondencias con conjuntos de patrones previamente almacenados) para traducir esas formas en texto legible por la computadora. *Acrónimo:* OCR. *Véase también* reconocimiento de caracteres. *Compárese con* reconocimiento de caracteres de tinta magnetizada.

recopilación de datos *s.* (*data collection*) El proceso de adquisición de datos o documentos fuente.

recopilación de software *s.* (*shovelware*) Un CD-ROM comercial que contiene un conjunto variado de programas software, imágenes gráficas, texto u otros datos que podrían obtenerse de forma gratuita o a un coste pequeño, como, por ejemplo, programas gratuitos o programas de libre distribución existentes en Internet y en los sistemas BBS, o imágenes de dominio público. *Véase también* BBS; software gratuito; software de libre distribución.

recorrer *vb.* (*traverse*) En programación, acceder en un orden determinado a todos los nodos de un árbol o de una estructura de datos similar.

recortar *vb.* **1.** (*clip*) Cortar una fotografía, dibujo u otra ilustración de una colección de imágenes prediseñadas; por ejemplo, imágenes contenidas en un libro o en un disco. *Véase también* imagen prediseñada. **2.** (*clip*) Cortar los picos de una señal en un circuito electrónico. **3.** (*clip*) Cortar la parte de una imagen visualizada que queda fuera de un cierto límite, como, por ejemplo, del borde de una ventana. Algunos programas gráficos también permiten recortar como medio de enmascarar toda una imagen excepto un determinado objeto; por ejemplo, para poder aplicar las herramientas de dibujo exclusivamente a ese objeto. **4.** (*crop*) En gráficos por computadora, cortar parte de una imagen, como, por ejemplo, las secciones innecesarias de un gráfico o el espacio blanco extra alrededor de los bordes. Al igual que cuando se preparan fotografías o ilustraciones para la impresión tradicional, el recorte se utiliza para refinar o limpiar un gráfico que se va a incluir en un documento.

rectángulo de carácter *s.* (***character rectangle***) El espacio ocupado por la representación gráfica (mapa de bits) de un carácter. Véase la ilustración. *Véase también* mapa de bits.

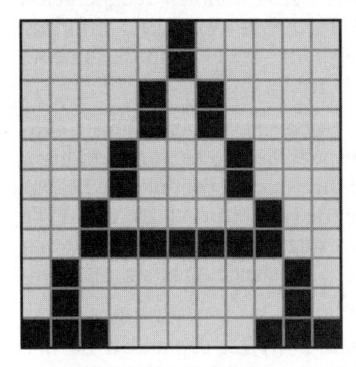

Rectángulo de carácter.

rectificador *s.* (***rectifier***) Componente de circuito que deja pasar el flujo de corriente en una dirección, pero que lo detiene en la otra dirección. Los rectificadores se utilizan para convertir la corriente alterna en corriente continua.

rectificador controlado por silicio *s.* (***silicon-controlled rectifier***) Rectificador semiconductor cuya conductancia puede ser controlada por una señal de puerta. *Acrónimo:* SCR. *Véase también* puerta; rectificador.

recto *s.* La página derecha de una pareja de páginas enfrentadas. Dicha página tendrá normalmente un número impar. *Compárese con* verso.

recuadro *s.* (***box***) La línea de contorno situada alrededor de una imagen gráfica en pantalla. *Véase también* límites gráficos.

recuadro de alerta *s.* (***alert box***) Un recuadro visible en pantalla dentro de una interfaz gráfica de usuario y que se utiliza para proporcionar un mensaje o advertencia. *Compárese con* cuadro de diálogo.

recuadro de cierre *s.* (***close box***) En la interfaz gráfica de usuario de Macintosh, un pequeño recuadro situado en la esquina izquierda de la barra de títulos de una ventana. Al hacer clic en el recuadro se cierra la ventana. *Compárese con* botón de cierre.

recuadro de color *s.* (***color box***) En el accesorio Paint de Windows NT y Windows 9x, un elemento gráfico de pantalla en la forma de un recuadro coloreado que se utiliza para seleccionar los colores de primer plano y de fondo.

recuadro de contorno *s.* (***bounding box***) *Véase* límites gráficos.

recuadro de desplazamiento *s.* (***scroll box***) *Véase* elevador.

recuperación *s.* **1.** (***recovery***) La restauración de datos perdidos o la reconciliación de datos conflictivos o erróneos después de un fallo del sistema. La recuperación se suele llevar a cabo utilizando una copia de seguridad en disco o cinta magnética y los registros del sistema. *Véase también* copia de seguridad. **2.** (***undelete***) El acto de restaurar información borrada. Una recuperación es comparable a (y normalmente se la incluye como parte de) un comando de deshacer; sin embargo, es más restringida en el sentido de que un comando de deshacer invierte cualquier acción anterior, mientras que una recuperación sólo invierte un borrado. La recuperación se refiere, de forma general, únicamente a un texto o a un archivo borrados. *Véase también* deshacer.

recuperación de archivos *s.* (***file recovery***) El proceso de reconstruir los archivos perdidos o ilegibles en un disco. Los archivos se pierden cuando se los borra de manera inadvertida, cuando se daña la información contenida en el disco acerca del lugar donde los archivos están almacenados o cuando el propio disco resulta dañado. La recuperación de archivos implica el uso de programas de utilidad que tratan de reconstruir la información contenida en el disco acerca de las ubicaciones de almacenamiento de los archivos borrados. Puesto que el borrado hace que el espacio de disco correspondiente al archivo pase a estar disponible, pero no elimina de él los datos, pueden recuperarse todos los datos que todavía no hayan sido sobrescritos. En el caso de discos o archivos dañados, los programas de recuperación leen los datos en bruto que puedan encontrar y guardan esos datos en un nuevo disco o archivo en formato ASCII o numérico (binario o hexadecimal). En algunos casos, sin embargo, tales archivos reconstruidos contienen tanta información extraña o una mezcla tal de información que son completamente ilegibles. La mejor forma de recuperar un archivo consiste en restaurarlo a partir de una copia de seguridad.

recuperación de claves *s.* (***key recovery***) Término general que hace referencia a la capacidad de recuperar una clave criptográfica para decodificar información cifrada. La recuperación de claves se puede utilizar para recuperar una clave perdida o, como se ha comentado en los últimos años, para que las agencias gubernamentales tengan la capacidad de decodificar información cifrada. Uno de los métodos de recuperación de claves se denomina custodia de claves. *Véase también* cifrado; custodia de claves; clave privada.

recuperación de desastres *s.* (***crash recovery***) La capacidad de una computadora para continuar con sus operaciones después de un fallo catastrófico, como, por ejemplo, el fallo de un disco duro. Idealmente, la recuperación debería poderse llevar a cabo sin pérdida de datos, aunque lo normal es que se pierda parte de los datos si no su totalidad. *Véase también* fallo catastrófico.

recuperación del sistema *s.* (***system recovery***) Procesamiento que tiene lugar después de un fallo del sistema para restaurar la operación normal del mismo. La recuperación del sistema tiene lugar después de iniciado el sistema operativo. En ocasiones, requiere que las tareas que se estaban ejecutando durante el fallo sean reproducidas y que se reconstruyan las estructuras existentes en memoria en el instante de producirse el fallo.

recuperar *vb.* **1.** (***recover***) Volver a poner en condición estable. Un usuario informático puede recuperar los datos perdidos o dañados utilizando un programa para buscar y restaurar cualquier información que permaneciera almacenada. Una base de datos puede ser recuperada restaurando su integridad después de resultar dañada por determinados problemas, tales como la finalización anormal del programa de gestión de la base de datos. **2.** (***undelete***) En almacenamiento de archivos, restaurar la información de almacenamiento de un archivo de modo que un archivo borrado vuelva a estar disponible para poder acceder de nuevo al mismo. *Véase también* recuperación de archivos. **3.** (***undelete***) Restaurar información borrada, usualmente el último elemento que haya sido borrado.

recuperarse *vb.* (***recover***) Volver a una condición estable después de que haya tenido lugar algún error. Se dice que un programa es capaz de recuperarse de un error si es capaz de ponerse en una situación estable y de retomar la ejecución de las instrucciones sin intervención del usuario.

recursión *s.* (***recursion***) La capacidad de una rutina para llamarse a sí misma. La recursión permite implementar ciertos algoritmos con rutinas pequeñas y simples, aunque no garantiza ni la velocidad ni la eficiencia. Un uso erróneo de la recursión puede hacer que un programa se quede sin espacio en la pila de memoria durante la ejecución haciendo que el programa (y en ocasiones todo el sistema) falle. *Véase también* invocar; rutina.

recurso *s.* (***resource***) **1.** Cualquier parte de un sistema informático o de una red, como, por ejemplo, una unidad de disco, una impresora o la memoria, que pueda ser asignada a un proceso o a un programa mientras éste se está ejecutando. **2.** Elemento de datos o código que puede ser utilizado por más de un programa o en más de un lugar de un programa; ejemplos de tales elementos serían un cuadro de diálogo, un efecto de sonido o una fuente en un entorno de ventanas. Muchas de las propiedades de un programa se pueden modificar añadiendo o reemplazando los recursos sin necesidad de recompilar el programa a partir del código fuente. Los recursos también pueden ser copiados y pegados desde un programa a otro, normalmente mediante una utilidad especializada llamada editor de recursos. **3.** Cualquier conjunto de datos no ejecutable que se implanta lógicamente con una aplicación. Un recurso se podría visualizar en una aplicación en forma de un mensaje de error o como parte de la interfaz de usuario. Los recursos pueden contener datos en diversos formatos, entre los que se incluyen cadenas de caracteres, imágenes y objetos persistentes.

recurso compartido *s.* (***shared resource***) **1.** Cualquier dispositivo, dato o programa utilizado por más de un dispositivo o programa. **2.** En una red, cualquier recurso puesto a disposición de los usuarios de una red, como, por ejemplo, directorios, archivos e impresoras.

recurso del sistema *s.* (***system resource***) En el Macintosh, se llama así a cualquiera de las numerosas rutinas, definiciones y fragmentos de datos que están almacenados en el archivo System de Macintosh, tales como rutinas de aritmética en coma flotante, definiciones de fuentes y controladores de periféricos. *Véase también* recurso.

red *s.* (***network***) Un grupo de computadoras y dispositivos asociados que están conectados mediante una serie de instalaciones de comunicaciones. Una red puede incluir conexiones permanentes, como, por ejemplo, cables, o conexiones temporales realizadas a través de línea telefónica u otros enlaces de comunicaciones. Una red puede ser tan pequeña como una LAN (local area network, red de área local), compuesta por unas pocas computadoras, impresoras y otros dispositivos, o puede estar compuesta por muchos equipos de pequeño y gran tamaño distribuidos a lo largo de una amplia área geográfica (redes WAN: wide area network, red de área extensa). *Véase también* ALOHAnet; Ethernet; LAN; WAN.

red /16 *s.* (***/16 network***) Dirección IP de clase B. Esta clase tiene disponibles 16.382 redes y más de 65.000 máquinas host. *Véase también* host; clases de direcciones IP; red.

red /24 *s.* (***/24 network***) Dirección IP de clase A. Esta clase tiene disponibles más de 2 millones de redes y 254 máquinas host. *Véase también* host; clases de direcciones IP; red.

red /8 *s.* (***/8 network***) Dirección IP de clase C. Esta clase tiene disponibles 126 redes y más de 16 millones de máquinas host. *Véase también* host; clases de direcciones IP; red.

red ad-hoc *s.* (***ad-hoc network***) Una red temporal formada por una serie de estaciones o computadoras que se comunican a través de una red LAN inalámbrica. *Véase también* LAN inalámbrica.

red ARPA *s.* (***Advanced Research Projects Agency Network***) *Véase* ARPANET.

red centralizada *s.* (***centralized network***) Una red en la que los nodos se conectan con una computadora central única, normalmente un mainframe, cuyos recursos utilizan.

red cliente/servidor *s.* (***client/server network***) *Véase* arquitectura cliente/servidor.

red conmutada *s.* (***switched network***) Una red de comunicaciones que utiliza técnicas de conmutación para establecer una conexión entre dos extremos, como, por ejemplo, el sistema de telefonía pública.

red de área de almacenamiento *s.* (***SAN***) *Véase* SAN.

red de área de sistema *s.* (***system area network***) *Véase* SAN.

red de área extensa *s.* (***wide area network***) *Véase* WAN.

red de área local *s.* (***local area network***) *Véase* LAN.

red de área metropolitana *s.* (***metropolitan area network***) *Véase* MAN.

red de banda ancha *s.* (***broadband network***) Una red de área local en las que las transmisiones viajan como señales de radiofrecuencia sobre canales entrantes y salientes separados. Las estaciones de una red de banda ancha están conectadas mediante cable de fibra óptica o coaxial que puede transportar datos, voz y vídeo simultáneamente sobre múltiples canales de transmisión que se diferencian entre sí por la frecuencia. Una red de banda ancha es capaz de una operación a alta velocidad (20 megabits o superior), pero es más cara que una red en banda base y puede ser difícil de instalar. Este tipo de redes están basadas en la misma tecnología usada en la televisión por cable (CATV). *También llamado* transmisión de banda ancha. *Compárese con* red en banda base.

red de Clase A *s.* (*Class A network*) Una red Internet que puede definir un máximo de 16.777.215 máquinas host. Las redes de Clase A utilizan el primer byte de una dirección IP para designar la red con el primer bit (el de mayor peso) puesto a cero. La máquina host queda determinada por los tres últimos bytes. El direccionamiento de Clase A permite actualmente un máximo de 128 redes. Las redes de Clase A son especialmente convenientes para instalaciones con un pequeño número de redes, pero numerosas máquinas host, y usualmente se las asigna para que sean utilizadas por instituciones gubernamentales o educativas de gran tamaño. *Véase también* host; dirección IP.

red de comunicaciones *s.* (*communications network*) *Véase* red.

red de datos *s.* (*data network*) Una red diseñada para transferir datos codificados como señales digitales, por oposición a una red de voz, que transmite señales analógicas.

red de paquetes de alta velocidad *s.* (*fast packet*) Un estándar de tecnología de red de alta velocidad que utiliza mecanismos de conmutación rápida de celdas o paquetes de longitud fija para la transmisión de datos en tiempo real. *También llamado* modo de transferencia asíncrono, ATM. *Véase también* paquete; conmutación de paquetes.

red de puenteo total *s.* (*total bypass*) Una red de comunicaciones que utiliza transmisión vía satélite para puentear los enlaces telefónicos tanto de corta como de larga distancia.

red de valor añadido *s.* (*value-added network*) Una red de comunicaciones que ofrece servicios adicionales, como encaminamiento de mensajes, gestión de recursos y funcionalidades de conversión, para computadoras que se comuniquen a diferentes velocidades o utilizando diferentes protocolos. *Acrónimo:* VAN.

Red Digital de Servicios Integrados *s. Véase* RDSI.

red distribuida *s.* (*distributed network*) Una red en la que el procesamiento, el almacenamiento y otras funciones son gestionadas por unidades separadas (nodos) en lugar de serlo por una única computadora principal.

red doméstica *s.* (*home network*) **1**. Dos o más computadoras domésticas que están interconectadas para formar una red de área local (LAN). **2**. Una red de comunicaciones en un domicilio o edificio utilizada para aplicaciones de domótica. Las redes domésticas pueden utilizar cableado (existente o nuevo) o conexiones inalámbricas. *Véase también* domótica; controlador domótico.

red empresarial *s.* (*enterprise network*) En una gran empresa, como pueda ser una corporación multinacional, es la red (o conjunto de redes interconectadas) de sistemas informáticos propiedad de la empresa que satisface las distintas necesidades de procesamiento de la organización. Esta red puede abarcar distintas ubicaciones geográficas y usualmente comprende una diversidad de plataformas, sistemas operativos, protocolos y arquitecturas de red.

red en anillo *s.* (*ring network*) Una red de área local (LAN) en la que los dispositivos (nodos) están conectados en un anillo o bucle cerrado. Dentro de una red en anillo, los mensajes viajan de nodo a nodo a lo largo del anillo en una única dirección. Cuando un nodo recibe un

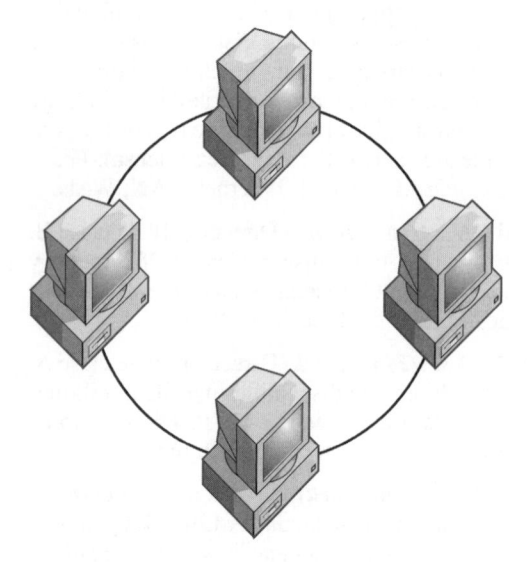

Red en anillo.

mensaje, examina la dirección de destino asociada al mensaje. Si esa dirección coincide con la suya propia, el nodo acepta el mensaje; en caso contrario, regenera la señal y pasa el mensaje al siguiente nodo del anillo. Dicho mecanismo de regeneración permite a las redes en anillo abarcar distancias mayores que las de las redes en estrella y en bus. El anillo puede diseñarse también con mecanismos que permitan puentear cualquier nodo que haya fallado o esté funcionando incorrectamente. Sin embargo, debido a que se trata de un bucle cerrado, la adición de nuevos nodos puede resultar difícil. Véase la ilustración. *También llamado* topología en anillo. *Véase también* paso de testigo; red token ring. *Compárese con* red de bus; red en estrella.

red en anillo con paso de testigo *s. Véase* red token ring.

red en anillo ranurado *s.* (*slotted-ring network*) Una red en anillo que permite transmitir datos de una estación a otra en una dirección. Las redes en anillo ranurado transfieren los datos en franjas temporales predefinidas del flujo de transmisión (fragmentos de longitud fija de una trama de datos) a través de un medio de transmisión determinado. *Véase también* trama de datos; red en anillo. *Compárese con* red token ring.

red en árbol *s.* (*tree network*) Una topología de red de área local (LAN) en la que una máquina está conectada a otra u otras máquinas, cada una de las cuales está conectada a otra u otras máquinas adicionales, etc., de modo que la estructura formada por la red se asemeja a la de un árbol. Véase la ilustración. *Véase también* red de bus; red distribuida; red en anillo; red en estrella; red token ring; topología.

red en banda base *s.* (*baseband network*) Un tipo de red de área local en la que los mensajes viajan en forma digital a través de un único canal de transmisión entre máquinas conectadas por cable coaxial o por cable de par trenzado. Las máquinas en una red en banda base transmiten sólo cuando el canal no está ocupado, aunque una técnica denominada multiplexación por división temporal puede permitir la compartición del canal. Cada mensaje en una red en banda base viaja en forma de un paquete que contiene información acerca de las máquinas de origen y destino además de los propios datos del mensaje. Las redes en banda base operan sobre cortas distancias y a velocidades que van desde unos 50 kilobits por segundo (50 Kbps) a 16 megabits por segundo (16 Mbps). La recepción, verificación y conversión del mensaje, sin embargo, añaden un considerable retardo al tiempo total de transmisión reduciendo la tasa de transferencia. La distancia máxima recomendada para una de estas redes es de unos 3 kilómetros o considerablemente menos si la red tiene un grado de utilización muy alto. *Véase también* cable coaxial; multiplexación; paquete; tasa de transferencia; multiplexación por división en el tiempo; cable de par trenzado. *Compárese con* red de banda ancha.

red en bus *s.* (*bus network*) Una topología (configuración) de red de área local (LAN) en la que todos los nodos están conectados a una línea de comunicaciones principal (bus). En una red en bus, cada nodo monitoriza continuamente la actividad de la línea. Los mensajes son detectados por todos los nodos, pero sólo son aceptados por el nodo o nodos a los que están dirigidos. Un nodo que no funcione de la manera adecuada dejará de poder comunicarse, pero no interrumpirá la operación de la red (como podría suceder en una red en anillo, en la que los mensajes pasan de un nodo al siguiente). Para evitar las colisiones que tienen lugar cuando dos o más nodos tratan de utilizar la línea al mismo tiempo, las redes en bus utilizan normalmente mecanismos de detec-

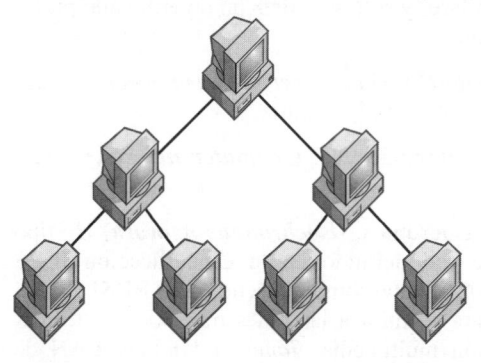

Red en árbol.

ción de colisiones o de paso de testigo para regular el tráfico. *Véase* la ilustración. *También llamado* topología de bus, bus lineal. *Véase también* detección de colisiones; contienda; CSMA/CD; red token bus; paso de testigo. *Compárese con* red en anillo; red en estrella.

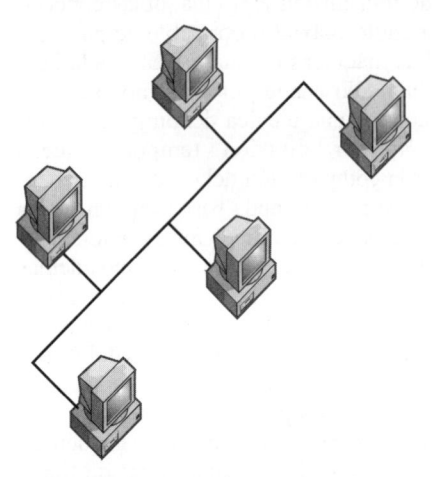

Red en bus. *Configuración de red en bus.*

red en bus con paso de testigo *s. Véase* red token bus.

red en clúster *s.* (*cluster network*) *Véase* clúster.

red en estrella *s.* (*star network*) Una red de área local (LAN) en la que cada dispositivo (nodo) está conectado a una computadora central mediante una configuración (topología) en estrella; comúnmente, se trata de una red compuesta por una computadora central (el concentrador) que está rodeada de terminales. *Véase* la ilustración. *Compárese con* red de bus; red en anillo.

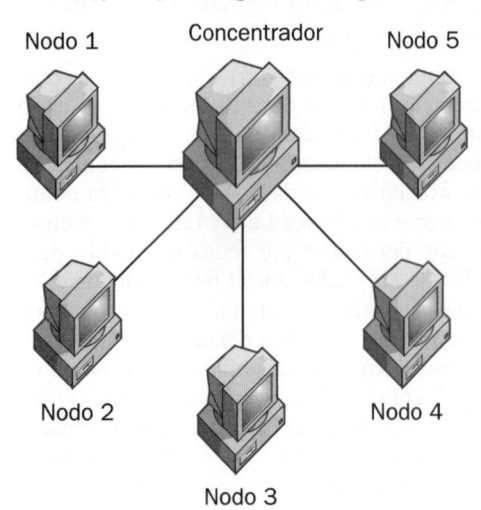

red física *s.* (*physical network*) Una de las dos formas de describir la topología, o disposición, de una red informática; la otra forma es la red lógica. El concepto de red física hace referencia a la propia configuración del hardware que forma la red, es decir, a los equipos informáticos, al hardware de conexión y, específicamente, a los patrones de cableado que dan a la red su forma. Entre las disposiciones físicas más comunes se encuentran las topologías de bus, en anillo y en estrella. *Véase también* red de bus; red lógica; red en anillo; red en estrella.

red gratuita *s.* (*freenet*) Un proveedor de servicios Internet o sistema BBS comunitario usualmente operado por voluntarios y que proporciona acceso gratuito a los abonados de una cierta comunidad o acceso mediante una cuota muy pequeña. Muchas redes gratuitas son operadas por bibliotecas públicas o universidades. *Véase también* ISP.

red híbrida *s.* (*hybrid network*) Una red compuesta por diferentes topologías, como, por ejemplo, en anillo y en estrella. *Véase también* red de bus; red en anillo; red en estrella; red token ring; topología.

red homogénea *s.* (*homogeneous network*) Una red en la que todas las máquinas host son similares y sólo se utiliza un determinado protocolo.

red igualitaria *s.* (*peer-to-peer network*) *Véase* arquitectura igualitaria.

red informática *s.* (*computer network*) *Véase* red.

red isócrona *s.* (*isochronous network*) Un tipo de red definido en la especificación IEEE 802.9 y que combina tecnologías RDSI y LAN para permitir a las redes transportar información multimedia. *También llamado* LAN de servicios integrados, ISLAN.

Red en estrella.

red lógica *s.* (*logical network*) Una forma de describir la topología, o disposición, de una red informática. Al referirnos a una topología lógica (en lugar de física), lo que pretendemos es describir la forma en que la información se mueve a través de la red, como, por ejemplo, en línea recta (topología de bus) o en un círculo (topología en anillo). La diferencia entre describir una red desde el punto de vista lógico y desde el punto de vista físico es algunas veces sutil, porque la red física (la disposición real del hardware y del cableado) no tiene por qué asemejarse, necesariamente, a la red lógica (la ruta seguida por las transmisiones). Un anillo lógico, por ejemplo, puede incluir grupos de computadoras conectados en estrella a una serie de concentradores hardware que, a su vez, están cableados entre sí. En ese tipo de red, aun cuando la disposición física de las computadoras y del hardware que las interconecta puede no asemejarse visualmente a un anillo, la disposición lógica seguida por las transmisiones de red sería, ciertamente, circular. *Véase también* red de bus; red en anillo; red en estrella; red token ring; topología. *Compárese con* red física.

red mallada *s.* (*mesh network*) Una red de comunicaciones que tiene dos o más rutas hacia todos los nodos.

red manual *s.* (*sneakernet*) Transferencia de datos entre computadoras que no están conectadas en red. Los archivos deben escribirse en disquetes en la máquina de origen y una persona debe transportar físicamente los discos hasta la máquina de destino.

red multisistema *s.* (*multisystem network*) Una red de comunicaciones en la que los usuarios de la red pueden acceder a dos o más computadoras host.

red neuronal *s.* (*neural network*) Un tipo de sistema de inteligencia artificial modelado de acuerdo con las neuronas (células nerviosas) de los sistemas biológicos y que pretende simular la forma en que el cerebro procesa la información, aprende y recuerda. Una red neuronal está diseñada como un sistema interconectado de elementos de procesamiento, cada uno de ellos con un número limitado de entradas y una salida. Estos elementos de procesamiento son capaces de «aprender» recibiendo una serie de entradas ponderadas que, mediante sucesivos ajustes y con el paso del tiempo y la repetición, pueden llegar a producir las salidas apropiadas. Las redes neuronales se emplean en áreas tales como el reconocimiento de patrones, el análisis del habla y la síntesis de la voz. *Véase también* inteligencia artificial; reconocimiento de patrones.

red neuronal artificial *s.* (*artificial neural network*) Una forma de inteligencia artificial informática que utiliza software basado en conceptos extraídos de redes neuronales biológicas para realizar una tarea de manera adaptativa. *Acrónimo:* ANN.

red óptica síncrona *s.* (*Synchronous Optical Network*) *Véase* SONET.

red privada virtual *s.* (*virtual private network*) **1.** Una red de área extensa (WAN) formada por circuitos virtuales permanentes (PVC) de otra red, especialmente una red que utilice tecnologías tales como ATM o frame relay. *Acrónimo:* VPN. *Véase también* ATM; frame relay; PVC. **2.** Nodos de una red pública, como Internet, que pueden comunicarse entre sí utilizando tecnología de cifrado, de modo que sus mensajes estén protegidos frente a posibles intercepciones y no puedan ser entendidos por los usuarios no autorizados, como si los nodos estuvieran conectados mediante líneas privadas.

red SCSI *s.* (*SCSI network*) Un conjunto de dispositivos conectados a un bus SCSI que actúa de forma parecida a una red de área local. *Véase también* SCSI.

Red Telefónica General de Conmutación *s.* (*Public Switched Telephone Network*) El sistema telefónico público.

red token bus *s.* (*token bus network*) Una red de área local (LAN) con topología de bus (estaciones conectadas a una única autopista compartida de datos) que utiliza el paso de testigo como medio de regular el tráfico de la línea. En una red token bus, se pasa de una estación a otra un testigo (token) que controla el derecho a transmitir y cada estación retiene

red token ring

el testigo durante un breve intervalo temporal durante el cual sólo ella puede transmitir información. El testigo se transfiere en orden de prioridad desde una estación situada «aguas arriba» hacia la siguiente estación situada «aguas abajo», que puede o no ser la siguiente estación en el bus. En esencia, el testigo describe un «círculo» a lo largo de la red según un anillo lógico en lugar de un anillo físico. Las redes de token bus están definidas en los estándares IEEE 802.4. *Véase también* red de bus; IEEE 802.x; paso de testigo. *Compárese con* red token ring.

red token ring *s.* (***token ring network***) Una red de área local (LAN) con topología en anillo (bucle cerrado) que utiliza el paso de testigo como modo de regular el tráfico en la línea. En una red token ring, se pasa de una estación a otra un testigo (token) que gobierna el derecho a transmitir describiendo un círculo físico. Si una estación tiene información para transmitir, «retiene» el testigo, lo marca para indicar que está en uso e inserta la información. El testigo de «ocupado», junto con el mensaje, pasa entonces alrededor del círculo, siendo el mensaje copiado cuando llega a su destino y terminando por volver al emisor. El emisor elimina entonces el mensaje asociado y pasa el testigo libre a la siguiente estación de la línea. Las redes token ring se definen en los estándares IEEE 802.5. Véase la ilustración. *Véase también* IEEE 802.x; red en anillo; paso de testigo. *Compárese con* red token bus.

red Token Ring *s.* (***Token Ring network***) Una red de área local (LAN) de paso de testigo y con forma de anillo, desarrollada por IBM, y que opera a 4 megabits (4 millones de bits) por segundo. Con cableado telefónico estándar, la red Token Ring permite conectar hasta 72 dispositivos; utilizando cableado de par trenzado apantallado (STP, shielded twisted-pair), la red soporta hasta 260 dispositivos. Aunque está basada en una topología en anillo (bucle cerrado), la red Token Ring utiliza agrupaciones de hasta 8 estaciones de trabajo con topología en estrella conectadas a un concentrador de cableado (MSAU, Multistation Access Unit, unidad de acceso multiestación) que, a su vez, está conectado al anillo principal. La red Token Ring está diseñada para interconectar microcomputadoras, minicomputadoras y computadoras mainframe y es compatible con los estándares IEEE 802.5 para redes token ring. *Véase también* red en anillo; STP; paso de testigo.

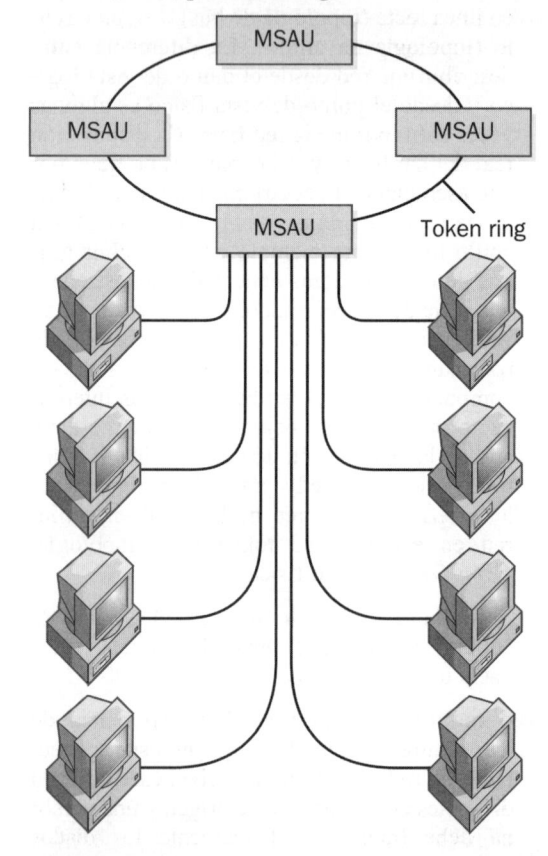

Red Token Ring.

red troncal *s.* (***backbone***) **1.** Una red de comunicaciones que transporta grandes cantidades de tráfico entre redes de menor tamaño. Las redes troncales de Internet, incluyendo los operadores de telecomunicaciones como Sprint y MCI, pueden abarcar miles de kilómetros utilizando reemisores de microondas y líneas dedicadas. **2.** Las redes de menor tamaño (comparadas con la red Internet completa) que realizan la inmensa mayoría de las tareas de conmutación de paquetes requeridas para las comunicaciones Internet. Hoy día, estas redes de menor tamaño están todavía compuestas por las redes que fueron desarrolladas originalmente para formar Internet: las redes informáticas de las instituciones educativas y de investigación de Estados Unidos, y en especial NSFnet, que es la red informática de la NSF (National Science Foundation), con sede en Oak Ridge, Tennessee (Estados Unidos). *Véase también* NSFnet; conmutación de paquetes. **3.** Los cables que transportan el principal tráfico de comunicaciones en una red. En una red de área local, la red troncal puede ser un bus. *También llamado* red troncal colapsada.

red troncal Internet *s.* (***Internet backbone***) Una de las diversas redes de alta velocidad que conectan muchas redes de ámbito local y regional con al menos un punto de conexión a través del cual intercambian paquetes con otras redes troncales de Internet. Históricamente, NSFnet (predecesora de la moderna Internet) era la red troncal de toda Internet en Estados Unidos. Esta red troncal enlazaba los centros de supercomputación gestionados por NSF (National Science Foundation). Hoy día, hay diferentes proveedores que disponen de sus propias redes troncales, de modo que la red troncal de los centros de supercomputación es independiente de las redes troncales de los proveedores Internet comerciales, como MCI y Sprint. *Véase también* red troncal.

red virtual *s.* (***virtual network***) Una parte de una red que aparece ante el usuario como si fuera una red de su propiedad. Por ejemplo, un proveedor de servicios Internet puede configurar múltiples dominios en un único servidor HTTP, de forma que se pueda acceder a cada uno de ellos utilizando el nombre de dominio registrado por la correspondiente empresa. *Véase también* nombre de dominio; servidor HTTP; ISP.

red vocal *s.* (***voice-net***) Un término utilizado en Internet para referirse al sistema telefónico.

red, congestión de *s.* (***network congestion***) *Véase* congestión.

red, servidor de *s.* (***network server***) *Véase* servidor.

red, topología de *s.* (***network topology***) *Véase* topología.

redes de línea telefónica *s.* (***phoneline networking***) La utilización de cableado telefónico para conectar equipos informáticos y otros dispositivos en una red de pequeño tamaño, como, por ejemplo, una red doméstica. *Véase también* HomePNA.

redes Plug and Play universales *s.* (***Universal Plug and Play networking***) *Véase* redes UPnP.

redes UPnP *s.* (***UPnP networking***) La interconexión en red igualitaria de máquinas inteligentes, electrodomésticos, dispositivos inalámbricos, computadoras y otros dispositivos de acuerdo con la arquitectura de dispositivos UPnP (Universal Plug and Play). Las redes UPnP utilizan puntos de control, dispositivos y protocolos diversos, incluyendo GENA, SOAP, SSDP, TCP/IP estándar y otros protocolos Internet. *Véase también* arquitectura de dispositivo UPnP.

redes, acceso telefónico a *s.* (***DUN***) *Véase* DUN.

redirección *s.* (***redirection***) El proceso de escribir o leer de un archivo o dispositivo diferente de aquel que normalmente sería el destino o el origen. Por ejemplo, el comando *dir >prn* de MS-DOS u OS/2 redirige un listado de directorio desde la pantalla a la impresora. *Compárese con* barra recta.

redirector *s.* Software en una computadora cliente que intercepta las solicitudes de información y las redirige, en el momento apropiado, hacia la red. Los redirectores pueden estar incorporados en el sistema operativo del cliente o ser parte de un paquete de interconexión por red añadido al sistema.

redistribuido *adj.* (***gated***) Transmitido a través de una pasarela a una red o servicio posterior. Por ejemplo, una lista de correo de BITNET puede ser redistribuida a un grupo de noticias de Internet.

redonda *adj.* (***roman***) En un tipo de letra, que usa caracteres rectos en lugar de inclinados. *Véase también* familia de fuentes. *Compárese con* cursiva.

redondear *vb.* (***round***) Acortar la parte fraccionaria de un número incrementando o no el último dígito restante (el dígito situado más a la derecha), dependiendo de si la parte borrada era inferior o superior a cinco. Por ejemplo, 0,3333 redondeado a dos posiciones decimales sería 0,33, mientras que 0,6666 sería 0,67. Los programas informáticos suelen redondear los números, lo que a veces puede provocar confusión cuando los valores resultantes no dan la suma «correcta». Así, los porcentajes de una hoja de cálculo podrían totalizar 99 por 100 o 101 por 100 debido al redondeo.

reducción de datos *s.* (***data reduction***) El proceso de convertir datos en bruto a una forma más útil escalándolos, suavizándolos, ordenándolos o aplicando algún otro proceso de edición.

reducir *vb.* (***reduce***) En una interfaz gráfica de usuario, reducir el tamaño de una ventana. El usuario puede reducir una ventana haciendo clic en el botón adecuado o haciendo clic con el ratón en el borde de la ventana y arrastrándolo hacia el centro de la misma. *Véase también* maximizar; minimizar.

redundancia *s.* (***redundancy***) Utilización de uno o más servidores en un sitio web para realizar tareas idénticas. Si uno de los servidores falla, otro servidor puede asumir las tareas que tuviera encomendadas. La redundancia garantiza que el sitio web continúe funcionando si uno de los servidores deja de hacerlo.

reemisor anónimo *s.* (***anonymous remailer***) Un servidor de correo electrónico que recibe mensajes entrantes, reemplaza las cabeceras que identifican las fuentes originales de los mensajes y envía los mensajes a su destino final. El propósito de un reemisor anónimo es ocultar las identidades de los emisores de los mensajes de correo electrónico.

reemisor de correo *s.* (***remailer***) Un servicio que reenvía correo electrónico ocultando la dirección de correo electrónico del originador del mensaje. Los reemisores de correo pueden ser utilizados por personas que quieran preservar su intimidad o evitar el envío de correo comercial no solicitado. Los reemisores de correo también pueden usarse para ocultar la identidad de personas o empresas que envíen correo basura o mensajes de correo electrónico maliciosos o fraudulentos.

reenviar *vb.* (***forward***) En correo electrónico, es la acción de enviar un mensaje recibido, ya sea completo o modificado, a un nuevo receptor.

reescribir *vb.* (***rewrite***) Volver a escribir, especialmente en situaciones en las que la información no se graba de manera permanente, como, por ejemplo, en la memoria RAM o en una pantalla de vídeo. *Véase también* RAM dinámica.

refactorización *s.* (***refactoring***) Proceso de optimización en programación orientada a objetos dirigido a mejorar el diseño o estructura de un programa sin cambiar su funcionalidad. La meta de la refactorización es que un programa sea más claro y manejable (en parte eliminando las duplicaciones, abstrayendo los comportamientos comunes o refinando las jerarquías de clases) y mejorar las capacidades de ampliación y de reutilización del código existente.

referencia *s.* (***reference***) Tipo de datos perteneciente al lenguaje de programación C++. Una referencia debe ser inicializada con un nombre de variable. La referencia se convierte en un alias de esa variable, pero realmente almacena la dirección de la variable.

referencia de celda *s.* (***cell reference***) El conjunto de coordenadas que una celda ocupa en una hoja de cálculo. Por ejemplo, la referencia de la celda que aparece en la intersección de la columna B y de la fila 3 es B3.

referencia de celda mixta *s.* (***mixed cell reference***) En las hojas de cálculo, es una referencia de celda (la dirección de una celda necesaria para resolver una fórmula) en la que bien la fila es relativa (se cambia automáticamente cuando se copia o se mueve la fórmula a otra celda) y la columna es absoluta (no cambia cuando se copia o se mueve la fórmula) o bien la columna es relativa y la fila es absoluta *Véase también* celda.

referencia externa *s.* (***external reference***) Referencia en un programa o rutina a algún identificador, como, por ejemplo, código o datos, que no está declarada dentro de ese programa o rutina. Normalmente, el término hace referencia a un identificador declarado en el código que se compila por separado. *Véase también* compilar.

referenciar *vb.* (***reference***) Acceder a una variable, como, por ejemplo, un elemento de una matriz o un campo de un registro.

reflector *s.* Un programa que envía mensajes a una serie de usuarios después de recibir una señal procedente de un único usuario. Un tipo común de reflector son los reflectores de correo electrónico, que reenvían los mensajes de correo electrónico que reciben hacia los múltiples receptores actualmente indicados en su lista. *Véase también* múltiples receptores. *Compárese con* reflector de correo.

reflector de correo *s.* (***mail reflector***) Un grupo de noticias que consiste simplemente en los mensajes publicados en una lista de correo, pero traducidos a formato de grupo de noticias.

reflejo *s. Véase* clonación.

reflexión *s.* (***mirroring***) En gráficos por computadora, la capacidad de visualizar una imagen especular de un gráfico, es decir, un duplicado que se ha girado o reflejado respecto de alguna referencia, como, por ejemplo, un eje de simetría. Véase la ilustración.

reflexión de mensajes *s.* (***message reflection***) En entornos de programación orientada a objetos, como, por ejemplo, Visual C++, OLE y ActiveX, una función que permite a un control procesar mensajes generados por él mismo. *Véase también* control ActiveX; control; OCX; VBX.

reflujo *s.* (***upflow***) En el proceso de almacenamiento de datos, se denomina así al estado en el que se comprueba que la información almacenada está completa, resumida y lista para su distribución. *Véase también* almacén de datos. *Compárese con* flujo; metaflujo.

reformatear *vb.* (***reformat***) **1.** En almacenamiento de datos, preparar para su reutilización un disco que ya contenga programas o datos destruyendo en la práctica el contenido existente. **2.** En las aplicaciones, cambiar la apariencia de un documento alterando los detalles estilísticos, como, por ejemplo, la fuente, el diseño, el sangrado o la alineación.

refrescable *adj.* (***refreshable***) En programación, referido a un módulo de programa que puede ser reemplazado en memoria sin afectar el procesamiento del programa ni a la información utilizada por el programa.

refrescar *vb.* (***refresh***) **1.** Recargar los chips de memoria dinámica de acceso aleatorio (DRAM) de modo que mantengan la información almacenada en ellos. La circuitería de la placa de memoria realiza automáticamente esta función. *Véase también* ciclo de refresco. **2.** Volver a dibujar una pantalla de vídeo a intervalos frecuentes, incluso aunque la imagen no cambie, con el fin de mantener la irradiación sobre el fósforo de la pantalla.

refresco de la RAM *s.* (***RAM refresh***) *Véase* refrescar.

REGEDIT *s. Véase* editor del Registro.

regenerador *s.* (***regenerator***) *Véase* repetidor.

regenerar *vb.* (***regenerate***) *Véase* reescribir.

región *s.* (***region***) **1.** En programación de vídeo, un grupo de píxeles contiguos que son tratados

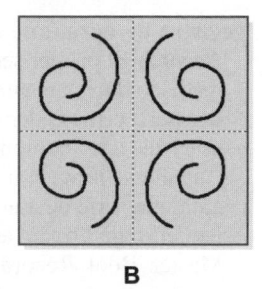

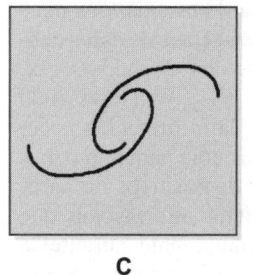

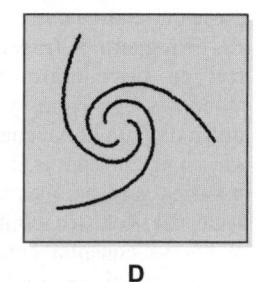

A **B** **C** **D**

Reflexión. *(A) simetría binaria con eje vertical; (B) simetría cuaternaria con ejes horizontal y vertical; (C) simetría radial binaria; (D) simetría radial ternaria.*

como una unidad. En el Apple Macintosh, por ejemplo, una región es un área en un puerto gráfico que puede ser definida y manipulada como una entidad. El área de trabajo visible dentro de una ventana es un ejemplo de región. *Véase también* grafPort. **2**. Área dedicada a o reservada para un propósito concreto.

registro *s*. **1**. (*log*) Registro de transacciones o actividades que tienen lugar en un sistema informático. **2**. (*record*) Estructura de datos que es una colección de campos (elementos), cada uno con su propio nombre y tipo. A diferencia de la matriz, cuyos elementos representan todos el mismo tipo de información y se accede a ellos utilizando un índice, los elementos de un registro representan diferentes tipos de información y se accede a ellos mediante su nombre. Se puede acceder a un registro como a una unidad colectiva de elementos y también se puede acceder a los elementos individualmente. *Véase también* matriz; estructura de datos; tipo. **3**. (*register*) Conjunto de bits de memoria de alta velocidad dentro de un microprocesador u otro dispositivo electrónico utilizado para mantener datos con un propósito determinado. Los programas de lenguaje ensamblador hacen referencia a cada registro de una unidad central de procesamiento por un nombre como AX (el registro que contiene el resultado de las operaciones aritméticas realizadas en un procesador 80x86 de Intel) o SP (el registro que contiene la dirección de memoria de la parte superior de la pila di diversos procesadores). **4**. (*registration*) El proceso de alinear con precisión los elementos o las capas superpuestas en un documento o un gráfico, de modo que todo se imprima en la posición relativa correcta. *Véase también* marcas de registro. **5**. (*registry*) Base de datos central de tipo jerárquico en Windows 9x, Windows CE, Windows NT y Windows 2000 utilizada para almacenar la información necesaria para configurar el sistema para uno o más usuarios, aplicaciones y dispositivos de hardware. El Registro contiene información que Windows consulta continuamente durante la operación, tal como los perfiles de cada usuario, las aplicaciones instaladas en la computadora y los tipos de documentos que cada una de ellas puede crear, la configuración de las hojas de propiedades de las carpetas e iconos de aplicación, el hardware que existe en el sistema y los puertos que están siendo utilizados. El Registro reemplaza a la mayoría de los archivos de texto .ini utilizados en Windows 3.x y los archivos de configuración de MS-DOS, tales como AUTOEXEC.BAT y CONFIG.SYS. Aunque el Registro es común a varias de las plataformas de Windows, hay algunas diferencias entre ellas en lo que al Registro se refiere. *También llamado* Registro del sistema. *Véase también* base de datos jerárquica; .ini; puerto de entrada/salida; hoja de propiedades; editor del Registro.

registro de activación *s*. (*activation record*) Una estructura de datos que representa el estado de algún tipo de elemento (como, por ejemplo, un procedimiento, una función, un bloque, una expresión o un módulo) de un programa en ejecución. Los registros de activación son útiles para la gestión de datos y de secuenciamiento en tiempo de ejecución. *Véase también* estructura de datos.

registro de adiciones *s*. (*addition record*) **1**. Un archivo que describe las nuevas introducciones de registros (como, por ejemplo, los nuevos clientes, empleados o productos) en una base de datos con el fin de poder luego analizarlos y publicarlos. **2**. Un registro de un archivo de modificaciones que especifica un nuevo elemento. *Véase también* archivo de modificaciones.

registro de arranque *s*. (*boot record*) La sección de un disco que contiene el sistema operativo.

registro de arranque maestro *s*. (*Master Boot Record*) El primer sector de la primera unidad de disco duro; un elemento físicamente pequeño, pero crítico, dentro del proceso de arranque de una computadora basada en x86. Cuando se arranca una computadora, ésta ejecuta una serie de autocomprobaciones y luego lee el registro de arranque maestro (MBR, Master Boot Record) en memoria. El MBR contiene instrucciones que localizan la partición del sistema (partición de arranque) del disco, leen en memoria el contenido del primer sector de la partición del sistema y luego ejecutan las instrucciones contenidas en dicho sector. Si el sector representa lo que se conoce como un sector de arranque de partición, las instrucciones en él contenidas darán comienzo al proceso de carga y de arranque del sistema operativo. En otras palabras, el proceso de arranque en una computadora basada en x86 es el siguiente: autocomprobaciones, carga del registro de arranque maestro, localización de la partición del sistema y del sector de arranque de la partición, carga del sector de arranque de la partición, carga del sistema operativo y, con esto, el equipo queda listo para operar. *Acrónimo:* MBR. *Véase también* sector de arranque de partición.

registro de cabecera *s.* (*header record*) El primer registro de una secuencia de registros.

registro de coma flotante *s.* (*floating-point register*) Registro diseñado para almacenar valores en coma flotante. *Véase también* número en coma flotante; registro.

registro de datos *s.* (*data record*) *Véase* registro.

registro de desplazamiento *s.* (*shift register*) Circuito en el cual todos los bits se desplazan una posición en cada ciclo de reloj. Puede ser lineal (en cada ciclo se inserta un bit por un extremo y se «pierde» otro bit por el extremo contrario) o puede ser cíclico o circular (el bit «perdido» se inserta de nuevo por el extremo inicial). *Véase también* registro; desplazar.

registro de dirección *s.* (*address register*) Un registro (un circuito de memoria de alta velocidad) que contiene una dirección donde pueden encontrarse determinados datos específicos para la transferencia de información. *Véase también* registro.

registro de instrucción *s.* (*instruction register*) Registro de la unidad de procesamiento central que contiene la dirección de la siguiente instrucción que hay que ejecutar.

registro de longitud variable *s.* (*variable-length record*) Registro que puede variar en longitud porque contiene campos de longitud variable o sólo ciertos campos bajo ciertas condiciones o ambos casos. *Véase también* campo de longitud variable.

registro de permisos *s.* (*permissions log*) Un archivo en una red o en un entorno informático multiusuario en el que se almacenan los permisos para los usuarios. Cuando un usuario intenta acceder a un recurso del sistema, se comprueba el registro de permisos para ver si el usuario está autorizado a emplearlo.

registro de propósito general *s.* (*general-purpose register*) **1.** Registro de un microprocesador que está disponible para cualquier uso en lugar de estar reservado, como un selector de segmentos o un puntero de pila, para un uso específico determinado por el diseño del procesador o el sistema operativo. **2.** Todo circuito digital capaz de almacenar datos binarios.

registro de seguridad *s.* (*security log*) Un registro generado por un cortafuegos o por otro dispositivo de seguridad y que enumera los sucesos que podrían tener un impacto sobre la seguridad, como los comandos o intentos de acceso y los nombres de los usuarios implicados. *Véase también* cortafuegos; registro.

registro de sucesos *s.* **1.** (*event log*) Un archivo que contiene información y mensajes de error para todas las actividades que tienen lugar en la computadora. **2.** (*event logging*) El proceso de grabar una entrada de auditoría en la pista de auditoría cuando tienen lugar ciertos sucesos, como el inicio y la detención de servicios, el inicio y cierre de sesión por parte de los usuarios o los accesos de los usuarios a diferentes recursos. *Véase también* suceso; servicio.

registro de transacciones *s.* (*transaction log*) *Véase* archivo de modificaciones.

Registro del sistema *s.* (*System Registry*) *Véase* registro.

registro inicial *s.* (*home record*) *Véase* registro de cabecera.

registro lógico *s.* (*logical record*) Unidad de información que puede ser manejada por un programa de aplicación. Un registro lógico puede ser una colección de distintos campos o columnas de un archivo de base de datos o una sola línea en un archivo de texto. *Véase también* archivo lógico.

registro maestro *s.* (***master record***) Registro de un archivo maestro; normalmente, los datos descriptivos y de resumen relacionados con el elemento que es el asunto del registro. *Véase también* archivo maestro.

regla *s.* (***rule***) **1**. Línea impresa por encima, por debajo o al lado de algún elemento para separar dicho elemento del resto de la página o para mejorar la apariencia de la misma. Por ejemplo, las notas a pie de página a menudo aparecen debajo de una línea corta que las separa del texto principal de la página. Normalmente, el espesor de una regla se mide en puntos (un punto es, aproximadamente, 1/72 de pulgada). *Véase también* punto. **2**. En sistemas expertos, un enunciado que puede utilizarse para verificar premisas y que permite llegar a una conclusión. *Véase también* sistema experto. **3**. En algunos programas de aplicación, tales como los procesadores de textos, es una escala en pantalla marcada en centímetros u otras unidades de medida y utilizada para mostrar la anchura de las líneas, la configuración de los tabuladores, la sangría de los párrafos, etc. En los programas en los que la regla es «inteligente», se puede utilizar la regla en pantalla con el ratón o con el teclado para configurar, ajustar o eliminar tabuladores y otras configuraciones.

regresión múltiple *s.* (***multiple regression***) Técnica estadística que trata de describir el comportamiento de una variable llamada «dependiente» en términos del comportamiento observado en otras numerosas variables «independientes». Para cada variable independiente, un análisis de regresión puede determinar el coeficiente de correlación de la variable independiente (es decir, el grado en el que las variaciones en la variable independiente provocan cambios en la variable dependiente). *Véase también* variable dependiente.

regulador de línea *s.* (***line regulator***) *Véase* regulador de tensión.

regulador de tensión *s.* (***voltage regulator***) Circuito o componente de circuito que mantiene una salida de tensión constante a pesar de las variaciones de tensión a la entrada.

reingeniería *s.* (***reengineering***) **1**. En relación a la administración corporativa, es la utilización de los principios de la tecnología de la información para acometer los cambios requeridos por la economía global y consolidar la gestión de una plantilla laboral en rápida expansión. **2**. En referencia al software, cambiar el software existente para mejorar las características deseables y eliminar los defectos.

reiniciar *vb.* (***restart***) *Véase* rearrancar.

reinicio local *s.* (***local reboot***) Reinicio de la máquina en la que alguien está trabajando directamente en lugar de en un host remoto. *Véase también* rearrancar.

rejilla de apertura *s.* (***aperture grill***) Un tipo de tubo de rayos catódicos (TRC) utilizado en los monitores de computadora que utiliza unos finos cables verticales situados muy próximos unos a otros para aislar los píxeles individuales. El primer TRC con rejilla de apertura fue el Sony Trinitron, pero otros muchos fabricantes producen también TRCs con rejilla de apertura. *Véase también* CRT.

relación *s.* (***relation***) Estructura compuesta por atributos (características individuales, como, por ejemplo, nombre o dirección, que se corresponden con las columnas en una tabla) y tuplas (conjunto de valores de atributos que describen entidades particulares, como clientes, que se corresponden con las filas de una tabla). Dentro de una relación, las tuplas no pueden repetirse; cada una debe ser exclusiva. Además, las tuplas están desordenadas dentro de una relación; intercambiar dos tuplas no modifica la relación. Por último, si la teoría relacional es aplicable, el dominio de cada atributo debe ser atómico, es decir, un valor simple, en lugar de una estructura, como, por ejemplo, una matriz o un registro. Se dice que una relación está normalizada o en primera forma normal si los dominios de todos los atributos son atómicos. *Véase también* forma normal.

relación de aspecto *s.* (***aspect ratio***) En las pantallas de computadora y en los gráficos por computadora, es la relación entre la anchura de una imagen o de un área de imagen y su altura. Una relación de aspecto de 2:1, por ejemplo, indica que la imagen es el doble de alta que de ancha. La relación de aspecto es un factor importante a la hora de mantener las proporciones correctas cuando se imprime una imagen, cuando se la cambia de escala o cuando se la incorpora en otro documento.

relación de confianza *s.* (*trust relationship*) Una relación lógica establecida entre dominios para permitir una autenticación transitiva en la que el dominio origen de la relación de confianza acepta las autenticaciones de inicio de sesión del dominio en el que se confía. Las cuentas de usuario y grupos globales definidos en un dominio en el que se confía pueden recibir derechos y permisos en el dominio origen de la relación de confianza, aun cuando esas cuentas de usuarios o grupos no existan en el directorio del dominio origen. *Véase también* autenticación; dominio; grupo; permiso; cuenta de usuario.

relación de confianza unidireccional *s.* (*one-way trust*) Un tipo de relación de confianza en la que sólo uno de los dos dominios confía en el otro dominio. Por ejemplo, el dominio A confía en el dominio B, mientras que éste no confía en el dominio A. Todas las relaciones de confianza unidireccionales son no transitivas. *Véase también* confianza transitiva; confianza bidireccional.

relación derivada *s.* (*derived relation*) Relación producida como el resultado de una o más operaciones de álgebra relacional sobre otras relaciones. *Véase también* álgebra relacional; vista.

relación muchos a muchos *s.* (*many-to-many relationship*) Asociación compleja entre dos conjuntos de parámetros en la cual muchos parámetros de cada conjunto pueden relacionarse con muchos otros pertenecientes al segundo conjunto. Las relaciones muchos a muchos se utilizan principalmente para describir una asociación entre dos tablas en la que un registro de cualquiera de las tablas puede relacionarse con múltiples registros de la otra tabla.

relación muchos a uno *s.* (*many-to-one relationship*) **1.** Configuración de servidor en la que varios servidores pequeños replican las capacidades de un servidor más grande y potente. *Véase también* pareja de claves. **2.** En referencia al cifrado asimétrico de claves, es el concepto de que muchas personas que posean una clave pública puedan descifrar la firma digital de la persona que esté en posesión de la clave privada.

relación señal-ruido *s.* (*signal-to-noise ratio*) La cantidad de potencia, medida en decibelios, en que una señal excede de la cantidad de ruido presente en el canal en el mismo punto de la transmisión. *Abreviatura:* S/N. *Véase también* ruido.

relación uno a muchos *s.* (*one-to-many relationship*) Asociación entre dos tablas en la que el valor de la clave principal de cada registro de la tabla primaria se corresponde con el valor del campo o campos correspondientes de muchos registros de la tabla relacionada.

relación uno a uno *s.* (*one-to-one relationship*) Asociación entre dos tablas en la que el valor de la clave principal de cada registro de la tabla primaria se corresponde con el valor del campo o campos correspondientes, uno y sólo uno, de los registros de la tabla relacionada.

RELAX NG *s.* Lenguaje de esquema XML basado en TREX (Tree Regular Expressions for XML) y en RELAX (Regular Language Description for XML). RELAX NG soporta espacios de nombres XML, utiliza una sintaxis XML, mantiene el conjunto de información del documento XML y soporta sin restricciones los contenidos mezclados o desordenados.

relé *s.* (*relay*) Interruptor activado mediante una señal eléctrica. Un relé permite controlar a otra señal eléctrica sin la necesidad de la acción humana para encaminar la otra señal hasta el punto de control y también permite que una señal de potencia relativamente baja controle a una señal de alta potencia.

relé de estado sólido *s.* (*solid-state relay*) Relé que depende de componentes de estado sólido en lugar de componentes mecánicos para abrir y cerrar un circuito.

rellenar *vb.* (*fill*) Añadir un color o un patrón a un área encerrada por un círculo o por otra forma geométrica.

relleno *s.* **1.** (*fill*) En gráficos por computadora, «pintar» de color o aplicar un patrón al interior de una figura cerrada, como, por ejemplo, un círculo. La parte de la forma que puede colorearse o a la que se le aplica un patrón es el área de relleno. Los programas de dibujo ofrecen normalmente herramientas para crear formas con relleno o sin relleno, pudiendo el usuario especificar el color o patrón. **2.** (*padding*) En almacenamiento de datos, la adición de uno o más bits, normalmente ceros, en un bloque de datos con el fin de rellenarlo para llevar a los bits de datos reales a una posición determinada o para evitar que los datos dupliquen un patrón de bits que tiene un significado establecido, tal como un comando embebido.

relleno con grecas *s.* (*greeking*) **1.** Uso de palabras sin sentido para representar el texto de un documento en las muestras de diseño. Hay un texto en latín que comienza «Lorem ipsum dolor sit amet» y que se emplea tradicionalmente para este propósito. **2.** La utilización de líneas grises u otro tipo de gráficos para representar las líneas de caracteres que son demasiado pequeñas como para poderlas representar de forma legible en una pantalla a la resolución seleccionada, como, por ejemplo, cuando se está viendo la disposición de una página completa o de un par de páginas enfrentadas.

relleno de celda *s.* (*cell padding*) El espacio comprendido entre el contenido y los bordes interiores de una celda de una tabla.

relleno de región *s.* (*region fill*) En gráficos por computadora, la técnica empleada para rellenar una región definida en la pantalla con un color, patrón u otro atributo seleccionado. *Véase también* región.

reloj *s.* (*clock*) **1.** El circuito alimentado por batería que controla la fecha y la hora de una computadora; no es lo mismo que el reloj del sistema. **2.** El circuito electrónico de una computadora que genera un flujo continuo de pulsos de temporización, que son las señales digitales que sincronizan todas las operaciones. La señal de reloj del sistema se genera de forma precisa mediante un cristal de cuarzo, que normalmente opera a una frecuencia específica comprendida entre 1 y 50 megahercios. La velocidad de reloj de una computadora es uno de los factores principales que determinan su potencia de proceso global y lo normal es que sea lo más alta que permitan los demás componentes de la computadora.

reloj de 12 horas *s.* (*12-hour clock*) Reloj que muestra la hora dentro de un rango de 12 horas, volviendo a la 1:00 después de las 12:59 AM o PM. *Compárese con* reloj de 24 horas.

reloj de 24 horas *s.* (*24-hour clock*) Reloj que muestra la hora dentro de un rango de 24 horas, desde las 00:00 (medianoche) hasta las 23:59 (un minuto antes de la medianoche siguiente). *Compárese con* reloj de 12 horas.

reloj de radio *s.* (*radio clock*) Dispositivo que recibe una difusión que contiene una señal horaria estándar. Los relojes de radio se utilizan en comunicaciones de red para sincronizar el reloj de hardware del host con el formato UTC (Universal Time Coordinate) de acuerdo con el protocolo NTP (Network Time Protocol). *Véase también* NTP; UTC.

reloj del sistema *s.* (*system clock*) *Véase* reloj.

reloj en tiempo real *s.* (*real-time clock*) En los equipos PC, un circuito u otro elemento de hardware que suministra al sistema información sobre la fecha y hora reales. Cuando se inicia el sistema, el reloj en tiempo real coloca la fecha y la hora en la memoria, donde puede ser incrementada de forma sistemática por el BIOS. Un reloj en tiempo real normalmente tiene una batería independiente del resto del sistema, por lo que no depende de la fuente de alimentación de éste. El reloj de tiempo real no es lo mismo que el reloj del sistema, que es la señal de reloj utilizada para sincronizar las operaciones del procesador. *Acrónimo:* RTC. *Véase también* reloj.

reloj interno *s.* (*internal clock*) *Véase* reloj/calendario.

reloj/calendario *s.* (*clock/calendar*) Circuito independiente de medida del tiempo que se utiliza en una microcomputadora con el propósito de mantener la fecha y hora correctas. Los circuitos de reloj/calendario funcionan con una batería, por lo que pueden continuar funcionando incluso después de apagar la computadora. La fecha y hora proporcionadas por el reloj/calendario pueden ser utilizadas por el sistema operativo (por ejemplo, para «marcar» los archivos con la fecha y hora de creación o modificación) y por los programas de aplicación (por ejemplo, para insertar la fecha y hora en un documento).

RELURL *s*. *Véase* URL relativo.

remate de línea *s*. (*line cap*) La forma en que se termina un segmento de línea a la hora de imprimir el segmento, especialmente en una impresora compatible PostScript. *Véase* la ilustración. *Véase también* unión de líneas.

Remate ajustado
Remate cuadrado
Remate redondeado

Remate de línea.

remota, monitorización *s*. (*remote monitoring*) *Véase* RMON.

Remote Data Objects *s*. Herramienta de acceso a datos orientada a objetos incluida en Visual Basic 4 y versiones posteriores. Los objetos de datos remotos no tienen un formato de archivo nativo propio; sólo pueden ser utilizados con las bases de datos compatibles con los estándares más recientes de ODBC. Esta herramienta es bastante popular debido a su velocidad y a que apenas hace falta escribir código para poder utilizarla. *Acrónimo:* RDO. *Véase también* ODBC; Visual Basic.

remoto *adj*. (*remote*) Que no está en la inmediata vecindad de algo, como sería el caso de un equipo informático u otro dispositivo localizado en algún otro lugar (habitación, edificio o ciudad) y que sea accesible a través de algún tipo de cable o enlace de comunicaciones.

rename *s*. Un comando en la mayoría de los clientes FTP (File Transfer Protocol, protocolo de transferencia de archivos) y en muchos otros sistemas que permite al usuario asignar un nuevo nombre a uno o más archivos.

renderización basada en imágenes *s*. (*image-based rendering*) *Véase* imagen inmersiva.

renderizar *vb*. **1**. (*blit*) Representar un glifo/mapa de bits en la pantalla. *Véase también* transferencia de bloques de bits. **2**. (*render*) Producir una imagen gráfica a partir de un archivo de datos en un dispositivo de salida tal como una pantalla de vídeo o una impresora.

repaginar *vb*. (*repaginate*) Recalcular los saltos de página en un documento.

RepeatKeys *s*. Característica de Windows 9x y Windows NT que permite a un usuario ajustar o desactivar la característica de repetición automática del teclado con el fin de adaptarse a los usuarios con movilidad restringida, los cuales pueden provocar por accidente la repetición automática si tienen problemas para levantar los dedos de las teclas. *Véase también* repetición automática de teclas. *Compárese con* BounceKeys; FilterKeys; Mouse-Keys; ShowSounds; SounSentry; StickyKeys; Toggle-Keys.

repetición automática *s*. (*autorepeat*) *Véase* repetición automática de teclas.

repetición automática de teclas *adj*. (*typematic*) La característica de un teclado que repite una pulsación de tecla cuando se mantiene pulsada la tecla durante un período de tiempo superior a lo normal. *Véase también* tecla de repetición; RepeatKeys.

repetición de teclas *s*. (*keyboard repeat*) *Véase* repetición automática de teclas.

repetidor *s*. (*repeater*) Un dispositivo utilizado en circuitos de comunicaciones que reduce la distorsión amplificando o regenerando una señal con el fin de que ésta pueda ser transmitida más allá con su intensidad y forma originales. En una red, un repetidor conecta dos redes o dos segmentos de red en el nivel físico del modelo de referencia ISO/OSI y regenera la señal.

repetidor multipuerto *s*. (*multiport repeater*) *Véase* concentrador activo.

repetidor, ataque de tipo *s.* (***bucket brigade attack***) *Véase* ataque por interposición.

Repetir *s.* (***Repeat***) Comando de Microsoft Word que provoca que se repita toda la información contenida en el último cuadro de diálogo de comando o en la última sesión de edición ininterrumpida.

repintado *s.* (***redraw***) *Véase* refrescar.

repique de campanas *s.* (***chimes of doom***) En computadoras Macintosh, una serie de repiques que suenan como resultado de un fallo grave en el sistema.

replicación *s.* (***replication***) En un sistema de gestión de bases de datos distribuidas, es el proceso de copiar la base de datos (o partes de la misma) a los otros lugares de la red. La replicación permite a los sistemas de bases de datos distribuidas mantener la sincronización. *Véase también* base de datos distribuida; sistema de gestión de bases de datos distribuidas.

replicación de directorios *s.* (***directory replication***) La copia de un conjunto maestro de directorios desde un servidor (denominado servidor de exportación) hasta una serie de servidores o estaciones de trabajo especificados (denominados computadoras de importación) situados en el mismo dominio o en otros dominios diferentes. La replicación simplifica la tarea de mantener conjuntos idénticos de directorios y archivos en múltiples equipos porque sólo hace falta mantener una única copia maestra de los datos. *Véase también* directorio; servidor.

replicación uno a muchos *s.* (***one-to-many replication***) Una configuración de servidor que permite la replicación de datos desde uno o más servidores de gran tamaño hacia un número mayor de servidores de menor tamaño.

replicador de puerto *s.* (***port replicator***) Dispositivo que permite la fácil conexión de computadoras portátiles a dispositivos menos portátiles, tales como impresoras, monitores y teclados de equipos de sobremesa. En lugar de tener que conectar cada dispositivo individualmente a una computadora portátil, un usuario puede enchufarlo permanentemente a un replicador de puerto y usarlo simplemente conectando la computadora en un solo zócalo, también en el replicador de puerto. Los replicadores de puerto son comparables a las estaciones de acoplamiento, pero sin su capacidad de expansión y almacenamiento. *Véase también* estación de acoplamiento; puerto.

repositorio *s.* (***repository***) **1**. Un superconjunto de un diccionario de datos. *Véase también* diccionario de datos. **2**. Colección de información sobre un sistema informático.

representación *s.* (***rendering***) La creación de una imagen que contiene modelos geométricos utilizando colores y sombras para proporcionar a la imagen un aspecto realista. Los sistemas de representación (rendering) suelen formar parte de los paquetes de modelado geométrico, como los programas CAD, y utilizan algoritmos matemáticos para describir la ubicación de una fuente luminosa en relación con el objeto y para calcular la forma en que la fuente luminosa creará resaltados, sombras y variaciones de color. El grado de realismo puede variar desde la utilización de polígonos opacos y sombreados hasta imágenes enormemente complejas y casi fotográficas. *Véase también* trazado de rayos.

representación del conocimiento *s.* (***knowledge representation***) La metodología que forma la base de la estructura de toma de decisiones de un sistema experto, usualmente en la forma de reglas condicionales de tipo if-then. *Véase también* sistema experto.

representación procedimental *s.* (***procedural rendering***) La representación de una imagen bidimensional a partir de coordenadas tridimensionales y de datos de textura de acuerdo con unas condiciones especificadas por el usuario, como el grado de iluminación y la posición de las fuentes luminosas.

reproductor *s.* (***player***) En relación al sonido digital, es un programa que reproduce música y otros archivos de audio que hayan sido extraídos (transferidos desde un disco compacto a un disco duro) y luego codificados en un formato reproducible, como, por ejemplo, MP3. *Véase también* codificador; MP3; ripeador.

reproductor de CD *s.* (***CD player***) Dispositivo que lee la información almacenada en un CD. Un reproductor de CD contiene los dispositivos ópticos necesarios para leer el contenido de un disco y la circuitería electrónica requerida para interpretar los datos a medida que se los lee.

reproductor de disco compacto *s.* (***compact disc player***) *Véase* reproductor de CD.

reptador *s.* (***crawler***) *Véase* araña; explorador web.

reptar *vb.* (***crawl***) Compilar y organizar entradas para un motor de búsqueda leyendo páginas web e información relacionada. La recopilación es normalmente llevada a cabo por programas denominados «arañas».

resaltar *vb.* (***highlight***) Alterar la apariencia de los caracteres visualizados como medio de atraer la atención hacia los mismos, como, por ejemplo, mostrándolos en vídeo inverso (trazos claros sobre fondo oscuro en vez de trazos oscuros sobre fondo blanco, y viceversa) o con una mayor intensidad. El resalte se utiliza para indicar un elemento, como, por ejemplo, una opción de menú o un fragmento de texto en un procesador de textos, con el que hay que efectuar algún tipo de acción.

reserva *s.* (***reserve***) Comando que asigna espacio de disco contiguo para el espacio de trabajo de la instancia actual de dispositivo. Los dispositivos de vídeo digital reconocen este comando.

reserva de recursos, protocolo de configuración para *s.* *Véase* RSVP.

residente en memoria *adj.* (***memory-resident***) Que está localizado permanentemente en la memoria de una computadora en lugar de ser cargado y descargado de la misma según sea necesario. *Véase también* memoria; TSR.

residente en RAM *adj.* (***RAM resident***) *Véase* residente en memoria.

resistencia *s.* **1.** (***resistance***) La capacidad de oponerse (resistir) al flujo de corriente eléctrica. Con la excepción de los superconductores, todas las sustancias tienen un grado mayor o menor de resistencia. Las sustancias con muy baja resistencia, como los metales, conducen bien la electricidad y se denominan conductores. Las sustancias con muy alta resistencia, como el cristal o la goma, conducen la electricidad mucho peor y se denominan no conductores o aislantes. **2.** (***resistor***) Componente de circuito diseñado para presentar una cantidad especifica de resistencia al flujo de corriente.

resistencia a fallos *s.* (***fault resilience***) *Véase* alta disponibilidad.

resolución *s.* (***resolution***) **1.** El proceso de traducción entre la dirección de un nombre de dominio y una dirección IP. *Véase también* DNS; dirección IP. **2.** El grado de detalle obtenido por una impresora o monitor a la hora de producir una imagen. Para las impresoras que forman los caracteres a partir de pequeños puntos estrechamente espaciados, la resolución se mide en puntos por pulgada o ppp, y va desde unos 125 ppp para las impresoras matriciales de baja calidad hasta unos 600 ppp para algunas impresoras láser y de inyección de tinta (los equipos de fotocomposición pueden imprimir a resoluciones por encima de 1.000 ppp). Para una pantalla de vídeo, el número de píxeles está determinado por el modo gráfico y por la adaptadora de vídeo, pero el tamaño de la pantalla depende del tamaño y de los ajustes del monitor; por tanto, la resolución de una pantalla de vídeo se define como el número total de píxeles mostrados tanto horizontal como verticalmente. *Véase también* alta resolución; baja resolución.

resolución de direcciones *s.* (***address resolution***) El proceso de identificación de la dirección IP (Internet Protocol) de una computadora encontrando la entrada correspondiente en una tabla de asignación de direcciones. *Véase también* tabla de asignación de direcciones.

resolución de problemas *s.* (***problem solving***) **1.** Aspecto de la inteligencia artificial donde la tarea de resolución de problemas se realiza enteramente mediante un programa. *Véase también* inteligencia artificial. **2.** El proceso de diseño e implementación de una estrategia para encontrar una solución o para transformar una condición menos deseada en una más deseable.

resolución del dispositivo *s.* (*device resolution*) Véase resolución.

resolución inversa de direciones, protocolo de *s.* (*Reverse Address Resolution Protocol*) Véase RARP.

resolver *vb.* (*resolve*) **1**. Convertir un nombre de dominio Internet en su correspondiente dirección IP. *Véase también* DNS; dirección IP. **2**. Encontrar una configuración con la que no se produzca ningún conflicto hardware. **3**. Convertir una dirección física en una dirección lógica, y viceversa. **4**. Establecer una correspondencia entre un elemento de información y otro en una base de datos o tabla indexada.

respuesta adaptativa *s.* (*adaptive answering*) La capacidad de un módem para detectar si una llamada entrante es una transmisión de datos o de fax y para responder de forma correspondiente. *Véase también* módem.

respuesta automática *s.* (*automatic answering*) Véase modo respuesta.

respuesta de audio *s.* (*audio response*) Cualquier sonido proporcionado por una computadora; específicamente, la salida hablada producida por una computadora en respuesta a algún tipo específico de entrada. Tal tipo de salida puede ser generado utilizando una combinación de palabras de un vocabulario digitalizado o mediante la síntesis de palabras a partir de tablas de fonemas. *Véase también* respuesta en frecuencia; fonema.

respuesta en frecuencia *s.* (*frequency response*) El rango de frecuencias que un dispositivo de audio puede reproducir a partir de sus señales de entrada. *Véase también* frecuencia.

respuesta espectral *s.* (*spectral response*) En relación a los dispositivos de medida, es la relación entre la sensibilidad del dispositivo y la frecuencia de la energía detectada.

respuesta silenciosa *s.* (*quiet answer*) Protocolo de respuesta telefónica en el que las llamadas entrantes se responden con un silencio en lugar de con una señal de tono. Algunos sistemas de conmutación telefónica utilizan la respuesta silenciosa. Estos sistemas de conmutación esperan a que el llamante proporcione otro número telefónico, código o extensión después de la respuesta silenciosa.

respuesta vocal *s.* (*voice answer back*) La utilización de mensajes sonoros preparados por una computadora para responder a los comandos o consultas que se le planteen. *Acrónimo:* VAB.

respuesta vocal interactiva *s.* (*interactive voice response*) Computadora que opera a través del sistema telefónico y en la que los comandos de entrada y los datos son transmitidos a la computadora mediante palabras habladas y tonos o pulsos de llamada generados por un aparato telefónico; las instrucciones de salida y los datos son generados por la computadora mediante voz pregrabada o sintetizada. Por ejemplo, un servicio de llamadas que proporcione los horarios de una línea aérea cuando se pulsan ciertos códigos de teclas en el teléfono es un sistema de respuesta vocal interactiva. *También llamado* IVR.

restauración *s.* **1**. (*failback*) En un sistema de red en clúster (uno con dos o más servidores interconectados), es el proceso de restaurar los recursos y servicios a su servidor principal después de haber tenido que reubicarlos temporalmente en un sistema de emergencia mientras se llevaban a cabo reparaciones en el host original. *Véase también* clúster; migración tras error. **2**. (*restore*) El acto de restaurar un archivo o archivos *Véase también* copia de seguridad; recuperación.

restaurar *vb.* (*restore*) Copiar archivos desde un dispositivo de almacenamiento de copia de seguridad a su ubicación normal, especialmente si los archivos se copian para sustituir a otros que se perdieron o fueron borrados accidentalmente.

restricción *s.* (*constraint*) En programación, una condición que limita las soluciones que son aceptables para un problema.

restricción de carga *s.* (*load shedding*) En sistemas eléctricos, el proceso de desconectar la alimentación de algunos equipos electrónicos para mantener la integridad de la tensión de alimentación suministrada a otros dispositivos. *Véase también* SAI.

resucitar *vb*. (***return from the dead***) Volver a acceder a Internet después de haber sido desconectado.

resumen *s*. (***abstract***) En procesamiento de la información y documentación, un resumen que normalmente consta de un párrafo o unos pocos párrafos y que está situado al principio de un documento de investigación, como pueda ser un artículo científico.

resumir *vb*. (***summarize***) Publicar de manera escueta los resultados de una encuesta o votación en un grupo de noticias o lista de correo después de recopilar los resultados a través de correo electrónico.

retardo de envolvente *s*. (***envelope delay***) En comunicaciones, la diferencia en cuanto a tiempo de desplazamiento de las diferentes frecuencias de una señal. Si las frecuencias alcanzan su destino en instantes diferentes, la señal puede distorsionarse y pueden producirse errores.

retardo de propagación *s*. (***propagation delay***) El tiempo necesario para que una señal de comunicaciones viaje entre dos puntos. En los enlaces vía satélite, es un retardo perceptible de entre un cuarto de segundo y medio segundo motivado por la necesidad de que la señal viaje a través del espacio.

retardo de repetición *s*. (***Repeat delay***) Cantidad de tiempo que transcurre antes de que un carácter comience a repetirse cuando se mantiene pulsada una tecla.

retardo rotacional *s*. (***rotational delay***) El tiempo requerido para que un sector deseado del disco rote hasta situarse a la altura del cabezal de lectura/escritura.

retorno a cero *s*. (***return to zero***) Método de grabación sobre soportes físicos magnéticos en los que la condición de referencia, o «estado neutral», es la ausencia de magnetización. *Abreviatura:* RZ. *Compárese con* sin retorno a cero.

retorno de carro *s*. (***carriage return***) Carácter de control que ordena a la computadora o impresora volver al principio de la línea actual. Un retorno de carro es similar al retorno de una máquina de escribir, pero no avanza automáticamente al comienzo de una nueva línea. Por ejemplo, un solo carácter de control de retorno de carro, recibido al final de las palabras *Esto es un ejemplo de línea de texto*, provocará que el cursor o la impresora retornen a la primera letra de la palabra *Esto*. En el conjunto de caracteres ASCII, el carácter de retorno de carro tiene el valor decimal 13 (hexadecimal 0D). Véase la ilustración.

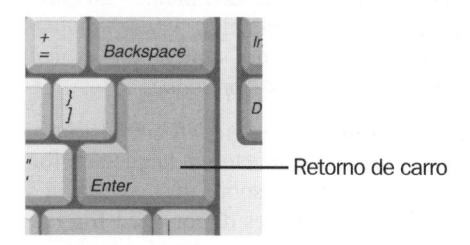

Retorno de carro.

retorno de carro automático *s*. (***soft return***) Salto de línea insertado en un documento por un procesador de textos cuando la siguiente palabra en la actual línea del texto haría que la línea sobresaliera del margen (un salto de línea móvil). *Véase también* salto de línea automático. *Compárese con* retorno manual.

retorno horizontal *s*. (***horizontal retrace***) El movimiento del haz de electrones en una pantalla de vídeo de barrido por líneas desde el extremo derecho de una línea de barrido hasta el extremo izquierdo (el principio) de la siguiente. Durante el retorno horizontal, el haz de electrones se desactiva, por lo que el tiempo requerido por el haz para efectuar el retorno se denomina intervalo de supresión horizontal. *Véase también* supresión. *Compárese con* retorno vertical.

retorno manual *s*. (***hard return***) Carácter introducido por el usuario para indicar que la actual línea de texto está acabada y que comienza una nueva línea. En los programas de procesamiento de textos que saltan de línea automáticamente dentro de los márgenes de la página, un retorno manual indica el final de un párrafo. En los programas de introducción de texto que carecen de saltos de línea automáticos, por el contrario, se requiere un retorno manual al final de cada línea y a menudo se necesitan dos o más retornos manuales para finalizar un párrafo. *Véase también* salto de línea automático. *Compárese con* retorno de carro automático.

retorno vertical *s.* (***vertical retrace***) En las pantallas de barrido, es el movimiento del haz de electrones desde la esquina inferior derecha hasta la esquina superior izquierda de la pantalla una vez que el haz ha completado un barrido completo de la pantalla. *Véase también* supresión; intervalo de supresión vertical. *Compárese con* retorno horizontal.

retransmisión de células *s.* (***cell relay***) Forma de conmutación de paquetes en la que la información se multiplexa sobre una portadora y se transfiere en paquetes de longitud fija (células).

retransmisor de microondas *s.* (***microwave relay***) Enlace de comunicaciones que utiliza transmisiones de radio punto a punto a frecuencias superiores a, aproximadamente, 1 gigahercio (1.000 megahercios).

retraso *s.* (***lag***) La diferencia temporal entre dos sucesos. En electrónica, un retraso es un retardo entre un cambio producido a la entrada y el correspondiente cambio a la salida. En las pantallas de computadora, un retraso es un cierto brillo residual que permanece en el recubrimiento de fósforo de la pantalla después de que cambie una imagen. *Véase también* persistencia.

retroceder *vb.* (***back up***) Volver a un estado anterior estable, como, por ejemplo, un estado en el que se sepa que una base de datos está completa y es coherente.

retroceso *s.* (***retrace***) La ruta seguida por el haz de electrones en un monitor de barrido de líneas cuando vuelve desde el borde derecho hasta el borde izquierdo de la pantalla o desde la parte inferior de la pantalla hasta la parte superior. El retroceso permite situar el haz de electrones en el punto necesario para el siguiente barrido horizontal o vertical de la pantalla. Durante este intervalo, el haz se desactiva brevemente para evitar dibujar una línea no deseada en la pantalla. El retroceso tiene lugar muchas veces por segundo y utiliza señales sincronizadas de manera muy precisa para garantizar que el haz de electrones se desactive y active durante el retroceso. *Véase también* supresión; retorno horizontal; pantalla de barrido de líneas; retorno vertical.

retroceso horizontal *s.* (***horizontal flyback***) *Véase* retorno horizontal.

retroiluminado *adj.* (***back-lit*** o ***backlit***) Que tiene una fuente de luz, tal como una lámpara o LED, detrás de una superficie de visualización (normalmente translúcida) para iluminar la superficie.

retrovirus *s.* (***retro virus***) Un tipo de virus que evita la detección atacando o desactivando los programas antivirus. *También llamado* antiantivirus.

reubicación dinámica *s.* (***dynamic relocation***) La reubicación en memoria de los datos o del código de un programa que se esté ejecutando actualmente utilizando para ello una rutina interna del sistema. La reubicación dinámica ayuda a la computadora a utilizar la memoria de manera más eficiente.

reubicar *s.* (***relocate***) Mover programas y bloques de memoria dentro del espacio disponible con el fin de utilizar los recursos de memoria de forma flexible y eficiente. Los programas reubicables pueden ser cargados por el sistema operativo en cualquier parte de la memoria disponible en lugar de poder ser cargados únicamente en un área específica. Un bloque de memoria reubicable es una parte de la memoria que puede ser desplazada de un sitio a otro por el sistema operativo según sea necesario; por ejemplo, el sistema puede agrupar varios bloques de memoria reubicables disponibles con el fin de formar un único bloque más grande del tamaño solicitado por un programa.

reusabilidad *s.* (***reusability***) La característica de un fragmento de código o de un diseño que hace que pueda volvérselo a utilizar de nuevo en otra aplicación o sistema.

revendedor de valor añadido *s.* (*value-added reseller*) Compañía que compra hardware y software y lo revende al publico con una serie de servicios añadidos, como el soporte al usuario. *Acrónimo:* VAR.

revendedor especializado *s.* (*boutique reseller*) Tipo de revendedor de valor añadido (VAR, value-added reseller) especializado en proporcionar software, hardware y servicios personalizados a mercados verticales o mercados nicho. En el entorno VAR, los revendedores especializados se diferencian de los revendedores mayoristas, o integradores de sistemas, en que ofrecen una gama menos amplia de productos y servicios. *Véase también* revendedor de valor añadido.

revendedor principal *s.* (*master reseller*) Estado asignado por los fabricantes de equipos informáticos a los vendedores y distribuidores que cumplen ciertas certificaciones, normalmente relacionadas con el número de elementos que el revendedor espera vender.

revertir *vb.* (*revert*) Volver a la última versión guardada de un documento. La elección de este comando ordena a la aplicación que descarte todos los cambios realizados en un documento desde la última vez que fue guardado.

Revisable-Form-Text DCA *s.* Estándar de la arquitectura DCA (Document Content Architecture) para almacenar documentos de tal manera que el formato pueda ser modificado por el receptor. Un estándar relacionado es el Final-Form-Text DCA. *Acrónimo:* RFTDCA. *Véase también* DCA. *Compárese con* Final-Form-Text DCA.

revisión *s.* (*release*) Una versión concreta de un elemento de software, frecuentemente en referencia al último modelo del mismo (como en la frase «la última revisión»). Algunas compañías utilizan el término revisión como parte integrante del nombre del producto (como en Lotus 1-2-3 Revisión 2.2).

revolución de la información *s.* (*information revolution*) *Véase* explosión de la información.

revolución informática *s.* (*computer revolution*) El fenómeno social y tecnológico relativo al rápido desarrollo y al uso y aceptación cada vez más amplios de las computadoras y especialmente de las computadoras personales monousuario. El impacto de estas máquinas se considera revolucionario por dos razones. En primer lugar, su aparición y su éxito fueron muy rápidos. En segundo lugar, y más importante, su velocidad y su precisión han provocado un cambio en la forma en que la información se procesa, almacena y transfiere.

revolver *vb.* (*grovel*) Realizar una tarea de búsqueda u otro tipo de trabajo de gran duración sin un progreso aparente. Algunos programas se dedican a revolver un archivo de entrada durante un largo tiempo antes de empezar a producir una salida. Un programador puede que tenga que revolver los manuales en búsqueda de documentación sobre un comando concreto o revolver el código en busca de un error.

REXX *s.* Acrónimo de Restructured Extended Executor (ejecutor extendido reestructurado). Lenguaje de programación estructurado utilizado en equipos mainframe IBM y en la versión 2.0 de OS/2. Los programas en REXX invocan programas de aplicación y comandos del sistema operativo.

RF *s. Véase* radiofrecuencia.

RFC *s.* Acrónimo de Request for Comments (petición de comentarios). Un documento mediante el que se publica un estándar, un protocolo u otra información relativa a la operación de Internet. Los documentos RFC son promulgados, bajo control del IAB, después de una discusión acerca de su contenido y sirven en la práctica como estándar. Los documentos RFC pueden obtenerse de diversas fuentes, como InterNIC.

RFD *s. Véase* Solicitud de discusión.

RFI *s.* Acrónimo de radio frequency interference (interferencia de radiofrecuencia). Ruido introducido en un circuito electrónico, como, por ejemplo, una radio o una televisión, por radiación electromagnética producida por otro circuito, como pueda ser una computadora.

RFTDCA *s. Véase* Revisable-Form-Text DCA.

RGB *s.* Acrónimo de red-green-blue (rojo-verde-azul). Modelo para describir los colores producidos por emisión de luz, como en un monitor de vídeo, en lugar de por absorción de luz, que es lo que ocurre con la tinta sobre el papel. Los tres tipos de células cono del ojo responden a la luz roja, verde y azul, respectivamente, por lo que los porcentajes de estos colores primarios aditivos pueden mezclarse para conseguir cualquier color deseado. Si no se añade ningún color, se obtiene el negro. Si se añade el 100 por 100 de los tres colores, se obtiene el color blanco. *Véase también* CMYK; monitor RGB. *Compárese con* CMY.

RIFF *s*. Acrónimo de Resource Interchange File Format (formato de archivo para intercambio de recursos). Desarrollado conjuntamente por IBM y Microsoft, RIFF es una especificación bastante general diseñada para utilizarse a la hora de definir formatos estándar para diferentes tipos de archivos multimedia. RIFF es una especificación basada en archivos etiquetados que utiliza cabeceras para «etiquetar» los elementos de datos individuales dentro de un archivo, identificándolos según su tipo y longitud. Puesto que los elementos de datos se identifican mediante etiquetas, la especificación RIFF puede ampliarse para cubrir nuevos tipos de elementos sin por ello dejar de soportar aplicaciones antiguas, las cuales pueden simplemente ignorar los elementos nuevos y no reconocidos que encuentren dentro de un archivo. AVI (Audio Video Interleaved, audio/vídeo entrelazado) es uno de dichos formatos de archivo. *Véase también* AVI; MCI.

RIMM *s.* Módulo enchufable desarrollado conjuntamente por Rambus e Intel para un tipo de memoria de gran ancho de banda conocida como RDRAM directa. Un módulo RIMM es comparable a un módulo DIMM en cuanto a forma y tamaño, aunque no son compatibles pin a pin. *Véase también* DIMM; RDRAM.

RIP *s.* **1**. Acrónimo de Routing Information Protocol (protocolo de información de encaminamiento). Un protocolo Internet, definido en el documento RFC 1058, que define el intercambio de información de tablas de encaminamiento. Mediante RIP, cada encaminador de una red envía su tabla de encaminamiento al vecino más próximo cada 30 segundos. Con RIP, el encaminamiento se determina según el número de saltos existentes entre el origen y el destino. RIP es un protocolo de pasarela interior (un protocolo utilizado por las pasarelas para intercambiar información de encaminamiento). Puesto que no es el más eficiente de los protocolos de encaminamiento, está siendo sustituido por el protocolo OSPF (Open Shortest Path First, apertura prioritaria de la ruta más corta), que tiene un nivel de eficiencia superior. *Véase también* Bellman-Ford, algoritmo de encaminamiento por vector de distancia; protocolo de comunicaciones; IGP; OSPF. **2**. *Véase* procesador de imágenes rasterizadas.

RIPE *s.* Acrónimo de Reseaux IP Européens (redes IP europeas). Una organización voluntaria de proveedores de servicios Internet que tiene como objetivo mantener una red Internet paneuropea con un funcionamiento transparente. La mayor parte del trabajo realizado por RIPE es gestionado por grupos de trabajo dedicados a cuestiones tales como la gestión de la base de datos RIPE y problemas técnicos de interconexión de redes. RIPE proporciona también servicios que incluyen el registro de nombres de dominio dentro de los dominios Internet de nivel superior y la asignación de direcciones IP (Internet Protocol). Las organizaciones pertenecientes a RIPE están soportadas por el centro de coordinación de red RIPE NCC (Network Coordination Centre), con sede en Ámsterdam, Holanda. *Véase también* ARIN.

ripeador *s.* (*ripper*) Tecnología digital de audio que convierte datos de audio de un disco compacto en un archivo WAV u otro formado digital. Después, se utiliza un codificador para convertir este archivo en otro archivo (normalmente, MP3) que pueda ser reproducido mediante un programa software denominado reproductor. *Véase también* codificador; MP3.

ripear *vb.* (*rip*) Convertir datos de audio de un disco compacto en un archivo WAV u otro formato digital, normalmente como preparación para una ulterior codificación en forma de archivo MP3. *Véase también* MP3.

RIPX *s.* Un protocolo utilizado por los encaminadores para intercambiar información en una red IPX y empleado por las máquinas host para determinar cuáles son los mejores encaminadores para poder reenviar tráfico IPX a una red IPX remota. *También llamado* RIP para IPX. *Véase también* protocolo de comunicaciones; IPX; NWLink; encaminador.

RIS *s.* (*Remote Installation Services*) Acrónimo de Remote Installation Services (servicios de instalación remota). Servicios software que permiten a un administrador configurar nuevas computadoras cliente de manera remota sin tener que visitar cada cliente. Las máquinas cliente en cuestión deben soportar los mecanismos de arranque remoto.

RISC *s.* Acrónimo de Reduced Instruction Set Computing (computación con conjunto de instrucciones reducido). Diseño de microprocesador que se centra en el procesamiento rápido y eficiente de un conjunto relativamente pequeño de sencillas instrucciones que comprende la mayoría de las instrucciones, que normalmente decodifica y ejecuta cualquier computadora. La arquitectura RISC optimiza cada una de estas instrucciones para que puedan ejecutarse muy rápidamente (normalmente, en un solo ciclo de reloj). Los chips RISC ejecutan, por tanto, esas instrucciones sencillas mucho más rápido que los microprocesadores CISC (Complex Instruction Set Computing) de propósito general, diseñados para manejar un conjunto de instrucciones mucho más amplio. Sin embargo, son más lentos que los chips CISC cuando ejecutan instrucciones complejas, que deben ser divididas en varias instrucciones en lenguaje máquina que los microprocesadores RISC puedan ejecutar. Entre las familias existentes de chips RISC, podemos citar los microprocesadores SPARC de Sun Microsystems, 88000 de Motorola e i860 de Intel y el PowerPC desarrollado por Apple, IBM y Motorola. *Véase también* arquitectura; SPARC. *Compárese con* CISC.

RISC86 *s.* Tecnología de microprocesador «híbrida» en la cual las instrucciones CISC (Complex Instruction Set Computing) son traducidas a instrucciones RISC (Reduced Instruction Set Computing) para procesarlas. RISC86 está diseñada para dar soporte a la arquitectura 80x86 CISC al mismo tiempo que proporciona las mejoras de velocidad características de la tecnología RISC. RISC86 fue desarrollada por NexGen y está implementada en los microprocesadores K6 de AMD.

Rivest-Shamir-Adleman, algoritmo de *s.* (*Rivest-Shamir-Adleman encryption*) *Véase* cifrado RSA.

RLE *s.* Abreviatura de Run Length Encoding (codificación por longitud de recorrido). Un formato de compresión de datos en el que sólo se almacena el primero de una serie de píxeles idénticos consecutivos junto con el número total de píxeles contenidos en ese recorrido. Cuando se descomprime el archivo, cada píxel representativo se copia el número correcto de veces para restaurar los píxeles que no han sido almacenados. La compresión RLE resulta especialmente adecuada con los gráficos simples en blanco y negro y con los gráficos de colores no sombreados.

RLIN *s.* (*Research Libraries Information Network*) Acrónimo de Research Libraries Information Network (red informática de bibliotecas de investigación). El catálogo en línea combinado de la organización Research Libraries Groups, que incluye muchas de las principales bibliotecas de investigación de Estados Unidos.

rlogin *s.* **1.** Un comando de BSD UNIX que permite a un usuario iniciar una sesión en una computadora remota conectada a una red utilizando el protocolo rlogin. *Véase también* BSD UNIX. **2.** Un protocolo utilizado para iniciar una sesión en una computadora conectada a red mediante el cual el sistema local suministra automáticamente el nombre de inicio de sesión del usuario. *Véase también* protocolo de comunicaciones; inicio de sesión. *Compárese con* telnet.

RLSD *s.* Acrónimo de Received Line Signal Detect (detección de señal de línea recibida). *Véase* DCD.

RMI-IIOP *s.* Acrónimo de Remote Method Invocation over IIOP (invocación remota de métodos mediante IIOP). Un subsistema de la plataforma J2EE (Java 2 Enterprise Edition). Proporciona la capacidad de escribir aplicaciones CORBA para la plataforma Java sin necesidad de aprender el lenguaje IDL (Interface Definition Language) de CORBA. RMI-IIOP incluye la funcionalidad completa de un gestor de solicitudes de objetos CORBA y permite la programación de aplicaciones y servidores CORBA a través de la interfaz de programación de aplicaciones RMI. RMI-IIOP resulta útil para los desarrolladores que utilicen componentes EJB (Enterprise Java Beans) dado que el modelo de objeto remoto de los componentes EJB está basado en RMI. *También llamado* RMI sobre IIOP. *Véase también* CORBA; Enterprise JavaBeans; J2EE.

RMM *s. Véase* mapeador en modo real.

RMON *s.* Acrónimo de remote monitoring (monitorización remota). Un protocolo que permite monitorizar y analizar información de red desde una ubicación central. Las nueve bases de información de gestión (MIB, management information base) definidas por RMON proporcionan estadísticas acerca del tráfico de red. *Véase también* base informática de gestión. *Compárese con* SNMP.

robatarjetas *s.* (*carder*) Persona que se dedica a la comisión de fraudes relacionados con el uso de tarjetas de crédito en línea. Específicamente, un robatarjetas roba números de tarjetas de crédito bien para comprar mercancías (a menudo relacionadas con la informática) en tiendas web o para comerciar con los números robados con individuos de su mismo perfil, también a través de Internet. Generalmente, los robatarjetas obtienen los números de las tarjetas de crédito por métodos convencionales, como rebuscar en la basura o llamar por teléfono haciéndose pasar por personal del banco. *Véase también* hacker.

robot *s.* **1.** Una máquina que puede tener dispositivos sensores y reaccionar a los datos de entrada, así como provocar cambios en su entorno con un cierto grado de inteligencia, idealmente sin supervisión humana. Aunque los robots se diseñan a menudo para remedar los movimientos humanos a la hora de llevar a cabo su trabajo, raramente tienen una apariencia humana. Los robots se utilizan comúnmente para la fabricación de productos tales como automóviles y computadoras. *Véase también* robótica. **2.** *Véase* bot; araña.

robot de Internet *s.* (*Internet robot*) *Véase* araña.

robótica *s.* (*robotics*) La rama de la ingeniería dedicada a la creación y entrenamiento de los robots. Los roboticistas trabajan dentro de una amplia variedad de campos, como la ingeniería mecánica y electrónica, la cibernética, la biónica y la inteligencia artificial, todo con el fin de que sus creaciones tengan el máximo posible de conciencia sensorial, destreza física, independencia y flexibilidad. *Véase también* inteligencia artificial; biónica; cibernética.

robusto *adj.* (*robust*) Capaz de funcionar o de seguir funcionando bien en situaciones inesperadas.

rodillo *s.* (*platen*) El cilindro que puede verse en la mayoría de las impresoras de impacto y máquinas de escribir alrededor del cual se enrolla el papel y sobre el cual el mecanismo de impresión incide sobre el papel. Unos mecanismos especiales formados por pequeños rodillos con muelles mantienen el papel apretado contra el rodillo justo por encima del mecanismo de impresión.

rodillo de presión *s.* (*pinch roller*) Pequeña polea cilíndrica que presiona la cinta magnética contra el rodillo impulsor de la unidad para mover la cinta a través de los cabezales de la máquina. *Véase también* capstán.

ROFL *s.* Acrónimo de rolling on the floor, laughing (desternillándose de risa). Una expresión inglesa utilizada principalmente en grupos de noticias y conferencias en línea para indicar que a alguien le ha parecido muy bueno un chiste o alguna otra circunstancia humorística. *También llamado* ROTFL.

rojo-verde-azul *s.* (*red-green-blue*) *Véase* RGB.

rollback *s. Véase* anulación.

ROM *s.* **1.** Acrónimo de read-only memory (memoria de solo lectura). Cualquier circuito semiconductor utilizado como memoria para almacenar las instrucciones o datos que puedan ser leídos, pero no modificados (ya estén escritos por el fabricante o mediante un proceso de programación, como en las memorias PROM y EPROM). *Véase también* EEPROM; EPROM; PROM. **2.** Acrónimo de read-only memory (memoria de sólo lectura). Circuito semiconductor en el que el código o los datos se instalan de forma permanente durante el proceso de fabricación. El uso de esta tecnología es viable económicamente sólo si los chips se fabrican en grandes cantidades. Para los diseños experimentales o para pequeños volúmenes, es mejor utilizar memorias PROM o EPROM.

ROM Basic *s.* Un intérprete de Basic almacenado en ROM para que el usuario pueda comenzar a programar inmediatamente después de encender la máquina sin tener que cargar el programa Basic desde un disco o cinta. La ROM Basic era una característica de muchas de las primeras computadoras personales.

ROM BIOS *s.* Acrónimo de ROM basic input/output system (sistema básico de entrada/salida en ROM). *Véase* BIOS.

ROM de arranque *s.* (*startup ROM*) Las instrucciones de arranque codificadas en la memoria ROM de sólo lectura de una computadora y ejecutadas en el arranque. Las rutinas de la ROM de arranque permiten a una computadora efectuar autocomprobaciones y comprobar también los dispositivos conectados (como, por ejemplo, el teclado y las unidades de disco), prepararse para la operación y ejecutar un pequeño programa para cargar el programa cargador de un sistema operativo. *Véase también* arranque; autotest de encendido.

ROM flash *s.* (*flash ROM*) *Véase* memoria flash.

ROM oculta *s.* (*shadow ROM*) *Véase* memoria oculta.

ROM programable *s.* (*programmable read-only memory*) *Véase* PROM.

ROM reprogramable *s.* (*reprogrammable read-only memory*) *Véase* EPROM.

ROM sucia *s.* (*dirty ROM*) En las primeras versiones de Macintosh (Mac II, IIx, SE/30 y IIcx), era un sistema de memoria que simulaba un sistema de 32 bits, pero no era un auténtico (limpio) sistema de 32 bits. Entre otros defectos, una máquina con ROM sucia sólo podía acceder a 8 megabytes de memoria bajo el sistema operativo Mac System 7. Existen extensiones del sistema, tales como MODE32 y el habilitador de 32 bits, que permiten a una máquina con ROM sucia operar como una verdadera máquina de 32 bits limpia.

romper *vb.* **1.** (*break*) Hacer que una rutina, módulo o programa que había estado funcionando deje de funcionar correctamente. **2.** (*crack*) Descifrar información cifrada. **3.** (*crack*) Obtener acceso no autorizado a una red burlando sus sistemas de seguridad.

ronda *s.* (*round robin*) Asignación secuencial cíclica de recursos a más de un proceso o dispositivo.

rotar *vb.* (*rotate*) **1.** Mover los bits de un registro hacia la izquierda o la derecha. El bit que sale por un extremo se desplaza a la nueva posición libre en la parte opuesta del registro. *Compárese con* desplazar. **2.** Hacer girar un modelo u otra imagen gráfica con el fin de verla desde un ángulo diferente.

rotatrónica *s.* (*spintronics*) Campo de estudio incipiente en la electrónica y la física basado en la capacidad de detectar y controlar el spin de los electrones en los materiales magnéticos. El uso de la rotatrónica (o spintrónica) puede que permita llegar a producir dispositivos electrónicos extremadamente rápidos y pequeños, entre los que se incluyen transistores, dispositivos de memoria y computadoras cuánticas.

ROTFL *s. Véase* ROFL.

rotor *s.* (*spindle*) **1.** Eje para montar un disco o carrete de cinta magnética. **2.** Toda unidad incluida en el chasis de una computadora portátil. Una computadora portátil que incluya una unidad de disco flexible y una unidad de disco duro se considera una máquina de doble rotor.

RPC *s.* (*remote procedure call*) Acrónimo de remote procedure call (invocación remota de procedimiento). En programación, es una llamada efectuada por un programa a otro programa situado en un sistema remoto. El segundo programa, generalmente, realiza una cierta tarea y devuelve los resultados de esa tarea al primer programa.

RPF *s.* (*reverse path forwarding*) Acrónimo de reverse path forwarding (reenvío basado en ruta inversa). Una técnica que realiza decisiones de encaminamiento a través de una red TCP/IP utilizando la dirección de origen de un datagrama en lugar de la dirección de destino. El reenvío basado en ruta inversa se utiliza para las aplicaciones de difusión y multidifusión, porque reduce las transmisiones redundantes a múltiples receptores. *Véase también* datagrama; TCP/IP.

RPG *s.* **1.** Acrónimo de role-playing game. *Véase* juego de rol. **2.** Acrónimo de Report Program Generator (generador de programas para informes). Plataforma de programación de IBM introducida en 1964. La versión más temprana de RPG no era un lenguaje, sino un generador de programas que tenía como objetivo ayudar a producir informes de carácter empresarial. Se han desarrollado versiones de RPG para diversas plataformas, incluidas el servidor AS/400 de IBM, UNIX, MS-DOS y Windows.

RPN *s.* Acrónimo de Reverse Polish Notation (notación polaca inversa). *Véase* notación postfija.

RPROM *s.* Abreviatura de reprogrammable PROM (PROM reprogramable). *Véase* EPROM.

RS-232-C, estándar *s.* (*RS-232-C standard*) Un estándar aceptado en toda la industria para las conexiones de comunicación serie. Adoptado por la EIA (Electrical Industries Association), este estándar recomendado (RS, Recommended Standard) define las líneas específicas y características de señal utilizadas por los controladores de comunicaciones serie para estandarizar la transmisión de datos serie entre dispositivos. La letra C denota que la versión actual del estándar es la tercera. *Véase también* CTS; DSR; DTR; RTS; RXD; TXD.

RS-422/423/449 *s.* Estándares para comunicaciones serie con distancias de transmisión superiores a unos 20 metros. RS-449 incorpora los estándares RS-422 y RS-423. Los puertos serie de las computadoras Macintosh son puertos RS-422. *Véase también* RS-232-C, estándar.

RSA *s.* Acrónimo de Rivest-Shamir-Adleman. Un algoritmo de clave pública ampliamente utilizado. Es el proveedor de servicios criptográficos (CSP, cryptographic service provider) predeterminado de Microsoft Windows. Fue patentado en 1977 por RSA Data Security, Inc. *Véase también* proveedor de servicios criptográficos.

RSAC *s.* (*Recreational Software Advisory Council*) Acrónimo de Recreational Software Advisory Council (Consejo asesor para el software recreativo). Una organización independiente y sin ánimo de lucro establecida en el año 1994 por un grupo de seis organizaciones empresariales lideradas por la Software Publishers Association (Asociación de editores de software). El objetivo de este Consejo era crear un nuevo sistema de calificación que fuera objetivo y estuviera basado en el etiquetado del contenido y que fuera aplicable al software recreativo y otros medios de comunicación como Internet.

RSI *s. Véase* lesión por esfuerzo repetititvo.

RSN *adv. Véase* Real Soon Now.

RSVP *s.* (*Resource Reservation Setup Protocol*) Acrónimo de Resource reSerVation Protocol (protocolo de reserva de recursos). Un protocolo de comunicaciones diseñado para poder disponer de «ancho de banda a la carta». Un receptor remoto solicita que el servidor reserve un cierto ancho de banda para un flujo de datos; el servidor responde con un mensaje que indica si se ha aceptado la solicitud o no. El acrónimo del protocolo es un juego de palabras que hace referencia a las siglas RSVP que se utilizan en los países anglosajones al final de una invitación y que quieren decir «se ruega contestación» (en realidad, el idioma inglés ha tomado dichas siglas del francés: RSVP significa «Répondez s'il vous plaît»); de la misma forma, el receptor remoto, que utiliza el protocolo RSVP, envía una solicitud al servidor «rogando» a éste que conteste.

RTC *s. Véase* reloj.

RTCP *s.* (***Real-Time Control Protocol***) Acrónimo de Real-Time Control Protocol (protocolo de control en tiempo real). Un protocolo escalable de control de transporte que interopera con el protocolo RTP (Real Time Protocol) para monitorizar transmisiones en tiempo real a múltiples participantes a través de una red, como, por ejemplo, durante una videoconferencia. RTCP transmite paquetes de información de control a intervalos regulares y se utiliza para determinar hasta qué punto se está distribuyendo la información correctamente a los receptores. *Véase también* RTP; RTSP; RSVP.

RTF *s.* (***Rich Text Format***) Acrónimo de Rich Text Format (formato de texto enriquecido). Una adaptación de DCA (Document Content Architecture) que se utiliza para transferir documentos de texto formateado entre aplicaciones, incluso si éstas se ejecutan en diferentes plataformas, como, por ejemplo, entre computadoras IBM y compatibles y computadoras Macintosh. *Véase también* DCA.

RTFM *s.* Acrónimo de read the friendly manual (léete el manual). Una respuesta común (en inglés) a una pregunta en un grupo de noticias Internet o en un foro de soporte de productos utilizada cuando la pregunta está adecuadamente respondida en el manual de instrucciones. *También llamado* RTM.

RTGC *s.* (***PSTN***) *Véase* Red Telefónica General de Conmutación.

RTM *s.* Acrónimo de read the manual (léete el manual).

RTOS *s.* (***real-time operating system***) Acrónimo de real-time operating system (sistema operativo en tiempo real). Un sistema operativo diseñado para satisfacer las necesidades de los entornos controlados por procesos. Los sistemas operativos en tiempo real son conscientes de que es preciso responder y gestionar las tareas de manera instantánea sin ningún retardo. Los sistemas operativos en tiempo real se utilizan usualmente como sistemas embebidos en dispositivos y aplicaciones que requieren una reacción con restricciones temporales críticas, como, por ejemplo, en telecomunicaciones, control de tráfico aéreo y aplicaciones de robótica. *Véase también* sistema en tiempo real.

RTP *s.* (***Real-Time Protocol***) Acrónimo de Real-Time Protocol (protocolo de tiempo real). Un protocolo estándar Internet de transporte de red utilizado para la distribución de datos en tiempo real, incluyendo audio y vídeo. RTP funciona con servicios de unidifusión (un único emisor y un único receptor) y multidifusión (un único emisor y múltiples receptores). Se utiliza a menudo en conjunción con el protocolo RTCP (Real-Time Control Protocol), que se encarga de monitorizar la distribución. *Véase también* RTCP; RTSP; flujo.

RTS *s.* Acrónimo de Request to Send (solicitud de transmisión). Una señal enviada, por ejemplo, entre una computadora y su módem para solicitar permiso para transmitir; esta señal se utiliza a menudo en comunicaciones serie. RTS es una señal hardware que se envía a través del pin 4 de las conexiones RS-232-C. *Véase también* RS-232-C, estándar. *Compárese con* CTS.

RTSP *s.* (***Real-Time Streaming Protocol***) Acrónimo de Real-Time Streaming Protocol (protocolo de flujo en tiempo real). Un protocolo de control para distribución de flujos de datos multimedia a través de redes IP (Internet Protocol). El protocolo RTSP fue desarrollado por la Universidad de Columbia, Progressive Networks y Netscape y ha sido enviado como propuesta de estándar al IETF (Internet Engineering Task Force). RTSP está diseñado para suministrar de manera eficiente audio y vídeo en tiempo real tanto en directo como en diferido, a través de una red. Puede utilizarse tanto para grupos de receptores como para servicios de difusión a la carta para un único receptor. *Véase también* ASF; RTP; RSVP; flujo.

Ruby *s.* Lenguaje interpretado de creación de scripts de código abierto para programación orientada a objetos. Su sencilla sintaxis está parcialmente basada en la de los lenguajes Eiffel y Ada. Se lo considera bastante similar a Perl y posee numerosas funciones para procesar archivos de texto y realizar tareas de gestión del sistema.

rueda de desplazamiento *s.* (*scroll wheel*) Rueda de un ratón que, cuando se gira, permite al usuario desplazarse o hacer zoom sin hacer clic en la barra de desplazamiento y sin utilizar el teclado. Dependiendo del ratón, una rueda de desplazamiento puede utilizarse como un segundo o tercer botón del ratón. *Véase también* barra de desplazamiento.

ruido *s.* (*noise*) **1**. Cualquier interferencia que afecte a la operación de un dispositivo. **2**. Señales eléctricas no deseadas, producidas de forma natural o por el circuito, que distorsionan o degradan la calidad o las prestaciones de un canal de comunicaciones. *Véase también* distorsión.

ruido aleatorio *s.* (*random noise*) Señal en la que no existe relación entre amplitud y el tiempo y en la que se suceden aleatoriamente muchas frecuencias sin seguir ningún patrón y sin ningún tipo de predictibilidad.

ruido blanco *s.* (*white noise*) Ruido que contiene componentes a todas las frecuencias, al menos dentro de la banda de frecuencias de interés. Se denomina «blanco» por analogía con la luz blanca, que contiene luz a todas las frecuencias visibles. En el espectro audible, el ruido blanco se manifiesta en forma de un silbido o zumbido, como el producido cuando un equipo de televisión se sintoniza en un canal en el que no se está emitiendo nada.

ruido de fondo *s.* (*background noise*) El ruido inherente a una línea o circuito, independientemente de la presencia de una señal. *Véase también* ruido.

ruido de línea *s.* (*line noise*) Señales espurias en un canal de comunicaciones que interfieren con el intercambio de información. En un circuito analógico, el ruido de línea puede aparecer como un tono puro de audio, como ruido de estática o como señales acopladas desde otro circuito. En un circuito digital, el ruido de línea es cualquier señal que hace que sea difí-

cil o imposible para el dispositivo situado en el extremo receptor del circuito interpretar de forma precisa la señal transmitida. *Véase también* canal.

RUNOFF *s.* Uno de los primeros programas para formatear y editar textos desarrollado por J. E. Saltzer en M.I.T. para el sistema operativo CTSS (Compatible Time-Sharing System), hacia la mitad de los años sesenta, con la intención de dar formato a su tesis doctoral. RUNOFF fue el antecesor de muchos otros procesadores de texto, incluyendo TeX y los programas UNIX roff, nroff y troff.

ruta *s.* (*path*) **1**. Un camino a través de una colección estructurada de información, como, por ejemplo, en una base de datos, en un programa o en un sistema de archivos almacenados en disco. **2**. En comunicaciones, un enlace entre dos nodos de una red. **3**. En almacenamiento de archivos, es el camino seguido por el sistema operativo a través de los directorios a la hora de encontrar, ordenar y extraer archivos de un disco. **4**. En procesamiento de la información, como, por ejemplo, en la teoría que subyace a los sistemas expertos (deductivos), es un curso lógico a través de las ramas de un árbol de inferencias y que conduce a una conclusión. **5**. En programación, la secuencia de instrucciones que una computadora lleva a cabo a la hora de ejecutar una rutina.

ruta absoluta *s.* (*absolute path*) Una ruta a un archivo que comienza con el identificador de unidad y el directorio raíz o con una cuenta de red y termina con el nombre completo del archivo (por ejemplo, C:\docs\work\contract.txt o \\netshare\docs\work\contract.txt). *También llamado* ruta completa. *Véase también* ruta. *Compárese con* ruta relativa.

ruta completa *s.* (*full path*) En un sistema jerárquico de archivos, un nombre de ruta que contiene todos los componentes posibles de una ruta de acceso, incluyendo el recurso compartido de red o la unidad y el directorio raíz, así como cualquiera de los subdirectorios y el nombre del objeto o archivo. Por ejemplo, la ruta completa MS-DOS c:\libro\capítulo\miarchivo.doc, indica que \miarchivo.doc se encuentra en el directorio denominado capítulo, que a su vez está en el directorio denominado libro en el directorio raíz de la unidad C: *Véase también* ruta; directorio raíz; subdirectorio. *Compárese con* ruta relativa.

ruta de acceso *s.* (*access path*) *Véase* ruta de búsqueda.

ruta de búsqueda *s.* (*search path*) La ruta seguida por un sistema operativo para averiguar la ubicación de un archivo almacenado. La ruta de búsqueda comienza con una etiqueta de unidad o de volumen (disco) o de recurso compartido de red, continúa mediante una cadena de directorios y subdirectorios (en caso de que exista alguno) y termina con el nombre de archivo. C:\libros\diction\start.exe sería un ejemplo de ruta de búsqueda.

ruta de conmutación de etiquetas *s.* (*label switch path*) *Véase* MPLS.

ruta de datos *s.* (*data path*) La ruta que una señal sigue a medida que viaja a través de una red informática.

ruta de directorio *s.* (*directory path*) *Véase* nombre de ruta.

ruta inversa, reenvío basado en *s.* (*RPF*) *Véase* RPF.

ruta relativa *s.* (*relative path*) Ruta que se define respecto del directorio de trabajo actual. Cuando un usuario introduce un comando que hace referencia a un archivo, si no se especifica el nombre completo de ruta, el directorio de trabajo actual se convierte en la ruta relativa del archivo al que se está haciendo referencia. *Compárese con* ruta completa.

ruta virtual *s.* **1.** (*virtual path*) Una secuencia de nombres utilizada para localizar un archivo y que tiene la misma forma que un nombre de ruta del sistema operativo, pero no es necesariamente la secuencia real de nombres de directorio bajo la cual está ubicado el archivo. La parte de una dirección URL situada a continuación del nombre del servidor es una ruta virtual. Por ejemplo, si el directorio c:\bar\sinister\forces\distance del servidor miles está compartido en la red de área local de foo.com bajo el nombre \\miles\baz y contiene el archivo elena.html, dicho archivo podría ser devuelto solicitando a través de la Web la dirección http://miles.foo.com/baz/elena.html. **2.** (*virtual path*) En ATM (Asynchronous Transfer Mode, modo de transferencia asíncrono), es un conjunto de canales virtuales que se conmutan conjuntamente como una unidad a través de la red. *Véase también* ATM; canal virtual. **3.** (*virtual route*) *Véase* circuito virtual.

rutina *s.* (*routine*) Toda sección de código que puede invocarse (ejecutarse) dentro de un programa. Una rutina normalmente tiene un nombre (identificador) asociado y se ejecuta haciendo referencia a ese nombre. Otros términos relacionados (que pueden ser o no sinónimos exactos, dependiendo del contexto) son función, procedimiento y subrutina. *Véase también* función; procedimiento; subrutina.

rutina auxiliar *s.* (*housekeeping*) Cualquiera de las diversas rutinas, tales como poner en hora el reloj o vaciar la papelera, diseñadas para mantener en funcionamiento el sistema, el entorno en el que se ejecuta un programa o las estructuras de datos.

rutina de autoinicio *s.* (*autostart routine*) Un proceso por el cual un sistema o dispositivo se prepara automáticamente para el funcionamiento al conectar la alimentación, al encender el sistema o cuando tiene lugar algún otro suceso predeterminado. *Véase también* AUTOEXEC.BAT; autorreinicio; arranque; encender.

rutina de biblioteca *s.* (*library routine*) En programación, una rutina almacenada en una colección de rutinas (una biblioteca) que puede ser utilizada por cualquier programa que pueda enlazarse a la biblioteca. *Véase también* biblioteca de funciones; biblioteca.

rutina de carga *s.* (*loader routine*) Rutina que carga código ejecutable en memoria y lo ejecuta. Una rutina de carga puede ser parte de un sistema operativo o puede ser parte del propio programa. *Véase también* cargador.

rutina de tratamiento *s.* (*handler*) **1.** En algunos lenguajes de programación orientada a objetos que soportan mensajes, una subrutina que procesa un mensaje determinado para una clase particular de objetos. *Véase también* mensaje; programación orientada a objetos. **2.** Rutina que gestiona una condición u operación común y relativamente simple, como, por ejemplo, la recuperación de errores o el movimiento de datos.

rutina de tratamiento de errores críticos *s.* (*critical-error handler*) Rutina de software que intenta corregir un error crítico o destructivo o al menos realizar una detención ordenada del programa. *Véase también* error crítico; salida suave.

rutina de tratamiento de interrupciones *s.* (*interrupt handler*) Rutina especial que se ejecuta cuando se produce una interrupción específica. Las interrupciones debidas a causas diferentes usan rutinas de tratamiento distintas para llevar a cabo las tareas correspondientes, como, por ejemplo, actualizar el reloj del sistema o leer el teclado. Una tabla almacenada en la memoria inferior contiene punteros, algunas veces llamados vectores, que dirigen al procesador a las distintas rutinas de tratamiento de interrupciones. Los programadores pueden crear rutinas de tratamiento de interrupciones para sustituir o complementar a las existentes, como, por ejemplo, para emitir un sonido de clic cada vez que se pulse en el teclado.

rutina de tratamiento de sucesos (*event handler*) *s.* **1.** Una función básica en JavaScript que trata los sucesos del lado del cliente. Es el mecanismo que hace que un script reaccione a un suceso. Por ejemplo, entre las rutinas JavaScript de tratamiento de sucesos más comunes codificadas en las páginas web se incluyen onClick, onMouseOver y onLoad. Cuando el usuario inicia la correspondiente acción, como pasar el ratón sobre un objeto, se ejecuta la correspondiente rutina de tratamiento de sucesos para que se produzca el resultado deseado. **2.** Un método dentro de un programa que es automáticamente invocado cada vez que tiene lugar un suceso concreto. **3.** En las applets Java, en lugar de tener un punto de inicio específico, el applet tiene un bucle principal en el que espera a que tenga lugar un suceso o una serie de sucesos (una pulsación de tecla, un clic de ratón, etc). Cuando tiene lugar el suceso, la rutina de tratamiento de sucesos lleva a cabo las instrucciones especificadas. *Véase también* applet; cliente; JavaScript.

rutina de tratamientos de archivos *s.* (*file-handling routine*) Toda rutina diseñada como ayuda para crear, abrir, cerrar o acceder a archivos. La mayoría de los lenguajes de alto nivel incluyen rutinas de tratamiento de archivos integradas, aunque las rutinas de tratamiento de archivos más sofisticadas o complejas de una aplicación son creadas por los programadores.

rutina enlatada *s.* (*canned routine*) Rutina previamente escrita que se copia en un programa y se utiliza tal y como está, sin modificaciones. *Véase también* rutina de biblioteca.

rutina vacía *s.* (*dummy routine*) Rutina que no realiza ninguna acción, pero que puede reescribirse para que lo haga en el futuro. Normalmente, el desarrollo de programas de arriba a abajo implica la creación de rutinas vacías que se convierten en rutinas funcionales según avanza el desarrollo. *También llamado* engarce. *Véase también* argumento ficticio; módulo vacío; programación de arriba a abajo.

RXD *s.* Abreviatura de Rx Data (datos de recepción). Una línea utilizada para transportar los datos serie recibidos desde un dispositivo a otro; por ejemplo, entre un módem y una computadora. La línea RXD es el pin 3 en las conexiones RS-232-C. *Véase también* RS-232-C, estándar. *Compárese con* TXD.

RZ *s. Véase* retorno a cero.

S

S/MIME *s.* Acrónimo de Secure/Multipurpose Internet Mail Extensions (extensiones multipropósito de correo Internet seguro). Un protocolo Internet de correo electrónico con funciones de seguridad que añade cifrado de clave pública y soporte para firmas digitales al ampliamente utilizado protocolo de correo electrónico MIME. *Véase también* cifrado de clave pública.

S/WAN *s. Véase* WAN segura.

S-100 bus *s.* Especificación de bus de 100 terminales utilizada en el diseño de las computadoras construidas en torno al Intel 8080 y a los microprocesadores Zilog Z-80. Hay diseños de sistema basados en los microprocesadores Motorola 6800, 68000 y los de la familia Intel iAPx86, que han sido también construidos en torno al bus S-100. Las computadoras S-100 fueron extremadamente populares entre los primeros aficionados a la informática. Tenían una arquitectura abierta, lo que permitía la configuración de los sistemas con un amplio rango de placas de expansión auxiliares.

SA *s.* Identificador de la línea de microprocesadores basados en RISC de Intel para dispositivos portátiles o embebidos. *Véase también* StrongARM.

SAA *s.* Acrónimo de Systems Application Architecture (arquitectura de aplicación de sistemas). Estándar desarrollado por IBM, relativo a la apariencia y funcionamiento del software de aplicación, con el objetivo de que los programas escritos para todas las computadoras IBM (computadora mainframe, minicomputadoras y computadoras personales) tengan un aspecto y estilo similares. SAA define la manera en la que una aplicación interacciona tanto con el usuario como con el sistema operativo. Las aplicaciones que realmente cumplen el estándar SAA deben ser compatibles en el nivel de código fuente (antes de ser compiladas) con todos los sistemas operativos compatibles con SAA (siempre que el sistema operativo sea capaz de proporcionar todos los servicios requeridos por la aplicación).

Sad Mac *s.* Indicación de error que se produce en las computadoras Apple Macintosh cuando el sistema detecta un fallo en la prueba de diagnóstico inicial. Un Sad Mac es una imagen de un Macintosh con una cara con el ceño fruncido y unos símbolos de X en los ojos, mostrándose un código de error debajo de la imagen.

SAI *s.* (***UPS***) Acrónimo de Sistema de Alimentación Ininterrumpida. Un dispositivo conectado entre una computadora (u otro equipo electrónico) y una fuente de alimentación (normalmente, una toma de red) que garantiza un suministro eléctrico interrumpido a la computadora aun en caso de pérdida de la tensión de red, y en la mayoría de los casos, protege a la computadora contra posibles sucesos dañinos, tales como los picos de alimentación y las sobretensiones. Todas las unidades SAI están equipadas con una batería y un sensor de pérdida de alimentación; si el sensor detecta que se ha perdido la alimentación, conmuta a la batería para que el usuario tenga tiempo de salvar el trabajo que haya estado haciendo y después apagar la computadora. *Véase también* apagón; caída de tensión.

sala limpia *s.* (***clean room***) Sala en la que el polvo y otras pequeñas partículas del aire se filtran y en la que se lleva ropa protectora para evitar la contaminación de los componentes electrónicos y otros equipos delicados y sensibles.

salida *s.* (***output***) El resultado del procesamiento, independientemente de si se lo envía a la pantalla, se lo envía a una impresora, se lo almacena en un archivo de disco o se lo envía a otra computadora de una red.

salida de audio *s.* (*audio output*) *Véase* respuesta de audio.

salida de voz *s.* (*voice output*) *Véase* síntesis del habla.

salida suave *s.* (*graceful exit*) Terminación metódica de un proceso, incluso bajo condiciones de error, que permite al sistema operativo o al proceso padre retomar el control de forma normal, dejando el sistema en un estado de equilibrio. Éste es el comportamiento esperado de todos los procesos. *Véase también* sistema con degradación progresiva.

salir *vb.* **1.** (*exit*) En un programa, pasar de la rutina llamada a la rutina llamante. Una rutina puede tener más de un punto de salida, permitiendo así la terminación basándose en varias condiciones. **2.** (*quit*) Ejecutar el apagado normal de un programa y devolver el control al sistema operativo. *Compárese con* abortar; bomba; fallo catastrófico; colgarse. **3.** (*quit*) Parar de un modo ordenado.

salir a la shell *vb.* (*shell out*) Obtener acceso temporal a la shell del sistema operativo sin tener que cerrar la aplicación actual, volviendo a dicha aplicación después de realizar la función deseada en la shell. Muchos programas UNIX permiten al usuario salir a la shell. El usuario puede hacer lo mismo en los entornos de ventanas conmutando a la ventana principal del sistema.

salón de chat *s.* (*chat room*) Término informal para designar un canal de comunicación de datos que enlaza equipos informáticos y permite a los usuarios «charlar» enviándose mensajes de texto uno a otro en tiempo real. Similares a los canales proporcionados por IRC (Internet Relay Chat), los salones de chat están disponibles a través de servicios en línea y de algunos sistemas de tablón de anuncios electrónico (BBS). Los salones de chat están a menudo dedicados a un tema concreto o funcionan de acuerdo con una cierta programación. *Véase también* BBS; chateo; chat; chatear; IRC.

saltar *vb.* **1.** (*feed*) Hacer avanzar el papel a través de una impresora. **2.** (*wrap around*) Continuar el movimiento, como, por ejemplo, con el cursor o en una operación de búsqueda, desde el principio o desde un nuevo punto inicial en lugar de detenerse cuando se alcanza el final de una serie. Por ejemplo, el cursor de la pantalla puede saltar a la primera columna de la línea siguiente en lugar de detenerse cuando alcanza la última columna de la línea actual. De la misma forma, un programa que dé comienzo a una operación de búsqueda o de sustitución en mitad del documento puede recibir la orden de saltar al principio en lugar de detenerse cuando alcance el final del documento.

salto *s.* (*hop*) En comunicaciones de datos, es un segmento de la ruta existente entre encaminadores en una red geográficamente dispersa. Un salto es comparable a una «jornada» de un viaje que incluya paradas intermedias entre el punto de origen y el de destino. La distancia entre cada una de esas paradas (encaminadores) sería un salto de comunicaciones.

salto condicional *s.* (*conditional jump*) En un programa, una instrucción de salto que se produce cuando un código de condición concreto es verdadero o falso. El término se suele utilizar en relación a lenguajes de bajo nivel. *Véase también* código de condición; instrucción de salto.

salto de canal *vb.* (*channel hop*) Conmutar repetidamente entre un canal IRC y otro. *Véase también* IRC.

salto de frecuencias *s.* (*frequency hopping*) La conmutación de frecuencias dentro de un ancho de banda concreto durante una transmisión punto a punto. Los saltos de frecuencia reducen la posibilidad de interceptación no autorizada de las señales, así como los efectos de las interferencias monofrecuencia.

salto de línea automático *s.* (*wordwrap*) La capacidad de un programa de procesamiento de textos o de un programa editor de textos para partir de manera automática las líneas de texto con el fin de permanecer dentro de los márgenes de la página o de los bordes de la ventana de un documento sin que el usuario tenga que preocuparse de saltar de línea mediante un retorno de carro, como es normalmente necesario cuando se utiliza una máquina de escribir. *Véase también* retorno manual; retorno de carro automático.

salto de página *s.* (*page break*) El punto en el que el flujo de texto en un documento se mueve hasta el principio de una nueva página. La mayoría de los procesadores de texto colocan automáticamente saltos de página cuando el material contenido en la página alcanza un máximo especificado. Por contraste, un salto de página «duro» o «manual» es un comando o código insertado por el usuario para forzar a que se realice un salto de página en una posición específica del texto. *Véase también* avance de página.

salvapantallas *s.* (*screen saver*) Utilidad que hace que el monitor se quede en blanco, o que muestre algún tipo de imagen, después de transcurrir una cantidad específica de tiempo sin que se haya tocado el teclado o movido el ratón. Al tocar el teclado o mover el ratón, se desactiva el salvapantallas. Los salvapantallas se utilizaban en un principio para evitar que las imágenes quedaran grabadas indeleblemente en la pantalla del monitor. Aunque los monitores modernos no son susceptibles a este problema, los salvapantallas siguen siendo bastante populares por su valor decorativo y de entretenimiento. Véase la ilustración.

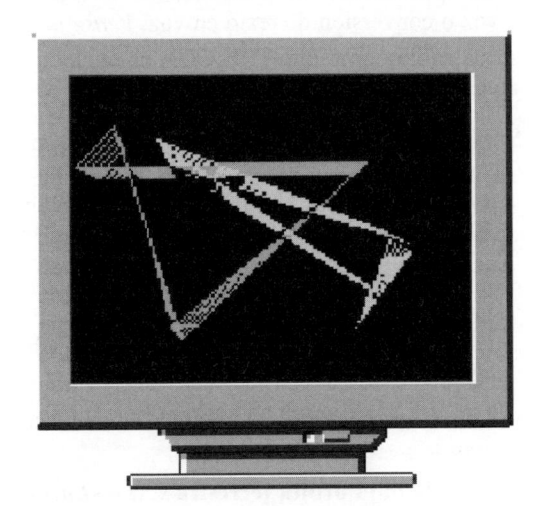

Salvapantallas.

Samba *s.* Un popular programa gratuito que proporciona servicios de archivo e impresión, autenticación y autorización, resolución de nombres y anuncio de servicios (exploración). Como servidor de archivos, Samba permite la compartición de archivos, impresoras y otros recursos a través de una red en un servidor UNIX Samba con clientes Windows. Basado en el protocolo SMB (Server Message Block), Samba fue desarrollado originalmente por Andrew Tridgell como un sistema de archivos de red (NFS) para UNIX. *Véase también* NFS; SMB.

samurái *s.* Hacker empleado por una compañía u organización para gestionar la seguridad de la red o para conducir las operaciones de intrusión legales. Un samurái utiliza las habilidades de un hacker para satisfacer las necesidades legítimas de un empresario.

SAN *s.* (*storage area network*) Acrónimo de storage area network (red de área de almacenamiento). Una red de alta velocidad que proporciona una conexión directa entre una serie de servidores y una serie de dispositivos de almacenamiento, incluyendo dispositivos de almacenamiento compartido, clústeres y dispositivos de recuperación de desastres. Una red de almacenamiento SAN incluye componentes tales como concentradores y encaminadores, que también se utilizan en las redes de área local (redes LAN), pero difiere de éstas en que es una especie de «subred» dedicada a proporcionar una conexión de alta velocidad entre los elementos de almacenamiento y los servidores. La mayoría de las redes SAN utilizan conexiones fiber-channel que proporcionan velocidades de hasta 1.000 Mbps y pueden soportar hasta 128 dispositivos. Las redes SAN se implementan para proporcionar la escalabilidad, velocidad y capacidad de gestión requeridas en los entornos donde es necesaria una alta disponibilidad de los datos. *También llamado* red de área de sistema.

sándwich de cortafuegos *s.* (*firewall sandwich*) El uso de dispositivos de equilibrio de carga a ambos lados de una serie de cortafuegos interconectados por red para distribuir entre los cortafuegos tanto el tráfico entrante como el saliente. La arquitectura de sándwich de cortafuegos ayuda a evitar que los cortafuegos degraden las prestaciones de la red y creen un punto único de fallo en la red. *Véase también* cortafuegos; equilibrado de carga.

sangrar *vb.* (***indent***) Desplazar el borde izquierdo o derecho de un elemento de texto, como, por ejemplo, un bloque o una línea, en relación al margen o a otro elemento de texto.

sangre, a *s.* (***bleed***) En un documento impreso, todo elemento incluido en los márgenes de la página o en el medianil. Las marcas a sangre suelen utilizarse en los libros para marcar las páginas importantes de forma que puedan localizarse más fácilmente. *Véase también* medianil.

sangría *s.* (***indent***) **1**. Desplazamiento del comienzo de la primera línea de un párrafo en relación a las otras líneas del párrafo. *Compárese con* sangría colgante. **2**. Desplazamiento del extremo derecho o izquierdo de un bloque de texto en relación al margen o a otros bloques de texto.

sangría colgante *s.* (***hanging indent***) Ubicación del principio de la primera línea de un párrafo más a la izquierda que las líneas siguientes. *Compárese con* sangrar.

sangría francesa *s.* (***outdent***) *Véase* sangría colgante.

sans serif *adj.* Literalmente, «sin trazo». Describe todo tipo de letra en el que los caracteres no tienen serifs (las líneas cortas u ornamentos situados en los extremos superiores e inferiores de los trazos). Un tipo de letra sans serif normalmente posee una apariencia más directa y geométrica que un tipo de letra serif, y normalmente carece del contraste entre los caracteres gruesos y finos que sí se encuentra en las letras de tipo serif. Los tipos de letra sans serif se utilizan más frecuentemente en las fuentes correspondientes a los elementos resaltados, como, por ejemplo, las líneas de cabecera, que en los bloques de texto. *Compárese con* serif.

SAOL *s.* Acrónimo de Structured Audio Orchestra Language (lenguaje estructurado para orquesta de audio). SAOL es una parte del estándar MPEG-4 que describe un conjunto de herramientas para la producción de música por computadora, sonido para juegos informáticos, flujos de sonido o de música a través de Internet y otras aplicaciones multimedia. SAOL es un lenguaje informático flexible para la descripción de música sintética y para la integración de sonido sintético con sonidos pregrabados en un flujo de bits MPEG-4. *Véase también* flujo de bits; MPEG-4; flujos de datos.

SAP *s.* (***Service Advertising Protocol***) Acrónimo de Service Advertising Protocol (protocolo de anuncio de servicios). Un método utilizado por un nodo de una red encargado de proveer un servicio (como, por ejemplo, un servidor de archivos o un servidor de aplicaciones) para notificar a otros nodos de la red que está disponible para el acceso. Cuando un servidor arranca, utiliza este protocolo para anunciar el servicio que proporciona. Cuando el mismo servidor pasa a estar fuera de línea, utiliza el protocolo para anunciar que ya no está disponible. *Véase también* servidor.

SAPI *s.* Acrónimo de Speech Application Programming Interface (interfaz de programación de aplicaciones de voz). Característica de Windows 9x y Windows NT que permite que las aplicaciones incluyan reconocimiento de voz o conversión de texto en voz. *Véase también* reconocimiento de la voz.

SAS *s. Véase* estación de simple conexión.

SASL *s.* Acrónimo de Simple Authentication and Security Layer (nivel simple de autenticación y seguridad). Un mecanismo de soporte de autenticación que puede utilizarse con protocolos orientados a conexión. SASL permite a un cliente solicitar una identificación a un servidor y negociar el uso de un nivel adicional de seguridad para autenticación durante la subsiguiente interacción cliente/servidor.

satélite *s.* (***satellite***) *Véase* satélite de comunicaciones.

satélite de baja órbita terrestre *s.* (***low-Earth-orbit satellite***) Satélite de comunicaciones puesto en una órbita no superior a las 500 millas por encima de la superficie de la Tierra. Un satélite de órbita terrestre baja, o LEO, da una vuelta al planeta en un tiempo de entre 90 minutos y 2 horas. Los satélites LEO permiten utilizar antenas parabólicas más pequeñas y dispositivos de mano, por lo que resultan apropiados para conferencias interactivas. No obstante, ya que un satélite LEO permanece por encima del horizonte local durante sólo 20 minutos, son necesarios un gran número de estos satélites, en diferentes órbitas, para mantener el servicio. *Acrónimo:* LEO. *Compárese con* satélite de órbita geoestacionaria.

satélite de comunicaciones *s.* (*communications satellite*) Un satélite estacionado en órbita geosíncrona, que actúa como una estación reemisora de microondas, recibiendo señales enviadas desde una estación terrena, amplificándolas y retransmitiéndolas en otra frecuencia diferente hacia otra estación terrena. Inicialmente utilizados para señales telefónicas y de televisión, los satélites de comunicaciones también pueden emplearse para las transmisiones de datos informáticos a alta velocidad. Dos factores que afectan, sin embargo, al uso de satélites para comunicaciones entre equipos informáticos son el retardo de propagación (el retardo temporal debido a la distancia recorrida por la señal) y los problemas de seguridad. *Véase también* enlace descendente; enlace ascendente.

satélite de órbita geoestacionaria *s.* (*geostationary orbit satellite*) Un satélite de comunicaciones que rota con la Tierra y parece, por tanto, estar fijo, o estacionario, sobre una ubicación concreta. Estos satélites orbitan a 35.852 km por encima del ecuador, con lo que su período de rotación es igual al de la Tierra. El área de servicio, o huella, del satélite es aproximadamente un tercio de la superficie de la Tierra, por lo que puede lograrse una cobertura global vía satélite con tres satélites en órbita. En un sistema de comunicación de voz, un viaje de ida y vuelta hasta el satélite requiere aproximadamente 250 milisegundos. Las comunicaciones de datos basadas en satélite son necesarias para proveer servicios de banda ancha a las áreas rurales. *Acrónimo:* GEO.

saturación *s.* (*saturation*) **1**. En un dispositivo de conmutación o amplificador, el estado de máxima conducción. En el estado de saturación, el dispositivo está dejando pasar la máxima corriente posible. El término se usa más comúnmente en referencia a circuitos que contienen transistores bipolares o de efecto de campo. **2**. En impresión o gráficos de color, la cantidad de color en un matiz determinado, a menudo especificado como un porcentaje. *Véase también* HSB.

saturación de color *s.* (*color saturation*) La intensidad de un color; cuanto más saturado, más intenso es el color. *Véase también* modelo de color; HSB.

SAX *s.* Acrónimo de Simple API for XML (Interfaz simple de programación de aplicaciones para XML). Una interfaz de programación de aplicaciones conducida por sucesos y que se utiliza para interpretar un archivo XML. SAX funciona con un analizador sintáctico XML, proporcionando una interfaz entre el analizador y una aplicación XML. SAX se utiliza como alternativa a la interfaz DOM (Document Object Model) basada en objetos, que es más compleja. *Véase también* DOM.

sci. *s.* Grupos de noticias Usenet que forman parte de la jerarquía sci. y que comienzan con sci. Estos grupos de noticias están dedicados a la discusión de temas de aplicación e investigación científica, excepto de la ciencia informática, que se trata en los grupos de noticias comp. *Véase también* grupo de noticias; jerarquía tradicional de grupos de noticias; Usenet. *Compárese con* comp.; misc.; news.; rec.; soc.; talk.

SCP *s.* Acrónimo de Simple Control Protocol (protocolo simple de control). Un protocolo ligero de red igualitaria para dispositivos que dispongan de recursos limitados de procesamiento y de memoria y que operen a través de redes con ancho de banda limitado, como, por ejemplo, los sistemas PLC (PowerLine Carrier). Los productos que utilizan SCP pueden interoperar con aquellos que emplean los estándares UPnP (Universal Plug and Play), CEBus y HPnP (Home Plug and Play). Desarrollado por un conjunto de empresas entre las que se incluyen Microsoft y General Electric, SCP permite la interacción entre dispositivos UPnP, dispositivos basados en IP (Internet Protocol) y dispositivos no compatibles con IP, como cafeteras y despertadores. SCP, que fue diseñado como protocolo autónomo, puede utilizarse en aplicaciones domésticas, comerciales, industriales y de empresas de servicio público. *Véase también* redes UPnP.

SCR *s. Véase* rectificador controlado por silicio.

scrapbook *s.* **1**. Archivo en el que se puede guardar una serie de textos e imágenes gráficas para su posterior utilización. **2**. Archivo de sistema Macintosh que puede almacenar una serie de textos e imágenes gráficas para su posterior utilización. *Compárese con* portapapeles.

script *s.* Un programa compuesto por una serie de instrucciones dirigidas a una aplicación o a otro programa de utilidad. Las instrucciones emplean usualmente las reglas y la sintaxis de dicha aplicación o utilidad. En la World Wide Web, los scripts se utilizan comúnmente para personalizar o añadir interactividad a las páginas web. *También llamado* secuencia de comandos. *Véase también* macro.

script CGI *s.* (***CGI script***) Una aplicación externa que es ejecutada por una máquina servidora HTTP como respuesta a una solicitud realizada por un cliente, como, por ejemplo, un explorador web. Generalmente, el script CGI se invoca cuando el usuario hace clic en algún elemento de una página web, como pueda ser un enlace o una imagen. La comunicación entre el script CGI y el servidor se lleva a cabo mediante la especificación CGI (Common Gateway Interface). Los scripts CGI pueden estar escritos en muchos lenguajes de programación, incluyendo C, C++ y Visual Basic; sin embargo, el lenguaje más comúnmente utilizado para los scripts CGI es Perl, porque se trata de un lenguaje pequeño, pero robusto, y que resulta bastante común en UNIX, que es la plataforma que utiliza la mayoría de los sitios web. Los scripts CGI no tienen por qué ser necesariamente scripts; también pueden ser programas de procesamientos por lotes o programas compilados. Los scripts CGI se utilizan para proporcionar interactividad a una página web, incluyendo características tales como proporcionar un formulario que los usuarios puedan rellenar, incluir mapas de imagen que contengan vínculos a otras páginas web o recursos y añadir vínculos sobre los que los usuarios puedan hacer clic para enviar correo electrónico a una dirección especificada. Los controles ActiveX y las applets Java pueden proporcionar más o menos la misma funcionalidad que los scripts CGI, aunque a través de mecanismos diferentes. *Véase también* CGI; cgi-bin; mapa de imagen; Perl. *Compárese con* control ActiveX; applet Java.

script de inicio de sesión *s.* (***logon script***) Un archivo asignado a ciertas cuentas de usuario en un sistema de red. Un script de inicio de sesión se ejecuta automáticamente cada vez que el usuario se conecta a la computadora. Puede utilizarse para configurar el entorno de trabajo del usuario después de cada inicio de sesión y permite al administrador ejercer una cierta influencia sobre ese entorno del usuario sin necesidad de gestionar todos los aspectos del mismo. Un script de inicio de sesión puede estar asignado a una o más cuentas de usuario. *También llamado* secuencia de comandos de inicio de sesión. *Véase también* cuenta de usuario.

script de shell *s.* (***shell script***) Script ejecutado por el intérprete (shell) de comandos de un sistema operativo. Generalmente, el término hace referencia a los scripts ejecutados por las shells Bourne, C y Korn en plataformas UNIX. *También llamado* archivo de proceso por lotes. *Véase también* archivo de procesamiento por lotes; script; shell.

script infantil *s.* (***kiddie script***) Script ejecutable simple y fácil de usarse para piratear una computadora o red. A diferencia de las técnicas del hacker tradicional, que requieren conocimientos detallados sobre redes y programación, un script infantil no necesita ninguna habilidad o conocimiento especializado. *Véase también* script; niño script.

script intersitios *s.* (***cross-site scripting***) Una vulnerabilidad de seguridad de las páginas web dinámicas generadas a partir de una base de datos en respuesta a los datos introducidos por el usuario. Mediante los scripts intersitios, un usuario malicioso introduce código o scripts ejecutables no deseados en la sesión web de otro usuario. Una vez que esté en ejecución, este script podría permitir a otros monitorizar la sesión web del usuario, cambiar lo que se muestra en la pantalla o cerrar el explorador web. Los sitios web que permiten a los visitantes añadir comentarios o realizar otro tipo de adiciones o cambios en las páginas son los más vulnerables a este defecto. Los scripts intersitios no están restringidos a los productos de un fabricante concreto ni de un sistema operativo concreto. *Véase también* script.

scriptlet *s.* Una página web reutilizable basada en las características del lenguaje DHTML (Dynamic HTML, HTML dinámico) y que puede crearse combinando texto HTML y un lenguaje de script y luego insertarse como control en otra página web o en una aplicación. Desarrollados por Microsoft e introducidos en Internet Explorer versión 4, los scriptlets se implementan como archivos .htm que proporcionan a los desarrolladores una forma relativamente sencilla y basada en objetos para crear componentes que reflejen la metáfora web y que pueden utilizarse para añadir interactividad y funcionalidad (por ejemplo, animaciones, cambios de color, menús emergentes o funcionalidad de arrastre con el ratón) a las páginas web sin necesidad de una serie de consultas sucesivas al servidor. *También llamado* Microsoft Scripting Component. *Véase también* HTML dinámico. *Compárese con* applet.

scripts de la shell UNIX *s.* (*UNIX shell scripts*) Secuencias de comandos UNIX almacenadas como archivos que pueden ejecutarse como programas. En MS-DOS, los archivos de procesamiento por lotes (.bat) proporcionan capacidades similares. *Véase también* archivo de procesamiento por lotes; shell; script de shell.

SCSI *s.* Acrónimo de Small Computer Systems Interface (interfaz para sistemas informáticos de pequeño tamaño). Es un estándar de interfaz paralela de alta velocidad definido por el comité X3T9.2 de ANSI (American National Standard Institute). La interfaz SCSI se utiliza para conectar microcomputadoras con dispositivos periféricos SCSI, como diversos tipos de discos duros e impresoras, y también para conectarse a otras computadoras y a redes de área local. *También llamado* SCSI-1, SCSI I. *Compárese con* ESDI; IDE.

SCSI I *s. Véase* SCSI.

SCSI II *s. Véase* SCSI-2.

SCSI-1 *s. Véase* SCSI.

SCSI-2 *s.* Un estándar ANSI mejorado para buses SCSI (Small Computer Systems Interface). Comparado con el estándar SCSI original (que ahora se denomina SCSI I), que puede transferir 8 bits de datos cada vez a velocidades de hasta 5 MB por segundo, SCSI II ofrece una mayor anchura de datos, una mayor velocidad o ambas cosas. Una adaptadora host o unidad de disco SCSI II puede funcionar con equipos SCSI I a la máxima velocidad de los equipos más antiguos. *También llamado* SCSI II. *Véase también* Fast SCSI; Fast/Wide SCSI; SCSI; Wide SCSI. *Compárese con* UltraSCSI.

SDH *s.* (*Synchronous Digital Hierarchy*) Acrónimo de Synchronous Digital Hierarchy (jerarquía digital síncrona). Una recomendación de ITU implementada en Europa y similar en muchos aspectos al estándar SONET utilizado en América del Norte y Japón. *Véase también* SONET.

SDK *s.* Acrónimo de software development kit (kit de desarrollo de software). *Véase* juego de herramientas de desarrollador.

SDLC *s.* Acrónimo de Synchronous Data Link Control (control de enlace de datos síncrono). El protocolo de transmisión de datos más ampliamente utilizado por las redes compatibles con la arquitectura SNA (Systems Network Architecture) de IBM. SDLC es similar al protocolo HDLC (High-level Data Link Control) estandarizado por ISO (International Organization for Standardization). *Véase también* HDLC.

SDM *s. Véase* multiplexación por división en el espacio.

SDMI *s.* (*Secure Digital Music Initiative*) Acrónimo de Secure Digital Music Initiative (Iniciativa para la seguridad de la música digital). Una coalición de empresas de los sectores discográfico, electrónico y de las tecnologías de la información, fundada en febrero de 1999, con el propósito de desarrollar un estándar abierto para la distribución segura de música en forma digital. La especificación SDMI está diseñada para proporcionar a los consumidores flexibilidad y un acceso conveniente a música distribuida por medios electrónicos (es decir, a través de Internet) al mismo tiempo que se protegen los derechos de los artistas. *Véase también* MP3; Windows Media Technologies.

SDRAM *s.* Acrónimo de synchronous DRAM (DRAM síncrona). Formato de memoria dinámica de acceso aleatorio (DRAM) que puede funcionar a velocidades de reloj más altas que la DRAM convencional empleando una técnica de ráfagas en la que la DRAM predice la dirección de la siguiente posición de memoria a la que se va a acceder. *Véase también* RAM dinámica.

SDRAM DDR *s.* (***DDR SDRAM***) Abreviatura de SDRAM Double Data Rate (de doble velocidad de datos). Un tipo de SDRAM que duplica esencialmente la capacidad de transferencia hacia y desde la memoria permitiendo que ésta sea de 200 megahercios o más. La SDRAM DDR aumenta las velocidades de transferencia de datos por el procedimiento de proporcionar datos de salida tanto en el flanco ascendente como en el flanco descendente del reloj del sistema, es decir, proporcionando datos de salida dos veces por cada ciclo de reloj. *Véase también* SDRAM.

SDSL *s.* Acrónimo de symmetric (o single-line) digital subscriber line (línea digital de abonado simétrica o monolínea). Una tecnología de telecomunicaciones digitales que constituye una variante de HDSL. SDSL utiliza un par de cables de cobre en lugar de dos pares de cables y transmite a 1,555 Mbps. *Compárese con* ADSL.

.sea *s.* Extensión de archivo para un archivo autoextraíble de Macintosh comprimido con Stuffit. *Véase también* archivo autoextraíble.

sección *s.* (***section***) Longitud de cable de fibra óptica en una red SONET. *Véase también* línea.

sector *s.* Parte del área de almacenamiento de datos en un disco. Un disco está dividido en caras (superior e inferior), pistas (anillos en cada superficie) y sectores (secciones de cada anillo). Los sectores constituyen la unidad mínima de almacenamiento físico de un disco y tienen tamaño fijo; normalmente, son capaces de almacenar 512 bytes de información cada uno. Véase la ilustración.

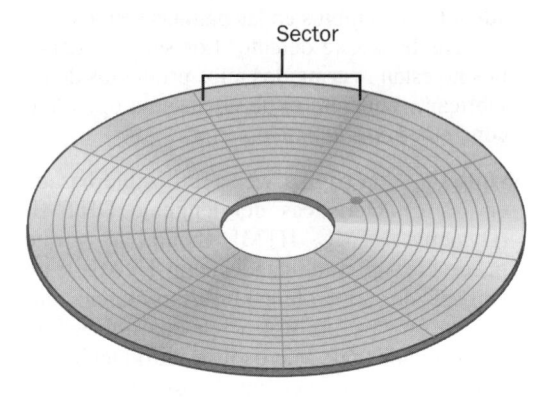

Sector.

sector de arranque *s.* (***boot sector***) La parte de un disco reservada para el cargador de arranque (la parte de autoarranque) de un sistema operativo. El sector de arranque suele contener un corto programa en lenguaje máquina que carga el sistema operativo.

sector de arranque de partición *s.* (***Partition Boot Sector***) El primer sector de la partición del sistema (partición de arranque) en el disco duro de arranque de una computadora o el primer sector de un disquete de arranque. En las computadoras basadas en x86, el sector de arranque de partición es leído en memoria durante el arranque por el registro de arranque maestro. En el sector de arranque de partición están contenidas las instrucciones necesarias para comenzar el proceso de carga y de arranque del sistema operativo de la computadora. *Véase también* registro de arranque maestro; tabla de particiones.

sector defectuoso *s.* (***bad sector***) Sector de disco que no se puede utilizar para almacenar datos, normalmente como consecuencia de daños o imperfecciones del medio. Localizar, marcar y evitar los sectores defectuosos en un disco es una de las muchas tareas que realiza el sistema operativo de una computadora. Una utilidad para dar formato a los discos también puede encontrar y marcar los sectores defectuosos de los mismos.

secuencia *s.* (*sequence*) Disposición ordenada de elementos tales como una serie de números; por ejemplo, la secuencia de Fibonacci. *Véase también* números de Fibonacci.

secuencia de comandos *s. Véase* script.

secuencia de control *s.* (*control sequence*) *Véase* código de control.

secuencia de escape *s.* (*escape sequence*) Secuencia de caracteres que normalmente comienza con el carácter ESC (ASCII 27, hexadecimal 1B), el cual va seguido por uno o más caracteres adicionales. Una secuencia de escape sale de la secuencia normal de caracteres (como un texto) y emite una instrucción o comando dirigido a un dispositivo o programa.

secuencia de intercalación *s.* (*collation sequence*) La relación (secuencia) de ordenación entre objetos que ha de ser establecida mediante una ordenación por intercalación. *Véase también* ordenación por intercalación.

secuencia de llamada *s.* (*calling sequence*) En un programa, cuando se produce una llamada a una subrutina, un acuerdo entre la rutina que llama y la rutina llamada sobre cómo van a pasarse los argumentos y en qué orden, cómo se devolverán los valores y qué rutina será la que se encargue del servicio y administración necesarios (como, por ejemplo, cómo limpiar la pila). La secuencia de llamada toma importancia cuando la rutina que llamante y la rutina llamada fueron creadas con diferentes compiladores o si se escribieron en lenguaje ensamblador. Dos secuencias de llamada comunes son la secuencia de llamada de C y la secuencia de llamada de Pascal. En la secuencia de llamada de C, la rutina que llama introduce en la pila cualquier argumento incluido en la llamada (de derecha a izquierda) y realiza la limpieza de la pila; esto le permite pasar un número variable de argumentos a una rutina dada. En la secuencia de llamada de Pascal, la rutina que llama introduce cualquier argumento incluido en la pila en el orden en que aparecen (de izquierda a derecha) y la rutina llamada debe realizar la limpieza de la pila. *Véase también* argumento; invocar; pila.

secuencia directa *s.* (*direct sequence*) En comunicación de espectro expandido, es una forma de modulación en la que se modula una portadora mediante una serie de pulsos binarios. *Véase también* modulación; espectro expandido, de.

secuestro de dominios *s.* (*domain slamming*) La práctica de transferir la propiedad de nombres de dominio de uno a otro cliente sin el permiso del primer cliente.

secuestro de páginas *s.* (*page-jacking*) Una práctica fraudulenta que deriva a los visitantes web desde los sitios legítimos generados como resultado por un motor de búsqueda hacia páginas web imitadoras, desde donde se los redirige a sitios pornográficos o sitios indeseados de otro tipo. El secuestro de páginas se lleva a cabo copiando los contenidos y metaetiquetas de una página web, alterando su título y contenido, de modo que, en los resultados de la búsqueda, aparezca antes que la original, y luego enviando la página copiada a los motores de búsqueda. Cuando se hace clic en el enlace que apunta hacia el sitio copiado, el visitante será redirigido a un sitio no deseado y no relacionado con su búsqueda. *Véase también* metaetiqueta. *Compárese con* ratonera.

sede web *s. Véase* sitio web.

segmentación *s.* (*segmentation*) El acto de descomponer un programa en varias secciones o segmentos. *Véase también* segmento.

segmento *s.* (*segment*) Sección de un programa que, cuando se compila, ocupa un espacio contiguo de direcciones y que es normalmente independiente de la posición, es decir, puede cargarse en cualquier lugar de la memoria. En las microcomputadoras basadas en Intel, un segmento en modo nativo es una referencia lógica a una zona contigua de 64 KB de RAM en la que se accede a los bytes individuales por medio de un valor de desplazamiento. Conjuntamente, los valores de desplazamiento y de segmento hacen referencia a una sola posición física de la RAM. *Véase también* modo real; segmentación.

segmento de código *s.* (*code segment*) **1**. Segmento de memoria que contiene las instruccio-

segmento de datos

nes de programa. **2.** Parte con nombre y separada del código de un programa que normalmente realiza una clase específica de operaciones. Los segmentos de código, en este sentido, a menudo se cargan en memoria como segmentos de memoria. El segmento principal del programa se mantiene en memoria y los segmentos auxiliares sólo se cargan cuando son necesarios.

segmento de datos *s.* (*data segment*) La parte de la memoria o del almacenamiento auxiliar que contiene los datos utilizados por un programa.

segmento de línea *s.* (*line segment*) Parte de una línea definida por sus puntos de inicio y de fin.

segmento principal *s.* (*main segment*) En el Macintosh, es el segmento de código fundamental de un programa que debe permanecer cargado mientras dure la ejecución del mismo.

seguimiento *vb.* (*track*) En gráficos por computadora, hacer que los movimientos de un símbolo mostrado en pantalla, como, por ejemplo, un puntero, coincidan con los movimientos del ratón u otro dispositivo señalador.

seguimiento del ratón *s.* (*mouse tracking*) *Véase* sensibilidad del ratón.

seguir *vb.* (*track*) Ajustarse a un determinado trayecto.

segunda forma normal *s.* (*second normal form*) *Véase* forma normal.

segunda generación *s.* (*Second Generation*) *Véase* 2G.

segundo plano *adj.* (*background*) En el contexto de procesos o tareas que forman parte de un sistema operativo o programa, es un modo de operación donde no hay interacción con el usuario mientras éste está trabajando en otras tareas. Los procesos o tareas de segundo plano tienen una menor prioridad en la adjudicación del tiempo de microprocesador que las tareas de primer plano y normalmente permanecen invisibles para el usuario a no ser que el usuario solicite una actualización o lleve la tarea al primer plano. Normalmente, sólo los sistemas operativos multitarea soportan el procesamiento en segundo plano. Sin embargo, algunos sistemas operativos que no soporten la multitarea pueden ser capaces de ejecutar uno o más tipos de tareas en segundo plano. Por ejemplo, cuando se desactiva la multitarea en el sistema operativo Apple Macintosh, puede seguirse utilizando la opción de impresión en segundo plano para imprimir documentos mientras el usuario está realizando otro trabajo. *Véase también* multitarea. *Compárese con* primer plano.

segundo plano *s.* (*background*) La condición de una ventana abierta, pero actualmente inactiva, en un entorno de ventanas. *Véase también* ventana inactiva. *Compárese con* primer plano.

seguridad *s.* (*security*) Las tecnologías utilizadas para hacer que un servicio sea resistente a los accesos no autorizados a los datos que el servicio contiene o de los cuales es responsable. Uno de los objetivos principales de la seguridad informática, especialmente en aquellos sistemas a los que acceden muchas personas o a los que se accede a través de líneas de comunicaciones, es la prevención de posibles accesos al sistema por parte de personas no autorizadas.

seguridad de acceso del código *s.* (*code access security*) Mecanismo proporcionado por el entorno de ejecución por el que se otorgan permisos por parte de la directiva de seguridad al código gestionado y estos permisos se ponen en vigor limitando las operaciones que el código puede realizar. Para prevenir que las rutas de código no intencionadas supongan una vulnerabilidad, todos los llamantes del grupo de llamadas deben tener los permisos necesarios (posiblemente sujetos a anulación mediante aserción o denegación).

seguridad de nivel de transporte *s.* (*Transport Layer Security*) *Véase* TLS.

seguridad en Internet *s.* (*Internet security*) Un término muy amplio que hace referencia a todos los aspectos de la autenticación, confidencialidad, integridad y verificación de los datos para transacciones a través de Internet. Por ejemplo, las compras mediante tarjeta de crédito realizadas a través de un explorador web requieren que se preste atención a las cuestiones de seguridad Internet para garantizar que el número de la tarjeta de crédito no sea interceptado por un intruso o copiado del servidor en el que el número está almacenado y para verificar que el número de la tarjeta de crédito ha sido realmente enviado por la persona que afirma estarlo enviando.

seguridad inalámbrica de nivel de transporte *s.* (*Wireless Transport Layer Security*) *Véase* WTLS.

seguridad informática *s.* (*computer security*) Los pasos que se toman para proteger una computadora y la información que contiene. En los grandes sistemas y en los sistemas que manejan datos financieros o confidenciales, la seguridad informática requiere una supervisión profesional que combine conocimientos tanto legales como técnicos. En una microcomputadora, la protección de datos puede conseguirse realizando copias de seguridad y almacenando esas copias de los archivos en una ubicación separada, y la integridad de los datos de la computadora puede mantenerse asignando contraseñas a los archivos, marcando los archivos como de sólo lectura para evitar su modificación, encerrando bajo llave un disco duro, almacenando la información sensible en disquetes que se guarden en armarios cerrados e instalando programas especiales para proteger frente a ataques de virus. En una computadora a la que tengan acceso muchas personas, la seguridad puede mantenerse obligando a las personas a que utilicen contraseñas y otorgando acceso a la información sensible únicamente a los usuarios autorizados. *Véase también* bacteria; cifrado; virus.

seguridad IP *s.* (*Internet Protocol Security*) *Véase* IPSec.

selección *s.* (*selection*) **1.** En las aplicaciones, la parte resaltada de un documento en pantalla. **2.** En comunicaciones, el contacto inicial establecido entre una computadora y una estación remota que recibe un mensaje. **3.** En programación, una bifurcación condicional. *Véase también* bifurcación condicional.

seleccionar *vb.* **1.** (*choose*) Elegir un comando o una opción dentro de una interfaz gráfica de usuario, como, por ejemplo, haciendo clic sobre un botón en un recuadro de diálogo o desplegando un menú y luego liberando el botón del ratón cuando el cursor está situado sobre una de las opciones. *Véase también* seleccionar. **2.** (*select*) En gestión de bases de datos, elegir registros de acuerdo con un conjunto específico de criterios. *Véase también* ordenar. **3.** (*select*) En el uso general de una computadora, especificar un bloque de datos o texto en pantalla resaltándolo o marcándolo de alguna manera con la intención de realizar alguna operación sobre él. **4.** (*select*) En procesamiento de la información, elegir entre un número de opciones o alternativas, como, por ejemplo, subrutinas o canales de entrada/salida.

selector *s.* (*Chooser*) En el Apple Macintosh, es un accesorio del escritorio que permite al usuario seleccionar una impresora o un dispositivo en una red, como, por ejemplo, un servidor de archivos o una impresora.

semáforo *s.* (*semaphore*) En programación, una señal (una variable indicadora) utilizada para gobernar el acceso a recursos compartidos del sistema. Un semáforo indica a otros usuarios potenciales que un archivo u otro recurso está en uso y evita que acceda simultáneamente más de un usuario. *Véase también* bandera.

semántica *s.* (*semantics*) **1.** En investigaciones sobre inteligencia artificial, la capacidad de una red de representar relaciones entre objetos, ideas o situaciones de forma similar a la humana. *Compárese con* sintaxis. **2.** En programación, las relaciones entre las palabras y símbolos y sus correspondientes significados. Los lenguajes de programación están sujetos a ciertas reglas semánticas. Por ejemplo, una instrucción de un programa puede ser sintácticamente correcta, pero semánticamente incorrecta. En otras palabras, una instrucción puede escribirse en una forma aceptable, pero aun así tener un significado incorrecto. *Véase* la ilustración. *Véase también* sintaxis.

```
CANARIO — es un — PÁJARO
              |
            tiene
              |
           PLUMAS
```

Semántica.

Semicon *s.* Abreviatura de Semiconductors Equipment and Material International Conference (Conferencia Internacional de Materiales y Equipamiento para Semiconductores). Una serie de conferencias internacionales patrocinadas por la asociación SEMI (Semiconductors Equipment and Material International), que es una organización profesional del sector de la industria internacional de los semiconductores. La conferencia proporciona a los miembros información actualizada sobre cuestiones que afectan al sector de los semiconductores y los asociados de SEMI disponen con ella de un foro para dar a conocer sus productos y servicios.

semiconductor *s.* Sustancia, comúnmente silicio o germanio, cuya capacidad para conducir la electricidad cae entre la de un conductor y la de un no conductor (aislante). El término se utiliza erróneamente para hacer referencia a componentes electrónicos construidos con materiales semiconductores.

semiconductor de tipo n *s.* (***N-type semiconductor***) Material semiconductor en el que la conducción eléctrica corre a cargo de los electrones, por contraste con los semiconductores de tipo *p*, en los que la conducción corre a cargo de los huecos, es decir, de las posiciones donde no hay electrones. Los semiconductores de tipo *n* se crean añadiendo un dopante con un exceso de electrones durante el proceso de fabricación. *Véase también* semiconductor. *Compárese con* semiconductor de tipo *p*.

semiconductor de tipo p *s.* (***P-type semiconductor***) Material semiconductor en el que la conducción eléctrica corre a cargo de los huecos (posiciones donde no hay electrones). El que un semiconductor sea de tipo *n* o de tipo *p* depende del tipo de dopante añadido durante la fabricación. Los dopantes con una carencia de electrones dan como resultado un semiconductor de tipo *p*. *Compárese con* semiconductor de tipo *n*.

semiconductor extrínseco *s.* (***extrinsic semiconductor***) Semiconductor que conduce la electricidad gracias a las impurezas de tipo P o de tipo N que permiten que los electrones fluyan bajo ciertas condiciones, como, por ejemplo, la aplicación de calor, forzándoles a salir de su estado estándar para crear una nueva banda de electrones. *Véase también* semiconductor de tipo *n*; semiconductor de tipo *p*; semiconductor.

semidúplex *adj.* (***half-duplex***) Perteneciente o relativo a las comunicaciones bidireccionales en las que sólo se transmite en una dirección en cada momento determinado. Por ejemplo, una transmisión semidúplex entre módems tiene lugar cuando un módem espera a transmitir hasta que el otro haya terminado de hacerlo. *Compárese con* dúplex.

semidúplex *s.* (***half-duplex***) Comunicación electrónica bidireccional que tiene lugar en un solo sentido cada vez. *Compárese con* dúplex; transmisión símplex.

semiencaminador *s.* (***half router***) Un dispositivo que conecta una red de área local (LAN) a una línea de comunicaciones (por ejemplo, a una línea de conexión con Internet) utilizando un módem y que controla el encaminamiento de los datos hacia las estaciones individuales de la red LAN.

semilla *s.* (***seed***) Valor inicial utilizado en la generación de una secuencia de números aleatorios o seudoaleatorios. *Véase también* generación de números aleatorios.

semisumador *s.* (***half adder***) Circuito lógico que puede sumar dos bits de datos de entrada y generar un bit de suma y un bit de acarreo como salida. Un semisumador no puede aceptar un bit de acarreo de una suma anterior; para sumar dos bits de entrada y un bit de acarreo, se necesita, para ello, un sumador completo. Para sumar dos números binarios de varios bits, una computadora utiliza un semisumador y uno o más sumadores completos. *Véase también* bit de acarreo; sumador completo.

semitarjeta *s.* (***half-card***) *Véase* tarjeta corta.

semitono *s.* (***halftone***) Reproducción impresa de una fotografía u otra ilustración utilizando puntos de diámetro variable situados de forma equidistante para producir tonos aparentes de gris. Cuanto más oscura sea la sombra en un punto particular de la imagen, más grande será el punto correspondiente en el semitono. En la edición tradicional, los semitonos se crean fotografiando una imagen a través de una pantalla. En la autoedición, cada punto de semitono se representa mediante un área que contiene una serie de puntos impresos mediante una impresora láser o fotocomponedora digital. En ambos casos, la frecuencia de los puntos de semitono se mide en líneas por pulgada. Con resoluciones de impresión más altas, se pueden emplear frecuencias mayores de los puntos de semitono, mejorando la calidad de imagen. *Véase también* tramado; escala de grises; fotocomponedora; función de mancha.

sendmail *s.* Una implementación popular de código abierto, basada en UNIX, del protocolo SMTP (Simple Mail Transfer Protocol, protocolo simple de transferencia de correo) para la distribución de correo electrónico. Escrito en 1981 por Eric Allman en la Universidad de California, en Berkeley, sendmail fue el primer agente de transferencia de mensajes (MTA) de Internet.

sensibilidad al uso de mayúsculas *s.* (*case sensitivity*) Discriminación entre los caracteres en minúscula y en mayúscula dentro de un programa o de un lenguaje de programación. *Véase también* caso.

sensibilidad del ratón *s.* (*mouse sensitivity*) La relación entre el movimiento del ratón y el movimiento del cursor en pantalla. Un ratón más sensible enviará hacia la computadora más indicaciones de «movimiento del ratón» por pulgada de movimiento físico del ratón que otro ratón menos sensible. Si se incrementa la sensibilidad del programa o del controlador del ratón, se producen movimientos del cursor más pequeños para un movimiento dado del ratón, lo que facilita al usuario la tarea de colocar el cursor de manera precisa. Una alta sensibilidad resulta conveniente para los trabajos de precisión, como, por ejemplo, CAD/CAM y los programas de tratamiento de gráficos; una sensibilidad baja resulta conveniente para aquellas tareas en las que sea importante poder moverse por la pantalla con rapidez y para aplicaciones tales como los exploradores web, los procesadores de textos y las hojas de cálculo, donde el cursor se utiliza fundamentalmente para seleccionar botones o texto.

sensible a la presión *adj.* (*pressure-sensitive*) Perteneciente o relativo a un dispositivo en el que presionando una fina superficie se produce una conexión eléctrica, lo que provoca que un suceso sea registrado por la computadora. Los dispositivos sensibles a la presión incluyen los lápices de dibujo sensibles al tacto y algunas pantallas táctiles. *Véase también* pantalla táctil.

sensor *s.* Dispositivo que detecta o mide algo mediante la conversión de energía no eléctrica en energía eléctrica. Una célula fotoeléctrica, por ejemplo, detecta o mide la luz convirtiéndola en energía eléctrica. *Véase también* transductor.

sensor de imagen *s.* (*image sensor*) Circuito integrado sensible a la luz o grupo de circuitos integrados utilizados en escáneres, cámaras digitales y cámaras de vídeo.

señal *s.* (*signal*) **1.** Sonido o tono proveniente del altavoz de la computadora o un indicador visualizado en la pantalla que indica al usuario que la computadora está lista para recibir datos de entrada. **2.** Toda magnitud eléctrica, como la tensión, la corriente o la frecuencia, que se puede utilizar para transmitir información.

señal de control *s.* (*control signal*) Señal electrónica utilizada para controlar procesos o dispositivos externos o internos.

señal de datos *s.* (*data signal*) La información transmitida a través de una línea o circuito. Está compuesta de dígitos binarios y puede incluir información o mensajes y otros elementos, tales como caracteres de control o códigos de comprobación de errores.

señal de sincronización *s.* (*synchronization signal*) *Véase* señal sync.

señal de sincronización vertical *s.* (*vertical sync signal*) La parte de una señal de vídeo enviada a una pantalla de barrido de líneas que denota el final de la última línea de barrido en la parte inferior de la pantalla.

señal de validación *s.* (*strobe*) Señal de temporización que inicia y coordina el paso de datos, normalmente a través de una interfaz de dispositivo de entrada/salida (E/S), como, por ejemplo, un teclado o una impresora.

señal de vídeo *s.* (***video signal***) La señal enviada por un adaptador de vídeo u otra fuente de vídeo a una pantalla de barrido por líneas. La señal puede incluir señales de sincronización horizontal y vertical además de información de la propia imagen. *Véase también* pantalla de vídeo compuesto; monitor RGB.

señal digital *s.* **1.** (***digital signal***) Señal, como las que se transmiten dentro o entre computadoras, en la que la información se representa mediante estados discretos; por ejemplo, tensiones a nivel alto y a nivel bajo en lugar de mediante niveles fluctuantes en un flujo continuo, como sucede en una señal analógica. **2.** (***Digital Signal***) *Véase* DS.

señal DTR *s.* (***Data Terminal Ready***) *Véase* DTR.

señal portadora *s.* (***carrier signal***) *Véase* frecuencia de portadora.

señal sync *s.* (***sync signal***) Señal de sincronización. La parte de la señal de vídeo de un monitor de barrido por líneas que indica el final de cada línea de barrido (señal de sincronización horizontal) y el final de la última línea de barrido (señal de sincronización vertical).

señales de temporización *s.* (***timing signals***) **1.** Señal utilizada para coordinar operaciones de transferencia de datos. **2.** Cualquiera de los diversos tipos de señales utilizadas para coordinar las actividades dentro de un sistema informático.

señalización en banda *s.* (***in-band signaling***) Transmisión dentro de las frecuencias de voz o de datos de un canal de comunicaciones.

señalización fuera de banda *s.* (***out-of-band signaling***) Transmisión de algunas señales, como, por ejemplo, de información de control, en frecuencias situadas fuera de la banda disponible para la transferencia de datos o de voz en un canal de comunicaciones. *Compárese con* señalización en banda.

separación *s.* (***pitch***) Medida, normalmente utilizada con las fuentes monoespaciadas, que describe el número de caracteres que cabe en una pulgada horizontal. *Véase también* caracteres por pulgada; paso de pantalla. *Compárese con* punto.

separación de color *s.* (***color separation***) Uno de los archivos de salida producido a partir de un documento en color y que hay que imprimir con su propio color de tinta.

separación de color subyacente *s.* (***undercolor separation***) En el modelo de color CMYK, el proceso de convertir cantidades iguales de turquesa, magenta y amarillo a niveles equivalentes de gris, que son después impresos con tinta negra. Esto produce grises más claros y precisos que los producidos por la mezcla de tintas coloreadas. *Véase también* CMY; CMYK; modelo de color.

separación de colores *s.* (***color separation***) El proceso de imprimir los colores de un documento como archivos de salida separados, cada uno de los cuales deberá imprimirse utilizando tinta de un color distinto. Existen dos tipos de separación de colores: separación de colores de punto y separación de colores de proceso. *Véase también* modelo de color; color de proceso; color de mancha.

separación entre bandas *s.* (***stripe pitch***) La distancia, medida horizontalmente, entre las bandas de fósforo del mismo color en una pantalla de tubo de rayos catódicos (TRC) basada en la tecnología de rejilla de apertura. Aunque las medidas están basadas en distintos métodos de aplicación del fósforo a la superficie de la pantalla, la separación entre bandas es comparable a la separación entre puntos, que es la medida utilizada con los TRC basados en la tecnología de máscara de sombreado. *Véase también* rejilla de apertura; CRT; máscara. *Compárese con* paso de los puntos; separación entre ranuras.

separación entre ranuras *s.* (***slot pitch***) La distancia, medida horizontalmente, entre puntos de fósforo del mismo color en una pantalla de tubo de rayos catódicos (TRC) basada en la tecnología de máscara de ranura. Aunque las medidas se basan en diferentes métodos de aplicación del fósforo a la superficie de la pantalla, la separación entre ranuras es comparable a la separación entre puntos, que es la medida utilizada con los TRC basados en la tecnología de máscara de sombreado. *Véase también* CRT; máscara; máscara de apertura. *Compárese con* paso de los puntos; separación entre bandas.

separación entre registros *s.* (***inter-record gap***) Espacio no utilizado entre los bloques de datos almacenados en un disco o una cinta. Debido a que la velocidad de los discos y cintas fluctúa ligeramente durante el funcionamiento de las unidades, un nuevo bloque de datos podría no ocupar el espacio exacto ocupado por el bloque antiguo que haya sido sobrescrito. La separación entre registros evita que el nuevo bloque sobrescriba parte de los bloques adyacentes en dichos casos. *Acrónimo:* IRG.

separador de campo *s.* (***field separator***) Todo carácter que separa un campo de datos de otro. *Véase también* delimitador; campo.

SEPP *s.* Acrónimo de Software Engineering for Parallel Processing (ingeniería software para procesamiento en paralelo). Proyecto conjunto de nueve universidades y organismos de investigación europeos cuyo fin es desarrollar herramientas para el desarrollo de programas de aplicación paralelos para multiprocesadores con memoria distribuida.

ser compatible *vb.* (***support***) Poder funcionar con otro programa o producto; por ejemplo, una aplicación puede ser compatible con los mecanismos de transferencia de archivos utilizados por otro programa.

serializar *vb.* (***serialize***) Cambiar de transmisión paralela (byte a byte) a transmisión serie (bit a bit). *Compárese con* deserializar.

SerialKeys *s.* Característica de Windows 9x, Windows NT, Windows 2000 y Windows XP que, junto con un dispositivo de interfaz de ayuda a las comunicaciones, permite que los controles de pulsación de tecla y de ratón sean aceptados a través del puerto serie de la computadora.

serie *adj.* (***serial***) Uno a uno. Por ejemplo, en la transmisión serie, la información se transfiere de bit en bit; una computadora serie sólo tiene una unidad aritmético-lógica, la cual debe ejecutar el programa completo paso a paso. *Compárese con* paralelo.

serie de bits *s.* (***bit serial***) La transmisión de los bits de un byte uno detrás de otro a través de un único hilo conductor. *Véase también* transmisión serie.

serie V *s.* (***V series***) La serie de recomendaciones de ITU-T (antiguamente, CCITT) relativas a los módems y a las comunicaciones por módem a través del sistema telefónico público, incluyendo los mecanismos de señalización, los mecanismos de codificación y las características de los circuitos. Véase la Tabla S.1.

serie X *s.* (***X series***) Un conjunto de recomendaciones formulado por ITU-T (International Telecommunications Union Telecommunications, antiguamente denominado CCITT) y por ISO (International Organization for Standardization) para la estandarización de los equipos y protocolos utilizados en redes informáticas tanto privadas como de acceso público. Véase la Tabla S.2.

series V.2x, V.3x, V.4x, V.5x *s.* (***V.2x/V.3x/V.4x/V.5x series***) *Véase* serie V.

serif *adj.* Que está marcado por el uso de serifs. Por ejemplo, Goudy es un tipo de letra serif, mientras que Helvética es un tipo de letra sans serif. Véase la ilustración. *Véase también* serif. *Compárese con* sans serif.

ABC
Serifs

ABC
Serif.

serif *s.* Cualquiera de las líneas cortas u ornamentos en los extremos de los trazos que forman un carácter tipográfico.

Número de recomendación	Lo que cubre
V.17	Módems a dos hilos a 14.400 bps utilizados en aplicaciones de facsímil.
V.21	Módems a 300 bps utilizados con líneas conmutadas; transmisión dúplex; no equivale a Bell 103 (en América del Norte).
V.22	Módems a 1.200 bps utilizados con líneas conmutadas y arrendadas; transmisión dúplex; no equivale a Bell 212A (en América del Norte).
V.22 bis	Módems a 2.400 bps utilizados con líneas conmutadas y arrendadas; transmisión dúplex.
V.23	Módems síncronos y asíncronos a 600/1.200 bps utilizados con líneas conmutadas y arrendadas; transmisión semidúplex.
V.26	Módems a 2.400 bps utilizados con líneas arrendadas a cuatro hilos; transmisión dúplex.
V.26 bis	Módems a 1.200/2.400 bps utilizados con líneas conmutadas; transmisión dúplex.
V.26 ter	Módem a 2.400 bps utilizados con líneas conmutadas y líneas arrendadas a dos hilos; modulación DPSK; reversión a 1.200 bps; cancelación de eco para eliminar el eco de la línea telefónica; transmisión dúplex.
V.27	Módems a 4.800 bps utilizados con líneas arrendadas; ecualizador manual; transmisión dúplex.
V.27 bis	Módems a 2.400/4.800 bps utilizados con líneas arrendadas; ecualizador automático; transmisión dúplex.
V.27 ter	Módems a 2.400/4.800 bps utilizados con líneas conmutadas; transmisión dúplex.
V.29	Módems a 9.600 bps utilizados con circuitos arrendados punto a punto; transmisión semidúplex o dúplex.
V.32	Módems a 9.600 bps utilizados con líneas conmutadas; cancelación de eco para eliminar el eco de la línea telefónica; transmisión dúplex.
V.32 bis	Módems a 4.800/7.200/9.600/12.000/14.400 bps utilizados con líneas conmutadas; cancelación de eco; transmisión dúplex.
V.33	Módems a 12.000/14.400 bps utilizados con líneas arrendadas a cuatro hilos; síncronos; modulación QAM; multiplexación por división en el tiempo; transmisión dúplex.
V.34	Módems a 28.800 bps; transmisión dúplex.
V.35	Módems de banda agrupada que combinan el ancho de banda de dos o más circuitos telefónicos.
V.54	Operación de dispositivos de prueba de bucle en los módems.
V.56	Modelo de transmisión de red para la evaluación de las prestaciones de los módems sobre conexiones telefónicas estándar de calidad vocal.
V.56 bis	Modelo de transmisión de red para la evaluación de las prestaciones de los módems sobre conexiones de calidad vocal a dos hilos.
V.56 ter	Modelo de transmisión de red para la evaluación de las prestaciones de módems dúplex a dos hilos y 4 kilohercios.
V.61	Módems a 4.800 bps (voz más datos) o 14.400 bps (sólo datos) sobre circuitos telefónicos conmutados estándar o sobre circuitos telefónicos punto a punto a dos hilos.

Tabla S.1. Recomendaciones de la serie V para comunicación por módem.

Número de recomendación	Objeto
X.25	Interfaz requerida para conectar un equipo informático a una red de conmutación de paquetes tal como Internet.
X.75	Protocolos para conectar dos redes públicas de datos.
X.200	El conjunto de protocolos de siete niveles, conocido como modelo de referencia ISO/OSI, para la estandarización de las conexiones entre equipos informáticos.
X.400	Formato en el nivel de aplicación ISO/OSI para los mensajes de correo electrónico enviados a través de diversos transportes de red, incluyendo Ethernet, X.25 y TCP/IP. Deben utilizarse pasarelas para traducir los mensajes de correo electrónico entre los formatos de X.400 y de Internet.
X.445	Especificación de protocolo asíncrono que gobierna la transmisión de mensajes X.400 a través de líneas telefónicas conmutadas.
X.500	Protocolos para sistemas cliente/servidor que mantienen y utilizan directorios de usuarios y recursos en formato X.400.
X.509	Certificados digitales.

Tabla S.2. Recomendaciones de la serie X para comunicación por red.

serverlet *s*. *Véase* servlet.

servicio *s*. (*service*) **1**. Una función basada en el cliente u orientada al usuario, como, por ejemplo, el soporte técnico o la provisión de mecanismos de acceso a redes. **2**. En redes, es una funcionalidad especializada y basada en software proporcionada por los servidores de red; por ejemplo, los servicios de directorio, que proporcionan el equivalente en las redes a las «guías telefónicas» y que son necesarios para localizar usuarios y recursos. *Véase también* utilidad. **3**. En referencia a la programación y al software, es un programa o rutina que proporciona soporte a otros programas, particularmente a bajo nivel, cercano al hardware.

servicio avanzado de telefonía móvil *s*. (*Advanced Mobile Phone Service*) *Véase* AMPS.

servicio basado en la ubicación *s*. (*location-based service*) Un servicio proporcionado a un dispositivo inalámbrico móvil y basado en la ubicación del dispositivo. Los servicios basados en la ubicación pueden ir desde servicios simples, como una enumeración de los restaurantes cercanos, a funciones más complejas, como la conexión a Internet para ver cuáles son las condiciones de tráfico y encontrar la ruta menos congestionada a un determinado destino.

servicio de acceso remoto *s*. *Véase* RAS.

servicio de acceso telefónico *s*. (*dial-up service*) Operador de una red telefónica local o mundial de conmutación que proporciona acceso a Internet o a una intranet, servicios de alojamiento web, acceso a servicios de noticias o acceso a información bursátil y otros recursos.

servicio de alerta *s*. (*Alerter service*) Un servicio utilizado por el servidor y por otros servicios para notificar a una serie de usuarios y equipos seleccionados de que se han producido determinadas alertas de carácter administrativo en un equipo. El servicio Alerter requiere que esté activado el servicio Messenger. *Véase también* alertas administrativas; .NET Messenger Service; servicio.

servicio de denominación por Internet *s*. (*Internet Naming Service*) *Véase* WINS.

servicio de directorio *s*. (*directory service*) Un servicio en una red que devuelve las direcciones de correo electrónico de otros usuarios o permite a los usuarios localizar máquinas host y servicios.

servicio de información en línea *s.* (*online information service*) Una empresa que proporciona acceso a bases de datos, mecanismos de almacenamiento permanente de archivos, foros, grupos de charla y otros tipos de información mediante enlaces de acceso telefónico, enlaces de comunicaciones dedicados o Internet. La mayoría de los servicios de información en línea ofrecen también acceso a Internet además de a sus propios servicios propietarios. Los servicios de información en línea para consumidores de mayor tamaño en Estados Unidos son America Online, Compuserve y MSN.

servicio de mensajes cortos *s.* (*SMS*) Véase SMS.

servicio de nombres de dominio *s.* (*Domain Name Service*) Véase DNS.

servicio de sincronización horaria *s.* (*time-synchronization service*) Un programa utilizado para garantizar que todos los sistemas de una red utilicen una información horaria común. Los servicios de sincronización temporal de Internet normalmente actualizan relojes de tiempo real para sincronizarlos con las coordenadas UTC (Universal Time Coordinate, coordenada horaria universal) utilizando el protocolo NTP (Network Time Protocol). El servicio Win32Time (Windows Times Synchronization Service) es uno de estos servicios de sincronización horaria. *Véase también* reloj; protocolo horario de red; UTC.

servicio de validación HTML *s.* (*HTML validation service*) Un servicio utilizado para confirmar que una página web utiliza código HTML válido, de acuerdo con el estándar más reciente, y/o que sus hipervínculos son válidos. Un servicio de validación HTML puede detectar pequeños errores sintácticos en la codificación HTML, así como las desviaciones con respecto a los estándares HTML. *Véase también* HTML.

servicio digital de datos *s.* (*digital data service*) Véase DDS.

servicio en línea *s.* (*online service*) Véase servicio de información en línea.

servicio técnico *s.* (*help desk*) Personal de soporte que ayuda a resolver los problemas que los usuarios puedan experimentar con los sistemas hardware o software o que comunican dichos problemas a aquellos que pueden resolverlos. Las organizaciones de gran tamaño, como las grandes corporaciones, las universidades y los suministradores de las grandes corporaciones, suelen tener un servicio técnico para ayudar a los usuarios de la organización.

servicio telefónico tradicional *s.* (*Plain Old Telephone Service*) Véase POTS.

servicio, módulo de *s.* (*back end*) Al hablar de redes, se refiere a un equipo servidor o al procesamiento que tiene lugar en dicho equipo. *También llamado* back end.

servicios de circuito de datos *s.* (*Circuit Data Services*) Servicio GTE que utiliza la tecnología de conmutación de circuitos para proporcionar una rápida transferencia de datos utilizando una computadora portátil y un teléfono celular. *Acrónimo:* CDS. *Véase también* conmutación de circuitos.

servicios de correo electrónico *s.* (*electronic mail services*) Servicios que permiten a los usuarios, administradores o programas demonio enviar, recibir y procesar correo electrónico. *Véase también* demonio.

servicios de instalación remota *s.* (*RIS*) Véase RIS.

servicios de red *s.* (*network services*) **1**. En un entorno corporativo, es el departamento que se encarga de mantener la red y los equipos informáticos. **2**. En un entorno Windows, es una serie de extensiones del sistema operativo que permite a éste realizar funciones de red, tales como la compartición de archivos y la impresión a través de red.

servicios de Windows CE *s.* (*Windows CE Services*) Conjunto de tecnologías que permite utilizar la Web a los dispositivos basados en Windows CE. Proporciona la funcionalidad para suministrar contenido web a los dispositivos basados en Windows CE desde una red inalámbrica o por medio de los mecanismos de sincronización de escritorio.

servicios distribuidos *s.* (*distributed services*) *Véase* RDSI de banda ancha.

servicios interactivos *s.* (*interactive services*) *Véase* RDSI de banda ancha.

servicios numéricos de buscapersonas *s.* (*numeric paging*) *Véase* mensajería numérica.

servicios web *s.* (*Web services*) Una colección modular de aplicaciones basada en protocolos web que pueden combinarse y ajustarse para proporcionar funcionalidad de carácter empresarial a través de una conexión Internet. Los servicios web pueden utilizarse a través de Internet o de una intranet para crear productos, procesos de negocio y sistemas de interacción B2B. Los servicios web utilizan protocolos Internet estándar, tales como HTTP, XML y SOAP, para proporcionar conectividad e interoperabilidad entre las empresas.

servicios web XML *s.* (*XML Web services*) Unidades de lógica de aplicación que proporcionan datos y servicios a otras aplicaciones. Las aplicaciones acceden a servicios web XML a través de formatos de datos y protocolos web estándar, tales como HTTP, XML y SOAP, independientemente de cómo esté implementado cada servicio web XML. Los servicios web XML combinan los mejores aspectos del desarrollo basado en componentes y del desarrollo para la Web y son una piedra angular del modelo de programación de Microsoft .NET.

servidor *s.* (*server*) **1**. En una red de área local (LAN), es una computadora que ejecuta software administrativo encargado de controlar el acceso a la red y a sus recursos, como impresoras y unidades de disco, y proporciona recursos a las otras computadoras que estén operando como estaciones de trabajo en la red. **2**. En Internet y otras redes, es una computadora o programa que responde a comandos emitidos por un cliente. Por ejemplo, un servidor de archivos puede contener un repositorio de archivos de datos y de programas; cuando un cliente envía una solicitud relativa a un archivo, el servidor transfiere una copia del archivo al cliente. *Véase también* servidor de aplicación; arquitectura cliente/servidor. *Compárese con* cliente.

servidor anónimo *s.* (*anonymous server*) **1**. Software que proporciona un servicio de FTP anónimo. *Véase también* FTP anónimo. **2**. El software utilizado por un reemisor anónimo. *Véase también* reemisor anónimo.

servidor Archie *s.* (*Archie server*) En Internet, es un servidor que contiene índices Archie con los nombres y direcciones de archivos contenidos en repositorios FTP públicos. *Véase también* Archie; FTP; servidor.

servidor CERN *s.* (*CERN server*) Uno de los primeros servidores HTTP (Hypertext Transfer Protocol) y que fue desarrollado en el CERN por Tim Berners-Lee. El servidor CERN se utiliza todavía ampliamente y es gratuito. *Véase también* CERN; servidor HTTP.

servidor complejo *s.* (*fat server*) En una arquitectura cliente/servidor, es una máquina servidora que realiza la mayor parte del procesamiento, mientras que el cliente no realiza procesamiento alguno o muy poco. La lógica de aplicaciones y los datos residen en el servidor, mientras que los servicios de presentación son gestionados por el cliente. *Véase también* cliente; arquitectura cliente/servidor; servidor; cliente simple. *Compárese con* cliente complejo; servidor simple.

servidor de acceso remoto *s.* (*remote access server*) Un host en una red de área local (LAN) que está equipado con módems para permitir a los usuarios conectarse a la red a través de líneas telefónicas. *Acrónimo:* RAS.

servidor de aplicación *s.* (*application server*) **1**. Un programa servidor en una computadora que forma parte de una red distribuida y que gestiona la lógica de negocio inherente a las interacciones entre los usuarios y las bases de datos o aplicaciones de negocio residentes en el servidor. Los servidores de aplicación también pueden proporcionar funciones de gestión de transacciones, de migración tras fallo y de equilibrado de carga. Los servidores de aplicaciones se contemplan a menudo como parte de una arquitectura en tres niveles, compuesta por un servidor frontal de interfaz gráfica de usuario, como, por ejemplo, un servidor HTTP (primer nivel); un servidor de aplicaciones (nivel intermedio), y un servidor de transacciones y de base de datos (tercer nivel). *Compárese con* servidor HTTP. **2**. Cualquier máquina en la que se esté ejecutando un programa de servidor de aplicaciones.

servidor de archivos *s*. (*file server*) Un dispositivo de almacenamiento de archivos en una red de área local que es accesible para todos los usuarios de la red. A diferencia de un servidor de disco, que aparece a ojos del usuario como una unidad de disco remota, un servidor de archivos es un dispositivo sofisticado que no sólo almacena archivos, sino que los gestiona y mantiene su orden a medida que los usuarios de la red solicitan archivos y realizan cambios en los mismos. Para abordar la tarea de gestionar múltiples solicitudes de archivos (a veces simultáneas), un servidor de archivos contiene un procesador y un software de control, así como una unidad de disco para el almacenamiento. En las redes de área local, un servidor de archivos es, a menudo, una computadora con una gran unidad de disco y que está dedicada en exclusiva a la tarea de gestionar archivos compartidos. *Compárese con* servidor de disco.

servidor de bases de datos *s*. (*database server*) Un nodo de red, o estación, dedicado a almacenar y proporcionar acceso a una base de datos compartida.

servidor de comercio electrónico *s*. (*commerce server*) Un servidor HTTP diseñado para realizar transacciones comerciales en línea. Los datos se transfieren entre el servidor y el explorador web en forma cifrada para proporcionar un grado de seguridad razonable a la información confidencial, como los números de tarjetas de crédito. Los servidores de comercio electrónico son normalmente utilizados por las tiendas virtuales y las empresas dedicadas a las ventas por catálogo. Las mercancías o servicios ofrecidos por la tienda o la empresa se describen y se muestran en fotografías en el sitio web de la tienda o de la empresa y los usuarios pueden hacer pedidos directamente en el sitio web utilizando sus exploradores. Hay varias empresas que comercializan servidores de comercio electrónico, incluyendo Netscape, Microsoft y Quarter-

deck. *Véase también* servidor HTTP; SSL; explorador web.

servidor de comunicaciones *s*. (*communications server*) Una pasarela que traduce los paquetes de una red de área local (LAN) a señales asíncronas, como las utilizadas en las líneas telefónicas o en las comunicaciones serie RS-232-C, y que permite a todos los nodos de la LAN acceder a sus módems o conexiones RS-232-C. *Véase también* pasarela; RS-232-C, estándar.

servidor de disco *s*. (*disk server*) Un nodo en una red de área local que actúa como unidad de disco remota compartida por los usuarios de la red. A diferencia de un servidor de archivos, que lleva a cabo las tareas más sofisticadas de gestión de las solicitudes de archivos procedentes de la red, un servidor de disco funciona como un medio de almacenamiento en el que los usuarios pueden leer y escribir archivos. Un servidor de disco puede dividirse en secciones (volúmenes), cada una de las cuales parece un disco independiente. *Compárese con* servidor de archivos.

servidor de discos ópticos CD-ROM *s*. (*CD-ROM jukebox*) Reproductor de CD-ROM que puede contener hasta 200 discos y que está conectado a una unidad de CD-ROM en una computadora personal o en una estación de trabajo. Un usuario puede solicitar datos de cualquiera de los discos almacenados en el servidor de discos ópticos y el dispositivo localizará y reproducirá el disco que contenga los datos. Aunque sólo se puede reproducir un CD-ROM cada vez, si se conectan varios servidores de discos ópticos de CD-ROM a unidades separadas de CD-ROM que estén todas conectadas en serie con la computadora, se puede utilizar más de un CD-ROM a la vez. *Véase también* CD-ROM; unidad de CD-ROM; conexión en cadena.

servidor de fax *s*. (*fax server*) Una computadora de una red que es capaz de enviar y recibir transmisiones fax hacia y desde otras computadoras de la red. *Véase también* fax; servidor.

servidor de impresión *s*. (*print server*) Una estación de trabajo que está dedicada a gestionar impresoras en una red. El servidor de impresión puede ser cualquier estación de la red. *También llamado* servidor de impresora.

servidor de impresión para Macintosh *s.* (*Print Server for Macintosh*) Servicio de integración en red de AppleTalk que permite a las computadoras que ejecutan los sistemas operativos Macintosh y Windows compartir sus impresoras.

servidor de impresora *s.* (*printer server*) *Véase* servidor de impresión.

servidor de información de área extensa *s.* (*Wide Area Information Server*) *Véase* WAIS.

servidor de multiprocesamiento simétrico *s.* (*symmetric multiprocessing server*) *Véase* servidor SMP.

servidor de nombres *s.* (*name server*) *Véase* servidor de nombres CSO; servidor DNS.

servidor de nombres CSO *s.* (*CSO name server*) Una utilidad que proporciona información de direcciones de correo electrónico a través del sistema CSO. *Véase también* CSO.

servidor de nombres de dominio *s.* (*Domain Name Server*) *Véase* servidor DNS.

servidor de nombres raíz *s.* (*root name server*) *Véase* servidor raíz.

servidor de noticias *s.* (*news server*) Un equipo informático o programa que intercambia grupos de noticias Internet con los clientes de lectura de noticias y con otros servidores. *Véase también* grupo de noticias; lector de noticias.

servidor de seguridad *s. Véase* cortafuegos.

servidor de terminales *s.* (*terminal server*) En una red de área local (LAN), es una computadora o controlador que permite a los terminales, microcomputadoras y otros dispositivos conectarse a una red o computadora host o a dispositivos que estén conectados a esa computadora concreta. *Véase también* controlador; LAN; microcomputadora; terminal.

servidor de túnel *s.* (*tunnel server*) Un servidor o encaminador que actúa como extremo terminal de un túnel y reenvía el tráfico a las máquinas host situadas en la red de destino. *Véase también* host; encaminador; servidor; tunelizar.

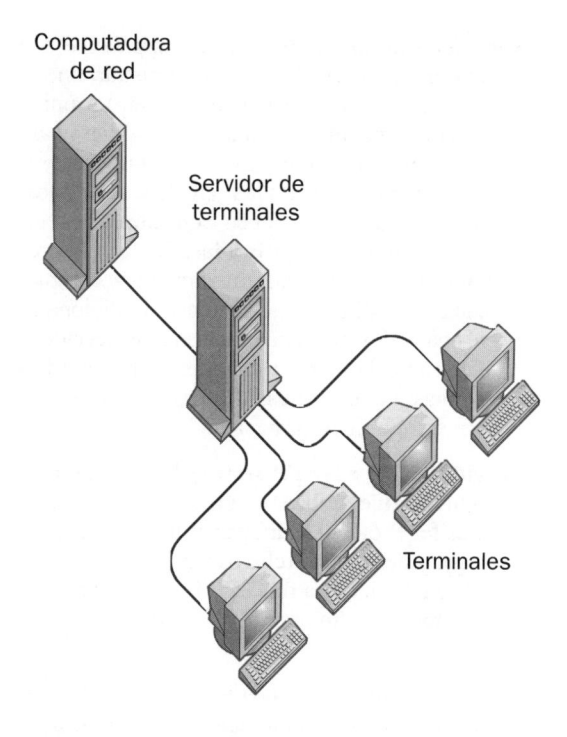

Servidor de terminales.

servidor de vídeo *s.* (*video server*) Un servidor diseñado para distribuir vídeo digital a la carta y proporcionar otros servicios interactivos de banda ancha a los consumidores a través de una red de área extensa.

servidor de Windows Media *s.* (*Windows Media server*) Un servidor en el que se han instalado los servicios Windows Media Services.

servidor dedicado *s.* (*dedicated server*) Una computadora, normalmente muy potente, que se utiliza exclusivamente como servidor de red. *Véase también* servidor. *Compárese con* servidor no dedicado.

servidor DNS *s.* (*DNS server*) Una computadora que puede responder a consultas DNS (Domain Name System, sistema de nombres de dominio). El servidor DNS mantiene una base de datos de computadoras host y de sus correspondientes direcciones IP. Si se le presenta, por ejemplo, el nombre apex.com, el servidor DNS devolvería la dirección IP de la empresa hipotética Apex. *También llamado* servidor de nombres. *Véase también* DNS; dirección IP.

servidor empaquetado *s.* (*server appliance*) Un dispositivo diseñado para suministrar uno o más servicios específicos de red en un único paquete a medida, que incluye tanto hardware como software. Todos los programas necesarios están preinstalados en los servidores empaquetados, que tienen controles y opciones mínimos y simplificados. Los servidores empaquetados pueden utilizarse para complementar o sustituir a los servidores tradicionales en una red y pueden proporcionar servicios, tales como la compartición de archivos e impresoras y conectividad a Internet. *Véase también* equipo de información.

servidor FTP *s.* (*FTP server*) Un servidor de archivos que utiliza el protocolo FTP (File Transfer Protocol) para permitir a los usuarios cargar y descargar archivos a través de Internet o de cualquier otra red TCP/IP. *Véase también* servidor de archivos; FTP; TCP/IP. *Compárese con* cliente FTP.

servidor Gopher *s.* (*Gopher server*) El software que proporciona menús y archivos a un usuario Gopher. *Véase también* Gopher.

servidor horario *s.* (*time server*) Una computadora que sincroniza periódicamente la información horaria en todas las computadoras de una red. Esto garantiza que la información horaria utilizada por los servicios de red y por las funciones locales continúe siendo precisa.

servidor HTTP *s.* (*HTTP server*) **1**. Cualquier máquina en la que se esté ejecutando un programa servidor HTTP. **2**. Software servidor que utiliza HTTP para suministrar documentos HTML, junto con sus scripts y archivos asociados, cuando lo solicite algún cliente, como, por ejemplo, algún explorador web. La conexión entre el cliente y el servidor se cierra usualmente después de que haya sido servido el documento o archivo solicitado. Los servidores HTTP se utilizan en los sitios web y en los sitios de las redes intranet. *También llamado* servidor web. *Véase también* HTML; HTTP; servidor. *Compárese con* servidor de aplicación.

servidor HTTP Apache *s.* (*Apache HTTP Server Project*) Un esfuerzo de colaboración realizado por los miembros de Apache Group para diseñar, desarrollar y mantener el servidor HTTP (Web) Apache. *Véase también* Apache; Apache Group.

servidor ISA *s.* (*ISA Server*) *Véase* Internet Security and Acceleration Server.

servidor NCSA *s.* (*NCSA server*) El servidor HTTP desarrollado por el NCSA de la Universidad de Illinois. Este servidor y el servidor CERN fueron los primeros servidores HTTP desarrollados para la World Wide Web y están disponibles de forma gratuita para su descarga. *Véase también* servidor HTTP; NCSA. *Compárese con* servidor CERN.

servidor no dedicado *s.* (*nondedicated server*) Una computadora en una red que puede funcionar como cliente y como servidor; normalmente, se trata de una máquina de escritorio en una red de tipo igualitario. *Compárese con* servidor dedicado.

servidor objeto-relacional *s.* (*object-relational server*) Servidor de base de datos que soporta la gestión orientada a objetos de tipos de datos complejos en una base de datos relacional. *Véase también* servidor de bases de datos; base de datos relacional.

servidor paralelo *s.* (*parallel server*) Un sistema informático que implementa algún tipo de procesamiento paralelo para mejorar sus prestaciones como servidor. *Véase también* servidor SMP.

servidor proxy *s.* (*proxy server*) Un componente cortafuegos que gestiona el tráfico Internet entrante y saliente de una red de área local (LAN) y que puede proporcionar otras funciones, tales como las de almacenamiento en caché de documentos y el control de acceso. Los servidores proxy pueden mejorar las prestaciones del sistema al encargarse de suministrar su propia copia local de los datos más frecuentemente suministrados, como, por ejemplo, las páginas web más populares, y pueden filtrar y descartar las solicitudes que el propietario no considere adecuadas, como, por ejemplo, las peticiones para obtener acceso no autorizado a archivos confidenciales. *Véase también* cortafuegos.

servidor raíz *s.* (*root server*) Una computadora que tiene la capacidad de localizar servidores DNS que contienen información acerca de dominios Internet de nivel superior, como, por ejemplo, com, org, uk, it, jp y otros dominios de país, dentro de la jerarquía DNS (Domain Name System) de Internet. Comenzando con el servidor raíz y continuando mediante una serie de referencias sucesivas a servidores de nombres en niveles inferiores de la jerarquía, el sistema DNS es capaz de establecer una correspondencia entre una dirección Internet «amigable», como, por ejemplo, microsoft.com, y su equivalente numérico, la dirección IP. Los servidores raíz contienen, por tanto, los datos necesarios para hacer consultas a servidores de nombres situados en el nivel más alto de la jerarquía. Existen trece servidores raíz en todo el mundo, localizados en Estados Unidos, el Reino Unido, Suecia y Japón. *También llamado* servidor raíz de nombres. *Véase también* DNS; servidor DNS; dominio de nivel superior.

servidor simple *s.* (*thin server*) Una arquitectura cliente/servidor en la que la mayor parte de una aplicación se ejecuta en la máquina cliente, que se denomina cliente complejo, realizándose operaciones de datos ocasionales en un servidor remoto. Este tipo de configuración proporciona unas buenas prestaciones en el cliente, pero complica las tareas administrativas, como las actualizaciones de software. *Véase también* arquitectura cliente/servidor; cliente complejo; cliente simple. *Compárese con* servidor complejo.

servidor SMP *s.* (*SMP server*) Una computadora diseñada con la arquitectura SMP (symmetric multiprocessing, multiprocesamiento simétrico) para mejorar sus prestaciones como servidor en aplicaciones cliente/servidor. *Véase también* SMP.

servidor virtual *s.* (*virtual server*) Una máquina virtual que reside en un servidor HTTP, pero que parece, a ojos del usuario, ser un servidor HTTP independiente. En un mismo servidor HTTP pueden residir varios servidores virtuales, cada uno de los cuales es capaz de ejecutar sus propios programas y de acceder de manera individualizada a dispositivos periféricos y dispositivos de entrada. Cada servidor virtual tiene su propio nombre de dominio y su propia dirección IP y parece, a ojos del usuario, un sitio web individual. Algunos proveedores de servicios Internet utilizan servidores virtuales para aquellos clientes que desean utilizar sus propios nombres de dominio. *Véase también* nombre de dominio; servidor HTTP; dirección IP.

servidor WAIS *s.* (*WAIS server*) *Véase* WAIS.

servidor web *s.* (*Web server*) *Véase* servidor HTTP.

servidor web de escala *s.* (*staging Web server*) Un servidor web en el que se publican y prueban los sitios web antes de colocarlos en un servidor de producción. Los servidores web de escala no pueden ser explorados por los usuarios de Internet o de la intranet.

servidor whois *s.* (*whois server*) Software que proporciona los nombres de usuario y direcciones de correo electrónico contenidos en una base de datos (que a menudo enumera las personas que disponen de cuentas en un dominio Internet) para aquellos usuarios que soliciten la información a través de un cliente whois. *Véase también* whois.

servidor, control de *s.* (*server control*) *Véase* control de servidor ASP.NET.

servlet *s.* Un pequeño programa Java que se ejecuta en un servidor. El término se ha acuñado por similitud con el de applet, que es un programa Java que usualmente se ejecuta en el cliente. Los servlet realizan servicios web de baja intensidad, como redirigir a un usuario web desde una dirección desactualizada hasta la página correcta, tareas que tradicionalmente se llevaban a cabo mediante aplicaciones CGI (Common Gateway Interface). Puesto que los servlets tienen una alta capacidad de respuesta y se les asigna automáticamente una hebra de ejecución, pueden ejecutarse rápidamente, reduciendo así la sobrecarga del sistema. *También llamado* serverlet. *Véase también* applet; CGI.

servo *s.* La parte de un servomecanismo, controlada por el circuito de realimentación del servomecanismo, que produce la salida mecánica final. *Véase también* servomecanismo.

servomecanismo *s.* (***servomechanism***) Sistema de control en el que la salida final es un movimiento mecánico. Un servomecanismo utiliza mecanismos de realimentación para controlar la posición, la velocidad o la aceleración de un componente mecánico. *También llamado* servosistema.

servomotor *s. Véase* servo.

servosistema *s.* (***servo system***) *Véase* servomecanismo.

sesgo *s.* (***skew***) La diferencia entre lo que es y lo que debería ser (por ejemplo, la incorrecta alineación de una página que impide una reproducción adecuada de las imágenes o la diferencia entre la entrada y la salida cuando los circuitos no responden de manera homogénea a una señal propagada).

sesión *s.* (***session***) **1**. Un nivel de protocolo específico dentro del modelo de referencia ISO/OSI que gestiona la comunicación entre procesos o usuarios remotos. *Véase también* modelo de referencia ISO/OSI; nivel de sesión. **2**. En comunicaciones, es el tiempo durante el cual dos computadoras mantienen una conexión. **3**. El tiempo durante el cual está ejecutándose un programa. En la mayor parte de los programas interactivos, una sesión es el tiempo durante el cual el programa acepta entradas y procesa la información.

sesión de terminal *s.* (***terminal session***) El período de tiempo invertido en utilizar activamente un terminal. *Véase también* sesión.

sesión interactiva *s.* (***interactive session***) Sesión de procesamiento en la que el usuario puede intervenir de una forma más o menos continua y controlar las actividades de la computadora. *Compárese con* procesamiento por lotes.

sesión orientada a conexión *s.* (***connection-based session***) Una sesión de comunicaciones que requiere que se establezca una conexión entre las máquinas host antes de poder procederse a realizar un intercambio de datos.

sesión sin conexión *s.* (***connectionless session***) Una sesión de comunicaciones que no requiere que se establezca una conexión entre las máquinas host antes de poder procederse a realizar un intercambio de datos.

sesión, finalizar una *vb.* (***log off***) Terminar una sesión en una computadora a la que se accede a través de una línea de comunicaciones, usualmente una computadora remota y que está abierta a muchos usuarios. *Compárese con* sesión, iniciar una.

sesión, iniciar una *vb.* (***log on***) Obtener acceso a una computadora, un programa o una red específicos identificándose mediante un nombre de usuario y una contraseña. *Compárese con* sesión, finalizar una.

SET *s.* (***Secure Electronics Transactions protocol***) Acrónimo de Secure Electronic Transactions (transacciones electrónicas seguras). Protocolo para la realización de transacciones seguras a través de Internet, definido como resultado de un esfuerzo conjunto de GTE, IBM, MasterCard, Microsoft, Netscape, SAIC, Terisa Systems, VeriSign y Visa.

seudocompilador *s.* (***pseudo compiler***) Compilador que genera un seudolenguaje. *Véase también* pseudolenguaje.

seudooperación *s.* (***pseudo-operation***) En programación, una instrucción de programa que proporciona información a un ensamblador o compilador, pero que no se traduce en una instrucción de lenguaje máquina; por ejemplo, una instrucción que establezca el valor de una constante o la manera en que hay que evaluar las expresiones booleanas (lógicas). *Abreviatura:* seudo-op.

seudosistema *s.* (***p-system***) Sistema operativo basado en una pseudomáquina implementada en software. Un programa escrito para un seudosistema resulta más fácil de portar que otro escrito para un sistema operativo dependiente de la máquina. *Véase también* sistema p UCSD.

sfx *s.* Lenguaje informático utilizado para generar efectos de sonido digital y también sonido sintetizado de instrumentos musicales. Es un superconjunto del lenguaje compilador de audio SAOL del estándar MPEG-4. El lenguaje sfx proporciona síntesis de audio de calidad profesional, generación de audio y MIDI en tiempo real e instrumentos y efectos totalmente personalizables. Como el compilador sfx es un compilador frontal para C++, el código se convierte a C++ y después se compila en orquestas ejecutables que se utilizan para generar el sonido en tiempo real. Como resultado, la versión actual de sfx necesita que esté instalado Microsoft Visual C++ en el sistema en el que sfx se esté ejecutando. *Véase también* C++; compilador; MIDI; MPEG-4; SAOL; Visual C++.

SGBD *s.* (***DBMS***) *Véase* sistema de gestión de bases de datos.

.sgm *s.* La extensión de archivo MS-DOS/Windows 3.x que identifica los archivos codificados en SGML (Standard Generalized Markup Language). Puesto que MS-DOS y Windows 3.x no pueden reconocer extensiones de archivo superiores a tres caracteres, la extensión .sgml se trunca a tres letras en dichos entornos. *Véase también* SGML.

.sgml *s.* La extensión de archivo que identifica los archivos codificados en SGML (Standard Generalized Markup Language). *Véase también* SGML.

SGML *s.* Acrónimo de Standard Generalized Markup Language (lenguaje estándar generalizado de composición). Un estándar de gestión de la información adoptado por ISO (International Organization for Standardization) en 1986 como medio de crear documentos independientes de la aplicación y de la plataforma capaces de retener el formateo, la indexación y la información vinculada. SGML proporciona un mecanismo similar a una gramática para que los usuarios definan la estructura de sus documentos y las etiquetas que emplearán para denotar la estructura de los documentos individuales. *Véase también* ISO.

SGRAM *s. Véase* RAM síncrona de gráficos.

sh *s. Véase* shell de Bourne.

SHA *s.* Acrónimo de Secure Hash Algorithm (algoritmo de hash seguro). Una técnica que calcula una representación condensada, de 160 bits, de un mensaje o archivo de datos, denominada compendio del mensaje. SHA es utilizado por el emisor y el receptor de un mensaje para calcular y verificar una firma digital con propósitos de seguridad. *Véase también* algoritmo; firma digital.

shareware *s. Véase* software de libre distribución.

shelfware *s.* Software que no ha sido vendido durante un largo tiempo o que no ha sido utilizado durante un largo tiempo, por lo que ha permanecido en la estantería del vendedor o del usuario.

shell *s.* Fragmento de software, normalmente un programa separado, que proporciona comunicación directa entre el usuario y el sistema operativo. Ejemplos de shells son Macintosh Finder y el programa de interfaz de comandos COMMAND.COM de MS-DOS. *Véase también* shell de Bourne; shell C; Finder; shell Korn. *Compárese con* kernel.

shell C *s.* (***C shell***) Una de las interfaces de línea de comandos disponibles en UNIX. La shell C es de muy fácil utilización, pero no está disponible en todos los sistemas. *Compárese con* shell de Bourne; shell Korn.

shell de Bourne *s.* (***Bourne shell***) La primera shell, o intérprete de comandos, de importancia para UNIX y que forma parte de la versión AT&T System V. El lenguaje de script de la shell de Bourne, desarrollado en los laboratorios AT&T Bell por Steve Bourne en 1979, fue uno de los lenguajes de comando originales para el sistema operativo UNIX. Aunque la shell de Bourne carece de algunas características que son comunes en otras shells de UNIX, como la edición de líneas de comando y la recuperación de comandos previamente emitidos, es la shell a la que se adhieren la mayoría de los scripts de shell. *Véase también* shell; script de shell; System V; UNIX. *Compárese con* shell C; shell Korn.

shell de comandos *s.* (***command shell***) *Véase* shell.

shell Korn *s.* (***Korn shell***) Interfaz de línea de comandos, disponible bajo UNIX, que combina características de las shells Bourne y C. La shell Korn es totalmente compatible con la shell Bourne, pero también ofrece las utilidades de historial y de edición de la línea de comandos presentes en la shell C. *Véase también* interfaz de línea de comandos; shell; UNIX. *Compárese con* shell de Bourne; shell C.

shell MS-DOS *s*. (*MS-DOS shell*) Entorno de shell basado en un indicativo de línea de comandos que permite al usuario interactuar con MS-DOS o con un sistema operativo que emule MS-DOS.

Sherlock *s*. Mecanismo avanzado de búsqueda incluido en el sistema operativo Macintosh. Sherlock permite realizar consultas simultáneamente en múltiples motores de búsqueda de Internet e incorpora la interfaz Macintosh Find File para realizar búsquedas en volúmenes locales. Una serie de módulos adicionales permite ampliar el número de motores de búsqueda disponibles e incrementar las opciones de búsqueda.

Shockwave *s*. Un formato para archivos multimedia de audio y vídeo contenidos dentro de documentos HTML, creado por Macromedia, que comercializa una familia de servidores Shockwave y aplicaciones auxiliares (plug-ins) para exploradores web. *Véase también* HTML.

shovelware *s*. *Véase* recopilación de software.

ShowSounds *s*. En Windows 9x y Windows NT 4, una indicación global que da instrucciones a los programas de aplicación para que muestren algún tipo de indicación visual de que el programa está generando un sonido con el fin de alertar a los usuarios con problemas de audición o a aquellos que trabajen en un lugar con mucho ruido, como, por ejemplo, una fábrica.

SHS, virus *s*. (*SHS virus*) Un clase de virus que infectan el sistema de un usuario ocultándose en archivos que tiene la extensión .shs. Estos virus se difunden normalmente a través de adjuntos de correo electrónico. Un mensaje de advertencia ampliamente distribuido a través de correo electrónico previene a los lectores contra el «virus SHS», pero no existe ningún virus específico con ese nombre, sino que se trata de una clase de virus.

SHTML *s*. Abreviatura de server-parsed HTML (HTML analizado por el servidor). Es un texto HTML (Hypertext Markup Language) que contiene comandos embebidos con inclusiones del lado del servidor. Los documentos SHTML son completamente leídos, analizados y modificados por el servidor antes de ser pasados al explorador. *Véase también* HTML; inclusión del lado del servidor.

SHTTP *s*. (*S-HTTP*) Acrónimo de Secure Hypertext Transfer Protocol (protocolo seguro de transferencia de hipertexto). Una extensión de HTTP que soporta distintas medidas de cifrado y autenticación con el fin de que todas las transacciones dispongan de seguridad extremo a extremo. S-HTTP está diseñado para garantizar la seguridad de las transmisiones individuales a través de Internet y ha sido aprobado como estándar por el IETF (Internet Engineering Task Force). S-HTTP no debe confundirse con HTTPS, una tecnología desarrollada por Netscape y basada en SSL (Secure Sockets Layer). HTTPS también está diseñado para garantizar la seguridad de las transmisiones, pero esa seguridad se proporciona de modo extremo a extremo entre las computadoras que se están comunicando en lugar de proporcionarse de forma separada para cada mensaje. *También llamado* HTTP seguro, S-HTTP. *Véase también* SSL.

siega de Eratóstenes *s*. (*sieve of Eratosthenes*) Algoritmo para buscar números primos. Este algoritmo se utiliza frecuentemente como prueba comparativa para determinar la velocidad de una computadora o lenguaje de programación. *Véase también* prueba comparativa.

siempre activa *s*. (*always on*) Una conexión Internet que se mantiene de modo continuo independientemente de si el usuario del equipo está en línea. Las conexiones siempre activas resultan cómodas para los usuarios, ya que no necesitan marcar un número de teléfono ni iniciar una sesión para acceder a Internet, aunque también proporcionan más oportunidades a los piratas informáticos para intentar acceder al sistema o para utilizar el equipo con el fin de difundir programas maliciosos.

.sig *s*. Una extensión de archivo para los archivos de firma que pueden emplearse en mensajes de correo electrónico o grupos de noticias Internet. Los contenidos del archivo de firma son añadidos automáticamente por parte del correspondiente software cliente a los mensajes de correo electrónico o artículos de grupo de noticias. *Véase también* archivo de firma.

SIG *s*. Acrónimo de special interest group (grupo de interés especial). Un grupo de discusión en línea a través de correo electrónico o un grupo de usuarios que se reúnen e intercambian información, especialmente en referencia a los grupos soportados por ACM (Association for Computing Machinery), como, por ejemplo, SIGGRAPH, que está dedicado a los gráficos por computadora.

SIGGRAPH *s*. Abreviatura de Special Interest Group on Computer Graphics (Grupo de Interés Especial en Gráficos por Computadora), una parte de la asociación ACM (Association for Computing Machinery).

signatura *s*. (*signature*) Un número unívoco prefijado en el hardware o en el software con propósitos de identificación.

signatura del virus *s*. (*virus signature*) Un fragmento de código informático distintivo contenido en un virus. Los programas antivirus buscan las signaturas de los virus conocidos para identificar los archivos y programas infectados. *Véase también* virus.

signo *s*. (*sign*) El carácter utilizado para indicar un número negativo o positivo. En programación en lenguaje ensamblador, el signo se indica por el bit de signo que acompaña al número. *Véase también* bit de signo.

SIIA *s*. Acrónimo de Software & Information Industry Association (Asociación de la industria de la información y el software). Una asociación empresarial sin ánimo de lucro que representa a más de 1.200 empresas de alta tecnología de todo el mundo y que se ocupa de velar por los intereses de la industria del software y del contenido digital. La SIIA fue formada en 1999 cuando la SPA (Software Publishers Association, Asociación de editores de software) se fusionó con la IIA (Information Industry Association, Asociación de la industria de la información). La SIIA se centra en tres áreas principales: proporcionar información y foros a través de los cuales distribuir información a la industria de la alta tecnología, proporcionar protección mediante un programa antipiratería cuyo objetivo es ayudar a los miembros a reclamar sus derechos de copyright y actividades de promoción y educación.

silicio *s*. (*silicon*) Semiconductor utilizado en muchos dispositivos, especialmente en los microchips. El silicio, con número atómico 14 y peso atómico 28, es el segundo elemento más común en la naturaleza. *Compárese con* silicona.

silicio sobre aislante *s*. (*silicon on insulator*) *Véase* SOI.

silicio sobre zafiro *s*. (*silicon-on-sapphire*) Método de fabricación de semiconductores en el que los dispositivos semiconductores se forman en una única fina capa de silicio que ha estado creciendo sobre un sustrato aislante de zafiro sintético. *Acrónimo:* SOS.

Silicon Alley *s*. El área metropolitana de Manhattan, Nueva York. Originalmente, el término (que podría traducirse como «callejón del silicio») hacía referencia al área de Manhattan situada por debajo de la Calle 41, en la que existía una alta concentración de empresas de tecnología, pero ahora incluye toda la isla, para reflejar la gran cantidad de empresas relacionadas con la tecnología informática que existe en dicha área. El nombre está inspirado en Silicon Valley, el área situada al norte de California donde tienen su sede muchas empresas de tecnología. *Véase también* Silicon Valley.

Silicon Valley *s*. La región de California situada al sur de la bahía de San Francisco, también conocida con el nombre de valle de Santa Clara, y

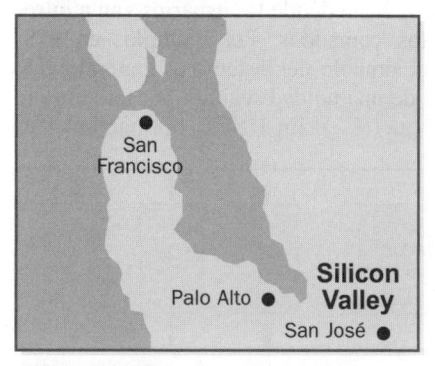

Silicon Valley.

silicona

que se extiende aproximadamente desde Palo Alto a San José. Silicon Valley (valle del silicio) es uno de los principales centros de investigación, desarrollo y fabricación del sector electrónico e informático. *Véase* la ilustración.

silicona *s.* (*silicone*) Polímero en el que el silicio y el oxígeno son los componentes principales. La silicona es un excelente aislante eléctrico y conduce bien el calor. *Compárese con* silicio.

Silicorn Valley *s.* Grupos de empresas de alta tecnología que tienen su sede en pequeñas ciudades del Medio Oeste de Estados Unidos, particularmente en áreas rurales de Iowa. El nombre es un juego de palabras entre «silicon» (silicio) y «corn» (grano, haciendo referencia al hecho de que en esa área se cultivan grandes cantidades de cereales).

SIM *s.* (*Society for Information Management*) Acrónimo de Society for Information Management (Sociedad para la gestión de la información). Una sociedad de carácter profesional, con sede en Chicago, formada por ejecutivos relacionados con los sistemas de información, y que anteriormente se denominaba Society for Management Information Systems (Sociedad para los sistemas de información de gestión).

símbolo *s.* (*symbol*) En programación, un nombre que representa un registro, un valor absoluto o una dirección de memoria (relativa o absoluta). *Véase también* identificador; operador.

símbolo del sistema *s.* (*prompt*) En sistemas controlados por comandos, uno o más símbolos que indican dónde los usuarios van a introducir los comandos. Por ejemplo, en MS-DOS, el símbolo del sistema es generalmente la letra de una unidad seguida por un símbolo mayor que (C>). En UNIX, normalmente es %. *Véase también* sistema controlado por comandos; indicativo DOS.

símbolo lógico *s.* (*logic symbol*) Símbolo que representa un operador lógico, como AND u OR. Por ejemplo, el símbolo + en el álgebra booleana representa la operación OR lógica, como en A + B, que se lee «A o B» y no «A más B».

SIMD *s.* Acrónimo de single-instruction, multiple-data (una sola instrucción y múltiples datos). Tipo de arquitectura informática de procesamiento en paralelo en la que un procesador de instrucciones extrae las instrucciones y distribuye órdenes a varios procesadores. *Véase* la ilustración. *Véase también* procesamiento paralelo. *Compárese con* MIMD.

SIMM *s.* Acrónimo de Single Inline Memory Module (módulo de memoria de simple hilera). Pequeña tarjeta de circuito diseñada para incorporar chips de memoria de montaje superficial.

simple densidad *adj.* (*single-density*) Perteneciente o relativo a un disco que está certificado sólo para utilizarlo con mecanismos de grabación por modulación de frecuencia (FM). Un disco de simple densidad puede almacenar muchos menos datos que un disco que utilice codificación FM modificada o codificación limitada de longitud de recorrido. *Véase también* codificación por modulación de frecuencia modificada; codificación limitada de longitud de recorrido.

simple precisión *adj.* (*single-precision*) Perteneciente o relativo a un número de coma flotante que tiene la menor precisión posible de entre las dos o más opciones ofrecidas normalmente por un lenguaje de programación, como, por ejemplo, simple precisión frente a doble precisión. *Véase también* notación en

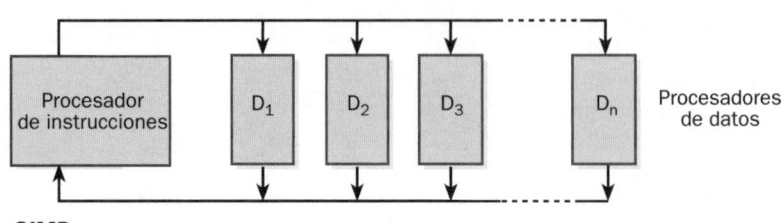

SIMD.

coma flotante; precisión. *Compárese con* doble precisión.

símplex *s.* (***simplex***) Comunicación que tiene lugar únicamente del emisor al receptor *Compárese con* dúplex; semidúplex.

SIMULA *s.* Abreviatura de simulation language (lenguaje de simulación). Un lenguaje de programación de propósito general basado en ALGOL 60 con características especiales diseñadas para ayudar en la descripción y simulación de procesos activos. Visual C++ está basado en algunos aspectos de este lenguaje.

simulación *s.* (***simulation***) La imitación de un proceso físico o de un objeto por parte de un programa que hace que una computadora responda matemáticamente a los datos y a una serie de condiciones variables como si esa computadora fuera el propio proceso u objeto. *Véase también* emulador; modelado.

simulación de direcciones *s.* (***network weaving***) *Véase* ataque indirecto.

simulación de salida *s.* (***output simulation***) Característica de aplicaciones de gestión del color en las que una pantalla de computadora es calibrada para ayudar a predecir los resultados de imprimir un archivo de gráficos en un dispositivo específico. *También llamado* prueba preliminar.

simulación informática *s.* (***computer simulation***) *Véase* simulación.

simulación multiusuario, entorno de *s.* (***multiuser simulation environment***) *Véase* MUD.

simulador de ROM *s.* (***ROM simulator***) *Véase* emulador de ROM.

simulador de vuelo *s.* (***flight simulator***) Recreación generada por computadora de la experiencia de volar. Los simuladores de vuelo sofisticados, que cuestan cientos de miles de euros, pueden utilizarse para formar a los pilotos, simulando situaciones de emergencia sin poner en peligro a la tripulación ni a los aviones. El software de simulación de vuelo que se ejecuta en computadoras personales simula el vuelo en unas condiciones menos realistas; proporciona simplemente entretenimiento y permite adquirir práctica en la navegación y en la lectura de los instrumentos.

sin búfer *adj.* (***unbuffered***) Perteneciente, relativo a o característico de algo que no almacena caracteres de datos en la memoria, sino que en su lugar los procesa a medida que los recibe. *Véase también* búfer.

sin conexión *adj.* (***connectionless***) En comunicaciones, perteneciente o relativo a, o característico de, un método de transmisión de datos que no requiere una conexión directa entre dos nodos situados en una o más redes. La comunicación sin conexión se consigue pasando, o encaminando, paquetes de datos, cada uno de los cuales contiene una dirección de origen y otra de destino, a través de los nodos hasta que se alcanza el destino final. *Véase también* nodo; paquete. *Compárese con* orientado a conexión.

sin raíz *s.* (***rootless***) Modo en el que una aplicación perteneciente a una interfaz de usuario distinta puede ejecutarse por encima del sistema operativo subyacente de una computadora sin afectar a dicho escritorio o a las aplicaciones que puedan estar en ejecución. Por ejemplo, los programas pertenecientes a una versión sin raíz del sistema X Windows pueden ejecutarse en una computadora Mac OS X sin perturbar el escritorio Aqua. *Véase también* Mac OS X; X Window System.

sin retorno a cero *s.* (***nonreturn to zero***) **1**. En transmisión de datos, un método de codificación de datos en el que la señal que representa los dígitos binarios alterna entre una tensión positiva y una negativa cuando se produce un cambio en los dígitos de 1 a 0, o viceversa. En otras palabras, la señal no retorna al nivel a cero, o neutro, después de la transmisión de cada bit. La temporización se usa para diferenciar un bit del siguiente. **2**. En las operaciones de grabación de datos sobre una superficie magnética, un método por el cual un estado magnético representa un 1 y, normalmente, el estado contrario representa un 0. *Acrónimo:* NRZ.

sincronización *s.* (***synchronization***) **1**. En archivos de aplicación o de bases de datos, es el proceso de comparar las versiones de las distintas copias del archivo con el fin de garantizar que contengan los mismos datos. **2.** En una computadora, es el ajuste de la temporización entre los componentes de la misma, de modo que todos ellos estén coordinados. Por ejemplo, las operaciones realizadas por el sistema operativo están sincronizadas generalmente con las señales del reloj interno de la máquina. *Véase también* reloj; sistema operativo. **3.** En los dispositivos informáticos de mano, es el proceso de actualizar o realizar una copia de seguridad de los datos contenidos en el dispositivo, poniendo a éste en comunicación con las aplicaciones software correspondientes contenidas en una computadora de escritorio. Los cambios de datos realizados en las computadoras de escritorio también pueden copiarse en la computadora de mano durante la sincronización. *Véase también* asociación. **4.** En multimedia, se denomina así al procesamiento preciso y en tiempo real. El audio y el vídeo se transmiten a través de una red de forma sincronizada para que puedan reproducirse conjuntamente sin que existan retardos. *Véase también* de tiempo real. **5.** En redes, es un tipo de comunicación en la que se envían y reciben paquetes de datos compuestos por múltiples bytes a una velocidad fija. *Véase también* paquete. **6.** En redes, es el ajuste de la temporización entre computadoras de una red. Para facilitar y coordinar las comunicaciones, generalmente se asigna a todas las computadoras una información horaria idéntica.

sincronización automática *s.* (***self-clocking***) Proceso en el que las señales de temporización se insertan en un flujo de datos en lugar de ser proporcionadas por una fuente externa, como en el caso de la codificación de fase.

sincronización horizontal *s.* (***horizontal synchronization***) En las pantallas de barrido de líneas, es la temporización producida por una señal que controla el barrido del haz de electrones por la pantalla a medida que éste se mueve de izquierda a derecha y al contrario para formar una imagen línea a línea. La señal de sincronización horizontal suele estar controlada por un circuito denominado bucle de enganche en fase, capaz de mantener una frecuencia constante muy precisa para que se forme una imagen clara.

sincronización por Internet *s.* (***Internet synchronization***) **1.** Una característica en Microsoft Jet y Microsoft Access que permite que la información replicada se mantenga sincronizada en un entorno en el que un servidor Internet se configura con Microsoft Replication Manager, una herramienta incluida en Microsoft Office 2000 Developer. **2.** El proceso de sincronizar datos entre dispositivos informáticos y de comunicaciones que están conectados a Internet.

sincronización vertical *s.* (***vertical sync***) *Véase* ancho de banda vertical.

sincronizar *vb.* (***synchronize***) Hacer que varios sucesos tengan lugar al mismo tiempo.

síncrono *adj.* (***synchronous***) Que tiene lugar al mismo tiempo. En las comunicaciones informáticas, hace referencia a las actividades gobernadas por un reloj o por un mecanismo de temporización sincronizado.

síndrome de la visión por computadora *s.* (***Computer Vision Syndrome***) Cambio en la visión del usuario producido por la exposición prolongada al monitor de una computadora. Los síntomas del síndrome de la visión por computadora (CVS) pueden incluir visión borrosa, lloros, ojos ardientes, problemas de enfoque y dolores de cabeza. El CVS se puede controlar con descansos regulares lejos de la computadora, con el uso de filtros de pantalla o ajustes de color o con ajustes en las gafas. *Acrónimo:* CVS.

síndrome del túnel carpiano *s.* (***carpal tunnel syndrome***) Tipo de lesión muscular repetitiva en la muñeca y la mano. Realizar los mismos pequeños movimientos una y otra vez puede ocasionar una hinchazón y puede dejar marcas en los tejidos blandos de la muñeca, lo que provoca la compresión del nervio principal que dirige la mano. Los síntomas del síndrome del túnel carpiano son dolor y cosquilleo en los dedos, y en casos avanzados, el síndrome del túnel carpiano puede llevar a la pérdida de funcionalidad en las manos. Escribir en un teclado de computadora sin el soporte de muñeca apropiado es la causa más común del síndrome del túnel carpiano. *Acrónimo:* CTS. *Véase también* lesión por esfuerzo repetititvo; soporte de muñeca.

sinónimo *s.* (*synonym*) **1**. Palabra equivalente a otra palabra. Cuando se utiliza en referencia a la entrada de datos, por ejemplo, los verbos «escribir» y «teclear» son sinónimos. **2**. En la aplicación de un algoritmo hash, una de dos claves distintas que producen el mismo valor de hash. *Véase también* hash.

sintaxis *s.* (*syntax*) La gramática de un lenguaje; las reglas que gobiernan la estructura y el contenido de los enunciados. *Véase también* lógica; lenguaje de programación; error sintáctico. *Compárese con* semántica.

sintaxis abstracta *s.* (*abstract syntax*) Descripción de una estructura de datos que es independiente de las codificaciones y estructuras hardware.

síntesis *s.* (*synthesis*) La combinación de elementos separados para formar un todo coherente o el resultado de dicha combinación (por ejemplo, combinar pulsos digitales para imitar un sonido o combinar palabras digitalizadas para sintetizar el habla humana). *Véase también* síntesis del habla.

síntesis de voz *s.* (*voice synthesis*) *Véase* síntesis del habla.

síntesis del habla *s.* (*speech synthesis*) La capacidad de una computadora para producir palabras «habladas». La síntesis del habla puede llevarse a cabo combinando palabras pregrabadas o programando la computadora para que produzca los sonidos que forman esas palabras habladas. *Véase también* inteligencia artificial; red neuronal; sintetizador.

síntesis por tabla de ondas *s.* (*wave table synthesis* o *wavetable synthesis*) Método de generación de sonido, especialmente música, a través de un PC. La síntesis por tabla de ondas está basada en la utilización de una tabla de ondas que es una colección de muestras de sonido digitalizadas tomadas de grabaciones de instrumentos reales. Estas muestras normalmente se almacenan en una tarjeta de sonido y se editan y mezclan para generar música. La síntesis por tabla de ondas genera una salida de audio de mayor calidad que las técnicas de FM (modulación de frecuencia).

sintetizador *s.* (*synthesizer*) Un periférico informático, un chip o un sistema autónomo que genera sonido a partir de instrucciones digitales en vez de mediante la manipulación de equipos físicos o el tratamiento de sonidos grabados. *Véase también* MIDI.

sintetizador de muestreo *s.* (*sampling synthesizer*) Dispositivo diseñado para reproducir sonidos, a diferentes frecuencias, basados en un sonido digitalizado almacenado en una memoria de sólo lectura. Por ejemplo, una nota de piano grabada, digitalizada y almacenada en memoria, puede ser utiliza por el sintetizador para crear otras notas con sonido de piano.

SIP *s.* Acrónimo de Single Inline Package (encapsulado de simple hilera). Tipo de encapsulado para componentes electrónicos en el que todos los terminales (conexiones) salen por un lado del encapsulado. *Compárese con* DIP.

SIPP *s.* Acrónimo de Single Inline Pinned Package (encapsulado de simple hilera de terminales). *Véase* SIP.

SIR *s. Véase* infrarrojo serie.

SirCam, gusano *s.* (*SirCam worm*) Un gusano destructivo que combina mecanismos de infección rápida con la posibilidad de distribuir múltiples segmentos de código destructivos. SirCam se difunde utilizando mecanismos diversos tanto enviando por correo electrónico archivos infectados desde un disco que haya sido comprometido a otras víctimas potenciales como utilizando los recursos compartidos de las redes Windows en las máquinas no protegidas. Una de cada 20 veces, SirCam borra el contenido de la unidad infectada y una de cada 50 veces rellena todo el espacio libre del disco con datos inútiles. SirCam fue descubierto a mediados de 2001 y ha reaparecido regularmente desde entonces.

SIRDS *s.* Acrónimo de Single Image Random Dot Stereogram (estereograma monoimagen de puntos aleatorios). *Véase* autoestereograma.

SIS *s.* Acrónimo de Single Image Stereogram (estereograma monoimagen). *Véase* autoestereograma.

sistema *s.* (*system*) Cualquier colección de elementos componentes que funcionan conjuntamente para realizar una tarea. Un ejemplo sería un sistema hardware compuesto por un microprocesador, sus chips y circuitos de soporte, los dispositivos de entrada y salida y los dispositivos periféricos; otro ejemplo sería un sistema operativo, compuesto por una serie de programas y archivos de datos, o un sistema de gestión de bases de datos, utilizado para procesar tipos específicos de información.

sistema a prueba de errores *s.* (*fail-safe system*) Sistema informático diseñado para continuar operando sin pérdida ni daño para los programas ni los datos cuando parte del sistema deja de funcionar o presenta fallos graves. *Compárese con* sistema con degradación progresiva.

sistema abierto *s.* (*open system*) **1.** En referencia a hardware o software informático, es un sistema que puede aceptar módulos adicionales producidos por otros proveedores. *Véase también* arquitectura abierta. **2.** En comunicaciones, es una red informática diseñada para incorporar todos los dispositivos que puedan usar las mismas funciones y protocolos de comunicaciones independientemente de cuál sea su fabricante o modelo.

sistema adaptativo *s.* (*adaptive system*) Un sistema de inteligencia artificial que es capaz de alterar su comportamiento basándose en ciertas características de su experiencia o del entorno. *Véase también* sistema experto.

sistema autónomo *s.* (*autonomous system*) Un grupo de encaminadores o redes controlados por una única autoridad administrativa y que utiliza un protocolo IGP (Interior Gateway Protocol, protocolo de pasarela interior) común para el encaminamiento de paquetes. A cada sistema autónomo se le asigna un número globalmente unívoco denominado número de sistema autónomo (ASN, autonomous-system number). *Acrónimo:* AS. *También llamado* dominio de encaminamiento. *Véase también* IGP.

sistema basado en el conocimiento *s.* (*knowledge-based system*) *Véase* sistema experto.

sistema basado en reglas *s.* (*rule-based system*) *Véase* sistema experto; sistema de producción.

sistema básico *s.* (*bare bones*) Computadora que consta sólo de la placa madre (equipada con UCP y RAM), la carcasa, la fuente de alimentación, la disquetera y el teclado, a lo que el usuario debe añadir un disco duro, un adaptador de vídeo, un monitor y cualquier otro periférico que desee. *Véase también* placa madre; periférico.

sistema cerrado *s.* (*closed system*) *Véase* arquitectura cerrada.

sistema con degradación progresiva *s.* (*fail-soft system*) Sistema informático diseñado para fallar de manera paulatina a lo largo de un período de tiempo cuando un elemento hardware o software funciona incorrectamente. Un sistema con degradación progresiva detiene las funciones no esenciales y permanece operativo con una capacidad disminuida hasta que el problema se corrija. *Compárese con* sistema a prueba de errores.

sistema con múltiples usuarios *s.* (*multiple-user system*) *Véase* sistema multiusuario.

sistema controlado por comandos *s.* (*command-driven system*) Sistema en el que el usuario inicia operaciones mediante la introducción de un comando a través de la consola. *Compárese con* interfaz gráfica de usuario.

sistema de alimentación ininterrumpida *s.* *Véase* SAI.

sistema de archivos *s.* (*file system*) En un sistema operativo, la estructura global en la que se nombran, almacenan y organizan los archivos. Un sistema de archivos está compuesto por archivos, directorios o carpetas y la información necesaria para localizar y acceder a estos elementos. El término también puede hacer referencia a la parte de un sistema operativo que traduce las solicitudes de un programa de aplicación para realizar operaciones de archivo en tareas de bajo nivel orientadas a sector que sólo comprenden los controladores que controlan las unidades de disco. *Véase también* controlador.

sistema de archivos CIFS *s.* (*CIFS*) *Véase* CIFS.

sistema de archivos con registro diario *s.* (*journaled file system*) Sistema de archivos con capacidad de recuperación de fallos que incluye mecanismos de copia de seguridad y recuperación. Cuando los índices del servidor de archivos se actualizan, todos los cambios y la información relacionada se graban y almacenan en un registro separado. Si se produce un fallo del sistema u otra interrupción anormal, el sistema utilizará los archivos de la copia de seguridad almacenados para reparar los archivos que el fallo catastrófico haya corrompido. Los sistemas de archivos con registro diario son ampliamente utilizados en servidores de archivos empresariales e intranets. En 2001, IBM facilitó la tecnología de sistemas de archivos con registro diario a la comunidad de código fuente abierto para permitir el desarrollo de sistemas de archivo similares para servidores Linux.

sistema de archivos distribuido *s.* (*distributed file system*) Un sistema de gestión de archivos en el que los archivos pueden estar situados en múltiples computadoras conectadas a través de una red de área local o de área extensa. *Acrónimo:* DFS.

sistema de archivos en red *s.* (*Network File System*) *Véase* NFS.

sistema de archivos FAT *s.* (*FAT file system*) El sistema utilizado por MS-DOS para organizar y gestionar los archivos. La FAT (file allocation table, tabla de asignación de archivos) es una estructura de datos que MS-DOS crea en el disco en el momento de formatear éste. Cuando MS-DOS almacena un archivo en un disco formateado, el sistema operativo inserta en la FAT información acerca del archivo almacenado con el fin de que MS-DOS pueda extraer el archivo posteriormente cuando se le solicite. La FAT es el único sistema de archivos que MS-DOS puede utilizar; los sistemas operativos OS/2, Windows NT y Windows 9x pueden utilizar el sistema de archivos FAT además de sus propios sistemas de archivos (HPFS, NTFS y VFAT, respectivamente). *Véase también* tabla de asignación de archivos; HPFS; NTFS; OS/2; VFAT; Windows.

sistema de archivos jerárquico *s.* (*hierarchical file system*) Sistema que permite reorganizar los archivos en un disco en el que los archivos están contenidos en directorios o carpetas, cada una de las cuales puede contener también otros directorios y archivos. El directorio principal del disco es el directorio raíz; la cadena de directorios desde el directorio raíz hasta un archivo determinado se denomina ruta. *Véase también* jerarquía; ruta; raíz. *Compárese con* sistema de archivos sin formato.

sistema de archivos NT *s.* (*NT file system*) *Véase* NTFS.

sistema de archivos sin formato *s.* (*flat file system*) Sistema de clasificación sin orden jerárquico en el que no puede haber dos archivos en un disco con el mismo nombre, incluso aunque se encuentren en directorios diferentes. *Compárese con* sistema de archivos jerárquico.

sistema de autor *s.* (*authoring system*) Software de aplicación que permite al operador crear y formatear un documento para un tipo específico de entorno informático. Un sistema de autoría, especialmente para el trabajo multimedia, está compuesto a menudo de varias aplicaciones dentro del marco de una única aplicación de control. *Véase también* lenguaje de autor.

sistema de ayuda a la toma de decisiones *s.* (*decision support system*) Conjunto de programas y datos relacionados diseñado para ayudar en el análisis y la toma de decisiones. Un sistema de ayuda a la toma de decisiones proporciona más ayuda a la hora de tomar decisiones que un sistema de información de gestión (MIS) o que un sistema de información ejecutiva (EIS). Incluye una base de datos, un cuerpo de conocimiento sobre el área del tema, un «lenguaje» utilizado para formular problemas y preguntas y un programa de modelado para la prueba de decisiones alternativas. *Acrónimo:* DSS. *Compárese con* sistema de información ejecutiva; sistema informático de gestión.

sistema de bus *s.* (*bus system*) La circuitería de interfaz que controla la operación de un bus y lo conecta con el resto del sistema informático. *Véase también* bus.

sistema de comunicaciones *s.* (*communications system*) La combinación de hardware, software y enlaces de transferencia de datos que forman una instalación de comunicaciones.

sistema de control de código fuente *s.* (*source code control system*) Herramienta diseñada para controlar los cambios realizados en los archivos de código fuente. Los cambios se documentan de manera que las versiones anteriores de los archivos pueden recuperarse. El control de código fuente se utiliza en el desarrollo de software, particularmente en situaciones que implican un desarrollo concurrente y múltiples accesos de usuario a los archivos de código fuente.

sistema de coordenadas *x-y-z* *s.* (**x-y-z** *coordinate system*) Sistema tridimensional de coordenadas cartesianas que incluye un tercer eje (*z*) perpendicular a los ejes horizontal (*x*) y vertical (*y*). El sistema de coordenadas *x-y-z* se utiliza en infografía para crear modelos con longitud, anchura y profundidad. Véase la ilustración. *Véase también* coordenadas cartesianas.

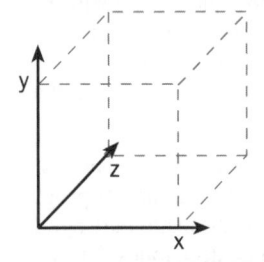

Sistema de coordenadas.

sistema de desarrollo de aplicaciones *s.* (*application development system*) Un entorno de programación diseñado para el desarrollo de una aplicación y que incluye normalmente un editor de textos, un compilador y un montador y que a menudo incluye también una biblioteca de rutinas software comunes para su uso en el programa que está siendo desarrollado.

sistema de detección de intrusiones *s.* (*intrusion-detection system*) *Véase* IDS.

sistema de gestión de archivos *s.* (*file management system*) La estructura organizativa que un sistema operativo o programa utiliza para ordenar y controlar los archivos. Por ejemplo, un sistema de archivos jerárquico utiliza directorios dispuestos según una estructura de árbol. Todos los sistemas operativos tienen sistemas de gestión de archivos incorporados. Los productos disponibles comercialmente implementan funciones adicionales que proporcionan formas más sofisticadas de navegar, localizar y organizar los archivos. *Véase también* sistema de archivos; sistema de archivos jerárquico.

sistema de gestión de bases de datos *s.* (*database management system*) Una interfaz software entre la base de datos y el usuario. Un sistema de gestión de bases de datos gestiona las solicitudes de los usuarios relativas a acciones de la base de datos y permite controlar los requisitos de seguridad y de integridad de los datos. *También llamado* gestor de bases de datos. *Véase también* motor de base de datos.

sistema de gestión de bases de datos distribuidas *s.* (*distributed database management system*) Un sistema de gestión de bases de datos capaz de gestionar una base de datos distribuida. *Véase también* base de datos distribuida.

sistema de gestión de bases de datos jerárquicas *s.* (*hierarchical database management system*) Sistema de gestión de base de datos que soporta un modelo jerárquico. *Acrónimo:* HDBMS. *Véase también* modelo jerárquico.

sistema de gestión de bases de datos relacionales *s.* (*relational database management system*) *Véase* base de datos relacional.

sistema de gestión de color *s.* (*color management system*) Tecnología diseñada para calibrar, caracterizar y procesar la producción y reproducción de color a través de una variedad de dispositivos de color de entrada, de salida y de visualización. *Véase también* gestión de colores.

sistema de gestión de correo electrónico *s.* (*e-mail management system*) Un sistema automatizado de respuesta a mensajes de correo electrónico utilizado por empresas basadas en Internet para clasificar los mensajes de correo electrónico entrante en una serie de categorías predeterminadas y responder al emisor con un mensaje apropiado o dirigir el mensaje de correo electrónico a un representante de servicio al cliente. *Acrónimo:* EMS.

sistema de gestión documental *s.* (***document management system***) Una facilidad de red basada en servidor diseñada para el almacenamiento y gestión de los documentos de una organización. Un sistema de gestión documental, o DMS (Document Management System), está construido alrededor de una biblioteca central denominada repositorio y soporta normalmente funciones de acceso controlado, control de versiones, catalogación, capacidades de búsqueda y la posibilidad de proteger y desproteger los documentos electrónicamente. La especificación de interfaz abierta conocida como ODMA (Open Document Management API) permite a las aplicaciones de escritorio compatibles con ODMA comunicarse con un sistema DMS para que los usuarios puedan acceder a documentos y gestionarlos desde sus aplicaciones cliente. *Acrónimo:* DMS. *También llamado* EDMS, sistema electrónico de gestión documental.

sistema de información de campus *s.* (***campus-wide information system***) Información y servicios distribuidos en un campus universitario mediante una red informática. Los servicios de información de campus normalmente incluyen los directorios del alumnado y del profesorado, calendarios de los eventos que vayan a celebrarse y mecanismos de acceso a bases de datos. *Acrónimo:* CWIS.

sistema de información ejecutiva *s.* (***executive information system***) Conjunto de herramientas diseñado para organizar la información en categorías e informes. Dado que se hace hincapié en la información, un sistema de información ejecutiva es distinto a un sistema de ayuda a la toma de decisiones (DSS), el cual está diseñado para el análisis y la toma de decisiones. *Acrónimo:* EIS. *Compárese con* sistema de ayuda a la toma de decisiones.

sistema de información empresarial *s.* (***business information system***) Combinación de computadoras, impresoras, equipos de comunicaciones y otros dispositivos de tratamiento de datos. Un sistema de información empresarial completamente automatizado recibe, procesa y almacena los datos; transfiere la información según sea necesario, y genera informes o los imprime a medida que se le solicita. *Acrónimo:* BIS. *Véase también* sistema informático de gestión.

sistema de información geográfica *s.* (***geographic information system***) Aplicación, o conjunto de aplicaciones, para la visualización y creación de mapas. Generalmente, los sistemas de información geográfica contienen un sistema de visualización (que algunas veces permite a los usuarios visualizar mapas con un explorador web), un entorno para crear mapas y un servidor para gestionar mapas y conjuntos de datos para la visualización en línea en tiempo real. *Acrónimo:* GIS.

sistema de lotes *s.* (***batch system***) Sistema que procesa datos en grupos discretos de operaciones previamente programadas en lugar de interactivamente o en tiempo real.

sistema de mensajería punto a punto *s.* (***point-to-point message system***) En la plataforma de red J2EE de Sun Microsystems, es un sistema de mensajería que utiliza colas de mensajes para almacenar datos formateados asíncronos con el fin de coordinar aplicaciones empresariales. Cada mensaje está dirigido a una cola específica y las aplicaciones cliente extraen los mensajes de las colas. *Véase también* asíncrono; J2EE.

sistema de nombres de dominio *s.* (***Domain Name System***) *Véase* DNS.

sistema de ondas luminosas *s.* (***lightwave system***) Sistema que transmite información a través de la luz.

sistema de posicicionamiento global *s.* (***Global Positioning System***) *Véase* GPS.

sistema de producción *s.* (***production system***) En sistemas expertos, un método de resolución de problemas que usa un conjunto de reglas de la forma «SI esto, ENTONCES aquello» junto con una base de datos de información y un «intérprete de reglas» para ajustar las premisas a los hechos y llegar a una conclusión. Los sistemas de producción se conocen también como sistemas basados en reglas o sistemas de inferencia. *Véase también* sistema experto.

sistema de prueba *s.* (*exerciser*) Programa que prueba un elemento hardware o software haciéndolo ejecutar una gran serie de operaciones.

sistema de tipos común *s.* (*common type system*) La especificación que determina cómo define, utiliza y gestiona los tipos el entorno de ejecución.

sistema de voz interactivo *s.* (*Interactive voice system*) *Véase* respuesta vocal interactiva.

sistema distribuido *s.* (*distributed system*) Una red no centralizada compuesta por numerosas computadoras que pueden comunicarse unas con otras y que aparecen a ojos de los usuarios como partes de un único sistema accesible de gran tamaño formado por hardware, software y datos compartidos.

sistema dúplex *s.* (*duplex system*) Sistema de dos computadoras en el que una de ellas está activa, mientras que la otra permanece en estado de reposo, lista para tomar el procesamiento en el caso de que la máquina activa presente un funcionamiento incorrecto.

sistema embebido *s.* (*embedded system*) Microprocesadores utilizados para controlar dispositivos tales como electrodomésticos, automóviles y máquinas utilizadas en oficinas y en fabricación. Un sistema embebido está creado para gestionar un número limitado de tareas específicas dentro de un dispositivo o sistema mayor. Un sistema embebido normalmente se incluye dentro de un chip o tarjeta y se utiliza para controlar o dirigir el dispositivo anfitrión (normalmente, con poca o ninguna intervención humana y a menudo en tiempo real). *Véase también* microprocesador.

sistema en chip *s.* (*system on a chip*) *Véase* SOC.

sistema en tiempo real *s.* (*real-time system*) Una computadora y/o un sistema de software que reacciona ante los sucesos antes de que éstos queden obsoletos. Por ejemplo, los sistemas anticolisión de los aviones deben procesar la entrada del radar, detectar una posible colisión y avisar a los controladores de tráfico aéreo o a los pilotos mientras haya tiempo para reaccionar.

sistema experto *s.* (*expert system*) Programa de aplicación que toma decisiones o resuelve problemas en un determinado campo, tal como el campo financiero o el de la medicina, utilizando reglas analíticas y conocimientos definidos por los expertos en dicho campo. Utiliza dos componentes, una base de conocimientos y un motor de inferencias, para sacar conclusiones. Entre las herramientas adicionales pueden incluirse interfaces de usuario y utilidades de explicación, que permiten al sistema justificar o explicar sus conclusiones y permiten a los desarrolladores realizar comprobaciones en el sistema operativo. *Véase también* inteligencia artificial; motor de inferencias; base de datos inteligente; base de conocimientos.

sistema heredado *s.* (*legacy system*) Computadora, programa software, red u otro tipo de equipo informático que permanece en uso después de que una empresa u organización instale un nuevo sistema. La compatibilidad con los sistemas heredados es una consideración importante cuando se instala una nueva versión. Por ejemplo, ¿podrá una nueva versión de un programa de hoja de cálculo leer los registros existentes de la empresa sin necesidad de realizar una conversión a otro formato muy costosa en tiempo y dinero? Los sistemas heredados de muchas organizaciones están basados en computadoras de tipo mainframe que pueden ser complementadas o sustituidas poco a poco por arquitecturas cliente/servidor. *Véase también* mainframe, computadora. *Compárese con* arquitectura cliente/servidor.

sistema informático *s.* (*computer system*) La configuración que incluye todos los componentes funcionales de una computadora y su hardware asociado. Un sistema microinformático básico incluye una consola o unidad del sistema con una o más unidades de disco, un monitor y un teclado. Otros elementos hardware adicionales, denominados periféricos, pueden incluir dispositivos tales como una impresora, un módem y un ratón. El software no se suele considerar parte de un sistema informático, aunque el sistema operativo que se ejecuta sobre el hardware se denomina software del sistema.

sistema informático de gestión *s.* (***management information system***) Un sistema informático para el procesamiento y organización de la información que tiene por objeto proporcionar a los distintos niveles ejecutivos dentro de una organización la información oportuna y precisa necesaria para supervisar las actividades, controlar los progresos, tomar decisiones y aislar y resolver problemas. *Acrónimo:* MIS.

sistema informático remoto *s.* (***remote computer system***) *Véase* sistema remoto.

sistema llave en mano *s.* (***turnkey system***) Sistema terminado y completo con todo el hardware y la documentación necesaria y con el software instalado y listo para ser utilizado.

sistema metaoperativo *s.* (***metaoperating system***) Sistema operativo bajo el cual están activos otros varios sistemas operativos.

sistema multiusuario *s.* (***multiuser system***) Cualquier sistema informático que pueda ser utilizado por más de una persona. Aunque una microcomputadora compartida por varias personas pueda considerarse como un sistema multiusuario, el término se reserva, generalmente, para máquinas a las que puedan acceder simultáneamente varias personas a través de instalaciones de comunicaciones o terminales de red. *Compárese con* computadora monousuario.

sistema operativo *s.* (***operating system***) El software que controla la asignación y el uso de recursos hardware, tales como la memoria, el tiempo de la unidad central de procesamiento (UCP), el espacio de disco y los dispositivos periféricos. El sistema operativo es el software de base del que dependen todas las aplicaciones. Entre los sistemas operativos más populares, se encuentran Windows 98, Windows NT, Mac OS y UNIX. *Acrónimo:* OS.

sistema operativo de 16 bits *s.* (***16-bit operating system***) Sistema operativo, ya obsoleto, en el que se pueden procesar de una vez 2 bytes, o 16 bits, de información. Un sistema operativo de 16 bits, tal como MS-DOS o Windows 3.x, refleja la funcionalidad de un procesador de 16 bits debido a que el software y el chip deben trabajar de forma muy estrecha. La ventaja principal de un sistema operativo de 16 bits sobre sus predecesores de 8 bits (tales como CP/M-80) era su habilidad para direccionar más memoria y utilizar un bus mayor (16 bits). Los sistemas operativos de 16 bits han sido sustituidos por los sistemas operativos de 32 bits (como, por ejemplo, el sistema operativo Macintosh, Microsoft Windows NT o Windows 9x) y por los sistemas operativos de 64 bits, como algunas de las versiones de UNIX. *Véase también* sistema operativo de 32 bits.

sistema operativo de 32 bits *s.* (***32-bit operating system***) Sistema operativo en el que se pueden procesar de una vez 4 bytes o 32 bits. Como ejemplos, podemos citar Windows 95, Windows 98, Windows NT, Linux y OS/2. *Véase también* conjunto de instrucciones; modo protegido.

sistema operativo de 64 bits *s.* (***64-bit operating system***) Sistema operativo en el que se pueden procesar de una vez 8 bytes o 64 bits. En la familia Microsoft Windows, los sistemas operativos de 64 bits son Windows XP 64-bit Edition, las versiones de 64 bits de Windows .NET Enterprise Server y Windows .NET Data-center Server. Los equipos IBM AS/400 utilizan un sistema operativo de 64 bits.

sistema operativo de disco *s.* (***disk operating system***) *Véase* DOS.

sistema operativo de red *s.* (***network operating system***) Un sistema operativo específicamente diseñado para soportar las conexiones a través de red. Un sistema operativo de red basado en servidor proporciona soporte de comunicación por red para múltiples usuarios simultáneos, así como funciones administrativas, de seguridad y de gestión. En los equipos de escritorio, un sistema operativo de red proporciona a los usuarios la capacidad de acceder a recursos de red. A diferencia de los sistemas operativos monousuario, un sistema operativo de red debe confirmar y responder a las solicitudes procedentes de muchas estaciones de trabajo gestionando detalles tales como el acceso a red, las comunicaciones, la asignación y compartición de recursos, la protección de los datos y el control de errores. *Acrónimo:* NOS. *También llamado* SO de red.

sistema operativo en tiempo real *s.* (*RTOS*) *Véase* RTOS.

sistema operativo orientado a objetos *s.* (*object-oriented operating system*) Sistema operativo basado en objetos y diseñado de tal forma que facilite el desarrollo de software por parte de terceros utilizando un diseño orientado a objetos. *Véase también* objeto; diseño orientado a objetos.

sistema p UCSD *s.* (*UCSD p-system*) Sistema operativo y entorno de desarrollo portable desarrollado por Kenneth Bowles, de la Universidad de California, en San Diego. El sistema estaba basado en una «pseudomáquina» simulada de 16 bits orientada a pilas. El entorno de desarrollo incluía un editor de texto y compiladores para varios lenguajes, como FORTRAN y Pascal. Los programas escritos para un sistema p eran más portables que los programas compilados para lenguaje máquina. *Véase también* código intermedio; pseudomáquina; seudosistema; máquina virtual.

sistema portador *s.* (*carrier system*) Método de comunicaciones que utiliza diferentes frecuencias de portadora para transferir información a lo largo de múltiples canales de una misma ruta. La transmisión implica modular la señal en cada frecuencia en la estación de origen y demodular la señal en la estación receptora.

sistema remoto *s.* (*remote system*) La computadora o red a la que un usuario remoto accede a través de un módem. *Véase también* acceso remoto. *Compárese con* terminal remoto.

sistema simple *s.* (*thin system*) *Véase* servidor simple.

sistema SMART *s.* (*SMART system*) Un sistema en el que se emplean mecanismos tecnológicos para monitorizar y predecir las prestaciones y la fiabilidad de los dispositivos. Los sistemas SMART (self-monitoring analysis and reporting technology) utilizan diversos test de diagnóstico para detectar los problemas existentes con los dispositivos con el objeto de incrementar la productividad y proteger los datos.

sistema universal de telecomunicaciones móviles *s.* (*Universal Mobile Telecommunications System*) *Véase* UMTS.

sistemas de información *s.* (*Information Systems*) *Véase* Departamento de Informática.

sistemas microelectromecánicos *s.* (*microelectromechanical systems*) *Véase* MEMS.

.sit *s.* La extensión de archivo para un archivo Macintosh comprimido con StuffIt. *Véase también* StuffIt.

sitio *s.* (*site*) *Véase* sitio web.

sitio clonado *s.* (*mirror site*) Un servidor de archivos que contiene un conjunto de archivos que es una copia exacta de los archivos almacenados en un servidor muy popular. Los sitios clonados, o sitios espejo, existen para distribuir el tráfico de descarga de información entre más de un servidor o para eliminar la necesidad de utilizar circuitos internacionales muy demandados.

sitio de archivo *s.* (*archive site*) Un sitio de Internet que almacena archivos. Usualmente, se puede acceder a los archivos a través de una de las siguientes guías. Se pueden descargar mediante FTP anónimo, se pueden extraer mediante Gopher o se pueden visualizar en la World Wide Web. *Véase también* FTP anónimo; Gopher.

sitio de suscripción *s.* (*subscription site*) Sitio web de comercio electrónico que proporciona información o servicios a aquellos clientes que pagan una cuota de suscripción.

sitio FTP *s.* (*FTP site*) La colección de archivos y programas residente en un servidor FTP. *Véase también* FTP; servidor FTP.

sitio Gopher *s.* (*Gopher site*) Una computadora conectada a Internet en la que se ejecuta un servidor Gopher. *Véase también* Gopher; servidor Gopher.

sitio seguro *s.* (*secure site*) Un sitio web que tiene la capacidad de proporcionar transacciones seguras garantizando que los números de tarjetas de crédito y otros tipos de información personal no sean accesibles a personas no autorizadas.

sitio web *s.* (***Web site***) Un grupo de documentos HTML relacionados, junto con sus archivos, scripts y bases de datos asociados, que pueden ser distribuidos por un servidor HTTP a través de la World Wide Web. Los documentos HTML de un sitio web generalmente cubren uno o más temas relacionados y están interconectados mediante vínculos. La mayor parte de los sitios web tienen una página principal como punto de inicio que frecuentemente funciona como tabla de contenidos del sitio. Muchas organizaciones de gran tamaño, como las grandes corporaciones, tendrán uno o más servidores HTTP dedicados a un único sitio web. Sin embargo, un servidor HTTP también puede albergar diversos sitios web de pequeño tamaño, como, por ejemplo, sitios web personales. Los usuarios necesitan un explorador web y una conexión a Internet para poder acceder a un sitio web. *Véase también* página principal; HTML; servidor HTTP; explorador web.

sitio web de colaboración *s.* (***team Web site***) *Véase* sitio web de equipo SharePoint.

sitio web de equipo SharePoint *s.* (***SharePoint team Web site***) Un sitio web personalizable con características que permiten a un equipo de trabajo cooperar. El sitio predeterminado dispone de páginas para bibliotecas de documentos, anuncios y eventos relacionados con el grupo de trabajo. Sólo los miembros del grupo de trabajo, especificados por el creador del sitio, pueden utilizar el sitio web.

SLIP *s.* Acrónimo de Serial Line Internet Protocol (protocolo Internet de línea serie). Un protocolo de enlace de datos que permite transmitir paquetes de datos TCP/IP a través de conexiones de acceso telefónico a redes, permitiendo así a una computadora o a una red de área local (LAN) conectarse a Internet o a alguna otra red. Es un protocolo más antiguo y menos seguro que PPP (Point-to-Point Protocol) y no soporta la asignación dinámica de direcciones IP. Una variante más reciente de SLIP, denominada CSLIP (Compressed SLIP, SLIP comprimido), optimiza la transmisión de documentos de gran tamaño comprimiendo la información de cabecera. *Véase también* enlace de datos; IP. *Compárese con* PPP.

SLIP comprimido *s.* (***Compressed SLIP***) *Véase* CSLIP.

SLIP dinámico *s.* (***dynamic SLIP***) Acceso a Internet mediante SLIP (Serial Line Internet Protocol, protocolo Internet de línea serie) en el que la dirección IP del usuario no es permanente, sino que se reasigna a partir de un conjunto de direcciones libres cada vez que el usuario se conecta. El número de direcciones IP que un proveedor de servicios Internet tiene que ofrecer se reduce al número de conexiones que puedan estar siendo usadas simultáneamente en lugar de tener que tener previstas tantas conexiones como abonados haya. *Véase también* dirección IP; ISP; SLIP. *Compárese con* DHCP.

Slot 1 *s.* Receptáculo de la placa base de un PC diseñado para alojar un microprocesador Pentium II. El microprocesador, que tiene un encapsulado SEC (Single Edge Contact) de Intel, encaja en la ranura situada en la placa base. Slot 1 incluye 242 puntos de contacto eléctrico y se comunica con la caché L2 del chip a la mitad de la velocidad de reloj del PC. Slot 1 ha sustituido a Socket 7 y Socket 8 en las arquitecturas de Intel y ha sido sustituido a su vez por el sistema Slot 2 en los nuevos modelos de Pentium. *Véase también* caché L2; placa madre; Pentium. *Compárese con* Slot 2; zócalo.

Slot 2 *s.* Receptáculo de la placa base de un PC diseñado para alojar microprocesadores Intel, comenzando a partir del Pentium II Xeon e incluyendo el Pentium III. Al igual que Slot 1, Slot 2 utiliza el encapsulado Single Edge Contact de Intel, de modo que encaja fácilmente en la ranura situada en la placa base. Dispone de 330 puntos de contacto eléctrico y es ligeramente más ancho que Slot 1. También soporta la comunicación entre la UCP y la caché L2 a la velocidad máxima de reloj del PC. *Véase también* caché L2; placa madre; Pentium. *Compárese con* Slot 1.

SlowKeys *s.* Característica de accesibilidad incorporada en algunos equipos Macintosh y disponible para DOS y Windows que permite al usuario añadir un retardo al teclado, de modo que sólo se acepte una tecla si ésta se pulsa durante un cierto período de tiempo.

Esta característica facilita el uso del teclado a aquellos usuarios con poco control de movimientos que podrían golpear las teclas accidentalmente al emplear el teclado.

SLSI *s. Véase* integración a super-gran escala.

Small Business Server *s.* Una aplicación software desarrollada por Microsoft Corporation para incrementar la eficiencia de los servicios basados en la Web para pequeñas empresas de menos de 50 computadoras personales. Small Business Server proporciona acceso compartido a Internet, funciones para construir herramientas web para gestión de clientes y comunicación con los clientes y funciones adicionales que incrementan la productividad al simplificar el acceso de los empleados a archivos y aplicaciones a través de la Web.

Small Computer System Interface *s. Véase* SCSI.

Smalltalk *s.* Lenguaje y sistema de desarrollo orientados a objetos desarrollados en Xerox Palo Alto Research Center (PARC) en 1980. Smalltalk fue un lenguaje pionero de muchos conceptos de lenguajes de programación e interfaces de usuario que se usan ampliamente hoy día en otros entornos, tales como el concepto de un objeto que contiene datos y rutinas o el concepto de iconos de pantalla que el usuario puede seleccionar para lograr que la computadora ejecute ciertas tareas. *Véase también* programación orientada a objetos.

SmartSuite *s.* Un paquete de programas de aplicación empresarial comercializado por Lotus Development. Lotus SmartSuite incluye seis programas: la hoja de cálculo Lotus 1-2-3, el procesador de texto Lotus WordPro, la base de datos Lotus Approach, el software de presentación Lotus Freelance Graphics, el software de gestión personal Lotus Organizer y la herramienta de publicación Internet/intranet Lotus FastSite. SmartSuite Millennium Edition 9.7 soporta mecanismos de trabajo en colaboración, publicación web, utilización de recursos Internet/intranet y organizadores personalizables de documentos y proyectos. SmartSuite es un competidor de Microsoft Office y WordPerfect Office.

SMB *s.* Acrónimo de Server Message Block (bloque de mensajes de servidor). Un protocolo para compartición de archivos diseñado con el fin de permitir a los equipos informáticos conectados a una red acceder de forma transparente a archivos que residan en sistemas remotos a través de una diversidad de redes. El protocolo SMB define una serie de comandos que permiten pasar información entre unos equipos informáticos y otros. SMB utiliza cuatro tipos de mensajes: de control de sesión, de archivo, de impresora y de mensaje. *Véase también* LAN Manager; NetBIOS; Samba.

SMDS *s.* Acrónimo de Switched Multimegabit Data Services (servicios de datos multimegabit conmutados). Un servicio de transporte de datos de muy alta velocidad, sin conexión y de conmutación de paquetes, que sirve para conectar redes de área local (redes LAN) y redes de área extensa (redes WAN).

SMIL *s.* Acrónimo de Synchronized Multimedia Integration Language (lenguaje de integración multimedia sincronizado). Un lenguaje de composición que permite acceder por separado a distintos elementos, incluyendo audio, vídeo, texto e imágenes fijas, y luego integrar esos elementos y reproducirlos en forma de una presentación multimedia sincronizada. Basado en XML (eXtensible Markup Language), SMIL permite a los autores web definir los objetos de la presentación, describir su disposición en pantalla y determinar el momento en que deben ser reproducidos. El lenguaje está basado en instrucciones que pueden ser introducidas mediante un editor de texto y fue desarrollado bajo los auspicios del consorcio W3C (World Wide Web Consortium). *Véase también* lenguaje de composición; XML.

smiley *s. Véase* emoticono.

SMIS *s.* Acrónimo de Society for Management Information Systems (Sociedad para los sistemas de información de gestión). *Véase* SIM.

SMP *s.* Acrónimo de symmetric multiprocessing (multiprocesamiento simétrico). Una arquitectura informática en la que múltiples procesadores comparten la misma memoria en la cual se contiene una copia del sistema operativo, una copia de cualesquiera aplicaciones que se estén utilizando y una copia de los datos. Puesto que el sistema operativo divide la carga de trabajo en tareas y asigna dichas tareas a los procesadores que estén libres, SMP permite reducir el tiempo de las transacciones. *Véase también* arquitectura; multiprocesamiento.

SMS *s*. **1.** (*short message service*) Acrónimo de Short Message Service (servicio de mensajes cortos). Servicio para teléfonos inalámbricos que permite a los usuarios enviar y recibir mensajes breves compuestos de texto y de números. **2.** (*Systems Management Server*) Acrónimo de Systems Management Server (servidor de gestión de sistemas). Un componente de Microsoft BackOffice que proporciona servicios para la gestión centralizada de una red.

SMT *s*. *Véase* tecnología de montaje superficial.

SMTP *s*. (*Simple Mail Transfer Protocol*) Acrónimo de Simple Mail Transfer Protocol (protocolo simple de transferencia de correo). Un protocolo TCP/IP para enviar mensajes de una computadora a otra a través de una red. Este protocolo se utiliza en Internet para distribuir correo electrónico. *Véase también* protocolo de comunicaciones; TCP/IP. *Compárese con* serie X; POP.

SNA *s*. Acrónimo de Systems Network Architecture (arquitectura de red para sistemas). Un modelo de red desarrollado por IBM para permitir que los productos IBM, incluyendo computadoras mainframe, terminales y periféricos, se comuniquen e intercambien datos. SNA comenzó como un modelo de cinco niveles y fue posteriormente ampliado con dos niveles adicionales para corresponderse de manera más estrecha con el modelo de referencia ISO/OSI. Más recientemente, el modelo SNA fue modificado para incluir minicomputadoras y microcomputadoras en una especificación denominada APPC (Advanced Program to Program Communications, comunicaciones avanzadas interprograma). Véase la ilustración. *Véase también* APPC. *Compárese con* modelo de referencia ISO/OSI.

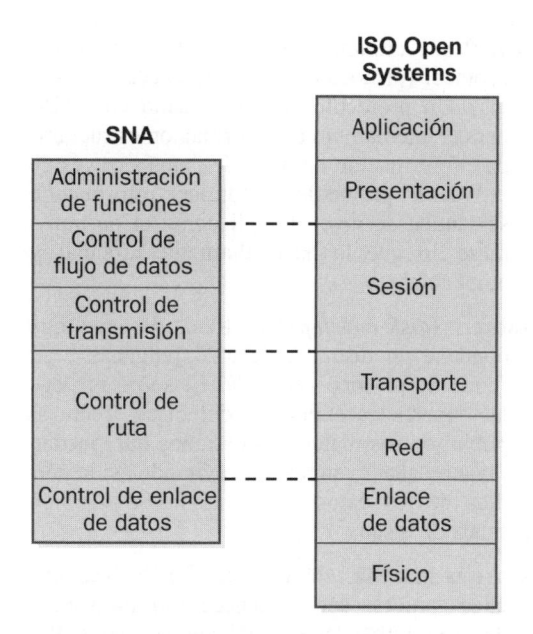

SNA. *Niveles comparables (no compatibles) en las arquitecturas SNA e ISO/OSI.*

.snd *s*. Extensión de archivo para un tipo de formato de archivo de sonido intercambiable utilizado en computadoras Sun, NeXT y Silicon Graphics, que consta de datos de audio en bruto precedidos por un identificador de texto.

SNMP *s*. Acrónimo de Simple Network Management Protocol (protocolo simple de gestión de red). El protocolo de gestión de red de TCP/IP. En SNMP, los agentes, que pueden ser tanto hardware como software, monitorizan la actividad de los diversos dispositivos de la red e informan a la estación de trabajo donde se ejecuta la consola de red. La información de control acerca de cada dispositivo se mantiene en una estructura denominada bloque de información de gestión (MIB, management information block). *Véase también* agente; TCP/IP.

SNOBOL *s*. Acrónimo de String-Oriented Symbolic Language (lenguaje simbólico orientado a cadenas). Lenguaje de procesamiento de textos y cadenas de caracteres desarrollado entre 1962 y 1967 por Ralph Griswold, David Farber e I. Polonsky en los Laboratorios Bell de AT&T. *Véase también* cadena.

SO de red *s*. (*network OS*) *Véase* sistema operativo de red.

SOAP *s.* Acrónimo de Simple Object Access Protocol (protocolo simple de acceso a objetos). Un protocolo simple, basado en XML, para el intercambio de información estructurada e información de tipos de datos a través de la Web. El protocolo no contiene información semántica de nivel de aplicación ni de transporte, lo que lo hace altamente modular y ampliable.

sobre *s.* (*disk envelope*) La funda de papel que contiene un disquete de 5,25 pulgadas y su funda de plástico asociada. El sobre protege las superficies expuestas del disco frente al polvo y otros materiales extraños que puedan rayar o dañar la superficie, evitando así la pérdida de los datos grabados. *Véase también* funda de disco.

sobre la marcha *adv.* (*on the fly*) Realizar una tarea o proceso, según sea necesario, sin suspender o perturbar las operaciones normales. Por ejemplo, a menudo se dice que un documento HTML puede ser editado sobre la marcha porque se puede revisar su contenido sin necesidad de cerrar completamente o volver a crear el sitio web en el que el documento reside. *Véase también* documento HTML; sitio web.

sobrebarrido *s.* (*overscan*) La parte de una señal de vídeo que se envía a una pantalla de barrido de líneas y que controla el área situada fuera del rectángulo que contiene la información visual. El área de sobrebarrido tiene en ocasiones un determinado color con el fin de formar un borde alrededor de la pantalla.

sobrecarga de funciones *s.* (*function overloading*) La capacidad de tener varias rutinas en un programa con el mismo nombre. Las diferentes funciones se distinguen por los tipos de sus parámetros, por los tipos del valor de retorno o por ambas cosas; el compilador selecciona automáticamente la versión correcta basándose en los tipos de los parámetros y en los tipos de retorno. Por ejemplo, un programa puede tener una función trigonométrica seno que utilice un parámetro de coma flotante para representar un ángulo en radianes y otra función que utilice un parámetro entero para representar un ángulo en grados. En tal programa, sen(3,14159/2,0) devolvería el valor 1,0 (porque el seno de $p/2$ radianes es 1), pero sen(30) devolvería el valor 0,5 (porque el seno de 30 grados es 0,5). *Véase también* sobrecarga de operadores.

sobrecarga de operadores *s.* (*operator overloading*) La asignación de más de una función a un operador concreto, implicando esto que la operación realizada variará dependiendo del tipo de datos (operandos) involucrados. Algunos lenguajes, como Ada y C++, permiten específicamente la sobrecarga de operadores. *Véase también* Ada; C++; sobrecarga de funciones; operador.

sobrescribir *vb.* (*overstrike*) Visualizar o imprimir un carácter directamente encima de otro, de modo que los dos ocupen el mismo espacio en la página o en la pantalla.

sobreimprimir *vb.* (*overprint*) El proceso de imprimir un elemento de un color sobre otro de otro color sin eliminar ni ocultar el material situado debajo. *Compárese con* vaciado.

sobreimpulso *s.* (*overshoot*) El fenómeno por el cual un sistema sufre un cierto retardo a la hora de responder a una determinada entrada y continúa cambiando de estado a pesar de haber alcanzado el estado deseado. Esta situación requiere que se proporcione una entrada correctora para que el sistema pueda alcanzar el estado deseado. Por ejemplo, el brazo que transporta los cabezales en una unidad de disco duro puede moverse ligeramente más allá de la pista deseada antes de detenerse, haciendo necesario que se aplique otra señal para situarlo en la posición correcta.

sobrepaginación *s.* (*thrashing*) El estado de un sistema de memoria virtual que invierte casi todo su tiempo en desplazar páginas hacia y desde la memoria en lugar de ejecutar aplicaciones. *Véase también* intercambiar; memoria virtual.

sobretensión *s.* (*surge*) Aumento instantáneo (y posiblemente dañino) de la tensión de línea. *Véase también* protector de sobretensión; regulador de tensión. *Compárese con* fallo de alimentación; chispa.

sobretensión de línea *s.* (*line surge*) Aumento instantáneo y transitorio de la tensión o de la corriente transportada por una línea. Una caída de un rayo cercano, por ejemplo, puede provocar una sobretensión en las líneas de alimentación que puede dañar a los equipos eléctricos. Los equipos delicados, como, por ejemplo, las computadoras, a menudo se protegen de las sobretensiones de línea por medio de supresores de sobretensiones situados en las líneas de alimentación.

SOC *s.* Acrónimo de System On a Chip (sistema en un chip). Chip que integra computadoras, microprocesadores y todos los componentes de soporte necesarios en una sola unidad. La tecnología SOC se utiliza en cortafuegos, pasarelas, servidores especializados y dispositivos interactivos, como tabletas web y máquinas expendedoras.

soc. *s.* Grupos de noticias Usenet que forman parte de la jerarquía soc. y que tienen el prefijo soc. Estos grupos de noticias están dedicados a la discusión de sucesos de actualidad y temas sociales. Los grupos de noticias soc. son una de las siete jerarquías originales de grupos de noticias Usenet. Las otras seis son comp., misc., news., rec., sci. y talk. *Véase también* grupo de noticias; jerarquía tradicional de grupos de noticias; Usenet.

socket *s. Véase* conector.

Socket 4 *s.* (*socket 4*) Zócalo de 5 voltios montado en la placa madre de un PC y diseñado para soportar un microprocesador Pentium operando a 60 MHz o 66 MHz. El zócalo Socket 4 incluye aberturas para 273 terminales. *Véase también* Pentium; zócalo. *Compárese con* Slot 1; Slot 2.

Socket 5 *s.* (*socket 5*) Zócalo de 3,3 voltios montado en la placa madre de un PC y diseñado para albergar un microprocesador Pentium operando a las siguientes velocidades: 75, 90, 100, 120, 133, 150, 166, 180 y 200 MHz. El zócalo Socket 5 tiene aberturas para 320 terminales. Ha sido sustituido por los zócalos Socket 7 y Socket 8 y por las ranuras de inserción 1 y 2. *Véase también* Pentium; zócalo. *Compárese con* Slot 1; Slot 2.

Socket 8 *s.* (*socket 8*) Zócalo de 2,5 voltios montado en la placa madre de un PC y diseñado para albergar un microprocesador Pentium Pro. El zócalo Socket 8 tiene aberturas para 387 terminales. *Véase también* Pentium; zócalo. *Compárese con* Slot 1; Slot 2.

softmodem *s. Véase* módem basado en software.

software *s.* Programas informáticos; instrucciones que hacen que el hardware funcione. Dos tipos principales de software son el software de sistemas (sistemas operativos), que controla el funcionamiento de la computadora, y el software de aplicación, como, por ejemplo, los programas de procesamiento de texto, hojas de cálculo y bases de datos, que realizan las tareas para las cuales las personas utilizan las computadoras. Otras dos categorías adicionales, que no encajan dentro de las clasificaciones de software de sistemas y software de aplicación, pero que contienen elementos de ambas, son el software de red, que permite a un grupo de computadoras comunicarse, y el software de desarrollo, que proporciona a los programadores las herramientas que necesitan para escribir programas. Además de estas categorías basadas en tareas, pueden definirse distintas categorías de software basándose en el método de distribución del mismo. Desde este punto de vista, podríamos distinguir entre software empaquetado (programas comerciales), que se vende principalmente en tiendas de informática; software gratuito y de dominio público, que se distribuye sin ningún tipo de coste; software de libre distribución, que también se distribuye sin coste alguno, aunque los usuarios deben pagar una pequeña tasa de registro para poder continuar utilizando el programa, y software ilusorio (vaporware), que es software anunciado por una empresa o por una persona, pero que nunca llega a aparecer en el mercado o lo hace demasiado tarde. *Véase también* aplicación; software enlatado; software gratuito; software de red; sistema operativo; software de libre distribución; software del sistema; vaporware. *Compárese con* firmware; hardware; liveware.

software a medida *s.* (*custom software*) Tipo de programa desarrollado para un cliente en concreto o que responde a una necesidad determinada. Algunos productos, como, por ejemplo, dBASE o LOTUS 1-2-3, están diseñados para proporcionar la flexibilidad y las herramientas necesarias para generar aplicaciones a medida. *Véase también* CASE.

software caritativo *s.* (***careware***) Software desarrollado por una persona o un pequeño grupo de personas y que se distribuye gratuitamente con la condición de que los usuarios hagan una donación para alguna organización asistencial si continúan utilizando el software después del período de prueba. Normalmente, la organización asistencial es la designada por el creador del software.

software casero *s.* (***homegrown software***) Software desarrollado por una persona en su casa en lugar de en un entorno profesional. La mayoría de los programas de dominio público y de distribución gratuita se crean de esta forma.

software de anticuario *s.* (***abandonware***) Videojuegos o juegos de ordenador que ya no se distribuyen. Este tipo de juegos es a menudo coleccionado por entusiastas de los juegos por computadora, que los juegan en sistemas reconstituidos o en equipos sobre los que corre software de emulación. *Véase también* juego de galería; emulador; MAME.

software de aplicación *s.* (***application software***) *Véase* aplicación.

software de automatización de pruebas *s.* (***test automation software***) Programa que introduce automáticamente un conjunto predeterminado de caracteres o comandos de usuario para probar versiones nuevas o modificadas de aplicaciones software.

software de autoría *s.* (***authoring software***) Un tipo de programa informático utilizado para crear páginas web y otras aplicaciones multimedia e hipertexto. El software de autoría proporciona una forma de definir relaciones entre diferentes tipos de objetos, incluyendo texto, gráficos y sonido, y de presentarlos en un orden determinado. Este tipo de programas se conoce algunas veces con el nombre de software de autor (authorware), aunque este último nombre se asocia generalmente con un producto específico de Macromedia. *También llamado* herramienta de autor.

software de comunicaciones *s.* (***communications software***) El software que controla el módem en respuesta a los comandos del usuario. Generalmente, dicho software incluye servicios de emulación de terminal, así como capacidades de transferencia de archivos. *Véase también* módem; emulación de ter-minal.

software de dictado *s.* (***dictation software***) Programas informáticos que pueden reconocer y aceptar como entrada las palabras habladas. Utilizado como alternativa a la introducción de datos mediante teclado, el software de dictado no puede comprender el lenguaje hablado, sino sólo convertir y transmitir los sonidos a una computadora. El software de dictado dependiente del hablante requiere que el hablante «entrene» a la computadora para que se familiarice con sus patrones de voz y su acento. Los sistemas discretos de reconocimiento del habla de primera generación requerían que el usuario hablara despacio y con claridad, introduciendo pausas entre las palabras. La nueva generación de sistemas continuos de reconocimiento del habla pueden interpretar los patrones del lenguaje natural a las velocidades normales. *Véase también* reconocimiento de la voz.

software de dominio público *s.* (***public-domain software***) Un programa donado para uso público por su propietario o desarrollador y que está disponible para ser copiado y distribuido libremente. *Compárese con* software libre; software gratuito; software propietario; software de libre distribución.

software de libre distribución *s.* (***shareware***) Software sujeto a copyright que se distribuye de manera que los usuarios pueden probarlo antes de adquirirlo. Los usuarios que deseen continuar utilizando el programa después del período de prueba deben enviar el correspondiente pago al autor del programa. *Compárese con* software libre; software gratuito; software de dominio público.

software de monitorización *s.* (***monitoring software***) Un programa o conjunto de programas utilizado para supervisar sistemas informáticos y redes con el propósito de controlar el uso o identificar los problemas, informar sobre ellos y resolverlos lo antes posible. El software de monitorización se utiliza en diversas áreas, que van desde las plataformas hardware y sus componentes hasta los sistemas operativos, bases de datos, sistemas de acceso a Internet/intranet y aplicaciones empresariales. Normalmente, se utilizan herramientas diferentes para monitorizar los distintos componentes de los sistemas, aunque cada uno de los monitores individuales puede enviar la información a un monitor de nivel superior con el fin de abarcar un entorno informático completo.

software de red *s*. (***network software***) Software que incluye un componente que facilita la conexión a una red o la participación en la misma.

software de reflexión *s*. (***reflecting software***) *Véase* reflector.

software del sistema *s*. (***system software***) La colección de programas y de datos que forman el sistema operativo y se relacionan con él. *Compárese con* aplicación.

software empaquetado *s*. **1**. (***bundled software***) Programas vendidos con una computadora como parte de una paquete combinado hardware/software. **2**. (***bundled software***) Pequeños programas que se venden junto con otros programas de más entidad para incrementar la funcionalidad o el atractivo de estos últimos. **3**. (***packaged software***) Programa de software vendido a través de un distribuidor al por menor en oposición al software a medida. *Véase también* software enlatado.

software empresarial *s*. (***business software***) Toda aplicación informática diseñada principalmente para utilizarse en el ámbito de los negocios por oposición al uso científico o con fines de entretenimiento. Además de las bien conocidas áreas del procesamiento de textos, hojas de cálculo, bases de datos y comunicaciones, el software empresarial para microcomputadoras también abarca aplicaciones tales como contabilidad, nóminas, planificación financiera, gestión de proyectos, sistemas de ayuda a la toma de decisiones, gestión de recursos humanos y gestión de recursos.

software enlatado *s*. (***canned software***) Software comercial, como procesadores de textos y programas de hoja de cálculo.

software gratuito *s*. (***freeware***) Un programa informático que se suministra de forma gratuita, a menudo a través de Internet o de grupos de usuarios. Un desarrollador independiente puede ofrecer un producto como software gratuito bien por una mera satisfacción personal o bien para evaluar cómo es recibido ese software entre los usuarios interesados. Los desarrolladores de software gratuito retienen, a menudo, todos los derechos sobre su software y los usuarios no son necesariamente libres de copiarlo o redistribuirlo. *Compárese con* software libre; software de dominio público; software de libre distribución.

software inflado *s*. (***bloatware***) Software cuyos archivos ocupan una enorme cantidad de espacio de almacenamiento en el disco duro del usuario, especialmente cuando se lo compara con las versiones anteriores del mismo producto.

software integrado *s*. (***integrated software***) Programa que combina varias aplicaciones, como procesamiento de textos, gestión de bases de datos y hojas de cálculo, en un mismo paquete. Este software está «integrado» de dos maneras: puede transferir datos desde una de sus aplicaciones a otra, ayudando a los usuarios a coordinar las tareas y combinar la información creada con diferentes herramientas de software, y también proporcionar al usuario una interfaz coherente para seleccionar comandos, gestionar archivos o de alguna manera interactuar con los programas de manera que no tenga que dominar varios programas, con frecuencia, muy diferentes. Sin embargo, las aplicaciones de un paquete de software integrado a menudo no están diseñadas para ofrecer tantas utilidades como las aplicaciones específicas ni el software integrado incluye necesariamente todas las aplicaciones necesarias en un entorno particular.

software libre *s*. (***free software***) Software, junto con su código fuente, que se distribuye de forma gratuita a los usuarios, que a su vez son libres de usar, modificar y distribuir dicho software siempre y cuando todas las alteraciones realizadas se indiquen claramente y no se borre ni modifique en forma alguna el nombre y el aviso de copyright del autor original. A diferencia del software gratuito, que el usuario puede o no tener permiso para modificar, el software libre está protegido por un acuerdo de licencia. El software libre es un concepto introducido por vez primera por la Free Software Foundation, una organización con sede en Cambridge, Massachusetts, Estados Unidos. *Compárese con* software gratuito; código abierto; software de dominio público; software de libre distribución.

software marginal *s.* (*fringeware*) Software gratuito cuya fiabilidad y valor son cuestionables. *Véase también* software gratuito.

software modular *s.* (*modular software*) Programa creado a partir de múltiples componentes de software independientes. Los componentes modulares pueden operar conjuntamente para realizar el trabajo para el que el programa más grande está diseñado y continuar siendo útiles (y reutilizables) individualmente en otros programas. El software modular, de hecho, se construye con partes reciclables. Dado que cada componente es funcionalmente autónomo y autocontenido, otros componentes pueden solicitar sus servicios sin tener que «saber» cómo funciona. Por tanto, un programador puede cambiar o modificar la forma en que un componente realiza su trabajo sin afectar negativamente a los restantes componentes en el mismo programa. *Véase también* componente software; software integrado; diseño modular.

software para grupos de trabajo *s.* (*groupware*) Software que tiene por objeto permitir a un grupo de usuarios colaborar a través de una red en un tema concreto. El software de trabajo en grupo puede proporcionar servicios de comunicación (como, por ejemplo, correo electrónico), herramientas de desarrollo colaborativo de documentos, utilidades de planificación y mecanismos de control. Los documentos pueden incluir texto, imágenes u otros tipos de información.

software para mercado horizontal *s.* (*horizontal market software*) Programas de aplicación, como, por ejemplo, procesadores de textos, que pueden utilizarse en todo tipo de empresas, a diferencia de los programas dirigidos a un sector determinado.

software por goteo *s.* (*dribbleware*) Actualizaciones, parches y nuevos controladores para un producto software que son publicados de uno en uno, a medida que están disponibles, en lugar de ser publicados todos juntos en una nueva versión del producto. Una empresa que utilice la técnica de software por goteo puede distribuir archivos nuevos y de sustitución en un disquete o CD-ROM o permitir que sean descargados a través de Internet o a través de una red privada. *Véase también* controlador; parche.

software propietario *s.* (*proprietary software*) Un programa que es propiedad de, o está registrado por, una persona o empresa y que sólo está disponible para su uso mediante compra u obteniendo de alguna manera el permiso del propietario. *Compárese con* código abierto; software de dominio público.

software secuestrador *s.* (*hijackware*) Software que parece ser un plug-in o utilidad interesante, pero que lo que hace es controlar la actividad de compras o de exploración de Internet del usuario creando anuncios emergentes de productos competidores o redirigiendo al usuario a los sitios web de la competencia. Usualmente, los usuarios descargan e instalan uno de estos programas software creyendo que es una mejora software gratuita para su explorador. Las empresas pagan a los desarrolladores de los programas software secuestradores con el fin de promocionar sus sitios de compra a través de Internet y anunciar sus productos a los usuarios de Internet, a veces hasta el punto de impedir al usuario el acceso a los sitios web competidores.

SOHO *s.* Acrónimo de Small Office/Home Office (oficina pequeña/oficina doméstica). Es un término utilizado para hacer referencia a las empresas domésticas y de pequeño tamaño. El mercado SOHO, de alto crecimiento, ha traído consigo una correspondiente expansión en la disponibilidad de productos hardware y software diseñados específicamente para satisfacer las necesidades de los profesionales autónomos y las pequeñas empresas. *Véase también* entorno de trabajo distribuido; teletrabajador.

SOI *s.* Acrónimo de Silicon On Insulator (silicio sobre aislante). Método utilizado en la construcción de microprocesadores en el que los transistores del chip (los diminutos circuitos que conducen cargas eléctricas) se construyen sobre una capa de silicio situada encima de una capa de material aislante, como, por ejemplo, vidrio. La técnica de fabricación SOI mejora la velocidad a la vez que reduce el consumo requerido por el microprocesador.

Solaris *s.* Un entorno informático distribuido basado en UNIX, creado por Sun Microsystems, Inc., y que se utiliza ampliamente como sistema operativo de servidor. Existen versiones de Solaris para computadoras SPARC, 386 y otras plataformas más recientes de Intel, así como para PowerPC.

solenoide *s.* (*solenoid*) Dispositivo magnético que transforma la energía eléctrica en movimiento mecánico y que consiste normalmente en un electroimán que tiene en su centro una varilla móvil.

solicitud ARP *s.* (*ARP request*) Es un paquete ARP que contiene la dirección Internet de una máquina host. El equipo receptor responde con la dirección Ethernet correspondiente o retransmite la petición hacia otro equipo. *Véase también* ARP; Ethernet; dirección IP; paquete.

Solicitud de discusión *s.* (*Request for Discussion*) Proposición formal para mantener una discusión que concierne a la adhesión de un grupo de noticias a la jerarquía de Usenet, el primer paso en un proceso que finaliza con una llamada para realizar una votación. *Acrónimo:* RFD. *Véase también* jerarquía tradicional de grupos de noticias; Usenet.

sólo lectura *adj.* (*read-only*) Propiedad de poder ser extraído (leído), pero no cambiado (escrito). Un archivo o documento de sólo lectura se puede mostrar o imprimir, pero no puede alterarse de ninguna forma. La memoria de sólo lectura (ROM) incluye programas que no pueden alterarse. Un medio de almacenamiento de sólo lectura, tal como un CD-ROM, se puede reproducir, pero no se puede utilizar para grabar información. *Compárese con* lectura/escritura.

solución alternativa *s.* (*workaround*) Táctica para cumplir una tarea a pesar de un error o de otra insuficiencia en el software o el hardware sin solucionar realmente el problema subyacente. *Véase también* chapuza.

solucionador de problemas *s.* (*troubleshooter*) Persona formada y contratada para localizar y solucionar los problemas e interrupciones en el funcionamiento de la maquinaria y del equipamiento técnico o en los sistemas. Los solucionadores de problemas a menudo trabajan como consultores a corto plazo o como colaboradores, porque muchas organizaciones y negocios consideran la resolución de problemas como un esfuerzo a corto plazo o una parte posiblemente excepcional, no planificada, de un proyecto o sistema. *Véase también* diagnosticar.

SOM *s.* **1.** Acrónimo de self-organizing map (mapa autoorganizable). Un tipo de red neuronal en la que las neuronas y sus conexiones se añaden de manera automática, según sea necesario, para conseguir implementar la asignación deseada entre las entradas y las salidas. **2.** Acrónimo de System Object Model (modelo de objetos de sistema). Una arquitectura independiente del lenguaje y definida por IBM que implementa el estándar CORBA. *Véase también* CORBA; OMA.

SOM distribuido *s.* (*DSOM*) *Véase* DSOM.

sombra *s.* (*shade*) Variación de color particular producida por la mezcla de negro con un color puro. *Véase también* brillo; IRGB.

sombrear *vb.* (*shade*) Proporcionar una dimensión de profundidad a una imagen mediante cambios en su apariencia provocados por las luces y las sombras. *Véase también* modelo de color.

sondeo *s.* (*polling*) *Véase* sondeo automático.

sondeo automático *s.* (*autopolling*) El proceso de determinar periódicamente el estado de cada dispositivo de un conjunto de modo que el programa activo pueda procesar los sucesos generados por cada dispositivo, como, por ejemplo, las pulsaciones del botón de un ratón o el suceso correspondiente al hecho de que haya nuevos datos disponibles en un puerto serie. Este tipo de comportamiento contrasta con el procesamiento conducido por sucesos en el que el sistema operativo alerta a un programa o rutina de que ha sucedido un cierto suceso por medio de una interrupción o mensaje sin necesidad de tener que comprobar cada dispositivo de forma secuencial. *También llamado* sondeo. *Compárese con* procesamiento controlado por sucesos; procesamiento controlado por interrupciones.

SONET *s.* Acrónimo de Synchronous Optical Network (red óptica síncrona). Una red de alta velocidad que proporciona una interfaz estándar para que los operadores de comunicaciones puedan conectar redes basadas en cables de fibra óptica. SONET está diseñada para gestionar múltiples tipos de datos (voz, vídeo, etc.). Transmite a una velocidad básica de 51,84 Mbps, pero los múltiplos de esta velocidad básica pueden llegar hasta los 2,488 Gbps (gigabits por segundo).

sonido 3D *s.* (*3-D sound*) *Véase* audio 3D.

sonido binaural *s.* (*binaural sound*) *Véase* audio 3D.

soporte *s.* (*support*) Asistencia que se presta a alguien, como, por ejemplo, los consejos técnicos suministrados a los clientes.

soporte de datos *s.* (*data medium*) El material físico en el que se almacenan los datos de una computadora.

soporte de idioma nacional *s.* (*national language support*) **1**. Función de Windows que permite especificar información local de usuario y del sistema. *Acrónimo:* NLS. **2**. La práctica de crear programas que puedan mostrar texto en cualquier idioma que sea necesario.

soporte de lenguaje natural *s.* (*natural language support*) Sistema de reconocimiento de voz que permite al usuario utilizar comandos verbales en su propio idioma para dirigir las acciones de la computadora. *Acrónimo:* NLS.

soporte de muñeca *s.* (*wrist support*) Dispositivo situado delante del teclado de una computadora que permite mantener las muñecas en una posición ergonómicamente adecuada, salvaguardándolas así de lesiones musculares, como el síndrome del túnel carpiano. *Véase también* síndrome del túnel carpiano; lesión por esfuerzo repetititvo.

soporte de sistemas *s.* (*system support*) La provisión de servicios y de recursos materiales para el uso, mantenimiento y mejora de un sistema implementado.

soporte físico *s.* (*media*) El material físico, como pueda ser papel, disco y cinta magnética, utilizado para almacenar información procedente de, o destinada a, una computadora.

soporte técnico *s.* (*help desk*) Aplicación software para supervisar problemas existentes con el hardware y el software y sus soluciones.

soportes de almacenamiento *s.* (*storage media*) Los diversos tipos de material físico en los que se escriben y almacenan bits de datos, como, por ejemplo, disquetes, discos duros, cinta magnética y discos ópticos.

SOS *s. Véase* silicio sobre zafiro.

Sound Blaster *s.* **1**. Estándar de facto establecido por la familia de tarjetas de sonido desarrolladas por Creative Technologies y sus filiales. Muchas otras empresas también fabrican productos compatibles con Sound Blaster. **2**. Familia de tarjetas de sonido fabricadas por Creative Technology o su subsidiaria, Creative Labs. *Véase también* tarjeta de sonido.

SounSentry *s.* (*SoundSentry*) Función opcional en Windows que hace que el sistema emita una señal visual, como, por ejemplo, un parpadeo de la pantalla completa o de una barra de título, cada vez que el sistema deba emitir un aviso acústico. Esta función está diseñada para los usuarios con discapacidades auditivas o para los que utilicen la computadora en entornos con un alto nivel de ruido.

SPA *s. Véase* SIIA.

spam *s. Véase* correo basura.

spambot *s.* Un programa o dispositivo que envía automáticamente grandes cantidades de material repetitivo o inapropiado a grupos de noticias de Internet. *Véase también* bot; autopublicar; correo basura.

spamdexter *s*. Una persona que atrae a los usuarios hacia sitios basura, incluyendo en esos sitios cientos de copias ocultas de palabras clave populares, incluso aunque dichas palabras no guarden ninguna relación con el contenido de esos sitios web. Puesto que las palabras clave aparecen tantas veces, ese sitio basura aparecerá en los primeros puestos de los resultados de búsqueda y de las listas de índices.

SPARC *s*. Abreviatura de Scalable Processor Architecture (arquitectura de procesador escalable). Una especificación de microprocesador RISC de Sun Microsystems, Inc. *Véase también* RISC.

spec *s*. *Véase* especificación.

Spirale, virus *s*. (*Spirale virus*) *Véase* Hybris, virus.

spline *s*. En gráficos por computadora, una curva calculada por una función matemática que conecta puntos separados con un alto grado de suavizado. Véase la ilustración. *Véase también* curva de Bézier.

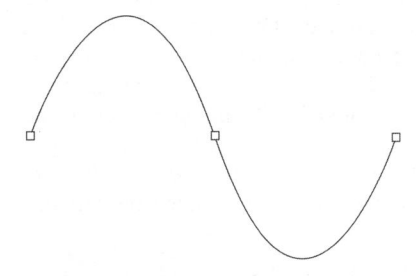

Spline.

SPP *s*. *Véase* procesamiento paralelo escalable.

Springboard *s*. Plataforma de expansión de Hadspring, Inc., para su gama Visor de asistentes digitales personales de mano. El término inglés (que significa «trampolín», pero podría traducirse como «tarjeta con muelle») describe tanto el zócalo con muelles de 68 pines incorporado en Visor como una serie de módulos adicionales Springboard que pueden insertarse en el zócalo. Los módulos adicionales incluyen funciones tales como multimedia, juegos, libros electrónicos, espacio de memoria adicional y un módulo de telefonía inalámbrica. *Véase también* Visor.

sprite *s*. En gráficos por computadora, una imagen pequeña que se puede mover por la pantalla independientemente de otras imágenes que haya en el fondo. Los sprites se utilizan ampliamente en secuencias de animación y juegos de vídeo. *Véase también* objeto.

SPX *s*. **1**. Acrónimo de Sequenced Packet Exchange (intercambio secuenciado de paquetes). El protocolo de nivel de transporte (ISO/OSI nivel 4) utilizado por Novell NetWare. SPX utiliza IPX para transferir los paquetes y se encarga de garantizar que los mensajes estén completos. *Véase también* modelo de referencia ISO/OSI. *Compárese con* IPX. **2**. Acrónimo de símplex. *Véase* símplex.

SQL *s*. *Véase* lenguaje estructurado de consulta.

SRAM *s*. *Véase* RAM estática.

SRAM asíncrona *s*. (*async SRAM*) *Véase* RAM estática asíncrona.

SRAPI *s*. Acrónimo de Speech Recognition Application Programming Interface (interfaz de programación de aplicaciones de reconocimiento de voz). Interfaz de programación de aplicaciones interplataforma para funciones de reconocimiento de voz y conversión de texto a voz soportado por un consorcio de desarrolladores, entre los que se incluyen Novell, IBM, Intel y Philips Dictation Systems. *Véase también* interfaz de programación de aplicaciones; reconocimiento del habla.

SSA *s*. Acrónimo de Serial Storage Architecture (arquitectura de almacenamiento en serie). Una especificación de interfaz de IBM en la que los dispositivos se interconectan según una topología en anillo. En SSA, que es compatible con los dispositivos SCSI, los datos pueden transferirse hasta a 20 megabytes por segundo en cada dirección. *Véase también* dispositivo SCSI.

SSD *s*. Acrónimo de solid-state disk (disco de estado sólido). *Véase* unidad de disco de estado sólido.

SSE *s.* Abreviatura de Streaming SIMD Extensions (extensiones SIMD para flujos de datos). Un conjunto de 70 nuevas instrucciones implementadas en el microprocesador Pentium III de Intel. SSE, que se denomina más formalmente Internet SEE (ISSE), utiliza operaciones SIMD (single-instruction, multiple-data; instrucción única, múltiples datos) para acelerar las operaciones de coma flotante. Diseñado para mejorar las prestaciones en aplicaciones visuales, como, por ejemplo, los gráficos 3D en tiempo real y las presentaciones gráficas, SEE también proporciona soporte para el desarrollo de aplicaciones tales como el reconocimiento del habla y el vídeo en tiempo real. *Véase también* SIMD.

SSI *s.* **1.** *Véase* inclusión del lado del servidor. **2.** *Véase* integración a baja escala.

SSL *s.* Acrónimo de Secure Sockets Layer (nivel de conectores seguros). Un protocolo desarrollado por Netscape Communications Corporation para garantizar la seguridad e intimidad en las comunicaciones Internet. SSL soporta mecanismos de autenticación del cliente, del servidor o de ambos, así como el cifrado de los datos durante una sesión de comunicaciones. Aunque el propósito principal de SSL es permitir la realización de transacciones financieras seguras a través de la World Wide Web, está diseñado para funcionar también con otros servicios Internet. Esta tecnología, que utiliza cifrado de clave pública, está incorporada en el explorador web Netscape Navigator y en los servidores de comercio electrónico de Netscape. *Véase también* servidor de comercio electrónico; estándar abierto; cifrado de clave pública; PCT. *Compárese con* SHTTP.

SSO *s.* Acrónimo de Single-Sign On. *Véase* suscripción única.

stackware *s.* Aplicación de HyperCard que consta de un catálogo de datos y de una programación HyperCard. *Véase también* HyperCard.

STARTUP.CMD *s.* Archivo por lotes de propósito especial almacenado en el directorio raíz del disco de arranque en OS/2 (el equivalente en OS/2 de un archivo AUTOEXEC.BAT de MS-DOS).

StickyKeys *s.* Característica de accesibilidad incorporada en algunos equipos en Macintosh y Windows que hace que las teclas modificadoras como Mayús, Control o Alt «se mantengan pulsadas» después de haberlas presionado, eliminando así la necesidad de pulsar varias teclas simultáneamente. Esta característica facilita el uso de las teclas modificadoras a aquellos usuarios que no puedan mantener una tecla pulsada mientras están pulsando otra.

STP *s.* Acrónimo de shielded twisted pair (par trenzado apantallado). Un cable compuesto de uno o más pares trenzados de hilos y una funda de hoja metálica y malla de cobre. El trenzado protege a los pares frente a la interferencia mutua y el apantallado protege a los pares de las interferencias procedentes del exterior. Por tanto, los cables STP pueden utilizarse para la transmisión a alta velocidad a través de largas distancias. *Véase también* cable de par trenzado. *Compárese con* UTP.

Streaming Server *s.* Una tecnología de servidor diseñada por Apple Computer para enviar archivos de flujos multimedia QuickTime a través de Internet. Basada en los protocolos estándar Internet RTP y RTSP, Streaming Server permite establecer una estación de difusión de flujos multimedia QuickTime a través de la red capaz de enviar archivos con flujos de música y vídeo digital a más de 3.000 usuarios a través de Internet. Streaming Server puede utilizarse con Mac OS X y otros sistemas operativos basados en UNIX. *También llamado* Darwin Streaming Server, QuickTime Streaming Server.

StrongARM *s.* La arquitectura subyacente a los microprocesadores SA de bajo consumo y altas prestaciones de Intel. StrongARM está basado en la arquitectura RISC de 32 bits licenciada por ARM Limited. Los microprocesadores SA basados en StrongARM soportan diversas plataformas, incluyendo Windows CE y Java, y están diseñados para su utilización en cuatro áreas principales: dispositivos portátiles inteligentes, tales como teléfonos celulares y computadoras de mano; dispositivos de acceso a Internet, tales como decodificadores; dispositivos de conexión a red, como conmutadores y encaminadores, y controles embebidos, tales como dispositivos de entretenimiento y equipos para automatización. *Véase también* ARM.

STT *s.* (***Secure Transaction Technology***) Acrónimo de Secure Transaction Technology (tecnología segura de transacción). La utilización de SSL (Secure Sockets Layer), S-HTTP (Secure HTTP) o ambos en las transacciones en línea, como, por ejemplo, para la transmisión de formularios o las compras con tarjetas de crédito. *Véase también* SHTTP; SSL.

StuffIt *s.* Un programa de compresión de archivos originalmente escrito para Apple Macintosh y que se utiliza para almacenar un archivo en uno o más discos. StuffIt era originalmente un programa de libre distribución y ahora es un producto comercial para Mac y PC que soporta múltiples técnicas de compresión y permite la visualización de archivos. Los archivos StuffIt pueden descomprimirse utilizando un programa gratuito, denominado StuffIt Expander.

stylus *s.* Un dispositivo señalador, similar a un bolígrafo, utilizado para realizar selecciones, usualmente tocando con el punzón, y para introducir información en una superficie sensible al tacto.

suave *adj.* (***soft***) En electrónica, que se caracteriza por materiales magnéticos que no conservan su magnetismo cuando se elimina un campo magnético. *Compárese con* duro.

suavizar *vb.* (***smooth***) **1.** En gráficos, eliminar las irregularidades de una línea o de los bordes de una figura. *Véase también* antialiasing. **2.** Eliminar irregularidades en los datos estadísticos mediante algún proceso, como el cálculo continuo de valores promedio o la eliminación de valores aleatorios (irrelevantes).

subárbol *s.* (***subtree***) Todo nodo dentro de un árbol junto con los nodos descendientes conectados. *Véase también* nodo; árbol.

subarchivo *s.* (***fork***) Una de las dos partes de un archivo reconocidas por el sistema operativo Mac OS. Un archivo Macintosh tiene un subarchivo de datos y un subarchivo de recursos. La mayor parte de la información contenida en un documento típico producido por un usuario se encuentra almacenada en el subarchivo de datos. El subarchivo de recursos suele contener información orientada a la aplicación, tal como fuentes, cuadros de diálogo y menús. *Véase también* subarchivo de datos; subarchivo de recursos.

subarchivo de datos *s.* (***data fork***) En archivos Macintosh, la parte de un documento almacenado que contiene información suministrada por el usuario, tal como el texto de un documento de procesamiento de textos. Un archivo Macintosh puede tener un subarchivo de datos, un subarchivo de recursos (que contiene información del estilo del código de programa, datos de fuentes de caracteres, sonidos digitalizados o iconos) y una cabecera. Las tres partes son utilizadas por el sistema operativo de cara a la gestión y almacenamiento de los archivos. *Véase también* recurso; subarchivo de recursos.

subarchivo de recursos *s.* (***resource fork***) Uno de los dos subarchivos de un archivo Apple Macintosh (el otro es el subarchivo de datos). El subarchivo de recursos de un archivo de programa contiene elementos de información reutilizables que el programa puede emplear durante el curso de su ejecución, tales como fuentes, iconos, ventanas, cuadros de diálogo, menús y el propio código del programa. Los documentos creados por el usuario almacenan normalmente sus datos en el subarchivo de datos, pero también pueden utilizar el subarchivo de recursos para almacenar elementos que puedan ser utilizados más de una vez dentro del documento. Por ejemplo, en una pila HyperCard, los datos que componen cada tarjeta o registro de la pila están almacenados en el subarchivo de datos. Los sonidos digitalizados y los iconos que puedan ser usados más de una vez se almacenan en el subarchivo de recursos. La utilización de tales recursos hace que el desarrollo de los programas sea más fácil, porque se pueden desarrollar y modificar los recursos independientemente del código del programa. *Véase también* HyperCard; recurso. *Compárese con* subarchivo de datos.

subcadena *s.* (*substring*) Sección secuencial de una cadena. *Véase también* cadena.

subclase *s.* (*subclass*) Una clase en la programación orientada a objetos que se deriva, y hereda sus atributos y métodos, de otra clase conocida como superclase. *Compárese con* superclase.

subcomando *s.* (*subcommand*) Comando en un submenú (un menú que aparece cuando un usuario selecciona una opción en un menú superior).

subdesbordamiento *s.* (*underflow*) Condición en la que un cálculo matemático genera un resultado demasiado próximo a 0 como para ser representado por el rango de dígitos binarios que la computadora tiene disponible para mantener el valor con la precisión especificada. *Véase también* precisión; simple precisión.

subdirectorio *s.* (*subdirectory*) Un directorio (agrupación lógica de archivos relacionados) contenido dentro de otro directorio.

subdominio *s.* (*subdomain*) Un dominio que a menudo representa un subgrupo organizativo o administrativo dentro de un dominio de segundo nivel. *Véase también* dominio.

subesquema *s.* (*subschema*) La definición de la vista que un usuario tiene de la base de datos (sólo en los sistemas CODASYL/DBTG CODASYL/DBTG) aproximadamente equivalente al esquema externo de un sistema de gestión de bases de datos ANSI/X3/SPARC o a las vistas de los sistemas de gestión de bases de datos relacionales. *Véase también* esquema.

subformulario *s.* (*subform*) Formulario contenido dentro de otro formulario o en un informe.

subíndice *s.* (*subscript*) **1.** En programación, uno o más números o variables que identifican la posición de un elemento dentro de una matriz. *Véase también* matriz; índice. **2.** Uno o más caracteres que se imprimen ligeramente por debajo de la línea base del texto circundante. *Véase también* línea base. *Compárese con* superíndice.

subinforme *s.* (*subreport*) Informe contenido dentro de otro informe.

submarinismo *s.* (*submarining*) Fenómeno que se produce cuando alguna parte de lo que se muestra en pantalla se mueve más rápidamente que lo que el monitor puede mostrar. El objeto (como, por ejemplo, el puntero del ratón) desaparece de la pantalla y reaparece en el lugar donde queda en reposo, del mismo modo que un submarino emerge a la superficie después de una inmersión. El submarinismo plantea problemas especialmente en las pantallas LCD de matriz pasiva de respuesta lenta que incorporan la mayoría de las computadoras portátiles.

submenú *s.* (*submenu*) Menú que aparece como el resultado de la selección de un elemento en otro menú de nivel superior.

subproceso *s.* (*thread*) En programación, es un proceso que forma parte de un programa o proceso de mayor tamaño.

subprograma *s.* (*subprogram*) Término utilizado en algunos lenguajes para describir una rutina (procedimiento o función), porque la estructura y sintaxis de un subprograma sigue un modelo muy similar al de éstos en un programa. *Véase también* programa; rutina.

subrayar *vb.* (*underline*) Formatear una selección de texto de modo que éste se imprima con una línea ligeramente por debajo suyo.

subred *s.* **1.** (*subnet*) En general, una red que forma parte de otra red de mayor tamaño. **2.** (*subnet*) En términos del modelo de referencia ISO/OSI, la subred comprende todos los niveles situados por debajo del nivel de transporte, es decir, los niveles de red, de enlace de datos y físico. **3.** (*subnetwork*) Una red que forma parte de otra red de mayor tamaño.

subrutina *s.* (*subroutine*) Término común para designar una rutina, que normalmente se utiliza en referencia a las rutinas pequeñas, generales y que son invocadas frecuentemente. *Véase también* procedimiento; rutina.

subrutina en línea *s.* (*inline subroutine*) Subrutina cuyo código se copia en cada lugar de un programa cuando éste hace una llamada a la misma en lugar de guardarlo en un lugar al que se transfiere la ejecución. Las subrutinas en línea mejoran la velocidad de ejecución, pero también aumentan el tamaño del código. Las subrutinas en línea obedecen las mismas reglas sintácticas y semánticas que las subrutinas ordinarias.

subtransacción *s*. (***subtransaction***) *Véase* transacción anidada.

subweb *s*. Un subdirectorio nominado del sitio web raíz que forma un sitio web FrontPage completo. Cada subweb puede tener permisos de administración, autoría y exploración independientes de los del sitio web raíz y de los de las otras subwebs.

suceso *s*. (***event***) Acción o incidencia, normalmente generada por el usuario, a la que un programa puede responder (por ejemplo, una pulsación de tecla, un clic de botón o un movimiento del ratón). *Véase también* programación controlada por sucesos.

sucio *adj*. (***dirty***) Perteneciente o relativo a, o característico de, una línea de comunicaciones afectada por un ruido excesivo que degrada la calidad de la señal. *Véase también* ruido.

sugerencias *s*. (***ToolTips***) Breves descripciones de los nombres de los botones y recuadros en las barras de herramientas. Las sugerencias se muestran cuando el puntero del ratón se posa sobre el botón o el cuadro combinado. *Véase también* sugerencias en pantalla.

sugerencias en pantalla *s*. (***ScreenTips***) Notas que aparecen en la pantalla para proporcionar información sobre un botón de barra de herramientas, una anotación de control de cambios o un comentario o para visualizar una nota al pie o una nota final. Las sugerencias en pantalla también muestran el texto que aparecerá si se inserta una fecha o un elemento de autotexto.

suma de control *s*. (***checksum***) Valor calculado que se utiliza para detectar en los datos la presencia de errores que puedan ocurrir cuando los datos son transmitidos o cuando son escritos en el disco. La suma de control se calcula para un determinado grupo de datos combinando secuencialmente todos los bytes de datos mediante una serie de operaciones aritméticas o lógicas. Una vez que los datos son transmitidos o almacenados, se calcula una nueva suma de control del mismo modo utilizando los (posiblemente erróneos) datos transmitidos o almacenados. Si las dos sumas de control no coinciden, entonces ha ocurrido un error y los datos deberían ser transmitidos o almacenados de nuevo. Las sumas de control no pueden detectar todos los errores y no pueden ser utilizadas para corregir los datos erróneos. *Véase también* codificación con corrección de errores.

sumador *s*. (***adder***) **1**. Un circuito que suma las amplitudes o intensidades de dos señales de entrada. *Véase también* sumador completo; semisumador. **2**. Un componente de la UCP (unidad central de proceso) que suma dos números que se le envíen mediante instrucciones de procesamiento. *Véase también* unidad central de proceso.

sumador completo *s*. (***full adder***) Circuito lógico utilizado en una computadora para sumar dígitos binarios. Un sumador completo acepta tres entradas digitales (bits): los dos bits que se van a sumar y un bit de acarreo procedente de otra posición de dígito. Genera dos salidas: un bit de suma y un bit de acarreo. Los sumadores completos se combinan con circuitos de dos entradas, denominados semisumadores, para permitir a las computadoras sumar 4 o más bits a la vez. *Véase también* bit de acarreo; semisumador.

sumador paralelo *s*. (***parallel adder***) Dispositivo lógico que procesa simultáneamente la suma de varias (normalmente 4, 8 o 16) entradas binarias en lugar de hacerlo de forma secuencial, como es el caso de los semisumadores y sumadores completos. Los sumadores paralelos aceleran el procesamiento porque necesitan menos pasos para generar el resultado. *Compárese con* sumador completo; semisumador.

sumador serie *s*. (***serial adder***) Circuito que suma dos números sumando una posición de bit (un dígito) cada vez.

sumidero *s*. (***sink***) Dispositivo o componente de un dispositivo que recibe algo de otro dispositivo. *Véase también* colector de datos; disipador.

suministro *s.* (*feed*) *Véase* suministro de noticias.

suministro de noticias *s.* (*newsfeed*) Suministros, intercambios o distribuciones de artículos de grupos de noticias hacia o desde servidores de noticias. Los suministros de noticias se llevan a cabo mediante servidores de noticias cooperativos que se comunican mediante NNTP a través de conexiones de red. *Véase también* grupo de noticias; servidor de noticias; NNTP.

SunOS *s.* Abreviatura de Sun Operating System (sistema operativo de Sun). Una variante del sistema operativo UNIX utilizada en estaciones de trabajo de Sun Microsystems, Inc.

Super VGA *s. Véase* SVGA.

superautopista de la información *s.* (*Information Superhighway*) La red Internet existente y su infraestructura general, incluyendo las redes privadas, servicios en línea, etc. *Véase también* NII.

superclase *s.* (*superclass*) Una clase en la programación orientada a objetos de la cual se deriva otra clase, denominada subclase. La subclase hereda de la superclase sus atributos y métodos. *Compárese con* subclase.

supercomputadora *s.* (*supercomputer*) Una computadora de gran tamaño, extremadamente rápida y de muy alto precio, utilizada para la realización de cálculos intensivos o complejos. *Véase también* computadora.

superconductor *s.* Sustancia que no presenta ninguna resistencia al flujo eléctrico.

SuperDrive *s.* Unidad de disco de 3,5 pulgadas de Apple que puede leer y escribir tanto en formato Apple Macintosh (400 K y 800 K) como MS-DOS/Windows (720 K y 1,44 MB).

superescalar *adj.* (*superscalar*) Perteneciente, relativo o referido a una arquitectura de microprocesador que permite que el microprocesador ejecute múltiples instrucciones por ciclo de reloj. *Véase también* CISC; RISC.

superficie oculta *s.* (*hidden surface*) Superficie de un objeto sólido tridimensional, como, por ejemplo, uno representado en un programa de CAD, que no sería visible cuando el objeto se viera desde un determinado ángulo (por ejemplo, la parte inferior del ala de un avión cuando se ve desde arriba. *Véase también* CAD; línea oculta.

superíndice *s.* (*superscript*) Carácter impreso ligeramente por encima del texto que lo rodea, normalmente en un tipo de letra más pequeño. *Compárese con* subíndice.

supermáquina *s.* (*big iron*) Una computadora de gran tamaño, muy rápida y extraordinariamente cara, tal como una supercomputadora Cray o un sistema mainframe capaz de llenar toda una habitación.

superminicomputadora *s.* (*superminicomputer*) *Véase* computadora.

superpipelining *s.* Método de preprocesamiento utilizado por algunos microprocesadores en el que dos o más de las etapas de ejecución del microprocesador (extracción, decodificación, ejecución y escritura) se dividen en dos o más subetapas en cadena obteniéndose unas mayores prestaciones. *Véase también* chip DEC 21064; procesamiento en cadena.

superponer *vb.* (*overlay*) **1**. En vídeo, solapar una imagen gráfica generada por computadora sobre una señal de vídeo, ya sea en directo o pregrabada. **2**. En gráficos por computadora, superponer una imagen gráfica sobre otra.

superposición *s.* (*overlay*) Sección de un programa diseñada para residir en un dispositivo de almacenamiento designado, como, por ejemplo, un disco, y para ser cargada en memoria cuando se necesite, normalmente sobrescribiendo una o más superposiciones que ya están en memoria. La utilización de superposiciones permite que los programas grandes quepan en una cantidad limitada de memoria, pero a costa de la velocidad.

superservidor *s.* (*superserver*) Un servidor de red con capacidades muy grandes de almacenamiento de datos y velocidad especialmente alta. *Véase también* servidor.

supersticial *s.* (*superstitial*) Formato de anuncio publicitario en Internet que se descarga en segundo plano mientras un usuario está viendo una página web y que se reproduce en una ventana emergente que se desencadena por un clic del ratón o un descanso en la navegación. Debido a que la ventana supersticial no aparece hasta que no se ha descargado completamente y se ha almacenado temporalmente en el sistema del usuario, se pueden utilizar efectos para captar la atención del usuario tales como animaciones, sonidos y gráficos de gran tamaño sin que se ralentice la reproducción del anuncio. Unicast desarrolló la tecnología de «almacenamiento educado y reproducción» utilizada en el formato de anuncio publicitario supersticial.

superusuario *s.* (***superuser***) Una cuenta de usuario UNIX con privilegios de acceso root (es decir, no restringidos) que usualmente pertenece a un administrador del sistema. *Véase también* cuenta root; administrador del sistema; cuenta de usuario.

súper-VAR *s.* (***super VAR***) Un revendedor de valor añadido (VAR, value-added reseller) de gran tamaño. *Véase también* revendedor de valor añadido.

supervisor *s.* **1.** Sistema metaoperativo bajo el que varios sistemas operativos están activos. *Véase también* sistema metaoperativo. **2.** *Véase* sistema operativo.

suplantación *s.* (***spoofing***) La práctica de hacer que una transmisión parezca provenir de un usuario autorizado. Por ejemplo, en la suplantación IP, a la transmisión se le asigna la dirección IP de un usuario autorizado para poder obtener acceso a una computadora o red. *Véase también* dirección IP.

suplantación IP *s.* (***IP spoofing***) El acto de insertar una dirección IP de emisor falsa en una transmisión Internet con el objeto de obtener acceso no autorizado a un sistema informático. *También llamado* empalme IP. *Véase también* dirección IP; suplantación.

supresión *s.* (***blanking***) Eliminación breve de una señal de visualización cuando se mueve el haz de electrones en un monitor de vídeo de barrido por líneas para situarlo en la posición necesaria para comenzar a mostrar una nueva línea. Después de trazar cada línea de barrido, el haz se encuentra en el extremo derecho de la pantalla y debe volver al extremo izquierdo (retorno horizontal) para dar comienzo a una nueva línea. Durante el tiempo de retorno (intervalo de supresión horizontal), la señal de visualización debe ser desactivada para evitar sobrescribir la línea que acaba de mostrar. De forma similar, después de trazar la línea de barrido inferior de la pantalla, el haz de electrones debe moverse hasta la esquina superior izquierda (retorno vertical) y el haz debe desactivarse durante el tiempo que dure este retorno (intervalo de supresión vertical) para evitar marcar la pantalla con el trayecto de retorno.

supresión de ceros *s.* (***zero suppression***) La eliminación de los ceros iniciales (no significativos) de un número. Por ejemplo, la supresión de ceros truncaría el número 000123,456 a 123,456. *Véase también* dígitos significativos.

supresor de eco *s.* (***echo suppressor***) En comunicaciones, es un método para evitar los efectos de los ecos en las líneas telefónicas. Los supresores de eco inhiben las señales que van desde el hablante hasta el altavoz, creando un canal unidireccional. Para los módems que transmitan y reciban a la misma frecuencia, el supresor de eco debe estar desactivado para permitir una transmisión bidireccional. Esta desactivación produce el tono agudo que puede escucharse en las conexiones entre dos módems.

supresor de sobretensiones *s.* (***surge suppressor***) *Véase* protector de sobretensión.

supresor de transitorios *s.* (***transient suppressor***) Circuito diseñado para reducir o eliminar las señales eléctricas o tensiones no deseadas.

suprimir *vb.* (***blank***) No mostrar o no visualizar una imagen en una parte de la pantalla o en su totalidad.

surf *s.* (***Net surfing***) La práctica de explorar Internet sin tener ningún objetivo específico en mente.

surfear *vb.* (***surf***) Explorar conjuntos de información en Internet, en grupos de noticias, en el espacio Gopher y, especialmente, en la World Wide Web. Al igual que sucede con los cambios de canal a la hora de ver la televisión, los usuarios se dejan llevar por aquello que les interesa, saltando de un tema a otro o de un sitio Internet a otro.

suscribir *vb.* (***subscribe***) **1**. Añadir un nombre a una lista de distribución de LISTSERV. *Véase también* LISTSERV. **2**. Añadir un grupo de noticias a la lista de grupos de los que un usuario recibe todos los nuevos artículos.

suscripción única *s.* (***single sign-on***) Un sistema que permite al usuario introducir un único nombre y contraseña para conectarse a diferentes sistemas informáticos o sitios web. Los mecanismos de inicio de sesión único están también disponibles en los sistemas empresariales, de modo que un usuario con una cuenta de dominio puede iniciar una única sesión en la red, utilizando una contraseña o tarjeta inteligente, y obtener así acceso a cualquier computadora del dominio. *Véase también* dominio; tarjeta inteligente.

suspender *vb.* (***suspend***) Detener un proceso temporalmente. *Véase también* suspensión.

suspensión *s.* (***sleep***) En programación, un estado de inactividad causado por una instrucción de bucle que crea un retardo intencionado.

sustitución de macros *s.* (***macro substitution***) *Véase* expansión de macros.

sustituir *vb.* (***replace***) Poner nuevos datos en lugar de otros, usualmente después de realizar una búsqueda de los datos que hay que sustituir. Las aplicaciones basadas en texto, como los procesadores de textos, suelen incluir comandos de búsqueda y sustitución. En tales operaciones, es preciso especificar tanto los datos antiguos como los nuevos, y los procedimientos de búsqueda y sustitución pueden o no ser sensibles a la diferencia entre mayúsculas y minúsculas, dependiendo del programa de aplicación. *Véase también* buscar; buscar y reemplazar.

sustituto *s.* (***placeholder***) **1**. Carácter que enmascara o esconde otro carácter por razones de seguridad. Por ejemplo, cuando un usuario escribe una contraseña, aparece un asterisco en la pantalla para sustituir a cada carácter escrito. **2**. Texto o algún otro elemento utilizado en una aplicación como un indicador de que el usuario deberá introducir su propio texto.

sustrato *s.* (***substrate***) El material inactivo de soporte utilizado en un proceso de fabricación. En las tarjetas de circuito, es la base a la que se adhieren las pistas conductoras. En las cintas magnéticas y discos, es el material sobre el que se depositan las partículas magnéticas.

SVC *s.* Acrónimo de Switched Virtual Circuit (circuito virtual conmutado). Conexión lógica entre dos nodos en una red de conmutación de paquetes que se establece sólo cuando se van a transmitir datos. *Véase también* nodo; conmutación de paquetes. *Compárese con* PVC.

SVG *s.* Acrónimo de Scalable Vector Graphics (gráficos vectoriales escalables). Un lenguaje basado en XML para la descripción de gráficos bidimensionales de forma independiente del dispositivo. Las imágenes SVG mantienen su apariencia cuando se las imprime y cuando se las visualiza con diferentes resoluciones y tamaños de pantalla. SVG es una recomendación del consorcio W3C (World Wide Web Consortium).

SVGA *s.* Acrónimo de súper VGA. Estándar de vídeo establecido por la asociación VESA (Video Electronics Standards Association) en 1989 para proporcionar visualización en color de alta resolución en computadoras compatibles con IBM. Aunque SVGA es un estándar, pueden existir problemas de compatibilidad con el sistema BIOS de vídeo. *Véase también* BIOS; adaptadora de vídeo.

Swatch *s.* Abreviatura de Simple Watcher (monitor simple). Un programa de monitorización de los registros y de generación de alarmas para UNIX. Swatch filtra los datos de los registros del sistema de la forma especificada por el usuario reenviando únicamente los datos importantes. Swatch también analiza el archivo de registro en busca de cambios específicos y alerta al usuario de los problemas encontrados en el sistema a medida que éstos se producen.

Switcher *s.* Utilidad especial de Macintosh que permite a que más de un programa resida en memoria al mismo tiempo. Switcher quedó obsoleto con la aparición de MultiFinder. *Véase también* MultiFinder.

symlink *s. Véase* enlace simbólico.

SYN *s.* Abreviatura de synchronous (síncrono). Un carácter utilizado en las comunicaciones síncronas (temporizadas) que permite a los dispositivos emisor y receptor mantener la misma temporización.

syncDRAM *s. Véase* SDRAM.

.sys *s.* Extensión de archivo para los archivos de configuración del sistema.

sysadmin *s.* El nombre usual de inicio de sesión o dirección de correo electrónico del administrador de un sistema basado en UNIX. *Véase también* administrador del sistema.

sysgen *s. Véase* generación del sistema.

sysop *s.* Abreviatura de system operator (operador del sistema). Es la persona que supervisa el funcionamiento de un sistema BBS (bulletin board system, tablón de anuncios electrónico) o de un pequeño sistema informático multiusuario.

System V *s.* Versión del sistema UNIX proporcionada por AT&T y otros. Es tanto un estándar (controlado principalmente por AT&T) como un conjunto de productos comerciales. *Véase también* UNIX.

system.ini *s.* En Windows 3.x, el archivo de inicio utilizado para almacenar la información de configuración del hardware necesaria para ejecutar un entorno operativo Windows. El archivo system.ini ha sido sustituido por la base de datos del registro en Windows 9x y Windows NT. *Véase también* archivo ini.

T

T *pref. Véase* tera-.

T.120, estándar *s.* (*T.120 standard*) Una familia de especificaciones de la Unión Internacional de Telecomunicaciones (ITU) para servicios de comunicación de datos multipunto en aplicaciones informáticas, como las conferencias y la transferencia de archivos multipunto.

T1 *s.* Una línea de comunicaciones de alta velocidad que puede gestionar comunicaciones digitales y acceso a Internet a la velocidad de 1,544 Mbps (megabits por segundo). Aunque fue diseñada originalmente por AT&T para transportar múltiples llamadas de voz sobre cableado telefónico estándar de par trenzado, esta línea telefónica de gran ancho de banda puede también transmitir imágenes y texto. La velocidad T1 se consigue multiplexando 24 canales de 64 Kbps en un único flujo de datos. Las líneas T1 son utilizadas comúnmente por las organizaciones de mayor tamaño para tareas de conectividad con Internet. *También llamado* portadora T-1. *Véase también* portador T. *Compárese con* T1 fraccionaria; T2; T3; T4.

T1 conmutada *s.* (*Switched T1*) Un tipo de comunicación T1 basado en conmutación de circuitos. *Véase también* T1.

T1 fraccionaria *s.* (*fractional T1*) Una conexión compartida a una línea T1 en la que sólo se usa una parte de los 24 canales T1 de voz o datos. *Acrónimo:* FT1. *Véase también* T1.

T2 *s.* Un portador de comunicaciones de tipo T que puede aceptar 6,312 Mbps (megabits por segundo) o 96 canales de voz. *Véase también* portador T. *Compárese con* T1; T3; T4.

T3 *s.* Un portador de comunicaciones de tipo T que puede aceptar 44,736 Mbps (megabits por segundo) o 672 canales de voz. *Véase también* portador T. *Compárese con* T1; T2; T4.

T4 *s.* Un portador de comunicaciones de tipo T que puede aceptar 274,176 Mbps (megabits por segundo) o 4.032 canales de voz. *Véase también* portador T. *Compárese con* T1; T2; T3.

TA *s. Véase* adaptador de terminal.

tabla *s.* (*table*) **1**. En programación, una estructura de datos que consiste normalmente en una lista de entradas, cada una de las cuales está identificada por una clave unívoca y contiene un conjunto de valores relacionados. Una tabla se suele implementar como una matriz de registros, una lista vinculada o (en los lenguajes más primitivos) mediante varias matrices de distintos tipos de datos, todas las cuales utilizan un esquema de indexación común. *Véase también* matriz; lista; registro. **2**. En las bases de datos relacionales, es una estructura de datos caracterizada por filas y columnas, en donde los datos ocupan real o potencialmente cada celda formada por una intersección entre una fila y una columna. La tabla es la estructura subyacente de una relación. *Véase también* base de datos relacional. **3**. En procesamiento de textos, autoedición y en documentos HTML, un bloque de texto formateado en filas y columnas alineadas.

tabla de asignación de archivos *s.* (*file allocation table*) Tabla o lista almacenada por algunos sistemas operativos para gestionar el espacio de disco utilizado para el almacenamiento de archivos. Los archivos se almacenan en un disco, cuando el espacio lo permite, en grupos de bytes (caracteres) de tamaño fijo en lugar de, desde el comienzo hasta el final, como cadenas contiguas de texto o números. Un solo archivo puede dispersarse en fragmentos a lo largo de muchas áreas de almacenamiento separadas. Una tabla de asignación de archivos asigna el espacio de almacenamiento de disco disponible, de manera que pueda marcar los segmentos defectuoso que no deben usarse y localizar y enlazar los fragmentos de un archivo. En MS-DOS, la tabla de asignación de archivos es comúnmente conocida como FAT. *Véase también* sistema de archivos FAT.

tabla de asignación de direcciones *s.* (*address mapping table*) Una tabla utilizada por los encaminadores o servidores DNS (Domain Name System) para obtener la dirección IP correspondiente a un nombre en formato textual de un recurso informático, como, por ejemplo, el nombre de una máquina host en Internet. *Acrónimo:* AMT. *Véase también* servidor DNS; dirección IP; encaminador.

tabla de colores *s.* (*color table*) *Véase* tabla indexada de colores.

tabla de colores web *s.* (*browser CLUT*) Una tabla indexada de colores compuesta por los 216 colores que se consideran seguros para la visualización con los principales exploradores web en la mayoría de los sistemas operativos. *Véase también* CLUT.

tabla de conversión *s.* (*conversion table*) Tabla que enumera un conjunto de caracteres o números y sus equivalentes en otro esquema de codificación. Ejemplos comunes de tablas de conversión incluyen las tablas ASCII, que enumeran caracteres y sus valores ASCII y las tablas de conversión de decimal a hexadecimal. En los Apéndices A hasta E se proporcionan varias tablas de conversión.

tabla de decisiones *s.* (*decision table*) Listado tabular de posibles condiciones (entradas) y de resultados deseados (salidas) correspondientes a cada condición. Una tabla de decisiones puede utilizarse en el análisis preliminar del flujo de un programa o puede convertirse e incorporarse al propio programa.

tabla de definición de caracteres *s.* (*character definition table*) Tabla de patrones que una computadora puede almacenar en memoria y utilizar como una referencia para determinar la distribución de puntos utilizada para crear y mostrar caracteres de mapas de bits en la pantalla. *Véase también* fuente de mapa de bits.

tabla de despacho *s.* (*dispatch table*) Tabla de identificadores y direcciones para una determinada clase de rutinas, como, por ejemplo, rutinas de tratamiento de interrupciones (rutinas que se ejecutan en respuesta a ciertas señales o condiciones). *Véase también* rutina de tratamiento de interrupciones.

tabla de encaminamiento *s.* (*routing table*) En comunicaciones de datos, es una tabla de información que proporciona al hardware de red (puentes y encaminadores) las instrucciones necesarias para reenviar paquetes de datos a ubicaciones situadas en otras redes. La información contenida en una tabla de encaminamiento difiere según que sea utilizada por un puente o un encaminador. Un puente utiliza tanto la dirección de origen como la de destino para determinar la forma y el lugar al que hay que reenviar un paquete. Los encaminadores, por su parte, utilizan la dirección de destino y la información de la tabla que proporciona las rutas posibles (el número de saltos) existentes entre sí mismo, los encaminadores intermedios y el destino. Las tablas de encaminamiento se actualizan con frecuencia a medida que está disponible información nueva o más actualizada. *Véase también* puente; salto; interred; encaminador.

tabla de partición GUID *s.* (*GUID partition table*) Esquema de particionamiento de disco utilizado por la interfaz EFI (eXtensible Firmware Interface) en computadoras basadas en Itanium. Una tabla de partición GUID ofrece más ventajas que el particionamiento del registro de arranque maestro (MBR) porque permite hasta 128 particiones por disco, proporciona soporte para volúmenes de hasta 18 exabytes de tamaño, permite tablas de partición primarias y de reserva para la redundancia y soporta disco único e identificadores (ID) de partición (GUID). *Acrónimo:* GPT. *Véase también* eXtensible Firmware Interface; Itanium; registro de arranque maestro.

tabla de particiones *s.* (*partition table*) Tabla de información situada en el primer sector del disco duro de una computadora que indica dónde comienza y termina cada partición (porción discreta de almacenamiento) del disco. Las posiciones físicas se especifican mediante los números de cabezal, sector y cilindro tanto de inicio como de fin. Además de estas «direcciones», la tabla de partición identifica el tipo de sistema de archivos utilizado para cada partición e indica si se trata de la partición de arranque (si puede utilizarse para iniciar la computadora). Aunque es una estructura de datos pequeña, la tabla de partición es un elemento crítico en un disco duro.

tabla de saltos *s*. (***jump table***) *Véase* tabla de despacho.

tabla de símbolos *s*. (***symbol table***) Lista de todos los identificadores encontrados cuando se compila (o se ensambla) un programa, sus posiciones en el programa y sus atributos, como variables, rutinas, etc. *Véase también* compilar; identificador; montador; módulo; código objeto.

tabla de vectores *s*. (***vector table***) *Véase* tabla de despacho.

tabla de vectores de interrupción *s*. (***interrupt vector table***) *Véase* tabla de despacho.

tabla de verdad *s*. (***truth table***) Tabla que muestra el valor de una expresión booleana para cada posible combinación de valores de variable en la expresión. *Véase también* AND; operador booleano; OR exclusiva; NOT; OR.

tabla dinámica *adj*. (***PivotTable***) Tabla interactiva en Microsoft Excel o Access que puede mostrar los mismos datos de una lista o base de datos en varias disposiciones. El usuario puede manipular las filas y columnas de una tabla dinámica para ver o resumir la información de varias maneras con fines analíticos. En Excel, las tablas dinámicas son la base para crear informes con gráficos dinámicos que muestren los mismos datos en forma de diagrama. *Véase también* gráfico dinámico.

tabla indexada de colores *s*. **1**. (***Color Look Up Table***) *Véase* CLUT. **2**. (***color look-up table***) Tabla almacenada en un adaptador de vídeo que contiene los valores de la señal de color que se corresponden con los diferentes colores que pueden ser mostrados en el monitor de la computadora. Cuando el color se muestra indirectamente, se almacena un pequeño numero de bits de color para cada píxel y esos bits se utilizan para seleccionar un conjunto de valores de señal a partir de la tabla indexada de colores. *Véase también* bits de color; paleta; píxel.

tabla indexada de vídeo *s*. (***video look-up table***) *Véase* tabla indexada de colores.

tabla virtual de asignación de archivos *s*. (***Virtual File Allocation Table***) *Véase* VFAT.

tableta *s*. (***tablet***) *Véase* tableta gráfica.

tableta digitalizadora *s*. (***digitizing tablet***) *Véase* tableta gráfica.

tableta gráfica *s*. (***graphics tablet***) Dispositivo utilizado para introducir la información sobre la posición de los gráficos en aplicaciones de ingeniería, diseño e ilustración. Consta de una tarjeta de plástico rectangular y plana equipada con un marcador o un lápiz (también llamado estilete) y sensores electrónicos que informan de la posición del marcador o del estilete a la computadora, la cual traduce dichos datos a una posición de cursor en la pantalla. *También llamado* tableta digitalizadora. *Véase también* marcador; stylus.

tableta táctil *s*. **1**. (***touch pad***) Una variante de una tableta gráfica que utiliza sensores de presión en vez de los sensores electromagnéticos utilizados en las tabletas de alta resolución más caras para controlar la posición de un dispositivo sobre su superficie. *Véase también* dispositivo apuntador absoluto; tableta gráfica. **2**. (***touch-sensitive tablet***) *Véase* tableta táctil. **3**. (***trackpad***) Dispositivo señalador que consta de una tableta pequeña y plana sensible al tacto. Los usuarios mueven el cursor del ratón en la pantalla por medio de toques en la tableta táctil y moviendo sus dedos por la superficie de la tableta. Estos dispositivos habitualmente se instalan en computadoras portátiles. *Véase también* dispositivo señalador.

tablón de anuncios distribuido *s*. (***distributed bulletin board***) Colección de grupos de noticias distribuidos a todas las computadoras pertenecientes a una red de área extensa. *Véase también* grupo de noticias; Usenet.

tablón de anuncios electrónico *s*. (***bulletin board system***) *Véase* BBS.

tabular *vb*. (***tabulate***) **1**. Disponer información en forma de tabla. **2**. Totalizar una fila o columna de números.

TACACS *s*. Acrónimo de Terminal Access Controller Access Control System (sistema de control de acceso para controlador de acceso de terminal). Una técnica de acceso de red en la que los usuarios se conectan a un único servi-

tachado

dor centralizado que contiene una base de datos de cuentas autorizadas. Después de que el servidor de acceso autentica al usuario, reenvía la información de inicio de sesión al servidor de datos solicitado por el usuario. *Véase también* autenticación; servidor.

tachado *s.* (*strikethrough*) Una o más líneas dibujadas sobre un rango de texto seleccionado, usualmente para indicar que ese texto ha sido borrado o que existe la intención de borrarlo. Véase la ilustración.

tachado

Tachado.

tag *s.* Antiguo formato de gráficos de mapa de bits utilizado por algunos programas Macintosh y por ImageStudio de Letraset. *Véase también* gráficos rasterizados.

talk *s.* El comando UNIX que, cuando se le añade el nombre y dirección de otro usuario, se emplea para generar una solicitud de sesión de charla síncrona a través de Internet. *Véase también* chat.

talk. *s.* Grupos de noticias Usenet que forman parte de la jerarquía talk. y tienen el prefijo talk. como parte del nombre. Estos grupos de noticias están dedicados al debate y discusión sobre temas comprometidos. Los grupos de noticias talk. son una de las siete jerarquías originales de grupos de noticias Usenet. Las otras son comp., misc., news., rec., sci. y soc. *Véase también* grupo de noticias; jerarquía tradicional de grupos de noticias; Usenet.

talker *s.* Un mecanismo de comunicación síncrona basado en Internet y normalmente utilizado para soportar funciones de charla multiusuario. Dichos sistemas suelen proporcionar comandos específicos para moverse a través de distintos salones de charla independientes y permiten a los usuarios comunicarse con otros usuarios en tiempo real intercambiando mensajes de texto; también permiten indicar gestos simples, utilizar un tablón de anuncios electrónico (BBS) para publicar comentarios y enviar correo electrónico interno. *Véase también* BBS; chat.

tamaño de archivo *s.* (*file size*) La longitud de un archivo, normalmente expresada en bytes. Un archivo almacenado en disco tiene, en realidad, dos tamaños de archivo, el tamaño lógico y el tamaño físico. El tamaño lógico es el tamaño real del archivo, es decir, el número de bytes que contiene. El tamaño físico hace referencia a la cantidad de espacio de almacenamiento asignada al archivo en disco. Puesto que el espacio se asigna a los archivos en bloques de bytes, los últimos caracteres del archivo pueden no llegar a llenar completamente el bloque (unidad de asignación) reservado para el archivo. Cuando esto sucede, el tamaño físico es mayor que el tamaño lógico del archivo.

tamaño de fuente *s.* **1.** (*font size*) El tamaño en puntos de un conjunto de caracteres en un tipo de fuente concreto. *Véase también* punto. **2.** (*type size*) El tamaño de los caracteres impresos, usualmente medido en puntos (un punto es aproximadamente 1/72 pulgadas). *Véase también* punto.

tamaño de memoria *s.* (*memory size*) La capacidad de memoria de una computadora, usualmente medida en megabytes. *Véase también* megabyte; memoria.

tamaño del bloque *s.* (*block size*) El tamaño declarado de un bloque de datos transferido internamente dentro de una computadora, a través de FTP o mediante un módem. El tamaño se suele elegir de modo que se haga el uso más eficiente posible de todos los dispositivos hardware implicados. *Véase también* FTP.

tamaño del bloque de asignación *s.* (*allocation block size*) El tamaño de un bloque individual en un medio de almacenamiento, como, por ejemplo, un disco duro, el cual está determinado por factores tales como el tamaño total del disco y las opciones de particionamiento.

tambor *s.* (*drum*) Cilindro rotatorio utilizado en algunas impresoras y trazadores gráficos y (en los primeros días de los mainframe) como soporte físico de almacenamiento magnético de datos. En las impresoras láser, un tambor rotatorio está cubierto con un material fotoeléctrico que mantiene una carga cuando se golpea con un haz de láser. Los puntos cargados eléctricamente del tambor atraen las partículas de tóner que el tambor transfiere al papel según éste va pasando.

TANSTAAFL *s.* Acrónimo de There aint't no such thing as a free lunch (nadie da nada por nada). Una expresión inglesa utilizada en los mensajes de correo electrónico, sesiones de charla, listas de correo, grupos de noticias y otros foros en línea; la expresión está tomada de *La Luna es una cruel amante*, un clásico de ciencia ficción escrito por Robert A. Heinlein. *Véase también* chateo; correo electrónico; lista de correo; grupo de noticias.

TAPI *s.* Acrónimo de Telephony Application Programming Interface (interfaz de programación de aplicaciones de telefonía). En la arquitectura WOSA (Windows Open Systems Architecture), es una interfaz de programación que proporciona a las aplicaciones cliente Windows acceso a los servicios de voz de un servidor. TAPI facilita la interoperabilidad entre computadoras personales y equipos telefónicos. *También llamado* API de telefonía. *Véase también* interfaz de programación de aplicaciones; WOSA. *Compárese con* TSAPI.

.tar *s.* La extensión de archivo que identifica los archivos UNIX no comprimidos en el formato generado por el programa tar.

tar *s.* Acrónimo de tape archive (archivo en cinta). Una utilidad UNIX para formar un único archivo a partir de un conjunto de archivos que el usuario quiera almacenar conjuntamente. El archivo resultante tiene la extensión .tar. A diferencia de PKZIP, tar no comprime los archivos, por lo que normalmente se suele utilizar compress o gzip con el archivo .tar para generar un archivo con extensiones .tar.gz o tar.Z. *Véase también* comprimir; gzip; PKZIP. *Compárese con* untar.

tara *s.* (*overhead*) Trabajo o información que proporciona soporte (posiblemente crítico) para un proceso informático, pero no forma parte intrínseca de la operación o de los datos. La tara suele incrementar el tiempo de procesamiento, pero resulta generalmente necesaria.

tarea *s.* (*task*) Aplicación autónoma o subprograma que se ejecuta como una entidad independiente.

tarea en segundo plano *s.* (*background task*) *Véase* segundo plano.

tarifa de conexión *s.* (*connect charge*) Cantidad de dinero que un usuario debe pagar por conectarse a un sistema o servicio comercial de comunicaciones. Algunos servicios calculan la tarifa de conexión en forma de tarifa plana que se aplica en cada período de facturación. Otros, aplican una tarifa variable basándose en el tipo de servicio o en la cantidad de información a la que se accede. Otros, en fin, basan sus tarifas en el número de unidades de tiempo utilizadas, en el tiempo o la distancia correspondientes a la conexión, en el ancho de banda de cada sesión conectada o en alguna combinación de los criterios precedentes. *Véase también* tiempo de conexión.

tarjeta *s.* (*card*) **1**. Placa de circuito impreso que puede ser insertada en una computadora para proporcionar una funcionalidad añadida o una nueva capacidad. Estas tarjetas proporcionan servicios especializados, tales como el soporte de ratón y funcionalidades de módem, que no estén integrados en la computadora. *Véase también* adaptador; placa; tarjeta de circuito impreso. **2**. Tarjeta de papel de unas 3 pulgadas de altura por 7 pulgadas de largo en la que se pueden introducir 80 columnas de datos en forma de perforaciones por medio de una máquina perforadora. Las perforaciones se corresponden con los números, letras y otros caracteres y pueden ser leídas por una computadora que utilice un lector de tarjetas perforadas. *También llamado* tarjeta perforada. *Véase también* lector de tarjetas. **3**. En programas tales como el programa de hipertexto HyperCard, es una representación en pantalla de una tarjeta de índice en la que puede almacenarse y «archivarse» (guardarse) información para consultas posteriores. *Véase también* hipertexto.

tarjeta aceleradora *s.* (*accelerator card*) Una tarjeta de circuito impreso que sustituye o expande el microprocesador principal de una computadora dando como resultado un mayor rendimiento. *También llamado* placa aceleradora. *Véase también* placa de expansión; acelerador gráfico.

tarjeta adaptadora *s.* (*adapter card* o *adaptor card*) *Véase* adaptador.

tarjeta caché *s.* (*cache card*) Tarjeta de expansión que permite incrementar la memoria caché de un sistema. *Véase también* caché; placa de expansión.

tarjeta chip *s.* (*chip card*) *Véase* tarjeta inteligente.

tarjeta corta *s.* (*short card*) Tarjeta de circuito impreso que tiene la mitad de la longitud que una tarjeta de circuito de tamaño estándar. *También llamado* semitarjeta. *Véase también* tarjeta de circuito impreso.

tarjeta de audio *s.* (*audio card*) *Véase* tarjeta de sonido.

tarjeta de captura *s.* (*capture card*) *Véase* tarjeta de captura de vídeo.

tarjeta de captura de vídeo *s.* (*video capture card*) *Véase* dispositivo de captura de vídeo.

tarjeta de circuito *s.* (*circuit board*) Pieza plana de material aislante, como, por ejemplo, resina epoxídica o fenólica, en la que se montan e interconectan componentes eléctricos para formar un circuito. Las tarjetas de circuito más modernas utilizan patrones de láminas de cobre para interconectar los componentes. Las capas de las láminas pueden estar sobre una o ambas caras de la placa y, en los diseños más avanzados, en varias capas dentro de la placa. Una tarjeta de circuito impreso es una placa en la que el patrón de láminas de cobre se establece mediante un proceso de impresión como la fotolitografía. Véase la ilustración. *Véase también* placa; tarjeta de circuito impreso.

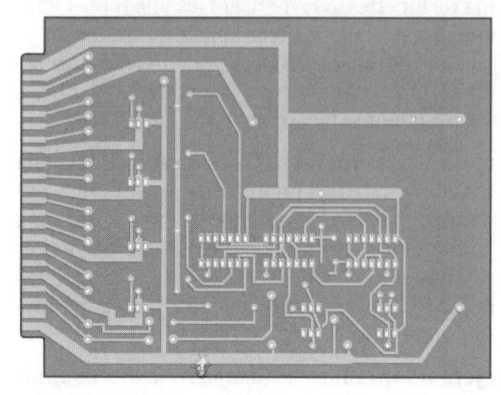

Tarjeta de circuito impreso.

tarjeta de circuito impreso *s.* (*printed circuit board*) Placa plana hecha de un material no conductor, como, por ejemplo, plástico o fibra de vidrio, en la que se montan los chips y otros componentes electrónicos, normalmente en agujeros pretaladrados diseñados para sostenerlos. Los taladros en los que se insertan los componentes están conectados eléctricamente mediante pistas de metal conductoras predefinidas que están impresas sobre la superficie de la placa. Los terminales de metal que sobresalen de los componentes electrónicos se sueldan a las pistas de metal conductoras para establecer una conexión. Una tarjeta de circuito impreso debe sostenerse por los bordes y protegerse del polvo y de la electricidad estática para evitar daños. Véase la ilustración anterior. *Acrónimo:* PCB.

tarjeta de corrección de BIOS para el año 2000 *s.* (*Y2K BIOS patch card*) Tarjeta ISA que se asegura de que las llamadas al BIOS devuelvan el año correcto. La tarjeta de corrección de BIOS comprueba la fecha que el BIOS obtiene del reloj en tiempo real y envía la fecha correcta a la aplicación o proceso que la haya solicitado. Aunque las tarjetas de corrección de BIOS demostraron resultar efectivas en la mayoría de las situaciones, algunas aplicaciones y procesos que trabajaban directamente con el reloj en tiempo real (lo que no es una práctica aconsejable) leyeron las fechas erróneas en los equipos PC no compatibles con el año 2000.

tarjeta de disco *s.* (*hard card*) Tarjeta de circuito que contiene un disco duro y su controlador, que se conecta en una ranura de expansión y utiliza el bus de expansión para extraer la alimentación, así como los datos y las señales de control. En contraste, un disco duro situado en una bahía de unidades de disco se comunica con una tarjeta controladora independiente a través de un cable de cinta plana y tiene un cable de conexión directa a la fuente de alimentación principal de la computadora. *Véase también* controlador; bahía de la unidad de disco; ranura de expansión; cable de cinta.

tarjeta de expansión *s.* (*expansion card*) *Véase* tarjeta; placa de expansión.

tarjeta de fuentes *s.* (*font card*) *Véase* cartucho de fuentes; tarjeta ROM.

tarjeta de interfaz *s.* (*interface card*) *Véase* adaptador.

tarjeta de interfaz de red *s.* (*network interface card*) Una tarjeta de expansión u otro dispositivo utilizado para proporcionar acceso a red a una computadora u otro dispositivo, como, por ejemplo, una impresora. Las tarjetas de interfaz de red efectúan la intermediación entre la computadora y el medio físico a través del que se llevan a cabo las transmisiones, como, por ejemplo, un cable. *Acrónimo:* NIC. *También llamado* adaptador de red.

tarjeta de juegos *s.* (*game card*) *Véase* tarjeta ROM.

tarjeta de memoria *s.* (*memory card*) Módulo de memoria que se utiliza para aumentar la capacidad de almacenamiento de la RAM o en lugar de un disco duro en un equipo portátil o un PC de bolsillo. El módulo tiene normalmente el tamaño de una tarjeta de crédito y puede conectarse a una computadora portátil que cumpla con las especificaciones PCMCIA. El módulo puede estar compuesto por chips de memoria EPROM, RAM o ROM o por memoria flash. *También llamado* tarjeta RAM, tarjeta ROM. *Véase también* EPROM; memoria flash; PC de mano; disco duro; cartucho de memoria; módulo; PCMCIA; RAM; ROM.

tarjeta de memoria para PC *s.* (*PC memory card*) **1**. Tarjeta PC Card de Tipo I, de acuerdo con las especificaciones de PCMCIA. En este contexto, esta tarjeta consta de chips convencionales de RAM estática alimentados por una pequeña batería y está diseñada para proporcionar RAM adicional al sistema. *Véase también* PC Card. *Compárese con* memoria flash. **2**. Tarjeta de ampliación que incrementa la cantidad de RAM presente en el sistema. *Véase también* tarjeta de memoria.

tarjeta de programa *s.* (*program card*) *Véase* PC Card; tarjeta ROM.

tarjeta de red *s.* (*network card*) *Véase* tarjeta de interfaz de red.

tarjeta de sonido *s.* (*sound card*) Tipo de tarjeta de expansión en computadoras tipo PC y compatibles que permite la reproducción y la grabación de sonido, como, por ejemplo, desde un archivo WAV o MIDI o desde un CD-ROM de música. La mayoría de los PC vendidos al por menor incluyen tarjeta de sonido. *Véase también* placa de expansión; MIDI; WAV.

tarjeta de unidad de disco duro ATA *s.* (*ATA hard disk drive card*) Tarjeta de expansión utilizada para controlar y comunicarse con una unidad de disco duro ATA. Estas tarjetas son usualmente tarjetas ISA. *Véase también* ATA; ISA.

tarjeta de vídeo *s.* **1**. (*video card*) *Véase* adaptadora de vídeo. **2**. (*video display board*) Implementación de un adaptador de vídeo que utiliza una tarjeta de expansión en vez de la tarjeta principal del sistema de la computadora. *Véase también* adaptadora de vídeo.

tarjeta de visualización *s.* (*display card*) *Véase* adaptadora de vídeo.

tarjeta extensora *s.* (*extender board*) *Véase* placa de expansión.

tarjeta gráfica *s.* **1**. (*graphics card*) *Véase* adaptadora de vídeo. **2**. (*video graphics board*) Adaptador de vídeo que genera señales de vídeo para mostrar imágenes gráficas en una pantalla.

tarjeta inteligente *s.* (*smart card*) **1**. En aplicaciones bancarias y financieras, es una tarjeta de crédito que contiene un circuito integrado que le proporciona una cantidad limitada de inteligencia y memoria. **2**. En informática y electrónica, es una tarjeta de circuito con firmware o lógica incorporada que le proporciona unas ciertas capacidades independientes de toma de decisiones.

tarjeta lógica *s.* (*logic board*) Otro nombre para denominar la placa base o tarjeta del procesador. El término se utilizaba en los equipos informáticos antiguos para distinguir la tarjeta de vídeo (tarjeta analógica) de la placa base. *Véase también* placa madre.

tarjeta multifunción *s.* (*multifunction board*) Placa añadida a una computadora que proporciona más de una función. Las tarjetas multifunción para computadoras personales frecuentemente ofrecen expansiones de memoria, puertos serie/paralelo y un reloj/calendario.

tarjeta PCI *s.* (*PCI card*) Una tarjeta que se inserta en un bus local PCI para agregar funcionalidad a un PC. Entre los tipos de tarjetas PCI disponibles se incluyen tarjetas de sintonización de televisión, adaptadores de vídeo y tarjetas de interfaz de red. *Véase también* tarjeta; bus local PCI.

tarjeta PCMCIA *s.* (*PCMCIA card*) *Véase* PC Card.

tarjeta perforada *s.* (*punched card*) Medio obsoleto de introducción de datos en una computadora que estaba compuesto por una ficha de papel que almacenaba bits de datos en una serie de columnas que contenían patrones de perforaciones. El método para crear los patrones de perforaciones correspondientes a los diferentes valores de los bytes se denominaba codificación Hollerith. *Véase también* máquina grabadora/tabuladora de Hollerith.

tarjeta RAM *s.* (*RAM card*) Una tarjeta de expansión que contiene memoria RAM y la lógica de interfaz necesaria para decodificar las direcciones de memoria.

tarjeta ROM *s.* (*ROM card*) Un módulo enchufable que contiene una o más fuentes de impresora, programas o juegos u otro tipo de información almacenada en ROM. Una tarjeta ROM típica tiene un tamaño aproximadamente igual al de una tarjeta de crédito y es varias veces más gruesa. Almacena la información directamente en circuitos integrados. *Véase también* ROM; cartucho ROM.

tarjeta SIM *s.* (*SIM card*) Una tarjeta inteligente diseñada para utilizarse con teléfonos móviles GSM (Global System for Mobile Communications). Las tarjetas SIM (Subscriber Identity Module, módulo de identidad del abonado) contienen chips que almacenan el número de identificación personal (PIN) del abonado, información de facturación y datos (nombres y números de teléfono). *Véase también* GSM; tarjeta inteligente.

tarjeta sintonizadora de televisión *s.* (*TV tuner card*) Tarjeta PCI que permite a la computadora recibir la programación de televisión y mostrarla en el monitor de la computadora. *Véase también* tarjeta PCI.

tarro de miel *s.* (*honeypot*) Un programa de seguridad diseñado para atraer y distraer a un atacante de red mediante datos de señuelo. El tarro de miel parece ser un sistema que puede resultar tentador para el intruso, pero que, en realidad, está separado de la red real. Esto permite a los administradores de red observar a los atacantes y estudiar sus actividades sin que los intrusos sepan que están siendo monitorizados. Los programas tarro de miel toman su nombre del hecho de que los tarros de miel atraen a las moscas.

tasa de actividad *s.* (*activity ratio*) El número de registros en uso comparado con el número total de registros contenidos en un archivo de base de datos. *Véase también* base de datos; registro.

tasa de barrido vertical *s.* (*vertical scan rate*) *Véase* ancho de banda vertical.

tasa de baudios *s.* (*baud rate*) La velocidad a la que un módem es capaz de transmitir datos. La velocidad o tasa de baudios es el número de sucesos, o cambios de señal, que tienen lugar cada segundo, no el número de bits por segundo (bps) transmitidos. En las comunicaciones digitales de alta velocidad, cada suceso puede codificar en la práctica más de un bit, por lo que los módems se describen de manera más precisa en términos de bits por segundo que mediante la tasa de baudios. Por ejemplo, un módem a 9.600 bps opera en realidad a 2.400 baudios, pero transmite 9.600 bits por segundo codificando 4 bits por cada suceso (2.400×4= 9.600); de ahí que hablemos de un módem a 9.600 bps. *Compárese con* velocidad de bit; tasa de transferencia.

tasa de clics *s.* (*clickthrough rate*) La proporción de visitantes de un sitio web que hace clic en un titular de anuncio publicado en el sitio expresada como porcentaje sobre el total de visitantes del sitio web. *También llamado* tasa de impactos de clic. *Véase también* impactos de clic.

tasa de errores *s.* **1.** (*error rate*) En comunicaciones, la relación del número de bits u otros elementos que se reciben de forma incorrecta durante la transmisión. En un módem de 1.200 bps, la tasa típica de errores sería 1 cada 200.000 bits.

Véase también paridad; bit de paridad; Xmodem; Ymodem. **2.** (*error ratio*) La relación entre el número de errores y el número de unidades de datos procesadas. *Véase también* tasa de errores.

tasa de fallos *s*. (*failure rate*) El número de fallos en un período de tiempo especificado. La tasa de fallos es una forma de medir la fiabilidad de un dispositivo, como, por ejemplo, un disco duro. *Véase también* MTBF.

tasa de muestreo *s*. (*sampling rate*) La frecuencia con la que se toman muestras de una variable física, como, por ejemplo, el sonido. Cuanto más alta sea la frecuencia de sonido (es decir, cuantas más muestras se tomen por unidad de tiempo), más se parecerá el resultado digitalizado a la señal original. *Véase también* muestreo.

tasa de procesamiento *s*. (*throughput*) Una medida de la velocidad de procesamiento de datos en un sistema informático.

tasa de pulsación *s*. (*click rate*) *Véase* tasa de clics.

tasa de ráfaga *s*. (*burst rate*) *Véase* velocidad de ráfaga.

tasa de rotación *s*. (*churn rate*) La tasa de variación de las suscripciones de los clientes. En las empresas de comunicaciones celulares y de servicios en línea, resulta habitual que un número significativo de clientes cancele su suscripción mensual, creando una tasa de rotación de hasta un 2 o 3 por 100 por mes. Las altas tasas de rotación son costosas para las empresas, porque atraer a nuevos abonados mediante campañas publicitarias y de promoción resulta muy caro.

tasa de transferencia *s*. **1.** (*throughput*) La velocidad de transferencia de datos de una red medida en número de bits transmitidos por segundo. **2.** (*transfer rate*) La velocidad a la que un circuito o canal de comunicaciones transfiere información desde el origen al destino, como, por ejemplo, a través de una red o hacia y desde una unidad de disco. La tasa de transferencia se mide en unidades de información por unidad de tiempo (por ejemplo, en bits por segundo o caracteres por segundo) y puede medirse mediante una tasa bruta, que es la máxima velocidad de transferencia, o como tasa promedio, que tiene en cuenta los huecos entre bloques de datos a la hora de calcular el tiempo de transmisión.

TB *s*. *Véase* terabyte.

TCB *s*. Acrónimo de Trusted Computing Base (base informática de confianza). El conjunto completo de mecanismos que dotan de seguridad a una red. Estos mecanismos incluyen todos los componentes hardware, software y firmware responsables de la seguridad del sistema.

Tcl/Tk *s*. Acrónimo de Tool Command Language/Tool Kit (lenguaje de comandos de herramientas/juego de herramientas). Sistema de programación que incluye un lenguaje de creación de scripts (Tcl) y un conjunto de herramientas de interfaz gráfica de usuario (Tk). El lenguaje Tcl envía comandos a programas interactivos, como editores de textos, depuradores y shells, lo que permite combinar en un sólo script estructuras de datos complejas. *Véase también* interfaz gráfica de usuario; script; lenguaje de script.

TCM *s*. *Véase* modulación con código trellis.

TCO *s*. Acrónimo de total cost of ownership. *Véase* coste total de propiedad.

TCP *s*. Acrónimo de Transmission Control Protocol (protocolo de control de transmisión). El protocolo de TCP/IP que gobierna la segmentación de los mensajes de datos en paquetes para su envío a través de IP (Internet Protocol) y la recomposición y verificación de los mensajes completos a partir de los paquetes recibidos mediante IP. Es un protocolo fiable (en el sentido de que garantiza una entrega libre de errores) y orientado a conexión y se corresponde con el nivel de transporte del modelo de referencia ISO/OSI. *Véase también* modelo de referencia ISO/OSI; paquete; TCP/IP. *Compárese con* UDP.

TCP/IP *s*. Acrónimo de Transmission Control Protocol/Internet Protocol (protocolo de control de transmisión/protocolo Internet). Un conjunto de protocolos desarrollados por el

Departamento de Defensa de Estados Unidos para comunicaciones a través de redes interconectadas y posiblemente heterogéneas. Forma parte del sistema operativo UNIX y se ha convertido en el estándar de facto para la transmisión de datos a través de todo tipo de redes, incluyendo Internet.

TDM *s. Véase* multiplexación por división en el tiempo.

TDMA *s.* Abreviatura de Time Division Multiple Access (acceso múltiple por división de tiempo). Una tecnología de multiplexación utilizada para dividir un único canal de telefonía celular en múltiples subcanales. TDMA funciona asignando franjas temporales diferentes a cada usuario. TDMA está implementado en D-AMPS (Digital Advanced Mobile Phone Service), que emplea TDMA para dividir cada uno de los 30 canales AMPS analógicos en 3 subcanales separados, y en GSM (Global Systems for Mobile Communications). *Véase también* D-AMPS; GSM. *Compárese con* AMPS; FDMA.

tecla *s.* (*key*) En un teclado, es la combinación de una tapa, de un mecanismo de muelle que mantiene suspendida la tapa al mismo tiempo que permite presionarla y de un mecanismo eléctrico que registra la pulsación y liberación de la tecla.

tecla Alt *s.* (*Alt key*) Una tecla incluida en los teclados estándar de PC y de otro tipo de equipos y que se emplea en conjunción con otra tecla para producir alguna característica o función especial y que está típicamente marcada con las letras Alt.

tecla alternativa *s.* (*alternate key*) *Véase* tecla Alt.

tecla Apple *s.* (*Apple key*) Una tecla de los teclados Apple que está etiquetada con el contorno del logotipo de Apple. En el teclado Apple Extended Keyboard, esta tecla es la misma que la tecla Command, que funciona de manera similar a la tecla Control en los teclados IBM y compatibles. Se usa generalmente en conjunción con una tecla de carácter, como atajo para la realización de selecciones de menú o para el lanzamiento de una macro.

tecla Bloq Despl *s.* (*Scroll Lock key*) En el teclado de las computadoras IBM PC/XT, AT y compatibles, es una tecla situada en la fila superior del teclado numérico que controla el efecto de las teclas de control del cursor e impide en algunas ocasiones que la pantalla se desplace. En los teclados ampliados y teclados Macintosh, esta tecla se encuentra a la derecha de las teclas de función, en la fila superior. Muchas aplicaciones modernas ignoran el estado de la tecla Bloq Despl.

tecla Bloq Num *s.* (*Num Lock key*) Una tecla conmutadora que, al activarse, habilita el teclado numérico, de modo que sus teclas puedan utilizarse para introducir datos de la misma forma que se haría con una calculadora. Cuando se deshabilita la tecla Bloq Num, la mayoría de las teclas del teclado numérico se emplea para el movimiento del cursor y el desplazamiento de la pantalla. *Véase también* teclado numérico.

tecla de acceso *s.* (*access key*) Una combinación de teclas, como ALT+F, que mueve el foco a un menú, un comando o un control sin utilizar el ratón.

tecla de acceso directo *s.* (*shortcut key*) *Véase* acelerador.

tecla de acceso directo de aplicación *s.* (*application shortcut key*) Una tecla o combinación de teclas que, al ser presionada, realiza de manera rápida una acción dentro de una aplicación, acción que normalmente requeriría varias acciones del usuario, como, por ejemplo, una serie de selecciones de menú. *También llamado* atajo de teclado.

tecla de acceso rápido *s.* (*hot key*) Pulsación o combinación de pulsaciones de tecla que lleva al usuario a un programa distinto, a menudo a un residente (TSR) o a la interfaz de usuario del sistema operativo. *Véase también* TSR.

tecla de avance de página *s.* (*PgDn key*) *Véase* tecla de avance página.

tecla de avance página *s.* (*Page Down key*) Tecla estándar (a menudo etiquetada como «AvPág») disponible en la mayoría de los teclados de computadora cuyo significado específico es distinto en diferentes programas. En la mayoría de los casos, desplaza el cursor hacia abajo hasta situarse el principio de la página siguiente o un número específico de páginas.

tecla de Ayuda *s.* (*Help key*) Tecla del teclado que el usuario puede pulsar para solicitar ayuda. *Véase también* tecla de función; ayuda.

tecla de bloqueo de mayúsculas (Bloq Mayús) *s.* (*Caps Lock key*) Tecla modificadora que, cuando está activada, cambia a los caracteres alfabéticos en mayúscula del teclado. La tecla Bloq Mayús no afecta a los números, signos de puntuación u otros símbolos. Véase la ilustración.

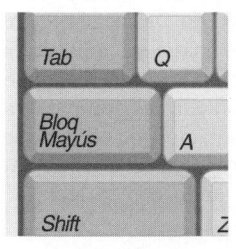

Tecla de bloqueo de mayúsculas

tecla de borrado *s.* **1.** (*Clear key*) Tecla que se encuentra de la esquina superior izquierda del teclado numérico de algunos teclados. En muchas aplicaciones, anula la opción de menú actualmente seleccionada o borra la selección actual. Véase la ilustración. **2.** (*Del key*) *Véase* tecla Supr. **3.** (*Delete key*) En las computadoras Apple Macintosh, es una tecla de los teclados ADB y ampliado que permite borrar el carácter situado antes del punto de inserción o borrar el texto o los gráficos resaltados.

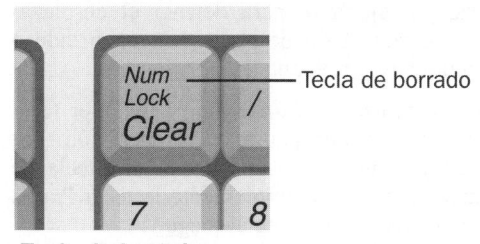

Tecla de borrado.

tecla de comando *s.* (*Command key*) En el teclado original Macintosh, era una tecla etiquetada con el símbolo especial de Macintosh al que a veces se denominaba «ventilador». Esta tecla está situada a uno o a ambos lados de la barra espaciadora, dependiendo de la versión del teclado Apple. La tecla tiene algunas de las mismas funciones que la tecla Control en los teclados IBM. *Véase también* tecla de control (Ctrl).

tecla de control (Ctrl) *s.* (*Control key*) Tecla, que cuando se presiona en combinación con otra tecla, proporciona a la otra tecla un significado alternativo. En muchos programas de aplicación, la tecla Control (etiquetada como CTRL o Ctrl en un teclado de PC) más otra tecla se utiliza como comando para funciones especiales. Véase la ilustración. *Véase también* carácter de control.

Tecla de Control.

tecla de cursor *s.* (*cursor key*) *Véase* tecla de flecha.

tecla de dirección *s.* (*direction key*) *Véase* tecla de flecha.

tecla de edición *s.* (*edit key*) En una aplicación de software, una tecla o combinación de teclas predefinidas que, al ser pulsada, provoca que la aplicación entre en modo de edición.

tecla de encendido *s.* (*Power-on key*) Tecla especial en los teclados ADB y Extended de Apple utilizada para encender un Macintosh II. La tecla de encendido está marcada con un triángulo apuntando hacia la izquierda y se utiliza para sustituir el interruptor de encendido/apagado. No hay tecla de apagado, el sistema se apaga seleccionando el comando Apagar del menú Especial.

tecla de flecha *s.* (*arrow key*) Cada una de las cuatro teclas etiquetadas con flechas que apuntan hacia arriba, hacia abajo, hacia la derecha y hacia la izquierda y que se utilizan para mover el cursor vertical u horizontalmente en la pantalla o en algunos programas para ampliar la zona resaltada. Véase la ilustración.

Teclas de flecha. Cuando la tecla Bloq Num está desactivada, se pueden emplear las teclas de cursor del teclado numérico.

tecla de función *s.* (*function key*) Cualquiera de las 10 o más teclas marcadas como F1, F2, F3 etc., situadas en el lado izquierdo o en la parte superior de un teclado (o ambos) y que utilizan diferentes programas para tareas especiales. El significado de una tecla de función está definido por el programa o, en algunas ocasiones, por el usuario. Las teclas de función se utilizan en los programas de aplicación o en el sistema operativo para proporcionar un atajo para una serie de instrucciones comunes (como solicitar la ayuda en pantalla en un programa) o para acceder a una función a la que no se puede acceder de otra forma. *Véase también* tecla. *Compárese con* tecla de comando; tecla de control (Ctrl); tecla Escape.

tecla de función definida por el usuario *s.* (*user-defined function key*) *Véase* ampliador de teclado; tecla de función programable.

tecla de función programable *s.* (*programmable function key*) Cualquiera de las diversas teclas (a veces sin marcar) incluidas en algunos teclados compatibles que permiten al usuario «reproducir» combinaciones de teclas o secuencias de pulsaciones de teclas previamente almacenadas denominadas macros. Se puede lograr el mismo efecto con un teclado estándar y un ampliador de teclado; el ampliador intercepta los códigos de tecla y los sustituye por valores modificados. Pero las teclas de función programables pueden lograr el mismo efecto sin necesidad de un programa residente en memoria. *Compárese con* ampliador de teclado.

tecla de impresión de pantalla *s.* (*PrtSc key*) *Véase* tecla ImprPant.

tecla de Interrupción *s.* (*Break key*) Tecla o combinación de teclas utilizada para indicar a la computadora que detenga, o interrumpa, lo que esté haciendo. En los PC de IBM y compatibles bajo DOS, pulsar las teclas Pausa/Interrupción o Bloqueo de Desplazamiento/Interrupción mientras se mantiene pulsada la tecla Ctrl ejecuta el comando de interrupción (como ocurre con Ctrl-C). En las computadoras Macintosh, la combinación de teclas que envía el código de interrupción es la combinación de la tecla de comando con la tecla de punto. *Véase la ilustración.*

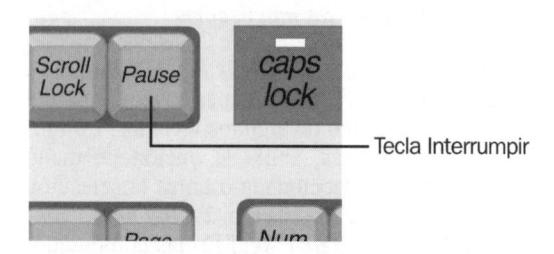

Tecla de Interrupción.

tecla de Pausa *s.* (*Pause key*) Tecla del teclado que detiene temporalmente la operación de un programa o comando. La tecla de Pausa se utiliza, por ejemplo, para detener el desplazamiento con el fin de poder leer un listado o documento multipantalla.

tecla de pausa *s.* (*Pause key*) Cualquier tecla que provoca una pausa en la operación. Por ejemplo, muchos juegos tienen una tecla de pausa, a menudo simplemente la tecla P, que detiene temporalmente el juego.

tecla de petición al sistema *s.* (*System Request key*) *Véase* tecla Pet Sis.

tecla de repetición *s.* (*repeat key*) En algunos teclados, es una tecla que debe mantenerse pulsada al mismo tiempo que otra tecla de carácter para hacer que el código de tecla de ésta se envíe repetidamente. En la mayoría de los teclados informáticos, sin embargo, no es necesaria una tecla de repetición porque cualquier tecla se repite automáticamente si se mantiene pulsada más allá de un cierto tiempo muy breve. *Compárese con* repetición automática de teclas.

tecla de retorno *s.* (***Return key***) Tecla de un teclado que se utiliza para finalizar la introducción de un campo o registro o para ejecutar la acción predeterminada de un cuadro de diálogo. En los PC de IBM y compatibles, esta tecla se denomina Intro. La tecla correspondiente en una máquina de escribir hace que el carro que sostiene el papel vuelva a la posición inicial para comenzar una nueva línea. *Véase también* tecla Intro.

tecla de retroceso de página *s.* (***PgUp key***) *Véase* tecla de retroceso página.

tecla de retroceso página *s.* (***Page Up key***) Tecla estándar (a menudo etiquetada como «RePág») disponible en la mayoría de los teclados de computadora cuyo significado específico es distinto en diferentes programas. En la mayoría de los casos, desplaza el cursor hacia arriba hasta el principio de la página anterior o un número específico de páginas.

tecla Esc *s.* (***Esc key***) *Véase* tecla Escape.

tecla Escape *s.* (***Escape key***) Tecla de un teclado de computadora que envía el carácter de escape (ESC) a la computadora. En muchas aplicaciones, la tecla de Escape hace que el usuario retroceda en la estructura de menús o hace que se salga del programa. *Véase* la ilustración. *Véase también* tecla de borrado.

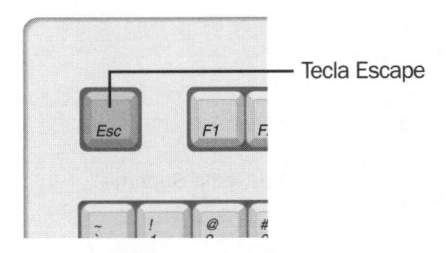

Tecla Escape.

tecla Fin *s.* (***End key***) Tecla de control del cursor que mueve el cursor hasta una cierta posición, normalmente al final de la línea, al final de la pantalla o al final del archivo, dependiendo del programa. *Véase* la ilustración.

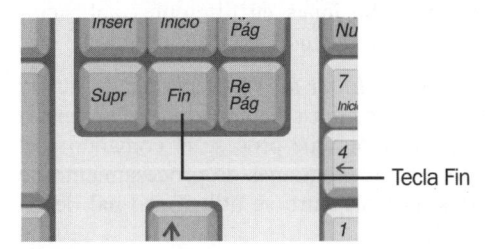

Tecla Fin.

tecla ImprPant *s.* (***Print Screen key***) Tecla de los teclados IBM PC y compatibles que, normalmente, hace que la computadora envíe una «imagen» basada en caracteres de los contenidos de la pantalla a la impresora. La característica imprimir pantalla sólo funciona cuando la pantalla está en modo texto o en modo de gráficos CGA (el modo de gráficos y de color de menor resolución disponible en los compatibles de IBM). No funcionará apropiadamente en otros modos de gráficos. Algunos programas utilizan la tecla Imprimir Pantalla para capturar la imagen de la pantalla y guardarla como un archivo de disco. Algunos programas pueden funcionar normalmente en un modo de gráficos y guardar el archivo como una imagen de gráficos. Cuando el usuario está trabajando directamente con el sistema operativo MS-DOS y con algunos programas, la combinación Ctrl-Imprimir Pantalla enciende o apaga la impresora. Con la impresora encendida, el sistema envía cada carácter a la impresora además de a la pantalla. La tecla Imprimir Pantalla del teclado extendido de Apple se incluye por compatibilidad con sistemas operativos como MS-DOS. *También llamado* tecla de impresión de pantalla.

tecla Inicio *s.* (***Home key***) Tecla disponible en la mayoría de los teclados cuya función normalmente implica enviar al cursor a alguna posición inicial dentro de una aplicación. *Véase también* inicio.

tecla Ins *s.* (***Ins key***) *Véase* tecla Insert.

tecla Insert *s.* (*Insert key*) Tecla del teclado, etiquetada como «Insert» o «Ins», cuya función habitual es alternar la configuración de edición de un programa entre el modo de inserción y el modo de sobrescritura, aunque puede realizar diferentes funciones en diferentes aplicaciones. *También llamado* tecla de inserción.

tecla Intro *s.* (*Enter key*) La tecla que se utiliza al final de una línea o comando para ordenar a la computadora que procese el comando o el texto. En los programas de procesamiento de textos, la tecla Intro se utiliza al final de un párrafo.

tecla Mayúsculas *s.* (*Shift key*) Tecla del teclado que, cuando se presiona en combinación con otra tecla, proporciona a esta última un significado alternativo; por ejemplo, generar un carácter en mayúscula cuando se pulsa una letra. La tecla Mayúsculas se utiliza también en varias combinaciones de teclas para crear caracteres no estándar o para llevar a cabo operaciones especiales. El término en inglés (*shift*) está adaptado del uso en relación con las máquinas de escribir, en las que la tecla desplazaba físicamente el carro para imprimir un carácter alternativo. *Véase también* tecla de bloqueo de mayúsculas (Bloq Mayús).

tecla modificadora *s.* (*modifier key*) Tecla de un teclado que, cuando se mantiene pulsada mientras se presiona otra tecla, cambia el significado de la pulsación. *Véase también* tecla Alt; tecla de comando; tecla de control (Ctrl); tecla Mayúsculas.

tecla muerta *s.* (*dead key*) Tecla utilizada con otra tecla para crear un carácter acentuado. Cuando se presiona, una tecla muerta genera un carácter no visible (de ahí su nombre), pero indica que la marca de acento que representa va a ser combinada con la siguiente tecla que se pulse. *Véase también* tecla.

tecla Opción *s.* (*Option key*) Tecla de los teclados Apple Macintosh que, cuando se presiona en combinación con otra tecla, genera caracteres especiales (gráficos, como, por ejemplo, cajas; caracteres internacionales, como símbolos de moneda, y signos de puntuación especiales, como guiones cortos y largos). La tecla de Opción sirve a un propósito similar al de la tecla Control o la tecla Alt de los teclados IBM y compatibles en el sentido de que cambia el significado de la tecla que se está utilizando.

tecla Pet Sis *s.* (*Sys Req key*) Tecla de petición al sistema. Una tecla de algunos teclados IBM y compatibles pensada para proporcionar la misma función que la tecla de petición al sistema de un terminal de computadora mainframe IBM: reinicializar el teclado o cambiar entre una función y otra.

tecla Retroceso *s.* (*Backspace key*) **1**. Tecla que, en los teclados IBM y compatibles, mueve el cursor hacia la izquierda, un carácter cada vez, normalmente borrando cada carácter a medida que se desplaza. **2**. En los teclados Macintosh, es una tecla (denominada tecla de borrado en algunos teclados Macintosh) que permite borrar el texto actualmente seleccionado o, si no hay ningún texto seleccionado, el carácter situado a la izquierda del punto de inserción (cursor). *Véase la ilustración.*

Tecla Retroceso.

tecla Supr *s.* (*Delete key*) En las computadoras personales IBM y compatibles, es una tecla cuya función cambia dependiendo del programa de aplicación. Normalmente, borra el carácter situado debajo del cursor, aunque en algunas aplicaciones permite borrar el texto o los gráficos seleccionados. *Véase la ilustración.*

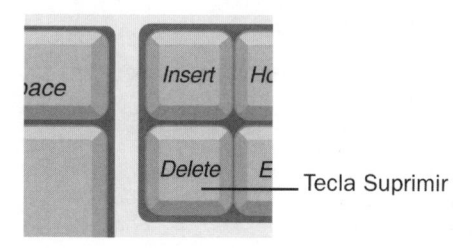

Tecla Suprimir.

tecla Tabulador *s.* (***Tab key***) Tecla, a menudo etiquetada con dos flechas que apuntan hacia la derecha e izquierda, respectivamente, que tradicionalmente (como en los procesadores de texto) se utiliza para insertar caracteres de tabulación en un documento. En otras aplicaciones, como programas controlados por menús, la tecla Tabulador se emplea a menudo para desplazar la parte resaltada en la pantalla de un lugar a otro. Muchos programas de bases de datos y hojas de cálculo permiten al usuario pulsar la tecla de tabulación para moverse dentro de un registro o entre las celdas. La palabra tab es la abreviatura de «tabulación», que fue el nombre asignado a esta tecla en las máquinas de escribir, donde se utilizaba para crear tablas. *Véase también* carácter de tabulador.

teclado *s.* **1.** (***keyboard***) Unidad de hardware con un conjunto de interruptores que se asemejan al teclado de una máquina de escribir y que transporta la información desde el usuario a una computadora o un circuito de comunicaciones de datos. *Véase también* tecla Alt; tecla Apple; tecla de flecha; tecla Retroceso; tecla de Interrupción; tecla de bloqueo de mayúsculas (Bloq Mayús); código de carácter; tecla de borrado; tecla de comando; carácter de control; tecla de control (Ctrl); tecla Supr; teclado Dvorak; tecla Fin; teclado ampliado; tecla Intro; teclado ergonómico; tecla Escape. **2.** (***keypad***) *Véase* teclado numérico.

teclado ampliado *s.* (***enhanced keyboard***) Teclado IBM de 101 o 102 teclas que reemplazó a los teclados de tipo PC y AT. Dispone de 12 teclas de función a lo largo de la parte superior (en vez de 10 en la parte izquierda), teclas Control y Alt adicionales y una zona de teclas de cursor y de edición entre el teclado principal y el teclado numérico. Es parecido al teclado ampliado Apple (Apple Extended Keyboard).

teclado ampliado Apple *s.* (***Apple Extended Keyboard***) Un teclado de 105 teclas que funcionan con las computadoras Macintosh SE, Macintosh II y Apple IIGS. Este teclado representa la primera inclusión de teclas de función (F) por parte de Apple; la ausencia de estas teclas había sido citada durante mucho tiempo como una carencia de los equipos Macintosh, comparados con las computadoras IBM PC y compatibles. Esta característica, junto con otros cambios en la disposición y la adición de nuevas teclas e indicadores luminosos hace que el teclado Apple Extended Keyboard sea bastante similar, en cuanto a forma, al teclado ampliado IBM. Véase la ilustración. *Véase también* teclado ampliado.

teclado de 101 teclas *s.* (***101-key keyboard***) Teclado de computadora construido según el modelo del teclado ampliado lanzado al mercado por IBM para su computadora PC/AT. El teclado de 101 teclas y el teclado ampliado tienen el mismo número de teclas y las funciones de éstas son las mismas, pueden diferir en la disposición de las teclas, en la realimentación táctil experimentada cuando se pulsa una tecla y en la forma y el tacto de las teclas. *Véase también* teclado ampliado.

teclado de chiclet *s.* (***chiclet keyboard***) Teclado de microcomputadora utilizado en la primera versión de la computadora doméstica PCjr de IBM. Las teclas chiclet son pequeñas y cuadradas, parecidas a los chicles, y funcionan

Teclado ampliado Apple.

como pulsadores, sin presentar la resistencia y la clara realimentación táctil de las teclas tradicionales. Además, son mucho más pequeñas y normalmente están más separadas, de modo que resultar más difícil escribir que en un teclado convencional.

teclado de membrana *s.* (***membrane keyboard***) Teclado en el que una cubierta (membrana) de plástico irrompible o de goma cubre las teclas que tienen poco o ningún desplazamiento (movimiento). En lugar de usar las teclas de desplazamiento completo normales, los teclados de membrana utilizan áreas sensibles a la presión que a veces, pero no siempre, disponen de unos pequeños muelles bajo la membrana.

teclado Dvorak *s.* (***Dvorak keyboard***) Disposición de teclado desarrollada por August Dvorak y William L. Dealey en 1936 como una alternativa al extremadamente popular teclado QWERTY. El teclado Dvorak fue diseñado para conseguir una escritura rápida por medio de la colocación de los caracteres en el teclado de modo que el acceso a las letras que se escriben con mayor frecuencia sea más sencillo. Además, los pares de letras que a menudo aparecen en secuencia se separaron para poder alternar las manos para escribirlas. Véase la ilustración. *Véase también* teclado ergonómico; teclado. *Compárese con* teclado QWERTY.

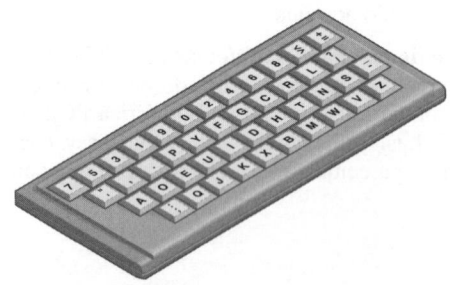

Teclado Dvorak.

teclado en pantalla *s.* (***on-screen keyboard***) Teclado interactivo que aparece como imagen gráfica en la pantalla de un dispositivo informático. El usuario introduce las palabras pulsando sobre las letras de la pantalla con un punzón. Los teclados en pantalla se utilizan normalmente en los dispositivos de tipo PDA (personal digital assistant) u otros dispositivos informáticos de mano que son demasiado pequeños como para incluir un teclado tradicional.

teclado ergonómico *s.* (***ergonomic keyboard***) Teclado diseñado para reducir el riesgo de lesiones en la muñeca y las manos como resultado de un uso prolongado o la realización de movimientos repetitivos. Un teclado ergonómico puede incluir características como, por ejemplo, disposiciones de tecla alternativas, reposamuñecas y una forma diseñada para minimizar las lesiones. *Véase también* teclado Dvorak; teclado; teclado ergonómico Kinesis.

teclado ergonómico Kinesis *s.* (***Kinesis ergonomic keyboard***) Teclado diseñado ergonómicamente para eliminar las lesiones musculares repetitivas. *Véase también* teclado ergonómico; lesión por esfuerzo repetititvo.

teclado numérico *s.* (***numeric keypad***) Bloque de teclas similar al de una calculadora, normalmente situado en el lado derecho del teclado, que puede utilizarse para introducir números. Además de las teclas para los dígitos del 0 al 9 y las teclas para indicar la suma, la resta, la multiplicación y la división, un teclado numérico incluye a menudo una tecla Intro (normalmente distinta de la tecla Intro de la parte principal del teclado). En los teclados Apple, el teclado numérico también incluye una tecla de borrado que normalmente funciona como la tecla Retroceso para borrar caracteres. Además, muchas de las teclas pueden tener una función adicional, como el movimiento del cursor, el desplazamiento de pantalla o determinadas tareas de edición, dependiendo del estado de la tecla de Bloqueo Numérico. Véase la ilustración. *Véase también* tecla Bloq Num.

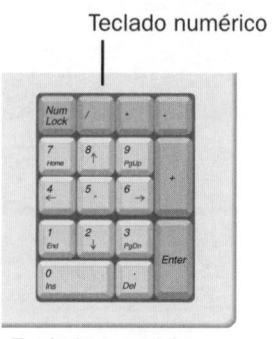

Teclado numérico.

teclado original Macintosh *s.* (*original Macintosh keyboard*) El teclado suministrado como equipamiento estándar con el Apple Macintosh de 128 KB y el Mac 512 K. El teclado original de Macintosh es pequeño y no dispone de teclado numérico ni teclas de función. Asimismo, puesto que el objetivo global de diseño era que la computadora Macintosh tuviera un aspecto familiar, los únicos elementos de este teclado de 58 teclas que difieren del teclado de una máquina de escribir son las teclas de Opción situadas a ambos extremos de la fila inferior, la tecla de Comando a la izquierda de la barra espaciadora y la tecla Intro a la derecha de la barra espaciadora.

teclado PC/XT *s.* (*PC/XT keyboard*) El teclado de una computadora PC/XT. Robusto, fiable y equipado con 83 teclas, el teclado PC/XT emite un clic audible a medida que se escribe. *Véase también* IBM PC; PC/XT.

teclado portátil *s.* (*portable keyboard*) Teclado portátil que se usa con los dispositivos PDA (asistentes digitales personales), teléfonos inalámbricos con características digitales avanzadas y otros dispositivos móviles de mano. Ligeros, compactos y fáciles de transportar, la mayoría de los teclados portátiles se pueden plegar a la hora de guardarlos y se conectan al dispositivo de mano a través de un conector integrado.

teclado QWERTY *s.* (*QWERTY keyboard*) Disposición de teclado denominada así por los seis caracteres más a la izquierda de la fila superior de los caracteres alfabéticos en la mayoría de los teclados. La disposición estándar de la mayoría de los teclados de máquina de escribir y de computadora. *Compárese con* teclado Dvorak.

teclado XT *s.* (*XT keyboard*) *Véase* teclado PC/XT.

teclas de edición *s.* (*editing keys*) Conjunto de teclas disponible en algunos teclados que ayudan en el trabajo de edición. Localizadas entre el teclado principal y el teclado numérico, hay tres parejas de esta clase de teclas: Insertar y Suprimir, Inicio y Fin y Retroceder página y Avance página.

teclas de navegación *s.* (*navigation keys*) Las teclas de un teclado que controlan el movimiento del cursor, incluyendo las cuatro teclas de flecha, la tecla de retroceso y las teclas Fin, Inicio, Av Pág y Re Pág. *Véase también* tecla de flecha; tecla Retroceso; tecla Fin; tecla Inicio; tecla de avance página; tecla de retroceso página.

teclas F *s.* (*F keys*) *Véase* tecla de función.

teclear *vb.* (*type*) Introducir información por medio del teclado.

técnicas de cifrado *s.* (*crypto*) *Véase* criptografía.

técnico *s.* (*techie*) Persona con una orientación técnica. Normalmente, un técnico es una persona a la que un usuario llama cuando algo se rompe o el usuario no puede entender un problema técnico. Un técnico puede ser un ingeniero o un miembro del departamento de soporte, pero no todos los ingenieros son técnicos. *Véase también* gurú.

tecnófilo *s.* **1.** (*computerphile*) Persona que está inmersa en el mundo de la informática, que colecciona computadoras o cuyo hobby involucra a la informática. **2.** (*technophile*) Alguien que es un entusiasta de las tecnologías emergentes. *Compárese con* tecnófilo.

tecnófobo *s.* (*technophobe*) Persona que tiene miedo a, o no le gustan, los avances tecnológicos, especialmente las computadoras. *Véase también* ludita. *Compárese con* tecnófilo.

tecnojerga *s.* (*technobabble*) Lenguaje que incluye una jerga y unos términos técnicos incomprensibles. En una conversación normal, muchas de las palabras de este diccionario podrían considerarse tecnojerga.

tecnología *s.* (*technology*) La aplicación de la ciencia e ingeniería al desarrollo de máquinas y procedimientos destinados a mejorar las condiciones humanas o al menos a mejorar la eficiencia humana en algunos aspectos. *Véase también* alta tecnología.

tecnología CIP *s.* (*Commerce Interchange Pipeline*) *Véase* CIP.

tecnología de la información *s.* (*Information Technology*) *Véase* Departamento de Informática.

tecnología de montaje superficial *s.* (*surface-mount technology*) Método de fabricación de tarjetas de circuito impreso en el que los chips se fijan directamente a la superficie de la placa en lugar de insertarse a través de unos taladros y soldarse. Las ventajas de esta tecnología son que los circuitos resultan más compactos, más resistentes a la vibración y permiten trazar un interconexionado de mayor densidad en ambos lados de la tarjeta. *Acrónimo:* SMT. *Compárese con* DIP; portachips sin terminales; matriz de cuadrícula de terminales.

tecnología de personalización *s*. (*personalization technology*) Una técnica de marketing para comercio electrónico en la que los sitios web y servicios analizan los intereses de cada cliente individual. La empresa de comercio electrónico utiliza entonces esta información para proporcionar servicios, enviar ofertas de productos y realizar anuncios que estén adaptados a los intereses personales de cada cliente.

tecnología inalámbrica Bluetooth *s*. (*Bluetooth wireless technology*) Una especificación para los enlaces radio entre equipos PC móviles, teléfonos móviles y otros dispositivos portátiles. Estos dispositivos de enlace vía radio son de pequeño tamaño, bajo coste y corto alcance.

tecnología milicéntimo *s*. (*millicent technology*) Conjunto de protocolos para transacciones comerciales a pequeña escala a través de Internet desarrollada por Digital Equipment Corporation. La tecnología milicéntimo tiene la finalidad de gestionar las compras de elementos de información a precios inferiores a un céntimo.

tecnología presencial *s*. (*presence technology*) Una aplicación, como, por ejemplo, las de mensajería instantánea, que localiza a usuarios específicos cuando están conectados a la red y que puede alertar a los usuarios interesados acerca de la presencia de otras personas. Las redes inalámbricas de tercera generación integrarán la tecnología presencial con los teléfonos celulares digitales, los dispositivos PDA, los buscapersonas y otros dispositivos de comunicaciones y entretenimiento.

tecnología segura de transacción *s*. (*STT*) *Véase* STT.

Teletype *s*. La empresa Teletype Corporation, desarrolladora del teletipo (TTY) y de varias otras impresoras utilizadas en sistemas informáticos y de comunicaciones. *Véase también* TTY.

telar de Jacquard *s*. (*Jacquard loom*) La primera máquina que utilizó tarjetas perforadas para controlar su operación. En este telar, desarrollado en 1801 por el inventor francés Joseph-Marie Jacquard, había hasta 24.000 tarjetas en un tambor giratorio. Cuando se hacía un agujero en una tarjeta, una varilla de entre un conjunto de ellas podía pasar a través del agujero y seleccionar un hilo concreto para tejerlo en el patrón. El emperador Napoleón impuso a Jacquard una medalla por su invento. Más adelante, en ese mismo siglo, las tarjetas perforadas se utilizaron en el Motor analítico de Charles Babbage, que era una máquina parecida a las actuales computadoras, y en la máquina de tabulación estadística de Herman Hollerith. *Véase también* motor analítico; máquina grabadora/tabuladora de Hollerith.

telco *s*. Abreviatura de telephone company (compañía telefónica). Un término generalmente utilizado para hacer referencia a la provisión de servicios Internet por parte de una compañía telefónica.

telecomunicaciones *s*. (*telecommunications*) La transmisión y recepción de información de cualquier tipo, incluyendo datos, imágenes de televisión, sonido y facsímiles, utilizando señales eléctricas u ópticas enviadas a través de cable, de fibra o del aire.

teleconferencia *s*. **1**. (*computer conferencing*) Comunicación entre dos o más personas mediante el uso de computadoras situadas en diferentes lugares, pero interconectadas mediante algún sistema de comunicación. **2**. (*teleconferencing*) La utilización de equipos de audio, vídeo y computadoras enlazados mediante un sistema de comunicaciones para permitir que una serie de personas geográficamente separadas participen en una reunión o debate. *Véase también* videoconferencia.

telecopiar *vb*. (*telecopy*) *Véase* fax.

telefonía *s*. (*telephony*) Tecnología telefónica: transmisiones de voz, fax o módem basadas en la conversión de sonido en señales eléctricas o en la comunicación inalámbrica a través de ondas de radio.

telefonía Internet *s.* (***Internet telephony***) *Véase* VoIP.

telefonía IP *s.* (***IP telephony***) Servicio telefónico que incluye voz y fax proporcionado a través de una conexión Internet o una conexión de red. La telefonía IP requiere dos pasos: conversión de la voz analógica a formato digital mediante un dispositivo de codificación/decodificación (códec) y la conversión de la información digitalizada en paquetes para su transmisión mediante IP. *También llamado* telefonía Internet, VoIP, Voz sobre IP. *Véase también* H.323; VoIP.

telefonía por cable *s.* (***cable telephony***) Servicio de telefonía proporcionado a través de una conexión de televisión por cable en lugar de a través de líneas telefónicas tradicionales. Aunque el servicio se proporciona a través de cable en lugar de a través de líneas telefónicas, de cara al usuario final no existe ninguna diferencia entre la telefonía por cable y el servicio telefónico normal. Los defensores de la tecnología por cable la ven como parte de una eventual convergencia de los servicios Internet, de televisión y telefónicos en una única unidad de comunicaciones/entretenimiento.

teléfono de doble banda *s.* (***dual-band phone***) Teléfono inalámbrico que emite y recibe señales tanto a través de redes de 800 MHz (redes celulares digitales) como de 1.900 MHz (PCS, Personal Communications Service).

teléfono de doble modo *s.* (***dual-mode phone***) Teléfono inalámbrico que emite y recibe señales tanto a través de redes digitales como analógicas. Los teléfonos de doble modo permiten a los usuarios de teléfonos inalámbricos con servicio digital enviar y recibir llamadas a través de redes analógicas en aquellas áreas en la que los operadores de telefonía inalámbrica no proporcionen un servicio digital.

teléfono de triple modo *s.* (***tri-mode phone***) Un teléfono inalámbrico que puede emitir en sistemas PCS a 1.900 MHz, en redes digitales celulares a 800 MHz y en redes analógicas a 800 MHz.

teléfono inalámbrico *s.* (***wireless phone***) Teléfono que opera por medio de ondas de radio sin una conexión vía cable. Una estación base (torre celular) retransmite las señales del teléfono hasta la red de un operador inalámbrico, desde donde se las transmite hasta otro teléfono inalámbrico o hasta una red de telefonía convencional.

teléfono inteligente *s.* (***smartphone***) Un híbrido entre un teléfono inalámbrico y un asistente digital personal (PDA). Los teléfonos inteligentes integran funciones de telefonía inalámbrica con muchas de las funciones de organización personal ofrecidas por un PDA, como calendarios, calculadoras, bases de datos, correo electrónico, acceso web inalámbrico, mecanismos de toma de notas y otros programas comunes en las pequeñas computadoras de mano utilizadas hoy día. Los teléfonos inteligentes pueden tener que emplear un punzón, un teclado o ambos tipos de periférico para la introducción de datos o pueden utilizar tecnología de reconocimiento de voz. *Véase también* celda; palmtop; PDA; computadora de lápiz; teléfono inalámbrico.

teléfono Internet *s.* (***Internet telephone***) Comunicación de voz punto a punto que utiliza Internet en lugar de la red telefónica general de conmutación para conectar a los dos interlocutores. Tanto el interlocutor llamante como el llamado necesitan un equipo informático, un módem, una conexión a Internet y un paquete software de telefonía Internet para poder realizar y recibir llamadas.

teléfono multibanda *s.* (***multiband phone***) Teléfono inalámbrico que opera en dos o más frecuencias de radiodifusión.

teléfono multimodo *s.* (***multimode phone***) Teléfono inalámbrico que puede operar tanto en redes analógicas como digitales. Los teléfonos multimodo pueden ser de doble modo (red analógica y una red digital) o de modo triple (red analógica y dos redes digitales).

teléfono pantalla *s.* (***screen phone***) Un tipo de dispositivo Internet que combina un teléfono con una pantalla de visualización LCD, un módem fax digital y un teclado de computadora, con puertos para un ratón, impresora y otros dispositivos periféricos. Los teléfonos pantalla pueden utilizarse como teléfonos normales para comunicación vocal y también como terminales para obtener acceso a Internet y a otros servicios en línea.

teléfono tribanda *s*. (***tri-band phone***) Un teléfono inalámbrico diseñado para poder comunicarse cuando se realizan viajes internacionales. Los teléfonos tribanda emiten en la frecuencia PCS (Personal Communications Service) utilizada en América del Norte, así como en frecuencias PCS utilizadas en otras regiones del mundo.

teléfono web *s*. (***Web phone***) *Véase* teléfono Internet.

telemática *s*. (***telematics***) En tecnología de comunicaciones, es la conjunción de computadoras y telecomunicaciones. La tecnología telemática está convirtiéndose en un estándar dentro del sector automovilístico, y los vehículos tienen hoy día disponibles sistemas de navegación integrados en el salpicadero, sistema de asistencia en carretera, sistemas de entretenimiento, acceso a Internet y servicios celulares.

teleproceso *vb*. (***teleprocess***) Utilizar un terminal o computadora y una serie de equipos de comunicaciones para acceder a computadoras y archivos informáticos localizados en algún otro lugar. El término teleproceso fue acuñado por IBM. *Véase también* procesamiento distribuido; acceso remoto.

Telescript *s*. (***Telescript***) Lenguaje de programación orientado a las comunicaciones, lanzado en 1994 por General Magic, que fue diseñado para satisfacer la necesidad de aplicaciones de mensajería interplataforma e independientes de la red y de un mecanismo que permitiera abstraerse de las complejidades de los protocolos de red. *Véase también* protocolo de comunicaciones.

teletexto *s*. (***teletext***) Información en formato de texto difundida por una estación de televisión y que puede mostrarse en el aparato de televisión de un abonado.

teletipo *s*. (***teletypewriter***) *Véase* TTY.

teletrabajador *s*. **1**. (***telecommuter***) Una persona de la plantilla de una empresa que lleva a cabo su labor fuera del entorno normal de oficina, colaborando con sus colegas y asociados comerciales mediante tecnologías informáticas y de comunicaciones. Algunos trabajadores son teletrabajadores a tiempo completo y otros a tiempo parcial. *Véase también* entorno de trabajo distribuido; SOHO. **2**. (***teleworker***) Una persona que utiliza tecnologías de la información para evitar tener que efectuar desplazamientos relacionados con su trabajo. Entre los teletrabajadores, se incluyen los profesionales autónomos que trabajan en su casa y los propietarios de pequeñas empresas que utilizan tecnologías informáticas y de telecomunicaciones para interaccionar con sus clientes y/o colegas. *Véase también* entorno de trabajo distribuido; SOHO.

teletrabajar *vb*. (***telecommute***) Trabajar en una ubicación (a menudo en casa) y comunicarse con una oficina principal situada en una ubicación diferente mediante una computadora personal equipada con un módem y con software de comunicaciones.

televisión interactiva *s*. (***interactive television***) Una tecnología de vídeo en la que un espectador interactúa con la programación de televisión. Entre los usos típicos de la televisión interactiva se encuentran el acceso a Internet, el vídeo a la carta y la videoconferencia. *Véase también* videoconferencia.

televisión por cable *s*. (***cable television***) *Véase* CATV.

televisión por Internet *s*. (***Internet television***) La transmisión de señales audiovisuales de televisión a través de Internet.

telnet *s*. **1**. Un programa cliente que implementa el protocolo telnet. **2**. Un protocolo que permite a un usuario Internet iniciar una sesión en una computadora remota conectada a Internet e introducir comandos en esa computadora como si estuviera utilizando un terminal basado en texto directamente conectado a esa computadora. Telnet forma parte del conjunto de protocolos TCP/IP.

tema *s*. (***theme***) **1**. Un conjunto de elementos gráficos coordinados que se aplican a un documento o página web o a todas las páginas de un sitio web. Los temas pueden estar compuestos por diseños y combinaciones de color para fuentes, barras de hipervínculos y otros elementos de la página. **2.** Conjunto de elementos visuales que proporciona una apariencia unificada al escritorio de la computadora. Un tema determina la apariencia de los distintos elementos gráficos del escritorio, como las ventanas, iconos, fuentes, colores y las imágenes de fondo y de salvapantallas. También se pueden definir los sonidos asociados con sucesos, como la apertura o cierre de un programa.

temporizador *s.* (*timer*) Registro (circuito de memoria de alta velocidad) o un circuito, chip o rutina de software especial utilizado para medir intervalos de tiempo. Un temporizador no es lo mismo que el reloj del sistema, aunque sus pulsos pueden obtenerse de la frecuencia de reloj del sistema. *Véase también* fecha y hora. *Compárese con* reloj; reloj/calendario.

temporizador del sistema *s.* (*system timer*) *Véase* reloj.

tensión *s.* (*voltage*) *Véase* fuerza electromotriz.

tensión de línea *s.* (*line voltage*) La tensión presente en la línea de alimentación. En España, la tensión de línea es de aproximadamente 220 voltios de corriente alterna.

teoría de autómatas *s.* (*automata theory*) **1.** El estudio de los procesos informáticos y de sus capacidades y limitaciones; es decir, cómo los sistemas reciben y procesan las entradas y producen una salida. *Véase también* autómatas celulares. **2.** El estudio de las relaciones entre las teorías del comportamiento y la operación de los dispositivos automatizados.

teoría de juegos *s.* (*game theory*) Teoría matemática, atribuida a John von Neumann, que considera la estrategia y la probabilidad en relación con los juegos competitivos en los que todos los jugadores tienen control parcial y cada uno busca los movimientos más ventajosos respecto de los demás.

teoría de la información *s.* (*information theory*) Una disciplina matemática fundada en 1948 y que trata con las características y con la transmisión de la información. La teoría de la información se aplicó originalmente a la ingeniería de comunicaciones, pero ha demostrado ser relevante en otros campos, incluyendo la informática. Se centra en aspectos de la comunicación tales como la cantidad de datos transmitidos, la velocidad de transmisión, la capacidad del canal y la precisión de la transmisión, ya se trate de comunicaciones a través de cable o de comunicaciones que se lleven a cabo dentro de una sociedad.

tera- *pref.* Prefijo que significa 10^{12}: 1 billón. *Abreviatura:* T. *Véase también* terabyte.

terabyte *s.* Medida utilizada para los dispositivos de almacenamientos de datos de alta capacidad. Un terabyte es igual a 2^{40}, es decir, 1.099.511.627.776 bytes, aunque habitualmente se interpreta como un billón de bytes. *Abreviatura:* TB.

teraflop *s.* Un billón de operaciones en coma flotante (FLOPS) por segundo. La cantidad de teraflops sirve como medida comparativa de las prestaciones para las computadoras de mayor tamaño, midiéndose el número de operaciones en coma flotante que la computadora puede realizar en una cantidad especificada de tiempo. *Véase también* FLOPS.

tercera forma normal *s.* (*third normal form*) *Véase* forma normal.

tercera generación *s.* (*Third Generation*) *Véase* 3G.

terminación anormal *s.* (*abnormal end*) *Véase* abend o ABEND.

terminador *s.* (*terminator*) **1.** Carácter que indica el fin de una cadena, como, por ejemplo, el carácter nulo en una cadena ASCIIZ. *Véase también* ASCII; cadena ASCIIZ. **2.** Elemento de hardware que debe instalarse en el último dispositivo de una red en cadena o en bus, como, por ejemplo, Ethernet o SCSI. El terminador cierra el extremo del cable en una red en bus para que las señales no reboten a lo largo de la línea de transmisión. *Véase también* caperuza de terminación.

terminal *s.* **1.** (*pin*) Protuberancia de contacto. Los terminales se encuentran normalmente como contactos que sobresalen de un conector macho. Los conectores se identifican a menudo por el número de terminales que los componen. Otro tipo de terminales (pines) son los apéndices de metal con forma de pata de araña que permiten montar los chips sobre los zócalos en una tarjeta de circuito o directamente sobre la tarjeta de circuito. Véase la ilustración. **2.** En electrónica, es un punto que puede estar físicamente conectado a alguna otra cosa, usualmente mediante un cable, para formar una conexión eléctrica. **3.** En las redes, es un dispositivo compuesto por un adaptador de vídeo, un monitor y un teclado. El adaptador y el monitor, y en ocasiones también el teclado, suelen estar combinados en una misma unidad. Un terminal no realiza ningún tipo de procesamiento informático propio o muy poco. En lugar de ello, está conectado a una computadora a través de un cable que proporciona un enlace de comunicaciones. Los terminales se utilizan principalmente en los sistemas multiusuario y hoy día no se los suele encontrar en computadoras personales monousuario. *Véase también* terminal pasivo; terminal inteligente; emulación de terminal. **4.** (*Terminal*) Aplicación que proporciona acceso basado en línea de comandos al núcleo UNIX de Mac OS X. El entorno de línea de comandos del terminal permite utilizar funciones UNIX desde dentro de Mac OS X.

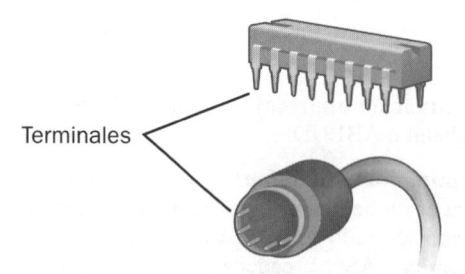

Terminal. *Encapsulados DIP de 16 terminales (arriba) y DIN de 6 terminales (abajo)*

terminal con pantalla alfanumérica *s*. (*alphanumeric display terminal*) Un terminal capaz de mostrar caracteres, pero no gráficos.

terminal de sólo lectura *s*. (*read-only terminal*) *Véase* terminal RO.

terminal de vídeo *s*. (*video terminal*) *Véase* terminal.

terminal de visualización *s*. (*display terminal*) *Véase* terminal.

terminal gráfico *s*. (*graphics terminal*) Terminal capaz de mostrar gráficos además de texto. Estos terminales normalmente interpretan comandos de control de gráficos en lugar de recibir flujos de píxeles ya procesados.

terminal inteligente *s*. **1.** (*intelligent terminal*) Terminal con su propia memoria, procesador y firmware que puede realizar ciertas funciones independientemente de su computadora host, frecuentemente el encaminamiento de los datos entrantes a una impresora o pantalla de vídeo. **2.** (*smart terminal*) Terminal que contiene un microprocesador y una memoria de acceso aleatorio (RAM) y que realiza algunos procesamientos rudimentarios sin la intervención de la computadora host. *Compárese con* terminal pasivo.

terminal Internet *s*. (*Internet appliance*) *Véase* servidor empaquetado.

terminal KSR *s*. (*KSR terminal*) Abreviatura de terminal keyboard send/receive (terminal de teclado para envío/recepción). Un tipo de terminal que acepta entrada únicamente desde un teclado y utiliza una impresora interna en lugar de una pantalla para mostrar la entrada de teclado y la salida recibida desde el terminal emisor. *Véase también* TTY.

terminal pasivo *s*. (*dumb terminal*) Terminal que no dispone de un microprocesador interno. Normalmente, los terminales pasivos sólo pueden mostrar caracteres y números y responden a códigos de control simples. *Compárese con* terminal inteligente.

terminal remoto *s*. (*remote terminal*) Un terminal localizado en una ubicación alejada de la computadora a la que está conectado. Los terminales remotos necesitan utilizar módems y líneas telefónicas para comunicarse con la computadora host. *Véase también* acceso remoto. *Compárese con* sistema remoto.

terminal RO *s*. (*RO terminal*) Un terminal de sólo lectura (read-only), es decir, un terminal que puede recibir datos, pero no enviarlos. Prácticamente, todas las impresoras pueden clasificarse como terminales RO.

terminal virtual *s.* (*virtual terminal*) *Véase* emulación de terminal.

terminal web *s.* (*Web terminal*) Un sistema que contiene una unidad central de proceso (UCP), RAM, un módem de alta velocidad u otro mecanismo para conectarse a Internet y potentes funcionalidades de vídeo, pero que carece de disco duro y cuyo objetivo es que sea utilizado exclusivamente como cliente para la World Wide Web en lugar de como una computadora de propósito general. *También llamado* computadora de red.

terminal Windows *s.* (*Windows terminal*) Una solución de cliente simple de Microsoft, diseñada para permitir que los terminales y las computadoras con una configuración mínima puedan mostrar aplicaciones Windows incluso si no son capaces, por sí mismas, de ejecutar software Windows. Los terminales Windows funcionan en conjunción con Windows NT Server, Terminal Server Edition. *Véase también* cliente simple.

terminal X *s.* (*X terminal*) Un dispositivo de visualización inteligente, conectado a una red Ethernet, que realiza operaciones bajo petición de las aplicaciones cliente en un sistema X Window. *Véase también* Ethernet; X Window System.

terminar *vb.* (*terminate*) **1.** En referencia al hardware, instalar un enchufe o un conector al final de un hilo conductor o cable. **2.** En referencia al software, finalizar un proceso o programa. Una terminación anormal puede producirse debido a la intervención del usuario o debido a un error hardware o software.

ternario *adj.* (*ternary*) En programación, perteneciente a o característico de un elemento con tres valores posibles, una condición que tenga tres estados posibles o un sistema numérico de base 3. *Compárese con* binario; unario.

teselar *vb.* (*tessellate*) Romper una imagen en pequeñas regiones cuadradas de cara a su procesamiento o a la producción de la salida.

test de aceptación *s.* (*acceptance test*) Una evaluación formal de un producto hardware realizada por el cliente, usualmente en la fábrica, para verificar que el producto se comporta de acuerdo con las especificaciones.

test de humo *s.* (*smoke test*) Comprobación de un elemento hardware después de su montaje o reparación, consistente simplemente en encenderlo. El dispositivo no pasa el test si se ve humo saliendo de él, si explota o si tiene alguna otra reacción inesperada de carácter violento, incluso aunque parezca que funciona.

test de velocidad de transferencia *s.* (*throughput test*) *Véase* ancho de banda, prueba de.

testear *vb.* (*test*) Comprobar la corrección de un programa probando distintas secuencias y valores de entrada. *Véase también* depurar; datos de prueba.

testigo *s.* (*token*) Un mensaje u objeto de datos estructurado distintivo que circula continuamente entre los nodos de una red token ring y que describe el estado actual de la red. Antes de que un nodo pueda enviar un mensaje, debe esperar a tomar control del testigo. *Véase también* red token bus; paso de testigo; red token ring.

TeX *s.* Sistema software para dar formato a textos creado por el matemático y científico informático Donald Knuth para generar documentos científicos, matemáticos u otro tipo de documentos técnicos complejos de calidad tipográfica a partir de una entrada de texto ASCII sin formato. Las implementaciones de TeX para sistemas UNIX, MS-DOS y Windows y para Apple Macintosh están disponibles de forma gratuita a través de Internet (ftp://ftp.tex.ac.uk/tex-archive/) o en distribuciones comerciales (que a menudo ofrecen mejoras). Los comandos contenidos en el archivo de entrada generan elementos de formato y símbolos especiales; por ejemplo, $\{\pi\}r^2$ genera la expresión pr^2. TeX puede ampliarse a través de macros y los archivos de macros están disponibles para una amplia variedad de aplicaciones. *Véase también* LaTeX.

téxel *s.* (*texel*) Un elemento componente de una textura. Cuando se ha aplicado una textura a un objeto, los téxeles raramente se corresponden con los píxeles de la pantalla. Las aplicaciones pueden utilizar el filtrado de texturas para controlar la forma en que los téxeles se muestran y se interpolan con respecto a los píxeles.

TextEdit *s.* Conjunto de rutinas estándar del sistema operativo Macintosh que están disponibles para los programas con el fin de controlar la manera en la que se muestra el texto. *Véase también* caja de herramientas.

texto *s.* (*text*) **1**. Datos compuestos por caracteres que representan palabras y símbolos del lenguaje humano. Normalmente, los caracteres están codificados según el estándar ASCII, que asigna valores numéricos a los números, a las letras y a ciertos símbolos. **2**. En procesamiento de textos y autoedición, la parte principal de un documento, por oposición a las cabeceras, tablas, figuras, notas a pie de página y otros elementos.

texto a voz *s.* **1**. (*Text-to-Speech*) *Véase* TTS. **2**. (*text-to-speech*) La conversión de datos basados en texto a una salida de voz mediante dispositivos de síntesis del habla con el fin de que los usuarios puedan acceder a información a través del teléfono o con el fin de permitir a las personas ciegas o analfabetas utilizar las computadoras.

texto cifrado *s.* (*ciphertext*) El texto codificado o aleatorizado de un mensaje cifrado. *Véase también* cifrado.

texto electrónico *s.* (*e-text*) Un libro u otro tipo de obra basada en texto y que esté disponible en línea en formato electrónico. Un texto electrónico puede ser leído en línea o descargado en la computadora de un usuario para su lectura fuera de línea. *Véase también* e-zine.

texto enriquecido, formato de *s.* (*RTF*) *Véase* RTF.

texto sin formato *s.* (*plaintext*) **1**. Archivo que se almacena como un conjunto de datos ASCII legibles. *Compárese con* texto cifrado. **2**. Texto descifrado o que no está cifrado. *Véase también* descifrado; cifrado.

textura *s.* (*texture*) En gráficos por computadora, sombreado u otros atributos añadidos a la «superficie» de una imagen gráfica para crear la ilusión de sustancia física. Por ejemplo, puede crearse una superficie que parezca reflectiva para simular metal o cristal o bien se podría aplicar una imagen digitalizada de veteado de madera a una forma con la intención de simular un objeto hecho de madera.

TFLOPS *s. Véase* teraflop.

TFT *s.* Acrónimo de thin film transistor (transistor de película fina). Transistor creado utilizando tecnología de película fina. *Véase también* pantalla de matriz activa; película delgada; transistor.

TFT LCD *s.* Acrónimo de thin film transistor LCD (LCD de transistor de película fina). *Véase* pantalla de matriz activa.

TFTP *s.* (*Trivial File Transfer Protocol*) Acrónimo de Trivial File Transfer Protocol (protocolo trivial de transferencia de archivos). Una versión simplificada del protocolo FTP (File Transfer Protocol) que proporciona funciones básicas de transferencia de archivos sin autenticación del usuario y se utiliza a menudo para descargar los archivos iniciales necesarios para dar comienzo a un proceso de instalación. *Véase también* protocolo de comunicaciones.

TGA *s.* **1**. Abreviatura de Targa. Un formato de archivo para gráficos de líneas definido por Truevision, Inc., y que soporta 16, 24 y 32 bits de color. *Véase también* color de 16 bits; color de 24 bits; color de 32 bits; gráficos rasterizados; tarjeta gráfica. **2**. Nombre comercial de una serie de tarjetas gráficas de vídeo de alta resolución.

The Microsoft Network *s. Véase* MSN.

The World-Public Access UNIX *s.* Uno de los proveedores de servicios Internet de acceso público más antiguos, con sede en Boston, Estados Unidos. En 1990, The World comenzó a ofrecer acceso telefónico completo a Internet al público en general. Otros servicios incluyen acceso World Wide Web, Usenet, soporte SLIP/PPP, telnet, FTP, IRC, Gopher y correo electrónico. En 1995, The World comenzó a proporcionar acceso telefónico local a través de UUNET. *Véase también* ISP.

ThickNet *s. Véase* 10Base5.

ThickWire *s. Véase* 10Base5.

ThinNet *s. Véase* 10Base2.

ThinWire *s. Véase* 10Base2.

TIA *s.* Acrónimo de thanks in advance (gracias de antemano). En Internet, es una fórmula inglesa de despedida bastante común cuando se realiza una solicitud de algún tipo. *También llamado* aTdHvAaNnKcSe.

tic *s.* **1**. Señal regular y recurrente emitida por un circuito de sincronización; también, la interrupción generada por esa señal. **2**. En algunas microcomputadoras, en especial Macintosh, es la sexagésima parte de un segundo, la unidad básica de tiempo utilizada por el reloj interno accesible por los programas.

tic de reloj *s.* (*clock tick*) *Véase* ciclo de UCP.

tiempo compartido *s.* (*time-sharing*) **1**. Método, utilizado principalmente en los años sesenta y setenta, para compartir las capacidades (y el coste) de una computadora, como, por ejemplo, un mainframe. El tiempo compartido permitía a los diferentes clientes «alquilar» tiempo en una gran computadora y pagar sólo por el período de tiempo que utilizaban. **2**. El uso de un sistema informático por más de una persona al mismo tiempo. La compartición de tiempo ejecuta programas independientes de manera concurrente, entrelazando los segmentos de tiempo de procesamiento asignados a cada programa (usuario). *Véase también* cuanto; franja temporal.

tiempo de acceso *s.* (*access time*) **1**. La cantidad de tiempo necesaria para suministrar datos de la memoria al procesador después de que se haya seleccionado la dirección correspondiente a los datos. **2**. Tiempo necesario para que una cabeza de lectura/escritura de una unidad de tiempo localice una pista situada en un disco. El tiempo de acceso se mide usualmente en milisegundos y se emplea como medida del rendimiento de los discos duros y de las unidades de CD-ROM. *Véase también* cabezal de lectura/escritura; tiempo de búsqueda; tiempo de asentamiento; estado de espera. *Compárese con* tiempo de ciclo.

tiempo de acceso al disco *s.* (*disk access time*) *Véase* tiempo de acceso.

tiempo de acoplamiento *s.* (*binding time*) El punto del ciclo de uso de un programa en el que se produce el acoplamiento de información, usualmente en referencia al proceso de acoplar los elementos del programa a sus ubicaciones de almacenamiento y valores correspondientes. Los tiempos de acoplamiento más comunes son los que tienen lugar durante la compilación (acoplamiento en tiempo de compilación), durante el montaje (acoplamiento en tiempo de montaje) y durante la ejecución del programa (acoplamiento en tiempo de ejecución). *Véase también* acoplar; acoplamiento en tiempo de compilación; acoplamiento en tiempo de montaje; acoplamiento en tiempo de ejecución.

tiempo de actividad *s.* (*uptime*) La cantidad o porcentaje de tiempo que un sistema informático, o su hardware asociado, está funcionando y disponible para su uso. *Compárese con* tiempo de parada.

tiempo de asentamiento *s.* (*settling time*) El tiempo requerido para que el cabezal de lectura/escritura de una unidad de disco se estabilice sobre una nueva ubicación del disco después de haberse desplazado.

tiempo de atención personal *s.* (*face time*) Tiempo invertido en tratar cara a cara con otra persona en lugar de comunicarse con ella electrónicamente.

tiempo de búsqueda *s.* (*seek time*) El tiempo requerido para mover el cabezal de lectura/escritura de una unidad de disco hasta una ubicación específica del disco. *Véase también* tiempo de acceso.

tiempo de ciclo *s.* (*cycle time*) La cantidad de tiempo entre un acceso a la memoria RAM (memoria de acceso aleatorio) y el instante en que puede tener lugar un nuevo acceso. *Véase también* tiempo de acceso.

tiempo de compilación *s.* (*compile time*) **1**. La cantidad de tiempo requerido para realizar una compilación de un programa. El tiempo de compilación puede ir desde una fracción de segundo a varias horas, dependiendo del tamaño y la complejidad del programa, de la velocidad del compilador y de las prestaciones del hardware. *Véase también* compilador. **2**. El punto en el que un programa está siendo compilado (es decir, la mayoría de los lenguajes evalúan las expresiones constantes en tiempo de compilación, mientras que las expresiones variables se evalúan en tiempo de ejecución). *Véase también* tiempo de montaje; tiempo de ejecución.

tiempo de conexión *s*. (***connect time***) La cantidad de tiempo durante la que un usuario está activamente conectado a una computadora remota. En los sistemas comerciales, el tiempo de conexión es una de las formas de calcular el dinero que un usuario debe pagar por usar el sistema. *Véase también* tarifa de conexión.

tiempo de disponibilidad *s*. (***available time***) *Véase* tiempo de actividad.

tiempo de ejecución *adj*. (***run-time***) Que ocurre después de que haya comenzado un programa, como, por ejemplo, la evaluación de expresiones variables o la asignación dinámica de memoria.

tiempo de ejecución *s*. **1**. (***execution time***) El tiempo, medido en ciclos de reloj (pulsos del temporizador interno de la computadora), requerido por un microprocesador para decodificar y ejecutar una instrucción después de haberla extraído de memoria. *Véase también* tiempo de instrucción. **2**. (***run time***) La cantidad de tiempo necesaria para ejecutar un programa determinado. **3**. (***run time***) El período de tiempo durante el cual se está ejecutando un programa. *Véase también* tiempo de compilación; asignación dinámica; acoplamiento dinámico; tiempo de montaje.

tiempo de extracción *s*. (***fetch time***) *Véase* tiempo de instrucción.

tiempo de frenado *s*. (***deceleration time***) El tiempo requerido para que el brazo del mecanismo de lectura/escritura se detenga a medida que se aproxima a la parte deseada del disco. Cuanto más rápido se mueva el brazo, mayor será su cantidad de movimiento y también el tiempo de frenado necesario

tiempo de instrucción *s*. (***instruction time***) El número de ciclos de reloj (pulsos del temporizador interno de una computadora) requeridos para extraer una instrucción de memoria. El tiempo de instrucción es la primera parte del ciclo de instrucción; la segunda parte es el tiempo de ejecución (tiempo requerido para traducir y ejecutar la instrucción).

tiempo de inversión *s*. (***turnaround time***) En comunicaciones, el tiempo requerido para invertir la dirección de transmisión en el modo de comunicación semidúplex. *Véase también* transmisión semidúplex.

tiempo de montaje *s*. (***link time***) **1**. La cantidad de tiempo requerida para montar un programa. *Véase también* montador. **2**. El período durante el cual un programa está siendo enlazado. *Véase también* tiempo de compilación; montador; tiempo de ejecución.

tiempo de parada *s*. (***downtime***) La cantidad o porcentaje de tiempo que un sistema informático, o su hardware asociado, permanece en estado no operativo. Aunque el tiempo de parada puede tener lugar debido a un fallo de hardware inesperado, también puede ser un suceso programado, como, por ejemplo, cuando se apaga una red para realizar labores de mantenimiento.

tiempo de paso *s*. (***step-rate time***) El tiempo requerido para mover el brazo actuador de un disco desde una pista a la siguiente. *Véase también* actuador; motor paso a paso.

tiempo de procesador *s*. (***CPU time***) En multiproceso, la cantidad de tiempo durante la cual un proceso determinado tiene el control activo de la UCP (unidad central de proceso). *Véase también* UCP; multiprocesamiento.

tiempo de reintento *s*. (***deferral time***) El tiempo que los nodos de una red CSMA/CD esperan antes de tratar de retransmitir después de haberse producido una colisión. *Véase también* CSMA/CD.

tiempo de respuesta *s*. **1**. (***response time***) El tiempo requerido por un circuito de memoria o dispositivo de almacenamiento para suministrar los datos solicitados por la unidad central de proceso (UCP). **2**. (***response time***) El tiempo, normalmente expresado como promedio, transcurrido entre la emisión de una solicitud y la devolución de los datos solicitados (o la notificación de la incapacidad de proporcionar dichos datos). **3**. (***turnaround time***) El tiempo transcurrido entre el envío y la terminación de un trabajo.

tiempo de transferencia *s.* (*transfer time*) El tiempo transcurrido entre el inicio de una operación de transferencia de datos y su terminación.

tiempo de vida *s. Véase* TTL.

tiempo medio de reparación *s.* (*mean time to repair*) *Véase* MTTR.

tiempo medio entre fallos *s.* (*mean time between failures*) *Véase* MTBF.

.tif *s.* La extensión de archivo que identifica las imágenes de mapa de bits en formato TIFF (Tagged Image File Format, formato de archivo de imagen etiquetado). *También llamado* .tiff. *Véase también* TIFF.

TIFF *s.* Acrónimo de Tagged Image File Format o Tag Image File Format (formato de archivo de imagen etiquetado). Un formato de archivo estándar comúnmente utilizado para escanear, almacenar e intercambiar imágenes gráficas en escala de grises. El formato TIFF puede ser el único formato disponible en los programas más antiguos (como las versiones más antiguas de MacPaint), pero la mayoría de los programas más modernos son capaces de guardar las imágenes en una diversidad de formatos distintos, como GIF o JPEG. *También llamado* TIF. *Véase también* escala de grises. *Compárese con* GIF; JPEG.

TIFF JPEG *s.* Un método para guardar imágenes fotográficas comprimidas de acuerdo con el estándar JPEG (Joint Photographic Experts Group). TIFF JPEG guarda más información acerca de una imagen que el formato de gama más baja JFIF (JPEG File Interchange Format, formato de intercambio de archivos JPEG), pero los archivos TIFF JPEG están limitados en lo que respecta a su portabilidad debido a las diferencias de implementación entre las distintas aplicaciones. *Véase también* JFIF; JPEG.

TIGA *s.* Acrónimo de Texas Instruments Graphics Architecture (arquitectura de gráficos de Texas Instruments). Arquitectura de adaptador de vídeo basada en el procesador gráfico 340x0 de Texas Instruments.

tiger team *s.* Un grupo de usuarios, programadores o hackers que están encargados de encontrar vulnerabilidades en las redes, aplicaciones o procedimientos de seguridad. Los equipos tigre pueden ser subcontratados o pueden estar compuestos de voluntarios y pueden tener un único objetivo a corto plazo o utilizarse para realizar distintos tipos de investigaciones a lo largo de un período de tiempo más largo. El término «equipo tigre» fue originalmente utilizado por los militares para describir a los grupos de operaciones encubiertas y fue empleado por primera vez en la industria informática para referirse a hackers contratados para descubrir vulnerabilidades en la seguridad de red.

tinta sólida *s.* (*solid ink*) Tinta fabricada en forma de barras sólidas que recuerdan lápices de colores para ser utilizada en impresoras de tinta sólida. *Véase también* impresora de tinta sólida.

tipo *s.* (*type*) **1.** En impresión, los caracteres que forman un texto impreso, el diseño de un conjunto de caracteres (tipo de letra) o, en una acepción más libre, el conjunto completo de caracteres de un tamaño y estilo (fuente) determinados. *Véase también* fuente; tipo de letra. **2.** En programación, la naturaleza de una variable, como, por ejemplo, un entero, un número real, un carácter de texto o un número de coma flotante. Los tipos de datos de los programas son declarados por el programador y determinan el rango de valores que puede tomar una variable, así como las operaciones que se pueden realizar con ella. *Véase también* tipo de datos. **3.** (*face*) En imprenta y tipografía, abreviatura de tipo de letra.

tipo de archivo *s.* (*file type*) Designación de las características operacionales o estructurales de un archivo. Un tipo de archivo a menudo se identifica mediante el nombre del archivo, específicamente mediante la extensión del mismo. *Véase también* formato de archivo.

tipo de archivo registrado *s.* (*registered file type*) Tipos de archivo de los que el Registro del sistema hace un seguimiento y que los programas instalados en la computadora reconocen. *Véase también* tipo de archivo.

tipo de datos *s.* (*data type*) En programación, definición de un conjunto de datos que especi-

tipo de datos abstracto

fica el posible rango de valores del conjunto, las operaciones que se pueden realizar con los valores y la manera en la que se almacenan los valores en memoria. Definir el tipo de datos permite a una computadora manipular los datos correctamente. Los tipos de datos están a menudo soportados en los lenguajes de alto nivel y suelen incluir tipos tales como el tipo real, entero, de coma flotante, de carácter, booleano y de puntero. Una de las principales características de todo lenguaje es la forma en que el lenguaje maneja los tipos de datos. *Véase también* mutación; constante; tipo de datos enumerado; control de tipos fuerte; comprobación de tipos; tipo de datos definido por el usuario; variable; control de tipos débil.

tipo de datos abstracto *s.* (***abstract data type***) En programación, un conjunto de datos definidos por el programador en términos de la información que puede contener y de las operaciones que pueden realizarse con él. Un tipo abstracto de datos está más generalizado que los tipos de datos normales, que están restringidos por las propiedades de los objetos que contienen; por ejemplo, el tipo de datos «mascota» está más generalizado que los tipos de datos «perro», «pájaro» y «pez». El ejemplo estándar utilizado para ilustrar el concepto de tipo abstracto de datos es la pila, una pequeña porción de memoria utilizada para almacenar información, generalmente de manera temporal. Como tipo abstracto de datos, la pila es, simplemente, una estructura en la que se pueden insertar (añadir) valores y de la que se pueden extraer (eliminar). El tipo de valor, como, por ejemplo, un entero, es irrelevante a efectos de esta definición. La forma en la que el programa realiza operaciones sobre los tipos abstractos de datos está encapsulada, u oculta, a ojos del resto del programa. La encapsulación permite al programador cambiar la definición del tipo de datos o sus operaciones sin introducir errores en el código existente que hace uso de dicho tipo abstracto de datos. Los tipos abstractos de datos representan un paso intermedio entre la programación tradicional y la programación orientada a objetos. *Véase también* tipo de datos; programación orientada a objetos.

tipo de datos bigint *s.* (***bigint data type***) En un proyecto de Access, un tipo de datos de 8 bytes (64 bits) que almacena números enteros en el rango comprendido entre -2^{63} ($-9.223.372.036.854.775.808$) y $2^{63}-1$ ($9.223.372.036.854.775.807$).

tipo de datos de bit *s.* (***bit data type***) En un proyecto de Access, un tipo de datos que almacena un valor 1 o un valor 0. Los valores enteros distintos de 1 o 0 se aceptan, pero se interpretan siempre como 1.

tipo de datos definido por el usuario *s.* (***user-defined data type***) Tipo de datos definido en un programa. Los tipos de datos definidos por el usuario son normalmente combinaciones de tipos de datos definidos por el lenguaje de programación que se esté utilizando y a menudo se usan para crear estructuras de datos. *Véase también* estructura de datos; tipo de datos.

tipo de datos enumerado *s.* (***enumerated data type***) Tipo de datos que consta de una secuencia de valores específicos con nombre expresados en un orden concreto.

tipo de datos escalar *s.* (***scalar data type***) Tipo de datos definido por tener una secuencia de valores predecibles y enumerables que pueden ser comparados entre sí mediante relaciones del tipo mayor que/menor que. Los tipos de datos escalares incluyen a los enteros, los caracteres, los tipos enumerados definidos por el usuario y (en la mayoría de las implementaciones) a los valores booleanos. Existe algún debate sobre si los números en coma flotante pueden ser o no considerados un tipo de datos escalar, ya que, aunque pueden ser ordenados, la enumeración es a menudo cuestionable debido a los errores de redondeo y de conversión. *Véase también* expresión booleana; tipo de datos enumerado; número en coma flotante.

tipo de datos largo *s.* (***Long data type***) Tipo de datos fundamental que almacena enteros largos. Una variable de tipo Long se almacena como un número de 32 bits cuyo valor varía en el rango comprendido entre $-2.147.483.648$ y $2.147.483.647$.

tipo de datos Sí/No *s.* (***Yes/No data type***) Tipo de datos utilizado para definir aquellos campos de una base de datos que sólo puedan contener uno de dos valores, tales como Sí/No o Verdadero/Falso. En estos campos no se permite la existencia de valores nulos. *Véase también* booleano.

tipo de disco duro *s.* (*hard disk type*) Uno o más números que informan a una computadora acerca de las características de un disco duro, como, por ejemplo, el número de cabezales de lectura/escritura y el número de cilindros que el disco duro contiene. Los números que forman el tipo de disco duro suelen estar indicados en una etiqueta pegada al disco y deben introducirse en la computadora en el momento de instalar éste, a menudo a través del programa de configuración de la memoria CMOS de la computadora. *Véase también* configuración de CMOS.

tipo de documento *s.* (*doctype*) Declaración al comienzo de un documento SGML que proporciona un identificador público o de sistema para la definición de tipo de documento (DTD) del documento. *Véase también* SGML.

tipo de letra *s.* (*typeface*) Diseño específico y con nombre de un conjunto de caracteres impresos, como, por ejemplo, Helvetica Bold Oblique, que tiene una oblicuidad (grado de inclinación) y un grosor de trazo (grosor de línea) determinados. Un tipo de letra no es lo mismo que una fuente, la cual es un tamaño específico de un tipo de letra determinado, como, por ejemplo, Helvetica Bold Oblique de 1 punto. Ni un tipo de letra es lo mismo que una familia de tipo de letra, que es un grupo de tipos de letras relacionados, como, por ejemplo, la familia Helvetica, la cual incluye Helvetica, Helvetica Bold, Helvetica Oblique y Helvetica Bold Oblique. *Véase también* fuente.

tipo de recurso *s.* (*resource type*) Una de las numerosas clases de recursos estructurales y procedimentales en el sistema operativo Macintosh, como, por ejemplo, códigos, fuentes, ventanas, cuadros de diálogos, plantillas, iconos, patrones, cadenas de caracteres, controladores, cursores, tablas de color y menús. Los tipos de recurso tienen etiquetas identificativas características, tales como CODE para los bloques de instrucciones de programa, FONT para las fuentes y CURS para los cursores de ratón. *Véase también* recurso; subarchivo de recursos.

tipo de referencia *s.* (*reference type*) Tipo de datos que está representado por una referencia (similar a un puntero) que apunta al valor real del tipo de dato. Si se asigna un tipo de referencia a una variable, esa variable referencia (o «apunta a») el valor original. No se realiza ninguna copia. Los tipos de referencia incluyen a las clases, las interfaces, los delegados y los punteros. *Véase también* tipo de datos; tipo de valor.

tipo de valor *s.* (*value type*) Tipo de datos que está representado por el valor real del tipo de dato. Si se asigna un tipo de valor a una variable, se almacena en esa variable una nueva copia del valor (por oposición a un tipo de referencia, donde la asignación no crea una copia). Los tipos de valor son creados normalmente en el espacio de pila de un método en lugar de crearlos en el cúmulo de memoria sobre el que se aplican los mecanismos de recolección de memoria. Para todo tipo de valor, puede crearse un tipo de referencia correspondiente mediante un puntero al tipo de valor. *Véase también* tipo de referencia.

tipo encapsulado *s.* (*encapsulated type*) *Véase* tipo de datos abstracto.

tipografía *s.* (*typography*) **1**. El arte del diseño de tipos de letra y de la composición de documentos. *Véase también* fotocomposición informatizada; fuente. **2**. La conversión de texto no formateado en un texto listo para filmar e imprimir. *Véase también* listo para filmar.

titilación *s.* (*swim*) Condición en la que las imágenes se mueven lentamente alrededor de las posiciones que supuestamente tendrían que ocupar en la pantalla.

titular *s.* (*banner*) Sección de una página web con publicidad que, normalmente, tiene una altura de 2,5 centímetros o menos y que se extiende a lo ancho de la página web. El titular contiene un vínculo al sitio web del anunciante. *Véase también* página web; sitio web.

titular de página *s.* (*page banner*) Una sección de una página web que contiene un elemento gráfico y texto, como, por ejemplo, el título de la página. Los titulares de página se suelen mostrar en la parte superior de una página web. Los titulares de página también pueden emplearse para establecer vínculos a otros sitios web como forma de visualización de anuncios. *También llamado* titular.

título lateral *s.* (*side head*) Título situado en el margen de un documento impreso y alineado con la parte superior del cuerpo del texto en lugar de estar alineado verticalmente con el texto, como ocurre con un título normal.

TLA *s.* Acrónimo de three-letter acronym (acrónimo de tres letras). Un término irónico, usualmente empleado como broma en Internet en los mensajes de correo electrónico, grupos de noticias y otros foros en línea, y que hace referencia al gran número de acrónimos que se utilizan en la terminología informática, especialmente acrónimos compuestos de tres letras.

TLD *s.* Acrónimo de top-level domain. *Véase* dominio de nivel superior.

TLS *s.* Acrónimo de Transport Layer Security (seguridad de nivel de transporte). Un protocolo estándar empleado para proporcionar comunicaciones web seguras a través de Internet o de una intranet. Permite a los clientes autenticar a los servidores y, opcionalmente, permite a los servidores autenticar a los clientes. También proporciona un canal seguro para el cifrado de las comunicaciones. TLS es la versión más reciente del protocolo SSL y es más segura que éste. *Véase también* autenticación; protocolo de comunicaciones; SSL.

TMS34010 *s. Véase* 34010, 34020.

tocabits *s.* (*bit twiddler*) Término del argot para referirse a alguien muy dedicado a la informática, particularmente alguien a quien le gusta programar en el lenguaje ensamblador. *Véase también* hacker.

tocar y mantener *vb.* (*tap and hold*) Mantener el estilete sobre la pantalla de un dispositivo para abrir un menú contextual o un menú de acceso directo. Es una operación análoga a pulsar con el botón derecho de un ratón.

TOF *s. Véase* inicio de archivo.

ToggleKeys *s.* Característica de Windows 9x y Windows NT 4 que emite pitidos agudos y graves cuando una de las teclas modificadoras (Bloqueo de mayúsculas, Bloqueo numérico o Bloqueo de desplazamiento) se activa o se desactiva. *Véase también* repetición automática de teclas. *Compárese con* BounceKeys; FilterKeys; MouseKeys; ShowSounds; SounSentry; StickyKeys.

token bus *s.* La especificación IEEE 802.4 para redes de paso de testigo basadas en una topología de bus o de árbol. Las redes token bus fueron diseñadas principalmente para el sector manufacturero, pero la especificación se corresponde también con la arquitectura ARCnet utilizada para redes LAN.

Token Ring *s. Véase* red Token Ring.

token ring *s.* Cuando se escribe con letras *t* y *r* minúsculas, es la especificación IEEE 802.5 para redes en anillo con paso de testigo. *Véase también* red token ring.

tolerancia a fallos *s.* (*fault tolerance*) La capacidad de una computadora o de un sistema operativo para responder a un suceso o fallo catastrófico, como una caída de tensión o un fallo hardware, de una forma que garantice que no se pierda ningún dato y que no se vea corrompido ningún trabajo que se esté llevando a cabo. Esto puede conseguirse mediante una fuente de alimentación con batería de emergencia, mediante mecanismos hardware de reserva, mediante una serie de medidas incluidas en el sistema operativo o mediante una combinación de todas estas técnicas. En una red tolerante a fallos, el sistema tiene la capacidad de continuar operando sin pérdida de datos o de apagarse y reiniciarse, recuperando todo el procesamiento que se estaba llevando a cabo en el momento en que tuvo lugar el fallo.

toma *s.* (*tap*) Un dispositivo que puede conectarse a un bus Ethernet para permitir a una computadora conectarse a una red.

toma de control del bus *s.* (*bus mastering*) En arquitecturas modernas de bus, la habilidad de una tarjeta controladora de dispositivo (un adaptador de red o un controlador de disco, por ejemplo) para puentear a la UCP y trabajar directamente con otros dispositivos con el fin de transferir datos hacia y desde la memoria. Permitir a los dispositivos tomar el control temporal del bus del sistema para la transferencia de datos deja libre a la UCP para otras tareas. Esto, a su vez, mejora el rendimiento de las tareas que requieran simultáneamente capacidad de acceso a los datos y un procesamiento intensivo, como, por ejemplo, las tareas de reproducción de vídeo y las consultas multiusuario en grandes bases de datos. La tecnología conocida como acceso directo a memoria (DMA, direct memory access) es un ejemplo bien conocido de toma de control del bus. *Véase también* bus; controlador; acceso directo a memoria. *Compárese con* PIO.

toma vampiro *s.* (*vampire tap*) Un tipo de transceptor utilizado en las redes Ethernet que incorpora una serie de afilados terminales metálicos que traspasan el aislamiento del cable de una red Ethernet gruesa para hacer contacto con el núcleo de cobre a través del cual viaja la señal.

tomar las huellas *vb.* (*fingerprint*) Explorar un sistema informático para descubrir qué sistema operativo (SO) está utilizando el equipo. Detectando el SO del equipo, un pirata informático puede ser más capaz de identificar las vulnerabilidades del sistema y, por tanto, de planificar un ataque contra dicho sistema. Un pirata informático puede utilizar distintos esquemas de toma de huellas, por separado o conjuntamente, para averiguar el SO de una computadora objetivo.

tomografía axial computerizada *s.* (*computerized axial tomography*) *Véase* CAT.

tóner *s.* (*toner*) Pigmento en polvo utilizado en las fotocopiadoras y en las impresoras láser, LED y LCD. *Véase también* impresoras electrofotográficas.

tono *s.* (*tone*) **1.** Tinte particular de un color. *También llamado* sombreado. *Véase también* brillo; modelo de color. **2.** Un sonido o señal de una frecuencia concreta.

topología *s.* (*topology*) La configuración o disposición de una red formada por las conexiones existentes entre dispositivos de una red de área local (LAN) o entre dos o más redes de área local. *Véase también* red de bus; LAN; red en anillo; red en estrella; red token ring; red en árbol.

topología de bus *s.* (*bus topology*) *Véase* red de bus.

topología de estrella en cascada *s.* (*cascaded star topology*) Una red en estrella en la que los nodos están conectados a concentradores y los concentradores están conectados a otros concentradores en una relación padre/hijo jerárquica (en cascada). Esta topología es característica de las redes 100Base-VG.

topología en anillo *s.* (*ring topology*) *Véase* red en anillo.

topología en doble anillo *s.* (*dual-ring topology*) Una topología en anillo con paso de testigo implementada en las redes FDDI y compuesta de dos anillos en los que la información viaja en direcciones opuestas. Un anillo, el anillo principal, transporta información; el segundo anillo se utiliza como reserva. *Véase también* FDDI.

topología en estrella *s.* (*star topology*) Una configuración de red basada en un concentrador central a partir del cual irradian una serie de nodos según un patrón con forma de estrella. *Véase también* topología.

tormenta *s.* (*storm*) En una red, es una ráfaga súbita y excesiva de tráfico. Las tormentas de tráfico son a menudo responsables de fallos en la red.

tormenta de difusión *s.* (*broadcast storm*) Una difusión de red que hace que múltiples máquinas host respondan simultáneamente, sobrecargando la red. Una tormenta de difusión puede tener lugar cuando se mezclan encaminadores TCP/IP antiguos con encaminadores que soporten un nuevo protocolo. *Véase también* protocolo de comunicaciones; encaminador; TCP/IP.

torre *s.* (***tower***) Sistema microinformático en el que la carcasa para la unidad central de procesamiento (UCP) es alta, estrecha y profunda en lugar de corta, ancha y profunda. La placa base se encuentra normalmente en posición vertical y las unidades de disco a menudo están dispuestas perpendicularmente a la placa base. Una carcasa de torre tiene al menos unos 55 centímetros de altura. Véase la ilustración. *Véase también* carcasa; microcomputadora; placa madre. *Compárese con* minitorre.

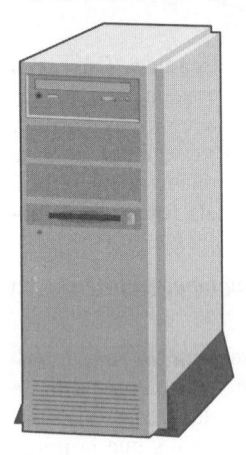

Torre.

tortuga *s.* (***turtle***) Pequeña forma en la pantalla, normalmente un triángulo o una forma de tortuga, que actúa como herramienta de dibujo en programas de gráficos. Una tortuga es una herramienta amigable y fácil de manejar diseñada para que los niños aprendan a usar las computadoras. Toma su nombre de una tortuga mecánica con forma de cúpula que fue desarrollada para el lenguaje Logo y que se movía sobre el suelo en respuesta a los comandos de Logo, elevando y bajando un pincel para dibujar líneas.

total hash *s.* (***hash total***) Valor de comprobación de errores derivado de la acción de sumar un conjunto de números tomados de los datos (no necesariamente datos numéricos) que van a ser procesados o manipulados en cierta forma. Después del procesamiento, el total hash se recalcula y se compara con el total original. Si no coinciden los dos valores, puede deducirse que los datos originales han sufrido algún tipo de cambio.

total por lotes *s.* (***batch total***) Total calculado por un elemento común de un grupo (lote) de registros utilizado como un control para verificar que toda la información se ha contabilizado y se ha introducido correctamente. Por ejemplo, el total de las ventas de un día puede usarse como un total por lotes para verificar los registros de todas las ventas individuales.

TP *s.* Acrónimo de transaction processing. *Véase* procesamiento de transacciones.

TPC *s. Véase* Transaction Processing Council.

TPC-D *s.* Acrónimo de Transaction Processing Council Benchmark D (prueba comparativa D del Consejo de procesamiento de transacciones). Estándar de prueba comparativa que se dirige a un amplio rango de aplicaciones de soporte a la toma de decisiones que funcionan con complejas estructuras de datos. *Véase también* Transaction Processing Council.

TPI *s. Véase* pistas por pulgada.

trabajador del conocimiento *s.* (***knowledge worker***) Término inventado por un consultor de gestión, Peter Drucker, para referirse a una persona cuyo trabajo está centrado en la recolección, procesamiento y aplicación de la información, especialmente cuando se añade un valor significativo a la información puramente factual. Un trabajador del conocimiento es alguien que tiene tanto una educación formal como la capacidad de aplicar dicha educación (conocimiento) en un entorno profesional. *Véase también* explosión de la información.

trabajo *s.* (***job***) Cantidad especificada de procesamiento realizada como una unidad por una computadora. En las primeras computadoras mainframe, los datos se enviaban en lotes, a menudo en tarjetas perforadas, para su procesamiento por parte de distintos programas; de este modo, el trabajo se programaba y realizaba mediante trabajos u operaciones diferentes.

trabajo de impresión *s.* (***print job***) Bloque de caracteres que se imprimen como una unidad. Un trabajo de impresión normalmente consta de un solo documento, que puede tener una página o centenares de ellas. Para evitar tener que imprimir documentos individuales de forma separada, algún software puede agrupar múltiples documentos en un solo trabajo de impresión. *Véase también* gestor de la cola de impresión.

trabajo por lotes *s.* (***batch job***) Un programa o conjunto de comandos que se ejecuta sin intervención del usuario. *Véase también* procesamiento por lotes.

traceroute *s.* Una utilidad que muestra la ruta que un paquete recorre a través de una red hasta llegar a un host remoto. Esta utilidad también indica las direcciones IP de todas las máquinas host o encaminadores intermedios y el tiempo que el paquete necesitó para llegar a cada uno de ellos. *Véase también* dirección IP; paquete.

traducción automática *s.* (***machine translation***) El uso de software para traducir grandes cantidades de texto de un lenguaje natural a otro. La traducción automática suele ser utilizada por las grandes empresas, editoriales y organismos gubernamentales que necesitan traducir rápidamente grandes cantidades de documentación, de noticias o de datos comerciales. *Véase también* procesamiento de lenguaje general.

traducción de direcciones *s.* (***address translation***) El proceso de convertir un tipo de dirección en otra, como, por ejemplo, una dirección virtual en una dirección física.

traducción de direcciones de red *s.* (***Network Address Translation***) *Véase* NAT.

traducción dinámica de direcciones *s.* (***dynamic address translation***) Conversión efectuada sobre la marcha de las referencias a las ubicaciones de memoria, transformándolas de direcciones relativas (como, por ejemplo, «tres unidades a partir del principio de X») en direcciones absolutas (tal como «posición número 123») en el momento de ejecutar un programa. *Acrónimo:* DAT.

traducir *vb.* (***translate***) **1.** En gráficos por computadora, desplazar una imagen en el «espacio» representado en la pantalla sin tener que girar (rotar) la imagen. **2.** En programación, convertir un programa de un lenguaje a otro. La traducción se realiza mediante programas especiales, tales como compiladores, ensambladores e intérpretes.

traductor *s.* (***translator***) Programa que traduce un lenguaje o un formato de datos a otro.

tráfico *s.* (***traffic***) La carga transportada por un canal o enlace de comunicaciones.

tráfico de datos *s.* (***data traffic***) El intercambio de mensajes electrónicos (datos e información de control) a través de una red. La capacidad de tráfico se mide en términos del ancho de banda; la velocidad del tráfico se mide en bits por unidad temporal.

tráfico Internet, distribución de *s.* (***Internet traffic distribution***) *Véase* ITM.

tráfico Internet, gestión de *s.* (***Internet traffic management***) *Véase* ITM.

trama *s.* (***frame***) **1.** En las comunicaciones síncronas, es un paquete de información transmitido como una unidad. Toda trama tiene la misma organización básica y contiene información de control, como, por ejemplo, caracteres de sincronización, dirección de las estaciones emisora y receptora y una suma de comprobación de errores, así como una cantidad variable de datos. Por ejemplo, un tipo de trama utilizado en los ampliamente difundidos protocolos HDLC y SDLC (que está relacionado con HDLC) comienza y termina con una bandera concreta (01111110). *Véase también* HDLC; SDLC. **2.** En las comunicaciones serie asíncronas, es una unidad de transmisión que a veces se mide mediante el tiempo transcurrido y que comienza con el bit de arranque que precede a un carácter y termina con el último bit de parada situado después del carácter.

trama de datos *s.* (***data frame***) Paquete de información transmitido como una unidad a través de una red. Las tramas de datos se definen en el nivel de enlace de datos de la red y sólo existen en el cableado entre nodos de la red. *Véase también* enlace de datos, nivel de; trama.

tramado *s.* **1.** (***cross-hatching***) Sombreado compuesto por una serie de líneas cruzadas dibujadas a intervalos regulares. Se trata de

trampa

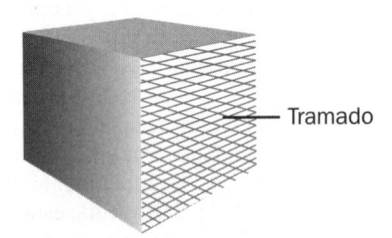

uno de los diversos métodos existentes para rellenar las áreas de un gráfico. Véase la ilustración. **2.** (*dithering*) Técnica utilizada en infografía para crear la ilusión de sombras variables de gris en una pantalla o impresora monocroma o colores adicionales en una pantalla o impresora de color. El tramado se basa en el tratamiento de las áreas de una imagen como grupos de puntos que se colorean siguiendo patrones diferentes. Al igual que con las imágenes impresas llamadas semitonos, el tramado se aprovecha de la tendencia del ojo a difuminar puntos de diferentes colores promediando sus efectos y mezclándolos en una sola sombra o color percibido. Dependiendo de la relación entre puntos negros y puntos blancos de un área determinada, el efecto global es el de una sombra de gris determinada. El tramado se utiliza para añadir realismo a los gráficos por computadora y para suavizar los bordes irregulares en líneas curvas y diagonales a bajas resoluciones. Véase la ilustración. *Véase también* aliasing; semitono.

Tramado (cross-hatching).

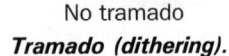

Tramado (dithering).

trampa *s.* (*trap*) Véase interrupción.

transacción *s.* (*transaction*) Una actividad independiente dentro de un sistema informático, como la introducción de un pedido de un cliente o la actualización de un elemento del inventario. Las transacciones están usualmente asociadas con sistemas de gestión de base de datos, de introducción de pedidos y otros sistemas interactivos.

transacción anidada *s.* (*nested transaction*) En programación, una operación o secuencia de operaciones que tiene lugar dentro de una transacción de mayor envergadura. Una transacción anidada puede abortarse sin necesidad de abortar la transacción que la contiene. *Véase también* anidar.

transacción atómica *s.* (*atomic transaction*) Un conjunto de operaciones que siguen un principio de «todo o nada», en el que bien todas las operaciones se ejecutan con éxito o ninguna de ellas se ejecuta. Las transacciones atómicas resultan apropiadas para la introducción de pedidos, para la entrada de pedidos o para las transferencias financieras con el fin de garantizar que la información esté completamente actualizada. Por ejemplo, si se transfieren fondos entre cuentas residentes en dos bases de datos distintas, no se puede realizar el abono en una cuenta si antes no se ha hecho el cargo en la otra cuenta por el mismo importe. Una transacción atómica incluiría tanto el registro del abono en una base de datos como el registro del cargo correspondiente en la otra. Si cualquiera de las dos operaciones de la transacción falla, la transacción se cancela y todos los cambios realizados a la información se deshacen. *Véase también* entorno informático distribuido; monitor TP; procesamiento de transacciones.

Transaction Processing Council *s.* Grupo de fabricantes de hardware y software que tiene como objetivo la publicación de estándares de pruebas comparativas. *Acrónimo:* TPC.

Transact-SQL *s.* Lenguaje de consulta. Transact-SQL es un sofisticado dialecto de SQL cargado con características adicionales más allá de lo que está definido en el estándar SQL 92 de ANSI. *También llamado* T-SQL, TSQL.

transceptor *s.* (*transceiver*) Abreviatura de transmisor/receptor. Un dispositivo que puede tanto transmitir como recibir señales. En las redes de área local (redes LAN), un transceptor es el dispositivo que conecta la computadora a la red y convierte las señales entre los formatos serie y paralelo.

transductor *s.* (***transducer***) Dispositivo que convierte una forma de energía en otra. Los transductores electrónicos convierten energía eléctrica en otra forma de energía o convierten energía no eléctrica en eléctrica.

transferencia *s.* (***transfer***) **1.** El movimiento de datos desde una ubicación a otra. **2.** El paso del control del programa desde una porción de código a otra.

transferencia ASCII *s.* (***ASCII transfer***) El modo preferido de intercambio electrónico de archivos de texto. En modo ASCII, se realizan conversiones de caracteres hacia y desde el conjunto de caracteres utilizado como estándar en la red. *Véase también* ASCII. *Compárese con* transferencia binaria.

transferencia binaria *s.* (***binary transfer***) El modo preferido de intercambio electrónico de archivos ejecutables, archivos de datos de las aplicaciones y archivos comprimidos. *Compárese con* transferencia ASCII.

transferencia binaria de archivos *s.* (***binary file transfer***) Transferencia de un archivo que contiene palabras o bytes arbitrarios, por oposición a un archivo de texto, que contiene sólo caracteres imprimibles (por ejemplo, los caracteres ASCII de código 10, 13 y 32-126). En los modernos sistemas operativos, un archivo de texto es simplemente un archivo binario que resulta que contiene únicamente caracteres imprimibles, pero algunos sistemas más antiguos distinguen entre los dos tipos de archivo, lo que fuerza a los programas a tratarlos de forma diferente. *Acrónimo:* BFT.

transferencia condicional *s.* (***conditional transfer***) Transferencia del flujo de ejecución a una ubicación determinada dentro de un programa basándose en si una condición concreta es verdadera. El término se utiliza normalmente en relación con los lenguajes de alto nivel. *Véase también* instrucción condicional.

transferencia de archivos *s.* (***file transfer***) El proceso de mover o transmitir un archivo desde una ubicación a otra, como, por ejemplo, entre dos programas o a través de una red.

transferencia de archivos por infrarrojos *s.* (***infrared file transfer***) Transferencia inalámbrica de archivos entre un equipo informático y otro equipo o dispositivo utilizando luz infrarroja. *Véase también* infrarrojo.

transferencia de archivos, protocolo de *s.* (***File Transfer Protocol***) *Véase* FTP.

transferencia de archivos, protocolo trivial de *s.* (***TFTP***) *Véase* TFTP.

transferencia de bloques *s.* (***block transfer***) El movimiento de datos en bloques (grupos de bytes) discretos.

transferencia de bloques de bits *s.* (***bit block transfer***) En visualizaciones gráficas y animación, se trata de una técnica para manipular bloques de bits en memoria que representan el color y otros atributos de un bloque rectangular de píxeles que forman una imagen en pantalla. La imagen mostrada puede variar en tamaño desde un cursor a un dibujo animado. Un bloque de bits de este tipo se puede mover como una unidad en la RAM de vídeo de una computadora, de modo que los píxeles se pueden visualizar rápidamente en la posición deseada en la pantalla. Los bits también pueden alterarse; por ejemplo, las partes claras y oscuras de una imagen pueden invertirse. Así, pueden emplearse visualizaciones sucesivas para cambiar la apariencia de una imagen o para moverla alrededor de la pantalla. Algunas computadoras contienen un hardware de gráficos especial para manipular bloques de bits en la pantalla, independientemente del contenido del resto de la pantalla. Esto acelera la animación de formas geométricas de pequeño tamaño, ya que un programa no necesita comparar y redibujar constantemente el fondo alrededor de la forma en movimiento. *Véase también* sprite.

transferencia de datos *s.* (***data transfer***) La transferencia de información desde una ubicación a otra, bien dentro de una computadora (como, por ejemplo, desde una unidad de disco a la memoria), entre una computadora y un dispositivo externo (como, por ejemplo, entre un servidor de archivos y una computadora conectada a una red) o entre distintas computadoras.

transferencia de zona *s.* (*zone transfer*) El proceso por el cual un servidor DNS secundario obtiene información acerca de una zona o dominio a partir del servidor principal. *Véase también* zona.

transferencia electrónica de fondos *s.* (*electronic funds transfer*) La transferencia de dinero a través de cajeros automáticos, líneas telefónicas o conexiones Internet. Como ejemplos de transferencias electrónicas de fondos, se podrían citar el uso de una tarjeta de crédito para la realización de compras en un sitio web de comercio electrónico o la utilización de un cajero automático o un sistema de banca telefónica para hacer transferencias entre cuentas bancarias. *Acrónimo:* EFT.

transferencia en modo promiscuo *s.* (*promiscuous-mode transfer*) En comunicaciones a través de red, es una transferencia de datos en la que un nodo acepta todos los paquetes independientemente de cuál sea su dirección de destino.

transferencia FTP *s.* (*FTP*) Descarga de archivos desde, o carga de archivos en, sistemas informáticos remotos mediante el protocolo FTP de transferencia de archivos. El usuario necesita un cliente FTP para transferir archivos hacia y desde el sistema remoto, que a su vez debe disponer de un servidor FTP. Generalmente, el usuario también necesita disponer de una cuenta en el sistema remoto para transferir archivos mediante FTP, aunque muchos sitios FTP permiten el uso de FTP anónimo. *Véase también* cliente FTP; servidor FTP.

transferir *vb.* (*transfer*) Mover datos de un lugar a otro, especialmente dentro de una misma computadora. *Compárese con* transmitir.

transformada de Fourier *s.* (*Fourier transform*) Método matemático, desarrollado por el matemático francés Jean-Baptiste-Joseph Fourier (1768-1830), para las tareas de procesamiento y generación de señales, como el análisis espectral y el procesamiento de imágenes. La transformada de Fourier convierte un valor de señal que es una función del tiempo, el espacio o ambos en una función de la frecuencia. La transformada inversa de Fourier convierte una función de la frecuencia en una función del tiempo, el espacio o de ambos. *Véase también* transformada rápida de Fourier.

transformada rápida de Fourier *s.* (*fast Fourier transform*) Conjunto de algoritmos utilizados para calcular la transformada discreta de Fourier de una función, que a su vez se utiliza para resolver series de ecuaciones, realizando análisis espectrales y llevando a cabo otros procesamientos de la señal y tareas de generación de señales. *Acrónimo:* FFT. *Véase también* transformada de Fourier.

transformador *s.* (*transformer*) Dispositivo utilizado para variar la tensión de una señal de corriente alterna o para variar la impedancia de un circuito de corriente alterna.

transformar *vb.* (*transform*) **1.** En matemáticas y gráficos por computadora, alterar la posición, tamaño o naturaleza de un objeto moviéndolo hasta otra ubicación (traslación), haciéndolo más grande o más pequeño (cambio de escala), girándolo (rotación), cambiando su descripción de un sistema de coordenadas a otro, etc. **2.** Cambiar la apariencia o el formato de una serie de datos sin alterar su contenido; es decir, codificar la información de acuerdo con una serie de reglas predefinidas.

transición del año 2000 *s.* (*Year 2000 transition*) *Véase* cambio del año 2000.

transistor *s.* Abreviatura de transfer resistor (resistencia de transferencia). Un componente de circuito de estado sólido, usualmente con tres terminales, en el que una tensión o una corriente controlan el flujo de otra corriente. El transistor sirve para muchas funciones, incluyendo la operación como amplificador, conmutador y oscilador, y es un componente fundamental de casi todos los equipos electrónicos modernos. Véase la ilustración. *Véase también* base; FET; transistor NPN; transistor PNP.

transistor de efecto de campo *s.* (*field-effect transistor*) *Véase* FET.

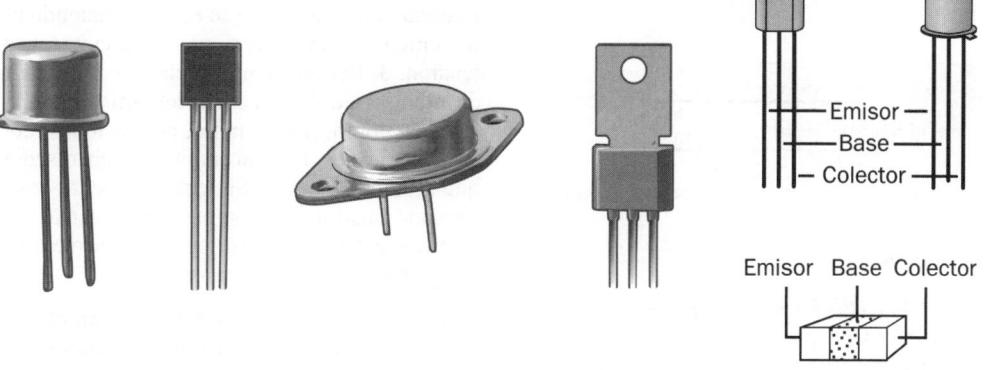

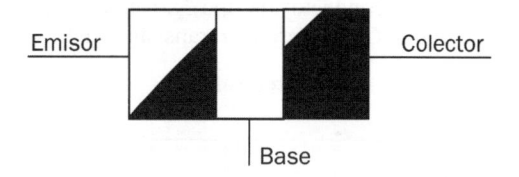

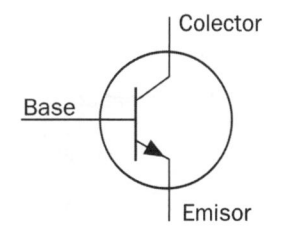

Transistor.

transistor de película delgada *s.* (***thin film transistor***) *Véase* TFT.

transistor de plástico *s.* (***plastic transistor***) Transistor construido enteramente de plástico en lugar de con el tradicional silicio. Un transistor de plástico es lo suficientemente flexible como para ser incrustado en superficies curvadas o maleables. La construcción de transistores de plástico se inicia con una pieza fina de plástico liso sobre el que se imprimen o pulverizan capas de plástico a través de una malla. El resultado es un transistor transparente, flexible y de poco peso que puede fabricarse en grandes volúmenes a un coste mucho más bajo que los transistores de silicio. Tanto la flexibilidad como el bajo coste de estos transistores hacen que sean muy útiles en aplicaciones que van desde pantallas flexibles transparentes hasta contenedores de productos de un solo uso. *Véase también* papel electrónico.

transistor flexible *s.* (***flexible transistor***) *Véase* transistor de plástico.

transistor MOS de efecto de campo *s.* (***metal-oxide semiconductor field-effect transistor***) *Véase* MOSFET.

transistor NPN *s.* (***NPN transistor***) Tipo de transistor en el que una base de material tipo P se inserta entre un emisor y un colector de material tipo N. La base, el emisor y el colector son los tres terminales por los que fluye la corriente. En un transistor NPN, los electrones representan el mayor número de portadores de carga y fluyen desde el emisor hasta el colector. *Véase* la ilustración. *Véase también* semiconductor de tipo n; semiconductor de tipo p. *Compárese con* transistor PNP.

Transistor NPN.

transistor plano *s.* (***planar transistor***) Forma especial de transistor que se fabrica con los tres elementos (colector, emisor y base) en una sola capa de material semiconductor. La estructura de un transistor plano le permite disipar cantidades de calor relativamente grandes, haciendo este diseño adecuado para los transistores de potencia. *Véase* la ilustración.

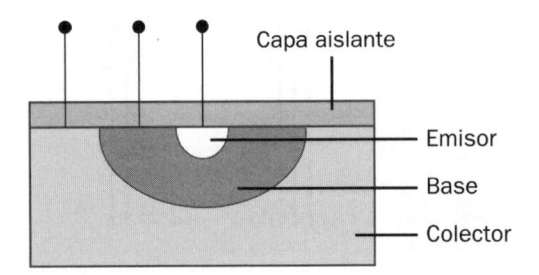

transistor PNP

Transistor plano.

transistor PNP *s.* (***PNP transistor***) Tipo de transistor bipolar en el que una base de material tipo N se inserta entre un emisor y un colector de material tipo P. La base, el emisor y el colector son los tres terminales del transistor a través de los cuales fluye la corriente. En un transistor PNP, los huecos (las «vacantes» de electrones) suponen el mayor número de portadores de carga y fluyen desde el emisor hasta el colector. Véase la ilustración. *Véase también* semiconductor de tipo N; semiconductor de tipo P. *Compárese con* transistor NPN.

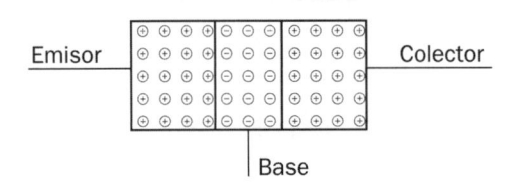

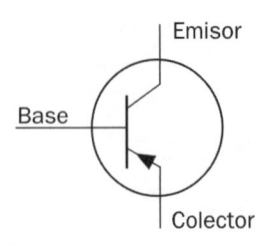

Transistor PNP.

transitorio *adj.* (***transient***) **1**. Fugaz, temporal o impredecible. **2**. En electrónica, perteneciente o relativo a un incremento de corta duración, anormal e impredecible de la tensión de alimentación, como, por ejemplo, un pico de tensión o una sobretensión. Un transitorio es el intervalo durante el que se está produciendo un incremento o un decremento en la corriente o tensión. **3**. Perteneciente o relativo a la región de memoria utilizada para determinados programas, como, por ejemplo, aplicaciones, que se leen desde el almacenamiento en disco y que residen en memoria temporalmente hasta que son sustituidos por otros programas. En este contexto, transitorio puede referirse también a los propios programas.

transmisión arranque/parada *s.* (***start/stop transmission***) *Véase* transmisión asíncrona.

transmisión asimétrica *s.* (***asymmetrical transmission***) Una forma de transmisión utilizada por los módems de alta velocidad, normalmente aquellos que operan a velocidades de 9.600 bps o más, que permite la transmisión simultánea en sentido entrante y saliente dividiendo el ancho de banda de la línea telefónica en dos canales: uno en el rango de 300 a 450 bps y otro con una velocidad de 9.600 bps o superior.

transmisión asíncrona *s.* (***asynchronous transmission***) En las comunicaciones por módem, es una forma de transmisión de datos en la que se envían datos de manera intermitente, un carácter cada vez, en lugar de como un flujo continuo en el que los caracteres están separados por intervalos fijos de tiempo. La transmisión asíncrona necesita que se utilicen un bit de inicio y uno o más bits de parada, además de los propios bits que representan el carácter (y un bit de paridad opcional), para poder distinguir unos caracteres de otros. Véase la ilustración.

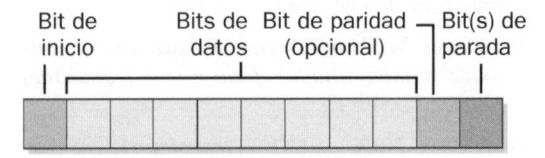

Transmisión asíncrona. Codificación de un carácter típico enviado en una transmisión asíncrona.

transmisión de archivos por lotes *s.* (***batch file transmission***) La transmisión de múltiples archivos como resultado de un único comando. *Acrónimo:* BFT.

transmisión de banda ancha *s.* (*wideband transmission*) *Véase* red de banda ancha.

transmisión de datos *s.* (*data transmission*) La transferencia electrónica de información des-de un dispositivo emisor a un dispositivo receptor.

transmisión digital de datos *s.* (*digital data transmission*) La transferencia de información codificada como una serie de bits en lugar de como una señal fluctuante (analógica) a través de un canal de comunicaciones.

transmisión dúplex *s.* (*duplex transmission*) *Véase* dúplex.

transmisión en paralelo *s.* (*parallel transmission*) La transmisión simultánea de un grupo de bits a través de hilos conductores separados. Con las microcomputadoras, la transmisión en paralelo hace referencia a la transmisión de 1 byte (8 bits). La conexión estándar para la transmisión en paralelo se denomina interfaz Centronics. *Véase también* interfaz paralela Centronics. *Compárese con* transmisión serie.

transmisión en ráfaga *adj.* (*bursty*) Transmisión de datos en bloques separados en lugar de en forma de un flujo continuo.

transmisión full-duplex *s.* (*full-duplex transmission*) *Véase* dúplex.

transmisión paralela *adj.* (*bit parallel*) Transmisión simultánea de todos los bits de un conjunto (por ejemplo, un byte) a través de hilos conductores separados dentro de un cable. *Véase también* transmisión en paralelo.

transmisión semidúplex *s.* (*half-duplex transmission*) *Véase* semidúplex.

transmisión serie *s.* (*serial transmission*) La transferencia de señales discretas unas detrás de otras. En comunicaciones y transferencia de datos, la transmisión serie implica enviar información a través de una línea de bit en bit, como, por ejemplo, entre las conexiones entre módems. *Compárese con* transmisión en paralelo.

transmisión símplex *s.* (*simplex transmission*) *Véase* símplex.

transmisión síncrona *s.* (*synchronous transmission*) Transferencia de datos en la que la información se transmite en bloques (tramas) de bits separadas por intervalos de tiempo iguales. *Compárese con* transmisión asíncrona.

transmisor *s.* (*transmitter*) Cualquier dispositivo electrónico o circuito diseñado para enviar datos eléctricamente codificados a otra ubicación.

transmitir *vb.* (*transmit*) Enviar información a través de un circuito o línea de comunicaciones. Las transmisiones informáticas se pueden clasificar según diversos criterios: asíncronas (temporización variable) o síncronas (temporización exacta); serie (esencialmente, bit a bit) o paralelo (byte a byte; un grupo de bits cada vez); dúplex (comunicación bidireccional simultánea), semidúplex (comunicación bidireccional que sólo puede tener lugar en un sentido cada vez) o símplex (sólo comunicación unidireccional), y a ráfagas (transmisión intermitente de bloques de información). *Compárese con* transferir.

transparencia *s.* (*transparency*) La calidad que define cuánta luz puede pasar a través de los píxeles que forman un objeto. Si un objeto es 100 por 100 transparente, la luz pasa a través suyo completamente, haciendo que el objeto sea invisible; en otras palabras, es posible ver a través del objeto.

transparente *adj.* (*transparent*) **1.** En comunicaciones, perteneciente o relativo a, o característico de, un modo de transmisión en el que los datos pueden incluir muchos caracteres, incluyendo caracteres de control de los dispositivos, sin que exista la posibilidad de que éstos sean mal interpretados por la estación receptora. Por ejemplo, la estación receptora no dará por finalizada una transmisión transparente hasta que reciba un carácter en los datos que le indique el fin de transmisión. Por tanto, no existe el peligro de que la estación receptora dé por finalizadas las comunicaciones de manera prematura. **2.** En gráficos por computadora, perteneciente o relativo a, o característico de, la falta de color en una región concreta de una imagen, de modo que el color de fondo de la pantalla se muestra a través de esa región. **3.** En informática, perteneciente o relativo a, o característico de, un dispositivo, función o parte de un programa que funciona tan suave y fácilmente que resulta invisible para el usuario. Por ejemplo, la capacidad de una aplicación para utilizar archivos creados por otra es transparente si el usuario no tiene ninguna dificultad para abrir, leer o utilizar los archivos de ese segundo programa o si ni siquiera es consciente de que ese uso se está produciendo.

transpondedor *s.* (*transponder*) Transceptor en un satélite de comunicaciones que recibe una señal procedente de una estación terrestre y la retransmite a una frecuencia diferente a una o más estaciones terrestres.

transponer *vb.* (*transpose*) **1**. En matemáticas y en hojas de cálculo, hacer girar una matriz (una matriz rectangular de números) en torno a un eje diagonal. **2**. Invertir, como, por ejemplo, invertir el orden de las letras *a* y *c* en *acsa*, para corregir la ortografía de la palabra casa, o invertir dos hilos conductores de un circuito.

transposición *s.* (*transpose*) El resultado de rotar una matriz.

transputer *s.* Abreviatura de transistor computer (computadora transistorizada). Una computadora completa en un único chip, incluyendo la memoria RAM y una unidad de coma flotante, diseñada como elemento componente para sistemas de computación en paralelo.

tratamiento de excepciones *s.* (*exception handling*) *Véase* gestión de errores.

tratamiento de imágenes *s.* (*imaging*) Los procesos implicados en la captura, almacenamiento, visualización e impresión de imágenes gráficas.

trayecto de recorte *s.* (*clipping path*) Polígono o curva que se utiliza para enmascarar un área en un documento. Cuando se imprime el documento, sólo aparece lo que está dentro del trayecto de recorte. *Véase también* PostScript.

trayectoria *s.* (*path*) En gráficos, es un conjunto de segmentos de línea o curvas que hay que rellenar o dibujar.

trayectoria de movimiento *s.* (*motion path*) La trayectoria que un texto u objeto especificado seguirá como parte de una secuencia de animación.

trazado de rayos *s.* (*ray tracing*) Método sofisticado y complejo para generar gráficos por computadora de alta calidad. El trazado de rayos calcula el color y la intensidad de cada píxel en una imagen, trazando rayos simples de luz hacia atrás y determinando cómo quedan afectados en su trayectoria desde una fuente definida de luz que ilumina los objetos de la imagen. El trazado de rayos es exigente en términos de capacidad de procesamiento, porque la computadora debe tener en cuenta la reflexión, refracción y absorción de rayos individuales, así como el brillo, nivel de transparencia y reflectividad de cada objeto y las posiciones del observador y de la fuente de luz. *Compárese con* radiosidad.

trazador *s.* (*plotter*) Dispositivo utilizado para dibujar mapas, diagramas y otros gráficos lineales. Los trazadores utilizan plumillas o bien cargas electrostáticas y tóner. Los trazadores de plumilla dibujan sobre papel o transparencias con una o más plumillas de colores. Los trazadores electrostáticos «dibujan» un patrón de puntos cargados electrostáticamente sobre un papel, aplican el tóner y lo fijan sobre el papel por aplicación de calor. Los trazadores utilizan tres tipos de mecanismos de alimentación de papel; así, hay trazadores planos, de tambor o de arrastre. Los trazadores planos mantienen el papel inmóvil y desplazan las plumillas a lo largo de los ejes *x* e *y*. Los trazadores de tambor tienen el papel enrollado en un cilindro; la plumilla se desplaza a lo largo de un eje, mientras que el tambor, con el papel, se desplaza a lo largo del otro. Los trazadores de arrastre son un híbrido de los otros dos tipos, en el que la plumilla se desplaza sólo a lo largo de un eje, mientras que el papel se mueve hacia adelante y hacia atrás mediante unos pequeños rodillos.

trazador gráfico con rodillo de arrastre *s.* (*pinch-roller plotter*) Tipo de trazador gráfico, intermedio entre el trazador de tambor y el trazador plano, que utiliza ruedas de goma dura o metal para sujetar el papel contra el rodillo principal. *Véase también* trazador. *Compárese* *con* trazador gráfico de tambor; trazador gráfico plano.

trazador gráfico de plumilla *s.* (***pen plotter***) Trazador gráfico tradicional que utiliza plumillas para dibujar sobre el papel. Los trazadores gráficos de plumilla utilizan uno o más plumillas de colores, ya sean con punta de fibra o, para obtener una salida de mayor calidad, de metal. *Véase también* trazador. *Compárese con* trazador gráfico electrostático.

trazador gráfico de tambor *s.* (***drum plotter***) Trazador gráfico en el que el papel está enrollado alrededor de un tambor giratorio grande, con una plumilla que se desplaza de izquierda a derecha en la parte superior del tambor. El papel gira con el tambor para situar el punto correcto del papel bajo la plumilla. Los tambores ocupan mucho menos espacio que el requerido por los trazadores gráficos planos que pueden manipular el mismo tamaño de papel. Además, no presentan limitaciones en cuanto a la longitud del papel que pueden manejar, lo que puede ser una ventaja en ciertas aplicaciones. *Véase también* trazador. *Compárese con* trazador gráfico plano; trazador gráfico con rodillo de arrastre.

trazador gráfico electrostático *s.* (***electrostatic plotter***) Trazador gráfico que crea una imagen a partir de un patrón de puntos sobre un papel con un recubrimiento especial. El papel se carga electrostáticamente y se expone al tóner, el cual se adhiere a los puntos. Los trazadores gráficos electrostáticos pueden ser hasta 50 veces más rápidos que los trazadores gráficos de plumilla, pero son más caros. Los modelos de color producen imágenes a base de múltiples pasadas con los colores turquesa, magenta, amarillo y negro. *Véase también* trazador. *Compárese con* impresoras electrofotográficas; trazador gráfico de plumilla.

trazador gráfico plano *s.* (***flatbed plotter***) Trazador gráfico en el que el papel se sujeta sobre una plataforma plana y una plumilla se mueve a lo largo de ambos ejes, desplazándose por el papel para dibujar una imagen. Este método es ligeramente más preciso que el utilizado en los trazadores gráficos de tambor, que mueven el papel bajo una plumilla estática, pero requiere más espacio. Los trazadores gráficos planos aceptan una amplia variedad de soportes de impresión, como, por ejemplo, el acetato, ya que el soporte de impresión no tiene por qué ser flexible. *Véase también* trazador. *Compárese con* trazador gráfico de tambor; trazador gráfico con rodillo de arrastre.

trazador x-y *s.* (**x-y** *plotter*) *Véase* trazador.

trazar *vb.* **1.** (***plot***) Crear un gráfico o diagrama conectando puntos que representan variables (valores) definidos por sus posiciones en relación con un eje horizontal (x) y un eje vertical (y) y, en ocasiones, un eje de profundidad (z). **2.** (***trace***) Ejecutar un programa de tal modo que pueda observarse la secuencia de instrucciones que se está ejecutando. *Véase también* depurador; ejecutar paso a paso.

trazo *s.* (***stroke***) **1**. En tecnología de visualización, una línea creada como un vector (una ruta entre dos coordenadas) en una imagen de gráficos vectoriales (por contraposición a una línea de píxeles dibujados punto a punto en una imagen de gráficos de mapa de bits). **2**. En programas de dibujo, un «golpe» del pincel hecho con el ratón o el teclado a la hora de crear un gráfico. **3**. En tipografía, una línea que representa parte de una letra.

trazo ascendente *s.* (***ascender***) La parte de una letra minúscula que se extiende por encima del cuerpo principal (altura según el eje y) de la letra. Véase la ilustración. *Véase también* línea base; altura x. *Compárese con* trazo descendente.

Trazo ascendente.

trazo descendente *s.* (***descender***) La parte de una letra minúscula que se extiende por debajo de la línea base. Véase la ilustración. *Véase también* línea base; altura x. *Compárese con* trazo ascendente.

xylem

| Trazo descendente | Línea base |

Trazo descendente.

tren *s.* (***train***) Secuencia de elemento o sucesos, como, por ejemplo, un tren de pulsos digitales que consta de señales binarias transmitidas.

tren de ondas *s.* (***wavelet***) Función matemática que varía a lo largo de un período limitado de tiempo. Los trenes de ondas se usan cada vez más en el análisis de señales (como, por ejemplo, las ondas sonoras). Tienen una duración limitada y sufren variaciones repentinas de frecuencia y amplitud en lugar de tener la duración infinita y la amplitud y frecuencia constantes de las funciones seno y coseno. *Compárese con* transformada de Fourier.

tríada *s.* (***gnomon***) En gráficos por computadora, una representación del sistema de ejes tridimensional (*x-y-z*).

tricromático *adj.* (***trichromatic***) Perteneciente, relativo a o característico de un sistema que utiliza tres colores (rojo, verde y azul en los gráficos por computadora) para crear todos los demás colores. *Véase también* modelo de color.

trigonometría *s.* (***trigonometry***) La rama de las matemáticas que trata con los arcos y los ángulos, expresada en funciones (por ejemplo, seno y coseno) que muestran relaciones, por ejemplo, entre dos lados de un triángulo recto o entre dos ángulos complementarios.

trituradora *s.* (***shredder***) Aplicación diseñada para destruir completamente datos digitales con el fin de que no se puedan reconstruir de nuevo con software de recuperación de archivos.

trocear *vb.* (***burst***) Romper el papel continuo por sus perforaciones para obtener una pila de hojas sueltas.

troff *s.* Abreviatura de typesetting run off (impresión tipográfica). Un formateador de texto para UNIX que se utiliza a menudo para formatear las páginas de manual (man). *Véase también* páginas man; RUNOFF. *Compárese con* TeX.

troll, hacer el *vb.* (***troll***) Publicar un mensaje en un grupo de noticias u otra conferencia en línea confiando en que alguien considere el mensaje original tan indignante como para merecer una respuesta acalorada. Un ejemplo clásico de publicación de trolls es un artículo a favor de la tortura de gatos publicado en un grupo de noticias dedicado a los amantes de las mascotas. *Véase también* YHBT.

True BASIC *s.* Versión de Basic creada en 1983 por John Kemeny y Thomas Kurtz, creadores del Basic original, para estandarizar y modernizar el lenguaje. True BASIC es una versión estructurada y compilada de Basic que no requiere números de línea. True BASIC incluye estructuras avanzadas de control que hacen posible la programación estructurada. *Véase también* Basic; programación estructurada.

TrueType *s.* Tecnología de fuentes de contorno introducida por Apple Computer, Inc., en 1991 y por Microsoft Corporation en 1992 como medio de incluir fuentes de alta calidad en los sistemas operativos Macintosh y Windows. TrueType es una tecnología de fuentes WYSIWYG, lo que quiere decir que la versión impresa de las fuentes TrueType es idéntica a lo que aparece en la pantalla. *Véase también* fuente de mapa de bits; fuente de contorno; PostScript.

truncar *vb.* (***truncate***) Cortar el principio o el final de una serie de caracteres o números; específicamente, eliminar uno o más de los dígitos menos significativos (normalmente, los situados más a la derecha). Al truncar, se eliminan simplemente los dígitos, a diferencia del redondeo, en donde el dígito situado más a la derecha puede ser incrementado en una unidad con el fin de conservar la precisión. *Compárese con* redondear.

trunking *s. Véase* agregación de enlaces.

try *s.* Palabra clave utilizada en el lenguaje de programación Java para definir un bloque de instrucciones que puede generar una excepción del lenguaje Java. Si se genera una excepción, un bloque «catch» opcional puede tratar excepciones especificas generadas dentro del bloque definido por «try». También se ejecutará un bloque «finally» opcional independientemente de si se genera una excepción. *Véase también* bloque; catch; excepción; finally.

TSAPI *s.* Acrónimo de Telephony Services Application Programming Interface (interfaz de programación de aplicaciones para servicios de telefonía). El conjunto de estándares que define la interfaz entre un sistema telefónico de gran envergadura y un servidor de red informática, desarrollado por Novell y AT&T y soportado por muchos fabricantes de equipos telefónicos y desarrolladores de software. *Compárese con* TAPI.

TSP *s.* (*Telephony Service Provider*) Acrónimo de Telephony Service Provider (proveedor de servicios de telefonía). Un controlador de módem que permite acceder a equipos específicos de un fabricante mediante un controlador de dispositivo con interfaz estándar. *Véase también* interfaz TSP.

TSPI *s. Véase* interfaz TSP.

T-SQL o **TSQL** *s. Véase* Transact-SQL.

TSR *s.* Acrónimo de terminate-and-stay-resident (terminar y permanecer residente). Programa que permanece cargado en memoria incluso cuando no está en ejecución, por lo que puede ser invocado rápidamente para realizar una tarea específica mientras otro programa está operando. Estos programas se utilizan normalmente con sistemas operativos no multitarea, como, por ejemplo, MS-DOS. *Véase también* conmutar de tarea.

TSV *s.* Extensión de archivo, acrónimo de tab separated values (valores separados por tabulaciones), asignada a archivos de texto que contienen datos tabulares (filas y columnas) del tipo almacenado en los campos de una base de datos. Como su nombre indica, las entradas de datos individuales están separadas por tabulaciones. *Compárese con* CSV.

TTFN *s.* Acrónimo de Ta ta for now (¡Hasta la vista!). Una expresión inglesa a veces utilizada en los grupos de discusión a través de Internet, como los canales IRC (Internet Relay Chat), y que se emplea para indicar que un participante abandona temporalmente el grupo. *Véase también* IRC.

TTL *s.* (*Time to Live*) Acrónimo de Time to Live (tiempo de vida). Un campo de la cabecera de los paquetes enviados a través de Internet que indica durante cuánto tiempo debe mantenerse el paquete antes de eliminarlo. *Véase también* cabecera; paquete.

TTS *s.* **1.** Acrónimo de text-to-speech (texto a voz). El proceso de convertir texto digital en salida de voz. TTS se utiliza ampliamente en servicios de fax, de correo electrónico y otros servicios para ciegos, así como en servicios telefónicos de carácter financiero o informativo. **2.** Acrónimo de Transaction Tracking System (sistema de control de transacciones). Una función desarrollada para proteger a las bases de datos de posibles corrupciones provocadas por transacciones incompletas. TTS monitoriza las transacciones que se llevan a cabo y, en caso de fallo del hardware o del software, cancela la actualización y anula todos los cambios para mantener la integridad de la base de datos.

TTY *s.* Acrónimo de teletypewriter (teletipo). Dispositivo para comunicaciones a baja velocidad a través de línea telefónica que consiste en un teclado que envía un código de caracteres por cada pulsación de tecla y una impresora que imprime caracteres según va recibiendo los códigos respectivos. Las pantallas de vídeo más sencillas se comportan como un TTY. *Véase también* terminal KSR; modo teletipo.

tubería de calor *s.* (*heat pipe*) Dispositivo de refrigeración que consta de un tubo de metal sellado que contiene un líquido y una mecha. El líquido se evapora por el extremo caliente; el vapor se esparce a lo largo del tubo hacia el extremo frío, donde se condensa en la mecha; el líquido fluye hacia abajo a lo largo de la mecha hasta la zona caliente como consecuencia de la acción capilar. Las tuberías de calor se han utilizado en algunas computadoras portátiles basadas en el procesador Pentium, que tienen grandes necesidades de refrigeración y poco espacio para montar disipadores de calor convencionales. *Compárese con* disipador.

tubo de almacenamiento *s.* (*storage tube*) *Véase* tubo de almacenamiento de visión directa.

tubo de almacenamiento de visión directa *s.* (*direct view storage tube*) Tipo de tubo de rayos catódicos (TRC) en el que la pantalla puede retener imágenes por un largo período de tiempo y en el que un haz de electrones procedente de un cañón de electrones puede moverse de manera arbitraria por la superficie de la pantalla (a diferencia del tubo de rayos catódicos normal, en el que el haz de electrones se mueve siguiendo un patrón específico). Este tipo de TRC es capaz de presentar una imagen precisa y detallada sin requerir ningún tipo de refresco de pantalla. Sin embargo, una vez que se dibuja la imagen, ésta no se puede cambiar sin un borrado completo de la pantalla. *Acrónimo:* DVST. *Compárese con* CRT.

tubo de rayos catódicos *s.* (*cathode-ray tube*) *Véase* CRT.

tubo de vacío *s.* **1.** (*electron tube*) Dispositivo para conmutar y amplificar señales electrónicas. Está formado por un contenedor de cristal sellado que encierra elementos electrónicos como placas y rejillas metálicas. En la mayoría de las aplicaciones, los tubos de vacío se han reemplazado por transistores, aunque todavía se utilizan en los tubos de rayos catódicos y en algunos circuitos de radiofrecuencia y amplificadores de audio. *También llamado* tubo de electrones, válvula. *Véase también* CRT. **2.** (*vacuum tube*) Conjunto de electrodos metálicos y rejillas metálicas intermedias contenidas en un tubo de cristal o metal del cual se han extraído todos los gases. Las tensiones de las rejillas controlan las corrientes eléctricas entre los electrodos. Anteriormente, los tubos de vacío se empleaban en los procesos de amplificación y conmutación de circuitos electrónicos; actualmente, se utilizan en aplicaciones como los tubos de rayos catódicos y aquellas que requieren niveles de potencia muy altos. En Gran Bretaña, los tubos de vacío reciben el nombre de *valve*.

túnel punto a punto *s.* (*point-to-point tunneling*) Un medio de establecer comunicaciones seguras a través de una red pública abierta, como Internet. *Véase también* PPTP.

tunelización *s.* (*tunneling*) Un método de transmisión a través de conjuntos interconectados de redes heterogéneas basadas en diferentes protocolos. En los mecanismos de transmisión por túnel, un paquete basado en un protocolo se envuelve o encapsula dentro de un segundo paquete basado en el otro protocolo que sea necesario para poder atravesar una red intermedia. En la práctica, el paquete utilizado como envoltorio «aísla» al paquete original y crea la ilusión de un túnel a través del cual viaja el paquete encapsulado, atravesando la red intermedia. En términos no informáticos, la transmisión por túnel sería comparable a «envolver» un regalo (el paquete original) dentro de una caja (el envoltorio) para enviarlo por correo normal.

tunelización IP *s.* (*IP tunneling*) Una técnica utilizada para encapsular datos dentro de un paquete TCP/IP para su transmisión entre direcciones IP. La tunelización IP proporciona un método seguro para compartir datos de diferentes redes a través de Internet.

tunelizar *vb.* (*tunnel*) Encapsular o envolver un paquete o mensaje de un protocolo dentro de un paquete correspondiente a otro protocolo. El paquete encapsulado se transmite entonces a través de una red haciendo uso del protocolo encapsulante. Este método de transmisión de paquetes se utiliza para evitar posibles restricciones que los protocolos puedan imponer. *Véase también* protocolo de comunicaciones; paquete.

tupla *s.* (*tuple*) En una tabla (relación) de base de datos, un conjunto de valores relacionados, uno para cada atributo (columna). Una tupla se almacena como una fila en un sistema de gestión de bases de datos relacional. Es el análogo de un registro en un archivo no relacional. *Véase también* relación.

tutorial *s.* Asistencia educativa diseñada para ayudar a los usuarios a emplear un producto o procedimiento. En aplicaciones informáticas, un tutorial puede tomar la forma de un libro o un manual o de una serie de lecciones interactivas basadas en disco suministradas con el paquete de programa.

Tux *s.* La mascota del sistema operativo Linux. Tux es un pingüino con aspecto de dibujo animado y la imagen de Tux puede ser utilizada libremente por cualquier proveedor de productos o servicios Linux. El nombre Tux es tanto una abreviatura de tuxedo (frac), en referencia a la apariencia de los pingüinos, como un acrónimo de Torvalds's UniX, en honor a Linus Torvalds, el creador del sistema operativo Linux.

TV de acceso a Internet *s.* (***browser box***) *Véase* WebTV.

TV de alta definición *s.* (***High-Definition Television***) *Véase* HDTV.

TV digital *s.* (***digital TV***) La transmisión de señales de televisión utilizando señales digitales en lugar de las señales analógicas convencionales. La FCC aprobó en 1996 un estándar de televisión digital para Estados Unidos. La televisión digital proporciona una mejor experiencia televisiva y nuevos servicios de información. Las señales digitales permiten generar imágenes de mayor calidad y sonido, equivalente al de un CD, por comparación a las señales analógicas utilizadas en las televisiones actuales. La televisión digital puede soportar televisión interactiva, guías electrónicas de programas y una diversidad de servicios digitales, como servicios de datos y difusiones a través de canales Internet. *Acrónimo:* DTV. *Compárese con* HDTV.

TV interactiva *s.* (***interactive TV***) *Véase* iTV.

TWAIN *s.* La interfaz estándar de facto entre las aplicaciones software y los dispositivos de captura de imagen, como, por ejemplo, los escáneres. Casi todos los escáneres incluyen un controlador TWAIN, pero sólo los programas software que sean compatibles con TWAIN podrán usar dicha tecnología. La especificación TWAIN fue desarrollada por el grupo de trabajo TWAIN, un consorcio de empresas formado en 1992. Suele decirse que TWAIN es el acrónimo de «technology without an interesting name» (tecnología sin ningún nombre concreto), aunque el grupo de trabajo TWAIN sostiene que el nombre no es un acrónimo. *Véase también* escáner.

twip *s.* Unidad de medida utilizada en tipografía y en autoedición, y que es igual a un veinteavo de un punto de impresora o a 1/440 pulgadas. *Véase también* punto.

TXD *s.* Abreviatura de Tx Data (datos de transmisión). Una línea utilizada para transportar los datos transmitidos desde un dispositivo a otro, como, por ejemplo, desde una computadora a un módem; en las conexiones RS-232-C, corresponde al terminal 2. *Véase también* RS-232-C, estándar. *Compárese con* RXD.

.txt *s.* Una extensión de archivo que identifica los archivos de texto ASCII. En la mayoría de los casos, un documento con una extensión .txt no incluye ningún comando de formateo, por lo que puede leerse con cualquier editor de texto o programa de procesamiento de textos. *Véase también* ASCII.

Tymnet *s.* Una red pública de datos disponible en más de 100 países con enlaces a algunos servicios en línea y proveedores de servicios Internet.

typosquatter *s. Véase* cazaerrores.

U

u- *pref.* Letra algunas veces sustituida por la letra griega μ (mu), que significa micro, utilizada como prefijo de medidas que denota una millonésima o 10^{-6}. *Véase también* micro-.

UA *s.* Acrónimo de user agent. *Véase* agente del usuario.

UAL *s. Véase* unidad aritmético-lógica.

UART *s.* Acrónimo de universal asynchronous receiver-transmitter (transmisor-receptor asíncrono universal). Un módulo, usualmente compuesto por un único circuito integrado, que contiene los circuitos tanto transmisores como receptores requeridos para la comunicación serie asíncrona. Una UART es el tipo más común de circuito utilizado en los módems para computadoras personales. *Compárese con* USRT.

UART síncrona *s.* (*synchronous UART*) Transmisor/receptor asíncrono universal (UART, universal asynchronous receiver/transmitter) que permite la transmisión serie síncrona en la que el emisor y el receptor comparten una señal de temporización común. *Véase también* UART.

ubicación *s.* (*location*) *Véase* dirección.

ubicación de almacenamiento *s.* (*storage location*) La posición en la que se encuentra un elemento concreto; puede tratarse de una ubicación identificada mediante su dirección o de una ubicación en disco, cinta magnética u otro medio similar que tenga asociado un identificador unívoco.

UC *s. Véase* informática ubicua.

UCAID *s.* Acrónimo de University Corporation for Advanced Internet Development (Corporación universitaria para el desarrollo avanzado de Internet). Una organización creada para proporcionar consejo en el desarrollo avanzado de tecnologías de redes dentro de la comunidad universitaria. UCAID es responsable del desarrollo de la red troncal de fibra óptica Abilene, que interconectará más de 150 universidades en el proyecto Internet2.

UCE *s.* Acrónimo de unsolicited comercial e-mail (correo electrónico comercial no solicitado). *Véase* correo basura.

UCITA *s.* Acrónimo de Uniform Computer Information Transactions Act (Ley de transacciones uniformes de información entre computadoras). Legislación propuesta o adoptada en varios estados de Estados Unidos, que establecerá estándares legales y sistemas de control para el manejo de datos informáticos. UCITA es un modelo de ley que pretende servir como enmienda del Código de Comercio de Estados Unidos para cubrir nuevos problemas relacionados con la tecnología. Una de las previsiones principales de UCITA es un estándar para regular los acuerdos de comercialización de software para el mercado de masas (los acuerdos de licencia de usuario final) tanto para software empaquetado como para software descargado a través de Internet. *Véase también* contrato de licencia para descarga; contrato de licencia para software empaquetado.

UCP *s.* (*CPU*) Acrónimo de unidad central de proceso. La unidad de control y cálculo de una computadora. La UCP es el dispositivo que interpreta y ejecuta las instrucciones. Los equipos mainframe y minicomputadoras más antiguas contenían tarjetas de circuito impreso llenas de circuitos integrados que implementaban la UCP. Las unidades centrales de proceso monochip, denominadas microprocesadores, hicieron posible las estaciones de trabajo y las computadoras personales. Ejemplos de UCP monochip son los chips de Motorola 68000, 68020 y 68030 y los chips de Intel 8080, 8086, 80286, 80386 y i486. La UCP, o microprocesador en el caso de una microcomputadora, tiene la capacidad de extraer, decodificar y ejecutar instrucciones y de transferir información desde y hacia otros recursos a través del bus principal de transferencia de datos de la computadora. Por definición, la UCP es el chip que funciona como «cerebro» de una computadora. En algunos casos, sin embargo, el término incluye tanto al procesador como a la memoria de la computadora o, de forma todavía más amplia, a toda la consola principal de la computadora (por oposición a los dispositivos periféricos). *Véase* la ilustración. *Véase también* microprocesador.

UCP.

UDDI *s*. Acrónimo de Universal Description, Discovery, and Integration (descripción, descubrimiento e integración universales). Un marco de trabajo independiente de la plataforma que funciona como un directorio (similar a una guía telefónica) y proporciona una forma de localizar y registrar servicios web a través de Internet. La especificación UDDI requiere tres elementos: páginas blancas, que proporcionan información de contacto de las empresas; páginas amarillas, que organizan los servicios web en categorías (por ejemplo, servicios de autorización de tarjetas de crédito), y páginas verdes, que proporcionan información técnica detallada acerca de los servicios individuales. UDDI también contiene un registro operacional, que ya está disponible hoy día.

UDP *s*. Acrónimo de User Datagram Protocol (protocolo de datagramas de usuario). El protocolo sin conexión dentro del conjunto de protocolos TCP/IP que se corresponde con el nivel de transporte en el modelo de referencia ISO/OSI. UDP convierte los mensajes de datos generados por una aplicación en paquetes que pueden enviarse a través de IP, pero es un protocolo «no fiable», porque no establece una ruta entre el emisor y el receptor antes de la transmisión y no verifica que los mensajes se entreguen correctamente. UDP es más eficiente que TCP, por lo que se lo utiliza para diversos propósitos, incluyendo SNMP; la fiabilidad debe ser garantizada por la aplicación que genere los mensajes. *Véase también* protocolo de comunicaciones; modelo de referencia ISO/OSI; paquete; SNMP; TCP/IP. *Compárese con* IP; TCP.

UDT *s*. Acrónimo de uniform data transfer (transferencia de datos uniforme). Es el servicio utilizado en las extensiones OLE de Windows que permite a dos aplicaciones intercambiar datos sin que ninguno de los dos programas tenga por qué conocer la estructura interna del otro.

UI *s*. *Véase* interfaz de usuario.

UIT *s*. Acrónimo de Unión Internacional de Telecomunicaciones. *Véase* ITU.

UKnet *s*. **1**. En el Reino Unido, un proveedor de servicios Internet (ISP) con sede en la Universidad de Kent. *Véase también* ISP. **2**. La red del campus de la Universidad de Kentucky.

ULSI *s*. *Véase* integración a escala ultra-alta.

UltimateTV *s*. Una tecnología de grabación de televisión digital desarrollada por Microsoft. UltimateTV puede grabar hasta 35 horas de emisiones DIRECTV. Puesto que la señal de televisión se graba en el disco duro de UltimateTV, los espectadores pueden poner en pausa un evento en directo, rebobinar escenas y ver partes del evento que ya hayan visto previamente a cámara lenta o a cámara rápida, mientras que UltimateTV graba el resto de la emisión en directo.

último kilómetro *s*. (***last mile***) La conexión (que, en la práctica, puede ser superior o inferior a un kilómetro) entre el sistema de un usuario final y el de un proveedor de servicios, como pueda ser una compañía telefónica. La conexión de «último kilómetro» ha hecho referencia, históricamente, a los cables de par trenzado de cobre utilizados entre un domicilio y la compañía telefónica. Aunque esta definición continúa siendo precisa, el término «último kilómetro» se utiliza ahora a menudo, de una forma más amplia, para hacer referencia al enlace existente entre el sistema de un usuario final y la tecnología de acceso a Internet a alta velocidad de un proveedor de servicios, como, por ejemplo, un ISP (Internet Service Provider). Así, para los usuarios de módem que accedan a Internet a través de líneas de voz normales, el último kilómetro continúa siendo equivalente al cableado de par trenzado de cobre de la compañía telefónica. Sin embargo, debido a que la transmisión mediante módems estándar a través de líneas de voz normales es a veces excesivamente lenta, se han diseñado otras soluciones de último kilómetro para proporcionar una mayor velocidad y un mayor ancho de banda. Entre estas soluciones se incluyen las basadas en cable coaxial (utilizadas en la televisión por cable), la fibra óptica o los enlaces vía radio (como, por ejemplo, teléfonos celulares o enlaces punto a punto). DSL y RDSI son método para proporcionar servicios de datos de último kilómetro y alta velocidad a través de cables de par trenzado de cobre. *Véase también* DSL; RDSI; cableado de par trenzado. *Compárese con* bucle local.

Ultra DMA/33 *s*. Protocolo de transferencia de datos basado en mecanismos de acceso directo a memoria para transferir datos entre el disco duro y la RAM de una computadora. Ultra DMA/33 mejora el rendimiento de ATA/IDE, dobla la velocidad de transferencia en ráfaga hasta 33 megabytes por segundo y garantiza mejor la integridad de las transferencias de datos. *Véase también* ATA; acceso directo a memoria; IDE.

Ultra Wide SCSI *s*. *Véase* UltraSCSI.

ultraficha *s*. (*ultrafiche*) Microficha con una densidad muy alta. La imagen en la ultraficha está reducida al menos 90 veces con respecto a su tamaño original *Véase también* microficha.

UltraSCSI *s*. Una extensión del estándar SCSI II que dobla la velocidad de Fast-SCSI para permitir una tasa de transferencia de 20 megabytes por segundo (Mbps) a través de una conexión de 8 bits y de 40 Mbps a través de una conexión de 16 bits. *Véase también* SCSI; SCSI-2.

UMA *s*. **1**. Acrónimo de Uniform Memory Architecture (arquitectura de memoria uniforme). *Véase* SMP. **2**. Acrónimo de upper memory area (área de memoria superior). La parte de la memoria DOS situada entre los primeros 640 K y 1 MB. *Compárese con* área de memoria alta.

UMB *s*. Acrónimo de upper memory block (bloque de memoria superior). Bloque de memoria del área de memoria superior (UMA, upper memory area) que se puede utilizar para controladores de dispositivos o programas TSR. Los bloques UMB se asignan y administran mediante programas especiales de administración de memoria, tales como EMM386.EXE. *Véase también* controlador de dispositivo; TSR; UMA.

UML *s*. Acrónimo de Unified Modeling Language (lenguaje de modelado unificado). Un lenguaje desarrollado por Grady Booch, Ivar Jacobson y Jim Rumbaugh, de Rational Software, que puede utilizarse para especificar, construir y documentar sistemas software o de otro tipo, como, por ejemplo, modelos de negocio. La notación UML proporciona una base común para el diseño orientado a objetos al proporcionar descripciones de conceptos de modelado, incluyendo clases de objetos, interfaces y responsabilidades. El estándar UML está soportado por diversos desarrolladores y fabricantes de software y es supervisado por el OMG (Object Management Group).

UMTS *s*. Acrónimo de Universal Mobile Telecommunications System (sistema universal de telecomunicaciones móviles). Estándar de telecomunicaciones inalámbricas de tercera generación desarrollado para proporcionar un conjunto coherente de capacidades de voz, texto, vídeo y multimedia, basadas en paquetes, a los usuarios de cualquier entorno de comunicaciones en todo el mundo. Cuando UMTS llegue al estado de implementación completa, los usuarios podrán realizar conexiones Internet de carácter informático o telefónico desde cualquier lugar del mundo.

una cara, de *adj*. (*single-sided*) Perteneciente o relativo a un disco flexible en el que los datos sólo pueden almacenarse en una cara.

unario *adj*. (*unary*) Perteneciente, relativo a o característico de una operación matemática con un solo operando (objeto); monádico. *Compárese con* diádico.

UNC *s*. Acrónimo de Universal Naming Convention (convenio universal de denominación) o, algunas veces, Uniform Naming Convention (convenio uniforme de denominación). Es el sistema de denominación de archivos entre computadoras de una red que hace que un archivo en una computadora dada tenga el mismo nombre de ruta cuando se accede a él desde cualquiera de las computadoras de la red. Por ejemplo, si el directorio c:\ruta1\ruta2\...rutaN de la computadora servidorN se comparte con el nombre rutadirs, un usuario en otra computadora abriría \\servidorN\rutadirs\nombrearchivo.ext para acceder al archivo c:\ruta1\ruta2\...rutaN\nombrearchivo.ext contenido en servidorN. *Véase también* URL; ruta virtual.

Undernet *s.* Una red internacional de servidores IRC (Internet Relay Chat) creada en 1992 como alternativa a la red IRC principal, de mayor tamaño y más caótica. Para obtener información sobre cómo conectarse a Undernet, consulte la dirección http://www.undernet.org. *Véase también* IRC.

Unibus *s.* Una arquitectura de bus introducida por Digital Equipment Corporation en 1970.

Unicode *s.* Un estándar de codificación de caracteres de 16 bits desarrollado por el consorcio Unicode entre 1988 y 1991. Utilizando dos bytes para representar cada carácter, Unicode permite representar la práctica totalidad de los lenguajes escritos de todo el mundo, utilizando un único conjunto de caracteres. Por contraste, el código ASCII de 8 bits no es capaz ni siquiera de representar todas las combinaciones de letras y signos diacríticos utilizados en los idiomas que emplean el alfabeto romano. Hasta la fecha, se han asignado unos 39.000 de los 65.536 códigos de carácter Unicode posibles, siendo 21.000 de ellos utilizados para ideogramas chinos. Las restantes combinaciones están libres para futuras ampliaciones. *Compárese con* ASCII.

unidad *s.* (*drive*) *Véase* unidad de disco.

unidad aritmético-lógica *s.* (*arithmetic logic unit*) Un componente de un chip microprocesador utilizado para realizar funciones aritméticas, lógicas y de comparación. *Véase también* puerta.

unidad Bernoulli *s.* (*Bernoulli box*) Unidad de disquete extraíble para computadoras personales que utiliza un cartucho no volátil y que tiene una alta capacidad de almacenamiento. Debe su nombre a Daniel Bernoulli, un físico del siglo XVIII que fue el primero en demostrar el principio de la sustentación aerodinámica. Las unidades Bernoulli utilizan la alta velocidad de giro para doblar el disco flexible y acercarlo al cabezal de lectura/escritura de la unidad de disco. *Véase también* cabezal de lectura/escritura.

unidad central de proceso *s.* (*central processing unit*) *Véase* UCP.

unidad comprimida *s.* (*compressed drive*) Disco duro cuya aparente capacidad para mantener los datos ha sido incrementada a través del uso de una utilidad de compresión, como Stacker o Double Space. *Véase también* disco comprimido; compresión de datos.

unidad de acceso multiestación *s.* (*Multistation Access Unit*) *Véase* MAU.

unidad de arranque *s.* (*boot drive*) En una computadora compatible PC, la unidad de disco que utiliza la BIOS para cargar automáticamente el sistema operativo cuando se inicia la computadora. Generalmente, la unidad de arranque predeterminada es la principal unidad de disco flexible A: en computadoras compatibles PC con sistemas operativos de MS-DOS, Windows 3x o Windows 9x. Si el disco flexible no se encuentra en dicha unidad, la BIOS comprobará a continuación la principal unidad de disco duro, que es la unidad C:. La BIOS para estos sistemas operativos puede reconfigurarse para explorar primero la unidad C: utilizando el programa de instalación BIOS. *Véase también* A:; BIOS; unidad de disco; disco duro.

unidad de asignación *s.* (*allocation unit*) *Véase* clúster.

unidad de CD *s.* (*CD drive*) *Véase* unidad de CD-ROM.

unidad de CD-ROM *s.* (*CD-ROM drive*) Dispositivo electromecánico que lee datos almacenados en CD-ROM. La mayoría de las unidades de CD-ROM tienen una interfaz SCSI, aunque algunas se conectan a un PC a través de un controlador de unidad de disco. Los datos se leen por medio de un pequeño láser que se enfoca sobre la superficie del CD-

ROM mediante espejos ópticos situados en el cabezal de lectura/escritura. Un motor hace girar el CD-ROM de manera que todos los datos, almacenados en espiral desde el centro, puedan leerse. Las unidades de CD-ROM varían en cuanto al tiempo de acceso necesario para localizar una pista en el CD-ROM y en cuanto al tiempo de búsqueda requerido para mover el cabezal de lectura/escritura. *Véase* la ilustración. *Véase también* CD-ROM; disco compacto.

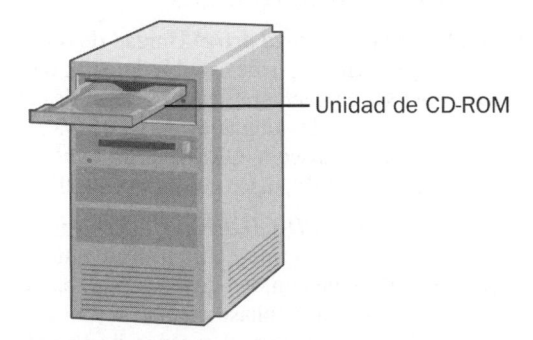

Unidad de CD-ROM.

unidad de cinta *s.* (*tape drive*) Dispositivo para leer y escribir cintas magnéticas. *Véase también* cinta.

unidad de control *s.* (*control unit*) Dispositivo o circuito que realiza una función de arbitraje o de regulación. Por ejemplo, un chip controlador de memoria controla el acceso a la memoria de una computadora y es la unidad de control para dicha memoria.

unidad de disco *s.* **1.** (*disk drive*) Dispositivo electromecánico capaz de leer y escribir en discos. Los principales componentes de una unidad de disco incluyen un rotor en el que se monta el disco, un motor que hace girar el disco cuando la unidad está funcionando, uno o más cabezales de lectura/escritura, un segundo motor que controla la situación de los cabezales de lectura/escritura sobre el disco y un circuito de control que sincroniza las actividades de lectura/escritura y transfiere la información hacia y desde la computadora. Existen dos tipos de unidades de disco muy utilizados: las unidades de disco flexible y las unidades de disco duro. Las unidades de disco flexible (o de disquete) están diseñadas de modo que aceptan discos extraíbles en formato de 5,25 o 3,5 pulgadas; las unidades de disco duro son unidades de almacenamiento más rápidas y de mayor capacidad, completamente encerradas en una carcasa protectora. **2.** (*disk unit*) Dispositivo de disco o su habitáculo.

unidad de disco de doble cara *s.* (*dual-sided disk drive*) Unidad de disco que puede leer o escribir información en las caras superior e inferior de un disco de doble cara. Las unidades de disco de doble cara tienen dos cabezales de lectura/escritura, uno para cada superficie del disco.

unidad de disco de estado sólido *s.* (*solid-state disk drive*) Dispositivo de almacenamiento masivo que mantiene los datos en la RAM en lugar de en un almacenamiento magnético. *Véase también* almacenamiento magnético; RAM.

unidad de disco de un cabezal por pista *s.* (*head-per-track disk drive*) Unidad de disco que tiene un cabezal de lectura/escritura para cada pista de datos. Este tipo de unidad de disco tiene un tiempo de búsqueda muy pequeño porque los cabezales no tienen que desplazarse a través de la superficie del disco para leer y escribir en la pista requerida. Dado que los cabezales de lectura/escritura son caros, este tipo de unidad no es muy común.

unidad de disco duro *s.* (*hard disk drive*) *Véase* disco duro.

unidad de disco flexible *s.* (*floppy disk drive*) Dispositivo electromecánico que lee datos y escribe datos en un disco flexible o microdisquete. *Véase* la ilustración. *Véase también* disquete.

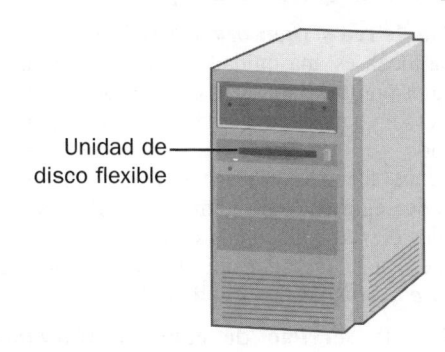

Unidad de disco flexible.

unidad de disco MO *s.* (*MO disk drive*) *Véase* disco magneto-óptico.

unidad de doble disco *s.* (*dual disk drive*) Computadora que tiene dos disqueteras.

unidad de gestión de memoria *s.* (*memory management unit*) El hardware que soporta la asignación de direcciones de memoria virtual a direcciones de memoria física. En algunos sistemas, como los basados en el 68020, la unidad de gestión de memoria está separada del procesador. Sin embargo, en la mayoría de las microcomputadoras modernas, la unidad de gestión de memoria está incluida dentro del chip de UCP. En algunos sistemas, la unidad de gestión de memoria se encarga de implementar la interfaz entre el microprocesador y la memoria. Este tipo de unidad de gestión de memoria se encarga normalmente de la multiplexación de direcciones y, en el caso de las memorias DRAM, del ciclo de refresco. *Acrónimo:* MMU. *Véase también* dirección física; ciclo de refresco; dirección virtual.

unidad de gestión de memoria paginada *s.* (*paged memory management unit*) Unidad de hardware que realiza tareas relacionadas con el acceso y la gestión de la memoria utilizada por diferentes aplicaciones o por los sistemas operativos de memoria virtual. *Acrónimo:* PMMU.

unidad de media altura *s.* (*half-height drive*) Una unidad de disco que tiene más o menos la mitad de altura que las unidades de disco de la generación anterior.

unidad de origen *s.* (*source drive*) La unidad de disco desde la que se copian los archivos durante una operación de copia.

unidad de red *s.* (*network drive*) En una red de área local, es una unidad de disco cuyo disco está disponible para otros equipos de la red. El acceso a una unidad de red puede no estar permitido para todos los usuarios de la red; muchos sistemas operativos contienen medidas de seguridad que permiten a un administrador de red conceder o denegar el acceso a parte o a la totalidad de una unidad de red. *Véase también* directorio de red.

unidad de servicio de canal *s.* (*Channel Service Unit*) *Véase* DDS.

unidad de servicio de datos *s.* (*Data Service Unit*) *Véase* DDS.

unidad del sistema *s.* (*system unit*) *Véase* consola.

unidad en red *s.* (*networked drive*) *Véase* unidad de red.

unidad lógica *s.* (*logical drive*) *Véase* dispositivo lógico.

unidad máxima de transmisión *s.* (*Maximum Transmission Unit*) *Véase* MTU.

unidad óptica *s.* (*optical drive*) Unidad de disco que lee y a menudo puede escribir datos en discos ópticos (compactos). Ejemplos de unidades ópticas incluyen las unidades de CD-ROM y las unidades de disco WORM. *Véase también* unidad de CD-ROM; disco compacto; WORM.

unidad PD-CD *s.* (*PD-CD drive*) Un dispositivo de almacenamiento que combina una unidad de CD-ROM y una unidad de disco regrabable por cambio de fase (phase change rewritable disc, PD) y que puede almacenar hasta 650 megabytes de datos en cartuchos de discos ópticos regrabables. *Véase también* grabación mediante cambio de fase.

unidad predeterminada *s.* (*default drive*) La unidad de disco en la que un sistema operativo lee y escribe cuando no se especifica ninguna alternativa.

unidad zip *s.* (*Zip drive*) Unidad de disco desarrollada por Iomega que utiliza discos extraíbles de 3,5 pulgadas capaces de almacenar 100 megabytes de datos. Véase la ilustración. *Véase también* unidad de disco.

Unidad zip.

unidades *s.* (***unit position***) El lugar correspondiente a la unidad en un número compuesto por múltiples dígitos. Por ejemplo, el 3 en el número 473.

unidades asignadas *s.* (***mapped drives***) **1**. En el entorno Windows, las unidades de red a las que se les han asignado letras de unidad locales y que son accesibles localmente. **2**. En UNIX, unidades de disco que han sido definidas en el sistema y pueden activarse.

unidades Dynaload *s.* (***Dynaload drivers***) Controladores de dispositivo soportados por Dynaload. Dynaload es un comando que puede ejecutarse desde el símbolo del sistema DOS en el sistema operativo PC DOS 7 de IBM y que carga los controladores de dispositivos compatibles sin modificar el archivo CONFIG.SYS. *Véase también* CONFIG.SYS.

unidifusión *vb.* (***unicast***) Realizar transmisiones entre un único emisor y un único receptor a través de una red. La unidifusión es una transmisión bidireccional punto a punto típica de las comunicaciones a través de red. *Compárese con* difusión indiferente; difusión restringida.

UniForum *s.* **1**. Una serie de ferias comerciales sobre UNIX patrocinada por UniForum y gestionada por Softbank COMDEX, Inc. *Véase también* COMDEX. **2**. La asociación internacional de profesionales de los sistemas abiertos; es una organización de usuarios y administradores de UNIX.

Unimodem *s.* **1**. Un módem universal que soporta los comandos AT estándar para módem. Windows CE sólo soporta actualmente módems PCMCIA. **2**. El controlador de módem universal proporcionado con Windows CE, que traduce las llamadas TSPI (Telephony Service Provider Interface) a comandos AT y envía los comandos a un controlador de dispositivo virtual que se comunica con el módem.

unión *s.* **1**. (***join***) Operación en las tablas de una base de datos que crea una entrada resultante en otra tabla para cada entrada de la primera tabla cuyo campo clave coincida con el de una entrada de la otra. *Véase también* unión interna. **2**. (***join***) Comando de multiprocesamiento que hace que un proceso hijo devuelva el control a su padre. *Véase también* hijo; multipro-

cesamiento. **3**. (***junction***) Cualquier punto en el que se conectan dos o más componentes eléctricos. **4**. (***junction***) El contacto entre dos tipos de semiconductores, como puedan ser semiconductores de tipo *n* y de tipo *p*. *Véase también* semiconductor de tipo *n*; semiconductor de tipo *p*; semiconductor. **5**. (***union***) En gestión de bases de datos, un operador relacional. Dadas dos relaciones (tablas), A y B, a las que se les puede aplicar la operación de unión (que contienen el mismo número de campos, con los correspondientes campos conteniendo los mismos tipos o valores), A UNION B construye una nueva relación que contiene aquellas tuplas (registros) que aparecen en A o en B o en ambas. *Compárese con* diferencia; intersección. **6**. (***union***) En lógica, una operación OR inclusivo, es decir, el resultado C de una unión entre A y B es siempre verdadero (1), excepto cuando A y B son ambos falsos (0). Véase la tabla U1. **7**. (***union***) En programación, una estructura que puede utilizarse para almacenar diferentes tipos de variables (tales como enteras, de carácter o booleanas). **8**. (***union***) En teoría de conjuntos, es la combinación más pequeña de dos conjuntos que contiene todos los elementos de ambos conjuntos.

A	OR	B	=	C
1		1		1
1		0		1
0		1		1
0		0		0

Tabla U.1. Tabla de verdad que muestra el resultado de operaciones de unión.

unión de Josephson *s.* (***Josephson junction***) Dispositivo crioelectrónico que puede alcanzar velocidades de conmutación de circuitos extremadamente altas. En el efecto Josephson, cuando dos materiales superconductores están muy próximos, pero se encuentran separados por un aislante, la corriente eléctrica puede saltar o atravesar el túnel a través del hueco.

unión de líneas *s.* (***line join***) La forma en que se conectan dos segmentos de línea a la hora de imprimir, especialmente en una impresora compatible PostScript. Véase la ilustración. *Véase también* remate de línea.

Unión en ángulo

Unión redondeada

Unión biselada

Unión de líneas.

unión externa *s.* (*outer join*) En gestión de bases de datos, un operador del álgebra relacional. Una unión externa realiza una operación de unión ampliada en la que las tuplas (filas) de una relación (tabla) que no tienen homólogo en la segunda relación aparecen en la relación resultante concatenadas con valores nulos. *Compárese con* unión interna.

unión interna *s.* (*inner join*) Operador del álgebra relacional frecuentemente implementado en la gestión de bases de datos. La unión interna da lugar a una relación (tabla) que contiene todas las posibles concatenaciones ordenadas (uniones) de los registros de dos tablas existentes que cumplan con ciertos criterios especificados relativos a los valores de los datos. En consecuencia, esta operación es equivalente a un producto seguido de una selección sobre la tabla resultante. *Compárese con* unión externa.

Unión Internacional de Telecomunicaciones *s.* (*International Telecommunications Union*) *Véase* ITU.

unipolar *adj.* Que tiene un estado. En electrónica, un dispositivo o señal unipolar es aquel en el que la misma polaridad de tensión (positiva o negativa) se emplea para representar estados binarios (apagado/encendido o verdadero/falso). *Compárese con* bipolar.

United States of America Standards Institute *s.* El antiguo nombre de ANSI (American National Standards Institute). *Véase también* ANSI.

UNIVAC I *s.* Abreviatura de Universal Automatic Calculator (calculadora automática universal) I. Fue la primera computadora electrónica comercialmente disponible, diseñada por J. Presper Eckert y John Mauchly, que también fueron los inventores de ENIAC (considerada generalmente la primera computadora totalmente electrónica). UNIVAC I fue la primera computadora capaz de manejar información tanto numérica como textual.

Universal Plug and Play *s. Véase* UPnP.

Universal Plug and Play Forum *s. Véase* UPnP Forum.

Universal Server *s.* **1.** Software de base de datos de Informix que opera con módulos software de ampliación para gestionar las necesidades de los usuarios concernientes a tipos específicos de datos y formas específicas de procesamiento. **2.** Software de Oracle Corporation que suministra la información contenida en su base de datos en una diversidad de formas, como texto, sonido y vídeo, en respuesta a solicitudes HTTP.

UNIX *s.* Un sistema operativo multiusuario y multitarea. Originalmente desarrollado por Ken Thompson y Dennis Ritchie en los laboratorios Bell de AT&T entre 1969 y 1973 para su uso en minicomputadoras, UNIX ha evolucionado hasta convertirse en un potente y complejo sistema operativo que, debido a que está escrito en lenguaje C, es más portable (es decir, menos específico de la máquina) que muchos otros sistemas operativos. Existe una amplia variedad de versiones de UNIX, incluyendo System V (desarrollado por AT&T para su distribución comercial y existiendo muchas versiones actuales que están basadas en él), BSD UNIX (software gratuito desarrollado en la Universidad de California, en Berkeley, del cual han derivado muchas variantes relacionadas), AIX (una versión de System V adaptada por IBM para ejecutarse en estaciones de trabajo basadas en RISC), A/UX (una versión gráfica para Macintosh), Linux (una versión más reciente que funciona sobre chips de Intel) y SunOS (basado en BSD UNIX y disponible para estaciones de trabajo Sun). Hay disponibles muchas versiones de UNIX de forma gratuita. Con algunas versiones, el código fuente también es gratuito, lo que las convierte en una parte fundamental del movimiento hacia sistemas de código abierto. UNIX se utiliza ampliamente como sistema operativo de red, especialmente en conjunción con Internet. *Véase también* BSD UNIX; Linux; código abierto; System V.

UNIX-to-UNIX Copy *s. Véase* UUCP.

unknown host *s.* Host desconocido. Una respuesta a una solicitud de conexión con un servidor, que indica que la red no es capaz de encontrar la dirección especificada. *Véase también* servidor.

untar *s.* Una utilidad disponible para UNIX y otros sistemas que se utiliza para separar los archivos individuales que forman un archivo que haya sido compuesto utilizando el programa tar de UNIX. *Compárese con* tar.

UPC *s.* Acrónimo de Universal Product Code (código universal de producto). Un sistema de asignación de códigos numéricos a productos comerciales mediante códigos de barras. Un código UPC está compuesto de 12 dígitos: un carácter que describe el sistema de numeración, un número de cinco dígitos asignado al fabricante, un código de producto de cinco dígitos asignado por el fabricante y un dígito de control módulo 10. *Véase también* código de barras.

UPnP *s.* Acrónimo de Universal Plug and Play (Plug and Play universal). Una iniciativa de Microsoft que motivó la creación del Foro UPnP para la interconexión de computadoras, electrodomésticos, redes y servicios. UPnP amplía los mecanismos Plug and Play tradicionales para incluir dispositivos conectados a redes. Permite a los dispositivos periféricos descubrir a otros dispositivos, conectarse con ellos y enumerar las características de dichos dispositivos. UPnP está pensado para ser un bloque fundamental de los sistemas domóticos, que permiten integrar los equipos informáticos, los electrodomésticos y los servicios que dichos dispositivos proveen.

UPnP Forum *s.* Un consorcio de empresas y personas que supervisa las especificaciones UPnP (Universal Plug and Play), los protocolos, los logotipos, las implementaciones de ejemplo, los conjuntos de prueba, la documentación técnica y otra serie de esfuerzos similares relacionados con UPnP. *Véase también* UPnP; arquitectura de dispositivo UPnP; redes UPnP.

UPS *s.* (*uninterruptible power supply*) Acrónimo de uninterruptible power supply. *Véase* SAI.

upstream *adj.* **1.** La dirección en la que los datos se mueven desde una computadora individual hacia la red remota. Con algunas tecnologías de comunicaciones, como ADSL, los módems de cable y los módems de alta velocidad a 56 Kbps, los datos fluyen aguas arriba más lentamente que aguas abajo. Por ejemplo, un módem a 56 Kbps puede suministrar datos a un máximo de 56 Kbps únicamente aguas abajo; aguas arriba (es decir, hacia la red) suministra datos a 28,8 o 36,6 Kbps. *Compárese con* downstream. **2.** La ubicación de un servidor en relación con otro servidor. *Compárese con* downstream.

upstream *s.* La dirección en la que se suministra la información desde un cliente a un servidor (web). *Compárese con* downstream.

URC *s.* (*Uniform Resource Citation*) Acrónimo de Uniform Resource Citation (citación uniforme de recursos). Una descripción de un objeto en la World Wide Web compuesta de parejas de atributos y sus correspondientes valores, como, por ejemplo, los identificadores URI (Uniform Resource Identifier) de sus recursos asociados, los nombres de los autores, los nombres de los editores, fechas y precios.

URI *s.* (*Uniform Resource Identifier*) Acrónimo de Uniform Resource Identifier (identificador uniforme de recursos). Una cadena de caracteres utilizada para identificar un recurso (como, por ejemplo, un archivo) de cualquier lugar de Internet, según su tipo y ubicación. El conjunto de los identificadores uniformes de recursos incluye los nombres uniformes de recursos (URN, Uniform Resource Name) y los localizadores uniformes de recursos (URL, Uniform Resource Locator). *Véase también* URL relativo; URN; URL.

URL *s.* Acrónimo de Uniform Resource Locator (localizador uniforme de recursos). Una dirección de un recurso en Internet. Los localizadores URL son utilizados por los exploradores web para localizar recursos en Internet. Una dirección URL especifica el protocolo que hay que utilizar para acceder al recurso (como, por ejemplo, http: para una página de la World Wide Web o ftp: para un sitio FTP), el nombre del servidor en el que el recurso reside (como, por ejemplo, //www.whitehouse.gov) y, opcionalmente, la ruta a un recurso (como, por ejemplo, un archivo o documento html contenido en dicho servidor. *Véase también* FTP; HTML; HTTP; ruta; servidor; ruta virtual; explorador web.

URL absoluto *s*. (*absolute URL*) Dirección Internet completa de una página o de otro recurso World Wide Web. La dirección URL absoluta incluye un protocolo, como, por ejemplo, «http», una ubicación de red y una ruta y un nombre de archivo opcionales; por ejemplo, http://xample.microsoft.com/.

URL relativo *s*. (*relative URL*) Un tipo de URL en el que se omiten el dominio y algunos (o todos) de los nombres de directorio, dejando sólo el nombre del documento y su extensión (y quizá una lista parcial de nombres de directorio). El archivo indicado estará almacenado en una ubicación relativa al nombre de ruta del documento actual. *También llamado* RELURL. *Véase también* extensión de archivo; URL.

URN *s*. (*Uniform Resource Name*) Acrónimo de Uniform Resource Name (nombre uniforme de recurso). Un esquema para identificar de forma unívoca, según su nombre, los recursos que puedan estar disponibles en Internet, con independencia del lugar en que estén ubicados. Las especificaciones para el formato de los nombres uniformes de recurso están todavía bajo desarrollo por parte del IETF (Internet Engineering Task Force). Incluyen todos los identificadores uniformes de recursos (URI) que tengan los esquemas urn:, fpi: y path::; es decir, todos aquellos que no sean localizadores uniformes de recursos (URL, Uniform Resource Locator). *Véase también* IETF; URI; URL.

urna de insonorización *s*. (*sound hood*) Caja de cinco caras revestida con material de insonorización que se coloca sobre una impresora ruidosa para amortiguar el ruido.

USB *s*. Acrónimo de universal serial bus (bus serie universal). Un bus serie con una velocidad de transferencia de datos de 12 megabits por segundo (Mbps) utilizado para conectar periféricos a una microcomputadora. USB permite conectar al sistema hasta 127 periféricos, como unidades de CD-ROM externas, impresoras, módems y teclados, a través de un único puerto de propósito general. Esto se lleva a cabo conectando los periféricos en cadena. USB está diseñado para poder añadir y configurar automáticamente nuevos dispositivos y para poder añadir dichos dispositivos sin tener que apagar y reiniciar el sistema (lo que se denomina conexión en caliente). USB fue desarrollado por Intel, Compaq, DEC, IBM, Microsoft, NEC y Northern Telecom. Compite con el bus ACCESS.bus de DEC para las aplicaciones de más baja velocidad. *Véase también* bus; conexión en cadena; conexión en caliente; puerto de entrada/salida; periférico. *Compárese con* bus ACCESS.

Usenet *s*. Una red de ámbito mundial de sistemas UNIX que dispone de una administración descentralizada y se utiliza como tablón de anuncios electrónico para grupos dedicados al debate sobre temas de interés particular. Usenet, que se considera parte de Internet (aunque en realidad Usenet se aprovecha de ésta), comprende miles de grupos de noticias, cada uno de ellos dedicado a un tema concreto. Los usuarios pueden publicar mensajes y leer mensajes de otros usuarios en estos grupos de noticias de forma similar a como lo hacen los usuarios de los sistemas BBS de acceso telefónico. Usenet fue implementada originalmente utilizando software UUCP (UNIX-to-UNIX Copy) y conexiones telefónicas; dicho método continúa siendo empleado, aunque normalmente se emplean otros mecanismos más mo-dernos, como NNTP y conexiones de red. *También llamado* UseNet o USENET. *Véase también* BBS; grupo de noticias; lector de noticias; NNTP; UUCP.

USnail *s*. **1**. Correo distribuido por el servicio postal de Estados Unidos. *Véase también* correo caracol. **2**. Término del argot para designar al servicio postal de Estados Unidos. USnail, un término utilizado en Internet que podría traducirse como «correo caracol», es una referencia a la lentitud del servicio postal comparado con el correo electrónico.

USRT *s.* Acrónimo de universal synchronous receiver-transmitter (transmisor/receptor síncrono universal). Un módulo, usualmente compuesto por un único circuito integrado, que contiene los circuitos tanto transmisores como receptores requeridos para la comunicación serie síncrona. *Compárese con* UART.

usuario avanzado *s.* (*power user*) Persona experta en computadoras, específicamente en el nivel orientado a aplicaciones más que en el nivel de programación. Un usuario avanzado es alguien que conoce una considerable cantidad de computadoras y se siente lo suficientemente cómodo con las aplicaciones como para poder trabajar con sus propiedades más complejas.

usuario diferenciado *s.* (*unique user*) Un visitante individual de un sitio web. Controlar los usuarios diferenciados es importante a la hora de evaluar el éxito de un determinado sitio web, porque indica cuántos visitantes distintos acceden al sitio, por oposición al número de impactos (visitas de la misma o de diferentes personas) que el sitio recibe. *También llamado* visitante diferenciado.

usuario final *s.* (*end user*) El usuario de una computadora o aplicación informática en su forma final comercializable.

usuarios, grupo de *s.* (*computer users' group*) *Véase* grupo de usuarios.

UTC *s.* (*Universal Time Coordinate*) Acrónimo de Universal Time Coordinate (coordenada horaria universal). A efectos prácticos, equivale a la hora del meridiano de Greenwich (GMT), que se utiliza para la sincronización de equipos informáticos en Internet. *También llamado* formato horario universal coordinado.

UTF-8 *s.* Acrónimo de UCS Transformation Format 8 (transformación UCS formato 8). Un conjunto de caracteres para protocolos que representa una evolución con respecto a la utilización de ASCII. El protocolo UTF-8 proporciona soporte para caracteres ASCII ampliados y mecanismos de traducción de UCS-2, un conjunto de caracteres Unicode internacionales de 16 bits. UTF-8 permite utilizar un rango de nombres mucho mayor del que puede conseguirse utilizando codificación ASCII o ASCII ampliada para los datos de caracteres. *Véase también* ASCII; Unicode.

utilidad *s.* (*utility*) Programa diseñado para realizar una función determinada; el término normalmente hace referencia a software que soluciona problemas muy específicos o relacionados con la administración del sistema. *Véase también* aplicación.

utilidad informática *s.* (*computer utility*) *Véase* utilidad.

utilizable *adj.* (*usable*) Perteneciente, relativo a o característico de la facilidad y adaptabilidad con la que un producto puede aplicarse a la realización del trabajo para el que se ha diseñado. Un nivel alto de usabilidad implica que el producto sea fácil de aprender, que sea flexible, que esté libre de errores y que tenga un buen diseño que no implique procedimientos innecesariamente complicados.

UTP *s.* Acrónimo de unshielded twisted pair (par trenzado no apantallado). Un cable que contiene uno o más pares trenzados de hilos sin ningún tipo de apantallamiento adicional. UTP es más flexible y ocupa menos espacio que el cable de par trenzado apantallado (STP), pero ofrece un ancho de banda menor. *Véase también* cable de par trenzado. *Compárese con* STP.

.uu *s.* La extensión de archivo para los archivos binarios traducidos a formato ASCII mediante uuencode. *También llamado* .uud. *Véase también* ASCII; archivo binario; uuencode. *Compárese con* .uue.

UUCP *s.* Acrónimo de UNIX-to-UNIX Copy (copia entre sistemas UNIX). Un conjunto de programas software que facilitan la transmisión de información entre sistemas UNIX utilizando conexiones de datos en serie, principalmente la red telefónica general de conmutación. *Véase también* uupc.

.uud *s. Véase* .uu.

uudecode *s.* Programa UNIX que devuelve un archivo codificado con uuencode a su estado original en formato binario. Este programa (junto a uuencode) permite distribuir datos binarios, tales como imágenes o código ejecutable, a través de correo electrónico o grupos de noticias. *Compárese con* uuencode.

.uue *s.* La extensión de archivo para un archivo que ha sido decodificado de formato ASCII a formato binario mediante uudecode. *Véase también* ASCII; archivo binario; uudecode.

uuencode *s.* Programa UNIX que convierte un archivo binario, en el que los 8 bits de cada byte son significativos, en caracteres ASCII imprimibles de 7 bits sin que haya pérdida de información. Este programa (junto a uudecode) permite distribuir datos binarios, tales como imágenes o código ejecutable, a través de correo electrónico o grupos de noticias. Un archivo codificado con este formato tiene un tamaño un tercio mayor que el original. *Compárese con* uudecode.

UUID *s.* Acrónimo de universally unique identifier (identificador universalmente unívoco). Un valor de 128 bits que identifica de manera unívoca objetos tales como servidores OLE, interfaces, vectores de punto de entrada de programas gestores y objetos cliente. Los identificadores universalmente unívocos se utilizan en la comunicación interprocesos, como, por ejemplo, en los mecanismos RPC (Remote Procedure Call) y OLE. *También llamado* GUID.

uupc *s.* La versión de UUCP para ordenadores IBM PC y compatibles que ejecuten DOS, Windows u OS/2. Esta versión es una recopilación de programas para copiar archivos en computadoras remotas conectadas a red, para iniciar una sesión en ellas y para ejecutar programas en las mismas. *Véase también* UUCP.

V.120 *s*. El estándar de ITU-T (antiguamente, CCITT) que gobierna las comunicaciones serie a través de líneas RDSI. Los datos se encapsulan utilizando un protocolo similar a LDAP (Light-weight Directory Access Protocol, protocolo ligero de acceso a directorios) y puede multiplexarse más de una conexión en un mismo canal de comunicaciones. *Véase también* canal; protocolo de comunicaciones; ITU; RDSI; LDAP; multiplexación; estándar; serie V.

V.32terbo *s*. Un protocolo de módem desarrollado por AT&T para módems a 19.200 bps, con reversión a las velocidades soportadas por el estándar V.32 de ITU-T (antiguamente, CCITT). Este protocolo es propietario de AT&T y no fue adoptado por el CCITT ni por ITU-T. En la serie V, V.34 toma el lugar de V.32terbo. *Véase también* ITU; serie V.

V.34 *s*. Estándar de transmisión de datos que permite establecer comunicaciones a velocidades de hasta 28.800 bits por segundo (bps) a través de líneas telefónicas. Define una técnica de modulación dúplex (bidireccional) e incluye mecanismos de corrección de errores y de negociación. *Véase también* bits por segundo; full-duplex; estándares de modulación; V.90.

V.42 *s*. La recomendación de ITU-T (antiguamente, CCITT) que especifica los procedimientos de corrección de errores en equipos de comunicación de datos (DCE) diseñados para conversión asíncrona a síncrona. *Véase también* serie V.

V.42bis *s*. La recomendación de ITU-T (anteriormente, CCITT) que especifica los procedimientos de compresión de datos en equipos de terminación de circuitos de datos que utilicen mecanismos de corrección de errores. *Véase también* serie V.

V.90 *s*. Estándar de transmisión de datos que permite establecer comunicaciones a velocidades de hasta 56.000 bits por segundo (bps) a través de líneas telefónicas. La velocidad de transmisión desde el módem del lado del cliente para comunicación hacia la red es de 33.600 bps. La velocidad de transmisión para las descargas desde el módem del lado del host, como, por ejemplo, desde un proveedor de servicios Internet (ISP) o una red corporativa, es de hasta 56.000 bps, con una velocidad media de 40.000 a 50.000 bps. Cuando el módem del lado del host no soporta este estándar, la alternativa es V.34. *Véase también* bits por segundo; cliente; host; ISP; módem; estándares de modulación; V.34.

V.everything *s*. Un término de marketing utilizados por algunos fabricantes de módems para describir módems que cumplen tanto con el estándar V.34 de ITU-T (anteriormente, CCITT) como con los diversos protocolos propietarios que fueron utilizados antes de que el estándar fuera adoptado, como, por ejemplo, V.Fast Class. Un módem V.everything debería ser compatible con cualquier otro módem que opere a la misma velocidad. *Véase también* V.Fast Class; serie V.

V.Fast Class *s*. Un estándar de facto para módems implementado por Rockwell International antes de la aprobación del protocolo V.34, que es el estándar. Aunque tanto V.Fast Class como V.34 son capaces de transmitir a 28,8 Kbps, los módems V.Fast Class no pueden comunicarse con módems V.34 sin una actualización. *Acrónimo*: VFC. *Véase también* serie V.

V.FC *s*. *Véase* V.Fast Class.

V20, V30 *s*. (*V20/V30*) Microprocesadores NEC que eran ligeras mejoras de los microprocesadores 8088 y 8086 de Intel utilizando los mismos conjuntos de comandos, pero distinto microcódigo.

VAB *s*. *Véase* respuesta vocal.

VAC *s*. *Véase* voltios de alterna.

vaciado *s*. (*knockout*) En impresiones multicolor, el proceso de extraer de una imagen las partes superpuestas de un gráfico o de un texto que se vayan a imprimir en un color diferente con el fin de que no se mezclen los colores de tinta. Véase la ilustración. *Véase también* color de mancha. *Compárese con* sobreimprimir.

Sobreimpresión

Vaciado

Vaciado.

vaciar *vb.* (*flush*) Borrar una parte de la memoria. Por ejemplo, vaciar un búfer de un archivo de disco es la operación consistente en guardar su contenido en el disco y a continuación borrar el búfer para poder rellenarlo de nuevo.

vagabundo *s.* (*wanderer*) Una persona que utiliza frecuentemente la World Wide Web. Muchas de estas personas realizan índices de lo que van encontrando.

validación de datos *s.* (*data validation*) El proceso de comprobación de la precisión de los datos.

valor *s.* (*value*) Cantidad asignada a un elemento, como, por ejemplo, una variable, símbolo o etiqueta.

valor absoluto *s.* (*absolute value*) La magnitud de un número, independientemente de su símbolo (+ o –). Un valor absoluto es siempre mayor o igual que cero. Por ejemplo, 10 es el valor absoluto de 10 y de –10. Los lenguajes de programación y los programas de hoja de cálculo incluyen comúnmente funciones que devuelven el valor absoluto de un número.

valor ASCII EOL *s.* (*ASCII EOL value*) La secuencia de bytes que indica el final de una línea de texto. Para los sistemas MS-DOS y Windows, es la secuencia hexadecimal 0D 0A o la secuencia decimal 13 10. Los archivos de datos importados de otros tipos de equipos informáticos pueden no mostrarse correctamente si el software utilizado no es capaz de reconocer estas diferencias y ajustarse a ellas. *Véase también* ASCII; EOL.

valor de datos *s.* (*data value*) El significado literal o interpretado de un elemento de datos, como, por ejemplo, una entrada en una base de datos, o de un tipo, como, por ejemplo, un entero, que pueda ser asignado a una variable.

valor diferenciador *s.* (*salt*) Datos aleatorios utilizados para complementar los esquemas de cifrado. Un valor diferenciador permite que dos paquetes de datos idénticos se cifren, utilizando la misma clave, y den como resultado dos paquetes distintos de texto cifrado. Simplemente basta con cambiar el valor diferenciador para cada paquete.

valor hash *s.* (*hash value*) Valor utilizado en la creación de firmas digitales. Este valor se crea aplicando un algoritmo hash a un mensaje. Este valor es luego transformado, o firmado, mediante una clave privada para producir una firma digital.

valor R cuadrado *s.* (*R-squared value*) Valor de 0 a 1 que indica lo cerca que se encuentra, con respecto a los datos reales, una serie de valores que han sido estimados a partir de una línea de tendencia. La línea de tendencia será tanto más adecuada cuanto más cerca esté su valor R cuadrado a la unidad.

valores de tres estímulos *s.* (*tristimulus values*) En gráficos de color, las cantidades variables de tres colores, como, por ejemplo, rojo, azul y verde, que se combinan para producir otro color. *Véase también* color; modelo de color.

válvula *s.* (*valve*) *Véase* tubo de vacío; tubo de vacío.

VAN *s.* Acrónimo de value-added network. *Véase* red de valor añadido.

vaporware *s.* Software que ha sido anunciado, pero que todavía no ha sido introducido, comercialmente o entregado a los clientes. Se trata de un término sarcástico que pretende implicar que el producto sólo existe en las mentes del departamento de marketing. *Compárese con* software gratuito; software de libre distribución.

VAR *s. Véase* revendedor de valor añadido.

variable *s.* En programación, una ubicación de almacenamiento nominada capaz de contener datos que pueden ser modificados durante la ejecución de un programa. *Véase también* estructura de datos; tipo de datos; variable global; variable local. *Compárese con* constante.

variable de cadena *s.* (***string variable***) Nombre arbitrario asignado por el programador a una cadena de caracteres alfanuméricos y utilizado para hacer referencia a dicha cadena. *Véase también* cadena.

variable de control *s.* (***control variable***) En programación, la variable en una instrucción de control que dicta el flujo de ejecución. Por ejemplo, la variable de índice de un bucle FOR controla el número de veces que se ejecuta un grupo de instrucciones. *Véase también* instrucción de control.

variable de instancia *s.* (***instance variable***) Variable asociada con una instancia de una clase (un objeto). Si la clase define una determinada variable, cada instancia de la clase tiene su propia copia de esa variable. *Véase también* clase; instancia; objeto; programación orientada a objetos.

variable dependiente *s.* (***dependent variable***) Variable en un programa cuyo valor depende del resultado de otra operación.

variable escalar *s.* (***scalar variable***) *Véase* escalar.

variable global *s.* (***global variable***) Variable a cuyo valor se puede acceder, o se puede modificar, mediante cualquier instrucción de un programa y no solamente dentro de una rutina en la que esté definida la variable. *Véase también* global. *Compárese con* variable local.

variable local *s.* (***local variable***) Variable de programa cuyo ámbito está limitado a un determinado bloque de código; normalmente, una subrutina. *Véase también* ámbito. *Compárese con* variable global.

variedad *s.* (***flavor***) Uno de los diversos tipos existentes de un sistema que dispone de sus propios detalles de operación. UNIX, en concreto, puede encontrarse en distintas variedades, tales como BSD UNIX o AT&T UNIX System V.

varita *s.* (***wand***) Todo dispositivo con forma de lápiz utilizado para la introducción de datos en un sistema, tales como el punzón de una tableta gráfica o, más comúnmente, el instrumento de digitalización utilizado en muchos lectores de códigos de barras. *Véase también* escáner óptico; cabezal de digitalización. *Compárese con* stylus.

vatio *s.* (***watt***) La unidad de potencia igual al consumo de 1 julio de energía en 1 segundo. La potencia de un circuito eléctrico es función de la tensión existente en bornes del circuito y de la corriente que fluya a su través. Si E = tensión, I = corriente y R = resistencia, la potencia en vatios puede calcularse como $I \times E$, $I^2 \times R$ o E^2/R.

VAX *s.* Acrónimo de Virtual Address eXtension (extensión de dirección virtual). Familia de minicomputadoras de 32 bits presentadas por Digital Equipment Corporation en 1978. La minicomputadora VAX, al igual que el posterior microprocesador 68000, posee un espacio de direcciones plano y un extenso juego de instrucciones. La familia VAX fue enormemente bien aceptada dentro de la comunidad informática, pero luego fue sustituida por los microprocesadores y estaciones de trabajo RISC. *Véase también* espacio de direcciones plano; conjunto de instrucciones; microprocesador; minicomputadora; RISC.

VBA *s. Véase* Visual Basic para aplicaciones.

vBNS *s.* Abreviatura de very high-speed Backbone Network Service (servicio de red troncal a muy alta velocidad). Una red que interconecta varios centros de supercomputación y que está reservada para aplicaciones científicas de altas prestaciones y alto ancho de banda que requieran una potencia de procesamiento masiva. vBNS fue desarrollada por la National Science Foundation y por MCI Telecommunications. Comenzó sus operaciones en 1995, alcanzando velocidades de 4,2 Gbps y utilizando la red MCI de tecnologías avanzadas de conmutación y transmisión por fibra óptica. Posteriormente, vBNS se expandió para proporcionar servicios de interconexión troncal para Internet2.

VBS/VBSWG, virus *s*. (*VBS/VBSWG virus*) Acrónimo para Visual Basic Script/Visual Basic Script Word Generator virus (virus generador de gusanos basado en Visual Basic Script). Cualquier virus creado utilizando el conjunto de herramientas de creación de virus VBSWG. Las herramientas disponibles en el kit de virus VBSWG permiten escribir virus sin disponer apenas de conocimientos informáticos. Los virus Homepage y Anna Kournikova son ejemplos de virus VBS/VBSWG.

VBScript *s*. *Véase* Visual Basic Scripting Edition.

VBX *s*. Un módulo software que actúa como control personalizado de Visual Basic y que, al ser invocado por una aplicación Visual Basic, produce un control que añade alguna característica o función deseada a la aplicación. Un módulo VBX es un archivo ejecutable independiente, usualmente escrito en C, que se enlaza de manera dinámica con la aplicación en tiempo de ejecución y puede ser empleado por otras aplicaciones, incluyendo aplicaciones que no hayan sido desarrolladas en Visual Basic. Aunque la tecnología VBX fue desarrollada por Microsoft, la mayoría de los módulos VBX ha sido escrita por desarrolladores independientes. Todavía se emplean módulos VBX, pero dicha tecnología ha sido superada por los controles OCX y ActiveX. *Véase también* control; Visual Basic. *Compárese con* control ActiveX; biblioteca de enlace dinámico; OCX.

VCACHE *s*. El software de caché de disco utilizado con el controlador VFAT en Windows 9x. VCACHE utiliza código de 32 bits, se ejecuta en modo protegido y asigna automáticamente espacio en RAM en lugar de requerir al usuario que reserve espacio para la caché. *Véase también* caché; controlador; modo protegido; RAM; VFAT.

vCalendar *s*. Una especificación que define el formato para que las aplicaciones intercambien información de calendario y planificación. La especificación vCalendar está basada en estándares industriales existentes, incluyendo estándares internacionales para la representación de fechas y horas, y permite el intercambio de planificaciones o agendas y de listas de «tareas pendientes» del tipo de las que los usuarios introducen comúnmente en sus agendas personales. Al igual que la especificación complementaria vCard para tarjetas de visita electrónicas, fue creada por el consorcio Versit fundado por Apple, AT&T, IBM y Siemens. Cedida al consorcio IMC (Internet Mail Consortium) en 1996, la especificación vCalendar es soportada por numerosos fabricantes de hardware y software. *Véase también* vCard.

vCard *s*. Una especificación para la creación de tarjetas de visita electrónicas (o tarjetas de información personal) y para la propia tarjeta. Diseñada para intercambiarse mediante aplicaciones tales como programas de correo electrónico y de teleconferencia, una tarjeta vCard incluye información tal como el nombre, dirección, número de fax y de teléfono y dirección de correo electrónico. También puede incluir información sobre la zona horaria, la ubicación geográfica y datos multimedia, tales como fotografías, logotipos de empresa y secuencias de sonido. Basada en la especificación de servicios de directorio X.500 de ITU, la especificación vCard fue desarrollada por Versit, un consorcio entre cuyos principales miembros se incluyen Apple, AT&T, IBM y Siemens. La especificación está sometida a la supervisión del consorcio IMC (Internet Mail Consortium) y la versión 3.0 de la especificación vCard ha sido aprobada como propuesta de estándar por el IETF. Una especificación complementaria denominada vCalendar soporta el intercambio electrónico de información de planificación y de agenda. *Véase también* vCalendar; serie X.

V-chip *s*. Chip electrónico que se instala en una televisión, magnetoscopio, decodificador de televisión por cable o en un dispositivo autónomo para permitir a los adultos la posibilidad de bloquear los programas que no consideren apropiados. Su intención es permitir a los padres un control de la programación que ven sus hijos, por lo que el V-chip permite a los adultos filtrar los programas según un nivel de clasificación transmitido en la parte de la señal de televisión conocida como intervalo de supresión vertical (la misma parte que transporta información de subtítulos). Cuando los programas exceden el nivel seleccionado, el V-chip se lo indica al televisor, el cual muestra un mensaje que indica que «no está autorizada para recibir» sobre una pantalla en blanco.

VCOMM *s*. El controlador de dispositivo de comunicaciones en Windows 9x que proporciona la interfaz entre controladores y aplicaciones basados en Windows por un lado y controladores de puerto y módems por el otro. *Véase también* controlador.

VCPI *s*. *Véase* interfaz de programa de control virtual.

VDD *s*. Acrónimo de Virtual Display Driver (controlador de pantalla virtual). *Véase* controlador de dispositivo virtual.

VDL *s*. Acrónimo de Vienna Definition Language (lenguaje de definición de Viena). Un metalenguaje que contiene tanto un metalenguaje sintáctico como otro semántico, utilizado para definir otros lenguajes. *Véase también* metalenguaje.

VDM *s*. *Véase* metaarchivo de visualización de vídeo.

VDSL *s*. Abreviatura de very-high-speed digital subscriber line (línea digital de abonado a muy alta velocidad). Es la versión de alta velocidad de las tecnología de comunicaciones xDSL (digital subscriber line); todas las tecnologías xDSL operan sobre líneas telefónicas existentes. VDSL puede proporcionar hasta 52 Mbps aguas abajo, pero sólo es efectiva en un rango de entre 1.500 y 1.700 metros desde la central de conmutación. La velocidad de suministro de datos está, de hecho, relacionada con la distancia que la señal debe recorrer. Para obtener una velocidad de 52 Mbps, por ejemplo, el abonado debe estar a menos de 300 metros de la central de conmutación. A una distancia de 1.000 metros, la velocidad de transmisión de datos cae a unos 26 Mbps, mientras que a 1.700 metros la velocidad de transmisión de datos se reduce a unos 13 Mbps. *Véase también* central de conmutación; xDSL.

VDT *s*. Acrónimo de Video Display Terminal (terminal de pantalla de vídeo). Terminal que incluye un tubo de rayos catódicos (TRC) y un teclado. *Véase también* CRT.

VDU *s*. Acrónimo de video display unit (unidad de pantalla de vídeo). Monitor de una computadora. *Véase también* monitor.

vector *s*. **1**. En gráficos por computadora, una línea dibujada en una dirección determinada desde un punto inicial a un punto final, cuyas dos posiciones son identificadas por la computadora mediante las coordenadas *x*-*y* respecto de una cuadrícula. Los vectores se utilizan en la salida de algunos programas de gráficos en lugar de grupos de puntos (en papel) o píxeles (en pantalla). *Véase también* gráfico vectorial. **2**. En estructuras de datos, una matriz unidimensional, es decir, un conjunto de elementos dispuestos en una misma columna o fila. *Véase también* matriz. **3**. En matemáticas y física, una variable que tiene tanto asociadas una distancia como una dirección. *Compárese con* escalar.

vector de interrupción *s*. (*interrupt vector*) Posición de memoria que contiene las direcciones de las rutinas de tratamiento de interrupciones que será llamada cuando ocurra una interrupción determinada. *Véase también* interrupción.

velocidad de acceso *s*. (*access speed*) *Véase* tiempo de acceso.

velocidad de bit *s*. (*bit rate*) **1**. La velocidad a la que se transmiten los dígitos binarios. *Véase también* tasa de transferencia. **2**. La velocidad de flujo del contenido digital en una red. La velocidad de bit se mide usualmente en kilobits por segundo (Kbps).

velocidad de clic *s*. (*click speed*) El intervalo máximo entre la primera y la segunda vez que un usuario pulsa un botón de un ratón o de otro dispositivo señalador y que permita continuar identificando estas acciones como un doble clic en lugar de dos clics independientes. *Véase también* hacer doble clic; ratón; dispositivo señalador.

velocidad de conmutación *s.* (*switching speed*) En las tecnologías de comunicaciones basadas en conmutación de paquetes, como ATM, es la velocidad a la que se envían los paquetes de datos a través de la red. La velocidad de conmutación se mide generalmente en kilobits o megabits por segundo. *Véase también* ATM; conmutación de paquetes.

velocidad de datos *s.* (*data rate*) La velocidad a la que un circuito o línea de comunicaciones puede transferir información, usualmente medida en bits por segundo (bps).

velocidad de línea *s.* (*line speed*) *Véase* tasa de baudios; velocidad de datos.

velocidad de parpadeo *s.* (*blink speed*) La frecuencia con la que aparece y desaparece el cursor que indica el punto activo de inserción en una pantalla de texto o la velocidad con la que aparece o desaparece algún otro elemento de visualización.

velocidad de parpadeo del cursor *s.* (*cursor blink speed*) La velocidad con la que el cursor aparece y desaparece en la pantalla. *Véase también* cursor.

velocidad de ráfaga *s.* (*burst speed*) **1**. La velocidad más rápida a la que puede operar un dispositivo sin interrupción. Por ejemplo, diversos dispositivos de comunicaciones (por ejemplo, en la comunicación por red) pueden enviar datos a ráfagas y la velocidad de dichos equipos se mide en ocasiones mediante esa velocidad de ráfaga (la velocidad de transferencia de los datos mientras que se está produciendo la ráfaga de transmisión). **2**. El número de caracteres por segundo que una impresora puede imprimir en una línea sin efectuar un retorno de carro o un avance de línea. La velocidad de ráfaga mide la velocidad de impresión real, sin tener en cuenta el tiempo necesario para hacer avanzar el papel o para devolver el cabezal de impresión al margen izquierdo. Casi siempre, la velocidad indicada por el fabricante es la velocidad de ráfaga. Por contraste, la tasa de transferencia es el número de caracteres por segundo cuando se imprimen una o más páginas completas de texto, y ésta es una medida más práctica de la velocidad de una impresora en situaciones reales.

velocidad de reloj *s.* (*clock speed*) *Véase* frecuencia de reloj.

velocidad de transferencia de bits *s.* (*bit transfer rate*) *Véase* tasa de transferencia.

velocidad de transferencia de datos *s.* (*data transfer rate*) *Véase* velocidad de datos.

velocidad de transferencia sostenida *s.* (*sustained transfer rate*) Medida de la velocidad a la que los datos pueden ser transferidos a un dispositivo de almacenamiento, como un disco o una cinta magnética. La velocidad de transferencia sostenida es la velocidad de transferencia de datos que puede mantener un dispositivo durante un período de tiempo largo.

velocidad de UCP *s.* (*CPU speed*) Medida relativa de la capacidad de procesamiento de datos de una determinada UCP (unidad central de procesamiento), normalmente, medida en megahercios. *Véase también* UCP.

Velocity Engine *s.* Componente del procesador G4 de Apple Macintosh que procesa los datos en grupos de 128 bits. Velocity Engine es capaz de realizar más de un gigaflop de operaciones en coma flotante por segundo.

ventana *s.* (*window*) En las aplicaciones y las interfaces gráficas, una parte de la pantalla que puede contener su propio documento o mensaje. En los programas basados en ventanas, la pantalla se puede dividir en varias ventanas, cada una de las cuales tiene sus propios límites y puede contener un documento diferente (u otra vista en el mismo documento).

ventana activa *s.* (*active window*) En un entorno capaz de mostrar múltiples ventanas en pantalla, es la ventana que contiene la presentación o documento que se verá afectada por la introducción de textos, por los comandos y por los movimientos del cursor actuales. *Véase también* interfaz gráfica de usuario. *Compárese con* ventana inactiva.

ventana de documento *s.* (*document window*) En entornos de ventanas, tales como Apple Macintosh y Microsoft Windows, una ventana en pantalla (área de trabajo cerrada) en la que el usuario puede crear, visualizar o trabajar con un documento.

ventana del indicativo de comando *s.* (*command prompt window*) Ventana que se muestra en el escritorio y que se utiliza para comunicarse con el sistema operativo MS-DOS. Los comandos MS-DOS se escriben en un punto de entrada que se identifica mediante un cursor parpadeante. *Véase también* MS-DOS.

ventana DOS *s.* (*DOS box*) Proceso OS/2 que soporta la ejecución de programas MS-DOS.

ventana emergente *s.* (*pop-up window*) Ventana que aparece cuando se selecciona una opción. Normalmente, la ventana permanece visible hasta que se suelta el botón del ratón.

ventana inactiva *s.* (*inactive window*) En un entorno capaz de mostrar múltiples ventanas en pantalla, cualquier ventana distinta a la que se está utilizando en ese momento para trabajar. Una ventana inactiva puede ocultarse parcial o completamente detrás de otra ventana, y permanece inactiva hasta que el usuario la selecciona. *Compárese con* ventana activa.

ventanas en cascada *s.* (*cascading windows*) Secuencia de ventanas sucesivas que se solapan en una interfaz gráfica de usuario, mostrada de tal modo que la barra de título de cada una es visible. *También llamado* ventanas superpuestas.

ventanas superpuestas *s.* (*overlaid windows*) *Véase* ventanas en cascada.

ventilador *s.* (*fan*) El mecanismo de refrigeración incluido en las carcasas de las computadoras, impresoras láser y otros dispositivos del mismo estilo para prevenir una mala operación debida a la acumulación de calor. Los ventiladores son la principal fuente de ruido asociado con las computadoras y otros tipos de hardware.

ventilador de UCP *s.* (*CPU fan*) Ventilador eléctrico que normalmente se coloca directamente encima de una unidad central de proceso (UCP) o en el disipador de la UCP para ayudar a disipar el calor del chip haciendo circular el aire a su alrededor. *Véase también* UCP; disipador.

verboso *adj.* (*verbose*) Que muestra los mensajes en forma de frases en lugar de utilizar códigos concisos (y crípticos).

verificar *vb.* (*verify*) Confirmar que un resultado es correcto o que un procedimiento o secuencia de operaciones se ha ejecutado.

Veronica *s.* Acrónimo de very easy rodent-oriented netwide index to computerized archives (índice simple de red para acceso a archivos informatizados). Un servicio Internet desarrollado en la Universidad de Nevada que permite realizar búsquedas en archivos Gopher según una serie de palabras clave. Los usuarios pueden introducir operadores booleanos, tales como AND, OR y XOR, para ampliar o reducir el foco de la búsqueda. Si se encuentran archivos que satisfagan los criterios de búsqueda, dichos archivos se enumeran en un nuevo menú Gopher. *Véase también* operador booleano; Gopher. *Compárese con* Archie; Jughead.

versalitas *s.* (*small caps*) Fuente de letras mayúsculas que son más pequeñas que las letras mayúsculas estándar para ese tipo de letra.

versión *s.* (*version*) Emisión o lanzamiento de un producto de hardware o de un título de software determinados.

versión de lanzamiento *s.* (*release*) Versión de un producto que está disponible para su distribución general. *Compárese con* alfa; beta.

versión ejecutable *s.* (*run-time version*) **1.** Versión especial que proporciona al usuario informático alguna, pero no todas, de las utilidades disponibles en el paquete completo de software. **2.** Código de programa listo para ser ejecutado. Generalmente, este código ha sido compilado y puede operar sin errores con la mayoría de las secuencias de comandos introducidas por el usuario y con la mayoría de los rangos de datos.

versión localizada *s.* (*localized version*) Versión de un programa que ha sido traducida a otro lenguaje.

versión recortada *s.* (*crippled version*) Versión reducida o funcionalmente reducida de hardware o software distribuida para propósitos de demostración. *Véase también* demo.

verso *adj.* El término del mundo editorial para referirse a una página situada a la izquierda, que siempre tiene numeración par. *Compárese con* recto.

verter *vb.* (***pour***) Enviar un archivo o la salida de un programa a otro archivo o un dispositivo utilizando una canalización (pipe). *Véase también* canalización.

vértice *s.* (***vertex***) El punto más alto de una curva, el punto en el que una curva termina o el punto en el que dos segmentos de línea confluyen en un polígono o en una forma geométrica arbitraria.

VESA *adj.* Que tiene ranuras de expansión de bus VL. *Véase también* ranura de expansión; VL bus. *Compárese con* VESA/EISA; VESA/ISA.

VESA *s.* Acrónimo de Video Electronics Standards Association (asociación de estándares de electrónica de vídeo). Organización de fabricantes y vendedores de hardware que se dedica a proponer y mejorar estándares para los dispositivos de vídeo y multimedia. Entre los estándares desarrollados por VESA se incluyen DDC (Display Data Channel), DPMS (Display Power Management Signaling) y el bus local VESA (VL bus). *Véase también* DDC; DPMS; VL bus.

VESA DDC *s. Véase* DDC.

VESA/EISA *adj.* Que dispone de ranuras de expansión de bus EISA y VL. *Véase también* EISA; ranura de expansión; VESA; VL bus. *Compárese con* VESA; VESA/ISA.

VESA/ISA *adj.* Que dispone de ranuras de expansión de bus ISA y VL. *Véase también* ranura de expansión; ISA; VESA; VL bus. *Compárese con* VESA; VESA/EISA.

VFAT *s.* Acrónimo de Virtual File Allocation Table (tabla de asignación de archivos virtual). El software controlador del sistema de archivos utilizado bajo Windows 9x IFS (Installable File System Manager) para acceder a discos. VFAT es compatible con los discos MS-DOS, pero se ejecuta de manera más eficiente. VFAT utiliza código de 32 bits, se ejecuta en modo protegido, emplea VCACHE como mecanismo de caché de disco y soporta nombres de archivo largos. *Véase también* gestor del sistema de archivos instalable; nombre de archivo largo; modo protegido; VCACHE; Windows. *Compárese con* tabla de asignación de archivos.

VGA *s.* Acrónimo de Video Graphics Adapter (adaptador gráfico de vídeo). Adaptador de vídeo que proporciona todos los modos de vídeo de EGA (Enhanced Graphics Adapter) y añade varios modos más. *Véase también* adaptadora de vídeo. *Compárese con* EGA.

VGA extendido *s.* (***extended VGA***) Conjunto ampliado de estándares VGA capaz de mostrar una imagen de entre 800×600 y 1.600×1.200 píxeles y admite una paleta de hasta 16,7 millones (2^{24}) de colores. Esta paleta se aproxima a los 19 millones de colores que puede distinguir una persona normal, por lo que se considera un estándar digital para el realismo de color semejante a la televisión analógica. *Véase también* convertidor analógico-digital; CRT; VGA.

VHLL *s.* Acrónimo de very-high-level language (lenguaje de muy alto nivel). *Véase* 4GL.

VHSIC *s. Véase* circuito integrado de muy alta velocidad.

vi *s.* Abreviatura de visual. El primer editor de texto a pantalla completa disponible para UNIX. El editor vi ofrece muchos comandos de teclado potentes, aunque no muy intuitivos. Todavía se lo sigue usando en los sistemas UNIX, a pesar de la existencia de otros editores, tales como Emacs. *Véase también* editor; UNIX.

VIA *s. Véase* arquitectura de interfaz virtual.

vida artificial *s.* (***artificial life***) El estudio de sistemas informáticos que simulan determinados aspectos del comportamiento de los organismos vivos. La vida artificial incluye sistemas en los que una serie de programas desarrollados para realizar una tarea concreta compiten por su supervivencia y reproducción basándose en su rendimiento. La siguiente generación puede combinar fragmentos de código y sufrir variaciones aleatorias, y los programas así modificados vuelven a competir, hasta que se encuentra una solución óptima.

vídeo *adj.* (***video***) Perteneciente o relativo al componente visual de una señal de televisión. En relación a las computadoras, el término vídeo se refiere a la representación de texto e imágenes gráficas en una pantalla. *Compárese con* audio.

vídeo a velocidad plena *s.* (*full-motion video*) Reproducción de vídeo a 25 imágenes por segundo (fps) para señales PAL o 30 fps para señales NTSC. *Véase también* imagen. *Compárese con* vídeo de imagen congelada.

vídeo de imagen congelada *s.* (*freeze-frame video*) Vídeo en el que la imagen cambia una única vez cada pocos segundos. *Compárese con* vídeo a velocidad plena.

vídeo de sobremesa *s.* (*desktop video*) La utilización de una computadora personal para mostrar imágenes de vídeo. Las imágenes de vídeo pueden estar grabadas en una cinta de vídeo o en un disco láser o pueden ser tomas en directo procedentes de una videocámara. Las imágenes de vídeo en directo pueden transmitirse en formato digital a través de una red utilizando sistemas de videoconferencia. *Acrónimo:* DTV.

vídeo digital *s.* (*digital video*) **1**. Imágenes de vídeo y sonido almacenados en formato digital. *Acrónimo:* DV. **2**. Imágenes de vídeo y su sonido correspondiente almacenadas en un formato digital. *Acrónimo:* DV.

vídeo digital comprimido *s.* (*compressed digital video*) *Véase* CDV.

vídeo interactivo *s.* (*interactive video*) La utilización de vídeo controlado por computadora, en la forma de un CD-ROM o videodisco, para entretenimiento o formación interactiva. *Véase también* CD-ROM; interactivo; televisión interactiva; videodisco.

vídeo inverso *s.* **1**. (*inverse video*) *Véase* vídeo inverso. **2**. (*reverse video*) La inversión de los puntos claros y oscuros en la visualización de caracteres seleccionados en una pantalla de vídeo. Por ejemplo, si el texto se muestra normalmente en forma de caracteres blancos sobre fondo negro, el vídeo inverso presenta el texto en forma de caracteres negros sobre fondo blanco. Los programadores utilizan comúnmente el vídeo inverso como forma de resaltar un cierto texto o algunos elementos especiales (como, por ejemplo, opciones de menú o el cursor) en la pantalla.

videoconferencia *s.* (*video conferencing*) Teleconferencia en la que se transmiten imágenes de vídeo entre los distintos participantes en una reunión que están geográficamente separados. Originalmente realizadas utilizando vídeo analógico y enlaces vía satélite, las videoconferencias actuales utilizan imágenes digitales comprimidas transmitidas a través de redes de área extensa o de Internet. Un canal de comunicaciones de 56 K soporta vídeo con congelación de imagen; con un canal a 1,544 Mbps (T1) puede utilizarse vídeo a plena velocidad. *Véase también* 56K; conferencia informática; vídeo de imagen congelada; vídeo a velocidad plena; T1; teleconferencia. *Compárese con* dataconferencia.

videodisco *s.* (*videodisc*) Disco óptico utilizado para almacenar imágenes de vídeo e información de audio relacionada. *Véase también* CD-ROM.

videodisco digital *s.* (*digital video disc*) La generación más reciente de tecnologías de almacenamiento en disco óptico. Con la tecnología de videodisco digital, puede codificarse vídeo, audio y datos en un disco compacto (CD). Un videodisco digital puede almacenar cantidades de datos mucho mayores que un CD tradicional. Un videodisco digital estándar monocapa y monocara puede almacenar 4,7 GB de datos; un videodisco estándar bicapa incrementa la capacidad del disco monocapa a 8,5 GB. Los videodiscos digitales pueden ser de doble cara, lo que da un tamaño máximo de almacenamiento de 17 GB por disco. Para leer los videodiscos digitales hace falta un reproductor de videodiscos digitales; estos reproductores están preparados para leer discos basados en otras tecnologías de almacenamiento óptico más antiguas. Los defensores del videodisco digital tratan de sustituir los formatos actuales de almacenamiento digital, como el disco láser, el CD-ROM y el audio CD con el formato del videodisco digital. *Acrónimo:* DVD. *Véase también* DVD-ROM.

videodisco digital regrabable *s.* (*rewritable digital video disc*) Tecnología para grabar datos en discos que tienen la misma capacidad de almacenamiento que un DVD, pero que pueden reescribirse como los dispositivos CD-RW (compact disc-rewritable) *Véase también* videodisco digital; unidad PD-CD.

videodisco digital-ROM *s.* (***DVD-ROM***) *Véase* DVD-ROM.

videojuego *s.* (***video game***) *Véase* juego de computadora.

videoteléfono *s.* (***videophone***) Dispositivo equipado con cámara y pantalla, así como con micrófono y altavoz, capaz de transmitir y recibir señales de vídeo y de voz a través de la línea telefónica. Con líneas telefónicas convencionales, un videoteléfono sólo puede transmitir vídeo a muy baja velocidad. *Véase también* vídeo de imagen congelada.

videotex *s.* Servicio interactivo de consulta de información diseñado para que accedan a él los abonados a través de la línea telefónica. La información se puede visualizar en una pantalla de televisor normal o en un terminal de videotex. Los abonados al servicio utilizan teclados para elegir opciones de los menús y para solicitar pantallas o páginas determinadas.

videotexto *s.* (***videotext***) *Véase* videotex.

vinculación e incrustación de objetos *s.* (***object linking and embedding***) *Véase* OLE.

vínculo *s.* (***link***) *Véase* hipervínculo.

vínculo absoluto *s.* (***absolute link***) Un hipervínculo que conduce a la ubicación exacta de un archivo dentro de un servidor de archivos, de la World Wide Web o de la intranet de una empresa. Los vínculos absolutos utilizan una ruta exacta; si se desplaza el archivo que contiene el hipervínculo o se desplaza el propio destino de un hipervínculo, el vínculo queda roto.

vínculo caducado *s.* (***stale link***) Un hipervínculo a un documento HTML que ha sido borrado o desplazado haciendo que el hipervínculo deje de estar operativo. *Véase también* documento HTML; hipervínculo.

vínculo caliente *s.* (***hot link***) Una conexión entre dos programas que ordena al segundo programa realizar cambios en los datos cuando tienen lugar cambios en el primer programa. Por ejemplo, un programa de procesamiento de texto o de autoedición podría actualizar un documento basándose en la información extraída de una base de datos a través de un vínculo caliente.

vínculo de hipertexto *s.* (***hypertext link***) *Véase* hipervínculo.

vínculo frío *s.* (***cold link***) Vínculo definido sobre una solicitud de datos. Una vez que la solicitud se ha rellenado, el vínculo se rompe. La siguiente vez que los datos se necesiten, habrá que volver a establecer un vínculo entre el cliente y el servidor. En una arquitectura cliente/servidor, los vínculos fríos son útiles cuando el elemento vinculado consta de una gran cantidad de datos. El intercambio dinámico de datos (DDE), utilizado en aplicaciones como Microsoft Excel, emplean los vínculos fríos para el intercambio de datos. *Véase también* arquitectura cliente/servidor; DDE. *Compárese con* vínculo caliente.

vínculo manual *s.* (***manual link***) Un vínculo que requiere que el usuario lleve a cabo algún tipo de acción para actualizar sus datos después de que cambien los datos del documento de origen.

vínculo persistente *s.* (***persistent link***) *Véase* vínculo caliente.

Vines *s.* Un sistema operativo de red basado en UNIX y comercializado por Banyan Systems.

viñeta *s.* (***bullet***) Símbolo tipográfico, tal como un círculo vacío o relleno, un diamante, un rectángulo o un asterisco, que se usa para definir un pequeño bloque de texto o cada elemento de una lista. Las viñetas redondas y cuadradas se usan para marcar diferentes niveles de información. *Véase también* dingbat.

virtual *adj.* Perteneciente o relativo a un dispositivo, servicio o dato sensorial que se percibe como algo distinto de lo que es en realidad, normalmente como más «real» o concreto de lo que verdaderamente es.

virus *s.* Un programa intrusivo que infecta los archivos informáticos insertando en dichos archivos copias de sí mismo. Las copias se ejecutan usualmente cuando se carga el archivo en memoria, permitiendo al virus infectar a otros archivos adicionales, y así sucesivamente. Los virus tienen a menudo efectos secundarios dañinos, algunas veces intencionados y otras no. Por ejemplo, algunos virus pueden destruir el disco duro de una computadora u ocupar un espacio de memoria que, de otro modo, podría ser utilizado por los programas. *Véase también* Good Times, virus; caballo de Troya; gusano.

virus benigno *s.* (***benign virus***) Un programa que exhibe algunas propiedades de un virus, como la autorreplicación, pero que no causa ningún daño al sistema informático que infecta.

virus biforme *s.* (***bipartite virus***) *Véase* virus multiforme.

virus bimodal *s.* (***bimodal virus***) *Véase* virus multiforme.

virus clúster *s.* (***cluster virus***) Un tipo de virus que infecta una única vez, pero hace que parezca que ha infectado todas las aplicaciones que se ejecuten. Un virus clúster modifica el sistema de archivos para que se cargue el virus antes de cualquier aplicación que el usuario intente abrir. Puesto que el virus también se ejecuta a la hora de ejecutar cualquier programa, parece que todos los programas del disco están infectados.

virus corrector *s.* (***do-gooder virus***) Un virus o gusano creado y liberado con la intención de corregir problemas causados por otros virus más maliciosos. El virus corrector busca, normalmente, computadoras que se hayan visto comprometidas y las infecta para eliminar cualquier tipo de puerta trasera y corregir otras vulnerabilidades que el programa malicioso haya dejado. El virus corrector puede entonces utilizar la computadora reparada como plataforma para infectar otras computadoras. *También llamado* antigusano. *Véase también* parcheo automático.

virus de cavidad *s.* (***cavity virus***) Un tipo de virus que sobrescribe una sección del archivo que ha infectado y se oculta dentro de la misma. Un virus de cavidad sólo sobrescribe una parte del archivo huésped rellenada con una constante, lo que permite que el archivo continúe funcionando.

virus de macro *s.* (***macro virus***) Un virus que está escrito en un lenguaje de macros asociado con una aplicación. El virus de macro es transportado por los archivos de documento utilizados con dicha aplicación y se ejecuta cuando se abre el correspondiente documento.

virus de sobrescritura *s.* (***overwriting virus***) Un tipo de virus que sobrescribe el archivo huésped que ha infectado destruyendo los datos originales.

virus enjaulado *s.* (***zoo virus***) Un virus que se mantiene en un entorno aislado con el fin de realizar investigaciones antivirus y tareas de formación sobre virus. Los virus enjaulados están confinados en los laboratorios de las empresas desarrolladoras de software antivirus.

virus informático *s.* (***computer virus***) *Véase* virus.

virus lento *s.* (***sparse infector***) Un tipo de virus u otro código malévolo que sólo lleva a cabo sus acciones destructivas cuando se cumplen ciertas condiciones predeterminadas. Un virus lento puede ocultarse en una computadora infectada hasta una determinada fecha o hasta que se hayan ejecutando un cierto número de aplicaciones o archivos. Restringiendo sus fases de actividad a ciertas situaciones concretas, los virus lentos tienen más posibilidades de evitar ser detectados.

virus multiforme *s.* (***multipartite virus***) Un tipo de virus que combina características y técnicas tanto de los virus del sector de arranque como de los virus de archivo. Los virus multiformes infectan primero los sectores del sistema en el disco o los archivos y luego se difunden rápidamente para infectar el sistema completo. Debido a sus múltiples capacidades, los virus multiformes son difíciles de eliminar de un sistema infectado. *También llamado* virus bimodal, virus biforme. *Véase también* arranque.

Visio *s.* Aplicación de software ofrecido por Microsoft que permite a los usuarios crear diagramas y presentaciones visuales en formato electrónico. Visio permite a los usuarios compartir ideas y conceptos visualmente por medio de diagramas para ampliar el material escrito en documentos o por medio de la expansión de los elementos visuales en una presentación pública. Microsoft adquirió la aplicación Visio en 1999, cuando compró Visio Corporation.

visiocasco *s.* (***head-mounted device***) Casco utilizado con los sistemas de realidad virtual con un rango de aplicación que va desde los juegos a las aplicaciones militares, médicas, educacionales e industriales. Un visiocasco contiene pantallas pequeñas que muestran imágenes de modo que el casco permite al que lo lleva ver y moverse en un mundo virtual tridimensional. El entorno simulado es generado por una computadora controladora, la cual ajusta las imágenes de acuerdo con los movimientos de la cabeza y del cuerpo del que lleva el casco. Un visiocasco puede disponer de utilidades de audio y se utiliza a menudo con un dispositivo de entrada interactivo, como, por ejemplo, una palanca de mandos o un guante. *Acrónimo:* HMD. *Véase también* realidad virtual; computadora de vestimenta.

visión activa *s.* (***active vision***) Una rama de la investigación en el área de visión por computadora que sostiene que los problemas de visión en robótica pueden resolverse permitiendo a un robot recopilar y analizar dinámicamente una secuencia de imágenes obtenidas desde distintos puntos de vista. De forma en cierto modo parecida a lo que sucede en la visión humana o en la visión animal, la visión activa utiliza la información extraída desde múltiples puntos de vista para obtener una mayor profundidad de percepción, eliminar la incertidumbre y establecer relaciones entre la representación visual de una acción y la propia acción. Los sistemas de visión activa pueden caracterizarse por algoritmos de procesamiento de imagen simple, por la ausencia total o casi total de calibración y por la disponibilidad de hardware en tiempo real de alta velocidad. *Véase también* inteligencia artificial; visión por computadora; robótica.

visión por computadora *s.* (***computer vision***) El procesamiento de información visual por parte de una computadora. La visión por computadora es una forma de inteligencia artificial que crea una descripción simbólica de las imágenes, las cuales se suelen introducir desde una videocámara o sensor con el fin de convertir las imágenes a formato digital. La visión por computadora se suele asociar con la robótica. *Acrónimo:* CV. *Véase también* inteligencia artificial; robótica.

visita *s.* (***visit***) Una sesión durante la cual una persona visualiza una o más páginas de un sitio web.

visitante *s.* (***visitor***) Una persona que visualiza una página o un sitio web.

visitante diferenciado *s.* (***unique visitor***) *Véase* usuario diferenciado.

visor *s.* **1.** (***viewer***) Aplicación que muestra o que proporciona como salida un archivo de la misma manera que la aplicación que creó el archivo. Un ejemplo de visor es un programa para mostrar las imágenes almacenadas en archivos GIF o JPEG. *Véase también* GIF; JPEG. **2.** (***viewport***) En gráficos por computadora, una vista de un documento o una imagen. Un visor es similar a la vista en una ventana, pero normalmente sólo es visible una parte del documento o imagen gráfica. *Compárese con* ventana.

Visor *s.* Una línea de asistentes digitales personales (PDA) de mano desarrollada por Handspring Corporation. Entre las características, se incluyen una lista de direcciones, un calendario de citas, una lista de tareas pendientes y funciones de escritura de memorandos. Visor también incluye un zócalo Springboard de 68 pines, que permite insertar dispositivos adicionales comercializados por Handspring. *Véase también* Springboard.

visor externo *s.* (***external viewer***) Aplicación separada utilizada para ver documentos que son de un tipo que no puede ser tratado por la aplicación actual. *Véase también* aplicación auxiliar.

vista *s.* (***view***) **1.** En sistemas de gestión de bases de datos relacionales, es una tabla lógica creada mediante la especificación de una o más operaciones relacionales sobre una o más tablas. Una vista es equivalente a una relación dividida en el modelo relacional. *Véase también* base de datos relacional; modelo relacional. **2.** La visualización de datos o de una imagen desde una determinada perspectiva o ubicación.

vista en árbol *s.* (***tree view***) Una representación jerárquica de las carpetas, archivos, unidades de disco y otros recursos conectados a una computadora o red. Por ejemplo, el explorador de Windows utiliza una visualización en árbol para mostrar los recursos conectados a una computadora o red. *Véase también* recurso.

vista en perspectiva *s*. (*perspective view*) En gráficos por computadora, un método de visualización que muestra objetos en tres dimensiones (altura, anchura y profundidad) representando el aspecto de la profundidad de acuerdo a la perspectiva deseada. Una ventaja de la vista en perspectiva es que muestra una representación más precisa de lo que percibe el ojo humano. *Compárese con* vista isométrica.

vista isométrica *s*. (*isometric view*) Método de visualización para objetos tridimensionales en el que cada borde tiene la longitud correcta con respecto a la escala del dibujo y en el que todas las líneas paralelas aparecen paralelas. Una vista isométrica de un cubo, por ejemplo, muestra las caras simétricas entre sí y la altura y la anchura de cada cara perfectamente proporcionadas; las caras no parecen estrecharse con la distancia, como ocurre cuando se dibuja el cubo en perspectiva. *Véase la ilustración*. *Compárese con* vista en perspectiva.

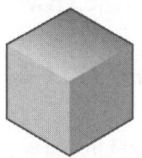

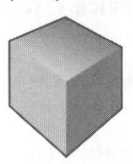

Vista isométrica   Vista en perspectiva

Vista isométrica.

vista preliminar *s*. (*preview*) En procesadores de textos y otras aplicaciones, la función que formatea un documento para imprimirlo, pero que lo visualiza en el monitor de vídeo en vez de enviarlo directamente a la impresora.

Vista rápida *s*. (*Quick View*) Característica, que se instala opcionalmente como parte de Windows 9x, que proporciona un conjunto de visores de archivo que permiten previsualizar los contenidos de los archivos sin tener que iniciar la(s) aplicación(es) que los crearon. Se accede a esta característica a través del comando Vista rápida, disponible en el menú Archivo o haciendo clic con el botón secundario del ratón en el nombre de un archivo. Si la característica se ha instalado, pero no existe un visor que dé soporte al tipo de archivo, el comando Vista rápida no aparecerá.

Visual Basic *s*. Una marca registrada, propiedad de Microsoft Corporation, para una versión de Basic de alto nivel y basada en programación visual. Visual Basic fue diseñado para la construcción de aplicaciones basadas en Windows. *Véase también* Basic; Visual Basic para aplicaciones; Visual Basic Scripting Edition; programación visual.

Visual Basic para aplicaciones *s*. (*Visual Basic for Applications*) Versión de lenguaje de macros de Visual Basic que se utiliza para programar muchas aplicaciones de Windows 9x y que se incluye en diversas aplicaciones de Microsoft. *Acrónimo:* VBA. *Véase también* len-guaje de macros; Visual Basic.

Visual Basic Script *s*. *Véase* Visual Basic Scripting Edition.

Visual Basic Scripting Edition *s*. Subconjunto del lenguaje de programación Visual Basic optimizado para la programación relacionada con la web. Como con JavaScript, código para Visual Basic, Scripting Edition está embebida en los documentos HTML. Esta versión se incluye con el explorador web Internet Explorer. *Véase también* Visual Basic para aplicaciones.

Visual C++ *s*. Un sistema de desarrollo de aplicaciones de Microsoft para el lenguaje de aplicación C++ que se ejecuta bajo MS-DOS y Windows. Visual C++ es un entorno de programación visual. *Véase también* programación visual. *Compárese con* Visual Basic; Visual J++.

Visual Café *s*. El conjunto de herramientas de desarrollo software basado en Java de Symantec Corporation. Visual Café está disponible en diversas versiones empaquetadas. La edición estándar, dirigida a programadores Java principiantes, incluye un editor integrado, un depurador, un compilador, una biblioteca de componentes JavaBean y una serie de asistentes y utilidades. La edición profesional proporciona una biblioteca más extensa de componentes JavaBean y herramientas más sofisticadas de desarrollo y depuración. La edición para bases de datos, como su propio nombre indica, añade soporte para funcionalidad de bases de datos. El paquete empresarial proporciona un entorno de alta gama para el desarrollo de aplicaciones empresariales. *Véase también* Java.

Visual FoxPro Database and Command Language *s*. Un producto de Microsoft para el desarrollo de aplicaciones de bases de datos que incluye un rico lenguaje de programación orientado a objetos derivado del lenguaje Xbase.

Visual InterDev *s*. Entorno integrado de desarrollo de Microsoft para aplicaciones web. Visual InterDev incluye herramientas para el desarrollo extremo a extremo (desde el diseño hasta la implantación), así como herramientas integradas para programación y diseño de bases de datos. La primera versión de Microsoft Visual InterDev fue comercializada en 1997.

Visual J++ *s*. Entorno de programación visual Java de Microsoft que puede utilizarse para crear applets y aplicaciones en lenguaje Java. *Véase también* applet; Java; applet Java; programación visual.

Visual SourceSafe *s*. Un sistema de control de versiones orientado a proyectos y diseñado por Microsoft para gestionar el desarrollo de software y diseños web. Visual SourceSafe almacena los archivos en un repositorio seguro que proporciona un fácil acceso a los usuarios autorizados y controla todos los cambios realizados en los archivos. Visual SourceSafe funciona con cualquier tipo de archivo producido por cualquier lenguaje de desarrollo, herramienta de autoría o aplicación.

Visual Studio *s*. Conjunto de herramientas de desarrollo de software de Microsoft para el desarrollo rápido de componentes y aplicaciones de negocio. Visual Studio se proporciona en dos ediciones: la Edición Profesional, para programadores profesionales, incluye los lenguajes Visual Basic y Visual C++, Visual FoxPro para el desarrollo de bases de datos, Visual InterDev para desarrollo web y Visual J++ para desarrollo Java. La Edición Empresarial, para desarrollos de nivel empresarial, incluye también Visual SourceSafe (un sistema de control de código fuente para trabajo en equipo) y la Edición para Desarrolladores de Microsoft BackOffice Server.

Visual Studio .NET *s*. Un entorno de desarrollo para la creación de aplicaciones y servicios web XML en la plataforma .NET de Microsoft. *Véase también* .NET; .NET My Services.

visualización *s*. (*visualization*) Característica de una aplicación que muestra los datos como una imagen de vídeo. Por ejemplo, algunas bases de datos pueden interpretar y mostrar los datos como un modelo bidimensional o tridimensional.

visualizar *vb*. (*view*) Hacer que una aplicación muestre información en una pantalla de computadora.

viuda *s*. (*widow*) Última línea de un párrafo, más corta que una línea completa, que aparece al comienzo de una página. Una viuda se considera que no es visualmente agradable en una página impresa. *Compárese con* huérfana.

vivienda digital *s*. (*digital home*) *Véase* vivienda inteligente.

vivienda electrónica *s*. (*e-home*) *Véase* vivienda inteligente.

vivienda en red *s*. (*networked home*) *Véase* vivienda inteligente.

vivienda inteligente *s*. (*smart home*) Una casa o edificio que dispone del cableado necesario para la instalación de redes y para aplicaciones de domótica. En una casa inteligente, los ocupantes controlan una serie de dispositivos inteligentes mediante programa o mediante comandos utilizando un protocolo de comunicaciones para redes domésticas. *También llamado* vivienda automatizada, vivienda digital, vivienda electrónica, vivienda en red. *Véase también* domótica; red doméstica.

vivo *s*. (*live*) Utilizado para identificar un sitio web que ya ha sido publicado en un servidor web y puede ser explorado por los visitantes del sitio. *También llamado* en producción.

VL bus *s*. Abreviatura de VESA local bus (bus local VESA). Un tipo de arquitectura de bus local patrocinada por la asociación VESA (Video Electronics Standards Association). La especificación VL bus permite incluir hasta tres ranuras VL bus en una placa madre de PC e incluye mecanismos de control de la posesión del bus (bus mastering) mediante los cuales las tarjetas adaptadoras inteligentes pueden realizar algún procesamiento independientemente de la UCP. Una ranura VL bus está compuesta por un conector estándar más otro conector adicional de 16 bits MCA (Micro Channel Architecture) y debe ser incluida en la placa madre por el fabricante. No pueden convertirse los conectores estándar directamente en ranuras VL bus. Una tarjeta adaptadora no compatible con VL bus puede utilizarse en una ranura VL bus, pero no podrá emplear el bus local ni podrá tener las mismas prestaciones que tendría en una ranura que no sea de tipo VL bus. *Véase también* bus local; bus local PCI.

VLAN *s*. *Véase* LAN virtual.

VLB *adj*. *Véase* VESA.

VLB *s*. *Véase* VL bus.

VLIW *s*. Acrónimo de Very Long Instruction Word (palabra de instrucción de muy gran tamaño). Arquitectura que combina muchas instrucciones simples en una única palabra de instrucción larga que utiliza diferentes registros.

VLSI *s*. *Véase* integración a muy gran escala.

VM *s*. Acrónimo de Virtual Machine (máquina virtual). Sistema operativo para equipos mainframe de IBM que proporciona capacidades de máquina virtual. VM fue desarrollada por clientes de IBM y, posteriormente, adoptado por IBM bajo el nombre de SO/VM. *Véase también* máquina virtual; memoria virtual.

VML *s*. Acrónimo de Vector Markup Language (lenguaje de composición para vectores). Una especificación basada en XML para el intercambio, edición y distribución de gráficos vectoriales bidimensionales a través de la Web. VML, que es una aplicación de XML (Extensible Markup Language, lenguaje de composición ampliable), utiliza etiquetas XML y hojas de estilo en cascada para crear y ubicar gráficos vectoriales, tales como círculos y cuadrados, en un documento XML o HTML, como, por ejemplo, una página web. Estos gráficos, que se visualizan en el sistema operativo nativo, pueden incluir colores y son editables mediante una diversidad de programas gráficos. *Véase también* CSS; XML.

VoATM *s*. Abreviatura de Voice over Asynchronous Transfer Mode (voz sobre ATM). La transmisión de voz y de otras señales telefónicas a través de una red ATM. *Véase también* ATM; VoFR; VoIP.

VoFR *s*. Abreviatura de Voice over Frame Relay (voz sobre Frame Relay). La transmisión de voz a través de una red frame relay. *Véase también* frame relay; VoATM; VoIP.

VoIP *s*. Acrónimo de Voice over IP (voz sobre IP). El uso del protocolo IP (Internet Protocol) para transmitir comunicaciones de voz. VoIP se utiliza para suministrar audio digitalizado en forma de paquetes y puede emplearse para transmitir a través de Internet y de redes intranet y extranet. Es, esencialmente, una alternativa de bajo coste a las comunicaciones telefónicas tradicionales a través de la red telefónica general de conmutación (RTGC). VoIP cubre comunicaciones entre computadoras, entre teléfonos y entre computadoras y teléfonos. Para velar por la compatibilidad y la interoperabilidad, un grupo denominado VoIP Forum promueve el desarrollo de productos basados en el estándar H.323 de ITU-T para la transmisión de información multimedia a través de Internet. *También llamado* telefonía Internet. *Véase también* H.323.

volcado cerebral *s*. (*brain dump*) Una gran masa de información no organizada presentada en respuesta a una consulta a través de correo electrónico o a un artículo de un grupo de noticias y que es difícil de resumir o interpretar.

volcado de cinta *s*. (*tape dump*) El proceso de imprimir simplemente los datos contenidos en un cartucho de cinta sin efectuar ningún tipo de formateo del informe. *Véase también* cartucho de cinta.

volcado de emergencia *s*. (*disaster dump*) Volcado (transferencia de los contenidos de memoria a una impresora u otro dispositivo de salida) realizado cuando un programa falla sin esperanza de recuperación.

volcado de pantalla *s.* (***screen dump***) Duplicado de una imagen de pantalla; esencialmente, una instantánea de la pantalla que se envía a la impresora o se guarda como un archivo.

volcado dinámico *s.* (***dynamic dump***) Listado almacenado en un disco o enviado a una impresora de los contenidos de memoria generados en el instante en que se produce una interrupción durante la ejecución de un programa, una herramienta muy útil para los programadores interesados en saber qué está ocurriendo en un punto determinado de la ejecución de un programa.

voltio *s.* (***volt***) La unidad utilizada para medir la diferencia de potencial o fuerza electromotriz, también llamada tensión. Un voltio se define como la diferencia de potencial a través de la cual 1 culombio de carga realiza 1 julio de trabajo o como la diferencia de potencial generada por 1 amperio de corriente que fluya a través de 1 ohmio de resistencia. *Véase también* fuerza electromotriz.

voltios de alterna *s.* (***volts alternating current***) La medida del recorrido de tensión pico a pico de una señal eléctrica. *Acrónimo:* VAC.

volumen *s.* (***volume***) **1**. Disco o cinta que almacena datos informáticos. Algunas veces, los discos duros grandes se dividen en varios volúmenes, tratándose cada uno de ellos como un disco separado. **2**. La intensidad de una señal de audio.

volumen bloqueado *s.* (***locked volume***) En el Apple Macintosh, es un volumen (dispositivo de almacenamiento, tal como un disco) en el que no puede escribirse. El volumen puede bloquearse físicamente o mediante software.

volver *vb.* (***return***) **1**. Informar del resultado de una rutina invocada a la rutina o programa que realizó la invocación. **2**. Transferir el control del sistema desde una rutina o programa invocados a la rutina o programa que realizó la invocación. Algunos lenguajes incluyen una instrucción explícita de vuelta o de salida; otros sólo permiten volver una vez que se ha llegado al final (última instrucción) de la rutina o programa invocados. *Véase también* invocar.

vomitar *vb.* (***spew***) En Internet, enviar un número excesivo de mensajes de correo electrónico o artículos de grupo de noticias.

VON *s.* Acrónimo de voice on the net (voz a través de la red). Una amplia categoría de tecnologías hardware y software para la transmisión de vídeo y de voz en tiempo real a través de Internet. El término fue acuñado por Jeff Pulver, que formó un grupo denominado VON Coalition, que se opone a la regulación de la tecnología VON y promociona ésta entre el público.

voz por conmutación de circuitos *s.* (***circuit-switched voice***) Opción RDSI que puede activarse en los canales B (portadores) y que establece en el canal una conexión dedicada punto a punto para la transmisión digital de comunicaciones de voz mientras dure la llamada. *Acrónimo:* CSV. *Véase también* CSV/CSD; canal B; RDSI. *Compárese con* datos por conmutación de circuitos.

Voz sobre ATM *s.* (***Voice over Asynchronous Transfer Mode***) *Véase* VoATM.

Voz sobre Frame Relay *s.* (***Voice over Frame Relay***) *Véase* VoFR.

Voz sobre IP *s.* (***Voice over IP***) *Véase* VoIP.

VPD *s.* Acrónimo de virtual printer driver (controlador de impresora virtual). *Véase* controlador de dispositivo virtual.

VPN *s.* Acrónimo de virtual private network. *Véase* red privada virtual.

VR *s. Véase* realidad virtual.

VRAM *s. Véase* RAM de vídeo.

VRC *s.* Acrónimo de Vertical Redundancy Check (control de redundancia vertical). Método para controlar la precisión de los datos transmitidos. Con VRC, se genera un bit extra (bit de paridad) para cada uno de los caracteres transmitidos. El bit de paridad indica si el carácter contiene un número par o impar de bits con valor 1. Si el valor del bit de paridad no coincide con el tipo del carácter recibido, se supone que dicho carácter se ha transmitido incorrectamente. *Véase también* paridad. *Compárese con* LRC.

VRML *s.* Acrónimo de Virtual Reality Modeling Language (lenguaje de modelado para realidad virtual). Un lenguaje de descripción de escenas para la creación de gráficos 3D interactivos para la Web similares a los que pueden encontrarse en algunos videojuegos y que permiten al usuario «moverse» dentro de una imagen gráfica e interaccionar con los objetos. VRML, que es un subconjunto del formato de archivo Inventor (un formato de texto ASCII legible) de Silicon Graphics, fue creado en 1994. Los archivos VRML pueden crearse en un editor de texto, aunque las herramientas preferidas por la mayoría de los autores VRML son los paquetes de CAD, los paquetes de modelado y animación y el software especializado de autoría para VRML. Los archivos VRML residen en un servidor HTTP; pueden incluirse vínculos a estos archivos en documentos HTTP o los usuarios pueden acceder a los archivos VRML directamente. Para ver las páginas web VRML, los usuarios necesitan un explorador compatible con VRML o un plug-in VRML para Internet Explorer o Netscape Navigator. *Véase también* gráficos 3D; documento HTML; servidor HTTP.

V-sync *s. Véase* ancho de banda vertical.

VT-52, VT-100, VT-200 *s.* (*VT-52 - VT-100 - VT-200*) Popular conjunto de códigos de control utilizado en los terminales con dichos números de modelo que fueron originalmente fabricados por Digital Equipment Corporation. El software apropiado puede permitir a una microcomputadora utilizar estos códigos para emular tales terminales.

VTD *s.* Acrónimo de virtual timer driver (controlador de temporizador virtual). *Véase* controlador de dispositivo virtual.

vuelta atrás *s. (backtracking)* La capacidad de un sistema experto para probar soluciones alternativas con el objetivo de encontrar una respuesta. Las diversas alternativas pueden verse como ramas de un árbol: con los mecanismos de vuelta atrás, el programa sigue una rama, y si alcanza el final de la misma sin encontrar lo que busca, vuelve atrás y prueba con otra rama.

VxD *s. Véase* controlador de dispositivo virtual.

W

w3 *s. Véase* World Wide Web.

W3 *s. Véase* World Wide Web.

W3C *s.* Abreviatura de World Wide Web Consortium (Consorcio World Wide Web), un organismo de estandarización con sede en Estados Unidos, Europa y Japón. W3C está dedicado (entre otras cosas) a promover el desarrollo de estándares web abiertos, como los de los lenguajes de composición de documentos HTML y XML, con el fin de fomentar la interoperabilidad y conseguir que la Web pueda desarrollar todo su potencial.

WAI *s.* Acrónimo de Web Accesibility Initiative (iniciativa de accesibilidad web). Un conjunto de directrices publicado por el W3C (World Wide Web Consortium) en mayo de 1999. El propósito de WAI es promover la accesibilidad a la Web de los usuarios con discapacidades, estableciendo directrices de compatibilidad y diseño web que ayuden a garantizar la usabilidad y el acceso por parte de todos los usuarios de la Web. *Véase también* accesibilidad.

WAIS *s.* Acrónimo de Wide Area Information Server (servidor de información de área extensa). Un sistema de búsqueda y extracción de documentos de Internet basado en UNIX que puede utilizarse para realizar búsquedas en más de 400 bibliotecas WAIS, como la del Proyecto Gutenberg, efectuándose dichas búsquedas en una serie de archivos indexados que permiten establecer correspondencias con las palabras clave introducidas por el usuario. WAIS también puede utilizarse en un sitio web individual, como, por ejemplo, en un motor de búsqueda. WAIS, desarrollado por Thinking Machines Corporation, Apple Computer y Dow Jones, utiliza el estándar Z39.50 para procesar consultas en lenguaje natural. La lista de documentos devuelta por WAIS contiene a menudo numerosas correspondencias falsas. Los usuarios necesitan disponer de un cliente WAIS para poder utilizar un servidor WAIS. *Véase también* consulta de lenguaje natural; Proyecto Gutenberg; motor de búsqueda; Z39.50, estándar.

waisindex *s.* **1.** Una dirección URL para acceder a WAIS. La dirección URL tiene la forma wais://puertodehost/basededatos[? consulta]. **2.** Una utilidad UNIX para construir un índice de archivos de texto con el fin de acceder a esos archivos utilizando software de consulta WAIS (Wide Area Information Server, servidor de información de área extensa).

WAN *s.* Acrónimo de wide area network (red de área extensa). Una red geográficamente distribuida que depende de las tecnologías de comunicaciones para enlazar los diversos segmentos de red. Una red WAN puede ser una única red de gran tamaño o puede estar compuesta por una serie de redes LAN (redes de área local) enlazadas.

WAN segura *s.* (***secure wide area network***) Un conjunto de computadoras que se comunican a través de una red pública, como Internet, pero utilizan medidas de seguridad, tales como cifrado, autenticación y autorización para evitar que sus comunicaciones sean interceptadas y comprendidas por usuarios no autorizados. *Acrónimo:* S/WAN. *Véase también* autenticación; autorización; cifrado; red privada virtual.

WAP *s.* (***Wireless Application Protocol***) Acrónimo de Wireless Application Protocol (protocolo de aplicaciones inalámbricas). Una especificación de estándar global para permitir a los teléfonos celulares digitales y a otros dispositivos inalámbricos acceder a Internet y a otros servicios de información. WAP está soportado por una organización denominada WAP Forum, que incluye a empresas tales como Motorola, Nokia, L. M. Ericsson y Unwired Planet. El objetivo del foro es crear un estándar abierto capaz de funcionar con diferentes tecnologías inalámbricas.

warez *s.* Copias ilegales de software informático distribuidas a través de Internet y otros canales en línea, como, por ejemplo, tablones de anuncios electrónicos y servidores FTP. El término (una deformación de «software») forma parte de la tendencia existente entre algunos grupos en línea a utilizar símbolos extraños y errores ortográficos intencionados. *Compárese con* software gratuito; software de libre distribución.

.wav *s.* La extensión de archivo que identifica los archivos de sonido almacenados en formato de audio WAV, que es un formato basado en la definición de la forma de onda del sonido. *Véase también* WAV.

WAV *s.* Formato de archivo en el que Windows almacena los sonidos como formas de ondas. Tales archivos utilizan la extensión .wav. Dependiendo de la frecuencia de muestreo, de si el sonido es mono o estéreo y de si se utilizan 8 o 16 bits para cada muestra, un minuto de sonido puede ocupar tan poco como 644 kilobits o tanto como 27 megabytes de almacenamiento. *Véase también* muestreo; forma de onda.

WBEM *s.* Acrónimo de Web-Based Enterprise Management (gestión empresarial basada en la Web). Un protocolo que enlaza un explorador web directamente a un dispositivo o una aplicación de monitorización de red. *Véase también* protocolo de comunicaciones.

WDEF *s. Véase* función de definición de ventana.

WDL *s. Véase* biblioteca de controladores de Windows.

WDM *s. Véase* multiplexación por división de longitud de onda densa; modelo de controladores de Windows.

web *s.* Un conjunto de documentos intervinculados en un sistema de hipertexto. El usuario se introduce en la web a través de una página principal. *Véase también* World Wide Web.

Web *s. Véase* World Wide Web.

Web a host *s.* (*Web-to-host*) Un servicio que permite a los usuarios remotos acceder a programas y datos contenidos en sistemas mainframe o heredados a través de un explorador web. Los paquetes web a host incluyen usualmente una combinación de servicios tales como soporte de emulación, acceso a sistemas heredados, gestión centralizada, servicios de host y opciones de seguridad, siendo posible un cierto grado de personalización. *Véase también* sistema heredado; mainframe, computadora.

web de escala *s.* (*staging web*) Un sitio web local mantenido en un sistema de archivos o en un servidor web local y que no puede ser actualmente explorado por los visitantes del sitio. Estos sitios web permiten a los autores y a los grupos de trabajo realizar cambios o actualizaciones en los sitios web antes de publicarlos.

Web Forms *s.* El marco de trabajo para páginas de ASP.NET, que está compuesto de páginas web programables (páginas Web Forms) que contienen controles de servidor reutilizables. *Véase también* control de servidor ASP.NET.

web raíz *s.* (*root web*) El sitio web predeterminado, de nivel superior, proporcionado por un servidor web. Para acceder al sitio web raíz, se suministra la dirección URL del servidor sin especificar un nombre de página o de subsitio.

Web Storage System *s.* El componente de almacenamiento de los servidores Exchange 2000 Server y SharePoint Portal, que integra funcionalidad de servidor web, de bases de datos, de sistema de archivos y de grupos de trabajo. Web Storage System permite almacenar y compartir muchos tipos de datos en un único sistema integrado. *Acrónimo:* WSS.

web, albergue *s. Véase* hospedaje.

web, hospedaje *s.* (*Web hosting*) *Véase* hospedaje.

Webby Award *s.* Galardón concedido anualmente a los sitios web por la organización International Academy of Digital Arts and Sciences. La academia otorga una serie de premios a los mejores sitios web en más de 20 categorías, entre las que se incluyen las de mejores características técnicas, mejores sitios de carácter humorístico y mejores sitios de servicio a la comunidad.

webcam *s.* Cámara web. Una cámara de vídeo cuya salida aparece en una página web, que usualmente se actualiza de forma regular y frecuente. Las cámaras web se utilizan para mostrar información meteorológica y de condiciones de tráfico, para permitir a los clientes y a otros usuarios observar las actividades actuales que tienen lugar en el domicilio o en la empresa del propietario del sitio (por ejemplo, en una guardería), para propósitos promocionales y como modo de entretenimiento, de tipo Gran Hermano. *También llamado* Web cam.

webcast *s. Véase* emisión web; difundir por la Web.

WebCrawler *s.* Un motor de búsqueda para la World Wide Web operado por America Online. *Véase también* motor de búsqueda.

WebDAV *s.* Abreviatura de Web Distributed Authoring and Versioning (versionado y autoría web distribuidas). Una serie de extensiones al protocolo HTTP que permite a los usuarios editar, publicar y gestionar recursos de manera colaborativa en la World Wide Web. Las extensiones WebDAV de HTTP incluyen herramientas de escritura, edición y publicación de documentos y opciones de búsqueda, almacenamiento y compartición de archivos.

weblicación *s.* (***Weblication***) Término del argot para designar a una aplicación web.

weblog *s. Véase* diario web.

webmaster *s.* Una persona responsable de crear y mantener un sitio World Wide Web. El webmaster es a menudo responsable de contestar a los mensajes de correo electrónico, de garantizar que el sitio funciona adecuadamente, de crear y actualizar páginas web y de mantener la estructura y diseño globales del sitio.

webmistress *s. Véase* webmaster.

webografía *s.* (***webographics***) Datos demográficos sobre los usuarios de la Web centrados específicamente en los hábitos de exploración y de compra en línea y otros tipos de información relacionados, como los métodos de conexión, los exploradores utilizados y las plataformas empleadas.

WebPad *s.* Una clase de equipos Internet inalámbricos que ofrecen funciones completas de acceso a Internet y de asistente digital personal (PDA). Un WebPad incluye una pantalla LCD de mayor tamaño que otros dispositivos de comunicaciones de mano y se asemeja a una tableta gráfica.

WebTV *s.* Un sistema que proporciona a los consumidores la capacidad de acceder a la Web, así como de reenviar y recibir correo electrónico con una televisión por medio de un decodificador equipado con un módem. Los usuarios deben disponer de un proveedor de servicios Internet (ISP) y suscribirse a la red WebTV Network. Desarrollado por WebTV Networks, WebTV fue adquirido por Microsoft en 1996.

webweaver *s. Véase* webmaster.

webzine *s.* Una publicación electrónica distribuida especialmente a través de la World Wide Web en lugar de como revista impresa. *Véase también* e-zine.

WELL *s.* Acrónimo de Whole Earth 'Lectronic Link (enlace electrónico mundial). Un sistema de foros en línea con sede en San Francisco (California, Estados Unidos) y que es accesible a través de Internet y mediante puntos de acceso telefónico situados en muchas ciudades importantes de Estados Unidos. WELL atrae a muchos profesionales de la informática y a otras personas que disfrutan participando en una de las comunidades virtuales con más éxito de Internet. Debido a la gran cantidad de periodistas y otras personas prominentes que participan en WELL, tiene una influencia sustancial que va más allá de su propio número de abonados, que es relativamente pequeño.

WEP *s.* Acrónimo de Wired Equivalent Privacy (intimidad equivalente a la de las redes cableadas). Un sistema de cifrado que forma parte del estándar 802.11 y que fue desarrollado por el IEEE (Institute of Electrical and Electronics Engineer) como medida de seguridad para proteger a las redes LAN inalámbricas frente a escuchas casuales. WEP utiliza una clave secreta compartida para cifrar los paquetes antes de su transmisión entre dispositivos de red LAN inalámbrica y monitoriza los paquetes en tránsito para detectar los intentos de modificación. WEP ofrece opciones de cifrado hardware tanto de 40 como de 128 bits.

wetware *s.* Término del argot para referirse a los seres humanos, considerándolos parte de un entorno que también incluye el hardware y el software.

WFC *s. Véase* Windows Foundation Classes.

WFQ *s.* (*weighted fair queuing*) Acrónimo de weighted fair queuing (gestión de colas equitativa con ponderación). Una técnica utilizada para mejorar la calidad de un servicio en la que se asignan prioridades a los flujos de sesión que pasan a través de un dispositivo de red. Utilizándose mecanismos equitativos de gestión de colas con ponderación, se asigna al tráfico de gran ancho de banda una menor proporción de la capacidad de red que al tráfico de menor ancho de banda. *Compárese con* gestión de colas equitativa.

whatis *s.* **1.** Un comando Archie para localizar software cuya descripción contenga las palabras deseadas. **2.** Una utilidad UNIX para obtener un resumen de la documentación correspondiente a una palabra clave. *Véase también* páginas man.

Whetstone *s.* Prueba comparativa que intenta medir la velocidad y la eficiencia con la que la computadora realiza las operaciones de coma flotante. El resultado de la prueba está dado en unidades llamadas whetstones. La prueba Whetstone ha caído en desuso, ya que genera unos resultados poco coherentes en comparación con otras pruebas, tales como la prueba Dhrystone y la criba de Eratóstenes. *Véase también* prueba comparativa; Dhrystone; siega de Eratóstenes.

WHIRLWIND *s.* Computadora digital que utiliza tubos de vacío desarrollada en el Instituto de Tecnología de Massachusetts en los años cuarenta y utilizada durante los años cincuenta. Entre las innovaciones presentadas con WHIRLWIND, se incluyen las pantallas de TRC y los procesos en tiempo real. Los miembros del proyecto WHIRLWIND incluían a Kenneth H. Olsen, quien fundó Digital Equipment Corporation en 1957. *Véase también* CRT; de tiempo real; tubo de vacío.

Whistler *s.* El nombre en clave para Microsoft Windows XP que fue utilizado durante su ciclo de desarrollo. Windows XP incluye nuevas características visuales y operativas diseñadas para que el sistema sea fácil de utilizar por parte de los usuarios domésticos. Entre las características, se incluyen voz en tiempo real, compartición de vídeo y de aplicaciones, movilidad mejorada, soporte adicional para vídeo y fotografías digitales y mecanismos de descarga y reproducción de contenido de audio y vídeo de alta calidad. Al igual que Microsoft Windows 2000, Windows XP fue desarrollado a partir de Windows NT, consolidando así los sistemas operativos de consumo y empresariales en una misma base de código.

Whiteboard *s.* Característica de Microsoft NetMeeting que abre una ventana separada en la que múltiples usuarios pueden simultáneamente revisar, crear y actualizar información gráfica. Whiteboard está orientado a objetos, no a píxeles, lo que permite a los participantes manipular los contenidos pulsando y arrastrando con el ratón. Además, pueden utilizar un puntero remoto o herramienta de resaltado para marcar determinados contenidos o secciones específicos de las páginas compartidas. NetMeeting Whiteboard es compatible con T.126 y puede interoperar con otros programas de pizarra compatibles con T.126.

whois *s.* **1.** Un comando que muestra una lista de todos los usuarios que tienen iniciada una sesión en una red Novell. **2.** Un comando UNIX para acceder al servicio whois. **3.** Un servicio Internet, proporcionado por algunos dominios, que permite a un usuario averiguar la dirección de correo electrónico y otros tipos de información de los usuarios incluidos en una base de datos de dicho dominio.

WID *s.* Acrónimo de Wireless Information Device (dispositivo de información inalámbrico). Un teléfono inteligente u otro dispositivo inalámbrico de mano capaz de proporcionar múltiples funciones de telecomunicaciones, incluyendo correo electrónico y acceso a Internet.

Wide SCSI *s.* Un tipo de interfaz SCSI-2 que puede transferir datos de 16 en 16 bits a velocidades de hasta 20 megabytes por segundo. El conector Wide SCSI tiene 68 pines. *También llamado* Wide SCSI-2. *Véase también* SCSI; SCSI-2. *Compárese con* Fast SCSI; Fast/Wide SCSI.

Wide SCSI-2 *s. Véase* Wide SCSI.

WIMP *s*. Acrónimo de Windows, Icons, Mouse and Pointers (ventanas, iconos, ratón y punteros). Nombre con el que se designa a las interfaces gráficas de usuario como las que proporcionan los sistemas operativos Apple Macintosh y Microsoft Windows. A veces se afirma también que WIMP quiere decir Windows, Icons, Menus and Pointers (ventanas, iconos, menús y punteros) o Windows, Icons, Mouse and Pull-down menús (ventanas, iconos, ratón y menús desplegables). La interfaz WIMP se inventó en los laboratorios Palo Alto Research Center (PARC) de Xerox, donde se utilizó por primera vez en la computadora Alto a principios de los años setenta. *Véase también* interfaz gráfica de usuario.

win.ini *s*. En Windows 3.x y MS-DOS, el archivo de inicio utilizado para pasar la información de configuración necesaria para ejecutar el entorno operativo Windows. El archivo win.ini ha sido sustituido por la base de datos del registro en Windows 95 y versiones posteriores y en Windows NT y versiones posteriores. *Véase también* archivo de configuración; archivo ini; registro.

Win32 *s*. La interfaz de programación de aplicaciones en Windows 95 y Windows NT que permite a las aplicaciones utilizar las instrucciones de 32 bits disponibles en los procesadores 80386 y superiores. Aunque Windows 95 y Windows NT soportan también instrucciones 80x86 de 16 bits, Win32 ofrece unas prestaciones considerablemente mayores. *Véase también* máquina de 16 bits; máquina de 32 bits; 80386DX; 8086; interfaz de programación de aplicaciones; unidad central de proceso; Win32s.

Win32s *s*. Subconjunto de la interfaz de programación de aplicaciones Win32 que trabaja bajo Windows 3.x. Al incluir el software Win32s, el cual se distribuye como software gratuito, una aplicación puede ganar en rendimiento mientras se ejecuta bajo Windows 3.x si utiliza las instrucciones de 32 bits disponibles en los procesadores 80386 y superiores. *Véase también* máquina de 32 bits; 80386DX; unidad central de proceso; Win32.

Windows *s*. Un sistema operativo introducido por Microsoft Corporation en 1983. Windows es un entorno multitarea con interfaz gráfica de usuario que se ejecuta sobre computadoras MS-DOS (Windows 3.x y Windows para Grupos de trabajo) y como sistema operativo autocontenido para computadoras de escritorio (Windows 9x y Windows Me), estaciones de trabajo (Windows NT Workstation, Windows 2000 Professional) y servidores de red (Windows NT Server, Windows NT Enterprise Edition, Windows 2000 Server y Windows Advanced Server). Las versiones más resientes de Windows son Windows XP Home (para uso doméstico y entretenimiento) y Professional (para aplicaciones de procesamiento avanzadas, empresas y grandes organizaciones). La siguiente generación de productos servidores Windows será la familia Windows .NET Server. Windows proporciona una interfaz gráfica estándar basada en menús desplegables, ventanas de pantalla y un dispositivo señalador, como, por ejemplo, un ratón.

Windows .NET Server *s*. La siguiente generación de servidores Windows. Basada en Windows 2000, la familia Windows .NET Server incluye los necesarios mecanismos funcionales, de fiabilidad, de escalabilidad y de seguridad para servir como base informática para empresas de todos los tamaños. Su arquitectura informática flexible, basada en estándares industriales, permite a las empresas crear aplicaciones innovadoras y robustas, mejorar la colaboración a lo largo de toda la organización y conectarse de forma segura con los clientes.

Windows 2000 *s*. Un sistema operativo de Microsoft sucesor de Windows NT y diseñado para uso empresarial más que personal. Al igual que su predecesor, Windows 2000 es un sistema operativo de 32 bits multihebra y multitarea. Implementado en diversas versiones de servidor y para escritorio, Windows 2000 se centra fundamentalmente en mejorar la facilidad de uso, la interconexión a redes, los mecanismos de gestión, la fiabilidad, la escalabilidad y la seguridad. Véase la Tabla W.1.

Windows 2000 Advanced Server *s*. Servidor de red de Microsoft para las organizaciones de mayor tamaño. Diseñado para sustituir a Win-

Versión	Diseñado para	Características
Windows 2000 Professional	Equipos profesionales de escritorio.	Mejoras en: facilidad de uso; seguridad, prestaciones y fiabilidad; soporte para informática móvil.
Windows 2000 Server	Instalaciones de tamaño pequeño o mediano: grupos de trabajo, sucursales, aplicaciones departamentales, servidores de archivos y servidores de impresión.	Multiprocesamiento simétrico (SMP) de dos vías; Active-Directory; herramientas de administración; seguridad PKI y Kerberos; COM+; Windows Terminal; servicios Internet mejorados.
Windows 2000 Advanced Server	Aplicaciones e instalaciones departamentales de tamaño medio.	Iguales características que Windows 2000 Server y además: SMP de cuatro vías; equilibrado de carga; configuración en clúster; ordenaciones de altas prestaciones; memoria física de 64 GB.
Windows 2000 Datacenter Server	Grandes instalaciones: almacenes de datos, procesamiento interactivo de transacciones (OLTP), simulaciones científicas y de ingeniería y soluciones empresariales.	Iguales características que Windows 2000 Advanced Server y además SMP de 16 vías.

***Tabla W.1.** Especificaciones ATA.*

dows NT 4 Enterprise Edition, soporta tecnologías SMP de hasta cuatro procesadores, memoria física de gran tamaño y funciones de acceso intensivo a bases de datos. Incluye soporte para mecanismos de clúster y equilibrado de carga. *Véase también* SMP; Windows.

Windows 2000 Datacenter Server *s*. Servidor de red de Microsoft para las organizaciones de mayor tamaño. Considerado como el sistema operativo de servidor más potente y funcional jamás ofrecido por Microsoft, soporta tecnologías SMP de hasta 16 procesadores y hasta 64 GB de memoria física (dependiendo de la arquitectura del sistema). Al igual que Windows Advanced Server, proporciona servicios tanto de agrupación en clúster como de equilibrado de carga como característica estándar. Está optimizado para la construcción de grandes almacenes de datos, aplicaciones de análisis econométrico, simulaciones a gran escala para ciencia e ingeniería, procesamiento OLTP y proyectos de consolidación de servidores. *Véase también* OLTP; SMP; Windows.

Windows 2000 Professional *s*. Sistema operativo de escritorio principal de Microsoft para empresas de todos los tamaños. Diseñado para sustituir a Windows NT Workstation 4, que muchas personas utilizan hoy día como sistema empresarial de escritorio estándar, Windows 2000 Professional está construido utilizando la interfaz y el núcleo de NT 4. También incluye mecanismos de seguridad mejorados, características de última generación para usuarios móviles, mecanismos de fiabilidad de carácter industrial y unas mejores prestaciones.

Windows 2000 Server *s*. Servidor de red de Microsoft para la pequeña y mediana empresa. Diseñado para sustituir a Windows NT 4 Server, Windows 2000 Server ofrece una funcionalidad mejorada y soporta nuevos sistemas, con tecnología de multiprocesamiento simétrico (SMP) de hasta dos procesadores.

Windows 95 *s*. Sistema operativo con interfaz gráfica de usuario para procesadores 80386 y superiores y creado por Microsoft Corporation en 1995. Windows 95 estaba pensado para reemplazar a Windows 3.11, Windows for Workgroups 3.11 y MS-DOS. Se trata de un sistema operativo completo en vez de una shell basada en MS-DOS (como Windows 3.x). Por cuestiones de compatibilidad con las versiones anteriores, Windows 95 puede ejecutar software MS-DOS. Bajo Windows 95, los nombres de archivo pueden ser de hasta 255 caracteres de longitud y pueden incluir puntos y espacios. Windows 95 soporta el método «plug and play» para instalar y configurar hardware y puede acceder a redes Windows, NetWare y UNIX. La configuración mínima para Windows 95 es un procesador 80386 con 4 MB de RAM, pero se recomienda un procesador i486 o superior con al menos 8 MB de RAM. La funcionalidad de conexión a Internet en Windows 95 está proporcionada en gran medida a través de Microsoft Internet Explorer. *Véase también* MS-DOS; NetWare; Plug and Play; Windows.

Windows 98 *s*. Sistema operativo con interfaz gráfica de usuario para procesadores i486 y superiores y creado por Microsoft Corporation en 1998. Construido sobre las bases de Windows 95, Windows 98 ofrece una interfaz mejorada y una funcionalidad más sólida. Con la interfaz Active Desktop, Windows 98 integra aún más estrechamente la conectividad con Internet, ya que permite a los usuarios acceder a los archivos remotos igual que si accedieran a los archivos de su disco duro. El soporte de hardware incluye USB, IEEE1394, puertos AGP, tarjetas sintonizadoras de televisión, unidades de DVD y múltiples módems y monitores. La segunda edición de Windows 98, lanzada en 1999, se basa en las características de la primera versión y ofrece soporte de redes domésticas y características de mantenimiento mejoradas. *Véase también* Windows; Windows 95.

Windows 9x *s*. La arquitectura sobre la que se construyeron Windows 95 y Windows 98. *Véase también* Windows 95; Windows 98.

Windows CE *s*. Un sistema operativo de pequeño tamaño de Microsoft diseñado para ser utilizado en máquinas PC de mano y en sistemas empotrados, como, por ejemplo, AutoPC. Windows CE, que tiene una interfaz de usuario similar a Windows 9x y a Windows NT, inclu-

ye versiones reducidas de diversas aplicaciones Microsoft, incluyendo Excel, Word, Internet Explorer, Schedule+ y un cliente de correo electrónico. *Véase también* PC de mano.

Windows DNA *s*. Abreviatura de Distributed Internet Applications (aplicaciones Internet distribuidas). Una arquitectura para Windows introducida por Microsoft en 1997 como medio de integrar tecnologías web y cliente/servidor para la creación de aplicaciones escalables multinivel para implantación en redes corporativas. Windows DNA se basa en una serie de tecnologías, entre las que cabe resaltar COM (Component Object Model), ActiveX y HTML dinámico.

Windows Forms *s*. Biblioteca cliente de Windows para la construcción de aplicaciones de cliente Windows.

Windows Foundation Classes *s*. Una biblioteca de clases Java para el desarrollo de aplicaciones Java que se ejecuten en entornos Windows. Diseñadas por Microsoft para facilitar la escritura de código para la plataforma Windows utilizando el potente lenguaje de programación Java, las clases Windows Foundation Classes representan un marco de trabajo orientado a objetos que encapsula y unifica los modelos de programación de la API Win32 de Microsoft y del lenguaje HTML dinámico. Este marco de trabajo permite a los desarrolladores enlazar directamente código Java con las interfaces de programación de aplicaciones de Windows. *Acrónimo:* WFC. *Véase también* Java; Java Foundation Classes.

Windows Image Acquisition *s*. Interfaz de controlador de dispositivo que soporta cámaras digitales estáticas y escáneres de gama alta y gama baja y permite la recuperación de imágenes estáticas de videocámaras digitales basadas en el estándar IEEE 1394 y cámaras web basadas en USB. *Acrónimo:* WIA.

Windows Management Instrumentation *s*. Infraestructura de gestión de Windows que soporta la monitorización y el control de los recursos del sistema a través de un conjunto común de interfaces y proporciona un modelo lógicamente organizado y coherente de la operación, configuración y estado de Windows. *Acrónimo:* WMI. *Véase también* recurso.

Windows Me *s.* Comenzado a comercializar en 2000, el sistema operativo Windows Millennium Edition (Windows Me), diseñado para usuarios domésticos como actualización de Windows 95 o Windows 98, ofrece una experiencia de informática doméstica mejorada, incluyendo mecanismos para facilitar a los usuarios la compartición y manipulación de fotografías digitales, música y vídeos; capacidades mejoradas de interconexión en redes domésticas; una rica experiencia Internet con soporte para conexiones de banda ancha; diferentes herramientas de comunicación a través de Internet y juegos en línea.

Windows Media Audio *s.* Esquema de codificación de audio digital desarrollado por Microsoft que se utiliza en la distribución de música grabada, normalmente a través de Internet. Windows Media Audio comprime el tamaño del archivo de audio por un factor de 20 a 24 sin degradar seriamente la calidad (nivel de grabación de CD) del sonido. Los archivos de Windows Media Audio utilizan la extensión .wma y pueden crearse con Windows Media Tools y reproducirse con el Reproductor de Windows Media. *Acrónimo:* WMA. *Véase también* Windows Media Technologies. *Compárese con* MP3; RealAudio; SDMI.

Windows Media Encoder *s.* Tecnología de Windows Media que comprime audio en directo o pregrabado en un flujo de Windows Media, el cual puede ser distribuido inmediatamente o guardado como un archivo de Windows Media para una posterior distribución. La tecnología permite a los desarrolladores de contenido convertir imágenes y fragmentos de vídeo y audio, tanto en directo como pregrabados, a formato Windows Media para distribución en directo o a la carta. El codificador Windows Media también puede guardar un flujo multimedia en forma de archivo Windows Media y convertir archivos a formato Windows Media. El codificador Windows Media permite distribuir un flujo multimedia mediante el protocolo HTTP.

Windows Media Player *s.* Un control de cliente capaz de recibir un flujo de datos de un servidor Windows Media para su reproducción y capaz también de reproducir contenido local. Puede ejecutarse como programa cliente independiente y también puede incrustarse en una página web, en un programa C++ o en un programa Visual Basic que utilice el control de cliente ActiveX.

Windows Media Services *s.* Una plataforma de información multimedia digital que se ejecuta en un servidor, como, por ejemplo, Windows 2000, para permitir la distribución de flujos multimedia, tales como audio y vídeo.

Windows Media Technologies *s.* Tecnologías de Microsoft para la creación, distribución y reproducción de flujos de audio y de vídeo a través de una red, incluyendo Internet y las redes intranet. Windows Media Technologies, que puede descargarse desde el sitio web de Microsoft, soporta tanto contenido en directo como contenido a la carta (suministrado a partir de un dispositivo de almacenamiento) y está basado en archivos que se distribuyen en formato ASF (Advanced Streaming Format). Windows Media Technologies está compuesto por tres componentes principales: Windows Media Tools, Windows Media Services y Windows Media Player. Véase la Tabla W.2. *Véase también* ASF. *Compárese con* RealSystem G2.

Windows Media Tools *s. Véase* Windows Media Technologies.

Windows Messenger *s. Véase* .NET Messenger Service.

Windows Metafile Format *s.* Un formato de archivo gráfico utilizado por Windows para almacenar gráficos vectoriales con el fin de intercambiar información gráfica entre aplicaciones y almacenar información entre una sesión y otra. *Acrónimo:* WMF. *Véase también* gráfico vectorial.

Windows Movie Maker *s.* Software de Microsoft para la captura, edición y combinación de material de audio y de vídeo con el fin de crear películas. *Acrónimo:* WMM.

Windows NT *s.* Un sistema operativo comenzado a comercializar por Microsoft Corporation en 1993. El sistema operativo Windows NT, al que algunas veces se denomina simplemente NT, es el miembro de gama más alta de una familia de sistemas operativos de Microsoft. Se

Componente	Propósito	Características
Windows Media Tools	Creación de contenido	Herramientas de autoría y edición ASF, incluyendo herramientas para convertir archivos de otros formatos (WAV, AVI, MPEG y MP3) a ASF.
Windows Media Services	Distribución de contenido	Herramientas para distribución de contenido a la carta y en tiempo real, herramientas de administración y Windows Media Rights Manager para control antipiratería.
Windows Media Player para PC, Windows Media Player para Macintosh, Windows Media Player para UNIX	Reproducción de contenido	Reproductor ASF para audio, para audio con imágenes estáticas y para vídeo a plena velocidad. También soporta otros datos multimedia, incluyendo RealAudio.

Tabla W.2. Especificaciones ATA.

trata de un sistema operativo completamente autocontenido con una interfaz gráfica de usuario integrada. Windows NT es un sistema operativo multitarea de 32 bits con mecanismos de desalojo que incluye funciones de interconexión con red, de multiprocesamiento simétrico, de procesamiento multihebra y de seguridad. Se trata de un sistema operativo portable que puede ejecutarse sobre una diversidad de plataformas hardware, incluyendo las basadas en los microprocesadores Intel 80386, i486 y Pentium y en microprocesadores MIPS; también puede ejecutarse sobre sistemas multiprocesador. Windows NT soporta hasta 4 gigabytes de memoria virtual y permite ejecutar aplicaciones MS-DOS, POSIX y OS/2 (en modo carácter). *Véase también* MS-DOS; sistema operativo; OS/2; POSIX; Windows.

Windows NT Advanced Server *s.* Un subconjunto de Windows NT que proporciona funciones de gestión centralizada de red basada en dominios y funciones de seguridad. Windows NT Advanced Server también ofrece funciones avanzadas de tolerancia a fallos de los discos duros, como, por ejemplo, técnicas de duplicación en espejo, así como funciones de conectividad adicionales. *Véase también* Windows NT.

Windows NT Embedded *s.* Una versión del sistema operativo Microsoft Windows NT diseñada para dispositivos y otros productos que incorporen sistemas empotrados. Windows NT Embedded, comenzado a comercializar en 1999, está pensado para dispositivos de gama media y alta dentro de la industria de los dispositivos empotrados, incluyendo máquinas copiadoras de alta velocidad, máquinas de monitorización hospitalaria, centralitas y terminales punto de venta. Entre las características de Windows NT Embedded, se incluyen un modo de operación sin periféricos (no siendo necesario utilizar teclado, ratón ni pantalla), un modo de operación sin disco y funcionalidades de gestión remota. *Véase también* sistema embebido; Windows NT.

Windows Open Services Architecture *s. Véase* WOSA.

Windows Open System Architecture *s. Véase* WOSA.

Windows Script Host *s.* El motor de script independiente del lenguaje para plataformas Microsoft Windows. Windows Script Host es una herramienta que permite a los usuarios ejecutar scripts desarrollados en VBScript, JScript o en cualquier otro lenguaje de script con el fin de automatizar tareas comunes y de crear macros y scripts de inicio de sesión.

Windows Sockets *s. Véase* Winsock.

Windows XP *s.* Un miembro de la familia de sistemas operativos Microsoft Windows. Windows XP comenzó a comercializarse en 2001 en dos versiones: Windows XP Home Edition, para uso doméstico, y Windows XP Professional, para sistemas domésticos avanzados, empresas y organizaciones de mayor tamaño. Windows XP incluye un nuevo diseño visual que simplifica las capacidades de búsqueda y la navegación, tiene mecanismos de gestión de archivos mejorados, presenta capacidades multimedia y de publicación web adicionales, incluye un sistema mejorado para el descubrimiento e instalación de dispositivos y ofrece características avanzadas de informática móvil.

WinG *s*. Abreviatura de Windows Games (juegos para Windows). Una interfaz de programación de aplicaciones para juegos en el entorno Windows 9x. Con WinG, los juegos pueden acceder a la memoria de vídeo directamente para conseguir una mayor velocidad. *Véase también* interfaz de programación de aplicaciones; búfer; búfer de imagen.

WinHEC *s*. Abreviatura de Microsoft Windows Hardware Engineering Conference (Conferencia de Ingeniería de Hardware de Microsoft Windows). Reunión anual del sector del hardware informático que incluye foros, seminarios, exposiciones y sesiones educativas para desarrolladores, gerentes técnicos, ingenieros y responsables de producto que utilicen la familia Microsoft Windows de sistemas operativos.

Winipcfg *s*. Abreviatura de Windows IP Configuration (configuración IP de Windows). Una utilidad de Windows 9x que permite a los usuarios acceder a información acerca de la configuración de su tarjeta adaptadora de red y de su pila de protocolos TCP/IP (Transmission Control Protocol/Internet Protocol). Al ejecutarse el programa Winipcfg (winipcfg.exe), se abre la ventana de Configuración IP, que muestra la dirección física, la dirección IP, la máscara de subred y la puerta de enlace predeterminada del adaptador TCP/IP principal (o las configuraciones de los múltiples adaptadores, si hay más de uno instalado). Esta información también resulta útil para el diagnóstico de problemas. *Véase también* TCP/IP.

WINS *s*. Acrónimo de Windows Internet Naming Service (servicio de nombres Internet de Windows). Un método utilizado por Windows NT Server para asociar el nombre de host de una computadora con su dirección. *También llamado* INS, servicio de nombres Internet. *Compárese con* DNS.

Winsock *s*. Abreviatura de Windows Sockets. Una interfaz estándar de programación de aplicaciones software que proporciona una interfaz TCP/IP para Windows. El estándar Winsock se desarrolló como resultado de una sesión BOF celebrada entre fabricantes de software en una conferencia UNIX celebrada en 1991; Winsock ha obtenido el soporte general de los desarrolladores software, incluyendo Microsoft. *Véase también* interfaz de programación de aplicaciones; BOF; conector; API sockets; TCP/IP.

Wintel *adj*. Perteneciente, relativo a o característico de una computadora que utiliza el sistema operativo Microsoft Windows y una unidad central de proceso (UCP) de Intel. *Véase también* Windows.

Wireless Services, componente de servidor *s*. (*Wireless Services server component*) Un componente que permite a un operador o proveedor de contenido configurar y programar la ejecución de una serie cualquiera de componentes de adquisición/codificación/transmisión de la información para crear un flujo de datos que será transmitido mediante una portadora hasta un dispositivo. El componente de servidor utiliza una arquitectura abierta para que puedan instalarse nuevos componentes de servidor en cualquier parte del flujo de datos en cualquier momento.

WLAN *s*. *Véase* LAN inalámbrica.

WMA *s*. Acrónimo de Windows Media Audio. *Véase* Windows Media Audio.

.wmf *s*. Una extensión de archivo que identifica una imagen vectorial codificada en formato Microsoft Windows Metafile.

WMF *s*. **1**. Acrónimo de Wireless Multimedia Forum (Foro de información multimedia inalámbrica). Un consorcio de compañías tecnológicas formado para promover estándares abiertos para los productos de transmisión inalámbrica de flujos multimedia. Entre los miembros de WMF, se incluyen Cisco Systems, Intel y Walt Disney Internet Group. *Véase también* ISMA. **2**. *Véase* Windows Metafile Format.

WMI *s*. *Véase* Windows Management Instrumentation.

WML *s.* Acrónimo de Wireless Markup Language (lenguaje de composición inalámbrico). Un lenguaje de composición desarrollado para sitios web a los que se acceda con microexploradores y desde dispositivos compatibles con WAP (Wireless Applications Protocol). Un sitio web escrito con WML puede visualizarse en dispositivos de mano dotados de pantallas de pequeño tamaño, tales como teléfonos celulares. *Véase también* lenguaje de composición; microexplorador; WAP.

WMLScript *s.* Un lenguaje de script derivado del lenguaje JavaScript y que se utiliza en el desarrollo de documentos WML (Wireless Markup Language, lenguaje de composición inalámbrico).

WMM *s. Véase* Windows Movie Maker.

Word *s.* Software de procesamiento de textos de Microsoft disponible para plataformas Windows y Macintosh. Además de una amplia serie de funciones de edición, formateo y personalización, Word proporciona herramientas para, por ejemplo, la autoterminación automática de texto y la corrección de documentos. La versión más reciente, Word 2000 (parte de Office XP) añade funcionalidad web, como, por ejemplo, la posibilidad de guardar documentos en formato HTML. La primera versión, Microsoft Word para MS-DOS 1.00, se comenzó a comercializar en 1983.

WordPerfect Office *s.* Un conjunto de programas de aplicación de Corel Corporation para empresas. El paquete básico de WordPerfect Office (Standard Edition) incluye el procesador de textos WordPerfect, la hoja de cálculo Quattro Pro, el software de presentación Corel Presentations, el gestor de información personal CorelCENTRAL, herramientas de script Microsoft Visual Basic for Applications y el publicador web Trellix. Otro paquete para entornos domésticos y de pequeña empresa, denominado Voice Power Edition, añade funciones de reconocimiento de voz y productos de publicación; el paquete empresarial y corporativo (Professional Edition) añade herramientas Internet y de bases de datos a todas las anteriores.

Workplace Shell *s.* La interfaz gráfica de usuario de OS/2. Al igual que Mac OS y que Windows 95, Workplace Shell está centrada en los documentos. Los archivos de documentos se muestran como iconos y al hacer clic sobre un icono se inicia la correspondiente aplicación; el usuario también puede imprimir un documento arrastrando el icono del documento hasta un icono de impresora. Workplace Shell utiliza las funciones gráficas de Presentation Manager. *Acrónimo:* WPS.

World Wide Web *s.* El conjunto completo de documentos de hipertexto intervinculados contenidos en los servidores HTTP repartidos por todo el mundo. Los documentos de la World Wide Web, denominados páginas web (o simplemente páginas), están escritos en HTML (Hypertext Markup Language), se identifican mediante una dirección URL (Uniform Resource Locator) que especifica la máquina y ruta concretas mediante las que se puede acceder a un archivo y se transmiten desde el servidor hasta el usuario final utilizando el protocolo HTTP (Hypertext Transfer Protocol). Una serie de códigos incrustados en un documento HTML, denominados etiquetas, asocian palabras e imágenes concretas del documento con direcciones URL para que el usuario pueda, simplemente pulsando una tecla o haciendo clic con el ratón, acceder a otros archivos, que pueden estar situados al otro lado del mundo. Estos archivos pueden contener texto (en una diversidad de fuentes y estilos), imágenes gráficas, películas y sonidos, así como applets Java, controles ActiveX u otros pequeños programas software embebidos, que se ejecutan cuando el usuario los activa haciendo clic sobre un vínculo. Un usuario que visite una página web también puede ser capaz de descargar archivos desde un sitio FTP y enviar mensajes a otros usuarios por correo electrónico utilizando vínculos contenidos en la página web. La World Wide Web fue desarrollada por Timothy Berners-Lee en 1989 para el Laboratorio Europeo de Física de Partículas o Consejo Europeo de Investigación Nuclear (CERN, Conseil Européen pour le Recherche Nucléaire). *Acrónimo:* WWW. *También llamado* w3, W3, Web. *Véase también* control ActiveX; HTML; HTTP; servidor HTTP; applet Java; URL.

World Wide Web Consortium *s. Véase* W3C.

WORM *s.* Acrónimo de Write Once, Read Many (una sola escritura, múltiples lecturas). Tipo de disco óptico que puede leerse y releerse, pero que no puede alterarse después de haberse grabado. Los WORM son dispositivos de almacenamiento de alta capacidad. Dado que no se pueden borrar ni volver a grabar, resultan adecuados para almacenar archivos históricos y otros conjuntos de gran tamaño de información no variable. *Véase también* disco compacto.

WOSA *s.* Acrónimo de Windows Open Services Architecture (arquitectura de servicios abiertos de Windows), también conocida como Windows Open System Architecture (arquitectura de sistema abierto de Windows). Un conjunto de interfaces de programación de aplicaciones de Microsoft, que se utiliza para permitir que diversas aplicaciones basadas en Windows y desarrolladas por diferentes fabricantes se comuniquen entre sí; por ejemplo, a través de una red. Las interfaces dentro del estándar WOSA incluyen ODBC (Open Database Connectivity), MAPI (Messaging Application Programming Interface), TAPI (Telephony Application Programming Interface), Winsock (Windows Sockets) y Microsoft RPC (Remote Procedure Calls). *Véase también* MAPI; ODBC; RPC; TAPI; Winsock.

.wp *s.* Extensión de archivo utilizada para identificar archivos formateados para el procesador de textos WordPerfect.

WP *s. Véase* procesamiento de textos.

WPS *s. Véase* Workplace Shell.

WRAM *s.* Acrónimo de Window RAM (RAM de ventana). Tipo de RAM utilizada en adaptadores de vídeo. Al igual que la memoria VRAM, la memoria WRAM permite redibujar la pantalla mientras se está escribiendo una imagen gráfica, pero WRAM es más rápida. *Compárese con* RAM de vídeo.

.wri *s.* La extensión de archivo que identifica los documentos en formato Microsoft Write.

.wrl *s.* Extensión de archivo requerida para guardar todos los documentos VRML (Virtual Reality Modeling Language, lenguaje de modelado de realidad virtual); por ejemplo, cube.wrl. *Véase también* VRML.

WSDL *s.* Acrónimo de Web Services Description Language (lenguaje de descripción de servicios web). Un formato XML desarrollado para permitir una mejor interoperabilidad entre servicios web y herramientas de desarrollo. WSDL describe los servicios de red como colecciones de puntos terminales de comunicación capaces de intercambiar mensajes y puede ampliarse para poder describir los puntos terminales y sus mensajes independientemente de qué formatos de mensaje o protocolos de red se utilicen para comunicarse.

WSS *s. Véase* Web Storage System.

WTLS *s.* Acrónimo de Wireless Transport Layer Security (seguridad de nivel de transporte inalámbrico). Un protocolo de seguridad que proporciona servicios de cifrado y autenticación para WAP (Wireless Application Protocol). El nivel WTLS utiliza mecanismos de integridad de datos, de autenticación y de cifrado para proporcionar confidencialidad y seguridad extremo a extremo en las transacciones inalámbricas. WTLS está basado en TLS (Transport Layer Security), un equivalente a SSL (Secure Sockets Layer) utilizado en aplicaciones Internet. *Véase también* WAP.

WTP *s.* (*Wireless Transaction Protocol*) Acrónimo de Wireless Transaction Protocol (protocolo de transacciones inalámbricas). Un protocolo ligero de transacciones basado en intercambios de solicitud/respuesta para dispositivos que tengan recursos limitados a través de redes con anchos de banda medios o bajos. Resulta un error denominar a este protocolo Wireless Transport Protocol o Wireless Transfer Protocol.

WWW *s. Véase* World Wide Web.

WYSBYGI *adj.* Acrónimo de What You See Before You Get It (lo que se ve antes de obtenerlo). Técnica consistente en proporcionar una vista previa de los efectos de los cambios que el usuario haya seleccionado antes de aplicar dichos cambios. Por ejemplo, un cuadro de diálogo en un programa procesador de textos puede mostrar un ejemplo del tipo de letra que ha elegido un usuario antes de que el tipo de letra se cambie realmente en el documento. El usuario puede cancelar cualquier cambio después de verlo en la vista previa y el documento no se verá afectado. *Véase también* WYSIWYG.

WYSIWYG *adj.* Acrónimo de What You See Is What You Get (lo que se ve es lo que se obtiene). Dícese de aquello que permite a un usuario ver un documento de la misma forma que aparecerá en el producto final y editar directamente el texto, los gráficos y otros elementos dentro de dicha vista. Los lenguajes WYSIWYG son a menudo más fáciles de utilizar que los lenguajes de composición, que no proporcionan una realimentación visual inmediata en lo que respecta a los cambios que se vayan realizando.

X

X Consortium *s.* Un organismo formado por diversas empresas de hardware y que gobernaba los estándares concernientes al sistema X Window. El grupo de trabajo X Project Team de Open Group tiene ahora las responsabilidades referentes al sistema X Window. *Véase también* X Window System.

X Window System *s.* Un conjunto estándar y no propietario de rutinas de gestión de visualización desarrollado en el MIT. Utilizado principalmente en estaciones de trabajo UNIX, X Window System es independiente del hardware y del sistema operativo. Los clientes X Window System efectúan llamadas al servidor, que está ubicado en la estación de trabajo del usuario, para proporcionar una ventana en la que el programa cliente puede presentar texto o gráficos. *También llamado* X Windows. *Véase también* X Consortium.

X Windows *s. Véase* X Window System.

X.200 *s. Véase* serie X.

X.25 *s.* Una recomendación publicada por la organización internacional de estándares de comunicaciones ITU-T (antiguamente, CCITT) que define a la conexión entre un terminal y una red de conmutación de paquetes. X.25 incorpora tres definiciones: la conexión eléctrica entre el terminal y la red, el protocolo de transmisión o de acceso al enlace y la implementación de circuitos virtuales entre usuarios de red. Juntas, estas definiciones especifican una conexión dúplex síncrona entre el terminal y la red. El formato de los paquetes, los mecanismos de control de errores y otras características son equivalentes a partes del protocolo HDLC (High-level Data Link Control) definido por ISO (International Organization for Standardization). *Véase también* serie X; HDLC; conmutación de paquetes; circuito virtual.

X.400 *s. Véase* serie X.

X.445 *s. Véase* serie X.

X.500 *s. Véase* serie X.

X.509 *s. Véase* serie X.

X.75 *s. Véase* serie X.

X10 *s.* Un popular protocolo de comunicaciones para sistemas de transmisión a través de la red eléctrica (PLC, powerline carrier) que utiliza el cableado eléctrico existente en una casa u oficina para la formación de redes domésticas. X10 utiliza señales de radiofrecuencia para llevar a cabo las comunicaciones entre transmisores y receptores. *Véase también* domótica; red doméstica.

X3D *s.* Acrónimo de 3D XML. Una especificación para gráficos 3D basada en XML que incorpora las capacidades de definición de comportamiento propias de VRML (Virtual Reality Modeling Language). X3D es compatible con las herramientas y contenidos VRML existentes y permite una total integración con otras tecnologías basadas en XML. La especificación X3D fue desarrollada y es administrada por el consorcio Web 3D.

x86 *s.* Toda computadora basada en microprocesadores 8086, 80286, 80386, 80486 o Pentium.

Xbase *s.* Nombre genérico para una familia de lenguajes de bases de datos basadas en dBASE, un producto de Ashton-Tate Corporation. Los lenguajes Xbase han desarrollado características suyas propias y ahora son sólo parcialmente compatibles con la familia dBASE. Xbase hace referencia principalmente a tres tipos de archivo diferentes (.dbf, .dbt y .ndx). *También llamado* xBase, xbase, XBase.

Xbox *s.* Una consola de videojuegos desarrollada por Microsoft Corporation y comenzada a comercializar en 2001. Xbox incorpora un procesador Intel a 733 MHz y proporciona capacidades gráficas mejores que las de otras consolas de juegos anteriores, proporcionando amplias capacidades de almacenamiento para información de juegos. Los periféricos se conectan a cuatro puertos controladores de juegos. Un puerto Ethernet permite jugar en línea a través de una conexión de banda ancha. *Véase también* juego de computadora; juego de consola; GameCube; PlayStation. *Compárese con* Dreamcast.

XCMD *s.* Abreviatura de external command (comando externo). Un recurso externo de código utilizado en HyperCard, un programa hipermedia desarrollado para Macintosh. *Véase también* HyperCard; XFCN.

xDSL *s.* Un término genérico para referirse a todas las tecnologías de línea digital de abonado (DSL) que utilizan una diversidad de esquemas de modulación para transmitir datos a través de cable de cobre. La *x* representa la primera o las dos primeras letras de una de las tecnologías de esta familia, entre las que se encuentran ADSL, HDSL, IDSL, RADSL o SDSL. *Véase también* DSL.

XENIX *s.* Versión de UNIX adaptada originariamente por Microsoft para computadoras personales basadas en Intel. Aunque ha sido comercializada por muchos fabricantes, incluyendo Microsoft, Intel y Santa Cruz Operation (SCO), se identifica normalmente con SCO. *Véase también* UNIX.

xerografía *s.* (*xerography*) *Véase* electrofotografía.

Xerox Network System *s. Véase* XNS.

Xerox PARC *s.* Abreviatura de Xerox Palo Alto Research Center. Centro de investigación y desarrollo de Xerox situado en Palo Alto (California, Estados Unidos). En Xerox PARC nacieron innovaciones tales como las redes de área local (redes LAN), las impresoras láser y las interfaces gráficas de usuario (GUI).

XFCN *s.* Abreviatura de external function (función externa). Un recurso de código externo que devuelve un valor después de completar su ejecución. Las funciones XFCN se utilizan en HyperCard, un programa hipermedia desarrollado para Macintosh. *Véase también* HyperCard; XCMD.

XFDL *s.* Abreviatura de Extensible Forms Description Language (lenguaje de descripción de formularios ampliables). Es un lenguaje de descripción de documentos creado por la empresa canadiense de formularios Internet UWI.Com y propuesto al World Wide Web Committee en 1998. XFDL es un lenguaje basado en XML para la descripción de formularios complejos, como, por ejemplo, documentos legales y gubernamentales. Está diseñado para permitir la interactividad, sin dejar por ello de ser coherente con los estándares Internet.

XGA *s.* (*eXtended Graphics Array*) Acrónimo de eXtended Graphics Array (matriz gráfica extendida). Estándar avanzado de diseño de controladores gráficos y de modos de visualización presentado por IBM en 1990. Este estándar soporta una resolución de 640×480 píxeles con 65.536 colores o una resolución de 1.024×768 con 256 colores y se utiliza principalmente en sistemas de tipo estación de trabajo.

XHTML *s.* Abreviatura de Extensible Hypertext Markup Language (lenguaje ampliable de composición de hipertexto). Un lenguaje de composición que incorpora elementos de HTML y XML. Los sitios web diseñados con XHTML pueden visualizarse más fácilmente en computadoras de mano y teléfonos digitales equipados con microexploradores. XHTML fue publicado por el W3C (World Wide Web Consortium) para comentario público en septiembre de 1999. *Véase también* HTML; microexplorador; XML.

XIP *s. Véase* ejecución directa.

XLANG *s.* Un lenguaje derivado de XML y que describe el secuenciamiento lógico de procesos de negocio, así como la implementación de procesos de negocio mediante diversos servicios de aplicación.

XLink *s.* Un lenguaje XML que proporciona un conjunto de atributos utilizados para crear vínculos entre recursos. XLink proporciona mecanismos avanzados de vinculación compleja, mecanismos de definición del comportamiento de los vínculos y capacidades de gestión. XLink permite describir vínculos que conecten conjuntos de recursos, que apunten a múltiples destinos o que tengan múltiples roles dentro de un documento XML.

XLL *s*. Acrónimo de eXtensible Linking Language (lenguaje ampliable de vinculación). Término amplio que hace referencia a la familia de lenguajes XML de vinculación/referencia/direccionamiento, en la que se incluyen xLink, xPointer y xPath.

XMI *s*. **1**. Acrónimo de XML Metadata Interchange Format (formato de intercambio de metadatos XML). Un modelo basado en objetos para el intercambio de datos de programa a través de Internet. XMI está patrocinado por IBM, Unisys y otras empresas y fue propuesto como estándar al OMG (Object Management Group); ahora, es una de las tecnologías recomendadas por esta organización. XMI está diseñado para permitir el almacenamiento y la compartición de información de programación y el intercambio de datos entre herramientas, aplicaciones y dispositivos de almacenamiento a través de una red o de Internet, de modo que los desarrolladores de software puedan colaborar en el desarrollo de aplicaciones, incluso si no todos ellos utilizan las mismas herramientas de desarrollo. **2**. Cuando se hace referencia al bus XMI, es un bus paralelo de 64 bits soportado en determinados procesadores DEC y AlphaServer. Los buses XMI son capaces de transferir datos, sin contar con la sobrecarga debida a los mecanismos de direccionamiento, a 100 Mbps.

XML *s*. Acrónimo de eXtensible Markup Language (lenguaje ampliable de composición). Es una forma condensada de SGML (Standard Generalized Markup Language). XML permite a los diseñadores y desarrolladores web crear etiquetas personalizadas que ofrecen una mayor flexibilidad a la hora de organizar y presentar la información de la que resulta posible con el sistema HTML de codificación de documentos, que es más antiguo. XML está definido como lenguaje estándar por el W3C y goza de un amplio soporte en la industria. *Véase también* SGML.

XML Schema *s*. Una especificación que proporciona una base común para la descripción y validación de datos en entornos XML. XML Schema sustituye a DTD (Document Type Definition), definiendo un conjunto más amplio de tipos de datos, con descripciones de datos más explícitas. XML Schema ha sido desarrollado como formato abierto e independiente del fabricante con el fin de mejorar el intercambio de información y el comercio electrónico a través de Internet. También es un estándar para la descripción y codificación de datos.

XML, formato de intercambio de metadatos *s*. (*XML Metadata Interchange Format*) *Véase* XMI.

XML, lenguaje de descripción de esquemas *s*. (*XML Schema Description Language*) *Véase* XSDL.

XML-RPC *s*. Acrónimo de eXtensible Markup Language-Remote Procedure Call (lenguaje ampliable de composición-invocación de procedimientos remotos). Un conjunto de implementaciones basadas en XML que permiten realizar llamadas a procedimientos a través de Internet entre distintas plataformas y entre distintos lenguajes de programación. XML-RPC permite transmitir, procesar y devolver estructuras complejas de datos entre diferentes sistemas operativos que estén ejecutándose sobre diferentes entornos.

Xmodem *s*. Un protocolo de transferencia de archivos utilizado en comunicaciones asíncronas y que transfiere la información en bloques de 128 bytes.

Xmodem 1K *s*. Una versión del protocolo de transferencia de archivos Xmodem diseñada para transferencias de archivos de mayor tamaño y a más larga distancia. Xmodem 1k transmite la información en bloques de 1 kilobyte (1.024 bytes) y utiliza un método de control de errores más fiable. *Véase también* Xmodem.

Xmodem-CRC *s*. Una versión mejorada del protocolo de transferencia de archivos Xmodem que incorpora un código de redundancia cíclica (CRC) de 2 bytes para detectar los errores de transmisión. *Véase también* CRC.

XMS *s*. *Véase* especificación de memoria extendida.

XMT *s.* Abreviatura de transmit (transmisión). Una señal utilizada en telecomunicaciones serie.

XNS *s.* Acrónimo de Xerox Network System (sistema de red de Xerox). Un conjunto de protocolos asignado a cinco niveles numerados (de 0 a 4) que forman una pila diseñada para gestionar el empaquetado y la distribución de información a través de red.

XON/XOFF *s.* Un protocolo de comunicación asíncrona en el que la computadora o dispositivo receptor utiliza caracteres especiales para controlar el flujo de datos procedente de la computadora o dispositivo transmisor. Cuando el equipo receptor no puede continuar recibiendo datos, transmite un carácter de control XOFF que informa al emisor de que debe dejar de transmitir. Cuando la transmisión pueda retomarse, el equipo receptor se lo indicará al transmisor mediante un carácter XON. *También llamado* negociación software. *Véase también* negociación.

XOR *s. Véase* OR exclusiva.

XOR encryption *s.* Abreviatura de Exclusive-OR encryption (cifrado mediante OR exclusiva). Un esquema simple de cifrado que utiliza el concepto de «OR exclusiva» en el que una decisión se basa en que se cumpla una de dos posibles condiciones. Utilizando una clave suministrada, el cifrado XOR realiza una operación OR exclusiva con cada byte de datos que haya que cifrar. Puesto que el cifrado XOR no es una herramienta suficientemente segura si se lo utiliza solo, se emplea normalmente como nivel adicional de seguridad para la transmisión de información confidencial a través de Internet.

XPath *s.* Un lenguaje XML para direccionar elementos contenidos en un documento XML especificando una ruta a través de la estructura del documento. XPath es utilizado por XPointer y XSLT para localizar e identificar datos en los documentos XML. XPath se considera también como un lenguaje de consulta complementario a XQuery. XPath goza de mayor soporte que XQuery, aunque todavía no hay un estándar aprobado para ninguno de los dos. *Véase también* XPointer.

XPointer *s.* Un lenguaje XML utilizado para localizar datos dentro de un documento XML basándose en descripciones de las propiedades de los datos, tales como atributos, ubicaciones y contenidos. XPointer hace referencia a la estructura interna de un documento permitiendo establecer vínculos que apunten a apariciones específicas de una palabra, conjunto de caracteres, atributo de contenido u otro elemento en lugar de apuntar a un punto específico dentro del documento. *Véase también* XPath.

XQuery *s.* Abreviatura de eXtensible Query Language (lenguaje ampliable de consulta). Es un lenguaje funcional de consulta que puede aplicarse de modo general a una diversidad de tipos de datos XML y que se deriva de Quilt, XPath y XQL. Tanto Ipedo como Software AG han implementado sus propias versiones de la propuesta de especificación del W3C para el lenguaje XQuery. *También llamado* XML Query, XQL.

XSD *s.* Acrónimo de eXtensible Schema Definition (definición de esquema ampliable). Un prefijo utilizado por convenio para indicar un espacio de nombres de esquema W3C.

XSDL *s.* Acrónimo de XML Schema Description Language (lenguaje de descripción de esquemas XML). Una recomendación del W3C (World Wide Web Consortium) para la representación de estructuras XML. XSDL es capaz de describir complejas estructuras de datos basadas en XML y proporciona opciones no disponibles en las definiciones DTD (Document Type Definitions), incluyendo soporte para espacios de nombres, tipos de datos XML, un soporte de tipos de datos mejorado y una mayor ampliabilidad.

XSL *s.* Acrónimo de Extensible Stylesheet Language (lenguaje ampliable de hojas de estilo). Un lenguaje de hojas de estilo estándar del W3C (World Wide Web Consortium) para documentos XML. XSL determina cómo se muestran en la Web los datos contenidos en un documento XML. XSL controla qué datos se visualizarán, en qué formato y con qué estilo y tamaño de fuente. XSL contiene dos extensiones principales: XSLT (XSL Transformations, transformaciones XSL), que es un lenguaje utilizado para convertir documentos XML a HTML o a otros tipos de documentos, y XSL-FO (XSL Formatting Objects, objetos de formateo XSL), que es un lenguaje para la especificación de la semántica de formateo. *Véase también* XSL-FO; XSLT.

XSL-FO *s.* Acrónimo de XSL Formatting Objects (objetos de formateo XSL). Un lenguaje de composición basado en XML para la especificación de la semántica de formateo. XSL-FO permite aplicar información de estilo y de formateo a un documento XML y puede utilizarse con XSLT para producir documentos originales. *Véase también* XSL.

XSLT *s.* Acrónimo de XSL Transformations (transformaciones XSL). Un lenguaje utilizado a la hora de transformar un documento XML existente en un documento XML reestructurado. Formalizado como recomendación del W3C en 1999, XSLT está pensado principalmente para utilizarse como parte de XSL. XSL describe los estilos de un documento en términos de transformaciones XSLT en un documento XML. *Véase también* XML; XSL.

XUL s. Un lenguaje de descripción de interfaces basado en estándares que proporciona una manera estándar de intercambiar los datos que describen la interfaz de usuario de un programa. XUL combina la simplicidad, la flexibilidad y la facilidad de uso con un control preciso de la disposición en pantalla. XUL fue desarrollado por Netscape y Mozilla y se utiliza con XML, CSS, DOM y HTML.

Y

Y2K *s. Véase* problema del año 2000.

Y2K BIOS test *s.* (*prueba Y2K del BIOS*) *Véase* prueba de BIOS.

Yahoo! *s.* El primer motor de búsqueda de recursos Internet y directorio en línea basado en la Web de una cierta envergadura, cuya dirección es http://www.yahoo.com. *Véase también* motor de búsqueda.

Yahoo! Mail *s.* Un popular servicio de correo electrónico basado en la Web proporcionado de forma gratuita por Yahoo!, Inc. *Compárese con* Hotmail.

Yahoo! Messenger *s.* Una popular aplicación de mensajería instantánea proporcionada de forma gratuita por Yahoo!, Inc., para una diversidad de sistemas operativos. *Compárese con* AIM; ICQ; .NET Messenger Service.

YB *s. Véase* yotabyte.

Year 2000 Information and Readiness Disclosure Act *s.* Ley de Estados Unidos aprobada en octubre de 1998 que exigía a las empresas estadounidenses que revelaran públicamente la manera en que se estaban preparando para que sus sistemas o productos estuvieran listos para el año 2000. Muchas empresas facilitaron esa información a través de la World Wide Web.

Yellow Pages *s.* **1**. Base de datos de nombres de dominio y sus correspondientes direcciones IP mantenida por InterNIC Registration Services. **2**. El antiguo nombre de una utilidad UNIX suministrada por SunSoft (empresa de software de sistemas de Sun Microsystems) que mantiene una base de datos central de nombres y ubicaciones de los recursos de una red. Yellow Pages permite que los procesos que se ejecuten en cualquier nodo localicen recursos conociendo únicamente su nombre. Esta utilidad se conoce ahora formalmente con el nombre de NIS (Network Information Service, servicio de información de red).

yeti *s.* (*Yettie*) Abreviatura de Young, Entrepreneurial Tech-based (joven emprendedor con vocación tecnológica) o Young, Entrepreneurial Technocrat (joven tecnócrata emprendedor). Una persona que trabaja en algún campo relacionado con la tecnología o con Internet y que está dedicado a explotar las oportunidades y cambios tecnológicos producidos. El término yeti pretende ser un sucesor del término más antiguo «yupi».

YHBT *s.* Acrónimo de you have been trolled (te han enviado un troll). Una expresión inglesa utilizada en mensajes de correo electrónico y grupos de noticias para indicar que el receptor ha picado un anzuelo deliberadamente lanzado.

YHL *s.* Acrónimo de you have lost (has perdido). Una expresión inglesa utilizada en mensajes de correo electrónico y grupos de noticias, a menudo a continuación de YHBT.

Ymodem *s.* Una variante del protocolo de transferencia de archivos Xmodem que incluye las siguientes mejoras: la posibilidad de transferir información en bloques de 1 kilobyte (1.024 bytes), la capacidad de enviar múltiples archivos (lotes de transmisión de archivos), mecanismos de control de redundancia cíclica (CRC) y la capacidad de abortar la transferencia transmitiendo dos caracteres CAN (cancelar) seguidos.

yocto- *pref.* Prefijo métrico que equivale a 10^{-24} (la cuatrillonésima parte).

yotabyte *s.* (*yottabyte*) Unidad de medida igual a 2^{80} bytes, aproximadamente un septillón (10^{24}) de bytes. Cuando se calcula como múltiplo de 1.000 zetabytes (la siguiente unidad de medida inferior), un yotabyte es 1.000.000.000.000.000.000.000.000 bytes; cuando se calcula como 1.024 zetabytes, un yotabyte es 1.208.925.819.614.629.174.706.176 bytes. *Abreviatura:* YB.

yotta- *pref.* Prefijo métrico que equivale a 10^{24} (un cuatrillón).

yugo *s.* (***yoke***) La parte de un tubo de rallos catódicos (TRC) que deflecta el haz de electrones haciéndolo incidir sobre un área específica de la pantalla. *Véase también* CRT.

YY *s.* La forma en la que se almacena la parte correspondiente al año de una fecha en algunos sistemas informáticos, principalmente sistemas ya antiguos. Antes del año 2000, existía la posibilidad de que las computadoras que utilizaran una fecha de dos dígitos pudieran interpretar incorrectamente el año 2000 (año 00) como el año 1900, haciendo así que la operación de la computadora fuera errónea.

YYYY *s.* Etiqueta simbólica para representar la expresión de fechas mediante cuatro dígitos de año. La utilización de 4 dígitos para el año representó un paso importante en muchos de los programas de prevención del problema del año 2000, especialmente en los programas dedicados a la manipulación de datos.

Z

.Z *s*. La extensión de archivo para los archivos UNIX que han sido comprimidos mediante la utilidad compress. *Véase también* compress.

.z *s*. La extensión de archivo que identifica un archivo UNIX comprimido mediante la utilidad gzip o compact. *Véase también* gzip.

Z39.50, estándar *s*. (*Z39.50 standard*) Una especificación de lenguaje de consulta basado en SQL (Structured Query Language, lenguaje de consulta estructurado). Es utilizado por WAIS, entre otros servicios Internet, para buscar archivos mediante palabras clave y se emplea ampliamente para acceso remoto a catálogos de bibliotecas. *Véase también* lenguaje estructurado de consulta; WAIS.

Z80 *s*. Microprocesador de 8 bits de Zilog, empresa fundada por antiguos ingenieros de Intel. El Z80 posee un bus de direcciones de 16 bits, lo que proporciona un espacio de memoria direccionable de 64 kilobytes, y un bus de datos de 8 bits. Descendiente del 8080 de Intel, fue el procesador favorito en los días del sistema operativo CP/M. Una de las computadoras más famosas a principios de los años ochenta, Radio Shack TRS-80, estaba basada en este chip. *Véase también* CP/M.

ZB *s*. *Véase* zetabyte.

zepto- *pref*. Prefijo métrico que equivale a 10^{-21} (la miltrillonésima parte).

zetabyte *s*. (*zettabyte*) Unidad de medida igual a 2^{70} bytes o mil trillones (10^{21}) de bytes. Cuando se calcula como múltiplo de 1.000 exabytes (la siguiente unidad de medida inferior), un zetabyte es 1.000.000.000.000.000.000.000 bytes; cuando se calcula como 1.024 exabytes, un zetabyte es 1.180.591.620.717.411.303.424 bytes. *Abreviatura:* ZB.

zetta- *pref*. Prefijo métrico que equivale a 10^{21} (1.000 trillones).

.zip *s*. Extensión de archivo que identifica a un archivo comprimido codificado en formato ZIP realizado por PKZIP. *Véase también* archivo comprimido; PKZIP.

Zmodem *s*. Una mejora del protocolo de transferencia de archivos Xmodem que permite realizar transferencias de datos más largas con menos porcentaje de errores. Zmodem incluye una característica denominada reinicio en un punto de control que reanuda la transmisión en el punto en que ésta fue interrumpida, en lugar de al comienzo, si el enlace de comunicaciones se pierde durante la transmisión de datos. *Véase también* Xmodem.

zócalo *s*. (*socket*) **1**. Un receptáculo en una placa madre de un PC en el que se inserta un microprocesador. Los microprocesadores montados en zócalo, como el Pentium, se conectan a la placa madre a través de un gran número de terminales situados en su parte inferior. Los microprocesadores Intel más recientes, como el Pentium II y posteriores, se insertan en la placa madre a través de un conector de borde situado en uno de los lados del chip. *Compárese con* Slot 1; Slot 2. **2**. La parte de un conector donde se inserta el enchufe. *Véase también* conector hembra. **3**. Zócalo montado en una placa base de PC diseñado para alojar un microprocesador que opera a las siguientes velocidades: 150, 166, 180, 200, 210 y 233 MHz. El zócalo 7 dispone de orificios para 321 terminales y opera con dos tensiones: 2,5 voltios en el núcleo y 3,3 voltios en la entrada/salida. Se utiliza con el chip MMX de Pentium y con los chips de microprocesador competitivos de otros fabricantes, como AMD y Cyrix. *Véase también* MMX; Pentium; zócalo. *Compárese con* Slot 1; Slot 2.

zócalo de fuerza de inserción nula *s*. (*zero-insertion-force socket*) *Véase* zócalo ZIF.

zócalo ZIF *s*. (*ZIF socket*) Zócalo de fuerza de inserción nula. Un tipo de zócalo para circuitos integrados que puede abrirse con una palanca o destornillador, permitiendo colocar el chip en el zócalo sin aplicar ninguna presión. Después se cierra la palanca del zócalo haciendo que los contactos de éste encajen con los terminales del chip. Los zócalos ZIF facilitan la inserción y extracción frecuentes de los chips, pero requieren más espacio y son más caros que los zócalos convencionales.

zombi *s.* Una computadora que se ha convertido, sin quererlo, en la plataforma para un ataque de denegación de servicio distribuido (DDoS) y que está controlada por señales remotas enviadas por el atacante. Para crear un zombi, los piratas informáticos aprovechan las vulnerabilidades de los sistemas para introducirse en un servidor web, en un servidor de correo, en un servidor de noticias o en un servidor de aplicaciones e implantar herramientas DDoS ocultas, tales como Trinoo y Tribal Flood Network. Después, a una señal del atacante, el servidor se convierte en un zombi, que participa en un ataque coordinado dirigido a otros servidores. *Véase también* DDoS; hacker.

zona *s.* (*zone*) **1.** En programación Macintosh, es una parte de la memoria asignada y reasignada por el gestor de memoria a medida que las aplicaciones y otras partes del sistema operativo solicitan y liberan memoria. *Véase también* cúmulo de memoria. **2.** En una red de área local (LAN), es un subgrupo de usuarios dentro de un grupo mayor de redes interconectadas.

zonas DNS, transferencia de *s.* (***DNS zone transfer***) *Véase* transferencia de zona.

.zoo *s.* La extensión de archivo que identifica los archivos comprimidos mediante la utilidad de compresión de archivos zoo. *Véase también* zoo210.

zoo210 *s.* Versión 2.1 de zoo, un programa para crear archivos comprimidos (cuyos nombres tienen la extensión .zoo). El algoritmo de zoo210 está basado en el de LHARC. Hay implementaciones de zoo210 disponibles para sistemas UNIX e Intel. *Véase también* archivo empaquetado; LHARC.

Zope *s.* Un servidor de aplicaciones de código abierto para publicación de objetos en Internet. Zope proporciona herramientas para integrar datos y contenidos procedentes de múltiples fuentes con el fin de formar aplicaciones web completas y puede utilizarse en conjunción con XML-RPC para formar un sistema de objetos web basados en scripts remotos. Zope se ejecuta sobre UNIX, sobre Windows NT y versiones posteriores y sobre la mayoría de los demás sistemas operativos principales. *Véase también* XML-RPC.

Apéndice A

Conjuntos de caracteres más comunes

Conjunto de caracteres ANSI

Carácter	Valor Unicode (Hex)	Código ANSI (decimal)	Descripción
NUL	0000	0	Null (nulo)
SOH	0001	1	Start of heading (comienzo de cabecera)
STX	0002	2	Start of text (inicio de texto)
ETX	0003	3	End of text (fin de texto)
EOT	0004	4	End of transmission (fin de transmisión)
ENQ	0005	5	Enquiry (indagación)
ACK	0006	6	Acknowledge (confirmación)
BEL	0007	7	Bell (timbre)
BS	0008	8	Backspace (retroceso)
HT	0009	9	Horizontal tabulation (tabulación horizontal)
LF	000A	10	Line feed (salto de línea)
VT	000B	11	Vertical tabulation (tabulación vertical)
FF	000C	12	Form feed (avance de página)
CR	000D	13	Carriage return (retorno de carro)
SO	000E	14	Shift out (desplazamiento hacia fuera)
SI	000F	15	Shift in (desplazamiento hacia dentro)
DLE	0010	16	Data link escape (escape de enlace de datos)
DC1	0011	17	Device control 1 (control de dispositivo 1)
DC2	0012	18	Device control 2 (control de dispositivo 2)
DC3	0013	19	Device control 3 (control de dispositivo 3)
DC4	0014	20	Device control 4 (control de dispositivo 4)
NAK	0015	21	Negative acknowledge (confirmación negativa)
SYN	0016	22	Synchronous idle (parada síncrona)
ETB	0017	23	End of transmission block (fin del bloque de transmisión)
CAN	0018	24	Cancel (cancelar)
EM	0019	25	End of medium (fin del medio)
SUB	001A	26	Substitute (sustituto)
ESC	001B	27	Escape

(Continúa)

Conjunto de caracteres ANSI (*cont.*)

Carácter	Valor Unicode (Hex)	Código ANSI (decimal)	Descripción
FS	001C	28	File separator (separador de archivos)
GS	001D	29	Group separator (separador de grupo)
RS	001E	30	Record separator (separador de registro)
US	001F	31	Unit separator (separador de unidad)
SP	0020	32	Space (espacio)
!	0021	33	Signo de exclamación
«	0022	34	Comilla doble
#	0023	35	Signo de número
$	0024	36	Signo de dólar
%	0025	37	Porcentaje
&	0026	38	Y comercial
'	0027	39	Apóstrofe
(	0028	40	Paréntesis de apertura
)	0029	41	Paréntesis de cierre
*	002A	42	Asterisco
+	002B	43	Signo más
,	002C	44	Coma
-	002D	45	Guión
.	002E	46	Punto
/	002F	47	Barra inclinada
0	0030	48	Dígito cero
1	0031	49	Dígito uno
2	0032	50	Dígito dos
3	0033	51	Dígito tres
4	0034	52	Dígito cuatro
5	0035	53	Dígito cinco
6	0036	54	Dígito seis
7	0037	55	Dígito siete
8	0038	56	Dígito ocho
9	0039	57	Dígito nueve
:	003A	58	Dos puntos
;	003B	59	Punto y coma
<	003C	60	Signo menor que
=	003D	61	Signo de igualdad
>	003E	62	Signo mayor que
?	003F	63	Signo de interrogación
@	0040	64	Arroba
A	0041	65	Letra mayúscula latina A
B	0042	66	Letra mayúscula latina B
C	0043	67	Letra mayúscula latina C
D	0044	68	Letra mayúscula latina D

(Continúa)

Conjunto de caracteres ANSI (cont.)

Carácter	Valor Unicode (Hex)	Código ANSI (decimal)	Descripción
E	0045	69	Letra mayúscula latina E
F	0046	70	Letra mayúscula latina F
G	0047	71	Letra mayúscula latina G
H	0048	72	Letra mayúscula latina H
I	0049	73	Letra mayúscula latina I
J	004A	74	Letra mayúscula latina J
K	004B	75	Letra mayúscula latina K
L	004C	76	Letra mayúscula latina L
M	004D	77	Letra mayúscula latina M
N	004E	78	Letra mayúscula latina N
O	004F	79	Letra mayúscula latina O
P	0050	80	Letra mayúscula latina P
Q	0051	81	Letra mayúscula latina Q
R	0052	82	Letra mayúscula latina R
S	0053	83	Letra mayúscula latina S
T	0054	84	Letra mayúscula latina T
U	0055	85	Letra mayúscula latina U
V	0056	86	Letra mayúscula latina V
W	0057	87	Letra mayúscula latina W
X	0058	88	Letra mayúscula latina X
Y	0059	89	Letra mayúscula latina Y
Z	005A	90	Letra mayúscula latina Z
[	005B	91	Corchete de apertura
\	005C	92	Barra inclinada hacia la izquierda
]	005D	93	Corchete de cierre
^	005E	94	Acento circunflejo
_	005F	95	Guión bajo
`	0060	96	Acento grave
a	0061	97	Letra minúscula latina a
b	0062	98	Letra minúscula latina b
c	0063	99	Letra minúscula latina c
d	0064	100	Letra minúscula latina d
e	0065	101	Letra minúscula latina e
f	0066	102	Letra minúscula latina f
g	0067	103	Letra minúscula latina g
h	0068	104	Letra minúscula latina h
i	0069	105	Letra minúscula latina i
j	006A	106	Letra minúscula latina j
k	006B	107	Letra minúscula latina k
l	006C	108	Letra minúscula latina l
m	006D	109	Letra minúscula latina m

(Continúa)

Conjunto de caracteres ANSI (cont.)

Carácter	Valor Unicode (Hex)	Código ANSI (decimal)	Descripción
n	006E	110	Letra minúscula latina n
o	006F	111	Letra minúscula latina o
p	0070	112	Letra minúscula latina p
q	0071	113	Letra minúscula latina q
r	0072	114	Letra minúscula latina r
s	0073	115	Letra minúscula latina s
t	0074	116	Letra minúscula latina t
u	0075	117	Letra minúscula latina u
v	0076	118	Letra minúscula latina v
w	0077	119	Letra minúscula latina w
x	0078	120	Letra minúscula latina x
y	0079	121	Letra minúscula latina y
z	007A	122	Letra minúscula latina z
{	007B	123	Llave de apertura
|	007C	124	Línea vertical
}	007D	125	Llave de cierre
~	007E	126	Tilde
DEL	007F	127	Delete (Borrar)
	0080	128	Reservado
	0081	129	Reservado
	0082	130	Reservado
	0083	131	Reservado
IND	0084	132	Index (índice)
NEL	0085	133	Next line (línea siguiente)
SSA	0086	134	Start of selected area (comienzo del área seleccionada)
ESA	0087	135	End of selected area (fin del área seleccionada)
	0088	136	Marca de tabulación de carácter
	0089	137	Tabulación de carácter con justificación
	008A	138	Marca de tabulación de línea
PLD	008B	139	Partial line down (línea parcial hacia abajo)
PLU	008C	140	Partial line up (línea parcial hacia arriba)
	008D	141	Reverse line feed (Salto de línea inverso)
SS2	008E	142	Single shift two (desplazamiento simple dos)
SS3	008F	143	Single shift three (desplazamiento simple tres)
DCS	0090	144	Device control string (cadena de control de dispositivo)
PU1	0091	145	Private use one (uso privado 1)
PU2	0092	146	Private use two (uso privado dos)
STS	0093	147	Set transmit state (establecer estado de transmisión)
CCH	0094	148	Cancel character (carácter de cancelación)
MW	0095	149	Message waiting (mensaje en espera)

(Continúa)

Conjunto de caracteres ANSI (cont.)

Carácter	Valor Unicode (Hex)	Código ANSI (decimal)	Descripción
	0096	150	Inicio de área resguardada
	0097	151	Fin de área resguardada
	0098	152	Inicio de cadena
	0099	153	Reservado
	009A	154	Iniciador de carácter simple
CSI	009B	155	Control sequence introducer (iniciador de secuencia de control)
ST	009C	156	String terminator (terminador de cadena)
OSC	009D	157	Operating system command (comando del sistema operativo)
PM	009E	158	Privacy message (mensaje de confidencialidad)
APC	009F	159	Application program command (comando de programa de aplicación)
	00A0	160	Espacio irrompible
¡	00A1	161	Signo de exclamación de apertura
¢	00A2	162	Signo de céntimo
£	00A3	163	Signo de libra esterlina
¤	00A4	164	Signo de moneda
¥	00A5	165	Signo del yen
¦	00A6	166	Barra vertical partida
§	00A7	167	Signo de sección
¨	00A8	168	Diéresis
©	00A9	169	Signo de Copyright
ª	00AA	170	Ordinal femenino
«	00AB	171	Comillas angulares de apertura
¬	00AC	172	Signo de negación
-	00AD	173	Guión virtual
®	00AE	174	Signo de marca registrada
¯	00AF	175	Acento largo
°	00B0	176	Signo de grado
±	00B1	177	Signo más-menos
²	00B2	178	Superíndice 2
³	00B3	179	Superíndice 3
´	00B4	180	Acento agudo
µ	00B5	181	Signo de micro
¶	00B6	182	Signo de párrafo
·	00B7	183	Punto medio
¸	00B8	184	Cedilla
¹	00B9	185	Superíndice 1
º	00BA	186	Ordinal masculino
»	00BB	187	Comillas angulares de cierre
¼	00BC	188	Fracción ordinaria de un cuarto

(Continúa)

Conjunto de caracteres ANSI (*cont.*)

Carácter	Valor Unicode (Hex)	Código ANSI (decimal)	Descripción
½	00BD	189	Fracción ordinaria de un medio
¾	00BE	190	Fracción ordinaria de tres cuartos
¿	00BF	191	Signo de interrogación de apertura
À	00C0	192	Letra mayúscula latina A con acento grave
Á	00C1	193	Letra mayúscula latina A con acento agudo
Â	00C2	194	Letra mayúscula latina A con acento circunflejo
Ã	00C3	195	Letra mayúscula latina A con tilde
Ä	00C4	196	Letra mayúscula latina A con diéresis
Å	00C5	197	Letra mayúscula latina A con anillo superior
Æ	00C6	198	Letra mayúscula latina AE
Ç	00C7	199	Letra mayúscula latina C con cedilla
È	00C8	200	Letra mayúscula latina E con acento grave
É	00C9	201	Letra mayúscula latina E con acento agudo
Ê	00CA	202	Letra mayúscula latina E con acento circunflejo
Ë	00CB	203	Letra mayúscula latina E con diéresis
Ì	00CC	204	Letra mayúscula latina I con acento grave
Í	00CD	205	Letra mayúscula latina I con acento agudo
Î	00CE	206	Letra mayúscula latina I con acento circunflejo
Ï	00CF	207	Letra mayúscula latina I con diéresis
Ð	00D0	208	Letra mayúscula latina ETH
Ñ	00D1	209	Letra mayúscula latina N con tilde
Ò	00D2	210	Letra mayúscula latina O con acento grave
Ó	00D3	211	Letra mayúscula latina O con acento agudo
Ô	00D4	212	Letra mayúscula latina O con acento circunflejo
Õ	00D5	213	Letra mayúscula latina O con tilde
Ö	00D6	214	Letra mayúscula latina O con diéresis
×	00D7	215	Signo de multiplicación
Ø	00D8	216	Letra mayúscula latina O con barra diagonal
Ù	00D9	217	Letra mayúscula latina U con acento grave
Ú	00DA	218	Letra mayúscula latina U con acento agudo
Û	00DB	219	Letra mayúscula latina U con acento circunflejo
Ü	00DC	220	Letra mayúscula latina U con diéresis
Ý	00DD	221	Letra mayúscula latina Y con acento agudo
Þ	00DE	222	Letra mayúscula latina Thorn
ß	00DF	223	Letra minúscula latina s cerrada
à	00E0	224	Letra minúscula latina a con acento grave
á	00E1	225	Letra minúscula latina a con acento agudo
â	00E2	226	Letra minúscula latina a con acento circunflejo
ã	00E3	227	Letra minúscula latina a con tilde
ä	00E4	228	Letra minúscula latina a con diéresis

(Continúa)

Conjunto de caracteres ANSI (cont.)

Carácter	Valor Unicode (Hex)	Código ANSI (decimal)	Descripción
å	00E5	229	Letra minúscula latina a con anillo superior
æ	00E6	230	Letra latina minúscula ae
ç	00E7	231	Letra minúscula latina c con cedilla
è	00E8	232	Letra minúscula latina e con acento grave
é	00E9	233	Letra minúscula latina e con acento agudo
ê	00EA	234	Letra minúscula latina e con acento circunflejo
ë	00EB	235	Letra minúscula latina e con diéresis
ì	00EC	236	Letra minúscula latina i con acento grave
í	00ED	237	Letra minúscula latina i con acento agudo
î	00EE	238	Letra minúscula latina i con acento circunflejo
ï	00EF	239	Letra minúscula latina i con diéresis
ð	00F0	240	Letra minúscula latina eth
ñ	00F1	241	Letra minúscula latina n con tilde
ò	00F2	242	Letra minúscula latina o con acento grave
ó	00F3	243	Letra minúscula latina o con acento agudo
ô	00F4	244	Letra minúscula latina o con acento circunflejo
õ	00F5	245	Letra minúscula latina o con tilde
ö	00F6	246	Letra minúscula latina o con diéresis
÷	00F7	247	Signo de división
ø	00F8	248	Letra minúscula latina o con barra diagonal
ù	00F9	249	Letra minúscula latina u con acento grave
ú	00FA	250	Letra minúscula latina u con acento agudo
û	00FB	251	Letra minúscula latina u con acento circunflejo
ü	00FC	252	Letra minúscula latina u con diéresis
ý	00FD	253	Letra minúscula latina y con acento agudo
þ	00FE	254	Letra minúscula latina Thorn
ÿ	00FF	255	Letra minúscula latina y con diéresis

Conjunto de caracteres extendido de Apple Macintosh

ASCII	Hex	Times	New York	Courier	Zapf Dingbats	Symbol
128	80	Ä	Ä	Ä		(
129	81	Å	Å	Å		)
130	82	Ç	Ç	Ç		(
131	83	É	É	É		)
132	84	Ñ	Ñ	Ñ		(
133	85	Ö	Ö	Ö		)
134	86	Ü	Ü	Ü		‹
135	87	á	á	á		›

(Continúa)

Conjunto de caracteres extendido de Apple Macintosh (cont.)

ASCII	Hex	Times	New York	Courier	Zapf Dingbats	Symbol
136	88	à	à	à	❲	
137	89	â	â	â	❳	
138	8A	ä	ä	ä	❴	
139	8B	ã	ã	ã	❵	
140	8C	å	å	å	❴	
141	8D	ç	ç	ç	❵	
142	8E	é	é	é		
143	8F	è	è	è		
144	90	ê	ê	ê		
145	91	ë	ë	ë		
146	92	í	í	í		
147	93	ì	ì	ì		
148	94	î	î	î		
149	95	ï	ï	ï		
150	96	ñ	ñ	ñ		
151	97	ó	ó	ó		
152	98	ò	ò	ò		
153	99	ô	ô	ô		
154	9A	ö	ö	ö		
155	9B	õ	õ	õ		
156	9C	ú	ú	ú		
157	9D	ù	ù	ù		
158	9E	û	û	û		
159	9F	ü	ü	ü		
160	A0	†	†	†		
161	A1	°	°	°	✉	Υ
162	A2	¢	¢	¢	✂	´
163	A3	£	£	£	✄	≤
164	A4	§	§	§	♥	/
165	A5	•	•	•	♣	∞
166	A6	¶	¶	¶	✆	f
167	A7	ß	ß	ß	✇	♣
168	A8	®	®	®	♣	♦
169	A9	©	©	©	♦	♥
170	AA	™	™	™	♥	♠
171	AB	´	´	´	♠	↔
172	AC	¨	¨	¨	①	←
173	AD	≠	≠	≠	②	↑
174	AE	Æ	Æ	Æ	③	→
175	AF	Ø	Ø	Ø	④	↓
176	B0	∞	∞	∞	⑤	°
177	B1	±	±	±	⑥	±
178	B2	≤	≤	≤	⑦	"
179	B3	≥	≥	≥	⑧	≥

(Continúa)

Conjunto de caracteres extendido de Apple Macintosh (*cont.*)

ASCII	Hex	Times	New York	Courier	Zapf Dingbats	Symbol
180	B4	¥	¥	¥	⑨	×
181	B5	μ	μ	μ	⑩	∝
182	B6	∂	∂	∂	❶	∂
183	B7	Σ	Σ	Σ	❷	•
184	B8	Π	Π	Π	❸	÷
185	B9	π	π	π	❹	≠
186	BA	∫	∫	∫	❺	≡
187	BB	ª	ª	ª	❻	≈
188	BC	º	º	º	❼	...
189	BD	Ω	Ω	Ω	❽	|
190	BE	æ	æ	æ	❾	—
191	BF	ø	ø	ø	❿	↵
192	C0	¿	¿	¿	①	ℵ
193	C1	¡	¡	¡	②	ℑ
194	C2	¬	¬	¬	③	ℜ
195	C3	√	√	√	④	℘
196	C4	ƒ	ƒ	ƒ	⑤	⊗
197	C5	≈	≈	≈	⑥	⊕
198	C6	Δ	Δ	Δ	⑦	∅
199	C7	«	«	«	⑧	∩
200	C8	»	»	»	⑨	∪
201	C9	...	...	...	⑩	⊃
202	CA	——— (espacio irrompible) ———			❶	⊇
203	CB	À	À	À	❷	⊄
204	CC	Ã	Ã	Ã	❸	⊂
205	CD	Õ	Õ	Õ	❹	⊆
206	CE	Œ	Œ	Œ	❺	∈
207	CF	œ	œ	œ	❻	∉
208	D0	–	–	–	❼	∠
209	D1	—	—	—	❽	∇
210	D2	"	"	"	❾	®
211	D3	"	"	"	❿	©
212	D4	'	'	'	→	™
213	D5	'	'	'	→	∏
214	D6	÷	÷	÷	↔	√
215	D7	◊	◊	◊	↕	·
216	D8	ÿ	ÿ	ÿ	↘	¬
217	D9	Ÿ	Ÿ	Ÿ	→	∧
218	DA	/	/	/	↗	∨
219	DB	¤	¤	¤	→	⇔
220	DC	‹	‹	‹	➔	⇐
221	DD	›	›	›	→	⇑
222	DE	fi	fi	fi	→	⇒
223	DF	fl	fl	fl	➡	⇓

(*Continúa*)

Conjunto de caracteres extendido de Apple Macintosh (*cont.*)

ASCII	Hex	Times	New York	Courier	Zapf Dingbats	Symbol
224	E0	‡	‡	‡	⇒	◊
225	E1	·	·	·	➡	⟨
226	E2	‚	‚	‚	➢	®
227	E3	„	„	„	➣	©
228	E4	‰	‰	‰	➤	™
229	E5	Â	Â	Â	➡	Σ
230	E6	Ê	Ê	Ê	➡	(
231	E7	Á	Á	Á	◆	|
232	E8	Ë	Ë	Ë	➡	\
233	E9	È	È	È	⇨	⌈
234	EA	Í	Í	Í	⇨	|
235	EB	Î	Î	Î	⇨	⌊
236	EC	Ï	Ï	Ï	⇨	⌠
237	ED	Ì	Ì	Ì	⇨	{
238	EE	Ó	Ó	Ó	⇨	⌡
239	EF	Ô	Ô	Ô	⇨	|
240	F0			——— (no utilizado) ———		
241	F1	Ò	Ò	Ò	⇨	)
242	F2	Ú	Ú	Ú	⟳	∫
243	F3	Û	Û	Û	≫	⌠
244	F4	Ù	Ù	Ù	✎	|
245	F5	ı	ı	ı	➤	⌡
246	F6	^	^	^	✐	\
247	F7	~	~	~	✒	|
248	F8	¯	¯	¯	➤	)
249	F9	˘	˘	˘	➤	]
250	FA	·	·	·	➜	|
251	FB	°	°	°	➤	]
252	FC	¸	¸	¸	➤	)
253	FD	˝	˝	˝	➤	}
254	FE	˛	˛	¸	⇒	⌡
255	FF	ˇ	ˇ	ˇ		

Conjunto de caracteres extendido de IBM

Dec	Hex	Carácter	Dec	Hex	Carácter	Dec	Hex	Carácter
128	80	Ç	134	86	å	140	8C	î
129	81	ü	135	87	ç	141	8D	ì
130	82	é	136	88	ê	142	8E	Ä
131	83	â	137	89	ë	143	8F	Å
132	84	ä	138	8A	è	144	90	É
133	85	à	139	8B	ï	145	91	æ

(*Continúa*)

Conjunto de caracteres extendido de IBM (*cont.*)

Dec	Hex	Carácter	Dec	Hex	Carácter	Dec	Hex	Carácter
146	92	Æ	183	B7	╖	220	DC	▄
147	93	ô	184	B8	╕	221	DD	▌
148	94	ö	185	B9	╣	222	DE	▐
149	95	ò	186	BA	║	223	DF	▀
150	96	û	187	BB	╗	224	E0	α
151	97	ù	188	BC	╝	225	E1	β
152	98	ÿ	189	BD	╜	226	E2	Γ
153	99	Ö	190	BE	╛	227	E3	π
154	9A	Ü	191	BF	┐	228	E4	Σ
155	9B	¢	192	C0	└	229	E5	σ
156	9C	£	193	C1	┴	230	E6	μ
157	9D	¥	194	C2	┬	231	E7	τ
158	9E	₧	195	C3	├	232	E8	Φ
159	9F	ƒ	196	C4	─	233	E9	Θ
160	A0	á	197	C5	┼	234	EA	Ω
161	A1	í	198	C6	╞	235	EB	δ
162	A2	ó	199	C7	╟	236	EC	∞
163	A3	ú	200	C8	╚	237	ED	φ
164	A4	ñ	201	C9	╔	238	EE	∈
165	A5	Ñ	202	CA	╩	239	EF	∩
166	A6	ª	203	CB	╦	240	F0	≡
167	A7	º	204	CC	╠	241	F1	±
168	A8	¿	205	CD	═	242	F2	≥
169	A9	⌐	206	CE	╬	243	F3	≤
170	AA	¬	207	CF	╧	244	F4	⌠
171	AB	½	208	D0	╨	245	F5	⌡
172	AC	¼	209	D1	╤	246	F6	÷
173	AD	¡	210	D2	╥	247	F7	≈
174	AE	«	211	D3	╙	248	F8	°
175	AF	»	212	D4	╘	249	F9	•
176	B0	░	213	D5	╒	250	FA	·
177	B1	▒	214	D6	╓	251	FB	√
178	B2	▓	215	D7	╫	252	FC	η
179	B3	│	216	D8	╪	253	FD	²
180	B4	┤	217	D9	┘	254	FE	■
181	B5	╡	218	DA	┌	255	FF	
182	B6	╢	219	DB	█			

Apéndice A. Conjuntos de caracteres más comunes

Conjunto de caracteres EBCDIC

Dec	Hex	Nombre	Carácter	Significado
0	00	NUL		Null (nulo)
1	01	SOH		Start of heading (comienzo de cabecera)
2	02	STX		Start of text (comienzo de texto)
3	03	ETX		End of text (fin de texto)
4	04	SEL		Select (seleccionar)
5	05	HT		Horizontal tab (tabulación horizontal)
6	06	RNL		Required new line (nueva línea requerida)
7	07	DEL		Delete (borrar)
8	08	GE		Graphic escape (escape gráfico)
9	09	SPS		Superscript (superíndice)
10	0A	RPT		Repeat (repetir)
11	0B	VT		Vertical tab (tabulación vertical)
12	0C	FF		Form feed (avance de página)
13	0D	CR		Carriage return (retorno de carro)
14	0E	SO		Shift out (desplazamiento hacia fuera)
15	0F	SI		Shift in (desplazamiento hacia dentro)
16	10	DLE		Data length escape (escape de longitud de datos)
17	11	DC1		Device control 1 (control de dispositivo 1)
18	12	DC2		Device control 2 (control de dispositivo 2)
19	13	DC3		Device control 3 (control de dispositivo 3)
20	14	RES/ENP		Restore/enable presentation (restaurar/activar presentación)
21	15	NL		New line (nueva línea)
22	16	BS		Backspace (retroceso)
23	17	POC		Program-operator communication (comunicación programa-operador)
24	18	CAN		Cancel (cancelar)
25	19	EM		End of medium (fin de medio)
26	1A	UBS		Unit backspace (retroceso unitario)
27	1B	CU1		Customer use 1 (uso de cliente 1)
28	1C	IFS		Interchange file separator (separador de archivo de intercambio)
29	1D	IGS		Interchange group separator (separador de grupo de intercambio)
30	1E	IRS		Interchange record separator (separador de registro de intercambio)
31	1F	IUS/ITB		Interchange unit separator/intermediate transmission block (separador de unidad de intercambio/bloque de transmisión intermedio)
32	20	DS		Digit select (selección de dígito)
33	21	SOS		Start of significance (inicio de significado)
34	22	FS		Field separator (separador de campo

(Continúa)

Conjunto de caracteres EBCDIC *(cont.)*

Dec	Hex	Nombre	Carácter	Significado
35	23	WUS		Word underscore (palabra subrayada)
36	24	BYP/INP		Bypass/inhibit presentation (evitar/inhibir presentación)
37	25	LF		Line feed (salto de línea)
38	26	ETB		End of transmission block (fin de bloque de transmisión)
39	27	ESC		Escape (escape)
40	28	SA		Set attribute (establecer atributo)
41	29	SFE		Start field extended (inicio de campo extendido)
42	2A	SM/SW		Set mode/switch (establecer modo/opción)
43	2B	CSP		Control sequence prefix (prefijo de secuencia de control)
44	2C	MFA		Modify field attribute (modificar atributo de campo)
45	2D	ENQ		Enquiry (indagación)
46	2E	ACK		Acknowledge (confirmación)
47	2F	BEL		Bell (timbre)
48	30			(no asignado)
49	31			(no asignado)
50	32	SYN		Synchronous idle (inactividad síncrona)
51	33	IR		Index return (retorno de índice)
52	34	PP		Presentation position (posición de presentación)
53	35	TRN		Transparent (transparente)
54	36	NBS		Numeric backspace (retroceso numérico)
55	37	EOT		End of transmission (fin de transmisión)
56	38	SBS		Subscript (subíndice)
57	39	IT		Indent tab (tabulación de sangrado)
58	3A	RFF		Required form feed (avance de página requerido)
59	3B	CU3		Customer use 3 (uso de cliente 3)
60	3C	DC4		Device control 4 (control de dispositivo 4)
61	3D	NAK		Negative acknowledge (confirmación negativa)
62	3E			(no asignado)
63	3F	SUB		Substitute (sustituto)
64	40	SP		Space (espacio)
65	41	RSP		Required space (espacio requerido)
66	42			(no asignado)
67	43			(no asignado)
68	44			(no asignado)
69	45			(no asignado)
70	46			(no asignado)
71	47			(no asignado)
72	48			(no asignado)
73	49			(no asignado)
74	4A		¢	
75	4B		.	

(Continúa)

Conjunto de caracteres EBCDIC *(cont.)*

Dec	Hex	Nombre	Carácter	Significado
76	4C		<	
77	4D		(	
78	4E		+	
79	4F		|	OR lógico
80	50		&	
81	51			(no asignado)
82	52			(no asignado)
83	53			(no asignado)
84	54			(no asignado)
85	55			(no asignado)
86	56			(no asignado)
87	57			(no asignado)
88	58			(no asignado)
89	59			(no asignado)
90	5A		!	
91	5B		$	
92	5C		*	
93	5D		)	
94	5E		;	
95	5F		¬	NOT lógico
96	60		−	
97	61		/	
98	62			(no asignado)
99	63			(no asignado)
100	64			(no asignado)
101	65			(no asignado)
102	66			(no asignado)
103	67			(no asignado)
104	68			(no asignado)
105	69			(no asignado)
106	6A		¦	Barra vertical partida
107	6B		,	
108	6C		%	
109	6D		_	
110	6E		>	
111	6F		?	
112	70			(no asignado)
113	71			(no asignado)
114	72			(no asignado)
115	73			(no asignado)
116	74			(no asignado)

(Continúa)

Conjunto de caracteres EBCDIC *(cont.)*

Dec	Hex	Nombre	Carácter	Significado
117	75			(no asignado)
118	76			(no asignado)
119	77			(no asignado)
120	78			(no asignado)
121	79		`	Acento grave
122	7A		:	
123	7B		#	
124	7C		@	
125	7D		'	
126	7E		=	
127	7F		«	
128	80			(no asignado)
129	81		a	
130	82		b	
131	83		c	
132	84		d	
133	85		e	
134	86		f	
135	87		g	
136	88		h	
137	89		i	
138	8A			(no asignado)
139	8B			(no asignado)
140	8C			(no asignado)
141	8D			(no asignado)
142	8E			(no asignado)
143	8F			(no asignado)
144	90			(no asignado)
145	91		j	
146	92		k	
147	93		l	
148	94		m	
149	95		n	
150	96		o	
151	97		p	
152	98		q	
153	99		r	
154	9A			(no asignado)
155	9B			(no asignado)
156	9C			(no asignado)
157	9D			(no asignado)

(Continúa)

Conjunto de caracteres EBCDIC *(cont.)*

Dec	Hex	Nombre	Carácter	Significado
158	9E			(no asignado)
159	9F			(no asignado)
160	A0			(no asignado)
161	A1		~	
162	A2		s	
163	A3		t	
164	A4		u	
165	A5		v	
166	A6		w	
167	A7		x	
168	A8		y	
169	A9		z	
170	AA			(no asignado)
171	AB			(no asignado)
172	AC			(no asignado)
173	AD			(no asignado)
174	AE			(no asignado)
175	AF			(no asignado)
176	B0			(no asignado)
177	B1			(no asignado)
178	B2			(no asignado)
179	B3			(no asignado)
180	B4			(no asignado)
181	B5			(no asignado)
182	B6			(no asignado)
183	B7			(no asignado)
184	B8			(no asignado)
185	B9			(no asignado)
186	BA			(no asignado)
187	BB			(no asignado)
188	BC			(no asignado)
189	BD			(no asignado)
190	BE			(no asignado)
191	BF			(no asignado)
192	C0		{	Llave de apertura
193	C1		A	
194	C2		B	
195	C3		C	
196	C4		D	
197	C5		E	
198	C6		F	

(Continúa)

Conjunto de caracteres EBCDIC *(cont.)*

Dec	Hex	Nombre	Carácter	Significado
199	C7		G	
200	C8		H	
201	C9		I	
202	CA	SHY		Syllable hyphen (guión de sílaba)
203	CB			(no asignado)
204	CC			(no asignado)
205	CD			(no asignado)
206	CE			(no asignado)
207	CF			(no asignado)
208	D0		}	Llave de cierre
209	D1		J	
210	D2		K	
211	D3		L	
212	D4		M	
213	D5		N	
214	D6		O	
215	D7		P	
216	D8		Q	
217	D9		R	
218	DA			(no asignado)
219	DB			(no asignado)
220	DC			(no asignado)
221	DD			(no asignado)
222	DE			(no asignado)
223	DF			(no asignado)
224	E0		\	Barra invertida
225	E1	NSP		Numeric space (espacio numérico)
226	E2		S	
227	E3		T	
228	E4		U	
229	E5		V	
230	E6		W	
231	E7		X	
232	E8		Y	
233	E9		Z	
234	EA			(no asignado)
235	EB			(no asignado)
236	EC			(no asignado)
237	ED			(no asignado)
238	EE			(no asignado)
239	EF			(no asignado)

(Continúa)

Conjunto de caracteres EBCDIC *(cont.)*

Dec	Hex	Nombre	Carácter	Significado
240	F0		0	
241	F1		1	
242	F2		2	
243	F3		3	
244	F4		4	
245	F5		5	
246	F6		6	
247	F7		7	
248	F8		8	
249	F9		9	
250	FA			(no asignado)
251	FB			(no asignado)
252	FC			(no asignado)
253	FD			(no asignado)
254	FE			(no asignado)
255	FF	EO		Eight ones (ocho unos)

Apéndice B

Extensiones comunes de archivo

Extensión de archivo	Tipo de archivo
.0	Archivo que contiene información en un disco duro comprimido con DoubleSpace.
.123	Hoja de cálculo de Lotus 1-2-3.
.4th	Archivo fuente en Forth.
.a	Archivo fuente en ensamblador de Macintosh.
.ad	Archivo protector de pantalla de After Dark.
.ada	Archivo fuente en Ada.
.ai	Archivo de gráfico vectorial de Adobe Illustrator.
.aif	Véase .aiff.
.aifc	Véase .aiff.
.aiff	Archivo de sonido de Apple Audio Interchange Format utilizado originalmente en computadoras Apple y Silicon Graphics (SGI).
.ani	**1.** Archivo de cursor animado en Microsoft Windows 9x y Windows NT. **2.** Archivo de animación.
.aol	Archivo relacionado con America Online.
.aps	Archivo fuente en Microsoft Visual C++.
.arc	Archivo compuesto por archivos comprimidos con ARC.
.arj	Archivo compuesto por archivos comprimidos con ARJ.
.asc	**1.** Archivo de texto ASCII. **2.** Archivo encriptado con PGP (Pretty Good Privacy)
.asf	Archivo en Microsoft Advanced Streaming Format.
.asm	Archivo fuente en ensamblador.
.asp	Archivo en formato Active Server Pages, que se suele encontrar en la World Wide Web.
.atm	Archivo de Adobe Type Manager.
.au	Archivo de sonido, normalmente en sistemas UNIX o en la World Wide Web.
.avi	Archivo de datos audiovisuales entremezclados en formato Microsoft RIFF.
.bac	Véase .bak.
.bak	Archivo de copia de seguridad.
.bas	Archivo de fuente en Basic.

(Continúa)

Extensiones comunes de archivo (cont.)

Extensión de archivo	Tipo de archivo
.bat	Archivo de programa por lotes.
.bfc	Archivo de maletín en Microsoft Windows 9x.
.bin	1. Archivo compuesto por archivos comprimidos con Mac-Binary. 2. Archivo binario.
.bk	Véase .bak.
.bmk	Archivo de marcador.
.bmp	Archivo gráfico rasterizado almacenado en formato de mapa de bits.
.box	Archivo de buzón de correo de Lotus Notes.
.c	Archivo fuente en C.
.c++	Archivo fuente en C++.
.cab	Archivo de almacenamiento de Microsoft, varios archivos comprimidos en un único archivo extraíble con la utilidad extract.exe.
.cas	Archivo de texto ASCII delimitado por comas.
.cb	Archivo de inicio limpio en Microsoft Windows.
.cbl	Archivo fuente en Cobol.
.cca	Mensaje de correo electrónico de Lotus cc:mail.
.cda	Pista de sonido de CD.
.cdf	1. Archivo en Microsoft Channel Definition Format. 2. Archivo en Common Data Format.
.cdi	Archivo en formato de disco compacto interactivo de Philips.
.cdr	Vector archivo de gráficos de CorelDraw.
.cgi	Archivo que contiene secuencias de comandos de Common Gateway Interface, normalmente para utilizarlo en la World Wide Web.
.cgm	Archivo de gráficos vectorial en formato Computer Graphics Metafile.
.chk	Partes de archivos no identificables guardados en Windows por las utilidades ScanDisk y desfragmentador de disco.
.chm	Archivo que contiene HTML compilado.
.cil	Paquete descargable de la galería de imágenes de Microsoft
.class	Archivo de clase en Java.
.clp	Archivo temporal creado por la utilidad portapapeles de Microsoft Windows.
.cmd	Archivo de comandos en Windows NT, OS/2, MS-DOS y CP/M.
.cmf	Archivo Corel Metafile.
.cob	Archivo fuente en Cobol.
.com	Programa o archivo de comandos.
.cpl	Archivo del Panel de control en Microsoft Windows 9x.
.cpp	Archivo fuente en C++.
.crt	Archivo de certificado.
.css	Archivo de hoja de estilo en cascada; normalmente se utiliza en los sitios web.
.csv	Archivo de texto delimitado por comas.
.ct	Archivo gráfico de Saint Shop Pro.
.cur	Archivo de cursor de Windows.

(Continúa)

Extensiones comunes de archivo (cont.)

Extensión de archivo	Tipo de archivo
.cxx	Archivo fuente en C++.
.dat	Archivo de datos.
.dbf	Base de datos dBASE y FoxPro.
.dcr	Archivo multimedia de Macromedia Shockwave.
.dib	Archivo de gráficos en formato de mapa de bits independiente de dispositivo.
.dif	Archivo de Data Interchage Format.
.dll	Archivo de biblioteca de enlace dinámico.
.doc	1. Archivo de documento de Microsoft Word. 2. Antiguamente, archivo de documento de Adobe FrameMaker o WordStar. 3. Archivo de documento formateado por un procesador de textos.
.dos	Archivos relacionados con MS-DOS en Microsoft Windows 9x.
.dot	Plantilla de documento de Microsoft Word.
.drv	Controlador de dispositivo.
.dtd	Archivo de definición de tipo de documento en SGML o XML.
.dtp	Archivo de documento de Microsoft Publisher o PublishIt!
.dv	Archivo de vídeo.
.dvi	Archivo de documento en formato de archivo de dispositivo independiente de TEX.
.emf	Archivo en formato Enhanced Metafile Format.
.eml	Mensaje de correo de Microsoft Outlook Express.
.eps	Archivo PostScript encapsulado.
.exe	Archivo o programa ejecutable.
.F	Archivo fuente en Fortran.
.F77	Archivo fuente en Fortran 77.
.F90	Archivo fuente en Fortran 90.
.fax	Archivo de fax en muchos programas de fax.
.fdf	Archivo de Adobe Acrobat Forms.
.fla	Archivo de película de Macromedia Flash.
.fli	Archivo de animación de AutoDesk FLIC.
.flf	Controlador de dispositivo en OS/2.
.fm	Archivo de documento de Adobe FrameMaker.
.fon	Archivo de fuente del sistema en Windows.
.for	Archivo fuente en Fortran.
.fp	Archivo de FileMaker Pro.
.fpt	Véase .fp.
.frm	Archivo de documento de Adobe FrameMaker.
.gid	Archivo de índice de Windows 9x.
.gif	Formato de archivo de imagen rasterizada en formato GIF.
.giff	Véase .gif.
.gtar	Archivo compuesto por archivos UNIX comprimidos con la utilidad GNU tar.
.gz	Archivo compuesto por archivos UNIX comprimidos con Gzip.
.gzip	Véase .gz.

(Continúa)

Apéndice B. Extensiones comunes de archivo   852

Extensiones comunes de archivo *(cont.)*

Extensión de archivo	Tipo de archivo
.h	Archivo de cabecera.
.hdf	Archivo de Hierarchical Data Format.
.hex	Archivo codificado con la utilidad Macintosh BinHex.
.hlp	Archivo de ayuda de Microsoft Windows.
.hqx	Archivo codificado con la utilidad BinHex.
.htm	Véase .html.
.html	Archivo HTML; se suele utilizar con una página web.
.ico	Archivo de icono de Microsoft Windows 9x.
.iff	1. Archivo de sonido o imagen en formato IFF. 2. Archivo de datos en sistemas Amiga.
.image	Archivo de imagen en formato de imagen de disco de Macintosh.
.inf	Archivo de información de dispositivo, que contiene secuencias de comandos utilizadas para controlar las operaciones de hardware.
.ini	En MS-DOS y Windows 3.x, un archivo de inicialización que contiene preferencias de usuario acerca de un programa de aplicación.
.ins	Archivo que contiene secuencias de comandos de instalación InstallShield.
.isu	Archivo que contiene secuencias de comandos de desinstalación InstallShield.
.jas	Archivo de imagen en formato JAS.
.jav	Véase Java.
.java	Archivo de fuente en Java.
.jff	Véase .jpg.
.jfif	Véase .jpg.
.jpe	Véase .jpg.
.jpeg	Véase .jpg.
.jpg	Archivo de imagen gráfico codificado en el formato de archivo intercambiable JPEG.
.js	Archivo fuente en JavaScript.
.l	Archivo fuente en LISP.
.latex	Archivo de texto de LaTeX.
.lha	Archivo compuesto de archivos comprimidos con LZH.
.lib	Archivo de biblioteca en muchos lenguajes de programación.
.lnk	Archivo de acceso directo de Windows 9x y Windows NT 4.
.log	Archivo de registro.
.lsp	Archivo fuente en LISP.
.lzh	Véase .lha.
.mac	Archivo de imagen de MacPaint.
.mak	Archivo de proyecto de Microsoft Visual Basic o Microsoft Visual C++.
.man	Página del manual de UNIX.
.mbox	Archivo de buzón de correo en BSD UNIX.
.mbx	1. Archivo de dirección de Microsoft Outlook. 2. Archivo de dirección de correo de Eudora.
.mcw	Archivo de documento de Microsoft Word para Macintosh.

(Continúa)

Extensiones comunes de archivo (cont.)

Extensión de archivo	Tipo de archivo
.mdb	Base de datos de Microsoft Access.
.mic	Archivo de imagen de Microsoft Image Composer.
.mid	Archivo de música en formato MIDI.
.midi	Véase .mid.
.mime	Archivo codificado en formato MIME.
.moov	Archivo de vídeo de Apple QuickTime.
.mov	Véase .moov.
.movie	Véase .moov.
.mp2	Archivo de sonido comprimido y codificado según el estándar de sonido MPEG Layer 2.
.mp3	Archivo de sonido comprimido y codificado según el estándar de sonido MPEG Layer 3.
.mpe	Véase .mpg.
.mpeg	Véase .mpg.
.mpg	Archivo de sonido y de vídeo comprimido en formato MPE.
.mpp	1. Archivo gráfico en formato CAD. 2. Archivo de Microsoft Project.
.msg	Mensaje de correo electrónico de Microsoft Outlook.
.ncb	Archivo de Microsoft Developer Studio.
.ncf	Archivo de comandos de Novell NetWare.
.ncf	Archivo temporal creado por la utilidad portapapeles de Microsoft Windows.
.net	Archivo de configuración de red.
.newsrc	Archivo de configuración para lectores de noticias basado en UNIX.
.nlb	Archivo de datos Oracle 7.
.nlm	Archivo de módulo de Novell NetWare.
.nsf	Base de datos de Lotus Notes.
.nws	Archivo de mensaje de noticias de Microsoft Outlook Express.
.obd	Archivo del Cuaderno de Microsoft Office.
.ocx	Control Microsoft OLE.
.ole	Objeto Microsoft OLE.
.opt	Véase .ncb.
.p	Archivo fuente en Pascal.
.p65	Archivo de documento de PageMaker 6.5.
.pab	Archivo de libreta de direcciones de Microsoft Outlook.
.pcd	Archivo de imagen en Kodak Photo-CD.
.pcl	Archivo en Printer Control Language de Hewlett-Packard.
.pcx	Archivo de imagen de mapa de bits de PC Paintbrush.
.pdf	Archivo de documento codificado en Portable Document Format de Adobe.
.pgp	Archivo cifrado con PGP (Pretty Good Privacy).
.pic	1. Archivo de imagen en formato PC Paint. 2. Véase .pict.
.pict	Archivo de imagen en formato PC Paint.
.pl	1. Archivo fuente en Perl.

(Continúa)

Extensiones comunes de archivo *(cont.)*

Extensión de archivo	Tipo de archivo
.pl (*cont.*)	2. Archivo fuente en Prolog.
.png	Archivo de imagen en formato PICT de Macintosh.
.pps	1. Archivo de imagen en Paint Shop Pro.
	2. Archivo de presentación con diapositivas de Microsoft PowerPoint.
.ppt	Archivo de presentación de Microsoft PowerPoint.
.prc	Archivo de texto o programa para 3Com PalmPilot.
.prg	Archivo de Microsoft FoxPro, Ashton-Tate dBase o CA Clipper.
.ps	Archivo de impresora PostScript.
.psd	Archivo de imagen de Adobe PhotoShop.
.pst	Archivo de Carpeta de archivos personales de Microsoft Outlook.
.pub	Archivo de documento de Ventura Publisher, Adobe PageMaker o Microsoft Publisher.
.pwd	Archivo de documento de Microsoft Pocket Word para computadoras de mano.
.pwl	Archivo de contraseña de Microsoft Windows 9x.
.pxl	Archivo de hoja de cálculo de Microsoft Pocket Excel para computadoras de mano.
.qic	Archivo de copia de seguridad de Microsoft Backup.
.qif	Véase .qti.
.qt	Véase .gtm.
.qti	Archivo de imagen de Apple QuickTime.
.qtif	Véase .qti
.qtm	Archivo de película de Apple QuickTime.
.qts	Véase .qti
.qtx	Véase .qti
.qxd	Archivo de documento de QuarkXPress.
.ra	Archivo de sonido de RealAudio.
.ram	Metaarchivo de RealAudio.
.ras	Imagen rasterizada de mapa de bits en sistemas Sun.
.rast	Véase .ras.
.raw	Archivo de mapa de bits en formato RAW.
.rdf	Archivo de trabajo Resource Description Format en XML.
.rgb	Véase .raw.
.rif	Archivo de mapa de bits en formato RIFF.
.riff	Véase .rif.
.rle	Archivo de mapa de bits con el esquema de compresión RLE.
.rm	Archivo de vídeo de RealAudio.
.rtf	Archivo de documento en formato de texto enriquecido.
.s	1. Archivo fuente en ensamblador.
	2. Archivo fuente en esquema.
.sam	Archivo de documento en Lotus Ami Pro.
.sav	1. Archivo guardado en muchos juegos.
	2. Archivo guardado de copia de seguridad.
.scc	Archivo de Microsoft SourceSafe.

(Continúa)

Extensiones comunes de archivo (cont.)

Extensión de archivo	Tipo de archivo
.scd	Archivo de Microsoft Schedule+.
.scr	Archivo protector de pantalla de Microsoft Windows.
.sea	Archivo compuesto por archivos autoextraíbles de Macintosh comprimidos con StuffIt.
.set	Archivo definido en Microsoft Backup.
.sgm	Archivo en SGML.
.sgml	Véase .sgm.
.shtml	1. Archivo en formato HTML con SSI (includes de servidor). 2. Archivo seguro HTML.
.sig	Archivo de firma para correo electrónico o para utilizarla en un grupo de noticias de Internet.
.sit	Archivo compuesto por archivos comprimido con StuffIt en Macintosh.
.sm	Archivo fuente Smalltalk.
.snd	1. Formato de archivo de sonido intercambiable que se utiliza en computadoras Sun, NeXT y Silicon Graphics, que consta de datos de sonido en bruto precedidos por un identificador de texto. 2. Archivo de recurso de sonido en Macintosh.
.spl	Archivo de Macromedia Shockwave Flash.
.sql	Archivo de informe o de consulta en SQL.
.stm	Véase .shtml.
.sun	Archivo de gráficos rasterizado en sistemas Sun.
.swa	Archivo de sonido de Macromedia Shockwave.
.swf	Archivo de Macromedia Shockwave Flash.
.swp	Archivo de intercambio en Microsoft Windows.
.sys	Archivo de configuración del sistema.
.tar	Archivo UNIX no comprimido en formato tar.
.taz	Archivo compuesto por archivos UNIX en formato gzip o tar.
.tcl	Archivo fuente en TCL.
.tga	Imágenes de mapa de bits en formato targa.
.tif	Imágenes de mapa de bits en formato TIFF.
.tiff	Véase .tif.
.tmp	Archivo temporal de Windows.
.tsv	Archivo de valores separados por tabuladores.
.ttf	Archivo de fuente TrueType.
.txt	Texto de archivo ASCII.
.udf	Archivo de base de datos de Microsoft Windows NT.
.uri	Archivo que contiene una lista de URI.
.url	Archivo de acceso directo en Internet para un URL.
.uu	Véase .uud.
.uud	Archivo binario que se ha traducido a formato ASCII con uuencode.
.uue	Archivo descodificado de formato ASCII a formato binario con uudecode.
.vbx	Control personalizado en Microsoft Visual Basic.

(Continúa)

Apéndice B. Extensiones comunes de archivo

Extensiones comunes de archivo *(cont.)*

Extensión de archivo	Tipo de archivo
.vda	Véase .tga.
.vp	Archivo de documento de Ventura Publisher.
.vrm	**1.** Véase .vrml. **2.** Archivo fuente de Visual ReXX.
.vrml	Un archivo de gráficos 3D en VRML
.vst	Imagen de mapa de bits en Targa.
.vxd	Controlador de dispositivo virtual en Microsoft Windows.
.wab	Archivo de correo electrónico de Microsoft Outlook Express.
.wav	Archivo de sonido almacenado en formato de sonido con forma de onda (WAV).
.wmf	Archivo de imagen vectorial codificado como metaarchivo de Microsoft Windows.
.wp	Archivo de documento de Corel WordPerfect.
.wp6	Archivo de documento de Corel WordPerfect 6.x.
.wpd	Véase .wp.
.wpg	Archivo gráfico de Corel WordPerfect.
.wps	Archivo de documento de Microsoft Works.
.wri	Archivo de documento de Microsoft Write.
.xls	Archivo de hoja de cálculo de Microsoft Excel.
.z	Archivo compuesto por archivos UNIX comprimidos con gzip.
.Z	Archivo compuesto por archivos UNIX comprimidos con una utilidad de compresión.
.zip	Archivo compuesto por archivos comprimidos en formato ZIP con PKZIP o WinZip.
.zoo	Archivo compuesto por archivos con zoo.

Apéndice C

Acrónimos y emoticonos de la mensajería instantánea

La mensajería instantánea, los servicios de chat y otros formatos de comunicación han conducido a una diversidad de indicadores y clarificadores abreviados que tienen por objeto mejorar la experiencia del usuario.

Marcadores emotivos

Primero se utilizaron marcadores emotivos en los mensajes de correo electrónico y artículos de grupo de noticias con el fin de clarificar un mensaje para el lector. Normalmente, los marcadores emotivos están compuestos por una o más palabras encerradas entre corchetes o paréntesis, como, por ejemplo, en <chiste>, y se colocan justo después, o antes y después, del texto al que hacen referencia.

Emoticonos

Los emoticonos más comunes son caras y expresiones compuestos de símbolos y signos de puntuación estándar del teclado y que se visualizan de lado. Estos emoticonos se denominan «smileys», en referencia a los primeros emoticonos que aparecieron, que representaban una sonrisa (*smile*, en inglés), como, por ejemplo, :-). Los emoticonos son indicadores del «tono de voz» emocional pretendido por el autor del mensaje.

Emoticonos

Texto	Significado
:-)	sonrisa
(-:	sonrisa zurda
:o)	sonrisa con nariz de payaso
:)	sonrisa sin nariz
:->	sonrisa de suficiencia
:-}	sonrisa irónica o lasciva
:-t	no me estoy riendo
:*)	haciendo el payaso (o borracho)

(Continúa)

Apéndice C. Acrónimos y emoticonos de la mensajería instantánea

Emoticonos (*cont.*)

Texto	Significado
:-))))	muy contento (o risa sarcástica)
:-D	muy contento (o carcajeándose)
(-D	grandes carcajadas
:-) :-) :-)	grandes carcajadas
:'-)	llorando de risa
%-)	molesto (y posiblemente confuso)
:-/	disgustado (o escéptico)
:-I	indiferente
:~)	tocado (o resfriado)
(:-(	triste
:-(	ceño fruncido (o descontento)
:-c	muy descontento
:-((((	extremadamente (o sarcásticamente) descontento
:-<	muy triste
>:-(	disgustado
:-[	haciendo un mohín
(:-& o %-(	enfadado
>:-<	muy enfadado
~ :-(	muy enfadado (o echando chispas)
%-(o :/)	no me divierte
:-|	inexpresivo
:-| o :-(	un día como tantos
:-e	molesto
:-X	mis labios están sellados
:-v	hablando
:-I	hmmm
:-8(	mirada condescendiente
:-O	gritando (o estupefacto)
:-@	chillando
:,-(o :'-(	llorando
~:-o	niño pequeño
]:-)>	malo como el diablo
):-)	pícaro
;->	lascivo
:-x	beso
:-*	listo para un beso (o acabo de comer algo amargo)
8-]	favorablemente impactado
:-J	hablando medio en broma
:-&	morderse la lengua
:-p	¡de ninguna manera!

(Continúa)

Emoticonos (*cont.*)

Texto	Significado
;-)	guiño
'-)	guiñar un ojo
:-7	frase sarcástica (o dicha medio en broma)
:-| :-|	déjà vu
?-(	no entiendo qué ha fallado (o un ojo negro)
:-C	¡es increíble!
B-D	lo tienes merecido
:-B	babeando
:-*)	borracho
:-9	relamiéndose
|-p	¡puaj!
:-b	sacando la lengua
-]:-)[-	impresionado
8-I o 8-|	en suspense
|:-|	excesivamente rígido
:-]	detestable
|-)	aburrido (o dormido)
|-I	dormido
I^o	roncando
|-O	bostezando
:-»	silbando (o frunciendo los labios)
:-s	frase incoherente
:-#	he metido la pata
:-!	meter el dedo en la boca
:-() o :-D	bocazas
(:-$ o :-(*)	enfermo
(:~) o :-')	resfriado
:-R	con gripe
%+| o %+{	he perdido
X-(	inconsciente (o muerto)
<:-)	estúpido
*:o)	estúpido
@;-)	coqueteo
X:-)	niño
:>)	narizotas
&:-)	pelo rizado (o versión femenina de la sonrisa estándar)
#:-)	pelo enmarañado
8-)	con gafas
8:-)	con las gafas en la cabeza (o niña pequeña, o cabeza con rulos)
B-)	llevando unas gafas con montura de concha o gafas de sol

(Continúa)

Emoticonos (*cont.*)

Texto	Significado
B-]	llevando unas gafas de sol a la última moda
O:-)	ángel
&8-|	ganso
c:-) o (:-)	calvo
:-{	tiene un bigote
:-)} o :-)#	tiene barba
:-Q o :-I	fumador
:-d~	gran fumador
:-?	fuma en pipa
:-/I	prohibido fumar
:-) X	con una corbata de pajarita
{(:-)	con tupé
:-{}	lápiz de labios
[:-)	con auriculares
:-o	me quito el sombrero
~:-(	insultado
~~:-(	insultado repetidamente
)	el Gato de Cheshire
(:-I	todo un cerebro
3:-o	vaca
[: |]	robot
M-)	tapándose los ojos
:X)	tapándose los oídos
:-M	tapándose la boca
*8((:	extraño
O+	femenino
O->	masculino
||*(	tendiendo la mano
||*)	tomando la mano tendida
<{:-)}	mensaje en una botella
(-: :-)	pensar juntos
[] o ()	un abrazo (pueden incluirse el nombre o las iniciales entre los corchetes)
((( )))	un montón de abrazos
((( ))):**	besos y abrazos
(::()::)	una tirita (o palabras de consuelo)
@->-	una rosa
@-->--	una rosa con un tallo largo
@==	bomba atómica
<'))))-<	un pez
^	risita nerviosa

Emoticonos alternativos (japoneses)

Los iconos alternativos, que no exigen al usuario leerlos de lado, fueron desarrollados por los usuarios de Internet en Japón y se están comenzando a popularizar en el resto del mundo. Algunas versiones de estos emoticonos no utilizan los paréntesis alrededor de las caras.

Emoticonos alternativos

Texto	Significado
(^_^)	sonrisa de hombre
(^.^)	sonrisa de mujer
(^L^) o (^(^)	contento
(-_-)	sonriendo para sí
(^o^)	riendo a carcajadas
(^_^;)	riendo para ocultar el nerviosismo
(^_^)/	diciendo hola con la mano
(;_;)/	diciendo adiós con la mano
(^_~) o (^_-)	guiñando el ojo
(*^o^*) o (*^.^*)	excitante
\(^_^)/	feliz
(;_;) o (~~>.<~~)	llorando
(>.<) o (>_<)	enfadado
(v_v)	inexpresivo
(^o^;>	¿cómo dices?
(*^_^*)	ruborizado (o tímido)
(^_^;;;)	avergonzado (o con sudores fríos)
(?_?)	confuso (o sorprendido)
(!_!) o (o_o)	estupefacto
(*_*)	atemorizado (o enamorado)
(=_=)~	durmiéndose
(u_u)	dormido
(@_@)	atónito
'\=o-o=/'	con gafas
m(_)m	inclinación de agradecimiento o de petición de disculpas

Acrónimos y abreviaturas

Los primeros indicadores emocionales en los mensajes de grupos de noticias o de correo electrónico eran acrónimos diseñados para dar a los lectores alguna pista sobre la actitud o la intención del autor. Los acrónimos se desarrollaron rápidamente, asimismo, como forma de abreviar la escritura en el teclado. El uso de acrónimos es particularmente prevalente en la mensajería instantánea, principalmente como modo de mantener el ritmo de la conversación en tiempo real.

Apéndice C. Acrónimos y emoticonos de la mensajería instantánea

Acrónimos

Texto	Acrónimo de	Significado
AAMOF	as a matter of fact	de hecho
AAR	at any rate	en todo caso
AND	any day now	cualquier día de estos
AFAIK	as far as I know	hasta donde yo sé
AFK	away from keyboard	no estoy en el teclado
AFKBRB	away from keyboard, be right back	no estoy en el teclado, vuelvo en un momento
ASAP	as soon as possible	lo antes posible
A/S/L	age/sex/location	edad/sexo/localidad
B2W	back to work	de vuelta al trabajo
B4N (o BFN)	bye for now	hasta la vista
BAK	back at keyboard	de vuelta ante el teclado
BBL	be back later	vuelvo más tarde
BBS	be back soon	vuelvo pronto
BCNU	be seeing you	ya os veré
BF (o B/F)	boyfriend	novio
BMN	but maybe not	pero puede que no
BRB	be right back	vuelvo en seguida
BTDT	been there, done that	he estado por aquí y por allá
BTDTBTT	been there, done that, bought the tape	he estado por aquí y por allá y me compré la cinta
BTDTGTTS	been there, done that, got the t-shirt	he estado por aquí y por allá y me compré una camiseta
BTDTGTTSAWIO	been there, done that, got the t-shirt, and wore it out	he estado por aquí y por allá, me compré una camiseta y ya la he roto
BTW	by the way	por cierto
BYKT	but you knew that	podías haberlo imaginado
CIO	cut it out	¡basta ya!
CMIIW	correct me if I'm wrong	corrígeme si me equivoco
CU (o CYA)	see you	hasta la vista
CUL (o CUL8R)	see you later	hasta la vista
DIY	do it yourself	hágalo usted mismo
DYJHIW	don't you just hate it when	¿No te revienta que...?
EAK	eating at keyboard	comiendo ante el teclado
EOL	end of lecture	fin de la clase
EOM	end of message	fin del mensaje
F2F (o FTF)	face to face	cara a cara
FAPP	for all practical purposes	a efectos prácticos
FOFL (o FOTFL)	falling on the floor laughing	desternillándose de risa
FTR	for the record	para que conste
FWIW	for what it's worth	por si sirve de algo
FYA	for your amusement	para que te eches unas risas

(Continúa)

Acrónimos (*cont.*)

Texto	Acrónimo de	Significado
FYEO	for your eyes only	sólo para tus ojos
FYI	for your information	para tu información
g (o <g>)	grin	sonrisa burlona
G (o <G>)	big grin	gran sonrisa burlona
G2G (o GTG)	got to go	tengo que irme
GAL	get a life	¡piérdete!
GD&H	grinning, ducking, and hiding	sonriendo, escabulléndose y ocultándose
GD&R	grinning, ducking, and running	sonriendo, escabulléndose y corriendo
GD&RVVF	grinning, ducking, and running, very, very fast	sonriendo, escabulléndose y corriendo muy rápido
GF (o G/F)	girlfriend	novia
GG	gotta go (o good game)	tengo que irme (o ¡buen juego!)
GIWIST	gee, I wish I said that	me gustaría haber dicho eso
GMTA	great minds think alike	todos los genios pensamos igual
GoAT	go away, troll	lárgate, troll
HAK	hugs and kisses	besos y abrazos
HAGD	have a great day	que tengas muy buen día
HAND	have a nice day	que tengas un buen día
HEH	a courtesy laugh	risa de cortesía
HHOS	ha-ha, only serious	hablo en serio
HTH	hope this helps (o hope that helps)	espero que sirva de algo
IAE	in any event	en cualquier caso
HW	homework (o hardware)	trabajo doméstico (o hardware)
IANAL	I am not a lawyer	yo no soy abogado
IC	I see	ya veo
ICBW	I could be wrong (o it could be worse)	puede que me equivoque (o pudiera ser peor)
IDTS	I don't think so	no lo creo
IINM	if I'm not mistaken	si no me equivoco
IIRC	if I recall correctly	si no recuerdo mal
IIUC	if I understand correctly	si no lo entiendo mal
IMCO	in my considered opinion	en mi respetuosa opinión
IME	in my experience	según mi experiencia
IMHO	in my humble opinion	en mi humilde opinión
IMNSHO	in my not-so-humble opinion	en mi no tan humilde opinión
IMO	in my opinion	en mi opinión
IOW	in other words	en otras palabras
IRL	in real life	en la vida real
ISTM	it seems to me	me parece que
ISWYM	I see what you mean	ya veo lo que quieres decir
ITRW	in the real world	en el mundo real
J (o <J>)	joking	es broma

(Continúa)

Apéndice C. Acrónimos y emoticonos de la mensajería instantánea

Acrónimos (*cont.*)

Texto	Acrónimo de	Significado
JC	just chillin'	sólo trato de enfriar el ambiente
JIC	just in case	por si acaso
JK (o J/K)	just kidding (o that was a joke)	es broma
JTYWTK	just thought you wanted to know	pensé que querrías saberlo
JW	just wondering	sólo es una pregunta
K	okay	de acuerdo
KWIM	know what I mean?	¿entiendes lo que quiero decir?
L (o <L>)	laughing	riéndose
L8R	later	más tarde
LJBF	let's just be friends	seamos amigos
LOL	laughing out loud	riendo a carcajadas
LTNS	long time no see	¡cuánto tiempo sin verte!
MHBFY	my heart bleeds for you	me partes el corazón
MHOTY	my hat's off to you	me quito el sombrero ante ti
MOTAS	member of the appropriate sex	miembro del sexo apropiado
MOTD	message of the day	mensaje del día
MYOB	mind your own business	ocúpate de tus asuntos
NBD	no big deal	no es para echar cohetes
NBIF	no basis in fact	sin fundamento
NOYB	none of your business	no es de tu incumbencia
NP	no problem	no hay problema
NRN	no response necessary (o no reply necessary)	no se requiere respuesta
OIC	oh, I see	¡ya veo!
OM	oh my	¡madre mía!
OOI	out of interest	de manera interesada
OOTB	out of the box	directamente, sin necesidad de configurar
OTL	out to lunch	he salido a comer
OTOH	on the other hand	por otro lado
OTTH	on the third hand	por otro lado más
PAW	parents are watching	mis padres están vigilando
PC	politically correct	políticamente correcto
PDA	public display of affection	demostración pública de cariño
PEST	please excuse slow typing	disculpe la lentitud de mi escritura
PI (o PIC)	politically incorrect	políticamente incorrecto
PKB (o P/K/B)	pot, kettle, black (o pot calling the kettle black)	dijo la sartén al cazo...
PMBI	pardon my butting in	disculpa la interrupción
PMFJI	pardon me for jumping in	perdona que irrumpa de esta manera
POS	parent over shoulder (o parents over shoulder)	tengo a mis padres detrás mío

(Continúa)

Acrónimos (*cont.*)

Texto	Acrónimo de	Significado
POV	point of view	punto de vista
PPL	people	la gente
PTB	powers that be	los que mandan
R (o r)	are	ser
REHI	re-hello (o hi again)	hola de nuevo (después de una corta ausencia)
RFC	request for comment	se admiten comentarios
RL	real life	vida real
ROTFL	rolling on the floor laughing	tirado por el suelo de risa
ROTFLOL	rolling on the floor laughing out loud	tirado por el suelo desternillándose
RSN	real soon now	muy pronto
S (o <S>)	smile	sonrisa
SCNR	sorry, could not resist	lo siento, no aguantaba más
SITD	still in the dark	sigo sin comprenderlo
SOP	standard operating procedure	procedimiento normal de actuación
SPMD	some people may differ	algunos pueden no estar de acuerdo
SUP	what's up?	¿qué pasa?
TBE	to be expected	cabe esperar
THX (o TX)	thanks	gracias
TIA	thanks in advance	gracias de antemano
TANJ	there ain't no justice	no hay justicia
TIC	tongue-in-cheek	medio en broma
TPHB	the pointy-haired boss	el jefe con los pelos de punta
TPTB	the powers that be	los que mandan
TTBOMK	to the best of my knowledge	hasta donde yo sé
TTFN	ta-ta for now	hasta luego
TTYL	talk to you later	luego hablamos
TVM	thanks very much	muchas gracias
TVMIA	thanks very much in advance	muchas gracias de antemano
TYVMIA	thank you very much in advance	muchas gracias de antemano
U	you	tu
UW	you're welcome	es un placer
VBG (o <VBG>)	very big grin	gran sonrisa burlona
WB	welcome back	bienvenido de nuevo
WCD	what's cookin' doc?	¿qué se está tramando?
WHBT	we have been trolled	nos han enviado un troll
WOA	work of art	obra de arte
WRT	with regard to (o with respect to)	con respecto a
WTG	way to go	¡mira que terminar así!
WTH	what the heck?	¿qué diablos...?
Y (o <Y>)	yawning	bostezando
YHBT	you have been told (o you have been trolled)	estás advertido (o te han enviado un troll)

(Continúa)

Acrónimos (*cont.*)

Texto	Acrónimo de	Significado
YHBW	you have been warned	estás avisado
YHGMTPOTG	you have greatly misinterpreted the purpose of this group	has malinterpretado completamente el propósito de este grupo
YHM	you have mail	tienes un correo
YMMV	your mileage may vary	puede que a ti no te sirva de la misma forma
YOYO	you're on your own	tendrás que arreglártelas solo
YWSYLS	you win some, you lose some	unas veces se gana, otras se pierde

Apéndice D

Dominios de Internet

Dominios de nivel superior: organizacionales

Dominio	Tipo de organización
.aero	Sector del transporte aéreo
.biz	Empresas
.com	Comercial
.coop	Cooperativas
.edu	Educacional
.gov	Agencia no militar, Gobierno Federal de Estados Unidos
.info	Uso no restringido
.int	Organización internacional
.mil	Ejército de Estados Unidos
.museum	Museos
.name	Personas
.net	Proveedor de red
.org	Organización sin ánimo de lucro
.pro	Profesionales

Dominios de nivel superior: geográficos

Dominio	País/Región
.ac	Isla Ascensión
.ad	Andorra
.ae	Emiratos Árabes Unidos
.af	Afganistán
.ag	Antigua y Barbados
.ai	Anguila
.al	Albania
.am	Armenia

(Continúa)

Dominios de nivel superior: geográficos (cont.)

Dominio	País/Región
.an	Antillas holandesas
.ao	Angola
.aq	Antártida
.ar	Argentina
.as	Samoa americana
.at	Austria
.au	Australia
.aw	Aruba
.az	Azerbaiyán
.ba	Bosnia y Herzegovina
.bb	Barbados
.bd	Bangladesh
.be	Bélgica
.bf	Burkina Faso
.bg	Bulgaria
.bh	Bahrein
.bi	Burundi
.bj	Benin
.bm	Bermudas
.bn	Brunei
.bo	Bolivia
.br	Brasil
.bs	Bahamas
.bt	Bután
.bv	Isla Bouvet
.bw	Botswana
.by	Bielorrusia
.bz	Belice
.ca	Canadá
.cc	Islas Cocos (Keeling)
.cd	Congo (República Democrática del Pueblo)
.cf	República Central de África
.cg	Congo
.ch	Suiza
.ci	Costa de Marfil
.ck	Islas Cook
.cl	Chile
.cm	Camerún
.cn	China
.co	Colombia
.cr	Costa Rica

(Continúa)

Dominios de nivel superior: geográficos (cont.)

Dominio	País/Región
.cu	Cuba
.cv	Cabo Verde
.cx	Islas Navidad
.cy	Chipre
.cz	República Checa
.de	Alemania
.dj	Yibuti
.dk	Dinamarca
.dm	Dominica
.do	República Dominicana
.dz	Argelia
.ec	Ecuador
.ee	Estonia
.eg	Egipto
.er	Eritrea
.es	España
.et	Etiopía
.fi	Finlandia
.fj	Fiji
.fk	Islas Malvinas
.fm	Micronesia
.fo	Islas Feroe
.fr	Francia
.ga	Gabón
.gd	Granada
.ge	Georgia (República de)
.gf	Guayana francesa
.gg	Guernesey
.gh	Ghana
.gi	Gibraltar
.gl	Groenlandia
.gm	Gambia
.gn	Guinea
.gp	Guadalupe
.gq	Guinea Ecuatorial
.gr	Grecia
.gs	Islas Georgia Sur y Sándwich Sur
.gt	Guatemala
.gu	Guam
.gw	Guinea-Bissau
.gy	Guyana

(Continúa)

Dominios de nivel superior: geográficos (cont.)

Dominio	País/Región
.hk	Hong Kong
.hm	Isla Heard e Islas McDonald
.hn	Honduras
.hr	Croacia (Hrvatska)
.ht	Haití
.hu	Hungría
.id	Indonesia
.ie	Irlanda
.il	Israel
.im	Isla de Man
.in	India
.io	Territorio Oceánico de las Indias Británicas
.iq	Iraq
.ir	Irán
.is	Islandia
.it	Italia
.je	Jersey
.jm	Jamaica
.jo	Jordania
.jp	Japón
.ke	Kenya
.kg	Kyrguistán
.kh	Camboya
.ki	Kiribati
.km	Comores
.kn	San Kitts y Nevis
.kp	Corea del Norte
.kr	Corea
.kw	Kuwait
.ky	Islas Caimán
.kz	Kazajstán
.la	Laos
.lb	Líbano
.lc	Santa Lucía
.li	Liechtenstein
.lk	Sri Lanka
.lr	Liberia
.ls	Lesotho
.lt	Lituania
.lu	Luxemburgo
.lv	Latvia

(Continúa)

Dominios de nivel superior: geográficos (*cont.*)

Dominio	País/Región
.ly	Libia
.ma	Marruecos
.mc	Mónaco
.md	Moldavia
.mg	Madagascar
.mh	Islas Marshall
.mk	Macedonia (antigua República yugoslava)
.ml	Malí
.mm	Myanmar
.mn	Mongolia
.mo	Macao
.mp	Islas Mariana del Norte
.mq	Martinica
.mr	Mauritania
.ms	Montserrat
.mt	Malta
.mu	Mauricio
.mv	Maldivas
.mw	Malawi
.mx	México
.my	Malasia
.mz	Mozambique
.na	Namibia
.nc	Nueva Caledonia
.ne	Nigeria
.nf	Isla Norfolk
.ng	Nigeria
.ni	Nicaragua
.nl	Holanda
.no	Noruega
.np	Nepal
.nr	Nauru
.nu	Niue
.nz	Nueva Zelanda
.om	Omán
.pa	Panamá
.pe	Perú
.pf	Polinesia francesa
.pg	Papua Nueva Guinea
.ph	Filipinas
.pk	Pakistán

(Continúa)

Apéndice D. Dominios de Internet

Dominios de nivel superior: geográficos (cont.)

Dominio	País/Región
.pl	Polonia
.pm	San Pierre y Miquelon
.pn	Isla Pitcairn
.pr	Puerto Rico
.ps	Autoridad Palestina
.pt	Portugal
.pw	Palao
.py	Paraguay
.qa	Qatar
.re	Isla Reunión
.ro	Rumania
.ru	Federación Rusa
.rw	Rwanda
.sa	Arabia Saudita
.sb	Islas Salomón
.sc	Seychelles
.sd	Sudán
.se	Suecia
.sg	Singapur
.sh	Santa Helena
.si	Eslovenia
.sj	Islas Svalbard y Jan Mayen
.sk	Eslovaquia (República de)
.sl	Sierra Leona
.sm	San Marino
.sn	Senegal
.so	Somalia
.sr	Surinam
.st	Santo Tomé y Príncipe
.sv	El Salvador
.sy	República Árabe de Siria
.sz	Swazilandia
.tc	Islas Turks y Caicos
.td	Chad
.tf	Territorios franceses del Sur
.tg	Togo
.th	Tailandia
.tj	Tayikistán
.tk	Tokelau
.tm	Turkmenistán
.tn	Túnez

(Continúa)

Dominios de nivel superior: geográficos (cont.)

Dominio	País/Región
.to	Tonga
.tp	Timor Este
.tr	Turquía
.tt	Trinidad y Tobago
.tv	Tuvalu
.tw	Taiwán
.tz	Tanzania
.ua	Ucrania
.ug	Uganda
.uk	Reino Unido
.um	Islas Menores de Estados Unidos
.us	Estados Unidos
.uy	Uruguay
.uz	Uzbekistán
.va	Estado del Vaticano (Santa Sede)
.vc	San Vicente y las Granadinas
.ve	Venezuela
.vg	Islas Vírgenes británicas
.vi	Islas Vírgenes
.vn	Vietnam
.vu	Vanuatu
.wf	Islas Wallis y Futura
.ws	Samoa
.ye	Yemen
.yt	Mayotte
.yu	Yugoslavia
.za	Sudáfrica
.zm	Zambia
.zw	Zimbabwe

Apéndice E

Equivalentes numéricos

Decimal (base 10)	Hexadecimal (base 16)	Octal (base 8)	Binario (base 2)
1	01	01	00000001
2	02	02	00000010
3	03	03	00000011
4	04	04	00000100
5	05	05	00000101
6	06	06	00000110
7	07	07	00000111
8	08	10	00001000
9	09	11	00001001
10	0A	12	00001010
11	0B	13	00001011
12	0C	14	00001100
13	0D	15	00001101
14	0E	16	00001110
15	0F	17	00001111
16	10	20	00010000
17	11	21	00010001
18	12	22	00010010
19	13	23	00010011
20	14	24	00010100
21	15	25	00010101
22	16	26	00010110
23	17	27	00010111
24	18	30	00011000
25	19	31	00011001
26	1A	32	00011010
27	1B	33	00011011
28	1C	34	00011100
29	1D	35	00011101
30	1E	36	00011110
31	1F	37	00011111
32	20	40	00100000

(*Continúa*)

Apéndice E. Equivalentes numéricos

Equivalentes numéricos (*cont.*)

Decimal (base 10)	Hexadecimal (base 16)	Octal (base 8)	Binario (base 2)
33	21	41	00100001
34	22	42	00100010
35	23	43	00100011
36	24	44	00100100
37	25	45	00100101
38	26	46	00100110
39	27	47	00100111
40	28	50	00101000
41	29	51	00101001
42	2A	52	00101010
43	2B	53	00101011
44	2C	54	00101100
45	2D	55	00101101
46	2E	56	00101110
47	2F	57	00101111
48	30	60	00110000
49	31	61	00110001
50	32	62	00110010
51	33	63	00110011
52	34	64	00110100
53	35	65	00110101
54	36	66	00110110
55	37	67	00110111
56	38	70	00111000
57	39	71	00111001
58	3A	72	00111010
59	3B	73	00111011
60	3C	74	00111100
61	3D	75	00111101
62	3E	76	00111110
63	3F	77	00111111
64	40	100	01000000
65	41	101	01000001
66	42	102	01000010
67	43	103	01000011
68	44	104	01000100
69	45	105	01000101
70	46	106	01000110
71	47	107	01000111
72	48	110	01001000

(*Continúa*)

Equivalentes numéricos (cont.)

Decimal (base 10)	Hexadecimal (base 16)	Octal (base 8)	Binario (base 2)
73	49	111	01001001
74	4A	112	01001010
75	4B	113	01001011
76	4C	114	01001100
77	4D	115	01001101
78	4E	116	01001110
79	4F	117	01001111
80	50	120	01010000
81	51	121	01010001
82	52	122	01010010
83	53	123	01010011
84	54	124	01010100
85	55	125	01010101
86	56	126	01010110
87	57	127	01010111
88	58	130	01011000
89	59	131	01011001
90	5A	132	01011010
91	5B	133	01011011
92	5C	134	01011100
93	5D	135	01011101
94	5E	136	01011110
95	5F	137	01011111
96	60	140	01100000
97	61	141	01100001
98	62	142	01100010
99	63	143	01100011
100	64	144	01100100
101	65	145	01100101
102	66	146	01100110
103	67	147	01100111
104	68	150	01101000
105	69	151	01101001
106	6A	152	01101010
107	6B	153	01101011
108	6C	154	01101100
109	6D	155	01101101
110	6E	156	01101110
111	6F	157	01101111
112	70	160	01110000

(*Continúa*)

Equivalentes numéricos (*cont.*)

Decimal (base 10)	Hexadecimal (base 16)	Octal (base 8)	Binario (base 2)
113	71	161	01110001
114	72	162	01110010
115	73	163	01110011
116	74	164	01110100
117	75	165	01110101
118	76	166	01110110
119	77	167	01110111
120	78	170	01111000
121	79	171	01111001
122	7A	172	01111010
123	7B	173	01111011
124	7C	174	01111100
125	7D	175	01111101
126	7E	176	01111110
127	7F	177	01111111
128	80	200	10000000
129	81	201	10000001
130	82	202	10000010
131	83	203	10000011
132	84	204	10000100
133	85	205	10000101
134	86	206	10000110
135	87	207	10000111
136	88	210	10001000
137	89	211	10001001
138	8A	212	10001010
139	8B	213	10001011
140	8C	214	10001100
141	8D	215	10001101
142	8E	216	10001110
143	8F	217	10001111
144	90	220	10010000
145	91	221	10010001
146	92	222	10010010
147	93	223	10010011
148	94	224	10010100
149	95	225	10010101
150	96	226	10010110
151	97	227	10010111
152	98	230	10011000

(*Continúa*)

Equivalentes numéricos (*cont.*)

Decimal (base 10)	Hexadecimal (base 16)	Octal (base 8)	Binario (base 2)
153	99	231	10011001
154	9A	232	10011010
155	9B	233	10011011
156	9C	234	10011100
157	9D	235	10011101
158	9E	236	10011110
159	9F	237	10011111
160	A0	240	10100000
161	A1	241	10100001
162	A2	242	10100010
163	A3	243	10100011
164	A4	244	10100100
165	A5	245	10100101
166	A6	246	10100110
167	A7	247	10100111
168	A8	250	10101000
169	A9	251	10101001
170	AA	252	10101010
171	AB	253	10101011
172	AC	254	10101100
173	AD	255	10101101
174	AE	256	10101110
175	AF	257	10101111
176	B0	260	10110000
177	B1	261	10110001
178	B2	262	10110010
179	B3	263	10110011
180	B4	264	10110100
181	B5	265	10110101
182	B6	266	10110110
183	B7	267	10110111
184	B8	270	10111000
185	B9	271	10111001
186	BA	272	10111010
187	BB	273	10111011
188	BC	274	10111100
189	BD	275	10111101
190	BE	276	10111110
191	BF	277	10111111
192	C0	300	11000000

(*Continúa*)

Equivalentes numéricos (*cont.*)

Decimal (base 10)	Hexadecimal (base 16)	Octal (base 8)	Binario (base 2)
193	C1	301	11000001
194	C2	302	11000010
195	C3	303	11000011
196	C4	304	11000100
197	C5	305	11000101
198	C6	306	11000110
199	C7	307	11000111
200	C8	310	11001000
201	C9	311	11001001
202	CA	312	11001010
203	CB	313	11001011
204	CC	314	11001100
205	CD	315	11001101
206	CE	316	11001110
207	CF	317	11001111
208	D0	320	11010000
209	D1	321	11010001
210	D2	322	11010010
211	D3	323	11010011
212	D4	324	11010100
213	D5	325	11010101
214	D6	326	11010110
215	D7	327	11010111
216	D8	330	11011000
217	D9	331	11011001
218	DA	332	11011010
219	DB	333	11011011
220	DC	334	11011100
221	DD	335	11011101
222	DE	336	11011110
223	DF	337	11011111
224	E0	340	11100000
225	E1	341	11100001
226	E2	342	11100010
227	E3	343	11100011
228	E4	344	11100100
229	E5	345	11100101
230	E6	346	11100110
231	E7	347	11100111
232	E8	350	11101000

(*Continúa*)

Equivalentes numéricos (cont.)

Decimal (base 10)	Hexadecimal (base 16)	Octal (base 8)	Binario (base 2)
233	E9	351	11101001
234	EA	352	11101010
235	EB	353	11101011
236	EC	354	11101100
237	ED	355	11101101
238	EE	356	11101110
239	EF	357	11101111
240	F0	360	11110000
241	F1	361	11110001
242	F2	362	11110010
243	F3	363	11110011
244	F4	364	11110100
245	F5	365	11110101
246	F6	366	11110110
247	F7	367	11110111
248	F8	370	11111000
249	F9	371	11111001
250	FA	372	11111010
251	FB	373	11111011
252	FC	374	11111100
253	FD	375	11111101
254	FE	376	11111110
255	FF	377	11111111

McGraw-Hill/Interamericana de España, S. A. U.
División Profesional
C/ Basauri, 17 - Planta 1.ª - 28023 Aravaca. Madrid
Enteça, 95 - Planta 5.ª - 08015 Barcelona

☐ Por favor, envíenme información de productos de McGraw-Hill

☐ Informática ☐ Negocios ☐ Ciencia/Tecnología

Nombre y apellidos _____

c/ _____ n.º _____ C.P. _____

Población _____ Provincia _____ País _____

CIF/NIF _____ Teléfono _____

Correo electrónico _____ Fax _____

Empresa _____ Departamento _____

Nombre y apellidos _____

c/ _____ n.º _____ C.P. _____

Población _____ Provincia _____ País _____

Correo electrónico _____ Teléfono _____ Fax _____

3 FORMAS RÁPIDAS Y FÁCILES DE SOLICITAR SU CATÁLOGO

EN LIBRERÍAS ESPECIALIZADAS

E-MAIL
profesional@mcgraw-hill.com

PÁGINA WEB
www.mcgraw-hill.es

McGraw-Hill quiere conocer su opinión

¿Por qué elegí este libro?

☐ Renombre del autor
☐ Renombre McGraw-Hill
☐ Reseña de prensa
☐ Catálogo McGraw-Hill
☐ Página Web de McGraw-Hill
☐ Otros sitios Web
☐ Buscando en librería
☐ Requerido como texto
☐ Precio
☐ Otros

Temas que quisiera ver tratados en futuros libros de McGraw-Hill:

_____
_____
_____
_____
_____
_____
_____
_____
_____

Este libro me ha parecido: MSDIC2R

☐ Excelente ☐ Muy bueno ☐ Bueno ☐ Regular ☐ Malo

Comentarios: _____

McGRAW-HILL le informa que los datos que figuran en este cupón se incluirán en un archivo automatizado que se conservará de forma confidencial, con la finalidad de emisión de acciones publicitarias aplicando estadísticas sobre sus datos al objeto de determinar perfiles de consumo para ofrecerle nuestros productos. A través de nuestra empresa podrá recibir informaciones comerciales de otras entidades del sector. Vd. podrá en cualquier momento ejercer su derecho de acceso, rectificación, cancelación y oposición en los términos establecidos en la Ley Orgánica 15/1999, dirigiendo un escrito a la siguiente dirección: McGraw-Hill / Interamericana de España, S .A. U. – Dpto. de Marketing – División Profesional – C/ Basauri, 17, Edificio Valrealty A, planta baja, 28023 – Aravaca (Madrid).

Vd. autoriza el tratamiento de sus datos con la finalidad indicada; en caso contrario, marque con una X la siguiente casilla ☐

CONÉCTESE A www.mcgraw-hill.es

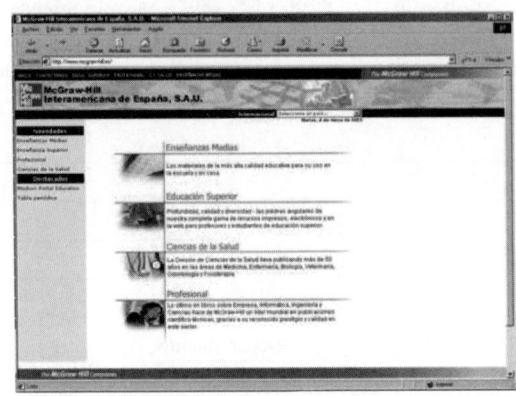

Para otras web de McGraw-Hill, consulte:
www.mcgraw-hill.com

OFICINAS IBEROAMERICANAS

ARGENTINA
McGraw-Hill Interamericana Argentina
Cerrito, 1070, 1 piso, oficina A C1010 AAV
Buenos Aires, Argentina
Tel.: (54 11) 4819 8800 al 49 Fax: (54 11) 4819 8810

BRASIL
McGraw-Hill Interamericana do Brasil
Rua da Assembleia, 10/2319
20011-00 Rio de Janeiro, RJ Brazil
Tel./Fax: (55 21) 531 2318

CARIBE
Santo Domingo, Puerto Rico
McGraw-Hill Interamericana Editores
Fantino Falco, 48, local 1 Ensanche Naco
Santo Domingo, República Dominicana
Tel.: (809) 227 92 67 Fax: (809) 227 94 06
e-mail: mcgrawhill@codetel.net.do

McGraw-Hill Interamericana del Caribe
1121 Avenida Muñoz Rivera Rio Piedras
Puerto Rico 00925
Tel.: (787) 751 2451 - (787) 751 3451
Fax: (787) 764 1890

CENTRO AMÉRICA
Guatemala, El Salvador
McGraw-Hill Guatemala
11 calle 0-65, zona 10, Edificio Vizcaya, nivel 3
Guatemala, Guatemala
Tel.: (502) 332 8079 al 84 Fax: (502) 332 8114
e-mail: mghguate@infovia.com.gt

McGraw-Hill El Salvador
Residencias de la Campiña
Senda Los Robles, Casa n.º 1, block "C"
San Salvador, El Salvador
Tel./Fax: (503) 286 2906 e-mail: pepe@sal.gbm.net

COLOMBIA
McGraw-Hill Colombia
Avda. de las Américas, n.º 46-41
Colombia
Tel.: (571) 4069000 Fax: (571) 4069033

CONO SUR
Chile, Uruguay
McGraw-Hill Interamericana de Chile
Procuro, 2151 Providencia
Santiago de Chile, Chile Tel.: (56 2) 373 30 00

ESPAÑA
McGraw-Hill/Interamericana de España, S. A. U.
Basauri, 17, Edificio Valrealty A
28023 Aravaca (Madrid)
Tel.: (91) 180 30 00 Fax: (91) 372 85 13
e-mail: profesional@mcgraw-hill.com
www.mcgraw-hill.es

MÉXICO
McGraw-Hill Interamericana de Editores,
S. A. de C. V.
Cedro, 512, Col. Atlampa, Cuahútemoc
México D. F. C.P. 06450
Tel.: (52) 5117 1515

Atlacomulco, 499, Fracc. San Andrés Atoto
Naucalpan - Edo. De México C.P. 53500
Tel.: (52) 2122 5353 - www.mcgraw-hill.com.mx

PACTO ANDINO
Ecuador, Perú
McGraw-Hill Ecuador
La Pinta, 235 y Reina Victoria, PB
Quito, Ecuador
Tel./Fax: (593) 2 543408 Tel./Fax: (593) 9 734115
Tel./Fax: (593) 9 738207

McGraw-Hill Interamericana, S. A.
Malecón, 28 de julio 365,
Lima 18, Perú
Tel./Fax: (51) 1 447 2548 Tel./Fax: (51) 1 447 4517

PORTUGAL
McGraw-Hill de Portugal
Rua Barata Salgueiro, 51 A
Edifício Castillo, 5
1250-043 Lisboa, Portugal
Tel.: (21) 355 3180 Fax: (21) 355 3189
servico_clientes@mcgraw-hill.com

VENEZUELA
McGraw-Hill Interamericana
Avda. Francisco Solano López,
Torre Solano Mezz 1
Sabana Grande
Caracas, Venezuela, C.P. 1050
Tel.: (58) 212 7618181 - (58) 212 7625562
Fax: (58) 212 7628224
e-mail: servicioalcliente.ve@mcgraw-hill.com
www.mcgraw-hill.com.ve